NOUVEAUX ÉLÉMENTS

DE

BOTANIQUE

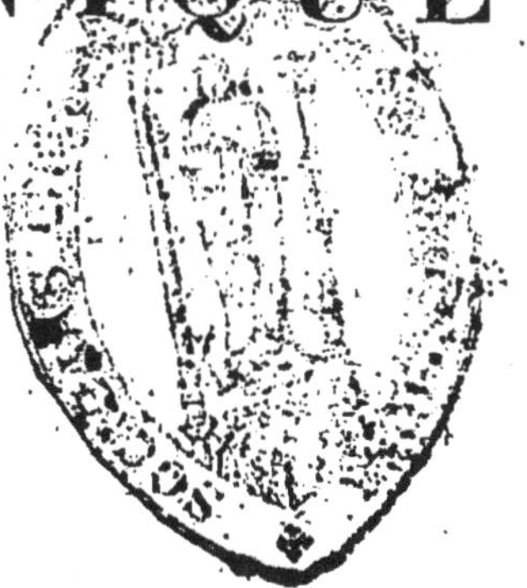

PARIS. — IMPRIMERIE DE E. MARTINET, RUE MIGNON, 2

NOUVEAUX ÉLÉMENTS

DE

BOTANIQUE

CONTENANT

L'ORGANOGRAPHIE, L'ANATOMIE, LA PHYSIOLOGIE VÉGÉTALES

ET

LES CARACTÈRES DE TOUTES LES FAMILLES-NATURELLES

PAR

ACHILLE RICHARD

ONZIÈME ÉDITION

AUGMENTÉE DE NOTES COMPLÉMENTAIRES

PAR

CHARLES MARTINS

Professeur de botanique médicale à la Faculté de médecine de Montpellier
Directeur du Jardin des plantes de la même ville
Correspondant de l'Institut et Associé national de l'Académie de médecine

ET POUR LA PARTIE CRYPTOGAMIQUE

PAR

JULES DE SEYNES

Professeur agrégé à la Faculté de médecine de Paris

AVEC 380 GRAVURES DANS LE TEXTE

PARIS

LIBRAIRIE F. SAVY

77, BOULEVARD SAINT-GERMAIN, 77

près la rue Hautefeuille

1876

TABLE GÉNÉRALE DES MATIÈRES

PREMIÈRE PARTIE

ANATOMIE GÉNÉRALE OU HISTOLOGIE VÉGÉTALE

DEUXIÈME PARTIE

ANATOMIE DESCRIPTIVE OU ORGANOGRAPHIE VÉGÉTALE

TROISIÈME PARTIE

TAXONOMIE VÉGÉTALE OU CLASSIFICATIONS BOTANIQUES EN GÉNÉRAL

QUATRIÈME PARTIE.

PHYTOGRAPHIE, CLASSIFICATION ET CARACTÈRES DES PRINCIPALES FAMILLES DU RÈGNE VÉGÉTAL

APPENDICE

GÉOGRAPHIE BOTANIQUE, OU LOIS SUIVANT LESQUELLES LES VÉGÉTAUX SONT DISTRIBUÉS A LA SURFACE DU GLOBE

TABLES

FIN DE LA TABLE GÉNÉRALE DES MATIÈRES.

PRÉFACE

DE LA HUITIÈME ÉDITION

PAR L'AUTEUR

L'ouvrage que nous publions aujourd'hui sous le titre de NOUVEAUX ÉLÉMENTS DE BOTANIQUE ET DE PHYSIOLOGIE VÉGÉTALE, peut être considéré comme une forme nouvelle, sous laquelle nous croyons devoir reproduire nos *Éléments de Botanique et de Physiologie végétale.* Sept éditions ont été successivement données de ce dernier ouvrage, que nous nous sommes efforcé, autant qu'il dépendait de nous, de tenir au courant de la science. Mais certains chapitres, par les développements qu'ils avaient pris successivement, présentaient une extension trop grande, et le volume de l'ouvrage s'était considérablement augmenté. Nous avons pensé que nous pouvions, sans inconvénient, retrancher ceux de ces détails qui n'offraient pas une importance réelle, de manière à rendre notre livre et plus clair et plus précis. Nous avons surtout adopté un format dont les avantages sont aujourd'hui justement appréciés pour tous les livres destinés aux éléments des sciences.

Mais ce que nous avons conservé avec soin, c'est l'ordre et la distribution des matières en chapitres distincts, qui permettent à celui qui commence l'étude de la science d'en embrasser successivement chaque partie aves facilité et clarté et dans l'ordre méthodique le plus propre à en faire bien comprendre les rapports. Nous ne croyons pas nécessaire de dire que nous n'avons rien omis de ce qu'il est utile de connaître, et l'on reconnaîtra facilement même que plusieurs chapitres sont à peu près textuellement les mêmes dans les NOUVEAUX ÉLÉMENTS que dans les *Élements de Botanique.*

Ce que nous avons cru pouvoir retrancher sans inconvénients, ce sont les détails historiques, sur certaines découvertes importantes que nous avions présentées *in extenso*, parce qu'à l'époque où nous les faisions entrer dans les diverses éditions de nos *Éléments*, elles étaient nouvelles pour la science, et avaient en quelque sorte besoin de plus longs développements pour y venir prendre leur place. Mais cependant nous avons eu grand soin, en parlant de chacune des découvertes qui sont venues successivement constituer la science telle qu'elle existe aujourd'hui, de conserver scrupuleusement les noms de tous les savants auxquels ces découvertes étaient dues. C'est un devoir pour celui qui rédige un ouvrage élémentaire que de montrer la part de chacun dans la construction de l'édifice de la science, en même temps qu'on familiarise les commençants avec les noms des hommes dont les découvertes ou les expériences sont venues petit à petit en fournir et en préparer les matériaux.

Dans la quatrième partie de notre livre, la phytographie, nous avons donné avec des détails convenables les caractères de toutes les familles du règne végétal, de toutes celles du moins qui sont adoptées par la généralité des botanistes. Et, afin de faciliter les recherches ultérieures à ceux qui voudraient approfondir plus particulièrement quelques-unes de ces familles, nous avons indiqué pour chacune d'elles, non-seulement les ouvrages généraux dans lesquels elles sont décrites, tels que les *Genera* de Jussieu, d'Endlicher, le *Systema* et le *Prodromus* de de Candolle, le *Naturâl System of Botany* de Lindley, etc., mais aussi les travaux spéciaux, les monographies, dont ces familles ont pu être l'objet. Par ce moyen nous croyons que ceux qui auraient l'intention d'étudier avec plus de soin et dans les détails les plus minutieux de son organisation une famille ou un groupe de famille, trouveront dans notre livre l'indication des principales sources auxquelles ils peuvent les puiser. Ainsi, pour le dire en un mot, nous avons cherché à simplifier l'étude de la botanique sans lui rien faire perdre de son caractère scientifique, et sans rien retrancher des faits récents et des expériences nouvelles qui depuis quelques années ont tant contribué aux progrès de la science des végétaux.

A. RICHARD.

Paris, 1er février 1852.

PRÉFACE

DE LA NEUVIÈME ÉDITION

PAR L'ÉDITEUR

La huitième édition des *Éléments de Botanique*, d'Achille Richard a paru en 1852. Le public réclamait une réimpression de l'ouvrage. Mais depuis sa dernière apparition, la science a marché, l'anatomie et la physiologie végétales surtout ont accompli des progrès notables dus aux travaux des botanistes français et allemands. Élève et ami de Richard, comme lui professeur dans une faculté de médecine, j'ai vu combien ses éléments faisaient défaut à nos élèves et à toutes les personnes qui veulent commencer l'étude de la botanique. Aucun écrivain n'en a exposé les éléments avec cette lucidité, cette simplicité qui caractérisaient son enseignement oral. Aussi ai-je respecté le texte de l'autéur. Sauf quelques corrections peu importantes, ce texte est celui de la huitième édition, mais j'ai cru devoir faire des additions nombreuses aux divers chapitres du livre de Richard : elles sont distinguées par des crochets [ ]. Ces additions portent surtout sur la partie anatomique et physiologique. En 1852, lors de son apparition, cet ouvrage était complétement au niveau de la science moderne; mais, depuis cette époque, les travaux de MM. H. Mohl, Duchartre, Tulasne, Unger, Trécul, Hofmeister, Nægeli, de Bary, Pringsheim, A. Gris et H. Schacht lui ont pour ainsi dire imprimé un mouvement nouveau. J'ai surtout largement puisé dans l'ouvrage de ce dernier savant, intitulé *Lehrbuch der Anatomie und Physiologie der Gewæchse*; il contient une foule d'observations propres à l'auteur et résume très-bien l'état de la science allemande sur la structure et les fonctions des végétaux. J'ai ajouté peu de chose à l'organographie. Si j'avais voulu le faire, je ne serais pas resté sur le terrain des connaissances élémentaires, dont le titre même de l'ouvrage m'interdisait de franchir les limites. La même considération m'a empêché de donner de grands développements à la géographie botanique; il m'a fallu résister à la tentation de développer outre mesure un chapitre qui se rattachait à mes voyages et à mes travaux personnels. J'ai été plus sobre encore d'additions pour les familles dont les délimitations et les caractères n'ont pas subi de changement notable depuis dix ans. Seulement, j'ai cru devoir donner une liste de ces familles, rangées d'après la classification de de Candolle. Sa division des Dicotylédones, sans être plus naturelle que les autres, est certainement plus compréhensible et plus facile pour les élèves. Je le sais par expérience.

Telles sont les principales additions faites au livre de Richard ; j'ai voulu ajouter quelques pierres à l'édifice qu'il avait élevé, mais je n'en ai modifié ni le plan; ni l'ordonnance. Tout changement aurait altéré l'harmonie de l'ensemble. La huitième édition avait été retravaillée avec un tel soin, une telle conscience par l'auteur, que douze ans après son apparition, rien de ce qu'il a écrit n'a été notablement infirmé par les progrès de la science, et la plupart de ses prévisions ont été confirmées de la manière la plus éclatante. Tout ce qu'il a dit conserve son intérêt historique et n'a été modifié que par des additions et des compléments. Remettre son livre sous les yeux du public était pour moi un devoir et un honneur : c'était un nouvel hommage rendu à une mémoire qui sera éternellement précieuse à tous ceux qui ont connu l'homme ou admiré le savant.

CHARLES MARTINS.

Montpellier, Jardin des plantes, mars 1864.

PRÉFACE

DE LA DIXIÈME ÉDITION

PAR L'ÉDITEUR

La neuvième édition des *Éléments de botanique et de physiologie végétale* ayant été épuisée dans l'espace de six années, j'ai dû songer à en donner une dixième édition. Comme dans la précédente, j'ai conservé à peu près intact le texte de l'auteur et me suis appliqué uniquement, ainsi que je l'avais déjà fait précédemment, à le mettre au courant de la science actuelle, par des paragraphes intercalés et distingués par des crochets [ ]. Les additions ont principalement porté sur l'anatomie et la physiologie végétales, dont les progrès ont été si rapides dans ces dernières années. Une seule partie a été presque complétement refondue, c'est la cryptogamie. L'organographie, la physiologie et la phytographie des végétaux inférieurs, que les travaux modernes ont pour ainsi dire transformées, n'étaient pas réunies dans un chapitre spécial de l'ouvrage de Richard. L'auteur n'en avait traité qu'incidemment, en parlant des végétaux supérieurs. Pour combler cette lacune, je me suis adjoint M. le Dr Jules de Seynes, agrégé d'histoire naturelle à la Faculté de médecine de Paris, que ses études spéciales avaient fortement préparé pour un travail de cette nature. C'est l'addition la plus importante que ce volume ait reçue ; les autres ne sont que partielles, sauf un chapitre sur les Flores insulaires qui complète la géographie botanique. J'ose donc espérer que cet ouvrage répondra comme auparavant aux besoins de ceux qui le prendront pour guide dans l'étude de la Botanique.

CHARLES MARTINS

Montpellier, Jardin des plantes, février 1870.

PRÉFACE

DE LA ONZIÈME ÉDITION

PAR L'ÉDITEUR

L'accueil favorable que le public n'a cessé de faire aux *Eléments de Botanique d'Achille Richard*, nous a imposé le devoir d'en faire paraître une onzième édition. Les huit premières ont été publiées par l'auteur lui-même ; la neuvième par moi seul ; la dixième par M. de Seynes et moi. Le texte de la présente a été revu avec soin et mis en rapport avec les progrès de la science sans toutefois altérer le fond primitif. Deux paragraphes nouveaux, l'un sur l'accord de la méthode naturelle et du principe de l'évolution, p. 359, l'autre sur la continuité de la végétation actuelle avec la végétation de l'époque tertiaire, p. 643, ont été intercalés dans le texte de l'édition présente. Mais l'addition la plus importante et qui sera le plus appréciée par les Étudiants consiste dans les quatre tables nouvelles qui donneront à ce Traité tous les avantages d'un répertoire ou d'un dictionnaire de Botanique. Grâce à ces tables le lecteur pourra trouver immédiatement tous les renseignements dont il peut avoir besoin. Nous allons le prouver.

La table générale des matières, due à Richard et placée immédiatement après le titre, donne les grandes divisions de l'ouvrage ; c'est le plan général du livre.

La table I, la première à la fin du volume, contient par ordre alphabétique la liste des familles décrites dans la Phytographie ; elle est encore due à Richard.

La table II donne; par ordre alphabétique et d'après le nom des auteurs, le titre complet des ouvrages cités en abrégé dans la Phytographie; elle a été également composée par Richard.

Les tables nouvelles sont :

La table III qui renferme tous les mots techniques de l'Organographie et de la Physiologie rangés alphabétiquement. L'élève, je suppose, désire se remémorer tout ce qui dans l'ouvrage se trouve sur l'embryon ou bien réunir des indications sur un point spécial de sa structure : il cherche le mot *embryon* et voit qu'il a été question de cet organe aux pages 178, 181, 255, 272, 296 et 315 où il rencontrera les renseignements désirés. On ignore la signification du mot *phyllode ;* on la trouvera p. 116. Un autre lecteur désire savoir ce qu'il y a d'essentiel à connaître sur le *prothallium* des cryptogames, des explications suffisantes se lisent aux pages 316, 322, 325, 332 et 403.

La table IV a une autre utilité ; elle contient l'énumération de toutes les espèces, genres et familles cités comme exemples dans l'Organographie et la Physiologie. Elle servira donc à retrouver toutes les indications qui, dans ces deux divisions, se rapportent soit à une plante spéciale, soit à des groupes de végétaux. Ainsi on voudrait lire tout ce qui se rapporte à la famille des Ombellifères sous le point de vue anatomique, organographique ou physiologique, on le trouve aux pages 194, 195, 198, 238, 241, 242 et 244. Tout ce qui est relatif au genre *Euphorbia* est indiqué aux pages 59, 102, 147, 256, 281, 295, 296. Pour l'espèce *Cycas revoluta* on aura recours aux pages 37, 74, 135, 293, 317 et 360. Pour l'acacia commun, aux pages 66, 106, 120, 138, 204, 284 et 364.

La table V sera certainement appréciée par le lecteur. La seule chose qu'on se rappelle souvent d'une observation, d'une théorie, d'une découverte, c'est le nom de celui qui l'a faite. Comment la retrouver? en consultant la table V où sont rangés suivant l'ordre alphabétique tous les auteurs mentionnés dans l'Organographie, la Physiologie et la Géographie botanique. Ainsi, cherche-t-on une observation faite par R. Brown sur le *nucleus ?* on la trouve p. 9 ; sur le mouvement des granules de la fovilla, appelé pour cela mouvement brownien ? il est décrit p. 222. En un mot tout ce qui se rattache au nom de Robert Brown dans ce volume se trouve aux pages 9, 222, 252, 257, 270, 295, 300, 360 et 463.

Les figures ont en botanique une importance capitale ; elles parlent à l'œil et sont préférables aux descriptions les plus minutieuses. Au moyen de la table VI on pourra utiliser les 380 figures qui ne servaient autrefois qu'à élucider le texte auquel elles étaient accolées. Ainsi, en cherchant le mot *blé*, on apprend que le fruit est figuré p. 282, la fécule qu'il contient p. 12, le grain p. 297, la germination p. 298. Veut-on voir les différentes formes de corolles? on trouvera sept indications de figures. Au nom de la Fougère mâle, *Pteris aquilina*, on lit que ses anthéridies sont figurées p. 319, ses anthérozoïdes p. 318 et 410, ses vaisseaux p. 30. Au nom du *Zannichellia palustris*, on voit que ses organes floraux sont figurés p. 417. Au nom *Bignonia Catalpa*, qu'ils le sont p. 512. Au mot *vaisseaux*, on est renvoyé aux p. 29, 30, 77, 26, 27, 32 où sont représentés les vaisseaux rayés, scalariformes, spiraux, spiro-annulaires et articulés.

Telles sont les améliorations principales qui distinguent cette édition de celles qui l'ont précédées. Pour les réaliser j'ai été puissamment aidé par M. Duval-Jouve, qui a bien voulu m'assister pour la révision du texte, la correction des épreuves et la confection des tables. Je suis heureux de lui en témoigner ici toute ma reconnaissance.

CH. MARTINS.

Jardin des plantes de Montpellier, mars 1876.

INTRODUCTION

On peut définir la BOTANIQUE : la partie de l'histoire naturelle qui a pour objet la connaissance des végétaux. Elle nous fait connaître la nature des tissus qui les composent, la forme, la position, les variations des organes qui les constituent, leurs fonctions et la part qu'ils prennent dans les phénomènes dont se compose la vie de la plante. Elle nous expose aussi les principes de leur classification, et nous indique enfin les caractères distinctifs et la distribution géographique des différents groupes établis dans le règne végétal.

Ainsi envisagée dans son ensemble, la botanique est une science très-vaste. Son étude attrayante offre une utilité incontestable par les applications qu'on peut en faire à l'agriculture et à l'horticulture, à la médecine, à l'industrie, suivant qu'on dirige plus spécialement son attention vers l'étude des plantes cultivées dans les champs, dans les jardins ou des plantes employées en médecine ou utiles aux arts et à l'industrie. On a établi dans la botanique six branches principales, savoir : 1° l'*anatomie* ou plutôt l'*histologie végétale;* 2° l'*organographie;* 3° la *physiologie végétale;* 4° la *taxonomie;* 5° la *phytographie* et 6° *la géographie botanique.*

I. L'ANATOMIE, ou *histologie végétale*, étudie les éléments anatomiques ou les *tissus élémentaires* des végétaux.

II. L'ORGANOGRAPHIE embrasse l'ensemble de l'organisation des plantes. Elle comprend : 1° l'*organographie* ou l'*anatomie descriptive*, qui fait connaître chacun des organes constituant la plante et signale dans la série végétale les variations qu'il peut présenter ; 2° la *morphologie*, qui suit les organes dans leurs transformations diverses; 3° l'*organogénie* ou l'étude des changements successifs qu'un organe éprouve, depuis le moment où il commence à se montrer jusqu'à son entier développement ; 4° enfin la *glossologie* ou *terminologie*, c'est-à-dire l'étude des termes employés dans la science pour dénommer chaque organe, et examiner les modifications qu'il peut offrir.

III. La PHYSIOLOGIE VÉGÉTALE étudie la plante dans son état de vie et nous expose les fonctions de ses organes et le mécanisme des actions diverses dont se compose la vie végétale.

IV. On donne le nom de TAXONOMIE, à la recherche des principes qui servent de base à la classification méthodique des végétaux et à l'exposition des divers systèmes qui ont été successivement proposés pour les disposer dans un ordre méthodique.

V. La PHYTOGRAPHIE a pour objet la description des plantes, soit individuellement pour en tracer le portrait ou le signalement, soit en les réunissant en groupes nommés *espèces*, *genres*, *ordres*, *familles;* c'est l'art d'exprimer les *caractères* des végétaux d'après la structure de leurs différents organes.

VI. La géographie botanique étudie la distribution des végétaux à la surface du globe et ses rapports avec les climats et les flores qui ont précédé celle qui nous entoure.

Telles sont les six branches fondamentales de la botanique et les divisions principales établies dans chacune d'elles. Ajoutons enfin que la botanique, par ses applications à la médecine ou aux arts, peut en quelque sorte former encore plusieurs branches distinctes comme la botanique *médicale*, la botanique *agricole*, la botanique *industrielle*, etc.

Les VÉGÉTAUX OU PLANTES, qui sont l'objet de la botanique sont des être organisés et vivants, privés de la faculté de se mouvoir, puisant dans les milieux où ils sont placés (air, sol ou eau) les matières inorganiques nécessaires à l'entretien et à l'accroissement de leurs organes et se reproduisant au moyen de germes qui naissent soit à leur surface, soit plus souvent dans leur intérieur.

En suivant l'ordre que nous venons d'indiquer, nous allons successivement étudier : 1° l'*anatomie* ou *histologie végétale*, c'est-à-dire les tissus élémentaires qui entrent dans la composition du végétal; 2° l'*organographie* ou la description de chacun des organes constituant la plante : à cette partie se rattacheront les considérations *organogéniques* et *morphologiques* relatives à chaque organe; 3° la *physiologie végétale*, qui nous fera connaître successivement les grandes fonctions dont se compose la vie de la plante, et la part qu'y prennent les différents organes qui la constituent.

Après avoir ainsi acquis une connaissance complète de l'organisation générale des végétaux et du mécanisme de leurs fonctions, nous passerons à l'étude des principes sur lesquels repose leur classification méthodique, c'est-à-dire à la *taxonomie* végétale, et enfin, dans la *phytographie* nous exposerons les caractères des groupes ou *familles naturelles* dans lesquels viennent se ranger tous les végétaux connus aujourd'hui. Un appendice sera consacré à la *géographie botanique*.

PRÉCIS

DE BOTANIQUE

ET DE

PHYSIOLOGIE VÉGÉTALE

PREMIÈRE PARTIE

ANATOMIE GÉNÉRALE OU HISTOLOGIE VÉGÉTALE

L'organisation intérieure d'un végétal, étudiée à l'aide du microscope, se montre composée : 1° de *cellules* ou *utricules*, à parois minces et diaphanes, d'une petitesse extrême, d'une forme variable, tantôt régulière, tantôt irrégulière ; 2° de *tubes* courts terminés en pointe à leurs deux extrémités ; 3° enfin de *vaisseaux* cylindriques ou anguleux, épars ou réunis en faisceaux. Telles sont les trois formes principales sous lesquelles se présentent les parties élémentaires qui entrent dans la composition des végétaux et auxquelles on a donné le nom de *tissu utriculaire*, de *tissu fibreux* ou *ligneux* et de *tissu vasculaire*. Ces trois tissus, qui au premier abord paraissent fort différents l'un de l'autre, ne sont cependant que des modifications d'un seul et même organe, l'*utricule* ou *cellule végétale*. C'est elle qui, par les variations qu'elle subit, sans néanmoins changer de nature, est la base, le point de départ de toutes les modifications qu'on observe dans les parties élémentaires dont se composent les végétaux. Nous allons traiter séparément des trois formes principales du tissu élémentaire, c'est-à-dire le tissu utriculaire, le tissu fibreux et les vaisseaux.

CHAPITRE PREMIER

TISSU UTRICULAIRE

Le *tissu utriculaire* ou *cellulaire* est la base de l'organisation végétale. Il se compose de vésicules ou utricules extrêmement petites, à parois d'une grande ténuité, toutes soudées entre elles et semblant former une masse continue. Ces éléments constitutifs du tissu utriculaire sont souvent unis ensemble au moyen d'une matière, sorte de colle organique, nommé *matière intercellulaire*. Quand on fait bouillir dans l'eau ou dans l'acide azotique étendu une petite masse de tissu végétal, la matière intercellulaire se dissout, et les utricules et les vaisseaux se séparent les uns des autres et montrent la forme qui leur est propre.

A. Formes des utricules. La forme des utricules est très-variable. Dans les végétaux ou les organes des végétaux, à la première période de leur développement, elle approche plus ou moins de celle d'une sphère, surtout quand les utricules restent isolées les unes des autres (*fig.* 1). Mais il est rare qu'elle se conserve longtemps dans cet état. Par suite de leur multiplication et des pressions variées auxquelles les utricules sont soumises, cette forme primitive est singulièrement modifiée. Ainsi elle devient plus ou moins anguleuse ou poliédrique. Dans le plus grand nombre de cas, chaque utricule examinée dans son ensemble, présente une forme dodécaédrique, de sorte que la coupe d'une masse de tissu utriculaire offre un grand nombre de petites cavités hexagonales, et par cela même quelque ressemblance avec un gâteau d'alvéoles d'abeilles. Rarement cette forme est parfaitement régulière, quoi qu'on l'observe quelquefois, quand la masse du tissu utriculaire a été exposée à des pressions à peu près égales dans tous les sens. Mais le plus ordinairement chaque utricule, bien que conservant, sur la coupe transversale, la forme hexagonale, est plus ou moins irrégulière, parce qu'une ou plusieurs de ces faces ont pris un développement plus considérable aux dépens des autres. Cette inégalité est quelquefois tellement marquée, qu'il est assez difficile, au premier abord, de reconnaître la forme hexagonale. Dans ces pressions inégales, il n'est pas rare de voir les utricules perdre successivement un de leurs côtés et offrir une coupe pentagonale ou même à quatre côtés seulement, il en est qui ont des rayons divergents et sont connues sous le nom de *cellules étoilées*.

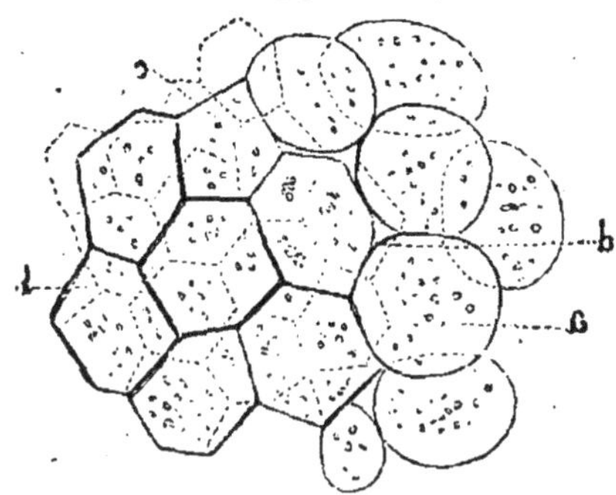

Fig. 1.

Les cellules ont parfois une forme plus ou moins allongée : on peut alors les comparer à de petits prismes à six, à cinq ou à quatre pans (*fig.* 2), tronqués carrément à leurs deux extrémités et superposés les uns sur les autres.

Fig. 1. Tissu utriculaire d'une tige d'angélique (*Angelica archangelica*, L.) : *a*, utricules globuleuses ; *b*, méat intercellulaire ; *c*, utricule pentagonale ; *d*, utricule hexagonale.

Enfin, il y a des utricules dont la forme est très-irrégulière et très-anomale. Telles sont celles qu'on observe au-dessous de l'épiderme de la face inférieure d'un assez grand nombre de feuilles. Elles semblent être, par leur forme anomale, le résultat de la soudure de plusieurs cellules entre elles, mais dont les cloisons ont complétement disparu. Nous reviendrons sur ces utricules irrégulières, en parlant de la structure des feuilles.

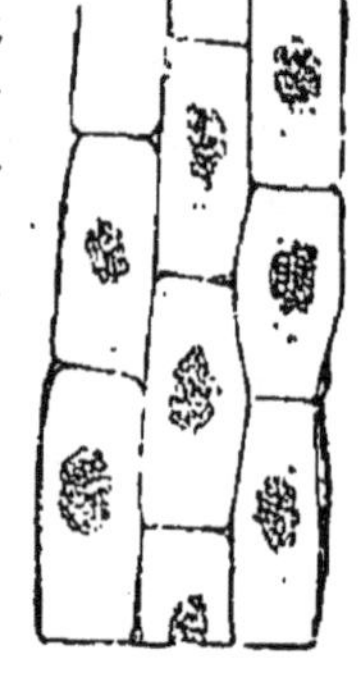

Fig. 2.

Quelques auteurs ont donné des noms différents au tissu utriculaire, suivant la différence de forme des utricules qui les composent. Mais ces noms nous paraissent tout à fait inutiles, et celui du *parenchyme* suffit pour exprimer un tissu composé d'utricules, par opposition à celui de *fibres* ou tissu fibreux, donné au tissu formé de fibres ou de vaisseaux.

Assez souvent les utricules de deux ou de plusieurs séries contiguës ne se touchant pas par tous les points de leur surface extérieure, laissent là un petit espace vide dont la continuité constitue ce que l'on a nommé *espaces*, *méats* ou *conduits intercellulaires* (*fig.* 3). Quelques auteurs en ont nié l'existence, et, en effet, ils ne sont pas toujours très-apparents, les parois des cellules contiguës se touchant presque complétement par tous les points, et ne laissant entre elles que des vides presque imperceptibles. Mais ils sont d'autres fois très-visibles. Ainsi, lorsque les utricules ont une forme qui approche plus ou moins de la globuleuse, on comprend qu'elle ne peuvent se toucher que par un certain nombre de points, et que par conséquent elles doivent, par leur réunion, laisser d'assez grands espaces vides. Ces espaces vides ou méats existent également lorsque les utricules sont anguleuses et polyédriques. Leur forme est très-variable. Ils sont quelquefois à trois ou à un plus grand nombre d'angles; d'autres fois, au contraire, ils sont tout à fait irréguliers. Les méats contiennent souvent de l'air et paraissent complétement obscurs, quand on soumet à l'examen microscopique une tranche mince de tissu utriculaire. Kieser et de Candolle, au contraire, les regardent comme destinés à contenir la séve. Ils en faisaient de véritables *vaisseaux séveux*.

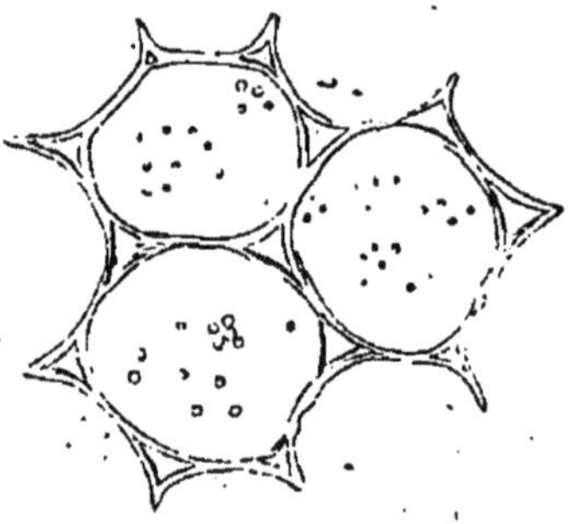

Fig. 3.

Fig. 2. Tissu utriculaire prismatique de la tige du *Caladium pinnatifidum*. Chaque utricule contient un groupe de petits cristaux.

Fig. 3. Tissu utriculaire de la tige du *Canna indica*, à utricules presque globuleuses montrant des méats intercellulaires triangulaires très-marqués.

[Les méats intercellulaires sont souvent remplis d'air, par exemple dans les tiges et les feuilles de beaucoup de plantes aquatiques, telles que les Joncs, les Nymphæacées, etc. Ces méats peuvent s'agrandir considérablement par la résorption de cellules existantes, comme on l'observe dans le chaume des Graminées ou les tiges des Orchidées.

Une substance appelée *intercellulaire* unit les cellules entre elles. C'est dans les Algues ou Fucus qu'elle est la plus abondante; quelquefois elle est si rare, qu'on l'aperçoit à peine au microscope. Mais, dans le *Chordaria scorpioïdes*, et dans le *Fucus vesiculosus*, Schacht a reconnu, à l'aide de réactions chimiques, que la substance intercellulaire est un résultat de la décomposition des parois de cellules qui n'existent plus, et renferme par conséquent des produits d'âges différents. La cuticule des Algues a la même origine. Dans le tissu cellulaire de l'Hellébore fétide et du Chardon à foulon (*Dipsacus fullonum*) la substance intercellulaire remplit complétement les intervalles des cellules, sauf la partie centrale qui est occupée quelquefois par une bulle d'air. L'iode et l'acide sulfurique colorent en bleu les parois des cellules, tandis que la substance intercellulaire reste incolore. En chauffant la préparation dans une solution de potasse, ces parois composées de cellulose se gonflent, tandis que la substance intercellulaire ne se gonfle pas; enfin, pendant que ces parois sont rapidement détruites par l'acide sulfurique, la substance intercellulaire résiste, tandis que suivant Schultz elle disparaît plus vite par la macération que la paroi cellulaire.]

B. NATURE DE LA MEMBRANE QUI FORME LES UTRICULES. En nous bornant à ce que nos sens peuvent nous montrer, la membrane primitive qui forment les utricules est ordinairement très-mince, parfaitement incolore et transparente. Quand le tissu utriculaire paraît coloré, cette coloration dépend ordinairement des matières contenues dans l'intérieur des vésicules. Dans les Fougères (*Pteris aquilina*) la paroi très-épaisse qui sépare deux cellules, contient une lame moyenne dure, colorée en brun sombre, et de chaque côté une enveloppe d'un brun clair (voy. Sachs, *Traité de botanique*, *fig*. 40). Si le tissu cellulaire est réuni en masse, chacune des petites lamettes ou cloisons qui sépare deux utricules contiguës est formée de deux feuillets intimement unis, puisque, comme nous l'avons dit précédement, le tissu cellulaire se compose de petits corps vésiculaires soudés entre eux.

La membrane de l'utricule est quelquefois d'une épaisseur très-notable et même fort considérable, et alors sa cavité est excessivement petite (*fig*. 4). Cet épaississement est dû à une matière d'abord liquide qui s'est déposée successivement sur sa paroi interne, où elle a formé des couches superposées : de telle sorte que la coupe transversale de l'utricule présente, dans l'épaisseur de ses parois, une suite de zones intimement unies entre elles. Quelquefois, certaines pointes de la membrane primitive, par suite d'une organisation originelle que l'œil ne peut discerner, restent à nu au moment où s'épanche la première couche déposée dans son intérieur; il résulte de là que cette couche secondaire présente des vides de forme variée, sous l'apparence de points ou de lignes plus claires (*fig.* 5). Généralement les couches qui se déposent ensuite conservent la même disposition; ces fentes et ces perforations, existant dans toutes les couches secondaires successives, forment des espèces de canaux qui s'étendent jusque dans l'intérieur de la cavité de l'utricule. Ce sont les ouvertures de ces canaux qui ont été décrites comme des pores et des fentes. Mais la membrane primitive n'est jamais perforée (*a*), excepté accidentellement.

Fig. 4.

Ce n'est pas, à proprement parler, la matière organique, qui se dépose sur certains points déterminés de la membrane interne de l'utricule et non sur certains autres, qui donne lieu à la formation des ponctuations et des lignes; mais bien plutôt certains points de cette membrane, par suite de leur organisation primitive, jouissent de la propriété d'absorber et de s'assimiler le fluide nutritif. Par suite de cette absorption, ces portions de la membrane primitive s'accroissent en épaisseur, en conservant néanmoins les mêmes caractères et les mêmes propriétés. Cet épaississement se continue dans ces points, sans avoir lieu dans ceux qui ne jouissent pas de la même propriété d'absorption. Ces derniers, restant minces et réduits à la membrane primitive, constituent, suivant leur forme, les ponctuations et les lignes transparentes qui ont été prises pour des *pores* ou pour des *fentes*. Il résulte de là que, contrairement à l'opinion généralement adoptée, l'épaississement des parois dans les utricules et les vaisseaux *ponctués* et *rayés* n'est pas le résultat d'une action en quelque sorte mécanique, analogue au dépôt qui se ferait dans les tubes inertes, mais un phénomène physiologique.

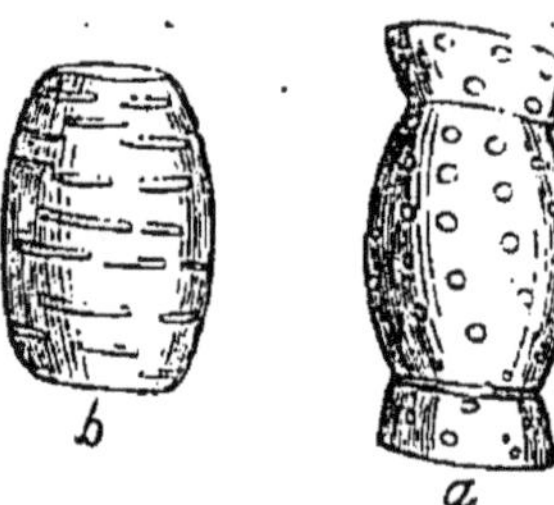

Fig. 5.

Ainsi en résumé, la membrane qui constitue les utricules peut être : 1° *simple*, mince, transparente et dépourvue de ponctuations et de raies transversales; 2° elle peut être *épaissie* par des couches concentriques déposées à son intérieur et étroitement unies entre elles; 3° elle peut offrir soit des *ponctuations*, soit des *rayures* transparentes et

Fig. 4. Utricules à parois très-épaisses, percées de canaux pariétaux, pris dans l'écorce du *Podocarpus dacryoïdes*.

Fig. 5. Utricules prises dans la moelle du sureau (*Sambucus nigra*) : *a*, utricule ponctuée, *b*, utricule rayée.

transversales ; 4° enfin, la face interne des utricules peut présenter une ou plusieurs lames ou filaments roulés en hélice. Cette modification constitue ce que l'on a appelé les *cellules fibreuses,* ou le tissu *fibroso-utriculaire.* Nous en traiterons p. 20.

[Considérée chimiquement, la membrane extérieure des cellules est de la cellulose qui se dissout dans l'acide sulfurique et se gonfle dans une solution de potasse caustique ; cette substance, dont Payen a le premier montré la grande importance, est isomère avec la fécule et la dextrine ; elle ne contient pas d'azote, car sa composition est représentée par la formule $C^{12}H^{20}O^{10}$. Pringsheim la considère comme une sécrétion du liquide *(protoplasma)* qu'elle enveloppe. L'addition successive de couches concentriques intérieures s'explique de la même manière. Il résulte de ce mode de formation que la couche la plus intérieure est toujours la plus jeune.]

C. Matières contenues dans les utricules. Les matières sont très-variées : elles sont *liquides, gazeuses* ou *solides.*

I. Matières liquides et gazeuses. — [Nous distinguerons d'abord le *protoplasma,* c'est une substance muqueuse et granuleuse riche en azote qui entoure le *nucléus,* et occupe principalement le centre des jeunes cellules qu'elle remplit d'abord entièrement ; elle ne se mêle pas avec les autres liquides contenus dans la cellule et est souvent animée d'un mouvement giratoire ; une membrane extrêmement fine appelée *vésicule primordiale* la sépare des autres liquides contenus dans la cellule. La circulation du protoplasma dans les cellules des *Chara, Nitella, Hydrocharis, Vallisneria,* et les poils des étamines des *Tradescantia* montre que les courants se croisent, vont d'une paroi à l'autre et par conséquent que le liquide plasmatique se meut dans une cavité comprise dans celle de la cellule. Le liquide contenu dans la cellule est de l'eau rarement incolore, elle est ou troublée dans les jeunes cellules par du protoplasma divisé, colorée par les substances solides ou liquides dont nous allons parler. Quelquefois cette eau est chassée par des huiles sécrétées par la cellule elle-même ; elle disparaît dans les vieilles cellules du bois, du liége où elle est remplacée par de l'air. Ces cellules doivent être considérées comme mortes, quoiqu'elles jouent encore un rôle important dans les fonctions végétatives de la plante.]

II. Matières solides. — Elles sont plus nombreuses et plus importantes à étudier, à cause du rôle qu'elles jouent dans les phénomènes de la nutrition. Les principales de ces matières sont : le *nucléus,* la *chlorophylle,* la *fécule* et les *cristaux.*

1° Le nucléus ou noyau. On trouve toujours, dans l'intérieur des jeunes utricules, un corps de forme lenticulaire ou irrégulièrement globuleux, appliqué contre un point de leurs parois, au milieu du protoplasma, et qu'on a nommé *nucléus* ou noyau (*fig.* 6). Ce corps, auquel quelques phytotomistes font jouer un rôle extrêmement important dans la multiplication des utricules, a été nommé, pour cette raison, *cytoblaste* par Schleiden. Selon cet ingénieux observateur, le cytoblaste se compose d'un certain nombre de corpuscules extrêmement petits, de forme indéterminée, qu'on a nommés *nucléoles*. Pour Schleiden, ces *nucléoles* seraient des cellules rudimentaires.

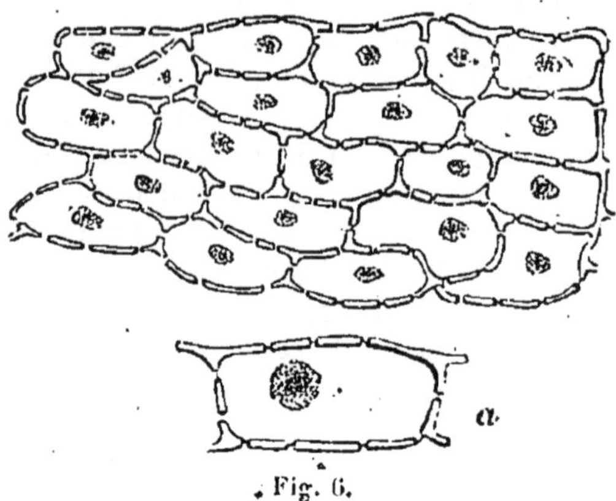

Fig. 6.

Le nucléus, selon Schleiden, existe surtout dans les cellules jeunes; il s'atrophie et se résorbe quelquefois complétement par les progrès de la végétation, aussi manque-t-il dans un grand nombre d'utricules. Unger (*Ann. sc. nat.*, XVII, p. 232) assure, au contraire, qu'il n'existe pas dans les utricules très-jeunes, ce n'est qu'un peu plus tard qu'il commence à se montrer. Je partage cette opinion, et bien fréquemment j'ai reconnu dans le tissu utriculaire un noyau qui n'existait pas dans ce tissu à son état naissant.

On voit parfaitement cet organe dans les plantes de la famille des Orchidées, où il a été signalé pour la première fois par l'illustre Rob. Brown. Dans les feuilles de l'*Orontium japonicum*, il suffit d'enlever l'épiderme, chaque cellule sous-jacente présente un nucléus bien manifeste. C'est celui que nous figurons ici. Dans le tissu cellulaire des feuilles des *Commelina*, le nucléus est très-apparent, surtout quand on l'a placé dans une petite quantité de teinture d'iode. Il prend une couleur brune très-manifeste, et l'on distingue avec la plus grande facilité qu'il se compose de globules irrégulièrement arrondis et transparents. Ces corpuscules sont-ils pleins ou creux? en un mot, sont-ce des globules ou des utricules?

Dujardin (*Observat. au microscope*, p. 202) a émis une opinion fort différente de celle de Schleiden sur l'origine et les fonctions du nucléus, opinion en rapport avec celle de Unger. Pour lui, ce corps résulte de la condensation de cette matière mucilagineuse qui tapisse l'intérieur des utricules. Cette matière, entraînée par le courant du liquide qui exécute un mouvement de gyration dans ces cellules, se condense en un corps irrégulièrement ovoïde qui finit par s'appliquer contre un point de la paroi de l'utricule et y reste adhérent. Le nucleus n'aurait donc pas les fonctions importantes que quelques

Fig. 6. Tissu utriculaire ponctué de la feuille de *Orontium japonicum*, dont chaque utricule contient un noyau ou *nucléus*.

a, l'une de ces utricules plus grossie pour faire voir la forme lenticulaire du nucléus.

phytotomistes lui attribuent. Pour mon compte, j'ai examiné avec beaucoup de soin du tissu cellulaire à noyau de plusieurs végétaux, dans toutes ses périodes de développement, et je n'ai jamais pu voir dans le nucléus aucun changement qui annonçât que ce petit corps fût le siége de la formation des utricules nouvelles.

2° La *chlorophylle* ou *matière verte* des végétaux se trouve dans toutes les parties du tissu utriculaire offrant la coloration verte. Elle existe dans l'intérieur des utricules et laisse apercevoir sa couleur verte à travers les parois minces et complétement diaphanes. C'est elle qui est en si grande abondance dans le tissu des feuilles. Mohl (*Ann. des sc. nat.*, IX, p. 150) nous a exposé la véritable nature de la chlorophylle. Elle peut se présenter sous deux formes différentes : 1° en grains ou granules ; 2° en masse gélatineuse informe.

La chlorophylle se montre plus souvent sous la forme de grains verts. Ils sont ou isolés, ou réunis et rapprochés, le plus communément, d'une forme globuleuse, tantôt appliqués contre la paroi interne des utricules, tantôt nageant dans le liquide qui les remplit. Si l'on soumet ces globules à l'action de l'iode, on voit à la longue qu'ils se composent d'une masse de matière verte, contenant quelquefois un, quelquefois deux ou quatre grands granules de fécule. La matière gélatineuse verte se colore en jaune ou en brun par l'iode, et les granules d'amidon prennent la couleur bleue qui les caractérise, et qui apparaît plus ou moins facilement, et avec une pureté de teinte en rapport avec la minceur de la pâte gélatineuse qui les enveloppe.

La chlorophylle *informe* se compose d'une masse gélatineuse dans laquelle sont épars des granules d'amidon.

En étudiant le mode de formation de la chlorophylle, on a reconnu que tantôt c'était la matière verte qui se formait la première, et tantôt, au contraire, que c'était l'amidon. Dans les feuilles, c'est en général l'amidon qui se montre d'abord. En effet, dans les feuilles excessivement jeunes, les grains de chlorophylle, malgré leur couleur verte, prennent par l'iode une teinte bleue presque pure, ce qui annonce que la couche gélatineuse qui enveloppe le grain ou les grains d'amidon est fort mince. Dans les mêmes feuilles parfaitement développées, la teinte bleue apparaît plus obscurément, parce que la couche gélatineuse a pris plus d'épaisseur. Ainsi les grains d'amidon se forment dans les organes, avant même qu'ils soient soumis à l'action de la lumière. Les mêmes grains, sous l'influence du fluide lumineux, se recouvrent d'une couche de matière verte ou de chlorophylle, dont la formation est par conséquent postérieure à celle de l'amidon.

La chlorophylle n'est pas un principe immédiat ; c'est un composé de matières diverses, de cire, de résine et d'un sel de fer. Sous ce dernier point de vue, elle semble avoir quelque analogie avec le sang des animaux, qui toujours contient du fer. Quand une plante s'est étiolée par sa végétation dans un lieu obscur, elle devient pâle et en quelque sorte *chlorotique*. Si on l'arrose avec un sel de fer, on lui voit reprendre en peu de temps sa couleur verte et sa santé, de même qu'un individu affecté de chlorose reprend sous l'influence d'un médicament ferrugineux la coloration vermeille qui est naturelle à la santé.

Si, au lieu du tissu cellulaire d'une feuille, on observe celui d'un pétale ou de tout autre organe diversement coloré, on voit que la coloration est en général due à une autre cause. En effet, il est fort rare de trouver des granules d'une autre couleur que la verte. Les teintes variées des pétales, par exemple, sont dues à un liquide coloré répandu dans le tissu cellulaire placé sous l'épiderme. C'est ce que l'on peut reconnaître en soumettant au microscope un fragment de pétale de rose, de camélia, etc. On voit leur tissu rempli par un liquide coloré, qui lui donne la nuance qu'il présente. Quand les feuilles sont colorées, par exemple celles du *Dracæna terminalis*, qui sont d'une couleur pourpre très-intense, cette coloration est également due à un liquide épanché dans le tissu placé sous l'épiderme, et le parenchyme intérieur de la feuille contient des granules verts de chlorophylle.

[La composition chimique de la chlorophylle est représentée par la formule $C^{18}H^{18}N^{2}O^{8}$ qui se rapproche beaucoup de celle de l'indigo. Voilà pourquoi certaines plantes, telle que la *Mercurialis perennis* du midi de la France, passent au bleu à la suite d'une longue exposition au soleil et fournissent à la teinture un principe colorant bleu.]

On ne doit donc pas, selon nous, adopter l'expression de *chromule* substituée par de Candolle à celle de *chlorophylle*. En effet, comme nous venons de le dire, la matière colorante n'est pas de même nature dans tous les organes colorés, ainsi que l'ont avancé beaucoup de phytotomistes. Tantôt elle est due à des granules enveloppés d'une pâte de couleur verte, tantôt à un liquide qui lui-même est coloré. Mais, nous le répétons, les parois des utricules sont ordinairement incolores. Quand les organes sont colorés par un liquide, les utricules contiennent souvent des granules de fécule, qui, plongés dans le liquide, ont pu quelquefois tromper les observateurs et être pris pour des globules colorés. Retirés du liquide, ces corpuscules sont incolores, et l'iode leur communique de suite une belle teinte bleue. Les tissus qui sont ainsi colorés par un liquide de nuance variée conservent leur coloration, même dans la plante desséchée. La partie aqueuse du liquide s'est évaporée ; mais le principe colorant qu'il contenait a pénétré dans le tissu même, s'est en quelque sorte combiné avec lui, comme dans l'art de la teinture les principes colorants se fixent et se combinent avec les tissus qu'on a plongés dans la cuve du teinturier.

Quant à la coloration blanche que présentent quelquefois les pétales ou les autres parties des plantes, elle dépend non pas de granules de cette couleur, mais de l'air contenu dans leurs utricules, qui sont tout à fait dépourvues de matière colorante. C'est ce qui résulte d'expériences tentées à ce sujet par Dutrochet, qui a vu que des pétales blancs, placés sur l'eau et soumis à l'action de la machine pneumatique, perdaient leur couleur blanche opaque et devenaient transparents et incolores, parce que l'eau pénétrant dans leur tissu y remplaçait l'air.

2° FÉCULE OU AMIDON. La fécule existe dans un grand nombre de parties des végétaux, dans des tubercules souterrains, des tiges, des feuilles, des fruits, des graines, etc. Elle se montre sous la forme de granules parfaitement incolores et transparents, d'une forme et d'une grosseur très-variables, libres à la face interne des utricules. C'est par leur incoloréité et leur volume ordinairement plus considérable, que les granules de fécule se distinguent des autres corpuscules contenus dans le tissu utriculaire (*fig.* 7). Si l'on prend, par exemple, une tranche très-mince d'un tubercule de pomme de terre et qu'on l'examine au microscope, on voit les cellules du tissu qui forme la masse charnue du tubercule, remplies de corpuscules incolores d'un volume extrêmement variable, puisque les uns ont jusqu'à un dixième de millimètre, tandis que les autres ont à peine un centième ou un deux centième de millimètre. Parmi ces granules, les uns ont une forme globuleuse (*b*), les autres sont ovoïdes (*a*), allongés ou même anguleux, mais à angles mousses.

Fig. 7.

Fig. 7. Grains de fécule : *a*, *b*, de la pomme de terre ; *c*, du blé.

La structure de la fécule n'a été parfaitement connue que depuis un petit nombre d'années. Chaque grain de fécule est un corps solide, le plus souvent sans nulle trace de cavité, composé de couches concentriques juxtaposées, ayant une même nature chimique, mais une cohésion plus faible dans les couches les plus intérieures.

La forme et les dimensions de ces grains sont très-variables dans les divers végétaux, mais assez constantes pour pouvoir distinguer les fécules que l'on extrait de chacun d'eux. A la surface de la plupart de ces grains, on aperçoit quelquefois deux ou même trois petites cicatrices punctiformes nommées *hiles* ou mieux *ostioles*. L'ostiole est l'ouverture d'un petit canal en forme d'entonnoir qui pénètre jusque vers le centre du globule. Il est souvent environné de lignes circulaires et concentriques. Quelquefois de ce point partent en divergeant, et sous forme d'étoile, des fentes qui pénètrent plus ou moins profondément la substance du grain de fécule (*fig.* 7, *b*), en laissant quelquefois apercevoir les couches concentriques qui le composent. Le grain de fécule, quand il est très-jeune, commence par être une vésicule percée d'un trou. C'est par cette ouverture que pénètre par un mouvement d'intussusception la matière qui vient successivement se déposer par couches. A chaque dépôt, la vésicule primitive se dilate par une sorte de phénomène d'endosmose, jusqu'à ce qu'elle ait acquis trop de solidité pour céder à ce mouvement d'expansion, et c'est alors que son accroissement s'arrête. L'ostiole n'est donc pas un point par lequel le grain de fécule est attaché aux parois de l'utricule, mais c'est la cicatrice du canal par lequel la fécule à l'état de dissolution a pénétré dans la vésicule.

[Pour étudier la structure que présentent les grains de fécule de divers végétaux, M. Rivot, puis M. Moitessier[1] ont employé la lumière polarisée avec un grossissement de 200 fois. Le liquide dans lequel on place les grains de fécule sur le porte-objet du microscope n'est pas indifférent : M. Moitessier recommande la glycérine sirupeuse du commerce. La conformation des grains des farines de blé, de maïs, de la fécule de pomme de terre et de celle de haricot devient alors tellement évidente et tellement distincte, qu'il est facile de reconnaître les mélanges de ces différentes substances et les sophistications dont elles sont souvent l'objet.]

L'amidon est une matière essentielle à la nutrition végétale. Il est tout à fait insoluble dans l'eau froide. Nous verrons, en parlant de cette grande fonction, par quel phénomène remarquable il devient soluble et peut être dissous et transporté dans toutes les parties de la plante.

[L'*inuline*, dont la composition chimique, $C^{12}H^{20}O^{10}$, est la même que celle de la fécule, la remplace dans certaines plantes. Quand on laisse reposer pendant quelques jours le suc des racines du *Dahlia variabilis*, l'inuline se précipite sous la forme d'une poudre blanche ; il semblerait donc qu'elle y est dissoute ; cette substance n'est peut-être qu'une transformation de la fécule : comme elle se change facilement en sucre, d'après les observations de Mulder et de Payen, on peut la regarder comme un corps de transition entre la fécule et le sucre.

La gomme et la dextrine sont également en solution dans le liquide intracellulaire, ainsi que les sucres de canne ou de raisin qui ne sont que des transformations des substances précédentes. On reconnaît également dans les utricules l'existence des huiles grasses (graines des Amygdalées et des Crucifères), des huiles volatiles dans les feuilles et le péricarpe des espèces du genre *Citrus*, et dans les graines mûres des Ombellifères. Nous signalerons enfin les résines, la cire et le caoutchouc comme des principes qu'on rencontre dans les cellules de certains groupes naturels dans les végétaux.]

[Dans le tissu cellulaire qui compose les graines oléagineuses, on trouve des corps arrondis ou anguleux qui sont des grains d'*aleurone*, dont la masse consiste toujours essentiellement en matière protéique.]

[1] *Annales de physique et de chimie*, 3e série, t. LXVII, et *Mémoires de l'Académie de Montpellier*, t. VI, p. 336.

3° Cristaux. On trouve, dans le tissu utriculaire des végétaux, des cristaux de différents sels, et souvent avec des formes parfaitement régulières et déterminées. Tantôt ces cristaux sont isolés, tantôt ils sont réunis en masses plus ou moins volumineuses, mamelonnées ou hérissées de pointes (*fig*. 8). Ils se montrent sous la forme de rhomboèdres (*a*), de cubes (*c*), d'octaèdres ou de prismes (*b*) diversement terminés; ils sont composés, soit de carbonate, soit d'oxalate de chaux. Quelquefois les cellules qui les contiennent ne diffèrent pas sensiblement des autres parties de la masse tissulaire, d'autres fois elles sont manifestement plus grandes.

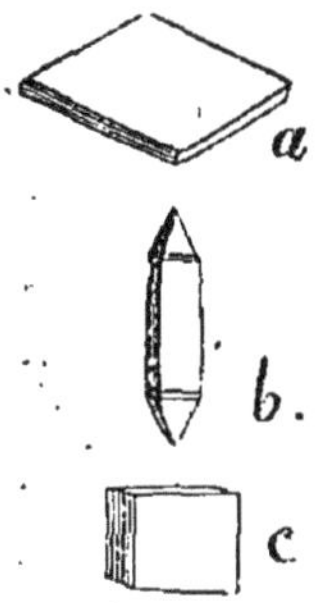

Fig. 8.

Il est une forme particulière de ces cristaux qui est très-commune dans les végétaux, soit monocotylédonés, soit dicotylédonés : ce sont ceux qu'on désigne, avec de Candolle, sous le nom de *raphides* (*fig*. 9). Ils sont allongés sous la forme d'aiguilles ou de longs prismes excessivement grêles, terminés à leurs deux extrémités par des sommets pyramidaux très-fins. Leur extrême ténuité s'oppose ordinairement à ce qu'on puisse déterminer rigoureusement leur forme. Kieser est le premier (*Organ. des plant.*, p. 94 et 112) qui ait reconnu que ce sont de véritables cristaux. Ils sont réunis en nombre extrêmement considérable dans une même utricule (*fig*. 9), rapprochés, serrés les uns contre les autres et parallèles entre eux.

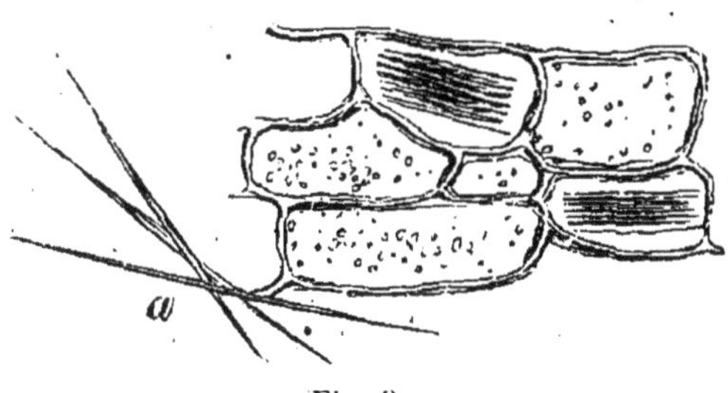

Fig. 9.

Les cellules qui contiennent les cristaux sont, en général, dépourvues de chlorophylle. On doit à Payen des observations très-intéressantes sur ce sujet. (*Voy*. son cinquième mémoire sur le développement des végétaux.) Il a reconnu que les cristaux contenus dans le tissu utriculaire des végétaux n'y sont pas répandus au hasard, mais qu'ils se déposent toujours dans les *cellules* d'un tissu organique qui détermine et limite leur agglomération. Ces cellules, moules des cristaux, deviennent apparentes quand, à l'aide d'un acide étendu, on a dissous la matière saline; la cellule seule reste avec sa forme.

Payen a reconnu l'existence de ce tissu servant de noyau et d'enveloppe, non-seulement pour les concrétions pédiculées de carbonate de chaux, si communes dans les feuilles des figuiers et de presque

Fig. 8. Cristaux contenus dans les utricules : *a*, table rhomboédrique; *b*, prisme à quatre pans terminé par des pyramides à quatre faces; *c*, cube.

Fig. 9. Raphides ou cristaux en aiguilles contenus dans le tissu utriculaire des feuilles du *Pothos crassifolia*; *a*, raphides isolées et plus grossies.

tous les végétaux de la famille des Urticées, mais dans toutes les autres cristallisations d'oxalate de chaux qu'on observe dans les végétaux d'une foule d'autres familles (Polygonées, Aurantiacées, Juglandées, *fig.* 10, etc.). Les raphides elles-mêmes sont enveloppées d'une pellicule commune qui recouvre la masse de toutes celles qui sont réunies dans une même cellule. Il y a plus : par des procédés extrêmement délicats, cet habile chimiste a reconnu que chaque raphide était recouverte d'une enveloppe spéciale d'une excessive ténuité.

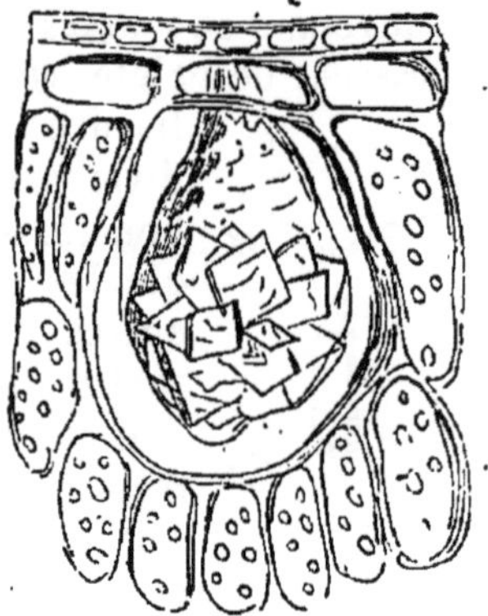

Fig. 10.

L'existence de la formation de différents sels dans l'intérieur du tissu des végétaux n'a rien qui puisse nous surprendre. On sait que, par les progrès de la végétation, il se forme des acides dans les organes végétaux. Or ces acides se trouvent mis en contact avec les bases que les racines ont puisées dans le sein de la terre, soit à l'état de dissolution, soit simplement suspendues dans l'eau, et ont ainsi formé des sels insolubles (carbonate et oxalate de chaux) qui ont cristallisé.

Maintenant quelle est l'origine du noyau organique qui sert de base aux concrétions cristallines? Est-ce un appareil spécial uniquement destiné à servir à la formation des cristaux? Cette opinion paraît être celle de Payen. Je hasarderai ici une explication qui me paraît réunir en sa faveur quelque probabilité. L'enveloppe membraneuse qui recouvre chaque cristal en particulier, loin d'avoir précédé ce dernier qui se serait formé dans son intérieur, ne serait-elle pas secondaire? Une fois formé, chaque cristal plongé dans le liquide nutritif se recouvre petit à petit d'un dépôt de matière organique qui forme une couche mince s'appliquant exactement sur sa surface. Il me paraît bien difficile d'expliquer autrement la formation de ces utricules si minces et si déliées qui recouvrent chacune de ces raphides ordinairement réunies en si grand nombre dans une vésicule.

Lacunes. — On appelle ainsi des cavités accidentelles qui se forment au milieu des organes composés de tissu cellulaire. Ces lacunes sont ordinairement le résultat de la déchirure et de la destruction partielle de ce tissu. Ainsi on les trouve abondamment dans les tiges et les feuilles d'un grand nombre de végétaux qui vivent dans l'eau au voisinage des eaux, comme les carex, les joncs, les scirpes, les souchets, etc. La cavité qu'on observe dans l'intérieur de la tige des Graminées, des Ombellifères, et d'un grand nombre d'autres plantes herbacées dont la

Fig. 10. Cristaux agglomérés des cellules du noyer (*Juglans regia*). Ces cristaux d'oxalate de chaux sont réunis dans un amas du tissu utriculaire irrégulier, qui naît par un pédicule dans une grande utricule placée sous l'épiderme.

croissance a été très-rapide, est une véritable lacune. La moelle du noyer (*fig.* 11) et de l'arbre de Judée présente aussi un grand nombre de chambres superposées, séparées par des cloisons minces, auxquelles on doit également donner ce nom. Toutes les parties dans lesquelles on les observe, ont d'abord été pleines et continues; c'est par suite de leur développement que ces cavités se sont formées à leur intérieur, soit par la déchirure et l'écartement, soit par la destruction partielle du tissu cellulaire. La cavité des lacunes n'est pas tapissée par une membrane propre, mais par une sorte de membrane accidentelle, résultant de la condensation du tissu cellulaire, aux dépens duquel elle a été formée. Leur forme est très-variable. Le plus souvent elle est tout à fait irrégulière. D'autres fois, au contraire, quoique plus rarement, elle offre une régularité remarquable. Les lacunes généralement contiennent de l'air, quelquefois des sucs résineux.

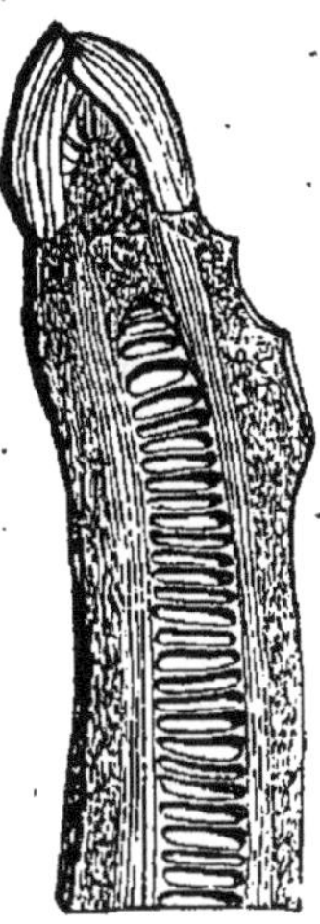

Fig. 11.

[Ces lacunes sont très-remarquables dans les racines aérifères des espèces aquatiques du genre *Jussiæa* et en particulier du *Jussiæa repens*. Sous le microscope ces cellules remplies d'air paraissent noires, tandis que celles de la périphérie déchirées et vides sont incolores. Les cellules sont souvent en forme de fourche et comprennent entre elles des lacunes dont le diamètre est quadruple ou quintuple de celui des cellules. Ch. Martins et A. Moitessier se sont assurés que l'air contenu dans ces lacunes était composé de 7 à 14 p. 100 d'oxygène et 86 à 93 p. 100 d'azote.]

Modes de formation et développement du tissu utriculaire — Comment se forme le tissu utriculaire? D'où les utricules nouvelles qui viennent sans cesse s'ajouter à celles qui existaient primitivement et qui en augmentent incessamment la masse tirent-elles leur origine? Ce sont là des questions intéressantes, mais difficiles à résoudre.

La multiplication du tissu utriculaire peut se faire de différentes manières; nous allons examiner successivement les deux procédés principaux de cette multiplication.

1° ACCROISSEMENT EXTRA-UTRICULAIRE. Dans les organes jeunes et en état de développement, le tissu utriculaire est imprégné d'une très-grande quantité de fluide nutritif. Celui-ci existe non-seulement dans l'intérieur des utricules, mais il occupe aussi les espaces laissés vides entre elles formant les méats ou espaces *intercellulaires*. Il arrive quelquefois que ce fluide nutritif, auquel Duhamel avait donné le nom de *cambium*, s'accumule dans ces espaces, les dilate et y acquiert une

Fig. 11. Lacunes ou cavités accidentelles dans le tissu cellulaire de la moelle dans la tige du noyer (*Juglans regia*).

consistance de plus en plus considérable. C'est alors que quelques auteurs, et particulièrement de Mirbel, à qui l'anatomie végétale doit tant de belles découvertes, pensent que ce liquide, ainsi condensé, finit insensiblement par s'organiser en utricules nouvelles, qui viennent ainsi augmenter le volume de l'organe. Ce dernier savant (*Nouv. notes sur le Cambium*, Mém. de l'Inst., XVIII) a suivi cette formation dans toutes ses phases : selon lui, dans les points où doivent se former de nouvelles utricules, on voit petit à petit apparaître des mamelons arrondis et gélatineux. C'est le *cambium à l'état globuleux*. Bientôt chacun de ces mamelons, d'abord parfaitement transparent, présente une petite tache légèrement opaque : c'est qu'une cavité s'est formée dans leur intérieur, et on a le cambium *cellulo-globuleux*, ou le second degré de transformation du fluide nutritif. En peu de temps la cavité intérieure se dilate, les parois deviennent de plus en plus minces, et le tissu de nouvelle formation finit par présenter les caractères du tissu utriculaire anciennement formé.

Cette théorie de M. de Mirbel a été combattue par la plupart des phytotomistes, et surtout en Allemagne par Unger et Mohl.

De Mirbel a constaté dans le *Marchantia*, petite plante acotylédone appartenant à la famille des Hépatiques, une formation d'utricules nouvelles qui rentre encore dans le déveppement *extra-utriculaire*. Les séminules de cette plante consistent en une simple utricule remplie de matière organique. Quand elles germent, pour former un nouvel individu, elles s'allongent en un tube grêle et court, qui, petit à petit, se renfle en une utricule nouvelle. Celle-ci forme à son tour un tube qui bientôt se convertit en une utricule, et ainsi successivement. Le nombre des utricules allant en croissant et chacune d'elles devenant en quelque sorte un centre d'où naissent par le même procédé de nombreuses utricules nouvelles, il en résulte d'abord une masse amorphe qui, petit à petit, prend les caractères et la forme de la jeune plante qu'elle va constituer.

2° Accroissement intra-utriculaire. En parlant précédemment du *nucléus* contenu fréquemment dans les vésicules du tissu utriculaire, nous avons déjà dit quelques mots de la théorie ingénieuse de Schleiden, sur la formation du tissu cellulaire, et qu'il a développée dans un mémoire spécial sur la *Phytogénésie* (*Ann. sc. nat.*, XII, p. 242). Nous allons la faire connaître ici. Le nucléus a été, selon Schleiden, l'origine de la cellule contre les parois de laquelle on le trouve appliqué. Quelques organes se prêtent mieux que d'autres à suivre les phénomènes de cette transformation ; tels sont, par exemple, le sac embryonnaire de l'ovule et l'embryon lui-même. Dans le lieu où doivent se former de nouvelles cellules, s'épanche d'abord une matière mucilagineuse, qui est destinée à devenir l'origine des tissus qui vont se développer. En effet, on voit bientôt apparaître de petits granules, qui troublent la solution gommeuse jusqu'alors homogène, ou même la rendent tout à fait opaque. C'est dans cette masse que se forment des granules isolés plus gros et plus nets, et bientôt se montrent aussi les *cytoblastes* ou *nuclei* qui paraissent autour de certains granules comme une coagulation granuleuse. Aussitôt que les cytoblastes ont atteint toute leur grosseur, dit Schleiden, il s'en élève une vésicule fine, transparente ; c'est la jeune cellule, qui d'abord se montre comme un segment de sphère très-aplati, dont le côté plan est formé par le cytoblaste et le côté convexe par la jeune cellule, qui représente comme un verre d'une montre par rapport à la montre. Dans leur milieu naturel, on les reconnaît presque uniquement à ce que l'espace compris entre le cytoblaste et leur convexité, rempli par un liquide clair et transparent et probablement aqueux, est limité par les petits granules mucilagineux repoussés par son accroissement et accumulés à sa surface. Mais si l'on isole ces jeunes cellules, on peut facilement en détacher tous les grains de mucilage. On ne saurait, il est vrai, les observer longtemps; car elles se dissolvent entièrement au bout de quelques minutes dans l'eau distillée, et les cytoblastes seuls persistent. Mais successivement la vésicule se dilate et devient plus consistante, et ses parois sont alors formées d'une gelée, à l'exception du cytoblaste qui fait constamment partie de la paroi. En peu de temps la cellule s'accroît et devient bien vite si grande, que ce dernier ne paraît plus être qu'un petit corps enclavé dans une de ses parois latérales; il est rare que le cytoblaste persiste, et qu'on puisse l'observer longtemps dans les parois de l'utricule. Généralement il est résorbé et disparaît après un temps plus ou moins long.

Telles sont en abrégé les idées ingénieuses de l'auteur sur l'origine du tissu utriculaire. Ainsi l'utricule provient du nucléus ou cytoblaste qui lui-même s'est développé dans la matière granuleuse qui s'est montrée dans le mucilage, premier principe des organismes nouveaux. Beaucoup de phytotomistes, entre autres Unger et Mohl, ont combattu cette théorie qui, dans quelques points, offre une certaine analogie avec celle de Mirbel. Les observations que nous avons faites nous-même ne nous ont jamais montré l'un des nucléoles du nucléus, se dilatant successivement pour former une utricule nouvelle, et cependant les idées de Schleiden, appliquées par Schwan aux tissus animaux, sont aujourd'hui admises par presque tous les physiologistes. Il n'en est pas de même, à notre avis, pour le tissu utriculaire des plantes.

Il existe un mode de multiplication *intra-utriculaire* de ce tissu qu'on observe fréquemment et qui est peut-être même celui qui se montre le plus habituellement à l'observateur. Dans les utricules nouvelles on voit bien souvent la face interne de la cavité présenter vers sa partie moyenne une sorte de pli d'abord peu saillant, qui, en prenant insensiblement de l'acccroissement, finit par former une cloison complète partageant la cavité de l'utricule en deux parties. Chacune d'elles en se dilatant devient une utricule nouvelle. Il résulte de là nécessairement qu'à la place d'une utricule il en existe bientôt deux, qui peuvent chacune, un peu plus tard, se partager de la même manière.

[Unger résume de la manière suivante l'état de nos connaissances sur la formation des cellules. La cellule peut en produire d'autres par deux procédés : 1° les jeunes cellules se développent librement dans l'intérieur de la cellule mère sans intervention de la membrane cellulaire. Un corps solide, sphéroïdal (cytoblaste, noyau, *nucleus*) qui se forme, apparaît d'abord dans le liquide intracellulaire appelé pour cette raison *protoplasma*. Ce noyau s'entoure d'une membrane primordiale qui, elle-même, s'enveloppe à son tour d'une couche formée de cellulose qui la sépare du liquide dans lequel elle flotte ; 3° Les cellules se forment par segmentation de la cellule mère, qui s'opère suivant trois modes différents : A. de nouvelles membranes se développent à l'intérieur de la membrane génératrice ; B. la membrane mère forme des replis saillants à l'intérieur ; C. la cellule mère se segmente par étranglement. Ajoutons que les cellules animales offrent exactement les mêmes modes de multiplication. Dans aucun autre organe l'analogie des deux règnes ne se montre d'une manière aussi évidente.]

Cellules fibreuses. Nous avons indiqué précédemment deux modifications du tissu utriculaire : 1° quand les utricules conservent leurs parois minces, parfaitement simples et sans trace de dépôts intérieurs ; 2° quand leurs parois s'épaississent par suite d'une matière qui se dépose à leur face interne et qui se condense en couches plus ou moins épaisses, superposées et intimement unies. Tantôt ces dépôts secondaires se sont formés en laissant à nu, et par conséquent sans les recouvrir, certains points de la membrane primitive qui y est restée, mince et transparente. Ces parties, munies de la membrane primitive de l'utricule peuvent se montrer ou sous la forme de ponctuations très-fines, ou sous celle des lignes transversales plus ou moins allongées et interrompues. Il résulte de ces deux dispositions que ces utricules, examinées au microscope, montrent des points et des lignes transparentes disposés communément en lignes régulières et parallèles, tantôt transversales, tantôt disposées en spirale. Ce sont ces points et ces lignes translucides qui ont été considérés à tort comme des pores et des fentes, et qui ont fait donner au tissu qui les représente les noms de tissu *poreux* et tissu *fendu ;* il n'y a ni *pores* ni *fentes*, mais simplement des points de la membrane primitive, restés minces quand toutes les autres parties de l'utricule se sont épaissies par des dépôts.

Il arrive aussi quelquefois que dans une utricule primitivement simple se montre un peu plus tard, une petite lame filiforme appliquée à la face interne de l'utricule, et qui y forme des anneaux plus ou moins rapprochés ou une spirale continue; cette modification des utricules a été désignée sous le nom de *cellules fibreuses* (*fig.* 12).

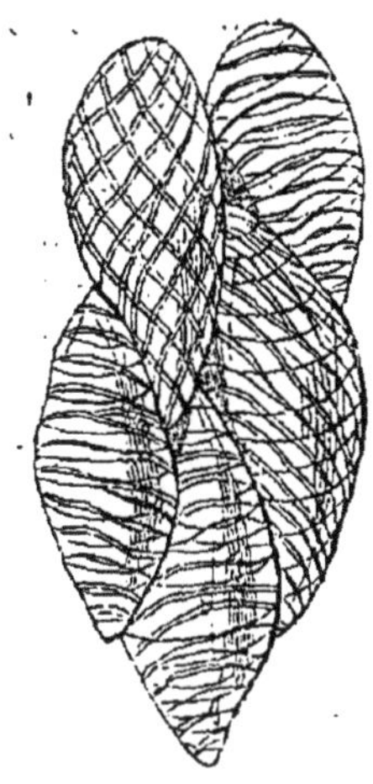

Fig. 12.

C'est M. le docteur Purkinje qui le premier, dans un mémoire spécial (*de Cellulis antherarum fibrosis*, 1830), a appelé l'attention sur ce point. Depuis lors les cellules fibreuses ont été observées et décrites par beaucoup de phytotomistes, entre autres par Slack (*Ann, sc. nat.*, I, p. 195), Horkel et Shleiden (*Ann. sc. nat.*, II, 1839), de Mirbel, etc.

Ces utricules fibreuses se voient à la face interne des parois de l'anthère, dans la moelle de quelques végétaux, dans le tégument de certaines graines, la couche celluleuse extérieure de quelques racines aériennes, etc.

Tantôt la lame spirale ou la *spiricule* est simple et enroulée dans un sens; tantôt on en observe deux dans la même utricule enroulées dans deux sens différents et formant en s'entrecroisant un réseau à mailles en losange.

Primitivement les utricules fibreuses sont tout à fait simples, ainsi que l'a bien montré de Mirbel. Ce n'est que par les progrès de la végétation que la spiricule se montre et se développe.

CHAPITRE II

TISSU FIBREUX

Le *tissu fibreux* tient le milieu entre l'utricule et le vaisseau, mais il passe par des nuances insensibles de l'une à l'autre. Il se compose de cellules très-allongées ou de vaisseaux courts, offrant pour caractère presque constant les deux extrémités, au lieu d'être coupées transversalement ou carrément, toujours taillées obliquement, et par conséquent terminées en pointe. Ainsi leur peu de longueur les distingue des vaisseaux proprement dits, et l'obliquité de leurs deux extrémités les sépare des utricules (*fig.* 13). Quelquefois la pointe terminale est formée aux dépens d'un seul côté; d'autres fois ce sont les deux côtés qui convergent insensiblement l'un vers l'autre, et forment alors une pointe souvent très-allongée. C'est dans ce cas que ces organes présentant la forme d'un fuseau ou d'une cuvette étroite, jus-

Fig. 12. Tissu utriculaire de la partie corticale des racines aériennes de l'*Epidendrum crassifolium*. Les utricules contiennent une ou deux spiricules diversement enroulées.

tifient le nom de *clostres* (qui en grec signifie fuseau), qui a été proposé par Dutrochet, mais qui n'a pas été généralement adopté. Les tubes fibreux ont une forme variable en raison des pressions auxquelles ils sont soumis, mais à peu près égale dans toute leur étendue. Ces organes sont placés bout à bout les uns au-dessus des autres, de manière à former des fibres ou de longs vaisseaux, offrant des cloisons transversales et obliques. Ils sont ainsi réunis bout à bout avec une très-grande force, qui donne une ténacité remarquable aux fibres qu'ils constituent. Toujours ils sont disposés en faisceaux plus ou moins épais.

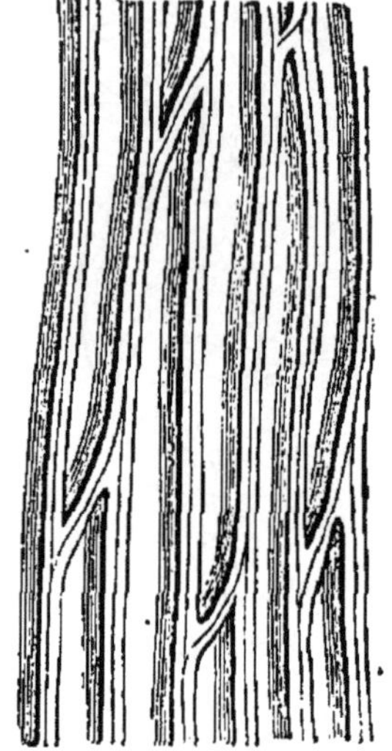

Fig. 13.

Un des caractères qui distinguent encore le tissu fibreux, c'est l'épaisseur assez considérable de ses parois. Celles-ci paraissent formées de couches superposées unies intimement, et qui se sont successivement déposées dans l'utricule primitive, comme nous l'avons déjà indiqué en parlant du tissu utriculaire. Il résulte de là que ce tissu offre une certaine consistance, et que la cavité intérieure des éléments qui le constituent finit par être fort petite.

Le tissu fibreux forme la masse du bois dans les végétaux dicotylédonés; c'est au milieu de ce tissu que sont répandus les vaisseaux proprement dits. Il existe également dans chacun des faisceaux ligneux des végétaux monocotylédonés. C'est lui qui forme aussi les faisceaux du liber, c'est-à-dire de la partie la plus intérieure de l'écorce, où il constitue une sorte de réseau à mailles plus ou moins larges. Toutes les fibres textiles extraites des végétaux et qui servent à la fabrication des cordes et des toiles, et en particulier celles du chanvre, du lin, etc., sont formées par ce tissu qui offre une force de résistance très-considérable. Enfin on le trouve encore dans les pétioles et les nervures des feuilles, et dans tous les autres organes foliacés. C'est pour cette raison qu'on peut aussi extraire des feuilles de certains végétaux, comme le *Phormium tenax* ou lin de la Nouvelle-Zélande, divers Palmiers, l'*Agave*, etc., une matière textile qui ne le cède en rien à celle que fournit la partie corticale de la tige de quelques autres plantes,

Le tissu fibreux n'est qu'une simple modification du tissu utriculaire, dont il tire constamment son origine. On peut donc y trouver les mêmes formes que nous avons signalées en parlant des utricules. Ainsi 1° les parois peuvent être parfaitement transparentes et sim-

Fig. 13. Tissu fibreux simple, pris dans le bois de l'*Acer platanoïdes*.

ples, quoique conservant toujours une épaisseur notable. C'est le ***tissu fibreux simple***, c'est celui qu'on observe le plus fréquemment dans le bois et l'écorce des végétaux dicotylédonés. Il représente le tissu utriculaire simple; 2° quelquefois, comme dans le bois du genre *Drymis* (*fig.* 14), il se compose de tubes fibreux offrant des ponctuations transparentes et des raies transversales mélangées avec les ponctuations. Cette seconde forme nous présente réunies les modifications analogues du tissu utriculaire indiquées déjà sous les noms d'***utri-***

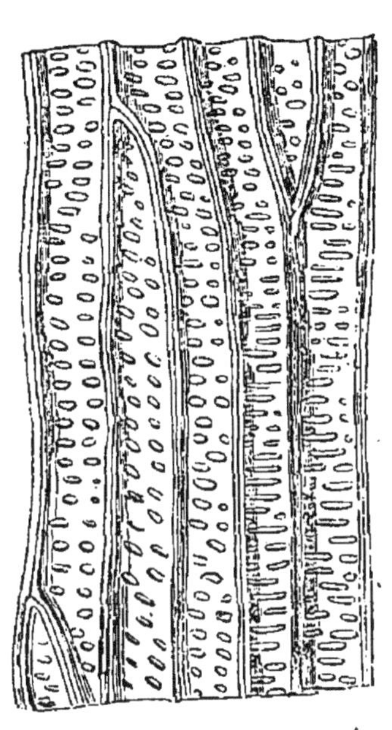

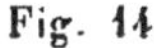

Fig. 14.

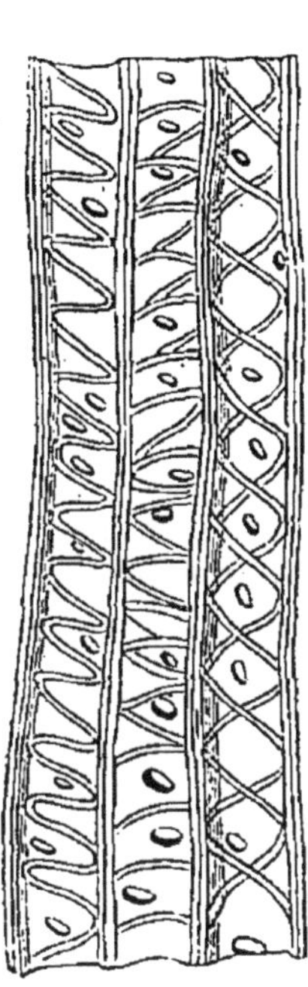

Fig. 15.

cules rayées; 3° on trouve quelquefois dans les utricules allongées du tissu fibreux une *spiricule* roulée en hélice, comme M. J. Lindley l'a constaté dans l'*Oncidium altissimum;* 4° enfin certains tubes fibreux présentent réunies les deux modifications précédentes, savoir, une spiricule enroulée, dans une cavité à parois marquées de points translucides. C'est ce que montre le tissu ligneux de l'if (*Taxus baccata*) (*fig.* 15).

Les tubes fibreux constituant le bois dans les pins; les sapins, les cèdres, et en général dans tous les arbres connus sous le nom de Conifères, offrent une particularité remarquable. La partie de ces

Fig. 14. Tissu ligneux du *Drymis chilensis*, offrant des ponctuations et des lignes transversales transparentes.

Fig. 15. Tissu ligneux de l'If (*Taxus baccata*) ; il offre des points translucides et une spiricule enroulée, à tours éloignés dans le même tube.

tubes fibreux tournée vers les rayons médullaires présente des ponctuations transparentes entourées d'une aréole plus ou moins large. Beaucoup d'auteurs, et entre autres Kieser, Link, Brongniart et Mohl, se sont occupés de déterminer la structure de ces corps singuliers. J'ai reconnu, comme Mohl l'avait déjà dit, que, dans ces points transparents, la membrane primitive existe toujours et n'est pas perforée, et que l'aréole qui les environne est formée par les couches secondaires qui sont déposées à la face interne de la membrane primitive, en laissant à nu et sans les recouvrir les parties de cette membrane où existent les ponctuations.

[Pour mettre en évidence les vaisseaux ponctués des Conifères qui sont les plus remarquables de tous, il faut faire macérer du bois de pin dans une solution d'acide nitrique et de chlorate de potasse ; tous les vaisseaux peuvent alors se séparer à l'aide d'une aiguille. Les points ressemblent à des cercles avec des ponctuations au milieu. La solution acide ayant détruit la membrane infiniment mince qui formait la ponctuation au centre du cercle, celle-ci est convertie en un véritable trou. Vus de côté, ces cercles apparaissent comme des enfoncements de la paroi du vaisseau au fond desquels on reconnaît souvent la membrane ténue qui forme le point central, ou bien un trou quand la membrane a été détruite par l'acide.]

CHAPITRE III

TISSU VASCULAIRE

Les végétaux sont pourvus de véritables vaisseaux, c'est-à-dire de tubes continus, simples ou ramifiés, destinés à contenir des liquides ou des fluides gazeux. Ces vaisseaux ne sont que des transformations du tissu utriculaire, dont les utricules superposées se sont successivement modifiées en perdant les cloisons qui les séparent, pour prendre le caractère de tubes. Aussi, fréquemment voit-on dans la longueur de ces vaisseaux, des cloisons qui ont persisté et qui viennent interrompre leur continuité. Il est rare, en effet, qu'un tube ne présente pas de distance en distance quelques-unes des cloisons qui primitivement séparaient les utricules les unes des autres.

Comme les vaisseaux dans les plantes ne sont que des utricules modifiées nous devons trouver en eux les modifications diverses que nous avons signalées dans les utricules. C'est ce qui a lieu en effet. On voit des vaisseaux dont les parois sont parfaitement simples, transparentes, tantôt plus ou moins épaisses, sans organisation appréciable. Ils contiennent les sucs propres désignés sous le nom général de *latex*, et pour cette raison on les nomme *vaisseaux laticifères*. D'autres présentent, à leur face interne, tantôt des ponctuations ou des lignes transversales transparentes, tantôt une ou plusieurs spiricules simples ou ramifiées enroulées régulièrement en hélice ou formant un réseau à mailles plus ou moins irrégulières. De là la distinction des vaisseaux *ponctués*, *rayés*, *spiraux* ou *trachées* et *réticulés*. Ces vaisseaux, malgré leu apparence si différente, sont tous dus à la transformation des utricules disposées en séries longitudinales. Nous reviendrons un peu plus tard sur ce point, quand nous aurons donné une idée générale de chacune de ces formes du tissu vasculaire.

I. **Vaisseaux à parois simples ou vaisseaux laticifères.** — Ce sont des tubes simples ou ramifiés, anastomosés entre eux, et dans lesquels circule le suc propre que Schultz, de Berlin, a plus particulièrement désigné sous le nom de *latex*. Les nombreuses et importantes recherches de ce savant, couronnées en 1833 par l'Académie des sciences de Paris, et imprimées dans le tome des mémoires des savants étrangers, année 1857, ont attiré l'attention des phytotomistes sur ce point encore si obscur de l'anatomie des végétaux. Présentons ici, très en abregé, les principaux résultats du travail du savant botaniste allemand.

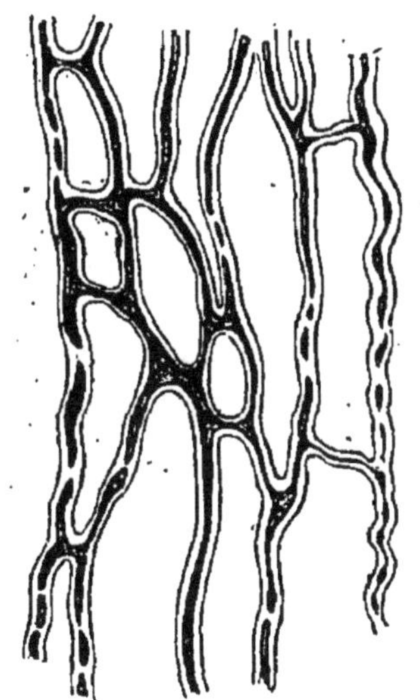

Fig. 16.

Les *vaisseaux laticifères* sont des tubes complétement clos, à parois ordinairement minces et transparentes; quelquefois, au contraire, à parois très-épaisses, comme je l'ai reconnu dans plusieurs Conifères, sans aucune apparence de ponctuation ou de lignes transversales; cylindriques où à peu près cylindriques, quand ils sont isolés; prismatiques et anguleux, quand ils sont réunis, à cause des pressions qu'ils exercent mutuellement les uns sur les autres. (*fig.* 16.) Ils sont ou simples ou rameux, et, dans ce cas, fréquemment anastomosés entre eux, de manière à former un réseau à mailles inégales et irrégulières. Ces vaisseaux, selon Schultz, peuvent se présenter sous trois états différents, qui sont en quelque sorte autant de périodes successives de leur développement : 1° en *état de contraction*, c'est-à-dire resserrés et contractés sur eux-mêmes; 2° en *état d'expansion*, gonflés et dilatés inégalement par l'accumulation des sucs qu'ils contiennent; 3° enfin, selon Schultz, du moins offrant des *articulations* superposées.

Fig. 16. Vaisseaux laticifères, rameux et anastomosés, pris dans la moelle et la tige du *Papaver nudicaule*.

Ces vaisseaux existent dans la généralité des plantes monocotylédonées et dicotylédonées. Schultz en a aussi constaté l'existence dans plusieurs familles de plantes acotylédonées. Ils y occupent des places différentes. Dans les deux premiers embranchements du règne végétal on les trouve constamment dans les faisceaux vasculaires des feuilles qui forment des lignes saillantes connues sous le nom de *nervures*. Dans la tige des dicotylédonées on les voit dans l'écorce où ils forment dans les tiges ligneuses des faisceaux souvent anastomosés occupant la partie la plus intérieure de l'écorce. Quelquefois même ils se répandent au milieu de la moelle : ceux que nous figurons ci-dessus proviennent du tissu médullaire du *Papaver nudicaule*. Dans la tige des monocotylédonées, au contraire, ils existent dans chacun de ces faisceaux de vaisseaux répandus au milieu du tissu utriculaire qui forme la masse de la tige. Nous reviendrons sur ces dispositions variées, quand nous décrirons en particulier la structure de chacun de ces organes.

On a quelquefois donné au *laticifères* le nom de *vaisseaux propres*; parce que le suc qu'ils contiennent est souvent coloré et opaque, et appelé aussi suc propre. Certains auteurs ont confondu ces vaisseaux, soit avec les tubes fibreux qui dans l'écorce constituent les faisceaux du liber, soit même avec les espaces vides ou méats intercellulaires qu'on remarque si souvent dans les masses du tissu utriculaire. De Candolle et J. Lindley avaient émis cette dernière opinion;' mais les vaisseaux du latex sont très-différents des lacunes vasiformes qui contiennent certains sucs propres, les matières résineuses par exemple, et des espaces intercellulaires.

[L'Académie des sciences de Paris ayant mis deux fois au concours l'étude des vaisseaux laticifères, M. Duchartre, rapporteur, résume ainsi les faits nouveaux contenus dans les mémoires des deux lauréats, MM. L. Diepel et D. Hanstein. Les vaisseaux du latex se trouvent dans toutes les parties des végétaux lactescents, et manquent seulement dans celles qui se composent uniquement de cellules parenchymateuses. Ces vaisseaux ne communiquent pas avec les autres vaisseaux. Cependant M. Hanstein a reconnu que quelquefois, dans les Papayacées, les vaisseaux laticifères communiquent avec les vaisseaux ordinaires, comme M. Trecul l'avait déjà remarqué dans les Papavéracées et les Lobeliacées. Quant à leur structure, M. Dippel distingue : 1° les véritables vaisseaux du latex ou vrais laticifères issus de cellules plus ou moins régulièrement striées. La résorption des diaphragmes formés par leur superposition les a transformés en tubes tantôt pourvus de ramifications closes à leur extrémité, tantôt et plus généralement réunis à leur voisins par des branches transversales anastomotiques; 2° les cellules treillisées ou grillagées ou tubes cribleux caractérisés par des cloisons persistantes percées en treillis ou en grillage; 3° les canaux du latex, dont ses observations lui ont appris que la cavité est due à la résorption d'un nombre variable de séries cellulaires juxtaposées.

Le latex lui-même est un liquide généralement opaque, diversement coloré, mais le plus souvent blanc, de là le nom de *Latex* ou liquide lactescent que Schultz lui a donné. Le latex est blanc dans le figuier, le pavot, la laitue et les euphorbes ; jaune dans la chélidoine ; orange dans l'artichaut ; verdâtre dans la pervenche. Le microscope y fait reconnaître des petits globules arrondis auxquels il doit sa coloration ; il contient aussi d'autres substances utiles, telles que le caoutchouc ; de là l'emploi dans les arts du latex de plusieurs arbres appartenant à diverses familles végétales. Exemple : le *Ficus elastica* et le *Castilloa elastica* de la famille des Artocarpées et l'*Urceola elastica* qui fait partie de celles des Apocynées. Le caoutchouc du Brésil est fourni par le *Siphonia brasiliensis*, et celui de la Guyane par le *Hewœa guyanensis*, qui rentrent tous deux dans les Euphorbiacées. L'*Isonandra gutta* de la Malaisie, dont le latex donne le *gutta-percha*, appartient aux Sapotacées. La gomme-gutte est le produit d'un arbre de la famille des Guttifères. Le latex d'une artocarpée, l'*Antiaris toxicaria* fournit le célèbre poisson des Javanais, connu sous le nom d'*Upas antiar*, et par un singulier contraste quelques arbres de la même famille, le *Galactodendron utile* et le *Ficus brasiliensis* ont un latex riche en sucre et en albumine, véritable lait végétal, comme celui du *Tabernæmontana utilis* ou *Hya-Hya* de la Guyane, voisin dans l'ordre naturel du *Tanghinia venenifera* dont le latex est un violent poison.

II. **Trachées ou vaisseaux spiraux.** — Les trachées sont des vaisseaux ordinairement cylindriques et simples, contenant dans un tube excessivement mince une spiricule roulée en hélice. Grew en 1682, et Malpighi en 1686, les deux fondateurs de l'anatomie végétale, connaissaient parfaitement cet organe, qu'ils considéraient comme analogue à l'organe respiratoire des insectes.

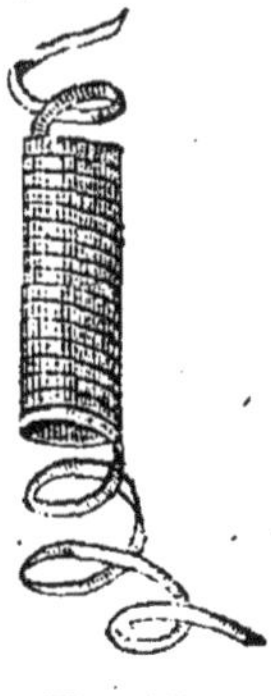

Fig. 17.

1° L'existence du tube n'est pas toujours facile à démontrer. Ainsi, quand les tours de la spiricule sont tellement rapprochés qu'ils sont exactement en contact (*fig.* 17), il devient presque impossible d'apercevoir aucune trace du tube membraneux. C'est dans ce cas que quelques auteurs ont dit, d'une manière trop générale, que la trachée n'était formée que par la lame spirale. Selon Kieser et Dutrochet, les tours de la lame roulée sont simplement soudés par une membrane extrêmement mince placée entre eux, et qui se déchire avec la plus grande facilité. D'autres, au contraire, et c'est Hedwig qui a surtout émis cette opinion, ont prétendu que le tube était intérieur et que la spiricule était

Fig. 17. Trachée à spirale d'une feuille de plantain.

roulée sur sa surface externe. Mais cette opinion a été bientôt abandonnée, parce qu'en effet on n'a pu constater par l'observation directe, l'existence de ce tube inférieur.

Quand on voit la manière dont les trachées se forment, il est impossible de ne pas admettre l'existence du tube extérieur, même dans celles où les tours de la spiricule sont contigus et où il n'est pas possible de la discerner à cause de son extrême minceur. Si l'on réfléchit que la spiricule, en se formant à la face interne des utricules, dont la réunion doit plus tard constituer la trachée, se soude nécessairement avec leurs parois, que cette spiricule a souvent une épaisseur notable relativement à celle du tube qui la contient, on concevra que quand, par un effort quelconque, on déroule la spiricule, la membrane du tube peut se déchirer en suivant les tours de cette dernière, avec la quelle elle est intimement unie, et dont elle ne peut par conséquent être distinguée.

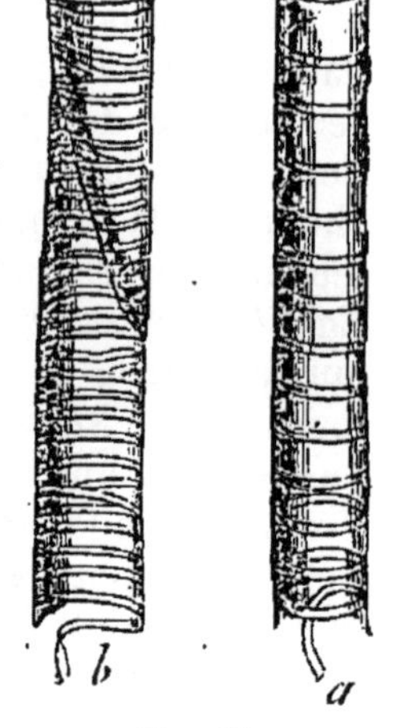

Fig. 18.

Mais quand les tours de la spire sont plus ou moins éloignés les uns des autres, on peut reconnaître d'une manière positive l'existence du tube membraneux (*fig.* 18). C'est un fait admis par tous les phytotomistes, et, pour mon compte, je l'ai distingué et dessiné dans une foule de circonstances, de manière à n'avoir aucun doute à cet égard.

Ce tube de la trachée est mince, parfaitement simple, transparent et sans aucune trace de corps étrangers quelconques. Il paraît peu résistant et fort élastique, se déchire et disparaît avec la plus grande facilité.

2° Quelle est la nature de la spiricule ou du corps filiforme roulé en spirale dans l'intérieur du tube? Les uns la considèrent comme une lame ou comme une fibre cylindrique et pleine; les autres, au contraire, comme un tube extrêmement fin. Hedwig est encore celui qui a émis cette dernière opinion. Pour lui, la trachée se compose de deux tubes: 1° un tube intérieur et cylindrique, qui contient de l'air, et que pour cette raison il nomme *pneumatophore;* 2° un tube excessivement délié, roulé en spirale sur sa face externe, qui contient de la sève, et auquel il donne le nom de vaisseau *adducteur* ou *chylifère.* Cette manière d'envisager la spiricule comme un tube a été adoptée par Mustel, et ensuite par Link (*Elém. philos. botan.*, p. 92)

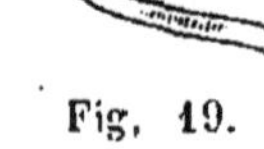

Fig. 19.

Fig. 18. *a*, trachée à spires éloignées, montrant parfaitement l'existence du tube; *b*, terminaison de trachée, prise sur le *Musa paradisiaca*.
Fig. 19. Trachée à spiricule bifurquée.

et Viviani, de Padoue, dans le Traité d'anatomie et de physiologie végétales qu'il a publié en 1832. De Mirbel (*Cours complet d'agric.*, t. IX, article *Éléments organ.*) ne paraît pas éloigné d'admettre cette opinion. Mais si l'on excepte ces auteurs, dont le témoignage a certainement un grand poids, aucun botaniste ne la partage.

La spiricule est quelquefois simple et indivise, d'autres fois elle est bifurquée et comme dichotome. Dans quelques cas, quand on la déroule d'une tranchée, chaque tour se compose de deux (*fig.* 19), de trois, quatre, cinq, et même souvent d'un très-grand nombre de rubans réunis et soudés de manière à former un ruban composé (*fig.* 20). Cette dernière disposition s'observe assez fréquemment dans les plantes monocotylédonées et en particulier dans le bananier. Elle est due à la rupture de la membrane du tube dans une direction qui suit celle de la spiricule, tandis que le tube reste entier et adhérent à la spiricule, dans tous les points où n'a pas lieu la déchirure.

Fig. 20.

Quand le tube extérieur est extrêmement mince, la spiricule se déroule aisément. Mais quelquefois ils sont adhérents entre eux, de manière à ce que le déroulement n'ait pas lieu.

Dans l'immense majorité des cas, les trachées forment des tubes simples; rarement les trachées se bifurquent. M. Brongniart en a publié un exemple (*Ann. sc. nat.*, 2e série, t. I, p. 202, pl. 7, f. 33) tiré des nervures de la feuille du potiron.

TERMINAISON DES TRACHÉES. Quand on suit une trachée dans une étendue assez grande, on la voit souvent se terminer en cône plus ou moins allongé à l'une de ses extrémités, et en même temps un autre tube de même nature commencer de la même manière, appliqué contre le premier, dont il semble être la continuation. Ce mode de terminaison et de commencement des trachées, qui a été bien observé par Dutrochet et Nees d'Esenbeck, montre encore que ces vaisseaux ont été formés primitivement par la transformation d'utricules allongées, dont les diaphragmes ont successivement disparu.

POSITION DES TRACHÉES. Dans la tige des végétaux dicotylédonés on ne trouve de trachées que dans la partie la plus intérieure de la première couche ligneuse, formant les parois du canal médullaire. Ni le bois proprement dit, ni l'écorce n'en contiennent. Dans les monocotylédonées elles existent dans tous les faisceaux vasculaires épars au milieu du tissu utriculaire qui constitue la masse de la tige. On les trouve dans les nervures des feuilles et dans toutes les parties de la fleur, que l'on considère généralement aujourd'hui comme des feuilles.

Fig. 20. Trachée à spiricules nombreuses, soudée en forme de ruban, prise dans la tige de l'*Hedychium coronarium*.

modifiées dans leur forme. Enfin on les observe également dans les fibres radicales, surtout des monocotylédonées, où quelques auteurs en avaient nié l'existence.

[Les anatomistes allemands sont actuellement unanimes pour ne voir dans les trachées qu'une transformation avec allongement de la cellule végétale. Treviranus soupçonnait déjà que la trachée pourrait bien n'être qu'une modification de l'utricule. La spirale n'est qu'une portion épaissie de la paroi disposée en hélice le long du vaisseau, mais se terminant souvent par un anneau. Les différences consistent dans le plus ou moins de rapprochement des tours de spire, dans leur épaississement, et dans la division et multiplication de la spiricule qui prend alors une forme plus ou moins cestoïde ou rubanée.]

Vaisseaux rayés, scalariformes et ponctués. — On appelle *vaisseaux ponctués* ou *poreux* ceux qui offrent des ponctuations, et *vaisseaux rayés* ou *fendus* ceux qui présentent des lignes horizontales. Si ces lignes sont étendues sans interruption sur toute la largeur d'une des faces de ces tubes ordinairement polygonaux, on les appelle *vaisseaux scalariformes*, parce qu'en effet ils représentent comme une échelle dont les échelons sont très-rapprochés et équidistants.

Ces trois formes de vaisseaux, quelquefois parfaitement distinctes et offrant des caractères tranchés, se confondent le plus souvent l'une dans l'autre, de manière à montrer qu'elles ne sont que de simples modifications d'un même organisme.

Les caractères qu'ils ont en commun sont : 1° de provenir d'utricules superposées en séries rectilignes ; 2° d'avoir eu des parois primitivement simples et minces, à la face interne desquelles il s'est formé secondairement un dépôt de matière organique qui leur a donné l'apparence spéciale sous laquelle ils se présentent.

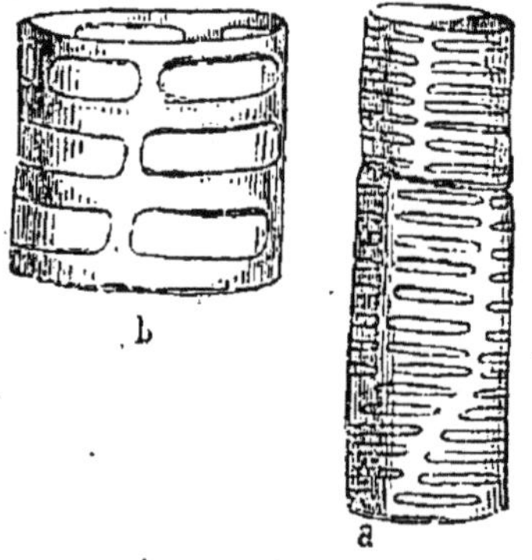

Fig. 21.

Pour mieux les faire connaître, nous allons donner les caractères particuliers qu'ils présentent quand ils sont nettement dessinés.

1° Vaisseaux rayés. Tubes cylindriques ou anguleux, offrant des lignes transversales peu étendues, inégales ou presque égales entre elles, interrompues de distance en distance ; ces lignes sont ordinairement placées horizontalement, plus rarement elles sont obliques. Elles sont généralement parallèles entre elles. Quelquefois ces lignes transparentes sont excessivement étroites et vraiment

Fig. 21. Vaisseaux rayés, pris dans la tige du *Commelina villosa*; *a*, les raies sont séparées par des espaces plus larges qu'elles ; *b*, les raies sont plus larges.

linéaires; d'autres fois elles sont beaucoup plus larges et arrondies à leurs deux extrémités (*fig.* 21).

On trouve ces vaisseaux rayés très-abondamment répandus dans le tissu du bois des végétaux dicotylédonés, ou faisant partie des faisceaux vasculaires des tiges monocotylédonées. On observe souvent dans ces vaisseaux, quand on les suit dans une longueur appréciable, soit des lignes circulaires, soit des vestiges de cloisons horizontales ou obliques qui montrent évidemment qu'ils proviennent d'utricules superposées.

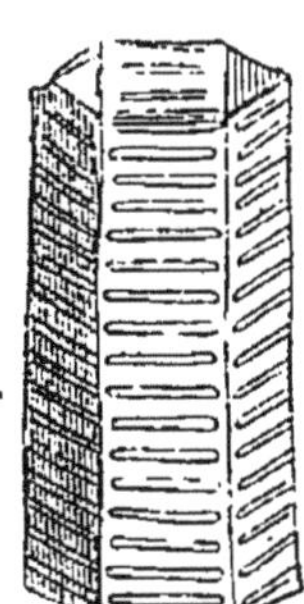

Fig. 22.

2° VAISSEAUX SCALARIFORMES. Tubes ordinairement prismatiques, réunis quelquefois en faisceaux et offrant des lignes transparentes horizontales, très-rapprochées les unes des autres et à une distance parfaitement égale, et occupant toute la largeur d'une des faces du vaisseau (*fig.* 22). On les trouve très-abondamment dans les tiges aériennes ou souterraines des Fougères, dans les racines des plantes monocotylédonées, etc. Quelquefois les vaisseaux scalariformes se déroulent ou plutôt se déchirent en rubans spiraux.

3° VAISSEAUX PONCTUÉS. On peut distinguer deux sortes de vaisseaux ponctués, savoir les vaisseaux *ponctués simples* et les vaisseaux *ponctués aérolés.*

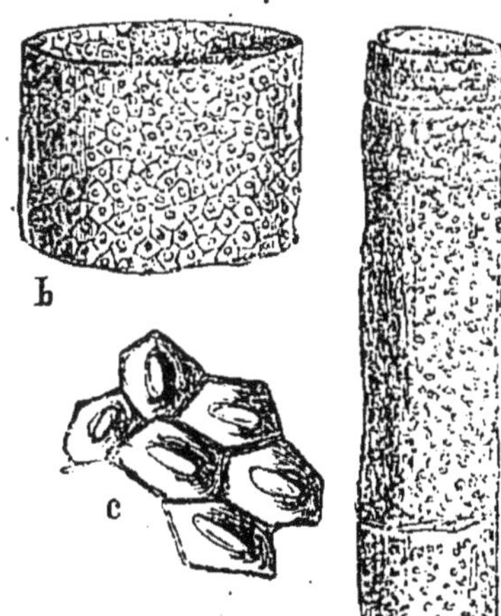

Fig. 23.

Les *vaisseaux ponctués simples* sont des tubes cylindriques, ou un peu comprimés, ayant un diamètre assez considérable. Leurs parois offrent des ponctuations ordinairement fort petites, quelquefois assez grandes, rarement égales entre elles, le plus souvent inégales et irrégulières. En général ces ponctuations sont disposées en lignes parfaitement horizontales. On les observe surtout dans les faisceaux vasculaires de la tige des plantes monocotylédonées. Elles existent aussi dans les couches ligneuses des tiges dicotylédonées.

Les *vaisseaux ponctués aréolés* (*fig.* 23) offrent un aréole généralement circulaire, qui apparaît comme une sorte de bourrelet environnant la ponctuation. Mais cette aréole, loin d'être produite par une par-

Fig. 22. Vaisseau scalariforme pris dans la souche du *Pteris aquilina.*

Fig. 23. Vaisseaux ponctués, pris dans les couches ligneuses du noyer (*Juglans regia*) : *a*, vaisseau avec deux articulations, montrant qu'il provient d'utricules; *b*, un fragment plus grossi; *c*, ponctuations très-grossies, entourées d'aréoles qui se touchent par les bords.

tie saillante, est due au contraire à un enfoncement qui environne la ponctuation dans sa partie extérieure. Mohl a publié (*Ann. sc. nat.*, 2e série, t. XVIII, p. 321) un mémoire fort important sur cette espèce de vaisseaux. Ce savant anatomiste a fait voir qu'ils existent non-seulement dans les Conifères et les Cycadées, où on les avait d'abord observés, mais dans le tissus ligneux d'une foule d'autres végétaux.

Les vaisseaux ponctués comme les vaisseaux rayés ont une organisation identique avec celle que nous avons déjà observée dans le tissu utriculaire et le tissu fibreux, offrant les mêmes modifications, et par conséquent les ponctuations et les raies transparentes se sont ici formées de la même manière.

Les vaisseaux ponctués présentent un caractère remarquable : c'est qu'ils varient souvent dans les différents points qui les composent, et quelquefois même dans les différentes parties des parois d'une même utricule. Déjà Moldenhaver avait fait cette remarque pour les tubes du tilleul, qui d'un côté sont ponctués, et de l'autre côté sont rayés. Cette dissemblance est fréquente. Ainsi, par exemple, dans les Conifères, les parties de vaisseaux tournées du côté des rayons médullaires offrent des ponctuations aréolées ; les parties des mêmes vaisseaux opposées aux premières ne montrent plus que des ponctuations sans aréole. En général, on peut dire que la structure des vaisseaux ponctués est influencée par les tissus avec lesquels ils sont en contact. Toutes les fois que ces vaisseaux sont unis à d'autres vaisseaux de même nature, ils présentent toujours des ponctuations aréolées. Mais si les organes qui les touchent sont de nature différente, ils pourront, dans ces points, offrir soit des ponctuations simples, soit des lignes horizontales ou obliques, ou même en spirale.

Les différents points superposés d'un même vaisseau peuvent offrir une organisation différente et être successivement vaisseaux *rayés, ponctués, scalariformes, réticulés*, etc. Par conséquent on doit admettre l'existence des ***vaisseaux mixtes***, anciennement décrits par de Mirbel, et qui avaient été rejetés par presque tous les phytotomistes. C'est un fait maintenant hors de doute et que moi-même j'ai pu reconnaître un grand nombre de fois. Ces apparences diverses, qu'un même tube peut offrir dans les différents points de sa longueur, ont deux causes principales : 1° la structure intime des utricules, dont la réunion le constitue, qui peut-être différente dans chaque utricule superposée ; 2° l'influence que les tissus environnants exercent toujours sur la nature des tubes ou vaisseaux avec lesquels ces tissus sont en contact.

Il existe donc une extrême analogie entre ces divers sortes de vaisseaux, qui passent ainsi insensiblement de l'une à l'autre. Aussi les a-t-on comprises sous la dénomination générale de *fausses trachées*.

4° Vaisseaux annulaires et spiro-annulaires. La spiricule est dans l'immense majorité des cas, continue dans son étendue. D'autres fois, elle est interrompue de distance en distance (*fig.* 24), et forme souvent des anneaux complets et distincts, superposés les uns aux autres. C'est à ces vaisseaux qu'on a donné le nom de *vaisseaux annulaires*. Quelquefois même la spiricule, après avoir donné naissance à ces anneaux isolés, se continue en hélice. Cette modification pourrait prendre le nom de *vaisseaux spiraux annulaires*. Nous en figurons ici un exemple que nous avons observé dans les faisceaux vasculaires de l'*Arundo donax*. Moldenhawer (*Anat.*, t. I, *fig.* 3), et Slack

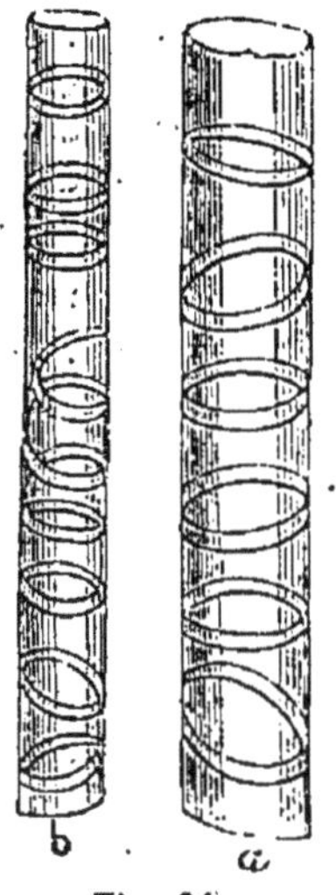
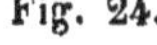

Fig. 24.

Fig. 25.

(*Ann. sc. nat.*, 2ᵉ série, t. I. pl. 7, *fig.* 20 et 21) en ont également publié des exemples. Schleiden (*Ann. sc. nat.*, 2ᵉ série, t. XIII, 364) et Mohl (*Ann. sc. nat.*, 2ᵉ série, t. XIX, 242) se sont occupés aussi de la nature et de l'origine des vaisseaux annulaires. Le premier les considère comme une transformation secondaire d'une trachée. Pour Mohl, au contraire, le vaisseau annulaire présente la même structure à toutes les époques de son développement.

5° VAISSEAUX RÉTICULÉS. La spiricule, au lieu d'être simple et régulièrement enroulée en hélice continue, se ramifie quelquefois d'une manière irrégulière (*fig.* 25): ses ramifications anastomosées semblent alors constituer un réseau à mailles inégales et irrégulières. C'est à cette forme qu'on a donné le nom de *vaisseaux réticulés*. Ils ne sont, en réalité, qu'une simple modification des trachées. On peut les voir dans la tige de la balsamine; ils sont aussi assez fréquents dans la racine des plantes herbacées, où ils semblent, dans certains

Fig. 24. Vaisseaux spiro-annulaires du *Commelina violacea*; *a*, vaisseaux ne contenant que des anneaux; *b*, vaisseau contenant une spiricule interrompue par des anneaux.
Fig. 25. Vaisseau réticulé, dans la souche du coquelicot (*Papaver rhœas*).

cas, remplacer les trachées. Moldenhawer en a publié de très-bonnes figures dans son *Anatomie des Plantes*, t. III, *fig.* 1, 10, 11, 12; t. VI, *fig.* 9.

Les vaisseaux, en se réunissant entre eux, forment des faisceaux volumineux, que l'on désigne plus ou moins communément sous le nom de *fibres*. Les fibres végétales, comme on le voit, sont donc composées d'éléments creux. Ce sont elles qui constituent la trame et en quelque sorte le squelette des organes et surtout des organes foliacés des végétaux.

On appelle, au contraire, *parenchyme*, la partie composée essentiellement de tissu cellulaire, que l'on observe dans les fruits, dans les feuilles, etc. Cette expression s'emploie par opposition au mot *fibres*. Toute partie qui n'est point fibreuse est composée de parenchyme.

Comme nous l'avons déjà dit, il y a des végétaux qui ne sont composés que de tissu utriculaire, ils manquent des vaisseaux; tels sont, par exemple, les Champignons, les Algues, les Lichens et plusieurs autres familles de plantes cryptogames. C'est d'après ce caractère que de Candolle a divisé le règne végétal en deux grands embranchements : 1° végétaux *vasculaires*, qui sont composés de tissu cellulaire et de vaisseaux; 2° végétaux *cellulaires*, dans la structure desquels il n'entre que du tissu utriculaire.

Mode de formation des vaisseaux.— Quand on examine une jeune plante à son état naissant, ou un organe au moment où il vient de se montrer, on reconnaît qu'il est uniquement formé par du tissu utriculaire. Un peu plus tard, des vaisseaux se montrent au milieu des utricules. Quelle est l'origine de ces vaisseaux? L'observation directe permet de répondre à cette question. Les belles recherches de Treviranus et de Mirbel ont prouvé que ces vaisseaux ne sont que des séries d'utricules superposées, dont les cloisons horizontales ont disparu et ont été résorbées. On voit en quelque sorte cette transformation s'opérer insensiblement sous les yeux de l'observateur. Les utricules superposées, qui sont destinées à former les vaisseaux, se renflent et se dilatent petit à petit : elles prennent successivement les caractères propres aux vaisseaux qu'elles doivent constituer, c'est-à-dire qu'à leur face interne se montrent peu à peu soit des ponctuations ou des lignes transversales plus transparentes, soit un réseau à mailles irrégulières, soit une spiricule roulée en hélice, en même temps que les cloisons séparant les utricules les uns des autres ont été résorbées. Des vaisseaux ponctués, rayés, réticulés ou de véritables trachées résultent de cette transformation des utricules en vaisseaux. Mirbel (*Comptes rendus de l'Institut*, 28 août 1837) a confirmé, par de nombreuses observations faites sur le développement des racines du dattier, cette transformation des utricules en vaisseaux, qu'il avait déjà signalée dans d'autres plantes, et entre autres dans le *Marchantia*. Nous-même avons fait fréquemment des observations analogues.

Quoique la transformation des utricules en vaisseaux soit assez rapide, cependant elle n'a pas lieu tout d'un coup. Aussi, dans les organes jeunes et dans les parties de formation nouvelle, les vaisseaux sont-ils beaucoup plus courts. Ils ressemblent d'abord à des utricules simplement allongées, et il n'est pas nécessaire de les suivre dans une longueur considérable pour apercevoir des cloisons qui coupent leur cavité et qui n'ont pas encore été résorbées.

Ainsi donc les vaisseaux, comme les tubes fibreux, ne sont que des transformations des utricules qui sont, en effet, la base et l'origine de toutes les formes du tissu végétal.

Mode d'union des utricules et des vaisseaux. — Jusqu'à présent nous avons en quelque sorte séparé, isolé chacun des éléments anatomiques dont se compose le végétal, pour mieux en étudier la structure et le mode de formation. Mais ces organismes divers sont unis entre eux et formés des masses tissulaires contenues dans la plante en état de vie. Comment se fait cette union? Les utricules, les vaisseaux soit-ils simplement soudés entre eux par leur surface externe? ou bien existe-t-il une matière interposée entre eux, qui servirait à les souder et à les unir? C'est là une question qui a beaucoup préoccupé les physiologistes dans ces derniers temps. Les uns ont nié l'existence de cette *matière intercellulaire;* Sachs est de cette opinion : il ne croit pas qu'il y ait une substance particulière interposée entre les cellules, il pense que cette substance n'est qu'une lamelle moyenne, résultat d'une différenciation ultérieure de la membrane cellulaire. (*Traité de botanique*, p. 100.) D'autres botanistes, au contraire, en ont apporté des preuves. H. Mohl, dans un travail spécial sur ce sujet, est un de ceux qui ont le mieux défendu cette ancienne opinion.

L'existence d'une matière intercellulaire amorphe interposée entre les éléments organiques des végétaux est incontestable dans certaines circonstances. Ainsi, dans beaucoup de plantes cellulaires, dans les frondes des *Fucus*, par exemple, les utricules qui les composent sont écartées les unes des autres à des distances souvent assez grandes, et leurs intervalles sont remplis par une matière amorphe, une sorte de gelée condensée qui est souvent plus abondante que la matière organisée.

Mais dans les végétaux plus élevés dans l'échelle, dans ceux qui sont à la fois pourvus d'utricules et de vaisseaux, cette matière intercellulaire existe-t-elle encore? C'est ce qu'il est plus difficile de prouver. Cependant on ne peut se refuser à admettre que, dans beaucoup de circonstances, il se fait, par la surface externe des utricules et des vaisseaux, un épanchement de matière organique qui s'interpose entre eux et peut être dans quelque cas reconnus. Mais, nous le répétons, cette matière n'est pas toujours discernable. Cependant beaucoup d'anatomistes admettent que la séparation des éléments anatomiques, que l'on obtient quand on fait bouillir un fragment de tissu végétal dans de l'acide azotique, par exemple, est due à l'action que cet acide exerce sur la matière intercellulaire, qui, en se dissolvant, isole et sépare les utricules et les vaisseaux.

CHAPITRE IV

ÉPIDERME

L'épiderme est une membrane celluleuse transparente (*fig.* 26), résistante, recouvrant toutes les parties de la plante exposées à l'action de l'air atmosphérique. Cette membrane est un organe parfaitement distinct et nullement formé par les utricules superficielles des parties qu'elle recouvre. L'épiderme se compose de deux parties :

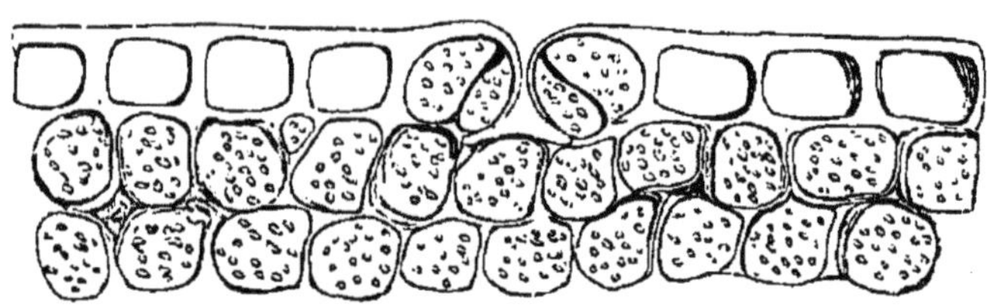

Fig. 26.

1° une membrane externe mince, sans apparence d'organisation, qu'on nomme la *cuticule;* 2° une membrane plus intérieure, à structure celluleuse, qu'on pourrait nommer le *derme.* Ces deux membranes superposées et intimement unies entre elles, sont percées d'un grand nombre de petites ouvertures qu'on appelle des *stomates.*

1° La CUTICULE existe sur l'épiderme des feuilles aussi bien que sur celui des tiges. Elle forme une membrane parfaitement distincte, ainsi que Bénédict de Saussure l'avait annoncé en 1762; depuis cette époque elle a été constatée par Hedwig en 1793, et par Ad. Brongniart en 1834 (*An. sc. nat.*, février 1834), qui a plus particulièrement appelé sur ce point l'attention des anatomistes, dans son beau mémoire sur la structure des feuilles.

Quand on fait macérer dans l'eau des feuilles de chou, d'iris, de lis, etc., au bout de quelques jours on en détache une membrane mince non celluleuse (*fig.* 27) et parfaitement continue : c'est la *cuticule.* Dans les points de cette membrane qui correspondent aux stomates, elle est percée d'ouvertures en forme de boutonnières. Lorsque la surface de l'organe sur lequel on a détaché la cuticule offre des

Fig. 26. Épiderme de l'*Iris germanica* coupé perpendiculairement, composée d'une seule rangée d'utricules, et montrant un stomate coupé perpendiculairement.

poils, ceux-ci sont revêtus par la cuticule qui, lorsqu'on l'a détachée par la macération, présente à sa face interne des prolongements creux reproduisant la forme des poils sur lesquels ils étaient appliqués.

L'existence de cette membrane extérieure ne saurait être révoquée en doute, et en effet elle est aujourd'hui admise par la généralité des physiologistes. Hugo Mohl a publié un mémoire rempli de faits sur ce sujet (*Ann. sc. nat.*, XIX, p. 201). On peut reconnaître la présence de la *cuticule* par un procédé chimique très-simple. Si on traite par l'iode une coupe transversale d'épiderme, en général, les cellules épidermiques restent incolores, tandis que la cuticule prend une teinte jaune foncé ou même brune. Si l'on place dans l'acide sulfurique l'épiderme traité par l'iode, la membrane cellulaire reste incolore, se dissout et prend dans un grand nombre de cas une belle couleur indigo, tandis que la cuticule, teinte en jaune, n'est point attaquée par l'acide. Quelques auteurs voient dans la cuticule une membrane bien distincte, d'autres, au contraire, M. Treviranus par exemple, la considère comme un dépôt sécrété par la surface extérieure des utricules épidermiques.

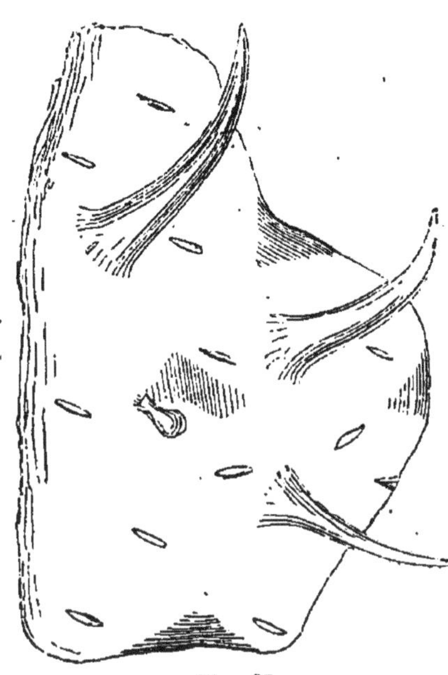

Fig. 27.

Des observations publiées par M. Garreau (*Comptes rendus* XXXI, 2 sept. 1830) prouvent que la membrane cuticulaire forme un organe parfaitement distinct. Elle existe sur tous les organes des végétaux et à toutes les époques de leur développement. Ce n'est donc pas un produit de sécrétion. Par des procédés chimiques très-délicats, M. Garreau est parvenu à isoler la cuticule, et à en obtenir une quantité assez considérable à l'état de dureté pour en faire l'analyse chimique. Cette analyse lui a prouvé que cette membrane doit être considérée comme une matière spéciale, distincte de celle qui constitue l'épiderme, formée de cellulose. La composition brute de la cuticule peut être représentée par la formule suivante : $C^{17}H^{16}O^{5}$, formule qui, à part l'oxygène, est analogue à celle du caoutchouc. La membrane celluleuse de l'épiderme, au contraire, a pour formule $C^{24}H^{20}O^{10}$.

Fig. 27. Cuticule enlevée par macération de l'épiderme des feuilles du chou (*Brassica oleracea*).

La cuticule n'offre pas une organisation appréciable, M. Brongniart y a quelquefois reconnu l'existence de granulations. Ces granulations sont disposées en séries parallèles et spirales; d'autres fois elles se changent en lignes saillantes, ainsi que H. Mohl l'a constaté.

[L'épiderme n'existe pas dans les champignons, les Lichens et les Algues, dont tous les tissus sont formés d'un même genre de cellules. La cuticule seule manque également dans un certain nombre de végétaux, Schacht ne l'a observée sur aucune des Orchidées qu'il a examinées, ni sur la Jacinthe. C'est sur les feuilles pennées du *Cycas revoluta* que la cuticule est le plus développée; elle forme une couche épaisse sans trace d'organisation. La membrane des cellules épidermiques s'en distingue très-bien, surtout lorsque le tissu a bouilli avec de la potasse en ajoutant une solution de chlorure de zinc et d'iode, la cuticule se colore en jaune, la membrane extérieure des cellules reste blanche et les couches extérieures qui les épaississent deviennent violettes.]

[Ces colorations prouvent que la cuticule est bien une sécrétion de l'épiderme, et non pas seulement une membrane formée par les enveloppes primaires ou extérieures des cellules de l'épiderme.]

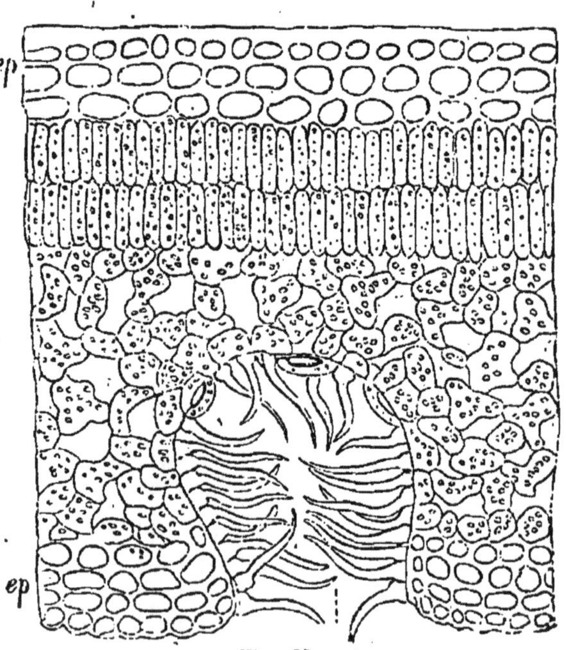

Fig. 28.

2° La MEMBRANE CELLULEUSE DE L'ÉPIDERME ou le DERME. Quand on a enlevé la cuticule, on met à nu la menbrane celluleuse de l'épiderme. Cette membrane peut être formée par une seule couche d'utricules, ou bien par deux, trois ou quatre couches superposées. Les feuilles du laurier-rose (*Nerium oleander*) présentent un épiderme ainsi conformé (*fig.* 28). Les utricules qui constituent la partie celluleuse de l'épiderme sont soudées ensemble avec une force extraordinaire, et forment ainsi une membrane très-résistante, qu'on peut enlever par grandes plaques, sans les détacher les unes des autres. Cette force de résistance est en-

Fig. 28. Stomates de laurier-rose.

core augmentée par la cuticule intimement soudée avec la membrane celluleuse. La forme de ces utricules est très-variée ; presque toujours déprimées, elles sont complétement différentes de celle des utricules du tissu sur lequel elles sont appliquées, et avec lequel elles ne contractent qu'une faible adhérence.

En général, les utricules de l'épiderme sont dépourvues de chlorophylle ; très-rarement quelques grains de cette matière s'y aperçoivent.

Les parois des cellules du tissu épidermique ont, en général, une certaine épaisseur qui ajoute à leur force de résistance. Quelquefois même elles semblent formées de couches superposées, ordinairement elles sont simples : cependant elles offrent dans certains cas des ponctuations transparentes.

L'épiderme contient souvent une très-grande quantité de silice, qui imprègne en quelque sorte le tissus qui le compose. Cette matière est parfois tellement abondante qu'elle donne une certaine dureté à cette membrane. La tige ligneuse de quelques graminées renferme une quantité de silice assez grande pour faire choc sous le feu du briquet.

Examiné par sa face intérieure, l'épiderme montre un grand nombre de lignes formant un réseau irrégulier ou des mailles presque égales. Ce sont les utricules composant l'épiderme qui apparaissent ainsi, ces lignes n'étant que les parois qui les circonscrivent. Quelques auteurs, comme Hedwig, Kieser et Amici, les ont à tort regardées comme des vaisseaux qu'ils ont nommés *vaisseaux cuticulaires*.

[On croyait autrefois que sur les feuilles des plantes aquatiques la couche celluleuse de l'épiderme n'existait pas. M. H. Sicard, dans ses *Observations sur quelques épidermes végétaux* a montré que ce revêtement cellulaire se trouve sur toutes les plantes terrestres ou aquatiques. Mais le contact de l'eau entraîne généralement la disparition des stomates. Dans les feuilles submergées (*Potamageton, Nayas, Zostera*) le rôle physiologique des cellules épidermiques change et la chlorophylle se développe dans leur intérieur et sur les plantes terrestres on remarque également les influences du milieu ambiant sur la structure de la partie qui leur est immédiatement soumise.]

3° Les STOMATES ou PORES ou CORTICAUX sont de petites bouches placées dans l'épaisseur de l'épiderme, s'ouvrant à l'extérieur par une fente ou ouverture ovalaire allongée, bordée d'une sorte de bourrelet formé par un nombre variable de cellules de l'épiderme, mais plus communément par deux qui ont la forme de croissants, dont les extrémités qui se touchent sont obtuses (*fig.* 29). Par leur fond, ces pores ou petites pochettes correspondent toujours à des espaces vides, remplis d'air, et qui résultent de l'arrangement et de l'écartement des cellules ou des tubes entre eux. Ces espaces intercellulaires communiquent les uns avec les autres, et servent ainsi de moyen de diffusion aux fluides aériformes qui se trouvent dans l'intérieur des végétaux. Quelques parties cependant paraissent dépourvues de *stomates*: tels sont les racines, les pétioles non foliacés, les pétales en général, l'épiderme des vieilles tiges, celui des fruits charnus, des graines, etc. Certaines feuilles n'en présentent qu'à l'une de leurs faces; par exemple, celles du poirier, de l'olivier, du seringa, etc., qui en sont dépourvues à la face supérieure; le plus grand nombre au contraire, en ont sur toutes les deux; mais c'est surtout à leur face inférieure qu'on les observe en plus grande abondance.

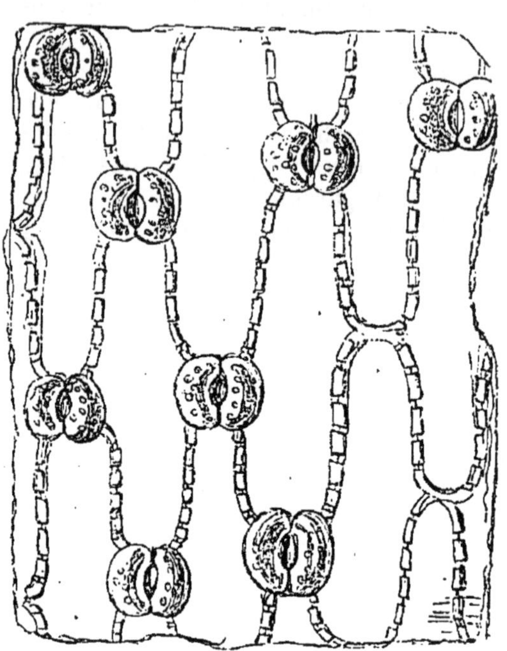

Fig. 29.

Les stomates sont d'une excessive ténuité, et souvent tellement rapprochés les uns des autres, que leur nombre est vraiment prodigieux. Ainsi on a calculé qu'une lame d'épiderme d'un pouce carré, prise sur la face supérieure de la feuille de l'œillet, en contenant environ 38 500; sur la face inférieure du lilas, 160 000; le gui, au contraire, n'en offre que 200 sur la même étendue, etc.

[Si au lieu d'un pouce carré on compte le nombre de stomates sur une feuille tout entière, on trouve, d'après M. Duchartre, les nombres suivants: pour une feuille ordinaire de lilas, 708 750 stomates; une feuille d'olivier, 86 000 stomates, et une feuille de tilleul, 1 033 000 de ces ouvertures.]

[Le même auteur a déterminé sur un grand nombre de plantes le nombre et la dimension des stomates dont l'épiderme de leurs feuilles est percée. En combinant ses résultats avec ceux des auteurs tels que les deux Kroker, Thompson Lindley, Unger et surtout Ed. Morren, qui ont fait des calculs analogues, il arrive aux conclusions suivantes: 1° A peu d'exceptions près les végétaux ligneux sont plus riches en stomates que les herbes; 2° parmi les arbres et arbustes, ce sont surtout ceux à feuilles coriaces qui en offrent le plus grand nombre; 3° les feuilles charnues sont celles qui portent le plus faible nombre de stomates; 4° les herbes dépourvues de ces petits appa-

Fig. 29. Epiderme de l'*Iris germanica*. Les stomates sont disposées d'une manière régulière, au point de l'extrémité de deux utricules.

reils à leur face supérieure ou qui ne les offrent qu'en faible proportion, sont presque aussi nombreuses que celles qui en sont pourvues; 5° parmi ces dernières quelques-unes en offrent plus en dessus qu'en dessous, quelques-unes en ont le même nombre des deux côtés; 6° en général les stomates sont d'autant plus petits qu'ils sons moins nombreux.]

Le mode de formation de ces organes a été décrit par Hugo Mohl; d'après cet habile observateur, la formation de la fente est due au dédoublement d'une cloison qui se montrerait (*fig.* 30) dans l'intérieur de l'utricule laquelle plus tard se trouve ainsi partagée en deux lèvres.

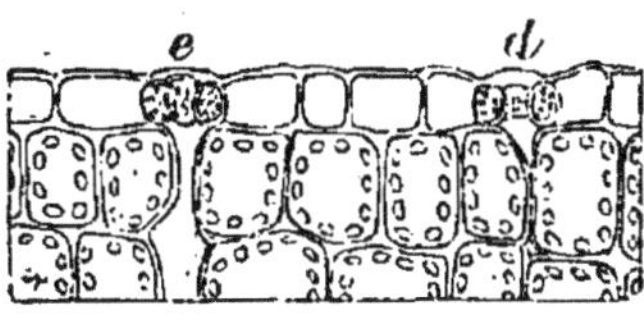

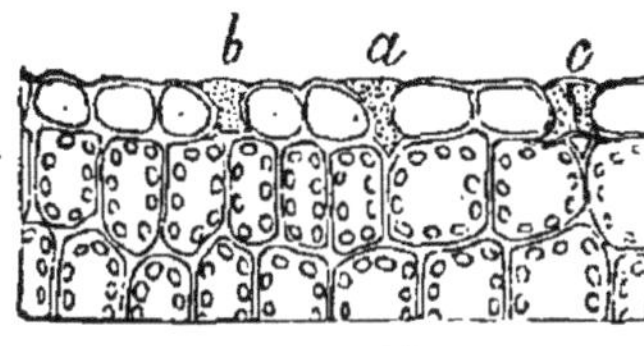

Fig. 30.

Leur position ou plutôt leur arrangement à la surface des feuilles est toujours déterminé par la forme et l'arrangement des utricules qui composent l'épiderme. Toutes les fois que ces utricules sont irrégulières, les stomates sont dispersés sans ordre. Quand, au contraire, l'épiderme se compose d'utricules disposées en séries à peu près égales, les stomates sont arrangés régulièrement. Cette dernière disposition est surtout fréquente dans les plantes monocotylédonées. Nous en présentons ici (*fig.* 29) un exemple pris dans les feuilles de l'iris.

Les feuilles de laurier-rose (*Nerium oleander*) offrent une particularité remarquable. A leur face inférieure existe un grand nombre de petites poches ou cavités à ouverture étroite (voy. *fig* 28), garnies intérieurement de longs poils. C'est dans le fond de ces cavités que les stomates existent. Ils sont réunis en grand nombre dans une même cavité et sont extrêmement petits.

Les stomates existent sur les feuilles de plantes aquatiques seulement ils sont plus rares, plus petits ou d'une forme différente. Si l'on compare les deux surfaces d'une feuille flottante à la surface de l'eau telles que celles des *Nuphar*, du *Nelumbium* on voit que les stomates de la face supérieure ou aérienne sont plus nombreux, plus grands, plus ouverts. Ceux de la face inférieure sont plus rares, plus petits et souvent de forme différente mais ils ne manquent jamais totalement.

[Les stomates de toutes les plantes étudiées par Schacht (*Aloe*, *Gasteria*, *Phormium*, *Dasylirion*, *Ruscus*, *Dipsacus*, *Helleborus* *Nerium*, *Arbutus*, *Ilex*, etc.) se colorent toujours, par l'iode et l'acide

Fig. 30. Epiderme de la face supérieure des feuilles du *Nuphar luteum*, montrant les degrés de formation des stomates; *a*, *b* utricules devant se tranformer en stomates. Elles sont remplies d'une matière granuleuse; *c* la cloison commence à se montrer; *d*, *e* la cloison se dédouble pour former l'ouverture du stomate.

sulfurique, en violet ou en bleu; en conséquence, les deux cellules qui limitent le stomate ne s'endurcissent jamais; elles ne s'encroûtent jamais de ligneux ou de liége, et leurs parois sont toujours saturées de cellulose.]

Le mode de formation primitive des stomates tel qu'il a été décrit par Hugo Mohl, Trécul, etc., paraît être à peu près le même dans la plus part des végétaux. Les stomates n'existent pas dans les organes à leur premier degré de développement. On aperçoit un peu plus tard, au milieu des cellules épidermiques, des cellules généralement plus petites, contenant ordinairement de la matière granuleuse. Petit à petit, cette cellule se partage en deux par une cloison longitudinale qui se forme à son intérieur. Cette cloison commence à se dédoubler, et entre les deux feuillets se montre une petite ouverture qui, insensiblement, prend tous les caractères d'un stomate. Nous figurons ici (*fig.* 30) l'épiderme des feuilles du *Nuphar luteum*, sur lequel on peut suivre ce développement des stomates, tel qu'il a été observé par Trécul.

La fonction des pores certicaux consiste probablement à donner passage à l'air. Mais il n'est pas facile de déterminer avec certitude s'ils servent à l'inspiration plutôt qu'à l'expiration, ou à ces deux fonctions également. Si nous considérons que, pendant la nuit, lorsque les grands pores de l'épiderme sont fermés, les feuilles absorbent le gaz acide carbonique dissous dans la rosée, lequel pénètre indubitablement dans les cellules en traversant leur membrane, et si nous réfléchissons, en outre, que ces feuilles décomposent le gaz carbonique, lorsque les pores sont ouverts, c'est-à-dire pendant le jour, nous pouvons conjecturer qu'ils sont uniquement destinés à l'exhalation de l'oxygène. Cet usage devient encore plus probable si nous ajoutons que les corolles, qui d'après les observations de de Candolle, manquent de pores, sont également privées de la propriété de dégager de l'oxygène.

4° Les LENTICELLES. La surface de l'épiderme présente quelquefois certains organes qui s'offrent sous la forme de petites taches allongées dans le sens longitudinal sur les jeunes branches, et dans le sens transversal sur les branches plus anciennes, que Guettard a le premier désignés sous le nom de *glandes lenticulaires*, et que de Candolle a nommées *lenticelles*. On n'en a encore trouvé aucune trace ni dans les plantes Monocotylédones, ni dans les Acotylédones. Elles manquent également dans la plupart des herbes dicotylédonées. Elles sont très-apparentes sur l'épiderme du bouleau, et surtout du fusain galeux (*Evonymus verrucosus*, L.), où elles sont très-proéminentes et très-rapprochées.

De Candolle avait admis que les lenticelles étaient des espèces de bourgeons latents d'où sortaient des racines adventives, naturelles ou accidentelles. Mais cette opinion est peu fondée, ainsi que l'on prouvé les recherches de Mohl et de Unger sur ce sujet. Les lenticelles, comme l'a fait voir Mohl (*Ann. sc. nat.*, X, p. 33), se remarquent particulièrement, avec les caractères qui les distinguent, sur les rameaux d'une année, tant que l'épiderme a conservé son intégrité. Plus tard il se déchire, et les lenticelles se changent alors fréquemment en verrues plus ou moins saillantes offrant quelquefois deux lèvres longitudinales, les lenticelles sont placées sur la partie extérieure du parenchyme cortical, dont le developpement constitue le liége, et que. Mohl nomme *périderme*. Elles n'ont aucune communication avec la partie intérieure de l'écorce, ni avec le corps ligneux. Leur structure est entièrement cellulaire. Ce sont des cellules vertes, incolores ou diversement colorées, placées entre l'épiderme et le parenchyme vert, avec lequel elles se confondent insensiblement. A l'extérieur, comme elles ont été exposées au contact de l'air par suite de la rupture de l'épiderme, elles sont desséchées et constituent une masse brune de matière subéreuse. Les cellules qui composent la lenticelle, généralement plus petites que celles du parenchyme cortical, forment des séries perpendiculaires à l'axe du rameau.

[Les lenticelles existent aussi sur les pommes de terre, et, quand elles sont très-développées, ce tubercule semble couvert de boutons. Dans le bouleau, les lenticelles naissent sous les glandes qui sécrètent la résine. Leur nature est celle du liége. Quand le rameau a plus d'un an, les glandes disparaissent; mais elles sont remplacées par les lenticelles ou tubercules de liége, qui s'agrandissent à mesure que le rameau s'accroît, et forment ces lignes brunes transversales qu'on observe sur les vieilles écorces.]

Unger (*Ann. sc. nat.*, X, p. 46), a émis une opinion encore plus précise sur l'origine des lenticelles. Pour cet observateur ingénieux, comme pour Mohl, les lenticelles procèdent toujours de la couche celluleuse placée immédiatement sous l'épiderme, qui se montre a l'extérieur par la fente d'un stomate qui s'est déchiré, et a, en quelque sorte, changé de forme et de nature. Selon Unger, les utricules qui le composent et qui se séparent si facilement les unes des autres ont une certaine analogie avec les propagules ou organes reproducteurs de quelques plantes cryptogames, et en particulier des Lichens.

Pour mieux fixer les idées sur les bases de l'anatomie végétale, nous allons présenter ici, sous la forme d'aphorismes, les points essentiels de cette partie de la science, que nous avons développés dans les paragraphes précédents.

RESUMÉ APHORISTIQUE D'ANATOMIE VÉGÉTALE

I. Les végétaux sont composés originairement d'un seul élément anatomique, l'*utricule*, vésicule membraneuse, dont la forme, en se modifiant, produit deux modifications, le *tube fibreux* et le *vaisseau*. De là trois sortes de tissus élémentaires : 1° le tissu cellulaire ou *utriculaire;* 2° le tissu *fibreux* ou ligneux; 3° enfin le tissu *vasculaire* ou les vaisseaux.

I. Tissu utriculaire. — II. Le tissu utriculaire peut être considéré comme la base de l'organisation végétale.

III. Il est composé d'utricules ou vésicules originairement closes de toutes parts, soudées ensemble, et qui, par la pression qu'elles exercent les unes sur les autres, prennent communément une forme polyédrique, le plus souvent dodécaédrique.

IV. Dans une masse tissulaire, les lames membraneuses qui séparent les utricules les unes des autres sont formées de deux feuillets, appartenant chacun à une des deux utricules contiguës.

V. La forme des utricules varie beaucoup; elles sont ou polyédriques, ordinairement dodécaédriques, ou sous la forme de prismes à quatre, cinq ou six pans, coupés carrément à leurs extrémités, quelquefois même rameuses et étoilées.

VI. Ces utricules de forme irrégulière et anomale, ne sont pas le résultat de plusieurs utricules soudées.

VII. Les utricules contiguës d'une masse de tissu cellulaire laissent, dans les points où elles ne se touchent pas, des espaces vides ordinairement triangulaires, qu'on nomme *méats* ou *conduits intercellulaires*.

VIII. La membrane des utricules est en général mince, diaphane, et ne présentant souvent aucune ouverture appréciable.

IX. Quelquefois la membrane primitive jouit de la propriété de s'assimiler la matière organique épanchée dans l'utricule, et de prendre une épaisseur successivement plus grande.

X. D'autres fois certains points de la membrane primitive sont privés de cette propriété et restent minces, tandis que les autres s'épaississent.

XI. Les parties de la membrane primitive non recouvertes par les dépôts secondaires peuvent se montrer sous l'apparence de points ou de lignes transversales.

Ce sont ces points et ces lignes plus transparentes que l'on a considérés à tort comme des *pores* ou des *fentes*.

XII. Ils forment autant de petits canaux percés à travers les couches de dépôts ouverts du côté intérieur de l'utricule et bouchés à l'extérieur par la membrane primitive.

XIII. Le dépôt secondaire formé dans les utricules peut prendre la forme d'un fil roulé en hélice ou *spiricule* simple, ou d'une spiricule ramifiée, irrégulièrement anastomosée. Cette modification porte les noms de *cellules fibreuses* ou de *tissu fibroso-utriculaire*.

XIV. Quant les utricules communiquent entre elles, c'est par des pores intermoléculaires tout à fait microscopiques.

XV. Les utricules contiennent des matières gazeuses, liquides ou solides.

a. Les matières gazeuses sont principalement de l'air, quelquefois plus ou moins altéré.

b. Les liquides sont la sève, des huiles grasses ou volatiles, etc.

c. Les solides sont :

XVI. 1° Le *nucleus* ou noyau, amas de matière granuleuse, ordinairement lenticulaire, appliqué contre la paroi interne des utricules.

Le nucléus ou *cystoblaste* a été considéré comme l'origine des nouvelles utricules ; les particules régulières dont il se compose ont été nommées *nucléoles*, et les plus petites et irrégulières, *granulations*.

XVII. 2° La *chlorophylle*, matière colorante verte, peut se montrer : 1° en masse gélatineuse informe ; 2° en globules.

La chlorophylle globuleuse se compose de globules contenant, sous une enveloppe verte, un, deux ou quatre grains de fécule que l'iode colore en bleu.

Dans la chlorophylle informe existent des grains que l'iode fait reconnaître pour de la fécule.

XVIII. 3° La *fécule*, sous forme de grains plus ou moins globuleux ou cylindroïdes incolores, d'une grosseur variable suivant les espèces, se colorant en bleu par la teinture d'iode.

XIX. Les grains de fécule, libres dans les utricules, sont solides et formés de couches concentriques emboîtées les unes dans les autres, avec un point extérieur que l'on appelle l'*ostiole*.

XX. Les grains de fécule ont été primitivement vésiculeux, avec une petite ouverture, ou *ostiole*, par laquelle ont pénétré les dépôts qui se sont formés successivement, et ont fini par les remplir.

XXI. 4° Les *cristaux* peuvent offrir des formes variées : prismes, rhomboèdres, cubes, etc. Ils peuvent être isolés ou groupés, et soudés en amas hérissés de pointes.

XXII. Les *raphides* sont des cristaux en aiguilles ou en prismes excessivement grêles, terminés à leurs deux extréminés par des pyramides très-aiguës.

XXIII. Les cristaux salins contenus dans les végétaux n'y sont pas répandus au hasard, ils sont déposés dans les cellules d'un tissu organique qui détermine et limite leur agglomération.

XXIV. 5° Des *granules* irréguliers, de matière organique azotée, existent aussi appliqués contre les parois du tissu utriculaire ou nageant dans le liquide qui les baigne.

XXV. Les *lacunes* sont des cavités accidentelles plus ou moins grandes qui se forment au milieu du tissu utriculaire, ordinairement par suite de la destruction d'une partie des utricules qui le composent.

XXVI. Le tissu utriculaire se multiplie principalement par la formation de nouvelles cellules dans l'*intérieur* des utricules anciennes : *accroissement intra-utriculaire* ou *endogène*.

II. Tissu fibreux. — XXVII. Le tissu fibreux a reçu les noms de *tissu allongé, tissu ligneux, prosenchyme, vaisseaux fibreux, tubilles, clostres, etc.*

XXVIII. Il est composé de cellules très-allongées ou de tubes très-courts, terminés en pointe à leurs deux extrémités, toujours simples.

XXIX. En se pressant les uns contre les autres, les tubes fibreux prennent des formes très-variées.

XXX. Les parois des tubes fibreux sont primitivement simples et minces; mais avec le temps elles s'épaississent et se composent de plusieurs couches étroitement unies.

XXXI. Le mode de formation de ces couches est le même que celui qui a eu lieu dans les utricules, et les parois des tubes fibreux peuvent offrir les mêmes modifications des couches secondaires : ponctuations, raies transparentes, spiricule diversement enroulée.

III. Tissu vasculaire. — XXXII. On peut admettre en règle générale que les vaisseaux résultent de la transformation d'utricules en tubes, par suite de résorption des diaphragmes qui les séparaient.

XXXIII. Les espèces principales de vaisseaux sont les vaisseaux laticifères, les trachées et les vaisseaux proprement dits.

XXXIV. Les vaisseaux *laticifères*, ainsi appelés parce qu'ils contiennent le suc élaboré ou *latex*, sont les conduits spéciaux de la sève descendante.

XXXV. Ce sont des tubes complétement clos, à parois ordinairement minces et transparentes, cylindriques ou anguleux, simples ou rameux, et fréquemment anastomosés.

XXXVI. Ces vaisseaux existent auprès des faisceaux vasculaires, qui sont épars dans la masse de la tige des plantes monocotylédonées.

XXXVII. Dans les plantes dicotylédonées ils sont ou épars dans le tissu cortical de la tige, ou formant des faisceaux ou une enveloppe continue autour du corps ligneux. On les trouve aussi dans les organes appendiculaires et quelquefois épars dans la moelle.

XXXVIII. Sous le nom de *vaisseaux propres* on a confondu : 1° des *lacunes* ou cavités accidentelles dans lesquelles s'accumulent les sucs résineux ; 2° les *méats intercellulaires* ; 3° les *vaisseaux du latex*. Il n'y a donc pas de vaisseaux qui puissent conserver le nom de *vaisseaux propres*.

XXXIX. Les *trachées* sont des tubes cylindriques excessvement minces, diaphanes, contenant un corps mince et filiforme, nommé *spivicule*, roulé en hélice dans leur intérieur.

XL. L'existence du tube n'est pas toujours très-évidente. Il est presque impossible de la constater, quand les tours de la spiricule sont très-rapprochés et continus. Quant au contraire ils sont écartés, son existence ne saurait être niée.

XLI. La spiricule est tantôt plane et sous la forme d'une lame très-étroite, tantôt cylindrique et filiforme.

XLII. Malgré les assertions contraires de plusieurs observateurs, la spiricule est toujours creuse intérieurement.

XLIII. La spiricule peut être simple ou bifurquée.

XLIV. Assez souvent deux, trois ou un plus grand nombre de spiricules se soudent ensemble, et se déroulent en formant une sorte de ruban strié.

XLV. Les trachées sont ordinairement simples; très-rarement elles sont bifurquées.

XLVI. La spiricule, au lieu d'être continue, forme quelquefois des anneaux complets et parfaitement distincts, placés au milieu de tours en spirale. Ces vaisseaux pourraient être appelés *spiro-annulaires.*

XLVII. Les trachées n'existent dans la tige des Dicotylédones que dans les parois de l'étui médullaire. On les trouve aussi dans les pétioles, les nervures des feuilles, les filets des étamines, les enveloppes florales.

XLVIII. Dans la tige des Monocotylédones et celle des Ombellifères, elles sont placées dans l'intérieur des faisceaux ligneux épars dans la tige.

XLIX. On trouve des trachées dans les fibres radicales, mais seulement dans les plantes monocotylédonées.

L. Les *vaisseaux réticulés* sont une modification des trachées dans laquelle la spiricule est irrégulière, ramifiée, anastomosée et non déroulable.

LI. On a souvent désigné sous le nom de *fausses trachées* tous les vaisseaux qui offrent des ponctuations ou des lignes transversales plus transparentes

LII. Les *vaisseaux rayés* sont des tubes cylindriques ou anguleux qui présentent des parties amincies plus transparentes sous la forme de lignes transversales. Dans les Fougères ce sont de véritables fentes.

LIII. Ces lignes amincies peuvent être très-étroites ou avoir une certaine largeur. Elles sont ordinairement disposées régulièrement les unes au-dessus des autres.

LIV. Les *vaisseaux scalariformes* ne sont qu'une simple modification des *vaisseaux rayés* dans laquelle les lignes transversales ont plus de longueur et plus de régularité.

LV. Les *vaisseaux ponctués* ou *poreux* sont des tubes cylindriques présentant des enfoncements punctiformes disposés régulièrement. Ces ponctuations sont *simples* ou *aréolées.*

LVI. Les vaisseaux *réticulés*, *rayés* et *ponctués* se composent d'un tube continu, à la face interne duquel se sont formées des couches de dépôts qui ont laissé à nu certaines parties qui apparaissent comme des points ou des lignes horizontales plus transparentes.

LVII. Ces vaisseaux se trouvent dans l'épaisseur des couches ligneuses des Dicotylédones ou dans les faisceaux vasculaires des Monocotylédones, dans les racines, les feuilles, etc.; mais jamais dans l'écorce.

LVIII. Il y a un passage insensible des vaisseaux ponctués aux vaisseaux rayés, des vaisseaux rayés aux vaisseaux réticulés, des vaisseaux réticulés aux trachées.

LIX. Les vaisseaux n'existent pas dans la plante excessivement jeune ou dans les organes dès le premier moment de leur apparition. A cette première période, la plante tout entière n'est encore composée que de tissu utriculaire.

LX. Les vaisseaux, de quelque nature qu'ils soient, tirent leur origine du tissu utriculaire.

IV. L'épiderme. — LXI. *L'épiderme* est une membrane celluleuse qui recouvre toutes les parties du végétal esposées à l'action de l'air et de la lumière.

LXII. Il se compose de deux parties : 1° d'une pellicule extérieure, sans organisation appréciable, qu'on nomme la *cuticule*; 2° d'une, deux ou rarement de trois ou quatre couches d'utricules incolores intimement unies entre elles et constituant le véritable épiderme ou le *derme*.

LXIII. Les parties des végétaux qui vivent complétement plongées dans l'eau ont un épiderme modifié par l'influence de ce milieu.

LXIV. Dans les plantes phanérogames, l'épiderme est une membrane bien distincte du tissu cellulaire qu'il recouvre, par la forme, la grandeur et l'arrangement des utricules qui le composent.

LXV. Les utricules épidermiques des parties aériennes des végétaux ne contiennent ordinairement aucune trace de chlorophylle.

LXVI. L'épiderme offre des ouvertures très-petites, nommées *stomates* ou pores corticaux.

LXVII. Les stomates se composent en général de deux utricules en forme de croissants, réunies par leurs extrémités arrondies de manière à constituer une petite ouverture longitudinale ou bouche entourée de deux lèvres.

LXVIII. Ils communiquent avec les méats intercellulaires du tissu sous-jacent.

LXIX. Les stomates existent sur les feuilles, principalement à leur face inférieure, sur les tiges herbacées, les bractées, les calices, etc.

LXX. Ils manquent sur les racines, sur les feuilles submergées, les pétales, etc.

LXXI. Les stomates sont épars ou disposés en séries régulières. Cette dernière disposition se remarque surtout dans les plantes monocotylédonées.

LXXII. Ils sont ou solitaires ou réunis en groupes.

LXXIII. Les stomates proviennent en général d'une cellule de l'épiderme, dans l'intérieur de laquelle il se produit une cloison qui, en se dédoublant, constitue les deux lèvres et l'ouverture.

LXXIV. On appelle *lenticelles* de petites taches allongées qu'on observe sur l'épiderme des tiges de certaines plantes.

LXXV. Elles sont formées par le développement du tissu cellulaire sous-épidermique à travers l'épiderme, qui s'est déchiré pour lui livrer passage.

DEUXIÈME PARTIE

ANATOMIE DESCRIPTIVE OU ORGANOGRAPHIE VÉGÉTALE

La vie de la plante se compose de deux fonctions générales, la *nutrition* et la *reproduction;* tous les organes qui constituent le végétal le plus complet concourent à l'une ou à l'autre de ces deux fonctions. C'est donc en suivant cet ordre, c'est-à dire en les partageant en deux classes : 1° les organes de la *nutrition;* 2° les organes de la *reproduction*, que nous allons décrire les différents organes dont le végétal est composé.

PREMIÈRE CLASSE

ORGANES DE LA NUTRITION

La *nutrition* est la fonction par laquelle le végétal absorbe, dans les milieux où il vit, les fluides nécessaires à l'entretien de sa vie et modifie ces fluides de manière à les rendre propres au développement de toutes les parties qui le composent. Dans les végétaux les plus inférieurs, où la masse entière se compose d'un tissu homogène, chaque cellule pouvant être considérée comme représentant les caractères et remplissant les fonctions du végétal entier, il n'y a point à diviser l'ensemble en parties physiologiquement distinctes.

Dans les végétaux supérieurs, les organes de la nutrition sont : 1° les *racines;* 2° les *feuilles;* 3° la *tige.*

Les racines enfoncées dans la terre y puisent les liquides qu'elle contient et les font pénétrer dans la plante. Les feuilles exercent la même action dans l'atmosphère, et de plus elles sont les organes où les sucs nutritifs de la plante éprouvent diverses élaborations qui les rendent plus aptes à fournir au végétal tout ce qui lui est nécessaire pour vivre et se développer. La tige sert à établir la communication entre les racines et les feuilles.

On peut se représenter l'ensemble des organes de la nutrition comme formant un axe, aux deux extrémités duquel sont placés les organes dans lesquels se font l'absorption du fluide nutritif et son élaboration. Ce fluide nutritif des plantes, analogue au sang des animaux, porte le nom de *sève.* Nous nommons *axophyte* l'axe des organes nutritifs ; il se divise en deux parties, l'une ascendante et *aérienne*, l'autre descendante et *souterraine*, que l'on a jusqu'à présent confondue avec la véritable racine. Ce sont les dernières ramifications de ces deux parties de l'axophyte qui portent les véritables organes nutritifs de la plante, savoir : la partie aérienne, les feuilles, et la partie souterraine, le chevelu ou la vraie racine.

L'axophyte se divise en deux parties : l'une supérieure ou aérienne, simple ou ramifiée, portant les feuilles et plus tard les fleurs ou organes de la reproduction, c'est la TIGE; l'autre inférieure ou souterraine, également simple ou rameuse, de laquelle naissent les fibres radicales, c'est la SOUCHE. Le point où se réunissent ces deux parties de l'axophyte s'appelle le *collet*; c'est à ce point que se fait la distinction des fibres *ascendantes* dans la tige et *descendantes* dans la souche.

CHAPITRE PREMIER

TIGE

La TIGE (*caulis*) est la partie supérieure et ascendante de l'axe végétal, qui porte les feuilles et les fleurs. Elle existe constamment; mais quelquefois elle prend peu de développement, reste cachée sous la terre, et les feuilles semblent naître du *collet*. Ce sont les plantes qui offrent cette disposition que l'on désignait autrefois sous le nom de plantes *acaules* (sans tige); elles ont cependant une véritable tige, mais très-courte; ex. : La dent de lion, le chardon et la carline acaule.

La tige peut être *simple* ou *ramifiée*; elle peut être *ligneuse*, c'est-à-dire dure et constituant du bois, comme celle des arbres et des arbrisseaux, ou *herbacée*, c'est-à-dire molle, tendre, et simplement fibreuse ou charnue, comme celle des herbes proprement dites; elle peut être *pleine* intérieurement ou sans cavité; elle peut être creuse ou *fistuleuse*, comme celle du blé ou de l'angélique.

Trois sortes de tiges ont reçu des noms particuliers : ce sont le *chaume*, le *tronc* et le *stipe*.

1° Le CHAUME (*culmus*) est une tige herbacée ou ligneuse (les bambous, la canne de Provence), généralement simple et creuse, offrant de distance en distance des nœuds pleins d'où naissent des feuilles qui commencent par une longue gaîne embrassant la tige. Cette sorte de tige est particulière aux Graminées (le blé, l'orge, l'avoine) et aux Cypéracées (les carex, les souchets, etc.).

2° On appelle TRONC (*truncus*) la tige du chêne, du peuplier, du sapin, en un mot de tous les arbres dicotylédonés de nos forêts ou de nos vergers. Elle est ligneuse, conique, divisée et subdivisée en un grand nombre de branches et de rameaux sur lesquels naissent les feuilles, offrant une écorce distincte, et composée intérieurement de bois disposé en couches concentriques et superposées.

3° Le STIPE (*stipes, frons*)(*fig.* 31) est une autre sorte de tige ligneuse, qu'on n'observe que dans les plantes monocotylédonées et spécialement dans les Palmiers, les *Dracœna*, *Yucca*, *Aletris*, *Pandanus*, en un mot dans toutes les Monocotylédonées tropicales, à tige ligneuse. Les fougères en arbre ont aussi un stipe. Il est généralement simple, cylindrique, presque toujours aussi gros au sommet qu'à la base, portant à son sommet de grandes feuilles disposées en un faisceau simple. Son écorce est peu distincte du reste de la tige, et le bois est sous la forme de faisceaux épars et sans ordre, au milieu d'un tissu cellulaire qui en compose la masse.

Fig. 31.

A. Suivant la *consistance*, la tige peut être : 1° *herbacée*, quand elle est tendre, ordinairement verte et périssant chaque année, comme celle de la bourrache, de la laitue, en un mot de toutes les *herbes*; 2° *ligneuse*, quand elle est dure, qu'elle vit et persiste un grand nombre d'années et qu'elle est formée de bois; telle est celle de tous les arbres; 3° enfin, certaines tiges sont à la fois en partie ligneuses et en partie herbacées, c'est-à-dire que les extrémités de leurs rameaux ne se lignifient pas, restent herbacées et meurent chaque année. On nomme ces tiges *frutiqueuses* ou *demi-ligneuses*, et les plantes qui les offrent sont appelées des *sous-abrisseaux*.

Fig. 31. Le dattier (*Phœnix dactylifera*).

D'après la consistance de la tige, tous les végétaux supérieurs peuvent être : 1° des *herbes* (*herbæ*), ceux qui ont la tige complétement herbacée ; 2° des *sous-arbisseaux* (*suffrutices*), ceux dont la tige est ligneuse et les rameaux herbacés ; ex.: la sauge officinale, la rue officinale, la giroflée des murailles ; 3° des *arbustes* (*frutices*), ceux dont la tige, complétement ligneuse, est ramifiée dès sa base, peu élevée, et ne porte pas de bourgeons écailleux ; 4° des *arbrisseaux* (*arbusculæ*), dont la tige ligneuse et ramifiée dès la base porte des bourgeons écailleux et s'élève quelquefois à une hauteur assez considérable ; 5° enfin des *arbres* (*arbores*), ceux qui ont un véritable tronc, ou un stipe non ramifié à la base.

B. La *forme* de la tige est généralement à peu près *cylindrique*. Elle peut être plus ou moins *comprimée, ancipitée, triangulaire* (*Carex*), *carrée* ou *quadrangulaire* (Labiées), ou enfin présenter un nombre d'angles et par conséquent de faces plus ou moins considérables. Ces angles peuvent être aigus (*acutangulée*) ou obtus (*obtusangulée*).

On appelle *tige sarmenteuse* une tige frutiqueuse ou ligneuse trop faible pour pouvoir se soutenir elle-même, et s'élevant sur les corps voisins, soit au moyen d'appendices particuliers nommés *vrilles*, par exemple la vigne, soit par le simple enroulement autour de ces corps ; *grimpante* (*scandens, radicans*), celle qui s'élève sur les corps environnants et s'y attache au moyen de crampons, comme le lierre (*Hedera helix*), le *Bignonia radicans*, etc. ; *volubile* (*volubilis*), la tige herbacée qui s'enroule en forme de spirale autour des corps voisins. Une chose bien digne de remarque, c'est que les mêmes plantes ne commencent point leur spirale indistinctement à droite ou à gauche. Elles se dirigent constamment dans le même sens chez une même espèce. Pour déterminer le sens de l'enroulement, on suppose le spectateur placé dans l'axe de l'hélice, celle-ci commençant en face de lui ; alors, *si elle s'élève en montant de droite à gauche*, la tige est dite *dextrorsum volubilis*, comme dans le haricot, le dolichos, le *liseron*. On dit au contraire qu'elle est *sinistrorsum volubilis* dans le sens inverse : par exemple le houblon, le chèvrefeuille.

C. *Composition*. Une tige est *simple* quand elle ne présente pas de ramification, ex. : le bouillon blanc (*Verbascum Thapsus*, L.) ; elle est *rameuse*, si elle porte des rameaux. Si elle se divise par bifurcations successives, la tige est *dichotome*, ex. : la mâche (*Valerianella olitoria*) ; par trifurcations, elle est *trichotome*, ex. : la belle-de-nuit (*Nyctago hortensis*).

D. La *direction* de la tige est généralement verticale, c'est-à-dire qu'elle tend à s'élever perpendiculairement à l'horizon. Quelquefois la tige peut être *oblique*, ou même *horizontale* et couchée à la surface du sol. Dans ce dernier cas on dit qu'elle est *rampante* (*repens*), quand elle s'attache au sol par des fibres radicales naissant de tous les points de sa surface qui touchent la terre; *stolonifère* ou *traçante* (*stolonifer, reptans*), quand elle donne naissance à des rameaux ou rejets grêles nommés *coulants, gourmands* ou *stolons*, qui s'enracinent de distance en distance, ex. : le fraisier, la potentille traçante, etc.

ORGANISATION DE LA TIGE

Nous étudierons successivement la structure de la tige dans les végétaux dicotylédonés, puis celle des monocotylédonés.

I. Organisation de la tige ligneuse des Dicotylédones.— Le tronc d'un arbre dicotylédoné, coupé en travers (*fig.* 32), se compose de couches ligneuses concentriques et presque circulaires, emboîtées les unes dans les autres, autour d'un centre commun occupé par le canal médullaire, les plus anciennes étant les plus intérieures. Elles sont recouvertes par l'*écorce* qui forme la partie la plus extérieure de la tige. Ainsi on remarque deux parties bien distinctes dans la tige des Dicotylédones ligneuses : 1° l'écorce; 2° les couches ligneuses.

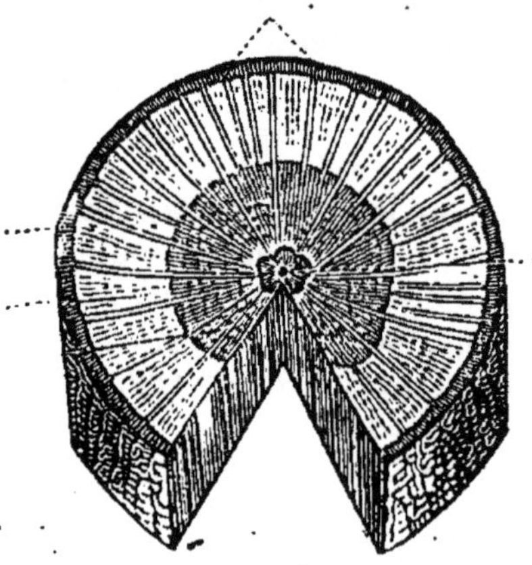

Fig. 32.

I. De l'écorce. L'écorce a une structure assez compliquée. Elle se compose de couches ou plutôt de feuillets minces, très-intimement unis entre eux, c'est-à-dire offrant une disposition tout à fait analogue à celle des couches ligneuses, mais avec cette différence que les plus anciennes sont les plus externes. Ces feuillets sont, en procédant de l'extérieur vers l'intérieur : 1° l'*épiderme;* 2° la *couche subéreuse;* 3° le *mésoderme;* 4° l'*enveloppe herbacée;* 5° le *liber* ou les *couches corticales* proprement dites; 6° enfin, l'*endoderme* ou couche *sous-libérienne*.

1° L'*épiderme* qui revêt l'écorce n'offre rien de particulier. Sur les jeunes branches, il est lisse et continu; sur les vieilles tiges, il est fendillé, déchiré. Nous avons précédemment (page 35) donné les caractères de cette membrane.

2° La *couche subéreuse* ou le *liège* (*fig.* 33, *s*) est la première qu'on rencontre sous l'épiderme. Elle se compose de plusieurs séries d'utricules, intimement unies entre elles, prenant avec l'âge une teinte brunâtre, complétement dépourvues de granulations. C'est cette couche utriculaire qui, dans certains végétaux, le chêne-liége par exem-

Fig. 32. Coupe en travers d'un arbre dicotylédoné.

ple, prend un grand développement et constitue le *liége* (*suber*). Dans le chêne-liége, ainsi que l'a fait voir H. Mohl (*Ann. sc. nat.*, IX, p. 290), on aperçoit, sur une jeune branche de deux à trois ans, au-dessous de l'épiderme, une couche celluleuse formée de trois à cinq

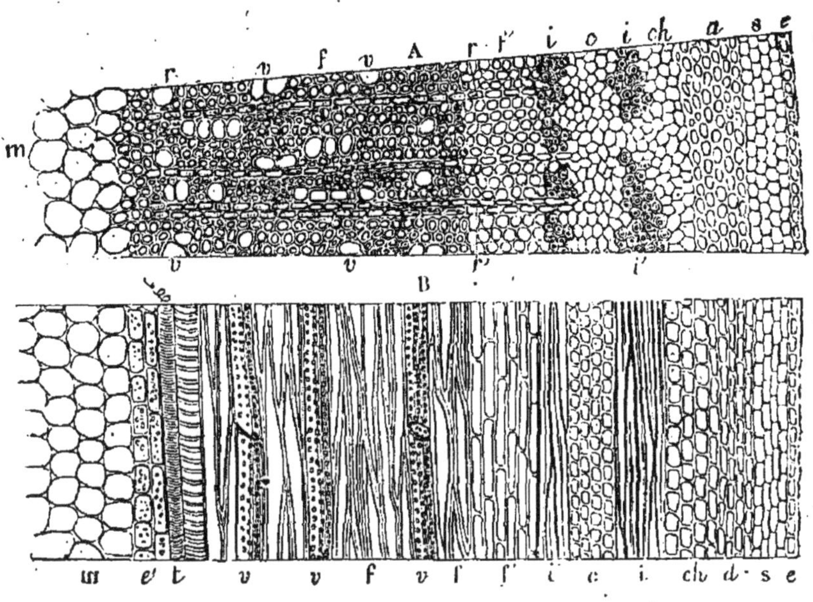

Fig. 33.

plans d'utricules incolores à parois minces et dépourvues de granulations; c'est la *zone subéreuse*. Passé trois ans, l'épiderme ne pouvant plus s'étendre se fend de distance en distance. Alors commence à se manifester un changement remarquable dans la couche subéreuse ou superficielle. Elle prend un accroissement rapide, par suite de nouvelles utricules qui se développent à sa face interne, dans son point de contact avec l'enveloppe herbacée. Ces nouvelles couches ne diffèrent en rien dans leur organisation de celles qui existaient sur la jeune branche, c'est-à-dire qu'elles sont formées d'utricules disposées en séries rectilignes et transversales, dépourvues de grains verts, un peu allongées de dedans en dehors, et se desséchant peu de temps après leur naissance. Enfin, avec le temps, les couches les plus extérieures se fendillent, se crevassent, et le *liége* est formé.

Indépendamment des utricules, dont l'accroissement successif cons-

Fig. 33. A, coupe transversale d'une jeune branche d'*Acer pseudoplatanus* d'une année; *e*, épiderme; *s*, enveloppe subéreuse; *d*, mésoderme; *ch*, couche herbacée; *i*, *i*, faisceaux du liber formant deux zones; *f'*, couche sous-libérienne; *f*, faisceaux ligneux; *r*, rayons médullaires; *v*, vaisseaux ponctués; *m*, moelle. B, coupe longitudinale de la même; les mêmes lettres y indiquent les mêmes parties.

titue la masse du liége, il s'en forme d'autres qui se groupent en couches sur la limite de deux formations de liége. Celles-ci sont plus courtes, plus fermes et plus foncées, et il résulte de là que le liége est disposé, mais d'une manière irrégulière, en couches superposées. Il y a donc dans le liége du *Quercus suber* deux formations distinctes et simultanées, celles des cellules incolores constituant le liége proprement dit, et celle des cellules plus courtes et colorées séparant la substance subéreuse en couches irrégulières et non définies. Le *Gymnocladus canadensis* présente ces deux substances plus manifestes encore, et formant des couches mieux dessinées et alternant entre elles, savoir: : les couches du liége formées d'utricules polyédriques, allongées dans le sens diamétral, représentant la masse du liége, et des utricules comprimées en table plus foncées en couleur.

La structure de la couche subéreuse est à peu près la même dans le bouleau blanc. Ainsi sur une branche très-jeune il existe sous l'épiderme plusieurs couches de cellules en table. Petit à petit ces cellules se colorent en brun, et la couche qu'elles forment se fendille avec l'épiderme. C'est alors qu'il se développe à leur face interne d'autres cellules en table, blanches, sèches, nacrées, constituant ces feuillets blancs qui s'enlèvent de l'écorce et qu'on avait d'abord considérés comme formés par l'épiderme. H. Mohl propose le nom de *périderme* pour ces feuillets, en réalité distincts de la couche subéreuse, au-dessous de laquelle ils se forment secondairement.

[Le liége du commerce ne saurait être considéré comme le type du tissu dont il est question dans le paragraphe précédent. M. Casimir de Candolle, fils et petit-fils des deux illustres botanistes de ce nom, a fait en Algérie des études sur le développement du liége du chêne-liége (*Quercus suber*). Le liége employé dans l'industrie est un produit artificiel. Pour provoquer sa formation, on enlève d'abord l'écorce du chêne-liége abandonné à lui-même; ce liége est désigné sous le nom de *liége-mâle*, et l'opération s'appelle le *démasclage*. L'ouvrier, en enlevant le liége mâle, laisse sur le tronc l'enveloppe cellulaire ou mésoderme et le liber qu'elle recouvre : ces deux couches réunies sont appelées *la mère* par les colons. Sur l'arbre démasclé, le liége industriel ou liége femelle des ouvriers commence à se former à une plus ou moins grande profondeur, tantôt dans la couche cellulaire, tantôt dans le liber. Le liége mâle ou naturel n'est point élastique; les bandes de périderme y sont très-rapprochées et parsemées de cellules à parois très-épaisses. Le liége femelle ou industriel est, comme chacun sait, très-élastique, parce qu'il se compose de cellules élastiques et poreuses. Des bandes de cellules plus denses et plus foncées alternent avec les autres, et donnent au liége la propriété de se gonfler dans l'eau. Les différences signalées entre les deux espèces de liége, le mâle ou sauvage, et le femelle ou commercial, tiennent à ce que le premier se développe librement autour de l'arbre, tandis que le second est comprimé par la mère (couche cellulaire et liber), dans l'intérieur de laquelle il se produit.]

L'écorce du platane s'enlève chaque année sous la forme de plaques irrégulières. Dans son jeune âge, elle n'offre pas cette particularité. Mais vers sept à huit ans il se développe dans la partie extérieure du liber une lame de cellules en table, représentant en quelque sorte un *périderme interne* qui, repoussant en dehors la portion correspondante du périderme extérieur, le détache et le force à tomber. Ces plaques diffèrent du liége en ce qu'elles contiennent dans leur partie la plus intérieure quelques faisceaux vasculaires provenant du liber. C'est pour elle que H. Mohl a proposé les noms de *rytidome* ou de *faux liége*. Plusieurs autres arbres, le prunier, le cerisier, le chêne, le tilleul, etc., offrent une disposition analogue dans la couche celluleuse la plus extérieure de l'écorce.

3° Nous avons nommé *mésoderme* une zone utriculaire (*fig.* 33, *a*), placée sous la précédente dont elle est parfaitement distincte. Elle se compose d'utricules un peu allongées, inégales, à parois épaisses, sans granulations vertes à l'intérieur. Ces utricules forment quelque fois une couche continue, comme dans l'*Acer pseudoplatanus* (*fig.* 33, dans le lilas, etc. D'autres fois, elles se montrent disposées en faisceaux distincts, séparées par du tissu utriculaire, contenant des granulations vertes.

4° C'est sous le mésoderme, quand il forme une couche continue, que se montre la portion de tissu utriculaire contenant de la chlorophylle qu'on nomme la *couche* ou l'*enveloppe herbacée* (*fig.* 33, *ch*). Les utricules qui la constituent sont globuleuses ou polyédriques. La chlorophylle qu'elles contiennent lui donne une coloration verte qui, sur les très-jeunes branches, apparaît à travers l'épiderme et la couche subéreuse. Avec le temps, l'enveloppe herbacée perd les granules verts qu'elle renfermait, et se confond alors avec les autres parties extérieures de l'écorce, le mésoderme et la couche subéreuse.

On trouve quelquefois dans l'épaisseur de l'enveloppe herbacée des *lacunes vasiformes*, contenant des sucs propres; par exemple dans les pins, les sapins et certains arbres de la famille des Térébinthacées.

5° Le *liber* ou les *couches corticales*. La partie extérieure de l'écorce est purement celluleuse : le *liber* (*fig.* 33, *i*, *i*) en est la partie fibreuse et vasculaire. Sur une tige ou branche déjà ancienne, il se montre sous l'apparence de feuillets très-minces, concentriques, comme les couches du bois, fortement unis entre eux et en quelque sorte confondus. On les nomme également *couches corticales*. Par la macération dans l'eau, on parvient, avec plus ou moins de facilité, suivant les espèces, à séparer les unes des autres les couches corticales, qui justifient dans cet état les noms de *liber* ou de *livret* par lesquels on les désigne.

Si nous examinons la structure anatomique du liber, nous le voyons composé de la manière suivante : au milieu d'un tissu cellulaire, ordinairement peu différent de celui qui forme l'enveloppe herbacée, sont distribués des faisceaux de tubes fibreux. Sur une coupe transversale de l'écorce, sur une branche d'une année par exemple, (*fig.* 33, *i*, *i*), les faisceaux forment ordinairement de deux à cinq rangées circulaires emboîtées les unes dans les autres. Primitivement, c'est-à-dire dans la branche très-jeune, ou tout à fait au sommet de la branche d'une année, on ne trouve qu'une seule rangée de faisceaux corticaux. Dans le plus grand nombre des cas, ces faisceaux sont d'une forme assez irrégulière, inégaux, allongés transversalement et séparés les uns des autres par des espaces cellulaires qui sont évidemment une prolongation des rayons médullaires du bois. D'autres fois, au contraire, les tubes fibreux forment une couche parfaitement continue. Mais, dans aucun cas, cette couche de tubes fibreux n'est immédiatement appliquée sur le corps ligneux. Elle en est toujours séparée par une couche plus ou moins épaisse de tissu utriculaire appelée *endoderme*, et sur laquelle nous reviendrons avec détail.

A mesure que de nouveaux faisceaux corticaux se forment, et cette formation a toujours lieu à la partie la plus intérieure de l'écorce, ceux qui existaient déjà sont rejetés vers l'extérieur et écartés les uns des autres; et comme le corps ligneux augmente aussi en diamètre, les nouvelles zones de faisceaux corticaux se composent graduellement d'un plus grand nombre de faisceaux. Il résulte de là que généralement, dans une écorce de quatre à cinq ans, ils forment, sur la coupe transversale, comme des espèces de pyramides triangulaires dont la base est appliquée sur la couche la plus intérieure de l'écorce et le sommet correspondant à la zone la plus extérieure. Cette disposition s'observe très-clairement dans l'écorce du tilleul figurée par Mirbel (*Mém. sur le liber*, tab. 2, *fig.* 1, 7). On la voit aussi très-bien dans le poirier et plusieurs autres arbres. Mais il arrive aussi assez souvent qu'on ne peut la constater.

Ces faisceaux de tubes fibreux ont une direction à peu près verticale, qu'ils conservent quelquefois ; mais plus fréquemment, ils sont flexueux, et, en se rapprochant, en s'accolant dans leur longueur, ils forment, quand on les examine sur une coupe longitudinale, une sorte de treillis (*fig.* 34) ou de réseau à mailles plus ou moins grandes, dont les intervalles sont remplis par du tissu utriculaire. Nul végétal ne montre mieux cette disposition que le laghetto (*Laghetta lintearia*), arbrisseau originaire des Antilles et appartenant à la famille des Daphnacées. Les feuillets de son liber sont très-nombreux, minces, blancs ; et quand on les a isolés et qu'on les étend, ils forment une sorte de tissu fin et délicat, ressemblant à une dentelle grossière. De là le nom vulgaire de *bois-dentelle* donné à cet arbrisseau.

Généralement, les mailles du réseau formé par les feuillets du liber sont d'autant plus grandes qu'elles appartiennent aux couches corticales les plus extérieures qui, par suite de l'accroisement en épaisseur de la tige, sont de plus en plus distendues dans le sens transversal.

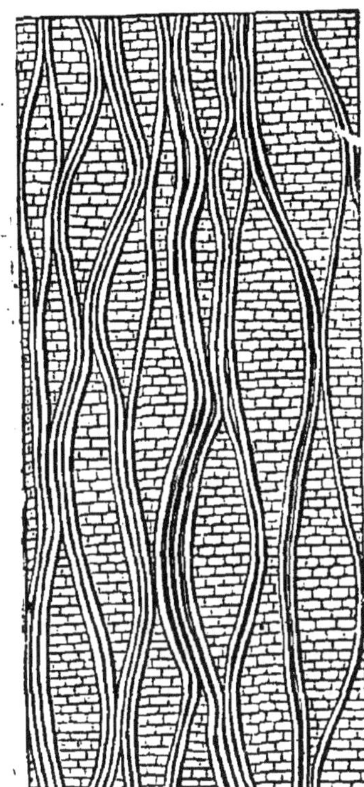

Fig. 34.

Les rayons médullaires du corps ligneux, surtout dans les jeunes branches, se prolongent jusque dans l'épaisseur de l'écorce, à travers les couches corticales, pour se perdre dans l'enveloppe herbacée que l'on a aussi désignée sous le nom de *moelle* ou de *médulle externe*.

Quant à l'organisation propre des tubes fibreux qui constituent les faisceaux du liber, elle est la même que celle que nous avons fait connaître précédemment en traitant d'une manière générale des tissus végétaux (page 20). Ce sont des tubes plus ou moins allongés, à parois épaisses, terminés obliquement en pointe à leurs deux extrémités, où ils sont soudés avec une grande force. Aussi forment-ils des fibres continues excessivement résistantes. Ce sont des faisceaux corticaux qui constituent les *fibres textiles* appelées *chénevottes* dans le chanvre, le lin, et en général dans toutes les plantes cultivées pour la fabrication de nos tissus. Une coupe transversale d'un faisceau du liber (*fig.* 35) montre que la membrane des tubes fibreux est épaisse et formée de plusieurs couches successivement déposées. Dans un grand nombre de cas, ces fibres, en vieillissant, présentent des ponctuations transparentes analogues à celles que nous observerons tout à l'heure dans le tissu propre des couches ligneuses.

Fig. 35.

Indépendamment de ces faisceaux de tubes fibreux constituant les couches corticales, l'écorce contient encore des vais-

Fig. 34. Coupe tangentielle des faisceaux du liber dans le tilleul (*Tilia platyphyllos*).
Fig. 35. Coupe transversale d'un faisceau de liber.

seaux du latex et souvent en très-grande quantité; mais ils sont tout-à fait distincts des tubes fibreux, qui constituent le réseau des couches corticales. Ainsi, par exemple, dans l'*Acer platanoides* et l'*Acer pseudoplatanus*, si au printemps on coupe transversalement une jeune branche, on voit s'écouler de la partie intérieure de l'écorce un suc blanc et laiteux (le latex), contenu dans de très-nombreux tubes laticifères placés vers la partie la plus intérieure de l'écorce. Tantôt ces vaisseaux laticifères sont situés à la face intérieure du liber; tantôt ils sont dispersés au milieu des tubes fibreux qui constituent les couches corticales; tantôt enfin on les voit au milieu du tissu cellulaire qui forme l'enveloppe herbacée. J'ai observé ces deux dernières dispositions dans beaucoup d'arbres de la famille des Conifères. On les trouve également dans certains arbres de la famille des Térébinthacées.

[Reisseck et Schacht ne distinguent pas les vaisseaux du latex des tubes fibreux de l'écorce. Arrivés à leur complet développement, ils offrent généralement des parois épaisses, leur ouverture est quelquefois complétement oblitérée; ex. : le Chanvre et l'écorce des Quinquina. Dans d'autres plantes, ils ont des parois minces; ex. : *Euphorbia palustris*, les Orties, etc. Isolés, ils s'affaissent ou se roulent sur eux-mêmes. La longueur de la fibre varie beaucoup : elle dépend de la longueur de la cellule qui lui a donné naissance et elle croît comme la partie dans laquelle elle est née. Environnée de parenchyme qui se résorbe facilement, sa croissance et ses ramifications se font aux dépens du tissu cellulaire qui l'environne; celui-ci est refoulé ou absorbé. On le voit sur les tubes fibreux de l'*Abies pectinata*, qui compriment le tissu cellulaire voisin. Le tube fibreux se distingue de la cellule ligneuse en ce qu'il n'offre pas de ponctuations et en ce qu'il s'accroît davantage. Sur le Lin et sur le Chanvre, quand on mesure des cellules ligneuses et des tubes fibreux nés simultanément, on trouve que ceux-ci sont beaucoup plus longs.]

[Les fibres corticales sont très-longues dans le Lin, le Chanvre, l'Ortie, surtout le China-grass (*Urtica nivea*), qui en Chine est employé comme plante textile; de même dans *Euphorbia palustris*, *E. antiquorum* et *Ficus elastica*; elles sont courtes dans les écorces de Quinquina. Les poils qui constituent le coton ont la plus grande analogie avec les fibres corticales. Ces fibres, quand elles ne sont pas épaissies, sont flexibles; elles se composent de cellulose plus ou moins pure et sont très-hygroscopiques; elles s'allongent, comme Schleiden l'a montré, parce que leurs parois se gonflent. Non épaissies, elles contiennent du liquide charriant souvent des grains de chlorophylle (*Linum*), plus souvent des corps granuleux ou non granuleux colorés, du caoutchouc (plantes à sucs lactescents). Dans quelques Euphorbiacées il y a des grains de fécule. Les alcaloïdes vénéneux (morphine, narcotine, strychnine) sont également le produit des cellules corticales; ils se trouvent dans le liquide qu'elles contiennent. Ces cellules se rapprochent donc plus de celles du parenchyme tant qu'elles ne sont pas épaissies, mais alors elles ont la plus grande analogie avec celles du bois. Jeunes, elles contiennent des sucs nourriciers; plus tard, seulement de l'air.]

A l'exception des vaisseaux propres ou *lacunes vasiformes*, dont nous avons signalé la présence dans l'écorce de quelques végétaux, et des *vaisseaux laticifères*, cette enveloppe ne contient aucune sorte de vaisseaux *spiraux*, c'est-à-dire ni trachées ni aucune des variétés des fausses trachées. Il faut néanmoins excepter une seule plante de cette disposition générale. Selon M. Lindley, le *Nepenthes distillatoria* contiendrait des vaisseaux spiraux dans l'épaisseur de son écorce.

6e Le liber ou la partie interne de l'écorce n'est pas immédiatement appliqué sur la surface du corps ligneux, il en est séparé par une couche de tissu utriculaire que nous avons désignée sous les noms d'*endoderme* ou de *couche sous-libérienne*. Uniquement composée d'utricules irrégulières de formation récente, elle sert à réunir et à séparer en même temps la face interne de la surface externe des couches ligneuses. C'est en elle et surtout dans sa portion la plus interne que s'accomplissent chaque année, au printemps, les phénomènes de l'accroissement en épaisseur de la tige, par la formation simultanée d'une ou de plusieurs couches d'écorce et de bois. Aussi sa partie interne porte-t-elle le nom spécial de *zone génératrice*. Nous reviendrons sur ce sujet quand nous traiterons de l'accroissement en diamètre des tiges ligneuses des végétaux dicotylédonés.

Au printemps, l'endoderme est abreuvé d'une grande quantité de sucs nutritifs. Sa partie intérieure, celle qui a été la dernière formée, est d'une texture plus délicate et moins consistante. Aussi à cette époque l'écorce s'enlève-t-elle avec une grande facilité. Mais cette séparation ne peut jamais avoir lieu sans déchirer le tissu cellulaire qui constitue la *zone génératrice*. Plus tard, l'écorce ne peut plus être séparée, parce que les sucs nutritifs ont été employés à former les nouveaux tissus, à accroître et à fortifier les anciens.

II. Du bois ou des couches ligneuses. Le bois est toute la partie de la tige située sous l'écorce. Sur la coupe transversale d'une tige dicotylédonée, il se compose de couches circulaires ou de cercles inscrits les uns dans les autres (*fig.* 32), disposés autour d'un point central qu'on appelle le *canal médullaire*. Sur une coupe longitudinale au contraire, il montre qu'il est formé d'une suite de cônes très-allongés, se recouvrant les uns les autres, et augmentant de largeur à mesure qu'on les observe plus vers la partie extérieure. Toutes ces couches dans une coupe transversale sont parcourues par des lignes rayonnant du centre vers la circonférence, c'est-à-dire du canal médullaire à l'écorce. On appelle ces lignes les *rayons* ou *impressions médullaires*.

Si l'on examine une tige de chêne, de pommier, de cerisier, de noyer, de cytise des Alpes, ou de tout autre arbre dont le bois est plus ou moins coloré, on voit une différence très-sensible entre les couches ligneuses les plus intérieures, qui sont plus foncées et d'un tissu plus dense, et les extérieures, qui sont au contraire d'une teinte plus pâle et d'un tissu plus mou. On a donné le nom d'*aubier* (*alburnum*) à l'ensemble des couches les plus pâles et les plus extérieures du bois, et celui de *bois*, de *cœur de bois* ou de *duramen* aux plus intérieures.

Quelquefois cette différence de coloration entre le bois et l'aubier est extrêmement marquée; le changement se fait brusquement et sans nuances intermédiaires, comme dans le bois d'ébène, le bois de Campêche, dont le cœur ou bois proprement dit est noir ou rouge foncé et l'aubier presque blanc. Mais il arrive fréquemment qu'il n'existe pas de différence sensible de coloration entre l'aubier et le bois, par exemple, dans les arbres à bois blanc : les peupliers, les sapins, etc. Cependant dans ces arbres les couches ligneuses extérieures, de formation plus récente, quoique de même couleur que le duramen, constituent un aubier à tissu plus lâche et moins résistant, qui doit être rejeté dans les ouvrages de charpente ou de menuiserie où ces bois sont employés, car les couches ligneuses examinées en masse sont d'autant plus dures qu'elles sont plus intérieures, parce qu'en effet elles sont alors plus anciennes. Au contraire, une couche ligneuse étudiée isolément est plus solide à sa partie externe qu'à sa partie interne, cette dernière ayant été formée au premier printemps, à une époque où les sucs nutritifs sont plus aqueux et moins condensés.

Chaque année il se forme au printemps, dans les arbres des climats tempérés, une nouvelle couche de bois, en même temps qu'un ou plusieurs feuillets d'écorce. On peut donc reconnaître assez exactement l'âge d'un arbre dicotylédoné par le nombre des couches ligneuses dont sa tige se compose. Nous disons *assez exactement*, parce que, dans quelques circonstances exceptionnelles, il peut se former dans la même année une seconde couche de bois par le mouvement de la séve d'août.

[Le rapport entre le volume du bois et celui de l'aubier est de la plus grande importance pour l'art forestier : en effet, plus la zone de bois est considérable comparée à celle de l'aubier, plus la valeur de l'arbre est grande. Duhamel a reconnu que dans le chêne, le plus précieux de nos arbres forestiers, le volume de l'aubier égale celui du cœur quand le diamètre total de l'arbre atteint $0^m,19$; dans un tronc de $0^m,33$ il y a trois et un quart de cœur pour un d'aubier. Lorsque l'arbre a $0^m,65$ de diamètre, l'aubier étant toujours pris pour unité, le cœur est de quatre et demi. Le bois augmentant toujours de volume par rapport à l'aubier il y a intérêt à laisser l'arbre sur pied pendant un siècle, âge auquel il atteint en moyenne un diamètre de $0^m,65$. Un autre sylviculteur, Varenne-Fenille, conseille même d'attendre jusqu'au moment où le cœur commence à s'altérer. Quoi qu'il en soit, il est certain qu'un chêne ne doit pas être abattu avant qu'il ait atteint l'âge de cent à cent cinquante ans.

L'épaisseur des couches ligneuses dépend pour une même espèce du climat sous lequel elle végète. Bravais et Martins[1] ont étudié sous ce point de vue le pin sylvestre du 48e au 70e degré de latitude; savoir de Haguenau en Alsace à Kaafiord en Laponie. A Haguenau l'épaisseur moyenne des couches pour des arbres de cent cinquante ans est de $3^{mm},42$: à Geffle en Suède (lat. 60°40′), où croissent les pins qui fournissent les meilleurs bois de mâture, cette épaisseur moyenne est de $1^{mm},51$ pour les arbres de même âge; à Kaafiord elle ne dépasse pas $0^{mm},84$. Aussi le bois des pins de Haguenau est-il mou, spongieux et sans résistance; celui des pins de Geffle résistant mais élastique; celui enfin des arbres de Kaafiord dur, solide, lourd, mais dépourvu de toute élasticité, comme celui du chêne.]

La disposition du bois en couches distinctes n'existe guère que dans les arbres des pays froids ou tempérés, c'est-à-dire dans ceux où la saison des développements n'a qu'une durée limitée, et est suivie d'une période de froid et de stagnation. Mais elle se fait beaucoup moins voir dans les arbres des climats chauds, où la végétation se continue presque sans interruption ou du moins ne s'arrête jamais d'une manière absolue. Alors le bois ne forme plus des zones aussi tranchées; elles se confondent en quelque sorte les unes avec les autres, et surtout, quand on les distingue, elles sont et plus minces et plus multipliées, et ne peuvent en aucune manière indiquer l'âge des végétaux.

[Même dans nos contrées, certains végétaux forment plusieurs couches en une année, telles sont les plantes de la famille des Chénopodées. Ch. Martins a compté sur des pousses d'un an de 3 à 4 mètres de longueur d'un *Phytolacca dioica* du jardin des plantes de Montpellier jusqu'à sept couches ligneuses (*Revue horticole*, 1855).]

Étudions actuellement la composition anatomique du bois.

Le bois est essentiellement formé de deux tissus distincts : 1° de tubes fibreux; 2° de vaisseaux aériens, ou fausses trachées.

Les *tubes fibreux* forment en quelque sorte la masse de chaque couche ligneuse, et c'est dans cette masse de tissu fibreux que les vaisseaux aériens sont épars. Aussi le tissu fibreux porte-t-il également le nom de *tissu ligneux*. Il se compose de tubes courts, ou de cellules plus ou moins allongées (nommées *clostres* par Dutrochet), amincis en pointe ou coupés obliquement en biseau à leurs deux extrémités. Les tubes, fortement unis ensemble bout à bout, forment des fibres longitudinales réunies en faisceaux anastomosés en mailles

[1] *Annales des sciences naturelles*, t. XIX. p. 120; 1842.

ou réseau. Les interstices de ce réseau sont remplis par le tissu utriculaire constituant les *rayons médullaires*.

Les utricules allongées du tissu ligneux ont leurs parois épaisses, formées par des couches qui s'y sont successivement déposées. Ces parois peuvent être *simples* et sans ponctuations. Elles peuvent offrir des ponctuations transparentes sous la forme de *points* ou de *lignes transversales*. Plus rarement enfin elles offrent une *spiricule* enroulée à leur face interne.

Dans la coupe transversale d'une branche d'une année, la couche ligneuse est partagée en un très-grand nombre de compartiments très-étroits ou de gros faisceaux par des lignes divergeant du centre à la circonférence. Ces lignes sont les *rayons médullaires*. Les compartiments ligneux sont sous la forme de triangles étroits et très-allongés, dont la pointe un peu émoussée correspond au canal médullaire. Si nous en exceptons les parois de ce canal, sur lequel nous reviendrons plus tard, chaque compartiment est formé de tissu ligneux au milieu duquel se voient des vaisseaux, que l'on reconnaît à leur diamètre plus considérable, quand on le compare à celui des tubes fibreux. Ceux-ci sont très-serrés les uns contre les autres et soudés entre eux; leur forme est variable et en rapport avec les pressions auxquelles ils sont mutuellement soumis par leur agencement général.

Les vaisseaux aériens qu'on trouve dans le bois sont (toujours en exceptant l'étui médullaire) des vaisseaux *ponctués* ou des vaisseaux *rayés*, plus rarement des vaisseaux *annulaires*, surtout dans les végétaux herbacés. Généralement ils sont dispersés sans ordre, dans l'épaisseur de chaque compartiment ligneux, plus rarement disposés en série circulaire ; quelquefois solitaires et présentant alors une aire plus ou moins régulièrement circulaire ou elliptique ; le plus souvent groupés deux ou trois ensemble et ayant leur forme modifiée par ce contact qui est immédiat ; le diamètre n'est ordinairement pas le même dans tous les vaisseaux d'un même faisceau. Le nombre de ces vaisseaux, qu'on trouve dans un même compartiment ligneux, est fort variable. Dans le plus grand nombre des cas, l'espace de ces vaisseaux pris en masse est plus petit que celui occupé par le tissu ligneux. D'autres fois c'est le contraire qui a lieu, comme on l'observe dans le poirier, par exemple, où une lame mince du jeune bois coupé transversalement ressemble à une dentelle assez régulière. Les vaisseaux aériens offrent à leur intérieur des cloisons obliques qui les partagent en plusieurs grandes cellules, et qui montrent évidemment que ces vaisseaux étaient primitivement formés d'utricules qui se sont modifiées et dont les parois ont en grande partie disparu. Avec le temps, les parois du tissu ligneux et des vaisseaux perdent leur transparence ; le diamètre intérieur des tubes du bois diminue, parce qu'il s'y dépose une matière qui leur donne de la force et de la couleur en leur faisant perdre de leur élasticité, et souvent la cavité des vaisseaux est envahie par un développement de tissu utriculaire, dont la présence a été constatée par Kieser et Mirbel.

Payen a parfaitement éclairé, par ses belles recherches sur le ligneux, la composition chimique de tous les bois. Tous ont pour base la *cellulose* qui est identique avec celle qui constitue tous les autres tissus élémentaires des végétaux. C'est la cellulose qui, par les progrès de la végétation, s'imprègne de plusieurs principes ayant des propriétés différentes et qu'on peut isoler les uns des autres. Ces principes sont au nombre de quatre, savoir : 1° le *lignose*, insoluble dans l'eau, l'alcool, l'éther et l'ammoniaque, soluble dans la potasse et la soude ; 2° le *lignone*, insoluble dans l'eau, l'alcool et l'éther, soluble dans l'ammoniaque, la potasse et la soude ; 3° le *lignin*, insoluble dans l'alcool, l'ammoniaque, la potasse et la soude ; 4° le *ligniréose*, soluble dans l'alcool, l'éther, l'ammoniaque, la soude et la potasse, et même un peu dans l'eau. Le ligneux n'est donc point un principe immédiat simple, ainsi qu'on l'avait cru pendant si longtemps; il se compose de cinq matières jouissant de propriétés différentes, ayant une composition définie, et qu'on peut isoler les unes des autres par les procédés que Payen a indiqués.

Les *rayons médullaires* sont les lignes étroites qu'on aperçoit sur la coupe transversale d'une tige ligneuse, et qui s'étendent en rayonnant du centre de la tige jusqu'à l'écorce. On ne les distingue bien nettement que sur les bois compactes, mais dont la coloration n'est pas trop foncée, le chêne, par exemple. Ordinairement leur couleur plus claire les fait reconnaître facilement. Parmi ces rayons médullaires, on en voit qui traversent en ligne droite toute l'épaisseur des couches ligneuses ; d'autres, au contraire, sont moins longs : quelques-uns même ne s'étendent pas à toute l'épaisseur d'une même couche.

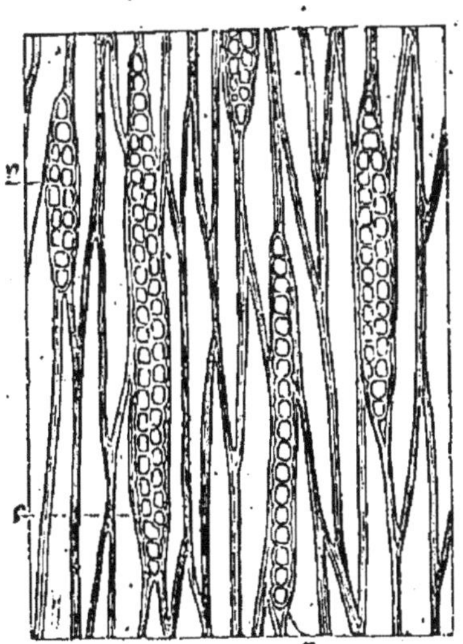

Fig. 36.

Ces lignes (*fig.* 36, *r*) sont des lames verticales de tissu utriculaire, qui, comme autant de cloisons, séparent les compartiments ligneux de la tige, s'étendant d'une manière continue du centre vers la circonférence, et souvent dans une hauteur considérable. C'est ainsi qu'ap-

Fig. 36. Coupe tangentielle des rayons médullaires de l'*Acer pseudoplatanus* : *r*, *r*, rayons médullaires au milieu du tissu ligneux.

paraissent les rayons médullaires principaux, lorsqu'on les met à découvert par une coupe longitudinale.

Mais il y en a un plus grand nombre qui n'ont pas la même grandeur, et qui ne forment sur une coupe longitudinale faite dans le sens de ces rayons que des espèces de petites écailles ou plaques lisses et chatoyantes. Cette disposition se remarque surtout dans les arbres dont les fibres ligneuses, en se rapprochant et s'écartant les unes des autres, forment un réseau à mailles plus ou moins petites. Ce sont ces rayons médullaires qui communiquent à certains bois, au chêne par exemple, ces reflets ondoyants qui les font rechercher pour la fabrication des meubles, lorsqu'on coupe le bois de manière à les mettre à découvert.

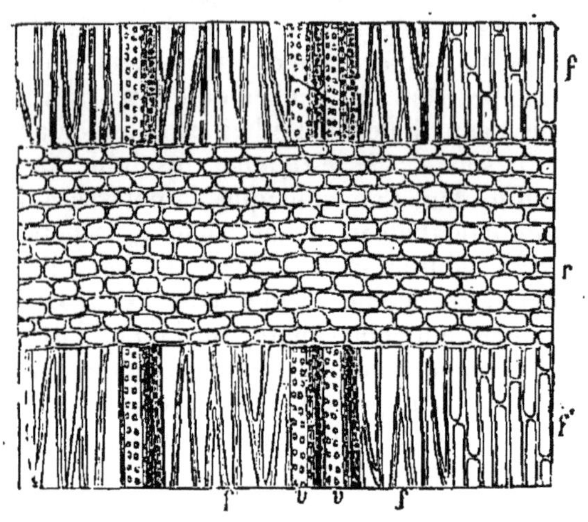

Fig. 37.

Les rayons médullaires sont composés d'utricules d'une forme toute particulière. Celles-ci sont allongées dans le sens transversal (*fig.* 37, *r*), c'est-à-dire du canal médullaire vers l'écorce, et, par conséquent, dans une direction opposée à celle qu'offre le tissu utriculaire des autres parties de la tige. En général, elles sont disposés par séries linéaires ; et, sur une coupe longitudinale et centripète, elles offrent une forme quadrilatère allongée ; plus rarement elles sont terminées en pointe à l'une de leurs extrémités.

III. De la moelle et de l'étui médullaire. La *moelle* est une masse de tissu utriculaire qui occupe le centre de la tige. Elle est placée dans une sorte d'*étui* ou de *canal* formé par la partie interne de la couche ligneuse la plus intérieure ; par conséquent, de celle qui a été produite la première et qui est la plus ancienne. Le *canal médullaire* peut avoir un diamètre plus ou moins considérable. En général, il est d'autant plus développé qu'on l'observe sur des branches plus jeunes, parce que, par les progrès de la végétation, son diamètre diminue. Sa forme, sur une coupe transversale de la tige, est assez variable. Communément il représente une figure circulaire ; d'autres fois, elle est elliptique, triangulaire, en étoile, etc. On a cru remarquer, selon l'observation de Palisot de Beauvois, qu'assez souvent

Fig. 37. Rayon médullaire de l'*Acer pseudoplatanus* mis à nu par une coupe parallèle au rayon, *r* ; *f*, fibres ligneuses ; *v*, *v*, vaisseaux ponctués.

la forme du canal médullaire est en rapport avec la position des feuilles sur les rameaux. Ainsi, il serait elliptique quand les feuilles sont opposées, comme dans le frêne, par exemple ; à trois angles, quand elles sont verticillées par trois, le laurier-rose, etc. Mais il se présente de nombreuses exceptions.

Le canal médullaire ne forme pas, à proprement parler, un organe distinct, puisqu'il est simplement constitué par la partie la plus intérieure de la première couche ligneuse, avec laquelle il se confond complétement. Cependant, son organisation offre une particularité remarquable. Non-seulement il est formé par les tissus qui constituent le bois, c'est-à-dire par du tissu fibreux et des vaisseaux ponctués ou rayés ; mais c'est la seule partie de la tige dicotylédonée qui contienne de véritables *trachées déroulables*. Ce caractère tout particulier distingue l'étui médullaire de toutes les autres portions de la tige.

C'est la partie qui, dans la tige excessivement jeune, s'organise la première. Ainsi, tandis que toutes les autres portions sont encore confondues et seulement formées de tissu utriculaire, on voit se montrer la rangée de trachées et de vaisseaux ponctués qui constitueront l'étui médullaire et serviront de point de départ au tissu ligneux qui va s'organiser dans leur partie extérieure. Les faisceaux vasculaires qui composent l'étui médullaire ne sont pas unis latéralement entre eux, mais laissent des espaces remplis de tissu utriculaire, commencement des rayons médullaires à l'aide desquels la moelle communique avec l'enveloppe herbacée.

[Le bois constitue, pour ainsi dire, le squelette de l'arbre, ses vaisseaux endurcis résistent plus longtemps aux agents extérieurs et à la décomposition interne que les tissus parenchymateux. Le bois ne joue pas un long rôle dans la vie de la plante, ses cellules n'engendrent jamais d'autres cellules. C'est seulement dans les rayons médullaires et dans le parenchyme ligneux que naissent des principes assimilables. Les vaisseaux ligneux proprement dits absorbent les sucs qui servent à épaissir leurs propres parois. Le vieux bois est souvent plus coloré que le jeune, quoique la chimie ne signale pas de différences entre eux ; Mulder prétend y avoir trouvé de l'acide ulmique. Dans le bois d'ébène et celui d'acacia commun le changement de couleur tient à un changement chimique de la paroi interne des vaisseaux épaissis ; même les vaisseaux ponctués sont remplis de matière colorante. Les bois tendres appartiennent à des arbres dont la croissance est rapide (*Pinus*, *Paulownia*). La croissance des essences à bois dur est beaucoup plus lente, tels sont l'if, le hêtre, le charme, etc. Il est des arbres dont les vaisseaux sont à peines endurcis ; ex. *Anona*, *Avicennia*, *Æschinomene*. Les *Ephedra* sont dans l'ordre naturel des familles naturelles les premiers sous-arbrisseaux où l'on remarque les vaisseaux qui se retrouvent ensuite dans tous les Dicotylédonés.]

La *moelle* ou *médulle interne* qui remplit le canal médullaire se montre avec des caractères différents, suivant qu'on l'examine dans une jeune branche de l'année qui se développe, ou dans une branche ou une tige déjà plus ancienne. Dans une jeune tige, elle forme une masse continue d'un tissu utriculaire, imprégné de sucs dans toutes ses parties, et souvent d'une couleur verte plus ou moins intense. Mais, à mesure que la branche ou la tige s'accroît et qu'elle développe les feuilles, les fleurs ou les autres appendices dont elle est le support, les liquides accumulés dans la moelle sont absorbés, les particules de matière verte disparaissent ; et, quand la végétation commencée au printemps s'arrête en été, le canal médullaire ne contient plus qu'un tissu cellulaire aride, incolore, vide, et se déchirant avec la plus grande facilité.

Les utricules qui composent la masse de la moelle ont souvent une forme hexagonale parfaitement régulière, laissant cependant entre elles, dans les points correspondants à leurs angles, des méats ou espaces intercellulaires. Il n'est pas rare non plus de voir la moelle parcourue longitudinalement par des vaisseaux *laticifères*, qu'on a désignés sous les noms de *fibres* ou *vaisseaux médullaires*. On les voit très-bien dans certaines tiges herbacées où la moelle est très-développée, et, par exemple, dans les férules, la belle-de-nuit, les euphorbes, etc.

Assez souvent, par la croissance rapide de la tige ou des rameaux, il se fait dans l'intérieur du canal médullaire des vides plus ou moins considérables, par la rupture et la destruction de la moelle qui ne peut se prêter à la distension de ces parois. C'est ce qu'on observe dans la plupart des tiges des plantes de la famille des Ombellifères, qui sont pleines tant qu'elles sont jeunes, mais qui deviennent creuses à mesure que la tige s'accroît en hauteur et en diamètre. La moelle éprouve, lors de la formation de ces cavités accidentelles, un retrait excentrique; tantôt au contraire la séparation se fait de haut en bas, et les portions de médulle restante forment des lames minces ou des cloisons transversales qui séparent le canal médullaire en un grand nombre de cavités partielles. Cette disposition est surtout très-remarquable dans les jeunes branches du noyer (*fig.* 11, p. 16) où ces cloisons sont extrêmement rapprochées les unes des autres, et forment des cavités très-nombreuses.

[La moelle de quelques végétaux est employée dans l'industrie. Telle est en particulier celle de l'*Aralia papyrifera* qui nous vient de Chine sous la forme de lames longues de 12 à 15 centimètres et un peu moins larges. Ces lames, d'une texture très-fine et d'une blancheur éclatante, sont connues sous la fausse dénomination de *papier de riz* et servent à peindre de petites images et à fabriquer des fleurs artificielles. C'est aussi dans la moelle que se trouvent les fécules alimentaires fournies par la pomme de terre, la patate, les ignames, le manioc et l'arow-root.

Pour différencier entre elles les diverses espèces de bois, dit Schacht, il faut avoir égard aux caractères suivants: 1° l'existence des vaisseaux : ils manquent dans tous les vrais Conifères, existent dans les *Ephedra*, les *Gnetum* et ensuite dans tous les arbres à feuilles larges; 2° la disposition des rayons médullaires secondaires, on en voit de larges et d'étroits l'un à côté de l'autre dans les chênes, les hêtres, les *Grevillea, Bancksia, Byttneria;* 3° la longueur et la largeur des rayons médullaires : les Conifères ont des rayons médullaires très-fins formés d'un seul rang de cellules; ex.: sapin, cyprès, if et toutes les espèces congénères. Les rayons médullaires sont également composés d'un seul rang dans les saules, les peupliers, les aulnes, les bouleaux, les charmes, les noisetiers, les tilleuls, le marronnier d'Inde et les *Diospyros*. Ces mêmes rayons sont longs et composés de plusieurs rangs de cellules dans les érables, les frênes, les platanes, les poiriers et la vigne; ils sont courts dans les genêts et beaucoup de Papilionacées. Les cellules ligneuses et les vaisseaux se contournent autour des rayons médullaires larges et courts des bois d'acajou, de palissandre, de Campêche et de Fernambouc. Dans le corps ligneux, les rayons médullaires sont en général endurcis, excepté dans le tronc des *Mamillaria*, des *Opuntia* et des *Encephalartos*. 4° On notera la présence ou l'absence de cellules ou de lacunes contenant de la résine. Les lacunes sont particulières aux Abiétinées, les cellules aux Cupressinées et aux Taxinées; les unes et les autres manquent dans le sapin (*Abies pectinata*) et dans les *Araucaria*. 5° La présence d'un parenchyme ligneux contenant de la fécule ou d'autres produits analogues; ex. : les chênes, les hêtres, le marronnier d'Inde, la vigne, les poiriers et les pommiers.

Le poids et la dureté des bois sont une conséqence de leur structure et du développement de leurs cellules. L'endurcissement de celles-ci, le nombre des vaisseaux et la présence du parenchyme ligneux jouent un rôle considérable. Il existe des bois très-légers, ex. : *Anona, Erythrina, Æschinomene paludosa, Carica papaya;* et d'autres d'un poids spécifique tel qu'ils vont au fond de l'eau, ex. : *Brosimum guyanense*, dont les vaisseaux mêmes sont remplis de cellules ligneuses.]

II. Organisation de la tige dans les végétaux dicotylédonés annuels. — La tige, dans les plantes herbacées, offre la même structure générale que celle des végétaux ligneux. Elle se compose également de l'écorce, du corps ligneux et du canal médullaire.

1° L'écorce est généralement plus simple dans sa composition. Indépendamment de l'épiderme, elle n'offre que l'enveloppe herbacée et les faisceaux fibreux du liber, et encore ceux-ci manquent-ils quelquefois, ou du moins ne peuvent être distingués du tissu utriculaire formant l'enveloppe herbacée. C'est ce que j'ai observé dans plusieurs plantes et, entre autres, dans la giroflée jaune (*Cheiranthus Cheiri*), dans la scabieuse des jardins (*Scabiosa atropurpurea*, dans la *Veronica agrestis*) (*fig*. 38). Quand le liber existe, il forme quelquefois des faisceaux isolés et distincts dans l'épaisseur de la couche celluleuse ; ou immédiatement sous l'épiderne ; ou bien il constitue une zone continue plus ou moins épaisse, ainsi que le montre la tige de l'œillet de poëte (*Dianthus barbatus*) (*fig*. 39).

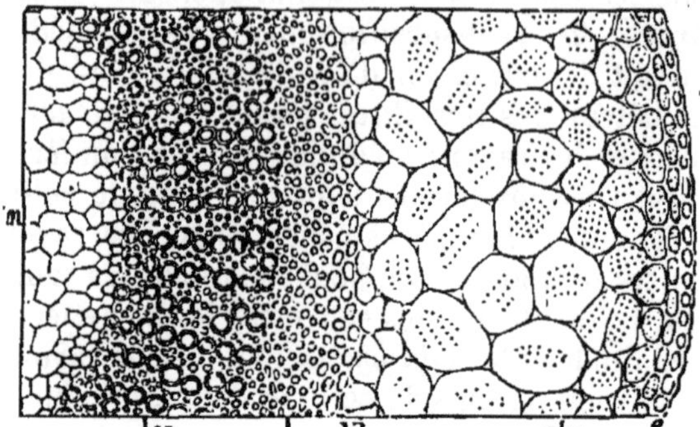

Lorsque la tige est anguleuse, le tissu fibreux est réuni vers les angles en épais faisceaux, dans les plantes de la famille des Labiées, par exemple.

Fig. 38.

2° Le *corps ligneux* existe toujours dans les végétaux herbacés. Il est disposé et organisé comme celui des arbres ; seulement il n'acquiert pas la même consistance. Les compartiments ligneux qui le constituent sont en général moins nombreux, séparés par des rayons médullaires plus larges ; leur partie intérieure contient aussi des trachées déroulables.

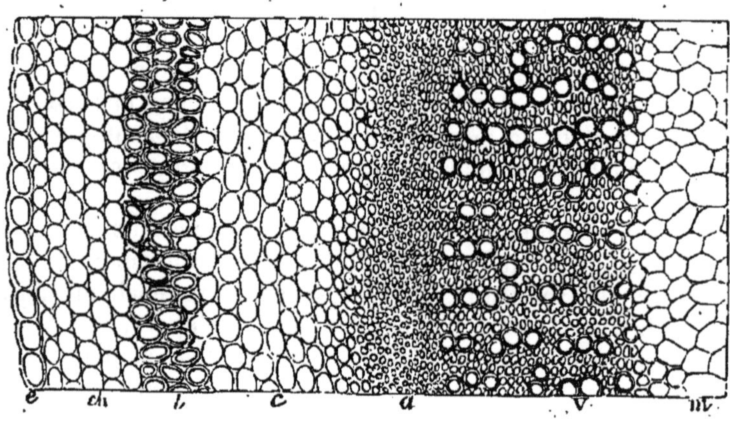

Fig. 39.

3° Enfin, le centre de la tige herbacée est également occupé par un canal médullaire qui, en général, présente un diamètre proportionnellement plus large que celui des tiges ligneuses.

Fig. 38. Coupe transversale d'un fragment de tige de *Verônica agrestis* ; *c*, épiderme ; *ch*, couche herbacée ; *vi*, tissu cellulaire contenant un liquide violet ; *l*, tissu cellulaire allongé ; *lv*, corps ligneux ; *m*, moelle.

Fig. 39. Fragment d'une coupe transversale du *Dianthus barbatus* ; *e*, épiderme ; *ch*, couche herbacée ; *l*, liber, formant une zone continue ; *c*, couche sous-libérienne ; *a*, zone génératrice ; *v*, couche ligneuse ; *m*, moelle.

La différence essentielle entre la tige ligneuse et la tige herbacée, c'est que cette dernière manque des éléments nécessaires à la formation de nouvelles couches d'écorce et d'une nouvelle couche de bois : la zone génératrice n'existe pas.

III. Organisation du stipe ou de la tige ligneuse des végétaux monocotylédonés. — Nous avons signalé précédemment (p. 50) les caractères extérieurs du stipe des Monocotylédones, qui le distinguent de la tige ligneuse des végétaux Dicotylédones. Son organisation intérieure n'offre pas des différences moins tranchées.

Sur une coupe transversale (*fig.* 40), un stipe de palmier ou de tout autre Monocotylédone ligneux, au lieu de présenter cette série régulière de couches ligneuses, emboîtées les unes dans les autres, offre une masse de tissu utriculaire, composant toute l'épaisseur de la tige, dans laquelle les fibres ligneuses sont réunies en faisceaux disséminés sans ordre, et dont la section apparaît comme autant de points d'une coloration plus foncée. Ces faisceaux sont plus abondants et plus rapprochés les uns des autres dans la partie extérieure de la tige. Les travaux de Desfontaines, de Mirbel, Mohl et Meneghini ont surtout contribué à nous faire connaître les particularités d'organisation du stipe des Monocotylédones.

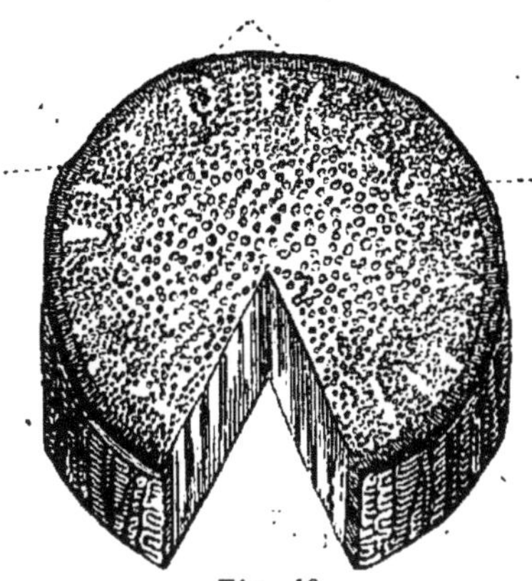
Fig. 40.

1° En général, on décrit la tige des Monocotylédones comme dépourvue d'*écorce*. Nous ne partageons pas cette opinion, et nous croyons avoir prouvé (*Nouv. Élém. de botan.*, 7e édit., p. 132) que ces végétaux ont une écorce. Mais cette écorce diffère totalement de celle qu'on observe dans les Dicotylédones, et c'est pour avoir voulu lui trouver les caractères qu'elle offre dans ces derniers, qu'on n'a pas su la reconnaître dans les Monocotylédones. Mais ici, comme dans les Dicotylédones, l'écorce offre une disposition, une structure, qui rappellent celles du bois. Dans un chêne, un orme, l'écorce se compose, comme le bois, de couches concentriques, mais très-minces et réduites à des feuillets constituant les couches corticales. La grande différence qui existe entre ces feuillets ou couches corticales et les couches ligneuses, c'est que les premières ne sont formées que de tissu fibreux, sans apparence de vaisseaux aériens.

L'écorce des Monocotylédones offre, avec la partie centrale et ligneuse, la même analogie, la même disposition. Elle se compose

Fig. 40. Coupe transversale d'un palmier.

d'une couche celluleuse recouverte par l'épiderme et dans laquelle sont épars des faisceaux corticaux uniquement formés de tubes fibreux. Seulement, cette écorce est unie et confondue avec le corps ligneux proprement dit. Cependant, quand on examine une longue suite de tiges de palmiers, on en trouve un certain nombre dans lesquelles l'écorce forme une couche parfaitement distincte du corps ligneux.

[Les phytotomistes modernes ont confirmé l'opinion de Richard. H. Schacht donne, figure 105 de son ouvrage sur l'anatomie et la physiologie des végétaux, la coupe d'un stipe de *Dracæna*, où il distingue de dehors en dedans : 1° la couche subéreuse; 2° le parenchyme cortical; 3° la couche de cambium; 4° les faisceaux fibreux. Tout ce qui se trouve en dehors de la couche de cambium, il l'appelle écorce. Cette écorce, dit-il, se compose en général de parenchyme qui, formant un anneau ou disposé en groupe, passe à l'état ligneux. En dedans il se développe dans les végétaux vivaces, quand l'épiderme meurt, une couche subéreuse; ex. : les dattiers et les *Dracæna*. Dans d'autres palmiers et dans les Graminées, l'écorce est entourée d'un épiderme dur et pénétré de silicates. Dans les *Caladium*, *Phœnix*, *Chamædorea*, *Sabal*, *Raphis*, on trouve en dedans de l'écorce des faisceaux de tubes fibreux isolés, mais formant un anneau assez régulier.]

2° Le *corps ligneux* se compose d'une masse utriculaire, au milieu de laquelle sont épars des faisceaux vasculaires et ligneux. Tantôt le corps ligneux dans toute son épaisseur est également plein, dur et compacte, quoique néanmoins les fibres ligneuses soit plus nombreuses et plus serrées à la partie externe de la tige. Tantôt les fibres intérieures sont tellement éloignées, que le tissu cellulaire interposé entre elles se détruit en partie, et que les fibres ligneuses sont libres et distinctes ; c'est ce qu'on observe dans les *Aloès* ligneux, dans les *Yucca*, etc. Enfin, il arrive encore quelquefois que toutes les fibres ligneuses sont réunies circulairement à la partie extérieure de la tige, formant ainsi une sorte d'étui ou de canal entièrement rempli par du tissu utriculaire ou une sorte de moelle, mais quelquefois vide. J'ai observé cette disposition dans la tige de plusieurs de ces petits palmiers de la Guyane qui appartiennent au genre *Geonoma*. Ces faisceaux vasculaires (*fig.* 41) offrent l'organisation suivante : un, deux ou plusieurs gros tubes ponctués en occupent à peu près la partie centrale ; à l'extérieur, c'est-à-dire du côté tourné vers l'écorce, on remarque un faisceau de tubes fibreux courts, à extrémités terminées en pointe et à parois très-épaisses. Il est séparé des vaisseaux ponctués par un nombre plus ou moins considérable de vaisseaux propres, à parois très-minces, contenant une matière gommeuse. Schultz les a considérés comme les vaisseaux laticifères. Ceux-ci, au contraire, selon H. Mohl et Meyer, seraient placés en dehors et à côté du faisceau vasculaire. A la partie interne est ordinairement un autre faisceau de tubes fibreux, moins considérable que celui de la partie extérieure. Entre ce faisceau et le tube, ou les tubes ponctués ou rayés qui occupent à peu près le centre du faisceau ligneux, est un tissu utriculaire allongé dans lequel se trouvent une ou plusieurs véritables trachées. Ainsi chaque faisceau ligneux ou vasculaire d'une tige de palmier se compose essentiellement : 1° de vaisseaux spiraux, trachées, vaisseaux ponctués ou rayés ; 2° de vaisseaux laticifères ; 3° de tissu ligneux entièrement semblable à celui du tronc des arbres dicotylédonés, disposé en un ou deux faisceaux distincts ; l'un interne, l'autre externe ; 4° enfin, d'une certaine quantité de tissu utriculaire.

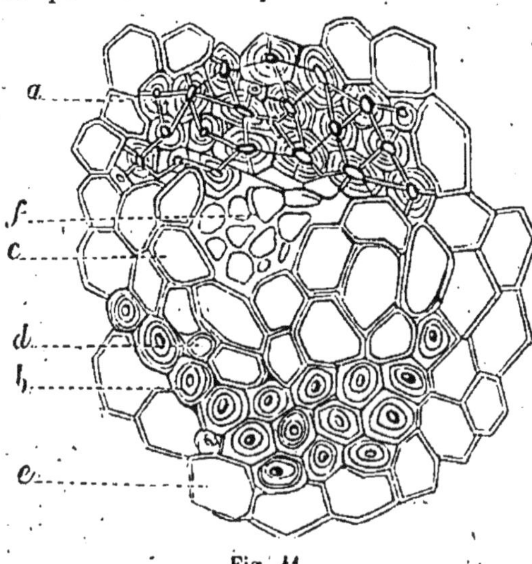

Fig. 41.

Cette organisation est bien différente de celle des tiges dicotylédonées ; car ici chaque faisceaux ligneux réunit à la fois tous les éléments anatomiques qu'on peut trouver dispersés dans les différents points des premières : non-seulement le tissu fibreux et les fausses trachées qui constituent seuls les couches ligneuses, mais les véritables trachées qu'on ne trouve que dans l'étui médullaire et les vaisseaux laticifères, presque exclusivement réservées à l'écorce.

Les faisceaux vasculaires ne conservent ni la même grosseur, ni la même direction, ni enfin la même structure dans les points de leur étendue. Ainsi, en les prenant à la base de la tige, nous les voyons d'abord très-grêles et minces comme des fils. Petit à petit leur volume augmente en même temps que leur structure devient plus compliquée. Dans leur trajet, leur direction varie : à partir de la base de la feuille, ils s'infléchissent sous la forme d'un arc pour gagner la partie centrale de la tige ; puis, après un trajet plus ou moins long, ils regagnent insensiblement la partie extérieure, dans laquelle ils viennent se perdre. Selon H. Mohl, les faisceaux qui se montrent dans la partie extérieure et inférieure du stipe suivraient toujours le même côté de la tige que la feuille à laquelle ils aboutissent. Mirbel, au contraire, a vu, dans le dattier et plusieurs autres

Fig. 41. Faisceau vasculaire de la tige du *Dracæna marginata*; *a*, *b*, faisceaux de tubes fibreux ; *c*, vaisseaux rayés et ponctués ; *d*, trachée ; *e*, tissu utriculaire ; *f*, faisceau de vaisseaux propres.

Monocotylédones, les filets passer du côté de la tige opposé à celui qu'occupe la feuille à laquelle ils correspondent. Considérés dans l'ensemble de leur trajet, ils représentent donc une sorte d'arc très-allongé, dont la convexité est tournée vers le centre de la tige. Déjà Moldenhaver (*Anatom.*, p. 53) avait combattu l'opinion de Desfontaines sur l'origine centrale des fibres ligneuses des palmiers, en disant que dans le dattier il avait observé que les fibres les plus intérieures du stipe appartenaient aux feuilles les plus anciennes, tandis que les plus extérieures naissent des feuilles les plus récentes. Cette observation importante avait passé en quelque sorte comme inaperçue des phytotomistes, qui tous adoptaient l'opinion de Desfontaines. C'est H. Mohl qui est venu, par ses belles anatomies des palmiers, rectifier nos idées sur le trajet et la distribution des fibres dans l'intérieur de leur stipe.

Comme nous l'avons déjà dit, ces fibres ou faisceaux n'ont pas la même structure dans toute leur étendue. A leur origine inférieure, immédiatement sous l'écorce, elles sont grêles et uniquement composées de tubes fibreux. A mesure qu'elles pénètrent dans l'intérieur de la tige, le nombre de ces tubes augmente, et au côté interne du faisceau ou même vers son centre, commence à se montrer le faisceau, des vaisseaux propres de H. Mohl. Presque en même temps se développe au côté interne le faisceau de fibres ou de tubes fibreux qui, pour H. Mohl, représente le corps ligneux. Après un certain trajet se montrent les vaisseaux spiraux : ce sont d'abord des tubes ponctués, des vaisseaux rayés, puis enfin de véritables trachées. Mais à cette époque les utricules allongées, qui ont formé la partie externe du faisceau, diminuent en nombre, tandis que celles de la partie interne prennent plus de développement; de nouvelles trachées se forment au milieu d'elles en même temps que le nombre des vaisseaux ponctués et rayés augmente. Enfin, au moment d'entrer dans la feuille, le faisceau se divise ou se sépare en plusieurs faisceaux secondaires qui se distribuent dans cet organe.

Le parenchyme ou tissu utriculaire qui forme la masse de la tige présente un grand nombre de modifications, soit dans la forme et la grandeur de ses utricules, soit dans l'épaisseur de leurs parois, qui sont simples ou présentent des ponctuations ou des raies semblables à celles des vaisseaux. Quelquefois, dans la partie de ce tissu qui s'interpose entre les différents faisceaux ligneux, les utricules s'allongent transversalement, de manière à avoir quelque ressemblance avec les rayons médullaires des tiges dicotylédones. On peut trouver dans ces utricules tantôt des cristaux rhomboédriques, tantôt des raphides, ou enfin des globules d'amidon. Quand la tige est très-jeune, les utricules de son tissu contiennent des granules de chlorophylle.

[Le stipe des Monocotylédones ne présente pas de couches ligneuses traversées par les rayons médullaires, parce que ces faisceaux fibreux ne s'accroissent jamais dans le sens du rayon. Son écorce a également une structure différente, puisqu'elle ne contient pas de fibres corticales. La moelle n'est pas renfermée dans un étui médullaire cylindrique au centre du tronc, mais elle est irrégulièrement disséminée entre les fibres ligneuses. Dans les Cycadées on trouve des couches ligneuses, mais on remarque des fibres ligneuses isolées. Les Cycadées sont donc anatomiquement la transition des Monocotylédones aux Dicotylédones.

La tige de beaucoup de Monocotylédones, celle des Graminées en particulier, devient creuse par suite de la dessiccation du tissu qui remplissait les entre-nœuds. Elle prend alors le nom de chaume (*culmus*). Le chaume de la canne à sucre n'est jamais creux, les faisceaux isolés traversent les entre-nœuds sans se diviser et sans se croiser. Mais aux nœuds ils se divisent, s'entre-croisent et passent en partie dans la feuille. Ces entre-croisements se remarquent dans toutes les Monocotylédones à tige creuse et même dans les Dicotylédones dont le tronc n'est pas plein, tels que : *Carica papaya*, *Poinsettia pulcherrima* et *Kleinia nereifolia*, car leur moelle creuse est divisée par autant de diaphragmes qu'il y a de feuilles.

M. J. Duval-Jouve a montré que les faisceaux fibro-vasculaires du chaume des Graminées, des Cypéracées et des Joncées ont leurs éléments disposés symétriquement dans le sens radial. Au centre de chacun d'eux du tissu grillagé, de chaque côté un gros vaisseau rayé, en avant, c'est-à-dire vers le centre du chaume, un ou plusieurs vaisseaux annelés dans une lacune, et du tissu fibreux aux deux extrémités.

Les plantes aquatiques de la famille des Nymphéacées ont longtemps occupé la sagacité des botanistes. Par leurs organes floraux ou foliacés et leur mode de germination elles rentraient dans la grande classe des Dicotylédones, mais la structure anatomique semblait les rapprocher des Monocotylédones. MM. Trécul, Tulasne, Caspary et en dernier lieu M. Van Tieghem se sont occupés de ce sujet. Il résulte de ces travaux que les tiges submergées, quelle que soit la famille à laquelle la plante appartienne, ont une structure spéciale caractérisée par l'absence d'épiderme et la présence de lacunes aérifères, un faisceau central composé de cellules étroites, remplies d'un liquide granuleux azoté, munies de cloisons transversales, horizontales, que M. Caspary a désignées sous le nom de *cellules conductrices simples*. Au centre se trouve un de ces vaisseaux imparfaits que H. Mohl signalait déjà en 1831 dans les palmiers et qui est constant dans les tiges submergées. C'est bien l'immersion dans l'eau qui amène ces modifications de structure, car M. Van Tieghem s'est assuré sur l'*Utricularia vulgaris* que les parties aériennes et florifères de la plante, qui se développent quand celle-ci flotte à la surface de l'eau, ont la structure des Dicotylédones ordinaires, de façon que l'anatomie végétale permettrait d'affirmer qu'une utriculaire en fleur

Fig. 42.

se compose d'une plante aérienne greffée sur une plante monocotylédone aquatique.]

IV. De l'organisation de la tige dans les Fougères. — Les fou-

Fig. 42. Fougère en arbre (*Alsophila armata*) du Brésil.

gères sont des végétaux acotylédonés ou cryptogames qui croissent dans tous les climats. En Europe et dans les pays tempérés, elles constituent des plantes généralement herbacées, vivaces, à feuilles ou frondes réunies en touffes et roulées en forme de crosse, au moment où elles commencent à se développer; mais dans les pays tropicaux de l'ancien et du nouveau monde, quelques espèces acquièrent des dimensions considérables et deviennent des arbres. Dans cet état elles ont une grande analogie de port avec les Palmiers. Leur tige est simple (*fig.* 42), cylindrique, constituant un véritable stipe, couronné au sommet par un vaste bouquet de frondes gigantesques, finement et élégamment découpées; mais la structure intérieure d'une tige de fougère en arbre diffère essentiellement de celle d'un arbre monocotylédoné.

La tige ligneuse des Fougères présente extérieurement des espèces d'empreintes de formes assez variées, anguleuses ou elliptiques, rapprochées les unes des autres ou plus ou moins écartées, tantôt disposées en cercles superposés, tantôt en lignes spirales. Ces empreintes sont les cicatrices des feuilles. Quelquefois au lieu de cicatrices superficielles on voit le stipe des fougères hérissé en quelque sorte par la base persistante des frondes, surtout dans sa partie supérieure. Lorsqu'on examine les cicatrices, on voit sur leur surface la trace apparente des faisceaux vasculaires très-nombreux qui pénétraient dans le pétiole de la fronde.

Coupé transversalement, le stipe de ces végétaux est tantôt plein, tantôt creux dans sa partie centrale; comme celui des Monocotylédones, il offre beaucoup plus de solidité dans sa partie externe (*fig.* 43). Sur une coupe horizontale se voient un grand nombre de lignes noires diversement contournées. Leur dissemblance est due à ce qu'une section horizontale ne coupe pas chacune d'elles à la même distance de l'insertion de la fronde correspondante. Sur une section pratiquée en hélice et qui les coupe toutes sur un point identique, elles sont absolument semblables. Ces figures, rapprochées les unes contre les autres, forment par leur réunion un cercle ou une couche circulaire à la partie extérieure de la tige, qui représente le corps ligneux. Tout l'intérieur de ce cercle est occupé par du tissu utriculaire rempli de grains de fécule, et représentant le parenchyme de la tige. Ce parenchyme est tantôt d'une couleur brune, tantôt d'une teinte claire. Il contient quelques faisceaux vasculaires grêles et épars. Quelquefois il se détruit ou plutôt se dessèche, se contracte sur lui-même; et, en s'appliquant sur la paroi interne du corps ligneux, il laisse au centre de la tige une cavité irrégulière, qui souvent s'étend dans toute sa longueur. Il est formé par des utricules à parois minces, incolores, contenant des grains de fécule. La portion dure et noire, située tout à fait à l'extérieur de la tige et qui représente l'écorce, est également constituée par un tissu utriculaire plus allongé, coloré comme le tissu ligneux, mais à parois minces.

Les lignes noires dont nous avons parlé sont autant de lames perpendiculaires qui s'étendent dans toute la longueur de la tige. Chacune des figures qu'on voit sur la coupe transversale est formée par

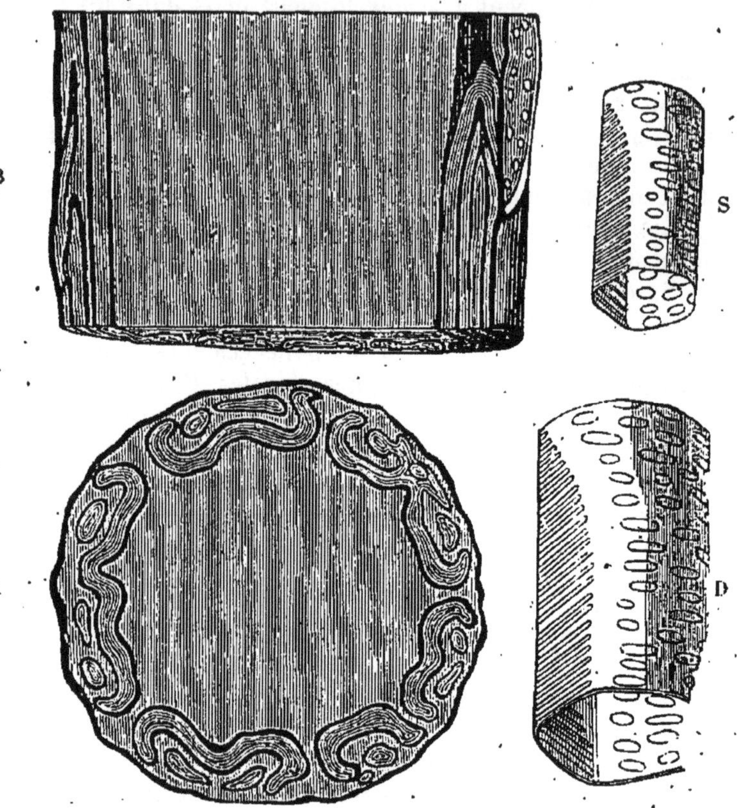

Fig. 43.

deux lames noires peu écartées l'une de l'autre, et circonscrivant ainsi un espace étroit, inégal, qui est rempli par un tissu peu coloré. Si nous suivons ces lames dans la longueur de la tige, nous reconnaîtrons qu'elles se soudent latéralement dans différents points de leur étendue, et qu'il résulte de cette soudure que le corps ligneux forme une couche partout continue, mais seulement interrompue en certains points qui correspondent à l'insertion d'une fronde.

En dehors de ces figures compliquées, dont la réunion constitue le corps ligneux, se voient quelques faisceaux inégaux et irréguliers plus ou moins volumineux, disséminés dans le tissu utriculaire exté-

Fig. 43. *A*, coupe transversale d'une tige de fougère en arbre ; *B*, coupe longitudinale ; *S*, *D*, vaisseau scalariforme sur une portion de son contour, et simplement rayé sur le côté opposé.

rieur, et également anastomosés entre eux dans leur longueur. Enfin, tout à fait à l'extérieur de la tige existe l'écorce.

Les lames noires constituant le corps ligneux sont formées de tubes fibreux à parois très-épaisses, d'une teinte bistre qui paraît due à un principe colorant qui les imprègne, et non à une matière qu'on apercevrait à travers leurs parois.

La partie qui occupe l'intervalle de deux lignes noires dans une des figures de la tige offre : 1° des *vaisseaux scalariformes*, excessivement nombreux, pressés les uns contre les autres, souvent sous la forme de prismes hexagonaux, entremêlés d'*utricules* plus ou moins irrégulièrement hexagonales, courtes, et dont les parois offrent la même structure que celles des vaisseaux scalariformes : 2° des *vaisseaux* simplement *rayés*, c'est-à-dire dont les lignes transparentes sont courtes; 3° enfin quelquefois des *vaisseaux annulaires*. Les points de cette partie les plus extérieurs, c'est-à-dire ceux qui sont en contact avec les lames ligneuses et colorées, sont composés d'utricules allongées, inégales, à parois minces, que l'on peut asimiler aux vaisseaux propres ou laticifères. Puis on trouve aussi quelquefois une certaine quantité de tissu utriculaire ordinaire.

Cette organisation intérieure est complétement différente de celle du stipe d'un arbre monocotylédoné. Le bois, au lieu d'être disséminé en faisceaux grêles, au milieu de toute la masse de la tige, constitue des lames brunes contournées, formant ces figures bizarres que présente la coupe transversale d'une tige de fougère en arbre.

[Les Prêles ou *Equisetum* ont été récemment étudiées avec beaucoup de soin par M. Duval-Jouve. Le système vasculaire de la tige est constitué par un cylindre de faisceaux distincts très-réguliers, composés de vaisseaux annelés ou spiraux. Bientôt les plus internes des vaisseaux de chacun de ces faisceaux se détruisent, sont résorbés, et produisent ainsi des lacunes régulières et constantes qui accompagnent à l'intérieur chacun des faisceaux vasculaires dans la plante adulte. Cette existence temporaire de vaisseaux qui se détruisent plus tard et dont les fonctions paraissent ainsi transitoires, avait déjà été signalée par M. Chatin et par quelques autres anatomistes, mais seulement dans les plantes aquatiques. La couche siliceuse qui recouvre l'épiderme et lui donne cette dureté si remarquable qui fait employer les tiges de prêles dans l'industrie, est considérée par M. Duval-Jouve comme une sécrétion de la partie des cellules de l'épiderme qui est en contact avec l'air, et non pas comme entrant dans la constitution même de leurs membranes, ainsi que le pensent plusieurs auteurs. C'est sans doute un exemple très-remarquable d'une sécrétion de matière inorganique en dehors des cellules, sécrétion qui, malgré sa nature très-différente, rappelle celle des matières cireuses qui recouvrent souvent la face externe de l'épiderme des feuilles et des fruits. D'après M. Alexandre Braun, les Characées forment le passage anatomique entre les Algues et les Mousses; elles n'ont point de vaisseaux. Les tiges du genre *Nitella* sont composées de grandes cellules dont chacune forme un mérithalle. Dans le genre *Chara*, ces cellules sont entourées de petites cellules formant une espèce de couche corticale.]

V. Organisation anormale de la tige dans quelques végétaux. — I. Famille des Conifères. Les pins, les sapins, les mélèzes, en un mot, tous les arbres qui constituent la famille des Conifères, présentent quelques particularités dans l'organisation de leur tige. Ainsi leurs couches ligneuses, au lieu d'être comme dans les autres végétaux dicotylédonés formées de fausses trachées mélangées au tissu fibreux, ne se composent que de tubes fibreux sans vaisseaux. Seulement la couche ligneuse la plus intérieure dans la portion interne, qui constitue les parois du canal médullaire, contient, comme dans les autres arbres dicotylédonés, un certain nombre de trachées déroulables. Le tissu fibreux, qui forme à lui seul les autres couches de bois, offre une particularité remarquable : les tubes qui le constituent présentent des ponctuations entourées d'une large aréole circulaire (*fig.* 44, *a*). Mais ces ponctuations aréolées ne se montrent pas dans tous les points des tubes fibreux; elles existent plus particulièrement dans les parties de ces tubes tournées vers les rayons médullaires. Pour les bien voir on doit donc faire dans les couches ligneuses des coupes longitudinales parallèles aux rayons médullaires. Ainsi deux caractères distinguent la tige des Conifères : 1° l'absence des fausses trachées dans les couches ligneuses; 2° les ponctuations aréolées dans la paroi des tubes fibreux.

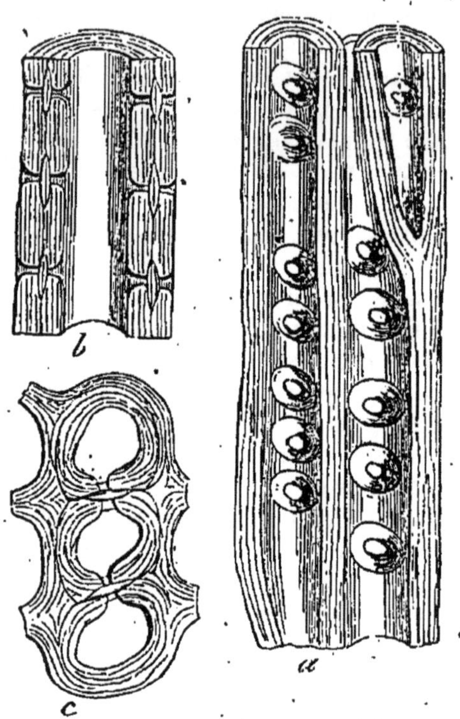

Fig. 44.

II. Famille des Gnétacées. [Une plante de cette petite famille, le *Welwitschia mirabilis*, présente un tronc d'une forme unique jusqu'ici dans le règne végétal. Dans les déserts complétement arides et nus de

Fig. 44. Tissu ligneux du gingko (*Gingko biloba*) : *a*, tubes ligneux ouverts par une coupe perpendiculaire, et parallèle aux rayons médullaires.

l'Afrique occidentale, près du cap Nègre, le docteur Welwitsch aperçut une table circulaire élevée seulement de 30 centimètres environ au-dessus du sol (*fig. 44 bis*), et ayant souvent un mètre et plus de diamètre; elle portait deux feuilles rubannées de 2 mètres de long, coriaces, dures et laciniées à leur extrémité; ce sont les cotylédons de la plante qui durent autant qu'elle, c'est-à-dire plus d'un siècle et pren-

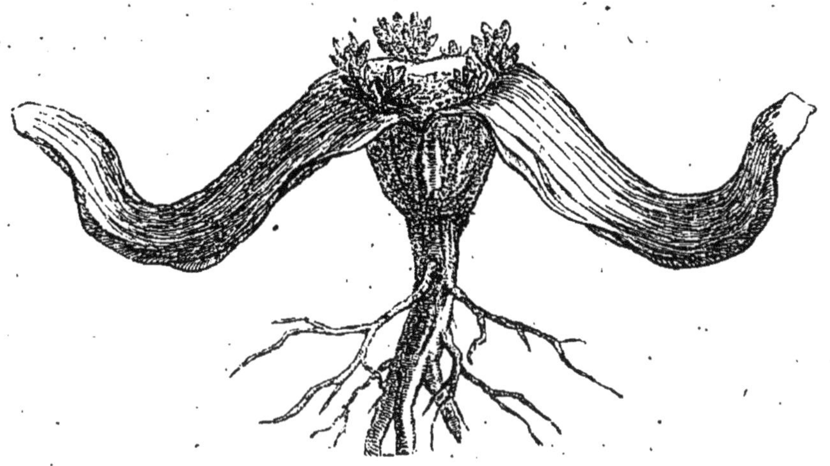

Fig. 44 *bis*.

nent avec l'âge la consistance du cuir. Au pourtour de ce plateau naissent les fleurs et des fruits semblables à de petits cônes de sapin. Les couches concentriques qui composent le plateau du *Welwitschia* prouvent que son accroissement se fait en épaisseur comme celui des autres dicotylédones, mais l'accroissement en hauteur s'arrête de bonne heure. Ce bizarre végétal, bien connu des indigènes, est désigné par eux sous le nom de *Toumbo*. Notre figure est empruntée au *Traité général de botanique descriptive et analytique* de MM. Lemaout et Decaisne, p. 541. M. C. E. Bertrand a donné dans les *Ann., sc. nat.*, 5e série; botan., tome XX, p. 4 et suiv. un très-beau travail sur l'anatomie du *Welwitschia*.]

III. Famille des Sapindacées. Cette famille renferme un grand nombre d'arbustes sarmenteux qui, sous la forme de *lianes*, croissent plus spécialement dans les régions tropicales du globe. Or la plupart de ces lianes offrent une singulière organisation dans leur tige. Celle-ci est souvent irrégulièrement anguleuse ou offrant des côtes saillantes en nombre variable (*fig.* 45). Lorsqu'on la coupe transversalement, elle offre l'aspect de plusieurs tiges qui seraient soudées

Fig. 44 *bis*. *Welwitschia mirabilis*, Hook. f. (Gnétacées), plante entière avec ses deux grands cotylédons rubannés persistants et la couronne de fruits qui surmonte la tige.

en une seule. Autour de la tige centrale composée de couches ligneuses non distinctes les unes des autres, offrant un canal médullaire central et des rayons médullaires, on trouve dispersés dans l'épaisseur d'une écorce commune d'autres faisceaux ligneux en nombre variable, ayant en général chacun un canal médullaire excentrique. Ces faisceaux, dont on n'a pas pu jusqu'à présent constater l'origine primitive, paraissent être autant de rameaux qui se seraient greffés et soudés avec la tige principale.

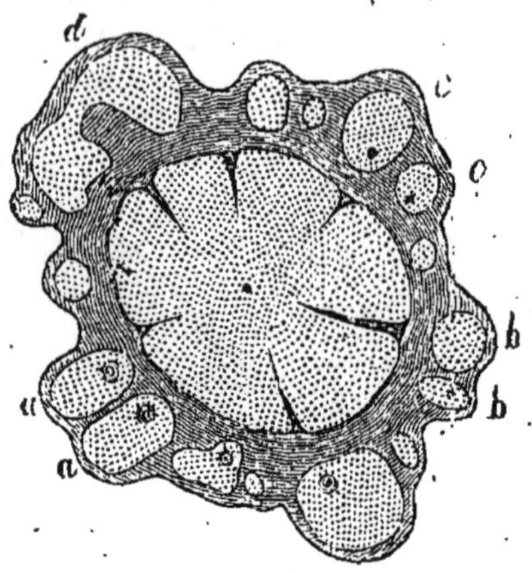

Fig. 45.

Une organisation à peu près semblable se trouve dans le *Calycanthus floridus* et dans la tige carrée du *Nyctanthes arbor tristis*. Les angles sont occupés par un faisceau ligneux parfaitement distinct du corps ligneux de la tige et ayant chacun un petit canal médullaire tout à fait excentrique. Cette disposition a été signalée par nous dans la tige de quelques végétaux herbacés, et spécialement dans celle de la mercuriale, des *Lamium*, etc.

IV. Famille des Bignoniacées. La famille des Bignoniacées contient non-seulement de grands arbres, tels que le Catalpa par exemple, mais aussi un grand nombre d'espèces sarmenteuses ou de lianes. C'est dans ces dernières espèces que l'on observe une organisation spéciale dans la tige (*fig.* 46). Dans celle-ci, en effet, les compartiments ligneux sont séparés les uns des autres par des espaces assez larges remplis par du tissu utriculaire. Quelquefois, sur la coupe transversale d'une tige, le corps ligneux se compose de quatre gros faisceaux ligneux disposés comme les branches d'une croix de Malte. Dans l'exemple que nous figurons ici, le nombre des compartiments ligneux est beaucoup plus considérable.

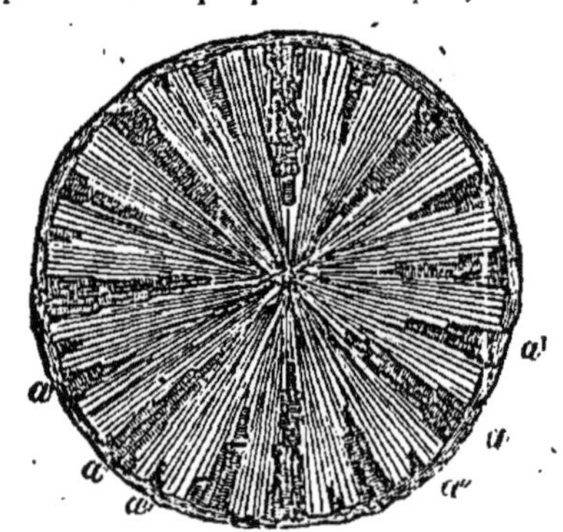
Fig. 46.

On trouve souvent, mais non constamment, une disposition semblable sur les tiges de notre *Clematis Vitalba*. On se tromperait d'ailleurs si l'on croyait que toutes les espèces de *Bignonia* présentent la même

Fig. 45. Coupe transversale d'une tige de Sapindacée de Manille. Elle est entourée par des faisceaux ligneux inégaux, plongés dans un tissu cortical commun.

Fig. 46. Coupe transversale d'une tige de *Bignonia*, montrant les faisceaux séparés par du tissu cortical.

disposition. Ainsi, sur un tronc d'une espèce non déterminée, Schacht a trouvé la moelle au centre entourée de la couche ligneuse la plus ancienne, puis le corps ligneux en forme de main présentant des intervalles semblables à ceux des doigts. Ces intervalles ne sont pas des rayons médullaires élargis, mais bien du tissu cortical avec tous ses éléments anatomiques et traversé lui même par des rayons médullaires très-étroits. Les grosses branches du *Bignonia Catalpa* ont leur canal médullaire très-excentrique. Les couches ligneuses sont en nombre égal sur tout le pourtour, mais l'épaisseur de chacune d'elles est très-faible du côté qui regarde l'axe idéal de l'arbre, très-forte du côté opposé].

V. Famille des Malpighiacées. Peu de familles renferment autant de lianes que celle des Malpighiacées. Leurs tiges offrent des variations très-grandes dans l'arrangement des faisceaux ligneux qui les constituent. La surface du corps ligneux présente des lignes longitudinales qui s'enfoncent dans son intérieur et le partagent en compartiments distincts réunis entre eux par des prolongements cellulaires. Quelquefois ces prolongements pénètrent jusqu'au centre de la tige, qui se trouve partagée en portions triangulaires emportant chacune une partie du canal médullaire. Nous figurons ici une tige de Malpighiacée offrant encore une disposition différente. Elle semble, au premier abord, formée par un faisceau de rameaux très-rapprochés, très-inégaux (*fig.* 47), extrêmement irréguliers dans leur surface, qui est ordinairement relevée de côtes inégales. Parmi ces rameaux, un seul,

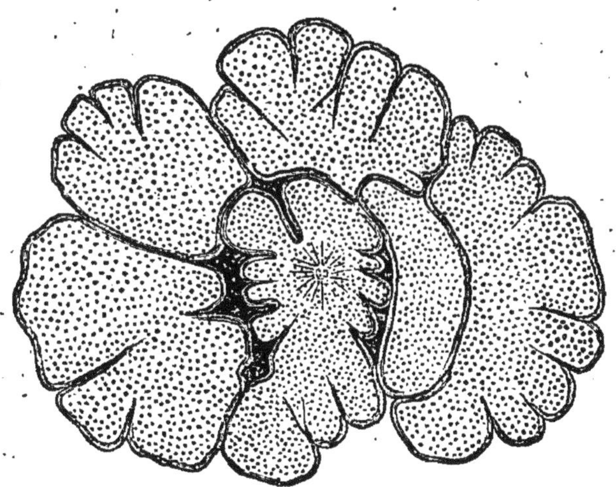

Fig. 47.

Fig. 47. Tige de Malpighiacée du Brésil. Les faisceaux, ligneux, profondément lobés à leur surface externe, se sont séparés et chacun est enveloppé par une écorce distincte.

placé vers le centre du faisceau, présente les traces d'un canal et de rayons médullaires. Tous les autres sans exception en sont tout à fait dépourvus. Cette modification singulière reconnaît la même cause que celle que nous venons de faire connaître tout à l'heure ; les sillons de la tige sont profonds, mais ils se sont réunis entre eux latéralement avant d'arriver jusqu'au centre de la tige et l'ont ainsi partagée en fragments inégaux qui, chacun, sont environnés par une écorce propre : le fragment central a donc dû conserver seul le canal médullaire.

VI. Famille des Ménispermées. Voici la manière dont M. Decaisne caractérise l'organisation de la tige dans cette famille :

« Le bois des Ménispermées présente un développement différent de celui des autres végétaux dicotylédonés, par l'absence de couches concentriques régulièrement formées chaque année; les faisceaux ligneux y restent simples et ne se divisent point dans leur longueur, comme cela a lieu dans les autres Dicotylédones, mais s'allongent chaque année, par la formation d'une nouvelle couche en dehors de la première et en dedans du liber. Celui-ci, placé en dehors de chacun de ces faisceaux ligneux, cesse de s'accroître après la première année de végétation (*Menisperum canadense*).

« Dans quelques Ménispermées (*Cissampelos Pareira*, *Cocculus laurifolius*, etc.), des faisceaux nouveaux, semblables en apparence, mais dépourvus de vaisseaux spiraux et de liber, se montrent au bout de plusieurs années en dehors des premiers et forment un cercle concentrique au premier ; cette formation peut se répéter plusieurs fois, et il en résulte l'apparence de plusieurs couches concentriques. Dans ce cas, le liber (n'appartenant qu'au cercle de la première formation), au lieu de se trouver placé à la circonférence de la tige, comme dans tous les végétaux dicotylédonés jusqu'ici connus, l'est au centre, et près de la moelle.

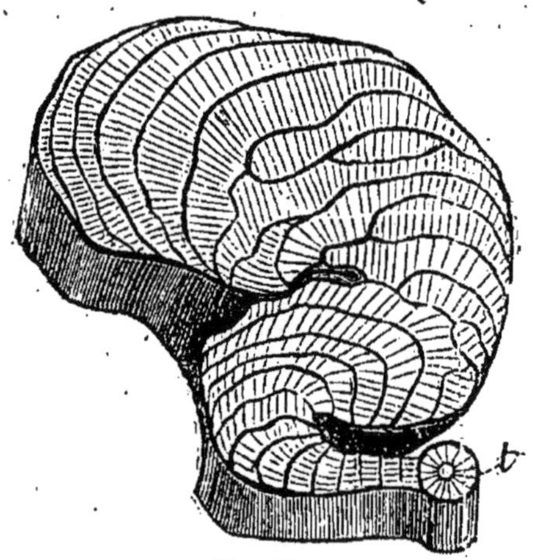

Fig. 48.

« Il est encore à remarquer qu'au moment où une seconde couche de faisceaux fibreux vient à entourer la première, le cambium de celle-ci cesse de s'organiser, et persiste à l'état de tissu cellulaire allongé.

Fig. 48. Coupe transversale d'une tige de *Menispermum* de Cayenne. La tige primitive *t* est restée petite et cylindrique, et sur un point de sa circonférence se sont développées des portions de couches ligneuses très-irrégulières.

« Il résulte encore de ces observations que l'écorce, généralement formée par le liber, ne prend aucun développement; c'est l'épiderme qui en tient lieu et recouvre la partie externe des tiges sous la forme d'une croûte mince et herbacée. »

Nous figurons ici une tige très-anomale d'une espèce de *Menispermum* originaire de Cayenne (*fig.* 48). La tige primitive est petite et cylindrique; sur l'un de ses côtés seulement se sont formées un grand nombre de couches de tissu allongé représentant des lignes très-irrégulières. Le développement des nouvelles couches de bois ne s'est donc fait ici que sur un seul point de la surface extérieure du corps ligneux. De là l'excessive irrégularité de la tige, et l'excentricité si grande du canal médullaire.

VII. Famille des Aristolochiées. Selon M. Decaisne:

« Les Aristoloches, dans certaines espèces (*A. sipho*, etc.), présentent des couches concentriques, et dans d'autres (*A. labiosa*, *A. Clematitis*) on voit les faisceaux se diviser par l'interposition de rayons cellulaires incomplets, convergeant vers le centre, à la manière des branches d'un éventail.

« Ces deux modifications, d'après les exemples cités, ne paraissent point dépendre des climats et des saisons inégalement distribués, puisque l'espèce commune sous le climat de Paris nous offre la même organisation que l'espèce tropicale, avec cette différence cependant, que cette dernière présente un développement excessif de la médulle externe, semblable à celui du liége, de l'orme, etc., tandis que l'*A. Clematitis*, dont la tige est souterraine, ne nous offre rien de semblable. Cette différence, au reste, est d'une très-mince importance, puisque, dans des végétaux placés dans les mêmes conditions, on voit cette partie se développer ou s'atrophier complétement.

« Les Aristoloches présentent encore un point d'organisation essentiel à faire connaître; celui de la portion du liber qui se montre sous la forme de petits faisceaux opposés à ceux du bois. Ces faisceaux du liber persistent et se multiplient en même temps que ceux du bois, puisque, à toute époque, ils sont en nombre égal ou opposés. »

VIII. Tige des Bauhinia. M. Lindley a décrit et figuré (*Introd. to botany*, 78, f. 35) une tige comprimée d'une espèce indéterminée du genre *Bauhinia* (famille des Légumineuses) (*fig.* 49), dans laquelle les fibres ligneuses ne sont pas disposées par couches concentriques. Elles forment des espèces de lames verticales et irrégulières, séparées par du tissu cellulaire, et le canal médullaire est tout à fait excentrique.

Nous figurons ici la tige d'une espèce indéterminée de *Bauhinia* originaire de Manille (*fig.* 50). Ces tiges sont comprimées, à surface très-irrégulière; un canal médullaire est placé à leur centre; de ce canal ne partent pas de rayons médullaires. Le bois forme une première couche à peu près circulaire, puis les autres couches sont en quelque sorte par plaques incomplètes, par écailles, dont la coupe transversale a la forme d'un croissant. Ces écailles ligneuses semblent séparées les unes des autres par une véritable écorce, interposée ainsi entre chacune d'elles. La formation de ces couches ligneuses incom-

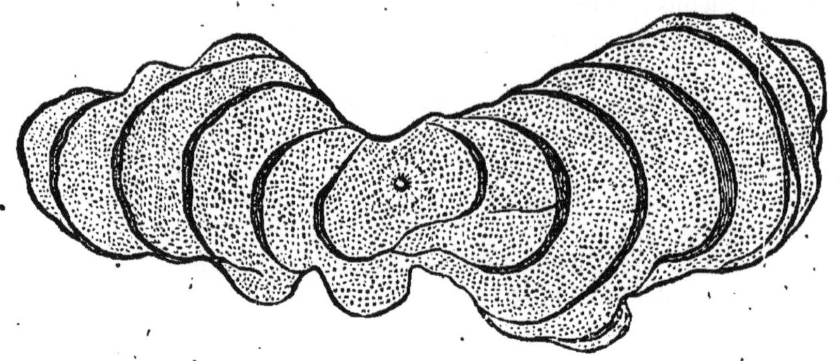

Fig. 49.

plètes ne se fait que dans deux points opposés de la tige, ce qui lui donne la forme comprimée que nous avons déjà signalée.

J'ai eu occasion d'examiner une espèce du même genre, rapportée de Rio-Janeiro par Gaudichaud, et la tige, également comprimée et alternativement concave et convexe sur ses deux faces, offrait une organisation encore plus anomale. Les fibres ligneuses forment des faisceaux, très-inégaux et très-irréguliers, entourés de tous côtés de tissu cellulaire. Ces faisceaux, souvent sinueux dans leur contour, offrent des rayons médullaires dirigés dans des sens très-variés. Je n'ai pu reconnaître la présence d'un canal médullaire.

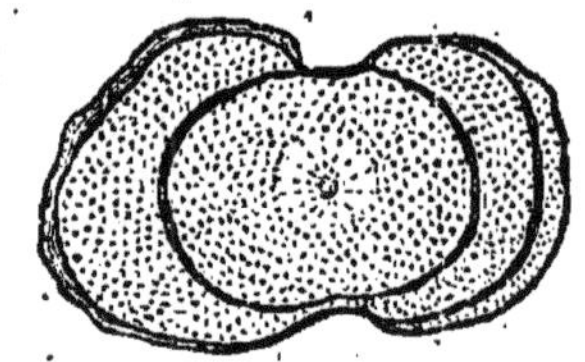

Fig. 50.

Une Légumineuse d'un genre bien différent, le *Cassia quinquangularis*, offre un tronc présentant, en effet, cinq angles, et par conséquent cinq échancrures qui pénètrent jusque dans le voisinage de la moelle. Une section horizontale du tronc ressemble à une feuille peltée quinquepartite : au centre on remarque la moelle ; le corps ligneux remplit les cinq lobes et l'écorce borde les parties saillantes et pénètre dans les échancrures qui sont assez larges pour qu'elle ne se trouve jamais en contact avec elle-même.

Le petit nombre d'exemples que nous venons de présenter suffira pour faire voir que, bien que l'organisation de la tige des arbres dicotylédonés soit, dans le plus grand nombre des cas, telle que nous l'avons exposée, cependant elle souffre quelques exceptions notables

Fig. 49 et 50. Deux tiges de *Bauhinia* offrant un développement distique des couches ligneuses.

qui méritent d'être connues, et dont il serait surtout fort important de rechercher le mode de formation. L'une de celles qui se sont présentées à nous le plus fréquemment, et qui offrent une exception remarquable à la disposition générale, c'est l'existence d'une couche corticale séparant chaque couche ligneuse. Nous l'avons déjà signalée dans la tige des *Menispermum*, des *Bauhinia*. On l'a également remarquée dans quelques *Cissus* et dans plusieurs Liserons. Une des tiges où on l'observe avec le plus d'évidence, c'est celle du *Gnetum* (*fig*. 51). Ici, en effet, dans chaque zone d'écorce qui sépare les couches du bois, il est encore possible de distinguer les faisceaux de liber qui appartiennent à chaque compartiment ligneux.

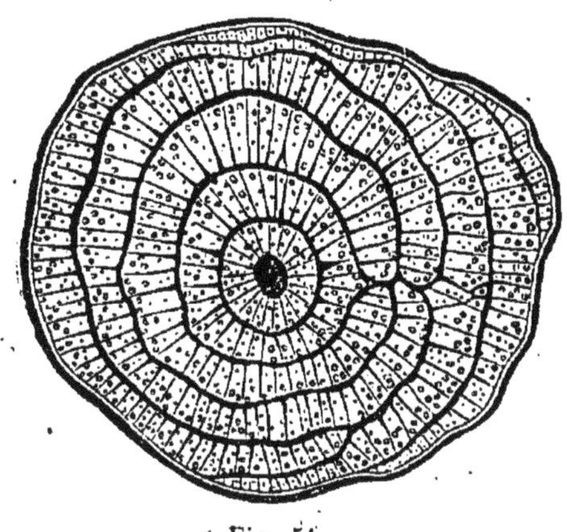

Fig. 51.

Les anomalies que nous avons indiquées précédemment, et beaucoup d'autres que nous aurions pu encore citer, s'éloignent certainement, en beaucoup de points, de l'organisation normale de la tige des Dicotylédones : mais cependant elles ne sont que des modifications qui n'altèrent pas dans son essence le type primitif. Ainsi : 1° le corps ligneux peut former une masse continue, sans distinction de couches concentriques ni de rayons médullaires ; 2° le corps ligneux peut présenter des échancrures plus ou moins profondes et régulières remplies par le tissu cortical (*Bignonia*) ; 3° le corps ligneux peut se partager en fragments unis entre eux ou distincts, recouverts chacun par l'écorce et dont un seul porte le canal médullaire (Malpighiacées) ; 4° la tige peut être formée de plusieurs faisceaux ligneux cylindriques soudés entre eux, ayant un canal médullaire (Sapindacées) ; 5° les couches ligneuses peuvent se développer seulement sur un ou deux points opposés de la tige, les autres ne prenant pas d'accroissement (*Menispermum*, *Bauhinia*) ; 6° les couches ligneuses peuvent être séparées les unes des autres par un feuillet d'écorce interposé entre chacune d'elles (*Gnetum*).

APHORISMES SUR L'ORGANISATION DES TIGES

I. Tige ligneuse des Dicotylédonés. — I. La tige ligneuse des végétaux dicotylédonés est composée de couches concentriques emboîtées les unes dans autres.

Fig. 51. Tige de *Gnetum*. Les couches ligneuses sont séparées les unes des autres par des couches corticales.

II. Ces couches forment deux parties bien distinctes : l'*écorce*, qui est en dehors, et le *corps ligneux*, placé sous l'écorce.

III. L'écorce est composée de parties superposées et continues : l'épiderme, la couche subéreuse, le périderme, le mésoderme, l'enveloppe herbacée, le faux liége ou rytidome, les couches corticales ou le liber, et l'endoderme. Ces diverses parties ne sont pas toujours toutes réunies dans un même arbre. Le plus souvent quelques-unes manquent.

IV. L'*épiderme* des tiges n'offre rien de particulier.

V. La *zone subéreuse* est composée d'utricules allongées transversalement, à parois souvent colorées en brun et ne contenant pas de granulations vertes : elle est quelquefois séparée en couches irrégulières par des utricules plus petites, plus colorées et comprimées en forme de table.

VI. Quand ces utricules en table sont très-nombreuses et situées sous la zone subéreuse, elles constituent des feuillets minces, superposés, s'enlevant de la surface de l'écorce et formant le *périderme externe* (bouleau).

VII. Le *mésoderme* est formé d'utricules allongées à parois épaisses et dépourvues de chlorophylle, ordinairement toutes soudées ensemble.

VIII. La *couche herbacée* se compose d'utricules globuleuses ou polyédriques, contenant de la chlorophylle. Son tissu se continue sans interruption avec le tissu utriculaire interposé entre les faisceaux fibreux du liber et ensuite avec les rayons médullaires.

IX. Quelquefois, dans la partie la plus extérieure du liber, il se produit des couches d'utricules en table, qui, s'unissant à l'enveloppe herbacée, forment des plaques qui se détachent et constituent le *rytidome* ou *périderme interne* (platane).

X. Les couches corticales et le liber sont un seul et même organe. Ce sont des espèces de lames ou de feuillets superposés, et dont les plus récents sont plus intérieurs.

XI. Le liber se compose de faisceaux de vaisseaux fibreux anastomosés entre eux, et formant un réseau dont les mailles sont remplies par du tissu cellulaire.

XII. Ces faisceaux du liber sont quelquefois réunis en *couches continues* ou restent distincts, et forment des *filets corticaux*. Ces couches ou ces filets sont environnés de toutes parts de tissu cellulaire.

XIII. Les faisceaux corticaux sont formés de tubes à parois transparentes et fort épaisses et à diamètre petit, terminés en pointe ou en biseau à leurs deux extrémités.

XIV. C'est en dedans de ces faisceaux que se montrent les vaisseaux *laticifères*.

XV. L'écorce ne contient pas de trachées ni de fausses trachées.

XVI. La couche la plus intérieure de l'écorce est toujours composée de tissu utriculaire, et *continue sans interruption* avec la couche la plus superficielle du corps ligneux. Je la désigne sous le nom de couche sous-libérienne ou *endoderme*.

XVII. Le corps ligneux est sous la forme d'étuis ou de cônes très-allongés emboîtés les uns dans les autres et intimement unis, de sorte que la coupe transversale de la tige présente une suite de couches circulaires inscrites les unes dans les autres.

XVIII. Les plus extérieures de ces couches, qui sont les plus récentes, et dont le tissu est plus mou, portent le nom d'*aubier;* les plus intérieures celui de *bois*, de *cœur de bois* ou *duramen*.

XIX. Quelquefois la transition entre le bois et l'aubier est presque insensible, c'est-à-dire qu'on n'observe pas de différence marquée entre les deux parties. C'est ce qui a généralement lieu dans les bois blancs et mous. D'autres fois elle est très-tranchée, le bois étant beaucoup plus coloré et plus dur que l'aubier.

XX. Vers le centre du corps ligneux on trouve le *canal médullaire*, composé de l'*étui médullaire* qui en forme les parois, et de la *moelle* qui en occupe la cavité.

XXI. Toute l'épaisseur du corps ligneux est partagée en compartiments triangulaires et très-allongés par des lignes nommées *rayons médullaires*, qui, partant du canal médullaire, traversent le corps ligneux et vont se perdre dans l'épaisseur de l'écorce.

XXII. Parmi les rayons médullaires, les uns sont *complets*, étendus du canal médullaire à l'écorce ; les autres sont *incomplets* et vont d'une couche ligneuse à une autre.

XXIII. Chaque année il se forme une nouvelle couche qui s'ajoute à la face externe du corps ligneux.

XXIV. On peut en général reconnaître l'âge d'un arbre par le nombre des couches de bois et d'aubier qui composent sa tige.

XXV. La distinction entre les différentes couches annuelles est moins marquée dans les végétaux des régions tropicales.

XXVI. Les couches ligneuses se composent de trois modifications de tissu : 1° De *tubes fibreux* courts, terminés en pointe à leur deux extrémités, à parois épaisses, formant la masse ou la trame du tissu ligneux et réunis en faisceaux longitudinaux disposés en réseau ;

2° De *fausses trachées*, c'est-à-dire de vaisseaux ponctués ou rayés, dispersés dans le tissu ligneux ;

3° De *tissu utriculaire allongé transversalement*, et formant les rayons médullaires qui remplissent les interstices du tissu ligneux en y formant des lames perpendiculaires.

XXVII. Les couches ligneuses sont unies entre elles sans l'intermédiaire d'une couche de tissu utriculaire.

XXVIII. L'étui médullaire est formé par la partie la plus intérieure des compartiments ligneux.

XXIX. Il est la seule partie de la tige dans laquelle on trouve de *vraies trachées* unies aux tubes ponctués et au tissu ligneux.

XXX. La *moelle* est un tissu cellulaire, régulier, verdâtre et rempli de liquide dans les jeunes tiges, desséché et plein d'air dans les tiges au delà de la première année.

XXXI. Elle est quelquefois parcourue par des faisceaux longitudinaux de tubes laticifères.

XXXII. Elle peut se détruire en partie ou en totalité avec le temps, et le canal offre des cavités ou lacunes plus ou moins grandes.

II. Tige des Dicotylédonés herbacés.— I. La tige, dans les végétaux dicotylédonés herbacés, se compose de l'écorce, du corps ligneux et de la moelle. Son organisation est donc la même que celle des végétaux ligneux.

II. Les faisceaux constituant le liber peuvent offrir trois modifications : 1° ils forment une couche continue ; 2° ils sont isolés et distincts au milieu de l'enveloppe herbacée ; 3° ils sont placés immédiatement sous l'épiderme.

III. L'organisation des faisceaux ligneux est la même que dans les tiges ligneuses.

IV. Les rayons médullaires sont en général plus larges et la moelle plus abondante.

III. Tige des Monocotylédonés.— I. La tige des arbres monocotylédonés est composée de faisceaux ligneux ou fibres vasculaires, éparses au milieu d'un tissu utriculaire qui forme sa masse, sans apparence de couches emboîtées.

II. L'écorce y existe également, quoique moins distincte que dans les Dicotylédonés.

III. Elle se compose : 1° d'un épiderme ; 2° de tissu utriculaire ; 3° et enfin de faisceaux de tubes fibreux (qui manquent quelquefois), mais ne formant jamais de feuillets.

IV. Le corps ligneux est une masse utriculaire dans laquelle sont épars des faisceaux vasculaires distincts les uns des autres, plus nombreux, plus rapprochés et plus durs vers la partie externe de la tige.

V. Il n'y a dans la tige monocotylédonée ni canal médullaire ni rayons médullaires.

VI. Chaque faisceau vasculaire se compose : 1° de vaisseaux spiraux; 2° de tubes fibreux; 3° de vaisseaux propres ou laticifères ; 4° de tissu utriculaire.

1° Les vaisseaux spiraux (trachées, vaisseaux rayés ou ponctués) occupent en général le centre du faisceau.

2° Les vaisseaux propres (laticifères) sont placés en dehors des vaisseaux spiraux.

3° Les tubes fibreux forment ordinairement deux faisceaux : l'un externe, regardant du côté de l'écorce : H. Mohl le compare au liber; l'autre interne, placé au côté intérieur des vaisseaux spiraux, comparé au corps ligneux. Ces deux faisceaux communiquent quelquefois ensemble, et entourent les vaisseaux propres et spiraux.

VII. Les faisceaux vasculaires se lignifient avec le temps.

VIII. Leur direction dans l'intérieur de la tige est partout à peu près la même. Ils forment, à partir de la base des feuilles auxquelles ils vont aboutir, des arcs très-allongés, à convexité tournée vers le centre. Leurs deux extrémités sont donc dirigées vers la partie la plus extérieure de la tige.

IX. Dans toute leur longueur, ces faisceaux n'ont pas la même organisation. A leur extrémité inférieure, ils ne sont composés que de tubes fibreux ; plus haut, se montrent les laticifères, puis les vaisseaux spiraux, d'abord les fausses trachées, et enfin les trachées véritables.

IV. Tige des Fougères. — I. La tige ligneuse des Fougères est aussi composée de tissu utriculaire et de faisceaux vasculaires.

II. Les faisceaux vasculaires sont groupés et réunis de manière à former des lames de couleur très-foncée, diversement contournées, suivant les espèces, mais avec régularité et symétrie dans la même espèce.

III. Les lames ligneuses, en se réunissant, forment le corps ligneux situé à l'intérieur de la tige : l'intérieur, rempli par du tissu utriculaire, est quelquefois vide.

IV. Toutes ces lames se soudent entre elles dans leur longueur, excepté sur quelques points.

V. Ces lames se réunissent ordinairement deux par deux, laissant entre elles un espace rempli par un tissu moins coloré, pour former ces figures bizarres que montre la coupe transversale de la tige des Fougères.

VI. Elles sont formées de tissu ligneux ou de tubes fibreux à parois épaisses, colorés par une matière brune.

VII. Le tissu placé entre les lames noires et perpendiculaires se compose : 1° de vaisseaux scalariformes très-nombreux, entremêlés d'utricules courtes et assez régulières ;

2° De vaisseaux propres ou utricules très-allongées, inégales, et à parois minces.

VIII. Toute la masse parenchymateuse est formée de tissu utriculaire.

IX. La tige des Fougères diffère de celle des plantes monocotylédonées : 1° par ses faisceaux ligneux moins nombreux, ou sous la forme de lames longitudinales et diversement contournées ;

2° Par ses faisceaux ligneux anastomosés entre eux, de manière à former une sorte de réseau. Ceux des Monocotylédonés ne le sont pas.

CHAPITRE II

SOUCHE OU PARTIE SOUTERRAINE DE L'AXOPHYTE

La partie de la plante qui s'enfonce dans la terre constitue la *souche*. Elle n'est, en réalité, que la continuation souterraine de la tige, avec laquelle elle se continue sans interruption; on lui donne communément le nom de *racine* ou de *corps de la racine*. Mais pour nous elle est distincte de la racine, puisqu'elle est une continuation de l'axe; tandis que la véritable racine, du moins telle qu'à notre sens elle doit être définie, est un organe latéral ou appendiculaire, composé de fibres tantôt grêles et déliées, plus rarement épaisses et charnues. On a également désigné la souche sous le nom de *caudex descendant*.

La ligne circulaire qui sépare la tige de la souche s'appelle le *collet* ou le *nœud vital*. Elle n'est quelquefois pas marquée; d'autres fois, au contraire, elle est très-distincte, et donne attache aux feuilles les plus inférieures de la plante, que, pour cette raison, on appelle *feuilles radicales*.

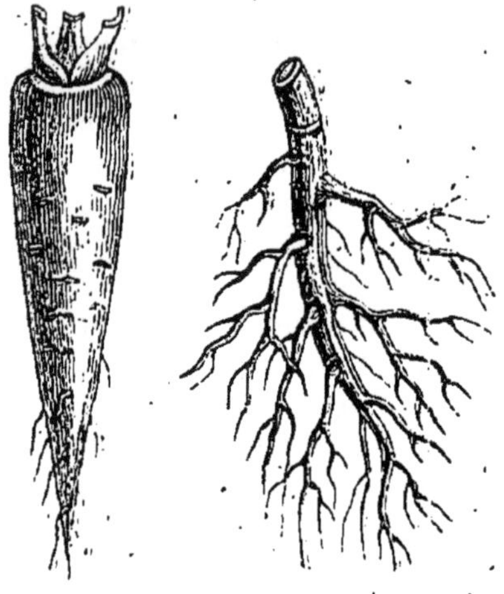

Fig. 52. Fig. 53.

Comme la tige, la souche peut être *simple* ou sans ramifications, par exemple celle de la carotte (*fig*. 52), de la rave; ou *rameuse* (*fig*. 53), c'est-à-dire divisée en branches, elles-mêmes plus ou moins ramifiées. C'est sur ces ramifications de la souche que naissent les fibres qui constituent la *racine*.

Souvent il existe un rapport de proportion entre la souche et la tige aérienne, c'est-à-dire que la première est d'autant plus développée, que la tige l'est elle-même. Mais ce rapport n'existe pas toujours. Certains arbres très-grands, les pins par exemple, offrent une souche fort courte, tandis que leur tige s'élève quelquefois à cinquante mètres au-dessus du sol. Au contraire, certaines plantes herbacées, la luzerne, la réglisse, l'arrête-bœuf, ont souvent des souches ou des racines d'une longueur extraordinaire.

La souche porte spécialement le nom de *pivot* (*fig*. 55), quand elle s'enfonce perpendiculairement dans le sol en se continuant avec la

Fig. 52. Souche pivotante de la carotte.
Fig. 53. Souche rameuse de l'orme.

tige, par exemple celle de beaucoup d'arbres et de plantes herbacées. On l'appelle plus spécialement *rhizome* (*fig.* 54) lorsqu'elle rampe ou s'étale horizontalement dans la terre, comme celle de l'iris, du sceau-de-Salomon, etc.

Néanmoins, il existe une différence notable entre le *pivot* et le *rhizome*. Le premier est formé par le développement de cette partie

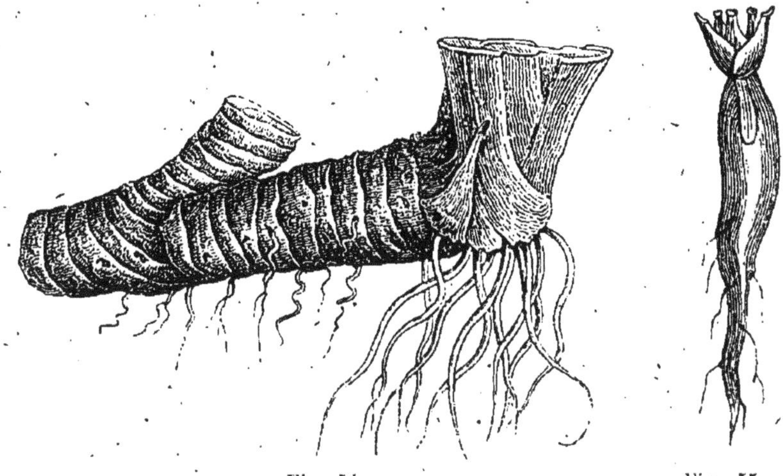

Fig. 54. Fig. 55.

de l'embryon qu'on nomme la *radicule;* le second, au contraire, provient de l'accroissement d'une portion souterraine de l'axe, qui s'est accrue par suite de la destruction du pivot, existant constamment dans la période de germination de la plante. Le pivot est donc un organe *primitif;* le rhizome un organe de formation *secondaire*.

Les plantes monocotylédonées, n'ont jamais de *souche pivotante*, parce que, à l'époque de la germination des graines monocotylédonées, la radicule, qui, par son développement, constitue le pivot dans les plantes dicotylédonées, se détruit constamment peu de temps après sa première évolution.

La forme générale de la souche est très-variable. Elle peut être *conique*, telle que celle de la carotte; *fusiforme* (*fig.* 55), comme celle de la rave, de certains navets, c'est-à-dire allongée en forme de fuseau; *ovoïde*, *globuleuse*, *napiforme* ou en forme de toupie (*fig.* 56), comme dans le radis, le turneps; *droite*, *contournée* sur elle-même (*fig.* 57), comme dans la bistorte; enfin *tubéreuse* ou renflée en *tubercules* plus ou moins volumineux et de formes variées.

Les tubercules (*tubera*) (*fig.* 58) sont des souches ou des portions de souches, renflées en corps ovoïdes ou irréguliers, formés par une

Fig. 54. Rhizome de l'iris.
Fig. 55. Souche *fusiforme* de la rave.

masse de tissu utriculaire remplie de fécule et parcourue par quelques faisceaux vasculaires. Ils offrent toujours, sur différents points de

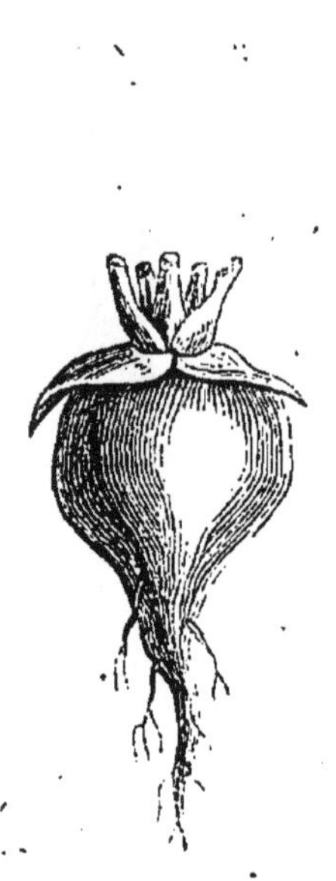

Fig. 56.

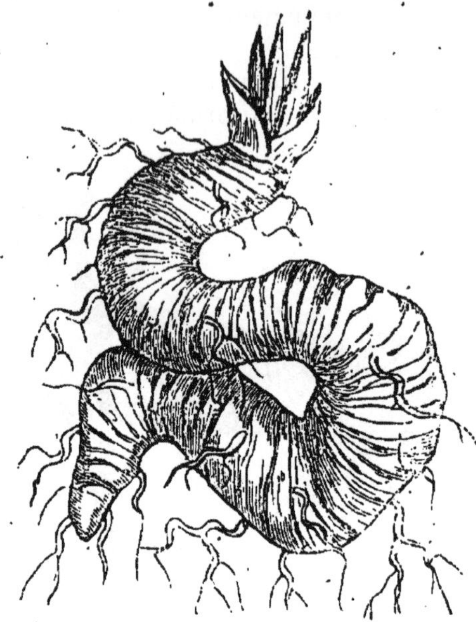

Fig. 57.

leur surface, des *yeux* ou bourgeons susceptibles de se développer en tiges aériennes ou souterraines ; c'est ce que montrent les tubercules de la pomme de terre, du topinambour, de l'*Apios tuberosa*, etc. La présence de ces yeux ou bourgeons est le caractère qui distingue les vrais tubercules des racines à fibres renflées et tubériformes, celles des dahlias par exemple, complétement dépourvues de bourgeons sur toute leur surface.

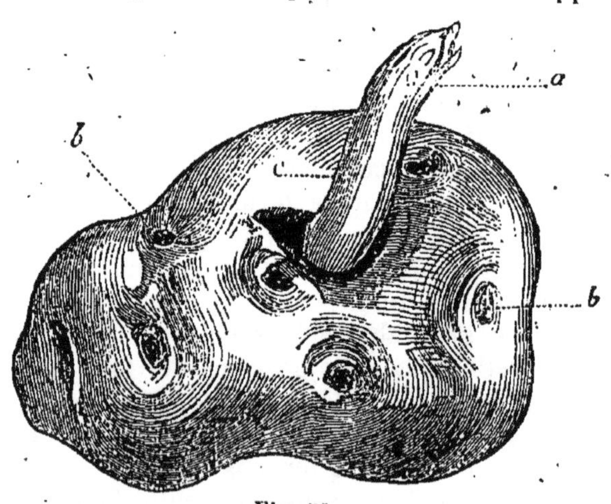

Fig. 58.

En suivant le mode de formation des tubercules, on ne peut douter

Fig. 56. Souche *napiforme* du radis.
Fig. 57. Souche *contournée* de la bistorte.
Fig. 58. Tubercule de la pomme de terre ; *b*, bourgeons ; *a*, tige.

de leur identité avec les rhizomes ou tiges souterraines. Dans la pomme de terre, par exemple, la souche est horizontale et très-ramifiée. Petit à petit certains points de ces ramifications se renflent, se remplissent de fécule et deviennent des tubercules. Ceux du topinambour sont très-inégaux; leur surface présente des lignes circulaires formées par la cicatrice des feuilles qui en naissaient et s'en sont détachées.

Dans la vaste famille des Orchidées il existe souvent à la base de

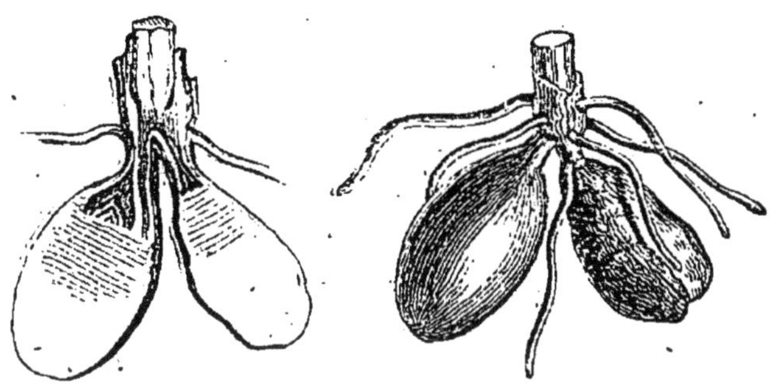

Fig. 59.

la tige, un, deux ou quelquefois plusieurs tubercules souterrains. Ces tubercules ont été considérés tour à tour comme des racines ou comme des bourgeons souterrains. Nous croyons qu'ils doivent être assimilés à des rameaux de la souche (*fig.* 59). Dans la plupart de nos Orchidées, on trouve à la base de la souche deux tubercules blancs; ovoïdes ou globuleux, entiers ou plus ou moins profondément digités (*fig.* 60). Si on les examine au printemps, on voit que de ces deux tubercules l'un est ordinairement flasque et ridé, et la tige qui s'est développée est sortie de son sommet; l'autre, au contraire, est ferme et lisse. Si on le fend suivant sa longueur, on trouve, vers sa partie supérieure, une petite fossette qui contient un bourgeon, le bourgeon est le germe de la tige qui se développera l'année suivante. Quelquefois le bourgeon est tout à fait extérieur, et naît du sommet du tubercule, comme on peut le voir dans le *Gymnadenia albida*.

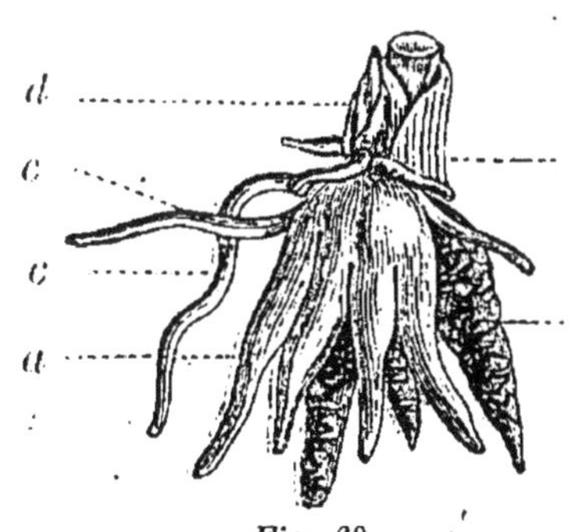

Fig. 60.

La *durée* des végétaux se calcule en général d'après le durée de leur

Fig. 59. Tubercules de l'*Orchis mascula*.
Fig. 60. Tubercules *digité* du *Gymnadenia albida* : *a*, tubercule nouveau ; *b*, tubercule ayant poussé la tige de l'année précédente ; *e*, base d'une feuille de l'année précédente ; *c*, *c*, racine ; *d*, bourgeon qui va développer la tige nouvelle.

souche; de là leur distinction en *annuels, bisannuels* et *vivaces*. Une plante *annuelle* est celle qui, dans l'espace d'une année, et souvent d'un temps moins long, parcourt toutes les périodes de sa végétation, c'est-à-dire donne des fleurs, des fruits, et meurt après avoir mûri ses graines; tels sont le blé, l'orge, la bourrache, le pavot, etc.

Une plante *bisannuelle* exige deux années pour parvenir au terme de sa végétation. La première année, elle pousse une souche extrêmement courte et de feuilles ordinairement en rosette; la seconde année, du milieu de ces feuilles part une tige qui se couvre de fleurs, de fruits, et la plante périt après la maturation de ses graines : tels sont le chou et la carotte.

Enfin, un végétal est *vivace* quand sa souche vit un nombre d'années plus ou moins considérable. Dans ce cas, il faut distinguer ceux dont la souche vivace n'étant pas ligneuse, pousse chaque année des tiges herbacées qui ne durent qu'une saison : ce sont les *herbes vivaces* (asperges, asters, asphodèles, etc.), et ceux dont la souche et la tige étant ligneuses, sont également vivaces l'une et l'autre; tels sont tous les arbustes, arbrisseaux et arbres.

La durée des végétaux, bien qu'en général fixe et renfermée dans les mêmes limites, peut cependant éprouver de grandes variations. Ainsi, des plantes annuelles peuvent devenir vivaces, et, *vice versa*, des végétaux vivaces et même ligneux peuvent passer à l'état de plantes annuelles. Si l'on empêche une plante annuelle de fleurir et qu'on la préserve des intempéries de l'hiver, elle pourra devenir bisannuelle ou même vivace. Au contraire, certaines plantes vivaces ou même ligneuses des pays chauds, transportées dans les climats tempérés ou septentrionaux, y deviennent annuelles; ainsi, par exemple le *Cobæa scandens*, formant de si beaux festons, et la belle-de-nuit (*Nyctago hortensis*), qui chez nous ne durent qu'une année, sont, au Chili et au Pérou, leur patrie, des arbrisseaux vivaces et ligneux. On peut dire d'une manière générale que toutes les plantes exotiques vivaces ou ligneuses, dont les graines, transportées en Europe, peuvent, dans l'espace d'une année, parcourir toutes les phases de leur végétation, y deviennent annuelles. C'est ce que montre le ricin (*Ricinus communis*), qui, en Afrique et en Amérique, forme un arbre assez élevé, tandis qu'il devient annuel dans notre climat.

[L'horticulture moderne a tiré un grand parti des plantes exotiques à beau feuillage pour l'ornementation des squares et des jardins. Dans leur pays, ce sont des plantes vivaces, mais chez nous, elles meurent aux premiers froids. Après les avoir élevées en serre pendant l'hiver, on les met en pleine terre au printemps; elles se développent pendant l'été et charment les yeux par leurs massifs élégants; mais elles n'arrivent pas à la floraison, la somme de chaleur qu'elles reçoivent étant complétement insuffisante pour amener la formation du bouton et à plus forte raison l'épanouissement de la fleur. Les plus répandues parmi ces plantes sont les ricins, les *Caladium*, les *Wigandia*, les *Ferdinanda*, plusieurs *Solanum*, les Bananiers, etc.]

Dans les ouvrages de botanique descriptive, on emploie des signes abréviatifs pour désigner la durée des végétaux. Ces signes sont ceux par lesquels les astronomes représentent quelques-unes des planètes. Ainsi, les plantes annuelles sont représentées par le signe du Soleil (☉), parce que la révolution de la Terre autour de cet astre dure une année; les plantes bisannuelles, par le signe de Mars (♂), dont la révolution sidérale est d'environ deux ans (686 jours); les plantes vivaces, par le signe de Jupiter (♃), dont la révolution sidérale est de plus de douze ans (4,332 jours); et enfin, les plantes ligneuses par le signe de Saturne (♄), dont la révolution autour du Soleil est de près de trente ans (10,758 jours).

Organisation de la souche. La souche n'est en général que la continuation souterraine de la portion aérienne de l'axophyte; aussi présente-t-elle à peu près la même organisation. Dans les *végétaux dicotylédonés* ligneux, elle est formée également d'une écorce et d'un corps ligneux. La première se compose de feuillets minces et superposés. Le corps ligneux est formé de couches concentriques mais, dans le plus grand nombre de cas, il n'existe pas de canal médullaire. Cependant on l'observe dans quelques souches de plantes dicotylédonées, le marronnier d'Inde par exemple. La structure anatomique de ces couches ligneuses ne diffère pas de celle de la tige. Des tubes fibreux et de fausses trachées les constituent; mais jusqu'à présent on n'y a pas constaté l'existence des véritables trachées.

Le rhizome, ou souche souterraine des plantes monocotylédonées offre également la structure que nous avons décrite pour la tige aérienne; mais on y trouve une zone corticale plus nettement marquée. Les faisceaux vasculaires épars dans la masse de tissu utriculaire présentent la même composition que ceux de la partie aérienne de l'axe; savoir, du tissu fibreux, des fausses trachées, des vaisseaux laticifères et des *trachées* déroulables. L'existence de ces derniers vaisseaux forme le caractère essentiel qui distingue la souche des végétaux monocotylédonés de celle des végétaux dicotylédonés.

CHAPITRE III

ORGANES APPENDICULAIRES DE LA SOUCHE

OU RACINE PROPREMENT DITE

Les organes appendiculaires, qui naissent de la souche ou de ses ramifications, sont ordinairement sous la forme de fibres plus ou moins grêles et déliées, communément cylindriques, simples ou rameuses, qu'on nomme les *fibres radicales*. C'est l'ensemble de toutes ces fibres qui constitue la *vraie racine*, c'est-à-dire l'organe chargé de puiser dans le sol une partie des éléments nécessaires à la vie et au développement de la plante.

[On pensait généralement autrefois que les racines naissent sans aucun ordre sur la souche. M. Clos, professeur de Botanique à la Faculté des sciences de Toulouse, a montré dans sa thèse pour la licence, soutenue en 1848, qu'il n'en est pas ainsi. Les radicelles sont disposées dans tous les végétaux en séries longitudinales dont le nombre varie, mais est souvent semblable dans une même famille. On reconnaît très-bien cette disposition sur une racine de balsamine, de seneçon, de lupin, et même sur une petite rave, un navet, ou une carotte. Ces séries sont rectilignes ou obliques et le plus souvent au nombre de deux (Fumariacées, Papavéracées, Crucifères, Résédacées, Géraniacées, etc.), ou de quatre (Oxalidées, Hypéricinées, Malvacées, Euphorbiacées, Lythrariacées, Dipsacées, Ombellifères, Convolvulacées, Labiées, etc.). Quelques familles présentent à la fois le type de deux et de quatre rangs. Le type cinq existe dans les Solanées, mais il est très-rare que l'on compte six rangs comme dans quelques Synanthérées. M. Clos a désigné sous le nom de *Rhizotaxie* la disposition des racines sur la souche, par opposition à la *Phyllotaxie* ou disposition des feuilles sur la tige.]

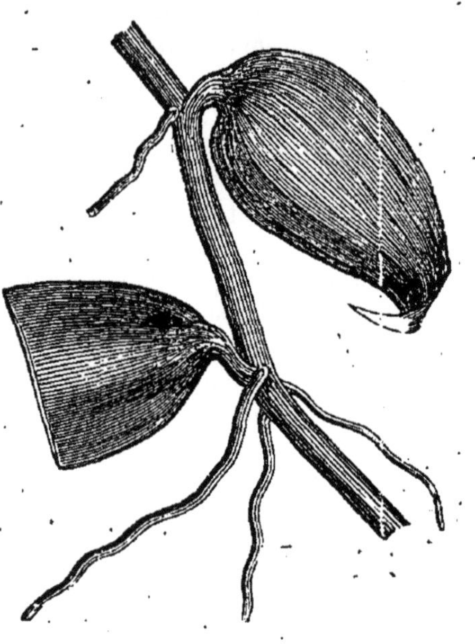

Fig. 61.

Les fibres radicales naissent communément de la partie souterraine de l'axe. Cependant la partie aérienne de cet organe peut également émettre des racines qui dans ce cas sont désignées sous les noms de *racines aériennes* ou *adventives* (*fig.* 61). Cette particularité s'observe surtout dans beaucoup de végétaux des pays tropicaux, où la chaleur et l'humidité, agents si puissants de la végétation, lui impriment une activité si grande. Beaucoup de Palmiers, de figuiers, d'Orchidées, d'Aroïdées, le manglier, le *Clusia rosea*, et en général les végétaux sarmenteux connus sous la dénomination générale de *lianes*, donnent naissance à des *racines aériennes* (*fig.* 61) tantôt libres et flottantes dans l'atmosphère, tantôt descendant jusqu'au sol, dans

Fig. 61. Racines aériennes naissant de la tige de la vanille (*Vanilla planifolia*).

lequel elles s'enfoncent pour y puiser de nouveaux aliments à la végétation. Enfin quelques plantes de nos climats, le maïs ou blé de Turquie par exemple, présentent souvent, dans les années humides et dans les terres très-substantielles, des fibres radicales et aériennes partant des nœuds inférieurs de la tige et descendant ainsi de la partie aérienne pour se fixer dans la terre.

En général, on a remarqué que ces racines adventives naissent plus particulièrement des parties de la tige où les sucs nutritifs éprouvent quelque obstacle à leur libre circulation, et en particulier des nœuds ou des nodosités accidentelles qui existent sur la tige et les branches.

On peut, à volonté, produire ces racines adventives sur les jeunes branches de la plupart des végétaux ligneux. Il suffit d'entourer la jeune branche d'un pot ou d'un vase quelconque contenant de la terre humide. Au bout d'un temps plus ou moins long, suivant les espèces, des racines se développent, et la jeune branche peut être séparée et former un sujet à part : ce mode de multiplication, appelé *marcotte*, est très-usité en horticulture. On peut obtenir le même résultat en enfonçant en terre une jeune branche détachée d'un sujet. Des fibres radicales naissent du pourtour de la section et forment bientôt une racine. C'est par ce procédé simple que l'on *bouture* les saules, les peupliers et plusieurs autres arbres. Enfin une feuille seule, détachée de sa branche et appliquée sur le sol humide, peut aussi pousser des racines, développer des bourgeons et reproduire un nouvel individu. Ex. : orangers, *Bryophyllum*, etc.

Les racines adventives ont toutes un même mode de formation, ainsi que l'ont prouvé les observations de H. Mohl et Unger. Elles se montrent d'abord sous la forme d'un petit mamelon conique et obtus, ayant la base appliquée sur le corps ligneux. Par son accroissement, il écarte les faisceaux du liber et du parenchyme cortical qu'il traverse, en venant former une proéminence sous l'épiderme. Dans cet état, la jeune racine ne contient pas encore de vaisseaux. Un peu plus tard, l'épiderme se déchire dans une direction parallèle à celle du tronc, et la racine se montre à l'extérieur en se dirigeant vers le sol. C'est alors seulement que les racines adventives commencent à montrer des vaisseaux.

Les fibres qui constituent la racine peuvent offrir des caractères variés. Tantôt elles sont grêles, menues, capillaires, simples ou rameuses, comme dans beaucoup de Graminées, le blé, les paturins, les bromes, etc. ; elles constituent la *racine capillaire* (*radix capillaris*). Tantôt elles sont plus ou moins épaisses, cylindriques, simples ou rameuses ; une racine composée de fibres de cette nature s'appelle *racine fibreuse* (*radix fibrosa*) (*fig.* 62). Elle est très-commune dans les plantes monocotylédonées, l'asperge, les iris, le poireau, les Palmiers, et en général dans tous les oignons ou bulbes, etc. Enfin, les racines sont dites *tubériformes* ou *fasciculées* (*R. tuberiformis, fasciculata*) (*fig.* 63), quand les fibres qui les composent sont épaisses, charnues, et renflées en forme de tubercules : par exemple celle des dahlias (*fig.* 63), des pivoines, des asphodèles. Il ne faut pas, comme nous l'avons déjà dit précédemment, confondre les racines tubériformes avec les véritables *tubercules*. Ceux-ci sont des souches souterraines, renflées, portant, sur différents points de leur surface, des bourgeons susceptibles de se développer en branches, et appartiennent à l'axophyte. La racine *tubériforme*, au contraire, se compose de fibres renflées, *organes appendiculaires* sans bourgeons, et par conséquent incapables de donner naissance à des tiges. On sait, en effet, qu'une fibre tubériforme de dahlia (nommée improprement *tubercule*) ne peut produire un nouvel individu qu'autant qu'elle adhère à une portion de la souche ou de la partie souterraine de l'axophyte, qui porte un bourgeon.

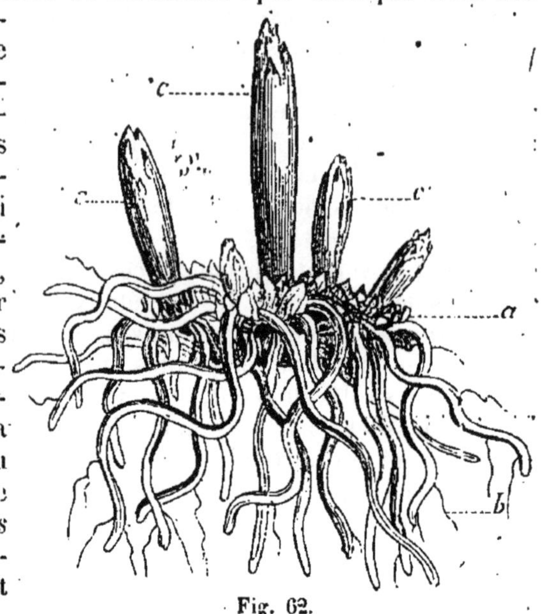

Fig. 62.

Ainsi, en résumé : 1° la racine est l'ensemble des fibres qui naissent de la partie souterraine de l'axophyte ; 2° elle peut être *capillaire*, *fibreuse* ou *tubériforme*, suivant la nature de ces fibres; 3° elle est *souterraine*, *aquatique* ou *aérienne*, suivant que ces fibres naissent des parties de l'axophyte situées dans la terre, dans l'eau ou dans l'air.

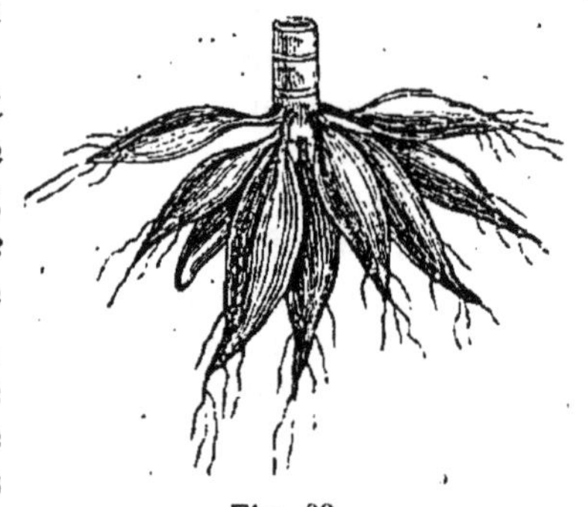
Fig. 63.

On a donné le nom de *chevelu* à l'ensemble des fibres grêles et menues qui constituent à proprement parler la racine. Le chevelu est en général d'autant plus abondant et plus développé, que le végétal vit dans un terrain plus meuble. Lorsque par hasard l'extrémité

Fig. 62. Racine fibreuse de l'asperge (*Asparagus officinalis*) : *a*, souche horizontale donnant naissance aux fibres radicales *b*, et aux jeunes tiges ou *turions* *c, c'*.
Fig. 63. Racine tubériforme et fasciculée du dahlia.

d'une racine rencontre un filet d'eau, elle s'allonge, se développe en fibrilles capillaires et ramifiées, et constitue ce que les jardiniers désignent sous le nom de *queue de renard*. Ce phénomène, que l'on peut produire à volonté, explique pourquoi les plantes aquatiques ont, en général, des racines beaucoup plus développées que les autres.

En général, le chevelu tombe en partie et se renouvelle chaque année, comme les feuilles sur la tige. De là l'analogie qu'on a cru remarquer entre ces deux organes. Car souvent, dans certaines circonstances, les fibres radicales, mises à nu accidentellement ou rapprochées de la surface du sol, au lieu de pousser de nouveau chevelu, donnent naissance à des rameaux aériens chargés de feuilles, provenant du développement de bourgeons adventifs. Certains végétaux ligneux, les *Paulownia*, les *Maclura*, se multiplient par leurs racines coupées en fragments plus ou moins longs, qui ne tardent pas à produire une tige aérienne.

Structure anatomique des racines. Dans les fibres radicales des Dicotylédonés, l'épiderme, quand on peut le discerner, n'offre pas de stomates. L'écorce, confondue avec le corps ligneux, ne présente pas de faisceaux corticaux. Le bois est représenté par des faisceaux vasculaires disposés en cercle, très-grêles, composés de quelques utricules allongées remplaçant le tissu ligneux, et d'un petit nombre de fausses trachées. Ces faisceaux vasculaires convergent vers la pointe de la racine et s'arrêtent avant la terminaison de celle-ci. L'extrémité est uniquement formée de tissu utriculaire.

Les fibres radicales des plantes monocotylédonées offrent à leur centre une zone circulaire de faisceaux vasculaires en nombre variable. Ces faisceaux se composent de vaisseaux spiraux, un, deux, trois ou davantage ; les plus intérieurs de ces vaisseaux, dont le diamètre est plus considérable, sont des fausses trachées ; le plus extérieur ou les plus extérieurs ont des trachées véritables, d'un diamètre beaucoup plus petit. L'existence de trachées déroulables dans les fibres radicales des Monocotylédonés ne saurait être mise en doute. Je l'ai constatée dans toutes celles que j'ai étudiées. Tout le reste de la fibre radicale est formé par du tissu utriculaire, sans granulations de chlorophylle. Cette description montre que les fibres radicales dans les plantes monocotylédonées ne sont pas organisées comme les tiges de ces mêmes plantes, ainsi qu'on le dit communément ; leurs faisceaux vasculaires, au lieu d'être épars dans toute l'épaisseur de l'organe, sont réunis en une zone circulaire et fort petite vers la partie centrale.

Les racines aériennes qui se développent sur la tige ont la même organisation intérieure que les fibres souterraines, et absorbent comme elles l'eau en nature, comme le prouvent les expériences de M. Duchartre.

[Suivant Schacht, toutes les racines sont munies de la *coiffe* qu'on observe si facilement dans les racines des *Lemna*. Son développement n'est pas le même, mais sa structure ne varie pas. La coiffe est unie à l'axe de la racine par un chapelet de cellules contenant quelquefois de la fécule. La coiffe elle-même se compose de

Fig. 63 *bis*.

couches de cellules ; pendant que les extérieures meurent, les internes se produisent : c'est ce qu'on observe très-bien sur les racines adventives du *Pandanus odoratissimus*, lorsqu'elles sortent du tronc de l'arbre. Quand la racine sèche et se contracte, la coiffe recouvre la pointe comme un large chapeau. La coiffe est très-développée dans

Fig. 63 *bis*. *Jussiæa repens* L. (Onagraires) : *a*, racines flottantes simples ; *b*, racines flottantes pectinées ; *v*, racines aérifères faisant fonction de vessies natatoires.

les Conifères ; l'extrémité d'une racine de sapin coupée longitudinalement présente de dedans en dehors : 1° la moelle ; 2° l'axe végétatif, et autour de son extrémité et au devant d'elle la coiffe, qui se distingue par sa couleur brune. Cette coiffe, suivant Ch. Martins, se voit aussi très-bien sur les jeunes racines aérifères du *Jussiæa repens*, où elle se fait remarquer par sa couleur rouge. On distingue deux parties dans l'écorce des racines : l'extérieure, qui ne persiste pas longtemps ; elle est munie de poils et absorbe l'eau contenue dans le sol. Sur les racines aériennes des Orchidées elle prend le nom de *velamen radicum*. L'épiderme de cette écorce est très-mince et dépourvu de stomates. Les poils radiculaires sont toujours simples, très-rarement ramifiés : ex. *Opuntia Ficus indica*, *Calendula micrantha*, *Brassica Rapa*. Nombreux dans les Cactées, les Euphorbiacées, les pins, les *Hydrocharis*, ils manquent complétement dans le sapin, *Monotropa hypopitys* et *Cicuta virosa*. La couche interne de l'écorce se comporte comme dans la tige.]

[Dans les Dicotylédonés la racine se distingue de la tige par les caractères suivants : La moelle est presque toujours moins grosse, et dans les petites racines il est facile d'en méconnaître la présence. Cependant elle manque complétement dans le *Cicuta virosa*. Les faisceaux ligneux ne forment pas des anneaux aussi vite que dans les troncs. Le bois et l'écorce de la racine ont des cellules deux ou trois fois plus grandes que celle de la tige, et à âge égal moins de rayons médullaires ; mais ceux-ci sont en général plus larges. Dans les Conifères, les cellules de la racine ont 2 à 4 rangs de ponctuations ; dans la tige, la chlorophylle manque, excepté dans les racines aériennes. La fécule et le sucre y sont souvent abondants, mais ne se rencontrent pas simultanément dans la même racine. L'axe et le cambium sont riches en substance azotée. Les cellules contiennent souvent des cristaux.]

Usages et fonctions des racines. La fonction principale des racines consiste à puiser dans le sein de la terre, et en général dans le milieu où elles sont plongées, l'eau mélangée de diverses substances qui doivent servir à la nutrition de la plante. De plus, la racine sert pour la plupart des végétaux à les fixer au sol. Très-souvent, même par le peu d'étendue qu'elle présente et l'aridité du milieu où elle enfonce ses fibres (par exemple pour les plantes qui croissent sur les rochers ou dans le sable aride), la racine semble remplir uniquement cette dernière fonction. Mais, ainsi que nous venons de le dire, l'usage principal des racines, c'est l'absorption et l'introduction dans la plante de l'eau qui doit concourir à la formation des sucs nutritifs. Jusqu'en ces derniers temps, on avait cru que c'était uniquement par les extrémités des fibres radicales que cette absorption avait lieu. C'est, en effet, la partie essentiellement vivante, celle qui seule s'allonge pour augmenter la longueur de la racine. Mais les expériences de Ohlert (*Linnæa*,

1837, p. 609), confirmées par celles de Link (*Ann. sc. nat.*, 3e série, XIV, p. 10), tendent à modifier l'opinion généralement adoptée. Selon ces savants, ce ne sont pas les extrémités, uniquement formées de tissu utriculaire, qui absorbent, c'est toute la surface des fibres radiculaires dont le centre est occupé par des faisceaux de vaisseaux. Des plantes dont les extrémités des fibres radiculaires étaient exposées à l'air ont continué à croître avec vigueur. L'absorption s'exerçait donc par un autre point que par ces extrémités. Quoi qu'il en soit, ce sont les racines qui absorbent dans le sein de la terre les liquides qui servent à la nutrition du végétal.

[Duhamel avait établi que les racines croissent par leur extrémité. Ohlert a également confirmé cette opinion en la modifiant; il a montré que les racines ne croissent pas précisément par leur extrémité, mais dans la partie située immédiatement au-dessus. Pour le prouver, Ohlert fait germer des pois, des lupins ou des haricots au haut d'un tube de plomb fendu dans toute sa longueur. Quand les racines sont descendues dans le tube, il marque avec de la couleur rouge 20 points espacés de 2 millimètres entre eux, depuis l'extrémité radiculaire qui porte le n° 20 jusqu'à 0m,04 au-dessus. Au bout de 24 heures on constate que le point 20 est toujours à la pointe ; les points de 1 à 18 sont également toujours à 2 millimètres l'un de l'autre, mais les points 18 à 20 se sont écartés notablement l'un de l'autre. L'accroissement se fait donc dans la partie située en deçà de la pointe sous la coiffe, et non la pointe elle-même.

Dans certaines espèces aquatiques du genre *Jussiæa* les racines se transforment en vessies natatoires qui soutiennent la plante à la surface de l'eau. Sur le *Jussiæa repens*, Ch. Martins[1] distingue quatre espèces de racines (voy. *fig.* 63 *bis*, p. 101) : 1° les racines simples filiformes, flottant dans l'eau ; 2° les racines pectinées, également flottantes ; 3° les racines rameuses qui plongent dans la vase ; 4° les racines transformées en vessies natatoires ovoïdes ou cylindriques par le développement d'un tissu lacunaire rempli d'air. Dans la plupart des végétaux aquatiques ce ne sont pas les racines, mais les feuilles qui remplissent le rôle de vessies natatoires. Ex. : *Utricularia vulgaris*, *Trapa natans*, *Pontederia crassipes*, *Aldrovandia vesiculosa*, etc., etc.]

ORGANES APPENDICULAIRES DE LA TIGE

Sur la tige, ou partie aérienne de l'axophyte, se montrent des appendices en forme d'expansions membraneuses, communément vertes : ce sont les *feuilles*. Avant leur épanouissement, les feuilles sont d'abord

[1] Sur les racines aérifères ou vessies natatoires des espèces aquatiques du genre *Jussiæa* (*Mém. de l'Académie de Montpellier*, t. VI, p. 352, et *Bull. Soc. botanique*, t. XIII, p. 169).

renfermées dans des organes particuliers, formés d'écailles imbriquées en tous sens et qu'on appelle des *bourgeons*. Nous allons d'abord faire connaître ces organes.

CHAPITRE IV

BOURGEONS

Sous le nom général de *bourgeons* nous comprenons : 1° les *bourgeons* proprements dit ; 2° le *turion ;* 3° le *bulbe* ; 4° les *bulbilles*.

I. Bourgeons proprement dits. — Ce sont des corps ordinairement ovoïdes ou allongés, souvent pointus au sommet, formés extérieurement d'écailles étroitement imbriquées les unes sur les autres (*fig.* 64), et contenant à l'intérieur, tout à fait à l'état rudimentaire, une jeune branche chargée de toutes les feuilles qu'elle doit un jour porter. La jeune branche, lorsqu'elle se développe, est communément désignée sous le nom de *scion*. Les bourgeons naissent sur la tige et ses ramifications. Dans la plupart des cas, c'est à l'aisselle des feuilles qu'on les observe. En effet, à mesure que celles-ci se développent, on voit apparaître dans leur aisselle, c'est-à-dire dans l'angle formé par leur insertion sur la tige, de petits corps ovoïdes, d'abord uniquement formés par une masse de tissu utriculaire. Dans ce premier état, on les désigne sous le nom d'*yeux*. Petit à petit, leur volume augmente ; des écailles, d'abord peu distinctes, s'ébauchent à leur surface ; et quand, à la fin de l'été, les feuilles viennent à tomber, les yeux se sont successivement transformés en *boutons* ou en *bourgeons*, qui restent seuls sur le végétal, pour donner naissance, au printemps suivant, à toutes les jeunes pousses qui constituent la végétation nouvelle de chaque année. Aussi plusieurs auteurs ont-ils assimilé les bourgeons à l'embryon, qui, par son développement, est destiné à donner naissance à un nouvel individu. Mais le bourgeon en diffère essentiellement, en ce qu'il ne peut se développer et produire une nouvelle branche que s'il adhère à une tige vivante. Aussi a-t-on quelquefois appelé les bourgeons, des *embryons fixes*.

Les écailles qui constituent la partie la plus extérieure des bourgeons sont destinées à protéger la jeune branche contre le froid et l'humidité. On les observe plus particulièrement dans les bourgeons des arbres croissant dans les régions froides ou simplement tempérées, tandis qu'elles sont plus rares dans les arbres des pays chauds, où la végétation n'a pas à craindre les rigueurs de l'hiver. Très-souvent, dans les premiers de ces arbres, ces écailles sont recouvertes extérieurement d'une matière résineuse, sorte de vernis qui les rend impénétrables à l'eau, et garnies à leur face interne d'un duvet abondant qui les protége contre le froid.

Ces écailles sont ordinairement des organes arrêtés dans leur développement. Tantôt ce sont des feuilles, tantôt des stipules, ou même a base persistante des feuilles précédentes. Quoique au premier abord elles n'offrent pas une disposition régulière, cependant, en les examinant avec soin, on reconnaît aisément qu'elles présentent l'arrangement général des feuilles, c'est-à-dire qu'elles sont alternes, opposées ou verticillées, suivant la disposition des feuilles.

Les bourgeons ainsi revêtus d'écailles sont des bourgeons *écailleux*. Il y a aussi des bourgeons *nus*. Ce sont ceux dont toutes les parties se développent en feuilles ; ceux des *Daphne* et de beaucoup de plantes herbacées.

Quand on fend longitudinalement un bourgeon (*fig.* 64), on voit que la partie centrale de la jeune branche, celle qui représente la moelle, se continue sans interruption avec la moelle de la branche sur laquelle le bourgeon est développé.

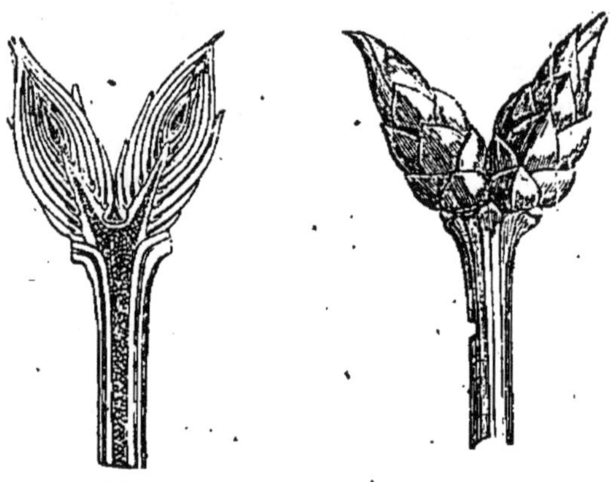

Fig. 64.

[Il est rare que l'écaille des bourgeons, dit Schacht, présente des faisceaux vasculaires bien développés. Cette circonstance nous explique pourquoi ils se développent moins que les feuilles. L'extrémité de l'écaille meurt, et ses cellules remplies d'air, et par conséquent mauvaises conductrices de la chaleur, protégent efficacement le contenu du bourgeon contre les froids de l'hiver. Lorsque la végétation recommence au printemps, ces écailles poussent pendant quelque temps : c'est ce qu'on appelle le gonflement des bourgeons. Les écailles intérieures croissent plus que les extérieures, mais lorsque le rameau paraît, elles se dessèchent et tombent. On le voit très-bien dans les Abiétinées, et aussi dans le chêne et le hêtre. Dans les Abiétinées, les écailles intérieures se détachent, les autres restent le long de la branche et forment de petites saillies visibles même sur les branches dont les feuilles sont tombées. Dans les arbres à feuilles caduques les écailles des bourgeons se détachent, mais les cicatrices forment des anneaux placés les uns au-dessus des autres, qui disparaissent seulement lorsque la première enveloppe verte est rejetée par la formation subéreuse. L'anatomie des écailles du bourgeon est fort simple ;

Fig. 64. Bourgeons du lilas.

elles se composent de cellules parenchymateuses dont les parois s'épaississent de plus en plus. L'épiderme ne porte pas de stomates, et les cellules ne contiennent pas de principes assimilables. Leur usage unique est de protéger les jeunes feuilles contre le froid.]

Les bourgeons, dans certaines circonstances, ne donnent naissance, en se développant, qu'à un scion et à des feuilles ; ce sont des bourgeons *foliifères*. Mais particulièrement dans les arbres fruitiers, les bourgeons contiennent un bouquet de fleurs ; ils sont *florifères*. On les reconnaît alors à leur forme ovoïde et obtuse, tandis que les bourgeons foliifères sont étroits et pointus.

Les *feuilles* renfermées dans les bourgeons y sont diversement arrangées les unes à l'égard des autres, mais toujours de la même manière dans toutes les plantes de la même espèce, souvent du même genre, quelquefois même de toute une famille naturelle. Cette disposition des feuilles dans le bourgeon a reçu le nom de *préfoliation*. On peut souvent en tirer de fort bons caractères pour la coordination des genres en familles naturelles : 1° Elles peuvent être *pliées en longueur*, moitié sur moitié, c'est-à-dire que leur partie latérale gauche est appliquée sur la droite, de manière que leurs bords se correspondent parfaitement de chaque côté, comme dans le syringa (*Philadelphus coronarius*) : on dit alors qu'elles sont *condupliquées* (*folia conduplicata*). 2° Elles peuvent être *pliées de haut en bas*, plusieurs fois sur elles-mêmes, comme dans l'aconit (*Aconitum Napellus*), le tulipier (*Liriodendron Tulipifera*) : elles sont dites *réclinées* (*folia reclinata*). 3° Elles peuvent être *plissées*, suivant leur *longueur*, de manière à imiter les plis d'un éventail, comme celles des groseilliers. 4° Les feuilles peuvent être *roulées* sur elles-mêmes en forme de spirale, comme dans certains figuiers, dans l'abricotier, etc. 5° Leurs bords peuvent être *roulés en dehors* ou *en dessous* : telles sont les feuilles du romarin. 6° D'autres fois ils sont roulés en dedans ou en dessus, comme dans les feuilles du peuplier, du poirier, etc. 7° Enfin les feuilles peuvent être *roulées en crosse* ou *en volute* : c'est ce qui a lieu, par exemple, dans toutes les plantes de la famille des Fougères.

II. Turion. — On appelle ainsi le bourgeon qui naît de la souche souterraine dans les plantes vivaces ; c'est donc sa position souterraine qui le distingue uniquement des bourgeons proprement dits. Ainsi, au printemps, on le voit s'élever hors de terre, des racines vivaces, sous la forme d'un bourgeon terminant une tige courte et jeune, comme dans l'asperge, par exemple (*fig.* 62, *c*). Du reste, le turion offre la même disposition et le même mode de développement que les bourgeons de la tige aérienne. Les jeunes pousses qui naissent de la souche rampante de certains arbres, comme les sumacs, l'acacia, etc., sont également des turions.

III. Bulbe. — Le *bulbe* ou l'*oignon* représente une plante complète, appartenant uniquement à certains végétaux monocotylédonés, et dans laquelle le bourgeon forme la partie essentielle et la plus volumineuse. C'est pour cette raison que nous en traitons ici. Un bulbe se compose de trois parties : 1° une tige large et plane formant le ***plateau*** (*fig.* 65, *a*) ; 2° un bourgeon formé d'écailles (*b*) ; 3° une racine fibreuse (*e*).

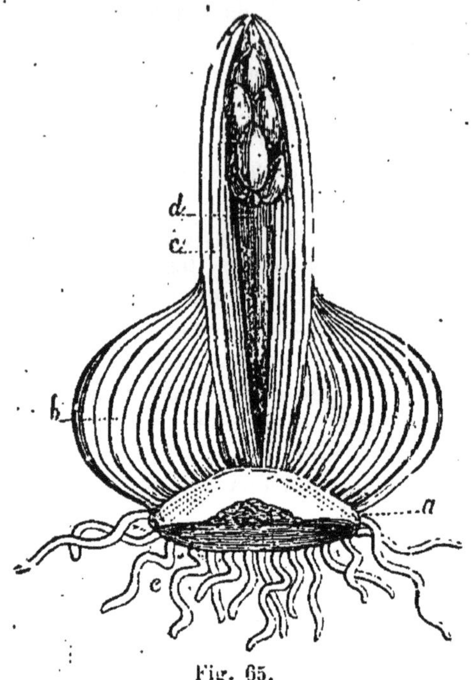

Fig. 65.

Le plateau, que l'on distingue aussi sous les noms de *cormus*, *lecus*, etc., est une tige charnue très-déprimée, dans laquelle les mérithalles ou entre-nœuds qui séparent les feuilles rudimentaires sont excessivement rapprochés.

Dans quelques circonstances rares, cette tige s'allonge, dans l'*Allium senescens* et le *Lilium canadense* par exemple, et la plante a une souche souterraine simple et rameuse analogue à celle des Iris, terminée à son sommet par un bourgeon ou bulbe. Par sa face supérieure, le plateau ou la tige donne naissance aux écailles et aux feuilles, et par sa face inférieure aux fibres radicales. Les écailles sont d'autant plus épaisses et succulentes, qu'on les observe plus à l'intérieur du bulbe ; les plus extérieures, au contraire, sont sèches, minces et comme papyracées. Toutes sont des feuilles rudimentaires.

Tantôt ces écailles sont d'une seule pièce, et s'emboîtent les unes dans les autres, c'est-à-dire qu'une seule embrasse toute la circonférence du bulbe, comme dans l'oignon ordinaire (*Allium Cepa*), la jacinthe (*Hyacinthus orientalis*). On les nomme alors *bulbes à tuniques* (*bulbi tunicati*), et on les observe dans les plantes dont les feuilles sont engaînantes, et par conséquent embrassent à leur base toute la circonférence de la tige.

D'autres fois ces écailles sont plus petites, libres par leurs côtés, et ne se recouvrent qu'à la manière des tuiles d'un toit ; on dit alors qu'elles sont imbriquées : par exemple, dans le lis (*Lilium candidum*). Elles constituent dans ce cas les *bulbes écailleux* (*bulbi squamosi*,

Fig. 65. Bulbe à tuniques de la jacinthe (*Hyacinthus orientalis*), fendu suivant la longueur : *a*, plateau ou tige ; *b*, écailles formant le bourgeon ; *c*, feuilles ; *d*, tige aérienne chargée de ses fleurs ; *e*, la racine.

imbricati) (*fig.* 66), qui n'appartiennent qu'à des plantes dont les feuilles ne sont pas engaînantes à leur base.

Enfin, quelquefois le plateau est extrêmement développé, de forme globuleuse ou déprimée, et les écailles ou gaînes des feuilles qui naissent de sa surface externe sont minces, membraneuses, et peu nombreuses. C'est cette sorte de bulbe qui a reçu le nom de *bulbe solide* (*fig.* 67), et qu'on a décrit à tort jusqu'à présent comme formé par des écailles soudées en une masse charnue. Presque tout le bulbe solide (*b*, *a*) est constitué par le plateau très-développé. Exemple : *safran*, *glaïeul*, *colchique*, etc.

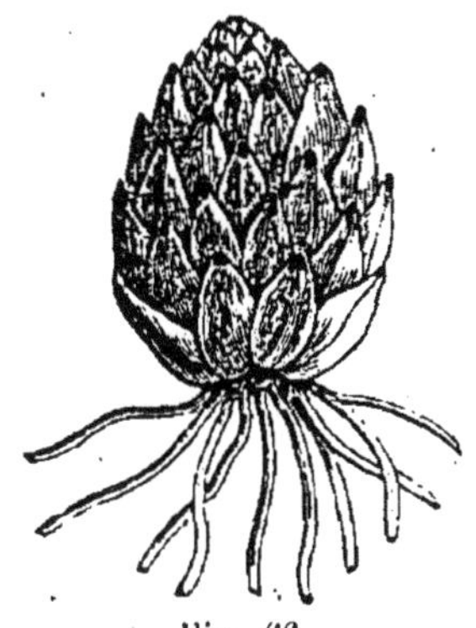

Fig. 66.

Les bulbes, étant les bourgeons de certaines plantes vivaces, doivent se régénérer chaque année, c'est-à-dire donner naissance à de nouveaux bourgeons semblables à eux; ces bulbes nouveaux naissent, comme les bourgeons proprement dits, de l'aisselle des écailles, qui sont, comme nous le savons, de véritables feuilles. Mais cette régénération n'a pas lieu de la même manière dans toutes les espèces. Quelquefois les nouveaux *bulbes* naissent au centre même des anciens, comme dans l'oignon ordinaire (*Allium Cepa*); d'autres fois, de leur partie latérale, comme dans le colchique, l'*Ornithogalum minimum*, etc.; ou bien les nouveaux se développent à côté des anciens, comme dans la tulipe, la jacinthe; ou au-dessus d'eux, comme dans un grand nombre d'*Ixia*, etc.

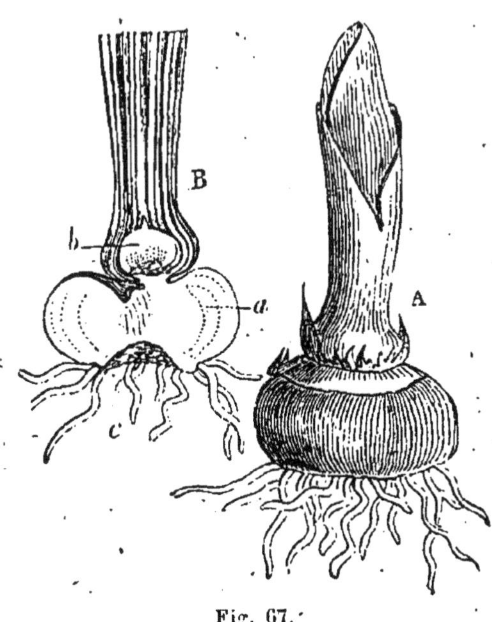

Fig. 67.

C'est au centre des écailles qu'existe la jeune tige, portant ordinairement des feuilles et des fleurs, et qui sort du bulbe comme le scion ou la jeune branche sort du bourgeon aérien, quand celui-ci se développe.

Il y a des bulbes qui sont *annuels*, c'est-à-dire qui meurent après

Fig. 66. Bulbe de Lis.

Fig. 67. *A*, bulbe solide du safran (*Crocus sativus*); *B*, le même, fendu suivant la longueur ; *a*, le plateau ou tige ; *b*, le jeune bulbe de l'année suivante.

avoir poussé la jeune tige qu'ils renferment, comme le poireau, etc. D'autres, au contraire, sont *bisannuels* ; par exemple : l'oignon commun, qui ne pousse sa tige et ses fleurs que la seconde année. Enfin, il y en a qui sont vivaces et produisent pendant plusieurs années de suite une tige et des fleurs, la tulipe, la jacinthe, les lis, etc., etc.

[Quelquefois certaines plantes portent deux bulbes, l'un au-dessus de l'autre. Thilo Irmisch a observé cette anomalie sur le *Leucoium vernum ;* J. Gay et Charles Desmoulins sur le *Leucoium æstivum;* Ch. Martins sur une colchicacée, l'*Erythrostictus punctatus* Schlecht. (*Melianthium punctatum*, Cav.), qui croît dans le Sahara algérien oriental. Ch. Martins s'est assuré expérimentalement que ces doubles bulbes se forment lorsque la plante est enterrée trop profondément. Il a opéré sur le *Leucoium æstivum.* Le bulbe de cette plante est ordinairement à 0m,10, très-rarement à 0m,15 dans le sol. Plusieurs pieds furent plantés le 11 juin 1860, de façon que les bulbes fussent à la profondeur de 0m,35. D'autres furent plantés dans un trou à 0m,10 au-dessous du niveau du sol. Ce trou fut remblayé le 15 avril de l'année suivante, de façon que le bulbe se trouvât à 0m,20 au-dessous de la surface du sol. Examinés en février 1864, tous ces pieds avaient deux bulbes, l'un supérieur, pourvu de racines et vivant; l'inférieur mort ou poussant faiblement. Cette expérience confirme la supposition adoptée par J. Gay, à propos des pieds de *Leucoium* pourvus de deux bulbes, provenant des environs de Montpellier (*Bulletin de la Société botanique de France*, t. VII, p. 457. 1860). Quant au *Melanthium* du désert, ses bulbes sont enfouis par les sables que le vent chasse et accumule sur certains points.]

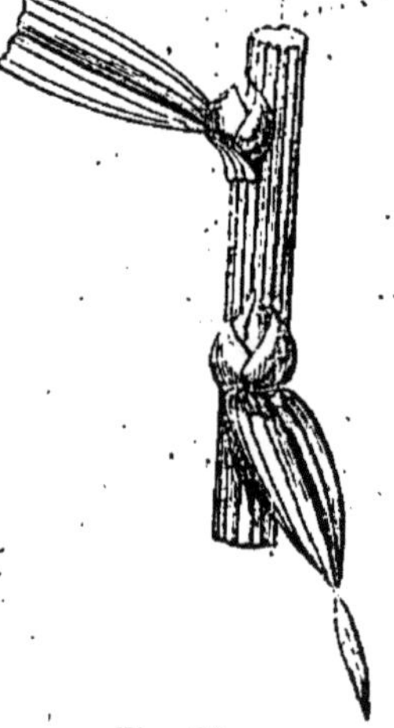

Fig. 68.

IV. Bulbilles — On nomme *bulbilles* (*bulbilli*) des espèces de bourgeons solides ou écailleux naissant sur différentes parties de la plante et qui peuvent avoir une végétation à part, c'est-à-dire que, détachés de la plante-mère, ils se développent et produisent un végétal parfaitement analogue à celui dont ils tirent leur origine : les plantes qui offrent de semblables bourgeons portent le nom de *vivipares* (*plantæ viviparæ*). Tantôt ils existent dans l'aisselle des feuilles, comme ceux du lis bulbifère (*Lilium bulbiferum*) (*fig.* 68) : dans ce cas, ils sont *axillaires* ; d'autres fois ils se développent à la place des fleurs, comme dans l'*Ornithogalum viviparum*, l'*Allium carinatum*, le *Dioscorea Batatas*, etc.

Fig. 68. *Bulbilles* du lis bulbifère.

CHAPITRE V

DÉVELOPPEMENT DES BOURGEONS OU RAMIFICATION

Les bourgeons, en se développant au printemps, donnent naissance aux branches, et par conséquent contribuent puissamment à imprimer aux différents végétaux le port ou l'aspect général qui est particulier à chacun d'eux. Lorsqu'à l'automne les feuilles se sont détachées des branches, il ne reste plus sur celles-ci que les bourgeons. On reconnaît facilement que leur position est la même que celle des feuilles, c'est-à-dire que les bourgeons sont opposés ou alternes dans les plantes dont les feuilles sont opposées ou alternes. Les bourgeons peuvent se distinguer en latéraux et en terminaux. Quand les feuilles sont alternes, il n'y a qu'un seul bourgeon terminal, qui est primitivement latéral, et ne devient terminal que par suite de l'avortement ou plus souvent de la destruction de l'extrémité de la jeune branche. Si les feuilles sont opposées, en général on trouve trois bourgeons à l'extrémité de chaque branche, dont un seul est véritablement terminal. Tantôt ces trois bourgeons se développent, et chaque rameau va ainsi en se trichotomant. Tantôt le bourgeon terminal avorte, les deux latéraux qui le touchaient se développent seuls, et les rameaux vont en se divisant par dichotomie : cette dernière disposition s'observe sur le lilas (*fig.* 64).

[Il n'est pas rare de trouver un grand nombre de bourgeons à l'aisselle d'une feuille. MM. Damaskinos et A. Bourgeois ont donné, dans le *Bulletin de la Société botanique*, t. V, p. 598, la liste de toutes les plantes dicotylédonées à bourgeons multiples qu'ils ont observées dans l'École botanique du Muséum d'histoire naturelle de Paris. Le nombre en est considérable, et elles appartiennent à presque toutes les familles naturelles. On en observe deux, trois et jusqu'à cinq : c'est le cas du *Cercis canadensis*, où souvent quatre bourgeons donnent naissance à quatre rameaux dont le supérieur est toujours le plus fort. On cite un assez grand nombre d'exemples de bourgeons naissant accidentellement sur d'autres parties que l'aisselle des feuilles ; ainsi on a vu des bourgeons se développer sur les feuilles même de plusieurs espèces de *Cardamine*, de *Nasturtium* et sur les fruits des *Opuntia*.]

Il est évident que si les bourgeons nés aux aisselles des feuilles se développaient en scions ou rameaux, les branches devraient constamment offrir la même disposition que les feuilles. Mais une foule de causes arrêtent beaucoup de bourgeons dans leur développement, et, par suite de cet avortement d'un certain nombre d'entre eux, dérangent la symétrie que les feuilles présentent. Ainsi, généralement la séve tend à monter avec plus de force et d'abondance vers les extrémités des branches; il résulte de là que les feuilles inférieures se détachent les premières, que leurs bourgeons n'ont pas alors reçu assez de nourriture pour parvenir à leur état parfait, et qu'ils avortent ou ne se développent qu'incomplétement. Ce sont, en effet, presque toujours les bourgeons inférieurs des branches qui manquent et disparaissent. La privation de la lumière et de l'insolation est encore une cause qui arrête les bourgeons inférieurs dans leur accroissement : c'est ce qu'on remarque si fréquemment dans les taillis ou les bosquets touffus, où la partie inférieure des rameaux est généralement nue et dépourvue de branches. C'est par suite de la même cause que se forme le tronc de nos arbres dicotylédonés, qui est, comme on sait, dépourvu de rameaux. Cependant, dans un grand nombre de cas, la formation du tronc est le résultat de la destruction artificielle des branches latérales quand le sujet était encore jeune.

Le bourgeon terminal, qui est en général plus gros que tous les autres, produit l'élongation de la tige et des rameaux. Dans les plantes monocotylédonées ligneuses, comme les Palmiers, les *Pandanus*, etc., c'est le seul qui se développe : aussi ces végétaux ont-ils leur tige simple et sans ramifications. Cependant, quand par une cause quelconque ce bourgeon vient à être détruit, il s'en développe parfois quelques-uns de ceux qui étaient latents aux aisselles des feuilles, et c'est ainsi que le stipe se ramifie quelquefois : ex. les *Yucca*.

Le port des arbres est influencé non-seulement par la position et le nombre des branches qui se développent, mais encore et surtout par leur direction, leur longueur relative. En général, les branches inférieures sont plus longues que les supérieures, qui diminuent insensiblement d'étendue jusqu'au sommet de la tige ou de l'axe primaire, et l'arbre offre alors une forme générale qui est à peu près pyramidale. Cette forme est extrêmement commune dans nos arbres forestiers, elle est surtout très-remarquable dans les pins, les sapins, les mélèzes. Quelquefois l'axe primaire cesse de s'allonger ou du moins s'allonge peu, tandis que les branches latérales prennent un grand développement, et la tête ou la cime de l'arbre a une forme ou globuleuse ou hémisphérique : c'est la forme que prennent beaucoup d'espèces de pins, quand ils ont été étêtés, et qui est naturelle et si pittoresque dans le pin pignon, qui fait l'ornement des *villas* et des paysages du midi de la France et de l'Italie méridionale. Quelquefois les branches inférieures, dressées contre la tige, ne prennent pas un accroissement trop considérable, et l'arbre s'élance droit comme un immense fuseau, ainsi qu'on le voit dans le peuplier d'Italie, l'orme pyramidal, le robinier pyramidal, le cyprès pyramidal. Enfin dans certains arbres, les branches, chargées de nombreux rameaux grêles et effilés, comme le saule pleureur, ou croissant naturellement dans une direction horizontale ou pendante, comme certaines variétés de frêne et de *Sophora*, donnent à ces arbres cette forme spéciale qui leur a valu le nom de saule, de frêne, etc., *pleureurs*.

Les rameaux peuvent se dilater latéralement, s'élargir, s'aplatir et prendre la forme de feuilles. Cette apparence est quelquefois si complète, que pendant longtemps ces rameaux foliacés ont été considérés comme les véritables feuilles de la plante. C'est ce qu'on observe par exemple, dans les diverses espèces des genres *Ruscus*, *Xylophylla*, etc. Ce développement des rameaux en organes foliacés se lie toujours à l'avortement complet ou presque complet des véritables feuilles, qui sont réduites à l'état de petites écailles, à l'aisselle desquelles se développent les rameaux foliacés.

Nous venons de dire tout à l'heure que c'est le bourgeon terminal qui continue la tige. Mais quand ce bourgeon vient à manquer par une cause quelconque, c'est un des bourgeons latéraux qui, par son allongement, remplace ce bourgeon terminal et continue l'axe primordial, ainsi qu'on le voit arriver régulièrement sur l'*Ailantus glandulosa*.

Le développement des bourgeons est donc la cause principale de cette variété de forme générale que les arbres présentent dans leur port. Cette influence n'est pas moins grande sur les plantes herbacées, ainsi que quelques exemples vont le démontrer.

Les plantes herbacées vivaces ont toutes une souche ou tige souterraine qui reste cachée sous la terre, où elle vit un grand nombre d'années, et y donne naissance à des branches aériennes ne durant qu'une saison. Voici la manière dont se forme cette tige souterraine : Une graine d'une plante vivace qui germe donne naissance à une tige très-courte dont le bourgeon terminal se détruit avant même qu'il se soit élevé au-dessus de la surface du sol, ou du moins s'arrête dans son développement. La tige reste donc très-courte : elle pousse des feuilles dont les entre-nœuds sont excessivement rapprochés, et qui s'étalent ordinairement à la surface du sol en forme de rosette. Là se borne la végétation d'une plante vivace, la première année de son existence. L'année suivante, les bourgeons développés aux aisselles des feuilles latérales, ou le bourgeon terminal quand il a survécu, s'allongent en tiges qui se couvrent de feuilles et de fleurs, et périssent après avoir mûri leurs graines. Mais la tige souterraine d'où ces branches étaient nées persiste, ainsi que toute la base des tiges aériennes placées sous la terre, et, par la formation de nouveaux bourgeons à l'aisselle des écailles ou des feuilles avortées qu'elle présente à sa surface, reproduit chaque année une végétation nouvelle qui parcourt les mêmes phases.

Quelquefois les rameaux qui sortent de la souche, trop faibles pour s'élever droits dans l'atmosphère, s'étalent à la surface du sol. Dans ce cas, il peut arriver que ces rameaux, chargés de feuilles dans toute leur longueur, s'enracinent par presque tous les points de leur surface inférieure, comme dans la nummulaire, par exemple, et la tige est dite *rampante* (*caulis repens*) ; d'autres fois ils sont grêles, nus, ne portant de feuilles qu'à leur extrémité, qui s'enracine et pousse une touffe de feuilles de laquelle naissent de nouveaux rejets nommés *coulants*, *gourmands*, *stolons*, etc. C'est ce que tout le monde a observé pour le fraisier et pour plusieurs autres plantes analogues dans les genres Potentille, Renoncule, etc. Une semblable tige porte le nom de *tige traçante* ou *stolonifère* (*caulis reptans* seu *stolonifer*).

Les rameaux nés de la souche souterraine, au lieu de sortir hors de terre, restent quelquefois rampants sous le sol et s'y étendent à des distances plus ou moins considérables avant que leurs extrémités sortent sous la forme de rameaux aériens. C'est dans ce cas que la souche devient horizontale, comme dans les *Iris*, les *Polygonatum*, beaucoup de scirpes, de joncs, et une foule de Graminées qui deviennent alors d'une grande utilité pour fixer le sol et arrêter les sables mouvants. Tout le monde sait que c'est à cause de cette faculté de pousser de longs rameaux souterrains s'enracinant de distance en distance, que l'on cultive avec tant d'avantages certains carex (*C. arenaria*) et plusieurs Graminées (*Ammophila arenaria*, *Arundo Donax*, *Elymus arenarius*, etc.) sur les dunes et sur les berges des canaux.

Ainsi donc toutes les plantes herbacées vivaces ont constamment une tige souterraine ou souche, qui chaque année donne naissance à des rameaux procédant de bourgeons développés à l'aisselle de leurs feuilles, ou d'écailles qui les remplacent. Suivant que ces rameaux deviennent aériens, qu'ils s'élèvent ou rampent sur le sol, ou qu'ils restent cachés en terre pour s'y allonger horizontalement, on conçoit les modifications variées qu'ils devront imprimer à la forme générale et par conséquent au port de ces végétaux.

CHAPITRE VI

FEUILLES

Les FEUILLES, *folia* (φύλλα) sont les organes appendiculaires qui naissent sur la tige et sur les rameaux par suite du développement des bourgeons. Elles sont ordinairement vertes, planes et membraneuses, communément composées de deux parties, un support ou *pétiole*, et une *lame* ou *limbe*, qui en est la partie plane et foliacée. La feuille munie d'un pétiole est nommée feuille *pétiolée* ; celle qui manque de ce support est appelée feuille *sessile*.

Examinées dans les différents points de la hauteur de la tige, les feuilles présentent des différences très-notables qu'il est important de connaître et d'apprécier, parce qu'en se modifiant elles se convertissent en organes qui, au premier abord, en diffèrent complétement.

A la partie la plus inférieure de la tige elles sont simples et entières, assez petites ; vers le milieu de la tige, elles prennent plus de développement, s'élargissent, se découpent souvent en dents ou en lanières plus ou moins nombreuses, et sont portées par un support ou pétiole plus ou moins allongé. Mais, à mesure qu'on s'élève vers les sommités des branches, les feuilles diminuent graduellement d'étendue ; elles perdent leur support, leurs lobes ou leurs découpures, redeviennent entières, et tout à fait au sommet des tiges elles sont insensiblement arrivées à l'état d'écailles, ayant souvent pris une teinte colorée qui, au premier abord, semble en faire des organes tout à faits différents des feuilles. Les *bractées* (c'est ainsi qu'on appelle ces feuilles modifiées) ne sont donc que des feuilles, et entre ces deux modifications on observe une suite de dégradations qui font passer des unes aux autres. A l'aisselle de ces bractées naissent des rameaux courts, dont les organes appendiculaires ou les feuilles sont encore plus déviées de leur type primitif. Ce sont elles qui, en se rapprochant, forment les diverses parties de la fleur, c'est-à-dire les sépales, les pétales, les étamines et les carpelles, après s'être modifiées pour s'accommoder à leurs nouvelles fonctions. En examinant ces feuilles converties en organes floraux, nous reconnaîtrons que, de même que pour les feuilles proprement dites, elles s'écartent d'autant plus de leur structure habituelle qu'elles sont plus supérieures. Ainsi, tandis que les sépales du calice conservent encore presque tous les caractères des feuilles, ces caractères s'affaiblissent de plus en plus dans les pétales, dans les étamines, et enfin dans les carpelles, qui occupent le sommet de l'axe floral.

I. Pétiole. — Le *pétiole* ou support de la feuille est ordinairement sous la forme d'un organe allongé cylindrique ou canaliculé. Il se compose de plusieurs faisceaux vasculaires provenant de la tige, rapprochés et parallèles entre eux, et qui au sommet du pétiole s'écartent, se ramifient un grand nombre de fois, s'anastomosent, pour former en quelque sorte le squelette de la feuille. Ce sont ces faisceaux vasculaires qui constituent aux faces de la feuille des lignes saillantes, qu'on nomme des *nervures*.

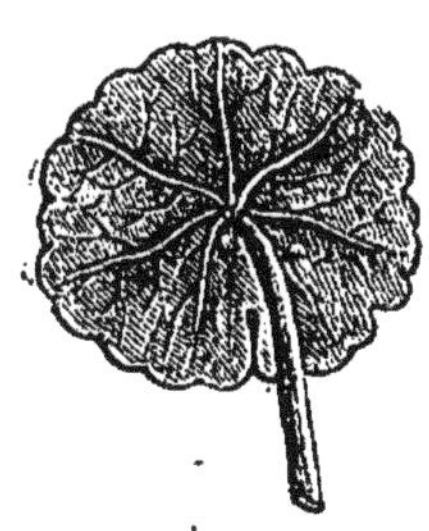

Fig. 69.

Dans l'immense majorité des cas, le pétiole se continue avec la base même du limbe, qui en est en quelque sorte la continuation ; quelquefois le pétiole semble s'insérer à la face inférieure du limbe, qui s'étale transversalement à son sommet. On dit alors que la feuille est *peltée* : par exemple, dans la capucine (*fig.* 69), l'*Hydrocotyle*, le *Nelumbium*, etc.

Le pétiole se continue nécessairement avec la tige, puisqu'il est formé de faisceaux vasculaires provenant de ce dernier organe. Quelque-

Fig. 69. Feuille peltée de capucine.

fois cependant il lui est attaché par une partie rétrécie surmontée d'une sorte de bourrelet. C'est aux feuilles qui offrent une semblable disposition qu'on donne le nom de feuilles *articulées*. Si le pétiole, ou le limbe de la feuille sessile, s'attache à la tige en l'embrassant dans toute sa circonférence, la feuille est dite *embrassante* ou *amplexicaule*. Enfin, quand une feuille amplexicaule se prolonge au-dessous du point où elle s'unit à la tige en formant une sorte de tube ou de *gaîne*, elle est *engaînante* (*fig.* 70); ex. : la patience, le blé, l'orge, etc. Cette gaîne peut être complète et *entière*, ou bien elle peut être *fendue* dans sa longueur, c'est-à-dire simplement formée par le rapprochement des deux bords du pétiole. La gaîne est *entière* dans les *Carex*, les *Cyperus* et toutes les Cypéracées; elle est *fendue* dans le blé et plusieurs Graminées. On a donné le nom de *ligule* à la ligne souvent saillante et membraneuse, quelquefois garnie d'une rangée de poils, qui sépare la gaîne du limbe de la feuille, *a*.

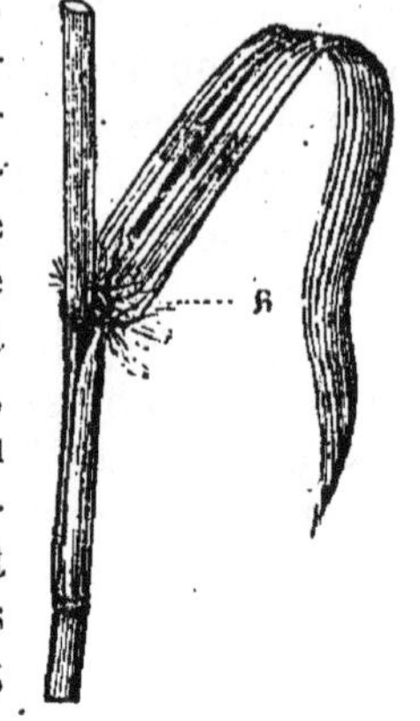

Fig. 70.

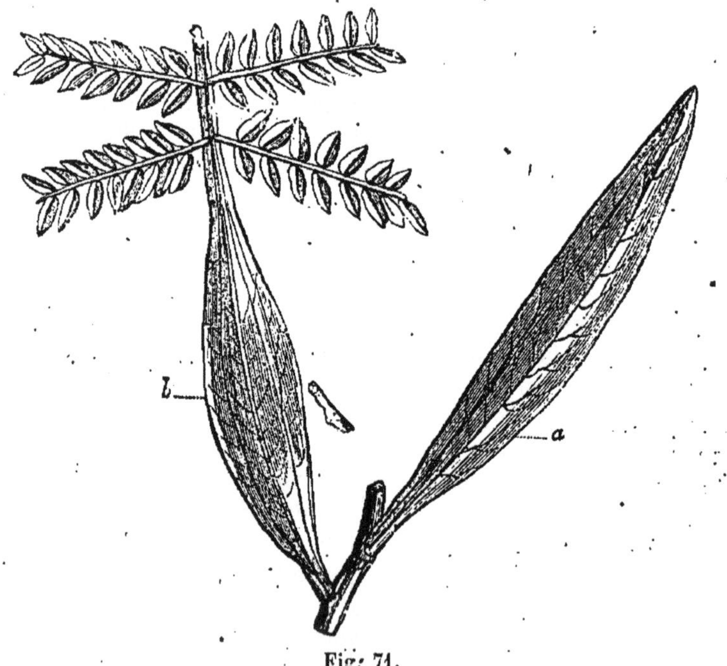

Fig. 71.

Nous avons dit précédemment que la feuille se compose quelquefois uniquement du limbe, le pétiole manquant : elle est alors *sessile*. Le

Fig. 70. Feuille engainante ; *a*, ligule.
Fig. 71. Branche d'*Acacia longifolia* : *a*, phyllode ; *b*, pétiole élargi.

contraire peut aussi avoir lieu, c'est-à-dire que le limbe avorte et que la feuille est uniquement formée par le pétiole, qui dans ce cas se dilate souvent et prend les apparences d'une feuille : on l'appelle alors un *phyllode* (*fig.* 71 *a.*) C'est ce qu'on observe dans les acacias de la Nouvelle-Hollande, dits à *feuilles simples*. Ces prétendues feuilles simples ne sont que des *phyllodes* ou pétioles élargis. Dans ces espèces, lorsqu'elles sont jeunes, les feuilles sont composées; mais petit à petit les folioles avortent en même temps que les pétioles se dilatent en phyllodes.

II. Limbe. — Le *limbe* de la feuille est toute la partie plane, membraneuse et foliacée constituant la feuille à lui tout seul quand elle est *sessile*. Il arrive quelquefois que le limbe de la feuille se prolonge de chaque côté sur la tige, au-dessous de son point d'attache, en formant deux ailes membraneuses. On appelle feuille *décurrente* celle qui offre cette disposition, par exemple dans la consoude, le bouillon-blanc, etc. Si le limbe embrasse la circonférence de la tige de manière que celle-ci semble le traverser dans son milieu, la feuille est dite *perfoliée;* ex. : le *Bupleurum rotundifolium* (*fig.* 72). Quoique dans l'immense majorité des cas le limbe soit plus ou moins mince et membraneux, cependant il offre quelquefois une épaisseur très-notable, c'est-à-dire qu'il est *charnu*, par exemple dans les orpins, les crassules, les joubarbes, en un mot dans toutes les plantes que, pour cette raison, on désigne sous le nom commun de *plantes grasses*.

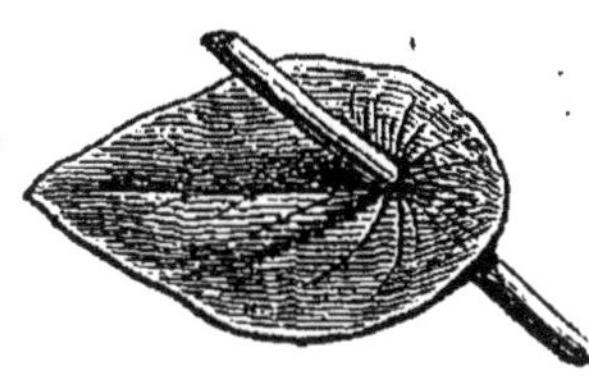

Fig. 72.

Le limbe offre à considérer une *face supérieure* et une *face inférieure*, une *circonférence* ou bord, une *base* et un *sommet*, opposé à la base.

C'est surtout à la face inférieure du limbe qu'on voit les nervures, c'est-à-dire les lignes saillantes formées par les faisceaux vasculaires qui entrent dans la constitution de la feuille. Parmi ces nervures il y en a une plus grosse et plus saillante semblant être la continuation directe du pétiole : on l'appelle *côte* ou *nervure médiane*, parce qu'elle occupe communément le milieu de la feuille, qu'elle partage en deux parties plus ou moins égales. C'est ordinairement de la base et des parties latérales de la nervure médiane que naissent les nervures *secondaires* qui, généralement, se subdivisent presque à l'infini en formant des *veines* et des *veinules* qui finissent par s'anastomoser et constituer une sorte de réseau à mailles fines et délicates.

La disposition des nervures dans les feuilles, ou la *nervation*, présente plusieurs caractères. Ainsi, elles peuvent naître toutes en diver-

Fig. 72. Feuille de *Bupleurum rotundifolium*.

geant de la base du limbe : on appelle ces feuilles *digitinerviées ;* exemple : beaucoup de Monocotylédones.

Si, partant toutes de la base du limbe, elles restent parallèles à la côte moyenne, on les nomme *rectinerviées*, comme celles du maïs, du froment et de beaucoup de Graminées ; si les latérales sont arquées, mais se réunissent toutes au sommet de la feuille, on les dit *curvinerviées* : ex. : le muguet, le cannellier, la plupart des Mélastomacées (*fig.* 73).

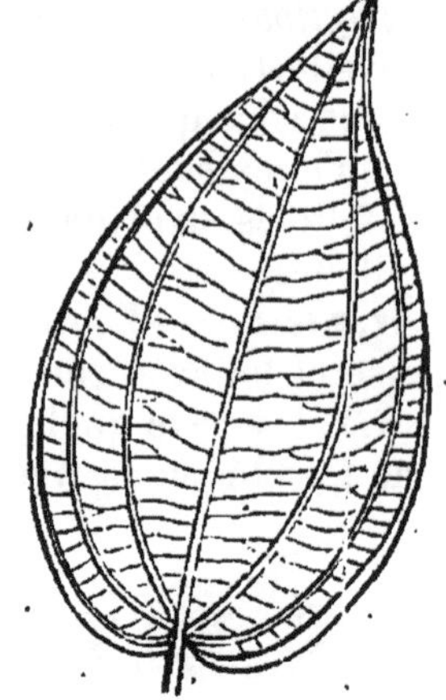
Fig. 73.

Dans la feuille *peltée*, les nervures semblent partir d'un point commun pour rayonner vers la circonférence : la feuille est *peltinerviée* (*fig.* 69).

Les nervures secondaires partant des deux côtés de la nervure moyenne comme les barbes d'une plume de leur tige commune, la feuille est *penninerviée* ou *latérinerviée :* ex. le bananier (*fig.* 74), les zédoaires.

La disposition générale des nervures n'est pas la même dans les végétaux dicotylédonés et dans les végétaux monocotylédonés. Dans les derniers; les nervures secondaires sont en général peu saillantes, presque toujours simples et parallèles entre elles ; celles des Dicotylédones sont au contraire plus prononcées, irrégulièrement anastomosées et forment une sorte de réseau comparable à une dentelle grossière.

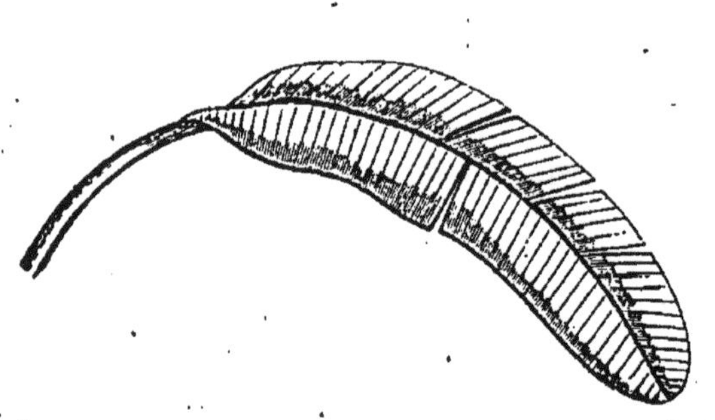
Fig. 74.

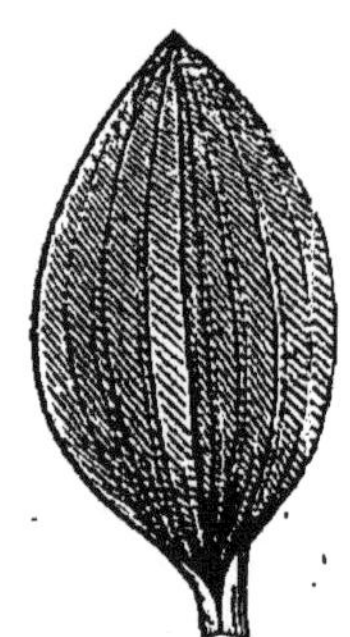
Fig. 75.

Les feuilles, suivant leur position, sont : *caulinaires*, quand elles naissent sur la tige ; *radicales*, lorsqu'elles naissent de la souche ou portion souterraine de l'axe ; *florales*, quand elles accompagnent les fleurs, en conservant leurs caractères généraux. Les feuilles florales deviennent des *bractées*, quand elles sont réduites à l'état d'écailles,

Fig. 73. Feuille digitinerviée. — Fig. 74. Feuille penninerviée.
Fig. 75. Feuille ovale.

ou qu'elles sont devenues d'une forme, d'une consistance ou d'une coloration tout à fait différentes de celles qu'elles offrent sur la tige.

C'est la disposition générale des nervures qui détermine la forme ou

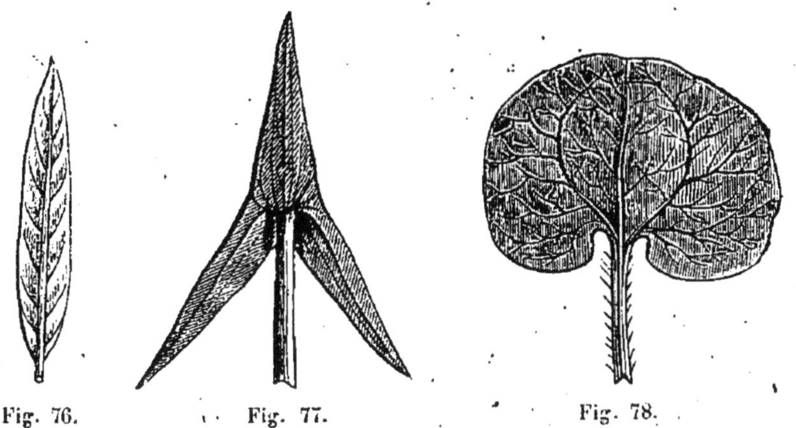

Fig. 76. Fig. 77. Fig. 78.

la figure de la feuille. Or la feuille est un organe extrêmement polymorphe, et la figure de son limbe peut en quelque sorte offrir toutes les modifications imaginables. Mais comme les mots à l'aide desquels on exprime cette figure sont les mêmes que ceux employés dans le langage vulgaire, nous croyons devoir ne pas insister sur ce point. Ainsi il y a des feuilles : *ovales* (*fig.* 75) ; *arrondies* ou *orbiculaires* (*fig.* 69) ; *lancéolées*

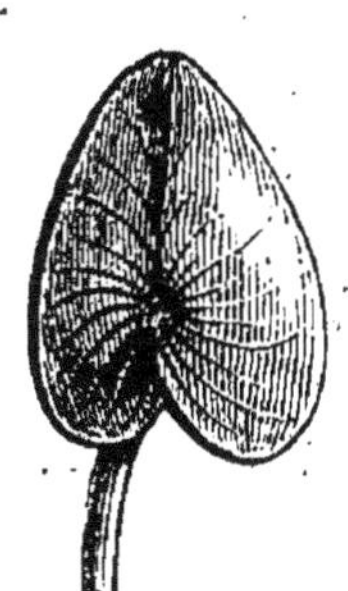

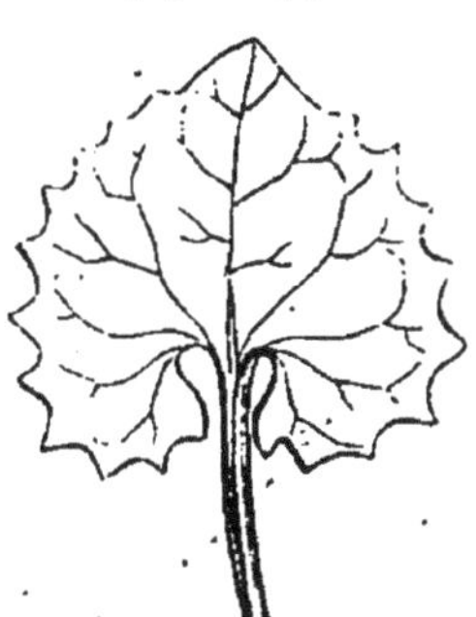

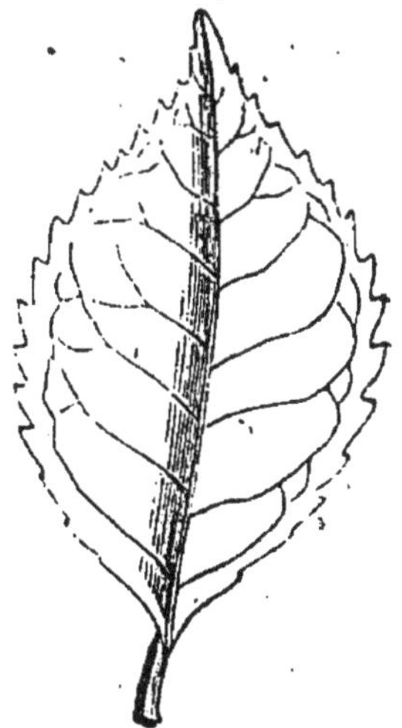

Fig. 79. Fig. 80. Fig. 81.

(*fig.* 76) ; *linéaires* (*fig.* 70) ; *subulées ; sagittées* (*fig.* 77) ; *réniformes* (*fig.* 78) ; *cordiformes* (*fig.* 79), etc., etc. Les feuilles peuvent être *aiguës* ou *obtuses* à leur sommet ou à leur base, suivant qu'elles sont terminées en pointe ou arrondies.

Fig. 76. Feuille lancéolée. — Fig. 77. Feuille sagittée.
Fig. 78. Feuille réniforme. — Fig. 79. Feuille cordiforme.
Fig. 80. Feuille dentée. — Fig. 81. Feuille serrée.

Si nous examinons la circonférence ou le bord même de la feuille, nous pourrons en tirer une foule de caractères. Ainsi, tantôt le bord est continu, uni, sans dents ou incisions : feuilles *entières* (*fig.* 76) ; tantôt il présente des dents droites : feuilles *dentées* (*fig.* 80); des dents inclinées en avant : feuilles *serrées* (*fig.* 81) ou *dentées en scie*; des espèces de crénelures larges et obtuses : feuilles *crénelées*. Elles peuvent offrir des incisions qui les partagent en lobes plus ou moins profonds. Ainsi elles sont *bifides, trifides, quadrifides, quinquéfides*, ou *multifides*, si les incisions sont peu profondes et les lobes (*laciniæ*) étroits ; *bilobées, trilobées*, ou *multilobées*, si les lobes sont plus larges, séparés par des *sinus obtus; bipartites, tripartites*, etc., ou *multipartites*, si les incisions arrivent presque jusqu'à la base du limbe. Une feuille est *laciniée* (*fig.* 82), quand ses incisions sont latérales,

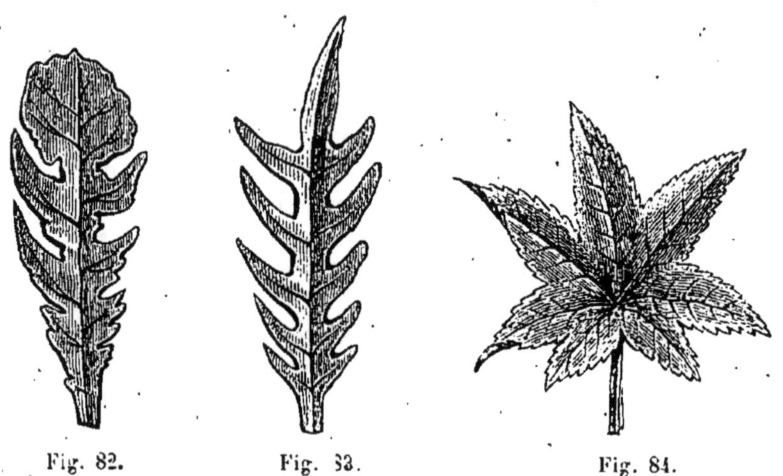

Fig. 82. Fig. 83. Fig. 84.

profondes et manifestement inégales ; elle est *pinnatifide* (*fig.* 83), si ces incisions latérales sont profondes, à peu près égales entre elles. Si les lobes partent en divergeant ou en rayonnant du sommet du pétiole, la feuille est appelée *palmée*, comme dans la vigne, le ricin (*fig.* 84), etc.

Les feuilles sont *simples* ou *composées*. Elles sont *simples*, quand tous les vaisseaux vasculaires qui composent le pétiole se répandent dans un seul et même limbe : celles du tilleul, du lilas, du poirier, etc. On dit qu'elles sont *composées*, si les faisceaux vasculaires de leur pétiole vont se terminer dans plusieurs limbes distincts les uns des autres et formant les *folioles*, dont l'ensemble constitue la *feuille composée*. Arrêtons-nous un instant sur cette dernière modification qui mérite de fixer notre attention.

Fig. 82. Feuille laciniée. — Fig. 83. Feuille pinnatifide.
Fig 84. Feuille palmée de ricin.

Il y a différents degrés de composition dans les feuilles composées. Tantôt leur pétiole est simple et porte les folioles : ce sont les feuilles *simplement composées*, celles du frêne, de l'acacia, du marronnier d'Inde. Tantôt le pétiole *commun* porte des pétioles *secondaires* sur lesquels sont situées les folioles : les feuilles sont alors *décomposées*, celles du *Mimosa Julibrizin*, par exemple. Enfin, les pétioles *secondaires* peuvent aussi se diviser en pétioles *tertiaires* et constituer les feuilles *surdécomposées* comme celles de l'*Epimedium alpinum* (*fig.* 91).

FEUILLES SIMPLEMENT COMPOSÉES. Elles peuvent présenter deux modifications principales : 1° Les folioles naissent des parties latérales

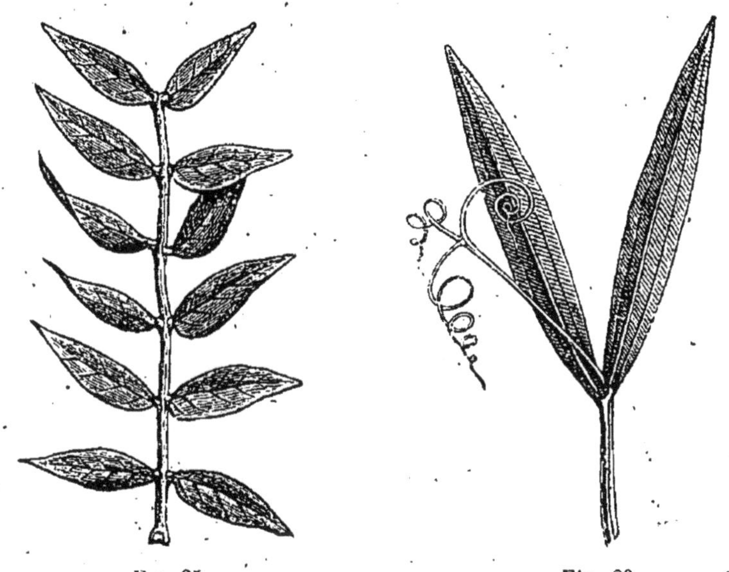

Fig. 85. Fig. 86.

du pétiole commun ; ce sont les feuilles *pennées* ou *pinnées* : celles des rosiers, du frêne (*fig.* 85), de l'acacia. 2° Elles naissent toutes en divergeant du sommet du pétiole commun ; feuilles *digitées* : le marronnier d'Inde, les lupins, etc.

1° Les feuilles *pennées* (*fig.* 85) peuvent être composées d'un nombre plus ou moins considérable de folioles. Ces folioles peuvent être *opposées* deux à deux par leur base (feuilles *oppositipennées*) ou *alternes* (feuilles *alternatipennées*). Les feuilles oppositipennées, que l'on désigne aussi sous le nom de feuilles *conjuguées*, peuvent se composer d'un nombre variable de paires de folioles : de là les noms d'*unijuguées* (*fig.* 86), *bijuguées*, *trijuguées*, *quadrijuguées*, *multijuguées*, qu'on leur donne, selon qu'elles sont formées d'une, de deux, de trois, de quatre ou d'un grand nombre de paires de folioles.

Fig. 85. Feuille pennée. — Fig. 86 Feuille unijuguée.

Les feuilles *oppositipennées* peuvent être terminées brusquement à leur sommet par une paire de folioles; elles sont alors *paripennées* : ex. le caroubier ; ou bien leur sommet est occupé par une foliole solitaire et terminale ; feuilles *imparipennées* : le frêne.

Une feuille *imparipennée* est appelée *trifoliolée* (*fig*. 87), quand elle

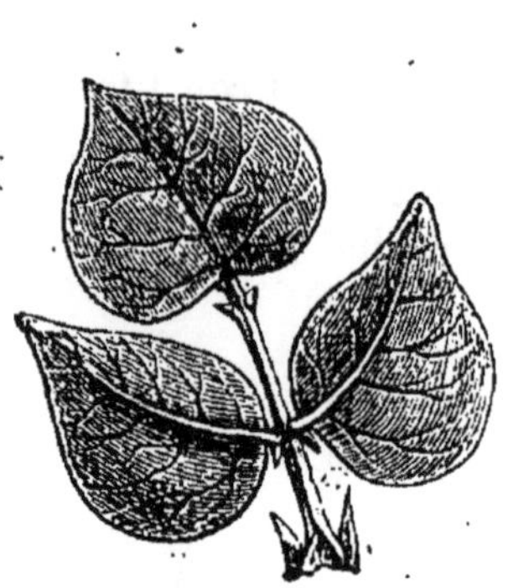

Fig. 87.

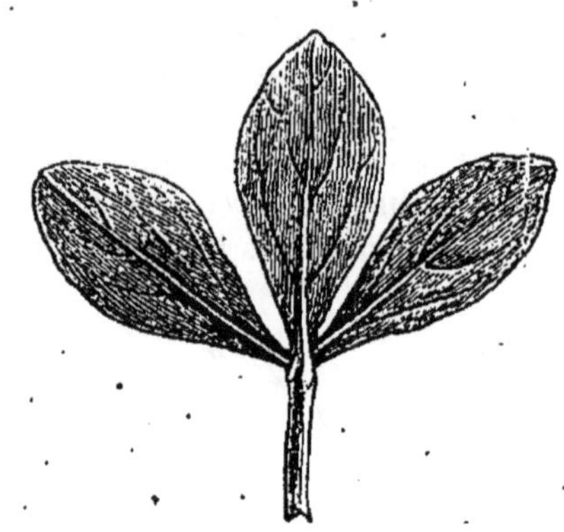

Fig. 88.

se compose d'une seule paire de folioles opposées, et se termine par une foliole impaire : par ex. le haricot.

2° Dans une feuille *digitée* on peut trouver un nombre variable de folioles : ainsi il y en a trois dans le trèfle (feuille *digitée trifoliolée*) (*fig*. 88), cinq dans le *Pavia* (feuille *digitée quinquéfoliolée*), sept dans le marronnier d'Inde (feuille *digitée septemfoliolée*) (*fig*.89), enfin un grand nombre (feuille *digitée multifoliolée*) dans beaucoup d'espèces de lupin.

Feuilles décomposées. — Les feuilles *décomposées* (*folia decomposita*) sont le deuxième degré de composition des feuilles ; le pétiole commun est divisé en pétioles secondaires, qui portent les folioles. On les appelle :

Fig. 89.

1° *Digitées-pennées* (*digitato-pennata*), quand les pétioles secondaires représentent des feuilles *pennées* partant toutes du sommet du pétiole commun : ex. certains *Mimosa*.

2° *Bigéminées* (*folia decomposito-bigeminata*), quand chacun des pétioles secondaires porte une seule paire de folioles : ex. *Mimosa unguis-cati*.

Fig. 87. Feuille trifoliolée. — Fig. 88. Feuille digitée trifoliolée.
Fig. 89. Feuille digitée septemfoliolée.

3° *Bipennées* (*folia bipennata, duplicato-pennata*) (*fig.* 90), quand les pétioles secondaires sont autant de feuilles *pennées* partant du pétiole commun : comme dans le *Mimosa Julibrizin*.

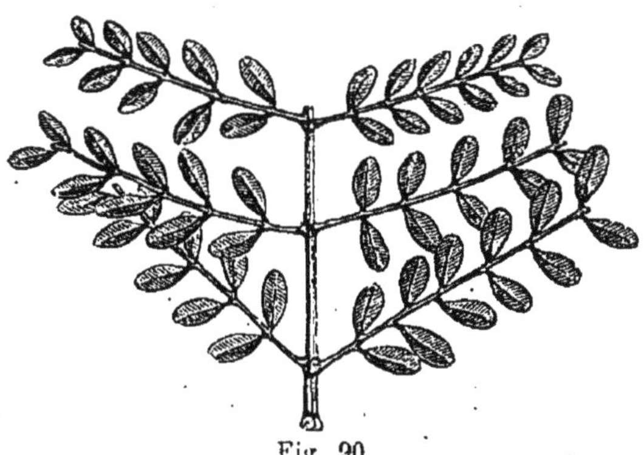

Fig. 90.

On nomme feuille *surdécomposées* (*fig.* 91), le troisième et dernier degré de composition que présentent les feuilles. Dans ce cas, les pétioles secondaires les divisent en pétioles tertiaires portant les folioles. Ainsi, on appelle feuille *surdécomposée triternée*, celle dont le pétiole commun se divise en trois pétioles secondaires, divisés chacun en trois pétioles tertiaires, portant aussi chacun trois folioles : comme dans l'*Actæa spicata*, l'*Epimedium alpinum* (*fig.* 91), etc.

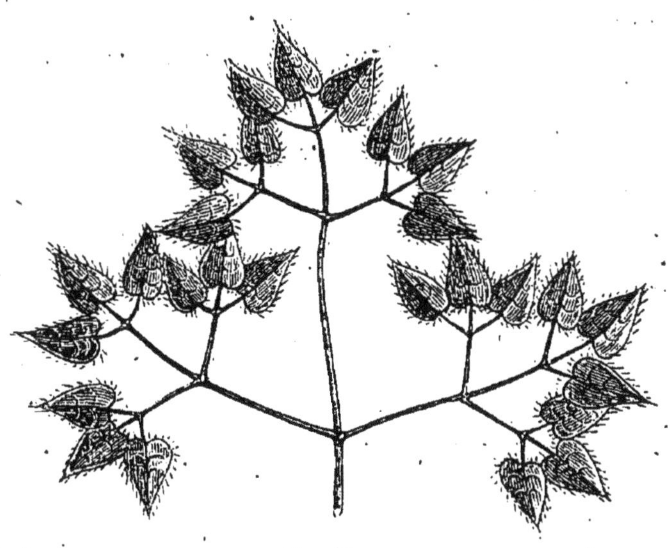

Fig. 91.

De la disposition des feuilles sur la tige, ou de la phyllotaxie. — Les feuilles peuvent offrir des positions variées sur la tige ou sur les rameaux qui les supportent. Mais ces positions se rapportent à deux types principaux : elles sont *alternes* ou *opposées*. Les feuilles *alternes* naissent seule à seule de chaque nœud dans des points différents

Fig. 90. Feuille bipennée. — Fig. 91. Feuille surdécomposée.

de la tige, par exemple le tilleul. Les feuilles *opposées* naissent seule à seule à chaque nœud dans deux points diamétralement opposés à la même hauteur, comme dans le lilas, le chèvrefeuille. Quand les paires de feuilles superposées se croisent entre elles de manière à former des angles droits, les feuilles sont *décussées* : ex. l'épurge. S'il naît plus de deux feuilles circulairement d'un même nœud, elles sont *verticillées* : par exemple dans le laurier-rose, la garance. On dit alors qu'elles sont *ternées, quaternées, quinées, sénées*, etc., suivant que le *verticille* se compose de trois, quatre, cinq, six feuilles.

Examinons avec plus d'attention chacune de ces deux dispositions, les feuilles *alternes* et les feuilles *opposées*.

I. Feuilles alternes ou éparses. — Au premier aspect les feuilles *alternes*, surtout quand elles sont nombreuses et rapprochées, paraissent éparses au hasard sur les rameaux. Mais un examen attentif montre bientôt qu'elles sont arrangées avec une admirable symétrie. Déjà Bonnet, en 1779, avait fait remarquer que si l'on prend un jeune rameau bien développé de prunier ou de pêcher, et qu'on fasse passer une ligne par tous les points d'attache des feuilles superposées, cette ligne décrit autour de la feuille une spirale continue. Il avait montré en même temps que chacune des feuilles fait, avec celle qui la précède et celle qui la suit, un angle dont la valeur est sensiblement la même dans toutes les feuilles de la spire. Ces observations de Bonnet sont le point de départ des nombreux travaux qui ont été faits depuis en Allemagne et en France, particulièrement par MM. C.-F. Schimper, Alexandre Braun et Bravais frères, travaux qui constituent aujourd'hui une partie nouvelle de la botanique, désignée sous le nom de *phyllotaxie*. L'importance et la nouveauté du sujet nous engagent à donner quelques développements sur ce point.

Si l'on prend une branche vigoureuse de peuplier, de poirier, de prunier, de pêcher non tordue et munie de ses feuilles alternes, on voit qu'en partant d'une feuille inférieure et en s'élevant graduellement vers le sommet, on trouve à une certaine distance une autre feuille dont le point d'insertion est exactement au-dessus de la première; puis, un peu plus haut, on en trouve encore une autre, et ainsi successivement, suivant le nombre des feuilles et la longueur du rameau. Ce qui est fort remarquable, c'est que les feuilles qui se correspondent ainsi exactement sont toujours séparées l'une de l'autre par un même nombre de feuilles intermédiaires. Ainsi, dans les arbres que nous avons pris pour exemples, en numérotant la série des feuilles superposées et en appelant la première feuille zéro, on voit que la cinquième correspond à la première, la dixième à la cinquième, la quinzième à la dixième, et ainsi successivement : par conséquent, quatre feuilles intermédiaires sont placées entre chacune de celles qui se correspondent. On peut prendre comme point de départ l'une quelconque des feuilles de la série, et l'on en observera toujours un certain nombre qui lui correspondront et qui seront séparées par un même nombre de feuilles : ainsi, à la deuxième numérotée 1 correspondront les sixième, onzième, seizième ; à la troisième numérotée 2, les septième, douzième, dix-septième, etc., et ainsi successivement, le nombre des feuilles intermédiaires restant toujours le même :

Si l'on trace sur le rameau une ligne qui passe par les points d'attache de toutes les feuilles, on voit que cette ligne s'enroule en spirale ou plutôt en hélice continue autour de la tige depuis la base jusqu'au sommet. On peut donc d'abord établir cette première loi.

I. *Les feuilles alternes ou éparses sont disposées sur les rameaux en une ligne spirale continue.*

Dans l'exemple que nous avons choisi, celui d'une branche de prunier, la ligne spirale qui s'étend de la feuille zéro à la feuille 5, qui lui est superposée, fait deux fois le tour de la tige en passant par tous les points d'attache des feuilles intermédiaires. D'autres fois cette ligne ne décrira qu'un seul cercle ou bien un nombre beaucoup plus considérable de cercles ; mais ce nombre sera fixe pour la même espèce. On a donné le nom de *cycle* à l'étendue de la ligne spirale placée entre une feuille et celle qui lui correspond exactement. Ainsi, dans le prunier, le cycle est formé de cinq feuilles, et ce cycle se compose de deux tours de spire. On a exprimé cette disposition par deux nombres placés comme ceux d'une fraction : l'un, l'inférieur ou le *dénominateur*, exprime le nombre des feuilles nécessaires pour former le cycle ; l'autre, le supérieur ou le *numérateur*, représente le nombre des tours de spire étendus entre les deux points extrêmes du cycle. Ainsi $\frac{2}{5}$ représente la disposition du peuplier, du poirier, du prunier et d'une foule d'autres arbres dont le cycle se compose de feuilles formant deux tours de spire autour de la tige. On a donné le nom de disposition *quinconciale* à celle dans laquelle cinq feuilles sont nécessaires pour compléter le cycle.

Si nous observons les feuilles de l'orme, du camellia, qui sont *distiques*, c'est-à-dire la deuxième superposée à la feuille zéro, la troisième à la feuille n° 1, le cycle ne se composera que de deux feuilles, et la ligne spirale qui le parcourt ne fait qu'une seule fois le tour de la tige. Ainsi $\frac{1}{2}$ est la disposition *distique*, celle des feuilles placées comme nous venons de l'indiquer. De même, dans un *Carex* à tige triangulaire, c'est la troisième feuille qui se superpose à la feuille zéro, la sixième à la troisième, et ainsi de suite. Il faut ici trois feuilles pour compléter le cycle. Et comme la ligne spirale passant par le point d'attache des feuilles ne fait qu'une fois le tour de la tige, la disposition *tristique* se représente par la fraction $\frac{1}{3}$.

Le nombre de ces arrangements est assez limité. Ainsi il est ordinairement exprimé par l'une des fractions suivantes :

$$\frac{1}{2} \quad \frac{1}{3} \quad \frac{2}{5} \quad \frac{3}{8} \quad \frac{5}{13} \quad \frac{8}{21} \quad \frac{13}{34}$$

L'examen de la série de ces nombres, exprimant les divers arrangements des feuilles sur les rameaux, va donner lieu à des remarques fort curieuses. Si l'on examine chacun de ces nombres, à l'exception des deux premiers $\frac{1}{2}$ et $\frac{1}{3}$, qui sont en quelque sorte comme le point de départ des autres et qui expriment les dispositions *distique* et *tristique*, on voit que chacun d'eux est la somme des dénominateurs et des numérateurs des deux fractions qui le précèdent. Ainsi, par exemple, $\frac{2}{5}$, qui est le troisième dans la série et représente la disposition *quinconciale*, qui est la plus fréquente, se compose de la somme des deux numérateurs 1 de $\frac{1}{2}$ et $\frac{1}{3}$, et des deux dénominateurs 2 et 3 des mêmes fractions; $\frac{3}{8}$, qui vient après, est formé, de la même manière, des deux numérateurs et des deux dénominateurs des deux nombres $\frac{1}{3}$ et $\frac{2}{5}$, qui le précèdent dans la série. Il en est absolument de même des autres nombres.

[Cette série donne lieu à une autre considération intéressante. Chacune de ces fractions est une des réduites consécutives de la fraction continue :

$$(a)\ \frac{1}{2+\frac{1}{1+\frac{1}{1+\frac{1}{1+\frac{1}{1}}}}}\cdots$$

En effet, en ne considérant que le premier terme, on a $\frac{1}{2}$; en considérant le premier et le second, on a $\frac{1}{2+1}=\frac{1}{3}$; en y adjoignant le troisième : $\frac{1}{2+\frac{1}{1+\frac{1}{1}}}=\frac{1}{\frac{4+1}{2}}=\frac{2}{5}$; en réduisant les quatre premiers termes : $\frac{1}{2+\frac{1}{1+\frac{1}{1+\frac{1}{1}}}}=\frac{1}{2+\frac{1}{\frac{3}{2}}}=\frac{1}{2+\frac{2}{3}}=\frac{1}{\frac{8}{3}}=\frac{3}{8}$, et ainsi des autres. On peut donc dire que la loi de la disposition spirale de la plupart des plantes est exprimée par une fraction continue dont le premier terme est $\frac{1}{2}$ et les autres l'unité divisée par elle-même. M. Al. Braun cite des exemples de dispositions de feuilles exprimées par un des termes de la série

$$(b)\ \frac{1}{3}\ \frac{1}{4}\ \frac{2}{7}\ \frac{3}{11}\ \frac{5}{18}\cdots$$

termes dont les relations sont les mêmes que celles de la précédente.]

Les feuilles composant un cycle sont disposées le long d'une ligne spirale. Si de l'axe du rameau, autour duquel cette ligne spirale est enroulée, on fait partir un rayon se dirigeant vers le point d'attache de chaque feuille, il en résultera autant de rayons que de feuilles composant le cycle. Ces rayons partant tous d'un centre commun, formeront entre eux un angle qui sera le même pour toutes les feuilles, et dont la valeur ou l'ouverture sera d'autant plus grande qu'il faudra moins de feuilles pour constituer le cycle. Cet angle s'appelle *angle de diver-*

gence (*fig.* 92). L'angle de divergence peut donc être défini : l'angle intercepté par deux rayons partant du centre du rameau et aboutissant au point d'attache de deux feuilles qui se suivent. L'ouverture de cet angle représente une certaine quantité de la circonférence du cercle, soit $\frac{1}{2}$ $\frac{1}{3}$ $\frac{2}{5}$ $\frac{3}{8}$ $\frac{5}{13}$... Les deux nombres qui expriment la composition du cycle sont en même temps l'expression de la valeur de l'angle de divergence de chacune des feuilles qui le composent, relativement à la circonférence du cercle. Ainsi, dans la disposition quinconciale $\frac{2}{5}$, cette fraction représente la valeur de l'angle de divergence, qui est pour chaque feuille considérée relativement à celle qui la précède ou celle qui la suit, de deux cinquièmes de la circonférence du cercle ou 244 degrés sexagésimaux. En effet, s'il faut cinq feuilles pour compléter le cycle et si ces cinq feuilles font deux tours de spire, il est facile de reconnaître que leur angle de divergence est égal aux deux cinquièmes de la circonférence du cercle. Dans la disposition distique $\frac{1}{2}$, il ne faut que deux feuilles pour compléter un cycle, chacune d'elles est placée alternativement de chaque côté de la tige; leur angle de divergence est égal à la moitié de la circonférence du cercle; il est donc représenté par la fraction $\frac{1}{2}$ ou 180°, qui est la formule de la disposition distique. La disposition *tristique* se représente par la fraction $\frac{1}{3}$, ou 120°, qui exprime en même temps la valeur de l'angle formé par les deux rayons passant par deux des feuilles qui se suivent. Il en est de même pour tous les autres arrangements mentionnés précédemment[1].

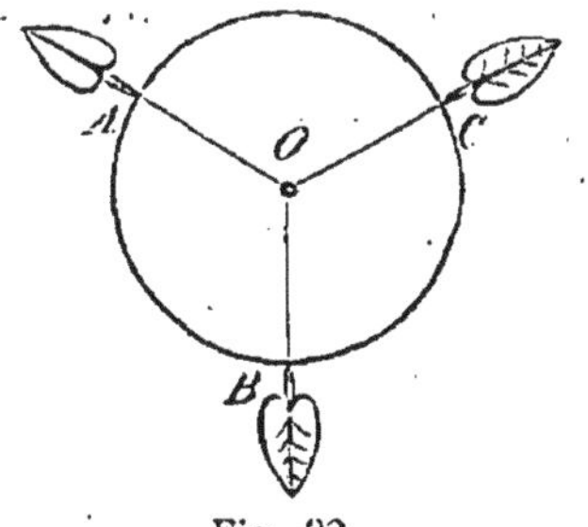

Fig. 92.

De ce qui précède nous pouvons tirer les deux lois suivantes :

II. *Les nombres représentant la composition des divers cycles forment une série dans laquelle chacun de ces nombres est la somme des numérateurs et des dénominateurs des deux nombres qui le précèdent dans la série.*

III. *Le rapport de l'angle de divergence des feuilles avec la circonférence du cercle est toujours exprimé par la fraction qui représente la composition générale du cycle.*

Quand les feuilles sont écartées et bien distinctes les unes des

Fig. 92. Angle de divergence des feuilles.

[1] M. J. Sachs a cru devoir nier l'existence d'une spirale génératrice et de la loi naturelle exprimée par les réduites consécutives d'une fraction continue; il se fonde sur ce que cette série ne renferme pas tous les cas observés, ne se rattache pas à la classification et serait l'effet d'une cause encore inconnue (*Traité de bot.*, trad., p. 248). Les mêmes objections peuvent être adressées à toutes les lois naturelles sans exception ; elles n'embrassent jamais la totalité des faits, et leurs causes sont souvent inconnues. La phyllotaxie restera dans la science comme l'expression de faits matériels groupés et généralisés, grâce aux travaux de C.-F. Schimper, d'Al. Braun, Bravais, et de tous ceux qui les ont suivis dans la même voie.

autres et qu'elles ne sont pas par trop nombreuses, on suit avec facilité la ligne spirale qui les unit toutes entre elles. Mais il est quelquefois très-difficile de déterminer de prime abord la disposition de certaines feuilles. Cette difficulté se présente dans deux cas fort différents : 1° Quand l'axe est très-court et très-déprimé : les feuilles sont alors excessivement rapprochées les unes contre les autres, et l'on ne peut suivre bien exactement la ligne qui passe par tous leurs points d'attache. C'est ce qui a lieu dans les plantes dont les feuilles sont réunies en rosette à la base de la tige : comme dans les joubarbes, par exemple, ou dans les écailles qui composent les cônes des pins et des sapins ; dans les bractées qui constituent l'involucre de l'artichaut, du chardon et d'un grand nombre d'autres Synanthérées. 2° Un cas tout à fait opposé au précédent, c'est quand le rameau est très-allongé, que ses feuilles sont fort écartées, et qu'il faut un nombre assez considérable de feuilles pour composer un cycle ; car, dans ce cas, la moindre déviation accidentelle, une légère torsion dans la tige, par exemple, peut laisser du doute pour déterminer exactement quelle est la feuille qui ferme le cycle.

Dans les différents exemples que nous avons examinés jusqu'à présent, les feuilles ne formaient qu'une seule spirale continue autour du rameau. Mais quand les feuilles sont nombreuses et rapprochées, soit qu'elles conservent leur caractère de feuilles, soit qu'elles se réduisent à l'état d'écailles ou de bractées, comme dans un cône de Conifère ou un involucre de Synanthérée, on voit alors qu'elles forment plusieurs spirales parallèles et obliques, les unes dirigées de droite à gauche, les autres de gauche à droite. Si l'on prend, par exemple, un cône de pin ou de sapin ou la tige de quelques espèces de lin, ou l'*Euphorbia Characias*, qui présentent un grand nombre d'écailles ou de feuilles, cette disposition sera manifeste. Il y a ici, indépendamment de la spirale *primitive*, qu'il est très-souvent difficile de distinguer d'abord, d'autres spirales qu'on nomme *secondaires*, et qui sont plus distinctes que la première. Mais la spirale primitive, appelée aussi spirale *génératrice*, embrasse la série complète des feuilles de la tige, c'est-à-dire qu'elle passe par tous leurs points d'attache sans en laisser aucun de côté. Les spires secondaires, au contraire, sont toujours partielles, elles ne comprennent jamais qu'un certain nombre de feuilles de la série. Ainsi, par exemple, en supposant chaque feuille numérotée, la spire génératrice passera par les feuilles 0, 1, 2, 3, 4, 5, etc., tandis que les spires secondaires passent par les numéros 1, 3, 5, 7, etc., ou 2, 4, 6, 8, etc. Hâtons-nous de faire remarquer ici que la différence entre chacun des nombres de la série d'une spirale secondaire exprime le nombre de ces spirales secondaires et parallèles qui se montre ainsi de chaque côté de l'axe de la branche. Ainsi dans l'*Euphorbia Characias*, on aperçoit deux spirales secondaires, l'une composée des chiffres 1, 3, 5, 7, 9, l'autre des chiffres 2, 4, 6, 8, 10. Mais les chiffres représentés par ces deux spirales réunies comprennent toute la série. S'il y avait un plus grand nombre de spires secondaires et parallèles, les chiffres de chacune des feuilles qui les composent présenteraient toujours entre eux une différence égale au nombre de ces spirales. Ainsi, par exemple, si nous prenons le cône du pin d'Ecosse (*Pinus sylvestris*) (*fig.* 93), nous apercevrons tout de suite que ses écailles forment de gauche à droite huit spires secondaires et parallèles qui, toutes réunies, comprennent la série de toutes les écailles du cône; et de droite à gauche nous en apercevrons treize autres marchant en sens contraire des premières, et comme elles, comprenant toutes les écailles. (Dans la figure que nous donnons ici, par suite du renversement de la planche par la gravure, les séries de numéros que nous indiquons à droite se trouvent du côté gauche et celles de gauche du côté droit.) En suivant l'une de ces spires marchant de gauche à droite ou *sinistrorses*, nous verrons qu'en partant de l'écaille n° 1, la spire passe successivement par les n°s 9, 17, 25, 33; de même celle qui commence par le n° 2 passe par les n°s 10, 18, 26, etc. Or la différence entre chacun de ces nombres qui forment l'une des spires secondaires est de 8, et ce nombre représente exactement celui des spires secondaires, parallèles et sinistrorses. D'un autre côté, nous voyons treize spirales secondaires *dextrorses*, c'est-à-dire dirigées de droite à gauche. Or, en partant de la même écaille n° 1, cette spire passe par 1, 14, 27, 40, 53, ou, du n° 9, par 22, 35, 48, 61, etc., c'est-à-dire que l'on retrouve dans la différence de chacun de ces nombres le nombre 13, qui est celui de ces spirales secondaires et dextrorses.

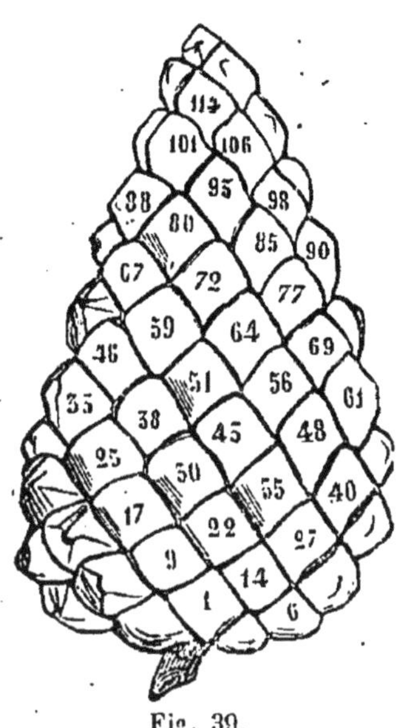

Fig. 39.

[Enfin, avec un peu d'attention, on distingue encore des rangées parallèles verticales au nombre de 21, qui sont numérotées, 1, 22, 43, 64, 85, 106, etc.

Quand on a ainsi numéroté un cône d'après ces spires secondaires, chaque écaille porte le même numéro que si l'on avait numéroté toutes les écailles de la spire génératrice, qu'il est impossible de distinguer, mais dont l'angle de divergence est $\frac{n}{21}$. Cette spire est nécessairement unique, puisqu'elle comprend toutes les écailles du cône. Il est facile de numéroter les écailles d'un cône en partant d'une

Fig. 93. Cône de pin dont les spirales apparentes sont numérotées.

écaille quelconque située à sa base. On numérote les écailles de la spire à huit parallèles, 1, 9, 17, 25, 33, etc.; puis partant de la même écaille, on numérote les écailles de la spire à treize parallèles, 1, 14, 27, 40, etc. Quand on a fini de numéroter toutes les écailles des vingt et une spirales apparentes, on reconnaît les écailles de la spire génératrice qui portent les nos 1, 2, 3, 4, 5, 6, etc.]

La formation de spires secondaires est due, comme nous le savons, au raccourcissement extrême de l'axe qui porte les feuilles ou les écailles; car, quand cet axe vient à s'allonger convenablement, ces spires secondaires disparaissent, et à mesure la spire primaire ou génératrice devient de plus en plus apparente. Ce phénomène s'observe très-bien sur quelques tiges de lin et surtout de *Sedum* à feuilles cylindriques. Quand elles sont très-jeunes, leurs feuilles sont très-rapprochées les unes contre les autres et les spires secondaires sont très-visibles, tandis que la spire génératrice n'est pas distincte. Le contraire a lieu quand les tiges se sont allongées et les feuilles écartées.

La spire génératrice marche tantôt de gauche à droite, tantôt de droite à gauche. Mais cette direction est rarement constante. Très-fréquemment elle varie sur les divers rameaux d'une même tige. Quand un rameau naît à l'aisselle d'une feuille sur une branche, on a remarqué que constamment la feuille de la branche commence toujours exactement la spire du rameau. Mais tantôt la spire d'un rameau secondaire marche dans le même sens que celle du rameau primaire, et la spire du premier est dite *homodrome;* tantôt, au contraire, sa direction est opposée ou *hétérodrome*.

II. Feuilles opposées ou verticillées. — Dans les feuilles opposées ou verticillées, les feuilles d'un verticille alternent en général régulièrement avec celles des deux verticilles supérieur et inférieur au milieu desquels elles sont placées. Ainsi les feuilles opposées croisent à angle droit celles qui les précèdent et celles qui les suivent dans la longueur de la tige. Celles qui sont verticillées par trois, par quatre ou par cinq, etc., correspondent alternativement aux espaces qui séparent les feuilles des verticilles supérieur et inférieur. Il résulte de cette disposition, qui est presque générale : 1° que les feuilles opposées ou verticillées sont exactement superposées les unes aux autres de deux en deux verticilles; 2° qu'en ne laissant qu'une seule feuille à chacun des verticilles superposés, ces feuilles suivent une ligne spirale et ascendante dont l'angle de divergence est représenté par le nombre des feuilles qui composent le verticille et le nombre des tours que la spirale décrit autour de la tige.

Dans ce cas, on comprend facilement que les feuilles doivent former des séries verticales très-apparentes, dont le nombre est toujours double de celui des feuilles de chaque verticille. Ainsi, quand les feuilles sont opposées, on compte quatre séries longitudinales, six quand elles sont verticillées par trois, huit quand elles sont verticillées par quatre, etc.

Dans ces derniers temps, plusieurs botanistes, et notamment, en France, MM. Lestiboudois et Brongniart, ont montré que la position alterne ou opposée des feuilles était intimement liée avec l'arrangement des faisceaux vasculaires dans la tige. Quand ces faisceaux sont disposés en deux groupes égaux et réguliers, si les faisceaux extérieurs de chacun des groupes s'unissent entre eux, ils constituent la nervure médiane de la feuille, qui dans ce cas correspond à l'intervalle des deux groupes, et les feuilles sont *opposées*. Elles deviennent au contraire *alternes*, quand le cercle vasculaire de la tige a subi une modification dans ses éléments.

Pour résumer les faits principaux de la *phyllotaxie*, que nous venons d'exposer, mettons ici sous les yeux du lecteur les conséquences les plus générales qui en découlent :

1° Les feuilles alternes ou éparses sont disposées sur les rameaux en une ligne spirale continue.

2° En prenant une feuille comme point de départ, on en trouve toujours dans la série spirale un certain nombre qui lui correspondent exactement et qui lui sont superposées.

3° L'espace de la ligne spirale étendu entre deux feuilles qui se correspondent constitue un *cycle*.

4° Le nombre des feuilles nécessaires pour former un cycle est en général le même pour tous les individus d'une même espèce et varie suivant les espèces.

5° La ligne spirale étendue entre les deux feuilles extrêmes d'un cycle fait une, deux ou plusieurs fois le tour de la tige.

6° On exprime la disposition des feuilles sur la tige en employant une fraction dont le dénominateur est formé par le nombre des feuilles du cycle et le numérateur par le nombre de tours de spire.

7° Les dispositions qu'on observe le plus communément sont représentées par les fractions suivantes :

$$\frac{1}{2}, \frac{1}{3}, \frac{2}{5}, \frac{3}{8}, \frac{5}{13}, \frac{8}{21}, \frac{13}{34}, \text{etc.}$$

8° Les fractions représentant la composition des divers cycles forment une série dans laquelle chacun de ces nombres est la somme du numérateur et du dénominateur des deux fractions qui le précèdent dans la série.

9° On appelle angle de *divergence* des feuilles, l'angle formé par chaque feuille avec celle qui la suit ou celle qui la précède. Cet angle, par son ouverture, comprend une certaine portion de la circonférence du cercle.

10° Le rapport de l'angle de divergence avec la circonférence du cercle est toujours exprimé par la fraction qui représente le cycle.

11° La ligne spirale qui passe par le point d'attache de toutes les feuilles constitue la spire primaire ou génératrice.

12° Indépendamment de la spire génératrice, il en existe plusieurs autres à droite et à gauche de l'axe, très-apparentes quand les feuilles sont très-nombreuses et très-rapprochées les unes contre les autres : on les nomme *spires secondaires*.

13° Les spires secondaires ne comprennent jamais la série complète des numéros de toutes les feuilles.

14° Entre les numéros de deux feuilles qui se suivent immédiatement dans une spire secondaire, il existe une différence égale au nombre de ces spires secondaires et parallèles.

15° Quand on a reconnu le nombre des spires secondaires qui existent dans un assemblage de feuilles ou d'écailles, on peut : 1° numéroter exactement chacune des feuilles ou écailles, et connaître ainsi la spire génératrice, qui n'est point apparente ; 2° déterminer le nombre des feuilles ou des écailles qui constituent le cycle, ce nombre étant égal à la somme des spires secondaires qui tournent à droite et à gauche de l'axe ; 3° connaître le nombre des tours de spire compris entre les deux points extrêmes du cycle, ce nombre étant toujours égal au plus petit des deux nombres exprimant les spires secondaires de gauche et de droite. On arrive ainsi à former la fraction qui représente la disposition des feuilles ou des écailles.

16° Les feuilles opposées ou verticillées alternent en général exactement dans deux verticilles qui se suivent.

17° Les feuilles opposées ou verticillées se correspondent exactement de deux en deux verticilles.

18° Chacune d'elles peut être prise comme point de départ d'une ligne spirale.

Structure anatomique des feuilles. — Les feuilles se composent de trois éléments anatomiques : 1° des faisceaux vasculaires provenant de la tige ; 2° de parenchyme ; 3° de deux lames d'épiderme recouvrant les faces supérieure et inférieure de la feuille.

I. Faisceaux. — Les vaisseaux qui entrent dans la feuille se détachent du jeune rameau sous la forme de faisceaux distincts, ordinairement en nombre impair. Les faisceaux, comme nous allons le montrer tout à l'heure, offrent non-seulement la même composition que celle qu'ils avaient dans la tige, mais les éléments anatomiques conservent dans la feuille la situation respective qu'ils affectaient dans ce jeune rameau. Quand ces faisceaux marchent d'abord parallèlement entre eux sans se ramifier, ils forment le support ou pétiole de la feuille. Si ceux qui occupent les parties latérales s'écartent un peu, ils peuvent constituer une feuille munie d'une gaîne à sa base. Enfin ce sont ces faisceaux vasculaires qui, en s'écartant les uns des autres à leur sommet et ordinairement en se ramifiant, forment les nervures et leurs nombreuses divisions, qui sont en quelque sorte le squelette de la feuille.

Nous avons expliqué précédemment (page 117) la différence essentielle qui existe entre les feuilles des plantes monocotylédonées et celles des dicotylédonées. Les dernières ramifications des nervures, réduites à l'état de *veinules*, s'anastomosent entre elles et constituent un réseau à mailles plus ou moins fines et délicates.

Comme les faisceaux de la tige, ceux de la feuille sont formés de trachées, de fausses trachées, de vaisseaux laticifères et de tubes fibreux. Ces éléments anatomiques offrent ici la même situation respective que celle qu'ils avaient dans la tige. Il faut seulement remarquer que le faisceau de vaisseaux, en se séparant de la tige, où sa position est verticale, se renverse pour prendre dans la feuille une situation horizontale. Il résulte de là que la partie du faisceau qui dans la tige était tournée vers le centre de cet organe, regarde la face supérieure de la feuille. Ce sont alors les trachées qui se rapprochent de la face supérieure, entourées de tissu fibreux; puis viennent les fausses trachées, et enfin les vaisseaux laticifères. Tous ces vaisseaux sont accompagnés par des tubes fibreux qui leur servent en quelque sorte de moyen d'union.

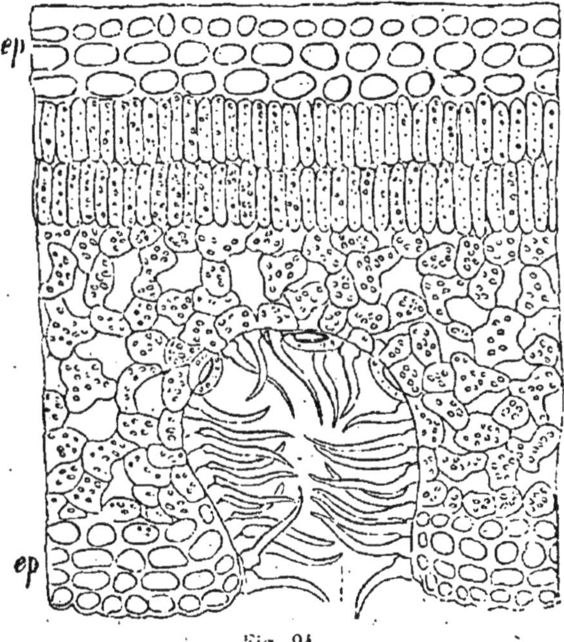

Fig. 94.

II. Parenchyme. — C'est un tissu utriculaire qui remplit les intervalles existant entre les faisceaux vasculaires et leurs nombreuses ramifications. La forme de ces utricules est très-variable. Celles de la face supérieure de la feuille sont souvent très-serrées les unes contre les autres, et affectent quelquefois une forme cylindracée. Celles, au contraire, qui touchent l'épiderme de la face inférieure sont très-irrégulières, souvent divisées en plusieurs branches qui s'unissent avec celles des autres cellules environnantes de même nature, et constituent une sorte de tissu réticulé, à larges mailles, sur lequel l'épiderme est appliqué (*fig.* 94). En général, on a remarqué que les stomates

Fig. 94. Coupe verticale d'une feuille de laurier-rose (*Nerium Oleander*).

correspondent à ces lacunes ou *poches aériennes*, dont l'abondance à la face inférieure de la feuille lui donne cette couleur plus pâle qui lui est propre.

La couleur verte du parenchyme des feuilles est due, comme celle du tissu cellulaire en général, aux granules verts qui existent dans l'intérieur des utricules. On sait que, quand les plantes sont longtemps soustraites à l'action directe de la lumière solaire, leurs feuilles et leurs autres parties vertes s'étiolent, c'est-à-dire qu'elles prennent un jaune pâle par la disparition de la matière verte des granules de la chlorophylle. On sait de plus que ce phénomène produit aussi un autre changement : les sucs contenus dans ces parties perdent leur âcreté et leur amertume et deviennent doux et sucrés.

La matière verte des feuilles contient un peu de fer, comme le sang des animaux. Une feuille étiolée n'en donne plus aucune trace, et quand elle a été de nouveau exposée à l'action de la lumière, elle récupère son fer, qui entre de nouveau dans sa constitution.

Les feuilles épaisses et charnues des plantes grasses sont composées d'un tissu utriculaire plus serré, c'est-à-dire présentant moins de ces espaces vides ou lacunes aériennes qu'on voit si abondamment dans les feuilles minces et membraneuses. Cependant elles en offrent aussi qui correspondent également aux pores corticaux.

[Le vrai parenchyme des feuilles se compose toujours de cellules poreuses, jamais endurcies, contenant de la fécule, du sucre, de la chlorophylle et souvent des cristaux de substances peu solubles. Les cellules épidermiques ne contiennent pas ces substances, mais sont plus riches en principes azotés. Les huiles essentielles et les résines sont sécrétées par des groupes de cellules spéciaux et versées dans des réservoirs particuliers. Les réservoirs des orangers et des citronniers ont la même structure que ceux qui contiennent la résine dans les Conifères. Ils sont sphériques dans les orangers, cylindriques dans les Conifères, mais toujours entourés des cellules qui sécrètent l'huile essentielle. Dans les Urticées et les Acanthacées, on remarque des corps pédiculés composés de parois de cellulose pénétrées de carbonate de chaux. L'épiderme des Prêles et de beaucoup de Graminées, les feuilles des *Moquilea* et des *Petræa*, sont pénétrés de silice au point qu'en les brûlant, on obtient le squelette de la feuille avec ses stomates et ses poils. (Schacht, *Lehrbuch der Anatomie und Physiologie der Gewæchse*, t. II, p. 121.)

M. Fremy a repris dernièrement l'analyse de la matière verte des feuilles ; il a trouvé qu'elle pouvait donner lieu à une matière bleue (phyllocyanine) et à une matière jaune (phylloxanthine). La première est plus altérable que la seconde ; sous des influences variées, elle peut perdre sa couleur bleue et la reprendre ensuite ; la couleur verte est le produit du mélange de ces deux substances.]

III. — L'ÉPIDERME des feuilles présente un nombre considérable de *stomates*. Ces organes existent indifféremment aux deux faces de la feuille dans les plantes herbacées ; dans les arbres, c'est en général à la face inférieure qu'on les observe en plus grand nombre, tandis qu'au contraire dans les feuilles étalées à la surface des eaux on ne les trouve qu'à la face en contact avec l'air : position qui indique aussi que ces organes ne servent pas à l'absorption de l'eau, comme beaucoup d'auteurs l'ont annoncé. Tantôt les stomates sont épars et sans ordre, d'autres fois ils sont disposés par séries ou lignes longitudinales, comme dans certaines Monocotylédones.

Ces deux lames d'épiderme recouvrent la partie formée par les fibres vasculaires et le parenchyme, et que de Candolle proposa de nommer *mésophylle*. Cet organe est quelquefois très-mince, ainsi qu'on l'observe pour les feuilles qui sont planes et membraneuses ; mais dans toutes les feuilles épaisses et charnues, dans les plantes grasses, *Sedum*, *Sempervivum*, *Rochea*, par exemple, le mésophylle est très-développé, et donne la forme à la feuille.

Cette structure de la feuille est à peu près la même dans tous les végétaux dont les rameaux s'étalent dans l'air. Mais certaines plantes vivent dans l'eau, et leurs feuilles offrent une organisation tout à fait différente de ce qu'elle est dans des plantes aériennes, ainsi que M. Brongniart l'a fort bien démontré. Déjà, dans les plantes dont les feuilles sont étalées à la surface de l'eau, comme les *Nymphæa*, certains *Polygonum*, etc., l'épiderme de la face supérieure porte seul des stomates ; la face inférieure, constamment en contact avec l'eau, en est dépourvue. Dans les *Potamogeton*, et autres, qui vivent dans les eaux douces et dont les feuilles sont submergées, l'épiderme disparaît et le parenchyme est recouvert par une cuticule très-mince et sans stomates. Mais les feuilles des Phanérogames submergées dans l'eau de la mer, (*Zostera* etc.) ont un épiderme dont les cellules sont chargées de chlorophylle.

[IV. APPARITION ET DURÉE DES FEUILLES. — La plupart des végétaux de nos climats se garnissent de feuilles au printemps et les perdent en automne ; on les nomme végétaux *à feuilles caduques*. Dans les pays chauds, les végétaux perdent leurs feuilles pendant la saison sèche et reverdissent après les premières pluies de la saison humide. Même dans nos climats quelques végétaux se comportent de la même manière. Je citerai l'*Anagyris fœtida*, arbrisseau de la famille des Légumineuses indigène en Algérie et dans le midi de la France, qui feuille en novembre, fleurit en décembre, conserve ses feuilles pendant l'hiver et le printemps, mais les perd en été quand ses gousses sont mûres. Le *Ferula glauca*, le *Canarina Campanula* et le *Cerinthe major* se comportent de même : desséchés en été, ils repoussent des feuilles à l'entrée de l'hiver. Avant de tomber en automne beaucoup de feuilles pâlissent et même deviennent jaunes ou rouges : tels sont les hêtres, les bouleaux, les érables, le ginkgo, les *Rhus*, la vigne, la vigne vierge (*Cissus quinquefolia*). Ce changement de couleur provient d'un affaiblissement de la nutrition qui amène l'atrophie dans les vaisseaux unissant le pétiole à la tige ; en outre, une couche séparatrice se développe entre le rameau et le pétiole : celui-ci se désarticule et la feuille tombe. Dans le chêne ordinaire, la feuille se dessèche sur l'arbre et persiste jusqu'au printemps suivant : on dit alors de la feuille qu'elle est *marcescente*. Sur les palmiers en général, et le dattier en particulier, les feuilles meurent, se dessèchent et se détruisent peu à peu sous l'influence des agents atmosphériques. Mais une nombreuse catégorie de végétaux ligneux ont mérité le nom d'arbres toujours verts. Un grand nombre appartiennent à la famille des Conifères et des Cycadées. Néanmoins il en est qui font partie d'autres familles: tels sont les chênes verts (*Quercus Ilex*), l'olivier, le buis, le fusain du Japon, le troëne du même pays, le lierre, le laurier d'Apollon, le laurier-cerise (*Cerasus Laurocerasus*) l'alaterne,(*Rhamnus Alaternus*), le *Cocculus laurifolius*, la pervenche, le *Daphne Laureola*, le gui (*Viscum album*), le *Ficus elastica*, le laurier-rose, les *Pittosporum*, les *Agave*, le *Ruscus aculeatus*, etc. De ce que ces végétaux sont toujours verts, cela ne veut pas dire qu'ils gardent les mêmes feuilles toute leur vie, mais seulement qu'elles ne tombent pas toutes dans une saison déterminée de l'année et se renouvellent partiellement à des époques variables pour chacune d'elles.

Ainsi, suivant Schacht, sur le pin sylvestre les mêmes feuilles ne persistent que pendant quatre ans, tandis que sur les sapins elles durent dix à douze années. Mais quand on se promène dans un bois de pins ou de sapins, l'épaisse couche de feuilles aciculaires jaunies et desséchées qui couvre le sol prouve que ces arbres perdent leurs feuilles comme les autres. Dans la plupart des arbres les feuilles apparaissent au printemps, avant les fleurs; il faut cependant excepter l'orme le noisetier, le bois-gentil (*Daphne Mezereum*), certains *Calycanthus*. Dans le colchique et le safran les fleurs se développent en automne, les feuilles au printemps suivant. Sur la plupart des arbres, les premières feuilles se montrent aux branches les plus élevées, exceptons cependant le *Sterculia platanifolia*. Le micocoulier (*Celtis australis*), grand arbre du midi de la France, présente une foliation anormale. Au printemps, certains rameaux distribués irrégulièrement sur la cime, sont couverts de feuilles entièrement développées et même de fleurs, tandis que sur les autres, les bourgeons ne sont pas même gonflés par la sève printanière. — Voy. Ch. Martins, *Revue horticole*, 1857.]

CHAPITRE VII

STIPULES.

On trouve à la base des feuilles, dans certains arbres, le tilleul, le saule, le poirier, par exemple, une petite écaille de chaque côté du pétiole, adhérente quelquefois avec ce dernier organe, mais se détachant ordinairement de très-bonne heure : ce sont des *stipules*.

Quand elles sont soudées au pétiole, leur union peut être plus ou moins intime. Ainsi quelquefois elles sont simplement attachées par leur base sur le pétiole; d'autres fois elles sont soudées avec lui, par toute la longueur d'un de leurs côtés, comme dans le rosier (*fig.* 95).

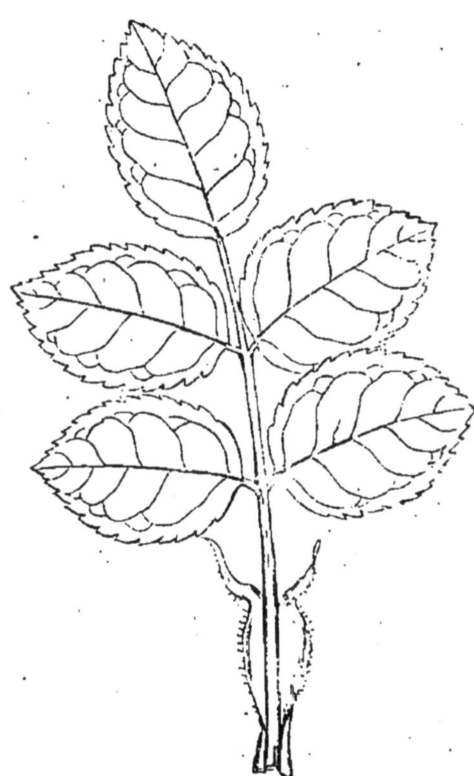

Fig. 95.

Les stipules ne sont pas toujours placées sur les parties *latérales* de la feuille; elles peuvent sembler naître de l'aisselle même de la feuille et être *axillaires*. D'autres fois encore elles constituent, en se soudant ensemble, une sorte de gaîne également axillaire, qui s'élève au-dessus du pétiole et qu'on nomme quelquefois *ochrea*. L'oseille, et en général les Polygonées, nous montrent des exemples de cette disposition.

Les stipules existent surtout dans les plantes dicotylédonées, rarement dans les monocotylédonées; elles fournissent d'excellents caractères pour la coordination des familles naturelles. Il y a, en effet, des groupes de végétaux où elles existent constamment : les Malvacées, les Méliacées, les Rosacées, les Légumineuses, les Urticées, etc. D'autres familles en sont toujours dépourvues : d'abord la plupart des Monocotylédonées, puis les Crucifères, les Labiées, les Solanées, etc. Après leur chute, elles laissent

Fig. 95. Feuille de rosier.

ordinairement, sur le jeune rameau, deux petites cicatrices indiquant la place qu'elles occupaient primitivement.

CHAPITRE VIII

VRILLES, CIRRES OU MAINS

On désigne sous ces noms des appendices ordinairement filamenteux, d'origine diverse, simples ou rameux, se roulant en spirale autour des corps voisins, et servant ainsi à soutenir la tige des plantes faibles et grimpantes.

Les *vrilles* ne sont jamais que des organes modifiés. Tantôt, en effet, ce sont des pédoncules floraux qui se sont allongés considérablement, comme dans la vigne : aussi les voit-on quelquefois porter des fleurs et des fruits. Tantôt ce sont des pétioles, comme dans beaucoup de *Lathyrus* (*fig.* 86), de *Vicia*, etc. D'autres fois, enfin, ce sont des stipules, ou même des rameaux avortés. Plus rarement ce sont les feuilles elles-mêmes, dont l'extrémité se roule ainsi et constitue des espèces de vrilles, comme dans l'œillet, et surtout dans le *Methonica gloriosa*.

La position relative des vrilles mérite beaucoup d'être observée ; car elle indique l'organe dont elles tiennent la place. Ainsi, dans la vigne, elles sont, comme les grappes de fleurs, *opposées* aux feuilles, ce qui fait voir que ce sont des grappes avortées ; elles sont axillaires dans les passiflores ; *pétioléennes* dans le *Lathyrus latifolius*, le *Fumaria vesicaria* ; quelquefois elles naissent des parties inférieures et latérales de la feuille et semblent tenir la place des stipules, comme dans les Cucurbitacées et certains *Smilax* ; mais c'est une simple apparence, car les *Smilax* sont des Monocotylédonés, et les Monocotylédonés n'ont pas ordinairement de stipules latérales ; elles peuvent être *simples* comme dans la bryone (*Bryonia alba*), ou *rameuses*, comme dans le *Cobœa scandens*.

On donne le nom particulier de *griffes* ou de *crampons*, aux racines que les plantes sarmenteuses et grimpantes enfoncent dans les corps sur lesquels elles s'élèvent, comme celles du lierre, du *Bignonia radicans*. On appelle *suçoirs* les filaments très-déliés que l'on rencontre sur la surface des griffes, et qui paraissent destinés à absorber les parties nutritives contenues dans le corps où elles sont implantées.

CHAPITRE IX

ÉPINES ET AIGUILLONS

Beaucoup de végétaux offrent, sur leur tige, leurs feuilles ou sur leurs autres organes, des appendices de forme variée, roides et aigus, dont la nature n'est pas toujours la même : ces appendices s'appellent *épines* et *aiguillons*.

Les *épines* (*spinæ*) sont des piquants formés par le prolongement du tissu ligneux du végétal ; tandis que les aiguillons (*aculei*) ne proviennent que de la partie la plus extérieure des végétaux, c'est-à-dire de l'écorce, dont on peut les détacher avec la plus grande facilité.

L'origine et la nature des épines ne sont pas moins variées que leur position. Ce sont presque constamment d'autres organes de végétation déformés, avortés et devenus spinescents. Ainsi, ce sont les feuilles dans certaines asperges de l'Afrique (*Asparagus horridus*), les stipules dans l'acacia, le jujubier, le groseillier à maquereau. Très-souvent elles ne sont que des rameaux avortés : par exemple dans le prunier sauvage. Aussi cet arbre, transplanté dans un bon terrain, change-t-il ses épines en rameaux. Les pétioles persistants de l'*Astragalus Tragacantha* se convertissent en épines ; il en est de même de ceux du *Volkameria aculeata*. Le tronc de quelques arbres est hérissé d'épines qui les rendent inabordables : telles sont diverses espèces de *Gleditschia*.

Suivant leur situation et leur origine, les épines sont *caulinaires*, quand elles naissent sur la tige, comme dans les cierges (*Cactus*), les *Gleditschia*. Elles sont *terminales*, quand elles se développent à l'extrémité des branches et des rameaux, comme dans le prunier sauvage (*Prunus spinosa*) ; *axillaires*, quand elles sont situées à l'aisselle des feuilles, comme dans le citronnier (*Citrus medica*) ; *infra-axillaires*, lorsqu'elles naissent au-dessous des feuilles et des rameaux, comme dans le groseillier à maquereau. Enfin, elles peuvent être *simples*, *rameuses*, *solitaires* ou *fasciculées*. Ces expressions s'entendent d'elles-mêmes et n'ont pas besoin d'être définies.

Les *aiguillons* ont été regardés par quelques physiologistes comme des poils endurcis. Ils sont très-peu adhérents aux parties sur lesquelles on les observe, et peuvent s'en détacher facilement, comme on le voit dans les *rosiers*.

CHAPITRE X

NUTRITION

La nutrition est la fonction par laquelle les végétaux, après avoir puisé, dans les milieux dans lesquels ils vivent, les gaz ou les liquides indispensables à l'entretien de leur vie, éprouvent les modifications nécessaires au développement des parties qui les constituent, et à la formation des organes nouveaux qu'ils doivent successivement produire. Ainsi que nous l'avons dit déjà, ce sont les racines et les feuilles qui sont les principaux organes de la nutrition.

Cette fonction est très-compliquée ; elle comprend plusieurs actes: 1° l'absorption des matières nutritives (*absorption*) ; 2° le mouvement par lequel ces matières circulent dans la plante (*circulation*) ; 3° l'élaboration du fluide nutritif par son contact avec l'air et l'acide carbonique (*respiration*) ; 4° par une déperdition d'eau (*transpiration*) ; 5° par l'élimination des matières formées par la nutrition, mais qui ne lui sont pas nécessaires (*excrétion*) ; 6° l'*assimilation* des principes nutritifs ; et enfin 7° l'*accroissement* des organes, résultat final de la nutrition.

De l'absorption du fluide nutritif. — La plante se nourrit de substances inorganiques, d'oxygène, d'hydrogène, de carbone, d'azote et de quelques sels minéraux. Ces substances en effet sont celles dont l'analyse nous montre l'existence dans les végétaux, celles qui, en se combinant entre elles, donnent naissance aux principes immédiats si variés qui les constituent. Ces substances sont les seuls aliments des végétaux : ils doivent les trouver et les puiser dans les milieux dans lesquels ils vivent, c'est-à-dire principalement dans l'atmosphère et dans le sol, où elles existent en effet. Tantôt elles y sont isolées; tantôt elles font partie de combinaisons que la plante a la puissance de détruire pour se les approprier. Examinons comment se fait l'absorption de ces principes nutritifs et leur introduction dans le végétal.

L'eau est le véhicule nécessaire des substances alimentaires de la plante; c'est elle qui plus tard constituera la *sève*. Par elle-même elle ne concourt pas à l'alimentation, elle est seulement le véhicule des corps que les végétaux doivent s'assimiler. Mais cependant une partie de l'eau que contient la plante, en se décomposant sous certaines influences que nous ferons connaître, devient un des agents de la nutrition. Pour le moment, étudions seulement l'eau comme le véhicule des principes nutritifs.

Ce sont spécialement les racines qui, par leurs fibres les plus déliées, puisent l'eau dans le sein de la terre pour l'introduire dans le végétal. Les racines, en effet, possèdent une force de succion très-considérable.

Plongées dans l'eau ou dans un milieu humide, on voit celle-ci pénétrer dans les racines avec une force et une rapidité souvent très-grandes. Hales, célèbre physicien anglais, met à nu une des racines d'un poirier en végétation, en coupe l'extrémité, et y adapte un tube rempli d'eau dont l'autre extrémité plonge dans une cuve à mercure. Au bout de six minutes le mercure s'était élevé de 27 millimètres dans le tube. Le même physicien fit une autre expérience qui prouve avec quelle force l'eau absorbée par les racines s'élève dans la tige. Le 6 avril, il coupa en travers, à une hauteur de 90 centimètres au-dessus de la terre, un cep de vigne, sans rameaux, d'environ 16 millimètres de diamètre. Il y adapta un tube à double courbure, qu'il remplit de mercure jusqu'auprès de la courbure, qui surmontait la section transversale de la tige. La séve qui en sortit eut assez de force pour élever en quelques jours la colonne de mercure à 879 millimètres au-dessus de son niveau primitif. Or, la pression d'une colonne d'air, de la hauteur de l'atmosphère, fait équilibre à une colonne de mercure de 760 millimètres. Dans ce cas, la force avec laquelle la séve s'élevait des racines dans la tige était donc plus considérable que la pression de l'atmosphère.

[M. Brücke a repris, en 1844, les expériences de Hales, relatives à la force ascensionnelle de la séve, sur les sarments d'un cep de vigne encore en bourgeons. Il a vu que cette force augmente chaque jour sous l'influence de la transpiration toujours croissante des pousses fraîchement feuillées jusqu'à ce que la végétation exige assez de suc et que l'évaporation pendant le jour en enlève une assez grande quantité pour que la perte de liquide subie par le corps ligneux surpasse notablement l'absorption qui est faite dans le sol ; il arrive alors qu'il ne se fait plus d'écoulement à aucune heure de la journée par les branches qu'on a coupées. Il a reconnu également que des tubes manométriques adaptés, à des hauteurs diverses, aux branches de la même vigne, indiquent dans la pression de la séve une différence généralement équivalente au poids d'une colonne liquide égale à la distance verticale entre les niveaux des deux sections. Il conclut de ces observations : 1° que les branches d'un même pied de vigne se comportent relativement à la tension de la séve qu'elles renferment de la même manière que les tubes communiquant entre eux ; 2° qu'une portion considérable de la longue colonne observée dans les tubes qu'on adopte à une faible hauteur au-dessus du sol doit être mise sur le compte de la pression hydrostatique de la masse de liquide contenue dans les branches de la vigne au-dessus du niveau auquel les tubes manométriques sont fixés. M. Hofmeister ne partage pas cette opinion ; il constate que la variation diurne de la hauteur de la colonne liquide est beaucoup plus forte dans les manomètres placés à la partie inférieure du cep. Si l'on redresse une branche de vigne horizontale, la colonne devient plus courte, mais se rallonge de nouveau si l'on remet le sarment dans la position horizontale, pas autant toutefois que M. Brücke l'avait annoncé. M. Hofmeister s'est, en outre, assuré par l'expérience, que la force d'impulsion gît dans les racines. En effet, il a coupé une racine de vigne entre deux terres ; puis adapté un manomètre à cette racine séparée de la tige et un autre au tronçon encore adhérent à la tige. Constamment le mercure s'est tenu plus haut dans le manomètre adapté à la racine séparée du tronc. Cette expérience infirme l'opinion de Brücke sur l'influence de la pression hydrostatique des parties supérieures. La température de l'air, la sécheresse et l'humidité du sol ont une grande influence sur la force ascensionnelle de la séve. Après une sécheresse il suffit d'arroser le pied de vigne pour que le mercure s'élève dans le tube. Si l'air devient humide après avoir été sec, le mercure baisse. M. Hofmeister a vérifié ces faits sur des plantes herbacées, *Digitalis media*, *Sonchus oleraceus*, *Chenopodium album*, *Papaver somniferum*, qui ont élevé la colonne mercurielle de 11 à 30 millimètres. L'auteur conclut à l'influence prédominante de l'action endosmotique de la radicule contenant de la gomme, du sucre, de la dextrine, des sels solubles, sur l'eau rélativement pure contenue dans le sol.]

La rapidité avec laquelle l'eau s'élève dans la plante n'est pas moins grande que la force de succion qui l'introduit sans cesse dans les racines. Si l'on arrose une plante qui commence à se flétrir par le défaut d'arrosage, au bout de peu d'instants on la voit reprendre toute sa vigueur, et ses parties leur rigidité, par suite de la séve que la terre humectée leur a fournie, et qui a pénétré ses organes. Dutrochet a fait un grand nombre d'expériences pour constater le temps que certaines plantes emploient pour revenir à cet état, qu'il nomme *turgide*, lorsqu'elles l'ont perdu par l'évaporation [1].

Les feuilles concourent également à l'absorption des sucs nutritifs. L'action qu'elles exercent est double : 1° elles favorisent la succion des racines par l'évaporation qui se fait presque constamment à leur surface, et y déterminent un vide que l'eau tend sans cesse à remplir ; 2° les feuilles ne sont pas par elles-mêmes des organes d'absorption. Elles n'absorbent ni de l'eau liquide, quand elles sont plongées naturellement ou accidentellement dans le liquide, ni l'eau en vapeur existant à peu près constamment dans l'atmosphère. Unger et Duchartre s'en sont assurés par des expériences directes ; l'humidité de l'air et l'arrosement des feuilles favorisent la végétation en diminuant l'évaporation des feuilles et non pas en absorbant directement l'eau liquide ou à l'état de vapeur. Les plantes des lieux secs sont celles dont la constitution est telle qu'elles peuvent subsister sans absorber constamment de l'eau, mais seulement à de longs intervalles.

[1] [Sur tous ces points nous ne pouvons, sans dépasser les limites imposées à un Traité élémentaire, indiquer les détails des observations et des expériences ; on les trouvera assez longuement développés dans Hofmeister : *Ueber Spannung, Ausflussmenge und Ausflussgeschwindigkeit von Sæften lebender Pflanzen*, in *Flora*, 1862, p. 97 et suiv. ; et aussi dans J. Sachs, *Traité de bot.*, trad., liv. III, chap. I.]

L'eau pénètre dans le tissu des racines et des feuilles par une force physico-organique, dont Dutrochet a le premier constaté l'existence, et qu'il a désignée sous le nom d'*endosmose*. C'est cette force qui non-seulement détermine l'introduction de l'eau, mais qui concourt aussi puissamment à l'ascension de la séve. Voici en quoi elle consiste. Quand deux liquides de densité différente sont séparés par une membrane poreuse, de nature animale ou végétale, il s'établit entre eux un courant par lequel le liquide moins dense tend à se porter vers le plus dense pour se mêler à lui. Ainsi, quand on prend une petite vessie de nature organique remplie d'une solution aqueuse de gomme, de sucre ou de lait, si on la plonge dans l'eau pure, on voit celle-ci traverser les parois de la vessie, et venir graduellement s'ajouter à l'eau plus dense que celle-ci contenait. Si à cette petite vessie, ainsi disposée, on ajoute un tube gradué communiquant avec elle, le liquide qui y pénètre par suite de l'endosmose, en augmentant la masse du premier, en élève successivement le niveau et remplit le tube à des hauteurs variées. C'est cet instrument que Dutrochet appelait un *endosmomètre*, et à l'aide duquel il mesurait la force d'endosmose. Si, au contraire, la vessie était remplie d'eau pure et qu'on la plongeât dans un liquide plus dense, un mouvement semblable, mais en sens inverse, s'y manifesterait ; l'eau pure de la vessie en sortirait pour venir se mêler à celle dans laquelle la vessie était plongée.

C'est à l'aide de la force endosmotique que l'on explique aujourd'hui l'introduction de la séve dans le tissu des racines et son ascension dans toutes les parties du végétal. Tous les organes qui composent la plante forment un tout continu. Les utricules qui constituent les fibres radicales sont remplies de liquides d'une densité plus grande, car elles contiennent de la gomme, du sucre, de l'albumine, etc. Par suite du phénomène de l'endosmose, ces liquides attirent l'eau du sol et la font passer dans les utricules les plus superficielles, et ensuite de là, par des causes que nous développerons davantage en parlant de la circulation de la séve, dans les autres parties du tissu végétal.

[Quelque importantes que soient les expériences de Dutrochet, elles ne suffisent pas à rendre complétement compte des mouvements moléculaires dans l'absorption. Par cela seul que les phénomènes changent subitement dans une cellule morte, il est démontré que ce qui, dans l'absorption, est dû à la fonction physiologique, c'est-à-dire à l'état particulier et inconnu du protoplasma vivant, et à la structure moléculaire de chaque cellule végétale, ne peut être exactement reproduit par des expériences faites avec des membranes animales mortes et d'une structure moléculaire non identique.]

De Saussure, dans ses *Recherches chimiques sur la végétation*, page 240, rapporte un grand nombre d'expériences qu'il a faites sur la succion des racines. Il est arrivé ainsi à plusieurs résultats importants, dont nous citerons ici les principaux : 1° Les racines n'absorbent que les matières dissoutes dans l'eau : une matière insoluble, quelque ténue qu'on puisse la supposer, n'est jamais absorbée. Ainsi une racine plongée dans de l'eau contenant de la silice suspendue au moyen d'un peu de sucre, n'a absorbé aucune trace de silice. 2° Les matières en dissolution sont absorbées d'autant plus facilement qu'elles sont plus fluides. C'est ainsi que l'on peut expliquer pourquoi des racines en contact avec de l'eau chargée de plusieurs sels en absorbent toujours quelques-uns en plus grande quantité que d'autres. 3° L'eau pure est absorbée plus facilement que l'eau contenant des matières étrangères. 4° Les racines absorbent aussi bien les matières nuisibles à la végétation que celles qui lui sont favorables. Elles ne sont donc pas douées, comme quelques physiologistes l'avaient avancé, d'une sorte d'action élective qui leur ferait rejeter ce qui peut leur nuire. De Saussure a reconnu que le sulfate de cuivre, qui est si peu favorable à la végétation, était le sel qu'un certain nombre de végétaux avaient absorbé en plus grande quantité. D'ailleurs ne savons-nous pas que beaucoup d'expérimentateurs ont fait absorber aux racines des poisons plus ou moins énergiques, qui souvent ont déterminé des accidents comparables à ceux qu'ils produisent sur les animaux.

Plus récemment, M. le professeur Bouchardat (*Comptes rendus*, 8 juin 1846), par des expériences très-précises, a infirmé quelques-uns des résultats du célèbre physicien de Genève. Selon lui, les racines qui plongent dans l'eau absorbent indifféremment toutes les substances dissoutes dans ce liquide. Mais les excrétions qu'elles rejettent par leurs racines peuvent présenter de très-grandes différences ; ce sont ces excrétions qui, en s'ajoutant aux sels restant dans le liquide, ont donné à de Saussure des résultats quelquefois erronés.

[Dans une thèse présentée à la Faculté des sciences de Strasbourg en 1861, M. Cauvet, pharmacien militaire, a repris la question de l'absorption par les racines. Il conclut de ses expériences que les racines physiologiquement saines n'absorbent pas indifféremment toutes les substances dissoutes dans l'eau : elles n'absorbent les substances colorées, soit vénéneuses, soit inertes, qu'après une destruction plus ou moins complète de leur extrémité ; elles meurent alors et entraînent la mort de la plante, si celle-ci ne peut développer de nouvelles racines. Quand une plante survit à l'action du poison, celui-ci se localise dans les feuilles, qui meurent successivement. M. Cauvet a été amené par ses expériences à rejeter également les excrétions des racines indiquées par Macaire, soutenues par de Candolle, Chatin et Bouchardat.

D'après les dernières recherches de Way, *On the Power of soils to absorb manure* (*Journal of the Royal Agricultural Society of England*, 1850); étendues par Liebig, la racine ne trouve pas dans le sol des matières dissoutes dans l'eau. Mais elle sécrète, selon Liebig, de l'acide carbonique qui rend les substances solubles. Une plante végétant dans la solution de tournesol ne tarda pas à la colorer en rouge ; on fit ensuite bouillir la solution, et la couleur bleue reparut. Becquerel avait déjà signalé la sécrétion d'un acide par les racines, et les jardiniers savent que des débris de corne se consomment très-lentement dans la terre qui n'est pas couverte de plantes ; très-rapidement, au contraire, si elle porte des végétaux dont les racines la pénètrent de tous côtés. Les racines du *Colocasia antiquorum* ont la propriété d'empêcher l'eau de croupir. Schacht s'est assuré, à Madère, qu'un *pétiole* de feuille de la même plante placé dans l'eau ne l'empêcha pas de pourrir au bout de peu de jours.]

De la circulation de la séve. — Les liquides que les racines ont absorbés par suite du phénomène de l'endosmose, et qui ont pénétré dans le végétal par le tronc et les branches, constituent la *séve* ou le fluide nutritif du végétal. Ce fluide, dans la période active de la végétation, est sans cesse en mouvement. Il se porte vers tous les organes périphériques, soit pour s'y modifier, soit pour les nourrir. Dans les végétaux, en effet, la circulation est beaucoup plus compliquée que chez les animaux. La séve se meut, non pas seulement comme le sang dans un système unique de vaisseaux ; mais, par suite de la forme utriculaire ou vasculaire de tous les éléments anatomiques de la plante, par suite de la perméabilité de tous ses organes, il existe dans les végétaux, indépendamment d'une circulation générale qui porte la séve des parties inférieures de la plante vers les feuilles et la ramène ensuite des feuilles vers la racine, deux autres mouvements tout à fait indépendants de celui-ci. L'un s'exécute dans chaque utricule en particulier, on lui donne le nom de *giration*. L'autre a lieu dans les vaisseaux, laticifères et constitue la *cyclose*. Étudions d'abord ces deux derniers mouvements partiels avant de parler de la circulation générale.

I. Giration. — C'est le mouvement giratoire qu'on observe dans le liquide contenu dans chaque utricule en particulier : on l'appelle aussi *rotation*. Quand on examine les poils transparents de quelques végétaux, poils formés uniquement d'utricules placées les unes à la suite des autres, ou l'utricule centrale occupant la tige des *Chara*, ou le tissu utriculaire dans une foule d'autres végétaux qui croissent dans l'eau, on voit, à travers leurs parois transparentes, le suc nutritif se mouvoir. Or ce mouvement devient visible, parce que le suc nutritif contient une grande quantité de corpuscules excessivement fins dont on peut suivre les déplacements successifs. On reconnaît alors que, dans chaque utricule, le courant giratoire a lieu en suivant successivement chacune de ses parois, c'est-à-dire qu'il existe à la fois quatre courants qui se suivent : l'un ascendant, l'autre descendant sur la paroi opposée, et deux horizontaux, l'un marchant de gauche à droite, l'autre de droite à gauche. La première découverte de ce mouvement est due à Bonaventura Corti, de Modène, qui l'a publiée en 1775. Depuis cette époque, un grand nombre de physiologistes : Treviranus, Schultz, Amici, Poiseuille, Donné, Dutrochet et Slack, etc., s'en sont successivement occupés.

En général, le mouvement giratoire est parfaitement indépendant dans chaque utricule, c'est-à-dire que les courants marchent en sens inverse dans deux utricules juxtaposées. Quelquefois ce mouvement ne se fait pas d'une manière aussi simple. Il se compose de plusieurs courants qui semblent partir d'un point commun, comme un ruisseau qui se partagerait en plusieurs branches.

Jusqu'à présent on n'a pu reconnaître positivement la véritable cause de ce mouvement, sur lequel la chaleur, l'électricité, les irritants, exercent une influence marquée sans qu'on puisse les regarder comme en étant la cause déterminante.

Quoique la rotation n'ait pu être observée dans tous les végétaux, dont le suc et les tissus ne se prêtent pas toujours à cette observation délicate, cependant elle a été constatée dans un trop grand nombre de végétaux différents les uns des autres, pour qu'il ne soit pas permis de la considérer comme un phénomène général. Aussi peut-on admettre que le suc contenu dans chaque utricule du tissu des végétaux est soumis à un mouvement qui le promène successivement contre tous les points de la surface de l'utricule.

[Si l'on chauffe l'eau dans laquelle la plante végète, la circulation devient plus rapide ; toutefois il ne faut pas que cette température dépasse 27°. Si l'eau est à 45°, la plante meurt immédiatement, ainsi qu'avec un froid de — 2° à — 5°. L'absence de lumière n'a d'autre influence que celle qui résulte d'une végétation moins active. De l'eau de chaux suspend le mouvement ; le lait, une solution de gomme ou de sucre l'accélèrent dans le *Vallisneria spiralis*. Un courant électrique suspend la giration, qui recommence quoique le courant ne soit pas interrompu. Toute action mécanique, des secousses, une piqûre, produisent le même effet. H. Mohl estime la rapidité du mouvement giratoire à 0mm,05 dans les poils de *Tradescantia* et 0mm,31 par seconde dans le *Chara*. La cause de ce mouvement est, suivant Unger, une conséquence de la constitution du protoplasma, corps éminemment azoté qui se contracte d'une manière rhythmique comme la substance animale à laquelle on a donné le nom de sarcode. K. H. Schultz a observé dans la Méditerranée un animal de la classe des Rhizopodes et de l'ordre des Polythalames confondus autrefois avec les Polypes : c'est l'*Amœba porrecta*. Elle projette dans tous les sens des portions de son corps qui se ramifient et acquièrent une longueur dix fois supérieure à celle du corps, et sont si fines, qu'on ne les aperçoit qu'avec un grossissement de 400 fois. La forme du corps varie à chaque instant, suivant que cette substance liquide formé des prolongements d'un côté ou de l'autre ou les ramène vers le centre. Un double courant entraînant des granules se meut dans chacun de ces prolongements, exactement comme le protoplasma des cellules dans les cotylédons de la graine du noyer commun.]

II. Cyclose. — Nous connaissons les vaisseaux laticifères, leur arrangement et la place qu'ils occupent dans les divers organes de la plante. C'est en eux que s'accomplit le mouvement circulatoire observé pour la première fois en 1820 par K. H. Schultz (de Berlin), et que ce savant a désigné sous le nom de *cyclose*. Disons d'abord quelques mots du latex ou du fluide contenu dans les vaisseaux laticifères.

C'est un fluide ordinairement coloré, tantôt blanc, tantôt jaune ou rougeâtre. Cette coloration est due à la présence de corpuscules opaques de couleur variée, qui, réunis en abondance dans un liquide aqueux et transparent, lui communiquent leur coloration, comme les globules du sang et ceux du lait donnent à ces liquides, incolores par eux-mêmes, la couleur rouge ou blanche qui leur est propre. Quelquefois, au contraire, le latex est incolore ou à peu près incolore. Dans ce cas, les globules y existent encore, mais ils sont ou beaucoup moins nombreux ou même incolores. Lorsqu'on abandonne à lui-même le latex, recueilli dans un vase plat, il se comporte comme le sang et se partage en deux parties : un liquide incolore ou légèrement coloré en brun, et une matière solide formant une sorte de caillot, composé surtout des globules colorés. Or ces globules eux-mêmes contiennent des matières variées toutes insolubles dans l'eau : matière grasse, caoutchouc, etc. Dans l'opinion de Schultz, les gouttelettes de ces matières formant les granulations du latex seraient enveloppées chacune d'une membrane formant vésicule, dont H. Mohl a contesté l'existence.

C'est le suc que nous venons de décrire qui circule dans les vaisseaux laticifères. On peut en observer et en suivre les mouvements, soit sur une feuille jeune très-mince, soit dans un sépale ou un pétale adhérents encore à la plante, surtout quand celle-ci contient une quantité notable de suc propre et coloré, par exemple dans la chélidoine, le pavot, le salsifis. Mais quand les organes qui contiennent les vaisseaux laticifères sont trop épais pour laisser apercevoir ces derniers, on peut les mettre à nu par des coupes minces qui permettent de les bien distinguer. L'un des organes qui se prêtent le mieux à ce genre de recherches, c'est la grande stipule qui recouvre le bourgeon terminal dans le *Ficus elastica*. En enlevant soigneusement l'épiderme sur une de ses faces, les laticifères sont mis à nu et le mouvement du suc qu'ils contiennent devient manifeste. Or voici en quoi il consiste. Les vaisseaux laticifères, par leurs fréquentes anastomoses, forment un réseau à mailles irrégulières. Si l'on soumet ces vaisseaux à l'observation microscopique, on voit le liquide qu'ils contiennent obéir à un mouvement qui, entraînant les globules avec lui, établit un courant qui embrasse les diverses anses formées par les anastomoses, en parcourant une sorte de cercle. Très-souvent, en observant attentivement ce mouvement, on voit le courant passer d'une anse dans une autre, ces différents points du réseau vasculaire communiquant librement entre eux.

Le latex est un produit de la nutrition. Il se forme surtout dans les feuilles, par suite des phénomènes respiratoires dont ces derniers organes sont le siége. De là il se rend en abondance dans la partie intérieure de l'écorce des végétaux dicotylédonés; ou dans les faisceaux ligneux, épars dans la tige des Monocotylédones. Selon Schultz, il représente dans les plantes le sang des animaux, et est l'agent principal de la nutrition et du développement des organes. Nous n'adoptons pas entièrement cette opinion, et lorsque nous traiterons de la séve descendante, nous montrerons les rapports et les différences qui existent entre elle et le fluide des vaisseaux laticifères.

[Unger partage complétement l'opinion de Richard; il rejette le nom de *latex*, qui signifie liquide vital, et regarde les sucs laiteux comme sécrétés dans les vaisseaux où ils circulent. Ces sucs manquent dans la plupart des végétaux et ne sauraient donc être considérés comme appartenant à la circulation générale qui existe chez tous. Ils contiennent des substances qui supposent déjà une assimilation préliminaire, celle de la séve élaborée. On y trouve des huiles essentielles, des résines, de la cire, des baumes, des sucs extractifs, des alcaloïdes, des sels, du caoutchouc, de l'albumine, de la gomme, du sucre et de la fécule, qui, réunis ou séparés, communiquent aux sucs lactescents les propriétés les plus diverses. Ainsi, dans le même genre, on trouve des espèces à sucs lactescents doux, ou à sucs lactescents âcres. Exemple : *Euphorbia canariensis* et *E. balsamifera*, *Lactuca virosa* et *L. sativa*, *Antiaris toxicaria* et *A. innocua*. De tels sucs ne peuvent être considérés comme servant à la nutrition générale, quoique la science ne puisse pas dire comment ils se produisent. On n'a pas démontré que ces sucs fussent toujours en mouvement, mais H. Mohl et Amici ont fait voir qu'on pouvait les mettre en mouvement par un choc, une blessure des vaisseaux, des changements de température, etc.]

III. Circulation de la séve proprement dite. — La séve, pour circuler dans les différentes parties de la plante, obéit à deux mouvements en sens inverse : l'un qui l'élève des racines vers la feuille ; l'autre qui la ramène des feuilles à la racine. Le premier forme la *séve ascendante ;* le second, *la séve descendante*.

A. Séve ascendante. — Au retour du printemps, quand le soleil vient réchauffer l'atmosphère, il se manifeste dans les végétaux une excitation générale qui, éveillant l'action absorbante des racines, détermine la séve à s'élever vers les parties supérieures : c'est la *séve ascendante*. Dans la première période de la végétation, la séve est un liquide essentiellement aqueux, provenant de l'humidité du sol et de l'atmosphère, contenant des traces de principes immédiats, gomme, sucre, albumine, glutine et quelques sels en dissolution. Mais par les progrès de la végétation la proportion de ces matières y augmente, et la séve parvenue aux sommités de la plante contient beaucoup plus de principes organiques que celle que l'on recueillerait dans le voisinage de là racine.

C'est la séve ascendante qui, en affluant dans les rameaux chargés de bourgeons, gonfle ceux-ci et leur fournit une partie des fluides nécessaires pour leur développement, car l'ascension de la séve au printemps précède toujours l'évolution des bourgeons. Tout le monde sait qu'on taille la vigne vers les mois de mars et d'avril, à une époque où les bourgeons sont encore à l'état de repos. Chacun a pu voir sortir des rameaux que l'on retranche un liquide aqueux et abondant constituant ce que l'on nomme vulgairement les *pleurs de la vigne*. Ce liquide, qui monte avec une force si grande, comme le montre l'expérience de Hales (voy. p. 140), n'est rien autre chose que la séve ascendante puisée par les racines dans le sein de la terre. Dans cette première période de la végétation, l'ascension de la séve est uniquement occasionnée par la force de succion des racines; mais plus tard, quand les bourgeons se sont développés, quand la jeune branche qu'ils renferment s'est élancée du sein des écailles qui la protégent, quand enfin les feuilles se sont développées dans l'atmosphère, ces derniers organes aident puissamment à l'ascension de la séve, par l'évaporation qui se fait à leur surface.

La séve monte dans les arbres dicotylédonés par les couches ligneuses de la tige. Dans les arbres jeunes et vigoureux, c'est par toute l'épaisseur des couches ligneuses, mais plus particulièrement par celles qui occupent la partie intérieure. Une expérience bien simple peut le démontrer. Si, au printemps, on perce la tige d'un orme ou d'un peuplier, par exemple, au moyen d'une tarière, on voit que les fragments qui proviennent des couches ligneuses extérieures sont presque secs. Mais à mesure que la tarière entame des couches plus rapprochées du centre, on reconnaît qu'elles sont de plus en plus imprégnées d'humidité, et bientôt on voit s'écouler au dehors la séve qui s'échappe des tissus de la tige coupés par l'instrument, en faisant entendre un bruissement occasionné par des bulles de gaz qui s'échappent en même temps. C'est à travers tous les tissus qui constituent les couches ligneuses que se fait le transport de la séve ascendante, c'est-à-dire à la fois par les tubes fibreux et les fausses trachées disposées au milieu de ces derniers. Il est certain qu'au printemps, quand l'afflux de la séve est très-considérable, les vaisseaux en contiennent toujours. Mais ce qui n'est pas moins réel, c'est qu'au bout d'un certain temps les vaisseaux se vident, deviennent des canaux aériens, et concourent spécialement à la respiration.

Les différents tissus qui forment les couches ligneuses constituent un tout continu. En s'élevant des racines vers les feuilles, non-seulement la séve monte directement, mais elle se répand aussi latéralement dans toutes les parties constituantes de la tige; c'est ce que montre l'expérience curieuse de Duhamel. Ce célèbre expérimentateur a fait à différentes hauteurs, sur un jeune arbre, des entailles superposées pénétrant jusqu'au canal médullaire, assez multipliées pour que, dans leur ensemble, elles entamassent toute l'épaisseur de la masse ligneuse. Par ce moyen il n'existait plus de communication directe entre la racine par laquelle la séve s'introduisait et les feuilles vers lesquelles elle monte dans les cas ordinaires. Néanmoins le suc nutritif continua à y arriver jusqu'aux feuilles, et les phénomènes de la végétation, à peine ralentis un instant, reprirent leur cours ordinaire. La séve, arrêtée dans son ascension verticale par les entailles faites à l'épaisseur de la tige, s'était déjetée latéralement vers les parties non entamées, et, par cette voie rompue et en zigzag, était arrivée jusqu'aux feuilles.

Le mouvement ascensionnel de la séve se manifeste au printemps et se continue jusqu'au moment où les bourgeons se sont développés en rameaux et en feuilles. Mais petit à petit il s'arrête ou du moins se ralentit. C'est alors que les tissus nouveaux qui se sont formés se perfectionnent et prennent toutes les qualités qui leur sont propres. On reconnaît aisément cette cessation du mouvement ascensionnel du suc nourricier à la difficulté qu'on éprouve alors à séparer l'écorce du bois, même sur les jeunes branches, tandis que cette séparation se fait aisément au printemps, quand la séve est dans sa force d'ascension.

Cependant, il est un certain nombre de végétaux chez lesquels à ce mouvement printanier de la séve en succède un autre vers la fin de l'été, et que, pour cette raison, on désigne communément sous le nom de *séve d'août*. Quand la végétation printanière a parcouru ses diverses phases, et que les feuilles commencent déjà à prendre cette teinte jaunâtre, présage de leur chute prochaine, les bourgeons formés à leurs aisselles, et surtout ceux qui occupent le sommet des rameaux, déterminent un nouveau mouvement de la séve, et en se développant forment une nouvelle végétation qui vient en quelque sorte rajeunir l'arbre prêt à se dépouiller. Ce phénomène s'observe principalement dans les arbres dont la végétation commence de très-bonne heure, et dont, par conséquent, les bourgeons peuvent acquérir le plus grand développement avant la chute des feuilles : tels sont surtout le peuplier d'Italie, le tilleul, et quelquefois le marronnier d'Inde et le poirier. Il se manifeste aussi quand, après un été très-chaud et très-sec qui a dépouillé de bonne heure les arbres de leurs feuilles, surviennent des pluies chaudes et abondantes.

En s'élevant des racines jusqu'aux feuilles à travers les différents tissus qui constituent les couches ligneuses, la séve ascendante se modifie graduellement dans sa composition. Elle trouve, en effet, amassées dans les tissus qu'elle traverse, des matières qu'elle dissout et qu'elle entraîne avec elle, matières produites par les végétations précédentes, comme de la gomme, du sucre, de l'albumine, de la caséine, des sels, etc. : c'est ainsi que la séve qui circule dans les parties supérieures de la plante offre une composition plus riche en principes organiques. Nous reviendrons sur ce point en traitant prochainement des phénomènes de l'assimilation.

Maintenant, quelle est la cause qui détermine l'ascension de la séve? Cette cause est nécessairement complexe. Nous avons vu tout à l'heure comment l'*endosmose* faisait pénétrer l'eau dans les racines. En continuant à agir, cette force concourt également à l'ascension de la séve et à sa diffusion dans toutes les parties du végétal. Pour bien comprendre cette action, rappelons-nous ce que nous avons dit de l'*endosmomètre*, c'est-à-dire de l'instrument à l'aide duquel Dutrochet mesurait la force de l'endosmose. L'eau absorbée par la vésicule placée au bas du tube s'élevait graduellement dans celui-ci, bien que par lui-même il ne concourût pas à cette action. Il en est de même dans le végétal. Dès que la force endosmotique a fait pénétrer l'eau dans les racines, cette eau tend à s'élever non-seulement parce que l'action incessante des racines, en introduisant sans cesse du liquide, soulève celui qui y avait déjà pénétré, mais parce qu'en même temps une force nouvelle, agissant à l'autre extrémité du végétal, vient s'ajouter à celle des racines. Cette force, c'est la transpiration continue qui se fait par la surface des feuilles, c'est le vide qu'elle occasionne : ce sont là évidemment les deux causes principales de l'ascension de la séve. Plusieurs autres viennent encore s'y ajouter. Ainsi, par exemple, la *capillarité* des tubes constituant les tissus ligneux, la température plus ou moins élevée, l'influence de la lumière, du fluide électrique, etc., doivent nécessairement favoriser le mouvement ascensionnel du fluide nutritif.

Le végétal peut être considéré comme un tout continu dont toutes les parties communiquent immédiatement les unes avec les autres. Les organes qui sont destinés à contenir la séve étant tous en contact, il s'établit entre eux une sorte de solidarité, qui tend sans cesse à rétablir l'équilibre, quand, par une cause quelconque, il a été rompu dans un point. Ainsi, l'évaporation qui s'opère dans les feuilles doit faire un appel puissant aux sucs contenus dans les parties avec lesquelles les feuilles communiquent, et cet appel, en se propageant de proche en proche, détermine un mouvement ascensionnel dans toute la masse tissulaire de la plante. Si nous y ajoutons la force de succion si puissante qui existe dans les racines, il nous semble que nous pourrons facilement nous rendre compte de l'ascension de la séve des racines vers les feuilles. Cependant la succion agit quelquefois seule, c'est-à-dire indépendamment de la déperdition par les feuilles, et suffit pour élever la séve dans toutes les parties de la plante. C'est ce qui arrive, par exemple, au printemps, quand les bourgeons ne se sont pas encore épanouis. Mais, dans ce cas aussi, il est possible d'admettre qu'il y a néanmoins une légère évaporation par toute la surface de la plante, qui favorise l'action absorbante de la racine.

[M. Jamin, professeur de physique à l'École polytechnique, a construit un appareil qui reproduit tous les phénomènes de l'ascension de la séve dans un arbre garni de ses feuilles. Voici en quoi il consiste. Les racines des plantes se ramifient de plus en plus à partir du tronc et se terminent par des radicules entourées d'une membrane continue et poreuse ; cette division, n'ayant d'autre effet que d'augmenter la surface absorbante, on peut remplacer le chevelu des racines par la paroi poreuse et lisse d'un alcarazas qu'on plonge dans un milieu humecté. Le corps ligneux de l'arbre avec ses cellules, ses fibres, ses vaisseaux séparés par des méats et des interstices capillaires, sera remplacé par du plâtre ou un corps poreux quelconque, qui, remplissant l'alcarazas, s'élèvera en une colonne unique représentant le tronc du végétal. Un autre alcarazas rempli de la même poudre tassée remplacera la surface évaporante des feuilles. L'appareil étant placé dans du sable humide fonctionne comme un végétal. L'eau puisée dans le sable s'élève à une hauteur équivalente à plusieurs atmosphères ; arrivée à la surface supérieure, elle s'évapore constamment, et, à mesure qu'elle disparaît, elle est remplacée par celle que le sol lui cède continuellement. Aussi voit-on le sable se dessécher peu à peu et presque complétement, le mouvement d'absorption et d'évaporation se ralentir et même s'annuler, mais se reproduire et s'activer aussitôt qu'on arrose l'appareil. M. Jamin démontre que la force ascensionnelle ne varie pas avec l'étendue de la surface absorbante et évaporante, mais seulement la quantité d'eau absorbée. C'est ce qu'on vérifie dans la nature. La séve continue à monter dans un peuplier auquel on a retranché la plupart de ses branches, seulement il en monte moins. La force ascensionnelle dans l'appareil est d'autant plus grande que le sable sera plus humide et l'évaporation plus forte, c'est-à-dire l'atmosphère plus sèche. Ces faits sont connus depuis longtemps de tous les arboriculteurs. Si l'air est saturé d'eau, l'évaporation cessera et la séve ne montera plus.]

Nous venons de suivre la séve dans un mouvement ascensionnel des racines vers les feuilles. Parvenue dans ces derniers organes, elle y éprouve des modifications qui changent sa nature : ainsi, par la *transpiration* elle perd une partie de l'eau qui la constituait ; par des *excrétions* variées elle rejette certains produits devenus inutiles ou étrangers à sa nutrition. Mais, par son contact avec l'air atmosphérique et avec l'acide carbonique qu'il contient, la séve acquiert des qualités nouvelles, et, par suite de cette véritable *respiration*, elle se convertit en un fluide qui, suivant une route inverse, redescend des feuilles vers les racines, en constituant la *séve descendante*. Nous allons donc étudier successivement la transpiration, la respiration et les excrétions, avant de parler du mouvement rétrograde de la séve.

Transpiration végétale. — Les végétaux *transpirent*, c'est-à-dire, perdent par leur surface une proportion de l'eau qu'ils contiennent. Cette *transpiration* est *insensible*; car, l'eau s'exhalant à l'état de vapeur, on ne peut la voir, puisque l'atmosphère la dissout et l'entraîne à mesure qu'elle se forme. Mais, dans certaines circonstances, la transpiration devient manifeste, son produit se condensant à l'état d'eau liquide. C'est ce qui arrive souvent pendant la nuit, quand la température s'est rapidement abaissée ; l'eau transpirée par la plante se condense en gouttelettes liquides sur la surface des feuilles, ou pendantes à leur extrémité. On s'est assuré par l'expérience, ainsi que Muschenbroeck l'avait déjà démontré, que ces gouttelettes provenaient de la transpiration de la plante, et non de la rosée ; en recouvrant d'une cloche de verre un pied de pavot, et en interceptant toute communication entre l'atmosphère et l'intérieur de la cloche, les feuilles se couvraient également de gouttelettes. On comprend que l'état hygroscopique de l'atmosphère, son état de repos ou d'agitation, sa température, etc., doivent exercer une grande influence sur la transpiration. Toutes choses égales d'ailleurs, elle est d'autant plus considérable que l'air est plus sec, plus chaud et plus agité. Elle est, au contraire, moins grande la nuit que le jour. Senebier a prouvé que l'eau absorbée par les racines n'était qu'en partie rejetée par la transpiration. Suivant cet habile physiologiste, la plante n'exhale guère que les deux tiers de l'eau qu'elle a absorbée. Dans quelques circonstances exceptionnelles, la transpiration devenant plus considérable, l'absorption des racines ne suffit plus à en fournir tous les matériaux, l'équilibre est rompu ; la plante souffre, languit, se fane, à moins qu'une quantité nouvelle d'eau ne soit fournie aux racines, soit par la pluie, soit par un arrosement artificiel.

[Ainsi que l'ont démontré les expériences de M. de Bary (*Botan. Zeitung*, 1869, p. 882), la transpiration végétale s'opère principalement par les ouvertures des *stomates*, dont la plupart des feuilles sont criblées ; cependant les parties qui en sont dépourvues transpirent aussi, mais moins abondamment. MM. Unger et Garreau ont mesuré la quantité relative d'eau évaporée par des feuilles pourvues inégalement de stomates à leurs deux surfaces. Ainsi le nombre proportionnel de stomates de la face supérieure d'une feuille de belladone à celui de la face inférieure est comme 10 à 55 ; les quantités d'eau évaporées par les deux faces sont entre elles comme 48 est à 60. Dans le dahlia, le nombre relatif des stomates des deux faces étant comme 22 est à 33, l'eau évaporée est comme 50 à 100. Dans la capucine, les stomates étant aux deux faces dans la proportion de 10 à 80, l'eau évaporée est dans celle de 15 à 30. L'évaporation n'est donc pas exactement proportionnelle au nombre relatif des stomates, mais néanmoins d'autant plus active que le nombre de ces ouvertures est plus grand.]

Respiration végétale.— Les végétaux *respirent* aussi bien que les animaux, c'est-à-dire que leur séve (qui est l'analogue du sang) a besoin d'être mise en contact avec l'atmosphère pour se convertir en fluide nutritif. Les feuilles sont les organes dans lesquels la séve est modifiée par l'atmosphère : elles représentent donc les organes respiratoires des animaux.

Bonnet, le premier (*Usage des feuilles*, p. 31), avait remarqué que, quand on plonge des feuilles dans un vase plein d'eau et qu'on les expose au soleil, il s'en dégage des bulles de gaz qui viennent crever à la surface du liquide. Il s'assura par l'expérience que ce dégagement a lieu dans de l'eau même qui a bouilli, par conséquent complétement privée d'air : le gaz est donc fourni par les feuilles. Priestley reconnut que ce gaz était de l'oxygène, et Ingenhousz montra que la lumière solaire était indispensable pour qu'il se manifestât, car le dégagement du gaz cessait dans l'obscurité. Tel était l'état de la question, quand Senebier démontra, par des expériences précises, que ce gaz oxygène provenait de la décomposition de l'acide carbonique contenu dans les feuilles.

Les feuilles sont comme nous venons de le dire, les organes essentiels de la respiration des plantes ; mais d'autres parties concourent également à l'accomplissement de cette fonction. Ainsi, les jeunes rameaux, les écailles, en un mot toutes les parties herbacées et vertes des plantes agissent sur l'atmosphère à la manière des feuilles. Il y a plus : les vaisseaux que nous avons désignés sous les noms de *trachées* et de *fausses trachées*, qui, après avoir d'abord servi à l'ascension de la séve au printemps, finissent par ne plus contenir que de l'air, deviennent alors des organes de respiration, en faisant participer les fluides des parties qui les contiennent à l'action vivifiante de l'air qu'ils charrient. La respiration est donc une fonction extrêmement étendue dans les végétaux, qui réunissent entre eux deux des modes que cette fonction présente dans la série animale, savoir : la respiration par un organe limité dans lequel les sucs viennent se révivifier, ou *respiration pulmonaire* ; et la respiration par des canaux portant l'air dans toutes les parties, ou *respiration trachéenne*.

La respiration des végétaux a été, dans ces derniers temps, l'objet de travaux importants, parmi lesquels nous citerons, entre autres, ceux de MM. Garreau, Ch. Mène et Edouard Robin. Ces travaux ont tous amené leurs auteurs à des résultats un peu différents de ceux que la plupart des physiologistes avait tirés des belles expériences de Théodore de Saussure. Nous allons nous efforcer de présenter les phénomènes de la respiration d'une manière claire et précise qui en fasse bien connaître le mécanisme.

On a admis généralement, jusqu'en ces derniers temps, en s'appuyant spécialement sur les expériences de Saussure (*Rech. chim. sur la végétation*), que la respiration des végétaux consiste essentiellement dans l'absorption, par les feuilles et les autres parties vertes, de l'acide carbonique contenu dans l'air, et dans la décomposition de cet acide sous l'influence de la lumière solaire. Par suite de cette réduction de l'acide carbonique, le carbone se fixe dans la plante, et une partie de l'oxygène est expirée par elle. Ainsi, inspiration d'acide carbonique et expiration d'oxygène, tels seraient les deux actes principaux de la respiration des plantes.

[Voici l'expérience capitale par laquelle Théodore de Saussure a mis ces faits hors de doute. Il avait élevé des pervenches de graines, et s'était assuré par l'analyse, quand elles eurent acquis un développement suffisant, quel était le poids moyen de carbone qu'elles contenaient. En même temps il en avait placé sept sous un récipient contenant de l'air privé d'acide carbonique, leurs racines plongeant dans de l'eau distillée. Sept autres étaient sous un récipient rempli d'air *contenant 7 centièmes* 1/2 *d'acide carbonique*. Ces deux récipients furent exposés au soleil pendant six jours. Au bout de ce temps, l'air du récipient qui contenait 7 1/2 pour 100 d'acide carbonique n'en contenait plus, mais en place 24 1/2 pour 100 d'*oxygène* au lieu de 21, et les pervenches qui avaient vécu dans cet air chargé d'acide carbonique contenaient 11,40 centigrammes de carbone de plus que la moyenne des pervenches analysées avant l'expérience. Celles qui avaient vécu dans de l'air sans acide carbonique avaient au contraire perdu un peu de carbone. Cette expérience prouve que les plantes du second récipient avaient décomposé entièrement l'acide carbonique, gardé le carbone et exhalé l'oxygène. Les autres ayant vécu dans un mélange d'oxygène et d'azote sans acide carbonique n'avaient pas gagné de carbone.]

Ce résultat est vrai, mais à une seule condition : c'est que la plante doit être exposée à l'action de la lumière ; car dans l'obscurité un phénomène inverse se manifeste, la plante absorbe de l'oxygène et dégage de l'acide carbonique. Les expériences récentes des auteurs dont nous venons de citer les noms ont mis hors de doute un autre fait, à savoir que non-seulement dans l'obscurité, comme on l'avait admis uniquement, mais à la lumière diffuse du jour, la plante absorbe de l'oxygène. Les expériences de M. Garreau (*Ann. sc. nat.*, 3ᵉ série, t. XV, p. 1), celle de M. Ed. Robin (*Compt. rend.*, 14 juillet 1851, tome XXXIII), et surtout celle de M. Ch. Mène, qui ont été faites sous mes yeux, pendant les mois de juin et de juillet 1851, mettent hors de doute l'absorption de l'oxygène par la plante sous l'influence de la lumière diffuse. Cet oxygène, comme l'avait déjà remarqué Théodore de Saussure, et comme le prouvent les expériences précises de M. Garreau, se transforme en acide carbonique en se combinant avec une portion du carbone de la plante. L'absorption de l'oxygène a lieu par toutes les parties du végétal. Théodore de Saussure avait déjà vu, et M. Garreau a prouvé de nouveau que la quantité d'acide carbonique expiré est beaucoup moins grande que celle de l'oxygène inspiré, et que la quantité d'acide carbonique formé est d'autant plus notable que l'obscurité est plus profonde. Maintenant, sous l'influence des rayons solaires, cet acide carbonique ainsi formé aux dépens de l'oxygène de l'air, de même que la portion de cet acide qui a été absorbée par les feuilles dans l'atmosphère, ou qui a été puisée par les racines dans le sol et les engrais, est immédiatement décomposée uniquement par les parties vertes, lorsque la plante est sous l'influence de la lumière solaire. Alors le carbone se fixe dans le tissu de la plante; et, en se combinant avec les éléments de l'eau qu'il y trouve à l'état naissant, va concourir à la formation des principes immédiats ternaires, qui constituent la trame des organes ou qui existent dans ses différentes parties.

Il résulte de là que la respiration végétale offre avec celle des animaux plus d'analogie qu'on n'était disposé à l'admettre, puisque, comme celle-ci, elle consiste, en certains cas, dans l'absorption de l'oxygène et dans la formation de l'acide carbonique. Mais, au lieu que ce dernier soit expiré par la plante comme il l'est par l'animal qui respire, cet acide carbonique reste et est décomposé toutes les fois que les parties vertes de la plante sont frappées par les rayons solaires.

Ainsi donc, la respiration dans les végétaux consiste : 1° dans l'absorption de l'acide carbonique contenu dans l'air; 2° dans l'absorption de l'oxygène par toutes les parties de la plante, et sa combinaison avec le carbone qu'elle lui fournit pour former de l'acide carbonique; 3° dans la décomposition par la lumière solaire de cet acide carbonique ainsi formé et de celui que la plante a absorbé dans l'atmosphère et dans le sol, et dans la fixation du carbone et l'expiration de l'oxygène.

Mais dans l'obscurité, comme nous l'avons dit, les végétaux exhalent de l'acide carbonique. Théodore de Saussure considère cet acide comme formé par la plante aux dépens de son propre carbone et de l'oxygène de l'air. Au contraire, plusieurs chimistes, et M. Dumas entre autres, pensent que l'acide carbonique expiré par la plante dans l'obscurité est celui que les racines ont absorbé dans le sol, qui, par conséquent, y a été puisé par les racines. Le gaz passe alors à travers le tissu de la plante, comme à travers un crible, et est exhalé sans avoir été décomposé. Mais qu'un rayon de soleil se montre, et l'exhalaison de l'acide carbonique s'arrête : les feuilles le décomposent pour retenir son carbone et exhaler une grande partie de son oxygène.

Indépendamment de l'oxygène et de l'acide carbonique que la plante absorbe, l'air au sein duquel ses organes sont plongés pénètre également dans les poches aériennes dont nous avons signalé l'existence dans les feuilles. Cet air contient toujours de l'eau à l'état de vapeur, c'est-à-dire de l'oxygène et de l'hydrogène; il contient souvent des vapeurs ammoniacales (hydrogène et azote). Or la force qui détermine la décomposition de l'acide carbonique suffit aussi pour opérer celle de l'eau et de l'ammoniaque, ainsi que le montrent les expériences déjà anciennes de Théodore de Saussure, et celles des chimistes modernes.

Les éléments de l'eau et de l'ammoniaque se trouvent en présence à l'état naissant, pour former avec le carbone provenant de la décomposition de l'acide carbonique tous les principes immédiats que l'analyse montre dans les végétaux.

C'est à la suite de ces réactions diverses que la sève se modifie dans les feuilles, et qu'elle y acquiert les propriétés et la composition qui vont la rendre capable de fournir à la plante tous les éléments de sa nutrition. Elle devient alors véritablement le fluide nutritif; car la transpiration lui a enlevé l'excès d'eau qu'elle contenait, alors qu'elle s'élevait des racines vers les feuilles.

[M. Duchartre a repris, en 1856, la plupart des expériences fondamentales sur la respiration végétale; ses conclusions sont les suivantes :

1° Le dégagement d'un gaz fortement oxygéné par les feuilles s'opère, pendant le jour, non-seulement à la lumière directe du soleil, mais encore derrière des écrans verticaux formés avec des tissus plus ou moins serrés, même à l'ombre portée par des murs ou sous un feuillage touffu.

2° La quantité de gaz dégagée est proportionnelle à l'intensité de la lumière; elle devient ainsi peu considérable à l'ombre.

3° Le gaz dégagé dans cette dernière circonstance est souvent assez riche en oxygène pour rallumer et faire brûler avec une flamme vive une allumette simplement rouge de feu à son extrémité.

4° Les plantes qui croissent habituellement à l'ombre paraissent être moins sensibles que les autres à la privation de la lumière directe.

5° Les conifères se trouvent à peu près dans le même cas.

6° Il n'existe pas de relation fixe entre le nombre et la grandeur des stomates et les quantités de gaz dégagées au soleil par les plantes des diverses catégories.

7° Dans certains cas, comme pour les arbres qui ont un tissu sec et coriace, il y a rapport inverse entre le nombre considérable des stomates et la faiblesse du dégagement gazeux.

8° Outre les stomates, on doit regarder, comme intervenant dans l'accomplissement des phénomènes respiratoires, les cellules de l'épiderme. Cette dernière conclusion est directement appuyée par ce fait qu'on voit sortir de ces cellules, sous l'eau, une quantité très-appréciable et souvent même considérable du gaz, à la face supérieure des feuilles qui ne sont pourvues de stomates qu'à leur surface inférieure.

9° Les feuilles jeunes et très-tendres ne dégagent pas d'oxygène; mais celles qui deviennent sèches et coriaces en dégagent même dans leur jeunesse, fait qui du reste semble pouvoir expliquer la consolidation rapide de leur tissu, dont il serait difficile de se rendre compte autrement. (*Comptes rendus de l'Académie des sciences*, 1856, t. XLII, p. 37.)]

En parlant de la structure anatomique des feuilles, nous avons signalé les différences qu'elle présente dans celles des plantes qui vivent constamment plongées dans l'eau. Ces différences sont parfaitement en rapport avec la manière dont la respiration doit se faire, et les plantes aquatiques, selon la remarque ingénieuse de M. Ad. Brongniart, respirent par un mode analogue à celui que présentent les poissons et les autres animaux à respiration branchiale. C'est encore l'air contenu dans l'eau qui sert à la respiration; il n'agit dans ce cas que médiatement, au moyen de l'eau qui le contient. Cette eau baigne le tissu même de la feuille privée d'épiderme, et, par conséquent, se met directement en contact avec les organes contenant les fluides à modifier.

[Contrairement à ce qui a été professé par plusieurs physiologistes, M. Duchartre s'est assuré que les feuilles des plantes aquatiques, flottant à la surface de l'eau, dégagent à la lumière un gaz fortement oxygéné, non-seulement par leur face supérieure pourvue de stomates et en contact avec l'air, mais encore par leur face inférieure, qui est habituellement en rapport avec l'eau et qui se montre généralement privée de ces petits appareils.

MM. Cloez et Gratiolet ont repris la question de la respiration des plantes submergées : ils ont opéré sur des espèces appartenant aux genres *Naïas*, *Potamogeton*, *Myriophyllum* et *Ceratophyllum*. Des expériences faites avec le plus grand soin les ont amenés aux conclusions suivantes :

1° La décomposition de l'acide carbonique par les parties vertes des plantes submergées ne s'effectue que sous l'influence de la lumière.

2° Dans l'obscurité il n'y a point d'acide carbonique produit, contrairement à ce qui se passe pour les plantes aériennes.

3° Une certaine température est nécessaire à la production du phénomène. Lorsque la température est ascendante; il ne commence pas au-dessous de 15 degrés. Lorsque la température est descendante, il peut continuer au-dessous de cette température jusqu'à 10° degrés au-dessus de zéro.

4° Les sels et l'air qui se trouvent avec l'acide carbonique en dissolution dans les eaux naturelles sont indispensables à la durée du phénomène.

5° Le gaz produit par la plante contient, outre l'oxygène, une certaine quantité d'azote. Cet azote provient, pour la plus grande partie, de la décomposition de la substance même de la plante.

6° L'azote de l'air que l'eau tient en dissolution paraît destiné à réparer cette perte. Quoi qu'il en soit, sa présence est indispensable.

7° L'ammoniaque et les sels ammoniacaux en dissolution dans l'eau à la dose d'un dix-millième amènent rapidement la mort des plantes aquatiques.

8° L'absorption de l'acide carbonique se fait par la face supérieure des feuilles.

9° L'oxygène provenant de la décomposition de cet acide passe dans les méats intercellulaires de la plante et marche constamment des feuilles vers les racines.]

Mais ce n'est pas dans les feuilles seulement que se passent les phénomènes de la respiration, c'est-à-dire l'élaboration de la séve. Les cellules aériennes de la feuille communiquent toutes les unes avec les autres. L'air qui les remplit baigne en quelque sorte la surface des vaisseaux spiraux qui existent dans les nervures. Nous avons dit précédemment que ces vaisseaux contenaient de la séve pendant la première période de la végétation, c'est-à-dire quand le fluide séveux monte en abondance dans la tige, et que les feuilles sont encore peu développées. Mais quand celles-ci ont pris tout leur accroissement, et offrent une énorme surface d'exhalation, on voit petit à petit les sucs nutritifs disparaître de dedans les vaisseaux spiraux, qui bientôt se remplissent d'air. Il est facile de le vérifier en coupant sous l'eau, par une section transversale, une tige qui a développé ses feuilles ; on voit alors de petites bulles d'air sortir de l'orifice béant des vaisseaux spiraux. C'est dans cette seconde période qu'ils deviennent des organes respiratoires. Or, comme ces vaisseaux sont répandus dans toutes les parties de la plante, l'air se trouve ainsi porté dans les parties intérieures du végétal. Par les matières qui les constituent, par celles qui y sont mélangées ou dissoutes, il devient en partie le principe des composés qui se forment ou se modifient dans les divers organes du végétal. Par ce moyen, les sucs qui y sont contenus se trouvent à chaque instant en rapport avec le fluide gazeux destiné à leur élaboration. Cette seconde respiration est tout à fait analogue à celle qui a lieu dans les insectes, c'est-à-dire que c'est le fluide modifiant qui va chercher le suc nutritif dans toutes les parties où il se trouve, au lieu que ce soit ce dernier qui vienne se faire vivifier dans un organe unique et central, comme cela se passe dans les feuilles et dans les animaux à respiration pulmonaire.

Dutrochet s'est assuré par l'expérience que l'air contenu dans les diverses parties de la plante éprouve des altérations dans sa composition, à mesure qu'on l'observe plus loin des feuilles par lesquelles il a dû pénétrer. Ainsi, déjà, l'air contenu dans la tige du nénufar n'offrait plus que 16 parties d'oxygène sur 100, et celui des racines 8 seulement pour 100. Il est évident, d'après cela, qu'en circulant dans les vaisseaux pneumatiques, l'air se dépouille d'une partie de son oxygène, qui est absorbée par la séve à mesure qu'elle traverse le tissu végétal.

Excrétions végétales.—Un grand nombre de végétaux, au moment où leur séve se perfectionne par l'acte de la respiration et par celui de la transpiration, rejettent à l'extérieur des matières variées, qui souvent se condensent et deviennent solides. Ce sont surtout les feuilles par lesquelles se fait cette excrétion. Ainsi, dans le courant de l'été, les feuilles du sycomore se recouvrent d'une matière mielleuse et sucrée ; celles des pins et des sapins exsudent de la résine ; les tiges ou les fruits des *Myrica*, du *Ceroxylon andicola*, sont couverts d'une véritable cire. D'autres fois, c'est de la gomme, des huiles volatiles, etc., qui exsudent ainsi. Toutes ces matières sont des produits de l'excrétion végétale, et servent à éliminer de la plante des substances qui sont produites par la nutrition, mais qui ne sont pas nécessaires pour que cette fonction s'accomplisse complétement.

B. Séve descendante. — Après avoir dissous, en s'élevant de la racine vers les feuilles, toutes les matières que la nutrition y accumule; après avoir subi dans les feuilles l'élaboration qui lui est nécessaire pour se convertir en fluide nutritif, la séve redescend des feuilles vers les racines, en suivant une marche inverse de celle qui l'a amenée vers les sommités de la tige ; elle constitue alors la *séve descendante*. C'est par l'écorce que la séve redescend vers la base de la plante. Une expérience bien simple peut le démontrer. Si au printemps on fait à la tige d'un jeune arbre, d'un peuplier, par exemple, une ligature circulaire exactement serrée, on voit, au bout d'un an ou deux, et mieux encore après un temps plus long, un bourrelet circulaire se former immédiatement au-dessus de la ligature. Ce bourrelet est évidemment produit par les sucs qui, descendant dans l'épaisseur de l'écorce des sommités de la tige, et trouvant un obstacle qu'ils ne peuvent franchir, s'accumulent au-dessus de cet obstacle.

La séve descendante est essentiellement destinée à fournir au végétal les matériaux nécessaires à sa nutrition et à son accroissement. Elle circule, en effet, là où doivent se réunir les matériaux nécessaires à la production des organes nouveaux. Elle descend à travers tous les tissus qui constituent l'écorce, c'est-à-dire le tissu utriculaire et les tubes fibreux formant les feuillets du liber. En se répandant avec abondance à la face interne de l'écorce, elle y donne naissance à cette couche de tissu utriculaire à l'état naissant, qui bientôt s'organisera en une nouvelle couche ligneuse et en un nouveau feuillet d'écorce, et que nous avons désignée sous les noms d'*endoderme* ou de *couche génératrice*.

[Il n'y a pas, à proprement parler, dit Schacht, de séve descendante. L'échange des sucs se fait par endosmose entre les différentes cellules. Le cambium des faisceaux vasculaires favorise l'échange entre les cellules plus riches en principes azotés qui engendrent d'autres cellules ; le parenchyme met en rapport les utricules plus pauvres en azote qui fabriquent des produits assimilables. Le parenchyme et le cambium existent dans toutes les parties du végétal et sont directement en communication constante. En automne, le jeune bois et l'écorce se gorgent de fécule et d'autres principes nutritifs, tandis que le cambium se remplit d'une substance granuleuse que l'iode colore en jaune. La végétation est suspendue jusqu'au printemps. Dans cette saison, la vie recommence. La fécule se convertit en dextrine et en sucre. La substance protéique du cambium entre également en activité. La racine puise dans le sol humide de l'eau qui est avidement absorbée par les principes à base de carbone des cellules. Les feuilles ne sont pas encore développées et la séve s'introduit dans des tissus où elle ne pénètre pas ordinairement; elle parvient dans le jeune bois, qui est rempli d'air et s'écoule quand on blesse l'écorce ou coupe une jeune branche. La séve monte, comme nous l'avons vu par les expériences de Hales et de Brücke, dans des tubes fixés au bout des branches. Mais dès que les feuilles ont paru, la vigne et le bouleau ne pleurent plus, la séve se distribue normalement dans la plante. Les sucs sont élaborés en partie dans le parenchyme de la feuille, en partie dans le parenchyme en général : celui de la racine et de la moelle est souvent plus riche en fécule que celui des feuilles et de l'écorce.]

Il ne faut pas confondre la séve descendante avec le *latex*. Ce dernier nous en paraît tout à fait différent. Il est contenu dans un système particulier de vaisseaux (les *vaisseaux laticifères*), et est en trop faible quantité pour pouvoir fournir *tous* les matériaux de la nutrition. Il est probable qu'il n'est pas étranger à cette importante fonction. Mais, quelle part y prend-il ? C'est une question que l'expérience n'a pas encore résolue.

Assimilation. — Nous venons d'étudier successivement la manière dont s'exécutent les différents actes de la nutrition ; examinons maintenant cette grande fonction dans son ensemble et dans ses résultats.

Les végétaux offrent une organisation complexe. L'analyse chimique nous fait voir qu'ils se composent de carbone, d'hydrogène, d'oxygène et quelquefois d'azote. Mais ces éléments n'y sont pas séparés : ils y sont combinés en proportions diverses, et de leur combinaison résultent des composés jouissant de propriétés spéciales. Ainsi, on trouve dans les végétaux : de la cellulose, de l'amidon, du sucre, de la gomme, de l'albumine, de la fibrine, de la glutine, des alcaloïdes, des matières résineuses, de la cire, des huiles grasses et volatiles, des acides, etc., etc. Ils contiennent, de plus, quelques autres matières qui en font également partie, comme des sels, des oxydes, du soufre, de la silice, etc. Recherchons, s'il est possible, l'origine de ces diverses substances, et d'abord celle de leurs principes élémentaires, le carbone, l'oxygène, l'hydrogène et l'azote.

Origine des éléments constitutifs des végétaux. — 1° Le *carbone* fait partie de tous les végétaux. Il y a pénétré à l'état d'acide carbo-

Cet acide, en effet, existe dans l'air atmosphérique, en quantité proportionnelle qui paraît minime, quatre à six dix-millièmes en poids, mais qui est énorme, si l'on examine l'étendue de l'atmosphère environnant le globe terrestre. On a calculé, en effet, que la quantité de carbone existant dans l'atmosphère pouvait s'élever à environ 1500 billions de kilogrammes, quantité, comme on le voit, bien supérieure à celle qu'on peut supposer exister dans tous les végétaux qui couvrent sa surface. Mais l'atmosphère n'est pas la seule source où la plante puisse prendre du carbone. Le sol en contient aussi une immense quantité. Les corps organisés n'ont qu'une existence limitée. Tous, au bout d'un certain temps, viennent par leurs dépouilles restituer à la terre les principes qui les constituent ; le carbone qui en fait nécessairement partie, par sa fixité et son insolubilité, résiste à toutes les forces de la nature, jusqu'au moment où il entre dans des combinaisons qui le rendent soluble, et lui permettent de pénétrer de nouveau dans les corps organisés. C'est l'acte de la respiration qui en décomposant l'acide carbonique sous l'influence de la lumière solaire, isole le carbone et le fixe dans le végétal. C'est par les forces toujours agissantes de la vie que le carbone se combine avec les autres éléments de la plante, pour former successivement les principes immédiats qui la constituent. Ainsi donc, l'acide carbonique est l'origine du carbone de végétaux.

[La quantité d'acide carbonique contenue dans l'air est tellement minime, puisqu'elle ne se monte qu'à quatre à six dix-millièmes seulement, qu'on ne conçoit pas que tout le carbone que la plante gagne sous la forme de cellulose, fécule, dextrine, gomme, etc., puisse en provenir. Cependant les chimistes tels que MM. Liebig et Boussingault admettent que l'air atmosphérique est la source unique où la plante puise son carbone. M. Boussingault montre qu'une branche de vigne portant vingt feuilles dont la surface était de 3246 centimètres carrés absorba, en quatre heures, 12 centimètres cubes ou 24 milligrammes d'acide carbonique, et en six mois, pendant toute la durée de sa végétation, 6266 centimètres cubes d'acide carbonique ou 12gr,324 en poids, ce qui correspond à 3gr,384 de carbone. Cette quantité est très-inférieure à la quantité de carbone que la plante a gagné pendant sa végétation de six mois. Il faut donc nécessairement que l'acide carbonique pénètre dans la plante par une autre voie. Unger a fait la même expérience sous une autre forme. Quatre jeunes arbres, un peuplier, un tilleul, un hêtre et un noisetier, furent déterrés avec soin en avril 1853, puis plantés dans de la bonne terre de jardin où ils prirent racines et poussèrent des rameaux, leurs feuilles furent comptées et leur surface estimée en centimètres carrés. Un an après, en avril 1854, les arbres furent déterrés de nouveau et pesés. Le petit tableau suivant donne le résultat des expériences.

NOMS DES ARBRES.	POIDS INITIAL EN GRAMMES. AVRIL 1853.	POIDS EN GRAMMES. AVRIL 1854.	AUGMENTATION OU PERTE DE POIDS EN GRAMMES.	SURFACE DES FEUILLES EN CENT. CARRÉS.	GAIN EN CARBONE. GRAMMES.	GAIN POSSIBLE EN CARBONE. GRAMMES.
Peuplier.....	665	1296	+ 631	17539	252	48
Tilleul	429	455	+ 26	2580	11	3
Hêtre........	1122	1074	— 48	1100	—	—
Noisetier.....	392	620	+ 228	4750	91	5

On voit que le gain en carbone, par la respiration des feuilles, indiqué dans la dernière colonne, même dans les cas les plus favorables (celui du tilleul), n'est que le quart du gain effectif. La respiration végétale seule ne peut donc pas rendre compte de toute la quantité de carbone fixée dans le végétal, et la plante ne puise pas exclusivement son carbone dans l'acide carbonique décomposé par les feuilles.]

2° L'*oxygène* et l'*hydrogène* font partie de tous les principes des végétaux et il n'est pas difficile de se rendre compte de la manière dont ils y pénètrent. Les parties vertes, en décomposant à l'aide des rayons solaires l'acide carbonique, ne rejettent pas tout l'oxygène combiné au carbone. Les expériences de Sennebier et de Th. de Saussure ont montré qu'une proportion notable, près d'un tiers, de cet oxygène, était retenue par la plante pour y être assimilée. Il y a plus : nous savons aussi que l'eau qui pénètre les tissus végétaux est, en partie, décomposée par la force qui sépare les éléments de l'acide carbonique. Son oxygène et son hydrogène à l'état naissant entrent dans les combinaisons qui constituent les principes immédiats. Ainsi, l'oxygène des végétaux a deux sources : 1° la décomposition de l'acide carbonique, 2° celle de l'eau. Quant à l'hydrogène, il provient non-seulement de l'eau, mais aussi des matières ammoniacales qui existent à la fois dans l'atmosphère et surtout dans les détritus organiques que le sol renferme. L'*azote* existe dans tous les végétaux. M. Payen a prouvé que tous les organes de la plante, dans leur première période de formation, contiennent une certaine proportion d'azote, qui souvent finit par disparaître par suite des progrès de la végétation. Tout le monde sait que dans plusieurs des principes immédiats des végétaux, l'albumine, la glutine, la caséine, les alcaloïdes, etc., l'azote entre en quantité notable. L'origine de cet azote a été l'objet de discussions assez vives de la part des physiologistes et des chimistes. Cependant la solution de cette question offre un immense intérêt, puisque l'azote est le principe qu'il importe surtout de produire et de fournir à bon marché pour les besoins de l'agriculture.

L'azote a deux origines : il provient de l'atmosphère et du sol. L'air atmosphérique, en effet, est un mélange de soixante-dix-neuf parties d'azote et de vingt et une parties d'oxygène. En pénétrant par les stomates dans le tissu de la plante, l'azote et l'oxygène, seulement mélangés, peuvent se séparer, et il est très-probable qu'une grande partie de l'azote de la plante n'a pas d'autre source que l'air atmosphérique lui-même. C'est ce que semblent confirmer les expériences poursuivies avec tant de zèle et de sagacité par M. Ville (*Compt. rend.*, XXXI. p. 578). Il résulte de ces expériences, faites sur une très-grande échelle, et qui n'ont pas duré moins de trois ans, que l'azote de l'air a été directement absorbé par les végétaux et que l'ammoniaque atmosphérique, à laquelle quelques chimistes, et spécialement M. Liebig, ont attribué un si grand rôle, n'est pour rien dans la production de l'azote des principes végétaux.

Cependant les matières ammoniacales peuvent aussi concourir à donner l'azote. Mais ce sont uniquement celles que contiennent les engrais qui, en se décomposant, peuvent aussi former les principes azotés des végétaux. Remarquons, en passant, qu'il a été prouvé, par les ingénieuses expériences de M. Boussingault, que certains végétaux avaient la propriété, les uns, d'emprunter presque exclusivement au sol l'azote qui entre dans leur constitution, tandis que les autres l'absorbaient en grande partie dans l'atmosphère. Les premiers sont essentiellement *épuisants*, les céréales, par exemple ; les seconds, au contraire, *améliorent* le sol, comme le trèfle, et en général les légumineuses, les topinambours, etc.

Les végétaux se composent de principes immédiats très-variés, que l'on décompose lorsque par analyse on en retire les éléments constitutifs : carbone, oxygène, hydrogène et azote. Ces principes immédiats peuvent, d'après leur composition chimique, se ranger en trois classes : 1° les uns se composent de carbone, d'oxygène et d'hydrogène, en proportion nécessaire pour faire de l'eau ; 2° les autres, de carbone, des éléments de l'eau, avec un excès d'oxygène ; 3° les troisièmes, de carbone, des éléments de l'eau, avec un excès d'hydrogène, avec ou sans azote. Le tableau suivant présente les principes immédiats végétaux disposés d'après leur composition :

I. Carbone oxygène et hydrogène dans les proportions qui constituent l'eau.	*Substances neutres.*	Cellulose, amidon ; dextrine, inuline, sucre, glucose.
	Acides quinique, acétique, lactique.	
II. Carbone, oxygène en excès sur les proportions de l'eau.	*Acides*	oxanique, tartrique et paratartrique, citrique, malique, tannique, gallique, méconique, pectique.
	Pectine.	

A. SANS AZOTE.	III. Carbone, hydrogène en excès sur les proportions qui constituent l'eau.	*Acides* caïncique, benzoïque, cyanhydrique. *Résines*, baumes, vernis naturels. *Huiles essentielles*, camphre. *Caoutchouc*, cire, matières grasses.
	Matière ligneuse.	(composée de lignose, lignone, lignin, ligniréose, matière azotée). — C'est un mélange de ces divers corps interposés dans la cellulose qui donne au bois et aux plantes ligneuses la rigidité, et qui les rend durs et cassants.
	Substances colorantes,	
	Substances neutres.	Mannite, saponine, salicine, picrotoxine, olivine, columbine, amygdaline, caféine, glycyrrhizine, ménispermine et paraménispermine. Diastase.
B. AZOTÉS.	*Albumine, caséine, glutine, fibrine, légumine.*	
	Bases végétales.	Cinchonine, quinine, arcine, sabadilline, delphine, strychnine, codéine, brucine, morphine, vératrine, narcéine, narcotine, atropine, solanine, émétine.

Origine des principes immédiats. — Il nous serait impossible de parler ici, même sommairement, de chacune des substances contenues dans le tableau précédent. Nous nous bornerons à dire quelques mots de celles de ces substances qui offrent le plus d'intérêt, à cause de l'importance du rôle qu'elles remplissent dans les phénomènes de la nutrition.

Tous les organes des végétaux, quelles que soient leur forme, leur nature, leur destination, ont pour base un même principe immédiat, la *cellulose*, que Payen a le premier obtenu à l'état de pureté. Elle se compose de douze molécules de carbone, dix molécules d'hydrogène et dix molécules d'oxygène, ou, en d'autres termes, cent parties de cellulose contiennent :

Carbone	44,4
Eau	55,6
	100,0

Ainsi la trame organique du végétal se compose de carbone et des éléments de l'eau. Or, nous savons comment ces trois corps élémentaires, carbone, oxygène et hydrogène pénètrent à chaque instant dans le végétal, dans les différents actes de sa vie. Le carbone lui est fourni par la décomposition de l'acide carbonique : l'oxygène par l'eau, par l'acide carbonique lui-même, et l'hydrogène provient soit de la décomposition de l'eau, soit de celle de l'ammoniaque.

L'amidon offre la même composition chimique que la cellulose : carbone et éléments de l'eau. Il est répandu à profusion dans presque tous les organes de la plante ; il s'y accumule pour servir à la nutrition. Mais, comme la cellulose, l'amidon est insoluble dans l'eau. Pour devenir assimilable, il a besoin d'éprouver un changement qui le rende soluble. Ce changement s'opère sous l'influence d'une matière particulière, la *diastase*, observée par MM. Payen et Persoz, matière qui existe ou se forme sous certaines influences dans tous les organes contenant de l'amidon. La *diastase*, en effet, possède la singulière propriété de transformer l'amidon en une matière sucrée et soluble, la *dextrine*, que l'eau peut entraîner dans tous les points du végétal. Or cette dextrine, en se combinant avec une molécule d'eau de plus, se change en *sucre de canne*. Celui-ci, à son tour, pourra être modifié, en absorbant trois nouvelles molécules d'eau, et il se convertit en *glucose* ou *sucre de raisin*. Or le sucre de canne et le sucre de raisin se trouvent plus ou moins abondamment dans les végétaux. Nous venons de voir comment le sucre de canne peut se transformer en sucre de raisin. Un changement en sens inverse peut avoir lieu, c'est-à-dire que, par les seules forces de la végétation, le sucre de raisin, en perdant trois molécules d'eau, peut devenir sucre de canne. Si l'on analyse au premier printemps, comme l'a fait Biot, la séve de quelques arbres, et entre autres celle des érables, on y trouvera du sucre de raisin. Un peu plus tard, dans le courant de l'été, le sucre de raisin est remplacé par le sucre de canne. Cette transformation peut même se faire quelquefois plus rapidement encore. Ainsi, la séve de la partie inférieure de la tige peut contenir du sucre de raisin, et celle qu'on extrait de ses sommités donner du sucre de canne. Ce changement s'explique facilement, en pensant que dans les feuilles la séve perd une certaine quantité d'eau et que la différence essentielle entre ces deux sucres provient de trois molécules d'eau de plus que contient le glucose comparé au sucre de canne.

Ainsi, un même principe immédiat, l'amidon, répandu en abondance dans presque tous les points du végétal, peut successivement et par les seules forces de la nature, se transformer en dextrine, en sucre de canne ou en glucose, et devenir ainsi l'une des sources où le végétal puise les éléments de sa nutrition et de son accroissement.

La lumière exerce une influence très-notable sur la formation de quelques-uns des principes immédiats des végétaux. Elle a pour effet général de fixer par la respiration une plus grande quantité de carbone et d'hydrogène. Aussi est-ce particulièrement sous son influence que se développent les produits dans lesquels ces éléments prédominent, comme les résines, les huiles volatiles, la cire, etc. C'est dans les parties extérieures du végétal, dans les feuilles, dans l'écorce, qui sont directement frappées par les rayons du soleil, que ces matières abondent. D'un autre côté, si l'on vient à soustraire ces parties à l'action de la lumière, non-seulement elles s'étiolent et *blanchissent* (comme on le fait tous les jours dans nos jardins pour certains légumes), mais leurs principes résineux et volatils finissent par disparaître plus ou moins complétement.

Quant aux produits azotés principaux, à ceux qui plus tard joueront un rôle si important dans la nutrition des animaux, savoir : la fibrine, l'albumine, la caséine et la glutine ils présentent une analogie frappante avec les substances ternaires neutres. Ainsi, la fibrine est insoluble comme la cellulose ; l'albumine se coagule à chaud comme l'amidon ; la caséine est soluble comme la dextrine. Les matières azotées ont absolument la même composition chimique ; elles sont neutres et peuvent se former avec une extrême simplicité, puisqu'il suffit, pour les représenter, d'unir le carbone et l'ammonium aux éléments de l'eau. Quarante-huit molécules de carbone, six d'ammonium et quinze d'eau peuvent constituer la fibrine, l'albumine et la caséine. Ainsi, dans les deux cas, deux corps réduits par la plante, le carbone et l'ammonium, réunis aux éléments de l'eau, suffisent pour donner naissance à ces principes azotés qui, du végétal où ils se forment de toutes pièces, doivent passer dans l'animal, sans éprouver aucune altération.

En résumé, dit M. Dumas (*Essai de statique chim.*, p. 55), avec soixante-douze parties de carbone, provenant de la réduction de l'acide carbonique, les plantes peuvent former les produits suivants, en se combinant avec diverses proportions d'eau :

72 carbone et 90 eau = cellulose, trame des tissus cellulaires et ligneux.
72 — et 90 = amidon et dextrine.
72 — et 126 = sucre de raisin ou d'amidon.
72 — et 99 = sucre de canne.

[Voici comment, suivant Schacht, ces produits immédiats sont distribués dans les différents tissus : 1° Le cambium (couche génératrice) et les tissus qu'il engendre sont riches en principes azotés ; leurs parois se composent de cellulose ; 2° Les tissus parenchymateux contiennent surtout des combinaisons de carbone et d'hydrogène. Quand les parois des cellules restent minces, alors on voit apparaître la fécule, l'inuline, la dextrine et le sucre. Le parenchyme renferme aussi des résines, des huiles, des matières colorantes, des acides organiques, des sels cristallisés, etc. En général les méats intercellulaires contiennent de l'air ; 3° Les fibres corticales sécrètent des alcaloïdes (strychnine, morphine, quinine, etc.) et du caoutchouc ; 4° Les cellules endurcies, c'est-à-dire lignifiées, contiennent de l'air. Le ligneux est un produit dérivé de la cellulose ; 5° Il ne se forme pas de combinaisons dans l'épiderme ; 6° Le liége ne reste pas longtemps vivant, il est également un dérivé de la cellulose. Une cellule parenchymateuse travaille au profit de l'autre ; ainsi les petites cellules de l'anthère encore jeune préparent la substance qui sera utilisée par les grandes cellules génératrices des grains de pollen.

L'endosperme fournit à l'embryon la nourriture qui lui convient ; les cotylédons jouent le même rôle vis-à-vis de la plante qui germe. Les cellules parenchymateuses qui entourent les réservoirs de la résine transforment la fécule en une substance qui brunit par l'iode, se change en huile essentielle et ensuite en résine. La séve du boul'eau est d'autant plus riche en sucre qu'on la prend plus haut sur l'arbre, et suivant M. Moleschott, la séve de l'érable augmente de densité à mesure qu'elle s'élève dans le tronc.]

Sans nous préoccuper de l'arrangement de ces éléments, nous voyons qu'avec un seul radical, le *carbone*, et de l'eau, les plantes peuvent produire toutes ces matières neutres et ternaires si répandues dans leurs organes ; et qu'avec du carbone, de l'eau et de l'ammonium, elles donnent naissance à la fibrine, à l'albumine, à la caséine et à la glutine, qui plus tard vont contribuer à former la base de l'organisation animale.

Origine des matières salines.—Le résultat final de la combustion des substances végétales, en détruisant toute la matière organique, isole sous la forme de *cendres* les principes minéraux et salins qu'elles contiennent. En effet, on trouve dans les plantes de la potasse, de la soude, de la chaux, du fer, de la silice, etc., ordinairement combinés avec différents acides, et formant des sels qui font essentiellement partie des végétaux. Les expériences de Théodore de Saussure ont prouvé que toutes ces matières anorganiques sont fournies par les milieux dans lesquels la plante végète, et plus particulièrement par le sol. Car, par elle-même, elle n'a pas le pouvoir de les former, comme quelques physiologistes l'avaient à tort prétendu. M. Lassaigne, en faisant germer et végéter des graines de sarrasin dans de la fleur de soufre parfaitement lavée, humectée d'eau distillée, et en pesant les cendres obtenues de l'incinération d'un certain nombre de jeunes plantes qui avaient végété dans ces conditions, a reconnu que leur poids était le même que celui des cendres d'un nombre égal de graines avant leur germination. En végétant ainsi, les graines n'avaient donc absorbé aucune matière inorganique.

En résumé, on peut discerner dans l'acte de l'assimilation, c'est-à-dire dans la manière dont se forment, se renouvellent, s'entretiennent toutes les matières qui constituent le végétal, trois actions différentes les unes des autres : 1° C'est par une *action chimique*, que les éléments primitifs du végétal, carbone, oxygène, hydrogène et azote sont isolés et absorbés par la plante ; 2° c'est par une *action organique et physiologique* que ces éléments se combinent pour former les principes immédiats ; 3° enfin, c'est une *action physique* qui fait pénétrer dans la plante les matières inorganiques, métaux, alcalis, soufre, silice, etc., que l'on retrouve dans leurs cendres.

Accroissement dans les végétaux.—La nutrition a un double but : elle apporte sans cesse à la plante les substances propres à maintenir ses organes dans leur état d'intégrité, en réparant les pertes que le mouvement de la vie occasionne ; mais de plus, elle fournit les matériaux nécessaires pour que les organes s'accroissent en formant sans cesse de nouvelles parties. C'est cet accroissement que nous allons faire connaître. Nous l'examinerons particulièrement dans les tiges dicotylédonées et dans les tiges monocotylédonées, en exposant de la manière la plus simple et la plus claire qu'il nous sera possible les phénomènes essentiels, sans insister sur les opinions et les idées théoriques dont ce point important de la physiologie végétale a été l'objet.

I. ACCROISSEMENT DES TIGES DICOTYLÉDONÉES. La tige, dans tous les végétaux, s'accroît en deux sens différents ; elle augmente de diamètre, et s'accroît en hauteur.

En parlant précédemment (p. 53) de l'organisation de la tige dicotylédonée, nous avons montré que les deux parties qui la constituent, le bois et l'écorce, se composent de couches superposées, emboîtées les unes dans les autres autour d'un centre commun, occupé par le canal médullaire. Cette disposition remarquable provient de ce que chaque année il se forme une nouvelle couche de bois à l'extérieur de celles qui existaient déjà, et un ou plusieurs feuillets d'écorce à la face interne de celle-ci. C'est la production de cette nouvelle couche de bois et de ces nouveaux feuillets d'écorce qui, chaque année, augmente la grosseur et le diamètre du tronc des arbres dicotylédonés.

Voyons s'il est possible de nous rendre compte de l'origine de ces productions nouvelles de bois et d'écorce. Si, pendant l'hiver, c'est-à-dire dans la saison où la végétation est complétement à l'état de repos, nous examinons une tige ou une jeune branche, nous la trouverons dans l'état suivant : entre la couche de bois la dernière formée et l'écorce, existe une couche de tissu utriculaire dépourvu de granulations vertes, et que nous avons désignée sous le nom de *couche génératrice*. Elle a été formée pendant l'été précédent par un dépôt de matière organique, produit par la séve descendante, qui s'est successivement épanchée entre le bois et l'écorce. Cette matière est d'abord à l'état liquide, elle constitue ce que l'on nomme le *cambium*[1]. Petit à petit, ce cambium s'est organisé et s'est converti en un tissu utriculaire naissant. C'est dans cette couche utriculaire, ou *zone génératrice*, que vont s'accomplir tous les phénomènes de l'accroissement en diamètre de la tige. Aussitôt que le printemps vient ranimer la végétation, quand la séve attirée par les sommités de la tige, commence son cours rétrograde à travers l'écorce, les sucs nutritifs affluent en abondance dans la couche génératrice et en gonflent les tissus. C'est à cette époque, comme on sait, qu'il est si facile de séparer l'écorce du corps ligneux. Le tissu qui compose la couche génératrice est formé d'utricules assez régulières, à parois épaisses et transparentes. Insensiblement, par les seuls progrès de la végétation, un grand nombre de ces utricules s'allongent dans le sens longitudinal, leurs parois s'épaississent, et bientôt on les voit présenter tous les caractères du tissu fibreux. En même temps que cette transfor-

[1] Ce mot est pris ici dans le sens primitif que lui avait donné Grew, c'est-à-dire pour désigner la *séve élaborée ;* le plus souvent aujourd'hui ce mot est employé dans le sens que lui donna plus tard Duhamel, et désigne la *couche génératrice*.

mation s'opère, une autre se manifeste. Un certain nombre d'utricules, dispersées au milieu des précédentes, augmentent en diamètre et en longueur : leurs parois montrent des ponctuations transparentes, soit sous la forme de lignes transversales, soit sous celle de points arrondis : les cloisons qui les séparaient les unes des autres dans une série longitudinale, en disparaissant, les convertissent en vaisseaux rayés et en vaisseaux ponctués. Ces vaisseaux et ces tubes forment des faisceaux, séparés par un tissu utriculaire conservant sa forme primitive ; et, au bout de quelque temps, toute la partie intérieure de la zone génératrice s'est organisée en une nouvelle couche ligneuse qui s'est appliquée sur celle qui l'a précédée, dont elle offre absolument la structure. En même temps, dans le tissu utriculaire de la portion la plus extérieure de la zone génératrice, dans celle qui est en contact avec la face interne de l'écorce, un certain nombre d'utricules, en passant par les mêmes métamorphoses, se sont transformées en tubes fibreux, formant ensemble des faisceaux anastomosés en réseaux, pour constituer de nouveaux feuillets de liber, tandis que quelques-unes prenaient la structure, la forme, la disposition réticulaire propres aux vaisseaux du latex. Aussi, au moment où les phénomènes de la végétation sont dans tout leur développement, à la place de la couche celluleuse formant la zone génératrice, trouve-t-on une nouvelle couche de bois et de nouveaux feuillets d'écorce, qui se sont successivement développés, et augmentent le diamètre de la tige. Ces changements sont successifs, et avec un peu d'attention on peut en suivre tous les développements. Ils se font avec une régularité remarquable. Le tissu utriculaire de la zone génératrice prend successivement les caractères des points de la couche ligneuse sur lesquels elle est appliquée. Ainsi les utricules, en contact avec les faisceaux ligneux, s'organisent insensiblement, comme ceux-ci, en tubes fibreux et en vaisseaux ponctués ou rayés ; celles, au contraire, qui touchent aux espaces cellulaires représentant les rayons médullaires conservent leur caractère d'utricules et continuent en quelque sorte les rayons médullaires à travers les faisceaux ligneux de nouvelle formation. C'est ce qui avait fait dire à Duhamel, d'après quelques-unes de ses belles expériences sur la régénération de l'écorce, que le tissu cellulaire engendre le tissu cellulaire, et que les vaisseaux reproduisent de nouveaux vaisseaux.

Voilà les faits qu'on observe lorsqu'on les examine avec un esprit dégagé de toute idée préconçue, et ces faits sont parfaitement d'accord avec ce que nous savons sur le mode de formation des différents tissus végétaux, et en particulier du tissu fibreux et du tissu vasculaire. Il n'y a pas un organe de la plante qui, à son état naissant, ne soit exclusivement formé de tissu utriculaire. Qu'on prenne une feuille, un embryon, une jeune racine, etc., dans la première période de sa formation, on voit que chacun de ces organes n'est d'abord formé que de tissu utriculaire. Un peu plus tard, des tubes fibreux et des vaisseaux s'y sont formés, et cette transformation, on peut la suivre dans toutes ses périodes ; on voit que ce sont des utricules qui, à leur première période, ne diffèrent par aucun caractère sensible des autres, qui se sont successivement modifiées, transformées en tubes fibreux et en vaisseaux, sous les yeux mêmes de l'observateur. C'est un phénomène semblable, car il est général dans l'organisation végétale, qui se passe dans la formation annuelle de la nouvelle couche de bois et de la nouvelle couche d'écorce.

L'accroissement en épaisseur, tel que nous venons de le décrire, n'est pas le seul qui agisse pour augmenter le diamètre de la tige. Il en existe encore un autre sur lequel Link et Dutrochet ont les premiers appelé l'attention des observateurs, et qu'on a distingué par le nom d'*accroissement latéral* ou *en largeur*. Il consiste particulièrement dans ce fait, que les faisceaux vasculaires une fois formés soit dans l'écorce, soit dans la couche ligneuse, se séparent fréquemment en deux ou en un plus grand nombre de faisceaux secondaires, par la formation de tissu utriculaire, qui, en écartant leurs éléments constituants, augmentent aussi dans le sens latéral la largeur de la couche ligneuse et contribuent ainsi à l'accroissement en diamètre de la tige. Ainsi, par exemple, une jeune branche de clématite, coupée transversalement dans sa partie supérieure, présente six faisceaux vasculaires. Un peu plus tard chacun d'eux se sépare en deux faisceaux secondaires par la formation de tissu utriculaire qui se produit à leur centre, de sorte qu'à la fin de l'année on trouve à la base de la branche douze faisceaux dans la couche ligneuse. Pendant la seconde année, ces faisceaux éprouvent la même séparation et la même multiplication, et il y a eu là évidemment un accroissement latéral ou en largeur qui nécessairement a dû contribuer à l'accroissement général de la tige en diamètre.

Nous avons simplement exposé les faits; nous n'entrerons pas dans de longs détails sur les idées théoriques par lesquelles on a cherché à les expliquer. Cette partie purement spéculative n'est qu'une des faces de la science, à notre avis, la moins importante; elle ne la constitue pas tout entière, comme quelques auteurs le proclament.

Duhamel du Monceau, expérimentateur ingénieux et sagace, auquel la physiologie végétale doit d'incontestables découvertes, avait émis une théorie qui, pendant de longues années, fut admise par presque tous les botanistes. Selon lui, la formation de la nouvelle couche ligneuse était due à la transformation du liber, c'est-à-dire de la partie intérieure de l'écorce, en bois. Ce savant était arrivé à cette conclusion, parce qu'ayant introduit des fils d'argent dans la partie la plus intérieure de l'écorce, il avait, au bout de quelques années, retrouvé ces fils engagés dans les nouvelles couches ligneuses. Mais cette expérience était fautive ; car, depuis cette époque, chaque fois qu'on l'a répétée et qu'on a pu s'assurer que le fil d'argent avait été passé à travers le liber, on l'y a toujours retrouvé, après plusieurs années. Duhamel n'avait pas introduit, comme il le pensait, son fil dans les couches corticales, mais dans cette couche celluleuse, placée au-dessous d'elles, en un mot, dans la zone génératrice. Or, nous avons prouvé que c'était dans ce point que se faisait l'accroissement, que se formaient le jeune bois et la jeune écorce. Aussi, depuis longtemps, a-t-on complétement abandonné l'opinion de la transformation du liber en bois.

Une autre théorie a été aussi mise en avant pour expliquer la formation, chaque année, d'une nouvelle couche de bois. C'est celle dont Lahire avait eu la première idée en 1719, et qui, plus tard, a été développée avec talent et conviction, d'abord par Dupetit-Thouars, et plus récemment par Gaudichaud. Dans cette théorie, la nouvelle couche ligneuse serait formée chaque année par des fibres qui, descendant de la base de chaque bourgeon, glisseraient entre le corps ligneux et l'écorce, pour y constituer la nouvelle couche de bois. Dupetit-Thouars comparait le développement des bourgeons à celui d'un embryon en germination, et il les nommait en effet des *embryons fixes*. L'embryon, en germant, produit à la fois une tige qui s'élève dans l'air et une racine qui s'enfonce dans le sol. Il en est de même d'un bourgeon : il donne naissance à une tige ou scion, en même temps que de sa base naissent des fibres qui représentent sa racine, et qui, s'insinuant entre le bois et l'écorce, enveloppent la première et constituent la nouvelle couche ligneuse. Voilà, en deux mots, l'idée fondamentale de cette théorie ingénieuse, mais contraire à tous les faits d'anatomie et surtout d'organogénie. Il est contraire à l'observation directe des faits, de prétendre que les fibres *descendent* de la base des bourgeons, car aucun observateur n'a jamais pu constater ce cours descendant des fibres à travers cet immense espace rempli complétement par du tissu utriculaire qui réunit l'écorce au bois. D'un autre côté, si les fibres *descendaient*, on pourrait en suivre le mouvement à travers le tissu utriculaire de la zone génératrice, et discerner le point intermédiaire entre la base du bourgeon et la racine où quelques-unes de ces fibres se seraient arrêtées. Enfin, et c'est là l'objection fondamentale contre cette théorie, il a été reconnu par tous les auteurs qui se sont occupés d'anatomie végétale, et surtout d'organogénie, que les tissus fibreux et vasculaires des végétaux proviennent constamment d'utricules qui, petit à petit, se sont transformées en tubes fibreux et en vaisseaux variés dans leur structure. Il est donc impossible d'admettre que les fibres constituant chaque année la couche ligneuse descendent de la base des bourgeons. Ces fibres se sont successivement formées dans la place même qu'elles occupent, aux dépens du tissu utriculaire qui primitivement constituait à lui seul tout l'organe. Cette transformation, on peut la voir, on peut en suivre les progrès successifs, ainsi que le montrent les beaux travaux anatomiques de Mirbel.

Ainsi donc, pour résumer notre opinion, la formation annuelle des nouvelles couches ligneuses et libériennes est due à la transformation de la couche celluleuse qui unit le bois et l'écorce, et qui se reproduit incessamment par l'afflux des sucs nutritifs, d'une part en fibres constituant un nouveau feuillet de liber, et d'autre part en faisceaux fibreux et vasculaires formant une nouvelle couche de bois. A notre avis, les fibres ligneuses et celles de l'écorce ne *descendent* pas de la base des bourgeons ; elles se forment, elles s'organisent dans la place même où on les observe. C'est le tissu utriculaire qui, de proche en proche, et souvent avec une rapidité surprenante, se transforme en vaisseaux, par l'allongement de ses utricules, par la résorption des cloisons qui les séparaient, et par les modifications que les dépôts secondaires viennent apporter dans la nature de leurs parois. En général, c'est l'afflux des liquides séveux qui est la première des causes qui agissent pour opérer la transformation du tissu utriculaire en vaisseaux. Mais plusieurs autres causes peuvent également contribuer à cet important résultat. Ainsi les feuilles, par l'influence immense qu'elles exercent sur tous les phénomènes de la vie végétale, seront dans beaucoup de circonstances le point de départ des causes excitantes qui détermineront la métamorphose des utricules en vaisseaux. C'est alors que les fibres se continueront de leur base jusque dans l'axe végétal. Mais ces fibres ne descendront pas des feuilles, seulement elles se *continueront* avec celles qui se seront organisées dans leur intérieur.

De même, la formation de nouvelles racines, soit dans l'intérieur de la terre, soit dans l'atmosphère, ou enfin tout autre phénomène analogue, pourront être des causes excitantes propres à opérer le changement des utricules en fibres ; et comme le mouvement nutritif s'exercera ici de bas en haut, la transformation successive pourra s'opérer dans le même sens. Mais je n'admets pas non plus que, dans ce cas, les fibres *montent* des parties inférieures vers les supérieures. La cause excitante et le point de départ exercent leur action de bas en haut, mais ils agissent sur des organes occupant déjà la place qu'ils devront conserver toujours, malgré les transformations qu'ils pourront éprouver.

[M. Trecul a fait un grand nombre d'expériences suivies de l'examen microscopique des pièces qui démontrent toutes que la nouvelle couche de bois n'est pas formée par les prolongements radiculaires des bourgeons, mais par des formations fibro-vasculaires indépendantes des bourgeons. Il a étêté un saule, et sur un des côtés du tronc il a isolé une plaque d'écorce dépourvue de bourgeon. La végétation continua sous cette plaque. De courts filets vasculaires, longitudinaux, parallèles, se formèrent à son sommet, tandis que naissaient à sa base des productions plus abondantes, de même nature, c'est-à-dire fibro-vasculaires, mais d'un aspect bien différent ; c'était une sorte de réseau variqueux, produit par un séjour plus prolongé des fluides nutritifs, arrêtés par la décortication dans leur marche descendante. La plaque avait 12 centimètres de longueur sur 6,5 de largeur. Les filets vasculaires supérieurs, longitudinaux, n'ont que de 1 à 6 millimètres de longueur et les productions variqueuses inférieures de 12 à 16 millimètres ; elles sont donc séparées des filets d'en haut par un espace de 10 centimètres environ. Il est par conséquent évident qu'elles n'en sont pas la prolongation, comme le croyaient Lahire, Dupetit-Thouars et Gaudichaud, et, d'autre part, comme il n'y avait pas de bourgeon, il est clair que les faisceaux ou filets supérieurs ne descendaient pas des feuilles.

Dans la théorie des trois physiologistes que nous venons de citer, quand on fait une bouture, c'est-à-dire quand on enfonce dans le sol un rameau coupé sur un arbre, les racines qui se développent à l'extrémité inférieure de cette bouture sont formées par la réunion de toutes les racines des bourgeons ; et, en effet, quand on examine une bouture de *Maclura*, par exemple, il semble qu'il en soit réellement ainsi. M. Trecul, pour élucider ce point, a fait une bouture de saule longue de 20 centimètres. Des bourgeons se sont développés vers la partie supérieure de la bouture. M. Trecul les examina quand ils étaient encore jeunes ; des filets vasculaires ou épatements formaient des espèces de griffes à leur base, simulant un faisceau de racines. Ils avaient de 2 à 10 millimètres de longueur. Bien que ces filets ne s'étendissent pas davantage sur la bouture, il y avait, malgré cela, une assez forte racine adventive, très-ramifiée à la partie inférieure de la bouture ; elle y était insérée par un anneau vasculaire réticulé, large de 6 à 15 millimètres, formé de vaisseaux anastomosés qui semblaient monter sur la tige tout aussi bien que ceux des bourgeons paraissaient en descendre. Les vaisseaux de la racine et ceux des bourgeons n'avaient aucune connexion immédiate, puisqu'ils sont séparés par un espace de 12 centimètres pour l'un d'eux, de 16 centimètres sur les autres. Mais si, au lieu de suspendre la végétation de cette bouture, on lui eût permis de suivre son cours, des vaisseaux se fussent développés entre ceux des bourgeons et ceux de la racine, de manière qu'on n'eût pas eu la possibilité de constater si ces deux systèmes radiculaires et gemmaires avaient été primitivement séparés. C'est ce qui est arrivé dans un grand nombre d'expériences de M. Trecul.

Ces faits prouvent :

1° Que l'accroissement en diamètre des végétaux dicotylédones ligneux se fait horizontalement ;

2° Que l'allongement des filets vasculaires qui ont été comparés à des racines, descendant des bourgeons ou des feuilles, n'est pas produit comme celui des racines par la multiplication qui se fait à l'extrémité de ces derniers organes (les racines), des cellules qui ne sont propres qu'à eux, mais que ces vaisseaux (car ce ne sont que des vaisseaux) sont dus à la modification des cellules multipliées horizontalement ;

3° Que les éléments de ces vaisseaux formés après des opérations telles que celles qui viennent d'être décrites sont de la nature des éléments utriculaires qui les environnent. S'ils sont au milieu de fibres ligneuses, ils ont l'aspect des fibres ligneuses ponctuées, rayées ou réticulées. Si ce sont des cellules ordinaires, ils ont la forme de ces cellules, devenues ponctuées ou réticulées.

On ne peut donc plus admettre que la nouvelle couche de bois et les racines d'un arbre dicotylédoné soient formées par les racines des bourgeons; mais la notion vraie, introduite dans la science par Lahire Gœthe et Dupetit-Thouars, c'est qu'un arbre dicotylédone est un assemblage d'être vivants comme un polypier; le bourgeon est réellement un embryon fixe, et il y a une telle solidarité entre l'activité des bourgeons et la production des racines, que beaucoup d'horticulteurs sont encore partisans de cette théorie qui leur paraît rendre compte de la plupart des faits de végétation arborescente se passant sous leurs yeux.]

II. Accroissement en hauteur des tiges dicotylédonées. L'axophyte, ainsi que nous l'avons vu précédemment (p. 49), est doué d'une sorte de mouvement de polarité qui entraîne ses deux extrémités dans deux sens opposés. Tandis que, dans l'embryon en état de germination, la partie inférieure (radicule) s'enfonce dans la terre, la supérieure (tigelle et gemmule) s'élève et se dresse dans l'atmosphère. La gemmule, qui termine l'axe à son sommet, est un bourgeon composé d'un axe et de feuilles rudimentaires. A mesure que l'axe s'allonge pour former un scion, les feuilles s'écartent, se développent et prennent petit à petit la position et les caractères qu'elles doivent conserver. Ainsi le développement en hauteur de la jeune tige sortant d'une graine est dû à l'élongation du bourgeon primitif ou de la gemmule de l'embryon. A mesure que la tige s'est ainsi constituée, son organisation intérieure s'est manifestée ; les faisceaux ligneux et corticaux se sont formés pour constituer à la fois et le bois et l'écorce.

Les phénomènes que nous venons de signaler pour la formation de la tige embryonnaire et de son allongement se reproduisent absolument de la même manière pour la continuation de la tige proprement dite. Celle-ci, en effet, au bout de la première année, porte à son sommet un bourgeon terminal, qui, en se développant comme la gemmule, donne naissance à un scion au sommet de celui de la première année, et en augmente ainsi la hauteur. La même chose, en se répétant chaque année, détermine ainsi l'accroissement en hauteur de la tige, en même temps qu'elle s'est accrue en diamètre. Si l'on remarque qu'en même temps que du sommet de la jeune tige part un scion qui en augmente la hauteur, il se développe une nouvelle couche de bois qui recouvre celle qui s'était formée l'année précédente, on verra qu'au bout d'un certain nombre d'années la tige ligneuse se trouve composée d'une suite de cônes (représentant les couches ligneuses) très-allongés, emboîtés les uns dans les autres, et dont le sommet est en haut. Mais le sommet du cône le plus intérieur s'arrête à la base de la seconde pousse, celui du second à la base de la troisième pousse, et ainsi successivement pour les suivants. Ce n'est donc qu'à la base du tronc que le nombre des couches ligneuses correspond au nombre des années de la plante. Ainsi, par exemple, une tige de dix ans offrira à sa base dix couches ligneuses ; elle n'en présentera que neuf, si on la coupe à la hauteur de la seconde pousse, que huit à la troisième, et enfin qu'une seule vers son sommet. C'est pour cette raison que le tronc des arbres dicotylédonés est plus ou moins conique, le nombre de ses couches ligneuses étant graduellement plus considérable, à mesure que l'on descend du sommet vers la base.

III. Accroissement des tiges monocotylédonées. Les tiges monocotylédonées s'accroissent également en deux sens, en diamètre et en hauteur. Nous allons les étudier sous ces deux rapports, en insistant spécialement sur la tige ligneuse ou stipe, propre aux grands végétaux de cet embranchement.

Lorsqu'une graine monocotylédonée, celle d'un palmier, par exemple, vient à germer, elle développe, comme celle d'un végétal à deux cotylédons, les parties essentielles de son embryon, savoir : la radicule, la tigelle, le corps cotylédonaire et la gemmule. La radicule forme un mamelon conique qui s'enfonce dans la terre, où elle *commence* la racine ; le corps cotylédonaire, sous la forme d'une gaîne offrant une petite fente à sa base, recouvre complétement la gemmule, qui se compose de quelques petites feuilles, réduites à l'état d'écailles emboîtées les unes dans les autres ; enfin la tigelle, c'est-à-dire l'organe destiné à devenir la tige, est excessivement courte, et à peine distincte des autres parties de l'embryon. Dans la graine, avant la germination, la tigelle est uniquement formée par du tissu utriculaire ; mais petit à petit on voit des faisceaux vasculaires, d'abord d'une extrême ténuité, s'y former. Ces faisceaux vasculaires se dirigent vers la base des petites feuilles, sans se mettre d'abord directement en contact avec elles, feuilles qui, sous la forme de simples écailles, sont encore à cette première époque uniquement constituées par du tissu utriculaire. La tige, à peine ébauchée, n'éprouve presque aucun accroissement pendant plusieurs années, et la plupart des Palmiers, dont on suit les premiers développements, semblent privés de tige. Celle-ci, en effet, se présente sous la forme d'une sorte de plateau aplati, tout à fait semblable à celui que nous avons signalé dans les bulbes, dont toute la surface est recouverte de feuilles disposées en une ligne spirale très-contractée. Les plus extérieures de ces feuilles sont les plus anciennement formées, et le sommet de cette tige si courte est occupé par un bourgeon terminal. Si l'on fend cette jeune tige suivant sa longueur, on voit qu'elle est formée par une masse celluleuse, parcourue par des faisceaux fibro-vasculaires, distincts les uns des autres et pénétrant par leur partie supérieure dans la base des feuilles les plus extérieures, c'est-à-dire les plus anciennement formées. La coupe longitudinale du bourgeon terminal montre qu'il est la continuation directe de la tige qui le supporte. Il se compose ainsi d'une partie parenchymateuse qui se confond sans interruption avec celle de la tige, et sa surface est couverte d'écailles de plus en plus petites, qui sont des feuilles à l'état rudimentaire. Le sommet de ce bourgeon est le point de végétation par lequel il tend sans cesse à s'allonger. Il est uniquement formé par un tissu utriculaire à l'état naissant, qui incessamment se façonne en plis d'abord à peine marqués, se transformant petit à petit en écailles, pour devenir plus tard des feuilles. A mesure que celles-ci se montrent et se séparent de la masse celluleuse génératrice, elles repoussent en dehors par une force centrifuge celles qui s'étaient montrées avant elles, et qui, après avoir occupé successivement le sommet du mamelon celluleux, finissent par devenir latérales et tendent sans cesse à être rejetées de plus en plus en dehors par celles qui sortent du mamelon terminal.

C'est par suite de cette formation incessante de feuilles au sommet du mamelon terminal, repoussant en dehors celles qui les ont précédées ; c'est par la formation simultanée de faisceaux fibro-vasculaires, rejetés également en dehors par la force centrifuge que possède le bourgeon terminal dans son développement incessant, que le stipe s'accroît en diamètre. En parlant précédemment (page 72) de l'organisation du stipe, nous avons montré la direction singulière qu'affectent les faisceaux fibro-vasculaires, quand on les suit depuis la base des feuilles jusqu'à leur terminaison inférieure. Ces faisceaux forment des arcs très-allongés, à convexité tournée vers le centre, et dont les deux extrémités viennent aboutir à la périphérie du stipe, savoir : la supérieure à la base des feuilles, et l'inférieure se perdant dans la partie extérieure et corticale de la tige. Mais, nous le répétons, les fibres ne tirent pas leur origine des feuilles, puisque primitivement elles en sont séparées par un espace celluleux. Ce n'est que plus tard que la communication s'établit avec la base des feuilles.

L'accroissement en hauteur est nécessairement dans les Monocotylédones, comme dans les Dicotylédones, le résultat de l'élongation du bourgeon terminal ; et comme cette élongation est très-lente et à peine sensible, c'est pour cette raison que le stipe s'accroît si lentement en hauteur. Évidemment les parties les plus jeunes, les plus récemment formées, occupent le sommet de la tige : tandis que ces parties sont d'autant plus anciennes, qu'elles sont plus inférieures. Mais comme l'accroissement se fait avec une extrême lenteur, il est à peu près impossible de discerner sur la surface de la tige les points où se sont arrêtées les végétations annuelles qui se sont superposées pour allonger cet organe. D'ailleurs, les feuilles qui persistent pendant longtemps sur le stipe, où elles laissent, quand elles tombent, une partie de leur pétiole ou des cicatrices indélébiles, masquent en grande partie cette succession de pousses superposées. Cependant il y a des palmiers dans lesquels le stipe se compose en quelque sorte de disques empilés les uns sur les autres, séparés par des parties moins saillantes, et qui montrent la manière dont la tige s'est formée.

[Dans les oasis du Sahara algérien qui se composent presque exclusivement de palmiers-dattiers, on observe souvent des stipes qui présentent des amincissements à une hauteur variable du sol ; au-dessus de ces amincissements le stipe reprend son diamètre initial. Ces amincissements indiquent des périodes pendant lesquelles l'arbre a souffert par une cause quelconque. Alors il s'est développé un nombre moindre de fibres dans le stipe, qui est resté plus mince. Souvent, au lieu d'un amincissement d'une certaine hauteur on remarque un étranglement comme celui que produirait une corde fortement serrée. Ce sont des palmiers qui ont été coupés au-dessous du bourgeon terminal et fournissent alors une séve sucrée connue sous le nom de *lakmi*, qui sert à faire une boisson fermentée. Ch. Martins a vu que les palmiers ainsi tronqués reproduisent un nouveau bourgeon terminal ; quelquefois on répète l'opération deux et même trois fois sur le même arbre : un étranglement correspond à chacune de ces opérations. Dans quelques cas rares, il se développe deux bourgeons et le dattier se bifurque.]

Dans les plantes monocotylédonées, en général, et spécialement dans celles à tige ligneuse, il n'existe pas de bourgeons visibles à l'aisselle des feuilles ; ces bourgeons y sont seulement à l'état latent. Un seul bourgeon, celui qui occupe le sommet de la tige, est la source, l'origine de tous les phénomènes d'accroissement qui se manifestent dans ces végétaux. C'est pour cette raison que leur tige ligneuse est toujours simple, puisqu'il n'y a chez eux qu'un seul point par lequel elle puisse se développer et s'accroître. Aussi arrive-t-il fréquemment qu'un palmier meurt quand on retranche son bourgeon terminal. Cependant il arrive parfois que cette ablation du bourgeon terminal produit un tout autre effet. On voit alors quelques-uns des bourgeons latents existant à l'aisselle des feuilles sortir de leur état de torpeur, par suite de l'afflux des sucs nutritifs qui ne sont plus absorbés par le bourgeon terminal. Alors ces bourgeons latéraux se développent et forment des branches qui viennent se greffer en quelque sorte sur le stipe primitif resté simple. C'est ainsi que se forment ces troncs de palmiers ou d'autres Monocotylédones ligneux que l'on trouve quelquefois ramifiés.

[L'accroissement en hauteur n'est pas aussi lent sur toutes les tiges monocotylédonées, et le développement des bourgeons axillaires n'y est pas aussi rare que sur le stipe ligneux des Palmiers. Ainsi les chaumes de l'*Arundo Donax* croissent très-vite ; ceux du *Bambusa mitis* en moins de quatre semaines atteignent 6 mètres de hauteur, et à l'aisselle de chaque feuille, deux bourgeons au moins se développent en longs rameaux; la hampe de l'*Agave americana* atteint une hauteur de 5 à 6 mètres en moins de 40 jours.]

DEUXIÈME CLASSE

ORGANES DE LA REPRODUCTION

CHAPITRE PREMIER

CONSIDÉRATIONS GÉNÉRALES SUR LA FLEUR

Tous les êtres organisés, animaux et plantes, se reproduisent au moyen de germes fécondés qu'on appelle des *embryons*. Ces embryons se forment dans un organe particulier qu'on appelle un *ovule*, et la matière qui sert à féconder le germe porte le nom de *pollen*. Les plantes ont des sexes ou des organes sexuels, comme les animaux; savoir : dans les plantes, des organes *femelles*, nommés *carpelles*, qui contiennent les *ovules*, et des organes *mâles* nommés *étamines*, dans lesquels existe le *pollen* qui doit les féconder. Les *carpelles* et les *étamines* sont donc les organes essentiels de la reproduction dans les végétaux, puisque ce sont eux qui développent et fécondent les germes qui doivent propager leurs espèces.

Ces organes reproducteurs ne se montrent qu'à l'époque où la plante a acquis tout son développement, quand elle est arrivée en quelque sorte à l'état adulte. En général, les organes sexuels mâles et femelles, les étamines et les carpelles, sont rapprochés et réunis sur un support commun. Dans la plupart des cas, ils sont accompagnés, protégés par des feuilles diversement modifiées, formant une double enveloppe de protection autour des organes sexuels. Les feuilles de l'enveloppe extérieure, qui, en général, conservent encore la coloration verte et foliacée, s'appellent des *sépales*; leur réunion, leur ensemble constitue le *calice* ; celles qui forment l'enveloppe intérieure, en général d'un tissu plus délicat et de coloration très-variée, se nomment les *pétales*, et leur ensemble constitue la *corolle*.

On a donné le nom général de *fleur* à cette partie complexe qui se compose des organes sexuels et des enveloppes florales. Une fleur qui se compose ainsi des deux organes sexuels est *hermaphrodite*, comme celle de la rose ou de l'œillet, par exemple. Elle serait *unisexuée* si, comme dans les saules (*fig.* 96), le ricin, le maïs, etc., elle ne contenait qu'un seul des deux organes sexuels, et dans ce cas elle serait *mâle* ou *femelle*, selon qu'elle se composerait uniquement des étamines ou organes sexuels mâles, des carpelles ou organes sexuels femelles.

Remarquons bien que l'essence de la fleur, ce qui la constitue réellement, ce sont les organes sexuels, réunis ou séparés. Les enveloppes florales n'en sont que des parties accessoires qui, par conséquent, pourront manquer, sans que la fleur en soit moins apte à remplir ses fonctions.

Fig. 96.

Dans une fleur hermaphrodite et complète, la position des organes qui la constituent est toujours la même, et sert en quelque sorte à déterminer la nature de chaque organe. Les organes sexuels femelles, ou les carpelles, en occupent le centre; en dehors de ceux-ci viennent les organes sexuels mâles, ou les étamines, disposés en série circulaire ; puis viennent les pétales formant la corolle disposés également en cercle ; puis enfin les sépales, dont la réunion constitue le calice. De même que l'on a donné le nom de corolle à l'ensemble des pétales, et celui de calice à l'ensemble des sépales, on a également proposé les noms de *gynécée* pour l'ensemble des carpelles, et celui d'*androcée* pour l'ensemble des étamines. Il résulte de là qu'une fleur hermaphrodite et complète offre à son centre le gynécée, puis l'androcée, puis la corolle, et enfin, tout à fait en dehors, le calice.

Les fleurs naissent en général à l'aisselle des feuilles ou des *bractées*, qui ne sont que de petites feuilles appauvries par l'épuisement des rameaux. Ces fleurs sont portées par un support ou rameau court qu'on appelle *pédoncule* ; rarement le pédoncule manque, et la fleur est *sessile* à l'aisselle de la bractée ; elle est bien plus souvent *pédonculée*, c'est-à-dire munie d'un pédoncule. C'est au sommet de ce dernier, qui est évidemment un rameau de l'axophyte, que se trouvent réunies les diverses parties constituantes de la fleur. Or ces parties sont toutes des organes appendiculaires ou latéraux, relativement à l'axe qui leur sert de support. La fleur, ou l'ensemble des organes de la reproduction, représente donc, comme celui des organes nutritifs, un axe et des appendices : l'axe, c'est le pédoncule, dont la partie supérieure formant un cône tronqué ou allongé, saillant dans l'intérieur de la fleur, sert de point d'attache aux organes qui la constituent, et porte, pour cette raison, le nom de *réceptacle* : les appendices, ce sont les sépales, les pétales, les étamines et les carpelles, qui, en

Fig. 96. Fleurs unisexuées du saule ; à droite, fleur mâle ; à gauche, fleur femelle.

effet, naissent des parties latérales du réceptacle. Il y a donc, comme on le voit, identité de disposition entre les organes de la nutrition et ceux de la reproduction. Cette analogie s'étend encore plus loin. Nous prouverons bientôt que, malgré les formes variées sous lesquelles ils se présentent, les organes appendiculaires de la fleur sont tous de même nature, qu'il sont des modifications d'un organe unique, modifications amenées par la diversité de leurs fonctions ; or cet organe unique, c'est la feuille. La fleur n'est, en réalité, qu'un rameau court terminé par un bourgeon, dont l'axe ne s'allonge pas, et dont les organes appendiculaires restent, par suite, réunis en une sorte de rosette analogue à celle que nous avons déjà vue pour les feuilles de la tige.

Au premier abord les parties qui constituent chacun des quatre organes principaux de la fleur semblent disposées en cercles concentriques, emboîtés les uns dans les autres et formant autant de *verticilles*, Mais, quand on les examine avec plus d'attention, on voit que, comme les feuilles, les parties constituantes de la fleur offrent une disposition spirale. Les tours de cette spire étant très-rapprochés, les organes floraux prennent des formes différentes à mesure qu'ils sont plus intérieurs, et il en résulte cette apparence de verticilles pour les sépales, les pétales, les étamines et les carpelles. Or, en les considérant sous ce dernier point de vue, on reconnaît aisément qu'il existe une corrélation constante dans la position respective des pièces composant chaque verticille, quand elles sont en nombre égal : c'est que les pièces d'un verticille *alternent* constamment avec celles des deux verticilles entre lesquels il est placé. Ainsi, les pétales *alternent* avec les sépales, c'est-à-dire que chacun d'eux est placé dans l'intervalle de deux sépales ; les étamines alternent avec les pétales ; les carpelles alternent avec les étamines. Cette corrélation est générale, et ne souffre que bien peu d'exceptions. Ainsi, par cela seul que dans le lis, la tulipe et en général dans presque tous les végétaux monocotylédonés, les six étamines sont placées chacune en face des six segments du périanthe, on peut affirmer que ce périanthe unique représente le calice et non la corolle. En effet, les étamines, alternant avec les pétales, sont nécessairement opposées aux sépales, et c'est la position qu'elles offrent dans les Monocotylédones. Néanmoins nous verrons plus tard que quelques botanistes admettent dans les plantes monocotylédonées un calice de trois sépales, et une corolle de trois pétales, et qu'ils expliquent la position des étamines en face de chaque pièce du périanthe en comptant dans l'androcée deux verticilles composés chacun de trois étamines.

La composition de la fleur offre quelques différences dans les Dicotylédones et dans les Monocotylédones. Dans les premiers, c'est le nombre cinq ou un de ses multiples qui communément prédomine. Ainsi le calice se compose, en général, de cinq sépales, la corolle de cinq pétales, l'androcée de cinq étamines. Dans les Monocotylédones, au contraire, on observe plus souvent le nombre trois ou un de ses multiples : ainsi, trois ou six sépales, trois ou six étamines, trois ou six carpelles. On comprend cependant que cette règle offre de très-nombreuses exceptions.

Nous résumons de la manière suivante les considérations générales sur la composition de la fleur :

I. La fleur est l'assemblage des organes de la reproduction dans les végétaux phanérogames.

II. Les végétaux se reproduisent, comme les animaux, au moyen de germes fécondés nommés *embryons*.

III. L'embryon végétal, recouvert de membranes et de tissus qui le protégent, forme un véritable œuf, qu'on nomme *ovule* avant la fécondation et qui, à sa maturité, constitue une *graine.*

IV. Les ovules, et par conséquent les graines, se développent dans l'intérieur d'un organe nommé *carpelle.*

V. Le *pollen*, ou la matière fécondante, est contenu dans l'étamine.

VI. Les carpelles et les étamines sont donc les organes sexuels de la plante.

VII. Ces organes, qui constituent essentiellement la *fleur*, sont enveloppés à l'extérieur par deux séries de corps foliacés : les plus intérieurs, nommés *pétales*, formant la *corolle* ; les plus extérieurs, nommés *sépales*, formant le *calice.*

VIII. Une fleur complète se compose de carpelles, d'étamines, de pétales et de sépales, formant quatre séries circulaires enroulées en spirale continue.

IX. Une fleur incomplète est celle dans laquelle un ou plusieurs de ces organes manquent.

X. Une fleur est *hermaphrodite* quand elle contient des étamines et des carpelles, c'est-à-dire les deux organes sexuels, mâle et femelle.

XI. Elle est *unisexuée*, quand elle n'en contient qu'un : *mâle*, si elle contient des étamines ; *femelle*, si elle contient des carpelles.

XII. Les divers organes d'un même verticille peuvent être libres ou soudés, soit entre eux, soit avec ceux des autres verticilles.

XIII. Dans la fleur régulière, il y a alternance entre les parties d'un verticille et celles des verticilles entre lesquels il se trouve placé.

XIV. Dans les plantes monocotylédonées, c'est le nombre trois, ou un de ses multiples, qu'on observe dans les parties d'un même verticille ; dans les dicotylédonées, c'est cinq ou un de ses multiples.

XV. La fleur est un bourgeon dont l'axe très-court porte des organes appendiculaires disposés en une spirale tellement déprimée, qu'ils paraissent souvent verticillés.

XVI. L'axe porte le nom de *réceptacle.*

XVII. Les organes appendiculaires sont les sépales, les pétales, les étamines et les carpelles.

XVIII. Les organes appendiculaires de la fleur sont tous des feuilles modifiées dans leur forme, leur structure et leurs fonctions.

XIX. Il y a identité de nature et de disposition entre les organes de la reproduction et ceux de la nutrition : les uns et les autres se composent d'un axe et d'organes appendiculaires.

CHAPITRE II

PÉDONCULES ET BRACTÉES

I. Pédoncule. Le pédoncule ou le support de la fleur est un véritable rameau de l'axophyte. Il peut être *simple* ou *ramifié*, et, dans ce cas, ses ramifications sont appelées *pédicelles*. L'ordre de ses ramifications est important à étudier. Ainsi, il y a des rameaux floraux ou des *axes floraux*, qui sont primaires, secondaires, tertiaires ou quaternaires. L'*axe primaire* est le pédoncule simple, terminé par une fleur, ou la partie principale, d'où naissent ses ramifications, quand il est ramifié. L'axe *primaire* se divise en axes *secondaires*, ceux-ci en axes *tertiaires*, etc. Nous reviendrons sur ce sujet quand nous traiterons tout à l'heure de l'*inflorescence* ou de l'arrangement des fleurs sur les rameaux.

Le pédoncule peut offrir deux positions principales, relativement à

Fig. 97.

la branche qui porte les fleurs ; il est *axillaire* ou *terminal*, c'est-à-dire qu'il naît à l'aisselle d'une feuille ou d'une bractée, ou bien qu'il

Fig. 97. Inflorescence de *Solanum*.

termine la tige ou le rameau. Quelquefois les pédoncules semblent *opposés* aux feuilles, comme dans certains *Solanum* (*fig.* 97). Nous reviendrons sur cette position après avoir parlé de l'inflorescence scorpioïde, p. 192.

Un pédoncule peut être *uniflore, biflore, triflore, multiflore,* suivant le nombre des fleurs qu'il soutient.

II. Bractées. Les bractées sont de véritables feuilles qui, à mesure qu'elles se rapprochent de la partie supérieure des branches, deviennent de plus en plus petites, changent de forme et souvent de coloration. Elles affectent donc généralement la position que les feuilles présentent, c'est-à-dire que, comme celles-ci, elles sont alternes, opposées ou verticillées. Quelquefois les bractées, par leur grand développement et par les couleurs vives qu'elles présentent, sont plus brillantes que les fleurs elles-mêmes : c'est ce que montrent certaines sauges, le *Salvia fulgens*, entre autres ; le *Bougainvillæa*, le *Musa coccinea*, le *Poinsettia pulcherrima*, etc.

On appelle *spathe* (*fig.* 98) une grande bractée qui, avant l'épanouissement des fleurs les recouvre complètement, et ordinairement se fend

Fig. 98.

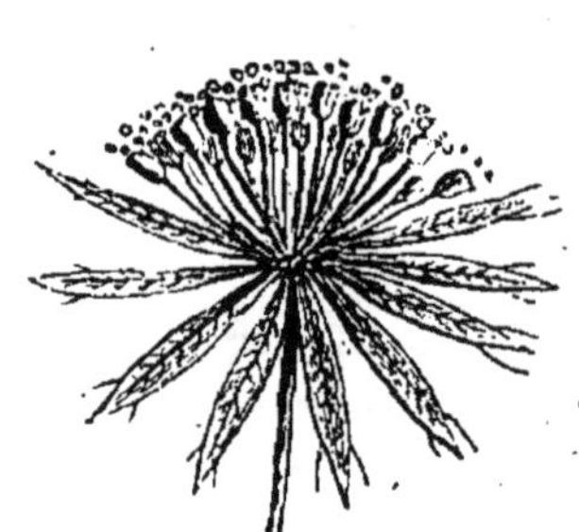

Fig. 99.

dans sa longueur, pour leur livrer passage. Il existe une spathe dans tous les Palmiers, dans l'*Arum* (*fig* 104) et les Aracées ; dans les iris, les narcisses, les aulx, etc. Cette spathe peut présenter de grandes différences dans sa forme, dans ses dimensions, dans sa coloration herbacée ou de nuances variées ; dans sa consistance *foliacée*, mince, sèche et *scarieuse*, ou même complètement *ligneuse*, comme celle de beaucoup de palmiers, par exemple. La spathe peut contenir une seule fleur, ou un nombre varié de fleurs : elle est alors *uniflore, biflore, multiflore*.

Lorsque les bractées sont réunies circulairement autour d'une fleur ou d'un assemblage de fleurs, elles constituent un *involucre*. Ainsi l'a-

Fig. 98. Fleur de Narcisse.
Fig. 99. Fleur d'*Astrantia*.

némone a un involucre de trois feuilles ; dans l'astrance (*fig.* 99), il se compose d'un grand nombre de folioles ou de bractées ; il en est de même dans l'artichaut, le chardon et dans toutes les Synanthérées.

Dans la carotte et beaucoup d'autres plantes de la famille des Ombellifères, il existe un involucre général à la base des pédoncules primaires, et des involucres particuliers à la base des pédoncules secondaires : on les appelle *involucelles*.

Quand l'involucre est disposé régulièrement autour d'une seule fleur, sur laquelle il est plus ou moins étroitement appliqué, on lui donne le nom de *calicule*. Les mauves ont un calicule composé de trois bractées ; celui des guimauves se compose de cinq à huit bractées soudées ensemble par leur base. Les fleurs de fraisier ont également un calicule composé de cinq bractées. Ces bractées, peu apparentes dans le fraisier ordinaire, sont beaucoup plus grandes que les sépales du calice dans la fraise de l'Inde. (*Fragaria indica*, Andr.)

On a donné le nom de *cupule* à un involucre qui, après avoir recouvert une ou plusieurs fleurs, persiste et accompagne le fruit, qu'il recouvre en partie ou en totalité. Le gland du chêne (*fig.* 100) est environné à sa base par une cupule *écailleuse* ; la noisette fraîche est accompagnée par une cupule *foliacée*, et enfin les fruits du hêtre (*fig.* 101) et du châtaignier sont complétement recouverts par une cupule *péricarpoïde*, c'est-à-dire ayant l'apparence d'un péricarpe.

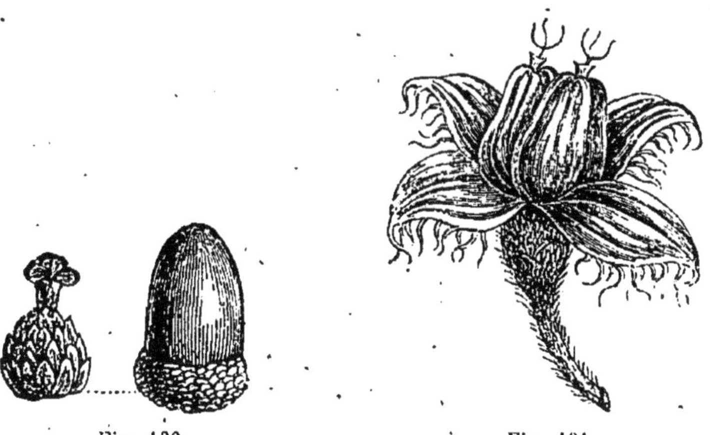

Fig. 100. Fig. 101.

Fig. 100. Gland de chêne.
Fig. 101. Fruit de hêtre.

CHAPITRE III

INFLORESCENCE

On appelle *inflorescence* la disposition ou l'arrangement des fleurs sur la tige ou sur les rameaux qui les supportent ; ce nom s'applique aussi à l'ensemble des fleurs diversement groupées entre elles. Rœper et Bravais frères ont surtout porté la lumière sur ce point important de l'organographie, jadis fort embrouillé.

Les fleurs, comme nous venons de le dire du pédoncule (p. 182), affectent deux positions principales : elles sont *axillaires* ou *terminales*. Dans le premier cas, elles naissent à l'aisselle soit d'une feuille, soit d'une bractée, et le rameau, en produisant sans cesse un nouveau bourgeon terminal, tend à s'allonger indéfiniment. On a nommé cette espèce d'inflorescence *inflorescence indéfinie*, parce que l'allongement de l'axe ne s'arrête que par la suppression, ou, ce qui est la même chose, par le défaut de développement du bourgeon terminal. On a appelé *inflorescence définie* ou *terminée*, celle dont l'axe primaire se terminant par une fleur, est nécessairement arrêté dans son allongement, et ne peut continuer à s'étendre que par les axes secondaires ou tertiaires, arrêtés également par une fleur terminale. Ce sont là les deux modes principaux de l'inflorescence, que nous allons successivement étudier. Quand l'inflorescence est indéfinie, en général l'épanouissement des fleurs commence par celles qui sont situées le plus en dehors, ou en bas de l'inflorescence, et la floraison est dite *centripète*, parce qu'en effet elle marche de l'extérieur vers le centre ; elle est au contraire *centrifuge*, quand l'inflorescence est terminée, parce que ce sont les fleurs du centre qui s'épanouissent les premières.

Dans l'inflorescence axillaire, tantôt les fleurs se développent à l'aisselle des *feuilles* sans que celles-ci aient éprouvé de modifications dans leur nature ; tantôt elles apparaissent à l'aisselle des bractées.

Les fleurs placées à l'aisselle des feuilles peuvent offrir la même disposition que les feuilles; être *alternes*, *opposées* ou *verticillées;* elles peuvent être *pédonculées* ou portées par un pédoncule, ou être *sessiles* ou attachées immédiatement par leur base; elles sont *solitaires*, *géminées*, *ternées* ou *fasciculées*, selon qu'il en existe une, deux, trois ou un grand nombre à l'aisselle de chaque feuille.

Les fleurs placées à l'aisselle de feuilles réduites à l'état de bractées, peuvent se grouper de manières très-diverses, et constituer des espèces d'inflorescences, distinguées sous des noms particuliers.

Tantôt les fleurs sont sessiles sur l'axe *primaire* lui-même, tantôt elles sont portées sur les axes *secondaires* ou *tertiaires*, ou même sur les divisions de ces derniers. Examinons ces différents modes d'inflorescence et les noms qui leur ont été imposés.

A. Inflorescences indéfinies. Parmi les inflorescences *indéfinies*, dont les fleurs sont sessiles sur un axe primaire non ramifié, nous distinguons les modifications suivantes qui ont reçu des noms spéciaux.

I. FLEURS SESSILES SUR L'AXE PRIMAIRE. 1° Épi (*spica*) (*fig.* 102). L'axe

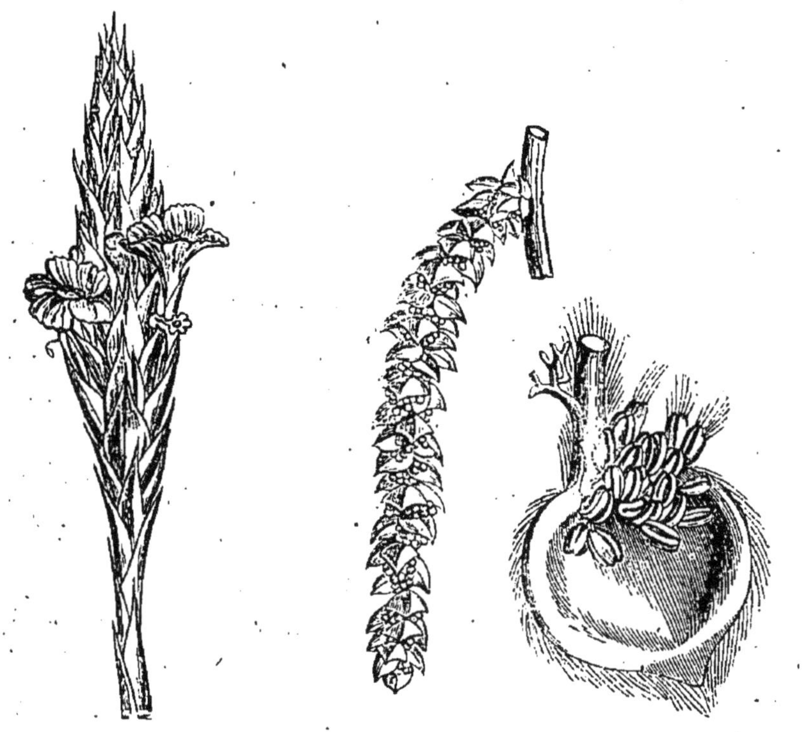

Fig. 102 Fig. 103.

primaire est allongé et porte des fleurs sessiles disposées en tous sens et formant une inflorescence cylindrique et allongée ; ex. : le plantain, l'élytraire, etc. Il y a certaines modifications de l'épi qui ont reçu des noms particuliers ; tels sont : le chaton, le spadice, le cône.

2° Le chaton (*amentum*) (*fig.* 103) n'est qu'un épi composé de fleurs unisexuées, mâles ou femelles, dont l'axe, articulé à sa base, se détache et tombe tout d'une pièce ; ex. : les fleurs mâles du noyer, du coudrier, du peuplier ; les fleurs mâles et femelles des saules, etc.

3° On nomme *spadice* (*spadix*, *flores spadicei*) (*fig.* 104) une sorte d'épi, ou plutôt de *chaton*, dont l'axe est épais et charnu, recouvert de fleurs unisexuées, ordinairement incomplètes, c'est-à-dire privées d'enveloppes florales propres, et enveloppé dans une spathe plus ou moins grande qui recouvre complétement le spadice avant son évolu-

Fig. 102. Épi de fleur d'une espèce du genre *Elytraria*.
Fig. 103. Chaton du charme (*Carpinus Betulus*) ; à droite, une fleur grossie.

tion. Le spadice est un épi ou chaton exclusivement propre aux plantes monocotylédonées ; ex. : l'arum ou pied-de-veau et généralement toutes les plantes de la famille des Aracées.

4° Le cône (*strobilus, conus*) est un véritable chaton, dans lequel les écailles ou bractées qui accompagnent les fleurs femelles sont plus grandes que ces dernières, persistantes et souvent ligneuses ; par exemple, le cône des arbres verts, comme les pins, les sapins, les mélèzes, etc., qui pour cette raison, sont appelés *Conifères*. Nous remarquerons, cependant, que le cône n'est point articulé à sa base.

5° Le *capitule* ou la *calathide* (*capitulum, flores capitati*). L'axe primaire est déprimé et élargi à son sommet, et les fleurs sessiles sont réunies en une tête globuleuse ou hémisphérique ; ex. : les chardons, les absinthes (*fig.* 105), le grand soleil et toutes les plantes de la famille des Synanthérées.

Les bractées les plus extérieures d'un capitule, qui n'offrent pas de fleur à leur aisselle, sont toujours plus grandes que celles placées à l'intérieur, à l'aisselle desquelles existe toujours une fleur : elles forment un *involucre* qui peut se composer de bractées sur un ou plusieurs rangs offrant des modifications extrêmement variées; celles des fleurs intérieures sont en général plus courtes, plus minces, et quelquefois réduites à des soies ou des faisceaux de soies.

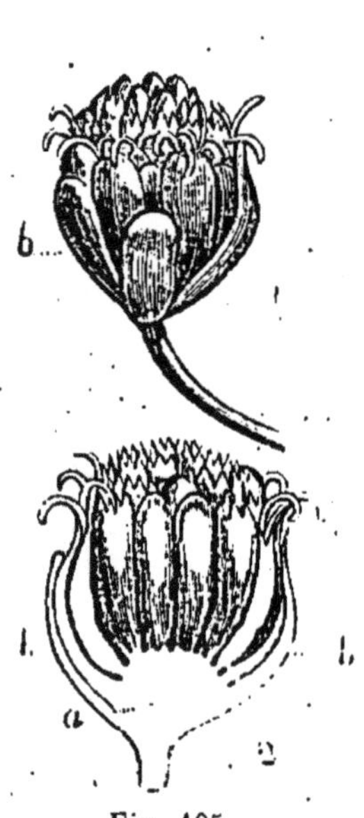

Fig. 105.

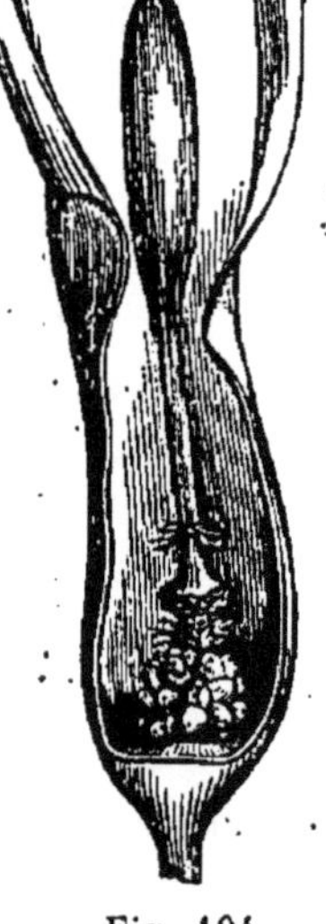
Fig. 104.

Le sommet de l'axe dilaté, sur lequel les fleurs sont appliquées, se nomme le *réceptacle commun*, le *phoranthe*, ou le *clinanthe* : il peut être convexe, concave ou cylindrique ; lisse ou creusé d'alvéoles ; nu ou garni d'écailles, de poils, qui ne sont que les bractées accompagnant chaque fleur, etc.

Le capitule n'est en réalité qu'un épi dont l'axe est excessive-

Fig. 104. Spadice de l'*Arum maculatum*.
Fig. 105. Capitules de l'estragon (*Artemisia Dracunculus*) : *b*, l'involucre ; 2. la capsule fendue ; *a*, le réceptacle commun ; *b*, les folioles de l'involucre.

ment déprimé et les fleurs très-serrées les unes contre les autres.

6° Le *sycone* (*syconus*), inflorescence singulière dans laquelle des fleurs unisexuées sont placées à la surface supérieure d'un réceptacle plan ou concave et clos, qui devient charnu et prend beaucoup de développement ; ex. : le *Dorstenia* (*fig.* 106), l'*Ambora*, la figue.

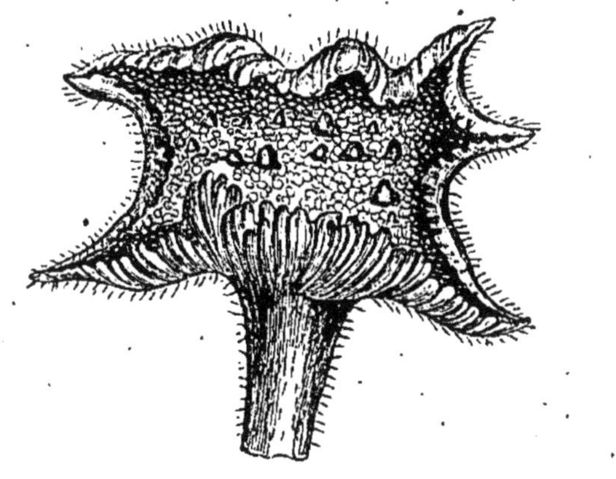

Fig. 106.

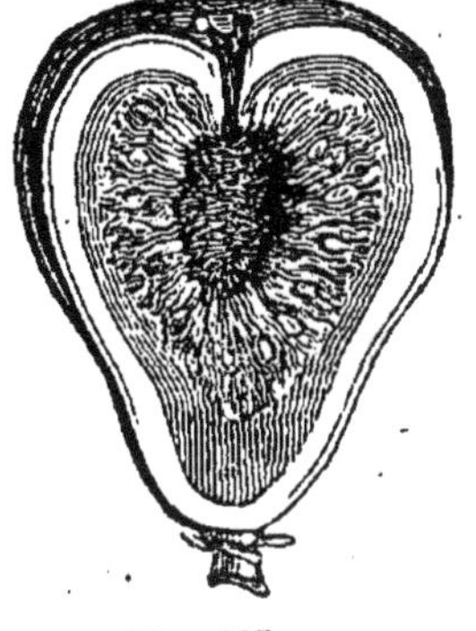

Fig. 107.

Dans le *Dorstenia*, le réceptacle est plan, irrégulièrement quadrilatère, à bords relevés et comme frangés ; dans l'*Ambora*, il a la forme d'une coupe à ouverture un peu resserrée ; dans la figue (*fig.* 107), il est clos et en forme de poire concave, dont toute la surface interne est garnie par les fleurs, mâles dans la partie supérieure, femelles dans le reste de la cavité.

II. Fleurs placées au sommet des axes secondaires. 7° La grappe (*racemus*) (*fig.* 108) est une inflorescence dans laquelle l'axe primaire, plus ou moins allongé, porte des axes secondaires disposés en tous sens, terminés chacun par une fleur ; ex. : le groseillier rouge, le cassis, le muguet.

8° Si les axes secondaires naissent à différentes hauteurs de l'axe primaire, et que les plus inférieurs étant plus longs arrivent à la même hauteur que les supérieurs, cette disposition est un *corymbe simple* (*fig.* 109) ; ex. : l'arbre de Sainte-Lucie, le poirier, etc.

9° Quand tous les axes secondaires partent en divergeant du sommet de l'axe primaire, comme d'un centre, les fleurs forment un *sertule* ou une *ombelle simple* ; ex. : la primevère commune, le *Butomus umbellatus*, les *Astrantia*, etc.

III. Fleurs placées au sommet des axes tertiaires ou de leurs ramifications. 10° La *panicule* (*panicula, flores paniculati*) se compose

Fig. 106. *Dorstenia Contrayerva*. Inflorescence en sycone. Réceptacle plan portant un grand nombre de fleurs sur sa surface supérieure.

Fig. 107. Figue fendue suivant sa longueur. Elle se compose d'un réceptacle creux et pyriforme, dont toute la face interne est couverte de fleurs unisexuées.

d'un axe primaire allongé portant des axes secondaires ramifiés, terminés par les fleurs ; ex. : la vigne, le marronnier d'Inde. La panicule a ordinairement une forme presque pyramidale, c'est-à-dire que ses axes sont d'autant plus courts qu'ils sont plus supérieurs.

11° Si, au contraire, les rameaux de la partie moyenne sont les

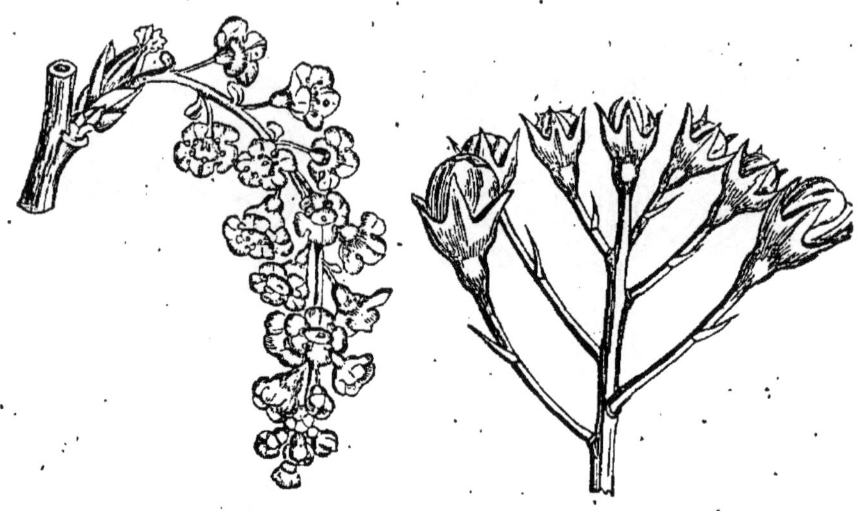

Fig. 108. Fig. 109.

plus grands, l'inflorescence offre une forme plus ou moins ovoïde et porte alors le nom de *thyrse* (*flores thyrsoïdei*), par exemple dans le lilas, etc. Le thyrse ne diffère en rien de la panicule.

12° Le *corymbe composé* (*corymbium compositum*) offre des axes secondaires ramifiés à des hauteurs différentes, mais arrivant tous à peu près à la même hauteur, et présentant un ensemble de fleurs plan ou convexe ; ex. : le buisson ardent (*Mespilus Oxyacantha*), le sorbier, les millefeuilles, les tanaisies, etc. En général, le corymbe composé s'observe dans deux familles de plantes, les Rosacées et ce groupe des Synanthérées qui, à cause de ce mode d'inflorescence, a été quelquefois nommé *Corymbifères*.

13° L'*ombelle composée* ou simplement l'*ombelle* (*umbella, flores umbellati*). Ombelles simples, ou sertules, pédonculées (*fig.* 110), naissant toutes du sommet tronqué de l'axe commun. Cette inflorescence caractérise une famille tout entière, celle des Ombellifères à laquelle appartient, entre autres, la carotte, le panais, le persil, la ciguë, etc. Dans une ombelle, les axes secondaires portent le nom de *rayons*. Chaque rayon se termine par un sertule ou ombelle simple, qu'on nomme *ombellule*, dont les axes tertiaires sont tous uniflores et

Fig. 108. Grappe.
Fig. 109. Corymbe simple.

simples. A la base de l'ombelle se trouve souvent un assemblage de bractées qui constituent un *involucre ;* à la base de chaque ombellule peut exister un *involucelle* également formé d'un nombre variable de petites bractées.

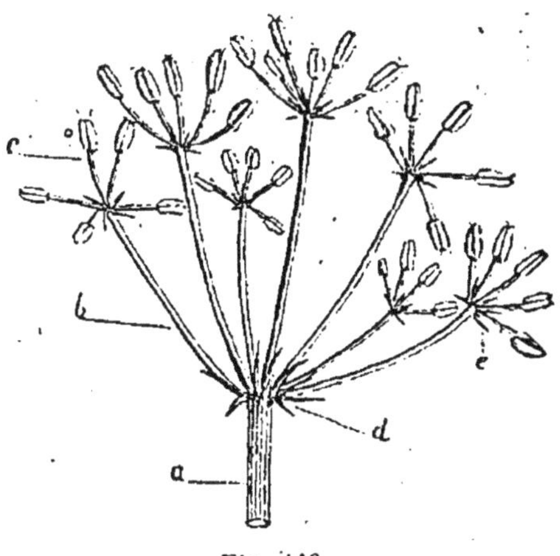

Fig. 110.

B. Inflorescence terminée ou définie.—14° Dans ce mode d'inflorescence, l'axe se termine par une fleur qui nécessairement en arrête et en termine le développement. Quand les feuilles sont opposées, on trouve à la base du pédoncule terminal deux feuilles opposées, de l'aisselle desquelles naît un nouveau pédoncule, également terminé et accompagné de deux feuilles, de l'aisselle desquelles sortent aussi deux pédoncules latéraux. Il résulte de cette disposition que l'inflorescence se compose d'une suite de

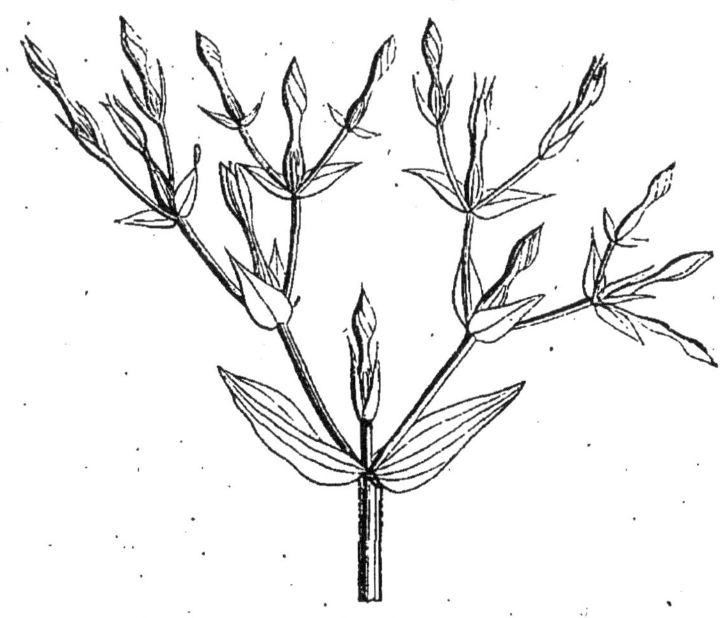

Fig. 111.

bifurcations superposées, au centre de chacune desquelles existe une

Fig. 110. *Ombelle composée* du *Bunium Bulbocastanum : a*, le sommet de l'axe primaire ; *b*, les axes secondaires ou rayons de l'ombelle ; *c*, les axes tertiaires ou rayons des ombellules ; *d*, involucre ; *e*, involucelle.

Fig. 111. Cyme de la petite centaurée (*Erythræa Centaurium*).

fleur terminale. C'est cette inflorescence qu'on désigne aujourd'hui sous le nom général de *cyme*. Si les feuilles, au lieu d'être opposées, étaient verticillées par trois, chacune d'elles émettant un rameau florifère de son aisselle, il en résulterait une suite de trifurcations successives. Le premier de ces modes d'inflorescence a été appelé *cyme dichotome;* le second *cyme trichotome*. Si nous prenons pour exemple la petite centaurée (*Erythræa Centaurium*), que nous figurons ici (*fig.* 111), nous voyons au sommet de la tige une première fleur vraiment terminale, et de l'aisselle des deux dernières feuilles de cette tige s'élèvent deux rameaux également terminés par une fleur et allant ensuite en se bifurquant un grand nombre de fois. C'est là la cyme dichotome. Nous en trouvons également de nombreux exemples dans la famille des Cariophyllées, et entre autres dans les genres *Cerastium* et *Stellaria*.

Quelquefois la dichotomie ne se continue pas d'une manière aussi régulière. Ainsi il peut arriver que, dans les dernières ramifications de la cyme, l'un des deux rameaux latéraux, avorte, comme, par exemple, dans le *Cerastium tetrandrum*.

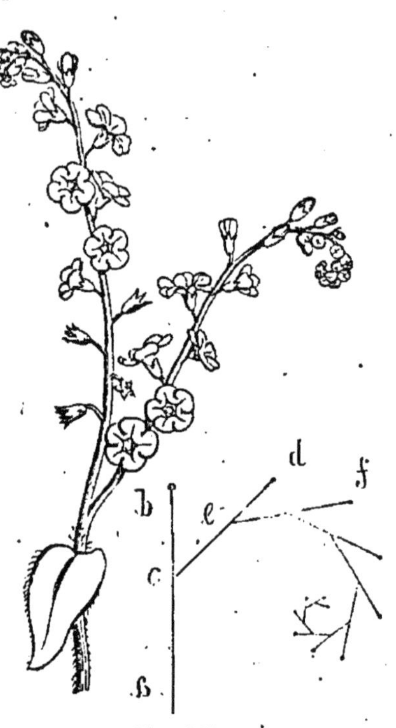

Fig. 112.

Cet avortement constant d'un des deux rameaux latéraux, au lieu d'avoir lieu seulement vers l'extrémité de la cyme, peut se montrer dès sa base, et l'on a ainsi une sorte de grappe unilatérale et définie, que l'on peut nommer une *cyme monotome*, en la comparant aux deux précédentes. Le *Silene gallica* nous offre un exemple de ce genre.

Ce mode d'inflorescence nous conduit à celui qu'on a désigné sous le nom de *cyme scorpioïde*, et qui est presque général dans les plantes de la famille des Borraginées, et spécialement dans les genres *Myosotis* (*fig.* 112), *Heliotropium*, etc. C'est en quelque sorte une grappe roulée en crosse à son extrémité, et dont les fleurs n'occupent que le côté convexe de l'axe roulé (*fig.* 112). On comprendra le mode de for-

Fig. 112. A gauche : A, Cyme *scorpioïde* du *Myosotis palustris*.
A droite : B, figure idéale destinée à faire comprendre le mode de formation de la cyme *scorpioïde* par le développement successif d'axes latéraux *c d*, *e f*, qui prennent la place de l'axe primitif *a b*.

mation de cet axe roulé en crosse, en consultant la figure idéale placée ici à côté de la cyme scorpioïde du *Myosotis*. Ici chaque fleur est véritablement terminale. Ainsi, la fleur la plus inférieure terminait l'axe *a b*. De l'aisselle de sa bractée est né un rameau secondaire *c d* qui, par son développement vigoureux, a usurpé la place de l'axe primaire qu'il a rejeté de côté; un nouveau rameau latéral *e f* s'est comporté comme le premier, c'est-à-dire a continué l'axe et a rejeté la fleur terminale sur son côté. Il est résulté de là une succession d'axes appartenant à des évolutions différentes qui, néanmoins, affectent la position et les caractères d'un axe primaire; et les fleurs, bien que paraissant latérales, sont toutes réellement terminales.

Les exemples précédents prouvent que la cyme peut offrir des différences très-marquées dans sa position sur la tige. Ainsi elle peut être *terminale* ou *axillaire*; être *simple* ou *ramifiée*. Ces modifications, n'altérant en rien son caractère essentiel, s'expriment par des épithètes ajoutées au nom de cyme. Ainsi il y a des cymes *racémiformes*, *paniculées*, *axillaires*, *terminales*, etc.

[Dans les modes d'inflorescence ci-dessus décrits, les pédoncules sont libres et distincts à partir de leur point d'origine ; mais dans d'autres cas, ils restent adhérents à un autre organe, ne s'en isolent qu'à une certaine distance de leur point d'origine et paraissent ainsi placés dans une position extra-axillaire et tout à fait anormale. Ainsi dans divers *Solanum* (*fig*. 97), le pédoncule qui prend réellement naissance à l'aisselle d'une feuille, ne devient libre que beaucoup plus haut, de manière à paraître latéral ou presque opposé à la feuille supérieure (*fig*. 97); ainsi encore sur le tilleul, le pédoncule reste adhérent à la bractée et, quoique naissant à son aisselle, il semble sortir de son milieu].

CHAPITRE IV

PRÉFLORAISON

Avant leur épanouissement, les divers organes constituant la fleur offrent entre eux, dans le bouton, un arrangement particulier auquel on donne les noms de *préfloraison* ou d'*estivation*. La préfloraison peut être considérée dans chacune des parties de la fleur en particulier, ou dans ses parties les unes à l'égard des autres. Elle offre des caractères importants pour la coordination des plantes en familles naturelles.

On emploie aujourd'hui des figures idéales qu'on nomme *diagrammes*, pour représenter l'ensemble de la préfloraison de toutes les parties d'une fleur. Ces figures sont censées montrer la coupe transversale de la fleur, vue à vol d'oiseau.

La préfloraison peut être envisagée sous trois points de vue différents : 1° dans chaque verticille en particulier considéré dans l'ensemble des pièces qui le composent; 2° dans chaque pièce d'un même verticille; 3° dans la position respective de deux verticilles voisins.

I. Préfloraison des enveloppes florales. — Elle peut être étudiée dans le calice et dans la corolle, et se rapporter à deux modes généraux : 1° les pièces constituant le verticille peuvent se recouvrir par leurs côtés dans une étendue plus ou moins considérable : c'est la préfloraison *par superposition*; 2° ou bien les pièces sont unies immédiatement par leurs bords : préfloraison *par juxtaposition.*

Dans la *préfloraison par superposition*, les pièces du verticille, qui ne sont que des feuilles modifiées, conservent la disposition spirale que ces derniers organes présentent sur les rameaux. Aussi, comme nous l'avons déjà dit, les sépales et les pétales ne sont pas réellement verticillés dans la fleur; ils sont disposés sur une ligne spirale dont les

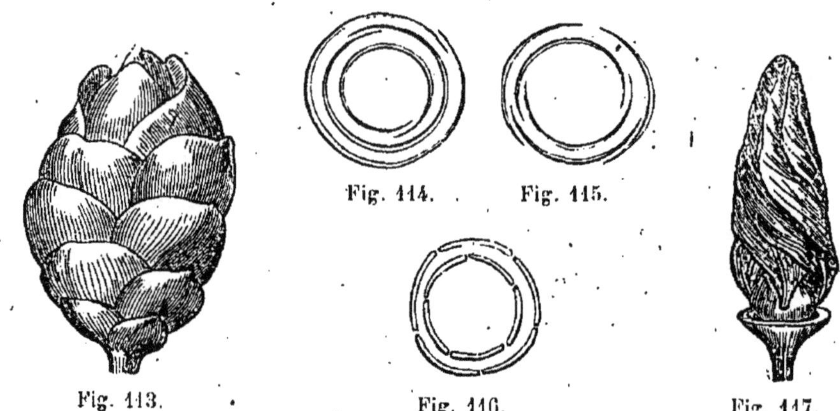

Fig. 113. Fig. 114. Fig. 115. Fig. 116. Fig. 117.

tours, par leur extrême rapprochement, semblent constituer un verticille. Aussi la préfloraison *spirale* est-elle une de celles que l'on observe le plus souvent. Elle peut se faire de diverses manières, et a reçu, suivant les cas, des noms spéciaux. Ainsi, elle est *imbriquée* quand les sépales ou les pétales se recouvrent par une partie de leur hauteur seulement, à la manière des tuiles d'un toit. Le calice du *Camellia* (*fig.* 113) présente un exemple de cette préfloraison *imbriquée*. Si les pièces de l'enveloppe florale se recouvrent entre elles complétement de manière que la plus extérieure recouvre presque en totalité celles qui sont plus intérieures, la préfloraison est dite *convolutive* (*fig.* 114), comme dans le calice du *Magnolia*, composé de trois sépales enroulés

Fig. 113. Préfloraison *imbriquée* du calice du *Camellia japonica*.
Fig. 114. Diagramme de la préfloraison convolutive du calice dans le genre *Magnolia*.
Fig. 115. Préfloraison *quinconciale*.
Fig. 116. Préfloraison *valvaire*.
Fig. 117. Préfloraison *tordue* de pétales dans le lin usuel.

les uns sur les autres. Si les parties du verticille ne se couvrent que dans une faible portion de leurs bords, dans un calice ou une corolle formés de cinq pièces, deux de ces pièces sont plus extérieures que les autres et les recouvrent par leurs bords, deux moyennes ont leurs deux bords également recouverts, et la cinquième est placée entre une des extérieures et une des intermédiaires. Cette disposition, très-fréquente dans les plantes dicotylédonées, forme la préfloraison *quinconciale* (*fig.* 115), dans laquelle les cinq pièces forment évidemment deux tours de spire : ex. le calice des cistes, de la rose, etc.

Quand les sépales ou les pétales se recouvrent par une portion de leurs bords, et qu'en même temps ils sont placés obliquement autour de l'axe de la fleur, la *préfloraison* est *tordue :* par exemple les pétales des mauves, du lin (*fig.* 117), etc.

Les différentes sortes de préfloraison que nous venons de faire connaître s'appliquent à la fois à la disposition des sépales et des pétales dans le calice et la corolle dialysépale et dialypétale, et en même temps à ceux où les sépales et les pétales sont soudés entre eux.

La *préfloraison par juxtaposition* n'offre qu'une seule modification essentielle : c'est la préfloraison *valvaire* (*fig.* 116), dans laquelle les pièces du verticille sont unies bords à bords. Mais elle offre plusieurs variétés. Ainsi les deux bords accolés peuvent former une suture saillante en dehors, de manière que le bouton de fleur offre autant d'angles saillants : c'est la préfloraison *réduplicative*, comme dans quelques Malvacées (*fig.* 118), la rose trémière, par exemple. Il peut arriver, au contraire, que les sutures formées par les bords se replient vers le centre de la fleur, comme dans le calice de la clématite, par exemple : on nomme cette disposition *préfloraison induplicative*.

II. Préfloraison de chaque pièce d'un verticille en particulier. — Chaque partie d'un même verticille peut offrir, prise isolément, des positions variées qu'il est utile de connaître. Ainsi, par exemple, les pétales peuvent être irrégulièrement repliés en tous sens et comme *chiffonnés*, par exemple dans les pavots : c'est la préfloraison *corrugative* (*petala corrugata*). Cette disposition des pétales provient évidemment de ce que le calice est beaucoup plus court, et que la corolle s'accroît très- rapidement; car dans le bouton extrêmement jeune les pétales n'offrent encore aucun pli.

Quelquefois les pétales sont *infléchis* sur eux-mêmes; tantôt c'est leur partie moyenne qui est saillante, comme dans les campanules, par exemple; tantôt ce sont les bords des pétales, ainsi qu'on l'observe dans le préfloraison *réduplicative* des Ombellifères.

Quand la corolle est gamopétale, elle peut offrir des plis, des sillons ou des espèces d'ailes saillantes qu'il est utile de noter. Ainsi dans les *Convolvulus* et plusieurs Solanées, la corolle est plissée longitudinalement, à peu près à la manière d'un filtre de papier, de sorte qu'il n'y a que quelques-unes de ses parties qui soient visibles extérieurement : c'est à cette cause qu'on doit attribuer les bandes longitudinales colorées que présente la corolle de plusieurs liserons.

III. Relation des pièces d'un verticille relativement à celles du verticille plus intérieur. — Si nous examinons la position des pièces d'un verticille, relativement à celles des parties des verticilles voisins, nous observerons deux modifications : 1° les pièces des verticilles voisins offrent la même position ; 2° les pièces de deux verticilles voisins offrent des positions différentes. Ainsi, par exemple, dans les vignes et les Araliacées, les divisions calicinales offrent, comme les pétales, une préfloraison *valvaire*. Dans les Malvacées (*fig.* 118), les Convolvulacées, etc., au contraire, le calice offre la préfloraison *valvaire*, et les pétales la préfloraison *imbriquée* et *tordue*.

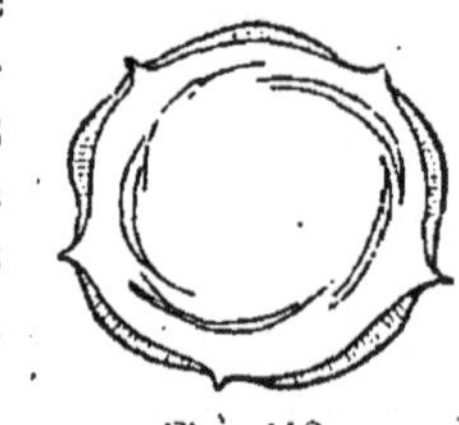

Fig. 118.

Il arrive quelquefois que quand la préfloraison du calice est en spirale, cette disposition se continue également dans les pétales : c'est ce qu'on observe, par exemple, dans la fleur du *Magnolia*, du *Nymphæa alba*, et, en général, dans toutes celles dont les sépales et les pétales sont peu différents les uns des autres. Dans ce cas, on voit la première pièce du second verticille suivre immédiatement celle qui termine le premier, et poursuivre ainsi sans interruption la ligne spirale commencée par le premier verticille. Cependant il arrive aussi quelquefois qu'il existe en quelque sorte un certain vide entre le sépale le plus intérieur et le pétale le plus extérieur, de manière à indiquer qu'il manque entre eux quelques parties qui ont avorté.

Non-seulement il existe ainsi des rapports de position entre les pièces qui forment les deux verticilles extérieurs de la fleur, le calice et la corolle ; mais dans quelques familles, il s'en montre entre les pétales et les étamines qui constituent le troisième verticille de la fleur. Ainsi, par exemple, dans le petit nombre de familles dont les étamines sont opposées aux pétales, comme dans les Rhamnées, par exemple, ou dans plusieurs de celles qui sont diplostémones, c'est-à-dire qui ont des étamines en nombre double des pétales, ceux-ci sont souvent concaves ou même en forme de capuchon et recouvrent complétement l'étamine placée devant chacun d'eux.

L'examen de la préfloraison peut également s'étendre aux étamines et aux pistils, qui offrent quelquefois dans le bouton des positions déterminées et pouvant servir de caractères. Ainsi, dans le chanvre, la pariétaire et en général dans toutes les plantes de la famille des Urticées, les étamines sont recourbées en arc et infléchies vers le centre de la fleur. Une disposition analogue se remarque dans la carotte, le persil et les autres plantes de la famille des Ombellifères.

En résumé, la préfloraison peut offrir des considérations importantes

Fig. 118. Verticilles du calice et de la corolle dans les Malvacées.

et des caractères d'une assez grande valeur. Mais pour qu'elle ait une signification précise, elle doit être observée dans les boutons avant leur épanouissement. En effet, c'est alors seulement que les parties de la fleur très-rapprochées les unes contre les autres offrent à la fois cet agencement général et relatif, et ces dispositions particulières, qui deviennent alors de véritables caractères. Plus tard en effet, quand la fleur s'est complétement développée, par l'écartement que ses organes éprouvent, la disposition préflorale s'affaiblit souvent ou même s'efface totalement.

Indépendamment de cette disposition relative des diverses parties de la fleur, formant la préfloraison, il est aussi important d'étudier la relation de la fleur avec l'axe commun, c'est-à-dire avec la tige ou ses ramifications. Pour arriver à cette détermination, on prend communément la pièce la plus extérieure du calice comme point de départ, et l'on reconnaît alors que tantôt cette pièce correspond exactement à l'axe, et tantôt est placée dans un sens opposé à celui-ci. Le caractère que l'on peut tirer de cette position de la fleur relativement à l'axe offre assez de fixité pour être souvent commun à tous les genres d'une même famille.

CHAPITRE V

RÉCEPTACLE DE LA FLEUR

Tous les organes qui constituent la fleur sont insérés au sommet du rameau ou pédoncule qui la supporte. Or ce sommet a ordinairement une forme conique, ou celle d'un hémisphère déprimé. On a donné le nom de *réceptacle de la fleur* ou de *torus* à cette partie du sommet du pédoncule saillante dans la fleur, et donnant attache à toutes les parties qui la composent. Généralement, le réceptacle est fort peu saillant, comme on l'observe dans une fleur de tilleul d'Afrique (*fig.* 119), de ciste, etc.; d'autres fois il forme un corps plus ou moins allongé, sur lequel les organes floraux sont attachés, comme dans le *Magnolia*. On voit alors manifestement que le réceptacle est la continuation du pédoncule ou du rameau, et l'on peut suivre sur lui la disposition spirale des parties constituantes de la fleur.

Quelquefois la partie centrale du réceptacle forme, au-dessus du point d'insertion des enveloppes florales, une saillie plus ou moins considérable. Quand cette partie saillante du réceptacle ne porte que les carpelles, on lui donne le nom de *gynophore*, par exemple dans le fraisier (*fig.* 120, *a*), où ce corps prend un énorme développement, et constitue toute la partie pulpeuse de la fraise. On a proposé celui de *gynandrophore* pour un réceptacle saillant sur lequel existent à la fois les carpelles et les étamines : les *Magnolia*, les *Anona*, etc.

Enfin, dans l'œillet et plusieurs autres Dianthacées, le réceptacle est sous la forme d'une petite colonne courte, portant à la fois les car-

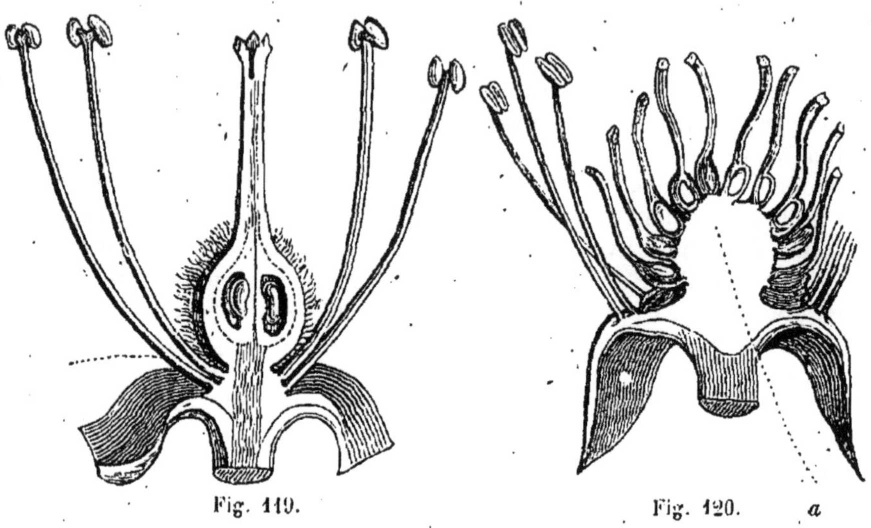

Fig. 119. Fig. 120. *a*

pelles, les étamines et les pétales. De Candolle lui donnait dans ce cas le nom d'*anthophore*.

CHAPITRE VI

ENVELOPPES FLORALES EN GÉNÉRAL

Nous avons dit précédemment que dans une fleur complète on trouve en dehors des organes sexuels deux séries d'organes foliacés : le *calice*, qui est la plus extérieure, et la *corolle*, placée en dedans du calice. Mais il y a beaucoup de plantes dans lesquelles il n'existe qu'une seule enveloppe florale : qu'on examine la fleur d'un daphné, d'une rhubarbe, du sarrasin, d'une ansérine, etc., et l'on reconnaîtra une enveloppe unique pour protéger les organes sexuels. Le vaste embranchement des Monocotylédones est dans ce dernier cas : la tulipe, la jacinthe, l'iris, le lis, etc., en montrent des exemples. Les anciens botanistes ont varié sur le nom à appliquer à cette enveloppe unique. Tournefort et Linné, par exemple, l'appelaient *calice*, quand elle était verte, herbacée, et qu'elle rappelait les caractères généraux du calice. Ils lui donnaient au contraire le nom de *corolle*, lorsque, par sa colo-

Fig. 119. Pistil du *Sparmannia africana*, coupé suivant sa longueur, et montrant un ovaire libre et l'insertion hypogynique des étamines, *a*.

Fig. 120. Fleur de fraisier coupée longitudinalement : *a*, gynophore portant un grand nombre de carpelles.

ration et la délicatesse de son tissu, elle offrait les caractères de ce dernier organe. Mais cette distinction était futile ; car un même organe peut varier de coloration, sans changer de nature. Aussi, aujourd'hui, l'immense majorité des botanistes regardent-ils l'enveloppe unique de la fleur comme formant un *calice*, quelles que soient sa forme et sa coloration. De Candolle a proposé un nom particulier, celui de *périgone* pour cette enveloppe unique ; ce nom ayant l'avantage de ne préjuger en rien sa nature.

Quant aux Monocotylédones, certains botanistes sont disposés à admettre en eux l'existence de deux enveloppes florales, ordinairement peu distinctes l'une de l'autre Ils se fondent surtout sur ce fait que, dans un certain nombre de plantes de ce grand enbranchement, les segments du périanthe forment deux séries distinctes, non-seulement par leur position, mais par leur nature et leur coloration. Ainsi, dans l'éphémère de Virginie et plusieurs autres plantes de la famille des Commélinacées, dans l'*Alisma Plantago*, les trois segments extérieurs ont tous les caractères d'un calice, les trois intérieurs ceux d'une corolle. Mais aussi, dans le plus grand nombre des cas, les six segments du périanthe offrent la même position, la même nature et la même coloration ; et comme ils se soudent ensemble par leur base pour former un tube unique, il est rationnel d'admettre qu'ils constituent un seul et même organe.

[Ajoutons que dans quelques familles monocotylédonées, telles que les Iridées, les étamines s'insèrent par leurs extrémités inférieures sur cette enveloppe colorée que l'on considère comme un calice. Or amais les étamines dans aucune plante ne s'insèrent sur la corolle : elles se soudent avec elles, mais s'insèrent toujours comme la corolle, à laquelle elles sont unies, soit sur le fond de la fleur, soit sur le calice.]

Linné admettait aussi une dénomination générale pour exprimer l'ensemble des enveloppes florales, celle de *périanthe*. Le périanthe pouvait être *simple* ou *double* : *double*, il se composait du calice et de la corolle ; *simple*, c'était un calice quand il était vert ; une corolle, s'il était coloré et pétaloïde.

CHAPITRE VII

CALICE

Le *calice* est l'enveloppe extérieure du périanthe double, ou ce périanthe lui-même, quand il est simple. Il se compose d'un nombre variable de folioles nommées *sépales*, formant le verticille extérieur de la fleur.

Quand les sépales sont parfaitement distincts et non soudés entre eux, le calice est *dialysépale* ou *polysépale*. Il est *gamosépale* ou *monosépale*, quand les sépales sont soudés dans une étendue plus ou moins grande. Le calice de la giroflée est *dialysépale ;* celui de l'œillet est *gamosépale.*

I. Calice dialysépale. —Il peut être formé par un nombre variable de sépales. Ainsi il est *disépale* dans le pavot ; *trisépale* dans la ficaire ; *tétrasépale* dans la giroflée et les autres Crucifères ; *pentasépale* dans le lin, la renoncule, etc., suivant qu'il se compose de deux, trois, quatre ou cinq sépales distincts.

Comme les sépales ne sont que des feuilles légèrement modifiées, ils peuvent présenter des figures très-variées, qui servent de caractères pour distinguer les espèces. Ainsi il y a des sépales *aigus, obtus, arrondis, lancéolés, cordiformes*, etc.

Les sépales du calice dialysépale peuvent être *dressés, ouverts* ou *étalés*, ou enfin *réfléchis* ou rabattus sur le pédoncule qui supporte la fleur. Ils peuvent, par leur arrangement entre eux, former un calice en forme de tube, comme dans la giroflée, ou étalé en étoile, etc. Enfin ils peuvent être *caducs*, c'est-à-dire tomber presque dès l'épanouissement de la fleur, ou être *persistants* et accompagner les carpelles jusqu'à leur maturité.

II. Calice gamosépale.—La soudure des sépales entre eux peut avoir lieu à des degrés différents. Ainsi, quelquefois, c'est uniquement par leur base qu'ils sont unis ; d'autres fois la soudure embrasse la moitié inférieure des sépales, leurs deux tiers ou leur totalité. On exprime d'une manière différente ces degrés d'union des sépales : ainsi on dit que le calice est *bifide, trifide, quadrifide*, etc., quand les sépales sont unis au moins dans la moitié inférieure de leur longueur. Il est au contraire *biparti, triparti, quadriparti, quinquéparti*, si la soudure n'occupe que la partie la plus inférieure. Si la soudure a lieu par toute la hauteur des sépales, moins le sommet resté libre, le calice est *bidenté, tridenté, quadridenté*, etc. Enfin il est *entier*, quand les sépales sont soudés dans toute leur hauteur, sans que leur bord présente trace de cette soudure. Le calice du tabac est *quinquéfide ;* celui de la digitale pourprée est *quinquéparti ;* dans les lilas, il est *quadridenté ;* il est *entier* dans le chèvrefeuille et beaucoup d'Ombellifères.

Dans un calice gamosépale, on peut distinguer trois parties : 1° l'inférieure, ou celle comprise dans la soudure : c'est le *tube* ; 2° la supérieure ou le *limbe*, formée par la partie libre des sépales ; 3° enfin la *gorge*, représentée par la ligne de séparation entre le tube et le limbe. Ces trois parties peuvent offrir des modifications qui fournissent des caractères pour distinguer certaines espèces. Ainsi le tube peut être *cylindrique, comprimé, anguleux, court, long ;* le limbe peut être *bidenté, bifide, biparti*, ou *entier, dressé*, ou *étalé*, etc.

Le calice gamosépale peut présenter des formes très-variées. Ainsi il est *tubuleux* ou allongé en forme de tube dans la primevère, beaucoup de Labiées (*fig.* 121) ; il peut être *cylindrique, anguleux ;* il est quelquefois, au contraire, complétement *étalé*, comme dans la bourrache; *court* et *cupuliforme*, dans l'oranger; *urcéolé* ou *vésiculeux* comme dans le *Silene inflata* (*fig*. 122); ou enfin se prolonger à sa par-

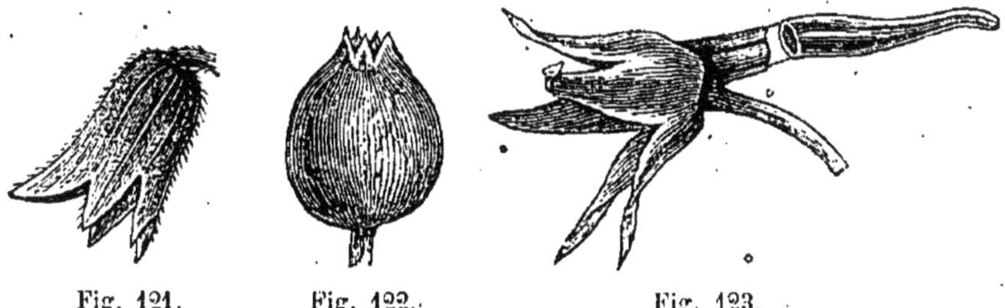

Fig. 121. Fig. 122. Fig. 123.

tie inférieure en un appendice creux nommé *éperon* (*calcar*), comme dans la capucine (*fig*. 123), par exemple.

[On connaît dans le règne végétal un certain nombre de calices qui présentent une structure anormale. Ainsi dans les *Eucalyptus*, grands arbres de la famille des Myrtacées, originaires de la Nouvelle-Hollande, le calice forme un opercule sous lequel les étamines sont placées comme sous une voûte. Au moment de la floraison, cet opercule, circonscrit à sa base par un sillon horizontal, est soulevé par les étamines, se fend circulairement, se détache et tombe. Dans une plante de la famille des Papavéracées, l'*Eschscholtzia californica*, les deux sépales se soudent par leur extrémité libre et se tiennent unis jusqu'à ce que la corolle, en faisant effort pour s'ouvrir, détache le calice à sa base, le fende, et détermine ainsi sa chute; qui permet aux quatre pétales de se dérouler et de s'épanouir.

Quand le calice est gamosépale et adhérent à l'ovaire (Rosées, Pomacées, Ombellifères, Rubiacées, etc.), quelques auteurs considèrent la partie renflée et adhérente comme un pédoncule creux et ne donnent le nom de calice qu'aux sépales libres qui surmontent le tube appelé vulgairement calicinal. Dans cette manière de voir, ce ne serait pas le calice, mais le pédoncule renflé de la fleur qui se souderait avec l'ovaire et entourerait le fruit.]

Le calice, suivant sa coloration, est *herbacé*, quand il conserve la couleur verte propre aux feuilles; *pétaloïde*, quand il offre la coloration variée qu'on observe, en général, dans les pétales. Ainsi le calice du lis, de la tulipe, des daphnés, est pétaloïde.

Quand le calice est formé de sépales égaux, arrangés entre eux d'une manière symétrique, il est *régulier* : celui de la bourrache, de la giroflée; il est au contraire *irrégulier*, si les parties qui le composent

Fig. 121. Calice tubuleux.
Fig. 122. Calice urcéolé du *Silene inflata*.
Fig. 123. Calice éperonné de la capucine.

sont inégales, et manquent entre elles de symétrie : ex. dans la sauge, le pied-d'alouette, etc. En un mot, le calice *régulier* est formé de sépales égaux et semblables entre eux; le calice *irrégulier* se compose de sépales inégaux.

Les divisions du limbe calicinal sont quelquefois réduites à une simple soie plus ou moins roide, qui représente en quelque sorte la nervure médiane du sépale. C'est ce qu'on observe dans beaucoup d'espèces du genre scabieuse. Quelquefois, au lieu d'un nombre déterminé de soies, égal au nombre des sépales soudés par leur base, le limbe du calice se compose d'une multitude de poils réunis circulairement, et formant ce qu'on appelle une aigrette (*pappus*). Les chardons, les pissenlits, et en général les plantes de la vaste famille des Synanthérées nous offrent des exemples de limbe calicinal sous la forme d'*aigrette*, dont la composition est très-variée. Ainsi, tantôt ces poils sont simples, tantôt ils offrent des barbelles latérales : dans le premier cas, l'aigrette est *poilue;* elle est *plumeuse* dans le second. On trouve encore dans la même famille des Synanthérées des calices dont le limbe a conservé le caractère de sépales soudés, et libres seulement à leur sommet sous la forme de dents ou de divisions membraneuses.

Les sépales, comme nous l'avons dit, ne sont que des feuilles qui ont encore conservé la plupart de leurs caractères. Ils en ont la structure et le mode de développement. Ils se composent de faisceaux fibro-vasculaires formés des mêmes éléments que ceux des feuilles, et offrant le même mode de distribution. Ainsi, dans les plantes dicotylédonées, ces faisceaux forment dans les sépales des *nervures* ordinairement ramifiées et anastomosées; dans les Monocotylédones, des nervures généralement simples et parallèles. Entre ces faisceaux vasculaires se trouve un parenchyme celluleux, et les deux faces des sépales sont recouvertes par un épiderme qui ne diffère en rien de celui des feuilles de la tige.

CHAPITRE VIII

COROLLE

La *corolle* est l'enveloppe intérieure du périanthe double. Elle manque dans toutes les plantes monocotylédonées. Les feuilles qui la constituent ont en général une coloration variée et souvent très-brillante ; on les nomme des *pétales*. On distingue dans un pétale une partie inférieure rétrécie et plus ou moins allongée : c'est l'*onglet* (*fig*. 124, A, 1); et une partie supérieure plane et dilatée, qu'on nomme la *lame*. L'onglet et la lame sont séparés l'un de l'autre par une ligne transversale, de laquelle naissent souvent des appendices, comme dans les *Lychnis*, par exemple. La lame et l'onglet peuvent présenter une foule de caractères différents dans leur forme, leur proportion, etc. Quelquefois l'onglet manque et le pétale est *sessile* (*fig.* 124, B).

Les pétales peuvent, comme les sépales du calice, rester libres et distincts : la corolle est alors *dialypétale* ou *polypétale ;* ils peuvent se souder ensemble et former un tout continu : corolle *gamopétale* ou *monopétale.* La corolle de la giroflée, de la rose, de l'œillet, etc., est *dialypétale;* celle du chèvrefeuille, des campanules, est *gamopétale.*

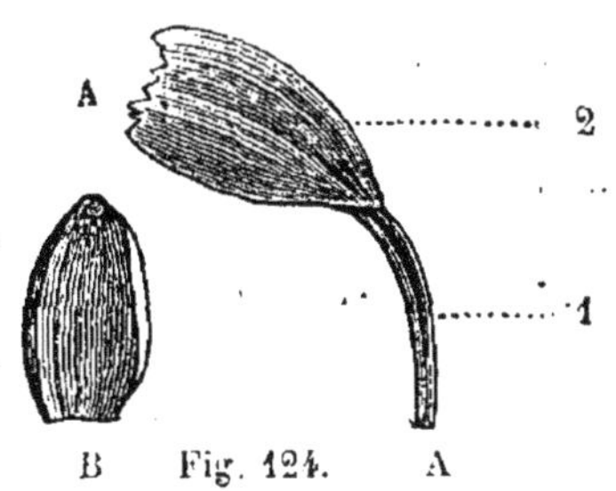

Fig. 124.

La corolle est *régulière* ou *irrégulière*, suivant qu'elle est formée de parties symétriques ou non symétriques.

Suivant sa durée, la corolle est *fugace* ou *caduque* (*caduca, fugax*), quand elle tombe aussitôt qu'elle s'épanouit, comme dans le *Papaver Argemone*, plusieurs cistes, etc.; *décidue* (*cor. decidua*), tombant après la fécondation : la plupart des corolles sont dans ce cas; *marcescente* (*c. marcescens*), persistant après la fécondation, et se fanant dans la fleur avant de s'en détacher, comme dans les Bruyères et certaines Cucurbitacées.

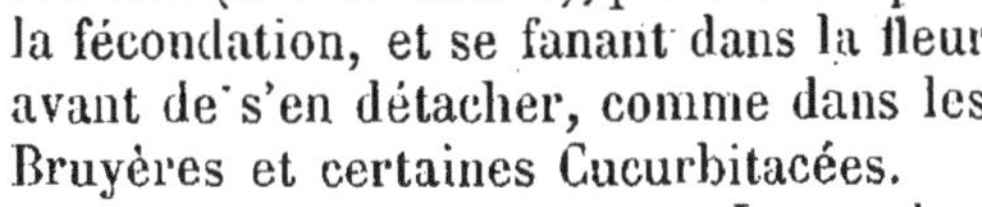

I. Corolle dialypétale. — Le nombre des pétales formant la corolle dialypétale peut beaucoup varier. De là les expressions de corolle *dipétale*, celle de la circée; *tripétale*, celle du *Cneorum tricoccum; tétrapétale*, la giroflée; *pentapétale*, le lin, l'œillet; *polypétale*, suivant qu'elle se compose de deux, trois, quatre, cinq ou d'un grand nombre de pétales.

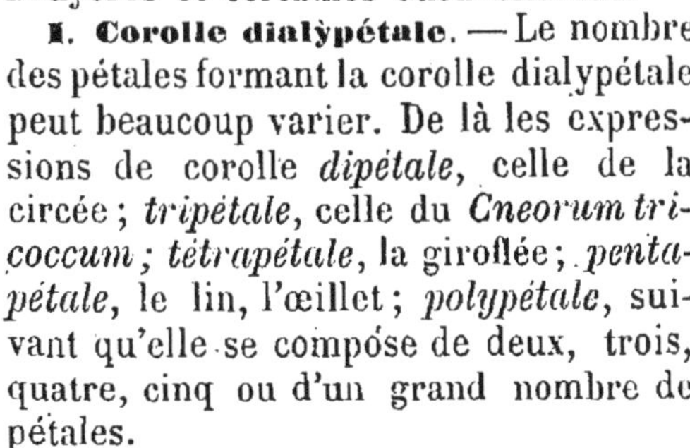

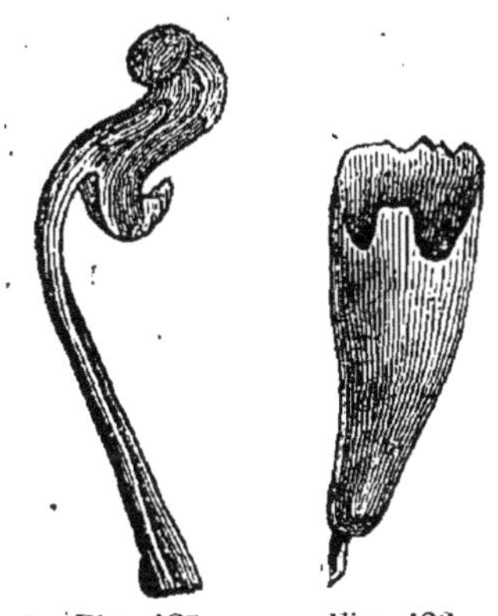
Fig. 125. Fig. 126.

Les pétales rappellent, par leurs formes variées, les feuilles, dont ils ne sont qu'une transformation. Dans le plus grand nombre des cas, ils sont plans et membraneux; mais quelquefois ils sont creux, concaves et de forme bizarre. Ainsi ils ont celle d'un casque ou d'un capuchon dans l'aconit (*fig.* 125); celle d'un cornet dans l'hellébore (*fig.* 126); ils sont terminés par un éperon dans le pied-d'alouette, etc. (*fig.* 127).

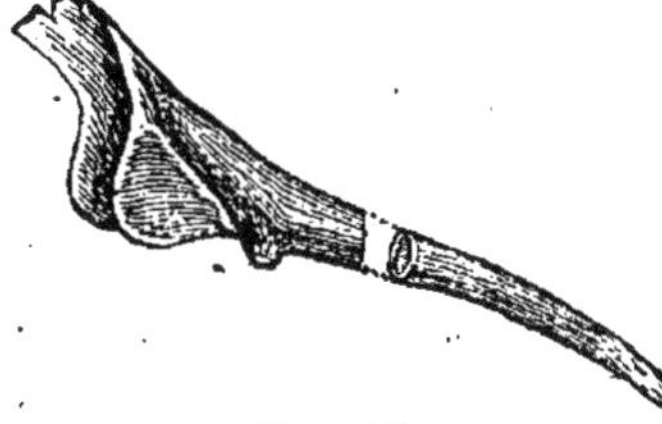
Fig. 127.

Fig. 124. A, pétale muni d'un onglet. — 1, onglet; 2, lame: B, pétale sessile.
Fig. 125. Pétale en forme de casque de l'aconit.
Fig. 126. Pétale en forme de cornet de l'hellébore.
Fig. 127. Pétale éperonné du pied-d'alouette.

Les pétales peuvent être *dressés, étalés, infléchis, réfléchis;* ils peuvent être plus longs ou plus courts que les sépales, avec lesquels ils alternent.

La structure anatomique des pétales rappelle complétement celle des feuilles. Comme ces dernières, ils sont formés de faisceaux fibro-vasculaires ramifiés et anastomosés, formant des *nervures* ou des *veines* et dont les interstices sont remplis par un parenchyme cellulaire contenant des grains de fécule. Deux feuillets d'épiderme recouvrent le pétale, et présentent parfois quelques stomates.

La coloration si brillante et si variée des pétales dépend d'un liquide épanché dans leur tissu et dont les teintes sont très-diverses. Ce liquide teint fréquemment les grains de fécule existant dans le parenchyme et leur communique sa couleur.

L'absence presque constante de la chlorophylle dans la corolle influe sur la manière dont elle agit sur l'atmosphère. Elle absorbe de l'oxygène et exhale de l'acide carbonique. Il en résulte qu'une grande masse de fleurs réunies dans un espace limité, dans un appartement par exemple, peut vicier l'air et devenir nuisible pour l'homme.

Par leur arrangement entre eux, les pétales donnent à la corolle dialypétale des formes variées, que nous allons faire connaître.

A. Corolle dialypétale régulière. 1° *Cruciforme* : Corolle composée de quatre pétales onguiculés, opposés deux par deux à leur base

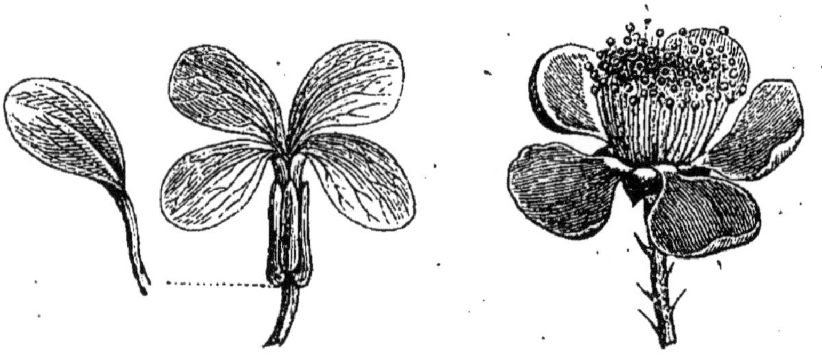

Fig. 128. Fig. 129.

et représentant en quelque sorte une croix. Cette disposition se remarque dans toute une famille de plantes que pour cette raison on appelle *Crucifères* : le chou, la giroflée, le cresson, etc. (*fig.* 128).

2° *Rosacée* : Corolle ordinairement de cinq pétales légèrement onguiculés à la base, régulièrement étalés en rosace (*fig.* 129) : ex. la

Fig. 128. Corolle *cruciforme* de la giroflée jaune (*Cheiranthus Cheiri*); un des pétales isolés.

Fig. 129. Corolle *rosacée* de la ronce (*Rubus fruticosus*).

rose, la ronce, le pommier, etc., et en général toutes les plantes formant le groupe des Rosacées.

3° *Caryophyllée :* Cinq pétales à onglet très-long (*fig.* 130), contenus dans un calice gamosépale et tubuleux : l'œillet, les Silénées, etc.

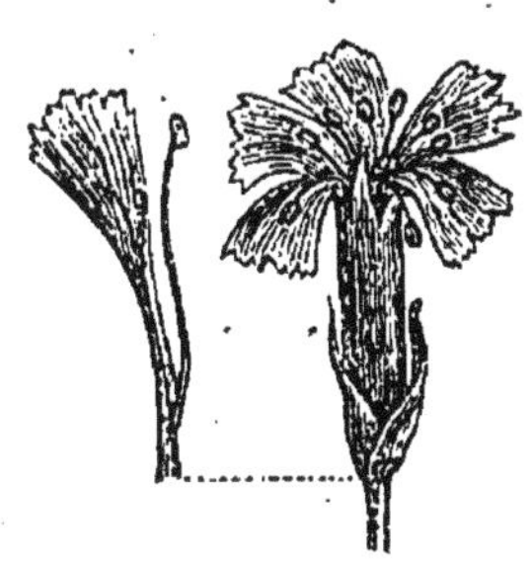

Fig. 130.

La corolle dialypétale irrégulière peut offrir différents degrés dans son irrégularité. On lui donne le nom général de corolle *anomale.* Ainsi la capucine, les *Pelargonium,* la violette, ont une corolle anomale. Une seule forme de corolle dialypétale irrégulière a reçu un nom spécial, c'est la corolle *papilionacée.*

B. Corolle dialypétale irrégulière. *Papilionacée :* Corolle composée de cinq pétales inégaux et dissemblables (*fig.* 131) : l'un supérieur, plus grand, nommé *étendard* (*vexillum*) (*a*), recouvrant les autres; deux latéraux semblables (*b*) et opposés, appelés *ailes* (*alæ*), et deux inférieurs égaux et semblables, quelquefois soudés par leur bord inférieur et formant la *carène* (*carina*) (*c*). Cette forme de corolle s'observe exclusivement dans un groupe de plantes de la famille des Légumineuses, que pour cette raison on appelle les *Papilionacées :* ex. le pois, la fève, l'acacia, etc.

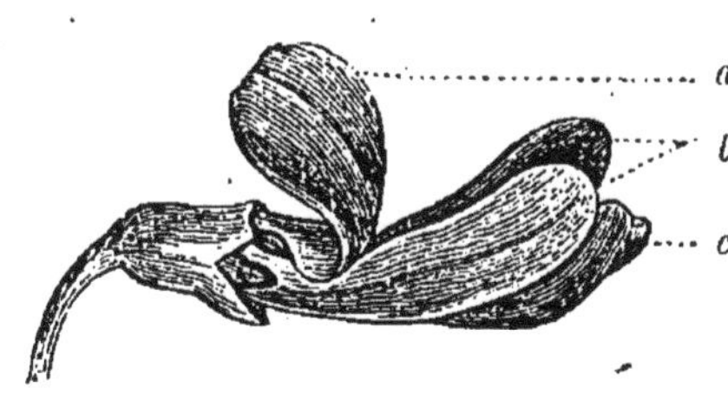

Fig. 131.

II. Corolle gamopétale. — Elle est formée par un nombre variable de pétales soudés ensemble. Or cette soudure peut avoir lieu dans une partie plus ou moins grande de la hauteur des pétales, savoir, par leur base seulement, par leur moitié inférieure, par les deux tiers ou toute l'étendue de leur hauteur. Le nombre des pétales soudés se reconnaît au nombre des lobes qui découpent le bord supérieur de la corolle, et qui sont d'autant plus prononcés que la soudure est moins étendue.

Dans une corolle gamopétale (*fig.* 132 à 141), on distingue trois parties : 1° le *tube* ou la partie inférieure plus ou moins allongée et tubuleuse; 2° le *limbe* ou la partie supérieure évasée et découpée en lobes; 3° la *gorge* (*faux*), ligne de démarcation entre le tube et le limbe. Chacune de ces trois parties, par les variations qu'elle présente, peut offrir une foule de caractères. Ainsi le tube peut être plus

Fig. 130. Corolle *caryophyllée* de l'œillet (*Dianthus Caryophyllus*); un des pétales isolé avec une étamine.

Fig. 131. Corolle *papilionacée : a,* étendard ; *b,* les ailes ; *c,* la carène formée de deux pétales soudés.

ou moins *long*, *grêle* ou *renflé*, *cylindrique* ou *anguleux*, etc.; le *limbe* peut être *plan* ou *concave* à deux, trois, quatre ou cinq *lobes;* ces lobes peuvent être *aigus* ou *obtus*, *ovales*, *arrondis*, *lancéolés*, *cordiformes*, etc. La *gorge* peut être *nue* ou *garnie* de poils, de glandes, d'appendices de forme et de nature très-différentes.

La corolle gamopétale donne constamment attache aux étamines.

Examinons maintenant les formes principales de la corolle *gamopétale régulière* ou *irrégulière*.

A. Corolle gamopétale régulière. 1° Corolle *campanulée* ou en cloche, lorsqu'elle ne présente pas de tube manifeste, mais qu'elle va en s'évasant de la base vers la partie supérieure, comme dans la raiponce (*Campanula Rapunculus*), le liseron des haies (*Convolvulus sepium*), le jalap (*Convolvulus Jalapa*), etc. (*fig.* 132).

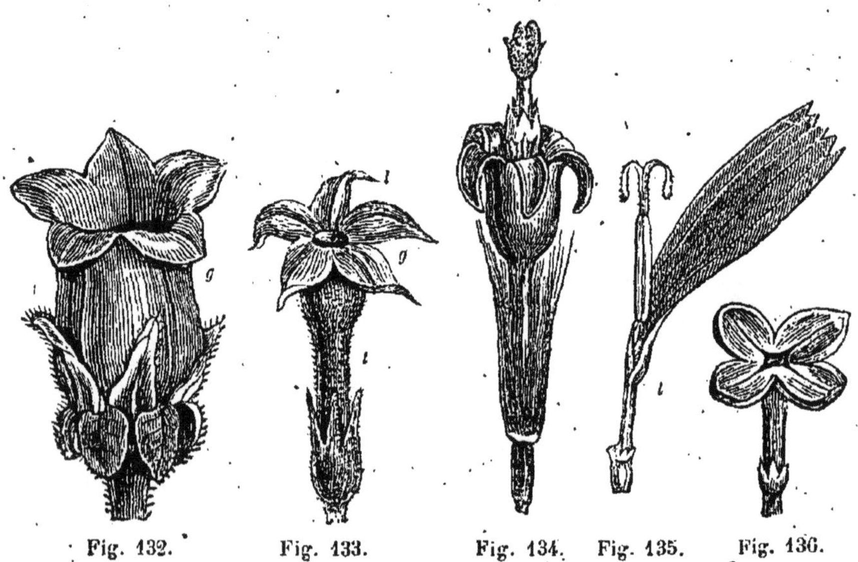

Fig. 132. Fig. 133. Fig. 134. Fig. 135. Fig. 136.

2° Elle est *infundibuliforme* ou *en entonnoir* (*cor. infundibuliformis*), quand le tube est d'abord étroit à sa partie inférieure, puis se dilate insensiblement, de manière que le limbe est campanulé : par exemple dans le tabac (*Nicotiana Tabacum*), etc. (*fig.* 133).

C'est à cette forme de corolle que doit être rapportée celle des plantes à fleur composée ou Synanthérées, comme les chardons, les artichauts. Quand leur corolle est régulière, tubuleuse et infundibuli-

Fig. 132. Corolle campanulée : *t*, tube; *g*, gorge; *l*, limbe.
Fig. 133. Corolle infundibuliforme.
Fig. 134. Fleuron de fleur synanthérée.
Fig. 135. Demi-fleuron de fleur synanthérée.
Fig. 136. Corolle hypocratériforme du lilas.

formé, chaque petite fleur porte le nom de *fleuron* (*flosculus*) (*fig.* 134). Quelquefois le limbe de la corolle est déjeté en languette latérale. Chaque fleur porte alors le nom de *demi-fleuron* (*semi-flosculus*) (*fig.* 135).

3° La corolle est *hypocratériforme* (*cor. hypocrateriformis*), quand son tube est long, étroit, non dilaté à sa partie supérieure ; que le limbe est étalé à plat, de sorte qu'elle représente la forme de certaines coupes antiques, comme dans le lilas (*Syringa vulgaris*) (*fig.* 136), le jasmin (*Jasminum officinale*), etc.

4° La corolle est *rotacée* ou en roue (*corolla rotata*), quand le tube est très-court, et le limbe étalé et presque plan, comme dans la bourrache (*Borrago officinalis*), et la plupart des *Solanum*.

On dit que la corolle est *étoilée* (*cor. stellata*), quand elle est très-petite; son tube fort court, et les divisions de son limbe étalées, aiguës et allongées : par exemple dans le caille-lait (*Galium*), etc. C'est une simple modification de la corolle *rotacée*.

5° Elle est *urcéolée* (*cor. urceolata*), renflée comme une petite outre à sa base, rétrécie vers l'orifice : comme dans beaucoup de Bruyères (*Erica*), de *Vaccinium*, etc. (*fig.* 137).

B. Corolle gamopétale irrégulière. 1° La corolle gamopétale irrégulière est dite *bilabiée* (*cor. bilabiata*), quand le tube est plus ou

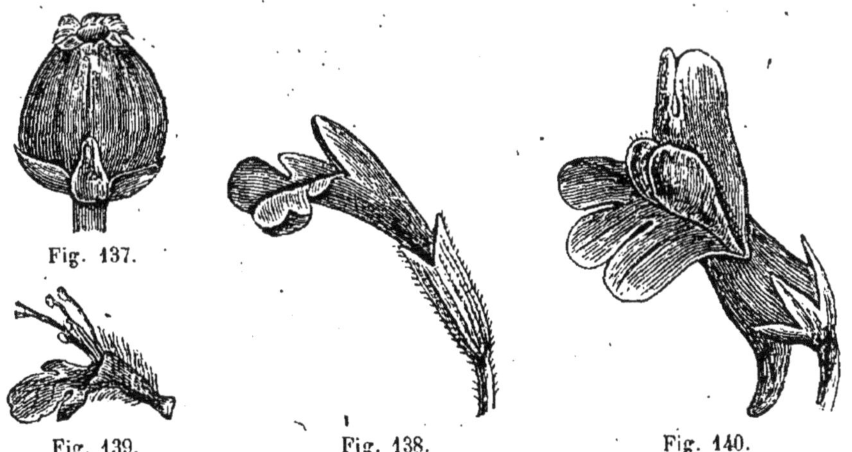

Fig. 137. Fig. 139. Fig. 138. Fig. 140.

moins allongé, la gorge ouverte et dilatée, le limbe partagé transversalement en deux divisions : l'une supérieure, l'autre inférieure, qu'on a comparées à deux lèvres écartées. Cette forme de la corolle

Fig. 137. Corolle urcéolée.
Fig. 138. Corolle bilabiée.
Fig. 139. Corolle unilabiée d'*Ajuga*.
Fig. 140. Corolle personnée de *Linaria*.

se rencontre dans plusieurs familles, comme les Labiées, qui en ont tiré leur nom, les Verbénacées, Acanthacées, Bignoniacées, etc. (*fig.* 138) : par exemple le thym (*Thymus vulgaris*), la mélisse (*Melissa officinalis*), la sauge (*Salvia officinalis*), le romarin (*Rosmarinus officinalis*), etc.

Ces deux *lèvres* peuvent offrir une foule de modifications, sur lesquelles reposent en partie les caractères propres à distinguer les genres nombreux de la famille des Labiées. Ainsi la lèvre supérieure est tantôt plane, tantôt *redressée* ou *en voûte*, ou *en fer de faux*. Elle peut être *entière* et sans incisions, *échancrée*, *bidentée*, *bilobée*, *bifide*, etc. La lèvre supérieure manque dans le genre *Ajuga* (*fig.* 139).

2° On appelle corolle *personnée* ou en masque (*corolla personata*), celle dont le tube est plus ou moins allongé; la gorge très-dilatée, et close supérieurement par le rapprochement du limbe, qui est à deux lèvres inégales, de manière à représenter grossièrement le mufle d'un animal. Telles sont celles de l'*Antirrhinum majus*, de la linaire (*Linaria vulgaris*), etc. (*fig.* 140).

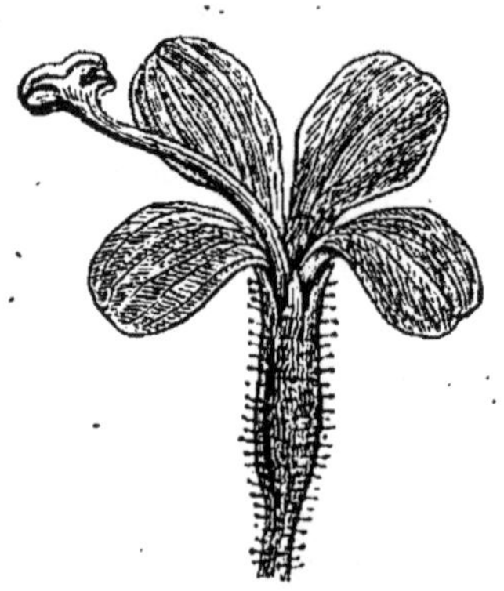

Fig. 141.

3° Enfin, on a réuni sous le nom de corolles gamopétales irrégulières *anomales* toutes celles qui, par leur forme irrégulière, l'impossibilité où l'on est de les comparer à aucune forme connue, s'éloignent des différents types que nous venons d'établir, et ne peuvent être rapportées à aucun d'eux. Ainsi la corolle de la digitale pourprée (*Digitalis purpurea*), qui offre à peu près la forme d'un doigt de gant; celles des *Lobelia*, des *Stylidium*, etc. (*fig.* 141), sont également des corolles irrégulières et anomales.

CHAPITRE IX

ANDROCÉE

Dans une fleur complète, l'androcée vient immédiatement en dedans de la corolle et forme le troisième verticille de la fleur. Il se compose d'un nombre variable d'*étamines* tantôt libres, tantôt soudées diversement entre elles.

L'étamine est l'organe sexuel mâle des végétaux, c'est-à-dire qu'elle contient la matière qui doit opérer la fécondation des germes. Cette matière s'appelle le *pollen*. L'étamine se compose de trois par-

Fig. 141. Corolle irrégulière anomale.

ties (*fig*. 142) : 1° une supérieure, nommée *anthère*, A, espèce de sac ordinairement à deux cavités, contenant le pollen; 2° le *pollen*, B, matière granuleuse, à grains très-fins, communément distincts entre eux, mais quelquefois soudés en masse; 3° le *filet*, C, appendice ordinairement grêle et filamenteux, supportant l'anthère. Cette dernière partie manque quelquefois, et l'anthère est alors *sessile*.

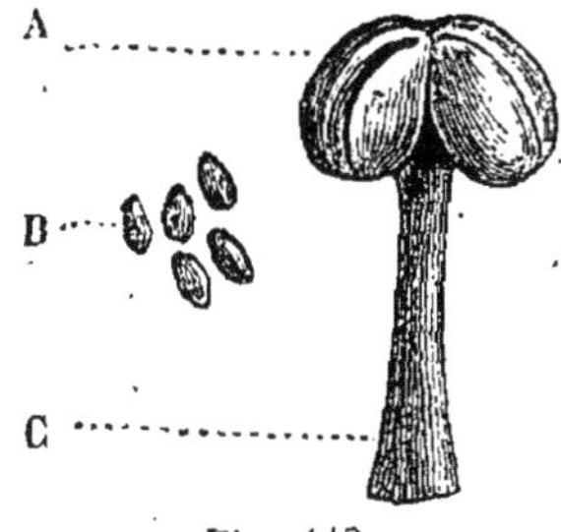

Fig. 142.

Le nombre des étamines qui composent l'androcée varie beaucoup. Quelquefois il n'y en a qu'une; d'autres fois il y en a plusieurs centaines, comme dans une fleur de pivoine ou de pavot. Le nombre des étamines est un caractère de quelque importance, quand il est contenu dans certaines limites, d'un à dix, par exemple. On a exprimé par un adjectif ce nombre des étamines dans une seule fleur : ainsi on appelle fleur *monandre* celle qui contient une seule étamine (la valériane rouge); *diandre*, deux étamines (la gratiole, la véronique); *triandre*, trois étamines (le blé, l'orge, l'iris); *tétrandre*, quatre étamines (le caille-lait); *pentandre*, cinq étamines (la bourrache, la belladone); *hexandre*, six étamines (le lis, la tulipe); *heptandre*, sept étamines (le marronnier d'Inde); *octandre*, huit étamines (les Bruyères); *ennéandre*, neuf étamines (la rhubarbe, le laurier); *décandre*, dix étamines (l'œillet, les Saxifrages).

Passé dix, il n'existe plus de régularité dans le nombre des étamines, et l'on prend alors certaines limites pour former des groupes auxquels on donne des noms généraux. Ainsi les fleurs sont *dodécandres* quand elles renferment de onze à vingt étamines, comme le réséda par exemple; elles sont *polyandres*, si elles en contiennent un nombre supérieur à vingt et indéterminé, comme le pavot, la renoncule, la pivoine, etc.

Le nombre des étamines ne doit pas être seulement étudié d'une manière absolue, il faut aussi le considérer dans ses rapports avec le nombre des parties constituant les autres verticilles de la fleur, et spécialement le verticille corollin. Ainsi, quand les étamines sont en même nombre que les pétales ou que les divisions de la corolle gamopétale, la fleur est dite *isostémone*, par exemple dans la vigne, la carotte, la pomme de terre; elle est *anisostémone*, si le nombre n'est pas le même. Ici se présentent plusieurs cas. Quand les étamines sont moins nombreuses que les pétales, la fleur est dite *méiostémone;* elle est *polystémone*, si les étamines, au contraire, sont en plus grand nombre que les pétales, et dans ce dernier cas on dit qu'elles sont *diplostémones*, si leur nombre est exactement le double de celui des

Fig. 142. Étamine : A, anthère; B, pollen; C, filet.

pétales. La fleur des *Erodium* est isostémone; celle des *Pelargonium* est anisostémone; celle des *Geranium* est diplostémone. Ces trois genres appartiennent à la famille des Géraniacées.

La proportion des étamines n'est pas toujours la même. Elles peuvent être toutes d'égale longueur, ou bien un certain nombre peuvent être plus longues, ou plus courtes. Quelquefois cette inégalité se fait avec une sorte de régularité. Ainsi dans la plupart des *Oxalis* (*fig.* 144), il y a dix étamines alternativement plus grandes et plus petites.

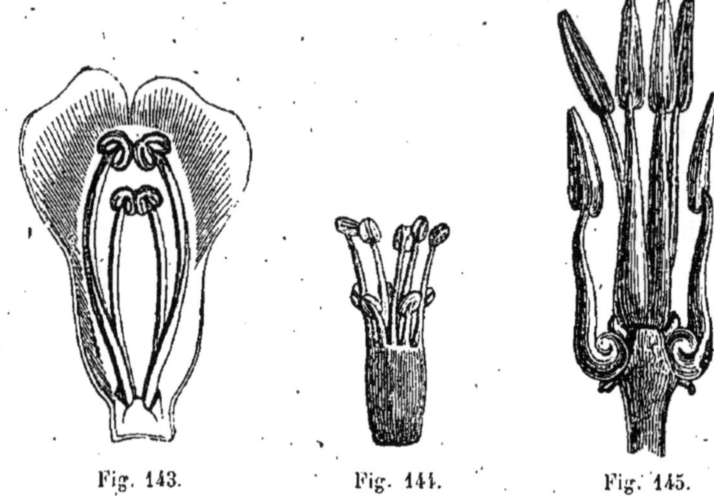

Fig. 143. Fig. 144. Fig. 145.

Quand une fleur renferme quatre étamines, dont deux sont constamment plus longues, ces étamines prennent le nom de *didynames* (*stamina didynama*) (*fig.* 143) : la plupart des Labiées, le marrube, le thym, etc.; la plupart des Antirrhinées, comme la linaire (*Linaria vulgaris*), le grand mufle-de-veau (*Antirrhinum majus*), ont les étamines *didynames*.

Lorsqu'au contraire elles sont au nombre de six dans une fleur, et que quatre d'entre elles sont plus grandes que les deux autres, elles sont appelées *tétradynames* (*stamina tetradynama*). Cette disposition existe dans toute la famille des Crucifères (*fig.* 145), comme dans le cochléaria (*Cochlearia officinalis*), le radis (*Raphanus sativus*).

La situation des étamines, relativement aux pétales et aux sépales, mérite aussi d'être soigneusement observée. Règle générale : chaque étamine répond aux incisions de la corolle gamopétale, c'est-à-dire que les étamines sont *alternes* avec les lobes de la corolle gamopétale, ou

Fig. 143. Étamines didynames.
Fig. 144. Les dix étamines monadelphes de l'*Oxalis Acetosella*, dont les filets sont alternativement plus courts.
Fig. 145. Étamines tétradynames.

avec les pétales de la corolle dialypétale, lorsqu'elles sont en nombre égal à ces divisions, comme dans la bourrache et les autres Borraginées, les Ombellifères, etc. Quelquefois cependant chaque étamine, au lieu de correspondre aux incisions, est située vis-à-vis chaque lobe ou chaque pétale; dans ce cas, les étamines sont dites *opposées* aux pétales, comme on l'observe dans la primevère, la vigne, l'épine-vinette, etc. Nous expliquerons plus tard cette anomalie.

De même que les parties des deux verticilles floraux extérieurs, les étamines d'un même androcée peuvent être parfaitement distinctes les unes des autres et libres de toute adhérence entre elles; elles peuvent être réunies, soit par leurs filets, soit par leurs anthères, ou même à la fois par ces deux parties; d'autres fois elles sont insérées sur les sépales, ou soudées aux pétales. Ce dernier caractère se remarque toutes les fois que le calice ou périanthe simple est gamosépale, ou que la corolle est gamopétale. Ainsi, dans la jacinthe des jardins, dans les *Daphne*, qui ont un périanthe simple et gamosépale; dans les Campanules, les Labiées, etc., qui ont une corolle gamopétale, les étamines sont attachées sur le calice dans le premier cas, sur la corolle dans le second. Enfin, quelquefois, et ce cas est plus rare, les étamines se soudent avec les carpelles et semblent ne plus former qu'un seul verticille avec ces derniers. C'est ce qu'on observe dans les Aristoloches et les Orchidées. Nous parlerons de ces diverses modifications en traitant du filet et de l'anthère considérés en particulier.

[L'organogénie des verticilles de la fleur est fort simple. Chacun d'eux se montre sous la forme de petites éminences, disposées en cercle autour de l'axe. Si ces éminences grandissent sans se réunir, alors nous avons un calice et une corolle dialysépales et dialypétales; mais si elles se soudent et se confondent, alors elles engendrent les calices et les corolles d'une seule pièce. Les lobes du calice et de la corolle correspondent en général aux éminences qui leur ont donné naissance. La soudure est très-complète dans les corolles gamopétales tubuleuses (Convolvulacées, Campanulacées, Borraginées, Solanées); d'autres fois la soudure n'ayant lieu qu'à la base, la corolle semble au premier abord polypétale : ex. *Visnea Moccanera*. Dans beaucoup de familles, ces verticilles, d'abord distincts, se soudent entre eux. Le verticille calicinal avec le verticille corollin, comme dans les Caliciflores, ou bien le verticille staminal avec ce dernier, comme on le voit dans les Corolliflores.]

Examinons maintenant chacune des parties qui constituent l'étamine.

I. Filet. — C'est le support de l'anthère. Il justifie communément son nom par sa forme, c'est-à-dire qu'il est sous celle d'un filament. Quelquefois même il est *capillaire*, mince et grêle comme un cheveu, par exemple dans le blé et les autres Graminées; d'autres fois, au contraire, il est épais, *cylindrique* ou *dilaté* à sa base, comme dans l'*Or-*

nithogalum pyrenaicum ou l'*O. arabicum*, ou enfin élargi et en forme de pétale (*pétaloïde*), comme dans le *Nymphæa alba*.

Le filet de l'étamine a la plus grande analogie avec les pétales, et en prend facilement l'apparence. Ainsi, par exemple, les belles fleurs doubles des roses, des œillets, des pivoines, des pavots, etc., ne doivent la multiplication si considérable de leurs pétales, qui dans l'état normal sont au nombre de quatre ou cinq, qu'à la métamorphose d'une grande partie et quelquefois de la totalité de leurs nombreuses étamines en pétales. Les anthères avortent, les filets s'élargissent et prennent petit à petit les caractères des pétales. Aucune plante ne montre plus clairement que la fleur du *Nymphæa alba* cette transformation successive des étamines en pétales. Nous engageons nos lecteurs à examiner avec soin la première de ces fleurs qu'ils rencontreront.

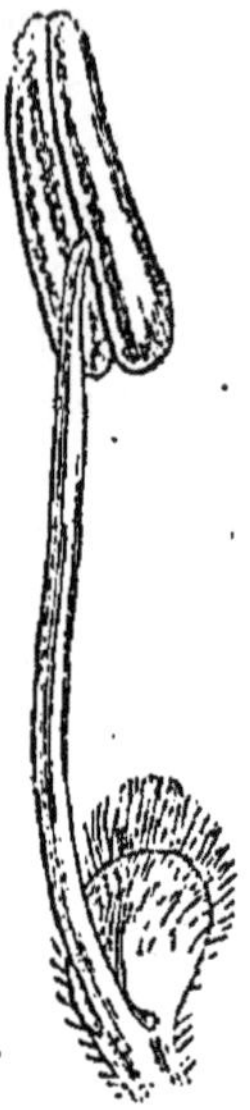

Ordinairement le filet est subulé, c'est-à-dire aminci insensiblement de la base au sommet. Quelquefois, cependant, il est manifestement élargi à sa base, qui présente de chaque côté une sorte de petit appendice en forme d'oreillette, que l'on a considéré comme représentant la gaîne des feuilles, comme dans l'asphodèle. Enfin, quelquefois, le filet semble naître d'une lamelle ou d'un petit appendice qui tantôt est placé en dehors de l'étamine, comme dans la bourrache, tantôt en dedans, comme dans le simarouba (*fig.* 146).

Fig. 146.

C'est au sommet du filet que l'anthère est attachée. Nous verrons tout à l'heure comment se fait ce mode d'annexion, en parlant de l'anthère.

Les filets staminaux peuvent se souder ensemble dans une étendue

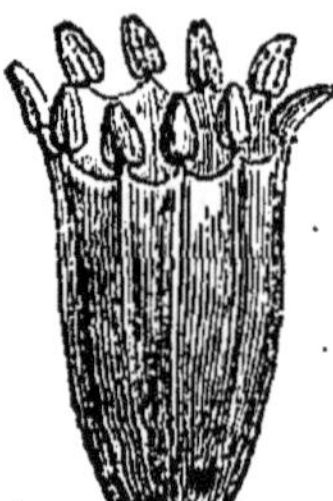

Fig. 147.

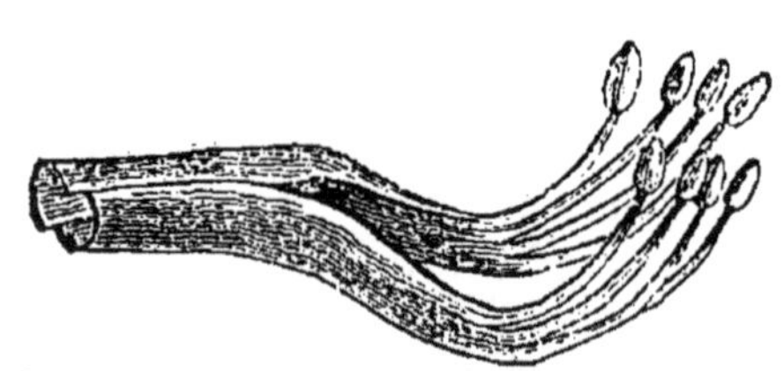

Fig. 148.

plus ou moins considérable de leur hauteur, de manière à former un, deux ou plusieurs corps, qu'on nomme des *androphores* Quand tous

Fig. 146. Étamine du simarouba.
Fig. 147. Étamines *monadelphes* du *Quivisia decandra*.
Fig. 148. Étamines diadelphes du *Polygala vulgaris*. Les deux androphores se composent chacun de quatre étamines.

les filets se soudent de manière à former un seul androphore tubuleux, les étamines sont *monadelphes* : ex. la mauve, la rose trémière, l'azédarac, etc. (*fig.* 147). Si les filets sont unis en deux androphores, les étamines sont *diadelphes* : ex. la fumeterre, les haricots, etc. Les deux androphores peuvent être formés chacun par un égal nombre de filets soudés, comme dans la fumeterre, où chacun d'eux se compose de trois étamines ; dans le *Polygala*, de quatre étamines (*fig.* 148) ; ou bien d'un nombre inégal, comme dans les haricots et en général toutes les plantes de la tribu des Papilionacées, où l'un des androphores est formé de neuf étamines, et l'autre d'une seule (*fig.* 149). Quand les filets sont réunis en trois ou en un nombre plus considérable d'androphores, les étamines sont dites alors *polyadelphes*. Il y a trois androphores dans l'*Hypericum ægyptiacum*, cinq dans le *Melaleuca* (*fig.* 150), un plus grand nombre et très-inégaux dans le ricin. Un fait remarquable, c'est que, quand les androphores sont en même nombre que les pétales, ils sont toujours opposés à ceux-ci : c'est ce qu'on remarque dans les millepertuis et dans les *Beaufortia* et les *Melaleuca*, genres de la famille des Myrtacées.

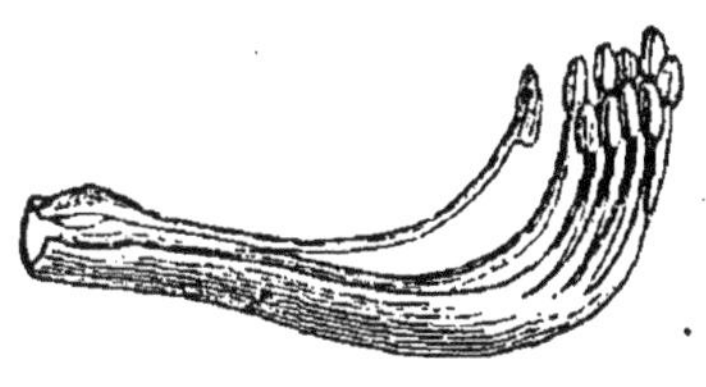

Fig. 149.

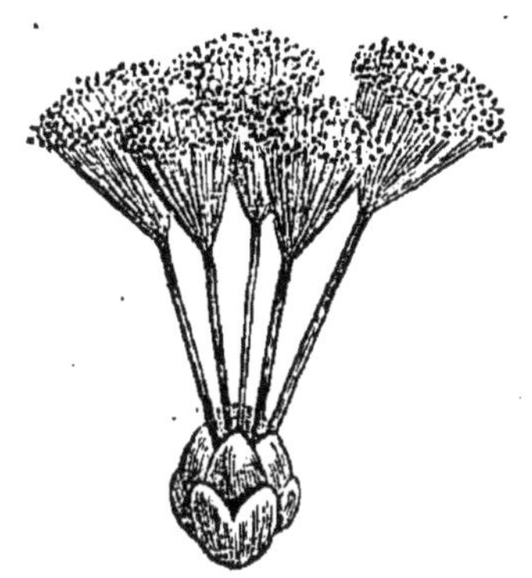

Fig. 150.

II. Anthère. — C'est là partie de l'étamine qui renferme le pollen ou matière fécondante avant l'acte de la fécondation. Le plus généralement elle est formée par deux petites poches membraneuses ou *loges*, adossées l'une à l'autre par un de leurs côtés, ou réunies par un corps intermédiaire particulier, auquel on a donné le nom de *connectif*. Chacune des *loges* de l'anthère s'ouvre à l'époque de la fécondation pour laisser sortir le pollen.

A B

Fig. 151.

Le nombre des loges est de deux dans l'immense majorité des cas, et les anthères sont *biloculaires* ; plus rarement elles sont *uniloculaires*, comme dans la

Fig. 149. Étamines diadelphes de l'acacia (*Robinia Pseudacacia*).

Fig. 150. Étamines polyadelphes du *Melaleuca hypericifolia*. Les androphores sont au nombre de cinq.

Fig. 151. A, étamines de l'*Epacris pungens* : l'anthère est uniloculaire ; — B, étamine de la mauve : l'anthère est uniloculaire et réniforme.

mauve et toutes les vraies Malvacées (*fig.* 151, B), les Épacridées (*fig.* 151, A); ou *quadriloculaires*, comme dans le *Butomus umbellatus*, si commun sur les bords des ruisseaux (*fig.* 152).

La forme des anthères est très-variable. Elles sont ordinairement plus ou moins allongées; quelquefois *ovoïdes*, *globuleuses*, *cordiformes*, *réniformes*, *linéaires*, etc.

Chaque loge de l'anthère présente ordinairement un sillon longitudinal, formé par les deux bords convergents de leurs parois. C'est communément par l'écartement de ces deux bords que se fait l'ouverture ou la *déhiscence* de la loge pour laisser s'échapper le pollen.

On donne le nom de *face* de l'anthère à celle où se montrent les sillons des loges; celui de *dos*, au côté opposé; la *base* est le point le plus inférieur, et le *sommet* est opposé à la base. Cette distinction

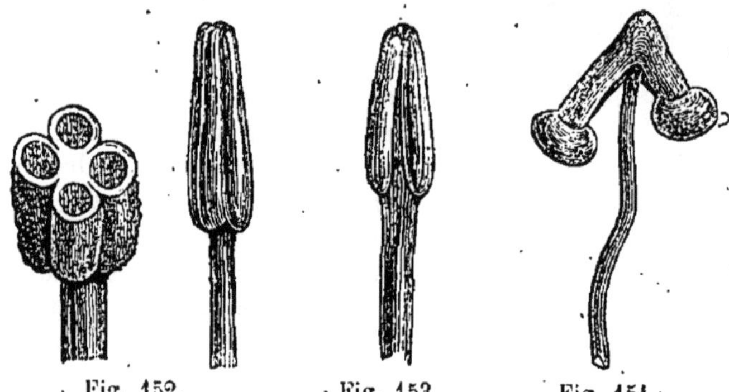

Fig. 152. Fig. 153. Fig. 154.

de parties est utile dans les descriptions complètes que l'on veut donner des étamines. Elle sert aussi à déterminer la position des étamines dans la fleur. Quand la face des anthères est tournée vers le centre de la fleur, ce qui est la position la plus fréquente, les étamines sont *introrses;* elles sont au contraire *extrorses*, si leur face regarde vers l'extérieur de la fleur.

Les deux loges qui le plus ordinairement constituent l'anthère peuvent être unies entre elles de trois manières différentes : 1° dans le plus grand nombre des cas, elles sont soudées immédiatement par l'accolement de leur côté interne (*fig.* 152); 2° elles sont unies par le sommet du filet sur chaque côté duquel elles sont situées (*fig.* 153) : ex. les renoncules; 3° elles peuvent être soudées par un corps intermédiaire placé entre elles et différent du filet. Ce corps porte le nom de *connectif*. Le connectif peut être plus ou moins considérable et de formes excessivement variées (*fig.* 154).

Fig. 152. Étamine du *Butomus umbellatus*. L'anthère est à quatre loges.

Fig. 153. Étamine du *Ranunculus acris*. Les deux loges sont réunies par l'interposition du filet.

Fig. 154. Étamine du *Campelia Zanonia*. Les deux loges de l'anthère sont séparées par un connectif distractile.

A son sommet, l'anthère peut être terminée de différentes manières. Ainsi elle est *aiguë* (*anth. apice acuta*), comme dans la bourrache (*Borrago officinalis*); *bifide* (*anth. bifida*), fendue à son sommet (ou à sa base) en deux lobes étroits et écartés, comme dans un grand nombre de Graminées; *bicorne* ou *quadricorne* (*anth. bicornis, quadricornis*); terminée à son sommet par deux ou quatre cornes allongées, comme dans l'airelle myrtille (*Vaccinium Myrtillus*) (*fig.* 155), l'*Arbutus Unedo*, les Andromèdes; *appendiculée* (*anth. appendiculata*), couronnée d'appendices dont la forme est très-variable, comme dans l'aunée (*Inula Helenium*), le laurier-rose (*Nerium Oleander*) et la plupart des Mélastomacées.

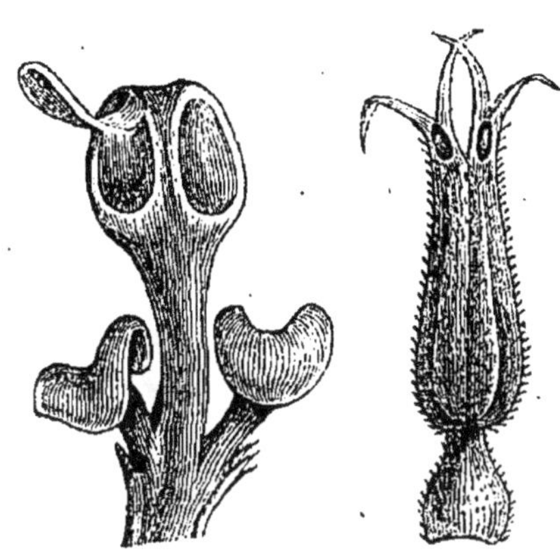

Fig. 156. Fig. 155.

Pour que la fécondation puisse s'opérer, il faut que les loges de l'anthère s'ouvrent pour laisser échapper le pollen. Dans le plus grand nombre des cas, les loges s'ouvrent par toute la longueur du sillon longitudinal qu'on remarque sur leur face (*loculi longitudinaliter dehiscentes*), comme dans le lis, la tulipe, etc. Quelquefois la déhiscence, au lieu de se faire par toute la longueur du sillon, s'opère seulement par son extrémité la plus supérieure, en formant une petite ouverture sous la forme d'un trou ou d'un pore (*loculi poro dehiscentes*) (*fig.* 155) : ex. les Bruyères. D'autres fois les loges, ne présentant pas de sillon, s'ouvrent par une portion plus ou moins étendue de leur face intérieure, en formant une ou deux valves (*fig.* 156). Cette déhiscence est commune à tous les arbres ou arbrisseaux de la famille des Lauriers, à l'épine-vinette, à toutes les Berbéridacées. Plus rarement les anthères s'ouvrent par une scissure transversale, en formant une espèce d'opercule ou de couvercle : par exemple dans le genre *Pyxidanthera* (*fig.* 157).

Les anthères d'un même androcée peuvent se souder ensemble dans toute leur longueur, de manière à former un tube cylindrique : les étamines sont alors *synanthères*. Cette disposition (*fig.* 158) est commune au chardon, à l'artichaut, au pissenlit, en un mot, à la plus vaste famille du règne végétal, que pour cette raison on appelle les *Synanthérées*. Elles peuvent encore être unies entre elles par les filets, de manière à offrir à la fois une double soudure par les filets et les

Fig. 155. Étamine du *Vaccinium Myrtillus*. Chaque loge présente deux cornes à son sommet et s'ouvre par un pore.

Fig. 156. Étamine du laurier (*Laurus nobilis*). Chaque loge s'ouvre par une valve qui s'enlève de la base vers le sommet. De chaque côté du filet se trouve une glande pédicellée qui probablement représente une étamine avortée.

anthères, pour constituer les étamines *symphysandres* : comme, par exemple, dans les Lobéliacées (*fig.* 159).

Enfin l'androcée, au lieu de former un verticille distinct autour du gynécée occupant le centre de la fleur, peut se souder et se confondre avec celui-ci, de manière à former un corps unique, comme dans les

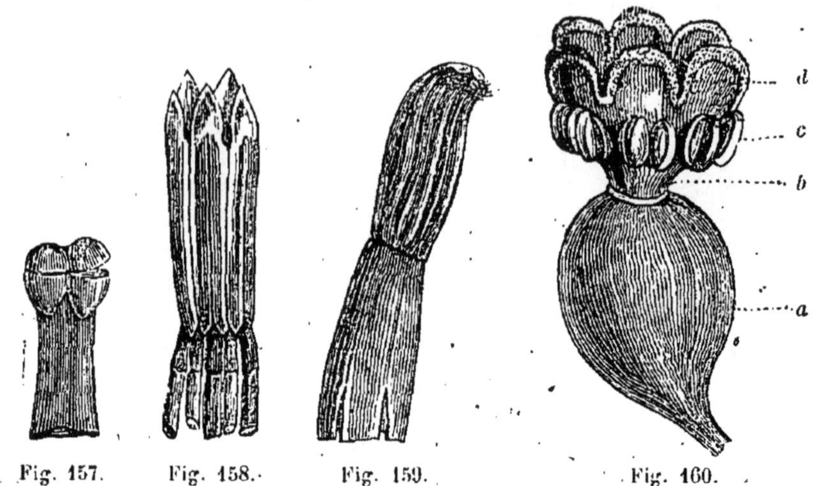

Fig. 157. Fig. 158. Fig. 159. Fig. 160.

Aristoloches, toutes les Orchidées, etc. Les étamines sont dites alors *gynandres* (*fig.* 160) ; le corps central qui résulte de la soudure des étamines avec le style et le stigmate porte les noms de *gynostème* ou de *colonne*.

Les étamines, comme les autres parties de la fleur, ne sont que des feuilles modifiées. Ici il est déjà plus difficile que dans les deux verticilles extérieurs de discerner au premier abord cette transformation, admise aujourd'hui en principe par presque tous les botanistes, parce qu'elle a beaucoup plus altéré la nature primitive de la feuille. Aussi existe-t-il encore une assez grande divergence dans la manière dont on a expliqué cette métamorphose de la feuille en étamine. Ainsi, pour Schleiden, la côte ou nervure moyenne de la feuille forme le connectif, qui s'interpose souvent entre les deux loges de l'anthère pour leur servir de moyen d'union. Chaque côté du limbe de la feuille s'enroule sur lui-même en formant une cavité close (*loge*), de telle sorte que la face supérieure de la feuille devient la face interne de la cavité anthérique, et sa face inférieure la surface externe de l'anthère. L'épi-

Fig. 157. Étamine du *Pyxidanthera*. L'anthère s'ouvre par un opercule commun aux deux loges.

Fig. 158. Étamines *synanthères* de la chicorée.

Fig. 159. Étamines *symphysandres* d'une espèce de *Lobelia*.

Fig. 160. Étamines *gynandres* de l'*Aristolochia rotunda* : *a*, l'ovaire ; *b*, le gynostème ; *c*, les six étamines ; *d*, les six lobes du stigmate.

derme interne et les nervures de la feuille ne se développent pas, et le pollen est formé par le parenchyme de la feuille. Mohl, au contraire, pense que chaque moitié de la feuille se dédouble dans son épaisseur, de manière à former les deux loges de l'anthère, et le pollen est dû au développement et à la transformation du parenchyme de la feuille. Le bord même de la feuille constitue la suture qui règne dans toute la longueur de la loge, et par laquelle elle s'ouvre pour laisser échapper le pollen.

[L'étamine, quand elle commence à paraître, se montre sous la forme de petits tubercules qui ne diffèrent en rien de ceux qui représentent les pétales et les sépales; mais bientôt la partie qui représente le limbe de la feuille se développe en anthère, en ce qu'une partie des cellules parenchymateuses se transforment en cellules génératrices des grains de pollen. Souvent le verticille staminal se développe avant le verticille des pétales et des sépales : ex. les Graminées et les Crucifères. Quelquefois la moitié seulement de la feuille staminale se change en loge d'anthère, l'autre reste à l'état de limbe : ex. les *Canna;* ou elle prend une apparence particulière, comme dans les Sauges, *Brunella*, etc. Dans les fleurs doubles on trouve souvent des passages entre les pétales et les étamines.]

La *structure anatomique* n'est pas la même dans le filet et dans l'anthère. Le filet se compose ordinairement d'un faisceau central fibro-vasculaire non ramifié, qui s'étend de la base au sommet. Ce faisceau est enveloppé d'un tissu utriculaire, contenant souvent des grains de fécule, le tout recouvert par un véritable épiderme. Quand il existe un connectif, le faisceau vasculaire n'y pénètre pas; il est seulement formé par un tissu utriculaire, ordinairement distinct de celui du filet. Les parois de l'anthère sont formées de deux couches distinctes : l'une, extérieure, est un véritable épiderme, souvent percé de stomates; l'intérieure est constituée par une ou plusieurs couches superposées de *cellules fibreuses.* Celles-ci sont primitivement closes, formées de deux parties : une vésicule et une spiricule, tantôt roulée en hélice, tantôt anastomosée en un véritable réseau. Par les progrès de la végétation, la membrane primitive est souvent résorbée, et il ne reste plus que la spiricule, formant une sorte de treillage à claire-voie. La fonction principale de ces cellules fibreuses, c'est la dispersion du pollen. Par leur forme, et surtout par leur disposition variée, elles sont douées d'une grande élasticité, et tendent non-seulement à rompre la suture de chaque loge, mais à étaler les valves et à disperser les grains du pollen.

III. Pollen. — Le *pollen* est la matière fécondante des végétaux. Contenu dans les loges de l'anthère, il se présente en général sous l'apparence de granules excessivement petits, souvent de couleur jaune, formant une matière pulvérulente, qui s'échappe des loges de l'anthère dès qu'elles viennent à s'ouvrir. Plus rarement, les grains de pollen contenus dans une loge se soudent en une masse solide exactement moulée sur les loges de l'anthère. De là la distinction des pollens en *pulvérulents* et en *solides*.

A. Pollen pulvérulent. C'est là l'aspect et la disposition la plus générale du pollen. Les particules qui le constituent sont des utricules ordinairement libres et distinctes les unes des autres; plus rarement elles sont comme légèrement agglutinées par une matière visqueuse et élastique, interposée entre elles, et qui en réunit plusieurs ensemble, comme on le voit dans l'onagre. Nous expliquerons plus loin l'origine de cette matière.

La *forme* des utricules polliniques peut offrir de grandes variations. Elle se rapproche plus généralement de la globuleuse (*fig.* 161) : par exemple dans les Malvacées, les Campanulacées, les Synanthérées.

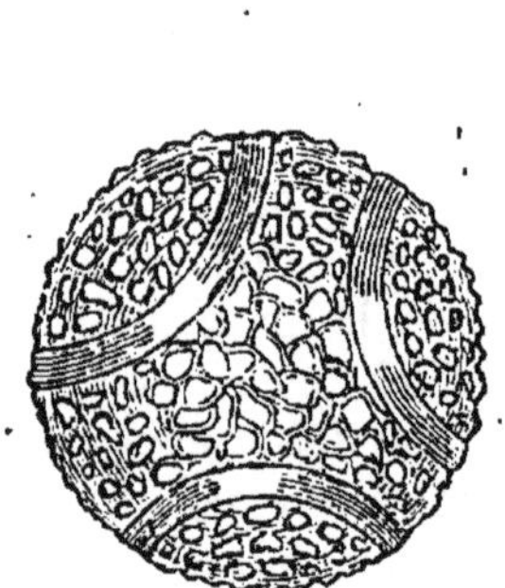

Fig. 161.

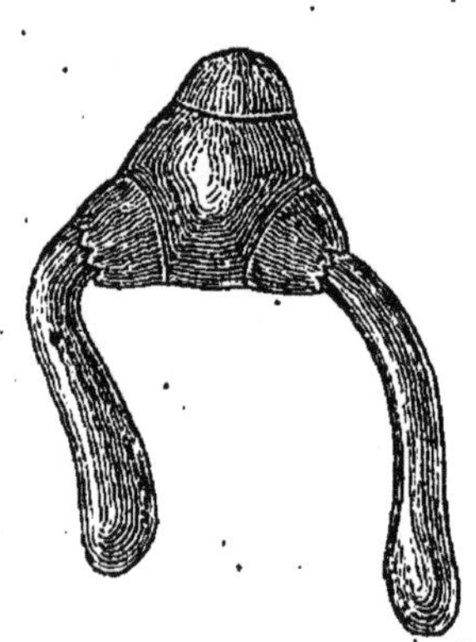

Fig. 162.

D'autres fois elles sont *polyédriques*, présentant un nombre plus ou moins considérable de facettes de formes et de dimensions variées; ou bien elles offrent trois angles arrondis, comme dans l'onagre (*fig.* 162); plus rarement elles sont allongées, cylindriques, ou même filiformes et confervoïdes, comme dans les *Zostera*.

Dimensions. Le volume de ces corps est excessivement petit, et il faut, dans quelques circonstances, faire usage d'un bon microscope pour pouvoir en discerner facilement et nettement la forme. L'une des plantes dans lesquelles leurs dimensions sont les plus considérables est la belle-de-nuit (*Nyctago hortensis*); ses utricules polliniques ont environ trois vingtièmes de millimètre; dans la betterave, au contraire, leur volume n'est guère que de vingt millièmes de millimètre; et enfin il se réduit à dix dans les espèces des genres *Myosotis* et *Lithosper-*

Fig. 161. Pollen du *Passiflora cærulea*. Il offre trois plis, et sa surface est réticulée.

Fig. 162. Pollen triangulaire de l'*Œnothera biennis*, émettant un boyau de deux de ses angles.

mum. Entre les deux extrêmes dix et cent trente millièmes de millimètre, on trouve, dans la série des végétaux, toutes les grandeurs intermédiaires.

Structure. Les utricules polliniques sont ordinairement composées de deux membranes ou de deux petites vésicules étroitement appliquées l'une dans l'autre, et distinguées en externe et en interne. Très-rarement une seule membrane les constitue. L'intérieur des utricules est rempli par une matière comme mucilagineuse, contenant des granules de différente nature, et nommée *favilla*.

La membrane extérieure, que nous nommons *exhyménine*, est assez épaisse, résistante, peu extensible, et se rompant facilement quand on la distend. C'est elle qui se couvre de papilles, de granulations, etc. Elle est immédiatement appliquée sur l'interne, dont on peut facilement la séparer en faisant macérer les grains de pollen dans un sirop un peu acidulé. En faisant alors glisser légèrement les deux lames de verre entre lesquelles on les a placés, l'exhyménine s'enlève et laisse à nu la membrane interne. Nous nommons *endhyménine* cette membrane interne. Elle est en général parfaitement mince, transparente, très-extensible, malgré sa grande ténuité, et sans aucune trace appréciable d'organisation. C'est dans son intérieur que se trouve la favilla.

H. Mohl, dans son travail important sur le pollen (*Ann. sc. nat.*, 2e série, tome III, p. 348), pense que dans certains pollens l'*exhyménine* offre une organisation celluleuse. Il cite, entre autres, ceux de la belle-de-nuit (*Nyctago hortensis*), de l'*Hemerocallis fulva*, du *Statice latifolia*, etc. Mais cependant la plupart des anatomistes qui se sont occupés de ce point d'organisation pensent que cette membrane n'a pas de structure appréciable.

Examinées dans leur *surface extérieure*, les utricules du pollen présentent des caractères utiles à étudier. Cette surface est rarement lisse et polie. Dans le plus grand nombre des cas, elle offre soit des ponctuations en forme de granules, soit des papilles, soit enfin des appendices assez roides, pointus, et en forme de piquants. Ordinairement aussi cette surface extérieure se recouvre d'un enduit visqueux, qui est évidemment sécrété par ces différents petits corps qui existent à la surface de l'exhyménine.

Les *granulations* et les *papilles* sont tantôt dispersées sans ordre; tantôt, au contraire, elles constituent un réseau dont les mailles sont plus ou moins régulières. Dans l'*Ipomœa purpurea*, la surface des grains polliniques offre des compartiments à peu près réguliers; dans le *Cobœa scandens* (*fig.* 163), on voit sur chacun d'eux quatre-vingt-seize aréoles hexagonales, à peu près régulières, formées par une lamelle saillante crénelée dans son bord libre, offrant des lignes perpendiculaires saillantes et arrondies en forme de côtes ou de colonnes.

Dans les plantes de la famille des Synanthérées, les papilles sont tellement saillantes et pointues, qu'elles méritent presque le nom d'épines ou d'aiguillons.

Plis et pores. La surface des grains de pollen présente souvent des espèces de *plis* longitudinaux, et des *pores* dont le nombre et la position sont rigoureusement déterminés. Cependant le pollen de quelques familles en paraît complétement dépourvu : tel est celui du laurier, des Aroïdées et des Aristoloches. Les plis se montrent en général sous la forme d'une bande dirigée longitudinalement de l'un à l'autre

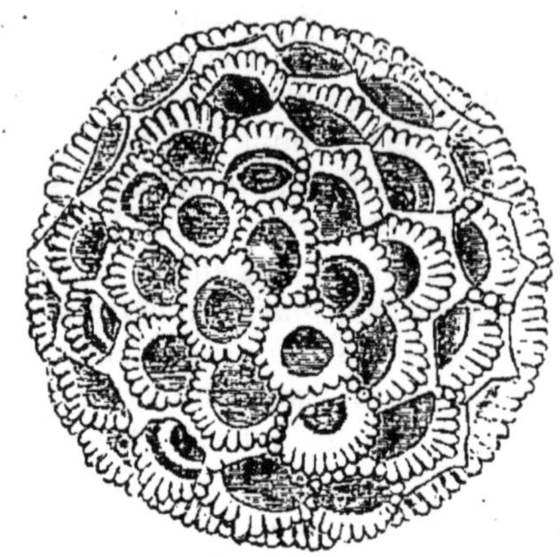

Fig. 163.

Fig. 164.

des deux pôles qui marquent la direction de l'axe traversant le diamètre des grains de pollen. Très-souvent ces bandes se reconnaissent à l'absence des papilles (*fig.* 164). On admet, en général, que dans ces bandes ou plis l'exhyménine manque complétement, et que c'est l'endhyménine qu'on y aperçoit à nu. Cependant, dans beaucoup de circonstances, il semble que les plis offrent simplement un amincissement de la membrane externe. Dans tous les cas, aux points où ces bandes existent, la membrane de l'utricule forme à sa face interne une saillie longitudinale, un véritable plissement, qui se dédouble quand le grain de pollen se dilate en absorbant de l'eau.

Fig. 165.

Le nombre de ces plis est variable. Ainsi on n'en trouve qu'un seul sur chaque grain dans un grand nombre de Monocotylédones, des familles des Liliacées, Iridées, Amaryllidées, Palmiers, etc. Le nombre trois est très-fréquent dans les Dicotylédones : ex. Rosacées, Légumineuses, Solanées, Crucifères, etc., etc. Il est plus rare de trouver

Fig. 163. Pollen du *Cobæa scandens*, présentant un grand nombre de pores ou d'osculcs entourés d'un rebord frangé.

Fig. 164. Pollen du *Plumbago zeylanica*. Il offre trois bandes longitudinales.

Fig. 165. Pollen de la bourrache.

plus de trois plis sur un même grain de pollen. Cependant on en observe de quatre à six dans la bourrache (*fig.* 165), et dans beaucoup d'autres Borraginées, Labiées, Rubiacées, Apocynées, etc.

Les *pores* ou *oscules* se voient aussi sur un grand nombre de pollens. Ce sont, en général, des ouvertures circulaires, qui existent à l'exhyménine, et au travers desquelles on aperçoit l'endhyménine. Cependant certains pores offrent une complication un peu plus grande. Ils sont quelquefois placés au sommet d'espèces de tubes courts ou de tubercules et s'ouvrent par une sorte de couvercle circulaire ou d'*opercule*, formé par la membrane externe, et ce n'est qu'après que cet opercule s'est soulevé, que la membrane interne se trouve mise à nu : c'est ce qu'on observe, par exemple, dans les Passiflores, le potiron, etc.

Le nombre des pores est très-variable. On n'en voit pas sur le pollen des *Limodorum*, *Fourcroya*, *Anona*, *Oreodaphne*, *Persea;* il n'en existe qu'un à la surface des grains de pollen du blé, et en général des Graminées et des Cypéracées ; deux dans le mûrier à papier, trois dans les Onagres (*fig.* 162). Enfin, quelquefois leur nombre est excessivement considérable, puisque dans la belle-de-nuit on en compte une centaine, et jusqu'à deux cents dans la rose trémière.

C'est par ces pores ou oscules que la membrane interne se montre et fait saillie quand le grain de pollen se gonfle en absorbant de l'humidité. En effet, quand les grains de pollen sont en contact avec la surface du stigmate, qui est toujours plus ou moins humide et visqueuse, ou quand on les met sur des lames de verre humectées d'une solution de gomme arabique, ou dans du sirop de sucre, on voit alors les plis se développer, les grains prendre une forme presque sphérique, et, à travers les pores, la membrane interne former une saillie qui, petit à petit, s'allonge et devient bientôt un tube grêle, transparent, qu'on nomme, en général, le *boyau pollinique* (*fig.* 162). Cet appendice est formé par l'allongement et l'extension de l'endhyménine, et sa cavité intérieure contient le liquide nommé *favilla*.

Dans les pollens qui n'ont pas de plis ou de pores, la membrane externe se déchire en certains points, et c'est par ces ouvertures accidentelles que l'endhyménine fait saillie et s'allonge en boyau (*fig.* 166).

Le nombre des boyaux polliniques qui sortent d'un même grain est très-variable. Il peut être le même que celui des pores ; mais assez souvent il est moins considérable, c'est-à-dire que plusieurs pores restent clos. En général, les appendices tubiformes ne se montrent guère que dans les points du grain qui sont en contact avec le corps humide.

Quand on projette les grains de pollen sur de l'eau, l'absorption du liquide est tellement rapide, que le boyau s'allonge brusquement et se rompt en laissant échapper une fusée d'un liquide épais qui s'étale à la surface de l'eau. Nous n'avons pas besoin de dire que ce liquide épais est la favilla (*fig.* 167).

[Le grain de pollen de la belle-de-nuit à longues fleurs (*Nyctago longiflora*) est un des plus gros qui soit connu, car il mesure $\frac{1}{20}$ de millimètre. Nous donnerons, d'après Schacht, son anatomie complète afin que chacun puisse étudier la structure du pollen sur les grains où il est le plus facile de s'en rendre compte. Vu à sec ou sous l'eau, il ne montre qu'une masse sphérique, parce que l'épaisseur de ses enveloppes et la matière granuleuse qu'il contient le rendent complétement opaque. L'huile essentielle de citron ne le rend guère plus transparent, mais on aperçoit des dépressions à sa surface. Dans de l'acide sulfurique, la membrane extérieure se colore en rouge, et ses dépressions ressemblent à de petits trous ronds. On remarque en outre une foule de pointes en forme d'épines qui portent à leur extrémité une gouttelette d'huile. Si l'on fait une coupe à travers un de ces grains, on voit que ces dépressions ne sont pas des trous, mais des canaux très-courts creusés dans l'épaisseur de la membrane extérieure; cette membrane se compose elle-même de deux parties séparées au milieu du canal par une membrane d'un extrême finesse. On voit clairement que les canaux qui doivent donner issue au boyau pollinique ne sont pas des trous. De plus, la membrane extérieure n'est pas homogène, mais formée de petites masses creusées encore de petits canaux. La mem-

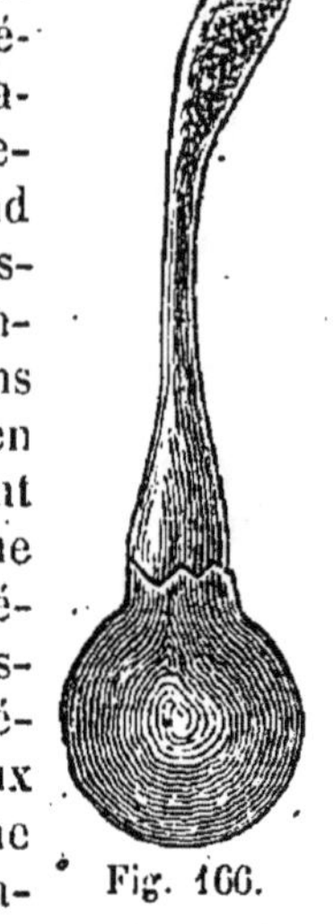

Fig. 166.

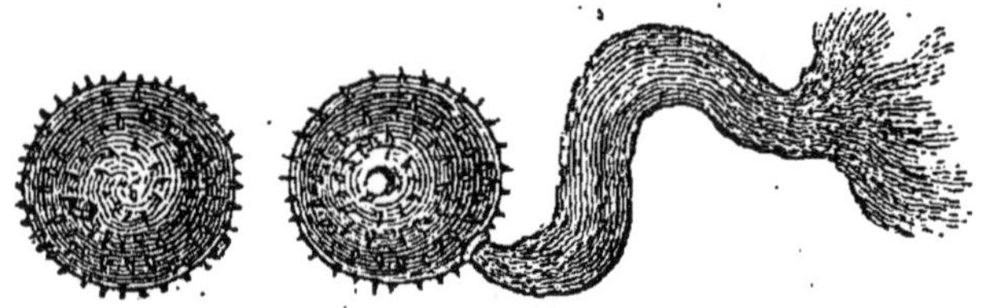

Fig. 167.

brane intérieure, au contraire, est d'une structure uniforme et à surface unie; son épaisseur égale celle de l'extérieure. La membrane interne ou endhyménine est très-mince, s'applique à la surface interne de l'exhyménine et paraît un peu épaissie aux points qui correspondent aux pores de la membrane extérieure. Si l'on détache un fragment de l'enveloppe du grain de pollen et qu'on le regarde

Fig. 166. Pollen du *Datura Stramonium*, émettant un tube par une déchirure accidentelle.

Fig. 167. Pollen de l'*Ipomœa hederacea*. L'un des deux grains laisse échapper la fusée de la *favilla*.

d'en haut, on voit, outre les pores, des cercles plus petits : ce sont les pointes vues en projection; puis de petits points noirs : ce sont les petits canaux dans la couche superficielle de la membrane extérieure. En mettant la préparation dans l'acide nitrique ou une solution de potasse caustique, tous ces détails deviennent encore plus évidents. La structure du pollen de la belle-de-nuit ordinaire (*Nyctago hortensis*) est exactement la même. Sur le grain de pollen du *Convolvulus Batatas*, dont le diamètre est de $\frac{1}{10}$ de millimètre, les pores sont également fermés par la membrane interne, les épines sont plus longues, plus nombreuses, et chacune d'elles est entourée d'une espèce de palissade.]

De la favilla. Toute la cavité intérieure du grain pollinique est remplie par un liquide épais et comme mucilagineux, nommé *favilla*. Ce liquide est transparent, souvent incolore, contenant une grande quantité de granules très-petits, mais inégaux entre eux, et dont la forme est assez variable. Ces granules polliniques ont été l'objet de beaucoup de discussions parmi les physiologistes. Déjà Gleichen avait aperçu que, dans le liquide où ils nagent, ces petits corps sont doués de mouvements très-variés. M. Ad. Brongniart, dans son mémoire sur la génération des végétaux (*Annales des sciences naturelles*, 1re série, tome XII, p. 2), est revenu sur ce phénomène, qu'il a décrit avec beaucoup de soin. Mais ces mouvements, qu'on avait crus d'abord spontanés et qui avaient fait assimiler les granules polliniques aux zoospermes des animaux, sont évidemment dus à cette propriété remarquable découverte par Robert Brown dans les particules excessivement fines de tous les corps, même bruts, et qu'on a désignée sous le nom de *mouvement brownien*. Ainsi, ces corpuscules ne peuvent être en aucune manière assimilés aux animalcules spermatiques. D'ailleurs cette comparaison est complétement détruite par l'examen de la nature chimique de ces corps, qui ne sont rien autre chose que des grains de fécule, bleuissant par l'iode et offrant tous les caractères de la fécule prise dans toute autre partie du végétal. Cette observation est due à Fritsche, de Berlin, qui a publié en 1832 et 1833 deux dissertations intéressantes sur le pollen; il a, de plus, reconnu que ces grains amylacés étaient accompagnés de gouttelettes d'huile essentielle qui se dissolvaient dans l'alcool.

[Le liquide de la favilla contient aussi, le plus souvent, une certaine proportion de sucre que l'acide sulfurique colore en rose. Les grains de fécule ou peut-être d'inuline se colorent par l'iode, mais plus souvent en jaune qu'en bleu. On y remarque aussi des gouttelettes d'huile grasse. Dans les grains de pollen en forme de tube des *Zostera*, on remarque une circulation comme dans les articulations du *Chara*.

L'huile qui entoure beaucoup de grains de pollen et donne souvent, au pollen en masse, la couleur qui lui est propre, comme dans les Liliacées et les genres *Phormium*, *Scorzonera*, *Nyctago*, provient de l'huile contenue dans les grains et exsudée par l'anthère : ce qui semblerait le faire croire, c'est que cette huile est fort abondante dans les cavités extérieures de certains grains de pollen, celui des *Nyctago*, par exemple. Elle peut être aussi une sécrétion des cellules génératrices des grains polliniques et des cellules aux dépens desquelles elles se nourrissent; on trouve, en effet, de l'huile à la face interne de la paroi des anthères. Il est certain que cette huile, souvent colorée, ne se trouve pas à l'intérieur des grains polliniques. Dans les espèces des genres *Gossypium*, *Malope* et dans les Onagraires, l'huile est remplacée par une substance glutineuse.]

Quelques auteurs, Guillemin et Mohl entre autres, s'étaient occupés de rechercher si la forme et la structure des grains de pollen n'offriraient pas une certaine analogie dans les diverses plantes d'une même famille. Cette analogie existe, en effet, pour un certain nombre de groupes; mais en général la forme des grains polliniques ne présente pas assez de fixité pour pouvoir entrer comme caractère essentiel dans les signes qui appartiennent aux groupes naturels du règne végétal.

B. Pollen solide. On appelle *pollen solide*, celui dont les grains, au lieu d'être distincts les uns des autres, se rapprochent ou se soudent en une masse solide qui a en général la même forme que la loge de l'anthère qui lui a servi de moule. De là le nom de *masses polliniques* (*massæ pollinicæ*, *pollinia*) qui a été donné à ces agglomérations. C'est seulement dans la famille des Orchidacées, parmi les Monocotylédones, et celle des Asclépiadées, dans les Dicotylédones, que l'on observe le pollen solide.

Dans la famille des Orchidacées, les grains polliniques sont agglutinés quatre par quatre (*fig.* 168); et ce sont ces agglomérations partielles, résultant, comme nous le montrerons tout à l'heure, du mode de formation des grains polliniques dans l'intérieur de l'anthère, qui se réunissent pour constituer les masses polliniques.

Tantôt les grains polliniques qui forment les masses sont agglutinés par une matière qui se distend comme une sorte de réseau élastique quand on vient à rompre la masse, qui dans ce cas est dite *sectile* (*massa sectilis*) (*fig.* 169), comme dans les genres *Orchis* et *Ophrys*, par exemple; tantôt ils sont simplement rapprochés par la pression exercée par les parois de la loge dans l'intérieur de laquelle ils se sont développés, et la masse pollinique est appelée *pulvérulente* (*massa pulverulenta*) (*fig.* 168) : ex. *Epipactis*, *Neottia*, etc. Enfin, quelquefois les grains sont si intimement soudés, qu'ils forment une masse solide (*massa solida*) (*fig.* 170), par exemple dans les genres de la tribu des Malaxidées. Ces trois structures du pollen offrent des caractères très-importants pour distinguer les genres nombreux de la famille des Orchidacées.

Très-souvent les masses polliniques viennent se terminer par une partie rétrécie de forme très-variée, nommée *caudicule* (*fig.* 169, *b*), laquelle porte à son extrémité un corps ordinairement glandulaire, auquel on a donné le nom de *rétinacle* (*c*).

Les utricules polliniques qui composent le pollen solide ne sont

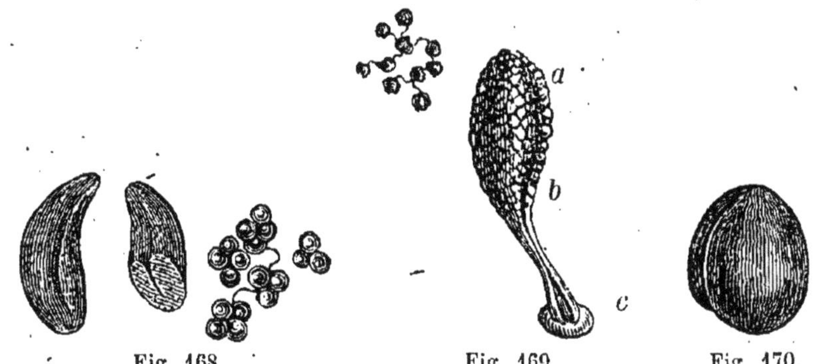

Fig. 168. Fig. 169. Fig. 170.

composées que d'une seule membrane, ordinairement lisse, sans plis ni oscules, que l'on considère généralement comme étant l'endhyménine. Celles de ces utricules qui sont mises en contact avec un corps humide, le stigmate, s'allongent dans ce point en un appendice plus ou moins long qui devient le tube pollinique.

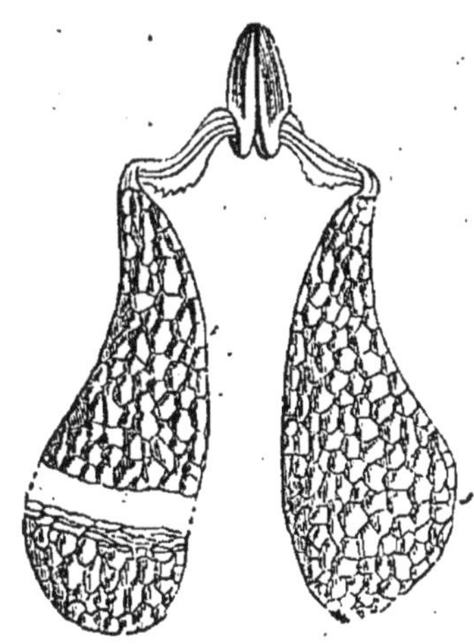

Fig. 171.

Dans la famille des Asclépiadacées (*fig.* 171), les masses de pollen offrent une structure un peu différente. Elles sont formées par une espèce de coque membraneuse présentant intérieurement un grand nombre de cellules, dans chacune desquelles se trouve contenu un grain pollinique qui offre une structure semblable à celle que nous venons de signaler dans les Orchidées. Pour que ces grains de pollen puissent servir à la fécondation, il faut que la coque celluleuse se rompe, et alors les tubes polliniques se forment comme nous venons de l'indiquer tout à l'heure, en sortant par la fente de la membrane celluleuse.

[Dans les Orchidées, où les grains de pollen ne sont pas séparés : ex. *Orchis*, *Ophrys*, *Gymnadenia*, *Himantoglossum*, *Epipogium*, *Co-*

Fig. 168. Masses polliniques *pulvérulentes* d'une espèce d'*Epipactis*.

Fig. 169. Masse pollinique *sectile* de l'*Orchis fulva* : *a*, la masse pollinique ; *b*, la caudicule ; *c*, le rétinacle.

On voit à côté quelques grains séparés, ordinairement agglutinés quatre par quatre.

Fig. 170. Masse pollinique *solide* du *Liparis Lœselii*.

Fig. 171. Masses polliniques d'une espèce d'*Asclepias*.

rallorrhiza, etc.; la masse pollinique de chaque moitié d'anthère se termine par le corps visqueux et collant appelé *retinaculum*, dont il vient d'être question. Les masses de pollen de chaque loge restent toujours séparées dans tous les vrais *Orchis*, *Ophrys* et *Gymnadenia*; mais elles se soudent par leur pédicule dans les genres *Anacamptis*, *Himantoglossum*, *Goodyera*, *Corallorrhiza*. Ce pédicule, qui est plus ou moins long, se compose de nombreuses cellules, qui, au lieu de se transformer en grains de pollen, sécrètent une matière visqueuse qui fait adhérer entre elles les deux masses polliniques. Dans les Asclépiadacées au contraire, suivant les observations de Schacht, les masses polliniques, unies entre elles, ne proviennent pas de la même anthère, et le corps qui les unit est une masse visqueuse, sécrétée par le stigmate. La fécondation est facilitée par les insectes qui, cherchant des matières sucrées sur le stigmate, déplacent les masses polliniques qui restent collées à leurs pattes. D'autres Orchidacées (*Cephalanthera*, *Limodorum*) ont des grains de pollen distincts comme tous les autres végétaux].

Mode de formation et développement du pollen. L'anthère, dans le bouton de fleur à peine ébauché, se montre avant le filet qui doit la

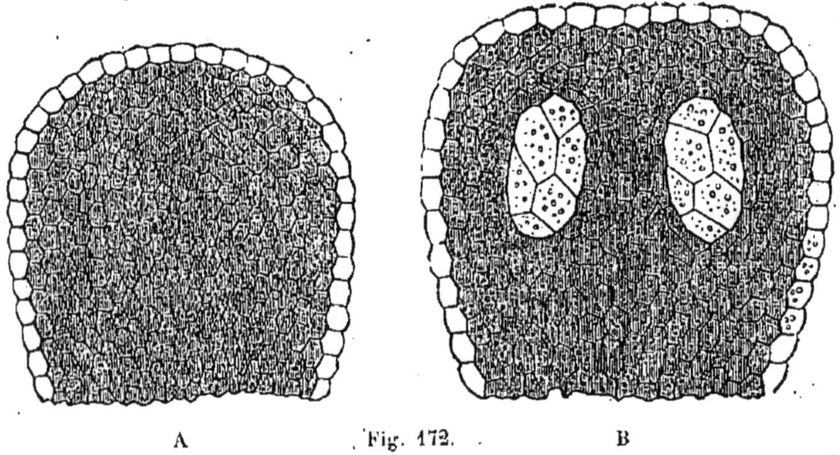

Fig. 172.

supporter. C'est d'abord une masse utriculaire de forme variée, à peu près homogène (*fig.* 172 A). Petit à petit, les cellules les plus extérieures s'agrandissent, deviennent transparentes. En même temps, dans la masse celluleuse intérieure, se creusent des lacunes, généralement au nombre de quatre. D'abord très-petites et presque linéaires, elles se remplissent d'un fluide mucilagineux et épais, qui

Fig. 172. Développement du pollen dans l'anthère du *Cucurbita Pepo* (d'après Mirbel). *A*, l'anthère très-jeune remplie de tissu utriculaire uniforme. *B*, la même offrant à son centre deux masses d'utricules plus grandes, devant former le pollen.

insensiblement s'organise en un tissu utriculaire à parois épaisses, finissant petit à petit par constituer à lui seul toute la masse de l'anthère. Les plus extérieures de ces utricules de formation récente sont plus petites et vont constituer la couche de *cellules fibreuses* que nous avons signalée précédemment à la face interne de la cavité des loges anthériques. Les intérieures sont beaucoup plus grandes ; ce sont les utricules mères du pollen (*fig.* 172 B). Les parois de ces cellules pollinipares s'épaississent et se gorgent de sucs, au point de ressembler à une sorte de gelée incolore. Peu de temps après, la paroi épaisse et succulente de chaque utricule mère se dilate ; quatre appendices saillants, en forme de lame de couteau, se développent à une égale distance les uns des autres de la face interne de l'utricule (*fig.* 173) et enfoncent

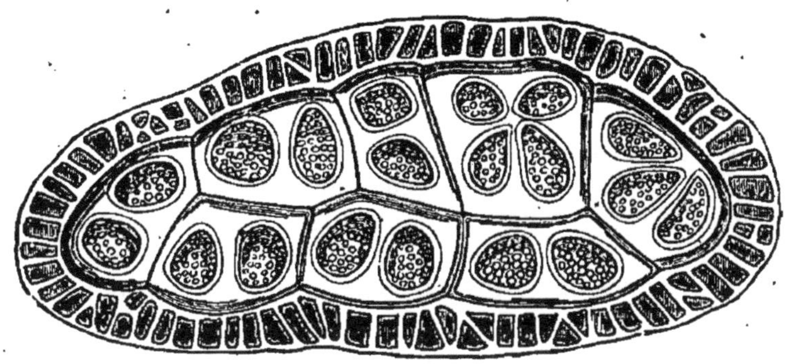

Fig. 173.

graduellement leur tranchant vers le centre, où ils se réunissent en partageant la masse contenue dans l'utricule en quatre parties triangulaires. Petit à petit, chacune d'elles se modifie dans sa forme, se revêt d'une membrane propre, et elles constituent les grains du pollen Ainsi, c'est donc par une suite de segmentations successives que les grains du pollen ont été formés aux dépens du tissu utriculaire constituant primitivement la masse de l'anthère.

On peut résumer de la manière suivante ce que l'on sait de positif sur la structure du pollen :

I. Le pollen est formé d'utricules isolées et distinctes (*pollen pulvérulent*) ou d'utricules agglomérées en masse (*pollen solide*).

II. La forme des utricules polliniques est très-variable ; leur surface est lisse, papilleuse ou comme épineuse ; elle est sèche ou lubrifiée d'une humeur visqueuse.

III. Chaque utricule se compose d'une membrane extérieure (*exhyménine*) et d'une membrane interne (*endhyménine*), étroitement ap-

Fig. 173. Anthère du *Cucurbita Pepo*, dans laquelle les utricules mères se sont partagées chacune en quatre parties qui sont les utricules polliniques.

pliquées l'une sur l'autre sans adhérence, et d'un liquide intérieur, nommé la *fovilla.* Rarement on ne compte qu'une membrane dans l'utricule pollinique.

IV. L'exhyménine est épaisse, résistante, peu extensible et fragile ; c'est elle qui est colorée.

V. Elle offre des *pores* ou des *plis.*

VI. Les pores sont des ouvertures généralement arrondies, en nombre variable, mais déterminé. Ils peuvent être *nus* ou *operculés.*

VII. Les plis sont des lignes longitudinales plus ou moins étendues, dans lesquelles l'exhyménine manque complétement ou est réduite à une excessive ténuité. L'endhyménine, dans le pli, est repliée sur elle-même et forme une saillie vers l'intérieur de l'utricule.

VIII. On trouve rarement plus de trois plis sur un grain de pollen, tandis qu'on observe quelquefois un très-grand nombre de pores.

IX. L'endhyménine est mince, transparente, incolore, très-élastique, extensible.

X. Quand les utricules sont formées d'une seule membrane, cette membrane offre ordinairement tous les caractères de l'endhyménine,

XI. La fovilla est un liquide consistant, mucilagineux, contenant des granules très-petits de fécule, mélangés de gouttelettes très-fines d'huile volatile.

XII. Les granules de la fovilla sont douées du mouvement brownien.

XIII. Un grain pollinique placé sur la surface lubrifiée du stigmate ou sur tout autre corps humide se gonfle, devient sphérique, en absorbant de l'eau par la force d'endosmose. S'il offre des pores ou des plis, l'endhyménine sort à travers ces ouvertures et forme des appendices tubuleux, nommés tubes ou boyaux polliniques.

XIV. Une même utricule peut donner naissance à un ou à plusieurs tubes polliniques, qui sont remplis par la fovilla ou fluide fécondant.

XV. Si l'utricule n'offre ni plis ni pores, l'exhyménine se déchire en un ou plusieurs points, à travers lesquels l'endhyménine sort et s'allonge en tube.

XVI. Les tubes polliniques s'insinuent à travers le stigmate, le tissu conducteur du style, les trophospermes, et se mettent en contact avec les ovules ou rudiments des graines contenus dans l'organe sexuel femelle.

XVII. Les utricules qui constituent le pollen solide sont composées d'une seule membrane. Elles sont plus ou moins fortement agglutinées entre elles.

XVIII. Chaque loge de l'anthère contient une ou plusieurs *masses polliniques.*

XIX. Le pollen solide s'observe dans deux familles seulement, les Orchidacées parmi les Monocotylédones, et les Asclépiadacées parmi les Dicotylédones.

XX. Dans les Asclépiadacées, les masses polliniques sont enveloppées dans une coque membraneuse. Elles manquent de cette enveloppe dans les Orchidacées.

CHAPITRE X

GYNÉCÉE OU VERTICILLE CARPELLAIRE.

Le *gynécée* est l'ensemble des organes sexuels femelles, ou des *carpelles*. Ceux-ci peuvent être en nombre plus ou moins considérable dans une fleur : ils en occupent toujours la partie centrale. Dans un carpelle on distingue cinq parties : 1° l'*ovaire*, cavité contenant les germes et formant la partie inférieure du carpelle ; 2° le *style*, prolongement filiforme du sommet de l'ovaire ; 3° le *stigmate*, corps glandulaire terminant le style ; 4° les *ovules*, ou jeunes graines ; 5° le *trophosperme*, sur lequel les ovules sont attachés. Nous montrerons bientôt que chaque carpelle est formé par l'enroulement d'une feuille.

Comme les autres parties constituantes de la fleur, les carpelles constituant le gynécée peuvent se souder entre eux, et cette soudure peut se faire par une portion plus ou moins considérable de chaque carpelle. Tantôt la soudure a lieu par les ovaires seulement; d'autres fois, par les ovaires et les styles ; ou enfin elle peut être complète, et avoir lieu à la fois par l'ovaire, le style et le stigmate. Dans tous ces cas, il en résulte un corps unique auquel on donne le nom de *pistil*. Le pistil est donc la réunion de tous les carpelles formant le gynécée, soudés en un corps commun. Si l'on coupe en travers l'ovaire composé d'un semblable pistil, on y trouvera un nombre de loges en général égal à celui des carpelles qui se sont soudés. C'est dans ce sens que l'on dit souvent ovaire *biloculaire*, *triloculaire*, *multiloculaire*. Ces expressions indiquent qu'il y a soudure de deux, de trois ou d'un grand nombre de carpelles. Cependant, quelquefois, comme nous l'expliquerons tout à l'heure, plusieurs carpelles en s'unissant peuvent donner naissance à un ovaire uniloculaire.

Lorsque les carpelles restent distincts les uns des autres, ils peuvent offrir des dispositions variées sur le réceptacle qui les supporte. Tantôt ils sont en nombre déterminé et forment un verticille simple, comme dans la pivoine, l'aconit, etc.; tantôt ils sont réunis en très-grand nombre sur un réceptacle plus ou moins susceptible de développement et qu'on appelle *gynophore* (*fig.* 120). Dans ce cas, les carpelles peuvent être placés sans ordre régulier, comme dans la renoncule et la fraise ; ou bien ils peuvent être arrangés avec symétrie, en suivant cette ligne spirale contractée que nous avons vue être propre à toutes les parties constituantes de la fleur, par exemple dans le tulipier, le *Magnolia*, etc.

Examinons successivement les différentes parties constituantes des carpelles.

I. Ovaire. — C'est la partie inférieure du carpelle ou du pistil quand les carpelles sont soudés ensemble. Dans son état de simplicité, c'est-à-dire lorsqu'il appartient à un carpelle unique, il offre une cavité nommée *loge*, dans laquelle sont contenus les ovules : il est *uniloculaire*. Sa forme est excessivement variable ; très-souvent il est *ovoïde* ou *globuleux ;* d'autres fois il est *allongé* et presque *linéaire*. Lorsqu'au contraire il appartient à un pistil composé, il présente un nombre de loges égal à celui des carpelles soudés ; c'est ainsi qu'il peut être *biloculaire*, *triloculaire* (*fig.* 174), *quadriloculaire*, *quinquéloculaire* ou *multiloculaire*, selon qu'il offre deux, trois, quatre, cinq, ou un grand nombre de loges et que par conséquent il provient de deux, trois, quatre, cinq, ou d'un grand nombre de carpelles soudés.

Fig. 174.

Cependant, quelquefois, un ovaire composé de plusieurs carpelles peut n'offrir qu'une seule loge. L'*uniloculrité* de l'ovaire dans un pistil composé peut être déterminée par deux circonstances différentes : 1° par l'*avortement*, ou la destruction naturelle *des cloisons* existant primitivement : ainsi, dans les cistes et les hélianthèmes l'ovaire très-jeune est à trois loges ; plus tard il n'en présente plus qu'une seule ; il en est de même dans la saponaire et plusieurs autres genres de la famille des Dianthacées ; 2° par l'*accollement des feuilles carpellaires* bord à bord : au lieu de s'enrouler sur elles-mêmes de manière à ce que leurs deux bords se rapprochent et se soudent latéralement en se repliant vers le centre du pistil, les feuilles carpellaires peuvent rester planes et se souder entre elles par leurs bords de manière à former un ovaire uniloculaire ; c'est ce qui a lieu dans les violettes, dans le pavot, où l'ovaire composé est formé de trois ou d'un grand nombre de carpelles, et cependant ne présente qu'une seule loge.

Dans la plupart des cas il est assez facile de reconnaître qu'un ovaire uniloculaire provient néanmoins de plusieurs carpelles soudés. Ainsi, toutes les fois qu'un ovaire uniloculaire sera surmonté de plusieurs styles ou de plusieurs stigmates, même soudés entre eux, et seulement distincts à leur sommet par quelque incision, le pistil sera composé ; car un carpelle n'a jamais qu'un ovaire, qu'un style et qu'un stigmate. La pluralité des styles et des stigmates entraîne nécessaire-

Fig. 174. Pistil de la jacinthe, formé de trois carpelles soudées et offrant un ovaire triloculaire.

ment la pluralité des carpelles. Ce principe porte donc à admettre qu'un ovaire à une seule loge, contenant un seul ovule, mais surmonté de plusieurs styles ou stigmates, provient de plusieurs carpelles soudés; dont un seul ovaire s'est développé. Ainsi, les familles des Graminées, des Cypéracées, des Chénopodées, etc., sont dans cette catégorie. Toutes les fois qu'un ovaire est à une seule loge, et que ses ovules sont attachés à plusieurs trophospermes pariétaux, cet ovaire représente plusieurs carpelles soudés.

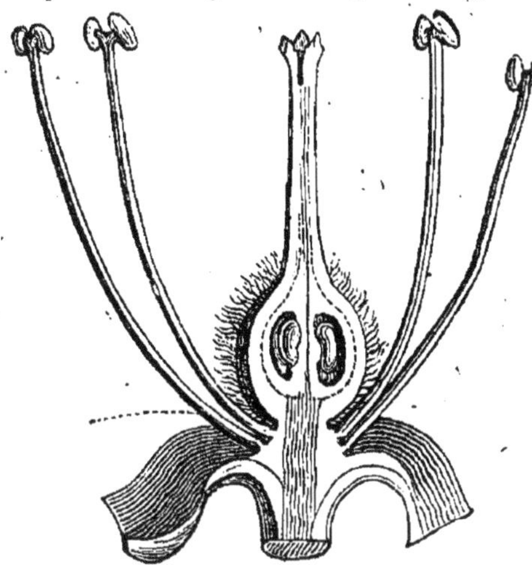

Fig. 175.

En général, les carpelles n'ont aucune adhérence avec les enveloppes florales : ils sont simplement attachés sur le réceptacle, de sorte que, lorsqu'on enlève celles-ci, les carpelles restent parfaitement intacts. On dit dans ce cas que l'*ovaire* est *libre* (*fig.* 175), c'est-à-dire sans adhérence avec le calice ; ou bien,

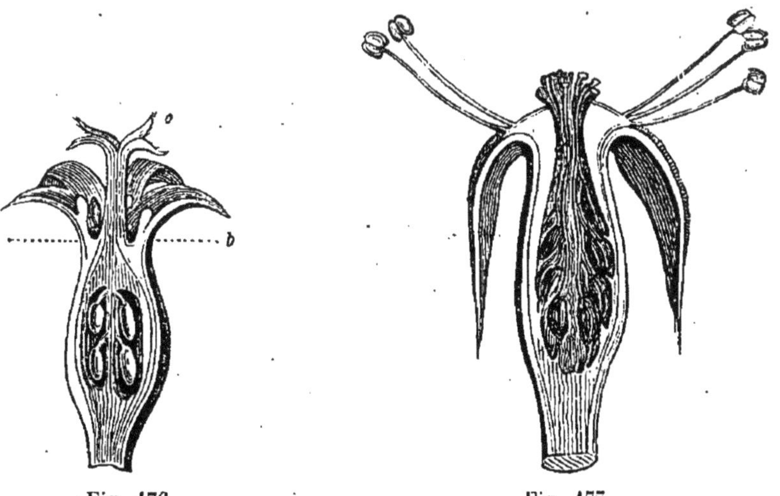

Fig. 176. Fig. 177.

ce qui est la même chose, qu'il est *supère*, ou placé au-dessus des enveloppes florales : par exemple, dans le pavot, le *Sparmannia*, la

Fig. 175. Pistil du *Sparmannia africana*, coupé suivant sa longueur, et montrant un ovaire libre et l'insertion hypogynique des étamines.
Fig. 176. Ovaire *infère* du *Tamus communis*.
Fig. 177. Ovaires ou carpelles *pariétaux* de la rose.

tulipe, etc. Mais quelquefois, quand le calice est gamosépale et tubuleux, il se soude avec la surface externe de l'ovaire, en formant corps avec lui. L'ovaire, dans ce cas, est *adhérent* au tube du calice ou *infère* (*fig.* 176), c'est-à-dire placé au-dessous du point où toutes les parties de la fleur se distinguent les unes des autres. Cette distinction entre l'ovaire supère et infère est très-importante, et sert souvent à distinguer certaines familles l'une de l'autre. Ainsi l'ovaire est infère dans les Amaryllidacées, et supère dans les Liliacées.

Une autre position de l'ovaire, relativement au calice, mérite aussi d'être signalée : c'est quand plusieurs carpelles, libres et distincts, au lieu d'être attachés sur le réceptable, sont insérés sur la paroi interne d'un calice tubuleux; dans la rose, par exemple. On a donné à ces ovaires le nom d'ovaires *pariétaux* (*fig.* 177). Ainsi l'ovaire peut présenter trois positions : 1° être *libre* et *supère*, sans connexion avec le calice ; 2° *adhérent* ou *infère*, soudé avec le tube du calice ; 3° enfin *pariétal*, attaché par sa base seulement à la face interne du tube calicinal.

Lorsque plusieurs carpelles se soudent ensemble, il en résulte, dans l'immense majorité des cas, un ovaire à plusieurs loges. Ces loges sont séparées les unes des autres par des lames verticales qu'on appelle des *cloisons*. Celles-ci sont formées par les côtés de deux feuilles carpellaires repliées vers le centre, où elles se réunissent et se soudent. Les cloisons *vraies* appartiennent donc aux feuilles carpellaires dont elles font partie. Toutes les fois que les bords des feuilles carpellaires se replient jusqu'au point de se toucher et de se souder en un centre commun, ils constituent des *cloisons complètes*, et dans ce cas il y a autant de loges distinctes les unes des autres que de carpelles soudés. Mais il arrive fréquemment que les bords des carpelles, tout en se repliant vers le centre de la fleur, n'y forment qu'une lame peu saillante, qu'une *cloison incomplète*. Dans ce cas, la cavité générale de l'ovaire composé reste simple, c'est-à-dire que l'ovaire est encore *uniloculaire*, les cloisons incomplètes n'y formant pas de cavités distinctes. C'est ce que l'on voit dans plusieurs plantes de la famille des Gentianacées, et spécialement dans l'ovaire des genres *Chironia*, *Chlora*, *Erythræa*.

C'est au point de jonction des deux bords des feuilles carpellaires que sont attachés les ovules. Or ces ovules eux-mêmes sont insérés sur un corps spécial distinct de la feuille carpellaire, et qu'on nomme un *trophosperme* ou *placenta*. Il existe toujours un de ces trophospermes sur chacun des deux bords de la feuille carpellaire. Or ces deux bords, en se soudant, confondent en quelque sorte leurs deux trophospermes, qui n'en forment plus qu'un seul. Quand l'ovaire est pluriloculaire, le trophosperme qui résulte de la soudure des deux trophospermes marginaux est situé dans chaque loge à l'angle formé par la réunion des deux côtés de chaque feuille carpellaire. Le trophosperme, qu'on dit être *axile* dans ce cas, appartient donc à une seule et même feuille carpellaire. Mais quand l'ovaire uniloculaire est le résultat de plusieurs carpelles soudés bord à bord, ou quand ces bords, infléchis vers le centre, ne sont pas assez développés pour se souder et forment des cloisons *incomplètes*, les trophospermes sont placés sur la paroi interne de la cavité unique de l'ovaire, ou sur les bords des cloisons incomplètes. Dans ces deux cas, ils sont *pariétaux*, comme dans la violette, le pavot, la petite-centaurée, etc. Les trophospermes *pariétaux* sont toujours formés par deux trophospermes marginaux, appartenant à deux carpelles distincts, plus ou moins intimement soudés en un seul corps.

Enfin il arrive quelquefois que le trophosperme, dans un ovaire uniloculaire, s'élève comme une colonne au centre de la cavité ovarienne : il est alors *central*. M. Duchartre a prouvé (*Ann. sc. nat.*, nov. 1844) que le trophosperme est *véritablement* et *primitivement central* dans deux familles de plantes seulement, les Primulacées et les Myrsinéacées. Il ne faut pas confondre avec le trophosperme *primitivement central* celui qui existe dans quelques plantes de la famille des Dianthacées et des Cistacées, où il occupe il est vrai le centre de la loge, mais où il provient de plusieurs placentas axiles dont les cloisons ont fini par disparaître et par être résorbées.

Les trophospermes *pariétaux* sont quelquefois très-saillants vers l'intérieur de la loge, à tel point même que, se touchant presque par leur côté interne, ils simulent de véritables cloisons : dans l'ovaire du pavot, par exemple. On les distinguera des véritables cloisons : 1° à ce que ces trophospermes saillants sont complétement ou presque complétement recouverts par les ovules ; 2° à ce que les trophospermes alternent avec les styles et les stigmates, tandis que les cloisons correspondent ou sont opposées à ces mêmes stigmates.

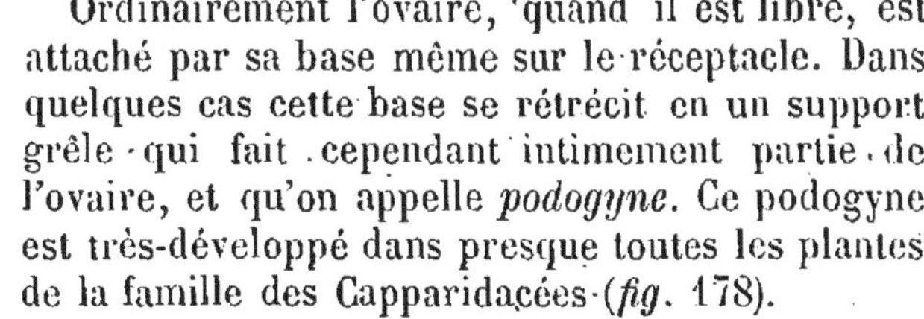

Fig. 178.

Ordinairement l'ovaire, quand il est libre, est attaché par sa base même sur le réceptacle. Dans quelques cas cette base se rétrécit en un support grêle qui fait cependant intimement partie de l'ovaire, et qu'on appelle *podogyne*. Ce podogyne est très-développé dans presque toutes les plantes de la famille des Capparidacées (*fig.* 178).

II. Style. — C'est le corps filamenteux qui surmonte l'ovaire et se termine par le stigmate. Quelquefois il manque complétement ; le stigmate, dans ce cas, est placé immédiatement sur l'ovaire, et l'on dit qu'il est *sessile*.

Fig. 178. Ovaire stipité du *caprier*, *Capparis spinosa*.

Dans un carpelle simple le style est toujours simple et sans divisions, mais dans un pistil composé il y a autant de styles que de carpelles soudés. Tantôt ces styles restent parfaitement distincts les uns des autres : comme dans l'œillet, où il y en a deux, le *Githago segetum*, le lin, où il y en a cinq ; tantôt ils se soudent dans leur partie inférieure, dans leur moitié ou dans les trois quarts de leur hauteur : ainsi, les deux styles sont simplement soudés par leur base dans le groseillier à maquereau. Les cinq styles sont soudés presque jusqu'à leur sommet dans les *Geranium*. Enfin, les styles d'un pistil composé peuvent être unis entre eux dans toute leur longueur, de manière à sembler former un style unique. Ainsi, le style de la belladone est formé de deux styles complétement soudés ; celui du lis, de trois styles, etc. Lorsque la soudure des styles n'est pas complète, on dit quelquefois que le style est *bifide, trifide, quadrifide*, etc. : *biparti, triparti, quadriparti*, etc., suivant que la soudure des styles a lieu seulement par la moitié inférieure ou par une partie plus étendue de leur longueur. Dans ce cas on prend les styles soudés comme représentant un seul style divisé à différentes hauteurs.

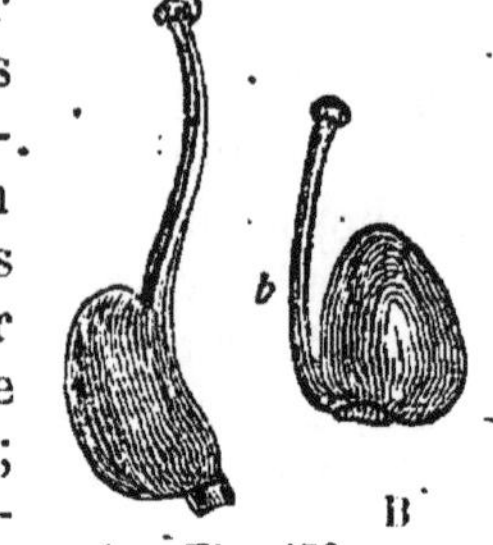

A Fig. 179. B

Dans le plus grand nombre des cas le style est placé au sommet du carpelle : il est *terminal ;* d'autres fois, par suite d'un développement plus grand d'un des côtés du carpelle, il devient *latéral*, comme dans la potentille et la plupart des Rosacées (*fig.* 179, A). Quand cette inégalité de développement d'un des côtés du carpelle est poussée à l'extrême, c'est-à-dire quand un d'eux est resté dans son état primitif, le style semble naître tout à fait de la base du carpelle : il est *basilaire*, comme dans l'alchemille, par exemple (*fig.* 179, B).

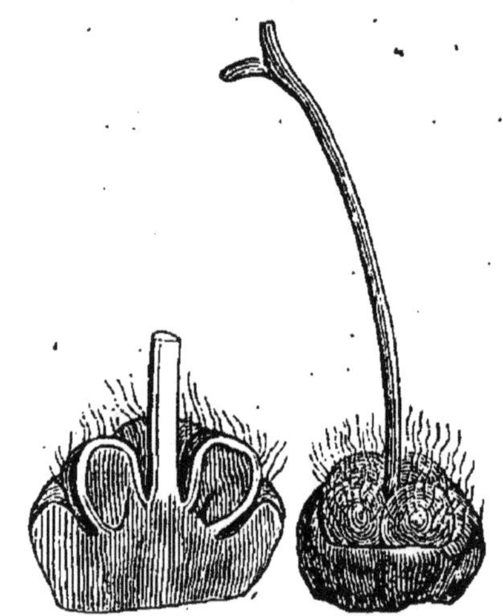

Fig. 180.

Dans un pistil dont les styles sont basilaires, si les ovaires et les styles sont soudés, le style composé qui en résulte semble naître immédiatement du réceptacle, bien qu'en réalité il tire son origine de la partie la plus inférieure des carpelles. On a donné à ces carpelles le nom de carpelles ou ovaires *gynobasiques ;* par exemple dans la

Fig. 179. A, style latéral ; B, style basilaire.
Fig. 180. Ovaire *gynobasique*.

bourrache et les autres Borraginées, les Labiées (*fig.* 180), les Ochnacées, etc.

Quoique le style soit habituellement sous la forme d'un filament grêle, surtout quand il est simple, il peut quelquefois offrir une épaisseur notable, être *cylindrique, triangulaire*, etc.; il peut même être *dilaté* et *pétaloïde*, comme dans les iris, par exemple.

Après la fécondation de la fleur, en général le style ou les styles se fanent et tombent en laissant sur l'ovaire une petite cicatrice indiquant le point qu'ils occupaient : ils sont *caducs;* par exemple sur la prune, la cerise, etc. D'autres fois au contraire, le style persiste en formant sur l'ovaire une pointe plus ou moins allongée : ils sont alors *persistants*, comme dans les Crucifères. Enfin, non-seulement ils persistent, mais ils prennent dans quelques plantes un développement considérable : ils sont *accrescents*. Ainsi, dans les clématites, les anémones, particulièrement dans la section des pulsatilles, le style s'allonge et forme une espèce de queue plumeuse; dans la benoîte il constitue une longue pointe roide, coudée en crochet un peu au-dessus de son sommet.

III. Stigmate. — C'est le corps glandulaire placé au sommet du style quand celui-ci existe, ou immédiatement sur l'ovaire quand il n'y

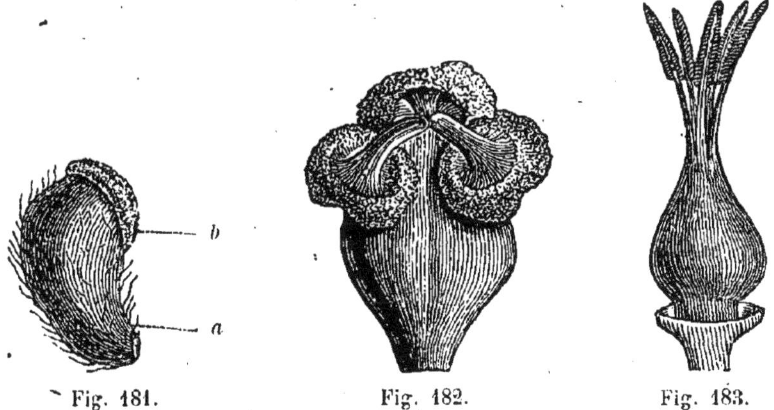

Fig. 181. Fig. 182. Fig. 183.

a pas de style : le stigmate est alors *sessile* (*fig.* 181). La surface du stigmate, quelle que soit sa forme, présente toujours un aspect inégal et glanduleux, et le plus souvent elle est lubrifiée par une matière visqueuse, qui souvent devient plus abondante au moment où la fécondation va s'opérer.

Le stigmate est *simple* quand il provient d'un carpelle unique : mais

Fig. 181. Carpelle du *Ranunculus bulbosus* : *a*, l'ovaire ; *b*, le stigmate sessile.

Fig. 182. Le pistil du *Rheum undulatum ;* les trois styles terminés chacun par un stigmate épais et pelté.

Fig. 183. Pistil du lin (*Linum usitatissimum*) offrant cinq styles et cinq stigmates.

dans les pistils composés il y a nécessairement autant de stigmates que de carpelles. Tantôt les styles et les stigmates du pistil restent distincts; tantôt les styles se soudent en partie ou en totalité, les stigmates ne se soudant pas. Ainsi il y a trois styles et trois stigmates dans la rhubarbe (*fig.* 182), il y en a cinq dans le lin (*fig.* 183); quelquefois les styles et les stigmates se soudent, mais généralement, dans ce dernier cas, le *stigmate composé* offre toujours un certain nombre de lobes ou de divisions plus ou moins profondes, indiquant le nombre des stigmates ainsi réunis en un seul. C'est dans ce cas-là qu'on dit aussi, en considérant le stigmate composé comme un stigmate simple, qu'il est *bilobé*, *trilobé* (*fig.* 184), *quadrilobé*, etc.; *bifide*, *trifide*, *quadrifide*, etc.; *biparti*, *triparti*, *quadriparti*, etc., selon que ces divisions sont plus ou moins profondes.

La forme du stigmate (*fig.* 185) *simple* ou des divisions du stigmate composé est excessivement variable : elle est quelquefois *sphérique* ou *globuleuse*, *hémisphérique*, *déprimée*, *aplatie*, *allongée* et *subulée*, lisse ou présentant des papilles saillantes, quelquefois composée de poils simples et glandulaires, ou de poils rameux et plumeux, comme dans la plupart des Graminées.

Fig. 184.

Mode de formation et organisation anatomique des carpelles. — Les carpelles sont des feuilles modifiées dans leur forme générale et leur structure pour s'accommoder aux fonctions nouvelles qu'ils doivent remplir. Aussi ont-ils un mode de formation tout à fait semblable à celui des feuilles, quand ils sont libres et qu'ils doivent rester distincts. Ainsi, dans

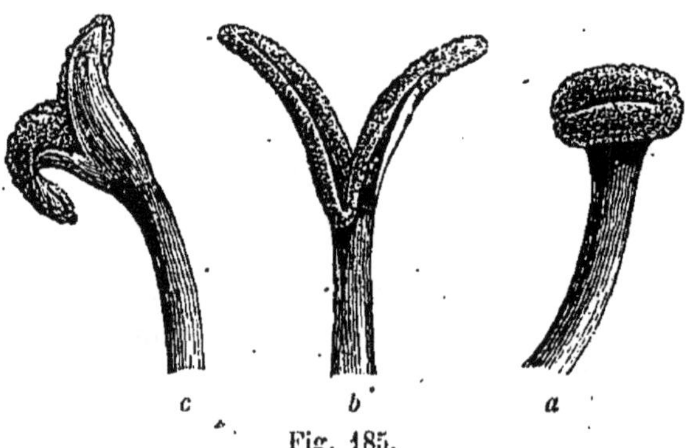

Fig. 185.

un bouton de fleur, réduit à ses plus petites dimensions, chacun des carpelles se montre sous la forme d'une espèce de petite cupule

Fig. 184. Stigmate trilobé.
Fig. 185. Stigmates : *a*, globuleux, *b*, bifide; *c*, bilobé.

circulaire à bord épais et légèrement saillant; petit à petit ce bord s'allonge, se rétrécit; l'un des côtés se développe davantage, s'amincit en formant un tube plus ou moins allongé, quand il doit y avoir un style, et se termine par un rebord glandulaire qui est le stigmate. Le style est donc primitivement creux. A mesure que la feuille carpellaire s'allonge par un de ses côtés, les deux bords convergent l'un vers l'autre, finissent par se rapprocher et se souder pour constituer la loge. C'est sur chacun de ces bords qu'apparaissent les trophospermes et les ovules auxquels ils donnent attache.

Quand c'est un pistil composé, les choses se passent encore à peu près de la même manière. La partie centrale de la fleur se relève circulairement, en formant un rebord mousse et plus ou moins saillant. Le centre de cette partie se renfle, s'allonge en continuant l'axe de la fleur. Petit à petit la cupule s'allonge, se renfle, se resserre et s'amincit à son sommet, et forme un tube plus ou moins allongé qui représente le style. Cet organe est donc primitivement creux dans tous les cas, et cette structure se conserve encore dans le style d'un grand nombre de fleurs parvenues au dernier degré de développement.

La *structure anatomique* du carpelle doit avoir une grande analogie avec celle de la feuille, puisqu'il n'en est qu'une simple modification. Deux feuillets d'épiderme, l'un externe et l'autre interne, servent à le limiter dans les deux sens. L'épiderme externe offre fréquemment des stomates, il représente celui de la face inférieure de la feuille; celui de la face intérieure en manque le plus souvent. Entre ces deux lames d'épiderme existe une couche plus ou moins épaisse, quelquefois très-mince, de tissu utriculaire contenant de la chlorophylle, parcourue par des faisceaux vasculaires plus ou moins nombreux, dirigés de la base vers le sommet du carpelle, convergeant vers le style dans lequel ils se prolongent, en formant des ramifications anastomosées. Ordinairement ces faisceaux sont parfaitement distincts pour chaque carpelle soudé; ils représentent évidemment les nervures des feuilles, et doivent offrir une disposition analogue à la leur. Le style, comme nous l'avons dit tout à l'heure, est sous la forme d'un tube plus ou moins allongé. Ses parois contiennent des faisceaux vasculaires (trachées, fausses trachées, vaisseaux fibreux), qui sont la continuation de ceux des parois de l'ovaire. Par les progrès du développement, le canal finit par disparaître. Sa cavité se remplit petit à petit d'un tissu cellulaire, mou, lâche, transparent, qui paraît être surtout la voie suivie par les tubes polliniques, descendant de la surface du stigmate jusqu'aux ovules. Ce tissu a reçu le nom de tissu *conducteur*, à cause de ses fonctions. Le stigmate se compose d'utricules allongées, très-rapprochées les unes des autres, convergeant vers le centre de l'organe; quelquefois ces utricules s'allongent en longs tubes cylindriques à parois transparentes, à surface inégale, formant des espèces de poils plus ou moins allongés. En général, le stigmate paraît être une sorte d'expansion ou de continuation du tissu conducteur du style. Il est rare que le canal par lequel s'insinue le boyau pollinique soit ouvert par en haut. Cependant on remarque une ouverture à l'extrémité du stigmate de la capucine et de l'*Opuntia ficus indica*.

Enfin les trophospermes sont formés d'une masse de tissu utriculaire lâche, parcouru par quelques faisceaux de vaisseaux, envoyant une de leurs ramifications à chacun des ovules. A chaque trophosperme correspond souvent un faisceau vasculaire longitudinal, quelquefois visible à l'extérieur de l'ovaire, quand les trophospermes sont pariétaux; on nomme ces faisceaux les *cordons pistillaires*. Quelquefois même il y en a deux accolés l'un contre l'autre pour chaque trophosperme. Le tissu cellulaire assez lâche qui forme le trophosperme paraît se continuer avec celui qui occupe l'intérieur du style. Il y a donc, comme on le voit, dans l'organe sexuel femelle, une voie de communication toute préparée à l'avance pour faciliter le passage des tubes polliniques contenant la matière fécondante, depuis la surface du stigmate jusqu'aux ovules, dans lesquels la fécondation a lieu.

CHAPITRE XI

DISQUE

Le *disque* est un corps charnu et glandulaire que l'on trouve dans certaines fleurs, indépendamment des quatre verticilles qui les constituent essentiellement. La position du disque est variable : tantôt il est placé sous l'ovaire et sur le réceptacle; tantôt il est étalé au fond du calice; tantôt enfin il est placé sur le sommet de l'ovaire, quand celui-ci est adhérent avec le tube du calice. Quelques exemples serviront à le faire mieux connaître. Dans le *Cobœa*, dans le *Polemonium cœruleum* (*fig.* 186), on trouve sous le pistil, au fond de la fleur, un corps charnu et jaune en forme de soucoupe à cinq angles arrondis dans la première de ces plantes, plan et discoïde dans la seconde : c'est un *disque*. Si l'on ouvre une fleur de nerprun (*fig.* 187) ou d'alaterne, le calice, qui est gamosépale et tubuleux, est tapissé à sa face interne, dans toute sa partie tubuleuse, par un corps charnu, glandulaire, et jaunâtre : c'est encore un disque. Il en est de même dans le persil et les autres Ombellifères (*fig.* 188), dans la garance et les autres Rubiacées (*fig.* 189); leur ovaire est infère, et est surmonté à son sommet par un corps charnu, qui est aussi un véritable *disque*.

Le *disque* peut présenter trois positions principales relativement au pistil ou aux carpelles : 1° il peut être placé sous les carpelles, sur le réceptacle : on dit alors qu'il est *hypogyne* (*fig.* 186); par exemple dans les Crucifères, les Rutacées, les Labiées, les Antirrhinées, etc.;

2° il peut être appliqué sur la paroi interne du calice gamosépale, soit qu'il recouvre son tube, comme dans la bourgène (*Rhamnus Frangula*) (*fig.* 187), le cerisier, le pêcher, etc. : on dit alors qu'il est *périgyne;* 3° enfin quand l'ovaire est infère, le disque appliqué

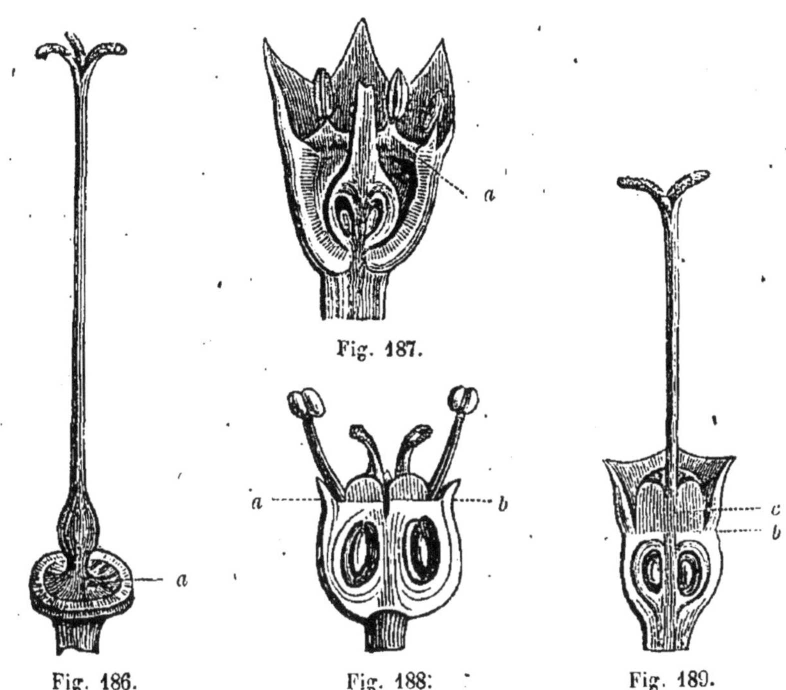

Fig. 186. Fig. 187. Fig. 188. Fig. 189.

sur son sommet est *épigyne*, par exemple dans les Ombellifères, les Rubiacées (*fig.* 188). Il est essentiel de constater non-seulement l'existence du disque, mais sa position, intimement liée, comme nous allons le voir tout à l'heure, avec l'insertion des étamines.

Le disque constitue un des verticilles de la fleur. Il n'existe pas toujours; mais, quand il existe, il compte dans la symétrie de la fleur. En effet, on sait que dans la fleur régulière et privée de disque, les carpelles, par suite de la loi d'alternance, sont alternes avec les étamines, et, par conséquent, opposés aux pétales. Quand il y a un disque, les carpelles sont opposés aux étamines. Pour rétablir la régularité de la fleur et la ramener à la loi de l'alternance, il suffit de compter le dis-

Fig. 186. Pistil du *Polemonium cæruleum : a*, disque *hypogyne* étalé.

Fig. 187. Fleur de bourgène (*Rhamnus Frangula*) coupée horizontalement : *a*, disque *périgyne*, tapissant toute la face interne du tube calicinal.

Fig. 188. Pistil d'une Ombellifère (*Hydrocotyle vulgaris*) coupé longitudinalement, montrant (*a*) un disque *épigyne* bilobé.

Fig. 189. Pistil d'une Rubiacée coupé longitudinalement, montrant (*c*) un disque *épigyne* très-épais.

que comme un verticille interposé entre les étamines et les carpelles; les parties du disque alterneront avec les étamines, et les carpelles, alternant également avec les parties du disque, devront nécessairement être opposés aux étamines, ainsi qu'ils le sont en effet. Par exemple dans le *Cneorum tricoccum*, petit arbuste commun dans le midi de la France, et qui appartient à la famille des Térébinthacées, nous trouvons trois sépales, trois pétales et trois étamines alternant régulièrement; puis trois carpelles soudés, *opposés* aux étamines, position contraire à la loi d'alternance. Mais ces carpelles sont portés par un disque formant un anneau épais; on doit admettre qu'il représente un verticille de trois pièces, confondues ici et non distinctes, et la régularité se rétablit. On sait en effet que les pièces des deux verticilles séparées par un verticille intermédiaire sont opposées : c'est ce qu'on observe pour les étamines et les carpelles du *Cneorum*, séparés par le verticille du disque.

[Le terme *disque* a été employé dans plusieurs acceptions différentes, et même en l'appliquant au verticille ci-dessus désigné, on l'a envisagé de manières diverses et même contradictoires.]

CHAPITRE XII

NECTAIRES

Un grand nombre de fleurs contiennent un liquide sucré que les papillons et les abeilles viennent y puiser pour se nourrir et en fabriquer le miel. Linné avait nommé ce liquide *nectar*, et *nectaires* les amas de glandes qui le sécrètent. Mais, plus tard, il a étendu la même dénomination de *nectaires* à toutes les parties de la fleur qui, présentant des formes irrégulières et insolites, lui semblaient ne point appartenir aux organes proprement dits de la fleur, c'est-à-dire ni au pistil, ni aux étamines, ni aux enveloppes florales, même quand ces parties n'étaient le siége d'aucune sécrétion nectarée. On conçoit facilement combien l'extension considérable donnée à ce mot a dû jeter de vague sur sa véritable signification, à tel point qu'il est tout à fait impossible de donner une définition rigoureuse du mot *nectaire*, tel que Linné l'a entendu. Quelques exemples viendront à l'appui de notre assertion.

Ainsi, dans l'ancolie, Linné décrit *cinq nectaires* en forme d'éperons recourbés et pendants entre les cinq sépales; dans les *Delphinium* il en existe deux qui se prolongent en pointe à leur partie postérieure, et sont contenus dans l'éperon que l'on observe à la base du sépale supérieur; dans les hellébores on en trouve un grand nombre qui sont tubuleux et comme à deux lèvres. Or ces prétendus *nectaires* des hellébores, des ancolies, et en général de tous les autres genres de la famille des Renonculacées, ne sont rien autre chose que les pétales, mais qui, dans ces genres, ont une forme très-irrégulière. Dans la capucine, le nectaire est un éperon qui part de la base du calice; dans les linaires, ce nectaire ou éperon est un prolongement de la base de la corolle. Il en est de même dans la violette, la balsamine, etc. Dans les Graminées, le nectaire se compose de deux petites écailles de forme très-variée, situées d'un seul côté de la base de l'ovaire. Ces deux écailles ou *paléoles* forment la *glumelle*, organe qui n'effectue aucune sécrétion. Dans les Orchidées, on a appelé *nectaire* la division inférieure et interne du calice, que d'autres botanistes et Linné lui-même ont désignés aussi sous le nom de *labelle*.

[M. Ad. Brongniart a décrit des cavités placées entre les lobes de l'ovaire de plusieurs Monocotylédones appartenant à la famille des Liliacées, des Amaryllidées, des Broméliacées, des Cannées et des Musacées : ce ne sont pas des organes spéciaux, mais des portions de la feuille carpellaire infléchie, pourvues d'un épiderme qui possède la propriété de sécréter des liquides sucrés. Dans le *Strelitzia augusta*, la sécrétion est si forte que de grosses gouttelettes s'écoulent de la fleur. Dans la *Fritillaria imperialis*, le fond de la fleur se remplit d'un liquide sucré dans lequel les grains de pollen s'ouvrent et émettent leurs boyaux polliniques. Dans le *Fourcroya gigantea*, dont les fruits ne nouent jamais, une gouttelette sucrée découle par l'extrémité du stigmate. On remarque le même phénomène dans l'if et le *Phormium tenax*. Dans le *Poincettia pulcherrima*, les enveloppes florales portent à l'extérieur une espèce de cupule jaune qui sécrète également un suc nectariforme.]

Si l'on voulait conserver cette expression de *nectaire*, nous pensons qu'il faudrait exclusivement la réserver pour les amas de glandes situés dans l'intérieur de la fleur, et destinés à sécréter un liquide mielleux et nectaré, en ayant soin toutefois de ne pas confondre ces corps avec les différentes espèces de disques, qui ne sont jamais des organes sécréteurs. Par ce moyen, on ferait cesser le vague et la confusion que ce mot entraîne avec lui et on lui rendrait sa véritable signification.

[La plupart des auteurs comprennent aussi parmi les nectaires les étamines avortés (*parastamina*); leur forme varie, mais jamais elles ne sont munies d'une anthère fertile. Souvent ce sont des écailles ou de petits tubercules; ex. : *Pedicularis*, *Lathræa* et *Orobanche*. Dans le *Mangifera indica* il ne se développe qu'une étamine sur cinq, les autres sont des organes sessiles au fond de la fleur, semblables à une anthère, mais dépourvues de pollen. Dans les Orchidées, sur trois anthères une seule est entièrement formée; dans le *Cypripedium* ou Sabot-de-Vénus il y en a deux, les deux autres avortent et sont remplacées par deux petites saillies. Dans le *Limodorum abortivum*, une se développe souvent, mais ses anthères n'ont que deux loges, tandis que l'anthère normale en présente quatre. La troisième anthère prend une forme pétaloïde. Dans les Laurinées, on trouve entre les véritables étamines de petits organes jaunâtres qui ressemblent aux étamines, mais ne contiennent jamais de pollen. Dans la *Persea indica*, ces étamines rudimentaires sont aussi nombreuses que les étamines fertiles et trahissent leur nature par leur position et par leur apparence. (*Voy.* Schacht, *Lehrbuch der Anatomie und Physiologie der Gewæchse*, t. II, p. 305 et *fig.* 210 et 211.)]

CHAPITRE XIII

INSERTION DES ÉTAMINES

L'insertion des étamines se distingue en *absolue* et en *relative*. La première s'entend de la position des organes mâles, abstraction faite du pistil, c'est ainsi que l'on dit : des étamines *insérées* au calice, à la corolle, au réceptacle, etc. L'insertion *relative*, au contraire, fait connaître la position des étamines ou de la corolle gamopétale staminifère, relativement au pistil ; ainsi l'on dit dans ce sens : étamines *insérées sous* l'ovaire, *autour* de l'ovaire, *au-dessus* de l'ovaire.

L'insertion relative des étamines est la seule importante à étudier. Elle fournit pour la coordination naturelle des végétaux des caractères de première valeur, ainsi que nous le verrons dans la troisième partie, en traitant de la méthode et des familles naturelles.

On distingue trois modes d'insertion relative, qui portent les noms d'*hypogynique*, *périgynique* et *épigynique* : 1° L'insertion *hypogynique* est celle dans laquelle les étamines sont insérées sous l'ovaire, celui-ci étant nécessairement libre et supère (*fig.* 175) : par exemple dans les Crucifères (*fig.* 145), les pavots, les tilleuls, etc. On reconnaîtra facilement cette espèce d'insertion, en ce que l'on peut enlever le calice sans emporter en même temps les étamines. 2° L'insertion *périgynique* a lieu toutes les fois que les étamines sont attachées sur le calice lui-même, et par conséquent autour de l'ovaire, comme dans les Rosacées, le nerprun, le fusain (*fig.* 187, p. 238), etc. On la distingue aisément de la précédente en ce que, quand on enlève le calice, on enlève nécessairement en même temps les étamines qui sont insérées sur lui. Dans cette espèce d'insertion, l'ovaire peut être libre, pariétal, ou seulement adhérent par sa base. 3° Enfin on appelle insertion *épigynique* celle dans laquelle les étamines sont insérées au-dessus de la partie supérieure de l'ovaire, ce qui arrive nécessairement toutes les fois qu'il est infère : par exemple dans les Ombellifères, les Rubiacées, etc. (*fig.* 188 et 189, p. 238).

Nous avons déjà dit précédemment que, toutes les fois que la corolle est gamopétale, les étamines sont soudées à sa face interne. On conçoit que, dans ce cas, ce n'est plus l'insertion des étamines qu'il faut étudier, mais celle de la *corolle staminifère*. Cette dernière, en effet, pourra offrir les trois sortes d'insertion énoncées ci-dessus. Ainsi, la corolle gamopétale staminifère est *hypogyne* dans les Labiées, les Solanées, etc.; *périgyne*, dans les Guaïacanées, les Bruyères; et enfin *épigyne* dans les Rubiacées, les Synanthérées, etc.

Il existe, ainsi que nous l'avons dit tout à l'heure, une corrélation constante entre la position du disque et l'insertion relative des étamines. Ainsi, toutes les fois qu'il y a un *disque hypogyne*, l'insertion des étamines est nécessairement *hypogynique*, comme dans les Rutacées; les Crucifères, les Labiées. S'il y a un *disque périgyne*, comme dans les Rosacées, les Rhamnées, etc., l'insertion des étamines sera également *périgynique*. Enfin, avec un *disque épigyne*, l'insertion est aussi *épigynique*, comme dans les Ombellifères, les Rubiacées. Ainsi donc, toutes les fois qu'il y a un disque, sa position détermine l'insertion des étamines.

CHAPITRE XIV

CAUSES DE L'IRRÉGULARITÉ DE LA FLEUR

Jusqu'à présent nous avons étudié la fleur dans son état de régularité et de symétrie. Nous avons, en quelque sorte, supposé qu'aucune cause n'était venue déranger cette régularité; ainsi nous avons décrit la fleur comme composée de tous ses verticilles, tous ces verticilles comme distincts les uns des autres, et les diverses parties de chacun de ces verticilles comme séparées et également distinctes, et enfin chacune des pièces de ces verticilles successifs comme alternant entre elles.

Mais il est bien rare que les choses se maintiennent ainsi, et l'on ne cite qu'un bien petit nombre de plantes dans lesquelles cette régularité parfaite se soit ainsi conservée. Dans l'immense majorité des cas, la régularité est détruite, la symétrie masquée par une foule de causes. Celles qui agissent le plus fréquemment sont les suivantes : 1° la diminution ou l'augmentation du nombre des pièces de chaque verticille; 2° la soudure des pièces d'un verticille entre elles; 3° la soudure complète ou incomplète d'un verticille avec un autre; 4° l'avortement d'un ou de plusieurs verticilles; 5° les dégénérescences variées que peuvent offrir les divers organes composant les verticilles.

L'irrégularité que la fleur présente dans les parties qui la constituent est ordinairement secondaire; et très-souvent, lorsqu'on examine la fleur dès les premiers moments de son développement, on peut saisir une époque où elle est régulière et symétrique. Schleiden et Vogel ont reconnu, il y a déjà longtemps, que dans les Papilionacées, dont la corolle offre une irrégularité si frappante, cet organe était primitivement régulier. Ce n'est que petit à petit que l'irrégularité se prononce. M. Barneoud (*Comptes rendus*, 1846, t. XXIII, p. 1062) a montré que ce fait est général. Par des études d'organogénie faites dans les Renonculacées, les Violariées, les Orchidées, les Dipsacées, les Labiées, les Personnées, etc., il a prouvé que dans leur première période ces fleurs offraient, non-seulement une régularité parfaite, mais présentaient certains organes qui plus tard disparaissaient dans la fleur adulte. C'est donc en suivant ainsi pas à pas les fleurs irrégulières dans les diverses périodes de leur développement, qu'on peut se former une idée exacte de leur véritable structure et du type primitif et régulier auquel on peut les rapporter.

Étudions successivement les causes diverses dont l'influence peut produire l'irrégularité de la fleur.

1° *De la diminution et de l'augmentation du nombre des pièces de chaque verticille.* Les pièces qui composent les verticilles floraux peuvent augmenter en nombre; cette augmentation peut avoir lieu, soit que le nombre des verticilles reste le même, soit au contraire que leur nombre ait été augmenté. Nous allons examiner ces deux cas séparément.

Nous rappellerons ici ce que nous avons déjà dit dans les considérations générales que nous avons présentées sur la fleur. Il y a un nombre typique, et en quelque sorte normal, pour les pièces qui composent les verticilles, soit dans les Monocotylédones, soit dans les Dicotylédones; savoir : trois, ou un multiple de trois, pour les premiers, et cinq, ou un mulitiple de cinq, pour les seconds. Cependant ce nombre est très-sujet à varier, surtout dans les Dicotylédones, où l'on trouve quelquefois le nombre deux et quatre, ou même trois et six. Quant au nombre des verticilles, il n'est pas aussi aisé de le fixer. Ainsi, pour les auteurs qui admettent un périanthe double dans les Monocotylédones, il y a cinq verticilles dans ces végétaux, savoir : 1° trois sépales; 2° trois pétales; 3° un premier verticille de trois étamines alternes avec les pétales et opposées au calice; 4° un second verticille d'autant d'étamines opposées aux pétales; 5° enfin un verticille de trois carpelles. Pour ceux, au contraire, qui croient le périanthe simple, il n'y aurait dans cette grande division du règne végétal que trois verticilles : 1° six sépales; 2° six étamines nécessairement opposées aux sépales, puisque le verticille corollin manque; 3° enfin un verticille de trois ou de six carpelles. Pour les Dicotylédones, en réduisant la fleur à ses parties les plus importantes et les plus habituelles, on aurait quatre verticilles, savoir : 1° cinq sépales; 2° cinq pétales; 3° cinq étamines; 4° cinq carpelles.

Ce sont ces différents nombres qui peuvent être augmentés. Ainsi, les parties de tous les verticilles peuvent être augmentées d'un certain nombre de pièces, nombre qui se répète le même pour tous les verticilles. Par exemple, dans les plantes de la famille des Araliacées, où le nombre cinq est le type, on trouve fréquemment des fleurs à six, sept, huit et même dix et douze parties. Très-fréquemment dans les plantes cultivées, cette augmentation ne se manifeste que dans deux des verticilles; ainsi, on voit souvent des Liliacées, lis, tulipes, jacinthes, qui ont sept, huit ou quelquefois un plus grand nombre de sépales et d'étamines, au lieu de six qui est le nombre normal.

Quelquefois cette augmentation de nombre provient de ce qu'un même organe, une pièce ou toutes les pièces d'un verticille, se sont en quelque sorte multipliés en un certain nombre d'organes de même nature, de telle sorte qu'en un lieu où ne devrait exister qu'un seul organe on en trouve deux ou un plus grand nombre, qui ont un même point d'origine et semblent évidemment tous provenir d'un organe unique qui s'est multiplié. C'est à ce genre d'augmentation du nombre des organes floraux qu'on a donné le nom très-impropre de *dédoublement*. Tantôt le dédoublement a lieu latéralement; tantôt, au contraire, il se forme de dehors en dedans; dans ce dernier cas le nombre des verticilles est ordinairement augmenté. On peut citer, comme exemple de dédoublement latéral, la séparation qui se fait quelquefois des étamines du laurier (*Laurus nobilis*) en trois étamines distinctes, partant toutes trois du même point. Les deux glandes pédicellées, qu'on voit à la base du filet staminal dans ce genre, ne sont donc que deux étamines rudimentaires. Dans les millepertuis, dans les orangers, dans les Malvacées, beaucoup de Myrtacées, on trouve un grand nombre d'étamines en une seule rangée, formant quelquefois des faisceaux composés d'un nombre variable d'étamines, provenant primitivement d'étamines en nombre déterminé et égal à celui des pétales. Mais fréquemment la multiplication a lieu en augmentant le nombre des verticilles floraux. Quelquefois le nombre des verticilles est simplement doublé. Ce cas est très-fréquent pour les étamines, qui, dans une foule de familles, sont en nombre double des pétales, par exemple dans les Géraniacées, Caryophyllées, Rutacées, Papilionacées, etc. On dit alors que les fleurs sont *diplostémones* ou *diplostémonées*; elles sont, au contraire, *isostémonées*, quand les étamines sont en même nombre que les pétales; ou *anisostémonées*, quand elles offrent un nombre différent de celui des pièces de la corolle. Ainsi les fleurs de l'œillet sont diplostémonées; celle des Ombellifères sont isostémonées; celle du marronnier d'Inde, de la fraxinelle, des *Pelargonium* sont anisostémonées.

Le nombre des verticilles peut être augmenté considérablement; ainsi dans les *Cactus*, le nymphæa blanc, les pétales et les étamines sont extrêmement nombreux et forment plusieurs verticilles. Dans les Fragariacées, les Renonculacées, etc., le nombre des carpelles est extrêmement considérable. C'est dans ces circonstances que l'on peut facilement reconnaître que dans chaque série des organes floraux la disposition par verticilles n'est qu'apparente, et c'est alors que se manifeste évidemment l'arrangement spiral que nous avons dit être propre à tous les organes appendiculaires. Que l'on examine avec soin la magnifique fleur du *Cactus grandiflorus*, du *Cereus peruvianus* ou d'une autre espèce des mêmes genres, ou celle du nymphæa blanc, et il sera aisé d'y retrouver la disposition spirale, aussi bien que dans les feuilles réunies à la base de certaines tiges sous forme de rosette.

2° *De la soudure des pièces d'un même verticille entre elles*. On admet, en général, que les pièces qui composent chaque verticille floral sont, dans l'état primitif et normal, distinctes les unes des autres, et que ce n'est qu'accidentellement qu'elles se réunissent et se soudent. En considérant dans l'état adulte ces parties comme devant être normalement libres, on conçoit qu'elles doivent apporter de grandes modifications dans la fleur, quand elles viennent à se souder entre elles. Or ces soudures sont extrêmement fréquentes et elles peuvent se manifester dans tous les verticilles de la fleur : ainsi, les sépales se soudent ensemble pour former un calice gamosépale ; les pétales, pour constituer une corolle gamopétale ; les étamines, en s'unissant entre elles par les filets, deviennent *monadelphes*, *diadelphes* ou *polyadelphes;* par les anthères, *synanthères;* et à la fois par les filets et les anthères, *symphysandres*. Enfin les carpelles peuvent se souder tous ensemble par leurs ovaires seulement, par leurs ovaires et leurs styles, et enfin par ces deux parties et leurs stigmates, pour constituer un pistil unique. Ces différents genres de soudure sont excessivement fréquents, et en général ils n'altèrent en rien la symétrie et la régularité de la fleur.

Mais il en est d'autres plus difficiles à apercevoir de prime abord, et qui troublent ordinairement la disposition symétrique de la fleur ; c'est, par exemple, quand deux ou plusieurs pièces d'un verticille viennent à se souder entre elles, de manière à n'en former qu'une seule dont la forme n'est pas manifestement différente de celle des autres pièces simples du même verticille. Il résulte de là nécessairement que le nombre des parties de ce verticille, se trouvant diminué, ne semble plus en rapport avec celui des autres verticilles. Ainsi, par exemple, prenons la fleur de l'ajonc (*Ulex europæus*) : nous lui trouvons une corolle formelle formée de cinq pétales et un calice composé seulement de deux grands lobes. Mais si nous examinons avec soin ces deux lobes calicinaux, nous verrons que l'un offre trois petites dents à son sommet, et que l'autre en présente deux ; que le premier est parcouru par trois nervures longitudinales, et le second par deux. Il ne nous sera pas difficile de reconnaître ici que le premier de ces lobes se compose de trois, et le second de deux sépales soudés et confondus. La même chose s'observe pour la corolle, quand le nombre des pétales ou des divisions de la corolle gamopétale ne correspond pas à celui du calice ; cette différence tient, dans un grand nombre de cas, à la soudure de deux ou plusieurs pétales entre eux, de sorte que le nombre des pièces libres du verticille, ou le nombre des divisions, n'est plus en harmonie avec celui du calice ou des étamines. En général, on reconnaîtra les soudures de ce genre à ce que les pétales ou sépales qui en résultent, au lieu d'une seule nervure médiane, en présenteront deux collatérales quand deux pétales auront été soudés, ou trois, dont une médiane, quand l'organe composé résultera de trois organes unis entre eux. Ainsi, en général, le nombre des nervures principales, soit des sépales, soit des pétales composés, marque le nombre des pièces qui se sont soudées ensemble.

3° *De la soudure des verticilles entre eux.* Non-seulement les parties constituant un même verticille peuvent se souder entre elles, mais celles qui appartiennent à des verticilles différents contractent souvent des adhérences qui les réunissent et changent d'une manière très-notable leurs rapports de position. Ainsi les pétales se soudent quelquefois avec les sépales, les étamines avec les pétales, les carpelles avec le calice : plus rarement, les deux verticilles intérieurs, étamines et carpelles, semblent se confondre entre eux. L'effet le plus sensible de ces soudures, c'est que le verticille le plus intérieur des deux semble naître du verticille externe, dont il paraîtrait être une dépendance. Ainsi les pétales se soudent assez fréquemment par leur base avec le calice, soit que ces pétales restent distincts les uns des autres (corolle polypétale), soit qu'unis entre eux ils constituent une corolle gamopétale : par exemple dans le cerisier, le pêcher, le groseillier, les diospyros, les bruyères, etc. Dans ce cas, il semble, au premier aspect, que la corolle tire son origine du calice, à la partie moyenne et quelquefois même supérieure duquel elle est attachée. Il en est de même des étamines lorsqu'elles sont insérées sur la corolle. Mais avec un peu d'attention, il est facile de reconnaître que la base soudée des pétales ou des étamines se continue jusqu'à la base même de l'organe sur lequel elle est insérée, et que son point réel d'insertion est toujours l'axe floral ou le réceptacle. Toutes les fois qu'un verticille floral en supporte un autre, toutes les pièces qui le composent sont d'abord soudées entre elles, afin de présenter en quelque sorte un point d'appui plus solide au verticille qu'il supportera. Ainsi le calice est nécessairement *gamosépale*, quand il porte la corolle ; la corolle est *gamopétale*, quand les étamines sont insérées sur elle, etc. De ces soudures des verticilles entre eux, les plus fréquentes sont sans contredit celle de la corolle avec le calice, des étamines avec la corolle (toutes les fois que la corolle est gamopétale, elle porte toujours les étamines), et celle du calice avec le pis il, ou plutôt avec l'ovaire, ce qui forme l'ovaire infère ou adhérent. Il est beaucoup plus rare de voir les étamines unies aux carpelles. Ces cas se présentent néanmoins dans les Aristolochiées (*fig.* 160) et les Orchidées, qui constituent les véritables plantes *gynandres* de Linné. Dans le *Nymphæa alba*, les pétales et les étamines sont insérés sur les parois de l'ovaire. Je ne connais pas un autre exemple de cette singulière condition.

Ces adhérences des divers verticilles entre eux constituent ce que l'on nomme leur *insertion*. Il est surtout essentiel d'étudier celle des étamines, que nous avons distinguée en *absolue* et *relative* (voy. p. 241).

4° *Du défaut de développement des pièces composant les verticilles floraux*. L'une des causes qui viennent le plus souvent troubler la symétrie et la régularité de la fleur, c'est l'avortement, soit d'une ou de plusieurs des parties d'un même verticille, soit d'un verticille tout entier, ou même de plusieurs des verticilles d'une même fleur. Ainsi, dans la famille des Solanées, dans le tabac, la belladone, par exemple, nous trouvons cinq étamines alternes avec les cinq pétales soudés d'une corolle gamopétale : ces fleurs, examinées dans leurs trois verticilles extérieurs, sont parfaitement symétriques et régulières. Examinez maintenant une fleur de bouillon blanc (*Verbascum Thapsus*), et vous verrez une organisation tout à fait semblable ; seulement l'une des étamines, celle qui est placée entre les deux lobes supérieurs de la corolle, est beaucoup plus petite que les autres : elle a éprouvé déjà un certain arrêt dans son développement. Passez à la fleur des *Chelone* ou des *Pentstemon*, l'une des étamines, la supérieure, est réduite à un filet plus court que les quatre autres, plus grêle et complétement dépourvu d'anthère. Maintenant, examinez une fleur de scrofulaire, et vous n'observez plus que quatre étamines. Cependant, entre les deux lobes supérieurs de la corolle, à sa face interne, vous trouvez une petite écaille glanduleuse, occupant juste la place de l'étamine manquante, et dont il n'est pas difficile de reconnaître la nature. Enfin, si vous ouvrez une fleur de digitale ou d'*Antirrhinum*, il ne reste aucune trace de la cinquième étamine, qui a complétement disparu.

Dès que l'une des cinq étamines a commencé à éprouver un arrêt dans son développement, la régularité de la fleur a été détruite, quoique sa symétrie ait été conservée. Ainsi les cinq lobes de la corolle dans les *Verbascum* ne sont pas égaux, la corolle est irrégulière. Cette irrégularité est devenue de plus en plus manifeste à mesure que l'avortement de l'étamine a fait des progrès, ainsi qu'on peut le voir dans les *Pentstemon*, *Scrofularia* et *Antirrhinum*.

Dans les différents exemples que nous venons de citer ici, on a pu suivre pas à pas les progrès de l'avortement de l'étamine ; et lorsqu'elle a complétement disparu, bien qu'elle n'ait laissé aucune trace, il était facile de déterminer la place qu'elle aurait dû occuper.

L'avortement des pièces du verticille staminal peut encore aller plus loin. Ainsi, sans sortir de la famille des Scrofulariées, qui vient de nous offrir un exemple, nous trouverons des plantes, comme la gratiole, par exemple, qui ne nous offriront plus que deux étamines fertiles. Ce sont les inférieures. Les trois supérieures ont avorté. Mais, qu'on le remarque bien, cet avortement a été graduel. Ainsi, quand une seule des étamines a avorté, les deux étamines intermédiaires sont plus courtes, moins développées que les deux inférieures qui sont plus longues. C'est cette inégalité de développement qui constitue les étamines *didynames*. Ce sont ces deux étamines moyennes, déjà plus petites, qui finissent par disparaître complétement dans les Scrofulariées, les Labiées, les Bignoniacées, en un mot, dans toutes les familles à étamines didynames, qui ne conservent que deux étamines (*fig.* 143).

Citons encore un autre exemple de l'avortement d'un certain nombre d'étamines, venant troubler la régularité et la symétrie de la fleur. Dans l'onagre, les épilobes, et en général dans presque toutes les plantes de la famille des Onagrariées, la fleur se compose de quatre sépales, de quatre pétales, de quatre étamines portées à huit par dédoublement, et de quatre carpelles. Prenons une fleur de *Lopezia*, genre qui appartient à cette famille, et nous verrons une seule étamine développée et une corolle irrégulière. Il y a donc eu ici avortement de trois des quatre étamines normales. Rien n'est plus facile que de retrouver dans cette fleur les traces des étamines avortées. Ainsi, en face de l'étamine unique, nous trouvons un appendice pétaloïde, moitié plus court que les pétales, composé d'un onglet cylindrique et d'un limbe replié. C'est en quelque sorte une étamine dont les parois de l'anthère très-développée se sont étalées. Cette étamine pétaloïde alterne avec les deux grands pétales. Sur l'espèce de disque ou de corps charnu d'où naissent ces deux étamines, on aperçoit deux petits tubercules punctiformes, opposés entre eux et alternant avec les deux autres étamines, et qui sont évidemment eux-mêmes deux étamines avortées.

Les pétales peuvent également ne pas se développer tous. Ainsi, dans les *Polygala*, qui ont cinq sépales, deux des pétales avortent ; dans certaines Légumineuses, les *Swartzia* par exemple, quatre des cinq pétales ne se développent pas, etc.

Lorsqu'une ou plusieurs pièces d'un verticille avortent, il peut en résulter l'un des trois cas suivants : 1° ou bien la place que devraient occuper ces organes avortés reste vide ; 2° ou bien elle est remplie par des glandes ou d'autres organes transformés, dont il est aisé de reconnaître la vraie nature ; 3° ou bien enfin les parties restantes du verticille, en se rapprochant les unes des autres, font disparaître le vide laissé par l'organe ou les organes manquants.

Dans les deux premiers cas, il est très-facile d'assigner la place des organes manquants. En effet, il suffit qu'une seule partie du verticille incomplet soit restée à sa place pour qu'à l'aide de la loi de l'alternance on puisse de suite déterminer celles des pièces qui ne sont pas développées.

Mais quand les parties restantes ont en quelque sorte usurpé la place de celles qui manquent, la symétrie est complétement détruite Ainsi, par exemple, le genre *Pelletiera* de Saint-Hilaire offre un calice de cinq sépales et une corolle de trois pétales régulièrement étalés et équidistants. Il est clair que dans ce genre deux des pétales ont avorté, et que les trois qui se sont développés se sont en quelque sorte emparés de la place que les premiers, par leur absence, ont laissée vide.

Nous avons dit précédemment qu'un verticille tout entier et même deux ou trois verticilles pouvaient ne pas se développer. Cet avortement est assez fréquent pour la corolle, qui manque quelquefois complétement. Dans ce cas, on conçoit que les deux verticilles entre lesquels la corolle a manqué, c'est-à-dire le calice et l'androcée, aient leurs parties opposées. C'est en effet leur position naturelle, puisque les étamines alternes avec les pétales sont opposées aux sépales. Dans les fleurs unisexuées, c'est tantôt l'androcée, tantôt le gynécée qui manque; dans les fleurs neutres, comme celles de l'hortensia et de la boule-de-neige, c'est l'un et l'autre. Enfin, il est certaines fleurs qui se trouvent réduites à une seule étamine ou à un seul carpelle, toutes les autres parties de la fleur ayant successivement avorté.

Nous avons déjà dit plusieurs fois que la loi de l'alternance est générale entre les organes de deux verticilles qui se suivent immédiatement dans la fleur. Cependant cette loi semble quelquefois se trouver en défaut dans certaines fleurs qui n'ont été le siége d'aucun avortement, et dans d'autres dans lesquelles ces avortements n'ont laissé aucune trace. Donnons-en quelques exemples. Dans l'épine-vinette, et en général dans toutes les plantes de la famille des Berbéridées, on trouve un calice formé de quatre ou six sépales, quatre ou six pétales *opposés* aux sépales, quatre ou six étamines *opposées* aux pétales.

La loi de l'alternance semble donc complétement détruite dans cette dernière famille, puisque toutes les parties des verticilles successifs sont opposées au lieu d'être alternes. Mais cette irrégularité n'est qu'apparente, et un examen plus attentif de la fleur va la faire complétement disparaître et montrer que l'alternance y existe aussi. En effet, examinons la fleur de l'épine-vinette, et nous lui trouverons un calice double, l'intérieur formé de trois sépales alternant avec ceux du calice externe; la corolle est également double, formée de deux verticilles de chacun trois pétales. Les trois extérieurs alternent avec les trois sépales intérieurs et sont opposés aux extérieurs; les trois pétales intérieurs, alternant avec les trois extérieurs, sont opposés aux trois sépales intérieurs. L'alternance est donc ici complète entre les sépales et les pétales. Une disposition semblable se remarque dans les six étamines, qui forment deux rangs; les trois externes alternent avec les trois pétales extérieurs, les trois internes avec les trois pétales internes. Ainsi donc, dans cette famille, les parties des verticilles successifs ne paraissent opposées que parce que chaque verticille est double. La loi de l'alternance se montre alors entre eux de la manière la plus évidente.

Si nous examinons maintenant les fleurs des Primulacées, nous verrons qu'elles offrent un calice formé de cinq sépales, une corolle de cinq pétales soudés alternant avec les sépales, et cinq étamines *opposées* aux lobes ou pétales de la corolle. C'est dans cette famille la disposition générale, et la loi de l'alternance semble détruite entre le verticille staminal et le verticille corollin. Mais qu'on ouvre une fleur de la *Lysimachia nemorum*, dont Mérat a fait son genre *Lerouxia*, et l'on verra sur la corolle cinq appendices filiformes alternant avec ses lobes; les mêmes appendices, un peu moins développés, existent également dans le *Samolus Valerandi*, autre plante de la même famille. Or ces appendices sont placés plus haut sur la corolle que les cinq étamines, en un mot, ils sont plus extérieurs. N'est-on pas en droit d'admettre dans cette famille que les étamines se sont doublées et ont formé deux verticilles de chacun cinq étamines, et que, par suite de l'avortement des cinq étamines externes et primitives, qui alternaient normalement avec les pétales, il ne reste que les cinq étamines internes qui leur sont opposées. Cette explication me paraît tout ce qu'il y a de plus rationnel. S'applique-t-elle également à la vigne et aux autres plantes de la famille des Vinifères, qui ont aussi les étamines opposées aux pétales? Nous le pensons, bien que dans ces plantes les cinq étamines avortées, celles qui alternaient avec les pétales, ne laissent aucune trace qui puisse rappeler leur existence, qu'un disque hypogyne pour les représenter.

Ainsi la loi de l'alternance entre les diverses pièces des verticilles successifs est générale. Les exceptions qu'on observe ne sont qu'apparentes, et peuvent toutes être ramenées à la loi générale.

Pour bien se rendre compte de la position des parties constituant les divers verticilles floraux, MM. Ch. Schimper et Al. Braun (*Flora*, 1839, p. 314; *Ann. sc. nat.*, 2e série, t. XII, p. 377) admettent dans les fleurs un nombre plus considérable de verticilles. Ainsi, pour eux, trois verticilles floraux sont doubles, c'est-à-dire qu'il peut y avoir deux verticilles de pétales, deux verticilles d'étamines et deux de carpelles. Mais généralement tous ces verticilles ne se développent pas, et tantôt c'est l'extérieur qui avorte et l'intérieur qui se développe, ou *vice versa*. C'est à l'aide de cette supposition, qui dans un grand nombre de cas est confirmée par les faits, qu'on peut, selon ces savants botanistes, expliquer la position anormale de quelques-uns des verticilles floraux.

5° *De la dégénérescence des parties qui forment les verticilles floraux.* Les organes qui forment les différents verticilles floraux, quoique ayant des caractères qui leur soient propres, peuvent cependant quelquefois se transformer les uns dans les autres. Sous ce point de vue, les étamines offrent une facilité extrême de métamorphose. On les voit tour à tour devenir des pétales, des écailles, des glandes et même quelquefois des carpelles. On comprend que dans ces cas divers ces transformations doivent modifier tantôt la régularité, tantôt la symétrie de la fleur. Par exemple, si nous examinons les belles fleurs du *Canna indica*, nous trouverons en dedans du calice, composé de trois folioles extérieures courtes, et de trois intérieures grandes, colorées et pétaloïdes, des appendices colorés et également pétaloïdes, qui représentent chacun une étamine transformée; car des six étamines normales une seule dans cette plante, comme dans toutes les autres de la même famille (les Amomées), conserve sa forme et ses caractères habituels. Quand toutes les étamines, ou un nombre d'étamines égal à celui des parties constituant les autres verticilles, viennent à se transformer en glandes, en écailles, ou en tout autre corps, la régularité et la symétrie peuvent encore être conservées. Il n'en est plus ainsi quand les étamines qui avortent ou se transforment sont en nombre supérieur ou inférieur à celui dont se composent les autres verticilles. Ainsi, par exemple, dans le genre *Geranium*, il y a dix étamines, c'est-à-dire que les fleurs sont diplostémonées; dans le genre *Erodium*, cinq de ses dix étamines se réduisent à des filaments stériles; mais ces étamines dégénérées alternent régulièrement avec les étamines normales, et la fleur des *Erodium* reste parfaitement régulière et symétrique. Prenez, au contraire, une fleur du genre *Pelargonium*, qui appartient à la même famille, et vous n'y trouverez plus que sept étamines, nombre qui n'est pas proportionnel avec celui des pièces des autres verticilles, et la fleur sera asymétrique et irrégulière.

C'est en effet une cause très-fréquente de l'irrégularité qu'on observe dans les fleurs, que cette transformation ou cet avortement d'un certain nombre d'étamines. Ainsi nous avons vu qu'avec une fleur de Solanée, qui est régulière, symétrique et pentamère dans ses trois verticilles extérieurs, on fait une fleur d'Antirrhinée, qui est irrégulière et asymétrique, uniquement en supprimant une étamine. La suppression de cette seule partie amène l'irrégularité de la fleur. Et en effet, quand par hasard cette cinquième étamine, avortée ou dégénérée en écaille ou en filament, vient à se développer et à reprendre tous ses caractères, la corolle devient régulière. On a des exemples de ce genre dans certaines fleurs de linaire, de digitale et de pédiculaire, qui se sont présentées avec une corolle parfaitement régulière et symétrique, quelquefois avec cinq étamines toutes égales entre elles. La même chose a été observée pour certaines Labiées, redevenues ainsi régulières et symétriques. J'ai eu également occasion d'observer et de décrire une monstruosité (si on peut appeler ainsi un retour au type normal) de l'*Orchis latifolia*, présentant des fleurs parfaitement régulières et symétriques. On sait que dans la famille des Orchidacées il doit y avoir trois étamines ; mais dans tous les genres de cette famille, à l'exception d'un seul, deux de ces étamines sont réduites à l'état de glandes, qu'on appelle des *staminodes*. Dans le cas observé par moi, les trois étamines s'étaient également développées, et la fleur avait repris sa forme et sa régularité normales. Ainsi, très-souvent l'irrégularité de la fleur dépend de la transformation, ou de l'avortement d'un certain nombre d'étamines. Mais ce n'est pas la seule cause de cette irrégularité. Il y en a encore plusieurs autres : ainsi, la pression exercée par les axes (dans les inflorescences multiflores) sur les parties de la fleur qui en sont les plus rapprochées ; l'obliquité ou l'excentricité de l'axe floral ou réceptacle sur lequel toutes les parties de la fleur sont insérées ; l'expansion que dans les inflorescences un peu serrées les parties extérieures peuvent prendre, etc., sont autant de causes contribuant à l'irrégularité, qui, quand elle est constante et générale, devient alors la forme habituelle dans certaines familles de plantes monocotylédonées et dicotylédonées, comme les Orchidacées, les Amomées, les Labiées, les Antirrhinées, les Balsaminées, etc.

CHAPITRE XV

STRUCTURE DE L'OVULE

AVANT L'IMPRÉGNATION, ET DES MODIFICATIONS QU'IL ÉPROUVE EN SE CHANGEANT EN GRAINE

L'ovule est le corps qui, contenu dans la cavité de l'ovaire et attaché au trophosperme, se transforme en graine par suite des phénomènes de la fécondation. Il éprouve dans cette transformation des changements extrêmement remarquables dans sa forme, sa position et sa structure. Ce sont ces différents points que nous allons successivement exposer, en nous appuyant particulièrement sur les travaux de Treviranus, R. Brown, M. Ad. Brongniart et Mirbel, auxquels on doit les connaissances exactes que nous possédons aujourd'hui sur ce sujet intéressant.

Au moment où l'ovule commence à apparaître sur la surface du trophosperme, il se montre d'abord sous l'apparence d'une petite excroissance ou d'un petit tubercule, uniquement formé de tissu utriculaire sans distinction d'aucune partie. Petit à petit, on voit se former à sa base (*fig.* 190) une espèce de bourrelet circulaire, qui, sous la forme d'une cupule, embrasse la base seulement de l'ovule, mais qui, se développant dans son bord libre, finit par recouvrir une grande partie du mamelon primitif; en même temps que cette enveloppe s'accroît, il s'en forme une seconde à la base de la première, se montrant également sous l'apparence d'un bourrelet circulaire et s'accroissant de la même manière. Il résulte de ces deux formations successives que le

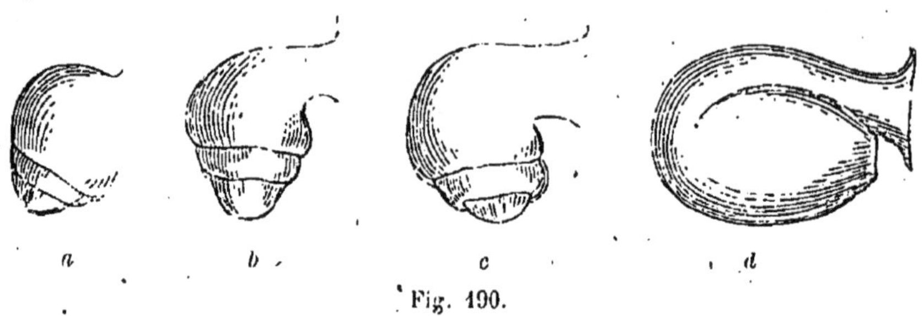

Fig. 190.

tubercule primitif se trouve, au bout de peu de temps, recouvert par deux membranes épaisses *a*, l'une intérieure, l'autre extérieure, percées chacune à leur sommet d'une large ouverture par laquelle le sommet du tubercule primitif forme souvent une légère saillie ou se laisse apercevoir quand il en a été complétement recouvert. Le corps central et primitif porte le nom de *nucelle* (*nucella*, petite noix); la membrane la plus extérieure s'appelle la *primine*, et l'intérieure, appliquée immédiatement sur la nucelle, la *secondine*. L'ouverture qui occupe le sommet de la primine est l'*exostome*, celle de la secondine est l'*endostome*. Nous présentons ici la nomenclature appliquée par Mirbel aux diverses parties de l'ovule, comme étant la plus généralement adoptée.

[A certains égards, l'ovule est un bourgeon séminal (*Samenknospe* en allemand), la nucelle représente l'axe : autour de cet axe se forme un disque qui s'élève sous la forme de tégument et représente les organes membraneux des bourgeons et de la fleur; en dedans de ce tégument il s'en forme souvent, un second correspondant à un second verticille foliaire ou floral; mais ce ne sont pas là des organes essentiels, ils peuvent manquer, ils manquent souvent, et alors la nucelle est nue comme dans beaucoup de plantes citées, page 256.]

C'est par sa base seulement que la nucelle est unie aux deux mem-

Fig. 190. Développement de l'ovule de la chélidoine (*Chelidonium majus*). L'ovule est *anatrope; a, b, c,* premiers âges de l'ovule, composé de la primine et de la secondine largement ouvertes, et montrant le sommet de la nucelle; *e*, ovule ayant exécuté son demi-mouvement de rotation.

branes qui la recouvrent. On donne les noms de *chalaze* ou d'*ombilic interne* à ce point d'attache de la nucelle dans l'intérieur de la membrane interne, et ceux de *hile* ou d'*ombilic externe*, au point par lequel la primine est insérée sur le trophosperme.

Pendant le temps que ces changements se sont manifestés dans la composition de l'ovule, il s'en est souvent fait d'autres dans la position respective des diverses parties qui se sont ainsi formées successivement. Ainsi, quelquefois les trois parties constituantes de l'ovule : la nucelle, la primine et la secondine, en se développant uniformément, conservent la relation première qu'elles avaient entre elles. Dès lors

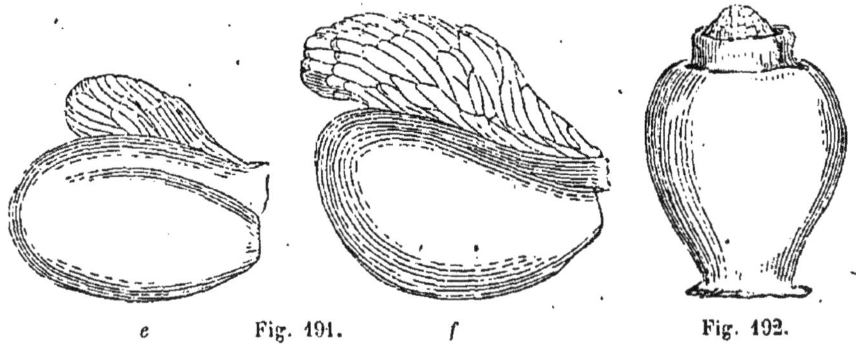

e Fig. 191. *f* Fig. 192.

la base de la nucelle ou la chalaze est directement superposée au hile (base de l'ovule); l'exostome et l'endostome sont placés au sommet de l'ovule, de telle sorte qu'une ligne passant par le centre de celui-ci est à la fois perpendiculaire sur la chalaze et sur le hile. Mirbel a appelé *ovules orthotropes* ceux qui offrent cette position; exemple : le sarrasin, le noyer, etc. (*fig.* 192).

D'autres fois le développement successif de l'ovule n'a pas lieu également dans toutes ses parties; la chalaze et le hile ne changent pas leur position primitive, ils restent superposés; mais par suite d'un accroissement plus rapide et presque exclusif d'un des côtés de l'ovule, le sommet de celui-ci, indiqué par l'ouverture des deux membranes, est renversé et rapproché contre la base de l'ovule. On nomme *ovule campylotrope* celui qui présente cette disposition, laquelle est commune aux plantes de la famille des Crucifères, des Caryophyllées, des Papilionacées, etc.

Enfin, il arrive quelquefois que, par un mouvement de rotation de la nucelle, la chalaze, s'éloignant du hile, va occuper le point qui lui est diamétralement opposé, tandis que le sommet perforé de l'ovule se renverse et se place tout près du hile. C'est à ces sortes d'ovules

Fig. 191. Ovule de la chélidoine passant à l'état de graine.

Fig. 192. Ovule *orthotrope* du sarras[illegible] (*Polygonum Fagopyrum*). Il se compose de deux membranes et de la nucelle.

que Mirbel a donné le nom d'*ovules anatropes*. Les Liliacées, les Renonculacées, les Cucurbitacées, la chélidoine, en offrent des exemples (*fig*. 191).

Lorsque l'ovule est anatrope, le faisceau fibro-vasculaire qui, de l'ovaire pénètre jusque dans l'ovule en traversant le trophosperme, éprouve une modification importante. Au lieu de traverser directement la base de deux membranes pour pénétrer dans l'ovule à travers la chalaze, il se continue entre les deux membranes pour aller atteindre la chalaze ou base de la nucelle entraînée vers la partie supérieure de l'ovaire. Ce faisceau vasculaire forme donc ainsi une ligne saillante, qui de la base de l'ovule s'élève sur l'un de ses côtés jusqu'à son sommet. On lui a donné les noms de *raphé* ou de *vasiducte*. Le raphé n'existe donc que dans les graines provenant d'ovules anatropes.

Une troisième période commence bientôt dans la structure de l'ovule. Jusqu'à présent, la nucelle était restée une masse continue de tissu utriculaire. Bientôt son intérieur se creuse en une cavité qui, petit à petit, s'augmente aux dépens de ses parois; les parois de cette cavité, formées par la nucelle elle-même, constituent une troisième membrane, placée en dedans de la secondine, et que Mirbel désigne sous le nom de *tercine* : c'est le *chorion* de Malpighi. La cavité de la tercine est le *sac embryonnaire*, ou *sac amniotique* de Malpighi. Il ne se présente pas toujours sous l'apparence d'une cavité plus ou moins renflée; c'est quelquefois un boyau grêle qui d'une part tient au sommet de la tercine ou de la nucelle, et par sa partie inférieure est en communication avec la chalaze. Mais cette adhérence avec le point d'attache de la nucelle est très-passagère; elle se détruit bientôt, et l'on n'observe plus alors que celle que le sac embryonnaire conserve avec le sommet de la nucelle.

C'est dans l'intérieur du sac embryonnaire que se montre la *vésicule embryonnaire*, ou l'*utricule primordiale*. Elle naît de la partie supérieure de cette cavité. C'est d'abord une utricule simple, qui insensiblement s'allonge, et, par la formation de cloisons transversales, se constitue en une sorte de tube confervoïde. L'utricule terminant ce tube constitue la *vésicule embryonnaire*, laquelle prend bientôt un développement plus rapide. Le tube confervoïde, au contraire, qui soutient la vésicule embryonnaire, en restant à peu près stationnaire, forme ce qu'on a appelé le *filet suspenseur*. Ainsi que nous le montrerons un peu plus tard, lorsque nous traiterons des phénomènes de la fécondation, c'est dans l'intérieur même de la vésicule embryonnaire qu'après l'imprégnation va se développer l'*embryon*.

La structure de l'ovule, telle que nous venons de l'exposer, est celle que l'on rencontre le plus communément dans les végétaux : une nucelle et deux membranes qui la recouvrent extérieurement; dans la nucelle, une cavité nommée sac embryonnaire, dans laquelle se développe la vésicule embryonnaire portée par le filet suspenseur. Cette structure se simplifie dans quelques ovules. Ainsi, quelquefois, dans le noyer par exemple, la nucelle n'est environnée que d'un seul tégument, qui se montre d'abord sous la forme d'un bourrelet épais et circulaire, et finit par recouvrir la nucelle dans toute son étendue (*fig.* 193). M. Planchon a fait voir que telle était aussi la simplicité

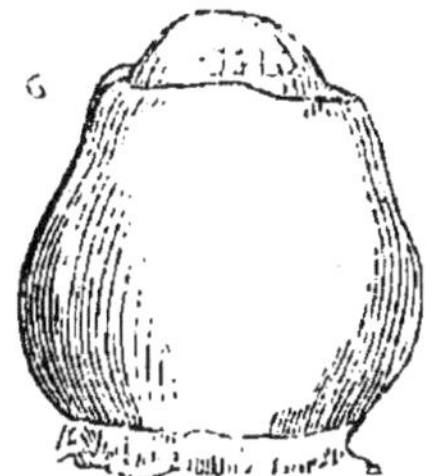

Fig. 193.

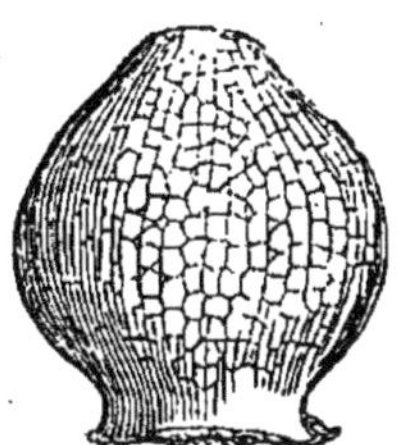

Fig. 194.

d'organisation de l'ovule dans quelques véroniques, et en particulier dans les *Veronica hederæfolia* et *V. Cymbalaria*. Cette observation a été confirmée par M. Tulasne.

Cette structure se simplifie encore dans certains ovules. A toutes les époques de leur formation ils ne se composent que d'une nucelle nue, c'est-à-dire sans primine ni secondine (*fig.* 194). C'est ce que montrent les observations si curieuses de M. Griffith sur l'ovule du *Santalum*, des *Viscum* et des *Loranthus*, confirmées par celles qui ont été faites sur les mêmes végétaux et sur le *Thesium* par M. Decaisne. (*Ann. sc. nat.*, 2e série, t. XI, p. 95.)

[Aux plantes mentionnées ici comme présentant un ovule couvert d'un seul tégument, il faut ajouter, avec Schacht, les Bétulinées, toutes les Juglandées, les Asclépiadées, les Rubiacées, les Labiées, les Borraginées, les Amaryllidées et les Conifères, excepté le genre *Podocarpus*, où il y a deux enveloppes.

Toutes les Monocotylédones (les Amaryllidées exceptées) ont deux enveloppes, ainsi que les Onagraires, les Cucurbitacées, les Protéacées, les Polygonées, les Euphorbiacées et les vraies Cupulifères.

Enfin, aux Santalacées et aux Loranthacées on doit joindre les Hippuridées, les Haloragées et les Balanophorées, dont la nucelle est également dépourvue d'enveloppe : il en est de même de la graine du café, qui, sous ce point de vue, fait exception aux autres Rubiacées.]

Résumons, en terminant, les notions les plus positives acquises aujourd'hui à la science sur la structure de l'ovule.

Fig. 193. Ovule *orthotrope* du noyer, composé seulement d'une nucelle et d'une seule membrane.

Fig. 194. Ovule de *Thesium*, composé uniquement de la nucelle sans membranes.

I. L'ovule commence à se montrer sous la forme d'une excroissance cellulaire de la surface du trophosperme.

II. Un peu plus tard, de sa base naissent successivement deux replis circulaires emboîtés l'un dans l'autre, d'abord sous la forme d'une sorte de godet ou de cupule.

III. Ces bourrelets s'accroissent en hauteur quelquefois d'une manière inégale, et forment autour du mamelon ovulaire deux téguments ouverts à leur sommet, et qui finissent par le couvrir complétement.

IV. Le mamelon intérieur est la *nucelle* (*nucleus*, R. Brown; *amande*, Brongn.; *tercine*, Mirbel). C'est une masse de tissu utriculaire ordinairement conique, attachée primitivement par sa base au fond des membranes qui l'environnent. Le point par lequel la nucelle est attachée aux membranes se nomme *chalaze*.

V. La membrane extérieure est la *primine* de Mirbel (*testa*, R. Brown, A. Brong.). Elle présente à son sommet une ouverture d'autant plus large que l'ovule est plus jeune : c'est l'*exostome*.

VI. La membrane interne ou la *secondine* de Mirbel (*membrane interne*, R. Brown; *tegmen*, Brong.) est également percée à son sommet d'une ouverture nommée *endostome*.

VII. L'endostome et l'exostome se correspondent toujours, et, en se contractant par les progrès du développement, elles constituent le *micropyle*, petit point ou cicatricule du tégument de la graine.

VIII. Dans l'intérieur de la nucelle apparaît une utricule plus grande, qui s'allonge en un tube partant du sommet de la nucelle et arrivant quelquefois jusqu'à la chalaze. Cet organe est le sac embryonnaire (*quintine* Mirbel; *sac amniotique*, Malpighi).

IX. C'est ordinairement au sommet et dans l'intérieur du sac embryonnaire que se montre une utricule qui s'allonge, se cloisonne comme un tube confervoïde. L'utricule qui la termine du côté libre se remplit d'un liquide organique; on la nomme la *vésicule embryonnaire*.

X. La vésicule embryonnaire, d'abord simple, se convertit par des segmentations successives en une masse celluleuse, qui devient l'embryon.

XI. Lorsque, dans son évolution successive, le sommet de l'ovule, représenté par l'ouverture de ses membranes, reste diamétralement opposé à la chalaze, l'ovule est *orthotrope*.

XII. Si la chalaze reste superposée au hile, tandis que, par un accroissement unilatéral, une sorte de demi-rotation, les ouvertures des membranes se rapprochent du hile, l'ovule est *campylotrope*.

XIII. Il est *anatrope*, quand la chalaze s'est éloignée du hile, tandis que le sommet de l'ovule s'en est rapproché.

XIV. Les utricules qui unissent la vésicule embryonnaire au sommet du sac embryonnaire constituent le *filet suspenseur*.

XV. Il y a certains ovules qui ne se composent que de la nucelle et d'un seul tégument (ex. : le noyer); d'autres sont uniquement formés par la nucelle nue (ex. : les Santalacées et les Loranthacées).

XVI. Le tissu contenu dans le sac embryonnaire et celui qui forme les parois de la nucelle sont quelquefois résorbés complétement; et la graine, parvenue à sa maturité, se compose seulement des deux téguments de l'ovule (la primine et la secondine), quelquefois unis en un seul, et de l'embryon.

XVII. D'autres fois le tissu utriculaire du sac ou de la nucelle persiste, s'accroît et forme un corps qui accompagne l'embryon, et qu'on nomme l'*endosperme*.

XVIII. L'endosperme peut être formé par le tissu cellulaire du sac embryonnaire, par celui des parois de la nucelle, ou enfin par les deux réunis.

XIX. Plus rarement il provient de la quartine ou d'une production cellulaire qui tire son origine de la chalaze.

CHAPITRE XVI

FÉCONDATION

La fécondation est la fonction par laquelle le pollen, en se mettant en contact avec l'organe sexuel femelle, détermine dans l'ovule la formation de l'embryon. Par suite de la fécondation, les ovules se changent en *graines*, et les carpelles deviennent des *fruits*.

Nous diviserons en trois périodes les phénomènes de la fécondation. La première comprend les changements qui se font dans l'intérieur de la fleur au moment où la fécondation va s'opérer, et les phénomènes qui précèdent cette fonction : ce sont les phénomènes *préparatoires* ou *précurseurs* de la fécondation. Dans la seconde se trouvent réunis les *phénomènes essentiels*, c'est-à-dire l'action du pollen sur l'organe sexuel femelle, et en particulier sur les ovules. Enfin, la troisième embrasse les changements qui se manifestent dans la fleur, et en particulier dans les organes sexuels, après la fécondation : ce sont les *phénomènes consécutifs*.

I. Phénomènes préparatoires ou précurseurs de la fécondation. — La fécondation s'opère en général dans les végétaux au moment de l'anthèse, c'est-à-dire quand les parties qui composent la fleur s'épanouissent et découvrent les organes sexuels. On voit les anthères, jusqu'alors parfaitement intactes, entr'ouvrir leurs loges, et le pollen s'en détacher pour se répandre sur le stigmate, et souvent sur les autres parties de la fleur : c'est alors que la fécondation commence à s'opérer. Cependant il est un certain nombre de végétaux chez lesquels la fécondation a lieu avant l'épanouissement complet de la fleur, quand le périanthe recouvre encore les organes sexuels; de ce nombre sont plusieurs plantes de la famille des Synanthérées et de la famille des Campanulacées. Quand la fleur s'épanouit, déjà les anthères sont ouvertes et en parties vides; la fécondation est achevée.

Au moment où la fécondation doit s'opérer, il se fait souvent dans les organes sexuels des changements assez appréciables qui précèdent cette fonction, ou bien ces organes exécutent des mouvements plus ou moins marqués. Nous les signalerons dans quelques-uns des végétaux où ils sont le plus évidents.

Au moment de l'épanouissement de la fleur, les étamines prennent un développement rapide. Jusqu'alors elles avaient été gênées dans leur accroissement par l'obstacle que leur opposaient les enveloppes florales. Dès que celles-ci se sont écartées, les étamines se redressent, leurs filets s'allongent, et elles prennent la position définitive qu'elles doivent conserver dans la fleur épanouie. C'est alors que les anthères s'ouvrent, et que le pollen en sort pour se répandre sur le stigmate. Très-souvent même les étamines, par un mouvement organique et en quelque sorte spontané, se redressent contre les carpelles et viennent appliquer leurs anthères contre le stigmate ou au-dessus de lui. C'est ce qu'on remarque dans les fleurs de la rue, des *Kalmia*, de l'épine-vinette et de plusieurs autres végétaux.

Très-souvent les styles et les stigmates qui terminent les carpelles, et qui étaient d'abord dressés en faisceau au centre de la fleur, s'infléchissent et se penchent en dehors pour se rapprocher des étamines et être dans une position plus favorable pour se mettre en contact avec le pollen. Les stigmates de la nigelle, des cactus, de l'onagre, exécutent de semblables mouvements. Très-souvent aussi on voit, au moment où la fécondation va s'opérer, les stigmates se tuméfier et excréter en plus grande quantité le liquide visqueux qui lubrifie leur surface et contribue à y retenir les grains de pollen.

[On était autrefois persuadé qu'un pistil est toujours fécondé par les étamines qui l'entourent. Des faits d'hybridité spontanée bien constatés n'avaient pas ébranlé cette conviction, et l'on persistait à voir une cause finale dans le rapprochement des étamines et du pistil et à considérer l'hermaphroditisme comme l'état normal dans les végétaux tandis qu'il était l'exception chez les animaux. Les observations et les expériences de Charles Darwin tendent à détruire ces croyances. Il a d'abord montré que dans les Orchidées un pistil n'est jamais fécondé par l'étamine en contact avec lui. La masse pollinique est enlevée par les insectes qui visitent ces fleurs et transportée sur des fleurs appartenant à d'autres pieds. Darwin cite des insectes agents de ces fécondations à distance; il les nomme et les a vus à l'œuvre. Il a constaté que dans une prairie la plupart des *Orchis* ont perdu leurs masses polliniques, leur nombre est double de celui des *Orchis* qui les ont conservées. L'*Orchis fusca* qui est fort rare en

Angleterre lui a paru recevoir les visites des insectes bien moins souvent que les autres espèces indigènes. C'est le nectar sécrété dans l'éperon des fleurs d'Orchis qui attire les insectes et en particulier les Hyménoptères. Si l'on coupe cet éperon on retrouve toujours ces masses polliniques dans la fleur. Darwin a également examiné sous le point de vue de la fécondation à distance les Orchidées de serre chaude et constaté les mêmes faits. Ainsi, les organes mâles de l'*Angraecum sesquipedale* de Madagascar sont tellement conformés qu'il faut un insecte de grande taille et muni d'une longue trompe pour transporter sa masse pollinique. Dans le genre *Catasetum*, dont beaucoup d'espèces sont désignées, la fécondation ne peut se faire que par l'intermédiaire des insectes.

Par une autre série d'expériences entreprises sur le *Primula sinensis*, Darwin montre que la fécondation d'une fleur par elle-même est peu efficace, c'est-à-dire produit peu de graines; elle l'est davantage si la fécondation se fait entre deux fleurs d'un même pied, encore plus entre deux fleurs appartenant à deux pieds différents : elle est plus efficace encore si la fécondation se fait entre deux variétés du *Primula sinensis*. L'auteur conclut de ces faits qu'une espèce réduite à se féconder par elle-même ne tarderait pas à disparaître, et, par un autre exemple des plus piquants, il montre les relations qui existent entre les mammifères et le monde végétal. Les digitales, en Angleterre, se fécondent réciproquement par l'intermédiaire d'un bourdon qui se creuse un nid dans la terre. Ce bourdon a pour ennemi les campagnols fouisseurs qui détruisent ses nids; mais à son tour le campagnol est poursuivi par les chats. Si donc dans une contrée les chats sont communs, ils favorisent la multiplication des digitales en diminuant le nombre des campagnols destructeurs des bourdons fécondateurs. Que de relations aussi étranges et aussi inattendues nous révéleront les études, sur les deux règnes, faites par des hommes qui, comme Darwin, sont capables de les apercevoir et de les analyser !]

PHÉNOMÈNES CHIMIQUES. Pendant la floraison, la fleur devient le siége d'un phénomène chimique tout à fait différent de ceux que la plante a jusqu'alors accomplis. Elle avait été jusqu'ici un appareil de réduction, c'est-à-dire qu'elle a décomposé de l'air, de l'eau, de l'acide carbonique empruntés à l'atmosphère ou au sol : elle a, en conséquence, fixé du carbone, de l'hydrogène et de l'azote, et exhalé de l'oxygène. Maintenant elle devient un appareil de combustion. Elle expire de l'acide carbonique, et produit de la chaleur. Cet acide carbonique, elle le forme surtout en prenant du charbon au sucre ou à la dextrine accumulés par les phénomènes de la nutrition. Aussi voit-on ces matières disparaître à l'époque où les fleurs s'épanouissent. C'est donc avant l'époque de leur floraison qu'on doit récolter les végétaux cultivés pour le sucre qu'ils contiennent.

En même temps, la plante dégage de la chaleur, et par conséquent elle se rapproche alors des animaux qui, par l'acte de la respiration, donnent naissance à de l'acide carbonique et à un dégagement plus ou moins grand de calorique.

DÉVELOPPEMENT DE LA CHALEUR. La chaleur développée par la fleur au moment où la fécondation va s'opérer est ordinairement peu appréciable à nos sens; mais elle se manifeste à l'aide des instruments très-délicats, et, entre autres, des aiguilles thermo-électriques de Becquerel. Cependant, dans le spadice des plantes de la famille des Aroïdées, la chaleur développée à cette periode est telle, qu'elle peut être perçue par la main qui touche cet organe. Déjà Lamarck et Bory de Saint-Vincent avaient constaté cette élévation de température dans les plantes de cette famille. Depuis cette époque, le même phénomène a été observé par un grand nombre de physiologistes. Ainsi, K. H. Schultz, de Berlin, a vu le spadice du *Caladium pinnatifidum* présenter une température de 9°,5 au-dessus de celle de l'atmosphère. Dutrochet l'a trouvée de 12 degrés dans l'*Arum maculatum;* Gœppert de 14 degrés dans l'*Arum Dracunculus;* et enfin Van Beck et Bergsma l'ont vue dépasser de 22 degrés la température de l'air ambiant dans le spadice du *Colocasia odora.* Elle est aussi très-notable dans la fleur de la *Victoria regia* avant que les anthères se soient ouvertes.

II. Phénomènes essentiels de la fécondation. — Nous distinguerons trois périodes dans les phénomènes essentiels de la fécondation : 1° les changements qui s'opèrent dans les grains de pollen, en contact avec le stigmate; 2° la manière dont ils se mettent en contact avec les ovules; 3° l'action du pollen sur les ovules.

1. CHANGEMENTS QUI S'OPÈRENT DANS LES GRAINS DE POLLEN, EN CONTACT AVEC LE STIGMATE. Quand les grains de pollen sortent des loges de l'anthère, au moment où celles-ci viennent de s'ouvrir, ils tombent, non-seulement sur le stigmate, mais encore sur les autres parties de fleur. Le stigmate, au moment de l'anthèse, s'est souvent gonflé, et le liquide visqueux, qui lubrifie sa surface, y est plus abondant. Aussi les grains de pollen qui ont touché la surface du stigmate y y restent-ils adhérents, retenus par le fluide stigmatique.

Dès que les grains polliniques sont en contact avec le stigmate, on les voit bientôt se gonfler. Ceux qui étaient ellipsoïdes ou allongés deviennent presque sphériques; et au bout d'un temps plus ou moins long, de quelques heures pour certaines espèces, de plusieurs jours pour d'autres, on voit, à travers certains points, sortir la membrane intérieure sous la forme d'un appendice tubuleux et vermiforme. Le mode de déhiscence des grains polliniques est toujours déterminé par leur structure. En effet, ceux qui présentent des pores ou ostioles soit simples, soit operculés, ou des plis ou des bandes, émettent ordinairement leurs tubes par ces points spéciaux. Là, comme nous l'avons vu précédemment, la membrane extérieure ou l'exhyménine n'existe pas du tout, ou du moins est réduite à une excessive ténuité. C'est donc par ces pores ou ces plis que l'endhyménine, distendue par le liquide qui est accumulé dans son intérieur, s'échappe d'abord sous la forme d'une petite protubérance, qui, peu à peu, s'allonge en un tube grêle. Mais lorsque les utricules polliniques ne présentent ni pores ni plis, l'exhyménine, distendue incessamment par la force d'endosmose qui s'exerce à travers ses parois, se déchire dans plusieurs points, par lesquels s'échappe l'endhyménine. Le nombre des appendices que peut émettre chaque grain est très-variable : tantôt on n'en voit qu'un seul, tantôt on en compte deux ou trois, comme dans les pollens triangulaires des onagres. Amici (*Ann. des sc. nat.*; nov., 1830) pense que d'une même utricule peuvent sortir dix, vingt, et même jusqu'à trente appendices tubuleux. Ce nombre est nécessairement en rapport avec celui des pores, quand ceux-ci existent, et nous savons qu'il peut être quelquefois très-considérable. Les tubes polliniques sont remplis par le liquide fécondant, la *fovilla*, et il est facile de voir à travers ses parois minces et transparentes le mouvement des corpuscules microscopiques qu'il contient.

Aussitôt que les tubes polliniques sortent du grain de pollen, dans la partie par laquelle celui-ci est en rapport avec le stigmate, ils s'insinuent par l'allongement successif de leur sommet, à travers le tissu utriculaire qui constitue la masse du stigmate. C'est en écartant les utricules, en s'interposant entre eux, que l'allongement de ces tubes a lieu; et dans une coupe longitudinale du stigmate, on parvient à découvrir quelques-uns de ces tubes et à suivre leur direction. Après avoir traversé toute l'épaisseur de la masse celluleuse constituant le stigmate, l'extrémité des tubes arrive dans la partie centrale du style. Celle-ci est occupée par un tissu cellulaire particulier, plus ou moins lâche, de formation plus récente, qu'on a désigné sous le nom significatif de *tissu conducteur*. Les tubes polliniques traversent ce tissu et arrivent jusque dans l'ovaire. La paroi interne de celui-ci est tapissée par une couche plus ou moins mince de tissu conducteur, se continuant immédiatement avec celui qui remplit le canal central du style. C'est en traversant ce tissu que les extrémités des tubes du pollen arrivent jusqu'aux ovules.

[Le tube pollinique s'allonge dans le tissu conducteur par son extrémité libre; quelquefois il se divise : dans le hêtre, presque toujours, souvent dans les Conifères, les *Crocus*, l'*Œnothera muricata* et les violettes, de façon qu'un seul boyau peut féconder plusieurs ovules. L'intervalle du temps nécessaire au tube pollinique pour parvenir du stigmate à l'ovule varie suivant les espèces, il n'est point en rapport avec la longueur du style. Dans le glaïeul (*Gladiolus segetum*), dont le style a environ 4 centimètres de longueur, le boyau, suivant Schacht, arrive en trois jours du stigmate à l'ovule; dans le colchique, d'après M. Hofmeister, en dix à douze heures environ. Quoique la viscosité qui recouvre le stigmate détermine par endosmose la hernie du boyau pollinique, il existe des plantes où cette hernie se fait déjà dans les anthères mêmes ; ex.: *Limodorum abortivum*, les cyprès et les *Strelitzia Reginæ* et *S. augusta*. Le tissu conducteur alimente le boyau pollinique, et le conduit ainsi sûrement jusqu'à l'ovule. Dans les Conifères et les Cycadées, où la graine est nue, le grain de pollen tombe directement sur l'ovule, le tégument et la nucelle sécrètent un liquide qui détermine l'issue du boyau. Dans l'*Araucaria brasiliensis* (Schacht, t. X, *fig.* 27), les boyaux polliniques pendent souvent comme de longs filaments en dehors de l'exostome. — Dans beaucoup de cas le boyau pollinique se dessèche avec le stigmate lorsqu'il est arrivé à l'ovule ; on le voit dans les plantes où un long intervalle s'écoule entre l'arrivée du pollen sur le stigmate et la fécondation de l'ovule, par exemple le noisetier et l'aune. Dans ces deux arbres le pollen se répand à une époque (le noisetier en février) où les ovules ne sont pas encore développés, ce qui n'a lieu qu'en juin pour le noisetier. Dans beaucoup de Conifères la fécondation se fait un an après l'émission du pollen qui est inactif ou émet son boyau ; celui-ci reste sans périr pendant un an dans le tissu conducteur. Aussi ces arbres mûrissent-ils leurs graines très-lentement : *Abies*, *Picea*, *Larix*, *Taxus*, *Podocarpus*, *Araucaria*, *Thuya*, *Cupressus* et *Ephedra*, en un an ; la plupart des pins en deux ans, le pin pignon et les genévriers en trois. Dans le Colchique, le pollen arrive au sac embryonnaire en automne, et ce n'est qu'au printemps, en avril, que M. Hofmeister a reconnu les premiers signes de la fécondation de l'ovule.]

II. Action des tubes polliniques sur les ovules. Au moment où la fécondation s'opère, les ovules ont une organisation merveilleusement en rapport avec les phénomènes qui vont s'accomplir en eux. La nucelle est recouverte de deux membranes percées, chacune à leur sommet, d'une ouverture qui s'est considérablement rétrécie, mais qui, cependant, permet une libre communication entre le sommet de la nucelle et l'extérieur. C'est par cette ouverture que l'extrémité des tubes du pollen s'introduit dans l'ovule. Il arrive ainsi jusqu'au sommet de la nucelle. Or, à cette période, ce dernier organe est creusé d'une cavité intérieure, de forme et de dimension variées, constituant le *sac embryonnaire*. C'est dans cette cavité qu'existe ou que va se former la vésicule embryonnaire naissant de son sommet, et portée par son tube *suspenseur*, composé d'une série d'utricules superposées.

L'extrémité du tube pollinique se trouve en contact avec le sommet de la nucelle. Or, les parois de celle-ci sont formées d'une ou de plusieurs couches d'utricules, entre lesquelles l'extrémité du tube s'insinue pour arriver jusqu'à la paroi externe du sac embryonnaire, avec laquelle il se soude plus ou moins intimement. C'est là le terme de l'élongation des tubes polliniques, que jusqu'à présent les observations les plus exactes n'ont pu voir pénétrer plus loin. C'est à la suite de ce contact que la vésicule embryonnaire, d'abord simple, et remplie d'un liquide contenant une grande quantité de granulations organiques, se convertit par segmentation en une masse de tissu utriculaire qui petit à petit s'organise en un embryon.

[Pendant plusieurs années une autre théorie sur la fécondation a eu cours en Allemagne. Elle soutenait que le tube pollinique pénètre dans le sac embryonnaire et que c'est l'extrémité elle-même de ce tube qui s'y développe en embryon. Formulée d'abord par Horkel et Schleiden, adoptée et défendue par Schacht, elle fut, en 1856, loyalement abandonnée par ce botaniste qui la reconnut non conforme à la réalité.]

La fécondation consiste donc dans le contact de l'extrémité libre d'un tube pollinique avec le sac embryonnaire. C'est à la suite de ce simple contact que l'embryon se développe à l'intérieur de la vésicule embryonnaire. Il est intéressant de suivre la série de changements qui vont s'opérer successivement dans ce dernier organe.

La vésicule embryonnaire placée au sommet du filet *suspenseur* s'est renflée et a pris successivement une forme globuleuse. Elle est remplie d'un liquide contenant une grande quantité de matière granuleuse. Peu de temps après la fécondation, on voit se développer dans l'intérieur de cette utricule une cloison longitudinale, dirigée par conséquent dans le sens du filet suspenseur, et qui la partage en deux utricules. Bientôt chacune de ces deux utricules secondaires se partage en deux autres, qui toutes éprouvent successivement la même segmentation. Il en résulte nécessairement une petite masse de tissu utriculaire, limitée extérieurement par l'utricule primitive formant la vésicule embryonnaire; ces utricules contiennent chacune un nucléus ou noyau. C'est cette masse de tissu utriculaire qui, petit à petit, va s'organiser en embryon. Son extrémité supérieure, celle qui correspond au filet suspenseur, s'allonge légèrement en un corps conoïde, qui, dans l'embryon parfait, constituera la radicule. En même temps l'extrémité opposée tantôt s'échancre, en formant deux lobes épais, obtus, d'abord peu distincts : ce sont les deux *cotylédons;* tantôt, au contraire, un seul des côtés forme une légère saillie : il n'y a, dans ce cas, qu'un seul cotylédon, et l'embryon sera *monocotylédoné*, tandis que dans le cas précédent l'embryon était *dicotylédoné*.

En même temps que l'embryon s'est ainsi constitué successivement dans l'intérieur de la vésicule embryonnaire, des changements notables se sont opérés dans les autres parties de l'ovule. Dans certains cas, l'embryon, en se développant, absorbe successivement et le sac embryonnaire et le tissu utriculaire, qui formait la nucelle, et l'embryon finit par être immédiatement recouvert par les téguments de l'ovule. D'autres fois le liquide, contenant une matière organique granuleuse, qui remplit le sac embryonnaire, s'organise en une masse celluleuse qui recouvre et enveloppe complétement le jeune embryon, tandis que les parois de la nucelle ont disparu. C'est à ce corps celluleux, accompagnant l'embryon qu'on a donné le nom d'*endosperme*. Dans quelques plantes, l'endosperme est formé, au contraire, par le développement de la nucelle, qui a fait disparaître la cavité du sac embryonnaire et qui s'applique immédiatement sur l'embryon. Enfin, les deux cas précédents peuvent se réaliser dans un même ovule, c'est-à-dire qu'à mesure que le sac embryonnaire se remplit de tissu utriculaire, pour former un premier endosperme appliqué sur l'embryon, les parois de la nucelle, en s'épaississant, en constituent un second, qui refoule le premier dans la partie supérieure de la graine, laquelle, dans ce cas, est pourvue d'un double endosperme : c'est ce qu'on observe dans les plantes de la famille des Nymphéacées, des Pipéracées, etc.

A mesure que l'embryon s'est développé, le filet suspenseur qui l'attachait au sommet du sac embryonnaire est successivement résorbé. Cependant il persiste quelquefois sous la forme d'une sorte de filament partant de la pointe de la radicule, traversant la masse de l'endosperme, et se fixant vers le point opposé de la graine.

Les deux membranes qui recouvraient la nucelle, la primine et la secondine, en augmentant d'étendue, deviennent ordinairement plus minces. Dans un grand nombre de cas, elles se soudent en une membrane unique, formant le tégument propre de la graine, en même temps que les deux ouvertures qu'elles offraient à leur sommet, et par lesquelles l'extrémité du tube pollinique a été mise en contact avec la nucelle, se resserrent et ne forment plus qu'une ouverture punctiforme, qu'on nomme le *micropyle*, dans la graine parvenue à son état de maturité. C'est après avoir subi ces métamorphoses diverses que l'ovule arrive à l'état de graine, et contient un embryon capable de reproduire un nouveau végétal.

[Nous devons ajouter ici, d'après Schacht, les résultats des recherches les plus modernes sur la formation de l'embryon. Ne s'agit-il pas, en effet, de l'acte le plus important et encore le plus mystérieux de la physiologie, la formation des premiers rudiments d'un être organisé? A l'extrémité du sac embryonnaire on voit, près du micropyle, deux cellules, rarement plus, appelées vésicules ou corpuscules embryonnaires (*Keimblæschen* ou *Keimkœrperchen* des anatomistes allemands). A l'extrémité opposée, du côté de la chalaze, se développent une ou plusieurs cellules appelées les antipodes (*Gegenfüssler*) des corpuscules embryonnaires. Les premiers ont été découverts par Amici, les seconds par Hofmeister; ils n'existent pas dans tous les genres.

Les vésicules embryonnaires sont de petites cellules bien limitées, remplies d'un liquide clair ou chargé de granules, souvent assez nombreux pour que la cellule soit complétement opaque; quand elle est transparente, on y remarque le nucléus. Ces utricules ne sont pas entourées d'une membrane résistante, et au bout de quelques instants ils semblent se dissoudre dans le liquide du porte-objet du microscope, mais dans le glaïeul, les *Crocus*, le *Phormium*, les *Yucca*, le maïs et la chayotte (*Sechium edule*), Schacht a constaté que l'extrémité supérieure de ces cellules ne se dissolvait pas. Elle persiste et se compose d'un faisceau de filets blancs parallèles qu'on peut séparer avec une aiguille. Schacht, qui les a vus le premier, leur a donné le nom d'appareil filamenteux (*Fadenapparat*) du corpuscule embryonnaire. La pointe de cet appareil, arrondie et brillante, faisait saillie hors du sac embryonnaire. Schacht les considère comme des canaux; MM. Pringsheim et Strasburger y voient l'analogue de la cellule de canal des archégones des Cryptogames. La partie inférieure de la vésicule est arrondie et nettement délimitée, elle contient beaucoup de protoplasma; si la vésicule n'est pas fécondée, elle se racornit et reste unie à l'appareil filamenteux sous la forme d'une masse granuleuse, mal circonscrite. Mais si un tube pollinique se met en rapport avec un appareil filamenteux, la boule de protoplasma s'entoure d'une membrane résistante et son contenu granuleux se colore en jaune par l'iode. Schacht, Henfry et Radlkofer sont d'accord pour attester l'exactitude de ces faits. Ces deux vésicules ou corpuscules embryonnaires, car il y en a rarement plus de deux, paraissent être le résultat de la division d'une cellule primordiale, et sont logées dans la partie inférieure de l'exostome (*Gladiolus*, *Crocus*, *Zea*); dans le *Watsonia*, les appareils filamenteux font saillie hors de l'exostome.

Les antipodes des vésicules embryonnaires sont des cellules avec protoplasma granuleux et un nucléus distinct; elles sont entourées d'une membrane qui ne se dissout pas dans l'eau. Leur nombre est assez constant, mais varie suivant les espèces. Il n'y en a qu'une dans les *Pedicularis* et *Latræa*. Deux ou trois dans les glaïeuls, les *Crocus*, les Liliacées et les Iridées, en général. Un plus grand nombre couronnent l'extrémité du sac embryonnaire, tournée vers le chalaze dans le maïs. (Schacht, tab. XI, fig. 2 et 3.) Hofmeister et l'auteur précité n'ont pas vu que ces cellules se multipliassent ni prissent aucune part à la formation de l'endosperme. Leur rôle est encore complétement inconnu.

Quand le stigmate est fécondé, le boyau pollinique arrive à travers le tissu conducteur jusqu'au sac embryonnaire et se met en contact avec l'appareil filamenteux, quand cet appareil existe. Alors ce boyau se gonfle, change de forme, devient transparent comme du verre ou prend le brillant de la gélatine. L'union du boyau avec l'appareil filamenteux, qui dépasse toujours le sac embryonnaire, est très-intime; on ne saurait les séparer sans que des filaments restent adhérents à l'extrémité du boyau. Dans la plupart des plantes le boyau ne pénètre pas dans le sac embryonnaire. Cependant, suivant Hofmeister, dans les *Nayas*, les Passiflores et quelques Géraniacées, il perfore ce sac. Le contenu du boyau pollinique n'a guère changé, sauf que les grains de fécule ont disparu et se sont transformés en une substance que l'iode colore en jaune. Il n'y a ni corpuscules ni filaments doués de mouvement.

Peu de temps après le contact du boyau pollinique, la boule de protoplasma de la vésicule embryonnaire s'entoure d'une forte membrane de cellulose et commence à se séparer de l'appareil filamenteux avec lequel elle était intimement unie; un nucléus se développe au centre; l'une des deux vésicules se prolonge vers le bas et se divise horizontalement en deux moitiés inégales. L'inférieure, plus petite, est la première cellule de l'embryon futur; la supérieure, plus grande, formera le filet suspenseur qui unit l'embryon au sac embryonnaire. La seconde vésicule embryonnaire ne se développe pas, mais est longtemps visible. Comment la substance contenue dans le boyau pollinique pénètre-t-elle dans la vésicule? Là-dessus les avis sont partagés. Hofmeister et Radlkofer croient à une action endosmotique. Schacht pense que l'appareil filamenteux se compose de tubes capillaires qui établiraient une communication directe; mais la présence de cet appareil est très-rare, et il manque dans la très-grande majorité des Monocotylédones et des Dicotylédones.

La formation de l'embryon est à peu près la même dans toutes les plantes; on voit apparaître une boule formée d'un grand nombre de cellules, et cette boule émet latéralement un ou deux prolongements qui seront les cotylédons et entre deux une petite éminence, la future plumule. La boule correspond au point de séparation de la racine et de la tige. Sa partie supérieure produit les cotylédons, l'inférieure la coléorhize, germe de la racine. En même temps on commence à distinguer dans l'axe la moelle, une couche d'accroissement et une écorce. Dans la couche d'accroissement se développent des faisceaux fibreux qui, dans l'embryon des chênes, des châtaigniers et du gui, ont déjà des cellules vasculaires. Avant la germination, la plumule est formée dans le dattier, la capucine, le *Persea gratissima*.

Dans la plupart des végétaux l'embryon est nourri par un tissu qui se développe dans le sac embryonnaire : c'est l'endosperme ou albumen; celui-ci se forme par la segmentation du contenu de la vésicule (Antirrhinées, Borraginées, Labiées) ou par la formation de cellules à la paroi interne du sac; celles-ci en engendrent d'autres, et ainsi de suite. Quant au filet suspenseur, il s'atrophie et disparaît.

Dans les Conifères, où l'ovule n'est point contenu dans un pistil, la fécondation par le boyau pollinique s'opère dans une cellule particulière de l'albumen préexistant, découverte par Robert Brown, et appelée par lui *corpusculum*.

Résumons avec Schacht les notions principales que nous possédons actuellement sur la fécondation végétale.

1° Le contenu du boyau pollinique se mélange avec la masse de protoplasma qui préexiste dans la vésicule embryonnaire.

2° La première cellule de la nouvelle plante ne préexiste pas dans le sac embryonnaire, elle est le produit de la fécondation, et c'est la boule de protoplasma qui devient cette première cellule.

3° Le contact du boyau pollinique avec la vésicule est indispensable.

4° Un seul boyau pollinique peut féconder plusieurs corps embryonnaires.]

Quels sont les rapports qui existent entre l'ovule des végétaux phanérogames, les seuls dont nous nous occupions ici, et l'ovule des animaux? C'est une question intéressante et qui mérite que nous nous y arrêtions un instant. L'ovule, dans les animaux supérieurs, existe dans la masse ovarienne; ou dans les tubes qui en tiennent lieu, dans les animaux d'une organisation plus simple il apparaît d'abord sous la forme d'une simple utricule, à la paroi interne de laquelle en existe un second plus petit constituant la *vésicule germinative.* Cette dernière disparaît après la fécondation. C'est dans l'utricule primitive qu'existe le *vitellus,* matière formée d'abord d'une substance granuleuse, qui, par une segmentation successive, se partage en globules de plus en plus nombreux. C'est ce corps (le vitellus) qui, petit à petit, se transforme s'organise en un tissu primitif, base et trame du germe ou embryon.

Pour trouver dans la plante un organe analogue par la simplicité de son organisation et par les transformations qu'il doit subir, il faut aller non pas seulement au sac embryonnaire, comme quelques auteurs l'ont prétendu à tort, mais jusqu'à la vésicule embryonnaire, placée dans ce dernier, où elle est libre et pendante au sommet du filet suspenseur. C'est, en effet, primitivement une utricule simple, remplie de matière organique, et qui, après la fécondation, se divise en deux utricules secondaires, par la production d'une cloison médiane. Ces deux utricules, se subdivisant et se segmentant successivement, forment la masse celluleuse qui finit par constituer l'embryon. L'*ovule animal* est donc représenté, dans la plante, uniquement par la vésicule embryonnaire. La matière granuleuse qu'elle contient est analogue au vitellus de l'œuf des Mammifères, puisque, comme ce dernier, c'est elle qui se transforme en un tissu utriculaire, susceptible aussi de segmentation, et finissant par constituer l'embryon. Le sac embryonnaire, les parois de la nucelle, sont des parties accessoires, analogues au jaune de l'œuf, dans les oiseaux, c'est-à-dire qu'ils fournissent au jeune embryon les premiers matériaux de sa nutrition, et que celui-ci finit fréquemment par les résorber et les faire disparaître.

III. Fécondation des plantes dioïques. — Les plantes dans lesquelles les deux sexes sont portés sur deux individus séparés sont évidemment dans des conditions peu favorables pour que le pollen vienne se mettre en communication avec les ovules afin de les féconder. Cependant, dans l'immense majorité des cas, la fécondation s'effectue également dans les plantes dioïques. Ainsi nos saules, la mercuriale si commune dans nos cultures, le chanvre si précieux par ses fibres textiles, donnent naissance à des graines fécondes. Le pollen, ou la matière fécondante, est merveilleusement organisé pour faciliter son action sur le stigmate. Les granules qui le composent sont tellement petits, tellement nombreux, qu'ils forment une poussière fine et légère, que le vent et les insectes transportent avec une grande facilité, et souvent à des distances très-considérables. On cite des arbres dioïques, des palmiers, des pistachiers, par exemple, dont les fleurs femelles ont été fécondées par le pollen, bien que les individus mâles en fussent séparés par une distance plus ou moins grande, et quelquefois même de plusieurs lieues.

Plusieurs palmiers sont cultivés en grand, parce que leurs fruits servent d'aliment dans des contrées tout entières. Ainsi, par exemple, les dattiers sont en Égypte, dans quelques points de l'Algérie et de l'Asie, l'objet d'une culture très-abondante. Comme ces végétaux sont dioïques, on ne cultive guère que les individus femelles, les seuls qui donnent des fruits. Les mâles y sont en petit nombre, et le plus souvent en dehors des jardins ou des vergers. Pour assurer la fécondation des fleurs femelles, et par conséquent la formation des fruits, on opère artificiellement cette fécondation. A l'époque de la floraison, on recueille les énormes régimes de fleurs mâles, et un homme, en montant au sommet, des dattiers femelles, secoue les fleurs mâles et répand leur pollen sur les fleurs femelles. Sans cette précaution, l'expérience a montré que la plupart des fleurs femelles resteraient infécondes. On peut ainsi transporter au loin des fleurs mâles, et, en les plaçant au-dessus des fleurs femelles, opérer la fécondation de ces dernières.

[Dans les oasis voisins de Biskra en Algérie, la maturité du pollen dans les étamines du palmier-dattier a lieu à une époque où la spathe du régime femelle n'est pas encore ouverte. Les Arabes montent sur les dattiers femelles, écartent les bords de la spathe et y insinuent un pédoncule mâle chargé d'anthères ouvertes. La fécondation s'opère ainsi dans la spathe.

IV. Fécondation entre des espèces différentes. — Des espèces différentes peuvent se féconder et engendrer des hybrides, plantes qui participent des caractères du père et de la mère. Souvent ces hybrides ne sont pas fertiles et incapables de se propager, souvent aussi elles le sont; cela résulte des expériences de MM. Esprit Fabre, Godron, Naudin, Lecoq, etc. Esprit Fabre montra le premier que l'*Ægilops triticoïdes*, Req., était une hybride du froment et de l'*Ægilops ovata* ou *Ægilops triaristata*. Godron, Planchon et Groenland s'en assurèrent expérimentalement en fecondant des *Ægilops* avec du pollen de différentes variétés de *Triticum*. Ils obtinrent des hybrides bien caractérisées qui donnèrent à leur tour des graines et du pollen fertiles. M. Naudin opéra sur les genres *Primula*, *Datura*, *Nicotiana*, *Petunia*, *Linaria*, *Luffa* et *Cucumis*. Sur 40 hybrides obtenues, 10 seulement se montrèrent entièrement stériles. M. Lecoq a surtout hybridé les espèces du genre *Nyctago* et obtenu des métis d'une fixité remarquable. Toutefois, c'est l'exception, car tous les hybrides ont une tendance remarquable à revenir aux formes productrices, quand même ils sont fécondés par leur propre pollen. D'autre part, leurs organes végétatifs, racines, tiges, feuilles, périanthes sont souvent plus développés que chez leurs générateurs, tandis que les organes reproducteurs y sont affaiblis ou même impropres à la fécondation. C'est le résultat le plus certain de toutes les expériences faites sur ce sujet.]

V. FÉCONDATION DANS LES PLANTES A POLLEN SOLIDE.—Ces plantes sont également dans des conditions peu favorables pour que leur pollen soit mis en contact avec le stigmate, puisque ce pollen se compose d'utricules réunies en masses solides. Cependant quelques circonstances se rencontrent dans ces plantes, qui diminuent les inconvénients de cette structure du pollen. Ainsi : 1° les plantes à pollen solide ont constamment des fleurs hermaphrodites; par conséquent, les anthères sont toujours très-rapprochées du stigmate; 2° dans les Orchidées et les Asclépiadées, les deux seules familles où le pollen soit solide, les anthères sont en contact avec le pistil, et souvent même (dans les Orchidées) complétement soudées avec lui.

La fécondation dans ces deux familles s'exécute à peu près de la même manière que dans celle dont le pollen est pulvérulent, seulement avec quelques modifications rendues nécessaires par la disposition singulière de leur pollen et la simplicité de structure des grains qui le composent. Ceux-ci, en effet, ne sont composés que d'une seule membrane.

Il y a déjà quelques années, et à peu près en même temps, que Rob. Brown, à Londres, et A. Brongniart, à Paris, ont reconnu que, lorsque les pollens solides des Orchidées étaient appliqués sur le stigmate placé immédiatement au-dessous de l'anthère, ils s'y comportaient absolument de la même manière que les pollens pulvérulents : les points par lesquels les utricules polliniques qui les constituent sont en contact avec le stigmate s'allongent en tubes qui s'insinuent à travers le tissu du stigmate, et parviennent par cette voie jusqu'aux ovules. Ici, évidemment, c'est la membrane unique constituant ces utricules qui s'est allongée en un appendice tubuleux.

Les Asclépiadées ont offert quelques différences, à cause de l'organisation particulière de leurs masses polliniques. Dans les plantes de cette famille, chaque masse pollinique est une sorte de coque celluleuse dont les parois sont épaisses et celluleuses. C'est dans l'intérieur de ces cellules que l'on trouve les utricules polliniques dont la membrane est simple. Au moment où la fécondation doit s'opérer, les anthères, qui sont en quelque sorte appliquées contre le stigmate, s'ouvrent, la coque se rompt sur son bord le plus voisin du stigmate, et à travers cette ouverture on voit sortir un grand nombre d'appendices tubuleux, qui tous naissent des utricules polliniques, dont ils sont également une simple extension, comme dans les Orchidées. Ainsi, par ces observations, on voit que la fécondation s'opère absolument de la même manière dans les plantes à pollen solide et dans celles où il est pulvérulent.

En résumé, la fécondation des végétaux phanérogames présente les phénomènes suivants :

1° Au moment où les anthères s'ouvrent, quelques-uns des grains de pollen vont se fixer sur le stigmate.

2° De chaque grain pollinique sortent un ou plusieurs tubes formés par l'endhyménine.

3° Ces tubes remplis de fovilla s'insinuent dans le tissu du stigmate, puis à travers le tissu conducteur du style, et arrivent dans la cavité de l'ovaire.

4° Ils pénètrent dans les jeunes ovules par l'ouverture de leurs membranes.

5° Arrivée au sommet de la nucelle, l'extrémité du tube pollinique traverse le tissu utriculaire qui le constitue, et se met en contact avec les vésicules embryonnaires, en se soudant intimement avec elles.

6° Il n'y a aucune communication apparente entre l'extrémité du tube pollinique et la cavité du sac embryonnaire, pas plus qu'entre cette extrémité et l'origine du filet suspenseur de la vésicule embryonnaire.

7° C'est à la suite de ce contact que l'utricule terminale de la vésicule embryonnaire, d'abord simple, par une segmentation successive, constitue une masse celluleuse, s'organisant petit à petit en un embryon.

8° Les granules contenus dans la fovilla se dissolvent et disparaissent, et le tube pollinique finit par être résorbé.

[Un certain nombre d'observations faites sur des animaux tels que les abeilles, les papillons, les pucerons, et sur des plantes dioïques telles que la bryone, le chanvre, la mercuriale et autres plantes dioïques, avaient conduit des observateurs éminents à penser qu'une fécondation préalable n'était pas indispensable au développement de l'embryon. C'est ce qu'on a désigné sous le nom de Parthénogenèse. L'exemple le plus célèbre est celui du *Cœlebogyne ilicifolia*. Des pieds femelles de cette euphorbiacée, originaire de l'Australie, fleurissaient dans les jardins de Kew et de Berlin et donnaient des graines fertiles, Smith, Alexandre Braun, Radlkofer, Schenk avaient étudié cette plante avec le plus grand soin et n'avaient pas trouvé d'organe mâle, ils en concluaient que l'embryon se développait sans avoir été fécondé. M. Karsten (*Ann. des sc. nat.*, 1860) a montré que la fleur du *Cœlebogyne* contient une seule étamine placée à la partie périphérique de la fleur et contenant un pollen sphérique. Cette observation a mis à néant pour cette plante l'hypothèse de la parthénogenèse. Depuis, M. Anderson (*ibid.*, 1863) observa dans le jardin de Calcutta un individu femelle d'*Aberia cafra* dont il a visité deux annés de suite toutes les fleurs mâles sans y découvrir une seule étamine; toutefois, l'arbre fructifie, et les graines ont produit de vigoureux sujets, etc. Terminons en disant : *Sub judice lis est.*]

III. **Phénomènes consécutifs.** — Peu de temps après que la fécondation s'est opérée, on voit survenir une série de changements qui annoncent la nouvelle viabilité qui s'établit dans certaines parties de la fleur au détriment des autres. La fleur, fraîche jusqu'alors, et ornée souvent des couleurs les plus vives, ne tarde point à perdre son riant coloris et son éclat passager. La corolle se fane : les pétales se détachent et tombent. Les étamines, ayant rempli leurs fonctions, éprouvent la même dégradation. Le pistil reste bientôt seul au centre de la fleur. Le stigmate et le style, étant devenus inutiles à la plante, tombent également. L'ovaire seul persiste, puisque c'est dans son sein que la nature a déposé, pour y croître et s'y perfectionner, les rudiments des générations futures du végétal.

C'est l'ovaire qui, par son développement, doit former le fruit. Il n'est pas rare de voir le calice persister avec cet organe, et l'accompagner jusqu'à son entière maturité. Or, il est à remarquer que cette circonstance a lieu principalement quand le calice est *gamosépale;* si l'ovaire est infère ou pariétal, le calice alors persiste nécessairement, puisqu'il lui est intimement uni.

Quelquefois c'est la corolle qui persiste, comme dans les Bruyères.

Dans l'*alkékenge* (*Physalis Alkekengi*), le calice survit à la fécondation, se colore en rouge, et forme une coque vésiculeuse dans laquelle le fruit se trouve contenu. Dans les narcisses, les pommiers, les poiriers, en un mot dans toutes les plantes à ovaire infère ou pariétal, le calice persistant forme la paroi la plus extérieure du fruit.

Peu de temps après que la fécondation a eu lieu, l'ovaire commence à s'accroître; les ovules qu'il renferme se convertissent en graines contenant un *embryon*, et bientôt l'ovaire a acquis les caractères propres à constituer un fruit.

CHAPITRE XVII

FRUIT EN GÉNÉRAL

Nous venons de voir, à la fin du chapitre précédent, qu'après la fécondation, tandis que les autres parties de la fleur se fanent et souvent se détachent du support commun, le gynécée, et particulièrement l'ovaire, continue à s'accroître pour constituer le *fruit*. Le fruit n'est donc que l'ovaire développé après sa fécondation, et contenant des *graines* propres à reproduire de nouveaux individus. Mais assez souvent certaines autres parties de la fleur, et spécialement le calice libre ou soudé avec les carpelles, persistent et font également partie, mais partie accessoire du fruit. Le nom de fruit a aussi été appliqué à des agrégations résultant de plusieurs fleurs, d'abord distinctes, soudées entre elles, puis formant un tout commun que l'on considère comme un fruit. Ainsi le cône des pins et des sapins, la figue, la mûre, etc., sont autant de fruits *composés*, provenant d'un grand nombre de fleurs réunies sur un réceptacle commun.

Le fruit, étant formé par les carpelles, présente la même disposition que ceux-ci offraient dans le gynécée. Ainsi, tantôt le fruit est *simple*, c'est-à-dire formé par un seul carpelle, constituant à lui seul le gynécée, par exemple dans la cerise, le pois, etc.; tantôt il se compose de plusieurs carpelles distincts les uns des autres, comme dans l'hellébore, la pivoine, etc.; tantôt, enfin, il résulte de carpelles soudés entre eux, à des degrés différents de leur étendue, c'est-à-dire que le fruit provient d'un pistil composé. De là, la distinction de quatre sortes de fruits : 1° les fruits *simples* ou *apocarpés;* 2° les fruits *multiples* ou *polycarpés;* 3° les fruits *soudés* ou *syncarpés;* 4° les fruits *composés* ou *synanthocarpés*, c'est-à-dire tous ceux qui sont produits par la soudure en un tout commun de plusieurs fleurs distinctes.

Le fruit se compose de deux parties : le péricarpe, et la graine ou les graines. Le *péricarpe* est formé par les parois mêmes de l'ovaire; les *graines* sont les ovules fécondés et contenant un embryon. Nous allons étudier successivement chacune de ces parties.

CHAPITRE XVIII

PÉRICARPE

Le péricarpe est la partie du fruit formée par les parois de l'ovaire, et qui détermine la forme générale du fruit. Le péricarpe existe constamment, puisqu'il est formé par les parois de l'ovaire; mais quand le fruit est à une seule loge et contient une seule graine, quelquefois le péricarpe est si mince qu'il se soude complétement avec la graine, et ne peut en être distingué. Ce sont ces fruits que les auteurs anciens considéraient comme des *graines nues* et par conséquent dépourvues de péricarpe, par exemple, dans les Graminées, les Cypéracées, les Synanthérées. Dans ces derniers temps, plusieurs botanistes ont admis l'existence de graines nues dans les pins, les sapins et autres arbres de la famille des Conifères. Nous reviendrons sur cette opinion, lorsque nous tracerons, dans la seconde partie de cet ouvrage, les caractères de la famille des Conifères.

Le péricarpe offre ordinairement, sur un des points de sa surface extérieure, le plus souvent vers sa partie la plus élevée, les restes du style ou du stigmate, lesquels indiquent le *sommet organique* du *péricarpe*, et par conséquent du *fruit*. Quelquefois le style et le stigmate persistent, et on les retrouve encore sur le sommet du fruit parvenu à sa maturité, par exemple dans beaucoup d'Helléborées, dans les Crucifères, les Papavéracées, etc.

Le péricarpe, quelle que soit d'ailleurs l'épaisseur de ses parois, se compose, comme les feuilles dont il provient, de deux feuillets d'épiderme, entre lesquels existe une couche cellulo-vasculaire. La membrane extérieure du péricarpe s'appelle l'*épicarpe;* la membrane intérieure s'appelle *endocarpe;* la couche parenchymateuse forme le *sarcocarpe*.

1° L'*épicarpe* est une simple membrane, tantôt mince, tantôt plus ou moins épaisse, et que l'on enlève ordinairement avec facilité, surtout sur les fruits succulents, par exemple dans une pêche, dans une cerise ou dans une prune. Quand le fruit provient d'un ovaire infère ou adhérent avec le calice, l'épicarpe est formé à la fois par le calice et par l'épiderme de l'ovaire, confondus en une seule et même membrane, par exemple dans la groseille, la grenade, etc.

2° L'*endocarpe* est la membrane qui tapisse la cavité intérieure de chaque carpelle amené à l'état de fruit. Il représente l'épiderme de la face supérieure de la feuille carpellaire. Il est ordinairement mince et membraneux; quelquefois il prend la consistance du parchemin, comme dans le pois, par exemple; ou bien, enfin, il peut, en se confondant avec la portion la plus voisine du sarcocarpe, devenir épais, acquérir une consistance ligneuse, et former ce qu'on appelle un *noyau* comme dans la pêche, la cerise, la prune. Ainsi donc, le noyau est formé à la fois par l'endocarpe et une partie du sarcocarpe lignifiés. Lorsqu'il y a plusieurs noyaux réunis dans un même fruit, chacun d'eux porte le nom de *nucule*.

3° Le *sarcocarpe*, que l'on appelle quelquefois le *mésocarpe*, est toute la partie vasculaire et parenchymateuse contenue entre les deux membranes du péricarpe. Il est extrêmement développé dans les fruits charnus, dont la chair ou la pulpe est formée par cette partie, comme dans une pêche, une prune, un melon, etc. Mais quelquefois le sarcocarpe est excessivement mince ; dans les fruits secs, par exemple, tels qu'une gousse de pois ou le fruit de la giroflée. Mais, quelle que soit la minceur des parois du péricarpe, sa constitution anatomique reste la même : il est toujours formé par deux membranes, l'*épicarpe*, et l'*endocarpe*, et par une couche intermédiaire, dans ce cas, excessivement mince, de tissu utriculaire et de vaisseaux constituant un véritable *sarcocarpe*.

Nous venons de dire que dans les *fruits charnus* la partie pulpeuse était formée par le sarcocarpe. Cela est vrai pour l'immense majorité des fruits charnus. Mais cependant il en est quelques-uns dans lesquels la pulpe a une tout autre origine. Ainsi elle est quelquefois formée par le *calice*, soit adhérent avec l'ovaire, soit simplement appliqué sur lui, par exemple dans la mûre, dans les roses et l'ananas. D'autres fois, ce sont des *écailles* qui, en devenant charnues, recouvrent le véritable fruit qui reste sec, comme dans le genévrier ; ou bien le *gynophore*, comme dans la fraise ; le *réceptacle commun*, comme dans la figue, par exemple.

Loges et *cloisons*. Le fruit *simple*, c'est-à-dire provenant d'un carpelle unique, offre un péricarpe constamment à une seule loge ou *uniloculaire*. Mais, quand il a succédé à un pistil composé, il offre, comme l'ovaire, autant de loges qu'il y avait de carpelles soudés. Ainsi, il est *biloculaire* dans le tabac ; *triloculaire* dans la tulipe ; *quadriloculaire* dans l'épilobe ; *quinquéloculaire* dans le lin ; *multiloculaire*, etc. Nous avons déjà fait connaître ces particularités en traitant des carpelles.

Observons ici que le nombre des loges du péricarpe ou du fruit mûr ne rappelle pas toujours exactement la véritable structure de l'ovaire ; il arrive assez souvent, en effet, qu'entre le moment de la fécondation et celui de la maturité des graines il s'opère des changements considérables dans la structure du péricarpe. Ainsi quelquefois un certain nombre de cloisons disparaissent, et un ovaire, primitivement à plusieurs loges, se change en un fruit *uniloculaire*. Beaucoup de Dianthacées et de Cistées sont dans ce cas. Ces altérations peuvent avoir lieu, non-seulement dans le nombre des loges, mais encore dans celui des graines. Ainsi, dans l'olivier, l'ovaire est à deux loges, et chaque loge contient deux ovules, tandis que son fruit est à une seule loge contenant une seule graine. Il en est de même dans les autres Jasminées.

Les loges du péricarpe pluriloculaire sont séparées par des lames verticales ou des cloisons, qui sont *complètes* ou *incomplètes*, *vraies* ou *fausses*. Nous avons précédemment expliqué au chapitre X, en parlant des carpelles, la nature et le mode de formation de ces cloisons.

Trophosperme ou *placenta*. C'est dans l'intérieur des loges que sont contenues les graines, et c'est sur le corps que nous avons désigné sous le nom de *trophosperme* qu'elles sont attachées. Nous avons déjà fait connaître la position que cet organe peut offrir dans l'intérieur des loges. Si le péricarpe est simple, le trophosperme occupant chacun des bords de la feuille carpellaire, réunis en une ligne ou suture, il est alors *sutural*, comme dans la gousse du pois, le fruit des Hellébores (*fig.* 196), etc. Si, au contraire, il provient d'un

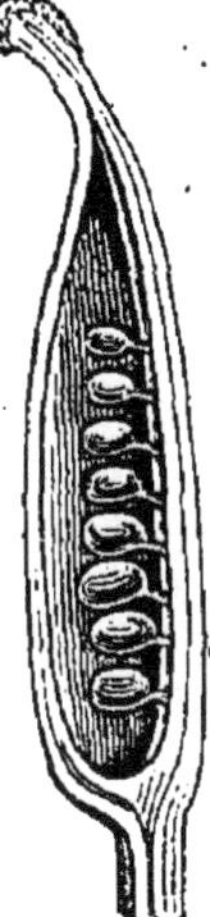

Fig. 196.

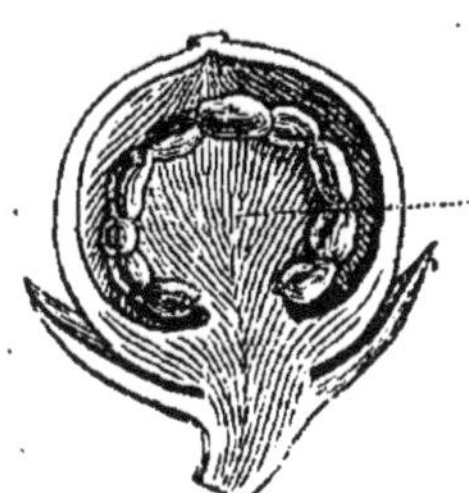

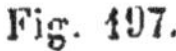

Fig. 197.

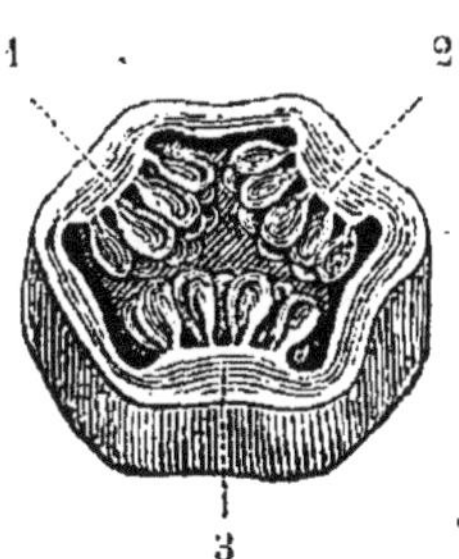

Fig. 195.

pistil composé, les trophospermes peuvent offrir des positions variées. Ainsi nous savons qu'ils peuvent être *axiles* ou placés dans l'angle rentrant de chaque loge; *pariétaux* ou attachés à la face interne (*fig.* 195) de la cavité du péricarpe; ou enfin le trophosperme est *central*, quand il en occupe le centre, à la manière d'un axe ou d'une colonne (*fig.* 197). L'étude de cette position du trophosperme est extrêmement importante et offre des caractères d'une très-grande valeur pour la classification des plantes en familles naturelles. On a donné le nom général de *placentation* à cette disposition des trophospermes ou placentas.

Le trophosperme peut présenter des formes très-variées : il peut être réduit à une ligne longitudinale, une sorte de cordon à peine saillant, comme dans le pois et le haricot; former un corps épais, et

Fig. 195. Ovaire du *Turnera ulmifolia*, coupé transversalement et montrant ses trophospermes pariétaux, 1, 2, 3.

Fig. 196. Carpelle de l'aconit, montrant son trophosperme pariétal et *sutural*.

Fig. 197. Trophosperme central, globuleux, portant immédiatement les graines, dans la *Pysimachia vulgaris*.

proéminent, comme dans la pomme épineuse; ou une lame verticale simulant une cloison, soit incomplète, comme dans le pavot, soit complète, comme dans la giroflée et les autres Crucifères; il peut enfin remplir presque totalement la cavité de l'ovaire en y formant un corps sphérique dans lequel les graines sont en quelque sorte enfoncées, comme dans les plantes de la famille des Ardisiacées.

Sur un même trophosperme peuvent exister une seule graine ou un nombre plus ou moins considérable de graines. Quelquefois chacune des graines est supportée par un prolongement plus ou moins grêle ou épais de la surface du trophosperme, qu'on désigne sous les noms

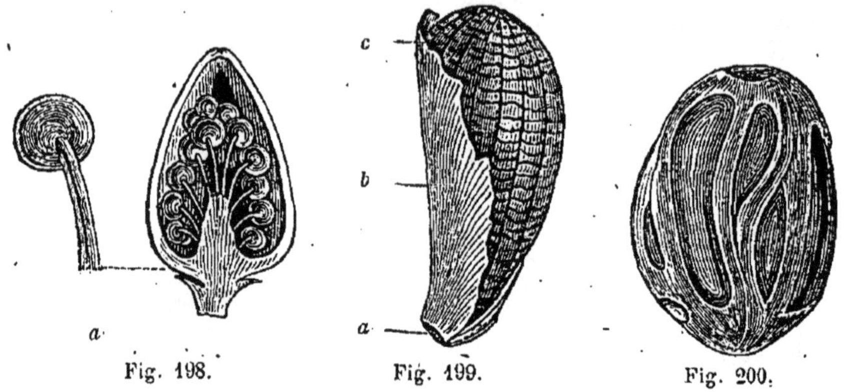

Fig. 198. Fig. 199. Fig. 200.

de *podosperme* ou de *cordon ombilical*. Chaque graine, dans le fruit des Portulacées, des Dianthacées (*fig.* 198), des Légumineuses, des Acanthacées, est portée sur un podosperme.

Lorsque le trophosperme ou le podosperme, au lieu de s'arrêter brusquement au hile ou au point par lequel la graine est attachée sur lui, se prolonge au delà de ce point sur la surface extérieure de la graine, ce prolongement forme ce qu'on appelle un *arille* (*fig.* 199).

L'arille peut recouvrir la graine dans une étendue plus ou moins grande à sa surface. Ainsi quelquefois il forme à la base de la graine une sorte de petite coupe ou de cupule, à bord *entier* (ex. : *Cupania*) ou *lobé* (ex. : *Polygala*); d'autres fois il se redresse d'un seul côté de la graine, atteignant presque jusqu'à son sommet (ex. : *Turnera*, *fig.* 199); ou bien il est sous la forme de lanières étroites et charnues formant une sorte de réseau qui recouvre la surface de la graine,

Fig. 198. Trophosperme central par avortement des cloisons, divisé en un grand nombre de podospermes filiformes portant chacun une graine, dans le *Githago segetum* : *a*, l'un des podospermes grossi, portant une graine.

Fig. 199. Graine du *Turnera ulmifolia*, accompagnée d'un véritable arille (*b*), unilatéral, en forme de feuille d'acanthe, partant de la circonférence du hile (*a*).

Fig. 200. Graine du muscadier (*Myristica moschata*) recouverte d'un *arillode* ou faux arille sous la forme de lanières étroites, inégales et charnues.

comme dans la muscade (*fig.* 200), où il constitue la matière connue en droguerie sous le nom de *macis;* enfin, il s'étend quelquefois sur toute la surface de la graine en une couche continue, qui semble en constituer un tégument propre, comme dans le fusain.

M. Planchon (*Ann. sc. nat.*, mai, 1845), en étudiant avec soin les différents corps désignés sous le nom d'*arille*, a reconnu qu'ils présentent deux origines distinctes. Les uns sont une prolongation du trophosperme ou du podosperme, quand celui-ci existe : ce sont les véritables *arilles*, les seuls qui doivent retenir ce nom. Les autres naissent du pourtour du micropyle ou du point de perforation des membranes de l'ovule; ils sont en quelque sorte un renversement du tégument de la graine. M. Planchon les appelle *arillodes* ou *faux arilles*. Par conséquent, les arilles vrais font partie du péricarpe, puisqu'ils sont une prolongation du trophosperme; les arillodes, au contraire, appartiennent à la graine, puisqu'ils se continuent avec son tégument propre : la muscade, les Polygalées ont un *arillode;* les *Cupania*, les passiflores, les *Turnera* ont un véritable arille.

Il ne faut pas confondre avec les arilles et les arillodes, ainsi qu'on le fait très-souvent, des corps de forme variée qui naissent de différents points du tégument propre de la graine, et surtout du raphé. Gærtner a désigné ces corps sous le nom de *strophioles*. On en voit des exemples dans le pavot et les autres Papavéracées. Dans le genre *Fumaria*, et les autres genres de la famille des Fumariacées, dans les violettes, etc., ils se montrent sous la forme de crêtes, de languettes, de caroncules glanduleuses, etc. Ces corps appartiennent aussi à la graine. Les arilles, les arillodes et les strophioles sont uniquement formés de tissu utriculaire. Ces organes ne contiennent jamais de vaisseaux.

Déhiscence du péricarpe. Quand les fruits sont parvenus à leur maturité complète, en général, le péricarpe s'ouvre, pour que les graines en sortent et se répandent sur le sol. Cependant il y a certains fruits qui restent toujours clos; on dit alors qu'ils sont *indéhiscents*, tandis qu'on appelle *déhiscents* ceux qui s'ouvrent naturellement.

Les fruits secs qui offrent une seule loge et une seule graine, qui sont *uniloculaires* et *monospermes*, sont généralement *indéhiscents :* tels sont, par exemple, les fruits du blé, de l'orge et de toutes les Graminées; ceux des Cypéracées, des Synanthérées, des Polygonées, etc. Il en est de même des fruits charnus et succulents : ils restent indéhiscents; ex. : les melons, les poires, les pommes, les pêches, etc.

La déhiscence, c'est-à-dire le mode d'ouverture des fruits, peut se faire de différentes manières : elle se fait, en général, au moyen de pièces ou de panneaux nommés *valves*, et qui, par leur rapprochement, constituaient les parois du péricarpe.

Le péricarpe, soit qu'il provienne d'un carpelle unique, soit qu'il succède à un pistil composé, présente sur sa surface extérieure des lignes longitudinales qu'on appelle des *sutures*. L'une de ces sutures est formée par la soudure du bord libre de chaque feuille carpellaire : on la nomme *suture ventrale;* l'autre, opposée à la précédente, correspond à sa nervure moyenne : c'est la *suture dorsale*. Dans un péricarpe simple, dans une gousse de pois, par exemple, ces deux sutures sont également visibles à l'extérieur. Mais quand les carpelles sont soudés par la plus grande partie de leurs faces latérales, pour former un pistil composé, les sutures ventrales se trouvent toutes réunies au centre du fruit, et l'on ne voit à l'extérieur que les sutures dorsales. Mais, par suite de cette soudure des carpelles au point où ils cessent de se toucher, se forment de nouvelles lignes, ordinairement enfoncées. Ces nouvelles lignes sont les *sutures pariétales*. Enfin, quand les feuilles carpellaires, au lieu de se replier sur elles-mêmes, de manière à faire converger leurs deux bords l'un vers l'autre, et de constituer autant de loges distinctes, restent planes et se soudent entre elles par leurs bords mêmes, de manière à former un péricarpe uniloculaire, les lignes qui résultent de cette soudure constituent les *sutures marginales*. Il résulte de cette disposition, qu'en général un péricarpe composé offre un nombre de sutures double de celui des carpelles qui le constituent. Ces données vont nous mettre à même de bien comprendre les différents modes de déhiscence valvaire.

Disons d'abord d'une manière générale que, le plus souvent, le péricarpe s'ouvre en autant de valves qu'il y a de carpelles constituant le pistil. Ainsi, le péricarpe du tabac se compose de deux carpelles et s'ouvre en deux valves, il est *bivalve;* celui de la tulipe, composé de trois carpelles, s'ouvre en trois valves; il est *trivalve;* celui de l'épilobe est *quadrivalve;* celui du lin, composé de cinq carpelles, est *quinquévalve*, etc. De même, dans un péricarpe uniloculaire provenant néanmoins de plusieurs carpelles, il s'ouvre en autant de valves qu'il y a de carpelles soudés. Le fruit de la violette est uniloculaire, mais formé cependant de trois carpelles : il est *trivalve*.

Dans un péricarpe simple, la déhiscence peut se faire de deux manières : 1° Par la suture ventrale seule, dont les bords s'écartent pour former une grande fente par laquelle les grains s'échappent; c'est ce que l'on observe, par exemple, dans le fruit de la pivoine, des Hellébores, et, en général, dans tous les fruits qu'on désigne sous la dénomination générale de *follicule* (*fig.* 196 et 210) : le péricarpe est, dans ce cas, *univalve;* 2° à la fois par la suture ventrale et par la suture dorsale, comme dans la gousse du pois, du haricot, etc.; et le péricarpe, quoique simple, est *bivalve*.

Lorsque, dans un péricarpe composé, la déhiscence se fait *par les sutures pariétales*, les cloisons se dédoublent, et chaque carpelle, correspondant à chacune des loges, constitue à lui seul une valve conservant la forme d'une coque. On a donné à cette *déhiscence* le nom de *septicide;* par exemple, dans le ricin et les autres Euphorbiacées, dans le *Rhododendron*, beaucoup de Rubiacées (*fig.* 201), etc.

Si la déhiscence a lieu par les *sutures dorsales*, chacune des valves emporte une des cloisons sur le milieu de sa face interne, et par conséquent se compose de deux moitiés appartenant chacune à deux

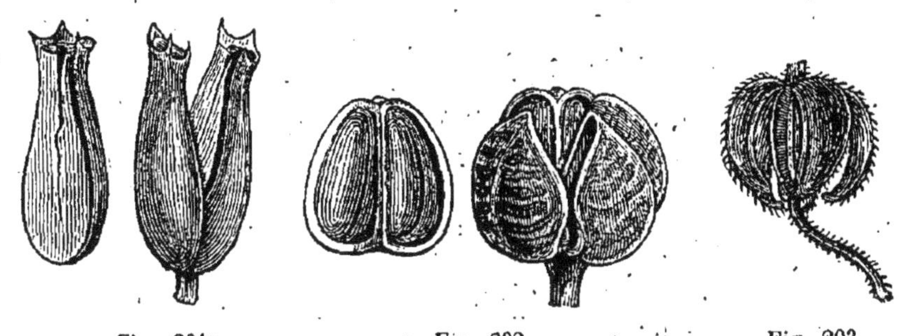

Fig. 201. Fig. 202. Fig. 203.

carpelles différents; cette déhiscence s'appelle *loculicide*, par exemple, dans la tulipe et les autres Liliacées.

Enfin on a nommé déhiscence *septifrage* celle dans laquelle les valves se séparent par la suture pariétale, les cloisons restant intactes et non

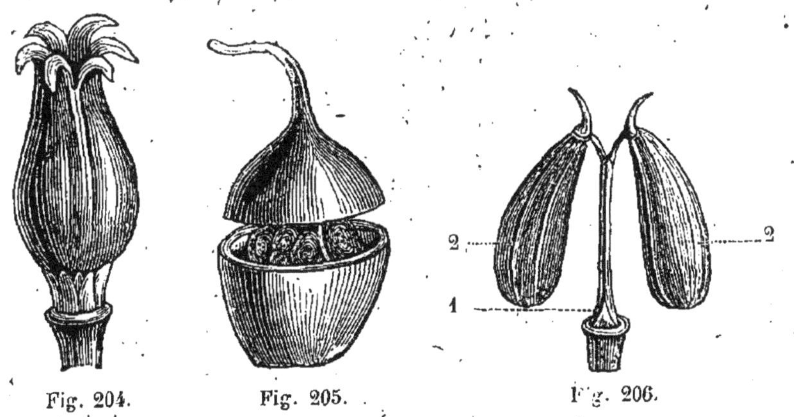

Fig. 204. Fig. 205. Fig. 206.

dédoublées au centre du fruit; par exemple, dans la pomme épineuse, les Éricacées (*fig.* 203).

La déhiscence peut encore avoir lieu uniquement par la plus grande

Fig. 201. Capsule biloculaire, bivalve, *septicide*, de l'*Exostemma caribæum*.
Fig. 202. Capsule triloculaire, trivalve, *loculicide*, de l'*Asphodelus luteus*.
Fig. 203. Capsule quinquéloculaire, quinquévalve, *septifrage*, d'une Ericacée.
Fig. 204. Fruit du *Githago segetum*, dont les valves restent soudées par toute leur partie inférieure et ne se détachent que par leur sommet.
Fig. 205. Pyxide uniloculaire, à trophosperme central d'une Primulacée.
Fig. 206. Fruit d'Ombellifère dont les coques ou méricarpes (2, 2), se détachent de l'axe ou *columelle* (1), sur lequel ils étaient fixés.

partie de la longueur des valves, qui forment alors autant de dents s'écartant les unes des autres pour constituer une ouverture terminale. Cette déhiscence porte le nom de *denticide*. On en voit des exemples dans l'œillet et beaucoup d'autres Dianthacées (*fig.* 204).

Quelquefois le péricarpe s'ouvre à sa partie supérieure par des *trous* irréguliers ou des espèces de *pores*. Ce mode de déhiscence, qu'on appelle *poricide*, s'observe, par exemple, dans le genre *Antirrhinum*.

Il arrive quelquefois que les valves, au lieu d'être appliquées latéralement les unes contre les autres et de s'ouvrir par des sutures longitudinales, sont superposées l'une sur l'autre, la supérieure formant une sorte de couvercle ou d'opercule appliqué sur l'inférieure. C'est ce qu'on observe dans le fruit de l'*Anagalis*, du pourpier, du plantain, des Primulacées, etc. (*fig.* 205). On donne au fruit qui offre ce mode de déhiscence le nom général de *pyxide*.

Assez souvent, quand le péricarpe est formé de plusieurs carpelles soudés ensemble, il reste au centre du péricarpe, après la séparation des valves, un axe central sur lequel l'angle interne des carpelles était appliqué. C'est cet axe central qu'on appelle une *columelle* (*fig.* 206, 1). On en trouve des exemples dans le fruit des Ombellifères, formé de deux carpelles (*fig.* 206, 2); dans celui des Euphorbiacées, provenant de trois ou d'un plus grand nombre de carpelles, etc.

CHAPITRE XIX

CLASSIFICATION DES FRUITS

Après avoir fait connaître précédemment la structure du fruit e celle des diverses parties qui le constituent, nous devons étudier cet organe dans son ensemble, et montrer les caractères que l'on peut en tirer pour la formation des genres et des familles naturelles du règne végétal. Le fruit, en effet, est un organe très-important et qu généralement offre une structure identique ou analogue dans toutes les espèces d'un même genre, dans tous les genres d'une même famille. Aussi a-t-on établi des groupes parmi les fruits, en réunissant sous une dénomination commune tous ceux qui offraient une organisation semblable : ainsi les noms de gousse, silique, drupe, baie, etc., représentent chacun autant d'espèces de fruits offrant un même type d'organisation. Ce sont les caractères de ces diverses espèces de fruits que nous avons à exposer maintenant. Mais ces espèces de fruits offrent souvent des caractères communs et en quelque sorte plus généraux, dont on a formé des groupes d'un ordre supérieur. Nous avons indiqué déjà (ch. XVIII) les quatre classes principales établies parmi les fruits, suivant la disposition des carpelles dont ils proviennent, savoir : 1° les fruits *simples* ou *apocarpés;* 2° les fruits *multiples* ou *polycarpés;* 3° les fruits *soudés* ou *syncarpés;* 4° les fruits *composés* ou *synanthocarpés*. On a encore établi certaines divisions secondaires dans chacune de ces quatre classes. Ainsi il y a des fruits *secs* et d'autres qui sont *charnus*; des fruits *déhiscents* ou *indéhiscents;* des fruits *oligospermes*, ou contenant une seule ou un petit nombre de graines; et des fruits *polyspermes*. C'est en combinant ces différents caractères que l'on a établi parmi les fruits la classification suivante.

PREMIÈRE CLASSE

FRUITS SIMPLES OU APOCARPÉS

Nous réunissons dans cette première classe, non-seulement les fruits vraiment *simples*, c'est-à-dire provenant d'un carpelle unique, mais ceux qui proviennent d'un *pistil à une seule loge* à ovules attachés à un trophosperme unique, quel que soit d'ailleurs le nombre des styles et des stigmates.

I. Fruits apocarpés secs. — A. INDÉHISCENTS. 1° Le *caryopse* (*caryopsis*, Rich.) (*fig.* 207), fruit monosperme, indéhiscent, dont le péricarpe, très-mince, est intimement confondu avec la graine, et ne peut

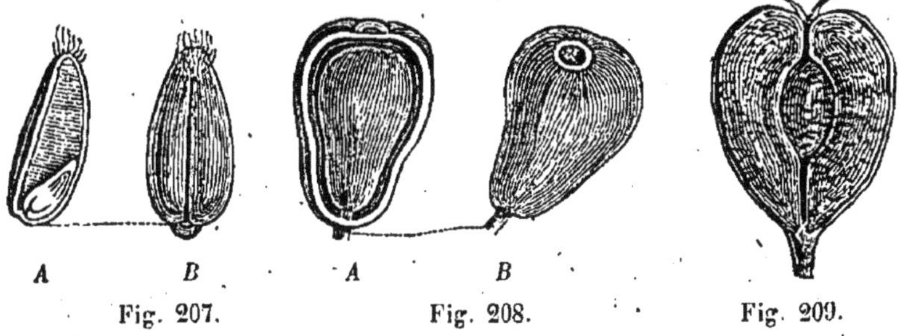

Fig. 207. Fig. 208. Fig. 209.

en être distingué. Cette espèce appartient à presque toute la famille des Graminées, telles que le blé, l'orge, le riz, etc. Sa forme est assez variable. Il est ovoïde dans le *blé* (*Triticum*), allongé et plus étroit dans l'*avoine* (*Avena*), irrégulièrement sphéroïdal dans le *blé de Turquie* (*Zea Maïs*).

2° L'*akène* (*akenium*, Rich.), fruit monosperme, indéhiscent, dont

Fig. 207. *A*, Caryopse du blé (*Triticum sativum*); *B*, le même fendu longitudinalement pour montrer l'adhérence du péricarpe avec la graine.

Fig. 208. *B*, Akène d'une Synanthérée; *A*, le même fendu longitudinalement, pour montrer que la graine est bien distincte du péricarpe.

Fig. 209. *Samare* de l'orme (*Ulmus campestris*).

le péricarpe est distinct du tégument propre de la graine, comme dans les Synanthérées, le grand soleil (*Hélianthus annuus*), les Chardons, etc. (*fig.* 208), les *Rumex*, les *Polygonum*, etc.

L'akène peut provenir d'un ovaire libre ou d'un ovaire adhérent avec le calice, dont le limbe, persiste et forme une sorte de petite couronne au sommet du fruit.

L'akène est quelquefois environné par un calice qui devient charnu; c'est ce que l'on voit dans les genres *Basella*, *Blitum*, *Hippophaë*, etc.: Desvaux lui donne alors le nom de *sphalérocarpe* (*sphalerocarpum*) ; ou bien par un calice ou la partie inférieure d'un calice qui devient dure et résistante, comme dans la belle-de-nuit, l'épinard, les soudes. Cette modification a été appelée *diclesium* par Desvaux, et *sacellus* par Mirbel. Mais toutes ces modifications rentrent dans le type de l'akène, n'étant dues qu'à une partie accessoire du fruit, le calice, et les dénominations en ont été abandonnées.

3° La *samare* (*samara*, Gærtner) (*fig.* 209), fruit uniloculaire indéhiscent, contenant une ou plusieurs graines, et prolongé latéralement en appendices minces ou en ailes membraneuses; ex.: l'orme (*Ulmus campestris*), le *Seguiera*.

B. DÉHISCENTS. 4° Le *follicule* (*folliculus*) (*fig.* 210), fruit uniloculaire s'ouvrant par une seule suture longitudinale, la suture *ventrale*, en une seule valve, qui représente la feuille carpellaire étalée. Les graines sont attachées à un trophosperme sutural simple ou bipartible, qui devient quelquefois libre au moment du décollement des deux bords de la valve ; ex.: le pied-d'alouette et plusieurs Renonculacées.

Fig. 210.

5° La *gousse*, ou légume (*legumen*). (*fig.* 211), est un fruit sec, bivalve, s'ouvrant à la fois par la suture ventrale et la suture dorsale,

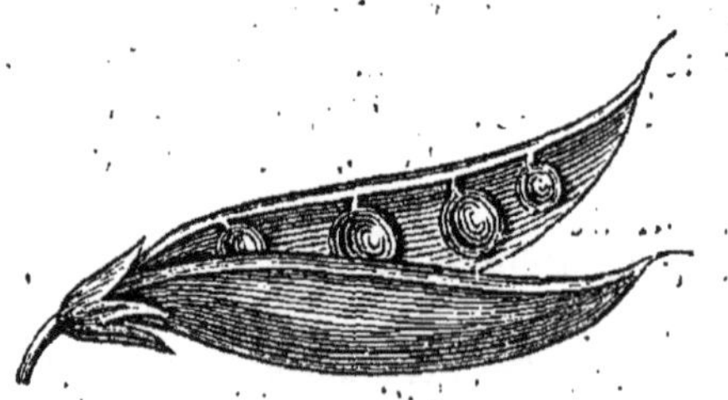

Fig. 211.

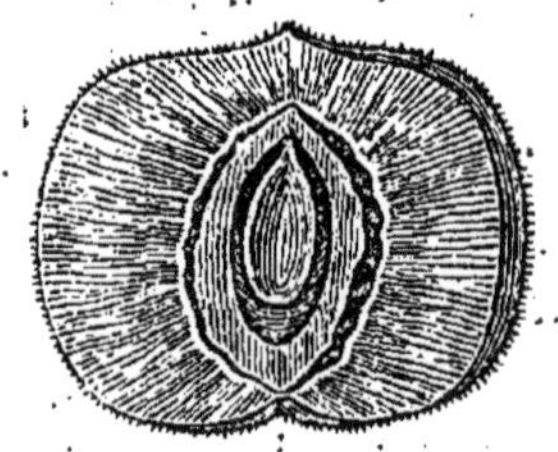

Fig. 212.

dont les graines sont attachées à un seul trophosperme sutural. Ce fruit appartient à toute la famille des Légumineuses, dont il forme

Fig. 210. *Follicule* de l'aconit (*Aconitum Napellus*).
Fig. 211. *Gousse* du pois (*Pisum sativum*).
Fig. 212. *Drupe* du pêcher (*Persica vulgaris*).

le principal caractère; ex.: le pois, la fève, l'acacia, etc. Il offre des variations très-grandes.

6° La *pyxide* (*pyxis*) est un fruit simple uniloculaire, s'ouvrant par une scissure circulaire en deux valves superposées, la valve supérieure formant une sorte d'opercule ou de couvercle (*fig.* 205). Autrefois on désignait ce fruit sous le nom vulgaire de capsule en boîte à savonnette (*capsula circumscissa*); ex.: les Amarantes.

II. Fruits apocarpés charnus. — 7° Le *drupe* (*drupa*) (*fig.* 212), fruit charnu contenant un noyau uniloculaire; ex.: la prune, la pêche, l'abricot, etc. Le noyau, qui représente la loge de l'ovaire, est formé par l'endocarpe et une portion du sarcocarpe qui se sont ossifiés.

La *noix* (*nux*) ne diffère du drupe que par son péricarpe, moins succulent et plus coriace; ex.: le fruit de l'amandier, du noyer, du cocotier, etc.

DEUXIÈME CLASSE

FRUITS POLYCARPÉS, AGRÉGÉS OU MULTIPLES

Cette seconde classe comprend tous les fruits formés de *carpelles distincts*, libres et réunis en nombre variable dans une même fleur. Elle pourrait, elle devrait même être supprimée; car elle ne renferme guère que les espèces de fruits énoncés dans la première classe, seulement ces fruits sont ici réunis en nombre plus ou moins considérable sur un même réceptacle. Nous en citerons ici quelques exemples.

Fig. 213.

Dans la tribu des Fragariées de la famille des Rosacées, on trouve réunis, sur un réceptacle ou gynophore, qui quelquefois devient charnu, des akènes (*Potentilla*, *Fragaria*, *Geum*, etc.) ou des drupes (*Rubus*) (*fig.* 213); d'autres fois ce sont des follicules, comme dans les spirées, les hellébores, les aconits, les pivoines, les Asclépiadées, etc.

8° Il n'y a qu'une espèce de fruit multiple qui ait mérité un nom spécial, c'est celui des *Magnolia* et des Anones. Il se compose d'un grand nombre de carpelles d'abord distincts (dans la fleur), mais se soudant tous ensemble pour constituer un fruit unique et mamelonné qu'on a appelé syncarpe (*syncarpium*). On distingue le syncarpe en deux sous-espèces : 1° le *syncarpe capsulaire*, composé de carpelles coriaces s'ouvrant chacun par une fente longitudinale; ex.: le fruit des *Magnolia;* 2° le *syncarpe charnu*, dont tous les carpelles, intimement soudés, sont charnus et pulpeux; ex.: le fruit des *Anona*.

Fig. 213. Fruit de framboisier (*Rubus idæus*), composé d'un grand nombre de petits drupes portés sur un gynophore conique et charnu.

TROISIÈME CLASSE

FRUITS SOUDÉS OU SYNCARPÉS

Ils résultent de plusieurs *carpelles soudés*, formant un péricarpe à plusieurs loges.

I. Fruits syncarpés secs. — A. INDÉHISCENTS. 9° Le *polakène* (*polakenium*, Rich.; *cremocarpium*, Mirb.). On appelle ainsi un fruit qui, à sa parfaite maturité, se sépare en deux ou en un plus grand nombre de parties monospermes et indéhiscentes, qui offrent chacune tous les caractères que nous avons précédemment assignés à l'akène. Le nombre de ces parties ou *coques*, que quelques auteurs appellent *méricarpes*, varie : de là les noms de *diakène*, *triakène*, *pentakène*, suivant le nombre de ces pièces.

Dans les Ombellifères, le caille-lait, les aspérules, etc., c'est un *diakène* (*fig.* 206 et 215); dans la capucine, c'est un *triakène*; c'est un

Fig. 214. Fig. 215. 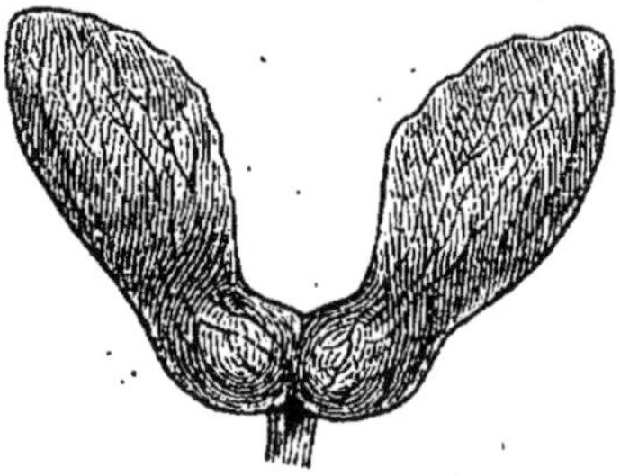 Fig. 216.

tétrakène dans les Labiées et les Borraginées; c'est un *pentakène* ou *polakène* proprement dit dans les Araliacées et les Simaroubées (*fig.* 214).

10° La *samaridie* (*samaridium*) ou *samare composée*, est formée de plusieurs carpelles intimement unis et constituant chacun une samare, c'est-à-dire un fruit uniloculaire indéhiscent, offrant une aile membraneuse; ex.: les érables, les frênes, beaucoup de genres de la famille des Malpighiacées (*fig.* 216).

11° Le *gland* (*glans*) (*fig.* 217), fruit indéhiscent, provenant constamment d'un ovaire infère, pluriloculaire et polysperme, dont le péricarpe présente toujours à son sommet les dents excessivement petites du limbe du calice, et est renfermé en partie, rarement en

Fig. 214. *Pentakène* du *Quassia amara*.
Fig. 215. *Diakène* d'une Ombellifère (*Hydrocotyle vulgaris*).
Fig. 216. *Samaridie* de l'érable (*Acer campestris*).

totalité, dans un involucre nommé *cupule*, pouvant être *écailleuse*, *foliacée* ou *péricarpoïde* (*fig*. 218).

12° Le *carcérule* (*carcerulus*, Desvaux), fruit sec, pluriloculaire, polysperme, indéhiscent, et dont les loges ne se séparent pas les unes

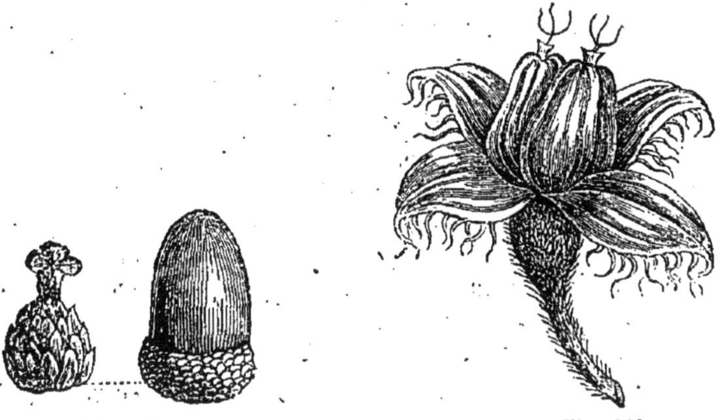

Fig. 217. Fig. 218.

des autres; ex.: le tilleul. Le fruit du grenadier (*Punica Granatum*), dont quelques auteurs ont fait une espèce sous le nom de *balauste* (*balausta*), ne diffère pas du carcérule. En effet, c'est un péricarpe coriace pluriloculaire indéhiscent, dont les loges contiennent un grand nombre de graines ayant le tégument propre charnu.

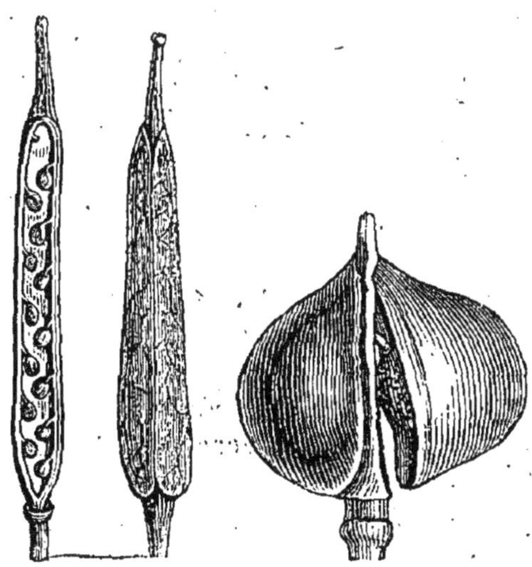

Fig. 219. Fig. 220.

B. DÉHISCENTS. 13° La *silique* (*siliqua*), fruit sec, allongé, bivalve, dont les graines sont attachées à deux trophospermes suturaux opposés aux lobes du stigmate. Elle est ordinairement séparée en deux loges par une *fausse cloison* parallèle aux valves, qui n'est qu'un prolongement des trophospermes, persistant souvent après la chute des valves. Ce fruit appartient exclusivement aux Crucifères; ex.: la giroflée, le chou, etc. (*fig*. 219). Quelquefois la silique est indéhiscente, comme dans le radis

Fig. 217. *Gland* du chêne (*Quercus Robur*).
Fig. 218. *Gland* de hêtre (*Fagus sylvatica*).
Fig. 219. *Silique* du chou (*Brassica oleracea*).
Fig. 220. *Silicule* d'un *Lepidium*.

(*Raphanus*); d'autres fois elle se rompt en un certain nombre de pièces articulées les unes sur les autres.

Quelques plantes étrangères à la famille des Crucifères, comme la *Chélidoine*, le *Glaucium* et l'*Hypecoum*, appartenant à la famille des Papavéracées, ont une capsule allongée et siliquiforme, qui diffère de la vraie silique des Crucifères par ses placentas alternes et non opposés aux lobes du stigmate. Lindley propose le nom de *ceratium* pour cette variété de capsule.

La *silicule* (*silicula*) diffère à peine de la silique. On donne ce nom à une silique dont la hauteur n'est pas quatre fois plus considérable que la largeur. La silicule ne contient quelquefois qu'une ou deux graines; tels sont les fruits des *Thlaspi*, des *Lepidium*, des *Isatis*, etc. (*fig.* 220). Elle appartient également aux plantes crucifères.

14° *Pyxidie* (*Pyxidium*) ou *pyxide syncarpée*. Pyxide à une ou plusieurs loges provenant de plusieurs carpelles soudés; ex.: le fruit des jusquiames, des pourpiers, des anagallis, etc.

15° L'*élatérie* (*elaterium*, Rich.), fruit souvent relevé de côtes, se partageant naturellement à sa maturité en autant de coques distinctes s'ouvrant longitudinalement, qu'il présente de loges, comme dans les Euphorbiacées (*fig.* 221). De là les expressions de *tricoque*, *multicoque*, données à ce fruit. Ordinairement ces coques sont réunies par une *columelle* centrale qui persiste après leur chute.

Fig. 221.

16° La *capsule* (*capsula*). On donne ce nom général à tous les fruits secs et déhiscents qui ne peuvent être rapportés à aucune des espèces précédentes. On conçoit d'après cela que les capsules doivent être extrêmement variables. Ainsi, il y a des capsules provenant d'un ovaire libre (Solanées, Antirrhinées, Liliacées, etc.), et d'autres d'un ovaire infère ou adhérent (Campanulacées, Rubiacées, Amaryllidacées, etc.). On a donné à cette dernière forme le nom de *diplostège* (*diplostegia*).

D'après le mode de déhiscence, on peut distinguer trois sortes de capsules : 1° les capsules *poricides* ou s'ouvrant par des pores; 2° les capsules *denticides*, s'ouvrant par l'écartement de dents placées à leur sommet; 3° les capsules *valvicides*, qui s'ouvrent par des panneaux ou valves complètes.

La déhiscence valvaire peut être *loculicide* (*fig.* 202), *septicide* (*fig.* 201), ou *septifrage* (*fig.* 203). Nous avons défini ces trois modes, page 280.

II. Fruits syncarpés charnus. — 17° Le *nuculaine* (*nuculanium*, Rich.) est un fruit charnu, renfermant dans son intérieur plusieurs petits noyaux qui portent le nom de *nucules* (*nuculæ*) : tels sont les

Fig. 221. *Elatérie* du sablier (*Hura crepitans*).

fruits du sureau, du lierre, des Rhamnées, du sapotillier (*Achras Sapota*).

Quelquefois les nucules, qui représentent chacune un carpelle, se soudent ensemble pour former un noyau unique à plusieurs loges; cette sorte de fruit doit également retenir le nom de *nuculaine*, par exemple dans les cornouillers, et un grand nombre de genres de la famille des Rubiacées.

18° L'*amphisarque* (*amphisarca*, Desvaux), fruit pluriloculaire, polysperme, indéhiscent, dur et comme ligneux extérieurement, charnu et pulpeux à son intérieur; ex.: le fruit du baobab, du calebassier, etc.

19° La *péponide* (*peponida*), fruit charnu, à une seule loge, contenant un très-grand nombre de graines attachées à trois trophospermes pariétaux épais et charnus, qui tantôt par leur développement remplissent toute la cavité intérieure du péricarpe, et tantôt restent appliqués contre ses parois en laissant une vaste cavité centrale, aux parois de laquelle les graines sont attachées sur les restes filamenteux des trophospermes. Ce fruit s'observe dans le melon, le potiron, le concombre et les autres Cucurbitacées.

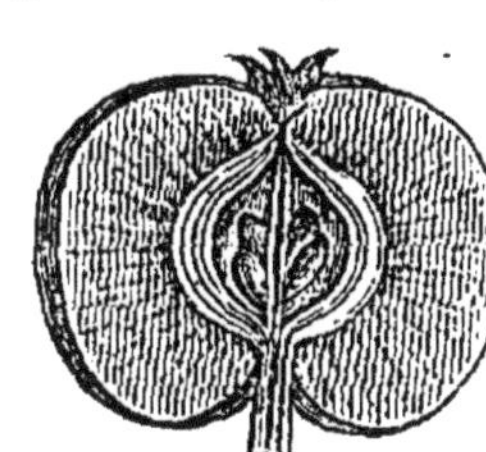

Fig. 222.

20° La *mélonide* (*melodina*, Rich.) est un fruit charnu provenant de plusieurs ovaires pariétaux réunis et soudés avec le tube du calice, qui souvent très-épais et charnu, se confond avec eux, comme dans la poire, la pomme, la nèfle, etc. (*fig.* 222).

Dans la mélonide, toute la partie réellement charnue du fruit n'est pas formée uniquement par le péricarpe lui-même ; elle est due aussi à un épaississement considérable du calice : c'est ce que l'on peut voir facilement quand on suit avec attention le développement de ce fruit. L'endocarpe qui revêt chaque loge d'une mélonide est cartilagineux ou osseux : dans ce dernier cas, il y a autant de nucules que d'ovaires, comme dans la nèfle; ce qui fait qu'on a distingué la mélonide en deux variétés; savoir : 1° *mélonide* à nucules, celle dont l'endocarpe est osseux, comme dans le *Mespilus*, le *Cratægus*; 2° *mélonide* à pepins, celle dont l'endocarpe est simplement cartilagineux, comme dans la poire, la pomme, etc.

La mélonide appartient exclusivement à la famille des Rosacées, dans laquelle elle est associée à quelques espèces de fruits qui n'en sont souvent que des variétés.

21° L'*hespiridie* (*hesperidium*, Desvaux), fruit charnu, dont l'enveloppe est très-épaisse, divisé intérieurement en plusieurs loges par des cloisons membraneuses qu'on peut dédoubler sans aucun déchire-

Fig. 222. Pomme coupée suivant son axe.

ment, chaque loge étant remplie d'un tissu utriculaire très-succulent dans lequel se trouvent les graines, comme dans l'orange, le citron, etc. C'est une simple variété de la baie.

22° La *baie* (*bacca*). Sous ce nom général, on comprend tous les fruits charnus, dépourvus de noyaux, qui ne font pas partie des espèces précédentes : tels sont, par exemple, le raisin, les groseilles, les tomates, etc. Les baies peuvent provenir d'ovaires libres ou d'ovaires adhérents; dans ce dernier cas, Lindley leur a donné à tort le nom de *nuculaine* qui s'applique à un fruit charnu contenant plusieurs nucules

QUATRIÈME CLASSE

FRUITS SYNANTHOCARPÉS OU COMPOSÉS

Cette classe renferme certains assemblages de fruits appartenant primitivement à des fleurs distinctes les unes des autres, mais formant un ensemble que, dans le langage vulgaire, on considère généralement comme un seul fruit, par exemple la figue, la mûre, le cône des Conifères. Il y a deux choses à observer dans les fruits composés : 1° l'ensemble général formé par la réunion des différents fruits, auxquels on donne un nom spécial; 2° la structure particulière de chacun de ces fruits partiels considérés séparément.

23° Le *cône* ou *strobile* (*conus, strobilus*), fruit composé d'un grand nombre d'utricules membraneuses, de samares ou d'akènes, cachés dans l'aisselle de bractées ligneuses, de forme variée, très-développées, sèches, et disposées en forme de cône : tel est le fruit des pins, des sapins, de l'aune, du bouleau, etc.

La forme générale du cône est très-variable, et bien rarement elle est conique, comme le nom semblerait l'indiquer. Elle est ou irrégulièrement ovoïde (*Pinus pinea, Larix, Cedrus*), ou cylindracée (*Abies excelsa*), ou même presque globuleuse (cyprès). Les écailles elles-mêmes qui composent le cône n'ont ni la même forme ni la même consistance. Ainsi, tandis qu'elles sont minces et membraneuses dans le houblon, elles sont épaisses, dures et ligneuses dans les pins, les cèdres et les cyprès, et charnues dans les genévriers. En effet, la prétendue baie des genévriers n'est qu'un petit cône globuleux, dont les écailles peu nombreuses sont devenues charnues et se sont soudées ensemble.

Fig. 223.

24° La *sorose*. Mirbel donne ce nom à la réunion de plusieurs fruits soudés en un seul corps par l'intermédiaire de leurs enveloppes florales, charnues, très-développées et entre-greffées, de manière à ressembler à une baie mamelonnée : tel est le fruit du mûrier (*fig.* 223), de l'ananas, etc.

Fig. 223. Fruit du mûrier.

25° Le *sycône*. Sous ce nom Mirbel désigne le fruit du figuier, de l'*Ambora* et du *Dortsenia*. Il est formé par un involucre monophylle, charnu à son intérieur, ayant la forme aplatie et ouverte (*Dorstenia*)

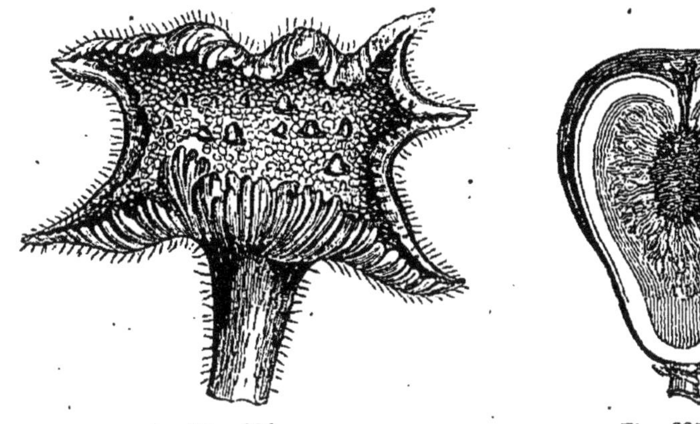

Fig. 224. Fig. 225.

(*fig*. 224), concave et en forme de tasse (*Ambora*), ou ovoïde et fermée, et contenant un grand nombre de petits drupes, qui proviennent d'autant de fleurs femelles (figuier) (*fig*. 225).

[La chair des fruits charnus comestibles contient des produits composés de carbone, d'oxygène et d'hydrogène, dans les proportions pour faire de l'eau, tels que la fécule, la gomme et le sucre; des acides organiques et des huiles grasses et volatiles. Tous ces principes sont en proportions diverses. Le sucre et les huiles volatiles se développent seulement pendant la maturation du fruit et aux dépens de combinaisons différentes. Les acides végétaux disparaissent presque tous à la maturation du fruit. La chimie organique n'a pas encore suffisamment exploré ce beau champ de recherches. Treviranus a montré que les fruits qui deviennent farineux ne doivent pas cette propriété à un développement de principes amylacés, principes qui disparaissent à la maturité et se transforment en sucre; ce sont seulement les cellules qui se séparent facilement les unes des autres. Ces fruits produisent sur la langue une impression de sécheresse comme les pommes de terre farineuses quand elles sont cuites. En général, à la maturité, les cellules des fruits s'isolent et s'entourent d'un suc sucré. Il en est de même pour la figue, où cette liqueur melliforme sécrétée par les fruits s'écoule sous forme de gouttelettes par l'extrémité du sycône.]

Fig. 224. Fruit du *Dorstenia*.
Fig. 225. Fruit du figuier.

HAPITRE XX

GRAINE

La graine est formée par l'ovule qui, après la fécondation, contient un embryon, c'est-à-dire un corps organisé de manière à reproduire un nouvel individu. La graine est donc l'analogue de l'*œuf* des animaux. Elle se compose de deux parties : l'*épisperme*, ou le tégument propre, et l'*amande* recouverte par l'épisperme. Avant d'examiner séparément chacune de ces deux parties, étudions la forme générale de la graine, et sa position dans l'intérieur du péricarpe.

Le point par lequel la graine est attachée au trophosperme forme, sur la surface du tégument propre, une cicatrice qu'on appelle le *hile* ou l'*ombilic externe*. La plupart des botanistes considèrent le hile comme représentant la *base* de la graine. Son *sommet* est le point diamétralement opposé à la base.

Les graines peuvent offrir toutes les formes imaginables. Très-souvent elles sont *ovoïdes* ou *globuleuses*; d'autres fois elles sont *anguleuses*, *planes*, *cylindriques*, *linéaires* et *effilées* comme des cheveux, etc.

Lorsqu'une graine est comprimée, celle de ses deux faces qui regarde l'axe du péricarpe porte nom de *face* proprement dite; l'autre, qui est tournée du côté des parois du péricarpe, est appelée le dos (*dorsum*). Le *bord* de la graine est représenté par le point de jonction de la face et du dos. Quand le *hile* est situé sur un des points du bord de la graine, elle est dite *comprimée* (*semen compressum*). On dit, au contraire, qu'elle est *déprimée* (*semen depressum*), quand le hile se trouve sur la face ou sur le dos. Cette distinction est très-importante à faire : ainsi la graine de la lentille est *comprimée*; celle de la noix vomique est *déprimée*.

La *position des graines* et surtout leur direction relativement à l'axe du péricarpe, sont utiles à considérer lorsque ces graines sont en nombre déterminé. Elles fournissent alors d'excellents caractères pour la coordination naturelle des plantes. Ainsi toute graine fixée par son extrémité même au fond du péricarpe ou d'une de ses loges, quand il est multiloculaire, et dont il suit plus ou moins bien la direction, est dite *dressée* (*semen erectum*), comme dans toutes les Synanthérées. Elle est, au contraire, *renversée* (*semen inversum*), quand elle est attachée de la même manière au sommet de la loge du péricarpe : par exemple, dans les Dipsacées. Dans ces deux cas, le trophosperme occupe la base ou le sommet de la loge. Si, le trophosperme étant axillaire ou pariétal, la graine dirige son sommet (ou la partie diamétralement opposée à son point d'attache) vers la partie supérieure de la loge, elle est appelée *ascendante* (*semen ascendens*), comme dans la pomme, la poire, etc. On la dit, par opposition, *suspendue* (*s. appensum*), quand son sommet regarde la base de la loge, comme dans les Jasminées, beaucoup d'Apocinées, etc. On donne à la graine le nom de graine *péritrope* (*s. peritropum*), quand son axe rationnel, ou la ligne qui est censée passer par sa base et son sommet, est transversale relativement aux parois du péricarpe.

Quand la graine est portée par un podosperme, si celui-ci est long et grêle, il peut exercer une grande influence sur la direction vraie de la graine. Ainsi, par exemple, dans les *Statice* et dans un certain nombre de Rutacées, la graine est *renversée* et pend du sommet d'un podosperme *dressé* attaché au fond ou près du fond de la loge. Il en est de même dans le *Thesium*.

1. Épisperme. — L'épisperme ou le tégument propre de la graine est la pellicule qui la recouvre extérieurement. Il est formé par les deux membranes que nous avons vues exister dans l'ovule au moment de la fécondation, savoir, la primine et la secondine. Dans un grand nombre de cas, ces deux membranes se soudent ensemble, à tel point que l'épisperme est mince et constitue une membrane simple. Il arrive quelquefois aussi que l'épisperme se compose de deux membranes superposées, mais distinctes, l'une extérieure, ordinairement plus épaisse et plus résistante, qu'on nomme le *testa*, et l'autre intérieure, plus mince, nommée le *tegmen*. La graine du ricin présente ces deux membranes parfaitement distinctes.

Sur un point de la surface de l'épisperme, on voit constamment le *hile*, cicatrice par laquelle la graine était attachée au trophosperme. Cette cicatrice est quelquefois très-petite, *ponctiforme;* d'autres fois elle est plus ou moins *allongée* (*fig.* 226, *b*), comme dans la fève, ou même occupe une place considérable sur le tégument propre, par exemple dans le marronnier d'Inde. C'est par le hile que les vaisseaux nourriciers du péricarpe pénètrent dans la graine; ils traversent les deux membranes qui constituent souvent l'épisperme et vont se rendre à la nucelle dans le point par lequel celle-ci (qui forme l'amande dans la graine mûre) est attachée à la face interne du tégument propre. Ce point de la base de l'amande constitue la *chalaze* ou l'*ombilic interne*. Dans les graines provenant d'ovules orthotropes ou campylotropes, la chalaze est immédiatement appliquée sur le hile. Mais dans les graines formées par des ovules anatropes, la chalaze est placée dans un point plus ou moins éloigné du hile, et quelquefois même opposé à celui-ci. Dans ce cas, les vaisseaux nourriciers, pour arriver du hile, par lequel ils sont entrés,

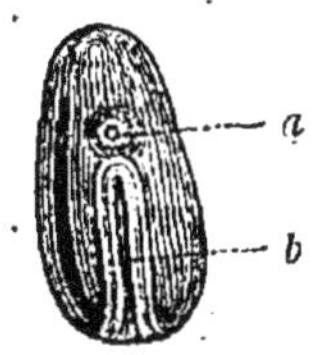

Fig. 226.

Fig. 226. Graine de Légumineuse : *a*, le micropyle ; *b*, le hile sous la forme d'une cicatrice linéaire.

jusqu'à la chalaze, rampent dans l'épaisseur même de l'épisperme en formant un cordon plus ou moins saillant qu'on appelle le *raphé* ou le *vasiducte*. On voit un raphé très-développé dans les graines de l'oranger et du citronnier (*fig*. 227, *b*).

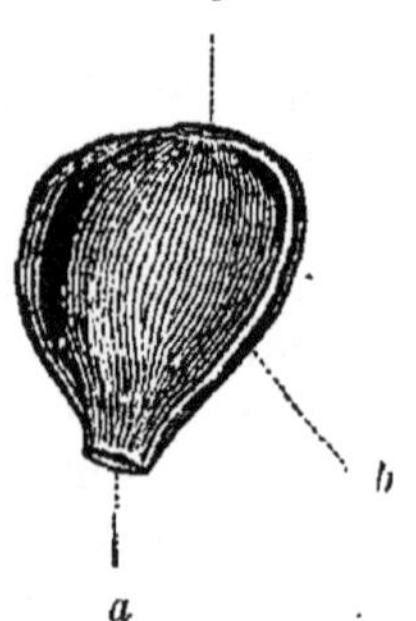

Fig. 227.

Sur la surface de l'épisperme, on aperçoit fréquemment, tout près du hile (*fig*. 226, *a*) ou dans un point qui lui est diamétralement opposé, une ouverture ponctiforme, extrêmement petite, que l'on appelle le *micropyle*. Le micropyle n'est rien autre chose que l'ouverture des deux membranes de l'ovule, qui s'est resserrée au point de devenir quelquefois à peine perceptible. Quand la graine provient d'un ovule orthotrope, le micropyle est opposé au hile; il en est, au contraire, rapproché dans les graines succédant à des ovules campylotropes et anatropes, comme dans le chou, les Légumineuses, etc. Le micropyle correspond toujours au point de la nucelle où s'est formé le sac embryonnaire du sommet duquel naît la vésicule embryonnaire. Il résulte de là que constamment la radicule de l'embryon correspond exactement au micropyle. Il est donc toujours possible de reconnaître la place du micropyle, même lorsqu'il n'est ni visible ni distinct. Pour cela, il suffit de constater le point de l'épisperme auquel correspond l'extrémité de la radicule. Jusqu'à présent on n'a pas trouvé d'exception entre le rapport existant entre ces deux parties.

Le tégument propre de la graine peut offrir des côtes, des arêtes, des plis, quelquefois des appendices en forme d'ailes membraneuses, comme dans les Bignoniacées, par exemple; ou des houppes de poils blancs ou soyeux, comme dans les Asclépiadées. Il peut être glabre ou couvert de poils de nature très-diverse. Tout le monde sait que le coton est formé par les poils très-longs qui naissent de l'épisperme de la graine du cotonnier.

[L'organisation, la consistance et l'épaisseur de l'épisperme varient beaucoup, suivant les genres. Ainsi il est sec et membraneux dans le gland du chêne et les graines du hêtre, du noyer, du noisetier, de l'amandier, du cerisier, du prunier et des autres Amygdalées. Dans ces plantes l'épisperme entoure immédiatement l'embryon. L'épisperme est dur, épais et ligneux dans les graines du pin, du mélèze et du sapin. Dans les fruits de la figue d'Inde (*Opuntia ficus indica*) les nombreuses graines à épisperme charnu constituent la portion sucrée et acidule du fruit comme dans celui des passiflores et dans la grenade. Dans ces derniers le péricarpe est même dur et ligneux. Dans l'if, le gingko et les *Cycas*, il se forme plusieurs couches de cel-

Fig. 227. Graine de citron : *a*, le hile; *b*, le raphé; *c*, la chalaze opposée au hile.

-ules, et la partie interne de l'épisperme forme un noyau résistant. On pourrait donc prendre aisément les fruits du gingko pour de véritables drupes, d'autant plus que l'albumen est entouré d'une enveloppe jaune assez consistante. C'est dans la partie charnue extérieure de la graine du gingko que M. Béchamp a signalé une série d'acides qui sont les acides formique, acétique, caproïque, qui y sont dominants, et en outre les acides valérianique (valérique ou phocénique des chimistes) et propionique. Dans certaines plantes, telles que le lin, un mucilage apparaît dans les enveloppes de la graine.

Dans les Conifères dont l'ovule est nu, sans péricarpe et muni d'une seule enveloppe, la graine ressemble à une baie lorsqu'elle est entourée d'un arille charnu comme dans les *Ephedra*, et les genévriers. La baie de ces derniers arbrisseaux contient trois graines, tandis que la fausse baie de l'if et de l'éphédra n'en renferme qu'une. Dans les *Podocarpus*, c'est l'extrémité de la branche qui se renfle et devient charnue comme dans le fruit des *Anacardium*, ou c'est le cordon ombilical. Les ailes des graines d'Abiétinées sont le prolongement d'une partie de l'écaille qui accompagne la graine.]

II. Amande. — C'est toute la partie d'une graine mûre, enveloppée par l'épisperme. Elle est formée par le développement de la nucelle, et, comme cette dernière, elle est attachée au tégument propre par sa base formant l'ombilic interne ou la chalaze. Mais ordinairement, dans la graine mûre, cette communication se détruit. L'amande, dans une graine fécondée, contient toujours un embryon. Quelquefois l'embryon constitue l'amande à lui seul comme dans le haricot, la courge (*fig.* 228), etc.; d'autres fois, on trouve avec l'embryon pour constituer l'amande, un corps distinct, qu'on appelle *endosperme* ou *périsperme*. Ainsi l'amande peut être formée par l'embryon tout seul, ou bien par l'embryon et l'endosperme, comme dans le ricin, le blé (*fig.* 229), etc. On distinguera de suite l'embryon en ce que c'est un corps composé, qui, par la germination se développe en un nouvel individu, tandis que l'endosperme est une masse de tissu utriculaire se détruisant et se résorbant lors du développement de l'embryon. Examinons successivement ces deux parties de l'amande.

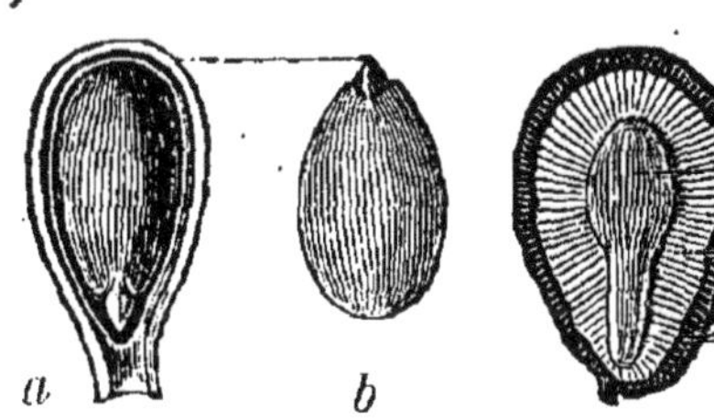

Fig. 228. Fig. 229.

1° ENDOSPERME. Nous savons que l'amande n'est que la nucelle développée. Or, nous avons vu précédemment (p. 264) que l'embryon

Fig. 228. *a*, Graine de potiron composée d'un embryon épispermique; *b*, l'embryon retiré de son tégument.

Fig. 229. Graine d'*Oxalis stricta*, contenant un embryon endospermique intraire; 1, épisperme; 2, endosperme; 3, embryon.

se forme dans la vésicule embryonnaire, qui se montre dans la partie supérieure du sac embryonnaire. Tantôt, pour se développer, l'embryon absorbe le tissu utriculaire formant toute l'épaisseur de la nucelle, et, dans ce cas, il constitue l'amande à lui tout seul. D'autres fois, au contraire, le tissu utriculaire constituant les parois de la nucelle persiste, s'accroît, prend une consistance charnue, ou dure et cornée, et forme autour de l'embryon un corps celluleux qui est l'*endosperme*. L'amande se compose donc, dans ce cas, de l'embryon et d'un endosperme. Enfin, il peut arriver, comme R. Brown l'a fait voir le premier, que non-seulement les parois de la nucelle persistent, mais que, dans l'intérieur du sac embryonnaire, il se développe un tissu utriculaire, pour former un double endosperme; cette structure s'observe dans le *Nymphæa* et les autres Nymphéacées, dans les Pipéracées et les Cabombacées.

Quelques auteurs ont proposé d'appliquer spécialement le nom d'*endosperme* au corps formé par le sac embryonnaire, et celui de *périsperme* à celui qui provient du développement de la nucelle. Cette distinction serait sans doute fort utile, en précisant l'origine de ce corps; mais dans la graine mûre il est à peu près impossible de la constater. Ce n'est qu'en suivant l'ovule dans les diverses phases de son développement qu'on peut reconnaître la nature et l'origine de l'endosperme. Dès lors ce changement de nom pour le même organe perd de son utilité dans la pratique.

Ainsi l'endosperme, quand il existe, peut tirer son origine, soit du développement du tissu constituant les parois de la nucelle, soit du tissu utriculaire qui se produit dans la cavité du sac embryonnaire.

L'endosperme est une masse de tissu utriculaire sans apparence de vaisseaux. Sa consistance n'est pas toujours la même. Il peut être *farineux*, c'est-à-dire formé par un tissu utriculaire sec, contenant une grande quantité de fécule, comme dans le blé et les autres Graminées; il peut être *charnu* ou constitué par un tissu utriculaire à parois épaisses, contenant des sucs de diverse nature, comme dans la noix de coco, le ricin et les autres Euphorbiacées; enfin, il peut être coriace et *corné*, c'est-à-dire formé par un tissu utriculaire à parois épaisses et très-résistantes, comme dans le café, le *Phytelephas*, où il constitue un corps dense, d'une belle couleur blanche, composé de la matière connue sous le nom d'*ivoire végétal*.

[L'endosperme, souvent aussi appelé *albumen*, est un tissu qui se développe à l'intérieur du sac embryonnaire. Lorsque les premières cellules-mères se montrent, elles apparaissent d'abord au pourtour de la cavité, et se développent dans la masse du protoplasma. Quand les premières cellules, au contraire, se forment par segmentation, alors on remarque d'abord une rangée de cellules qui, partant des deux extrémités du sac, viennent se rejoindre au milieu : chacune de ces cellules est une cellule-mère. Il reste souvent aux deux extrémités du sac des espaces vides. Pendant que l'embryon se forme, l'endosperme augmente par génération successive de cellules ; il constitue un tissu compacte absorbé par l'embryon qui se développe. Comme l'albumen manque rarement (excepté chez les Orchidées, les Cannées ou la capucine) dans la graine avant sa maturité, on peut en conclure qu'il contribue à la nutrition de l'embryon et prépare dans ses utricules les principes nutritifs que l'embryon s'assimile plus facilement après cette préparation préliminaire. L'endosperme est aussi souvent totalement absorbé et alors la graine mûre est dépourvue d'endosperme ; ex. : les Cupulifères, les Fraxinées, les Ulmacées, les Crucifères, les Rosacées, etc., ou bien il en reste une partie, et l'on dit alors que la graine a un endosperme. Ce reste d'endosperme nourrit l'embryon quand il commence à germer ; ex. : les Conifères, les Cycadées, les Euphorbiacées, les Antirrhinées, les Graminées, etc.]

2° Embryon. L'embryon est le corps organisé contenu dans la graine qui doit, par son développement, reproduire un nouveau végétal. Tantôt il forme à lui seul la masse de l'amande, et est immédiatement recouvert par l'épisperme : on dit dans ce cas qu'il est *épispermique;* tantôt il est accompagné d'un endosperme : il est *endospermique*.

L'embryon est un végétal à sa première période de développement. Il offre, comme le végétal parfait, la même disposition générale de parties que celle que nous avons signalée dans la plante adulte. Ainsi on y distingue un *axe* et des organes *latéraux*. L'axe se divise également en deux portions : une inférieure, destinée à s'enfoncer dans la terre : c'est la *radicule* (*fig.* 230, 1) ou corps radiculaire ; l'autre supérieure, confondue avec la précédente, dont il est en général difficile de la distinguer : c'est la *tigelle* (4). La radicule représente la *souche* du végétal adulte ; la tigelle, la *tige ;* les organes appendiculaires naissant sur la tigelle sont les *cotylédons* (2, 2), puis un petit bourgeon terminant la tigelle et composé de petites feuilles emboîtées constituant la *gemmule* (3).

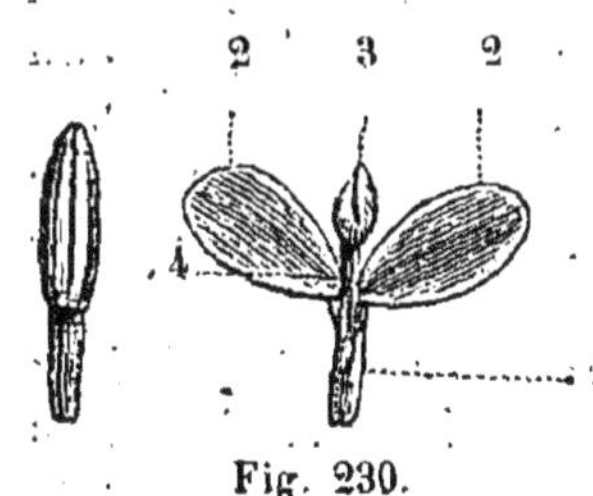

Fig. 230.

L'*embryon* est donc essentiellement formé de quatre parties, savoir : 1° du *corps radiculaire;* 2° du *corps cotylédonaire;* 3° de la *gemmule;* 4° de la *tigelle*.

Avant d'étudier chacun de ces organes en particulier, voyons quels sont les rapports de position entre l'embryon et les diverses parties qui constituent la graine.

1° L'*embryon endospermique*, c'est-à-dire celui qui est accompagné d'un endosperme, peut offrir trois positions principales relativement à l'endosperme, qui le recouvre de toutes parts : on dit alors qu'il est

Fig. 230. Embryon. 1, radicule ; 2, 2, cotylédons ; 3, gemmule ; 4, tigelle.

intraire, comme dans le ricin, l'*Oxalis* (*fig.* 229), etc. D'autres fois, au contraire, l'embryon est situé sur un des points de la surface de l'endosperme : il est *extraire*, comme dans le maïs et les autres Graminées (*fig.* 231). Dans ce cas, l'embryon a été en quelque sorte rejeté sur l'un des côtés de la graine, par suite du développement inégal qui s'est fait dans une des parties de l'endosperme. Enfin, l'embryon peut être recourbé sur la surface de l'endosperme, qu'il embrasse en formant une sorte d'anneau : on dit alors qu'il est *périphérique*; par exemple dans la belle-de-nuit (*fig.* 232). L'embryon périphérique succède toujours à un ovule campylotrope.

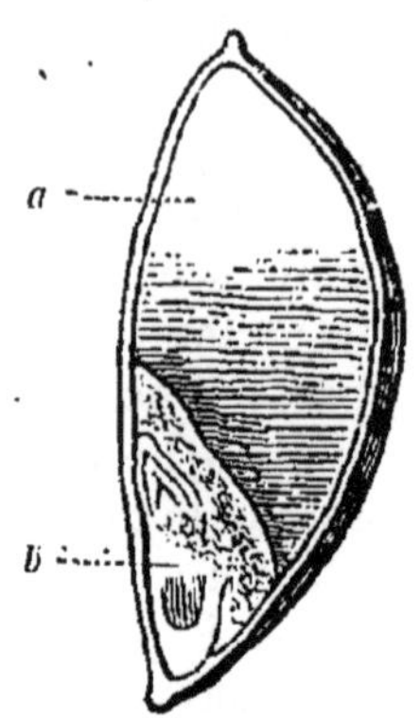

Fig. 231.

Quand l'embryon intraire suit la direction de l'axe de l'endosperme, on dit qu'il est *axile*, comme dans le ricin, l'*Oxalis* (*fig.* 229); il est, au contraire, *latéral*, s'il se trouve placé plus près d'un des côtés de ce corps, comme dans la noix de coco et beaucoup d'autres Palmiers.

Quelquefois l'embryon est très-petit relativement à la masse de l'endosperme, dont il occupe seulement une très-faible partie; d'autres fois il s'étend dans presque toute la longueur de celui-ci, qui est quelquefois excessivement mince et réduit à une sorte de pellicule, comme dans les Labiées, par exemple

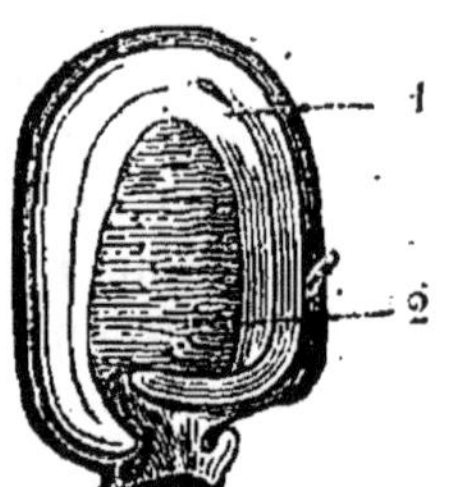

Fig. 232.

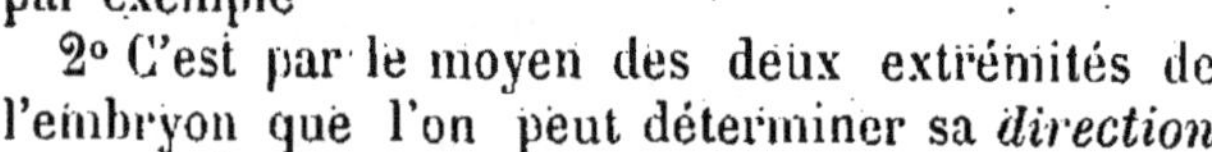

2° C'est par le moyen des deux extrémités de l'embryon que l'on peut déterminer sa *direction propre* et sa *direction relative*. La direction *propre* de l'embryon est celle qu'il affecte, abstraction faite des parties qui l'environnent. Ainsi il peut être *droit*, *courbé*, *annulaire*, *roulé en spirale*, etc., etc. Mais sa direction relative est plus importante, et fournit des caractères d'une plus grande valeur pour la coordination naturelle des végétaux. De même que la direction de la graine doit toujours être étudiée relativement au péricarpe, de même celle de l'embryon doit être observée relativement à la graine. Pour la plupart des botanistes, le *hile*, ou le point d'attache de la graine, représente sa base; l'extrémité radiculaire forme celle de l'embryon. D'après cela, on dit de l'embryon qu'il est *homotrope* ou *dressé* (*emb. homotropus, erectus*), quand il a la même direction que la graine, c'est-à-dire que sa radicule répond au hile, comme cela s'observe dans beaucoup de Légumineuses, de Solanées, et un grand nombre de Monocotylédones. L'embryon *homo-*

Fig. 231. Graine de blé fendue suivant sa longueur, et contenant un embryon endospermique extraire : *a*, l'embryon ; *b*, l'endosperme.

Fig. 232. Graine de la belle-de-nuit (*Nyctago hortensis*) : 1, embryon périphérique ; 2, endosperme.

trope peut être plus ou moins *courbé*. Quand il est *rectiligne*, on lui donne le nom d'*orthotrope*, (*emb. orthotropus*), comme dans les Synanthérées, les Ombellifères, etc. L'embryon homotrope ou dressé provient toujours d'un ovule *anatrope*, c'est-à-dire dans lequel le micropyle s'est placé près du hile, tandis que la chalaze, ou le hile interne, s'est élevée et est opposée au hile externe.

On appelle embryon *antitrope* ou *inverse* (*embryo antitropus, inversus*) celui dont la direction est opposée à celle de la graine, c'est-à-dire que son extrémité cotylédonaire correspond au hile. C'est ce que l'on peut observer dans les *Thymélées*, les *Fluviales*, les *Mélampyrum*, etc. Un semblable embryon se forme dans un ovule *orthotrope*, c'est-à-dire qui a son micropyle diamétralement opposé au hile, la chalaze correspondant exactement au hile.

On donne le nom d'embryon *amphitrope* (*emb. amphitropus*) à celui qui est tellement recourbé sur lui-même, que ses deux extrémités se trouvent rapprochées et se dirigent vers le hile, comme on le voit dans les Dianthées, les Crucifères, plusieurs Atriplicées, etc. C'est dans un ovule campylotrope que peut se développer l'*embryon amphitrope*. Le micropyle s'est placé près du hile, la chalaze ayant conservé sa place primitive.

Lorsque l'on a déterminé la position de l'embryon relativement au hile, on peut aussi connaître celle qu'il affecte relativement aux autres points principaux de l'épisperme, tels que le micropyle et la chalaze. La position de la pointe de la radicule indique constamment celle du micropyle, ces deux organes étant constamment dans le même rapport. Dans une graine succédant à un ovule orthotrope ou anatrope, l'embryon a sa radicule opposée à la chalaze; dans une graine qui provient d'un ovule campylotrope, la radicule est rapprochée latéralement de la chalaze sans lui être opposée.

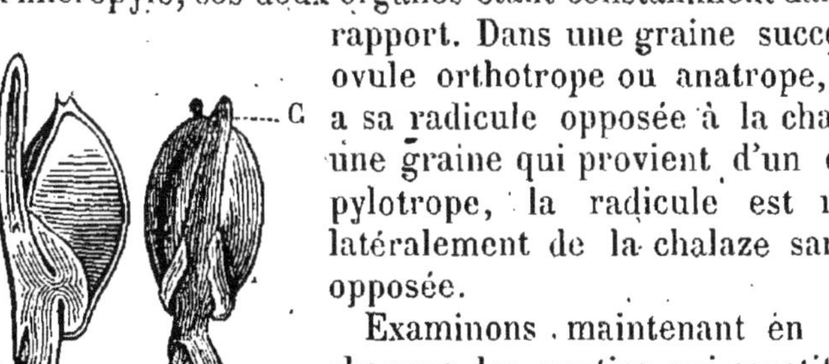
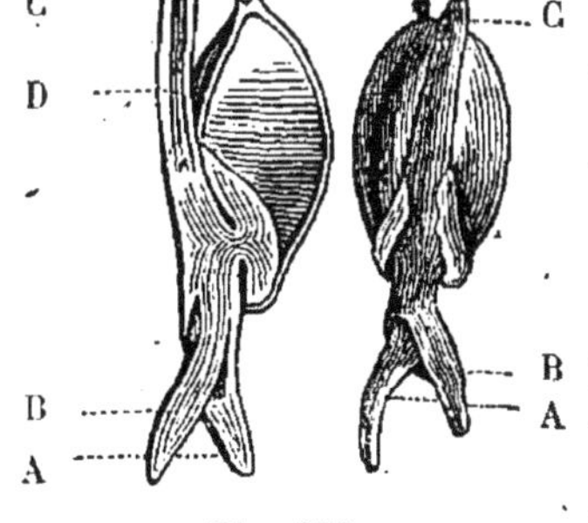

Fig. 233.

Examinons maintenant en particulier chacune des parties qui constituent l'embryon.

1° La *radicule* constitue l'une des extrémités de l'embryon. Elle est toujours dirigée vers le micropyle. C'est elle qui, en se développant, constitue la racine, ou qui lui donne naissance. Elle est très-souvent sous la forme d'un petit mamelon conique ou arrondi. Par la germination, tantôt la radicule s'allonge et devient le

Fig. 233. Grain de blé en voie de germination : à droite, vu de face et entier; à gauche, vu de côté et coupé longitudinalement par son milieu. — A, B. radicules; — C, D. gemmule très-développée; — C. première feuille réduite à une gaîne; — D. deuxième feuille.

carpe de la racine ou la souche, comme, par exemple, dans le pois, le haricot, le melon, etc.; tantôt la radicule, lors de la germination, après avoir pris une certaine longueur, s'arrête, et de son intérieur sortent latéralement une ou plusieurs fibres qui devront constituer la vraie racine, tandis que la pointe de la radicule se détruira (*fig.* 233). On a donné le nom de *coléorhize* à l'espèce de poche formée par le mamelon radiculaire, et de laquelle sortent les véritables fibres radicales. L'embryon est dit, dans ce cas, *coléorhizé*.

Tous les végétaux phanérogames ont ou la radicule *nue*, s'allongeant directement pour former le corps de la racine, ou la radicule pourvue d'une *coléorhize*. On a appelé les premiers végétaux *exorhizes*, et les seconds végétaux *endorhizes*. Cette division correspond assez exactement à celle que l'on établit d'après le nombre des cotylédons. Les Monocotylédones sont *endorhizes* et les Dicotylédones *exorhizes*.

2° La *tigelle* forme avec la radicule l'axe de l'embryon. Elle fait suite à la radicule, qu'elle surmonte et avec laquelle elle se continue sans interruption. Elle n'existe que dans les embryons dicotylédônés, et se termine à son sommet par la gemmule; c'est elle qui, par son développement, donne naissance à la tige. Elle commence en bas, au point d'insertion des cotylédons, qui sont fixés sur elle, et qu'elle entraîne souvent avec elle pour les élever au-dessus du sol, quand son allongement s'est opéré dès sa base. Nous reviendrons tout à l'heure sur ce point en parlant du corps cotylédonaire.

3° Les *cotylédons*. Sur les parties latérales de l'axe de l'embryon naissent une ou deux, rarement un plus grand nombre de feuilles primordiales formant les *cotylédons*, et dont l'ensemble constitue le *corps cotylédonaire*. Si l'on prend un embryon de haricot, de pois, de chêne, etc., on voit le corps cotylédonaire formé de deux cotylédons opposés. L'embryon qui présente une semblable conformation est un embryon *dicotylédoné*. Si, au contraire, on examine l'embryon du blé ou du maïs, celui d'un iris ou d'un palmier, on verra que le corps cotylédonaire est simple, formé par un seul cotylédon ou par une feuille primordiale, placée latéralement : l'embryon, dans ce cas, est appelé *monocotylédoné*. Ce caractère tiré du nombre des cotylédons est d'une haute importance, car il divise tous les végétaux phanérogames, ceux qui sont pourvus de fleurs proprement dites, en deux grands embranchements, les MONOCOTYLÉDONES et les DICOTYLÉDONES, qui diffèrent entre eux, non-seulement par cette différence dans la structure de leur embryon, mais par l'organisation spéciale de toutes les parties qui les constituent.

Cependant un petit nombre de végétaux semblent se soustraire à cette division si générale : ce sont ceux qui, comme les pins et les sapins, et en général tous les arbres de la famille des Conifères, offrent non pas deux, mais plusieurs, et jusqu'à dix et douze cotylédons verticillés. On avait proposé pour ceux-ci une troisième division générale, les *Polycotylédones;* mais on a reconnu, et M. Duchartre a prouvé (*Comptes rendus*, 1848, t. XXVII, p. 226) que les embryons polycotylédonés ne sont que des embryons dicotylédonés, dont les deux cotylédons sont profondément découpés; ils rentrent donc dans la division des Dicotylédones.

[Depuis Rob. Brown, la plupart des botanistes considèrent ces végétaux comme formant soit une classe à part, soit un sous-embranchement des Dicotylédones, soit même un embranchement des Phanérogames, en leur donnant le nom de *Gymnospermes*. Ce terme rappelle que l'ovule de ces végétaux est *nu*, c'est-à-dire qu'il n'est pas, avant la fécondation, enveloppé dans un ovaire, et qu'il reçoit directement l'action du pollen. Les autres Phanérogames, dont l'ovule naît à l'intérieur d'un ovaire, cavité close due à la soudure des bords d'une feuille carpellaire ou de plusieurs feuilles carpellaires, sont alors par opposition appelés *Angiospermes*.]

Les cotylédons sont, ou excessivement épais et charnus comme dans le gland du chêne, dans la châtaigne, etc., ou plus ou moins minces et membraneux. Les cotylédons épais et charnus s'observent dans les *embryons épispermiques*, c'est-à-dire ceux qui sont immédiatement recouverts par l'épisperme. Les seconds, au contraire, se montrent dans les *embryons endospermiques*, c'est-à-dire accompagnés d'un endosperme. L'endosperme, comme nous le verrons en traitant de la germination, est destiné, par les transformations chimiques qu'il subit, à fournir au jeune embryon germant les premiers matériaux de sa nutrition. Quand il n'existe pas d'endosperme, c'est dans les cotylédons que la jeune plantule devra puiser ses premiers aliments.

La nature foliacée des cotylédons ne se reconnaît guère que dans ceux qui sont minces et membraneux; on y distingue des nervures, qu'on n'aperçoit pas dans les cotylédons épais et charnus.

Les deux cotylédons de l'embryon dicotylédoné sont constamment opposés, quelle que soit la position que les feuilles doivent affecter sur la tige. En général, ils sont égaux et semblables entre eux. Quelquefois, cependant, l'un d'eux prend un accroissement plus considérable aux dépens du second, qui reste beaucoup plus petit; quelques Malpighiacées sont dans ce cas.

Les cotylédons peuvent présenter de nombreuses variations de formes : ainsi il y en a qui sont *arrondis*, d'autres *allongés*, *linéaires*, *aigus*, *obtus*, et généralement ils sont *entiers* et sans divisions; d'autres sont échancrés en cœur à leur sommet, ou plus ou moins profondément *lobés;* ceux du *Schizopetalum Walkerii*, de la famille des Crucifères, sont à quatre lobes égaux; ceux du tilleul sont à cinq lobes digités. Entre les cotylédons lobés et ceux des Conifères divisés presque jusqu'à leur base, le passage est presque insensible.

Dans l'embryon dicotylédoné, et dans la graine encore à l'état de repos, les deux cotylédons sont appliqués l'un contre l'autre par une surface plane qu'on appelle leur *face*, le *dos* étant la partie légèrement convexe tournée en dehors; plus rarement les deux cotylédons sont écartés l'un de l'autre, comme dans quelques Renonculacées, et les genres *Monimia* et *Boldea*, parmi les Monimiacées. Dans un certain nombre de graines, dans la famille des Combrétacées, dans le grenadier, les cotylédons sont roulés en spirale sur leur axe. Quelquefois l'embryon étant plus ou moins allongé, se roule sur lui-même en formant une spirale dont les tours sont placés sur le même plan, comme dans certains Crucifères, et en particulier dans le genre *Bunias*.

La direction de l'axe de la radicule est ordinairement la même que celle qui passe par la tigelle et les cotylédons, comme dans l'embryon du ricin, par exemple; mais fréquemment cette ligne est plus ou moins arquée, par exemple dans l'embryon périphérique de la belle-de-nuit (*fig.* 232). Quelquefois même cette ligne est disposée de manière à ce que ses deux moitiés soient en quelque sorte parallèles entre elles, c'est-à-dire que la radicule se trouve repliée sur les cotylédons. Tantôt la radicule est repliée d'un des côtés sur le dos des cotylédons, comme dans le pastel, etc.: on dit alors que les cotylédons sont *incombants*. Dans d'autres genres (giroflée, cresson, etc.), c'est sur la commissure même des cotylédons que la radicule est appliquée, et les cotylédons sont dits *accombants*.

A l'époque de la germination, quelquefois les cotylédons restent cachés sous la terre, sans se montrer à l'extérieur; dans ce cas, ils portent le nom de cotylédons *hypogés* (*cotyledones hypogei*), comme dans le marronnier d'Inde. D'autres fois ils sortent hors de terre, par l'allongement de la tigelle; on leur donne alors le nom d'*épigés* (*cotyled. epigei*), comme dans le haricot et la plupart des Dicotylédones. Quand les deux cotylédons sont épigés, et qu'ils s'élèvent au-dessus du sol, ils forment les deux *feuilles séminales* (*folia seminalia*).

[La structure de l'épiderme des cotylédons est différente suivant les fonctions qu'ils ont à remplir. S'ils restent cachés sous la terre, leur surface extérieure absorbe l'albumen, quand il existe, et le cotylédon grandit proportionnellement à l'énergie de l'absorption; c'est ce qu'on voit dans les Palmiers, les Graminées; un épiderme fin et de nombreux faisceaux vasculaires plongés dans un parenchyme gorgé de sucs favorisent cette fonction. Les cotylédons se développent-ils au contraire à l'air libre, comme des feuilles, alors ils sont munis de stomates, au moins sur l'une de leurs faces : les cotylédons de la betterave en portent sur l'une et sur l'autre; ceux du hêtre, de l'aulne et du bouleau, dont les graines ne renferment pas d'endosperme, sur la face inférieure. Mais quand l'embryon s'accroît dans l'origine par l'absorption de l'endosperme, alors la face en contact avec l'albumen n'est point percée de stomates, mais on en voit à la face supérieure qui était, dans la graine, la face interne du cotylédon. C'est le cas des Conifères.]

4° La *gemmule* est le petit bourgeon qui termine la tigelle à son sommet. Comme tous les bourgeons terminaux, elle se compose : 1° d'un petit axe, se continuant sans interruption avec celui de l'embryon, lequel est représenté par la tigelle; 2° de feuilles à l'état tout à fait rudimentaire, qui représentent les premières feuilles que l'embryon va développer. En général, dans les embryons dicotylédonés la gemmule est placée entre les deux cotylédons, qui, en s'appliquant l'un contre l'autre, la recouvrent et la cachent complétement. Il est donc nécessaire de les écarter pour pouvoir l'apercevoir. Dans les embryons monocotylédonés, elle est placée dans une petite fossette située à la base et sur un des côtés des cotylédons. Cette petite fossette représente la gaîne de la feuille cotylédonaire, dont les bords, en se rapprochant, se soudent ensemble ou laissent entre eux une petite fente que l'on voit à la base du cotylédon.

En se développant, la gemmule donne naissance à un scion qui commence la tige aérienne de la plante, et sur laquelle s'épanouissent les feuilles rudimentaires qui la constituaient, et qui prennent successivement la position, la forme et les dimensions qu'elles doivent ainsi conserver.

[La graine du ricin (*Ricinus communis*) étant une de celles où l'on peut étudier le plus facilement la structure de cette partie importante du fruit, je donne, d'après M. Arthur Gris, l'analyse des parties dont elle se compose, lorsqu'elle est près de sa maturité, encore contenue dans le fruit, mais protégée par une enveloppe déjà résistante et colorée. On y observe en allant de dehors en dedans : 1° la *primine*, dont l'épiderme se détache comme une membrane mince et blanche, entraînant çà et là quelques cellules de la couche du parenchyme sous-jacent; 2° la *secondine*, représentée par une enveloppe crustacée résultant du développement de la couche la plus extérieure de cette enveloppe et formée de cellules très-longues, étroites et parallèles entre elles, et une mince membrane entièrement celluleuse, blanche d'aspect, qui est le reste de la partie parenchymateuse de la secondine; 3° la *nucelle*, réduite à une membrane légèrement jaunâtre enveloppant l'amande depuis la base jusqu'à une petite distance de son sommet, où elle est interrompue par un sillon circulaire. La petite calotte supérieure tranche par sa couleur d'un blanc laiteux et son aspect lisse sur tout le reste de la graine. C'est l'extrémité supérieure de 4° l'*albumen* constituant la partie charnue de la graine; 5° l'*embryon* contenu au milieu de l'albumen.]

Résumons les caractères les plus généraux que présente l'embryon dans les Dicotylédones et dans les Monocotylédones.

1° *Embryon dicotylédoné.* Les caractères essentiels de l'embryon dicotylédoné consistent surtout dans l'existence de deux cotylédons opposés, et dans une radicule nue s'allongeant pour former la racine. Sa forme générale est extrêmement variée. Assez souvent il est ovoïde ou presque globuleux, ou bien plan, ou enfin cylindrique ou très-grêle. La radicule est sous la forme d'un mamelon conique, ne représentant qu'une faible partie de la masse de l'embryon, qui est surtout formée par le corps cotylédonaire. Plus rarement elle est la portion la plus développée, comme dans le genre *Pekea*, par exemple, où les cotylédons sont excessivement petits. La forme de ces cotylédons varie beaucoup, et leur épaisseur est d'autant plus grande que l'endosperme est plus mince, et surtout qu'il manque complétement.

La gemmule est toujours placée au sommet d'une tigelle, qui, quelquefois, est à peine marquée. Cette gemmule est recouverte par les deux cotylédons appliqués l'un contre l'autre par leur face interne. Rarement les deux cotylédons se soudent ensemble pour former un corps unique, comme dans le marronnier d'Inde.

2° *Embryon monocotylédoné*. Un corps cotylédonaire simple, c'est-à-dire formé par une seule feuille cotylédonaire, et une radicule constituée par une *coléorhize* ou poche recouvrant les rudiments des véritables fibres radicales, sont les deux caractères essentiels de l'embryon monocotylédoné. Ajoutons qu'il manque en général de tigelle, et que sa gemmule est renfermée dans une petite cavité vaginale de la base du cotylédon, ouverte ordinairement par une petite fente longitudinale.

Sa forme est très-variable, mais en général plus simple que celle de l'embryon dicotylédoné. Il peut être ovoïde, déprimé, cylindrique, etc. La radicule, ordinairement obtuse, occupe une des deux extrémités de l'embryon; elle est *coléorhizée*. La forme du cotylédon varie beaucoup; il est généralement cylindracé, même dans les embryons accompagnés d'un endosperme.

En général, les différentes parties constituant l'embryon monocotylédoné sont moins distinctes que celles de l'embryon dicotylédoné, et il faut souvent avoir recours à la germination, qui commence à les développer, pour les discerner plus facilement.

[L'embryon le plus simple d'une graine mûre, celui des Orchidées, Monotropées, Pyrolacées, Orobanchées, Rafflésiacées, Balanophorées et *Hydnora*, se montre sous la forme d'une sphère composée d'un petit nombre de cellules. Il est déjà plus compliqué dans les Monocotylédones, en général, où l'on distingue la gemmule et le cotylédon qui l'entoure, et à l'extrémité radiculaire un tissu dans lequel les radicules se développeront. C'est dans les Dicotylédones que l'embryon est le mieux développé. Aux deux extrémités on aperçoit la gemmule et la radicule ou l'axe de la racine future. Deux cotylédons entourent la tigelle. Ce nombre est constant; cependant le *Cyclamen* et le *Trapa* n'ont qu'un seul cotylédon tout à fait semblable aux feuilles de la plante. Le corps radiculaire, toujours tourné du côté du micropyle, émet un axe dans les Dicotylédones, des radicules latérales dans les Monocotylédones.]

CHAPITRE XXI

GERMINATION

La germination est la série de phénomènes que présente une graine quand son embryon se développe en un nouvel individu.

Pour qu'une graine germe, il faut le concours de circonstances, les unes, inhérentes à la graine elle-même, les autres dépendantes de l'action des agents naturels auxquels elle est soumise. Ainsi, par exemple, la graine doit contenir un embryon, et par conséquent avoir été fécondée, puisque c'est l'embryon qui se développe en une jeune plantule. De plus, elle doit, dans le plus grand nombre des cas, être assez récente, parce que la plupart des graines perdent avec le temps la faculté de germer. Ainsi, en général, les graines qui contiennent des huiles grasses s'altèrent plus promptement que celles qui n'en renferment pas. D'autres graines, au contraire, conservent presque indéfiniment leur faculté germinative. Les Légumineuses sont dans ce cas. On a fait germer, au Jardin des Plantes, il y a une trentaine d'années, des graines de haricots conservées dans l'herbier de Tournefort, mort au commencement du dix-huitième siècle. M. Ch. Desmoulins, de Bordeaux, est parvenu à faire germer des graines de lupuline, d'héliotrope, trouvées dans des tombeaux romains, remontant probablement au deuxième ou au troisième siècle de notre ère.

Les agents extérieurs indispensables à la germination des graines sont : 1° l'eau ; 2° l'air ; 3° la chaleur.

1° L'*eau* est utile dans la germination, comme dans tous les autres phénomènes de la vie végétale. Elle pénètre dans la substance de la graine, ramollit ses enveloppes, fait gonfler l'embryon. Elle place donc la graine dans les conditions les plus favorables pour se développer. Aussitôt que la germination a commencé, elle dissout la dextrine et les autres principes solubles qui existent dans la graine, ou qui s'y forment par la transformation de la fécule, et les fait pénétrer jusque dans l'embryon. Cependant l'eau, pour être utile, ne doit pas être en trop grande quantité ; car son excès serait nuisible : par exemple, si les graines y restaient complétement plongées, elles ne tarderaient pas à s'y altérer.

Par quelle voie l'eau pénètre-t-elle dans la graine? En général, c'est à la fois par toute la surface de l'épisperme, en y comprenant le hile et le micropyle. Quelquefois, cependant, ce sont ces deux derniers points qui servent plus particulièrement à l'absorption de l'eau. C'est ce que l'on peut reconnaître en plongeant une graine dans un liquide coloré; ou mieux, en la plaçant dans du sable fin que l'on arrose avec ce liquide. Cette expérience conduit encore à un autre résultat. On reconnaît que le liquide qui a pénétré dans le tégument propre n'est pas absorbé par toute la surface de l'embryon. C'est l'extrémité seule de la radicule qui y puise le fluide qu'il contient, et c'est par ce seul point de l'embryon qu'il entre, pour se répandre ensuite dans toutes ses parties.

En résumé, l'eau agit de trois manières différentes dans la germination : 1° elle ramollit l'enveloppe de la graine et en favorise la rupture; 2° elle pénètre l'amande, dont elle opère le gonflement; 3° elle sert de véhicule aux matières alibiles de l'embryon.

2° L'*air* est, comme l'eau, un des éléments nécessaires de tous les phénomènes de la vie de la plante. Une graine ne germe pas si elle est privée complétement du contact de l'air. Les expériences de Th. de Saussure l'ont parfaitement prouvé. Des graines enfoncées trop profondément dans le sol, et par cela seul soustraites au contact de l'air, se conservent pendant un temps indéfini sans germer. Mais qu'une cause quelconque les ramène dans la couche superficielle du sol, elles ne tardent pas à germer et à se développer. C'est ainsi qu'on voit apparaître subitement certaines plantes qui n'existaient pas dans une localité, par exemple après le défrichement des bois. C'est sur le même principe que sont construites les cavités souterraines connues sous le nom de *silos*, et dans lesquelles les grains se conservent, à l'abri de l'air et de l'humidité, sans éprouver d'altération.

[La même cause explique l'alternance des forêts. Si l'on abat une forêt, on voit reparaître d'autres essences que celles qui la composaient. Des bouleaux et des trembles remplacent des chênes et des hêtres. Dans l'Amérique septentrionale, des peupliers succèdent à des sapins. Des plantes herbacées, inconnues dans la forêt, des belladones, des digitales, des séneçons envahissent la clairière. Dans les îles du nouveau monde, défrichées pour la première fois, on a vu apparaître des plantes totalement inconnues dans l'île. Sur les déblais des chemins de fer, les botanistes ont vu également pousser des espèces qui n'existaient pas dans la localité].

C'est l'oxygène de l'air qui agit principalement dans la germination, car des graines plongées dans du gaz azote pur ne germent ni ne se développent. L'oxygène, absorbé pendant la germination, se combine avec l'excès de carbone que contient le jeune végétal, et forme de l'acide carbonique qui est rejeté au dehors. Le volume d'acide carbonique formé est égal au volume d'oxygène qui a été absorbé. C'est par cette absorption de l'oxygène que la fécule de l'endosperme ou des cotylédons charnus, quand l'endosperme n'existe pas, change d'état, passe à l'état de dextrine, puis de sucre, et, d'insoluble qu'elle était avant la germination, devient soluble et est absorbée en grande partie pour servir de première nourriture à l'embryon.

D'après des expériences de MM. Edwards et Colin, un autre acide se produirait encore dans la germination : ce serait de l'acide acétique;

ou, selon M. Boussingault (*Économ. rur.*, I, p. 37), de l'acide lactique. Selon ces premiers expérimentateurs, la graine, en germant, décomposerait une petite quantité d'eau, puisque, lorsqu'on fait germer des graines dans ce liquide, il y a encore formation d'acide carbonique, dont l'oxygène proviendrait de cette décomposition de l'eau.

En résumé, la graine germante : 1° absorbe de l'oxygène, produit et exhale de l'acide carbonique ; 2° l'amidon se convertit en dextrine et celle-ci en sucre ; 3° le sucre se brûle et disparaît bientôt en se convertissant en acide carbonique ; 4° cette combustion est accompagnée d'un dégagement de calorique.

3° *La chaleur*. La graine, pour germer, a besoin d'une certaine quantité de *chaleur*. Placée dans un milieu dont la température se maintient au-dessous de zéro, elle reste stationnaire et comme engourdie, même sous l'influence de l'air et de l'humidité. Mais une température douce accélère le développement de tous les phénomènes de la germination. On sait que c'est en les semant sur couche, et par conséquent en obtenant une chaleur humide et artificielle plus ou moins élevée, que les horticulteurs assurent la germination des graines exotiques ou de celles dont on a intérêt à accélérer le développement. Mais il est nécessaire que cette température ne dépasse pas certaines limites ; sans quoi, loin de favoriser le développement des graines, elle les dessécherait et détruirait le principe de la vie.

4° *L'électricité*. Le fluide électrique exerce une influence très-marquée sur les phénomènes de la germination, comme, au reste, sur l'accroissement de toutes les autres parties du végétal. Les expériences de Nollet, de Jalabert, et, dans ces derniers temps, de Davy et de M. Becquerel, ne laissent aucun doute à ce sujet. Des graines de moutarde électrisées par Nollet germèrent avec une grande rapidité, tandis que les mêmes graines, placées dans les mêmes conditions, mais non soumises à l'action du fluide électrique, ne donnèrent dans le même espace de temps aucun signe de développement. M. Becquerel a fait un grand nombre d'expériences sur le même objet. En faisant usage de forces électriques extrêmement faibles, il a reconnu, comme Davy l'avait déjà annoncé, que des graines électrisées négativement germaient avec rapidité, tandis que celles qui étaient électrisées en sens contraire ne se développaient pas. (Mémoire de M. Becquerel, *Arch. de Bot.*, t. I, p. 395.)

5° *La lumière*. On dit, en général, que la *lumière*, loin de hâter la germination des graines, la ralentit et lui nuit. Cependant, de Saussure a fait voir que l'action défavorable attribuée à la lumière était due à la température plus élevée qu'elle occasionne, et qui souvent opérait la dessiccation des semences soumises aux expériences. Ainsi il a fait germer des graines sous deux cloches d'égale capacité et placées identiquement dans les mêmes circonstances. L'une de ces cloches était transparente, l'autre opaque. La végétation fut beaucoup plus prompte et plus vigoureuse sous la cloche transparente. Donc la lumière avait activé la germination.

Phénomènes généraux de la germination. Le premier phénomène qui s'observe dans la graine germant, c'est son gonflement et le ramollissement des enveloppes qui la recouvrent. Par suite de l'extension excentrique à laquelle ces enveloppes sont soumises, elles se déchirent d'une manière plus ou moins irrégulière; et le gonflement de la graine devient plus rapide. Bientôt l'embryon entre en mouvement. La partie de ce corps qui, la première, se développe, c'est constamment la radicule; on la voit s'allonger, sortir par la déchirure de l'épisperme, et venir former un petit corps conique et cylindrique, qui se dirige constamment vers le centre de la terre pour aller former la souche ou le caudex descendant. Peu de temps après, ou en même temps que la radicule s'enfonce dans le sol, la tigelle s'allonge. Tantôt elle soulève avec elle les deux cotylédons qu'elle élève au-dessus du sol (*cotylédons épigés*), et qui, en s'écartant, découvrent la gemmule, qui, par l'allongement de son axe, va constituer la partie aérienne de l'axophyte et les feuilles primordiales qu'elle doit porter. D'autres fois, au contraire, l'élongation de la tigelle ne se fait qu'au-dessus du point d'insertion des cotylédons, et ceux-ci restent cachés sous la terre (*cotylédons hypogés*). La tigelle, dans ce cas, se dégage d'entre les deux cotylédons et élève la gemmule au-dessus du sol pour favoriser sa croissance aérienne. Dans cet état, l'embryon commence à former une *plantule*. Voyons les changements chimiques qui se sont opérés dans la graine, et qui ont fourni au développement et à la nutrition des organes qui la constituent.

Nous avons vu qu'au moment où elle germe, la graine absorbe de l'oxygène. Cet oxygène, en se combinant avec la fécule qui existe, soit dans les cotylédons, lorsqu'ils sont épais et charnus, soit dans l'endosperme, quand celui-ci accompagne l'embryon, se convertit en dextrine, puis celle-ci en sucre. Le sucre dissous par l'eau nécessaire à la germination de la graine, pénètre toutes les parties de l'embryon, et vient lui fournir une grande partie des matériaux nutritifs qui lui sont nécessaires. La respiration s'établit dans les parties vertes qu'il développe à l'air, il se forme une véritable combustion lente qui décompose la matière sucrée et exhale de l'acide carbonique. Aussi, à mesure que la germination marche, le corps cotylédonaire, dans l'embryon épispermique, et l'endosperme dans l'embryon endospermique, diminuent-ils successivement de volume en même temps que leur fécule disparaît, et même le dernier de ces corps finit-il, au bout d'un certain temps, par être complétement résorbé.

[Les transformations chimiques qui ont lieu dans l'embryon pendant la germination sont encore très-mal connues. Aussi l'Académie des sciences de Paris avait-elle proposé cette question comme sujet du grand prix des sciences physiques pour 1863. Le mémoire d'Arthur

Gris fut couronné, parce que, dit le rapporteur, M. Decaisne, l'auteur avait élucidé la question autant qu'elle pouvait l'être dans l'état présent de nos connaissances. Voici les faits les mieux établis actuellement. Pour germer, une graine a besoin d'une quantité d'oxygène égale à un huitième environ de son volume. Une partie d'oxygène sur 3 ou 4 d'azote sont les proportions les plus favorables : si l'on met la graine dans de l'oxygène pur, elle en consomme plus qu'on ne trouve de carbone dans l'acide carbonique exhalé. Il y a donc ici une véritable oxydation qui favorise la transformation de l'albumine en gomme et en sucre. Outre l'albumine, les chimistes avaient reconnu l'existence de substances différentes, quoique semblables à l'albumine, et appartenant à la même famille chimique et appelées, par conséquent, substances albuminoïdes. Parmi elles il en est une qui mérite l'attention des physiologistes : c'est cette substance concrétée dont les granules affectent des formes cristallines qui a été récemment découverte par M. Hartig et désignée sous le nom d'*aleurone*. Longtemps confondue avec la matière amylacée, elle en diffère par la composition chimique, par sa structure et le rôle physiologique qu'elle remplit dans la germination. On admet généralement que l'amidon se transforme en sucre; mais il n'est pas également certain que le sucre puisse se reconstituer en amidon. A. Gris a semé des graines de balisiers (*Canna*) complétement dépouillées de leur albumen, et cependant les cotylédons se remplissaient de la matière amylacée qu'ils ne contenaient pas avant la germination. Cette expérience démontre que, dans ce cas du moins, la fécule a dû se former sur place. Il n'en est pas moins certain que les substances nutritives, d'abord fluides, se concrètent diversement en granulations, en cristaux; puis repassent à l'état liquide ou amorphe pour se porter dans les diverses parties de l'embryon. La fécule et la chlorophylle sont probablement les termes les plus avancés en deçà de l'assimilation qui les incorpore aux organes de la plante.]

L'embryon, au moment de la germination, obéit en quelque sorte à un double mouvement de polarité qui entraîne chacune de ses deux extrémités dans une direction opposée : la tigelle et la gemmule vers le zénith, et la radicule vers le centre de la terre. Cette tendance de la radicule est générale et s'exerce avec une force considérable. Si, en soumettant une graine à la germination, on la place de manière à ce que sa radicule soit tournée vers la surface du sol, on voit qu'aussitôt que la radicule s'est dégagée de l'épisperme, sa pointe se recourbe sur elle-même, s'infléchit pour se diriger vers le centre de la terre. On ne connaît pas encore bien la cause de cette tendance presque invincible qui entraîne la radicule vers le centre de la terre. On l'a attribuée tour à tour à l'humidité, qui, existant en plus grande abondance dans le sol, exerce une sorte d'attraction sur la radicule, particulièrement destinée à la faire pénétrer dans l'embryon. Duhamel a montré, par une expérience concluante, que ce n'était pas l'humidité qui attirait ainsi la radicule. Il a fait germer des graines entre deux éponges imbibées d'eau, rapprochées l'une contre l'autre et soutenues en l'air au moyen d'une double ficelle. Lorsque la germination a été assez avancée, les radicules, au lieu de se porter à droite et à gauche vers les deux éponges bien imbibées d'eau, ont glissé entre elles, et sont venues pendre au-dessous d'elles, dans l'atmosphère. Ce n'est donc pas l'humidité qui les attire. On est aujourd'hui plus porté à admettre que la tendance des racines vers le centre de la terre doit être attribuée à une force particulière, à une sorte de polarité entraînant les deux extrémités de l'embryon dans deux sens opposés. La terre dans laquelle on place en général les graines pour déterminer leur germination n'est pas indispensable à leur développement, puisque tous les jours nous voyons des graines germer très-bien et avec beaucoup de rapidité sur des éponges fines, du sable, ou d'autres corps qu'on a soin d'imbiber d'eau. Mais, cependant, qu'on ne croie pas que la terre soit tout à fait inutile à la germination; la plante y puise par sa racine des substances qu'elle sait s'assimiler, après les avoir converties en éléments nutritifs.

Toutes les graines n'emploient pas le même temps pour germer. En général, les petites graines germent plus vite que les grosses. Les graines dont l'embryon est immédiatement recouvert par le tégument propre sont dans le même cas, tandis que celles qui ont un endosperme plus ou moins volumineux, surtout s'il est dur et corné, exigent un temps beaucoup plus long. On comprend, en effet, qu'il faut du temps pour que, dans ce dernier cas, l'endosperme se ramollisse et se convertisse petit à petit en dextrine et en sucre pour être absorbé et servir à la nutrition de l'embryon. Le cresson alénois germe ordinairement dès le second jour; l'oignon commun exige un mois; les glands du chêne ne germent qu'après six mois; les graines de certains Palmiers ne commencent à se développer que plus d'une année après avoir été placées en terre.

[Les graines qui ont des enveloppes dures, pierreuses, restent longtemps dans le sol avant que la radicule se fasse jour à travers l'épisperme: telles sont les Amygdalées, *Cratægus*, *Rosa*, *Cornus*, *Pæonia*. Celles qui germent vite appartiennent aux Graminées, aux Crucifères, aux Synanthérées, Cucurbitacées, ainsi que des espèces des genres *Atriplex*.]

Certaines substances ont une action directe sur la rapidité avec laquelle peuvent s'accomplir les phénomènes de la germination. Les unes les accélèrent, les autres les retardent. Ainsi l'expérience a prouvé que le chlore, l'iode, le brome et les acides, mais dilués en quantité assez faible pour ne pas attaquer la substance même de la graine, activaient la germination. Les alcalis, au contraire, ont une action tout opposée.

[Certains agents naturels, une humidité excessive, une sécheresse prolongée peuvent altérer les fonctions germinatives des graines. Une des plus nuisibles est l'action de l'eau salée. On admettait généralement, en géographie botanique et en géologie, que les courants marins avaient joué un grand rôle dans la dissémination des espèces à la surface du globe. Pour vérifier le fait expérimentalement, Charles Darwin et Berkeley, en Angleterre, placèrent des graines dans des vases remplis d'eau de mer, qu'on renouvelait souvent. Ch. Martins, à Montpellier, enferma les graines de 98 espèces dans une boîte de fer-blanc percée de trous et divisée en 100 compartiments séparés. Cette boîte fut amarrée sur une bouée à l'entrée du port de Cette. Les graines plongeant dans la mer et en ressortant avec la bouée, se trouvaient dans les conditions de graines flottantes emportées par un courant. Le résultat concordant des expériences faites au bord de l'Océan et dans la Méditerranée, c'est que l'eau de mer altère promptement les propriétés germinatives des graines. Ainsi un dixième seulement des graines essayées ont supporté trois mois d'immersion. Six sur dix avaient déjà perdu la faculté de germer au bout de trois semaines. Les courants marins ne jouent donc qu'un faible rôle dans la dissémination des graines, et par conséquent dans celle des végétaux. Les expériences de Thuret, en 1869 et 1873, ont confirmé cette conclusion.]

Tout ce que nous avons dit jusqu'à présent des phénomènes de la germination s'applique plus particulièrement aux embryons dicotylédonés. Ajoutons quelques détails particuliers sur la germination des embryons monocotylédonés. C'est toujours dans l'extrémité radiculaire de l'embryon que se manifestent les premiers signes de l'évolution. La radicule se gonfle et s'allonge, elle se dégage soit de l'endosperme, soit du tégument propre de la graine. Mais bientôt on la voit se déchirer un peu au-dessus de sa pointe, et de son intérieur sortent une ou plusieurs fibres radicales, d'abord renfermées dans une poche nommée *coléorhize* (*fig.* 233). A mesure que ces fibres s'allongent pour aller constituer la vraie racine, l'extrémité de la radicule se détruit, et l'axe de l'embryon se trouve ainsi tronqué à sa base. C'est là la cause qui fait que jamais dans les plantes monocotylédonées il n'y a de souche pivotante, puisque la radicule qui forme le *pivot* se détruit dès les premiers temps de la germination. L'extrémité cotylédonaire de l'embryon, ordinairement opposée à la radicule, s'allonge en sens inverse, c'est-à-dire en se dirigeant vers l'air et la lumière. A sa base et sur l'un des côtés existe, comme nous l'avons vu, une petite fente longitudinale correspondant à la cavité dans laquelle se trouve la gemmule. Celle-ci sort à travers cette fente, son axe s'allonge ; les petites écailles qui la constituaient s'écartent, se développent et prennent tous les caractères des feuilles, et l'embryon s'est changé en plantule ; la germination est achevée.

VÉGÉTAUX CRYPTOGAMES

ORGANOGRAPHIE ET PHYSIOLOGIE

Les Cryptogames sont des plantes excessivement variables et poly morphes. Aussi est-il à peu près impossible de les comprendre tous dans un caractère ou même dans une description générale et abrégée. Nous nous contenterons donc de jeter un coup d'œil rapide sur leurs organes de la nutrition et sur ceux de la reproduction, en insistant davantage sur ces derniers, dont l'étude a fait de grands progrès dans ces derniers temps; on trouvera dans les chapitres consacrés aux groupes divers de ces végétaux les détails spéciaux destinés à compléter cet aperçu de l'organographie et de la physiologie des Cryptogames [1].

Organes de la nutrition.— Ils présentent deux formes générales bien distinctes :

1° Tantôt ces organes sont irrégulièrement disposés; ils consistent en lames ou filaments irréguliers. On a appelé *Amphigènes* les végétaux qui offrent cette organisation, parce que chez eux l'accroissement se fait indistinctement par tous les points de la périphérie.

2° Tantôt ils se composent d'un axe et d'organes appendiculaires, et l'accroissement de l'axe a lieu seulement par son sommet : de là le nom d'*Acrogènes* donné à ces végétaux.

Les organes de la nutrition des Amphigènes ne présentent que des cellules tantôt isolées et constituant à elles seules tout le végétal, tantôt réunies bout à bout de manière à former des filaments (*hypha*) allongés et plus ou moins ramifiés dont l'ensemble porte le nom de *mycelium*. Le mycelium présente quelquefois des épaississements qui jouent le rôle de crampons, mais on ne saurait y distinguer une partie radiculaire et une partie caulinaire; l'ensemble fait à la fois fonction de tige et de racine. Ces filaments se feutrent en formant un parenchyme plus ou moins solide qui est la partie la plus apparente et qui contient les organes de reproduction. Cette forme d'organe végétatif est propre aux Champignons. La disposition filamenteuse s'observe aussi chez les Algues de la section des Confervès, mais si les cellules sont remplies de matière verte.

Chez un grand nombre d'Algues, les Lichens et beaucoup d'Hépatiques, les cellules sont en contact par plusieurs de leurs faces comme elles le sont dans les feuilles des végétaux supérieurs; il en résulte

[1] Ce chapitre a été rédigé entièrement par M. de Seynes.

qu'elles forment des lames ou expansions, de forme, d'épaisseur, de consistance et de couleur variables, simples ou irrégulièrement lobées, ordinairement planes, quelquefois cylindracées. Cet organe a reçu le nom de *thalle* (*thallus*); il est retenu et fixé au sol par des expansions à forme radiculaire ou des filaments qui ne remplissent d'autre rôle que celui de crampon. Le thalle, tantôt submergé, tantôt aérien, absorbe les substances nutritives et agit sur le milieu ambiant par toute sa surface; le tissu utriculaire qui le forme a la même composition élémentaire que les parenchymes décrits chez les Phanérogames : la forme des cellules varie, ainsi que la quantité de matière intercellulaire, le nombre et la dimension des méats. La matière intercellulaire, très-abondante chez les Algues du genre Nostoc et les Lichens du groupe des Collémacés, se gonfle dans l'eau; d'autres fois, elle se dissout en partie et forme ainsi la viscosité qui rend mucilagineux le parenchyme fructifère de beaucoup de Champignons dès qu'ils sont mouillés ou exposés à l'humidité.

Quelquefois le thalle ne présente qu'une seule couche de cellules, mais quand il y en a plusieurs, la dimension des cellules est généralement plus grande à l'intérieur que vers les deux surfaces; on observe ainsi une tendance à la formation d'une couche épidermique distincte; un véritable épiderme avec des stomates s'observe dans le thalle des Acrogènes à structure celluleuse. Une formation analogue à la cuticule revêt la surface du thalle : elle est surtout développée chez les Lichens.

Les cellules qui forment le thalle des Algues et des Hépatiques contiennent de la matière verte et ont, pour la plupart, un aspect homogène qui n'existe pas dans le thalle des Lichens, où certaines cellules appelées *gonidies* contiennent seules de la chlorophylle, tandis que les autres sont incolores et diffèrent aussi par leur forme allongée.

Que la cellule des Cryptogames amphigènes soit isolée, qu'elle forme un mycelium ou un thalle, sa structure fondamentale est la même; elle a toujours une enveloppe plus ou moins épaisse et un contenu. L'enveloppe est constituée par de la cellulose, mais cette substance ne présente pas chez les Champignons et dans la plus grande partie du tissu des Lichens la réaction bleue caractéristique lorsqu'elle est mise en contact avec la teinture d'iode : elle prend une teinte jaune ou roussâtre. Le contenu ou le protoplasma varie assez notablement. Il serait impossible d'entrer ici dans le détail des variétés de composition chimique que peut offrir le protoplasma suivant les espèces cryptogamiques, mais il est important d'en connaître les modifications principales. Chez les Champignons, les cellules contiennent un protoplasma huileux, tantôt remplissant toute la cavité de la cellule, tantôt divisé en granulations plus ou moins fines et émulsionné par un liquide visqueux. La quantité de ce dernier liquide par rapport à la portion huileuse du protoplasma varie suivant l'état de végétation plus ou moins avancé des cellules. Ce que l'on appelle les vacuoles du protoplasma n'est réellement pas vide, mais ce sont des espaces remplis par le liquide visqueux transparent. La présence d'une substance azotée dans le protoplasma est accusée par la couleur rosée qu'il prend sous l'influence du sucre et de l'acide sulfurique. Il est rare de rencontrer des gaz ou des cristaux dans les cellules.

Dans le thalle des Algues, des *Marchantia* et dans une partie de celui des Lichens (gonidies), comme dans les cellules vertes des Cryptogames acrogènes, le protoplasma consiste en un mucilage azoté mélangé à des substances grasses, de l'amidon et une matière colorante généralement verte (chlorophylle), quelquefois rouge, brune, jaunâtre, violette ou bleuâtre. On donne surtout chez les Algues le nom d'*endochrome* au protoplasma ainsi constitué. La chlorophylle se groupe dans les cellules de manières très-diverses. Chez les Mousses, les Hépatiques, etc., elle forme de petits corps arrondis groupés vers le centre de la cellule. Chez les Algues, les grains de chlorophylle dans certaines espèces de Conferves sont groupés d'une manière très-élégante, tantôt en étoile, tantôt en ruban spiralé.

Le protoplasma n'est pas immobile à l'intérieur des cellules : il décrit des mouvements giratoires qui ont été primitivement étudiés chez les Characées, et depuis lors chez beaucoup de Cryptogames : les cellules de levûre (*Cryptococcus, Hormiscium, Saccharomyces* ou *Mycoderma, Cerevisiæ, Vini*, etc.) ont un protoplasma huileux très-analogue à celui des Champignons; elles présentent un liquide souvent adhérent à la paroi interne de la cellule et au centre une grande vacuole limpide; dans cette vacuole, une ou deux gouttelettes huileuses sont animées d'un mouvement giratoire ou de va-et-vient quelquefois très-précipité. Ces mouvements paraissent tenir en grande partie aux courants provoqués par la diffusion des liquides de nature et de densités différentes contenus dans la cellule. Les liquides introduits par endosmose et les actions chimiques dont la cellule est le siége modifient à chaque instant les rapports de position des diverses substances. Quelques botanistes pensent que ces mouvements sont quelquefois déterminés par de fines expansions de protoplasma semblables à des cils vibratiles; ils auraient beaucoup d'analogie avec ceux du mycelium mou des Champignons connus sous le nom de *Myxomycètes*. Pendant leur période végétative, ces Champignons se présentent sous l'aspect d'un protoplasma non environné d'une membrane cellulaire; cette substance amorphe est sortie de la spore en germination et porte le nom de *plasmodie*; elle se meut au moyen de prolongements très-fins, s'agglomère à d'autres et s'organise plus tard pour former un réceptacle et des spores analogues à ceux des *Gastéromycètes* (voy. p. 375).

Les phénomènes de nutrition, d'accroissement et d'épaississement des cellules ne diffèrent pas de ce qu'on observe chez les Phanérogames; quelques modifications spéciales peuvent se produire. Certaines cellules des Sphaignes, par exemple (voy. *Muscinées*), sont hyalines et ont des pores ouverts à l'extérieur, en même temps que la surface interne de leur enveloppe présente un épaississement filiforme spiralé qui a fait donner à ces cellules le nom de cellules fibreuses.

Les procédés de multiplication ou de développement des cellules ont déjà été étudiés page 18, et c'est en grande partie aux observations faites sur des végétaux cryptogames que l'on doit les notions acquises sur ce sujet. On a également décrit dans la première partie de cet ouvrage les cellules fibreuses ou tubes ligneux qui entrent dans la composition des tiges souterraines ou aériennes que possèdent beaucoup de Cryptogames acrogènes de la classe des *Filicinées*, et qui les rapprochent de l'organisation des Phanérogames. Ces tiges (voy. p. 76) présentent des vaisseaux appelés scalariformes dont la fréquence et la disposition spéciale sont caractéristiques des Fougères. On rencontre en même temps chez ces plantes des vaisseaux rayés, des vaisseaux annulaires et même de véritables trachées. Ces trachées apparaissent avant les autres vaisseaux près du point végétatif, elles persistent à côté des vaisseaux scalariformes; il résulte des observations de M. Duval-Jouve que, malgré la tendance des vaisseaux scalariformes à se déchirer en spirale, ils ne sont pas du tout une forme dérivée des trachées. Les Équisétacées ont des vaisseaux annelés ou spiralés disposés en groupes circulairement placés dans la tige; une partie d'entre eux se résorbe au bout d'un certain temps, et à leur place se forment les lacunes que l'on observe dans le tissu, du reste assez simple, de ces sortes de tiges. Il ne reste plus de chaque côté des lacunes que deux ou trois vaisseaux continus.

Chez les végétaux cellulaires inférieurs, on rencontre des réservoirs qu'on a même appelés, chez les Champignons, vaisseaux laticifères. La formation de ces réservoirs est la même que celle des vaisseaux chez toutes les plantes vasculaires. Plusieurs cellules allongées, réunies bout à bout, se remplissent d'un liquide granuleux, coloré ou non; les cloisons transversales qui les unissent se résorbent; il en résulte un long réservoir dont on peut quelquefois reconnaître les connexions par une de ses extrémités avec le système des cellules du parenchyme. D'autres espèces présentent des lacunes, limitées non plus par une membrane spéciale, mais par des cellules contiguës; ces lacunes sont remplies de gaz et forment les veines blanches visibles dans le tissu des Truffes. Ces veines sont formées chez d'autres Champignons par une accumulation dans les espaces intercellulaires du fluide gazeux, qui prend une direction déterminée sans qu'il y ait de lacune circonscrite ou d'organe spécial de circulation.

Nous avons vu que chez les Amphigènes il n'y a jamais de véritables racines; chez les Acrogènes, cet organe se rencontre le plus souvent, mais ce sont presque toujours des racines adventives : tantôt elles sont transitoires comme chez les Sphaignes, tantôt elles succèdent à une racine principale ou à une sorte de pivot, comme celui qui apparaît à la germination de la plupart des Monocotylédones, pour être ensuite remplacées par des racines adventives.

Les tiges ou les rhizomes sont, comme chez les Phanérogames, déterminés ou indéterminés, et les appendices foliaires, quand ils existent, sont disposés suivant les lois phyllotaxiques qui régissent la disposition des feuilles sur les axes des Phanérogames. Les petites feuilles alternes des Mousses sont disposées suivant le mode $\frac{1}{2}$, $\frac{1}{3}$ et les dérivées de cette dernière fraction. La disposition verticillée est très-rare, les appendices des *Equisetum* et des *Salvinia* éprouvent un déplacement longitudinal qui les ramène au même niveau autour de l'axe et leur donne l'aspect d'un verticille; les Characées présentent de véritables verticilles.

Les appendices foliaires des Acrogènes présentent quelquefois une organisation analogue à celle des feuilles des Phanérogames; mais, lorsqu'ils portent les organes de reproduction, on leur donne le nom de *frondes*.

Organes de reproduction. — Chez les Phanérogames, la graine destinée à reproduire une nouvelle plante contient, au moment où elle se détache de la plante-mère, une petite plante toute formée appelée *embryon*. Primitivement, il n'existait dans l'ovule qu'une simple vésicule : la *vésicule embryonnaire*, véritable œuf végétal qui n'a donné naissance à l'embryon que plus ou moins longtemps après la fécondation. Il y a des plantes phanérogames chez lesquelles l'embryon est à peine ébauché à la maturité de la graine et ne se développe qu'à la germination. Chez les végétaux cryptogames, c'est toujours à l'état d'une simple cellule que l'organe reproducteur est expulsé de la plante-mère; il ne présente jamais un embryon tout formé, et M. Schimper a traduit ce fait d'une manière ingénieuse en disant que les Phanérogames sont vivipares, tandis que les Cryptogames sont ovipares. Ainsi, quelles que soient les différences que créent plus tard la simplicité ou la complication des parties, nous retrouvons l'homologie si remarquable qui donne une simple cellule comme point de départ à l'homme, à l'animal, à la plante phanérogame aussi bien qu'aux Cryptogames. Cette cellule a reçu chez les Cryptogames le nom de *spore*.

SPORE. — On a quelquefois donné à la Spore le nom de *sporidie*, *sporule* ou *séminule*. Sa petitesse ne permet de l'étudier qu'au microscope; sa simplicité est telle, que chez bon nombre d'Amphigènes on ne peut souvent lui reconnaître qu'une seule enveloppe. Elle en a ordinairement deux: l'interne, *endosporium*, mince, lisse, transparente, est en contact avec le contenu de la spore ou protoplasma, qui ne diffère pas sensiblement de celui que contiennent les cellules végétatives. C'est ainsi que l'endochrome de la spore des Algues offre les mêmes différences de teinte que celui qui remplit les cellules du thalle. Cette circonstance a permis aux botanistes qui ont classé les Algues d'après leur couleur de prendre pour point de départ, tantôt la couleur de la spore, comme Harvey, tantôt la couleur du thalle, comme Rabenhorst. Dans la spore des Champignons et des Lichens, le contenu huileux est tantôt homogène, tantôt divisé en gouttelettes, auxquelles on a quelquefois donné le nom de *sporidioles;* mais le nombre de ces gouttelettes ou sporidioles ne saurait être pris pour un caractère taxonomique sûr.

L'enveloppe externe de la spore est appelée *episporium;* elle a une épaisseur variable et présente quelquefois des appendices de dimension variable, des verrues, des pointes ou un duvet extrêmement fin, un réseau linéaire, en un mot des aspérités de toute sorte. Enfin, tantôt incolore, elle est d'autres fois colorée en jaune, en brun, en rouge, en violet, et présente une grande variété de teintes résultant du mélange ou de la dégradation de ces couleurs. La spore doit donc sa couleur, tantôt comme chez les Algues, au contenu, à l'endochrome, tantôt comme chez la plupart des autres Cryptogames, à la membrane externe. Ordinairement uniloculaire, la cavité de la spore est quelquefois divisée en plusieurs loges, surtout chez les Lichens et quelques Champignons qui s'en rapprochent; la spore est dite alors composée, et ce fait n'est pas sans quelque analogie avec la particularité que présentent certaines graines de contenir plusieurs embryons. La forme générale de la spore est celle d'une utricule sphérique ou ovoïde, mais les variétés de ses formes ovales, allongées, recourbées, étoilées, polygonales, tétraédriques sont trop nombreuses pour qu'on puisse les passer ici en revue.

Chez beaucoup d'Amphigènes, on a reconnu une véritable fécondation, ainsi que chez les Acrogènes; mais chez les Acrogènes vasculaires, on donne le nom de spore à une cellule qui prend naissance dans un conceptacle et qui germe en formant un organe transitoire appelé *prothalle* (*prothallium*), où se développe la véritable vésicule embryonnaire destinée à être fécondée et à donner naissance à la nouvelle plante. Il est important de se rappeler cette différence fondamentale entre la spore d'une Algue et la spore d'une Fougère ou d'une Prêle. Les spores de ces Acrogènes vasculaires offrent au sein de leur conceptacle un développement identique à celui de beaucoup de vraies spores; n'était cette circonstance, on serait tenté de les considérer plutôt comme de simples bulbilles, et plusieurs auteurs, pour mieux préciser la différence fonctionnelle qui les sépare des autres spores, les ont nommées *séminules.*

Développement de la spore. — Chez tous les végétaux cryptogames, sauf deux divisions de la classe des Champignons, la spore se développe à l'intérieur d'une cellule-mère appelée *thèque* (*ascus*) ou *sporange*, par formation cellulaire libre (voy. p. 18). Chez les Champignons *thécasporés* et les Lichens, le nombre des spores qui se forment dans une même cellule ou thèque varie de 1 à 100; mais ces extrêmes sont rares et les nombres les plus communs sont 2, 3, 4, 6, 8, 16. Chez les Algues, toute une division, les *Tétrasporées*, a été fondée sur le développement quaternaire des spores. Ce développement par 4 à l'intérieur de la cellule-mère s'observe à très-peu d'exceptions près chez tous les Acrogènes et présente une singulière analogie avec le développement des grains de pollen (voy. p. 261). Cette analogie s'étend même à la manière dont se produisent les cellules-mères des spores comme les utricules-mères du pollen dans l'anthère; enfin les réceptacles des spores, ou sporanges, des Prêles ont une ressemblance avec les anthères des Cycadées et des Conifères. Il n'y a aucun rapport physiologique à supposer entre ces deux formations. La similitude initiale qui fait naître l'élément fécondant d'une cellule, l'ovule mâle, comme l'a appelée M. Robin, semblable au sac embryonnaire ou ovule femelle, s'est continuée ici dans les développements des organes accessoires.

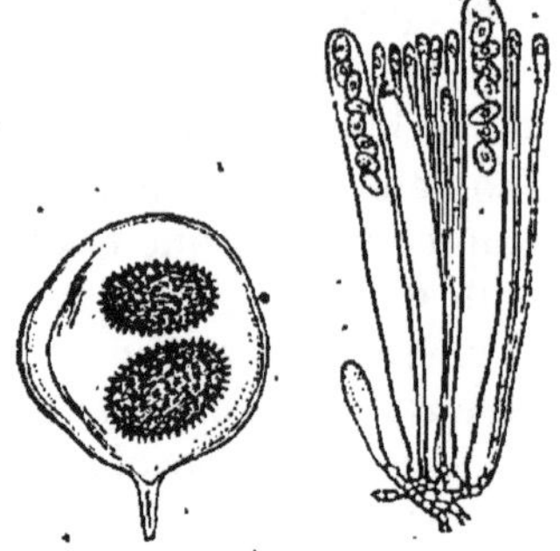

Fig. 234. Fig. 235.

Dans une grande partie de la classe des Champignons, la spore naît par un procédé tout différent. A l'extrémité d'une cellule tantôt semblable aux cellules du mycelium ou du réceptacle, tantôt différente, il se produit par bourgeonnement une cellule qui se développe, se sépare par une cloison de la cellule-mère et forme une spore sphérique, ovoïde, plus ou moins allongée. Ce développement dit *acrospore* est quelquefois plus compliqué, mais il présente toujours l'une des deux apparences suivantes : tantôt on voit les spores se former les unes à la suite des autres en série, et la cellule-mère se terminer ainsi par un chapelet (*fig.* 236); tantôt la cellule-mère, plus

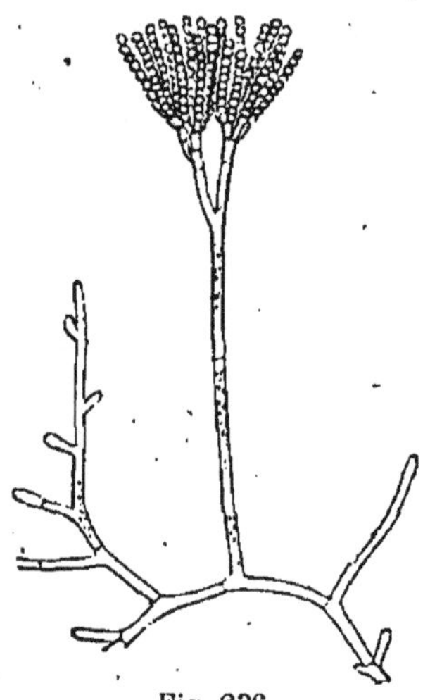

Fig. 236.

Fig. 234. *Tuber melanosporum* : thèque renfermant deux spores. (Lemaout e Decaisne.)

Fig. 235. *Ascobulus pulcherrimus* : thèques renfermant huit spores et cellules stériles ou paraphyses. (Lemaout et Decaisne.)

Fig. 236. *Penicillium glaucum*. (Lemaout et Decaisne.)

spécialisée, élargie à son sommet, prend le nom de *baside* et porte 1 ou 2, 4, 6, 8 spores, placées côte à côte, émergeant ensemble du même baside par l'intermédiaire d'une partie étroite, effilée, plus ou moins longue, appelée *stérigmate*. A la chute de la spore, ce sté-

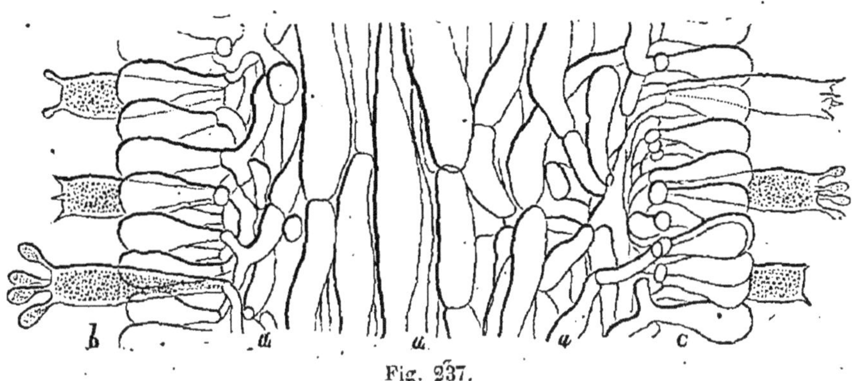

Fig. 237.

rigmate reste attaché au baside; quelquefois il s'en détache et reste adhérent à la spore en lui fournissant une sorte de pédicule, par exemple chez les *Bovista*.

ORGANES MALES. — La connaissance des organes de reproduction mâle des Cryptogames est récente; ils n'ont pas encore été découverts chez tous, et l'on peut même se demander si, chez les plus inférieurs, leur fonction n'est pas remplacée par l'action réciproque des fluides nourriciers qui résulte du phénomène appelé conjugaison ou copulation.

Les éléments fécondateurs les mieux connus qui ont été appelés *anthérozoïdes* et aussi *spermatozoïdes*. Ils existent dans toutes les classes des Cryptogames, sauf chez les Champignons et les Lichens. Ce sont

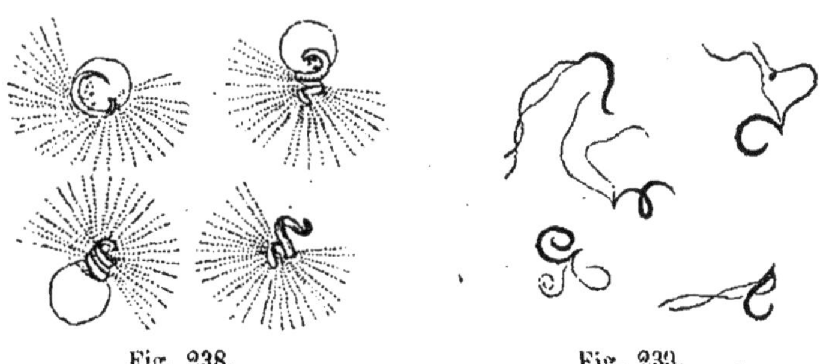

Fig. 238. Fig. 239.

Fig. 237. *Agaricus comatus*. Fl. Dan. Coupe transversale d'une lamelle montrant en *a*, *a*, *a*, le tissu propre de la lamelle; en *b* et en *c*, l'hyménium; *b*, est un baside portant des spores et *c*, une cellule stérile de l'hyménium, grossie 295 fois.

Fig. 238. *Pteris aquilina* : anthérozoïdes.

Fig. 239. *Polytrichum commune* : anthérozoïdes. (Lemaout et Decaisne.)

des corps filiformes d'une extrême petitesse, se mouvant avec rapidité dans l'eau. Ils se composent d'une petite vésicule hyaline adhérente à un fil spiral qui est muni lui-même de cils vibratiles. On doit à M. Roze d'avoir nettement distingué cette vésicule, contenant des granulations amylacées, du fil spiral qui sert d'organe de progression au moyen des cils vibratiles, organes du mouvement. Le fil spiral, que l'on croyait constituer à lui seul tout l'anthérozoïde, existe chez les Acrogènes. Dans les Algues, l'anthérozoïde n'est constitué que par la vésicule et les cils vibratiles; enfin, dans un groupe des Algues, les Floridées, il n'y a pas de cils vibratiles, et l'utricule fécondante est ainsi privée d'organes locomoteurs comme le pollen des Phanérogames.

Quand on place les anthérozoïdes dans de l'eau, au bout de quelque temps la vésicule se distend et finit par crever en répandant des granulations comme le boyau pollinique quand on le fait développer artificiellement dans l'eau. Sous l'influence de la teinture d'iode, le fil spiral jaunit et les granulations contenues dans la vésicule bleuissent, sauf chez les Algues, où ces granulations déjà colorées en rouge prennent une teinte verdâtre par suite du mélange de ce rouge avec la teinte bleue résultant de la réaction amylique. Le mouvement des anthérozoïdes est analogue à celui d'un ressort qui se détend; il suit une direction rotatoire autour de l'axe et de droite à gauche; sa durée n'excède guère trois heures, et d'après M. Sachs, ces petits corps se rassemblent au bord de la goutte d'eau du porte-objet sur lequel on les observe, ce qui semblerait indiquer qu'ils ont besoin d'oxygène pour entretenir leur activité. La lumière ne paraît exercer sur eux aucune influence, mais la température à mesure qu'elle s'élève augmente l'intensité de leurs mouvements.

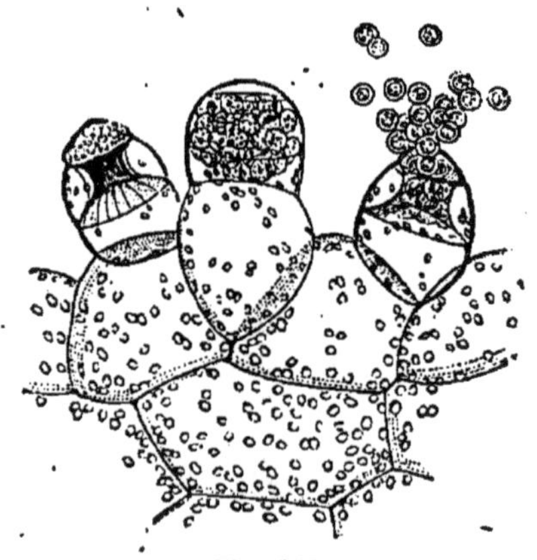

Fig. 240.

Développement des anthérozoïdes. — Les anthérozoïdes naissent dans une cellule-mère. Les cellules-mères se développent elles-mêmes dans le tissu des *anthéridies*, organes utriculaires assez simples qui sont aux anthérozoïdes ce que les sporanges sont aux spores. Chez les Cryptogames acrogènes, les anthéridies se présentent d'abord sous la forme d'un mamelon celluleux dans lequel chaque cellule se divise

Fig. 240. *Pteris aquilina* : anthéridies à divers degrés de développement; une s'ouvre pour laisser passer les anthérozoïdes encore contenus dans leurs cellules-mères (Lemaout et Decaisne).

successivement quatre ou cinq fois en deux. Les cellules nouvellement formées par suite de cette segmentation sont les cellules-mères des anthérozoïdes. Au moment de la maturité, ces cellules deviennent libres dans la cavité de l'anthéridie par suite de la liquéfaction des cellules environnantes. Dans des types plus simples comme chez les *Chara*, l'anthéridie se compose d'une réunion de cellules tubuleuses, longues, cloisonnées, et dans chaque chambre formée par ces cloisons se développe un anthérozoïde; enfin, chez les Algues, l'anthéridie est un sac à enveloppe double ou simple dans lequel les anthérozoïdes se forment librement; quelquefois c'est une cellule que rien ne distingue des autres cellules végétatives qui remplit les fonctions d'anthéridie et dans laquelle se développe l'organe mâle.

Spermaties. — Les Champignons et les Lichens n'ont ni anthéridie ni anthérozoïdes; ils produisent de petits organes unicellulés appelés *spermaties* que l'on considère comme analogues aux anthérozoïdes, soit au point de vue morphologique, soit au point de vue fonctionnel; mais aucun fait positif n'est encore venu confirmer cette vue théorique. Les spermaties sont de petits corps allongés translucides, d'une très-grande finesse, d'une dimension moindre que les spores et qui oscillent ou trépident quand on les observe dans un liquide. Ces corps aciculés ou en forme de bâtonnets, sont quelquefois légèrement recourbés aux deux extrémités; ils se développent en nombre considérable, soit autour du conceptable des organes femelles, comme l'a quelquefois observé M. Tulasne chez certaines espèces de Champignons, soit dans des conceptacles spéciaux appelés *spermogonies* dont l'ouverture se laisse apercevoir sur le thalle des Lichens sous l'aspect d'un point noir. Les spermaties ont un développement tout à fait différent de celui des anthérozoïdes. Elles naissent, par le procédé désigné plus haut sous le nom d'acrospore, à l'extrémité ou sur la longueur de filaments cellulaires simples ou ramifiés qui ont reçu le nom de *stérigmates*. Il ne faut pas confondre ces stérigmates avec les petits prolongements cellulaires qui servent de canal nourricier à la spore pendant son développement au sommet du baside et qui portent aussi le nom de stérigmates. M. de Bary a signalé l'analogie que présentent les spermaties avec les spores de certaines espèces de Champignons, entre autres des *Phallus* dont on n'a jamais pu obtenir

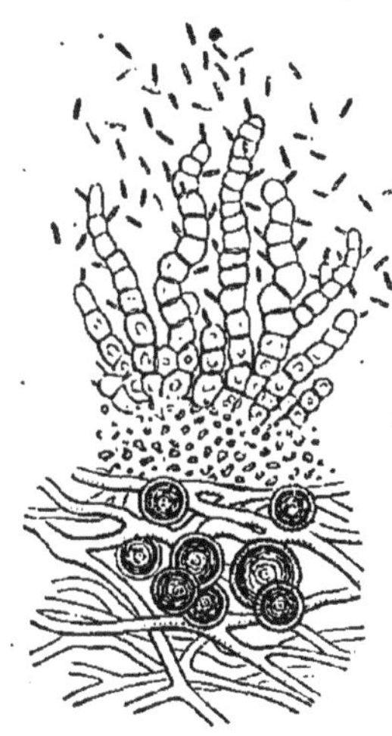
Fig. 241.

Fig. 241. *Parmelia parietina* : spermaties naissant des stérigmates sur une portion de thalle sur la coupe duquel on voit des conidies entremêlées aux filaments de la couche médullaire. (Lemaout et Decaisne.)

la germination, et qui sont doués des mêmes mouvements de trépidation. D'après le même observateur, ces mouvements ne seraient dus qu'à un simple phénomène mécanique produit par le gonflement d'une enveloppe gélatineuse dont les spermaties sont entourées comme les spores des *Phallus;* l'odeur particulière de ces dernières est aussi exhalée par les spermogonies des Urédinées.

Réceptacle. — Nous avons vu que, chez quelques espèces inférieures, les spores ou les organes mâles pouvaient naître indifféremment dans ou sur des cellules que rien ne distingue des cellules végétatives ordinaires; mais, le plus souvent, il se forme sur un ou plusieurs points du végétal des organes spécialisés qui contiennent les corps reproducteurs, comme la fleur et le fruit des Phanérogames; on donne à ces organes le nom de *Réceptacle.*

Chez les Champignons, le réceptacle, dans sa forme la plus générale, naît du mycélium, dont plusieurs filaments se feutrent pour former un bouton globuleux qui s'accroît rapidement et conserve quelquefois cette forme jusqu'à la maturité des spores contenues à l'intérieur. D'autres fois il s'étale en membrane, ou prend la forme de coupe, de corbeille, d'ombrelle, de massue, d'arborisation coralliforme, etc. A la surface ou dans l'intérieur de ces corps, formant des parenchymes plus ou moins épais et de dimension comme de forme très-variées, les cellules-mères des spores, thèques ou basides, mêlées à des cellules stériles, sont étendues sur une plus ou moins grande surface et forment une sorte de membrane régulière qui a reçu le nom d'*hymenium.* La partie à laquelle adhère l'hyménium est disposée de manière à en multiplier l'étendue, tantôt en plis, tantôt en alvéoles, tantôt en lamelles, tantôt en tubes, en pointes, etc.

Les réceptacles qui restent globuleux et contiennent à leur intérieur les organes reproducteurs, et qui sont tantôt indéhiscents, tantôt munis d'un pore terminal, ont été plus spécialement appelés *conceptacles.*

Les Cryptogames, dont les organes de végétation sont constitués par un thalle comme les Algues et les Lichens, ont des conceptacles souvent enfouis dans la substance même du thalle. Les cellules qui tapissent l'intérieur de ces conceptacles donnent naissance à des thèques ou à des anthéridies. Chez les Acrogènes, la forme du réceptacle est souvent celle d'une petite capsule formée de plusieurs couches de cellules et prenant quelquefois la consistance sèche des fruits capsulaires. Les conceptacles à forme de capsule des Hépatiques et des Mousses proviennent du développement d'un organe appelé *archégone.*

L'archégone est formé de plusieurs cellules réunies et formant une sorte de matras, une petite bouteille à l'intérieur de laquelle se développent les spores : l'archégone est alors le vrai conceptacle ; d'autres fois le développement postérieur à la fécondation d'une cellule située au fond de l'archégone donne lieu à la formation d'un organe plus complexe contenant un sporange dans lequel se forment les spores. Nous verrons plus loin que dans la classe des Filicinées on a donné le nom d'archégone à un conceptacle femelle développé

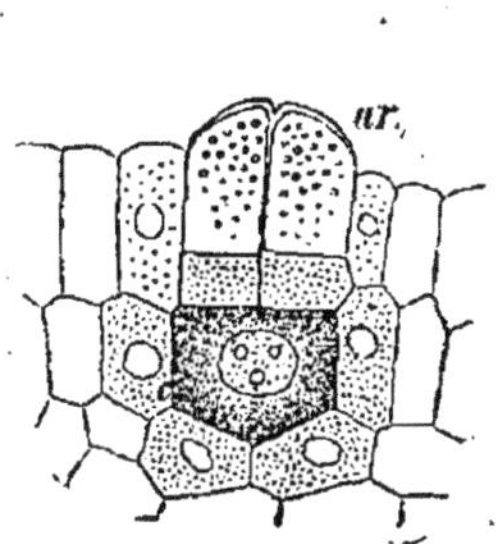

Fig. 242.

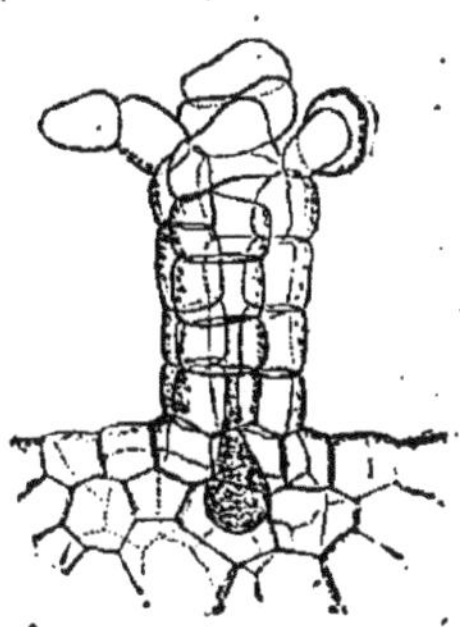

Fig. 243.

sur un organe transitoire, le *prothallium* (*fig.* 242 et 243). Le conceptacle capsulaire que l'on trouve sur la fronde des Fougères porte le nom de *sporange*, nom qui a été également donné, comme nous l'avons vu plus haut, à la cellule-mère des spores appelée aussi thèque.

Les anthéridies sont contenues dans des conceptacles analogues à ceux qui renferment les organes femelles; par exemple chez les Algues, ou bien dans des sortes d'involucres appelés *périgones* chez les Mousses. Enfin elles sont renfermées, chez les Rhizocarpées, dans des capsules globuleuses déhiscentes ou indéhiscentes.

Les rapports de position des organes reproducteurs mâles et femelles sont les mêmes chez les Cryptogames que chez les Phanérogames, et peuvent s'exprimer par les mêmes termes. On distingue donc :

1° L'*hermaphrodisme :* anthéridies et sporanges réunis dans le même conceptacle : ex. certaines espèces de *Fucus*, les Marsiléacées.

2° La *monœcie :* des périgones renfermant les anthéridies se rencontrent sur le même individu qui porte des archégones. Ce cas est assez fréquent chez les Mousses et les Hépatiques.

3° La *diœcie :* des Algues, des Mousses, des Rhizocarpées, les prothalles des Prêles et de plusieurs Fougères, portent sur un individu les anthéridies et sur un autre individu les sporanges ou les archégones.

4° La *polygamie :* des réceptacles unisexués ou hermaphrodites coexistent sur la même plante : ex. certaines espèces de Mousses.

Fig. 242. *Selaginella denticulata :* archégone dont les cellules supérieures sont encore rapprochées et dont la cellule embryonnaire n'est pas encore formée dans la cellule basale, grossi 600 fois. (Hofmeister.)

Fig. 243. *Alsophila australis :* archégone adulte dont les cellules du sommet s'ouvrent. (Lemaout et Decaisne.)

Organes accessoires. — Les cellules-mères dans lesquelles se développent les spores ou les anthérozoïdes sont souvent entremêlées de cellules stériles plus fines, allongées, simples ou rameuses, uniloculaires ou cloisonnées qui ont reçu le nom de *paraphyses*; chez certains Champignons du groupe des Pezizes, elles sont remplies de substances colorantes rouges, jaunes, oranges, etc., qui donnent à toute la surface fructifiante une coloration spéciale. D'après M. Schimper, l'usage des paraphyses des Mousses serait facile à comprendre; elles auraient pour but de lubrifier et d'entretenir dans un degré d'humidité convenable les organes femelles; aussi les trouve-t-on d'ordinaire très-développées sur les plantes des endroits secs, tandis que les Mousses qu'on rencontre sur les terrains humides en sont fréquemment privées.

La capsule ou le conceptacle des Acrogènes renferme de petits filaments celluleux doués d'une grande élasticité et qui ont été appelés *élatères*. Leur élasticité et leur hygroscopicité leur font jouer le rôle de ressorts qui se détendent et lancent les spores hors de leur conceptacle. Tantôt ces élatères sont fixés à la spore, comme chez les Prêles; tantôt ils sont libres et simplement entremêlés avec les spores, comme chez les Hépatiques. Chez quelques Champignons à conceptacle globuleux, des filaments simples ou ramifiés que l'on trouve enchevêtrés avec les spores, et dont l'ensemble a reçu le nom de *capillitium*, paraissent jouer le même rôle. Un anneau élastique dont les sporanges (capsules) des Fougères sont munis en facilite la déhiscence, et joue ainsi un rôle analogue à celui des élatères. Chez les Rhizocarpées, l'issue des spores est facilitée par une substance mucilagineuse qui se gonfle, augmente de volume en absorbant de l'eau et porte les spores hors de leur conceptacle appelé *sporocarpe*.

Fécondation. — *Chez les Cryptogames munis d'anthérozoïdes.* — En décrivant la spore, on a vu que ce nom de spore avait été donné à des organes souvent analogues par leur développement et dont l'analogie est grande aussi au point de vue de la reproduction, puisqu'en germant ils donnent naissance à un nouvel individu; mais, si l'on veut prendre la fécondation comme point de départ, l'analogie est plus difficile à suivre et cette identité de nom rend leur étude plus compliquée. En comparant la reproduction des Algues et celle des Acrogènes, on s'aperçoit bientôt qu'il faut établir une distinction entre la spore-embryon des Algues et les spores, que j'appellerai du second degré, des Mousses, des Fougères, des Prêles, etc. Quand la spore d'une Algue, d'un *Fucus* ou Varec, par exemple, a été expulsée du conceptacle et du sporange qui la contenait, elle est sous la forme d'un corps globuleux, composé d'endochrome. Du même conceptacle ou d'un conceptacle spécial, les anthérozoïdes échappés de leurs anthéridies ont été expulsés; ils se meuvent avec rapidité dans tous les sens ils se précipitent en grand nombre sur la spore, se fixent sur elle par leur rostre; l'entraînent souvent dans un mouvement de rotation communiqué par l'activité de leurs cils vibratiles : au bout d'une demi-heure on voit la spore s'envelopper d'une membrane, et les anthérozoïdes ont disparu. Si la spore doit rester longtemps sans germer il se forme successivement deux ou plusieurs couches membraneuses. Au moment de la germination, une cloison se produit qui partage la spore en deux, puis une seconde cloison dans un sens perpendiculaire à la première; il s'opère, en un mot, une segmentation successive, pendant qu'un point de la spore s'allonge en s'épaississant pour former une des radicules qui fixeront la jeune plante. Cette succession de phénomènes se présente comme chez les Phanérogames, et l'analogie est encore plus grande, comme on le verra plus loin, dans les Floridées, chez lesquelles la fécondation a lieu à l'intérieur de la plante elle-même, au moyen d'un anthérozoïde non mobile. Mais, en étudiant l'évolution fécondatrice et germinative chez les autres Cryptogames, en s'élevant jusqu'aux Fougères et aux Rhizocarpées, on observe une plus grande complication.

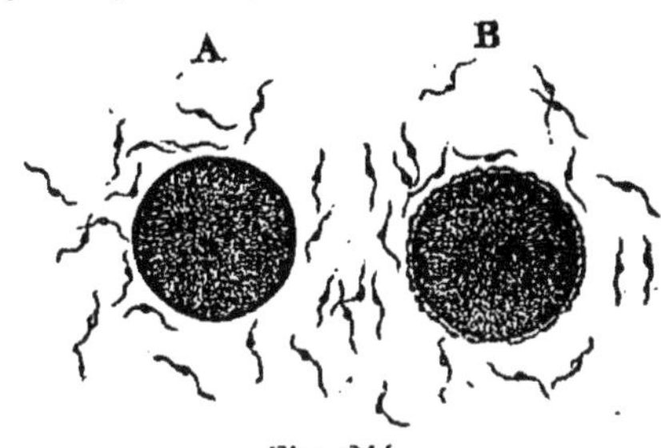

Fig. 244.

Déjà, chez les Algues, dans le groupe des Œdogoniées en particulier, il arrive souvent que la spore fécondée se segmente, mais elle ne s'accroît pas pour former un nouvel individu. Chaque segment est formé à l'intérieur, s'individualise et se convertit en une cellule ovoïde, dont l'extrémité la plus pointue, appelée *rostre*, porte des cils vibratiles : on donne le nom de *zoospores* à ces nouveaux organes qui s'échappent des enveloppes de la spore, se meuvent quelque temps dans l'eau, puis se fixent par le rostre. Le rostre se dépouille de sa couronne de cils vibratiles et se transforme en un crampon radiculaire, tandis que la plus grande portion de la zoospore se segmente, s'allonge, s'agrandit et donne naissance à un nouvel individu par les mêmes procédés que la spore. La zoospore est donc un nouvel organe de propagation formé sans le concours des sexes et qui peut se développer dans des cellules végétatives tout aussi bien que dans la spore.

Observons maintenant ce qui se passe chez les Hépatiques. Sous l'influence d'une goutte d'eau ou de rosée, l'anthéridie s'ouvre et laisse s'échapper, au milieu du liquide, les anthérozoïdes ciliés. Ceux-ci se meuvent dans ce liquide qui leur sert de conducteur jusqu'à ce qu'ils

Fig. 244. *Fucus vesiculosus*. Fécondation : A, spores dont s'approchent les anthérozoïdes; B, spore sur laquelle se sont fixés des anthérozoïdes. (Lemaout et Decaisne.)

aient rencontré un archégone; ils s'engagent dans le col de cet organe pour arriver au contact de la vésicule qu'il renferme et qui est la vraie spore primordiale, la spore-embryon, correspondant à la vésicule embryonnaire, et souvent désignée sous le nom de *cellule germinative*. Lorsque l'accolement de l'anthérozoïde contre cette cellule germinative a amené la fécondation, la cellule germinative se segmente non pour produire un embryon ou une nouvelle plante, mais pour produire des spores secondaires, qui s'isoleront plus tard et dont chacune, comme la zoospore des Œdogoniées, reproduira un nouvel individu en germant. Passant de là aux Mousses, on retrouvera chez ces plantes une série de phénomènes analogues jusqu'à la fécondation de la vésicule embryonnaire contenue dans l'archégone; mais, à partir de ce moment, les phénomènes ultérieurs sont plus compliqués, et la spore-embryon ou vésicule embryonnaire une fois fécondée, au lieu de donner directement naissance à des spores secondaires, se développe en un corps charnu destiné à devenir un véritable fruit, l'*urne*, dans l'intérieur duquel un sac ou sporange se remplit de spores secondaires (*sporules* de M. Schimper) développées quatre par quatre dans les cellules-mères. Ces spores secondaires, ou sporules, germent dans un sol humide en donnant naissance à des filaments verdâtres qui forment un organe transitoire, une sorte de corps embryonnaire appelé *proembryon* ou *protonema*. Ce protonema donne naissance à un bourgeon qui se développe en individu parfait.

Pour étudier avec plus de facilité les phénomènes correspondants chez les Fougères, il faut partir de la spore secondaire. Cette spore, ou séminule, est contenue dans les capsules appelées sporanges, qui forment les agglomérations appelées *sores*, situées à la surface inférieure de la fronde. Lorsqu'une de ces spores germe, elle donne naissance à un thalle membraneux fixé par des radicelles piliformes et qui porte les anthéridies d'où sortent les anthérozoïdes. Ceux-ci, mus par leurs cils vibratiles, vont à la rencontre des archégones situés soit sur le même thalle, soit sur des thalles différents, et la fécondation s'opère par la rencontre de l'anthérozoïde avec la cellule germinative qui occupe le fond de l'archégone. Celle-ci se segmente; les cellules nouvellement formées se multiplient par le même procédé, et ainsi se forme d'un côté une racine qui s'enfonce dans le sol, et une tige portant des appendices verts, les frondes. Après une période végétative plus ou moins longue, les frondes donnent naissance sur une de leurs surfaces aux sporanges, dans lesquels se forment quatre par quatre les spores secondaires ou séminules. Pendant que la plante définitive s'est développée, le petit thalle membraneux qui portait les organes sexuels s'est détruit : on donne à cet organe transitoire le nom de *prothalle* ou *prothallium* (ou encore de *sporophyme*).

Cette étude comparative des phénomènes qui accompagnent, suivent ou précèdent la fécondation, aura permis de comprendre les acceptions diverses que peut avoir le mot de *spore*, si mal défini et si souvent employé en Cryptogamie.

Dans le plus grand nombre des cas étudiés jusqu'ici nous avons vu la fécondation d'une seule vésicule embryonnaire immédiatement suivie de la formation d'un grand nombre de spores, et, de même que chez les animaux inférieurs, une multiplicité considérable de germes assurer la reproduction de l'espèce. Chez les *Lycopodiacées* et les *Rhizocarpées*, la spore secondaire, appelée *macrospore*, donne naissance à un corps celluleux très-peu développé, portant un petit nombre d'archégones; mais ce prothallium n'est qu'un vestige de celui des Fougères, et il est toujours femelle. Les anthérozoïdes se développent non plus sur un prothallium, mais dans les capsules qui contiennent les spores ou dans des capsules séparées, plus petites, appelées *microspores*. La vésicule embryonnaire ou *cellule-mère* contenue dans

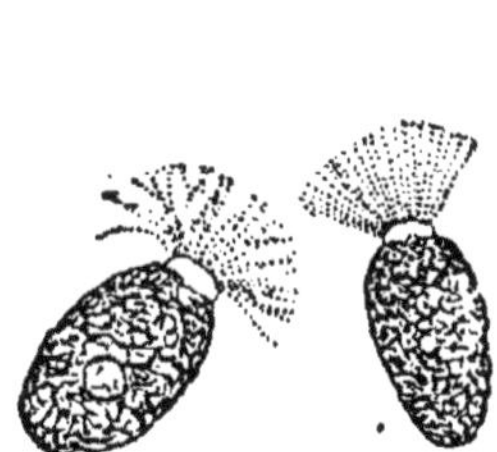

Fig. 245.

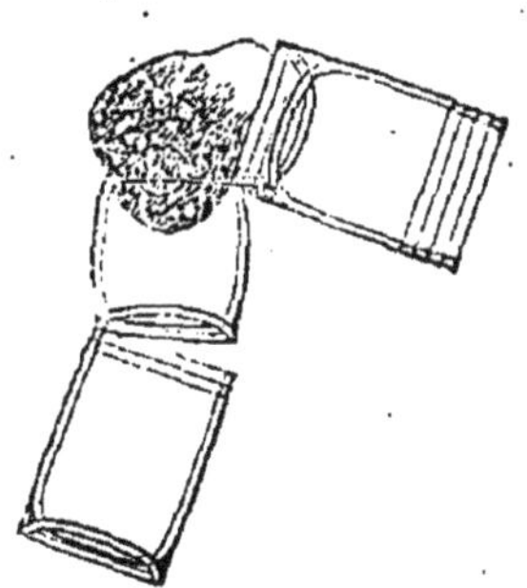

Fig. 246.

un des archégones, fécondée par un anthérozoïde, se développe pour former un embryon qui s'accroit dans le tissu dont la macrospore est alors remplie, comme l'embryon des Phanérogames dans l'albumen. D'après M. Hofmeister, l'analogie est surtout remarquable avec ce qui se passe chez les Conifères. Le sac embryonnaire de ces végétaux se remplit de bonne heure de tissu cellulaire dont la production peut être comparée à celle du prothalle des Rhizocarpées et des Sélaginelles. Les cellules appelées corpuscules qui entourent les vésicules embryonnaires des Conifères offriraient même la plus saisissante ressemblance avec la structure de l'archégone des *Salvinia* et des *Selaginella*.

Organes de reproduction agame des Cryptogames munis d'anthérozoïdes. — Les Cryptogames chez lesquels une véritable féconda-

Fig. 245. *Œdogonium vesicatum* : zoospores portant une couronne de cils. (Lemaout et Decaisne.)

Fig. 246. *Œdogonium* : article se séparant pour livrer passage à une zoospore.

tion a été constatée et où l'on connaît l'organe mâle et l'organe femelle, se reproduisent aussi par d'autres organes développés sans le concours des sexes. Les plus répandus sont, chez les Algues, les zoospores décrites plus haut, et qui peuvent se former, non-seulement dans la spore fécondée, mais dans les cellules végétatives du thalle. Quelle que soit leur origine, les zoospores germent et reproduisent un nouveau végétal. Des tubercules radiculaires se forment chez les Mousses et les Équisétacées. Des bulbilles ou tubercules prennent naissance, soit à l'aisselle des feuilles, comme chez les Mousses, soit sur les frondes de certaines Fougères, soit dans des réceptacles particuliers, comme chez les *Marchantia* : tous ces organes, placés dans des conditions convenables, reproduisent de nouveaux individus en végétant à la manière de bourgeons isolés. Du reste, une portion quelconque du végétal, de thalle, de rameau, de feuille, de radicelle, de proembryon asexué, peut reproduire un nouvel individu. Entre ces moyens de reproduction agame et ceux qui sont sous la dépendance de la fécondation vient se placer un troisième mode de multiplication qui nous amènera à parler des phénomènes considérés comme une fécondation chez les *Cryptogames non pourvus d'anthérozoïdes.*

Conjugation, Copulation, Fécondation. — *Chez les Cryptogames non pourvus d'anthérozoïdes.* — Le nom de *conjugation* a été donné à un phénomène connu, chez les Algues, depuis Vaucher. Ce phénomène consiste, chez certaines Conferves, dans le rapprochement de deux filaments cellulaires qui se soudent dans des directions variables, suivant les genres ; la cloison de séparation des deux cellules mises en présence se résorbe; une communication s'établit entre deux cellules qui n'étaient auparavant que contiguës, et une spore s'organise dans l'intérieur de la cavité cellulaire mixte ainsi formée. Cette spore résulte ainsi du mélange de l'endochrome contenu dans chacune des deux cellules dites *conjuguées.* La spore formée par ce moyen peut reproduire un nouvel individu dès qu'elle est expulsée de la cellule qui lui a servi de sporange. L'observation n'a pu déterminer s'il y avait dans les deux endochromes qui se mélangent des caractères spéciaux indiquant si l'un des deux joue, le rôle d'élément fécondant ou mâle et l'autre le rôle d'élément femelle.

Depuis quelque temps, des faits analogues observés chez les Champignons ont montré une spécialisation plus grande dans les formes des deux parties du végétal qui se conjuguent ; et ces faits ont été plus particulièrement désignés sous le nom de *copulation.* Chez les Champignons qui appartiennent aux divisions inférieures, chez les Mucédinées (*Rhizopus nigricans, Syzygites megalocarpus*), la conjugation ne diffère pas sensiblement de celle des Algues. D'autres fois la cellule qui représente l'organe femelle, et qui deviendra le sporange, prend une forme spéciale : cette cellule, appelée *macrocyste* ou *oocyste*, est généralement sphérique; la cellule fécondatrice née à proximité de celle-ci est cylindrique et étroite; elle se coude, s'allonge en un bec effilé qui pénètre par des ouvertures spontanément formées sur la membrane de l'oocyste, et porte dans son intérieur un protoplasma qui se mélange avec celui de l'oocyste. Les phénomènes qui suivent cette copulation diffèrent suivant les espèces et donnent lieu à la formation de produits divers, soit :

1° D'une simple spore qui germe et reproduit ainsi un nouvel individu;

2° D'un sporange ou thèque contenant plusieurs spores ou zoospores dont chacune peut germer;

3° D'un réceptacle comme chez le *Peziza confluens;* réceptacle renfermant un grand nombre de thèques, qui produiront elles-mêmes des spores dans leur intérieur.

Les observations bien authentiques sont encore peu nombreuses; mais, en rapprochant les faits connus de ceux que nous avons étudiés à propos de la fécondation chez les Cryptogames à anthérozoïdes, on voit qu'ici il se forme aussi des spores secondaires à une époque plus ou moins éloignée de la copulation et sans qu'il y ait au premier abord un lien saisissable entre les deux faits. Les trois cas cités ci-dessus ne sont pas sans une certaine analogie avec les résultats de la fécondation : 1° chez les Algues, dont la spore fécondée est immédiatement apte à germer; — 2° chez les Hépatiques ou les Mousses, chez lesquelles la fécondation donne lieu à la formation d'un fruit contenant un sporange à sporules multiples; — 3° chez les Fougères, où la fécondation donne lieu à la formation d'une plante de grande dimension, portant une multitude de sacs à spores, comme un réceptacle de Pezize porte un grand nombre de thèques sporogènes.

Organes de reproduction agame chez les Cryptogames non pourvus d'anthérozoïdes. — Les Champignons et les Lichens présentent, ainsi que les Cryptogames à anthérozoïdes, des corps reproducteurs de différente nature sur un même individu. C'est une cellule d'organisation analogue à la spore et de forme souvent très-rapprochée de cette dernière, d'autres fois plus petite, plus allongée, incolore, qui joue le rôle d'organe reproducteur agame. On appelle *conidies* des organes de reproduction agame, qui se forment à l'extrémité de cellules issues du mycélium par le procédé décrit plus haut sous le nom de développement acrospore. Leur forme la plus générale est celle d'un ovale plus ou moins allongé. Une autre variété de corps reproducteurs a reçu le nom de *stylospores*. Les stylospores existent aussi bien chez les Lichens que chez les Champignons; elles se développent de la même manière que les conidies, mais les cellules sur lesquelles elles prennent naissance sont groupées à l'intérieur d'un conceptacle appelé *pycnide,* formé par la réunion de plusieurs cellules. Les stylospores ont la forme de bâtonnets allongés, aciculés; quelquefois recourbés, d'une dimension supérieure à celles des spermaties. Les conidies et les stylospores se rencontrent le plus souvent chez les espèces dont la spore se forme à l'intérieur d'une thèque (*Thécasporés*). Chez une espèce dont la spore se développe au sommet d'un baside, chez le *Fistulina buglossoides*, des conidies se forment à l'intérieur du tissu du réceptacle, comme les spores des *Lycoperdons*.

La reproduction des Cryptogames peut s'effectuer, comme on le voit, par des organes spécialisés beaucoup plus variés que n'en possèdent les Phanérogames; c'est un des faits qui compliquent le plus la connaissance exacte des espèces inférieures. M. Tulasne a montré comment chez des Champignons du groupe des Sphériacés, chez les *Erysiphe* par exemple, trois sortes de corps reproducteurs appartenant au même mycélium avaient été pris pour des types de genre et d'espèce différents. Un autre phénomène qui touche de près à ce dernier, c'est le phénomène du dimorphisme ou génération alternante.

Génération alternante ou Digenèse. — L'alternance de la génération, bien connue par les exemples que nous fournit le règne animal, a été observée chez les végétaux cryptogames. Le développement du prothalle sexué des Fougères nous en fournit un exemple : ce prothalle a tout à fait l'organisation d'un végétal cellulaire amphigène, tandis que la plante qui en provient par une filiation très-directe présente les caractères d'un végétal vasculaire d'une organisation très-élevée. M. Sachs a cherché les caractères précis de ce phénomène; il a été amené à en étendre la notion à l'ensemble du règne végétal, mais sans accepter l'interprétation un peu vague des naturalistes, qui voient dans les bourgeons à feuilles une génération asexuée, et dans les bourgeons à fleur une génération sexuée dont l'alternance n'est pas très-frappante. M. Sachs part d'un point de vue anatomique et organogénique; le terme de génération alternante n'est applicable que dans les cas où le mode d'accroissement de la plante suit une marche différente de celle qu'elle suivait jusque-là. Prenant pour exemple une Mousse, M. Sachs distingue dans cette plante trois stades d'alternance de génération :

1° Le *protonema* issu de la spore. Dans ce protonema, l'accroissement s'effectue toujours de la même manière, par l'élongation des filaments qui le constituent et des cloisonnements successifs perpendiculaires à l'axe de ces filaments cellulaires.

2° L'axe portant feuille. Cet axe naît du protonema par une cellule dont la croissance est lente, et qui, au lieu de se diviser en cloisons transversales, présente des cloisons obliques dans *trois directions qui se coupent*, jusqu'à ce que des cellules nées suivant ce système, continuant à s'accroître et à se diviser, forment l'axe portant des appendices foliacés, des anthéridies et des archégones.

Dans l'archégone, une seule cellule devient la cellule-mère d'une troisième génération.

3° Le fruit. La cellule-mère située dans l'archégone, une fois fécondée, croît d'abord dans la direction de l'axe de l'archégone pour former un corps dont la croissance se fait par la segmentation d'une première cellule, segmentation qui *alterne dans deux directions*. Puis la jeune capsule à spore apparaît sous forme d'un gonflement sphérique, et dans son intérieur une seule couche de cellules en forme d'anneau concentrique à l'axe fournit les cellules-mères des spores.

Cet exemple suffit pour faire comprendre à quelles périodes de la végétation on doit chercher l'alternance de la génération chez d'autres Cryptogames. Pour étendre cette notion d'alternance aux Phanérogames, il faut adopter la théorie de M. Hofmeister, citée plus haut, sur l'analogie du prothalle des Cryptogames et de l'endosperme ou albumen des Phanérogames. La formation de ce dernier nous donne un premier stade, et le développement de la vésicule embryonnaire en embryon destiné à s'accroître à la germination en suivant le même procédé de développements cellulaires que pendant tout le reste de la vie de la plante, donne un deuxième stade.

Parmi les Cryptogames acrogènes, plusieurs présentent deux stades, d'autres trois, d'autres quatre. Chez les Amphigènes on retrouve des phénomènes analogues, mais plus difficiles à préciser. Aussi a-t-on généralement considéré comme caractérisant l'alternance de génération les changements de forme des corps reproducteurs qui se succèdent dans un ordre défini. Ce changement est souvent en rapport avec la nécessité de milieux différents, pour le développement des formes qui se succèdent. Les Champignons parasites de l'Épine-vinette connus sous le nom d'*Œcidium Berberidis* donnent des spores capables de germer sur de jeunes plantes de Seigle; de cette germination se développe une forme nouvelle, celle du Champignon appelé jusqu'ici *Puccinia Graminis;* les spores de cette Puccinie, appelées par M. de Bary *téleutospores*, donnent à leur tour naissance à l'Urédinée de l'Épine-vinette: c'est là un fait de digenèse analogue à plusieurs de ceux observés dans le règne animal.

Un des faits de digenèse les plus simples par le peu de différence qu'il y a entre les deux formes provenant l'une de l'autre nous est offert par les organismes de la levûre, simples cellules, qui bourgeonnent et se multiplient très-rapidement dans les liquides sucrés, dont elles déterminent la fermentation. Si l'on interrompt cette fermentation par l'addition d'une certaine quantité d'eau, la levûre donne naissance à une cellule plus petite, souvent plus allongée, qui n'est autre qu'un *Mycoderma* Pers. C'est ce végétal qui forme les pellicules blanchâtres, semi-transparentes, que l'on observe sur le vin ou sur la bière exposés à l'air. Ces cellules de Mycodermes vivent dans le liquide qui a fermenté et même dans l'eau pure, tandis que la levûre s'y détruit; elles s'y multiplient par gemmation; mais, à mesure que le liquide devient plus pauvre en matériaux nutritifs, elles se multiplient par la formation intracellulaire de nouvelles cellules. Les Mycodermes peuvent à leur tour reproduire la levûre dans des liquides sucrés. Cette filiation des cellules de Mycodermes et de celles de la levûre assure la conservation de celle-ci, et rend de plus en plus improbable sa formation par *génération spontanée*. Cette hypothèse, autrefois appliquée à d'autres Cryptogames inférieurs, est de plus en plus abandonnée en Allemagne ; elle ne conserve quelques partisans qu'en France, dans le pays du savant qui a le plus fait pour démontrer son invraisemblance.

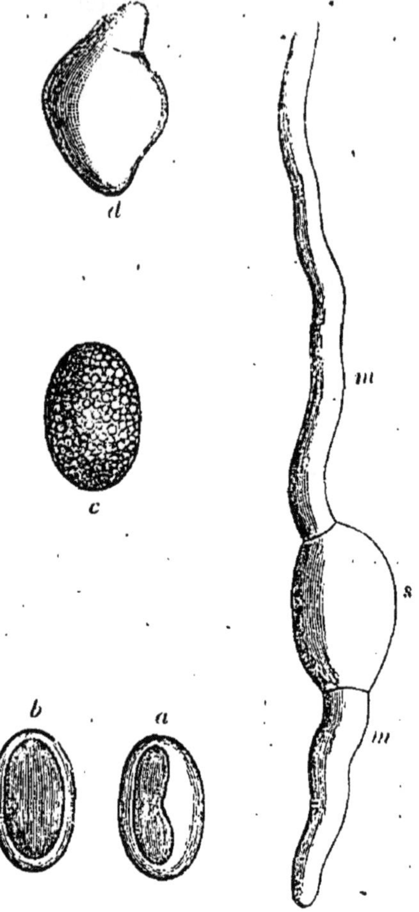

Fig. 247.

Germination. — Les conditions extérieures qui sont nécessaires à la germination de la graine chez les Phanérogames, humidité, air, chaleur, ou plus exactement, eau, oxygène, chaleur, sont également indispensables à la germination des corps reproducteurs des Cryptogames. Les phénomènes morphologiques de la germination de quelques Cryptogames ont été en partie décrits à propos de la fécondation, mais il reste encore à les étudier dans les différentes classes, et pour les grouper et les comparer, on peut les ramener à deux types principaux.

La spore de quelques Algues filamenteuses inférieures, des Champignons, des Lichens et des Muscinées, reproduit en germant les mêmes aspects que présente le grain de pollen donnant naissance au boyau pollinique. L'enveloppe extérieure, l'épispore, se rompt et laisse passer l'endospore gonflée et formant une petite hernie qui s'accroît, s'allonge en un tube cylindrique, se cloisonne et se ramifie. Pendant ce temps la spore perd peu à peu sa forme primitive et devient de plus en plus difficile à reconnaître, surtout s'il est né, comme cela arrive souvent, deux filaments cellulaires aux deux extrémités

Fig. 247. *Morchella esculenta* Pers. Spores germant : *b*, spore mise en germination ; *a*, la portion huileuse du protoplasma paraît, refoulée par suite de l'endosmose ; *c*, le protoplasma huileux est divisé en gouttelettes fines et comme émulsionné ; *d*, la spore émet un petit prolongement qui s'allonge comme on le voit en *mm*.

opposées d'un de ses axes; elle ne forme bientôt plus qu'une loge du mycélium ainsi formé. Le protoplasma subit des modifications faciles à suivre dans la germination de plusieurs Champignons Thécasporés et les Mucorinés : l'endosmose aqueuse dilue le liquide visqueux incolore, qui augmente de volume; la partie huileuse jaunâtre et réfringente qui formait une ou deux masses principales est bientôt émulsionnée et divisée en granules très-fins; la spore a déjà à ce moment augmenté de volume; bientôt se produit en un point un petit mamelon qui s'allonge et formera plus tard le tube *mm*. A ce moment la partie huileuse du protoplasma adhère à la surface interne de l'endospore, et le liquide visqueux transparent forme de grandes vacuoles dans le centre : la situation respective des deux liquides est précisément inverse à ce qu'elle était dans la spore avant sa germination (*fig.* 247). D'autres fois il se forme de la chlorophylle au sein des cellules, qui se remplissent d'un protoplasma granuleux vert : ainsi dans les protonema ou prothalles asexués (neutres de quelques auteurs) des Muscinées.

Ce mode de germination très-simple se rencontre chez les Amphigènes et chez les Acrogènes les moins élevés en organisation. Chez un Champignon parasite du genre *Peronospora*, les conidies germent en expulsant le protoplasma intérieur par une étroite ouverture; ce protoplasma prend une forme sphérique, s'entoure d'une membrane de cellulose, et germe suivant le mode indiqué plus haut. Enfin d'autres Champignons, les Myxomycètes, offrent un degré de simplicité plus grand : le protoplasma intérieur sort de la spore, mais sans se revêtir plus tard d'une membrane; on lui donne, à cet état, le nom de *plasmodie*. Plusieurs plasmodies se réunissent pour former un mycélium mou, appelé par M. Léveillé *mycélium malacoïde*, et dans lequel il ne se forme d'éléments cellulaires que pour donner naissance au réceptacle des spores, au fruit. Laissant de côté ce développement d'une extrême simplicité, nous appellerons *germination mycéloïde* le procédé que nous avons décrit plus haut.

Un mode de germination plus rapproché des procédés d'accroissement propres aux végétaux supérieurs nous est présenté par la plus grande partie des Algues et les Filicinées : c'est ce qu'on pourrait appeler la *germination thalloïde*. La spore donne naissance à un mamelon toujours issu de la membrane interne ou endospore. Mais ici il faut distinguer deux cas : tantôt ce mamelon s'allonge et forme une extrémité radiculaire dans laquelle les cellules se multiplient par division successive, tandis que la spore elle-même se segmente et, par une multiplication cellulaire et un accroissement plus ou moins rapides de ces cellules, devient le point de départ du parenchyme aplati membraniforme, qui a reçu le nom de *thalle;* tantôt comme chez les *Marchantia* et les Fougères, le prolongement cellulaire né de la spore se cloisonne de bonne heure et se segmente en donnant naissance au thalle, dont quelques cellules, s'allongeant en forme de poils, fournissent les prolongements radiculaires. Les cellules de la membrane se remplissent de chlorophylle, et ainsi se forment le thalle des *Marchantia* et le prothalle des Fougères et des Prêles.

Ce prothalle porte les organes de la reproduction : les anthéridies, placées en général sur le bord, et les archégones. Les archégones, tantôt enfoncés dans le parenchyme du prothalle, tantôt dépassant sa surface, consistent en un sac formé d'une rangée circulaire de cellules au fond duquel une cellule centrale joue le rôle de vésicule embryonnaire. Quand cette cellule a été fécondée, elle se segmente, et produit, par la multiplication des cellules nouvellement formées dans trois ou quatre directions, un bourgeon d'où s'élève la plante acrogène. Ce nouveau degré de germination est tout à fait comparable à la formation de l'embryon dans l'ovule des Phanérogames et au mode d'accroissement du cône végétatif de la gemmule et de tous les bourgeons ultérieurs. Nous donnerons à ce dernier développement le nom de *germination embryomorphe*. Chez les Rhizocarpées et quelques Lycopodiacées, le prothalle perd les caractères d'une plante indépendante : il naît, se développe et remplit quelquefois toute la macrospore; rappelant ce qui se passe dans le sac embryonnaire des Conifères et des Cycadées, où les corpuscules renferment la vésicule embryonnaire et présentent l'organisation des archégones. Les petites proportions du prothalle de ces Cryptogames font que le premier degré de germination correspondant au développement de ce prothalle passe presque inaperçu, et le développement de la plantule du sein de l'archégone, toujours rattachée à une macrospore analogue à une graine, lui donne l'aspect de la plantule développée chez les Phané-

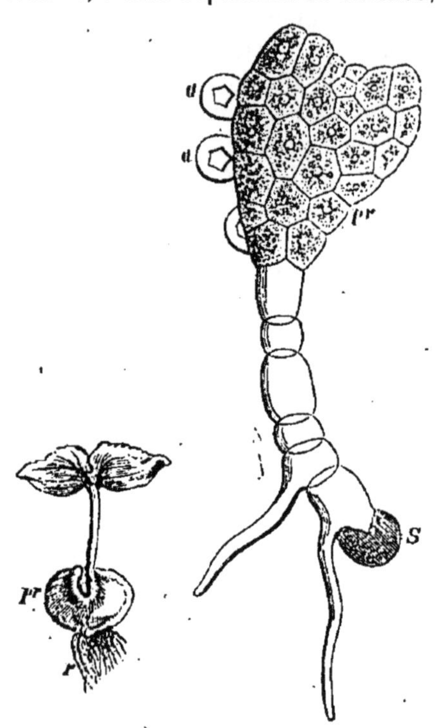

Fig. 248.

Fig. 248. *Pteris serrulata* : *S*, spore ayant germé et donné naissance au prothallium *pr* qui porte sur un de ses bords, des anthéridies *aa*. Dans la plus petite figure la jeune Fougère a germé dans un archégone du prothallium *pr*; une première racine se montre en *r*, ainsi que deux jeunes frondes. (Schacht.)

rogames, et en particulier chez les plantes aquatiques dont la gemmule sort de la graine avant la radicule (voy. *fig.* 249).

Les divisions que nous avons essayé d'établir pour grouper avec quelque précision les phénomènes présentés dans les diverses classes de Cryptogames au moment de la germination ne sont pas absolues, et il arrive chez les Hépatiques ou les Fougères qu'une germination, d'abord mycéloïde à la manière de celle des Mousses, donne lieu à la formation d'un thalle. D'autre part, il est bon de remarquer que la germination à laquelle nous avons donné le nom de germination embryomorphe correspond à la fois à l'évolution embryonnaire et au phénomène connu sous le nom de germination chez les Phanérogames.

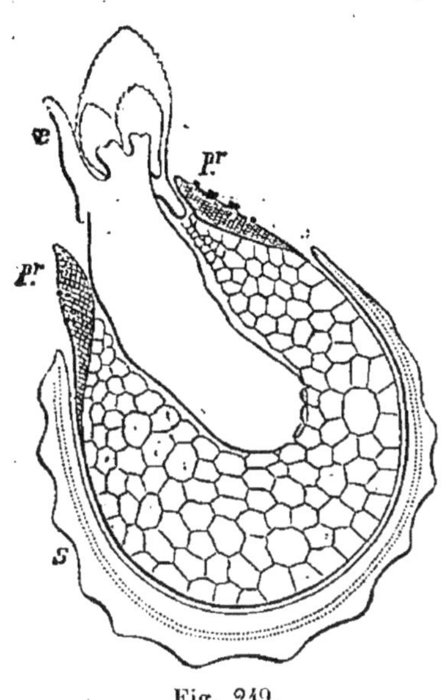

Fig. 249.

Phénomènes généraux de nutrition, de végétation, etc. — Lorsque la plante cryptogame est arrivée à sa forme typique normale, elle n'offre chez les Acrogènes vasculaires aucun procédé essentiel de nutrition qui la distingue des Phanérogames : ses radicelles absorbent l'eau et les substances tenues en dissolution dans l'eau; ses parties vertes absorbent l'acide carbonique sous l'influence de la lumière et exhalent de l'oxygène; la production de l'amidon, de la chlorophylle et des substances nutritives ou de celles qui constituent les tissus végétaux, cellulose, ligneux, etc., n'offre rien de particulier; le développement des cellules dans les points végétatifs s'effectue à l'aide des mêmes procédés. Les Algues vivent dans l'eau, absorbent l'acide carbonique dissous, et exhalent de l'oxygène comme d'autres plantes submergées. Les Algues qui présentent une coloration rouge ou violette se comportent comme les Algues vertes; mais un fait dont il est difficile de se rendre compte, c'est la manière dont cette fonction peut s'effectuer chez les Algues marines vivant à des profondeurs telles, qu'il est difficile de supposer que la lumière puisse leur arriver.

Les Champignons absorbent de l'oxygène et exhalent de l'acide carbonique, soit à l'obscurité, soit sous l'influence de la lumière, et ce

Fig. 249. *Selaginella denticulata* : section longitudinale d'une spore dont l'embryon formé dans un archégone a rompu et traversé le prothallium ; ses feuilles commencent à devenir vertes. Grossi trente fois (Hofmeister). — *s*, spores; *pr*, prothallium avec des archégones stériles; *e*, embryon développé dans un archégone fécondé.

fait est en rapport avec l'absence de chlorophylle dans leur tissu. La plupart développent leur mycélium à l'obscurité, et quelques-uns, comme les Truffes, y mûrissent leurs réceptacles. Beaucoup d'espèces appartenant aux groupes des Mucédinés, des Polyporés, des Agaricinés, etc., qui fructifient d'ordinaire à la lumière, peuvent parcourir toutes les phases de leur développement à l'obscurité et à de grandes profondeurs, sur les bois qui forment les galeries des mines, mais leur réceptacle y subit plus rarement une évolution complète. Les spores formées dans ces conditions sont cependant aptes à germer. D'ordinaire le mycélium seul s'y développe et prend des proportions considérables que favorisent une grande humidité et une température élevée. La croissance des Champignons est en général rapide; mais les conditions du sol qui leur est propre sont difficiles à reproduire et à démêler, sauf pour quelques Mucédinées qui envahissent les matières organiques en décomposition et surtout celles d'origine végétale, ou pour les Agarics venant dans les fumiers, comme l'Agaric de couche (*Ag. campestris* L.). Certaines espèces vivent en parasites dans l'intérieur du tissu des plantes et ont, à cause de cela, reçu le nom d'*Entophytes;* elles sont souvent dans une dépendance remarquable de la plante nourrice, et telle espèce d'entophyte vivant dans le tissu d'une plante phanérogame ne peut s'acclimater dans le tissu d'une espèce même très-voisine, végétant sous les mêmes conditions atmosphériques et dans le même sol.

Les Champignons présentent dans le cours de leur végétation un phénomène qui s'observe aussi, mais à un moindre degré, chez d'autres Cryptogames et chez les Phanérogames : c'est la destruction des cellules par liquéfaction localisée dans certaines parties du végétal. Les cellules-mères des spores se liquéfient chez beaucoup d'Acrogènes, et laissent ainsi les spores en liberté dans l'intérieur du sporange. C'est le réceptacle qui éprouve en tout ou en partie ce genre de modification dans la classe des Champignons. La tribu des Coprins, du groupe des Agaricinés, est remarquable par cette liquéfaction de la plus grande partie du réceptacle, en général tout le chapeau, au moment de la maturité des spores. Chez les Amanites, les Phallus, les Lycoperdons, certaines rangées de cellules se liquéfient et permettent la séparation de plusieurs couches du réceptacle ou celle du pied d'avec le chapeau. Ces phénomènes se retrouvent dans la déhiscence de l'anthère des Phanérogames et, suivant la remarque de M. Sachs, à la germination de l'embryon avec endosperme contenu dans des enveloppes très-épaisses. La présence de la gomme ou d'une substance analogue dans la cellule végétale amènerait facilement cette sorte de décomposition de sa membrane.

En opposition à cette faculté de destruction spontanée, il faut placer la vitalité très-prononcée de certaines cellules. Chez les Algues, le protoplasma reproduit facilement de nouvelles membranes. Les cellules des Vauchéries, par exemple, se cicatrisent, lorsqu'elles ont été déchirées. Chez les Lichens les organes de reproduction eux-mêmes, les apothécies une fois entamées, continuent à végéter et à reproduire de nouvelles cellules sporophores.

La résistance aux températures extrêmes est poussée très-loin chez les Lichens, dont les mêmes espèces vivent sous l'équateur et au pôle. M. Roze a vu des Mousses du genre *Sphagnum* complétement gelées depuis plusieurs jours fournir des anthérozoïdes très-actifs cinq minutes après leur dégel immédiat. Les organes de reproduction sont ceux qui offrent la plus grande résistance à l'action des agents extérieurs. Les spores de la rouille des blés peuvent germer après avoir été exposées un heure à une chaleur sèche de 104° à 128°. Chez les Mousses, les Lichens et certaines Fougères, la plante peut subir un degré de dessiccation souvent très-considérable, et reprendre les phénomènes végétatifs dès qu'on lui fournit de l'humidité. On sait que les mêmes faits s'observent chez quelques animaux inférieurs. La Mousse qui abrite le Tardigrade sur les toits subit comme cet animal les mêmes alternatives de dessiccation, de suspension de la vie, d'humectation et de réviviscence. On comprend combien ces propriétés permettent la conservation des espèces, but vers lequel tout concourt : la multiplicité des moyens de reproduction agame, le nombre immense des spores, qu'il faut souvent compter par millions sur un seul individu.

Les végétaux cryptogames, ainsi qu'on le verra brièvement indiqué dans l'histoire de chaque groupe, contiennent un grand nombre d'espèces utiles, soit au point de vue économique et alimentaire, soit au point de vue médical; des espèces nuisibles, soit comme poison, soit parce que leur vie parasitique apporte un trouble plus ou moins profond dans les phénomènes nutritifs des végétaux ou des animaux qui les portent : ces dernières appartiennent presque exclusivement à la classe des Champignons.

Mais le rôle que les Cryptogames ont joué et jouent encore dans la physiologie générale de notre globe est surtout important à connaître et n'a été bien apprécié que dans ces derniers temps. Les Filicinées sont entrées pour une part considérable dans les formations houillères exploitées par l'homme; elles ont laissé leur empreinte dans divers terrains, et le nombre qu'on en retrouve atteste une prédominance de ces végétaux dans la composition du *tapis végétal* à diverses époques. Des Algues à enveloppes siliceuses, des Diatomées, ont constitué la gangue de roches puissantes ou sont entrées pour une grande part dans ces formations. Aujourd'hui, nous voyons les Sphaignes aux cellules perforées, véritables éponges végétales, accélérer l'évaporation de l'eau dans laquelle elles végètent, et transformer des étendues considérables de marais en tourbières utilisées par l'homme. Tandis que de petites Algues d'eau douce agglomèrent et agglutinent les dépôts précipités dans les eaux courantes pour en former des tufs, les Lichens, envahissant les sommités des montagnes, désagrègent des rochers arides, aident à la formation d'un sable qui reçoit d'humbles Mousses, dont les détritus forment un sol favorable à la végétation de plantes d'une organisation plus élevée.

Si nous descendons encore plus bas dans l'échelle végétale pour arriver à ces moisissures, à ces Algues ou à ces Champignons unicellulaires qui fourmillent et végètent partout autour de nous, nous les voyons accomplir les actes les plus nécessaires à l'entretien de la vie sur le globe terrestre; présider aux diverses fermentations alcoolique, lactique, acétique, putride, etc.; réduire les substances organiques en principes plus simples; rendre au règne inorganique les mêmes principes inorganiques que les végétaux supérieurs avaient transformés en substance organique, et fermer ainsi ce cercle de transformations et d'actions chimiques successives qui, après avoir fait passer la matière à travers les êtres organisés dans les combinaisons les plus variées, la ramène à son point de départ. « Ces petits êtres, dit M. Pasteur (*Comptes rendus de l'Académie des sciences*, 1863, t. LVI, p. 738), sont des agents de combustion dont l'énergie, variable avec leur nature spécifique, est quelquefois extraordinaire... Les principes immédiats des corps vivants seraient en quelque sorte indestructibles, si l'on supprimait de l'ensemble des êtres que Dieu a créés les plus petits, les plus inutiles en apparence; la vie deviendrait impossible, parce que le retour à l'atmosphère et au règne minéral de tout ce qui a cessé de vivre serait tout à coup suspendu. »]

TROISIÈME PARTIE

TAXONOMIE VÉGÉTALE OU CLASSIFICATIONS BOTANIQUES EN GÉNÉRAL

CHAPITRE PREMIER

CLASSIFICATIONS BOTANIQUES EN GÉNÉRAL

Les classifications en botanique, comme, au reste, dans les autres branches des sciences naturelles, se partagent en deux catégories, savoir, les classifications *empiriques* et les classifications *systématiques*. Les premières sont établies d'après des considérations prises en dehors de l'organisation même des végétaux. Ainsi les classifications par ordre alphabétique, celles d'après la grandeur des végétaux, d'après leurs propriétés médicinales et économiques, etc., rentrent dans cette première classe. Elles ne peuvent être utiles que quand on veut faire quelques recherches sur une plante dont on connaît le nom ou la taille, ou enfin les propriétés médicinales ou économiques. Il n'en est pas de même des classifications systématiques. Les divisions de différents degrés qu'elles comportent sont tirées de l'organisation même des végétaux, et représentent autant de modifications ou de types que l'on cherche à reconnaître dans la plante que l'on veut classer. Les premières ont été surtout mises en usage dans l'enfance de la science, à une époque où l'organisation végétale était à peu près inconnue. Les secondes, nées avec la science, l'ont en quelque sorte suivie dans ses phases et ses progrès, et en sont l'expression la plus exacte.

On distingue deux sortes de classifications systématiques : les *systèmes* proprement dits et les *méthodes*. Un système est une classification dans laquelle les divisions principales ont été établies d'après les modifications d'un seul et même organe. Ainsi Tournefort a fondé un système d'après les formes variées de la corolle ; Linné, un autre d'après les caractères des étamines. On appelle *méthode*, au contraire, une classification où les divisions sont fondées non pas d'après un seul organe, comme dans un système, mais d'après l'ensemble des caractères que l'on peut tirer de tous les organes pris séparément. Il résulte de cette différence entre les deux genres de classifications systématiques, que, reposant sur des principes différents, elles ont des avantages qui leur sont propres. Ainsi, par l'emploi d'un système, on arrive avec facilité et promptitude à déterminer à quel groupe appartient un végétal donné, parce que les caractères des divisions sont excessivement tranchés. Dans une méthode, au contraire, où les signes distinctifs des groupes reposent sur des caractères nombreux, il est plus difficile de les apprécier de prime abord; mais quand on y est parvenu, on a acquis une connaissance intime des principaux points d'organisation du végétal que l'on a classé. Ainsi, par exemple, dans le système sexuel de Linné, si l'on a reconnu qu'une plante appartient à la cinquième classe, qu'il nomme *pentandrie*, on sait uniquement qu'elle a cinq étamines, parce que le caractère essentiel de cette classe consiste dans la présence de cinq étamines. Mais on n'a rien appris des autres points de son organisation : de la forme de son calice, de sa corolle, de son fruit, de sa graine, etc. Mais, qu'on soit arrivé, en suivant la méthode des familles naturelles, à constater, par exemple, qu'une plante fait partie des *Crucifères*, par cela seul on sait que son embryon est dicotylédoné; qu'elle a des feuilles alternes et sans stipules; qu'elle a des fleurs complètes, que sa corolle est polypétale, régulière, cruciforme; que ses étamines, au nombre de six, sont tétradynames; que son fruit est une silique ou une silicule, que son embryon est épispermique. En un mot, on connaît d'une manière générale les points les plus saillants de l'organisation de la plante, puisque chacun de ces points est entré dans la formation des caractères du groupe ou famille dans laquelle elle vient se ranger.

Ce n'est pas ici le lieu de faire une histoire, même abrégée, des innombrables classifications qui ont été successivement introduites dans la science. La plupart de ces classifications n'ont souvent pas survécu aux botanistes qui les avaient proposées. Deux seulement de ces classifications attirent notre attention et marquent deux époques bien distinctes dans la botanique, savoir : le système sexuel de Linné et la méthode des familles naturelles de Jussieu. Aussi sont-ce les seules que nous exposerons avec détail, parce que l'une et l'autre ont été ou sont encore universellement adoptées.

Au milieu des hommes éminents dont les travaux et les découvertes ont amené la botanique à l'état où nous la voyons aujourd'hui, trois d'entre eux se distinguent et représentent les trois périodes qui, depuis un siècle et demi, ont marqué les progrès de la science des végétaux. Ces trois hommes sont *Tournefort*, *Linné* et *Jussieu*.

Tournefort, né à Aix en Provence, le 5 juin 1656, fut nommé professeur de botanique au Jardin des plantes à Paris, sous Louis XIV. Le premier, il eut le mérite, dans son ouvrage intitulé *Institutiones rei herbariæ*, de tracer avec une admirable précision les caractères de tous les genres connus à son époque, et d'y rapporter les espèces appartenant à chacun d'eux. C'était un immense progrès, car, avant Tournefort, il n'existait aucune fixité dans les groupes génériques, parce qu'aucun botaniste n'en avait encore déterminé les limites et précisé les caractères.

Linné peut être considéré à juste titre comme le fondateur de la botanique moderne. Né à Roeshult, petit village du Smoland, en Suède, le 23 mai 1707, Linné fit faire à la botanique les progrès les plus grands, et, par ses immortels ouvrages, par l'influence puissante qu'exercèrent de son vivant ses exemples et ses leçons, et après lui les élèves qui s'étaient formés à son école, il a acquis une renommée que le temps n'a point affaiblie.

Tournefort avait caractérisé les genres. C'était un pas immense dans la voie du perfectionnement. Linné va plus loin que Tournefort : il crée une *nomenclature botanique* qui aujourd'hui est encore celle que tous les naturalistes ont adoptée. Avant lui, les espèces, rapportées à chaque genre, étaient confuses dans leurs caractères et dans leurs limites. Chacune d'elles ne pouvait être désignée que par une longue phrase résumant les principaux caractères qui la distinguent, phrase ordinairement trop longue pour que la mémoire pût facilement la retenir. Il précise les caractères de ces espèces, et donne non-seulement les moyens de les reconnaître et de les distinguer, mais ceux de les désigner avec une extrême facilité. Ainsi chaque genre a un nom général, commun pour toutes les espèces qui lui appartiennent. Par exemple, toutes les espèces de Chênes, de Roses, etc., ont un nom commun : *Quercus*, *Rosa* : c'est le *nom générique*. Mais chaque espèce de chacun de ces genres, indépendamment de ce nom commun ou générique, en a un particulier ajouté au premier, et que, pour cette raison, on appelle le *nom spécifique*. Ainsi, dans le genre *Quercus*, le Chêne commun s'appelle *Quercus Robur*; le Chêne-liége, *Quercus Suber*; le Chêne vert, *Quercus Ilex*; le Chêne à la cochenille, *Quercuscoccifera*, etc. Les mots *Robur*, *Suber*, *Ilex*, *coccifera*, ajoutés à *Quercus*, sont autant de noms spécifiques désignant spécialement une espèce en particulier. Ces noms spécifiques sont généralement des adjectifs ajoutés au nom substantif du genre, comme *Rosa canina*, *centifolia*, *bengalensis*, *arvensis*, etc. Quelquefois aussi c'est un second nom substantif rappelant en général, soit un nom vulgaire sous lequel l'espèce est connue, soit une qualité ou un produit de cette espèce.

Le célèbre botaniste suédois, profitant de la découverte que l'on venait de faire de la sexualité des plantes, emploie les caractères tirés des organes sexuels pour établir les diverses coupes d'un système de classification dont toutes les divisions sont établies avec une admirable précision.

Enfin, Jussieu, ou plutôt Bernard de Jussieu et Antoine Laurent de Jussieu, fondent la méthode des familles naturelles sur une connaissance approfondie de l'organisation végétale ; méthode qui aujourd'hui est la seule qu'on applique, non-seulement à la botanique, mais à toutes les branches des sciences naturelles.

Avant d'exposer avec détail les deux classifications de Linné et de Jussieu, comme exemples d'un *système* et d'une *méthode*, nous devons d'abord définir quelques mots employés comme divisions dans toutes les classifications, et dont il est important que l'élève ait une idée précise : ces mots sont ceux d'*individus*, *espèces*, *variétés*, *races*, *genres*, *ordres*, *classes*.

Individu. — Le nom d'*individu* s'applique à chaque être distinct formant un tout, que l'on ne peut diviser sans lui faire perdre une partie de ses caractères ou de ses propriétés. Ainsi, dans un champ de blé, dans un troupeau de moutons ou une réunion d'hommes, chaque pied de blé, chaque mouton ou chaque homme est un individu de l'espèce blé, mouton ou homme. Tous les individus doivent donc posséder absolument les mêmes caractères.

Espèce. — Si l'on réunit ensemble tous les individus qui sont la représentation exacte les uns des autres, on peut en former un groupe abstrait qu'on appelle une *espèce*. L'espèce est donc l'ensemble de tous les individus qui ont sensiblement les mêmes caractères. Dans le règne organique, on doit ajouter un signe important de l'espèce, c'est que tous les individus qui la composent peuvent se féconder mutuellement et donner naissance à une suite d'individus se reproduisant avec les mêmes caractères essentiels. Cependant il arrive quelquefois que des individus appartenant à deux espèces différentes, mais voisines, peuvent se féconder accidentellement. Il en résulte des individus intermédiaires, rappelant à la fois quelques-uns des caractères des deux espèces. C'est ce qu'on appelle des *hybrides* ou des *mulets*. Ces hybrides ne se propagent pas d'une manière continue par la génération, ils sont ordinairement stériles. Il existe des hybrides ou des mulets aussi bien dans le règne végétal que dans le règne animal (voy. p. 269).

Les individus qui composent une espèce présentent ordinairement les mêmes caractères essentiels. Cependant il en est qui offrent dans l'un de leurs organes ou dans leur ensemble quelques différences accidentelles qui tiennent communément aux circonstances extérieures sous l'influence desquelles ils se sont développés. Ainsi, la hauteur plus ou moins grande de la tige, la grandeur des feuilles, les poils plus ou moins abondants qui les recouvrent, la coloration des fleurs, etc., etc., sont autant de caractères accidentels qui distinguent ces individus, mais qui, étant passagers et n'altérant pas les caractères essentiels, en constituent de simples variétés. Ainsi, dans les plantes que l'on cultive abondamment, comme les tulipes, les jacinthes, les œillets, etc., il existe un grand nombre de *variétés*. Ce qui distingue les variétés des vraies espèces, c'est qu'elles ne sont pas permanentes, et qu'en général elles ne se propagent pas par le moyen des graines.

Cependant certaines variétés se perpétuent par leurs semences, mais seulement si l'on a soin de les maintenir dans les conditions sous lesquelles elles se sont produites. On donne à ces variétés le nom de *races*. Ainsi, dans les Céréales, dans les Crucifères, comme dans les choux et les navets, dans les arbres à fruits, il existe des *races* variées et nombreuses qui se maintiennent et se propagent avec les mêmes carctères, mais qui quelquefois dégénèrent ou plutôt reviennent à leur type primitif sous certaines influences.

Genres. — De même que la réunion des individus semblables, et même des races et des variétés, forme l'espèce, de même la réunion des espèces qui ont entre elles une ressemblance évidente dans leurs caractères intérieurs et leurs formes extérieures constitue le *genre*. Les caractères sur lesquels les genres sont fondés sont tirés de considérations d'un ordre supérieur à celles d'après lesquelles on établit les espèces : elles tiennent à l'organisation de quelque partie essentielle. Ainsi, dans le règne végétal, c'est principalement dans la forme ou dans la disposition des diverses parties de la fructification que les botanistes puisent les caractères par lesquels ils distinguent les genres. Mais le nombre et la valeur de ces caractères sont loin d'être les mêmes pour toutes les familles. Un caractère qui, dans certain groupe, serait de la plus haute importance, devient presque nul dans un autre. Ainsi, dans les familles très-naturelles, comme, par exemple, dans les Graminées, les Labiées, les Ombellifères, les Crucifères, etc., les différences d'après lesquelles on établit les genres sont souvent si peu considérables, que, dans d'autres familles, elles serviraient à peine à distinguer les espèces entre elles. Nous reviendrons plus en détail sur cet objet important, lorsque nous parlerons de la valeur des caractères, en traitant plus spécialement, dans la suite de cet article, de la méthode des familles naturelles appliquée à la botanique.

Chaque genre est désigné, ainsi que nous l'avons dit, par un nom particulier qui reste le même pour toutes les espèces qu'il réunit. Seulement chaque espèce d'un genre se distingue par un second nom ajouté au nom du genre : ainsi, par exemple, dans le genre *Veronica*; nous trouvons les espèces *Veronica arvensis*, *Veronica spicata*, *Veronica Chamœdrys*, etc. L'origine de ces noms *génériques* et *spécifiques* est très-variée. Pour ceux des genres, ce sont très-souvent les noms mêmes que les végétaux qu'ils réunissent portent dans la langue latine. Tels sont, par exemple, les noms *Quercus*, *Pinus*, *Malus*, *Prunus*, *Rosa*, *Triticum*, etc. D'autres fois ce sont des noms inventés, fabriqués par les auteurs qui, les premiers, ont établi ces genres. Empruntés en général à la langue grecque, ces noms expriment souvent un des caractères les plus saillants du genre, par exemple, *Pappophorum*, *Andropogon*, *Chrysophyllum*, *Gynopogon*, *Ophioxylon*, etc. Quelquefois, enfin, les noms génériques sont consacrés à perpétuer la mémoire des hommes éminents qui, dans les sciences, les lettres ou même la politique, ont rendu des services et bien mérité de leur patrie : *Tournefortia*, *Linnæa*, *Jussiæa*, *Boerhaavia*, *Cuviera*, *Candollea*, *Humboldtia*, *Gustavia*, etc.

Ordres. — En opérant pour les genres comme on a fait pour les espèces, c'est-à-dire en rapprochant ceux qui conservent encore des caractères communs, on établit des *ordres*, si l'on n'a égard qu'à un seul caractère ; des *familles* ou *ordres naturels*, si l'on rapproche les genres d'après les caractères offerts par toutes les parties de leur organisation. Ainsi, dans le système sexuel de Linné, en réunissant dans les treize premières classes les genres qui ont le même nombre de styles ou de stigmates, on en forme des ordres. Mais si, au contraire, on a examiné chacun des genres en particulier, et si l'on a rapproché les uns des autres tous ceux qui ont la même organisation dans leurs graines, leur fruit, les diverses parties de leurs fleurs, et la même disposition dans leurs organes de la végétation, alors on a formé une *famille naturelle*.

Familles. — Chaque famille est désignée par un nom propre à la distinguer. Ce nom est le plus souvent celui de l'un des genres principaux de la famille, dont on a modifié la désinence, et que l'on considère en général comme étant le type de la famille : ainsi *Liliacées*, *Colchicacées*, *Cypéracées*, *Solanacées*, *Rubiacées*, etc. Quelquefois, cependant, les noms des familles ont une autre origine : ils rappellent, soit un caractère remarquable du groupe, *Ombellifères*, *Crucifères*, *Légumineuses*, *Conifères*, etc., soit un nom ancien qu'on n'a pas cru devoir changer, *Gramineæ*, *Filices*, *Fungi*, etc.

Classes. — Enfin les *classes*, qui sont le premier degré de division dans une classification, se composent d'un certain nombre d'ordres ou de familles naturelles, réunis par un caractère plus général et plus large, mais toujours propre à chaque être qui se trouve contenu dans la classe. Par exemple, Linné, dans son système sexuel des plantes, a formé une classe de tous les genres qui ont cinq étamines ; cette classe se divise en un certain nombre d'ordres, suivant que les genres qui y sont réunis ont un, deux, trois, quatre, cinq ou un grand nombre de stigmates. De même Jussieu a formé, dans sa méthode des familles naturelles, quinze classes, dont le caractère essentiel est fondé sur le mode d'insertion des étamines ou de la corolle gamopétale staminifère.

En suivant une marche inverse de celle qui vient d'être établie, nous dirons donc que, dans une classification quelconque, les premières divisions portent le nom de *classes;* que les classes se divisent en *ordres* dans les systèmes artificiels, en *familles* dans les méthodes naturelles; que les ordres ou familles se partagent en *genres;* que es genres sont des réunions d'*espèces*, qui elles-mêmes, enfin, sont des collections d'*individus*.

[De nombreuses divergences et même quelques abus s'étaient, en ces derniers temps, introduits dans la nomenclature botanique. Pour ramener une uniformité désirable, le *Congrès international de botanique,* tenu à Paris en 1867, a discuté et adopté un ensemble de règles, proposées, sous le nom de *Lois de la nomenclature botanique,* comme le meilleur guide à suivre en cette matière. Ce document élève jusqu'à vingt, parmi les plantes spontanées seulement, l'ensemble des groupes subordonnés, ainsi qu'il suit :

Regnum vegetabile.
Divisio.
Subdivisio.
Classis.
Subclassis.
Cohors.
Subcohors.
Ordo (gallice : *Famille*).
Subordo (gallice : *Sous-famille*).
Tribus.
Subtribus.
Genus.
Subgenus.
Sectio.
Subsectio.
Species.
Subspecies (*vel* Proles, gall. *Race*).
Varietas.
Subvarietas.
Variatio.
Subvariatio.
Planta.

La définition de chacun de ces noms de groupes peut varier, jusqu'à un certain point, suivant les opinions individuelles et l'état de la science; mais leur ordre relatif, sanctionné par l'usage, ne doit pas être interverti. — Art. 10 et 11.]

CHAPITRE II

SYSTÈME SEXUEL DE LINNÉ

Le système sexuel de Linné a été publié en 1735. Il est essentiellement fondé sur les modifications variées que peuvent présenter les organes de reproduction. Les végétaux qui n'offrent pas à l'œil nu d'organes sexuels distincts, étamines et pistils, constituent une classe à part, la dernière, la *Cryptogamie*. Ceux qui en sont pourvus, les *Phanérogames*, sont divisés en vingt-trois classes.

Les classes sont donc au nombre de vingt-quatre. Les caractères des vingt-trois premières sont tirés : 1° du nombre des étamines; 2° de leur proportion relative ; 3° de la soudure des étamines par les filets; 4° de la soudure des étamines par les anthères; 5° de la soudure des étamines avec les carpelles; 6° de la séparation des fleurs mâles d'avec les fleurs femelles.

I. Le *nombre des étamines* libres et égales entre elles a servi pour établir les treize premières classes du système sexuel.

La 1re classe, la *Monandrie*, contient toutes les plantes dont les fleurs ont une seule étamine; ex. : *Hippuris, Canna*.

La 2e classe, ou la *Diandrie*, les plantes à deux étamines; ex. : la Véronique, la Gratiole.

La 3e classe, ou la *Triandrie*, les plantes à trois étamines; ex. : les Iris, les Glaïeuls, le Blé, l'Orge, l'Avoine, etc.

La 4e classe, *Tétrandrie*, quatre étamines; ex. : les Scabieuses, les Aspérules.

La 5e classe, la *Pentandrie*, cinq étamines; ex. : la Belladone, la Bourrache, la Carotte.

La 6e classe, l'*Hexandrie*, six étamines; ex. : la Jacinthe, la Tulipe.

La 7e classe, l'*Heptandrie*, sept étamines; ex.: le Marronnier d'Inde.

La 8e classe, l'*Octandrie*, huit étamines, ex. : l'Oseille; les Bruyères.

La 9e classe, l'*Ennéandrie*, neuf étamines; ex. : les Lauriers, les Rhubarbes.

La 10e classe, ou la *Décandrie*, dix étamines; ex. : l'Œillet, la Saponaire.

La 11e classe, la *Dodécandrie*, de onze à vingt étamines; ex. : la Joubarbe, le Réséda.

La 12e classe, *Icosandrie*, plus de vingt étamines *insérées sur le calice*; ex. : le Poirier, le Pêcher, la Rose.

La 13e classe, la *Polyandrie*, plus de vingt étamines *insérées sous l'ovaire*; ex. : le Pavot, la Pivoine, la Renoncule.

II. La *proportion des étamines* entre elles a fourni les caractères de deux classes, les étamines pouvant être au nombre de quatre, ou *didynames*, ou au nombre de six, ou *tétradynames*. De là :

La 14e classe, ou la *Didynamie*, quatre étamines, dont *deux* plus longues que les deux autres; ex. : la Lavande, les *Lamium*, la Gueule-de-loup, la Digitale, etc.

La 15e classe, ou la *Tétradynamie*, six étamines, *quatre* plus grandes et deux plus petites; ex. : toutes les Crucifères, le Chou, la Giroflée, le Cresson.

III. La *soudure des étamines par les filets* peut offrir trois modifications. Les étamines sont *monadelphes, diadelphes* ou *polyadelphes*. De là :

La 16e classe, *Monadelphie*, étamines en nombre variable, réunies et soudées ensemble en un seul tube par leurs filets; ex. : la Mauve, la Guimauve, etc.

La 17e classe, *Diadelphie*, étamines en nombre variable, soudées par leurs filets en deux corps distincts. Tels sont la Fumeterre, le *Polygala*, la plupart des Légumineuses, comme l'Acacia, le Cytise, la Réglisse, le Mélilot, etc.

La 18e classe, *Polyadelphie*, étamines réunies par leurs filets en trois ou en un plus grand nombre de faisceaux; ex. : les *Hypericum*, l'Oranger, les *Melaleuca*, etc.

IV. La *soudure des étamines seulement par les anthères* forme le caractère distinctif de la 19e classe.

La 19e classe, ou la *Syngénésie*, renferme toutes les plantes qui ont leurs anthères soudées en un tube, les filets restant distincts : les Chardons, l'Artichaut, en un mot toutes les plantes synanthérées.

V. La *soudure des étamines avec le pistil* forme le caractère distinctif de la 20e classe.

La 20e classe, la *Gynandrie*, contient les plantes dont les étamines sont soudées en un seul corps avec le pistil; ex. : les Orchidées, les Aristoloches.

VI. Les *plantes à fleurs unisexuées* présentent trois combinaisons : elles sont *monoïques, dioïques* ou *polygames*, ce qui établit autant de classes distinctes, savoir :

La 21e classe, ou la *Monœcie*, fleurs mâles et fleurs femelles distinctes, mais réunies sur le même individu; ex. : les *Carex*, le Chêne, le Buis, le Maïs, le Melon, le Ricin, etc.

La 22e classe, ou la *Diœcie*, fleurs mâles et fleurs femelles existant sur des individus séparés; ex. : la Mercuriale, le Dattier, le Gui, les Saules, le Pistachier, etc.

La 23e classe, ou la *Polygamie*, fleurs hermaphrodites, fleurs mâles et fleurs femelles réunies sur un même individu ou sur des pieds différents; ex. : le Frêne, la Pariétaire, la Croisette, le Micocoulier, etc.

Enfin, la 24e et dernière classe, la *Cryptogamie*, renferme toutes les plantes dont les organes reproducteurs, non visibles à l'œil nu, ne sont ni des étamines, ni des pistils. Ex. : les Fougères, les Mousses, les Algues, les Champignons.

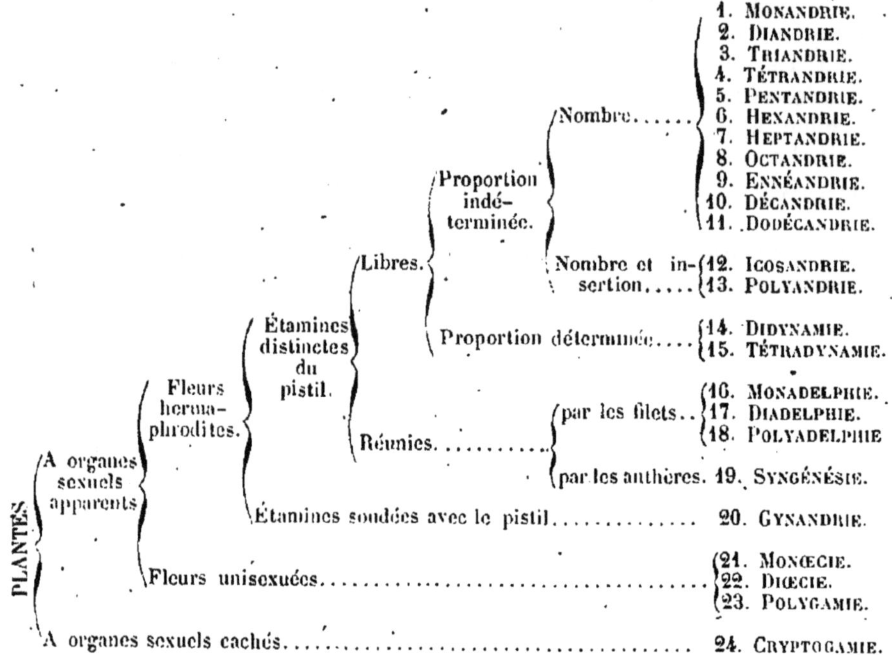

Les *classes* du système sexuel ont ensuite été partagées en *ordres* ou divisions secondaires. Dans les treize premières classes, dont les caractères sont tirés du nombre des étamines, ceux des ordres ou divisions des classes ont été puisés dans le nombre des styles ou des stigmates distincts. Ainsi une plante de la pentandrie, telle que le Panais ou toute autre Ombellifère qui aura deux styles ou deux stigmates distincts, sera du second ordre. Elle serait du troisième ordre si elle en présentait trois, etc. Voyons les noms qui ont été donnés à ces différents ordres :

1er ordre : *Monogynie*, un seul style ou un seul stigmate sessile.
2e ordre : *Digynie*, deux styles.
3e ordre : *Trigynie*, trois styles.
4e ordre : *Tétragynie*, quatre styles.
5e ordre : *Pentagynie*, cinq styles.
6e ordre : *Hexagynie*, six styles.
7e ordre : *Heptagynie*, sept styles.
8e ordre : *Décagynie*, dix styles.
9e ordre : *Polygynie*, un grand nombre de styles.

Remarquons qu'il y a des classes dans lesquelles on ne trouve point cette série tout entière d'ordres. Dans la Monandrie, par exemple, on ne trouve que deux ordres : la *Monogynie*, ex. : l'*Hippuris*; et la *Digynie*, ex.: le *Blitum*.

Dans la Tétrandrie, il y a trois ordres, savoir : la *Monogynie*, la *Digynie* et la *Tétragynie*. Il y en a six dans la Pentandrie, etc., etc.

Dans la quatorzième classe, ou la Didynamie, Linné a fondé les caractères des deux ordres qu'il y a établis, d'après la structure de l'ovaire. En effet, le fruit est tantôt formé de quatre petits akènes situés au fond du calice, et qu'il regardait comme quatre graines nues; tantôt, au contraire, c'est une capsule qui renferme un nombre plus ou moins considérable de graines. Le premier de ces ordres porte le nom de *Gymnospermie* (graines nues). Il contient toutes les véritables Labiées, telles que le Marrube, les *Phlomis*, les *Nepeta*, le *Scutellaria*, etc.

Le second ordre, que l'on appelle *Angiospermie* (graines enveloppées), et qui a pour caractère d'avoir un fruit capsulaire, réunit toutes les Personnées de Tournefort, telles que les *Rhinanthus*, les Linaires, les *Melampyrum*, les *Orobanche*, etc.

La Tétradynamie, ou la quinzième classe, offre également deux ordres tirés de la forme du fruit, qui est une silique ou une silicule. De là on distingue la Tétradynamie en *siliculeuse*, ou celle qui renferme les plantes dont le fruit est une silicule, telles que le Pastel, le Cochléaria, le Thlaspi, etc., et en *siliqueuse*, c'est-à-dire celle dans laquelle sont rangés les végétaux ayant une silique pour fruit, comme la Giroflée, le Chou, etc.

Les seizième, dix-septième et dix-huitième classes, c'est-à-dire la Monadelphie, la Diadelphie et la Polyadelphie, ont été établies, d'après la réunion des filets staminaux, en un, deux, ou un plus grand nombre de faisceaux distincts, abstraction faite du nombre des étamines qui les composent. Linné a, dans ce cas, employé les caractères tirés du nombre des étamines pour former les ordres de ces trois classes. Ainsi on dit des plantes monadelphes qu'elles sont *pentandres*, *décandres*, *polyandres*, suivant qu'elles renferment cinq, dix ou un grand nombre d'étamines soudées et réunies par leurs filets en un seul corps. Il en est de même dans la Diadelphie et la Polyadelphie, c'est-à-dire que les noms des ordres sont les mêmes que ceux des premières classes du système.

La Syngénésie, ou la dix-neuvième classe du système sexuel, est une de celles qui renferment le plus grand nombre d'espèces. En effet, les Synanthérées forment à peu près la douzième partie de tous les végétaux connus. Il était donc très-important d'y multiplier les ordres, afin de faciliter la recherche des différentes espèces. C'est ce que Linné a tâché de faire en partageant cette classe en six ordres. Mais ici, comme le nombre presque constant des étamines est de cinq, ce nombre n'a pu offrir assez de caractères pour devenir la base de ces divisions ; Linné l'a prise dans la structure même de chacune des petites fleurs qui constituent les assemblages connus sous le nom de *fleurs composées*. En effet, par suite d'avortements constants, on trouve avec les fleurs hermaphrodites des fleurs mâles et des fleurs femelles, souvent même des fleurs entièrement neutres. Linné, dont le génie poétique se faisait remarquer dans tous les noms qu'il donnait aux différentes classes et aux différents ordres de son système, voyait dans ces réunions et ces mélanges de fleurs une sorte de *polygamie*. Aussi est-ce le nom qu'il a donné aux cinq premiers ordres de la Syngénésie; le sixième prenant, par opposition, le nom de *monogamie*. A chacun des cinq premiers ordres est attachée une épithète particulière. Voici les caractères :

1er Ordre : *Polygamie égale*. Toutes les fleurs sont hermaphrodites, et par conséquent toutes également fécondes, comme on le voit dans les Chardons, les Salsifis, etc.

2e Ordre : *Polygamie superflue*. Les fleurs du disque sont hermaphrodites; celles de la circonférence sont femelles; mais les unes et les autres donnent de bonnes graines. Ex. : l'Armoise, l'Absinthe.

3e Ordre : *Polygamie frustranée*. Les fleurs du disque sont hermaphrodites et fécondes; celles de la circonférence sont neutres ou femelles, mais stériles par l'imperfection de leurs stigmates : elles sont tout à fait *inutiles*; dans l'ordre précédent, elles étaient seulement *superflues*. Ex. : les Centaurées, les *Helianthus*, etc.

4e Ordre : *Polygamie nécessaire*. Les fleurs du disque sont hermaphrodites, mais stériles par un vice de conformation des stigmates; celles de la circonférence sont femelles, et fécondées par le pollen des premières : dans ce cas, elles sont donc *nécessaires* pour la conservation de l'espèce, comme dans le Souci, etc.

5e Ordre : *Polygamie séparée*. Toutes les fleurs sont hermaphrodites, rapprochées les unes des autres, mais cependant contenues chacune dans un petit involucre particulier, comme dans l'*Echinops*.

6e Ordre : *Monogamie*. Les fleurs sont toutes hermaphrodites ; mais elles sont simples et isolées les unes des autres, comme dans la Violette, les *Lobelia*, la Balsamine, etc.

Ce dernier ordre, comme il est facile de le voir, n'a aucune affinité avec les précédents. Il n'a de commun avec eux que la réunion des étamines par les anthères, qui quelquefois ne sont que rapprochées.

Dans la Gynandrie, ou vingtième classe, il y a huit ordres qui sont tirés du nombre des étamines. Ainsi on dit : Gynandrie-*diandrie*; Ex.: *Orchis, Ophrys, Cypripedium*; Gynandrie-*hexandrie*. Ex.: l'Aristoloche; Gynandrie-*polyandrie*, les *Arum*, etc.

La Monœcie et la Diœcie présentent en quelque sorte réunies toutes ces modifications que nous avons remarquées dans les autres classes. Ainsi, la Monœcie renferme des plantes monandres, triandres, décandres, polyandres, monadelphes et gynandres. Chacune de ces modifications sert à établir douze ordres distincts dans cette classe.

La Diœcie en renferme quinze, dont les caractères se rapportent à ceux de quelqu'une des classes précédemment établies.

La vingt-troisième classe, ou la Polygamie, qui contient les plantes à fleurs hermaphrodites et à fleurs unisexuées mélangées, soit sur le même individu, soit sur deux ou trois individus distincts, a été, pour cette raison, divisée en trois ordres : 1° la Polygamie-*monœcie*, dans laquelle le même individu porte des fleurs monoclines et des fleurs diclines; 2° la Polygamie-*diœcie*, dans laquelle on trouve sur un individu des fleurs hermaphrodites, et sur l'autre des fleurs unisexuées; 3° enfin, la Polygamie-*triœcie*, dans laquelle le mélange des fleurs unisexuées et hermaphrodites peut se faire de trois manières différentes, et par conséquent, sur trois individus.

La Cryptogamie, qui forme la vingt-quatrième et dernière classe, est partagée en quatre ordres : 1° les Fougères ; 2° les Mousses ; 3° les Algues ; 4° les Champignons.

Les caractères de ces vingt-quatre classes et de leurs ordres sont parfaitement distincts, et il est facile d'y rapporter une plante quelconque qu'on a l'intention de classer. Mais ce qui n'est pas moins remarquable, c'est que non-seulement tous les genres connus à l'époque où Linné l'établit y trouvèrent leur place, mais tous ceux qui ont été découverts depuis viennent naturellement s'y placer. C'est là ce qui montre combien les bases de ce système avaient été solidement établies; c'est ce qui justifie le succès étonnant qu'il a eu pendant près d'un siècle. On peut le dire, le système sexuel de Linné est la meilleure des classifications artificielles qui aient été introduites dans la science.

CHAPITRE III

MÉTHODE DES FAMILLES NATURELLES

Les grandes découvertes, qui changent la face des sciences et y causent une révolution profonde, ne se produisent pas ordinairement tout d'un coup. Elles sont le fruit du temps, de l'observation, de l'expérience, qui chaque jour exercent, souvent à notre insu, leur influence lente mais toujours agissante. Elles ont été, en quelque sorte, préparées petit à petit jusqu'au moment où un homme de génie s'en empare, fixe, réalise, matérialise, en quelque sorte, ce qui était vague et indécis et les lance dans le monde, après en avoir formulé les lois. Tels ont été l'origine et le sort de la méthode des familles naturelles. En effet, quoiqu'il soit juste de reconnaître que c'est Antoine-Laurent de Jussieu qui, le premier, en a exposé les véritables principes, et qui, faisant l'application de ces principes, les a réalisés dans son immortel *Genera plantarum*, cependant on ne saurait nier que beaucoup d'autres avant lui avaient ouvert cette voie nouvelle, dans laquelle seul il a su atteindre le but.

En effet, déjà Magnol, professeur de botanique à Montpellier, avait, dans la préface de son *Prodromus historiæ generalis plantarum*, publié à Montpellier en 1689, reconnu qu'il existe dans le règne végétal des groupes offrant une organisation commune, groupes que, pour la première fois, il désigne sous le nom de *Familles*. C'est là, il faut en convenir, le point de départ de la classification des genres en familles naturelles. Mais cette idée ingénieuse avait été presque perdue de vue, quand Linné, en 1738, dans son ouvrage intitulé : *Classes plantarum*, et surtout en 1751, dans sa *Philosophie botanique*, revint aux vues de Magnol et proposa une classification des genres en soixante-sept familles naturelles. Mais nulle part le célèbre naturaliste suédois n'a exposé les principes qui l'avaient guidé dans la recherche des affinités naturelles, et, de même que Magnol, il donne un tableau des genres qui composent chacune de ces familles, mais sans tracer les caractères généraux de ces familles.

Ce fut en 1759 que Bernard de Jussieu, en établissant pour Louis XV un jardin botanique à Trianon, y fonda sa série des ordres naturels. Ces ordres ou familles, dont il n'a nulle part tracé les caractères, réunissent des végétaux qui ont entre eux beaucoup de rapports et d'affinité ; ils sont, comme on dit, plus naturels que ceux de Linné. Mais Bernard de Jussieu n'a pas fait connaître les principes qui lui avaient servi de base pour les établir.

En 1763, Adanson publia, à Paris, son livre sur les *Familles naturelles* des végétaux. Il partit de cette idée qu'en établissant le plus grand nombre possible de systèmes, d'après tous les points de vue sous lesquels on pouvait considérer les plantes, celles qui se trouveraient rapprochées dans le plus grand nombre de ces systèmes, devaient être celles qui auraient entre elles les plus grands rapports, et, par conséquent, devaient former un même ordre naturel : de là l'idée de sa *Méthode universelle* ou de *comparaison générale*. Il fonda sur tous les organes des plantes un ou plusieurs systèmes, en les envisageant chacun sous tous les points de vue possibles, et arriva ainsi à la création de soixante-cinq systèmes artificiels. Comparant ensuite ces différentes classifications entre elles, il réunit ensemble les genres qui se trouvaient rapprochés dans le plus grand nombre des systèmes, et en forma ses cinquante-huit familles. Adanson est le premier qui ait donné des caractères détaillés de toutes les familles qu'il a établies, et, sous ce rapport, son travail a un avantage marqué sur ceux de ses prédécesseurs. Ces caractères sont tracés avec beaucoup de soin et de détails, et pris dans tous les organes des végétaux, depuis la racine jusqu'à la graine. Cependant on ne peut se dissimuler que les familles d'Adanson soient souvent bien peu naturelles, et que leur groupement général offre un grand nombre de rapprochements peu d'accord avec les véritables affinités. Aussi les familles, telles qu'elles ont été établies par Adanson, n'ont-elles été adoptées par aucun botaniste.

Mais ce ne fut qu'en 1789 que l'on eut véritablement un ouvrage complet sur la méthode des familles naturelles. Le *Genera plantarum* d'Antoine-Laurent de Jussieu présenta la science des végétaux sous un point de vue si nouveau par la précision et l'élégance qui y règnent, par la profondeur et la justesse des principes généraux qui y sont exposés pour la première fois, que c'est depuis cette époque seulement que la méthode des familles naturelles a été véritablement créée, et que date la nouvelle ère de la science des végétaux. Jusqu'alors chaque auteur n'avait cherché qu'à former des familles, sans établir les principes qui devaient servir de base et de guide dans cet important travail. L'auteur du *Genera plantarum* posa le premier les bases de la science, en faisant voir quelle était l'importance relative des différents organes entre eux, et par conséquent leur valeur dans la classification. Le premier, il établit une méthode ou classification régulière pour disposer ces familles en classes; et non-seulement il traça le caractère de chacune des cent familles qu'il établit, mais il caractérisa tous les genres alors connus, et qu'il avait ainsi groupés dans ses ordres naturels.

Exposons maintenant les principes qui servent de base à la coordination des genres en familles naturelles. Et d'abord qu'entend-on par une famille naturelle? C'est la réunion des genres qui, présentant une organisation commune, forment un groupe dont tous les individus offrent dans leur structure intérieure et dans leurs caractères extérieurs une similitude que l'œil discerne facilement. Par exemple, qui n'a pas été frappé des rapports qui existent entre le blé, le seigle, l'orge, l'avoine, le maïs et cette foule de plantes analogues à celles-ci qui croissent partout dans nos prairies, et qui forment la famille des Graminées? N'en est-il pas de même des végétaux qui, comme le pois, le haricot, la fève, l'acacia, etc., constituent la famille des Légumineuses? Qui n'a remarqué l'analogie de forme générale, de structure des fleurs et du fruit, du chou, du radis, du cresson, de la giroflée, formant la famille des Crucifères? Est-ce qu'on ne reconnaît pas entre les plantes qui constituent chacune de ces familles une analogie frappante, un air de parenté et de famille? Le but de la méthode des familles naturelles a donc été de chercher dans tous les genres les caractères qui les rapprochent, afin d'en former des groupes réunissant ainsi les genres qui offrent entre eux la plus grande somme de rapports communs et d'analogie.

C'est en étudiant avec soin un certain nombre de familles dont les plantes offrent une ressemblance tellement frappante, que de tout temps leur analogie avait été reconnue par tous les botanistes, qu'Antoine-Laurent de Jussieu a pu apprécier la valeur relative de chacun des organes dans la formation des groupes. Les familles qu'il a choisies pour procéder à cet examen sont celles des Graminées, des Liliacées, des Composées ou Synanthérées, des Ombellifères, des Crucifères et des Légumineuses. C'est en elles qu'il a étudié non-seulement la *valeur des caractères*, mais leur *corrélation* et leur *subordination*, de manière à formuler les principes qui doivent servir de base pour la formation des familles naturelles.

En examinant avec attention ces groupes, il a vu que parmi les caractères qu'ils présentent, il y en a qui sont *constants* et *invariables*; d'autres qui sont *généralement constants*, c'est-à-dire qui existent dans le plus grand nombre des genres de ces familles; quelques-uns qui, constants dans un certain nombre de genres, manquent toujours dans d'autres; certains enfin qui n'ont aucune fixité et varient dans chaque ordre. Nous avons ainsi quatre degrés de caractères relativement à leur constance. On conçoit que l'importance de ces caractères soit en raison directe de leur plus grande invariabilité, et que, dans la formation des groupes, on ne doive pas *compter* les caractères, mais *peser* leur valeur relative. Ainsi, un caractère invariable du premier degré doit en quelque sorte équivaloir à deux caractères du second degré, et ainsi successivement. Or, nous voyons que cette invariabilité plus ou moins grande des caractères est en raison de l'importance plus ou moins grande de l'organe auquel ils sont empruntés. Ainsi, comme il y a deux fonctions essentielles dans la vie végétale, la nutrition et la reproduction, ce sont les organes les plus indispensables à l'exercice de ces deux fonctions qui sont aussi les plus invariables, et qui, par conséquent, jouent le rôle le plus important dans la coordination des végétaux. Dans la reproduction, l'embryon est l'organe le plus important dans la série de ceux qui appartiennent à cette fonction. Mais de l'embryon, comme de toute autre partie, on peut tirer plusieurs sortes de caractères qui n'auront pas une égale valeur. Ainsi, on conçoit que les plus importants sont ceux qui tiennent d'abord et essentiellement à son *existence* ou à son *absence*, puisqu'il y a des végétaux qui en sont dépourvus; à son *organisation* propre, ou à son mode de *développement*, qui est une conséquence nécessaire de celle-ci. Nous pouvons donc tirer de l'embryon deux séries de caractères du premier degré, savoir: 1° les plantes avec ou sans embryon: plantes *embryonnées* ou *inembryonnées*; 2° plantes embryonnées avec un seul ou avec deux cotylédons: plantes *monocotylédonées* ou *dicotylédonées*.

Les organes sexuels fournissent aussi quelques caractères du premier degré. Nous ne parlerons pas de leur présence ou de leur absence, qui sont en corrélation d'existence avec la présence ou l'absence de l'embryon, puisque toutes les plantes qui ont un embryon ont nécessairement des organes sexuels, et *vice versâ*. Le seul caractère constant, et qu'on puisse ranger parmi ceux du premier degré, est la position relative des deux organes, c'est-à-dire leur *mode d'insertion*. Les caractères que l'on peut tirer de cette considération, sans avoir la même valeur que ceux que fournit l'embryon, sont néanmoins placés au rang des plus importants.

Mais tous les organes des plantes n'offrent pas dans leurs caractères la même constance que l'embryon, et, sous ce rapport, nous avons encore à examiner trois ordres de caractères. Les caractères du second degré, avons-nous dit, sont ceux qui sont généralement constants dans toute une famille, ou qui ne souffrent qu'un petit nombre d'exceptions. A cette classe se rapportent les caractères que l'on peut tirer de la *corolle gamopétale, polypétale* ou *nulle ;* ceux que fournissent la *présence* ou l'*absence* de l'*endosperme*, sa nature charnue, cornée, amylacée ; ceux que l'on tire de la *position de l'embryon* relativement à la graine, et de celle-ci relativement au péricarpe. Parmi les caractères du troisième ordre, les uns sont constants dans quelques familles, les autres ne sont pas constants : par exemple, le nombre et la proportion des étamines, leur réunion par les filets en un, deux ou plusieurs corps ou faisceaux ; l'organisation intérieure du fruit, le nombre de ses loges, leur mode de déhiscence ; la position des feuilles alternes ou opposées, la présence des stipules, etc. Enfin, on rejette parmi les caractères tout à fait variables, et par conséquent de quatrième ordre, comme peu importants, les différents modes d'inflorescence, la forme des feuilles, celle de la tige, la grandeur des fleurs, etc.

Tels sont les différents degrés d'importance des caractères que fournissent les végétaux pour leur coordination en familles naturelles. Cette importance, nous le répétons, est surtout fondée sur leur invariabilité : mais néanmoins ceux même que nous rangeons dans le premier degré, c'est-à-dire parmi les plus fixes, peuvent souffrir quelques exceptions, mais qui confirment la règle générale plutôt qu'elles n'y portent atteinte. Ainsi, l'embryon n'est pas uniquement à un seul ou à deux cotylédons ; plusieurs plantes de la famille des Conifères offrent un embryon polycotylédoné. L'insertion des étamines est également rangée parmi les caractères du premier ordre ; néanmoins cette insertion est variable dans les différents genres qui forment les familles des Légumineuses, des Violariées, etc. Mais ces exceptions sont tellement rares, qu'elles n'altèrent en rien la valeur de ces caractères. Cependant on doit en conclure qu'en histoire naturelle les caractères que nous regardons comme les plus fixes peuvent néanmoins offrir quelques exceptions.

La valeur des caractères n'est pas la même dans toutes les familles, c'est-à-dire qu'il y a certains caractères qui, peu importants dans quelques cas, acquièrent dans d'autres une très-grande valeur. Ainsi, rien de moins important, en général, que les caractères qu'on tire des feuilles entières ou dentées. Cependant ce signe devient d'une valeur très-grande dans les Rubiacées, à tel point qu'il est peut-être le seul vraiment général, et qui s'observe dans tous les genres de cette famille, lesquels ont des feuilles parfaitement entières. Il en est de même de la forme de la tige, qui est constamment carrée dans toutes les Labiées. Aussi voyons-nous que, dans quelques familles, les caractères de la végétation sont plus fixes, et par conséquent ont plus de valeur que les caractères de la fructification. Mais seuls ils ne peuvent jamais servir à caractériser une famille naturelle.

C'est d'après les principes que nous venons d'exposer précédemment, c'est-à-dire en comparant attentivement tous les organes des végétaux, en étudiant les caractères qu'ils peuvent fournir, et en groupant ces caractères, que l'on est parvenu à réunir tous les genres connus en familles naturelles. Les caractères du premier ordre, c'est-à-dire la structure de l'embryon et l'organisation intérieure des tiges, l'insertion relative des organes sexuels, doivent rigoureusement être les mêmes dans tous les genres d'une même famille. Il en est de même de ceux du second ordre, dont quelqu'un pourra néanmoins manquer. Les caractères du troisième degré devront, en général, se trouver réunis dans tous les groupes génériques du même ordre naturel; mais cependant leur présence à tous n'est pas indispensable. Car remarquons ici que, comme le caractère général d'une famille n'est pas un caractère simple, mais résulte de la réunion des caractères de tous les genres, quelques-uns de ces caractères peuvent ne pas exister dans le caractère général, surtout quand ils ne sont que du troisième degré. Ainsi, quoique dans un grand nombre de Solanacées le fruit soit charnu, cependant plusieurs genres à fruit sec appartiennent également à cette famille, etc., etc.

Nous venons d'étudier le mécanisme de la formation des familles, il nous reste à parler de la coordination de ces familles entre elles.

Le célèbre auteur du *Genera plantarum* a adopté la classification suivante. Les caractères des classes ont été pris successivement dans les organes les plus importants. Or nous avons dit que c'était en première ligne la structure de l'embryon, et ensuite la position relative des organes sexuels entre eux, c'est-à-dire leur insertion. Les végétaux ont donc été divisés d'abord en trois grands embranchements, suivant qu'ils manquent d'embryon, suivant que leur embryon offre un seul, ou suivant qu'il offre deux cotylédons. Les premiers ont reçu le nom d'*Acotylédones*, parce que, n'ayant pas d'embryon, ils sont nécessairement sans cotylédons; les seconds, celui de *Monocotylédones*, et enfin les derniers celui de *Dicotylédones*. On a donc d'abord réuni les familles dans ces trois grandes divisions primordiales. La seconde série de caractères, celle qui sert vraiment à établir les classes proprement dites, est fondée sur l'insertion relative des étamines, ou de la corolle toutes les fois qu'elle est gamopétale et qu'elle porte les étamines. Or on sait qu'il y a trois modes principaux d'insertion, l'*hypogynique*, la *périgynique* et l'*épigynique*. Ils ont servi à former autant de classes.

Les Acotylédones, qui sont non-seulement sans embryon, mais sans fleurs proprement dites, n'ont pu être divisés d'après cette considération. On en a formé la première classe. Les Monocotylédones ont été divisés en trois classes d'après leur insertion, et l'on a eu les Monocotylédones *hypogynes*, les Monocotylédones *périgynes*, et les Monocotylédones *épigynes*.

Les familles des plantes dicotylédonées étant beaucoup plus nombreuses, on a dû chercher à y multiplier le nombre des divisions ; car dans tout système, plus le nombre des divisions est grand, plus sa facilité augmente dans la pratique. Or nous avons vu que, dans l'ordre d'importance des organes, la corolle, considérée en tant que gamopétale, polypétale ou nulle, était, après l'embryon et l'insertion, l'organe qui fournissait les caractères de la plus grande valeur; c'est donc à la corolle que Jussieu a emprunté une nouvelle série de caractères classiques. En examinant les familles des plantes dicotylédones, on en trouve un certain nombre qui sont entièrement privées de corolle, c'est-à-dire qui n'ont qu'un périanthe simple ou calice; d'autres qui ont leur corolle gamopétale; d'autres enfin qui offrent une corolle polypétale ou dialypétale. On a donc formé parmi les Dicotylédones trois groupes secondaires, savoir :

Les *Dicotylédones apétales* ou sans corolle ;

Les *Dicotylédones gamopétales ;*

Les *Dicotylédones polypétales* ou *dialypétales*.

C'est alors qu'on a employé l'insertion pour diviser chacun de ces groupes en classes. Ainsi, on a partagé les Dicotylédones *apétales* en trois classes, savoir :

Les Apétales *épigynes*, les Apétales *périgynes*, et les Apétales *hypogynes*.

Quant aux Dicotylédones gamopétales, on a eu recours non pas à l'insertion immédiate des étamines, qui sont toujours soudées avec la corolle, mais à celle de la corolle staminifère offrant les trois modes particuliers d'insertion hypogynique, périgynique et épigynique, et l'on a eu ainsi les Gamopétales hypogynes, les Gamopétales périgynes et les Gamopétales épigynes. Ces dernières ont été subdivisées en deux classes, suivant qu'elles ont les anthères soudées entre elles et formant un tube, ou suivant que ces anthères sont libres et distinctes, ce qui a fait quatre classes pour les Dicotylédones gamopétales. Les Dicotylédones polypétales ont été partagées en trois classes, qui sont les Dicotylédones polypétales épigynes, les Polypétales périgynes, et les

Polypétales hypogynes. Enfin, on a formé une dernière classe pour les plantes dicotylédonées à fleurs véritablement unisexuées et *diclines*. Jussieu est ainsi arrivé à la formation de quinze classes, savoir : une pour les Acotylédones, trois pour les Monocotylédones, et onze pour les Dicotylédones. Il n'avait d'abord pas donné ce nom à ces classes ; mais plus tard il a senti la nécessité de désigner chacune d'elles par un nom simple, et il les a dénommées ainsi qu'on va le voir dans le tableau ci-joint.

Toutes les familles connues ont été rangées dans chacune de ces classes, mais elles n'y ont pas été placées au hasard. Commençant les Acotylédones par la famille des Champignons où l'organisation est la plus simple, et la famille des Champignons par le genre *Mucor*, qui ne consiste qu'en de petits filaments, l'auteur du *Genera*, suivant comme pas à pas la marche même de la création, s'est graduellement élevé du plus simple au plus composé ; et chaque genre, chaque famille, ont été placés de manière qu'ils soient précédés et suivis de ceux avec lesquels ils avaient le plus de rapports. C'est en suivant cette marche que l'on a cherché à conserver l'ordre des affinités entre les genres et les familles, autant que le permet la disposition en série linéaire.

Voici le tableau synoptique de la classification des familles dans la méthode d'Antoine-Laurent de Jussieu.

TABLEAU DE LA MÉTHODE DES FAMILLES NATURELLES D'A. L. DE JUSSIEU.

Acotylédones					1. ACOTYLÉDONIE.
Monocotylédones		Étamines	hypogynes		2. MONOHYPOGYNIE.
			périgynes		3. MONOPÉRIGYNIE.
			épigynes		4. MONOÉPIGYNIE.
Dicotylédones	apétales (Apétalie).	Étamines	épigynes		5. ÉPISTAMINIE.
			périgynes		6. PÉRISTAMINIE.
			hypogynes		7. HYPOSTAMINIE.
	monopétales (Monopétalie).	Corolle	hypogyne		8. HYPOCOROLLIE.
			périgyne		9. PÉRICOROLLIE.
			épigyne (Epicorollie) Anthères	réunies.	10. SYNANTHÉRIE.
				distinctes.	11. CHORISANTHÉRIE.
	polypétales (Polypétalie).	Étamines	épigynes		12. ÉPIPÉTALIE.
			hypogynes		13. HYPOPÉTALIE.
			périgynes		14. PÉRIPÉTALIE.
	diclines irrégulières				15. DICLINIE.

Telle est la marche suivie par Jussieu. Mais des modifications importantes ont été introduites, sinon dans les principes qui servent de base à la méthode des familles naturelles, du moins dans l'arrangement, dans la classification de ces familles ; car nous ferons remarquer ici qu'il y a deux parties bien distinctes dans la méthode de Jussieu. L'une en quelque sorte presque artificielle, qu'on peut faire varier sans inconvénient : c'est celle qui a pour objet le groupement des familles en classes. L'autre, au contraire, la plus importante et celle qui constitue réellement cette méthode et l'élève si fort au-dessus des autres, consiste essentiellement dans la recherche des rapports, des analogies qui existent entre les divers végétaux pour réunir en groupes ou *familles naturelles* ceux où ces rapports sont le plus grands et le plus sensibles. C'est dans cette partie surtout que le *Genera plantarum* d'A. L. de Jussieu s'est montré si supérieur aux ouvrages qui l'avaient précédé, comme depuis il n'a pu être, à notre avis, surpassé par aucun de ceux qui ont été publiés plus récemment.

Indiquons ici sommairement les modifications principales qui ont été introduites dans la classification des familles naturelles.

A. P. de Candolle avait pris pour base les divisions premières du règne végétal, l'organisation intérieure des tiges. Il partageait tous les végétaux en trois groupes primaires : les végétaux *cellulaires*, uniquement formés de tissu utriculaire ; les végétaux *vasculaires*, contenant à la fois des utricules et des vaisseaux. Les végétaux vasculaires étaient ensuite divisés en *endogènes* et en *exogènes*, suivant que l'accroissement des tiges avait lieu par la formation de nouveaux vaisseaux à leur intérieur ou à la surface du corps ligneux. Il avait donc les trois divisions suivantes : 1° Vég. *Cellulaires;* 2° Vég. *Endogènes;* 3° Vég. *Exogènes*. Or ces trois divisions correspondent aux trois embranchements de Jussieu, savoir : les *Cellulaires* aux *Acotylédones* (moins les Fougères), les *Endogènes* aux *Monocotylédones*, les *Exogènes* aux *Dicotylédones*. C'est dans ces trois groupes primordiaux que de Candolle rangeait toutes les familles. Mais il partait d'un point de vue différent de celui de Jussieu. Le savant auteur du *Genera* avait commencé la série des familles par les plantes dont l'organisation est la plus simple, par la famille des *Champignons*, et il avait ensuite suivi cette organisation dans ses développements et ses complications successives, passant des Acotylédones aux Monocotylédones, de ceux-ci aux Dicotylédones, commençant les Dicotylédones par les Apétales, privés de corolle, passant aux Monopétales, et finissant par les Polypétales, dont tous les organes sont libres et distincts. De Candolle suit une marche inverse. Il prend les végétaux les plus complets, ceux dont les organes sont non-seulement les plus nombreux, mais distincts les uns des autres. Et puis il passe aux groupes où ces organes se soudent, descend à ceux où quelques-uns disparaissent, pour finir par ceux où l'organisation de plus en plus simplifiée se trouve réduite aux conditions indispensables à la vie. En un mot, il étudie successivement les Exogènes polypétales, les monopétales, les apétales, les Endogènes et les Cellulaires rangés dans les divisions suivantes :

A. Les Exogènes *bichlamydés*, ou pourvus d'un calice et d'une corolle; comprenant :

« 1° Les *Thalamiflores*, qui ont les pétales libres attachés au réceptacle.

2° Les *Calyciflores*, qui ont plusieurs pétales libres ou soudés, et attachés au calice.

3° Les *Corolliflores*, ayant les pétales soudés en une corolle gamopétale insérée sur le réceptacle.

Les Exogènes à *périanthe simple* forment un seul groupe :

4° Les *Monochlamydés*.

B. Les Endogènes ou Monocotylédonés sont divisés en :

5° *Endogènes phanérogames*, dont la fructification est visible et régulière.

6° *Endogènes cryptogames*, dont la fructification est cachée, inconnue ou irrégulière.

C. Enfin, les végétaux Cellulaires ou Acotylédonés, c'est-à-dire ceux qui n'ont que du tissu cellulaire, sans vaisseaux, se subdivisent en :

7° *Foliacés*, ayant des expansions foliacées et des sexes connus.

8° *Aphylles*, n'ayant pas d'expansions foliacées ni de sexes connus. »

LA MÉTHODE NATURELLE ET LE PRINCIPE DE L'ÉVOLUTION.

[Par ce qui précède, nous savons que la méthode naturelle diffère essentiellement d'un système artificiel; elle cherche à classer les plantes suivant leurs ressemblances, leurs affinités, sans se préoccuper, comme le système artificiel, de la facilité plus ou moins grande qu'elle donne au botaniste pour arriver sûrement et rapidement au nom de la plante. Magnol, Tournefort, Linné lui-même, avaient pressenti la méthode naturelle; il était réservé à Laurent de Jussieu de l'établir définitivement en 1789, sur le principe logique et fécond de la *subordination des caractères*. Les plus importants sont donnés par l'embryon, puis par la graine, ensuite par le fruit et la fleur, enfin par les feuilles et les autres organes foliacés. Mais déjà en 1809 Lamarck[1] contestait à cette méthode le titre de *naturelle*. La nature, disait-il, ne connait ni espèces, ni genres, ni tribus, ni familles, ni autres divisions du règne végétal; c'est l'homme qui les crée, afin de pouvoir s'orienter au milieu de la foule innombrable des végétaux dont la terre est couverte. Tous sont sortis les uns des autres dans la longue succession des siècles qui constitue les époques géologiques, et se sont modifiés, transformés sous l'influence de milieux différents. La création actuelle n'est que la continuation des créations disparues qui

[1] *Philosophie zoologique*, t. I, p. 37.

l'ont précédée. Essayons de montrer que la méthode naturelle de Jussieu est l'expression de cette succession qu'il ne connaissait pas, mais qu'il a pu établir par la seule étude des végétaux vivants, en s'appuyant sur le principe rationnel de la subordination des caractères.

De Jussieu, considérant l'embryon comme la partie la plus essentielle de la plante, puisque sans lui elle ne se propagerait pas, divise d'abord les végétaux en Acotylédonés et Cotylédonés, c'est-à-dire en végétaux dépourvus ou pourvus d'un embryon; en outre, tout végétal a pour origine première une cellule. Dans les végétaux inférieurs, cette cellule se sépare de la plante sous le nom de spore ou sporule, et la reproduit en se multipliant par division. Or, les premiers végétaux qui ont paru à la surface du globe sont précisément des végétaux acotylédonés cellulaires, des Algues, qui ont pris naissance au sein des mers géologiques. Sur les premières terres émergées se sont développées des Characées, des Mousses, des Hépatiques, des Équisétacées, des Fougères, des Lycopodiacées, toutes Acotylédonées vasculaires, qui, dans la classification naturelle, sont immédiatement supérieures aux Acotylédonées cellulaires qui les ont chronologiquement précédées. A ces plantes dépourvues de sexe succèdent, à partir des terrains houillers, les arbres pourvus de sexe, mais dont les graines ne sont pas entourées d'un péricarpe : ce sont les Gymnospermes de Robert Brown, comprenant les Cycadées et les Conifères. Ces arbres germant avec deux ou plusieurs cotylédons, de Jussieu ne les avait pas distingués des autres Dicotylédonés, mais ils font évidemment suite aux Cryptogames vasculaires et établissent la transition des Acotylédonés aux Dicotylédonés. En même temps que les Gymnospermes, nous voyons apparaître dans les couches géologiques les premières plantes monocotylédonées, représentées surtout par des Graminées, des Typhacées, des Pandanées et des Palmiers : ainsi, comme dans la méthode de Jussieu, les Monocotylédonées succèdent aux Acotylédonées dans l'ordre de l'évolution. Enfin, les couches supérieures du globe nous révèlent l'existence d'une flore où les arbres à feuilles caduques portent des graines entourées d'un péricarpe (Angiospermes) comme les arbres de nos forêts et de nos jardins : ce sont les végétaux qui dans la méthode naturelle commencent la série des Dicotylédonés. La hiérarchie de cette partie du règne végétal n'est pas encore bien établie, parce que les couches du globe ne nous ont conservé que l'empreinte des parties dures et non de celles qui étaient molles et herbacées; nous trouvons des troncs d'arbres, des feuilles coriaces, des fruits non charnus, des racines, des graines et très-peu de fleurs. La majorité des plantes, étant des herbes, nous font défaut. L'avenir accroîtra nos richesses paléontologiques végétales; mais dès aujourd'hui, si sur deux feuilles de papier nous dressons, sur l'une le tableau des divisions du règne végétal d'après la méthode naturelle de Jussieu déjà esquissée par Linné[1], en distinguant les Gymnospermes des Dicotylédones, sur l'autre la succession des familles végétales dans les couches du globe, nous trouverons que ces deux tableaux concordent parfaitement, et nous sommes en droit de dire que l'ordre naturel de Jussieu n'est que l'ordre de succession des végétaux à la surface du globe depuis la période primaire jusqu'à l'époque actuelle.

Nous constaterons en même temps que la flore fossile se lie intimement à la flore vivante. En effet, celle-ci se compose en partie des végétaux qui ont survécu aux divers changements géologiques et climatologiques, dont notre globe a été le théâtre, et en majorité d'autres formes qui ont été profondément modifiées et nous apparaissent comme des êtres de nouvelle création. Mais le *Woodwardia radicans*, dans les Fougères; le *Chamærops humilis*, parmi les Palmiers; le *Ginkgo biloba*, le *Callitris quadrivalvis*, le *Taxodium distichum* et l'*Abies pectinata*, dans les Conifères; le *Juglans cinerea*, parmi les Noyers; le *Pistacia Terebinthus*, dans les Térébinthacées; le *Laurus canariensis*, le *Punica Granatum*, le *Nerium Oleander* et le *Cercis Siliquastrum*, dans les Laurinées, les Myrtacées, les Apocynées et les Légumineuses, faisaient partie de la flore tertiaire et ont persisté jusqu'à nos jours. Quant aux genres comprenant à la fois des espèces vivantes et des espèces fossiles, M. de Saporta n'en comptait pas moins de cent vingt-cinq en 1866; leur chiffre s'est accru depuis. De nouvelles fouilles doubleront bientôt ce nombre; mais dès aujourd'hui le fait de la survivance d'un certain nombre de végétaux fossiles ne peut plus être contesté par un esprit non prévenu.

La méthode naturelle repose sur cet autre fait que les végétaux ont entre eux des affinités, car les espèces d'un même genre se ressemblent plus qu'elles ne ressemblent à celles des genres voisins. Les genres de certaines familles monotypes, telles que les Crucifères, les Ombellifères, les Graminées, les Papilionacées, ont tant de traits communs, que déjà Magnol les avait réunis pour constituer ses groupes végétaux. On expliquait jadis ces affinités en disant que les végétaux avaient été créés suivant un plan conçu d'avance par l'auteur de toutes choses. Les affinités des végétaux, indices de ce plan, sont la conséquence naturelle de la théorie de l'évolution. En effet, les différentes formes végétales étant toutes sorties les unes des autres, par suite de modifications successives, il est évident qu'elles doivent avoir entre elles des affinités dues à leur commune origine. On signale encore de nombreuses lacunes; quelquefois la continuité entre les espèces fossiles et les espèces vivantes, et entre les espèces vivantes elles-mêmes, semble interrompue; mais à mesure que les découvertes se multiplient, ces lacunes se comblent et la loi de continuité se manifeste. Il ne faut pas oublier que certaines formes appartiennent

[1] *Philosophia botanica*, p. 402.

à des branches de l'arbre idéal auquel on peut comparer le règne végétal, qui se sont arrêtées, tandis que d'autres se développaient. Ainsi les formes telles que celles des Équisétacées, des Conifères, des Cycadées et des Gnétacées, appartiennent à un groupe fossile qui n'a que peu de représentants dans la nature vivante : c'est une branche qui semble s'être atrophiée ; tandis que les végétaux à fleurs gamopétales agrégées ont atteint leur développement complet dans les Valérianées, les Dipsacées, les Calycérées et les Composées, qui n'ont paru à la surface du globe que dans les derniers temps de l'époque tertiaire.

La doctrine de l'évolution s'appuyant sur la *convergence* des preuves tirées du règne végétal et du règne animal, je rappellerai que dans le règne animal les Invertébrés ont paru avant les Vertébrés, les Marsupiaux avant les Mammifères ordinaires, les ordres inférieurs, Pachydermes, Ruminants, Carnassiers, avant les Primates. Mais, dans la paléontologie animale, quelques branches se sont également arrêtées et n'ont plus de représentants dans la nature actuelle : tels sont les Reptiles ichthyoïdes, tels que les Ichthyosaures et les Plésiosaures issus des Poissons. Les Monotrèmes, intermédiaires entre les Reptiles, les Oiseaux et les Mammifères, sont réduits à deux genres. L'exemple le plus frappant est celui des Céphalopodes tétrabranches, comprenant les innombrables Ammonites et les nombreux Nautiles des mers jurassiques et crétacées. Dans la nature vivante, ils ne figurent plus que sous la forme de deux espèces, le Nautile et l'Argonaute. Le règne animal nous confirme donc les enseignements du règne végétal, et les faits ont une clarté plus saisissante dans le règne auquel nous appartenons, parce que la hiérarchie des êtres y est plus évidente à partir des Protozoaires jusqu'à l'Homme, qui en forme le couronnement.

Revenons au règne végétal. Déjà Linné avait dit : *Natura non facit saltus;* il avait observé en effet que les formes végétales, comme les formes animales, sont toujours rattachées les unes aux autres par des transitions insensibles. Aucun genre n'est séparé des autres par une lacune ou un mur infranchissable. Le plus souvent on ne sait où il finit et où il commence. La limite est indécise, et surtout dans les familles monotypes les séparations sont presque arbitraires : c'est ce que l'on remarque dans les Crucifères, les Ombellifères, les Graminées, etc. De là, la divergence des auteurs pour le nombre et la délimitation de ces genres. Je rappellerai seulement le groupe des *Sisymbrium* et *Erysimum* dans les Crucifères, *Lotus* dans les Papilionacées, les *Panicum* et les *Festuca* dans les Graminées. Les familles elles-mêmes passent de l'une à l'autre par des genres intermédiaires placés tantôt dans l'une, tantôt dans l'autre, par les auteurs. Le genre *Verbascum* entre les Solanées et les Scrofularinées; *Detarium* entre les Rosacées et les Légumineuses; *Chelidonium* entre les Papavéracées et les Crucifères; *Aphyllanthes* entre les Joncées et les Liliacées. Ces transitions sont encore une preuve de l'évolution du règne végétal :

elles montrent que les espèces actuelles ne sont que des espèces antérieures modifiées ou transformées. Des passages existent même entre les grands embranchements de ce règne. Il est impossible de donner un seul caractère général qui distingue les Monocotylédones des Dicotylédones, car les *Ceratophyllum*, le *Trapa*, les *Cyclamen*, qui germent avec un seul cotylédon, les Lins, qui en ont quatre, sont des Dicotylédones par tous leurs autres caractères. La structure de la tige ne fournit pas de caractère plus exclusif; les rhizomes des Nymphéacées, les tiges des Férules et de certains *Eryngium*, montrent que la structure anatomique des stipes n'est pas spéciale aux Monocotylédones. D'un autre côté, les troncs ramifiés des *Yucca*, des *Pandanus*, des *Caryota*, du Palmier doum, prouvent que le tronc simple appelé stipe n'est pas un attribut sans exception des arbres monocotylédonés; ce stipe apparaît d'ailleurs également dans les Cycadées et les Fougères arborescentes, qui sont des Gymnospermes et des Acotylédonés. On a considéré la forme des feuilles rubanées à nervures parallèles comme un caractère important des Monocotylédones; mais celles des Aroïdées et des Smilacées sont à nervures divergentes, et nous retrouvons les feuilles à nervures parallèles dans un certain nombre de plantes dicotylédones, en particulier dans les *Eryngium* américains, tels que *E. pandanifolium*, *E. eburneum*, *E. Lasseauxii*, *E. bromeliæfolium*, etc. Les phyllodes des Acacias de la Nouvelle-Hollande et les feuilles des *Ranunculus Lingua*, *R. Flammula*, *R. pyrenæus*, sont également des formes monocotylédonées au milieu d'espèces dont les feuilles sont à nervures divergentes. Si nous étudions les organes floraux, nous ne serons pas plus heureux. Les Nymphéacées, les *Utricularia*, les *Sagittaria*, portent des fleurs de Dicotylédonés sur des souches et des tiges à structure de Monocotylédonés. Ainsi donc, aucun caractère ne distingue absolument les Monocotylédones des Dicotylédones. De même, dans les Gymnospermes, le Ginkgo a les feuilles d'une Fougère du genre *Adiantum*, les chatons mâles d'une Amentacée, les graines nues d'une Cycadée et le tronc d'un arbre dicotylédone. Par certains caractères, il appartient aux Acotylédonés vasculaires, par d'autres aux Gymnospermes, et par la forme du tronc aux Dicotylédonés. En résumé, toutes les espèces ayant une origine commune, étant toutes sorties les unes des autres, on conçoit qu'elles aient toujours passé par des modifications successives, et l'adage de Linné : *Natura non facit saltus*, se trouve expliqué.

La présence d'organes appartenant à des organismes inférieurs, qui reparaissent dans des organismes supérieurs, a été désignée en zoologie et en botanique sous le nom d'*atavisme*. Quand nous voyons certains *Eryngium* munis de feuilles semblables en tout à celles des Monocotylédones, nous constatons qu'elles sont une réminiscence de la division du règne végétal dont ils sont issus par voie de descendance; ce sont des organes modifiés dans la plupart des végétaux congénères qui reparaissent tout à coup sous leur forme originaire, comme on voit, chez les hommes, un individu reproduire tous les traits physiques et moraux d'un bisaïeul, tandis que le père, le grand-père et l'aïeul appartenaient à des types complétement différents.

Éclaircissons la question par quelques exemples empruntés au règne animal, car les lois de l'évolution régissent tout le règne organisé. Les Monotrèmes (Ornithorhynque et Échidné) ont un sternum identique à celui des Ichthyosaures[1], des membres comme ceux des Reptiles. L'Ornithorhynque a un bec comme celui d'un canard, il est dépourvu de dents, ainsi que l'Échidné, comme les Oiseaux. Tous deux ont un pubis surmonté par des os marsupiaux, quoique la poche soit absente. De même le grouin du Cochon est une réduction de la trompe de l'éléphant et de celle du tapir. Tout montre, en un mot, que les Reptiles ont eu pour ancêtres les Poissons et ont à leur tour engendré les Oiseaux; enfin que les Mammifères placentaires forment le tronc principal du règne animal, qui se rattache aux uns et aux autres par les Marsupiaux et les Monotrèmes.

Il me reste à parler des organes inutiles, des monstruosités et des anomalies, qui également ne s'expliquent que par la doctrine de l'évolution. En botanique, nous voyons dans les plantes des organes rudimentaires et sans usages. Ainsi, dans beaucoup d'Antirrhinées et de Labiées, familles à corolle irrégulière, on rencontre un filet staminal représentant la cinquième étamine, qui est développée dans les familles voisines à corolle régulière, telles que les Solanées, les Borraginées, etc. Ce filet représente la cinquième étamine qui a disparu par suite de l'irrégularité de la fleur; cela est si vrai, que si la corolle redevient accidentellement régulière, comme dans les pélories des *Linaria*, la cinquième étamine reparaît. Dans le genre *Albuca*, faisant partie des Liliacées, il n'y a que trois étamines fertiles, les trois autres sont de simples filets staminaux. De Candolle considérait ces organes inutiles comme ayant une signification purement intellectuelle; il y voyait un indice de la symétrie originelle de toutes les corolles; il pensait que la symétrie florale était une des lois de la nature, et que l'étamine avortée prouvait que cette loi était violée dans les familles à corolle irrégulière. La théorie de la descendance n'explique pas cet avortement de la cinquième étamine, mais considère comme un fait d'atavisme la persistance du filet staminal, et le retour à l'état normal, qui se montre accidentellement dans les pélories des *Linaria*. De même, dans les *Acacia* australiens, les premières feuilles de la plante, quand elle germe, sont des feuilles composées comme celles de toutes les Légumineuses; mais dans celles qui leur succèdent les

[1] Ch. Martins, *Sur l'ostéologie des membres antérieurs des Monotrèmes* (*Ann. sc. nat.*, 5e série, 1874, t. XIX).

folioles avortent, le pétiole persiste mais s'élargit, et joue le rôle de la feuille. Dans l'*Acacia heterophylla*, les rameaux portent à la fois des phyllodes et des feuilles composées. Les *Lathyrus* nous présentent des feuilles composées, dont les limbes avortent tous, sauf une ou deux paires; et dans le petit *Lathyrus Aphaca* de nos champs incultes, la feuille n'est plus représentée que par un filament sans usage, et ce sont les stipules agrandies qui remplissent les fonctions des feuilles.

Mêmes faits dans le règne animal. Dans l'homme, bon juge de l'utilité des organes dont il est pourvu lui-même, les muscles peaussiers, ceux de l'oreille, le plantaire grêle, les muscles pyramidaux, sont des muscles avortés qui ont un grand développement et une utilité réelle chez des Equidés, les Félins, les Marsupiaux. L'appendice vermiforme du jéjunum est un reste du cæcum des Rongeurs, et la caroncule lacrymale une trace de la troisième paupière des Oiseaux. Ces organes rudimentaires et inutiles sont un des arguments sur lesquels s'appuie la théorie de la descendance, que nous n'avons pas à discuter ici.

En résumé, nous voyons que la méthode naturelle, fondée par le génie de Jussieu sur la subordination des caractères dans les végétaux vivants, n'est autre chose que la loi de l'évolution, telle qu'elle se manifeste dans la série des végétaux qui ont successivement fait leur apparition à la surface du globe, en se modifiant sous l'influence des changements climatologiques et géologiques qui se sont opérés sur notre planète. Seule, la doctrine de l'évolution rend compte des lois, des règles que l'on constate, et aussi des lacunes et des anomalies qu'on observe dans l'ensemble du règne végétal.] (CH. M.)

CLASSIFICATION DE DE CANDOLLE.

[La classification de de Candolle, comme toutes les classifications naturelles, correspond exactement à celle de Jussieu pour les grandes divisions; mais les Dicotylédones, au lieu d'être divisées en onze classes, sont divisées seulement en quatre classes : les Thalamiflores, les Calyciflores, les Corolliflores et les Monochlamydées. Ces divisions, sans être plus naturelles que celles de Jussieu, Endlicher ou Brongniart, sont plus commodes, et ont été adoptées dans beaucoup de grands ouvrages : tels sont le *Prodromus systematis regni vegetabilis* de MM. de Candolle père et fils, qui comprend toutes les familles naturelles dicotylédonées, moins les Artocarpées; l'*Introduction to the natural System of Botany* de M. Lindley; les *Icones selectæ plantarum* de M. Delessert; le *Botanicon gallicum* de M. Duby; la *Flore française* de MM. Grenier et Godron; celle des environs de Paris, de MM. Cosson et Germain; la *Cybele Britannica* de MM. Watson; la *Matière médi-*

cale, si complète, de M. Pereira; le nouveau *Genera* publié par MM. D. Hooker et Bentham, etc., etc. Un grand nombre de jardins des plantes sont disposés d'après cette classification, en particulier celui de Montpellier, où elle a été fondée, et celui de Genève.

Beaucoup d'herbiers considérables sont rangés suivant cet ordre. D'abord, celui de M. Alphonse de Candolle à Genève, celui de Kew, celui du jardin des plantes de Montpellier, celui de M. Cosson, à Paris, et d'autres appartenant à des particuliers. Nous croyons donc devoir donner ici la liste complète des familles rangées d'après la classification de de Candolle, telle qu'elle a été donnée dans la nouvelle édition de la *Théorie élémentaire de la botanique*, publiée par son fils en 1844.]

ESQUISSE D'UNE SÉRIE LINÉAIRE, ET PAR CONSÉQUENT ARTIFICIELLE, POUR LA DISPOSITION DES FAMILLES NATURELLES DU RÈGNE VÉGÉTAL.

I. Végétaux vasculaires ou Phanérogames, c'est-à-dire munis de tissu cellulaire et de vaisseaux, dont l'embryon est préalablement fécondé par une imprégnation sexuelle, et dont les organes floraux offrent une symétrie plus ou moins régulière.

1. EXOGÈNES ou DICOTYLÉDONES, c'est-à-dire où les vaisseaux sont disposés par couches concentriques, dont les plus jeunes sont en dehors, et où l'embryon a les cotylédons opposés ou verticillés.

SOUS-CLASSE PREMIÈRE. — THALAMIFLORES

ou à pétales distincts insérés sur le torus [1]

			Pages.
1.	RENONCULACÉES	Juss., *Gen.*, p. 281	605
2.	DILLÉNIACÉES	DC., *Syst. nat.*, t. I	607
3.	MAGNOLIACÉES	DC., *Syst. nat.*, t. I	609
4.	ANONACÉES	Juss., *Gen.*, p. 280	607
5.	MÉNISPERMACÉES	Juss., *Gen.*, p. 284	614
6.	BERBÉRIDÉES	Juss., *Gen.*, p. 286	611
7.	PODOPHYLLÉES	DC., *Syst. nat.*, t. I	602
8.	NYMPHÉACÉES	Salisb., *Ann. bot.*, II, p. 69	602
9.	PAPAVÉRACÉES	Juss., *Gen.*, p. 235 (*excl. Fumaria*)	601
10.	FUMARIACÉES	DC., *Th. élém.*; *Syst. vég.*, II, p. 105	601
11.	CRUCIFÈRES	Juss., *Gen.*, 237	598
12.	CAPPARIDÉES	Juss., *Gen.*, p. 242	596
13.	RÉSÉDACÉES	DC., *Théor. élém.*, éd. 1, p. 214	597

[1] Les familles non suivies d'une indication de la page n'ont pas été admises comme telles dans la Liste de Richard.

			Pages.
14.	Flacourtianées	Rich., *Mém. Mus.*, I, p. 366.	594
15.	Bixinées	Kunth, *Malv.*, p. 17.	594
16.	Cistinées	DC., *Fl. fr.*, IV; *Prodr.*, I, p. 263.	591
17.	Violariées	DC., *Fl. fr.*, IV; *Prodr.*, I, p. 287.	589
18.	Droséracées	DC., *Théor.*, éd. 1; *Prodr.*, I, p. 317.	588
19.	Polygalées	Juss., *Ann. Mus.*, XIV, p. 381.	623
20.	Trémandrées	Brown, *Gen. rem.*, p. 12.	625
21.	Pittosporées	Brown, *Gen. rem.*, p. 12.	609
22.	Frankéniacées	Saint-Hil., *Mem. plac. libr.*, p. 39.	587
23.	Caryophyllées	Juss., *Gen.*, 299.	585
24.	Linées	DC., *Théor.*, éd. 1; *Prodr.*, p. 423.	617
25.	Malvacées	Juss., *Gen.*, p. 171, *excl. Gen.*; Brown, *Cong.*, p. 8.	629
26.	Bombacées	Kunth, *Diss.*, p. 5.	628
27.	Byttnériacées	Brown, *Cong.*; Kunth, *Diss.*	627
28.	Tiliacées	Juss., *Gen.*, p. 289.	626
29.	Elæocarpées	Juss., *Ann. Mus.*, XI, p. 233.	
30.	Diptérocarpées	Blum., *Bijdr.*, p. 222.	631
31.	Chlénacées	Pet.-Th. *Hist. vég. afr. austr.*, p. 46.	623
32.	Ternstrœmiacées	DC., *Mém. Soc. Gen.*, I, 1821; *Prodr.*, I. — Ternstrœminées. Mirb., *Bull. phil. Déc.* 1813.	622
33.	Camelliées	DC., *Théor.*, éd. 1, p. 214; *Prodr.*, I, p. 529. — Théacées, Mirb., *Bull. phil. Déc.* 1813.	
34.	Olacinées	Mirb., *Bull. phil.*, 1813; p. 377.	621
35.	Aurantiacées	Corr., *Ann. Mus. Par.*, VI, p. 576.	633
36.	Hypéricinées	Juss., *Gen.*, p. 254; *Monogr.*	632
37.	Guttifères	Juss., *Gen.*, p. 267.	631
38.	Marcgraviacées	Juss., *Ann. Mus.*	592
39.	Hippocratéacées	H. B. et Kunth. *Nov. Gen. am.*, V. — Hippocraticeæ, Juss., *Ann. Mus.*, XVIII, p. 486.	640
40.	Érythroxylées	H. B. et Kunth, *Nov. Gen. am.*, V.	
41.	Malpighiacées	Juss., *Gen.* p. 252.	639
42.	Acérinées	DC., *Théor.*, éd. 1; *Prodr.*, I, p. 593.	638
43.	Hippocastanées	DC., *Théor.*, éd. 2; *Prodr.*, I, p. 597.	637
44.	Rhizobolées	DC., *Prodr.*, I, p. 599.	
45.	Sapindacées	Juss., *Ann. Mus.*, XVIII, p. 476.	636
46.	Méliacées	Juss., *Gen.*, p. 263.	619
47.	Ampélidées	H. B. et Kunth, *Nov. Gen.*, V., p. 223. — Vignes, Juss., *Gen.* — Sarmentacées, Vent.	612
48.	Géraniacées	Juss., *Gen.*, p. 268, *excl. Gen.*	635

			Pages.
49.	TROPÉOLÉES	Juss., *Mém. Mus.*, III, p. 447.	
50.	BALSAMINÉES	A. Rich., *Dict. class.*, II, p. 173.	636
51.	OXALIDÉES	DC., *Prodr.*, I, p. 689.	618
52.	ZYGOPHYLLÉES	Brown, *Gen. rem.*, p. 13.	616
53.	RUTACÉES	Juss., *Gen.*, p. 296, *excl. Gen.* — DIOSMÉES, Brown.	615
54.	SIMAROUBÉES	DC., *Ann. Mus.*, XVII; *Prodr.*, I, p. 733.	616
55.	OCHNACÉES	DC., *Ann. Mus.*, XVII; *Prodr.*, I, p. 735.	634
56.	CORIARIÉES	DC., *Prodr.*, I, 739.	

SOUS-CLASSE II. — CALYCIFLORES

à pétales libres ou plus ou moins soudés, toujours insérés sur le calice (périgynes).

57.	CÉLASTRINÉES	Brown, *Gen. rem.*, p. 22	557
58.	RHAMNÉES	Brown, *Gen. rem.*, p. 22.	549
59.	BRUNIACÉES	Brown, *Trans. Linn.*, 1818.	548
60.	SAMYDÉES	Vent., *Mém. Inst.*, 1807; Gærtn., *F. carp.*, III, p. 238.	
61.	HOMALINÉES	Brown, *Cong.*, p. 19.	579
62.	CHAILLÉTIACÉES	Brown, *Cong.*, p. 23.	573
63.	AQUILARINÉES	Brown, *Cong.*, p. 25.	
64.	TÉRÉBINTHACÉES	Juss., *Gen.*, p. 368.	571
65.	LÉGUMINEUSES	Juss., *Gen.*, p. 345.	568
66.	ROSACÉES	Juss., *Gen.*, p. 334.	565
67.	CALYCANTHÉES	Lindl., *Bot. reg.*, n. 404.	
68.	GRANATÉES	Don in *Jam. Journ.* 1826, p. 134.	
69.	MÉMÉCYLÉES	DC., *Prodr.*, III, p. 5.	
70.	COMBRÉTACÉES	Brown, *Prodr.*, p. 351. — MIROBALANÉES, Juss., *Dict.*, XXXI, p. 458.	561
71.	VOCHYSIÉES	Saint-Hil., *Mém. Mus.*, VI, p. 265.	563
72.	RHIZOPHORÉES	Brown, *Gen. rem.*, p. 17.	562
73.	ONAGRARIÉES	Juss., *Ann. Mus.*, III, 315, *excl. Gen.* — EPILOBIACÉES. Vent.	569
74.	HALORAGÉES	Brown, *Gen. rem.*, p. 17.	545
75.	CÉRATOPHYLLÉES	Gray, *Arr. Brit. pl.*, II, p. 554.	
76.	LYTHRARIÉES	Juss., *Dict. sc. nat.*, XXVII, p. 453. — SALICAIRES, Juss., *Gen.*, p. 330.	563
77.	TAMARISCINÉES	Desv., *Ann. sc. nat.*, IV, 344.	592

			Pages.
110.	Rousseauacées. . . .	DC., *Prodr.*, VII, p. 251.	
111.	Gesnériées	Rich. et Juss., *Ann. Mus.*, V, p. 428.	521
112.	Sphénochléacées. . .	Mart., *Consp.*, n. 162.	
113.	Columelliacées. . . .	Lindl., *Nat. Syst.*, éd. 1, p. 222.	
114.	Napoléonées.	Beauv., *Fl. ow.*, II, p. 29.	
115.	Vacciniées.	DC., *Théor.*, éd. 1, p. 216.	
116.	Éricacées	Brown, *Prodr.*; Desv., *Journ. bot.*	529
117.	Epacridées.	Brown, *Prodr. Nov.-Holl.*, p. 535 .	527
118.	Pirolacées	Lindl., *Nat. Syst.*, p. 219.	
119.	Francoacées.	Adr. Juss., *Ann. sc. nat.*, XXV, p. 9.	553
120.	Monotropées	Nutt., *Gen. am.*, p. 272.	

Sous-classe III. — COROLLIFLORES

à pétales soudés en une corolle distincte du calice et ordinairement hypogyne.

121.	Lentibulariées. . . .	Rich., *Fl. par.*, I, p. 26.	520
122.	Primulacées	Vent., *Tabl.* II, p. 285.	521
123.	Myrsinées.	Brown, *Prodr.*, p. 532. — Ophiospermes, Vent., *Cels*, p. 386. — Ardisiacées, Juss., *Ann. Mus.*, XV, p. 350	522
124.	Ægicéracées.	Alph. DC., *Ann. sc. nat. par.*, sér. II, 1841, t. XVI, p. 129. — Ægicérées, Blum, *De nov. pl., fam.*, 1833.	
125.	Théophrastacées. . .	Alph. DC., *Ann. sc. nat. par.*, sér. II, t. XVI, p. 12.	
126.	Sapotées	Juss., *Gen.*, p. 151.	524
127.	Ébénacées.	Juss., *Gen.*, p. 155.	525
128.	Oléinées ou Oléacées.	Link, *Fl. port.*; Brown, *Pr.*, p. 522.	
129.	Jasminées	Brown, *Prodr.*, p. 520.	517
130.	Apocynées.	Brown, *Prodr.*, p. 465.	504
131.	Asclépiadées.	Jacq., *Misc. austr.*; R. Br., *Mem. Wern. Soc.*, I, p. 12.	503
132.	Loganiacées.	Endl., *Gen.*, p. 574.	506
133.	Gentianacées	Juss., *Gen.*, p. 141.	501
134.	Bignoniacées.	Juss., *Gen.*, p. 137.	512
135.	Cyrtandracées. . . .	Jack., *Soc. Linn. Trans.*, XIV, p. 23.	511
136.	Sésamées	Brown. — Pédalinées, Br.	

Sous-classe IV. — MONOCHLAMYDÉES

à périgone simple, ou dont le calice et la corolle sont réduits à une seule enveloppe.

			Pages.
174.	Conifères	Juss., *Gen.*, p. 411	459
175.	Cycadées	Pers., *Ench.*, II; Brown, *Prodr.*, p. 346	457

II. Endogènes ou Monocotylédones, c'est-à-dire dont les vaisseaux sont disposés par faisceaux et non par couches, et dont l'embryon est pourvu de cotylédons solitaires ou alternes.

176.	Hydrocharidées	Juss., *Gen.*, p. 67, *excl. Gen.*	420
177.	Alismacées	DC., *Fl. fr.*, éd. 3, t. III, p. 181	418
178.	Podostémonées	Rich. in H et B., *Nov. Gen. am.*, I.	473
179.	Naiadées	Juss., *Gen.*, p. 18	417
180.	Orchidées	Juss., *Gen.*, p. 64	453
181.	Drimyrrhizées	Juss., *Gen.*, p. 62	451
182.	Cannacées	Brown, *Prodr.*, I, p. 207	451
183.	Musacées	Juss., *Gen.*, p. 61	447
184.	Iridées	Juss., *Gen.*, p. 57	449
185.	Hæmodoracées	Brown, *Prodr.*, p. 299	445
186.	Amaryllidées	Brown, *Prodr.*, p. 296	444
187.	Dioscorées	Brown, *Prodr.*, p. 294	443
188.	Smilacées	Brown, *Prodr.*, p. 292	442
189.	Hypoxidées	Brown, in *Flind.*, *Voy.*, II, p. 577.	
190.	Gilliésiacées	Lindl., *Bot. reg.* p. 292.	
191.	Liliacées	DC., *Théor.*, éd. 1, p. 249	439
192.	Pontédériacées	Kunth, in H et B., *Nov. Gen.*, I, p. 211	438
193.	Colchicacées	DC., *Fl. fr.*, éd. 3, t. III, p. 192	434
194.	Butomées	Rich., *Mém. Mus.*, I, p. 364.	
195.	Joncées	DC., *Fl. fr.*, éd. 3, t. III, p. 155	437
196.	Restiacées	Brown, *Prodr.*, p. 243	424
197.	Commélinées	Mirb., *Hist.*, p. 139; Brown, *Prodr.*, p. 268	436
198.	Palmiers	Juss., *Gen.*, p. 37	432
199.	Pandanées	Brown, *Prodr.*, p. 343.	
200.	Typhacées	Juss., *Gen.*, p. 25	423
201.	Aroïdes	Juss., *Gen.*, p. 23	422
202.	Cypéracées	Juss., *Gen.*, p. 26	426
203.	Graminées	Juss., *Gen.*, p. 28	428

II. Végétaux cellulaires ou Cryptogames, c'est-à-dire entièrement composés de tissu cellulaire, ou pendant toute leur existence, ou dans leur jeunesse, dépourvus d'organes sexuels, ou munis d'organes reproducteurs très-différents de ceux des Phanérogames.

I. ÆTHÉOGAMES ou SEMIVASCULAIRES. Des organes sexuels, des vaisseaux, au moins à quelque époque de la vie.

A. *Des vaisseaux et des stomates évidents.*

			Pages.
204.	ÉQUISÉTACÉES.	DC., *Fl. fr.*, éd. 3, t. II, p. 580. .	406
205.	MARSILIACÉES.	Brown, *Prodr.*, p. 166. — RHIZOSPERMES, DC., *Fl. fr.*, éd. 3, t. II, p. 577.	414
206.	LYCOPODIACÉES. . . .	DC., *Fl. fr.*, éd. 3, t. II, p. 571 ; Brown, *Prodr.*, p. 144.	412
207.	FOUGÈRES	Juss., *Gen.*, p. 14 ; Brown, *Prodr.*, p. 145.	408

B. *Peu ou point de vaisseaux ni de stomates.*

208.	MOUSSES.	Juss., *Gen.*, p. 10.	404
209.	HÉPATIQUES	Juss., *Gen.*, p. 7.	401

II. AMPHIGAMES ou CELLULAIRES. Point d'organes sexuels, ni de vaisseaux.

210.	LICHENS.	DC., *Fl. fr.*, éd. 3, t. II, p. 321. .	397
211.	HYPOXYLES.	DC., *Fl. fr.*, éd. 3, t. II, p. 280.	
212.	CHAMPIGNONS.	DC., *Fl. fr.*, éd. 3, t. II, p. 65 . .	390
213.	ALGUES	DC., *Fl. fr.*, éd. 3, t. II, p. 1. . .	383

[Plus que toutes les autres, la division II, Végétaux cellulaires ou Cryptogames, doit être nécessairement modifiée, surtout au point de vue des caractères indiqués comme propres à chaque division. L'enchaînement qui nous paraît le plus naturel est celui qu'a proposé M. Nylander, et qu'il présente ainsi : 1. *Filices*, 2. *Musci*, 3. *Charæ*, 4. *Algæ*, 5. *Lichenes*, 6. *Fungi*. Dans l'état actuel des sciences, cette sériation exprime des rapports très-nets. La présence des anthérozoïdes rapproche les Algues des Acrogènes ; ceux-ci, qu'ils soient cellulaires ou vasculaires, sont nettement déterminés par la présence du prothallium et les *Chara* forment le passage des derniers Acrogènes aux Algues, premiers Amphigènes. Payer a admis que la spécialisation des organes reproducteurs est plus grande chez les Champignons que chez les Algues ; il concluait de là à une supériorité d'organisation qui n'est pas suffisamment démontrée. Le mode de fécondation, jusqu'ici le seul connu chez les Champignons, est la conjugation, qui se produit entre des organes beaucoup moins spécialisés que ne le sont l'anthérozoïde et la spore. D'autre part, le règne animal et le règne végétal ont leurs plus grandes affinités dans leurs classes inférieures. Il est difficile de n'être pas frappé de ce fait, que les Champignons sont plus rapprochés du règne animal par leur composition chimique, par les caractères de quelques groupes, comme les Myxomycètes, par l'absence de la chlorophylle qui apparaît ensuite dans les Lichens, est très-développée dans les Algues, donne à toute la série végétale sa physionomie propre, et fixe les relations des plantes avec l'atmosphère dans des conditions inverses avec le phénomène de la respiration animale.

En se guidant d'après ces considérations, on se trouve ainsi ramené à la sériation primitivement adoptée par Jussieu en 1789.

Voici comment se formulerait une semblable classification :

II. Végétaux cellulaires Cryptogames, composés de tissu cellulaire ou cellulo-vasculaire, munis d'organes reproducteurs de divers types.

I. AGROGÈNES. Pourvus d'un axe végétatif s'accroissant par les deux extrémités. Fécondation par des anthérozoïdes.

A. *Structure vasculaire; prothallium sexué.*

1re CLASSE. — FILICINÉES.

Rhizocarpées. — Lycopodiacées. — Fougères. — Équisétacées.

B. *Structure cellulaire; prothallium asexué ou nul.*

2e CLASSE. — MUSCINÉES.

Mousses. — Hépatiques. — Characées.

II. AMPHIGÈNES. Structure cellulaire; pas de prothallium.

C. *Fécondation par des anthérozoïdes.*

3e CLASSE. — ALGUES.

D. *Pas d'anthérozoïdes.*

4e CLASSE. — LICHENS.
5e CLASSE. — CHAMPIGNONS.

Montagne a inséré dans le *Dictionnaire* de d'Orbigny une classification qui présente un enchaînement analogue depuis les Champignons jusqu'aux Cryptogames vasculaires les plus élevés.

Dans l'étude descriptive qui suit (p. 379) des classes de Cryptogames, on a suivi un ordre plus généralement adopté, et dans lequel les Algues sont au bas de la série. Cet ordre offre certaines facilités pour l'étude, et les affinités qu'il met en relief, tirées surtout des organes de végétation, pourraient se traduire par des séries homologues parallèlement disposées. Il ne diffère du précédent que par l'ordre adopté pour les Amphigènes.]

Le nombre des familles, qui, en 1789, était de cent dans le *Genera plantarum* de Jussieu, s'est successivement accru d'une manière remarquable. Les découvertes dont les voyages dans les différentes parties du globe ont successivement enrichi la botanique, et les recherches plus approfondies auxquelles ont été soumises les plantes déjà connues, ont amené les botanistes à établir un grand nombre de familles nouvelles. Le *Genera plantarum* d'Endlicher, publié à Vienne en 1840, porte le nombre des familles du règne végétal à deux cent soixante et quatorze. Un si grand nombre d'ordres naturels a suggéré l'idée à plusieurs botanistes célèbres, MM. Bartling, J. Lindley, de Martius, Endlicher, Brongniart, D. Hooker et Bentham, de grouper ensemble les familles qui ont entre elles le plus d'analogie, et d'en former des espèces de tribus. C'est une heureuse idée, et qui probablement portera ses fruits, mais qui malheureusement n'a pas jusqu'à présent reçu une exécution assez satisfaisante pour trouver sa place dans un ouvrage élémentaire.

Selon nous, il ne faut pas attacher une importance trop grande à la partie en quelque sorte artificielle de la méthode des familles naturelles, l'arrangement ou l'ordination des familles entre elles. Quel que soit le soin qu'on apporte dans le choix des caractères servant de base à cette classification, il est impossible, quand on la suit avec rigueur, que l'on ne soit entraîné à rompre en quelque sorte les affinités qui peuvent exister entre deux familles, en les éloignant l'une de l'autre lorsqu'elles n'offrent pas identité dans le caractère qui sert de base à la classification. C'est ce qu'on avait reproché à l'*insertion* des étamines considérées comme fournissant les caractères des classes dans la méthode de Jussieu. Le même reproche pourrait s'appliquer également à toutes les autres modifications organiques qu'on a substituées à l'insertion. Aussi croyons-nous devoir suivre en général la classification de Jussieu, en la modifiant dans les points où les progrès incessants de la science sont venus lui apporter quelque perfectionnement.

Voici en peu de mots la marche que nous suivons dans l'exposition des caractères des familles.

Nous avons adopté les trois grands embranchements du règne végétal : 1° les CRYPTOGAMES ou ACOTYLÉDONES ; 2° les MONOCOTYLÉDONES ; 3° les DICOTYLÉDONES.

Nous divisons les CRYPTOGAMES en deux grands groupes, savoir : 1° les *Amphigènes*, privés en général d'axe et s'accroissant par toute leur périphérie, comprenant les trois classes des Algues, des Champignons et des Lichens ; 2° les *Acrogènes*, pourvus d'un axe et s'accroissant par les deux extrémités, comprenant deux classes : les Muscinées, à prothallium asexué ou nul et à structure cellulaire ; les Filicinées, à prothallium sexué et à structure vasculaire.

Les MONOCOTYLÉDONES nous présenteront d'abord deux grandes séries, celles dont les graines sont privées d'endosperme, et celles qui, au contraire, en sont pourvues. Nous aurons ainsi les Monocotylédones *endospermées* et les Monocotylédones *exendospermées*.

Chacune de ces deux divisions est ensuite partagée en deux classes, suivant que *l'ovaire est libre*, ou suivant qu'il est *adhérent*. Ce dernier caractère est beaucoup moins important que le précédent ; néanmoins il peut être employé sans trop rompre les rapports des familles monocotylédonées.

Dans le troisième embranchement, celui des DICOTYLÉDONES, j'admets aussi les trois grandes divisions établies par Jussieu : 1° les *Apétales ;* 2° les *Gamopétales ;* 3° les *Polypétales* ou *Dialypétales*.

Dans ces derniers temps, plusieurs botanistes très-habiles, et plus particulièrement M. Ad. Brongniart, ont réuni les familles apétales aux polypétales, dont elles ne seraient qu'un état imparfait. Cette opinion peut facilement être défendue. On ne saurait nier les rapports qui existent entre un grand nombre de familles apétales avec certaines polypétales : par exemple, entre les *Chénopodiacées*, les *Amarantacées* et les *Caryophyllées*. De plus, un certain nombre d'espèces ou même de genres, rangées dans des familles polypétales, sont cependant apétales. Néanmoins il est impossible de ne pas reconnaître aussi que la plus grande partie des familles apétales forment un groupe bien tranché, et qu'il y a en conséquence quelque avantage à les conserver à part. Nous maintenons donc la division des *Apétales*, auxquelles nous réunissons, comme nous l'avions déjà fait, il y a plus de vingt ans, les *Diclines* d'A. L. de Jussieu.

Nous partageons les Apétales en deux divisions principales : 1° les Apétales *diclines ;* 2° les Apétales *hermaphrodites*.

Les Apétales diclines sont ensuite divisées en : 1° Diclines *amentifères ;* 2° Diclines *sans chatons*, et chacune de ces grandes tribus se partage en deux classes, suivant que l'ovaire est libre ou adhérent.

Pour les familles gamopétales, nous avons d'abord formé deux groupes principaux : les *Superovariées* et les *Inférovariées*. Ce caractère offre ici beaucoup moins d'anomalies que parmi les Polypétales. Puis les Superovariées ont été partagées en quatre classes : 1° Superovariées *isostémonées*, à corolle régulière, à étamines alternes ; 2° Superovariées *anisostémonées*, à corolle irrégulière ; 3° Superovariées isostémonées, à corolle régulière, à étamines opposées ; 4° Superovariées anisostémonées à corolle régulière. Enfin, les Gamopétales *inférovariées* constituent une cinquième classe.

La classification des Polypétales, ou plutôt leur arrangement en groupes ou classes, nous paraît un des points les plus difficiles de la classification végétale. J'ai adopté en grande partie l'ordre indiqué par Adr. de Jussieu, en donnant une grande importance à la position des trophospermes axiles, pariétaux ou centraux.

Nous commençons d'abord par former deux groupes primordiaux : le premier comprend toutes les familles polypétales à insertion vraiment *hypogynique;* le second, celles où elle est *périgynique*, en y réunissant le petit nombre de familles où l'ovaire étant infère, l'insertion est en réalité épigynique. Cependant, comme il y a en quelque sorte un passage presque insensible entre les familles à ovaire libre et celles à ovaire infère, et que quelquefois dans une même famille on trouve réunis des genres à ovaire libre avec d'autres à ovaire semi-infère ou tout à fait infère, nous avons jugé qu'il était préférable de ne former qu'un seul groupe de toutes les familles dont l'insertion n'est pas manifestement hypogynique. Maintenant chacun de ces deux groupes primaires a été divisé en trois classes d'après la position *axile*, *pariétale* ou *centrale* des trophospermes.

Le tableau suivant indique les vingt-trois classes que nous établissons dans le règne végétal :

1er EMBRANCHEMENT. — *ACOTYLÉDONES* ou *CRYPTOGAMES.*

A. Amphigènes	Anthérozoïdes. — Thalle		I.
	Pas d'anthérozoïdes.	Mycélium	II.
		Thalle	III.
B. Acrogènes	Prothallium nul ou asexué (protonema)		IV.
	Prothallium sexué		V.

2e EMBRANCHEMENT. — *MONOCOTYLÉDONES.*

A. Endospermés	Ovaire libre	VI.
	Ovaire infère	VII.
B. Exendospermés.	Ovaire libre	VIII.
	Ovaire infère	IX.

3e EMBRANCHEMENT. — *DICOTYLÉDONES.*

A. Apétales.

1. Fleurs diclines.

En chatons	X.
Non en chatons	XI.
2. Fleurs hermaphrodites	XII.

B. Gamopétales.

1. Superovariés.

a. Isostémonés à corolle régulière, à étamines alternes	XIII.
b. Anisostémonés à corolle irrégulière	XIV.
c. Isostémonés à corolle régulière, étamines opposées	XV.
d. Anisostémonés à corolle régulière	XVI.
2. Inférovariés	XVII.

C. Polypétales.

1. Périgynes.

a. Trophospermes axiles	XVIII.
b. Trophospermes pariétaux	XIX.
c. Trophosperme central	XX.

2. Hypogynes.

a. Trophosperme central	XXI.
b. Trophospermes pariétaux	XXII.
c. Trophospermes axiles	XXIII.

La classification dont nous venons d'exposer les bases offre, nous devons en convenir, de graves inconvénients. Le plus marqué, sans aucun doute, c'est le peu d'uniformité des caractères que nous avons pris pour base des classes dans les deux grands embranchements des végétaux embryonnés. Ainsi, dans les Monocotylédones, c'est la présence ou l'absence de l'endosperme; dans les Apétales, ce sont les fleurs diclines ou hermaphrodites; dans les Gamopétales, c'est l'ovaire libre ou adhérent. Enfin, dans les Polypétales, c'est l'insertion périgynique ou hypogynique que nous avons employée pour former les divisions secondaires dans chacun de ces groupes primaires. C'est un inconvénient, nous le répétons, mais nous n'avons pu l'éviter. A mesure que l'on étudie plus profondément les genres et les familles, on reconnaît combien les caractères, même les plus importants, peuvent offrir de variations, et perdre par conséquent de leur valeur, quand on les applique indistinctement à tous les groupes du règne végétal. On acquiert bientôt la conviction que les mêmes organes, les mêmes caractères, ne peuvent pas être employés pour toutes les classes, ainsi que le célèbre auteur du *Genera plantarum* l'avait fait pour l'insertion des étamines. On arrive donc de toute nécessité à l'emploi de caractères différents, suivant les groupes primordiaux. Seulement, il faut s'efforcer de choisir ceux qui présentent dans chacun d'eux la plus grande fixité, en conservant autant que possible les rapports naturels qui unissent entre elles les diverses familles du règne végétal.

QUATRIÈME PARTIE

PHYTOGRAPHIE

CLASSIFICATION ET CARACTÈRES

DES PRINCIPALES FAMILLES DU RÈGNE VÉGÉTAL.

Ier EMBRANCHEMENT

VÉGÉTAUX CRYPTOGAMES.

(Acotylédones, Juss.; Agames, Neck,; Arrhizes, Rich.; Inembryonnés, Rich.; Cellulaires, DC.; Acrogènes, Lindl.)

[Les plantes cryptogames commencent la série végétale; leur importance numérique, leur rôle dans la physiologie du globe terrestre, le parti que l'on peut tirer de leur étude pour la connaissance de l'anatomie et de la physiologie végétales, leurs propriétés, soit utiles, soit nuisibles pour l'homme, assurent à ces végétaux une place dont l'importance ne commence à être soupçonnée que depuis peu d'années, par suite des progrès que le microscope a permis de faire dans leur étude.] En parcourant la suite des végétaux de ce premier embranchement, on voit l'organisation passer par tous les degrés, depuis la forme la plus simple que nous puissions imaginer, l'*utricule sphérique*, jusqu'à celles que nous trouvons dans les végétaux phanérogames. Ainsi, les *Protococcus* sont des êtres végétaux uniquement composés d'une vésicule remplie de granulations de couleurs variées. C'est dans ce point que le règne végétal se rapproche le plus du règne animal, qui a aussi pour point de départ un être vésiculaire simple, ne différant de la vésicule végétale que par la propriété de se mouvoir avec spontanéité et dans une direction variable, tandis que le mouvement des organes ou des corps reproducteurs mobiles de nature végétale paraît tout mécanique. Ces derniers peuvent simuler à l'observation microscopique une sorte d'hésitation ou des changements spontanés de direction; mais le plus souvent ces apparences sont dues à l'effet de courants développés sur le porte-objet du microscope par l'évaporation de l'eau, courants qui accélèrent, dévient ou contrarient le sens primitif du mouvement. Les deux séries animale et végétale commencent donc de la même manière, mais s'éloignent d'autant plus l'une de l'autre, qu'elles se compliquent et se perfectionnent davantage. Aussi n'est-ce pas dans les végétaux les plus parfaits, mais au contraire dans ceux qui sont les plus simples, qu'il faut chercher des analogies avec le règne animal.

[Sans vouloir pousser plus loin la comparaison des animaux et des végétaux élémentaires, j'ajouterai que, s'il y a des différences sensibles dans le mode de mouvement, il y en a aussi une importante dans la composition de l'élément histologique. Cette différence, mise en lumière par M. Robin, n'est pas absolue; mais elle se vérifie assez souvent pour qu'on puisse dire que la cellule végétale laisse presque toujours distinguer sa paroi de son contenu, tandis que la cellule animale ne présente presque jamais une paroi distincte de son contenu.]

Envisagées dans leur ensemble, les plantes cryptogames ont une structure plus simple que les plantes phanérogames. Ainsi un grand nombre ne sont composées que de tissu utriculaire : de là le nom de plantes *cellulaires* qui leur a été donné par de Candolle. Mais un certain nombre de ces végétaux sont pourvus de vaisseaux tout à fait semblables à ceux des plantes phanérogames : telles sont, par exemple, les Lycopodiacées, les Équisétacées, les Fougères.

La structure anatomique des plantes que nous étudions ici se complique graduellement en offrant les nuances suivantes :

1° Elles sont uniquement formées par des utricules distinctes, isolées, représentant chacune un individu complet : par exemple, dans le genre *Protococcus* de la famille des Algues.

2° Ces utricules se juxtaposent les unes à la suite des autres, et représentent des cordons en forme de chapelets enveloppés d'une matière gélatiniforme et amorphe, comme dans les Nostocs.

3° Les utricules s'allongent, s'ajustent bout à bout, et forment des filaments cloisonnés, simples ou rameux. Plusieurs Conferves, et entre autres le *Conferva fluviatilis*, si commun dans nos ruisseaux, offrent ce mode de structure.

4° Un grand nombre d'autres plantes, également de la tribu des Conferves ou de la classe des Champignons, se composent de tubes simples ou rameux, continus ou cloisonnés intérieurement.

5° Les utricules, en se réunissant, constituent des lames ou membranes de formes excessivement variées, ordinairement formées de plusieurs couches superposées : par exemple, dans les Ulves.

6° Dans les Fucus, les Champignons, les Lichens et les Mousses, on trouve non-seulement du tissu utriculaire ordinaire, mais des filaments plus ou moins allongés, première ébauche du tissu vasculaire, dont ils occupent la place, en formant quelquefois de légères saillies analogues aux nervures dans les plantes phanérogames.

7° Enfin, de véritables vaisseaux conformés comme les fausses trachées, et même de véritables trachées, se montrent dans les Fougères, les Lycopodiacées, les Équisétacées, et s'y combinent avec les différentes formes du tissu utriculaire.

[Les Cryptogames se reproduisent au moyen d'organes de formes variées qui demandent une étude spéciale pour chaque groupe, et dont les caractères extérieurs diffèrent beaucoup de ceux que nous offrent les fleurs et les fruits dans les deux embranchements des Phanérogames.

L'organe femelle par excellence, destiné à être fécondé et à germer, est la *spore*.] La spore est un embryon arrêté à la première période de son développement. En effet, au moment où la fécondation s'opère, la vésicule embryonnaire consiste en une utricule simple remplie de matière organique. C'est dans cette utricule, portée par le filet suspenseur, que l'embryon va s'organiser par suite de la fécondation. N'est-ce pas là justement la structure de la spore, une vésicule remplie de matière organique? Mais dans l'embryon, cet état n'est que passager, il ne dure qu'un instant. Bientôt la matière organique se condense en tissu cellulaire, et petit à petit l'embryon s'organise en un corps complexe dans lequel s'ébauche l'organisation propre au végétal qu'il est destiné un jour à représenter. Dans la spore, au contraire, cet état est souvent définitif et durable. [On a vu précédemment quelle complication apporte dans la fonction de reproduction le développement d'organes transitoires (*prothalle, protonema*) entre la germination d'une spore et la fécondation d'une autre spore, ou postérieurement à la fécondation, mais dans tous les cas avec des caractères tout à fait différents de ceux de la plante mère.

L'organe mâle, l'*anthérozoïde*, a été reconnu dans trois classes. Chez les Cryptogames dépourvus d'anthérozoïdes, la fécondation n'a été reconnue qu'à sa première ébauche dans le phénomène de conjugation ou copulation décrit plus haut. Aussi la vraie nature des organes qui portent le nom de spores chez les Champignons est souvent difficile à préciser, d'autant plus qu'ici d'autres corps très-analogues de forme et de structure remplissent le même rôle de corps reproducteurs sans avoir été fécondés.]

Les Cryptogames forment deux grandes divisions, les *Amphigènes* et les *Acrogènes*.

1° Les Amphigènes, dont la structure est uniquement celluleuse, c'est-à-dire qui sont complétement dépourvus de vaisseaux, qui n'ont ni axe, ni organes appendiculaires, mais qui consistent en filaments, en tubes, en lames diversement découpées s'accroissant par toute leur circonférence : tels sont les Algues, les Champignons et les Lichens.

2° Les ACROGÈNES, dont la structure peut être encore celluleuse ou cellulo-vasculaire, qui ont en général leurs organes disposés en un axe et en appendices latéraux, et dont l'accroissement se fait par l'extrémité des axes : telles sont les Mousses, les Hépatiques, les Characées, les Rhizocarpées, les Équisétacées, les Lycopodiacées et les Fougères.

Premier embranchement : Végétaux cryptogames.

AMPHIGÈNES

STRUCTURE CELLULEUSE, ACCROISSEMENT PAR TOUTE LA PÉRIPHÉRIE.

		Classes.	Familles.
A. Munis d'anthérozoïdes. — Thalle membraneux, fruticuleux ou filamenteux........		I. ALGUES.	
B. Dépourvus d'anthérozoïdes.....	1° Pas de thalle. — Réceptacle des organes de reproduction développé sur un *mycelium*.	II. CHAMPIGNONS.	
	2° Thalle membraneux, fruticuleux ou crustacé, à éléments cellulaires mixtes.............	III. LICHENS.....	1. LICHÉNACÉES.

ACROGÈNES

STRUCTURE CELLULEUSE OU CELLULO-VASCULAIRE, ACCROISSEMENT PAR L'EXTRÉMITÉ DES AXES. — FÉCONDATION PAR ANTHÉROZOÏDES.

	Classes.	Familles.
A. Structure celluleuse ; protonema nul ou asexué..............................	IV. MUSCINÉES..	1. CHARACÉES. 2. HÉPATIQUES. 3. MOUSSES.
B. Structure cellulo-vasculaire ; prothallium sexué..............................	V. FILICINÉES...	1. EQUISÉTACÉES. 2. FOUGÈRES. 3. LYCOPODIACÉES. 4. RHIZOCARPÉES.

Les limites des familles sont souvent trop indécises dans les deux premiers groupes d'Amphigènes, et leur nombre en serait trop considérable, pour que cette étude détaillée puisse rentrer dans le cadre d'un ouvrage aussi élémentaire que celui-ci. Nous nous sommes donc borné à l'étude de la classe pour ces deux groupes, en indiquant les divisions les plus importantes qui peuvent être tracées dans chacun d'eux.

I. AMPHIGÈNES

STRUCTURE CELLULEUSE; ACCROISSEMENT PÉRIPHÉRIQUE.

PREMIÈRE CLASSE : ALGUES (ALGÆ).

Algæ, Agardh, *Disp, Alg. succ.* Lund, 1811.—Decaisne, *Arch. du Muséum*, t. II.—*Thalassiophytes*, Lamouroux, *Essai sur les Thalass.* Paris, 1813. — Thuret, *Sur la reproduction des Algues*, in *Ann. sc. nat.* — Kützing, *Phycologia generalis*, Leipzig, 1843.— Harvey, *Manual of British Algæ*. Londres, 1841.— Nereis, *Boreal Americ.*, 1852. — Rabenhorst, *Flora europæa Alg.*, Leipzig, 1864-1868.

Plantes (*fig.* 250, 251) qui croissent habituellement dans les lieux humides et principalement dans les eaux douces ou salées. Quelques-unes (genre *Protococcus*) se composent de vésicules isolées qui, chacune, forment un individu complet. D'autres fois elles se présentent sous la forme d'utricules réunies en chapelets et engagées dans une sorte de membrane gélatiniforme amorphe (*Nostocs*). Plus souvent ce sont des filaments simples ou rameux, continus ou articulés (*Conferves*), des lanières variées dans leurs formes, leur consistance et leur coloration, ou des expansions membraneuses simples ou lobées (*Fucacées*). Elles ont quelquefois à leur base une sorte d'empatement divisé en branches étroites qui les fixe comme un crampon. Dans quelques-unes (*Sargassum*), les organes de végétation sont disposés de manière à représenter une tige simple ou rameuse portant des feuilles alternes. [Mais, quelle que soit la disposition de ces organes dont l'ensemble porte le nom de *thalle*, ils ne présentent pas de stomates à leur surface. Le thalle des Algues n'est constitué que par des utricules : ces utricules peuvent être plus ou moins allongées sans jamais former de véritables vais-

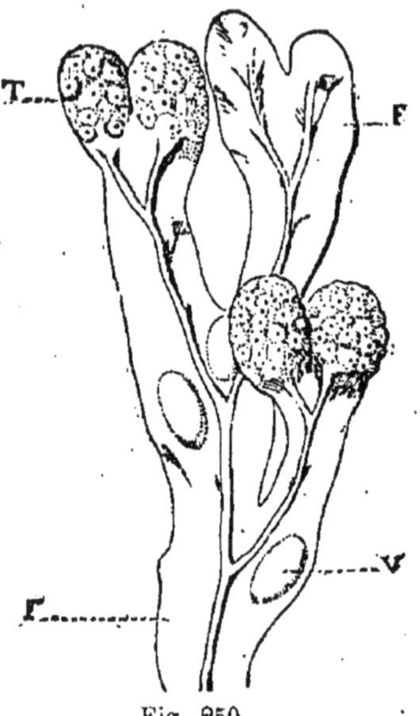

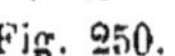
Fig. 250.

Fig. 251.

Fig. 250. *Fucus vesiculosus*, Varec vésiculeux : F, fronde ou thalle; T, tubercule fructifère où l'on voit les ostioles des conceptacles; V, vésicules aériennes dans le tissu du thalle. (Lemaout et Decaisne.)

Fig. 251. *Protococcus nivalis* à divers états de développement. (Lemaout et Decaisne.)

seaux; elles renferment un mélange de liquides plasmatiques, de matière colorante, de fécule et de divers autres corps, dont l'ensemble est appelé *endochrome*. La substance gélatineuse qui se rencontre entre les cellules et à l'extérieur est souvent très-abondante, et forme dans le Nostoc une grande partie de la plante. Certaines espèces (Coralline, Acétabules) s'encroûtent de calcaire et ont été longtemps prises pour des Polypiers.

Rien n'est plus variable que la dimension des Algues. On connaît des Bactéries qui ont $0^{mm},002$ de longueur, et des Macrocystes qui mesurent jusqu'à 500 mètres.

Les différences des températures auxquelles elles peuvent croître sont très-grandes aussi. Les unes vivent sur la neige (*Protococcus nivalis*), les autres dans le corps de l'homme et des mammifères (*Sarcina ventriculi*); d'autres enfin dans les eaux thermales dont la température est quelquefois supérieure à 40 degrés.

La lumière agit sur les Algues comme sur les plantes qui végètent dans l'atmosphère, et sous son influence elles décomposent l'acide carbonique et dégagent de l'ogygène. Le phénomène est le même, quelle que soit la couleur de la plante. Ces couleurs, assez variées, donnent lieu à de curieux phénomènes. Ainsi une Algue voisine des Leptomites donne au lait une coloration bleue qui apparaît dans certaines circonstances. Une autre, le *Trichodesmium Ehrenbergii* Mont., est la cause de la couleur rouge que présente la mer dans divers parages et à certaines époques de l'année.

Les procédés variés au moyen desquels se propagent les Algues peuvent se rattacher à trois modes.

1° Le plus simple est la multiplication par *scissiparité*, c'est-à-dire par séparation d'une cellule végétative qui reproduit la plante, de même qu'un fragment de plante phanérogame bouturé reproduit le végétal dont il est issu; seulement ici cette séparation s'accomplit spontanément.

2° Reproduction par *zoospores*. L'endochrome s'agglomère en petits corps arrondis ovoïdes dans l'intérieur d'une cellule; ils s'en échappent soit en amenant la disjonction de deux cellules contiguës (*Œdogonium*, *fig.* 253), soit en passant par de petites ouvertures qui se forment dans la paroi de la cellule-mère (*Cladophora*, *fig.* 252). A ce moment, ils ont une membrane propre et sont munis de cils vibratiles, tantôt diffus sur toute la surface, tantôt disposés en couronne, tantôt au nombre de 2 ou 4 à l'extrémité la plus allongée, qui a reçu le nom de rostre; ils se meuvent dans l'eau au moyen de ces cils, et cette motilité leur a fait donner le nom de zoospores. Ce sont des cellules végétales remplies d'endochrome qui n'ont rien d'animal à aucune période de leur vie. [Quiconque a observé les zoospores les distingue bientôt, à leurs allures, des infusoires qui les accompagnent. On voit qu'une volonté dirige les mouvements des infusoires; ils nagent vite ou lentement, s'arrêtent et jouent évidemment entre eux. Les zoospores se meuvent beaucoup plus régulièrement et ne s'arrêtent qu'au moment de germer. L'absorption de matières étrangères ne

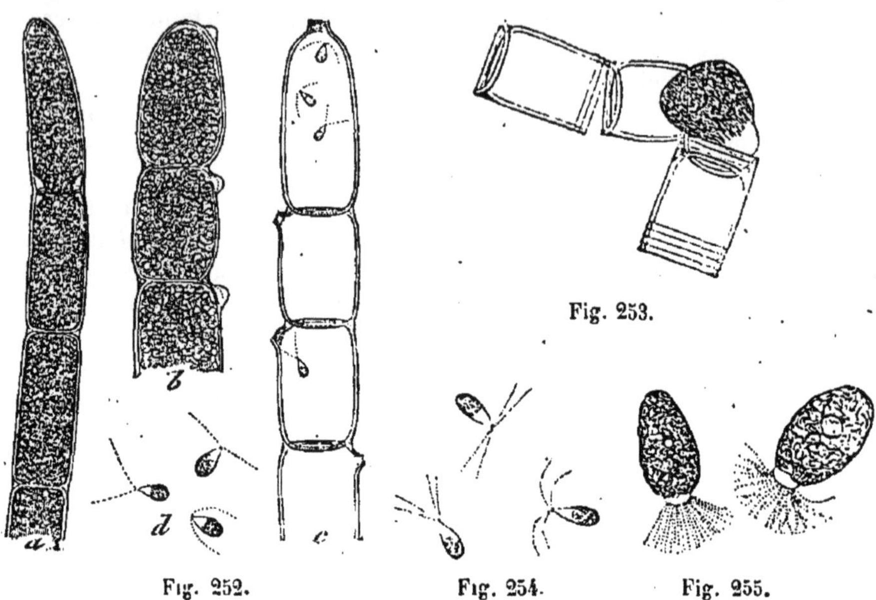

Fig. 253.

Fig. 252. Fig. 254. Fig. 255.

prouve pas l'existence d'un orifice, et suivant Cohn (*Journal de Siebold* et *Kœlliker*, 1854), les Volvox (*Volvox globator* et *stephanosphæra*) appartiendraient au règne végétal.]

Après avoir erré quelque temps dans l'eau, les zoopores se fixent sur un corps ou se déposent au fond, germent, développent de nouvelles cellules et reproduisent une Algue semblable à celle qui leur a donné naissance. Quelquefois les zoospores ne germent pas, elles engendrent des zoospores secondaires qui sont seules destinées à reproduire l'espèce. Certaines zoospores au lieu de germer immédiatement se conservent dans une inertie complète, peuvent même supporter la dessiccation, et germent lorsqu'elles se retrouvent dans des conditions favorables, ce sont des *Chronizoospores*.

3° Reproduction par *spores*. La spore se forme comme la zoospore par agglomération de l'endochrome au sein d'une cellule appelée *sporange*. Mais la spore n'est capable de germer et de reproduire le vé-

Fig. 252. *Cladophora glomerata* : *a*, extrémité d'un jeune filament ; *b*, plus âgé avant la sortie des zoospores ; *c*, le même vide ; *d*, zoospores.

Fig. 253. *Œdogonium* : article se séparant pour livrer passage à une zoospore.

Fig. 254. *Chætophora elegans* : zoospores à quatre cils sur le rostre. (Lemaout et Decaisne).

Fig. 255. *Œdogonium vesicatum* : zoospores avec une couronne de cils sur le rostre.

gétal qu'après avoir été fécondée. Le nombre des Algues chez lesquelles on connaît une véritable reproduction sexuelle est devenu considérable, grâce aux travaux de MM. Thuret, Derbès et Sollier, Pringsheim, Cohn, etc. L'agent fécondant est analogue au spermatozoïde des animaux et s'appelle *anthérozoïde*, il se développe au sein d'une cellule-mère qui porte le nom d'*anthéridie*. L'anthérozoïde est un petit corps globuleux d'une grande finesse, muni de cils vibratiles; une fois sorti de l'anthéridie, il se meut dans l'eau, et cette motilité l'a fait confondre longtemps avec la zoospore.

Les cellules dans l'intérieur desquelles se développent les anthérozoïdes (anthéridies) ou les spores (sporanges) ne se distinguent en rien, chez certaines Conferves, des cellules végétatives. Les corps mâles et les corps femelles peuvent se développer indifféremment dans une cellule quelconque du même individu (*Sphæroplea annulina*, Agardh); chez d'autres, elles sont spécialisées et forment un organe mâle ou un organe femelle distinct. Chez les *Fucus* ou Varechs les sporanges sont réunis à l'intérieur de conceptacles ou cavités creusées dans le tissu du végétal; les anthéridies sont groupées dans d'autres conceptacles; dans ces conceptacles mâles ou femelles se trouvent entremêlés des filaments stériles appelés *paraphyses;* ils peuvent se rencontrer les uns et les autres sur le même thalle, l'Algue est alors monoïque. Si les conceptacles mâles sont portés sur un individu et les conceptables femelles sur un autre individu, l'Algue est alors dioïque, c'est le cas du *Fucus vesiculosus*.

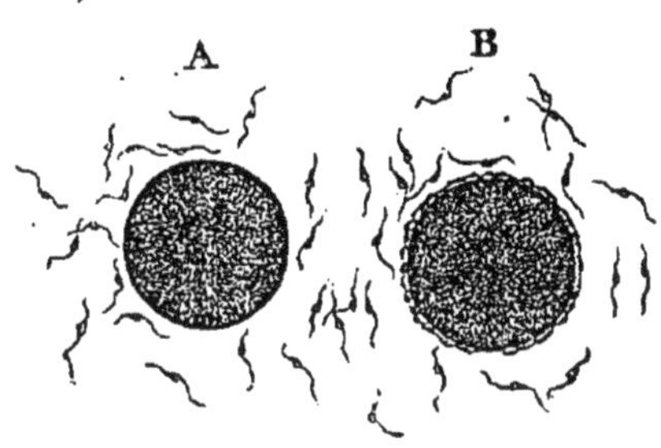

Fig. 256.

La manière dont la fécondation s'opère chez les Algues présente les faits les plus curieux; on peut rattacher les divers modes à deux types principaux.

A. Tantôt, comme chez les Fucacées, l'anthérozoïde sort de l'anthéridie, va à la rencontre de la spore, qui elle-même a été expulsée du sporange; l'anthérozoïde s'applique sur la spore, celle-ci se revêt d'une membrane propre et la fécondation est opérée; elle a lieu dans l'eau et en dehors de la plante-mère de la même manière que se fait la fécondation des œufs de poissons (*fig*. 256).

B. Tantôt, comme chez quelques Conferves, chez les Œdogoniées, les Vauchériées, l'anthérozoïde pénètre dans la cellule-mère (*Oogonie*), et la fécondation a lieu dans l'intérieur de l'organe femelle. Chez les Floridées le mode de fécondation, bien qu'appartenant au même type,

Fig. 256. *Fucus vesiculosus*, fécondation; A, spore dont s'approchent les anthérozoïdes, B, spore sur laquelle se sont fixés les anthérozoïdes.

se rapproche encore plus de ce que nous sommes habitués à voir chez les végétaux phanérogames. Le conceptacle ou oogonie, qui s'appelle ici *cystocarpe*, est d'abord une simple cellule surmontée d'un poil. Les anthérozoïdes sont globuleux, dépourvus de cils et immobiles; ils sont émis en grand nombre par l'anthéridie, et quelques-uns rencontrant le poil qui surmonte le cystocarpe, adhèrent à son sommet; émettent un court prolongement, et se vident dans l'intérieur de ce poil, sorte de style qui a reçu le nom de *trichogyne* : le trichogyne communique avec la cavité de l'organe femelle, la segmentation commence bientôt après dans le contenu de celui-ci, et annonce que la fécondation est opérée (*fig.* 257).

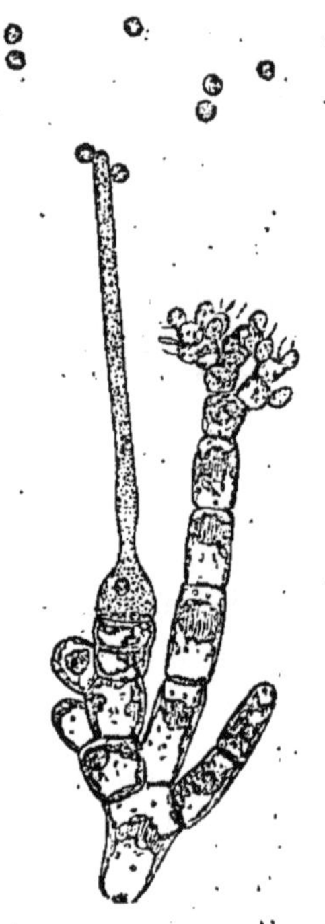

Fig. 257.

[La spore peut encore être rendue susceptible de germer à la suite d'un phénomène que l'on distingue de la fécondation sous le nom de *conjugation*, à cause de l'incertitude où l'on est sur le rôle rempli par les organes qui y prennent part. Sur deux filaments adjacents d'une Conferve (*Zignemées*), des cellules placées côte à côte donnent naissance à de petites protubérances qui se regardent : pendant ce temps l'endochrome, qui forme souvent d'élégantes spirales à l'intérieur des cellules, se condense en un corps arrondi, les protubérances s'allongent, se touchent bientôt, se soudent et par la résorption des parois qui se touchent, forment un canal faisant communiquer la cellule d'un filament avec celle du filament voisin. L'endochrome d'une des deux cellules passe par ce canal et va se fusionner avec celui qui s'était condensé en un corps globuleux dans la cellule adjacente. La conjugation peut s'opérer suivant d'autres procédés, mais le phénomène fondamental reste le même, et après la conjugation comme après la fécondation la spore, immobile et d'un volume plus considérable que la zoospore, germe et reproduit le végétal de la même manière. Quelquefois cependant la spore immobile donne naissance à des zoospores qui seules germeront, de même que nous avons vu des zoospores donner naissance à des zoospores secondaires, seules aussi capables de germer. Enfin il faut ajouter que la même espèce peut posséder à la fois deux ou trois des types de reproduction que nous venons d'étudier.]

On a groupé les Algues de plusieurs manières différentes, suivant

Fig. 257. *Nemalium multifidum* : rameau mâle et femelle, anthérozoïdes au sommet du trichogyne.

le point de vue spécial sous lequel on les a tour à tour considérées. Ainsi une des plus anciennes divisions est celle qui les partage en deux groupes d'après la nature du milieu dans lequel elles végètent, savoir : 1° les *Algues d'eau douce*, comprenant les Ulves et les Conferves; 2° les *Algues marines* ou Thalassiophytes, comprenant les *Fucus* ou Varechs.

[On a aussi classé les Algues d'après leur forme générale en : 1° *Nostochinées*, comprenant les Algues inférieures unicellulaires ou à cellules réunies dans une gangue gélatineuse; 2° *Confervées*, présentant une forme filamenteuse; 3° *Ulvacées* dont le thalle forme des expansions membraneuses aplaties ou tubuliformes; 4° *Floridées* dont le thalle a une forme très-variée et une coloration purpurine; 5° *Fucacées* se distinguant par la couleur vert olivâtre foncé du thalle plus ou moins découpé ou allongé et aplati.

Une classification simple et commode est celle proposée par M. Harvey, et qui divise les Algues en *Chlorospermées*, à spores vertes; *Rhodospermées*, à spores rouges; *Mélanospermées*, à spores vert olive noirâtre. Ces caractères de coloration sont loin d'être aussi artificiels qu'on serait tenté de le croire. Ils concordent d'une part avec la forme générale des organes de la végétation pris pour base dans la précédente classification, de telle sorte que les Mélanospermées représentent les Fucacées, les Rhodospermées comprennent les Floridées, et les Chlorospermées renferment les Ulvacées, Confervacées et Nostochinées. Mais elle est aussi en grande partie d'accord avec les coupes que la structure des organes de reproduction avait permis à M. Decaisne d'établir sur la base la plus sûre; le groupe des Chlorospermées était divisé en deux par M. Decaisne : les *Synsporées*, Algues à conjugation (voy. plus haut), et les *Zoosporées* (Algues se reproduisant par zoospores). M. Thuret a réuni ces deux groupes, parce que les Synsporées se reproduisent aussi par des zoospores. Toutefois il faut convenir que le groupe des Chlorospermées appelées Confervacées par Endlicher, Confervoïdées par Payer, est peu homogène, ce qui a déterminé M. Rabenhorst, dans la Flore qu'il vient de publier, à admettre deux divisions de plus, dans lesquelles nous retrouvons les trois divisions de Harvey et deux nouvelles qui comprennent à la vérité, au moins la première, des genres douteux, au sujet desquels, de l'aveu même de l'auteur, nos connaissances sont très-imparfaites. Voici comment on peut résumer dans l'ensemble sinon dans tous les détails l'homologie de ces diverses classifications :

CLASSIFICATIONS DE

ENDLICHER	HARVEY	DECAISNE	RABENHORST	
Bot. crypt. de Payer).	(*Introd. à la Bot. crypt. de Berkeley.*)	(*Traité gén. de bot. par Lemaout et Decaisne.*)	(*Flora europæa Algarum.*)	
		ALGÆ SPURIÆ.	1 PHYCOCHROMOPHYCÉES.	*Nostoc, Protococcus, Oscillaria.*
1 CONFERVACÉES.	CHLOROSPERMÉES.	SYNSPORÉES.	2 DIATOMOPHYCÉES.	*Diatomées.*
		ZOOSPORÉES.	3 CHOROPHYLLOPHYCÉES.	*Conferves.*
2 PHYCOÏDÉES.	MÉLANOSPERMÉES.	APLOSPORÉES.	4 MÉLANOPHYCÉES.	*Varechs.*
3 FLORIDÉES.	RHODOSPERMÉES.	CHORISTOSPORÉES.	5 RHODOPHYCÉES	*Algues marines de couleurs variées, dérivées du rouge.*

Les détails donnés plus haut à propos des organes de végétation et de reproduction, en prenant des exemples dans les Conferves, les Varechs et les Floridées, nous dispensent de compliquer le tableau d'une diagnose de chaque groupe. Nous n'avons eu qu'à reproduire ces noms qui rappellent, à titre d'exemples, des objets déjà connus. Quelques interversions ont été faites pour suivre l'ordre naturel et la complication graduelle de l'organisation des Algues, qui s'élèvent à partir des Algues unicellulaires et des Conferves jusqu'aux Floridées dont nous avons vu le mode de fécondation offrir une certaine analogie avec celle des végétaux plus élevés en organisation, qui présentent des pistils.]

La famille des Algues est une des plus intéressantes de tout le règne végétal. Elle commence la série végétale, contenant les plantes les plus simples dans leur organisation, en même temps que l'on voit petit à petit cette organisation se compliquer graduellement.

[Les Algues exercent une action chimique remarquable sur l'eau dont elles se nourrissent et qu'elles absorbent par toute la surface du thalle ; elles fixent divers sels, et cette propriété est utilisée par l'homme. Les Algues marines ont été longtemps exploitées pour l'extraction des sels de soude jusqu'à ce qu'on les ait retirés de l'eau de mer elle-même. Les Varechs fournissent aujourd'hui l'iode employé par la médecine et l'industrie. La médecine utilise encore les propriétés vermifuges de la Mousse de Corse (*Gigartina Helminthochorton*, Lamx.) et de la Coralline officinale. Quelques espèces, dont la place est encore douteuse entre les Algues et les Champignons, jouent le rôle important de ferments (*Cryptococcus*) ; d'autres vivent en parasites sur les animaux et sur l'homme (*Leptothrix, Leptomitus, Sarcina*, etc.]

DEUXIÈME CLASSE : CHAMPIGNONS (FUNGI).

Bulliard, *Champ. de Fr.* 1791. — Persoon, *Syn. Fung.* Gœtting., 1801. — Fries, *Syst. mycolog.* 1821. — Léveillé, *Mycol.* in *Dict. d'Orbigny*, 1837-47. — Tulasne, *Select. fung. Carpol.* 1861. — De Bary, *Morphol. und physiol. der Pilze, etc.* Leipzig, 1866.

[Les Champignons sont en général peu apparents, souvent très-petits, mais répandus partout, et revêtant les formes les plus diverses et les plus éloignées du type sous lequel on a l'habitude de se représenter un végétal. Ils vivent dans la terre ou à sa surface, et plus communément sur les corps organisés dont l'activité vitale est peu intense, ou qui sont morts et en voie de décomposition. Uniquement composés d'utricules plus ou moins arrondies ou allongées, ils ne présentent pas un thalle comparable à celui des Algues, la partie végétative qui en tient lieu s'appelle, chez les Champignons, *Mycelium*, et se compose de filaments rappelant quelquefois l'aspect des Conferves, mais toujours privés d'endochrome, le plus souvent blancs, rarement jaunes, orangés rouges ou brunâtres. Ces filaments se rapprochent quelquefois en formant des cordons radiciformes ; ils sont presque toujours souterrains ou engagés dans la substance même du corps sur lequel se développe le Champignon. Le mycélium est quelquefois membraneux ou pulpeux, mais la modification la plus importante à connaître est celle qui lui donne l'aspect d'un corps solide, compacte, comme un tubercule en général de couleur foncée, et que l'on avait prise autrefois pour un Champignon tout entier appelé *Sclerotium* (l'Ergot de Seigle). Le mycélium est tout à la fois racine et tige, il absorbe et élabore les sucs nourriciers ; il s'accroît en produisant de nouvelles cellules, et donne naissance aux organes de reproduction.

Les Champignons se comportent vis-à-vis de l'atmosphère comme les organes non colorés en vert des végétaux ; ils absorbent l'oxygène de l'air et dégagent de l'acide carbonique. Cet échange gazeux a lieu de la même manière dans l'obscurité et à la lumière. On sait que l'activité vitale est très-augmentée chez les organes des végétaux qui absorbent de l'oxygène ; aussi voyons-nous les Champignons se développer avec une rapidité surprenante, qu'il s'agisse de simples moisissures ou d'Agarics et de Bolets. Un autre phénomène qui se lie avec ce mode de respiration est la phosphorescence observée en particulier sur l'Agaric de l'Olivier. La lumière produite est d'autant plus intense que les quantités d'acide carbonique dégagé et d'oxygène absorbé sont plus considérables.

Chez les espèces les plus simples, l'organe de reproduction, la spore, se forme par étranglement au sommet de cellules allongées, émanées du mycélium, et qui ne s'en distinguent pas ou qui en diffèrent simplement par leur direction ou leur calibre (*Hyphomycètes*,

Moisissures) (*fig.* 258). Dans le plus grand nombre des cas, le mycélium, au lieu de donner ainsi naissance à des filaments fructifères isolés, produit un corps composé d'un parenchyme plus ou moins abondant qui produira lui-même les cellules seminifères ou sporophores. Ce corps, appelé réceptacle, est la partie la plus apparente du Champignon ; il présente une intrication de cellules dont les formes et les dimensions varient. Chez quelques espèces, on y rencontre

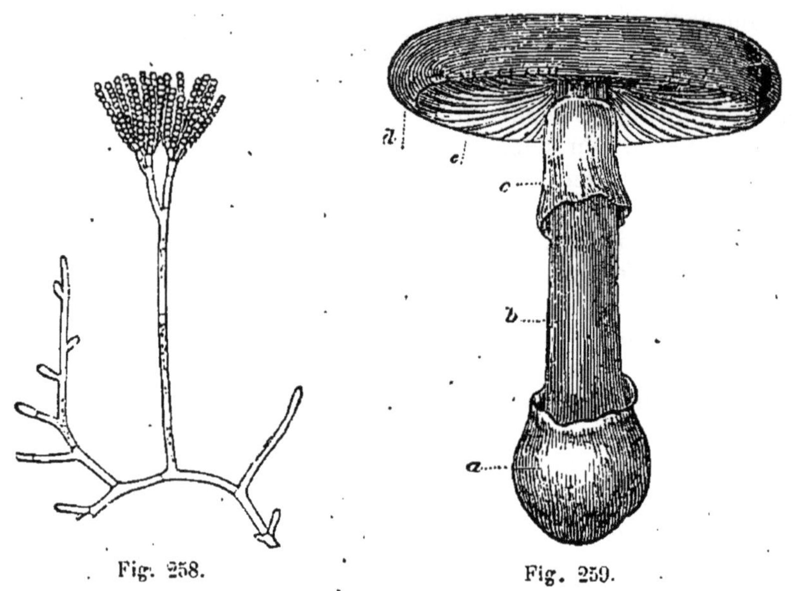

Fig. 258. Fig. 259.

des cellules allongées qui contiennent un suc coloré et lactescent, comparable au latex; ces réservoirs à suc propre ont été même appelés vaisseaux laticifères. Souvent les cellules les plus extérieures du réceptacle, plus petites et serrées, sans former un véritable épiderme, se laissent séparer du tissu sous-jacent. Indépendamment de la dimension, de la structure et du plus ou moins d'épaisseur que présentent les réceptacles, on peut les rapporter, malgré l'extrême variété de leur forme, à deux types :

Celui des *Gastéromycètes*, dans lesquels le réceptacle est globuleux et contient dans son intérieur les cellules sporophores (*Truffes, Lycoperdons*) (*fig.* 261) ;

Celui des *Hyménomycètes*, qui, après avoir été globuleux dans le jeune âge, s'épanouit et présente les cellules sporophores, à l'exté-

Fig. 258. *Penicillium glaucum.* (Lemaout et Decaisne.)

Fig. 259. *Amanita venenosa* : *a*, le volva ; *b*, le stipe ; *c*, le collier ; *d*, le chapeau *e*, les feuilles ou lamelles portant l'hyménium.

rieur, sur des surfaces, concaves, planes ou convexes (*Pezizes*, *Agarics*, *Bolets*, *Clavaires*) (*fig.* 259).

Le réceptacle est quelquefois accompagné d'organes accessoires; il peut être porté sur un pied et former une sorte d'ombrelle comme chez les Agarics (*fig.* 259); il est alors enfermé dans une enveloppe appelée ***volva*** (*a*) qui se rompt plus tard pour laisser passer la partie principale appelée chapeau (*d*). Le pied (*b*) est relié au chapeau par une membrane destinée, elle aussi, à se rompre par les progrès du développement. Cette membrane est le ***velum***, dont les débris restés attachés au pied portent le nom d'***anneau*** ou collier (*c*).

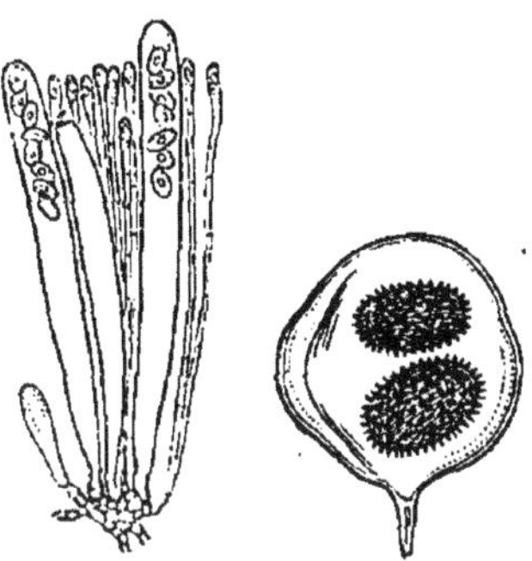

Fig. 260. Fig. 261.

Le réceptacle, avons-nous dit, contient les cellules sporophores; il est par rapport à celles-ci, ce que l'ovaire est à l'ovule. Ces cellules sont quelquefois éparses dans le réceptacle; elles sont le plus souvent groupées côte à côte, formant une sorte de membrane qu'on a appelée *hyménium*. L'hyménium se compose de cellules stériles (*paraphyses* et *cystides*), et de cellules fertiles ou sporophores. Mais ici il faut encore distinguer deux types tout différents.

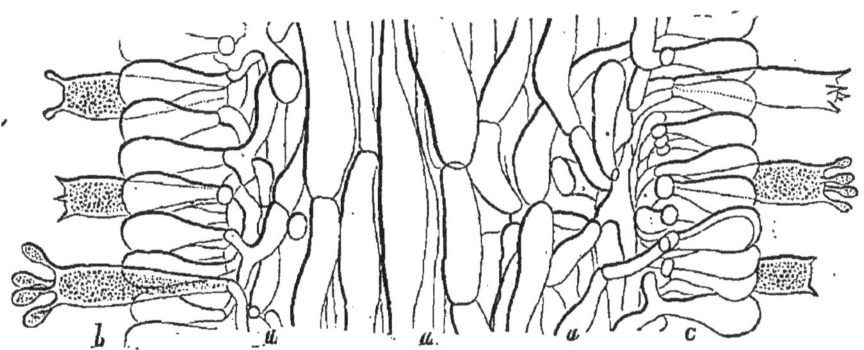

Fig. 262.

Tantôt la cellule fertile donne naissance par son sommet à 2, 4 ou 6 spores à la fois, disposées non pas en chapelet mais côte à côte. On appelle cette cellule *baside* (*fig.* 262). Tantôt la cellule fertile donne

Fig. 260. *Ascobolus pulcherrimus* : thèques renfermant huit spores et cellules stériles ou paraphyses. (Lemaout et Decaisne.)

Fig. 261. *Tuber melanospermum* : thèque renfermant deux spores. (Lemaout et Decaisne.)

Fig. 262. *Agaricus comatus*. Fl. Dan. Coupe transversale d'une lamelle montrant en *aaa*, le tissu propre de la lamelle; en *b* et en *c*, l'hyménium; *b*, est un baside portant des spores et *c* une cellule stérile de l'hyménium, grossie 295 fois.

naissance, dans son intérieur, à un nombre de spores en général déterminé, 2, 3, 4, 6, 8, 16, etc., la cellule prend alors le nom de *thèque*, c'est un véritable sporange. L'hyménium formé de *basides* est dit *basidiosporé*, et l'hyménium formé de *thèques*, *thécasporé*, ce qui fournit un caractère précieux pour la classification des Champignons (*fig.* 260, 261).

La spore, qu'elle soit née sur un baside ou dans une thèque, se présente sous l'aspect d'une cellule sphérique ovale, ovoïde, rarement polygonale, unie ou pluriloculaire, à membrane simple ou double, lisse ou couverte soit de verrues, soit de fines aspérités, incolore ou présentant une coloration plus ou moins intense dont on peut tirer parti pour la classification, ne contenant jamais d'endochrome, mais une substance huileuse réfringente, incolore ou jaunâtre. Mise dans des conditions convenables d'humidité, la spore germe en émettant une sorte de boyau qui s'allonge et forme la première cellule du mycélium, cette cellule s'allonge, se cloisonne, donne naissance à de nouvelles cellules qui s'allongent à leur tour, se cloisonnent, se ramifient, et ainsi se trouve formé le mycélium tout entier. Lorsqu'elle est desséchée, la spore de certaines moisissures peut supporter une température qui varie de 108 à 120 degrés et être encore capable de germer.

Tel est le corps reproducteur par excellence chez les Champignons. Mais ses aptitules germinatives ont-elles été préparées par la fécondation ? C'est ce qu'il est impossible de dire dans l'état actuel de la science. On connait des moisissures (*Sizygites*, *Rhizopus*), chez lesquelles la spore se forme à la suite d'une conjugation analogue à celle déjà décrite chez les Algues. Un phénomène semblable a été observé chez un petit nombre de *Thécasporés*, sans qu'on puisse affirmer qu'il y ait là une véritable fécondation (voy. page 327). On considère, à la vérité, comme agent fécondant, analogue aux anthérozoïdes des Algues, de très-petits corps en forme de bâtonnets, appelés *spermaties*, incapables de germer, et qui se développent en grand nombre chez beaucoup d'espèces soit à l'extérieur du réceptacle, soit dans des conceptacles spéciaux qui ont reçu le nom de *spermogonies*; mais ce n'est là qu'une présomption, et l'on ne connaît pas le mode d'action des spermaties.

La spore n'est pas le seul corps reproducteur que possèdent les Champignons. Des cellules, de dimension et de forme souvent très-analogues aux vraies spores, se développent à l'extrémité des cellules végétatives d'un grand nombre d'espèces qui ont en outre des thèques ou des basides fertiles. Ces cellules ont reçu le nom de *conidies;* elles germent et reproduisent la plante. Beaucoup de Champignons appartenant au genre Sphérie ont des spores nées dans des thèques, lesquelles sont renfermées dans un réceptacle globuleux solide et s'ouvrant par un pore; ils présentent aussi sur le même mycélium des filaments donnant naissance à des conidies et des conceptacles particuliers appelés *Pycnides*, contenant des cellules allongées connues sous le nom de *Stylospores*, et capables de germer. Quelques espèces, mais le nombre en est très-restreint, ont, comme les Algues, des corps reproducteurs mobiles, de vraies zoospores qui se meuvent dans l'eau de pluie reçue par les feuilles des végétaux dans lesquelles ces Champignons sont parasites.

Il arrive aussi, comme chez les Algues, que les spores et les conidies peuvent émettre des spores ou des conidies secondaires, au lieu de germer et de donner naissance directement à un mycélium. Enfin, on a observé chez les Champignons des faits de génération alternante qui rattachent les uns aux autres des genres que l'on croyait appartenir à des types tout différents. M. de Bary a cité des observations tendant à prouver que les spores de plusieurs Champignons parasites à forme d'*Uredo* (vulgairement appelée Rouille) donnaient naissance à des Champignons à forme de *Puccinia*, tandis que les spores de ceux-ci placées dans des conditions convenables reproduisaient l'*Uredo* primitif.

En considérant la forme générale du Champignon, on peut les grouper en :

1° Hyphomycètes, que quelques auteurs divisent en deux ordres, suivant qu'ils sont tout entiers filamenteux ou qu'ils se feutrent en quelques points pour former une sorte de réceptacle ; les Hyphomycètes comprennent les Moisissures ou Mucédinées et les Champignons, appelés *Épiphytes* ou *Entophytes*, suivant qu'ils se développent sur ou sous l'épiderme des végétaux : *Uredo*, *Æcidium*, *Cystopus*, *Peronospora*.

2° Gastéromycètes. Champignons à réceptacle le plus souvent globuleux, membraneux, (*Peridium*) ou charnu, d'abord clos, contenant à l'intérieur des basides ou des thèques et s'ouvrant par déchirures irrégulières du péridium ou par destruction de son tissu ; Vesse-de-Loup (*Lycoperdon*), Truffe (*Tuber*). On peut y ranger aussi les Pyrénomycètes dont le réceptacle renferme de même les organes de fructification, mais ce réceptacle est dur et s'ouvre par un pore terminal pour donner issue aux spores (*Sphæria*).

3° Hyménomycètes. Champignons à réceptacles charnus, subéreux ou ligneux, très-variés de forme, dont les thèques ou les basides forment une membrane (*hymenium*) recouvrant à la maturité une partie spéciale de ce réceptacle, partie qui est lisse chez les Clavaires et les Pezizes, en lamelles chez les Agarics, en tubes ouverts chez les Bolets, en forme de pointes chez les Hydnes, etc.

Une classification plus en rapport avec les progrès de la taxonomie a été proposée par M. Leveillé. On peut l'étudier avec détail dans le *Dictionnaire d'histoire naturelle* de d'Orbigny. Les Champignons dont les spores sont portées par des basides forment les 1° *Ba-*

sidiosporés, et ceux dont les spores sont renfermées dans des thèques, forment la division des 2° *Thécasporés*. Les quatre divisions inférieures sont basées sur la disposition des filaments reproducteurs ou sporophores réunis en un clinode (organe plus simple que l'hyménium et composé d'une seule sorte de cellules), chez les 3° *Clinosporés;* et sur la formation des spores renfermées dans une vésicule ou sporange, chez les 4° *Cystosporés;* disséminées ou groupées sur les filaments fructifères dans les 5°. *Trichosporés*, ou dispersées en chapelet terminal à l'extrémité de ces filaments, chez les 6° *Arthrosporés*. Les Basidiosporés, les Thécasporés, les Clinosporés sont divisés chacun en deux sous-divisions, suivant que les basides, les thèques, le clinode, sont à l'intérieur ou à l'extérieur du réceptacle, et ainsi revient le caractère tiré de la forme de ce réceptacle qui donne deux séries parallèles. On pourrait réunir les quatre dernières divisions en une seule, dans laquelle on aurait aussi deux sous-divisions, l'une comprenant les Champignons filamenteux, dont les spores sont à l'extérieur, Arthrosporés, Trichosporés; l'autre, ceux dont les spores sont à l'intérieur soit d'une membrane, soit d'un réceptacle simple, Cystosporés, Clinosporés endoclines. Cette division élémentaire et simplifiée est résumée dans le tableau suivant.

CHAMPIGNONS

	ECTOSPORES.	ENDOSPORES
I. HYPHOSPORÉS. — Spores développées sur des cellules isolées ou réunies en *clinode*.	*Penicillium,* *Botrytis,* *Ustilago.*	*Mucor,* *Rhizopus,* *Rœstelia.*
	ECTOTHÈQUES.	ENDOTHÈQUES.
II. THÉCASPORÉS. — Spores développées en nombre défini à l'intérieur de cellules appelées thèques réunies dans un *hyménium*.	*Pezizes,* *Morilles,* *Helvelles.*	*Truffes,* *Erysiphe,* *Sphéries.*
	ECTOBASIDES.	ENDOBASIDES.
III. BASIDIOSPORÉS. — Spores développées en nombre défini au sommet de cellules spéciales appelées basides réunies dans un *hyménium*.	*Agarics,* *Bolets,* *Tremelles,* *Phallus.*	*Vesse-de-Loup.* *Nidulariés,* *Etc.*

Il conviendrait de faire une division spéciale pour des Champignons dont les spores forment un mycélium mucilagineux, et que leur organisation singulière a fait rapporter au règne animal par quelques naturalistes. Les *Spumaria*, qui se présentent sous la forme d'une écume plus ou moins condensée reliant entre elles les brindilles et les feuilles tombées à terre dans les bois et les jardins, en sont un des types les plus frappants et les plus répandus. Ces Champignons, appelés Myxomycètes, offrent un réceptacle qui a les plus grands rapports avec ceux des *Basidiosporés endobasides*, et peuvent y être rangés dans une classification qui met en première ligne les caractères tirés des organes de reproduction. M. de Bary, envisageant l'ensemble de leur organisation, en fait une division d'importance égale à celle des Lichens par rapport aux Champignons.

Les Champignons par leur composition chimique se rapprochent des matières animales, ils contiennent une quantité notable d'azote et de principes azotés. Un grand nombre peuvent servir d'aliment pour l'homme; quoiqu'en général assez difficiles à digérer, ils sont très-recherchés sur nos tables, la Truffe, par exemple. [Il existe dans le public un grand nombre de préjugés et d'idées fausses sur la reproduction des Truffes. Leur terrain de prédilection est un sol traversé par des racines d'arbres et en particulier des chênes, mais leur multiplication est complétement indépendante de ces arbres. Leur mode de reproduction est celui de tous les autres Champignons. A leur maturité, elles contiennent des spores d'une ténuité extrême, car elles n'ont qu'un dixième de millimètre de diamètre. Lorsque la Truffe pourrit dans le sol, ces spores produisent des filaments blancs analogues au blanc du Champignon de couche. Ce *mycélium* donne naissance aux Truffes qui sont le fruit souterrain de cette trame. D'autres sont très-dangereux et contiennent un poison désigné chez quelques espèces (*Agaricus muscarius*, *bulbosus*, etc.) sous le nom d'amanitine. L'Ergot de Seigle (*Claviceps purpurea*) contient une substance active qui amène de graves désordres lorsqu'il est mêlé en grande abondance à la farine employée pour le pain, mais il est utilisé par la médecine à cause de son action spéciale sur l'utérus. L'amadou se fabrique avec le parenchyme d'un Polypore.

Mais le rôle que jouent les Champignons dans la physiologie générale est surtout important et digne de fixer notre attention. De même que nous avons vu les Algues exercer une action chimique spéciale sur l'eau de la mer, de même les Champignons inférieurs agissent avec énergie sur les corps organisés qu'ils envahissent. Ils déterminent dans les substances organiques des dédoublements, de véritables fermentations qui font de ces végétaux des agents réducteurs aussi puissants que les Microphytes (cellules de levûre, bactéries, etc.), qui président d'ordinaire à ces actions chimiques et dont la place dans le règne végétal n'est pas encore déterminée d'une manière suffisante. Les troubles que les Champignons apportent dans l'économie animale ou végétale, lorsqu'ils se développent en parasites sur des individus vivants, se rattachent en partie à cette action.

Des Champignons parasites peuvent atteindre aussi l'homme et nuire à sa santé soit en vivant sur ses propres tissus (*Oidium*, *Achorion*, etc.), soit en infestant des substances qui servent à son alimentation ou à des usages domestiques. Ce sont des Champignons des genres *Peronospora*, *Oidium* et *Erysiphe* qui causent les maladies de la Pomme de terre et de la Vigne.]

TROISIÈME CLASSE : LICHENS (LICHENES).

Lichenes, Acharius, *Meth. Lichen.* Hamb. 1803. — Ibid. *Lichenograph. univers.* Gœtting., 1810. — Ibid. *Syn. Lichen.* Lund, 1814. — Fries, *Lichenogr. reform.* Lund, 1851. — Tulasne, *Mémoire pour servir à l'hist. organ. et physiol. des Lichens* (*Ann. sc. nat.*). 1852. — Nylander. *Synopsis methodica Lichenum.* Paris, 1852.

[L'organisation des Algues et celle des Champignons une fois connues, celle des Lichens est facile à comprendre. Ils tiennent en effet des Algues par la forme extérieure et l'existence de la matière verte dans une partie de leurs organes de végétation, et des Champignons par les organes reproducteurs.]

Les Lichens sont tantôt sous la forme d'expansions membraneuses foliacées ou plus souvent crustacées, simples ou ramifiées, tantôt sous celle de tiges cylindriques ou planes, simples ou divisées. Cette partie, qui représente tous les organes de la végétation, porte le nom de Thalle ou *thallus* (*fig.* 264). [Ce thalle est entièrement celluleux. On distingue à sa surface une couche corticale celluleuse, incolore, dont la partie superficielle, amorphe et colorée, forme une sorte de cuticule. Au-dessous se présentent des cellules remplies de matière verte ou de simples granulations vertes, appelées *Gonidies*. Ces gonidies paraissent souvent faire suite à de courtes ramifications des cellules filamenteuses, mais il est difficile de reconnaître si elles en proviennent directement; dans tous les cas, elles se multiplient par des cloisonnements produisant des divisions en deux répétées. La couche gonidile n'est pas toujours continue, ses éléments se dispersent entre les filaments de la 3e couche, appelée médullaire: celle-ci, la plus importante de toutes, est formée de cellules allongées qui ressemblent à celles du mycélium des Champignons, et qui sont feutrées. Quelquefois le mélange de cristaux d'oxalate de chaux donne à cette couche une texture dite crustacée. Il y a enfin une quatrième couche, la plus inférieure, portant le nom d'*hypothalle* et formée de filaments qui constituaient dans l'origine le premier état du Lichen, mais qui disparaissent souvent. La face inférieure du thalle est hérissée de prolongements celluleux qui servent de crampons et ont reçu le nom de *rhizines*. C'est par ces crampons que les Lichens se

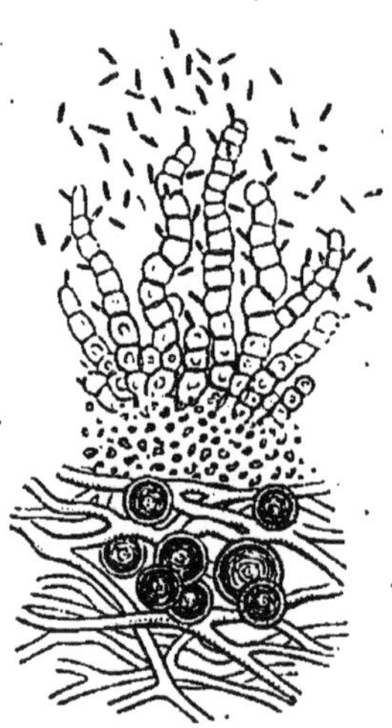

Fig. 263.

Fig. 263. *Parmelia parietina* : spermaties naissant des stérigmates sur une portion de thalle sur la coupe duquel on voit des gonidies entremêlées aux filaments de la couche médullaire. (Lemaout et Decaisne.)

fixent sur les corps où ils végètent, rochers, terre, écorce, etc. Ils vivent aux dépens de l'atmosphère; ils s'accroissent, régénèrent leur thalle, et quelques espèces paraissent avoir une durée presque indéfinie; ils ne sont nullement parasites sur les végétaux sur lesquels on en rencontre, sauf quelques espèces qui vivent sur d'autres Lichens, privés qu'ils sont de thalle et n'ayant que des organes de reproduction.

Les organes reproducteurs sont disposés d'après le même type que ceux des Champignons thécasporés. On voit à la surface du thalle ou enfoncés dans son intérieur, des réceptacles convexes ou concaves,

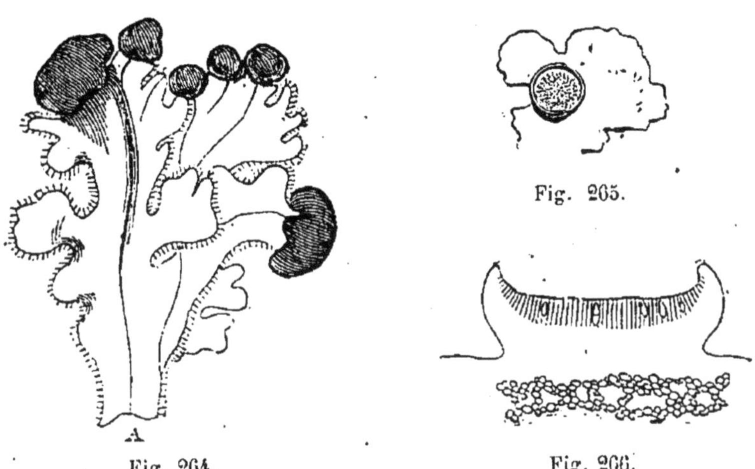

Fig. 264. Fig. 265. Fig. 266.

sous forme d'écussons ou de fentes appelés *Scutelles* ou *Apothécies* (*fig.* 265 et 266). Ils sont souvent d'une couleur différente du thalle. Ces réceptacles sont tapissés par l'*hyménium* (voy. p. 392) composé de cellules stériles appelées *paraphyses* et de thèques qui contiennent les spores. Ces spores sont en nombre défini dans chaque thèque, ordinairement 8, elles sont ovoïdes, fusiformes, simples ou cloisonnées. Leur membrane externe, appelée épispore, se colore assez souvent en bleu par l'iode. La germination de ces spores est tout à fait semblable à celle des spores de Champignons.

Les Lichens se reproduisent aussi par de petits amas de gonidies qui s'élèvent à la surface du thalle, et prennent le nom de *Sorédies*. On y rencontre quelquefois des *pycnides* (voy. ci-dessus *Champignons*), et enfin des *spermogonies* produisant des *spermaties* analogues à celles des Champignons et auxquelles on attribue aussi le rôle d'organe mâle. Si dans l'une et l'autre classe ces spermaties n'offrent pas la même motilité que les athérozoïdes, elles ont ce caractère particulier d'être

Fig. 264. *Physcia islandica.* Portion de thalle.
Fig. 265. *Parmelia* : portion de thalle portant une apothécie.
Fig. 266. *Parmelia tiliacea* : coupe verticale d'une apothécie.

influencées par les courants d'électricité induite, et de se placer dans une direction parallèle à la direction du courant que l'on fait agir sur ces petits corps. Quelques auteurs hésitent à regarder comme un simple mouvement Brownien la trépidation oscillante que présentent les spermaties; toutefois, nous avons vu, page 321, que M. de Bary attribue ces mouvements à un phénomène purement physique.

Enfin des observations récentes tendent à faire supposer que des zoospores pourraient se former à l'intérieur des gonidies vertes dont les éléments souvent épars et dissociés auraient été pris quelquefois pour des Algues unicellulaires.

Le caractère qui servait autrefois de base à la classification des Champignons avait été employé pour grouper les Lichens suivant la disposition du réceptacle ou apothécie tantôt ouvert (GYMNOCARPES), tantôt clos (ANGIOCARPES). Mais il y a des espèces qui présentent à la fois des apothécies ouvertes à l'extérieur ou enfoncées et incluses dans le thalle. En suivant M. Nylander, on peut diviser la famille des Lichens en trois tribus :

I. Les COLLEMACÉS, comprenant des Lichens à thalle très-simple, rappelant les Nostocs (voy. ci-dessus *Algues*);

II. Les MYRIANGIACÉS, qui ne comptent qu'un genre d'une structure cellulaire plus définie que celle des Collemacés, mais moins complète que l'organisation du 3e groupe;

III. Les LICHÉNACÉS, comprenant la majeure partie des Lichens, environ une centaine de genres, subdivisés en tribus, d'après la forme du thalle, tantôt stipiforme et cylindrique, tantôt foliacé, tantôt crustacé.

Ce sont deux espèces de Lichens, le *Rocella tinctoria* des îles Canaries et le *Parmelia tartarea*, qui sont employés à la fabrication de la teinture de tournesol dont les chimistes se servent comme réactif des acides et des alcalis. D'autres contiennent assez de fécule pour servir d'aliment. Le *Cetraria islandica Ach.* ou *Physcia islandica* DC, Lichen d'Islande, est employé en médecine.

Ces petits végétaux désagrègent les rochers sur lesquels ils vivent, et préparent ainsi, avec d'autres Cryptogames, un milieu favorable au développement d'espèces végétales plus élevées en organisation.]

ACROGÈNES : STRUCTURE CELLULEUSE OU CELLULO-VASCULAIRE; ACCROISSEMENT PAR L'EXTRÉMITÉ DES AXES.

QUATRIÈME CLASSE : MUSCINÉES : STRUCTURE CELLULEUSE.

1re famille. CHARACÉES (Characeæ).

Characeæ, Agardh, *in Nov. Act. N. C.* XIII, 87. — Vaucher, *Mém. Soc. Gen.*, I, 168.

Famille uniquement composée du genre *Chara* de Linné. Les végétaux qui la constituent vivent au fond des eaux dormantes, dans les lacs et les étangs. Leur tige est cylindrique ou anguleuse, articulée; chaque article est formé d'un grand tube cylindrique, simple ou entouré d'un certain nombre de tubes plus petits, ordinairement cinq, soudés intimement avec lui et se contournant en spirale. De chaque articulation naissent des rameaux verticillés dont la structure est la même que celle de la tige. Ces tiges, en général grêles et peu élevées, souvent encroûtées de sels calcaires, sont fixées en terre par des filaments radicaux simples.

Les organes reproducteurs mâles et femelles sont réunis sur le même individu.

Les organes mâles sont sous la forme de tubercules sphériques sessiles, de couleur rouge orangé, placé au-dessous des verticilles de rameaux. Ils se composent d'un tégument extérieur assez épais et transparent, d'une seconde enveloppe colorée en rouge, formée de six ou huit pièces triangulaires unies entre elles par leurs bords dentés; ce tégument interne est formé d'utricules cunéiformes allongées, partant en rayonnant du centre de chaque plaque et contenant des granules rouges : du milieu de la face interne de chacune de ces plaques naît une utricule oblongue, dirigée vers le centre de l'organe et qui y est attachée à une masse celluleuse centrale. A une certaine époque, ces plaques se séparent les unes des autres par une sorte de déhiscence. Cette masse centrale porte aussi des tubes filamenteux très-grêles, vermiformes, simples, coupés par des diaphragmes en cellules très-petites. Dans chacune de ces cellules existe un petit corps filiforme transparent, replié sur lui-même en forme de spirale. Ce petit corps est un véritable anthérozoïde qui finit par sortir de la cellule qui le contient et qui s'agite dans le liquide où l'on a plongé les filaments. Ces anthérozoïdes sont complétement analogues à ceux qu'on observe dans les anthéridies ou organes mâles des Mousses.

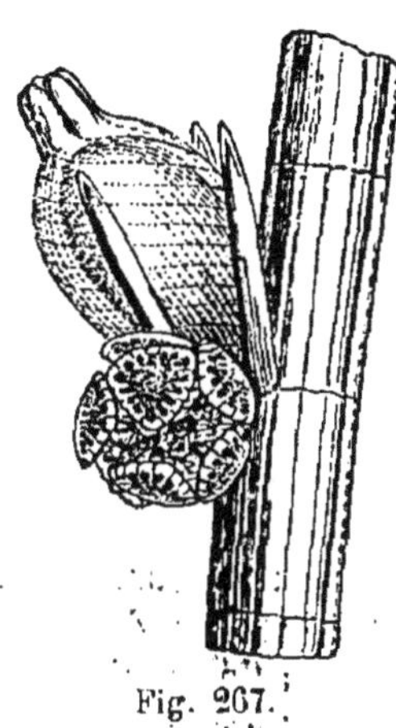
Fig. 267.

Les organes femelles sont de petits corps ovoïdes de couleur verte, offrant cinq stries ou côtes tordues en spirale et terminées à leur sommet par cinq petites dents. Ils ressemblent en quelque sorte à des rameaux très-contractés. Sous leur enveloppe extérieure se trouve une grande vésicule transparente remplie de grains de fécule. Cette vésicule est la *spore*, et l'enveloppe extérieure est le *sporange*. Les grains de fécule qu'elle contient ont été pris pour des spores par un

Fig. 267. *Chara fragilis* : portion de rameau fructifère montrant l'anthéridie déhiscente au-dessous du sporange. (Lemaout et Decaisne.)

grand nombre de botanistes; mais la germination prouve que c'est toute la vésicule qui s'accroît, et qui par conséquent représente la spore. [La germination de cette spore donne lieu à la formation d'un petit axe intermédiaire, ébauche de l'organe transitoire que nous retrouverons chez les autres cryptogames acrogènes; mais il se présente sous un aspect si peu différent de la plante elle-même, que c'est à peine s'il mérite le nom de prothalle.

Les *Chara* peuvent encore se reproduire par des bulbilles qui se développent tout autour de la tige, se soudent en un seul corps, et celui-ci, mis en contact avec le sol, peut donner naissance à une nouvelle plante.]

Le genre *Chara* a été divisé en deux genres par quelques botanistes, et entre autres par Agardh, savoir : les vrais *Chara* qui ont leurs articles formés d'un tube central entouré de petits tubes tordus en spirale, et le genre *Nitella*, qui comprend les espèces dont les articles sont uniquement constitués par le tube central. Mais cette distinction est peu fondée, car certaines espèces offrent ces deux modes de structure à diverses époques de leur existence.

Nous avons déjà précédemment fait connaître avec détail (p. 144) la structure des entre-nœuds des *Chara*, et les phénomènes de circulation qu'ils présentent, circulation qu'on a désignée sous le nom de *giration*.

M. G. Thuret a fait des observations très-précises sur la structure des organes mâles de ces plantes et sur les anthérozoïdes qu'ils renferment. (*Ann. Sc. nat.*, 2e série, XIV, 65.)

On a beaucoup varié sur la place à assigner à cette famille. Quelques auteurs l'avaient rangée parmi les Monocotylédones, d'autres dans les Dicotylédones. Il est évident, aujourd'hui qu'on connaît mieux sa structure, qu'elle appartient à l'embranchement des Acotylédones. [La famille des Characées, si l'on n'examine que la forme et la structure de sa tige, est très-rapprochée de celle des Algues. Mais le développement de ses organes de reproduction la place dans le voisinage des Mousses.]

2e famille. HÉPATIQUES (Hepaticeæ).

Hepaticeæ, Schwaegrichen, *Musc. hepat.* Lips. 1814. — Nees, *Hepat. Javan*, Vratis., 1851. — Bischoff, *Lebermoose*, 1828. — Gottsche, Lindenberg. Esenbeck, *Syn. Hepat.* Hamburg, 1844.

[De même que les Characées offrent des rapports avec les Algues, auxquelles plusieurs botanistes les ont réunies, de même les Hépatiques présentent avec les Lichens quelques traits de ressemblance. Ce sont des plantes qui vivent dans les lieux humides et ombragés. Uniquement formées de tissu cellulaire, les Hépatiques s'étalent en une membrane thalloïde simple ou lobée qui rappelle les Cryptogames amphigènes (Algues, Lichens), mais qui présente des stomates à sa surface, ou bien elles s'élèvent en une tige feuillée, analogue à celle des Mousses (*Jungermannia*). Quelle que soit leur forme, les Hépatiques sont fixées au sol ou aux rochers par des racines filiformes cellulaires.]

Les organes reproducteurs sont de deux sortes : les uns mâles, les autres femelles. Les organes mâles (*anthéridies*) sont de petits corps celluleux, libres et quelquefois entremêlés de paraphyses, à l'aisselle de feuilles réunies en involucre (*Jungermannia*); d'autres fois ces corps sont engagés dans la substance même de la fronde (*Riccia*), ou réunis dans des réceptacles pédicellés en forme de parasol, à la surface supérieure desquels ils s'ouvrent par un petit orifice en forme de goulot. Des anthérozoïdes filiformes, contenus dans de petites cellules, remplissent ces anthéridies, et s'en échappent à la maturité. Les organes femelles, à leur premier état de développement, consistent en archégones, réunis en nombre variable dans des involucres spéciaux : ils offrent une forme qui rappelle un peu celle d'une bouteille : la partie inférieure renflée représente l'ovaire; la partie tubuleuse, le style; et la partie évasée et inégale, le stigmate. Chaque pistil est contenu dans un involucre propre qui le recouvre en grande partie. Tantôt le pistil se change immédiatement en capsule ou *sporange* (*Marchantia*, *Targionia*), qui est, en général, sessile ou à peu près sessile; tantôt, de la base de sa cavité intérieure naît un pédicelle qui soulève la partie centrale et, après avoir déchiré circulairement et par sa base la paroi du pistil, élève à une certaine hauteur cette partie centrale transformée en capsule (*a*)

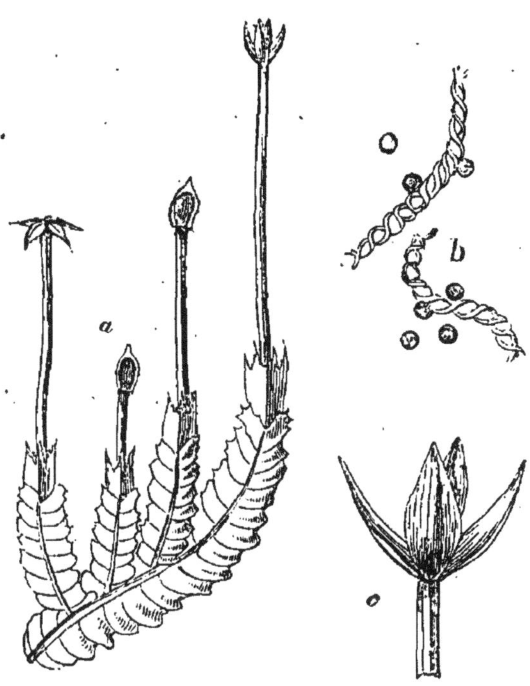

Fig. 268.

Fig. 268. *Jungermannia* : *a*, la plante entière ; *b*, les élatères et les spores ; *c*, capsules s'ouvrant en quatre valves.

(*Jungermannia*). Celle-ci s'ouvre de diverses manières et laisse échapper les spores, accompagnées de filaments roulés en hélices qu'on nomme des *élatères* (*b*).

[Les spores sont brunes, sphériques, et germent à la manière des Algues, en formant un thalle qui ne fait que s'accroître chez les espèces qui sont toujours sous forme membraneuse (*Marchantia*), mais qui diffère sensiblement de la plante adulte chez d'autres (*Jungermannia*). Cet organe intermédiaire, que nous verrons jouer un rôle important chez d'autres Cryptogames, est le prothalle ou *prothallium*.

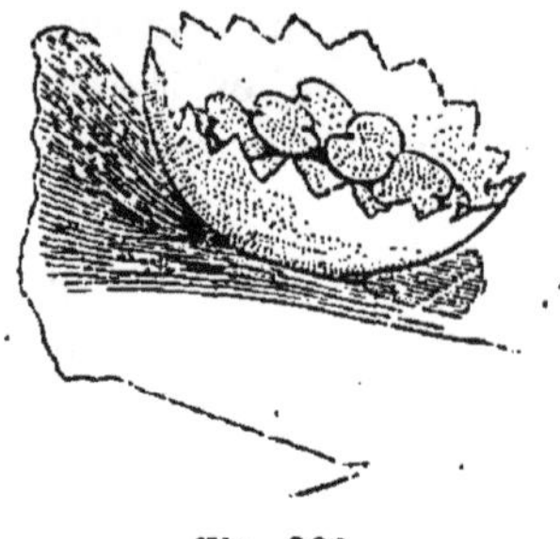
Fig. 269.

Les Hépatiques ont encore un mode de reproduction agame par de petits corps celluleux, arrondis quelquefois, renfermés dans des poches ou des sortes de cupules. Ces organes ont le même rôle que les bulbilles ou bourgeons mobiles des plantes phanérogames.] (*fig.* 269).

Il est extrêmement facile de distinguer les Hépatiques : 1° des Lichens, par leur coloration verte intense, et la disposition générale des organes de reproduction ; 2° des Mousses par leur capsule, s'ouvrant soit par une fente, soit en quatre valves ou en dents irrégulières, et par la présence des élatères.

Cette famille se divise en quatre tribus :

1° Anthocérées. Thalle sans nervure médiane ; anthéridies et archégones dispersés sur le thalle ; capsule (sporange) solitaire, allongée, bivalve, avec columelle centrale : *Anthoceros*.

2° Marchantiées. Thalle irrégulier, archégones groupés ainsi que les anthéridies à la face inférieure d'un petit chapeau pédicellé ; capsule sans columelle, s'ouvrant circulairement : *Marchantia*, *Lunularia*, *Targionia*, etc.

3° Ricciées. Thalle à divisions dichotomes avec nervure médiane ; sporanges indéhiscents, plongés dans la substance du thalle : *Riccia*, *Sphærocarpos*, *Duriæa*,

4° Jungermanniées. Quelquefois thalloïdes ou plus souvent ayant une tige et des feuilles, anthéridie et archégone naissant à l'extrémité des tiges ; ceux-ci devenant une capsule solitaire pédicellée et sans columelle, s'ouvrant en 4 valves : *Jungermannia*, *Lejeunia*, *Frullania*, etc.

Fig. 269. *Marchantia* : cupule à bulbilles. (Lemaout et Decaisne.)

3e famille. MOUSSES (Musci).

Musci, Hedwig, *Fund. Hist. musc.* — Ibid., *Descrip. musc.* — Schwaegr. *Species muscor*, 1808. — Bridel, *Muscolog.* Gotha, 1797-1832. — Ibid., *Briologia univers.* Lips, 1826. — Schimper, *Rech. anat et morph.* 1848. — *Hist. nat. des Sphaignes*, 1857. — Ibid., *Synopsis musc. Europ.* 1860.

Les Mousses sont de petites plantes qui aiment les lieux humides et ombragés ; elles se réunissent en général en touffes plus ou moins volumineuses, soit sur la terre ou les rochers, soit sur le tronc des arbres ou sur les toits et les murailles de nos vieilles habitations (*fig.* 271, *a*). Par leur port, elles ressemblent à de petites plantes phanérogames en miniature, c'est-à-dire qu'elles se composent d'un organe central ou axile et d'organes appendiculaires, feuilles et fibres radicales. [Mais tout cet ensemble est uniquement composé de cellules; ces cellules offrent quelques variétés de forme, et la plus remarquable est celle que présentent les cellules dites fibreuses. Ces cellules ont leur membrane incrustée, suivant une ligne spirale plus ou moins régulière ou interrompue. Elles sont en outre munies de pores qui augmentent la capillarité de la plante d'une manière très-notable; aussi les Sphaignes, qui présentent cette organisation, sont-elles de véritables éponges qui s'imbibent d'eau avec une rapidité étonnante. Il n'y a de stomates que sur la paroi du fruit.]

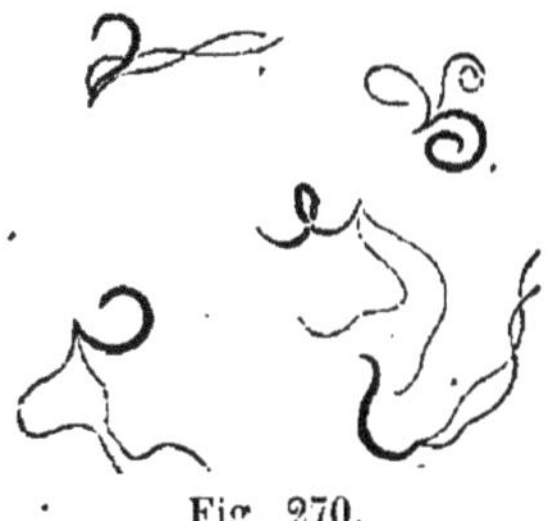
Fig. 270.

Les Mousses ont des organes mâles ou *anthéridies* et des organes femelles, tantôt séparés sur deux individus distincts (Mousses dioïques), tantôt réunis sur un même individu (Mousses monoïques), ou placés dans un même involucre (Mousses hermaphrodites). Les anthéridies (*fig.* 271, *g*) sont pédicellées, ovoïdes, allongées, celluleuses, laissant échapper par leur sommet la matière visqueuse (*g*) qu'elles contiennent, et qui se compose de petites cellules renfermant chacune un anthérozoïde ; cet anthérozoïde filiforme, renflé au milieu et portant deux longs cils vibratiles (*fig.* 270), devient libre par la résorption de la cellule qui le renfermait. Les anthéridies sont accompagnées de paraphyses dans une *rosette* ou involucre nommé *périgone*.

Les organes femelles ou archégones développés prennent l'apparence d'un pistil muni de son ovaire. Au fond de l'archégone se trouve une cellule qui doit subir l'influence fécondante de l'anthérozoïde ; après la fécondation, elle se segmente, et donne naissance à un filet qui devient le pédicule du fruit ou la soie. L'archégone se rompt

Fig. 270. *Polytrichum commune* : anthérozoïdes. (Lemaout et Decaisne.)

pour livrer passage à ce filet et au fruit encore peu développé qui le surmonte. Il reste à la base une collerette, et la portion supérieure de l'archégone entraînée forme un tégument sous lequel se

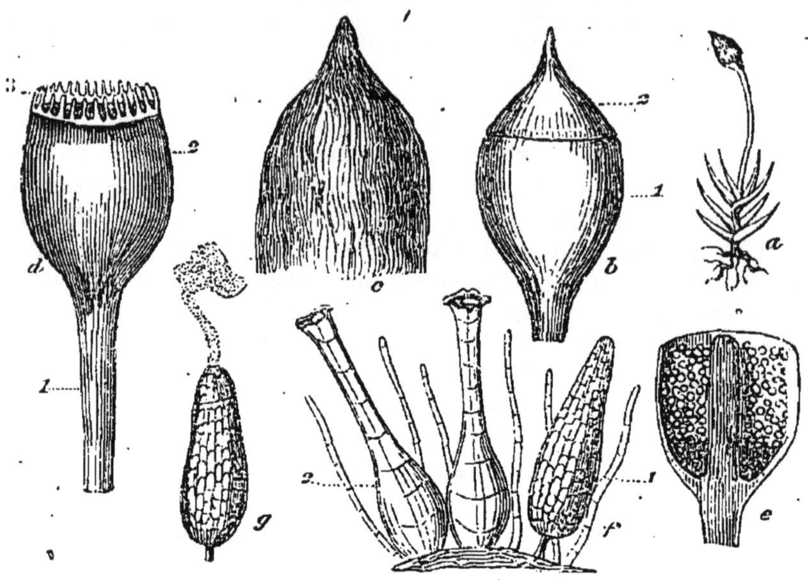

Fig. 271.

développe la capsule (fruit mûr) ; ce tégument, appelé coiffe (*calyptra*), fournit des caractères importants pour la classification.

[La capsule ou le fruit une fois développé se présente sous forme d'urne, muni à l'intérieur d'une columelle ou axe central, et d'un sac, véritable sporange, contenant les spores. Cette capsule ou *urne* laisse, en général, échapper les spores, en s'ouvrant, au moyen d'un opercule circulaire qui se détache, et la portion qui reste s'appelle plus spécialement urne. Ses bords sont tantôt lisses, tantôt garnis d'appendices dentiformes, et l'ensemble forme le *péristome*. Ces dentelures sont en nombre déterminé, et sur un ou deux rangs ; la fixité de ces caractères du bord de l'urne permet de s'en servir pour le groupement des Mousses.

La spore germe sous l'influence de l'humidité (*fig.* 272), et donne naissance à des filaments confervoïdes ramifiés, qui forment un prothalle asexué ou *Protonema*. Sur ce prothalle apparaissent des bourgeons qui développent des axes, des feuilles, des radicelles, et reproduisent ainsi la plante entière.

Fig. 271. *Polytrichum aloifolium* : *a*, plante entière ; *b* 1, urne ; 2, opercule ; *c*, coiffe ; *d*, urne dont l'opercule est enlevé ; 3, péristome ; *e*, coupe longit. d'une urne ; *f*, fleurs femelles 2 et mâle 1 entremêlées de paraphyses ; *g*, anthéridie laissant échapper la matière fécondante.

De même que les Hépatiques, les Mousses peuvent se propager par de petits bulbilles qui se développent comme des bourgeons axillaires et par diverses portions des appendices ou de l'axe. M. Schimper ne compte pas moins de neuf moyens de multiplication. Chaque portion de terre que nous enlevons à la surface du sol contient ou des spores ou des racines, ou quelque feuille en voie de germination, ou un morceau de prothalle susceptible de former toute une colonie de Mousses dans le courant de quelques semaines.

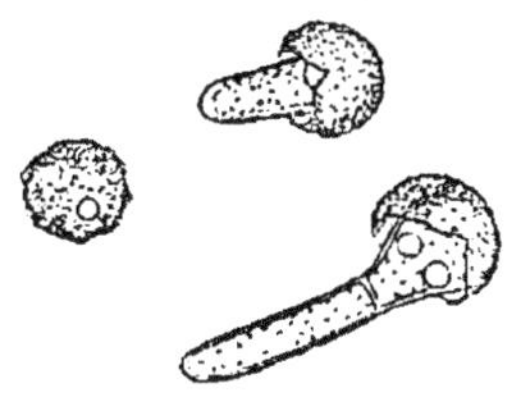
Fig. 272.

La famille des Mousses contient un grand nombre de genres : *Bryum*, *Dicranum*, *Funaria*, *Polytrichum*, *Hypnum*, *Mnium*, etc. M. Schimper en a détaché les *Sphagnum* pour en former la famille des Sphaignes, caractérisée par le prothalle membraneux, comme chez les Hépatiques, l'absence de coiffe vraie et les spores de deux formes, les unes plus grosses, pyramidales, les autres polyédriques.]

CINQUIÈME CLASSE : FILICINÉES. STRUCTURE VASCULAIRE.

1re famille. ÉQUISÉTACÉES (Equisetaceæ).

Equisetaceæ, Vauch., *Mem. Soc. Gen.* I, 320. — Duval-Jouve, *Hist. nat. des Equisetum*, 1864.

Cette petite famille ne comprend que le seul genre *Equisetum*, connu en français sous le nom de Prêle (*fig.* 273). Toutes les espèces qui composent ce groupe sont des plantes herbacées, vivaces. Leurs tiges, simples ou rameuses, sont creuses, striées longitudinalement, et offrent de distance en distance des nœuds d'où naissent des gaînes fendues en un grand nombre de languettes, et semblant être des feuilles verticillées soudées entre elles. [L'organogénie de ces gaînes et leurs rapports avec les axes ne permettent pas de les considérer comme des feuilles; quelquefois ces nœuds portent des rameaux groupés en faux verticilles. Les tiges aériennes naissent d'un rhizome qui a la propriété de s'enfoncer perpendiculairement à de grandes profondeurs. On distingue dans les axes deux cylindres : l'un externe ou cortical, composé de tissu cellulaire, et présentant de grandes lacunes allongées; un autre interne où se trouvent des faisceaux fibro-vasculaires, régulièrement disposés dans le tissu cellulaire qui compose la plus grande partie du cylindre, et qui présente des lacunes comme l'extérieur. L'épiderme des rameaux verticillés et des gaînes présente des sto-

Fig. 272. *Funaria hygrometrica* : spores en germination. (Lemaout et Decaisne.)

mates, et quand il y en a sur la tige aérienne, elles sont rangées en lignes longitudinales, et leur mode de distribution déterminée fournit, d'après M. Duval-Jouve, des caractères pour la classification.]

Les fructifications forment des épis terminaux. Ces épis se composent d'écailles épaisses et peltées, semblables à celles que l'on remarque dans les fleurs mâles de plusieurs conifères (*b*), et entre autres de l'If.

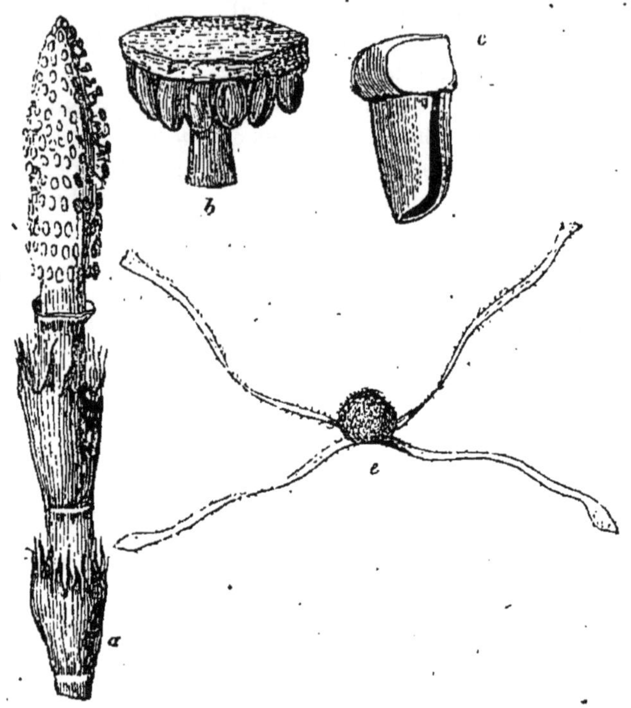

Fig. 273.

A la face inférieure de ces écailles naissent des espèces de capsules disposées sur une seule rangée, et s'ouvrant (*c*) par une fente longitudinale qui regarde du côté de l'axe. Ces capsules sont remplies de granules extrêmement petits, qui se composent d'une partie globuleuse (*e*), à la base de laquelle sont fixés deux longs filaments spatulés à leurs deux extrémités; ces filaments, accolés vers le milieu de leur longueur, présentent l'aspect de quatre appendices roulés en spirale autour du corps globuleux qui est une véritable spore. Entraîné par l'analogie de forme qui existe entre les organes reproducteurs des Équisétacées et les étamines de quelques Conifères, Linné nommait ces organes des étamines, sans indiquer ceux qu'il regardait comme

Fig. 273. *Equisetum Telmateia* : *a*, rameau fructifère ; *b*, écaille portant des capsules à sa base interne ; *c*, capsules sporifères ; *e*, spore avec les élatères déroulés.

des pistils. Hedwig, au contraire, considérait chaque granule comme une fleur hermaphrodite; la partie globuleuse était le pistil et les filaments étaient quatre étamines dont le pollen était situé extérieurement. Mais ces filaments sont certainement analogues à ceux que l'on trouve dans les Jungermannes, *Marchantia*, *Targionia*, etc. Ce sont des élatères.

[La spore germe et donne naissance à un prothalle ou *Sporophyme* de petite dimension (environ 4 millimètres), formant une expansion lobée, comme une petite feuille. Ce prothalle diffère de celui des Muscinées. En effet, tandis que celui des Muscinées donne naissance à la plante adulte par un simple bourgeon, celui des *Equisetum* et des Filicinées, en général, porte les organes de reproduction mâles et femelles. Le prothalle des Prêles porte à l'extrémité de ces lobes des anthéridies ovoïdes, qui s'ouvrent au sommet pour laisser échapper des anthérozoïdes qui ont la forme d'un fil spiralé muni de cils vibratiles.

Les archégones ou organes femelles ont la forme de petits matras et sont portés par d'autres prothalles à la base des lobes. Les prothalles sont donc dioïques. « Le voisinage immédiat, dit M. Duval-Jouve, ou l'entrelacement des rameaux de sphorophymes (prothalles) de sexe différent, conséquence de la réunion ordinaire des spores par l'enchevêtrement de leurs élatères, remédie à l'obstacle que la diœcie semblerait apporter à la fécondation des archégones par les spermatozoïdes. »

La fécondation et le développement ultérieur de la plante ont lieu de la même manière que chez les Fougères.

Les *Equisetum* peuvent se multiplier par des organes qui rappellent les bulbilles; ce sont des tubercules qui se développent sur le rhizome, ils peuvent être détachés et reproduire la plante.

Une des particularités curieuses de l'organisation des Prêles est la sécrétion de silice qui se produit à la surface des cellules épidermiques, et qui rend cette plante assez rugueuse pour qu'elle puisse être employée au polissage. Cette famille a joué dans les temps géologiques un rôle beaucoup plus important qu'à l'époque actuelle.

Les personnes qui voudront étudier l'organisation de ces végétaux devront consulter les beaux travaux de M. Duval-Jouve sur cette famille.]

2e famille. FOUGÈRES (Filices).

Filices, Swartz, *Syn. Filicum*, Kiliæ, 1808. — Kaulfuss, *Enum Filic.* Lips. 1824. — Schott, *Genera Filicum*. Vindob, 1835, Hooker; *Species Filicum*, Lond. 1845. — Milde, *Filices Europ.* et *Atlant.* Leipz. 1867.

L'une des familles les plus vastes et les plus naturelles de ce premier embranchement du règne végétal, les Fougères, sont en général des plantes herbacées vivaces, à tige ligneuse formant un rhizome horizontal, couchée à la surface du sol, ou courte et dressée; plus rarement elle forme un stipe dans les régions tropicales, et s'élève à une hauteur plus ou moins grande. Les Fougères arborescentes, à la manière des Palmiers, offrent un stipe simple couronné par un bouquet terminal de grandes frondes divisées. Les feuilles, ou plutôt les frondes, qui ont une grande analogie avec les rameaux, sont sessiles ou pétiolées, simples ou lobées, ou enfin divisées quelquefois presque jusqu'à l'infini en segments de formes variées. Les frondes sont roulées en crosse ou en volute au moment où elles naissent de la tige.

Les Fougères sont les végétaux cryptogames dans lesquels la structure anatomique offre les développements les plus grands. On y trouve réunies presque toutes les espèces de vaisseaux. Nous avons déjà fait connaître cette structure avec détail (voy. p. 76 et 314).

La disposition des nervures dans les frondes offre des caractères très-tranchés. Elles naissent sous des angles plus ou moins ouverts de la côte ou nervure médiane, très-souvent elles se bifurquent et en s'anastomosant elles forment un réseau à mailles plus ou moins régulières. C'est toujours ou à l'extrémité ou sur les côtés d'une nervure que naissent les organes de reproduction.

Les spores sont contenues dans des espèces de petites capsules (*sporanges, fig.* 274, *c*) — ovoïdes ou comprimés, sessiles ou pédi-

Fig. 274.

cellés, déhiscentes, ordinairement munies d'un bourrelet circulaire complet ou incomplet, formant une sorte d'*anneau* élastique qui favorise la déhiscence de la capsule. Très-rarement cet anneau manque. Il est quelquefois remplacé par une sorte d'opercule à stries rayonnantes. Ces capsules se groupent ordinairement en amas de formes variées, nommés *Sores* (*sori*) (*a*, *b*), qu'on observe à la face

Fig. 274. *Polypodium Thelipteris* : *a*, fragment de fronde fructifère ; *b*, spore composée d'une écaille et d'un grand nombre de capsules ; *c*, capsule entière ; *d*, capsule ouverte ; *e*, spore.

inférieure des frondes. Ces sores sont recouverts par une membrane ou *Indusium*, formée par des cellules épidermiques dont l'origine et le mode de déhiscence varient beaucoup et servent à caractériser les genres nombreux de cette famille. Plus rarement ces capsules forment soit des espèces d'épis ou de grappes ramifiées, ou sont enchâssées et soudées dans la substance même de la fronde. Les spores (*e*), ordinairement très-petites, sont libres dans l'intérieur des capsules. Elles se composent d'un tégument externe recouvrant une vésicule celluleuse, en grande partie remplie de fécule et d'huile. Au moment de la germination la membrane externe se déchire ; à l'extrémité de la vésicule interne mise à nu se montrent quelques utricules qui se remplissent de chlorophylle et qui bientôt s'organisent en une sorte de petite fronde étalée et souvent échancrée, qui a reçu les noms de *prothallium*,

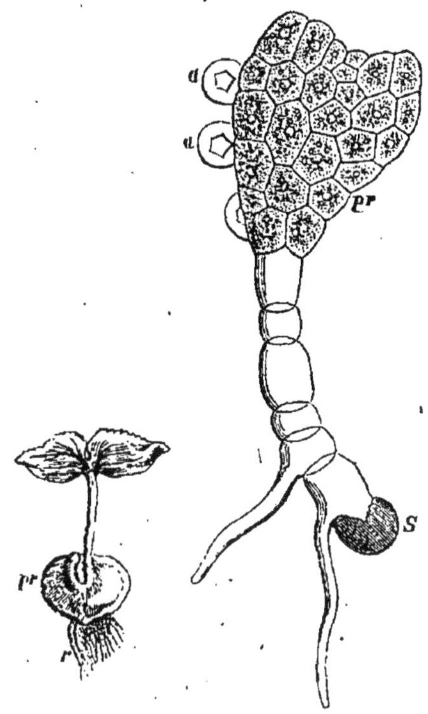

Fig. 275.

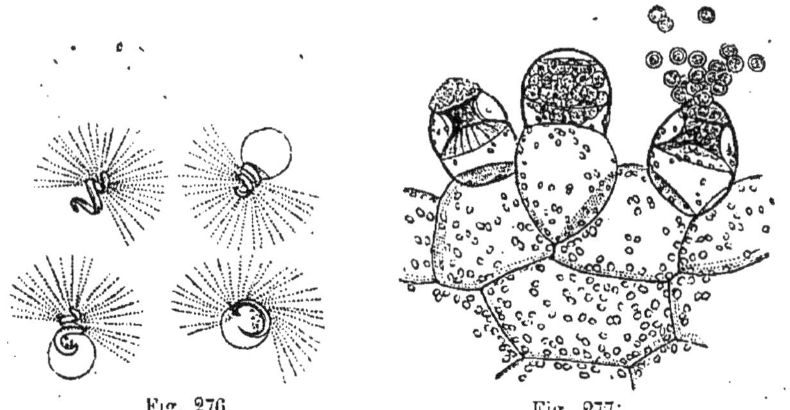

Fig. 276. Fig. 277.

Fig. 275. *Pteris serrulata* : *s*, spore ayant germé et donné naissance au prothallium *pr* qui porte sur un de ses bords des anthéridies *aa*. Dans la plus petite figure, la jeune Fougère a germé dans un archégone du prothallium *pr* ; une première racine se montre en *r*, ainsi que deux jeunes frondes. (Schacht.)

Fig. 276. *Pteris aquilina* : anthérozoïdes. (Lemaout et Decaisne.)

Fig. 277. *Pteris aquilina* : anthéridies à divers degrés de développement ; une s'ouvre pour laisser passer les anthérozoïdes encore contenus dans leurs cellules-mères. (Lemaout et Decaisne.)

proembryon, *Sporophyme* ou *pseudocotylédon* (*fig.* 275). C'est à la face inférieure de cet organe que se montrent les anthéridies (*a*). Elles forment des mamelons celluleux et saillants, composés de trois cellules transparentes et superposées (*fig.* 277). Leur centre est occupé par une cavité renfermant les anthérozoïdes. Ceux-ci finissent par se dégager de la cavité encore renfermés chacun dans une cellule-mère d'où ils sortent sous la forme de vésicules sphériques, attachées chacune à un petit corps spiral se mouvant au moyen de cils vibratiles (*fig.* 276).

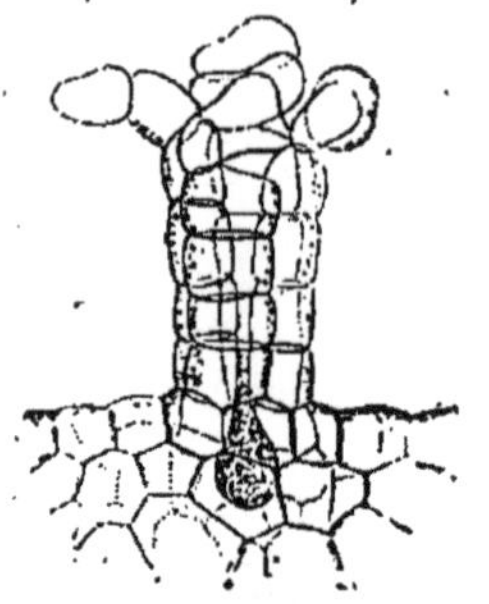
Fig. 278.

[A la face inférieure et près du bord antérieur du prothalle se trouvent les archégones, formant à l'origine de petits mamelons cellulaires qui s'ouvrent au sommet (*fig.* 278). Dans l'intérieur, à la base, se trouve une vésicule qui, après avoir été fécondée par l'anthérozoïde, se divise et se transforme en un corps celluleux qui s'agrandit et se développe inférieurement en une racine (*fig.* 275), et supérieurement en un bourgeon qui deviendra la plante définitive (*f*).

Les Fougères ne sont pas destituées de moyens de reproduction agames; les frondes de plusieurs espèces produisent des bulbilles susceptibles de s'enraciner et de donner naissance à un nouvel individu.]

La famille des Fougères a été subdivisée de la manière suivante :

1re *tribu*. POLYPODIACÉES : capsules entourées d'un anneau élastique qui fait suite au pédicelle, et est interrompu dans un point par lequel a lieu la déhiscence. Cette tribu est de beaucoup la plus nombreuse en genres : *Acrostichum*, *Polybotrya*, *Ceterach*, *Asplenium*, *Polypodium*, *Aspidium*, *Nephrodium*, *Adianthum*, *Pteris*, *Davallia*, etc.

2e *tribu*. CYATHÉACÉES : capsules entourées obliquement d'un anneau ne faisant pas suite au pédicelle, qui manque quelquefois : *Cyathea*, *Alsophila*, *Hemithelia*, etc.

3e *tribu*. HYMÉNOPHYLLÉES : capsules presque globuleuses contenues dans une sorte d'involucre saillant au delà du bord de la feuille ; anneau perpendiculaire au point d'attache : *Hymenophyllum*, *Trichomanes*, *Feea*, *Hymenostachys*.

4e *tribu*. CÉRATOPTÉRIDÉES : capsules entourées d'un anneau à peine distinct, placé vers leur base. Plantes aquatiques : *Ceratopteris*, *Parkeria*.

5e *tribu*. GLEICHÉNIÉES : capsules solitaires ou réunies en nombre

Fig. 278. *Alsophila australis* : archégone adulte dont les cellules du sommet s'ouvrent. (Lemaout et Decaisne.)

défini; anneau large et oblique relativement à la base des capsules : *Gleichenia, Mertensia, Platyzoma.*

6e *tribu.* OSMONDÉES : capsules pédicellées ou sessiles, s'ouvrant par une fente longitudinale, anneau incomplet : *Todea, Osmunda.*

7e *tribu.* SCHIZÉACÉES : capsules sessiles ovoïdes ou turbinées, s'ouvrant par une sorte d'opercule à stries rayonnantes : *Anemia, Lygodium, Schizæa*, etc.

8e *tribu.* MARATTIÉES : capsules rapprochées par lignes, libres ou soudées et s'ouvrant chacune par une fente longitudinale : *Marattia, Danæa, Angiopteris.*

9e *tribu.* OPHIOGLOSSÉES : capsules épaisses, bivalves, plongées de chaque côté dans la substance de la fronde avortée et formant une sorte d'épi : *Ophioglossum, Botrychium, Helminthostachys.*

[La famille des Fougères fournit quelques produits à la médecine : les rhizomes anthelminthiques du *Nephrodium filix mas,* les frondes mucilagineuses et adoucissantes des Capillaires (*Adiantum* et *Asplenium*), du Ceterach et de la Scolopendre. Un grand nombre d'espèces se rencontrent à l'état fossile dans les terrains de divers étages.]

3e famille LYCOPODIACÉES (Lycopodiaceæ).

Lycopodinæ, Swartz, *Syn.* 87. — R. Brown, *Prod.* 164. — *Lycopodiaceæ*, D. C.

Les Lycopodiacées sont des plantes à tiges rampantes et étalées sur le sol, ou dont les axes secondaires élevés et perpendiculaires à sa surface naissent d'un rhizome. Les tiges ramifiées sont très-souvent dichotomes, par suite du développement de deux bourgeons placés à leurs extrémités. Les feuilles sont petites, éparses et très-rapprochées les unes des autres : d'autres fois elles forment des séries longitudinales. Au centre de la tige, des vaisseaux qui ont les caractères des vaisseaux rayés forment un faisceau, qu'environne une masse de tissu utriculaire dans laquelle sont épars quelques faisceaux plus petits qui communiquent avec les feuilles ; celles-ci ont un épiderme percé de véritables stomates.

Les organes reproducteurs sont de deux sortes : les uns, plus nombreux et qui fréquemment existent seuls, sont des espèces de capsules globuleuses (*fig.* 279 *b*), ovoïdes ou réniformes, s'ouvrant par une fente transversale et contenant une très-grande quantité de granules extrêmement fins, souvent agglutinés par quatre. On a nommé ces capsules *anthéridies*, parce qu'on croit généralement qu'elles représentent les organes mâles. Elles contiennent de petits corps globuleux nommés *microspores*, incapables de germer. M. Hofmeister en a vu sortir de très-petits anthérozoïdes, spiralés chez les *Sélaginella*. Ces capsules, appelées *microsporanges*, existent à l'aisselle des feuilles supérieures modifiées un peu dans leurs formes, et constituent des espèces de chatons. Les autres, moins nombreux, placés au-dessous des précédents (*c*), sont également des capsules sessiles; on les

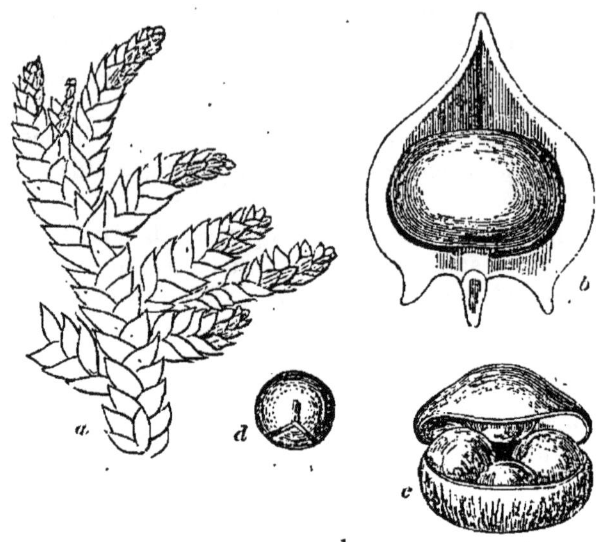

Fig. 279.

appelle *oophoridies* ou *macrosporanges;* elles sont ovoïdes ou réniformes, s'ouvrent en deux ou en quatre valves et contiennent de deux à quatre spores globuleuses (*d*).

[Ces spores, appelées *macrospores*, commencent à germer dans le macrosporange, en formant un prothalle très-peu développé, qui fait à peine saillie hors des enveloppes de la spore. Sur le bord libre des trois ou quatre rangées de cellules qui constituent ce prothalle, apparaissent les archégones (*fig.* 280, A), contenant dans leur intérieur une cellule; cette cellule se développe après la fécondation en un embryon qui s'enfonce au milieu du tissu cellulaire dont la spore gonflée s'est remplie, de sorte qu'à une époque de la germination on croirait voir un embryon de phanérogame dont la gemmule sort la première du milieu d'un albumen (*fig.* 280, B).]

Il y a un très-grand nombre de Lycopodes qui n'offrent que les premiers de ces organes, et qui néanmoins (quoiqu'ils sembleraient être privés d'organes femelles) se reproduisent parfaitement.

[Plusieurs Lycopodiacées se multiplent aussi par des bourgeons analogues aux bulbilles, se développant à l'aisselle des feuilles qui ne portent pas de sporanges.

Fig. 279. *Selaginella imbricata : a*, rameau fructifère; *b*, une écaille portant à sa face interne une capsule ou anthéridie; *c*, oophoridie s'ouvrant; *d*, une spore.

On peut grouper les Lycopodiacées autour des trois types suivants :

Isoetes, à feuilles linéaires, portant à leur aisselle des conceptables

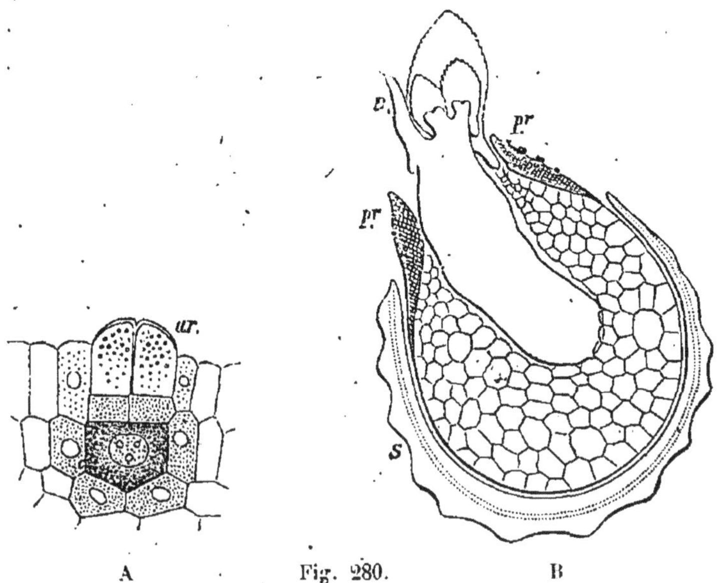

A Fig. 280. B

ou sporanges de même dimension, dont les uns contiennent des microspores, les autres des macrospores en grand nombre.

Lycopodium, à rameaux développés dans des directions déterminées, sporanges axillaires ne contenant que des microspores.

Selaginella, à rameaux étalés sur un plan, comme une sorte de fronde partant des macrosporanges avec 4 ou 8 macrospores et des microsporanges contenant des microspores.]

4e famille. RHIZOCARPÉES.

Rhizospermées, D. C. — *Rhizocarpæ*, Agardh. — *Hydropterides*, Wild, Endlich.

[Les Rhizocarpées sont de petites plantes aquatiques, tantôt fixées au fond de l'eau, tantôt nageant à la surface. La tige est un rhizome muni de feuilles alternes, tantôt réduites au pétiole (*Pilularia*), tantôt à 4 folioles articulées sur un long pétiole et se redressant le soir (*Marsilia*), d'autres fois simples, arrondies, lobées sessiles, ou subsessiles (*Salvinia*).

Fig. 280. *A. Selaginella denticulata* : archégone dont les cellules supérieures sont encore rapprochées et dont la cellule embryonnaire n'est pas encore formée dans la cellule basale, grossie 600 fois. *B*, embryon fermé ayant rompu le prothallium et se développant dans le tissu cellulaire qui remplit la spore. (Hofmeister.)

Le rhizome présente dans son milieu un petit faisceau vasculaire, au centre duquel on reconnaît une trace de canal médullaire. Vers la périphérie, des lacunes sont disposées circulairement, et tout à fait à l'extérieur des couches de tissu cellulaire est un épiderme. Les feuilles présentent souvent des vaisseaux et des stomates.

Comme chez les Lycopodiacées qui forment le lien entre les Filicinées et les Rhizocarpées, les organes reproducteurs se distinguent en microsporanges et en macrosporanges. Les microsporanges correspondent à de vraies anthéridies, et les macrosporanges à des sporanges ; mais ces organes sont eux-mêmes renfermés dans des capsules ou conceptacles séparés et uniloculaires chez les Salviniées et les *Azolla*. Les sporanges et les anthéridies sont réunis dans un même conceptacle (*Sporocarpe*), pluriloculaire chez les Marsiliacées ; ce sporocarpe, quelquefois pédiculé, se développe à l'aisselle de la feuille. La réunion des sporanges femelles et des anthéridies mâles dans une même enveloppe rappelle la disposition des fleurs hermaphrodites. Les sporocarpes peuvent être indéhiscents (Salviniées) ou déhiscents ; dans ce dernier cas, ils s'ouvrent en deux ou quatre valves ; les sporanges et les anthéridies sont expulsés, enveloppés ou portés par une formation mucilagineuse qui dépend tantôt du fond, tantôt de la cloison médiane du sporocarpe. Les anthérozoïdes issus de l'anthéridie, ressemblent à ceux des Fougères. Le sporange émet une spore unique qui donne naissance à un prothalle très-réduit, comme chez les *Selaginella*, sortant à peine de la spore. Dans ce prothalle se forment plusieurs archégones chez les Salviniées, un seul chez les Marsiliacées. Après la fécondation, l'embryon se développe, envahit et rompt le prothalle par son accroissement (*fig.* 281).

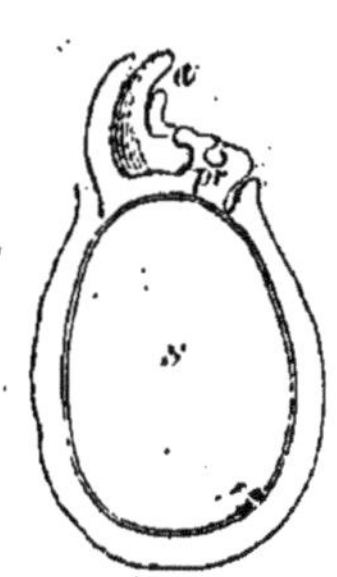

Fig. 281.

Les Rhizocarpées comprennent deux tribus principales :

Les SALVINIÉES : sporocarpes contenant chacun un seul des organes reproducteurs : *Salvinia, Azolla*.

Les MARSILIACÉES : sporocarpes pluriloculaires, contenant les deux sortes d'organes reproducteurs : *Marsilia, Pilularia*.

IIe EMBRANCHEMENT

VÉGÉTAUX MONOCOTYLÉDONÉS

Les Monocotylédones commencent la série des phanérogames ou plantes pourvues de véritables fleurs, c'est-à-dire d'organes mâles et

Fig. 281. *Salvinia natans* : section longitudinale d'une spore *s* en germination. Le prothallium *pr* est traversé par la première feuille *a* de l'embryon et l'axe n'est pas encore allongé. Grossi 50 fois. (Hofmeister.)

femelles bien développés et propres à la reproduction, et se propageant au moyen de véritables embryons ou de corps d'une structure plus ou moins complexe.

La structure de l'embryon forme le caractère essentiel qui distingue les végétaux composant cet embranchement. Ses deux extrémités sont simples et sans aucune division apparente. La supérieure ou le cotylédon présente ordinairement, sur l'un de ses côtés et vers sa base, une fente, une cavité ou une dépression dans l'intérieur de laquelle est logée la gemmule. Cette fente est considérée comme formée par les deux bords de la gaîne de la famille cotylédonaire. L'extrémité radiculaire offre intérieurement un ou plusieurs mamelons qui s'allongent en fibres radicales après avoir percé la partie qui les recouvre.

La tige des Monocotylédones est simple ou ramifiée, herbacée ou ligneuse ; quand elle est ligneuse, elle est généralement simple, et les feuilles naissent toutes de son sommet. Si on examine sa structure interne, on voit qu'elle se compose de faisceaux de fibres vasculaires épars dans un tissu utriculaire qui en constitue la masse.

Les appendices souterrains ou fibres radicales naissent de la base tronquée de la tige qui ne se prolonge jamais en un pivot.

Les feuilles ordinairement alternes, souvent engaînantes, offrent des nervures presque simples, rapprochées, parallèles entre elles, tantôt transversales, tantôt obliques, tantôt parallèles à la côte ou nervure moyenne. Ces feuilles sont généralement entières. A leur aisselle existent des bourgeons à l'état rudimentaire qui ne se développent pas ou du moins que très-rarement : de là la non-ramification de la tige.

Une fleur Monocotylédone à son état parfait se compose d'un périanthe formé de six sépales, trois externes et trois internes, regardés par quelques botanistes comme représentant un calice et une corolle ; trois ou six étamines (rarement plus ou moins) disposées aussi sur deux rangées et opposées aux sépales : quand il n'y en a que trois, ce sont tantôt les trois plus extérieures, c'est-à-dire celles qui alternent avec les sépales intérieurs, qui se montrent ; tantôt le contraire a lieu. Les carpelles sont au nombre de trois, plus rarement de six ; au nombre de trois, ils sont ordinairement opposés avec les sépales externes et alternant avec les sépales internes.

Dans la méthode d'Antoine-Laurent de Jussieu, les Monocotylédones étaient divisés en trois classes : 1° la *Monohypogynie*, 2° la *Monopérigynie*. 3° la *Monoépigynie*. Cette division a été généralement abandonnée comme reposant sur un caractère trop variable dans ce groupe de végétaux.

A l'exemple de quelques botanistes modernes, nous partageons les Monocotylédones en deux groupes, suivant que leurs graines manquent d'endosperme ou qu'elles en sont pourvues. Chacun de ces groupes est ensuite divisé en deux classes d'après l'ovaire libre ou adhérent, de la manière suivante :

		CLASSES.
A. Graines exendospermées.	Ovaire libre................	III.
	Ovaire adhérent.............	IV.
B. Graines endospermées...	Ovaire libre...............	V.
	Ovaire adhérent.............	VI.

MONOCOTYLÉDONES A GRAINES SANS ENDOSPERME, OVAIRE LIBRE

11e famille NAIADACÉES (Naiadaceæ)

Naiades, Juss. *Fluviales*, Venten. *Naiadeæ*, A. Rich. Endlich., *Gen.* 209.

Les Naïades, ainsi que l'indique leur nom mythologique, sont des plantes qui croissent dans l'eau ou nagent à sa surface (*fig.* 282). Leurs

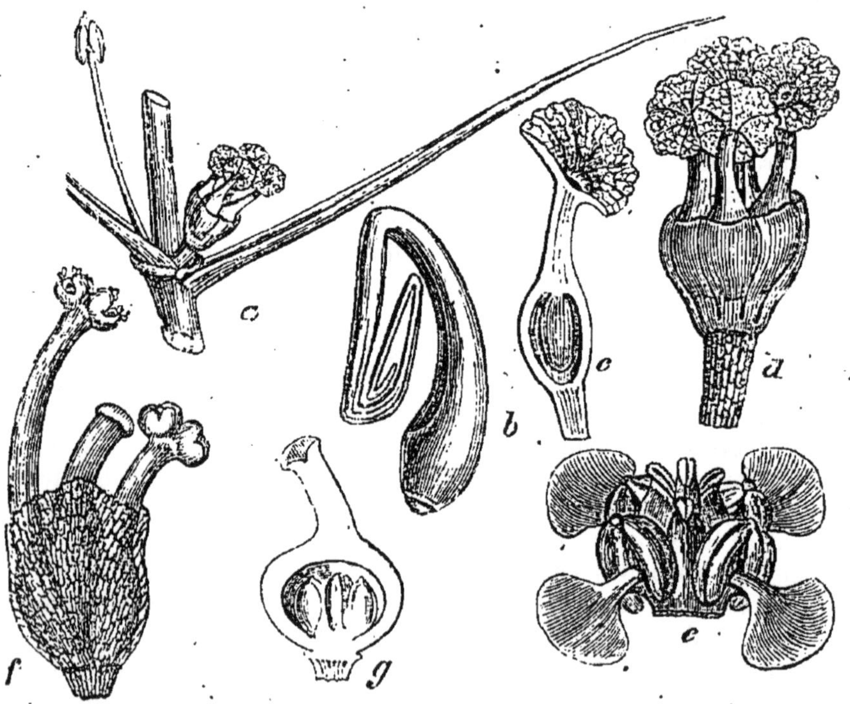

Fig. 282.

feuilles sont alternes, souvent embrassantes à leur base; leurs fleurs très-petites sont quelquefois hermaphrodites, plus souvent unisexuées,

Fig. 282. *a. Zannichellia palustris.* Fleur mâle et fleur femelle ; *b*, son embryon ; *d*, la fleur femelle séparée ; *c*, un des carpelles ouvert montrant la position de l'ovule ; *e*, fleur du *Potamogeton natans* ; *f*, fleur du *Lemna gibba* ; *g*, le pistil ouvert montrant la position des ovules.

monoïques ou plus rarement dioïques. Les fleurs mâles consistent quelquefois en une étamine nue (*a*) ou accompagnée d'une écaille, ou enfin renfermée dans une spathe qui contient deux ou un plus grand nombre de fleurs. Les fleurs femelles se composent d'un pistil nu ou renfermé dans une spathe (*d*); elles sont tantôt solitaires, tantôt géminées ou réunies en plus grand nombre, quelquefois environnées de fleurs mâles dans une enveloppe commune, de manière que leur réunion semble représenter une fleur hermaphrodite (*e*, *f*). L'ovaire est libre, à une seule loge contenant un seul ovule pendant (*c*), très-rarement deux ou quatre ovules dressés comme dans les genres *Ouvirandra* et *Lemna* (*g*). Dans le genre *Naias*, il est latéral et presque basilaire. Le style est généralement court, terminé par un stigmate tantôt simple, discoïde, plane et membraneux (*Zannichellia*); tantôt à deux ou trois divisions longues et linéaires. Le fruit est sec, monosperme, rarement tétrasperme, indéhiscent; la graine renferme sous son tégument propre un embryon épispermique le plus souvent recourbé sur lui-même (*b*), ayant sa radicule souvent très-grosse et opposée au hile.

Ces genres peuvent être groupés de la manière suivante en plusieurs tribus, savoir :

1re *tribu*. NAIADÉES : fleurs unisexuées; périanthe nul ou imméditement appliqué sur l'organe sexuel, trois stigmates; embryon antitrope[1]. macropode : *Naias*.

2e *tribu*. RUPPIACÉES : fleurs hermaphrodites ou unisexuées; périanthe nul, vaginiforme ou formé de quatre écailles; stigmate simple, embryon amphitrope, macropode, rarement homotrope : *Potamogeton*, *Ruppia*, *Zannichellia*, *Ouvirandra*.

3e *tribu*. ZOSTÉRACÉES : fleurs unisexuées, nues; deux stigmates; embryon *homotrope*, macropode : *Zostera*, *Caulinia*.

4e *tribu*. LEMNACÉES : fleurs hermaphrodites; périanthe vaginiforme; ovaire biquadriovulé; stigmate simple ; *Lemna*.

La famille des Naïadées est très-voisine des Aracées, dont elle se rapproche et par son port et par ses caractères : les Aracées en diffèrent surtout par leurs ovules dressés et leur embryon contenu dans un endosperme charnu.

12e famille. ALISMACÉES (Alismaceæ).

Plantes herbacées annuelles ou vivaces, croissant, pour le plus grand nombre, dans des lieux humides et sur le bord des étangs ou des ruisseaux (*fig.* 283). Leurs feuilles sont pétiolées, engainantes à leur base. Leurs fleurs, hermaphrodites, rarement unisexuées, sont disposées en épis, en panicule ou en sertule. Leur calice, qui manque

[1] L'embryon est véritablement antitrope; le point d'attache de la graine étant placé près du sommet de la loge lors de la maturité.

dans le seul genre *Lilæa*, est formé de six sépales, à préfloraison imbriquée, dont les trois plus intérieurs sont généralement colorés et pétaloïdes (*a*). Les étamines varient en nombre de six à trente, à insertion hypogynique. Les carpelles sont réunis plusieurs ensemble dans chaque fleur (*b*), et restent distincts ou se soudent plus ou moins

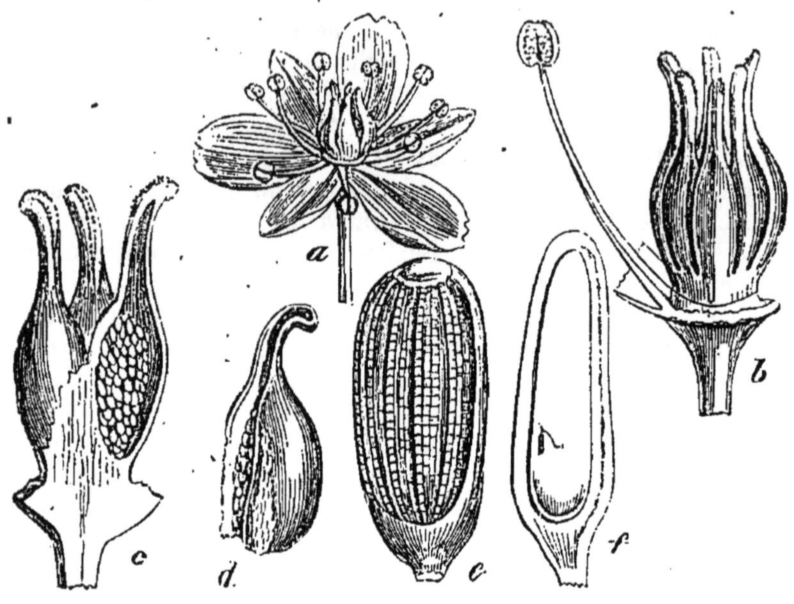

Fig. 283.

entre eux. Leur ovaire (*c*), qui est uniloculaire, contient un, deux ou un très-grand nombre d'ovules dressés, pendants, fixés au côté interne ou répandus en quelque sorte sur toute la face interne de l'ovaire. Les fruits sont de petits carpelles secs généralement indéhiscents, ou s'ouvrant par une suture longitudinale (*d*) et inférieure. Leurs graines, ascendantes ou renversées, se composent d'un tégument propre (*e*) qui recouvre immédiatement un gros embryon (*f*) droit ou recourbé en forme de fer à cheval.

Nous réunissons ici en une seule les trois familles que mon père avait établies sous les noms d'*Alismacées*, de *Juncaginées* et de *Butomées*, mais que lui-même cependant n'était pas éloigné de considérer comme trois sections naturelles d'une même famille. Il est le premier qui ait bien fait connaître la structure de l'ovaire et de l'embryon dans ces trois groupes, qui deviennent ici des sections d'une même famille. Ainsi nous diviserons les Alismacées en trois tribus, savoir :

Fig. 283. *Butomus umbellatus* : *a*, fleur entière ; *b*, les six carpelles avec une étamine ; *c*, l'un des carpelles fendu, pour faire voir ses nombreux ovules ; *d*, un fruit mûr et s'ouvrant par une fente longitudinale ; *e*, graine très-grossie ; *f*, graine fendue longitudinalement et montrant l'embryon.

1re *tribu*. JUNCAGINÉES : calice uniforme, nul dans le genre *Lilæa*, une seule graine ou deux, dressées, et un embryon droit : *Lilæa*, *Triglochin*, *Scheuchzeria*.

2e *tribu*. ALISMÉES : calice semi-pétaloïde, une ou deux graines suturales, dressées ou ascendantes, ou un embryon droit ou recourbé en forme de fer à cheval : *Sagittaria*, *Alisma*, *Damasonium*.

3e *tribu*. BUTOMÉES : calice semi-pétaloïde, les graines nombreuses, attachées à des veines qui adhèrent à l'intérieur de chaque loge, et l'embryon droit ou recourbé en forme de fer à cheval. Le mode d'annexion des graines est fort singulier dans cette tribu, et se rencontre fort rarement. Plusieurs genres de la famille des Flacourtianées, dans les Dicotylédones, en offrent un second exemple. Les genres qui forment les Butomées sont : *Butomus*, *Hydrocleis* et *Limnocharis*.

La famille des Alismacées a beaucoup de rapport avec les Naïades, surtout par son embryon dépourvu d'endosperme. Mais la graine des Naïades est renversée, et celle des Alismacées est dressée : la radicule tournée vers le hile dans celle-ci lui est opposée dans celle-là. D'ailleurs la structure des fleurs offre aussi de très-grandes différences. Quant aux Joncées, dont les Alismacées faisaient primitivement partie, ces dernières en diffèrent surtout par leur embryon sans endosperme, tandis que les Joncées en ont constamment un.

On a dit aussi que cette famille avait quelques rapports avec celle des Renonculacées, surtout à cause de ses carpelles assez nombreux et distincts, ses étamines souvent en grand nombre, etc. Ces rapports sont aussi apparents que réels.

MONOCOTYLÉDONES A GRAINES SANS ENDOSPERME, OVAIRE ADHÉRENT[1]

13e famille. HYDROCHARIDACÉES (Hydrocharidaceæ).

Hydrocharides, Juss. *Hydrocharideæ*, Rich. *Mém. Inst.* 1811, p. 55.

Herbes aquatiques ayant les feuilles caulinaires entières ou finement dentées, quelquefois étalées à la surface de l'eau (*fig.* 284). Les fleurs, renfermées dans des spathes, sont en général dioïques, très-rarement hermaphrodites. Les fleurs mâles, réunies plusieurs ensemble, sont tantôt sessiles, tantôt pédicellées. Quant aux fleurs femelles et aux fleurs hermaphrodites, elles sont toujours sessiles et renfermées dans une spathe uniflore. Le calice est toujours à six divisions : trois internes

[1] En suivant rigoureusement l'ordre systématique, les familles des *Orchidacées* et des *Apostasiacées* devraient trouver place dans cette classe, mais leurs rapports évidents avec les familles monocotylédonées endospermées à ovaire adhérent, nous engagent a les rapprocher de cette dernière classe.

pétaloïdes souvent chiffonnées avant leur épanouissement, et trois externes à préfloraison imbriquée. Le nombre des étamines varie d'une à treize. L'ovaire est infère, quelquefois atténué à sa partie supérieure en un prolongement filiforme, qui s'élève au-dessus de la spathe et tient lieu de style. Les stigmates sont au nombre de trois à six, bifides

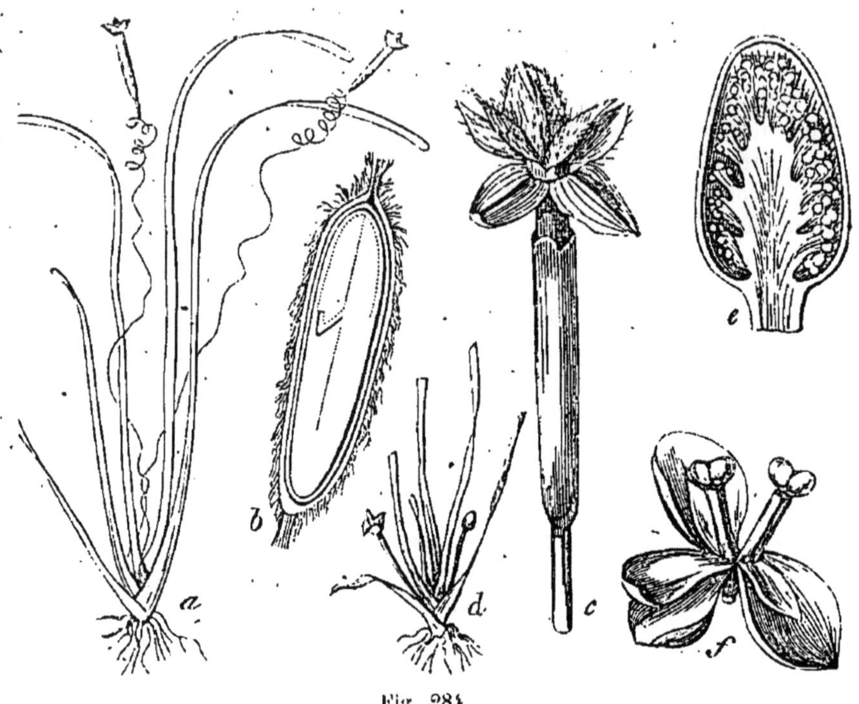

Fig. 284.

ou bipartis, rarement simples. Le fruit est charnu intérieurement, offrant une cavité simple, ou divisée par des cloisons membraneuses en autant de loges qu'il y a de stigmates. Les graines, qui sont nombreuses et enveloppées d'une sorte de pulpe, sont dressées, ayant un tégument propre membraneux très-mince, recouvrant immédiatement l'embryon qui est droit et cylindracé (*b*).

On peut diviser en deux tribus les genres de cette famille :

1re *tribu*. VALLISNÉRIÉES : ovaire à une ou à trois loges, trois stigmates : *Udora*, *Anacharis*, *Hydrilla*, *Vallisneria*, *Blyxa*.

2e *tribu*. STRATIOTÉES : ovaire pluriloculaire : six stigmates : **Sratiotes*, *Enhalus*, *Ottelia*, *Bootia*, *Limnobium*, **Hydrocharis*.

Cette famille est bien caractérisée par son ovaire infère, ses stig-

Fig. 284. *Vallisneria spiralis* : *a*, individu femelle ; *c*, fleur femelle ; *b*, graine fendue longitudinalement ; *d*, individu mâle ; *e*, spathe contenant les fleurs mâles, fendue dans sa longueur ; *f*, une fleur mâle ouverte.

mates divisés, l'organisation intérieure de son fruit et son embryon droit, privé d'endosperme.

MONOCOTYLÉDONES A GRAINES POURVUES D'ENDOSPERME, OVAIRE LIBRE

14e famille. ARACÉES (Araceæ).

Aroideae, Juss. *Araceae*, Schott, *Melet*, 16.

Plantes vivaces, quelquefois sarmenteuses et parasites, à souche souvent tubéreuse, à feuille radicales ou alternes sur la tige (*fig.* 285); à fleurs disposées en spadices environnés en général d'une spathe de

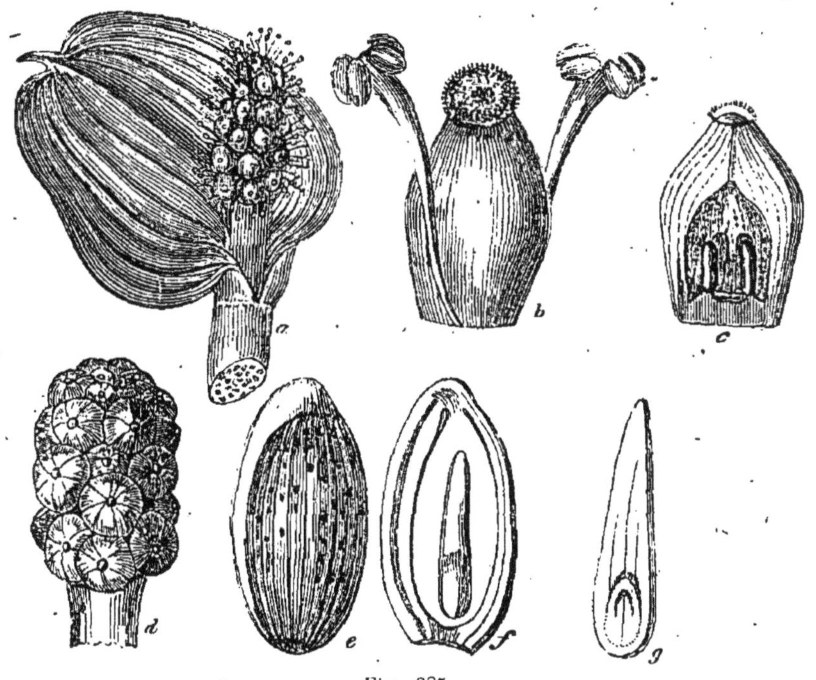

Fig. 285.

forme variable (*a*); unisexuées, monoïques, dépourvues d'enveloppes florales, ou hermaphrodites et entourées d'un calice à quatre, cinq ou six sépales. Dans le premier cas, les carpelles occupent en général la partie inférieure du spadice (*d*), et doivent être considérés chacun

Fig. 285. *Calla palustris* : *a*, spadice florifère ; *b*, une fleur isolée et grossie; *c*, pistil fendu longitudinalement, pour montrer les ovules attachés dans son fond ; *d*, spadice fructifère ; *e*, graine grossie : *f*, la même coupée longitudinalement ; *g*, embryon coupé suivant sa longueur et montrant la gemmule placée dans une fossette de la base du cotylédo

comme une fleur femelle, et les étamines comme autant de fleurs mâles ; rarement les étamines et les pistils sont mélangés (*a*). Dans le second cas, les fleurs, au lieu d'être considérées comme des fleurs hermaphrodites, peuvent être décrites comme une réunion de fleurs unisexuées; ainsi chaque étamine et son écaille constituent une fleur mâle, et le pistil central une fleur femelle. L'ovaire est en général à une seule loge (*c*) contenant plusieurs ovules attachées à sa paroi inférieure, ou à trois loges ; le stigmate est quelquefois sessile (*b*), plus rarement porté sur un style assez court. Le fruit est une baie, ou plus rarement une capsule qui quelquefois est monosperme par avortement. La graine (*e*) se compose, outre son tégument propre, d'un endosperme charnu et farineux, dans lequel est placé un embryon cylindrique et antitrope (*f*), ou quelquefois homotrope.

On doit à M. Schott, de Vienne, un travail fort important sur cette famille, dans laquelle il a établi un grand nombre de genres ou de tribus nouvelles.

La famille des Aracées se divise en trois tribus, savoir :

1re *tribu*. AROÏDÉES VRAIES : fleurs nues sans écailles, fruit charnu : **Arum*, **Arisarum*, *Caladium*, *Colocasia*, **Calla*, *Richardia*.

2e *tribu*. ORONTIACÉES : fleurs entourées d'écailles en forme de calice, fruit charnu ou coriace : *Bracontium*, *Pothos*, *Orontium*, *Acorus*.

3e *tribu*. PISTIACÉES : une seule fleur femelle ; fruit sec et capsulaire : *Pistia*, **Ambrosinia*.

Voisine des Naïdées et des Typhacées, cette famille se distingue surtout par son port, la disposition de ses fleurs, son embryon contenu dans un endosperme charnu et amylacé, et plusieurs autres caractères.

15e famille. TYPHACÉES (Typhaceæ).

Typhæ, Juss. *Typhaceæ*: A. Rich. *Arch. Bot.* I, 198. *Typheæ* et *Pandaneæ*, R. Brown, *Prodr.*

Plantes aquatiques ou arborescentes et terrestres, à feuilles alternes, engaînantes à leur base, à fleurs unisexuées, monoïques. Les fleurs mâles forment des chatons cylindriques ou globuleux, composés d'étamines nombreuses, souvent réunies plusieurs ensemble par leurs filets, et entremêlées de poils ou de petites écailles, mais sans ordre et sans calice propre. Les fleurs femelles, disposées de la même manière, ou quelquefois les écailles réunies au nombre de trois à six autour du pistil, et formant ainsi une espèce de calice sessile ou stipité, à une, plus rarement à deux loges, contenant chacune un ovule pendant. Le style, distinct du sommet de l'ovaire, se termine par un stigmate élargi, comme membraneux et marqué d'un sillon longitudinal. La graine se compose d'un endosperme farineux ou charnu, contenant dans son centre un embryon cylindrique dont la radicule est supérieure, c'est-à-dire offre la même direction que la graine.

Cette petite famille ne se compose que des deux genres *Typha* et *Sparganium*. M. Robert Brown l'a réunie à la famille des Aracées, avec laquelle elle a en effet des rapports ; mais néanmoins elle en diffère par plusieurs caractères, et entre autres par son port, par ses graines renversées et la structure de ses fleurs. Cependant ces deux familles mériteraient peut-être d'être réunies. Faut-il placer dans cette famille le genre *Pandanus*, qui ressemble tellement au genre *Sparganium* qu'il paraît en être en quelque sorte une espèce arborescente ? ou faut-il, à l'exemple de Rob. Brown, en former une famille particulière sous le nom de *Pandanées ?*

16e famille. CYCLANTHACÉES (Cyclanthaceæ).

Cyclantheæ, Poit. *Mém. Mus.* IX, 31. Schott. et Endl., *Meletemata*, p. 15.

Ce sont, en général, des arbrisseaux à tige ligneuse rarement acaules, ordinairement volubiles, à feuilles pétiolées, bifides ou palmatifides, et à chatons spadices axillaires. Les fleurs sont monoïques ou polygames, disposées en spirale sur le même spadice, et formant alternativement une spirale de fleurs mâles et une autre de fleurs femelles. Les fleurs mâles se composent de deux étamines libres ayant leurs anthères à quatre loges, s'ouvrant par autant de sillons longitudinaux. Dans les fleurs femelles, les ovaires, ordinairement soudés et environnés d'écailles, ont leurs trophospermes pariétaux. Les fruits, souvent soudés, sont charnus et environnés par les écailles.

Les genres *Phytelephas, Carludovica* et *Cyclanthus* forment cette petite famille qui, pour le port et plusieurs caractères, rappelle le groupe des Pandanées, que nous réunissons aux Typhacées.

On connaît encore assez incomplétement la structure du petit nombre de genres qui composent ce groupe. La structure de la graine n'a pas encore été décrite.

M. Endlicher réunit cette famille à celle des Pandanées, dont elle diffère cependant par le port et par ses feuilles bifides ou palmitifides.

17e famille. RESTIACÉES (Restiaceæ).

Restiaceæ, R. Brown.

Plantes ayant le port des Joncs ou de quelques Cypéracées, vivaces, rarement annuelles ou sous-frutescentes (*fig.* 286). Leur chaume est nu ou couvert d'écailles engaînantes, à gaîne fendue longitudinalement (caractère qui les distingue de suite des Cypéracées). Leurs fleurs, petites et de peû d'apparence, sont ordinairement unisexuées, monoïques ou dioïques, formant soit des espèces d'épis ou des fascicules simples ou composés, soit des capitules (*a*), accompagnés d'écailles en forme de spathe. Chaque fleur est elle-même accompagnée d'une bractée squamiforme. Les fleurs mâles se composent de deux, trois ou six écailles formant une sorte de périanthe régulier, et d'une à six étamines libres

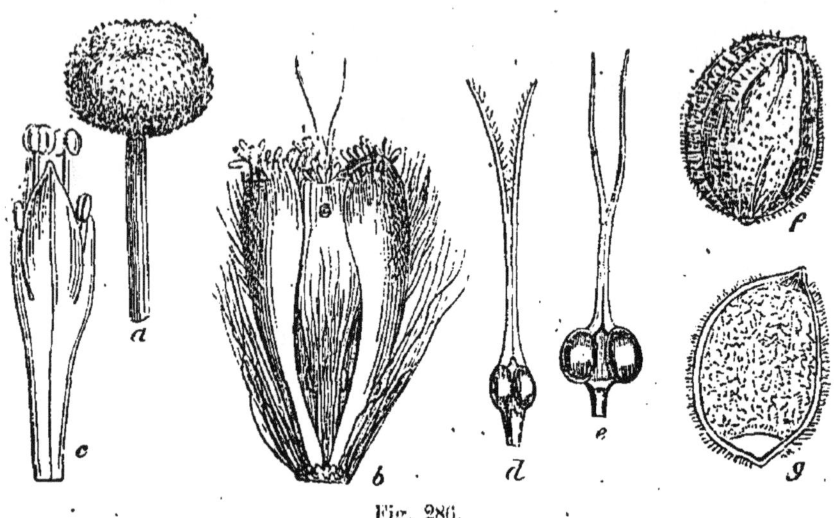

Fig. 286.

ou à filets élargis, charnus, soudés (*c*) ensemble et disposés sur deux rangs. Les anthères sont biloculaires, introrses, plus rarement à une seule loge. Dans les fleurs femelles, on trouve d'une à trois écailles ou six écailles (*b*) représentant un périanthe, quelquefois disposées sur deux rangs (quand il y a quatre ou six écailles). Le nombre des carpelles est ordinairement d'un à trois, plus rarement en plus grand nombre. Leur ovaire est à une seule loge contenant un ovule pendant. Le style, qui manque quelquefois, se termine par un stigmate subulé, cylindrique ou poilu. Tantôt ces carpelles restent distincts ; le plus souvent ils se soudent de manière à former un ovaire à deux (*d*, *e*) ou à trois loges, surmonté d'autant de stigmates. Les fruits sont secs s'ouvrant par une fente longitudinale externe : plus rarement ils sont indéhiscents. La graine (*f*) est renversée. L'endosperme est farineux, et l'embryon, sous la forme d'un disque (*g*), est externe et appliqué sur l'extrémité de l'endosperme opposée au hile.

Fig. 286. *Eriocaulon decangulare* : *a*, capitule de fleurs ; *b*, une fleur femelle entière, accompagnée de quatre écailles opposées deux par deux ; *c*, fleur mâle dont on a enlevé les deux écailles ; il reste les quatre étamines soudées et opposées deux par deux ; *d*, pistil ; *e*, fruit ; *f*, graine ; *g*, la même coupée suivant sa longueur et montrant la position de l'embryon.

Les genres de cette famille, établie par R. Brown, ont été divisés par quelques botanistes en trois tribus que l'on a considérées comme des familles distinctes, savoir :

1re *tribu*. CENTROLÉPIDÉES : ordinairement une seule écaille, une seule étamine ; carpelles plus ou moins nombreux, attachés à un axe commun, souvent soudés entre eux : *Centrolepis*, *Aphelia*; *Alepyrum*.

2e *tribu*. ÉRIOCAULONÉES : deux ou trois écailles pour chaque fleur formant une sorte de périanthe : trois à six étamines, à filaments pétaloïdes soudés par leur base. Carpelles, deux à trois : *Eriocaulon*, *Tonina*.

3e *tribu*. RESTIONÉES : quatre à six écailles, disposées sur deux rangs et formant un périanthe régulier. Trois étamines opposées aux trois écailles internes du périanthe ; trois carpelles soudés en un seul pistil : *Leptocarpus*, *Loxocaria*, *Hyoplœna*, *Willdenowia*, *Ligina*, *Elegia*, *Restio*.

Si l'on étudie avec quelque attention la structure des genres qui forment ces trois tribus, on verra qu'on passe par des nuances presque insensibles de l'une à l'autre, et qu'il est impossible d'en former des familles distinctes. Tous les points fondamentaux d'organisation sont les mêmes; seulement, cette organisation se complète et se régularise à partir des *Centrolépidées* pour arriver aux *Restionées*. La fleur, dans la première de ces tribus, est réduite à sa plus grande simplicité. Dans quelques espèces du genre *Centrolepis*, elle consiste en une écaille et une étamine, ou un carpelle. Dans le genre *Elegia*, de la tribu des Restionnées, la fleur atteint son dernier degré de composition ; elle est formée de six écailles disposées sur deux rangs (calice hexasépale), de trois étamines ou de carpelles soudés. Entre ces deux types, on trouve tous les intermédiaires possibles.

Cette famille a des rapports avec les Joncacées, les Xyridacées et les Cypéracées. Elle diffère des premières par ses trois étamines opposées aux trois sépales intérieurs ; par son embryon extraire placé dans un point opposé au hile ; des seconds, par ses loges uniovulées et son périanthe jamais pétaloïde ; enfin des Cypéracées, par la gaîne de ses feuilles, fendue et non entière, par ses fruits déhiscents, par son embryon extraire, dans une position opposée au hile, tandis que dans les Cypéracées il est intraire et correspondant au hile.

18e famille. CYPÉRACÉES (*Cyperaceæ*).

Cyperoides, Juss. *Cyperaceæ*, Lestiboudois. *Essai sur les Cypér*. Paris, 1833.

Végétaux herbacés croissant en général dans les lieux humides et sur le bord des eaux (*fig.* 287). Leur tige est un chaume cylindrique ou triangulaire avec ou sans nœuds. Les feuilles sont en général tristiques, engaînantes, et leur gaîne est entière et non fendue, assez souvent garnie à son orifice d'un petit rebord membraneux nommé *ligule*. Les fleurs, hermaphrodites ou unisexuées, forment de petits épis ou épillets écailleux composés d'un nombre variable de fleurs ; chaque fleur se compose d'une seule écaille à l'aisselle de laquelle on trouve généralement deux ou trois étamines (*b*), un pistil formé d'un

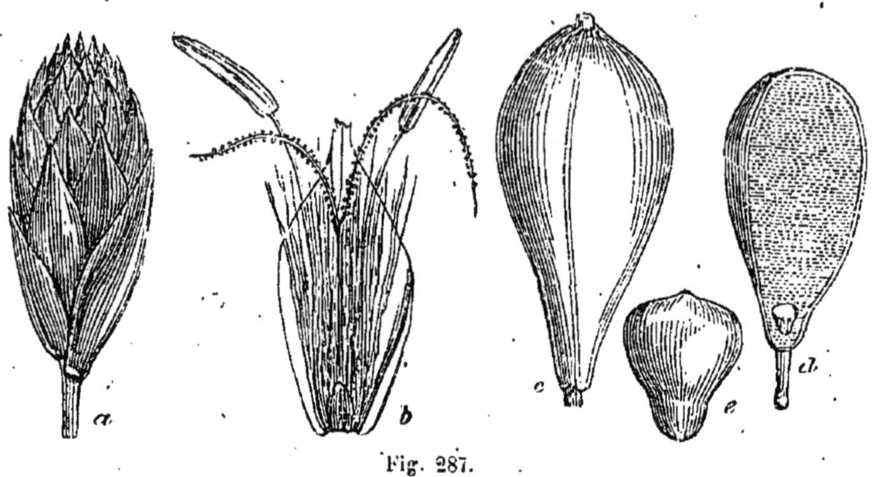

Fig. 287.

ovaire uniloculaire et monosperme à ovule dressé, surmonté d'un style simple à sa base, portant en général trois, plus rarement deux stigmates filiformes et velus. Les étamines ont leur filet capillaire, leur anthère terminée en pointe à son sommet, bifide seulement à sa base. On trouve souvent en dehors de l'ovaire des soies hypogynes (*b*) ou des écailles en nombre variable, quelquefois imitant dans quelques genres une sorte de périanthe régulier, ou un disque hypogyne et trilobé embrassant la base de l'ovaire, quelquefois même une utricule qui le recouvre en totalité (ex. : *Carex*). Le fruit est un akène globuleux comprimé ou triangulaire, nu ou enveloppé dans l'utricule qui le recouvre complétement. L'embryon est petit, discoïde ou turbiné (*e*), placé vers la base d'un endosperme farineux (*d*) qui le recouvre par une lame très-mince.

Cette famille est très-naturelle, et le nombre des genres qui la composent est fort considérable. Les fleurs sont unisexuées ou hermaphrodites, et les étamines varient beaucoup en nombre. Elle a beaucoup d'analogie avec celle des Graminées, mais en diffère par quelques caractères, que nous exposerons à la suite de cette dernière famille. (Voy. Graminées.)

Fig. 287. *Eriophorum polystachium* : *a*, épi de fleurs grossi et non développé ; *b*, une fleur vue par sa face interne ; *c*, fruit ; *d*, graine coupée longitudinalement pour faire voir l'embryon ; *e*, embryon.

Quelques auteurs considèrent comme analogues au périanthe les soies hypogynes et les écailles qu'on trouve à la base de l'ovaire ou entremêlées aux étamines dans beaucoup de genres de cette famille. Pour notre compte, nous sommes beaucoup plus tenté de les regarder comme une dépendance du système staminal, analogue aux paléoles de la glumelle dans la famille des Graminées. En effet, on a vu quelquefois l'utricule qui environne l'ovaire des *Carex* porter des anthères à son sommet.

Kunth (*Cyperographia synoptica*) a partagé la famille des Cypéracées en six tribus de la manière suivante :

1re *tribu*. CYPÉRÉES : épis multiflores, composés d'écailles distiques; fleurs hermaphrodites, sans écailles, ni soies hypogynes; fruit sans bec au sommet : * *Cyperus, Mariscus, Kyllingia.*

2e *tribu*. SCIRPÉES : épis multiflores, composés d'écailles imbriquées en tous sens : fleurs hermaphrodites ; écailles ou soies hypogynes en nombre variable ; fruit mucroné au sommet : * *Eleocharis,* * *Scirpus,* * *Eriophorum,* * *Fuirena,* * *Isolepis,* * *Fimbristylis.*

3e *tribu*. HYPOLYTHRÉES : épis multiflores ; écailles imbriquées en tout sens ; fleurs hermaphrodites accompagnées d'écailles en nombre variable ; pas de soies hypogynes ; fruit mutique ou apiculé au sommet ; genres peu nombreux, tous exotiques : *Lipocarpha, Platylepis, Hypolythrum, Diplasia, Mapania, Lepironia.*

4e *tribu*. RHYNCHOSPORÉES : épis pauciflores à écailles distiques ou imbriquées en tous sens ; fleurs généralement polygames ; soies hypogynes de six à dix, quelquefois nulles ; de trois à six étamines ; fruit apiculé : *Dichromena, Pleurostachys; Rhynchospora,* * *Cladium, Lepidosperma,* * *Chætospora, Schœnus.*

5e *tribu*. SCLERIÉES : épis monoïques ou androgynes ; pas de soies ni d'écailles hypogynes : étamines de une à trois ; style trifide ; akène dur, osseux, souvent accompagné d'un disque hypogyne trilobé : *Scleria, Becquerelia, Chrysythrix.*

6e *tribu*. CARICINÉES : fleurs diclines à épis androgynes ou unisexuées ; écailles imbriquées en tous sens ; pas de soies hypogynes ; fruit ordinairement contenu dans une utricule persistante : * *Carex,* * *Uncinia.*

19e famille. GRAMINÉES (Gramineæ).

Palisot de Beauvois, *Agrostographie*, Paris, 1812. Trinius, *Fundamenta Agrostographiæ*, Vienne, 1830. Nees et Esenbeck, *Agrostog. brasiliensis*, Stuttg. 1829. Kunth, *Enum.* I. Stuttg. 1833. Id. *Agrostog. synoptica*, 1835.

Plantes herbacées, annuelles ou vivaces, plus rarement ligneuses et pouvant alors acquérir de très-grandes dimensions (Bambou) ; ayant une souche souterraine de laquelle naissent des rameaux aériens ou tiges nommés *chaumes*, ordinairement simples, fistuleuses, marquées de distance en distance de nœuds pleins d'où naissent des feuilles alternes et distiques, offrant une gaîne qui embrasse la tige et qui souvent est fendue dans toute sa longueur; à la réunion de la gaîne avec la lame de la feuille, on trouve un bord saillant, sous la forme d'une lame membraneuse ou d'une rangée de poils, nommé la *ligule*. Une fleur de graminée (*fig.* 288) offre ordinairement la structure suivante:

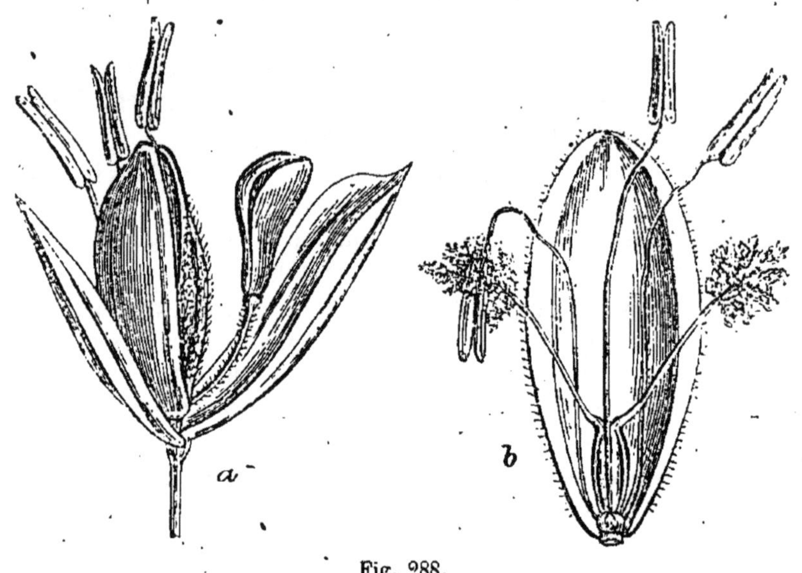

Fig. 288.

1° au centre, un pistil composé d'un ovaire à une seule loge contenant un ovule attaché à toute la longueur de la partie interne de la loge ou à son fond, deux styles distincts ou plus ou moins soudés par leur base, deux stigmates allongés formés de poils simples ou rameux couverts de glandules; très-rarement on observe trois stigmates ou un seul; 2° trois étamines, plus rarement une, deux, quatre ou six, quelquefois même un grand nombre, à insertion hypogynique, ayant les filets grêles et capillaires, les anthères à deux loges opposées, un peu écartées l'une de l'autre à leurs deux extrémités; 3° deux petites écailles ou *paléoles* placées l'une près de l'autre du côté antérieur de la fleur, membraneuses ou charnues, quelquefois soudées en une seule, plus rarement au nombre de trois, formant un verticille complet ou enfin manquant quelquefois complétement; 4° deux paillettes ou écailles distiques, l'une inférieure ou externe, marquée d'un nom-

Fig. 288. *Melica uniflora* : épillet composé de deux fleurs, l'une inférieure fertile et sessile; l'autre pedicellée et rudimentaire; *b*, fleur fertile dont on a enlevé la valve interne de la glume pour faire voir le pistil et les trois étamines.

bre impair de nervures, quelquefois munie d'une *soie* ou d'une *arête;* l'autre interne et supérieure, souvent bifide au sommet, marquée de deux ou d'un nombre pair de nervures ; ces deux écailles constituent la *glume*. Les fleurs des Graminées sont ordinairement hermaphrodites, plus rarement unisexuées, solitaires ou réunies plusieurs ensemble sur un axe court, et formant de petits assemblages qu'on nomme *épillets*. Ces épillets sont uniflores, biflores, ou multiflores. Tout à fait à leur base on trouve deux écailles, l'une externe ou inférieure l'autre interne et supérieure, formant la *lépicène*. Ces épillets sont ou sessiles, alternes et distiques sur un axe simple, et formant ce que l'on a appelé improprement un épi, ou portés sur de longs pédoncules grêles, simples ou rameux, et constituant une panicule. Le fruit est un cariopse nu ou enveloppé dans les deux valves de la glume qui persistent; plus rarement, c'est un akène. La graine se compose d'un gros endosperme farineux, sur la face inférieure et externe duquel est appliqué un embryon extraire et discoïde, dont la radicule est inférieure et le cotylédon supérieur.

Les Graminées ont-elles des fleurs nues, c'est-à-dire seulement enveloppées par des bractées ou munies d'un véritable périanthe? Cette première opinion a été adoptée par plusieurs botanistes, et, entre autres par mon père, Turpin, etc., qui ne considéraient les écailles distiques, placées en dehors des organes sexuels, que comme des bractées ou des spathes. Cependant plusieurs auteurs, parmi lesquels il nous suffira de citer Linné, Jussieu, R. Brown, regardent ces écailles comme appartenant aux enveloppes florales. Nous exposerons ici, en peu de mots, la manière dont R. Brown envisage la structure de la fleur des Graminées. Pour ce célèbre botaniste, les paléoles de la glumelle, au nombre de deux seulement, mais quelquefois de trois, représentent les trois sépales du périanthe intérieur des autres Monocotylédones ; les deux écailles de la glume constituent le périanthe externe. En effet, la valve interne et supérieure, offrant constamment un nombre pair de nervures, résulte de la soudure de deux écailles et dès lors ce périanthe externe serait également formé de trois sépales qui alternent avec les intérieurs. Les trois étamines alternant avec les trois sépales internes appartiennent au périanthe externe, aux sépales duquel elles sont opposées : ce sont donc les trois étamines internes qui avortent dans l'immense majorité des cas.

Il y a une objection très-grande à faire contre cette manière d'envisager la glume : c'est que la valve interne ou parinervée, que l'on considère comme formée de deux sépales soudés, appartient à un verticille plus inférieur ou plus supérieur que l'externe, et par conséquent il est bien difficile de la regarder comme formant le calice extérieur avec la valve externe.

Dans les genres à trois étamines, c'est l'étamine placée entre les deux paléoles de la glumelle qui se montre la première; elle est généralement plus grande que les deux autres; dans les fleurs à deux étamines, c'est celle-là qui avorte; dans les fleurs monandres, c'est elle seule qui se développe.

Les genres de la famille des Graminées sont excessivement nombreux. Kunth, à qui l'on doit tant de travaux importants sur cette famille, les a groupés en treize tribus, de la manière suivante :

1re *tribu*. ORYZÉES : épillets contenant d'une à trois fleurs, dont une ou deux inférieures sont neutres et unipaléacées, la terminale fertile; paillettes de la glume roides et chartacées; fleurs souvent diclines et à six étamines : ***Leerzia*, **Oryza*, *Zizania*, *Luziola***, etc.

2e *tribu*. PHALARIDÉES : épillets hermaphrodites polygames ou monoïques, tantôt uniflores avec ou sans rudiment d'une autre fleur supérieure, tantôt biflores, les deux fleurs hermaphrodites ou mâles, tantôt 2-3-flores; la fleur terminale fertile, les autres incomplètes; valves de la lépicène souvent égales; écailles de la glume souvent luisantes et endurcies avec le fruit : ***Zea*, **Lygeum*, *Coix*, **Cornucopiæ*, **Crypsis*, **Alopecurus*, **Phleum*, **Phalaris*, **Holcus***, etc.

3e *tribu*. PANICÉES : épillets biflores; fleur inférieure incomplète; lépicène membraneuse, quelquefois réduite à une seule écaille ou nulle; valves de la glume coriaces, ordinairement mutiques, l'inférieure concave; cariopse comprimée parallèlement à l'embryon : ****Paspalum*, **Milium*, **Panicum*, *Cenchrus*, **Lappago***, etc.

4e *tribu*. STIPACÉES : épillets uniflores; valve inférieure de la glume involutée, aristée au sommet, et souvent soudée avec le fruit; arête simple ou trifide, souvent tordue et articulée à sa base; ovaire stipité, quelquefois trois paléoles à la glumelle : ***Orysopsis*, **Stipa*, *Streptachne*, *Aristida***.

5e *tribu*. AGROSTIDÉES : épillets uniflores, très-rarement avec une seconde fleur rudimentaire sous forme subulée; lépicène et glume membraneuses; valve externe de la lépicène souvent aristée : ***Cinna*, *Sporobolus*, **Agrostis*, **Gastridium*, **Polypogon***, etc.

6e *tribu*. ARUNDINACÉES : épillets uniflores ou multiflores; fleurs entourées de poils soyeux; lépicène et glume membraneuses; lépicène souvent plus longue que les fleurs; valve inférieure de la glume souvent aristée : ****Calamagrostis*, **Deyeuxia*, **Arundo*, *Ammophila*, *Phragmites***.

7e *tribu*. PAPPOPHORÉES : épillets contenant deux ou plusieurs fleurs : les supérieures souvent neutres; lépicène et glume membraneuses; valve inférieure de la glume 3-multifide, à divisions aristées : ***Amphipogon*, *Pappophorum*, **Echinaria***.

8e *tribu*. CHLORIDÉES : épillets réunis en épis unilatéraux 1-multiflores; fleurs supérieures avortées; lépicène et glume membraneuses, aristées ou mutiques; épis digités ou paniculés; leur axe non articulé: *Cynodon, Dactyloctenium, Chloris, Eleusine, Gymnopogon.*

9e *tribu.* AVÉNACÉES: épillets 2-multiflores; la fleur terminale le plus souvent rudimentaire; lépicène et glume membraneuses; valve inférieure de la glume souvent aristée, à arête dorsale et tordue: **Deschampsia,* **Aira,* **Airopsis,* **Lagurus,* **Avena.*

10e *tribu.* FESTUCACÉES: épillets multiflores; lépicène et glume membraneuses, rarement coriaces; valve infère de la glume le plus souvent aristée; arête non tordue; fleurs généralement en panicule: *Sesleria,* **Poa,* **Briza,* **Melica,* **Dactylis,* **Bromus, Bambusa.*

11e *tribu.* HORDÉACÉES: épillets 3-multiflores, rarement uniflores, souvent aristés; fleur terminale rudimentaire; lépicène et glume herbacées; inflorescence en épi: **Lolium,* **Hordeum,* **Secale,* **Triticum,* **Ægilops,* **Elymus.*

12e *tribu.* ROTTBOELLIACÉES: épillets 1-2-3 flores, logés dans une excavation du rachis, solitaires ou géminés, l'un rudimentaire; l'une des fleurs incomplète; l'épicène ordinairement coriace: inflorescence en épi; axe le plus souvent articulé: * *Rottboellia,* * *Nardus,* * *Lepturus,* * *Tripsacum, Manisuris.*

13e *tribu.* ANDROPOGONÉES: épillets à deux fleurs, l'inférieure incomplète; valves de la glume plus minces que la lépicène: *Perotis,* * *Saccharum, Imperata,* * *Andropogon, Erianthus, Anthistiria,* etc.

La famille des Graminées est certainement l'une des mieux caractérisées du règne végétal. Les plantes qu'elle réunit offrent un ensemble de caractères qui ne permet jamais de les méconnaître. Elles diffèrent des Cypéracées, dont elles sont très-rapprochées, par leur chaume cylindrique, jamais triangulaire; par leurs feuilles distiques, et enfin par la complication plus grande de leurs fleurs et de leur embryon.

20e famille. PALMIERS (*Palmæ*).

Palmæ, Juss., Martius, *Palmarum fam.* Monach. 1824. Ibid., *Palmæ brasil.* 1837.

Les Palmiers sont, en général, de grands arbres à tige simple, cylindrique, nue, et qu'on désigne sous le nom de stipe ou tige à colonne. A son sommet elle est couronnée par un faisceau de feuilles très-grandes, pétiolées, persistantes, digitées, pinnées, ou décomposées en un nombre plus ou moins considérable de folioles de formes variées. Leurs fleurs sont hermaphrodites ou plus souvent unisexuées, dioïques ou polygames, formant des chatons ou une vaste grappe nommée *régime*, enveloppée avant son épanouissement dans une spathe coriace et quelquefois ligneuse. Le périanthe est à six divisions, dont trois internes, de manière à simuler un calice et une corolle; dans les fleurs mâles, les sépales ont la préfloraison ordinairement valvaire (*fig.* 289, *a*); elle est, au contraire, imbriquée et tordue (*b*)

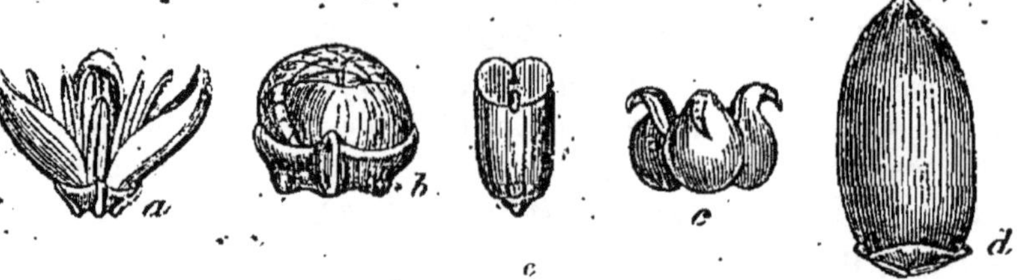

Fig. 289.

dans les fleurs femelles. Les étamines sont au nombre de six, rarement de trois. Le pistil se compose de trois carpelles (*c*) distincts ou soudés; chaque carpelle offre une loge contenant un seul ovule; et se termine par un style que surmonte un stigmate plus ou moins allongé. Le fruit sec ou charnu est le plus souvent une drupe charnue ou fibreuse contenant un noyau osseux et très-dur, à une ou à trois loges monospermes; plus rarement, les trois carpelles restant distincts, on observe trois fruits séparés dans un même calice qui presque toujours est persistant. La graine, outre son tégument propre, se compose d'un endosperme charnu, cartilagineux ou osseux, offrant quelquefois une cavité centrale ou latérale; l'embryon, très-petit, est cylindrique, placé horizontalement (*e*) dans une petite fossette latérale de l'endosperme.

A l'exception du palmier éventail (*Chamærops humilis*), tous les autres Palmiers sont exotiques. Ils habitent surtout dans les régions intertropicales du nouveau et de l'ancien continent. Ces arbres ne sont pas seulement remarquables par l'élégance de leurs formes et la hauteur prodigieuse à laquelle plusieurs peuvent s'élever, mais ils sont aussi d'une très-grande importance par les services nombreux qu'ils rendent aux habitants des contrées où ils croissent naturellement. Les fruits d'un grand nombre d'espèces, comme le Cocotier, le Dattier, le bourgeon terminal du Chou-palmiste, sont des aliments pour les habitants de l'Afrique, de l'Amérique et de l'Inde. Plusieurs espèces fournissent une fécule amylacée nommée sagou; d'autres un principe astringent analogue au sang-dragon; quelques-uns donnent une huile grasse, comme l'*Ælais Guineensis*, qui fournit l'huile de palme.

Fig. 289. *Phœnix dactilifera* : *a*, fleur mâle; *b*, fleur femelle; *c*, les trois carpelles distincts; *d*, fruit simple; *e*, graine coupée transversalement pour montrer la place de l'embryon dans l'endosperme corné.

Les genres principaux de cette famille sont : *Cocos, Phœnix, Chamærops, Elais, Areca, Sagus*, etc.

21e famille. COLCHICACÉES (Colchicaceæ).

Colchicaceæ, DC. *Melanthaceæ*, R. Brown, *Prodr.* 272. Lindl. *Nat. syst.* 347. Endlich. *Gen.* 133.

Plantes herbacées, à racine fibreuse ou bulbifère ; à tige simple ou rameuse, portant des feuilles alternes et engaînantes (*fig.* 290). Les fleurs sont terminales, hermaphrodites ou unisexuées ; leur calice est coloré, formé de six sépales distincts, ou un peu cohérents par leur

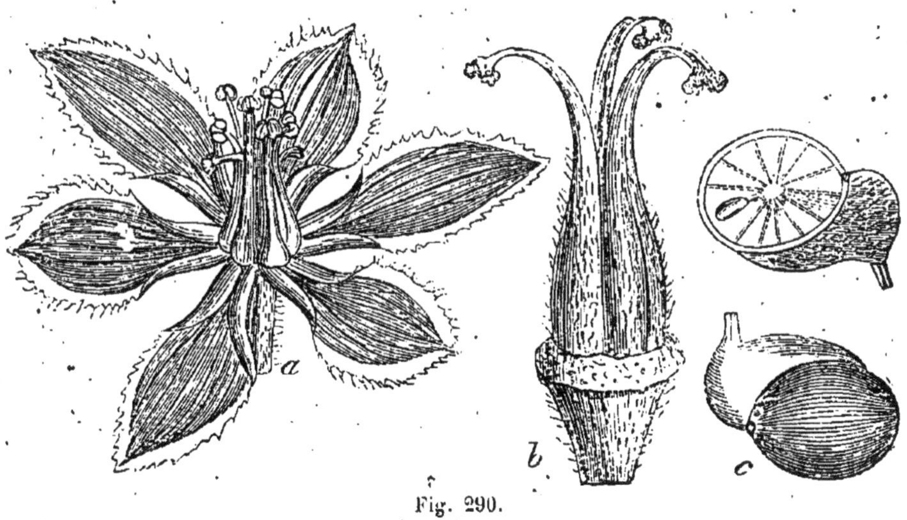

Fig. 290.

base, ou soudés en un tube plus ou moins long ; les sépales externes ont ordinairement la préfloraison valvaire, les internes sont souvent involutés. Les étamines, au nombre de six (*a*), sont opposées aux divisions du calice. On compte trois carpelles dans chaque fleur, tantôt libres (*b*), tantôt plus ou moins soudés, de manière à représenter un pistil triloculaire : chacun d'eux contient un grand nombre d'ovules attachés à leur angle interne. Le sommet de chaque ovaire porte un style quelquefois très-long, terminé par un stigmate glanduleux. Le fruit se compose de trois carpelles distincts, s'ouvrant par une fente longitudinale et intérieure : tantôt ces trois carpelles se soudent et forment une capsule à trois loges, mais finissent par se séparer de nouveau

Fig. 290. *Veratrum album : a*, fleur étalée ; *b*, les trois carpelles ; *c*, graine de *Colchicum autumnale* ; *d*, la même coupée longitudinalement et montrant l'embryon dans un endosperme charnu.

à l'époque de la maturité, et s'ouvrent chacun par une suture placée à leur angle interne. Les graines se composent d'un tégument membraneux ou réticulé, surmonté quelquefois vers le hile d'un tubercule plus ou moins volumineux (*c*), d'un endosperme charnu, qui contient un embryon cylindrique placé vers le point opposé au hile (*d*).

Cette famille tient en quelque sorte le milieu entre les Joncées, dont elle faisait autrefois partie, et les Liliacées. Elle se distingue des premières par son calice coloré, ses capsules distinctes ou se séparant à la maturité. Ce dernier caractère, joint aux trois styles et au tégument de la graine, membraneux et jamais crustacé, distingue les Colchicacées des Liliacées.

Les genres principaux de cette famille se groupent en deux tribus :

1re *tribu*. VÉRATRÉES : sépales libres ou légèrement cohérents par leur base : * *Tofieldia*, *Pleea*, *Nolina*, *Helonias*, * *Veratrum*, * *Melanthium*, *Asagræa*.

2e *tribu*. COLCHICÉES : sépales réunis en un long tube : *Colchicum*, * *Bulbocodium*, *Monocaryum*.

22e famille. XYRIDACÉES (Xyridaceæ).

Xyrideæ, Kunth. *in* Humb. *Nov. Gen.* I. 253. Endlich. *Gen. Xyridaceæ*. Lindl. *Nat. syst.* 388.

Fleurs hermaphrodites, ordinairement en épis denses. Sépales extérieurs herbacés, persistants ; sépales internes, pétaloïdes, longuement onguiculés, libres, ou quelquefois soudés en tube par leur base. Étamines au nombre de six, dont trois avortent complétement ou sont rudimentaires ; les trois fertiles opposés aux sépales internes et souvent attachés sur eux ; leur anthère est extrorse et à deux loges. L'ovaire est libre et sessile, composé de trois carpelles soudés, tantôt seulement par leurs bords, et alors il est uniloculaire, tantôt par une portion plus ou moins considérable de leurs côtés, et alors il paraît plus ou moins complétement à trois loges. Les ovules sont orthotropes, nombreux, tantôt sessiles, tantôt portés sur des funicules plus ou moins allongés. Le style simple se termine par trois stigmates simples, bifides ou même multifides. Capsule généralement mince, offrant d'une à trois loges et s'ouvrant en trois valves, portant les cloisons sur le milieu de leur face interne. Les graines sont nombreuses, dressées, sessiles, ou pédicellées ; leur embryon, lenticulaire et très-petit, est antitrope, c'est-à-dire placé dans un point d'un endosperme charnu opposé au hile.

Deux genres seulement composent cette famille : *Xyris*, placé d'abord par Jussieu dans les Joncées et par quelques auteurs parmi les

Restiacées et *Abolboda*. Ils contiennent des plantes vivaces et sans tige, vivant ordinairement dans les lieux humides et ayant un peu, par leurs feuilles surtout, le port des Iridées.

Cette petite famille est très-voisine des Restiacées, surtout par la structure de ses graines et la position de son embryon. Elle en diffère par son périanthe complet et à six sépales et par son ovaire dont chaque loge contient un grand nombre d'ovules. Elle offre aussi beaucoup de rapports avec la famille des Commélynacées; mais son port est tout à fait différent; ses graines sont plus nombreuses dans chaque loge de l'ovaire; son style se termine par trois stigmates, tandis qu'il n'y en a qu'un seul dans les Commélynacées.

23e famille. COMMÉLYNACÉES (Commelynaceæ).

Commelyneæ, R. Brown, *Commelynaceæ*. Lindl. *Nat. syst.* 854.

Petite famille formée des genres *Commelyna* et *Tradescantia*, auparavant placés dans les Joncées, et de quelques autres nouveaux qui

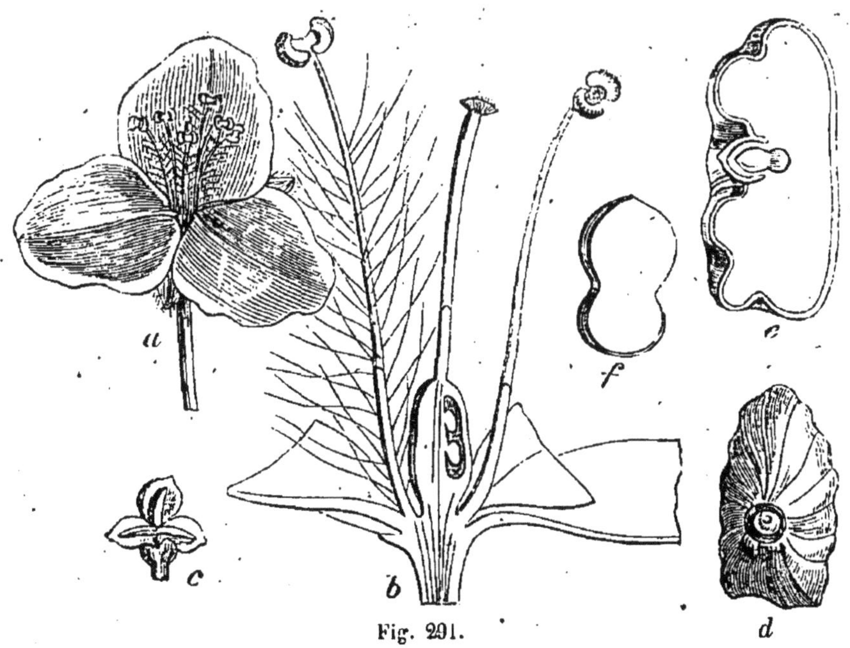

Fig. 291.

y ont été réunis (*fig.* 291). Les fleurs ont un calice à six divisions profondes (*a*) disposées sur deux rangs, trois extérieures sont vertes et

Fig. 291. *Tradescantia virginica* : *a*, fleur entière; *b*, coupe longitudinale; *c*, capsule ouverte; *d*, graine; *e*, coupe longitudinale; *f*, embryon.

calicinales ; trois intérieures, colorées et pétaloïdes. Les étamines, au nombre de six, rarement moins, sont libres, hypogynes; leur anthère a ses deux loges écartées par un connectif très-développé. L'ovaire offre trois loges opposées aux trois sépales externes, contenant chacune un petit nombre d'ovules orthotropes (*b*) insérés à leur angle interne ; il est surmonté d'un style et d'un stigmate simple (*b*). Le fruit est une capsule globuleuse ou à trois angles comprimés, à trois loges, s'ouvrant en trois valves (*c*) qui portent chacune une cloison sur le milieu de leur face interne. Les graines sont rarement au delà de deux dans chaque loge. L'embryon (*f*), en forme de toupie, est opposé au hile, par conséquent antitrope, et placé dans une petite cavité d'un endosperme dur et charnu (*e*).

Les plantes qui composent cette famille sont herbacées, annuelles ou vivaces. Leur racine est fibreuse ou formée de tubercules charnus; leurs feuilles alternes, simples ou engaînantes; leurs fleurs nues ou enveloppées d'une spathe foliacée.

Cette famille se distingue : 1° des Joncées par son port, par son calice, dont les trois sépales intérieurs sont colorés, par la forme de son embryon ; 2° des Restiacées également par son calice, par la structure de sa capsule à loges dispermes, et surtout par son port, qui est si différent.

24e famille JONCACÉES (Juncaceæ).

Junceæ, DC. *Fl. fr.* *Junceæ*, Lindl. *Nat. syst*, 356. Endlich. *Gen.* 130.

Plantes herbacées vivaces, rarement annuelles, ayant leur tige ou chaume cylindrique, nu ou feuillé, leurs feuilles, engaînantes à leur base, avec une gaîne tantôt entière, tantôt fendue dans toute sa longueur. Les fleurs sont hermaphrodites, terminales, disposées en panicule ou en cime, renfermées avant leur épanouissement dans la gaîne de la dernière feuille, qui leur forme une sorte de spathe. Le calice est formé de six sépales glumacés disposés sur deux rangs. Les étamines, au nombre de six ou seulement de trois, sont insérées au niveau des sépales internes : quand il n'y a que trois étamines, elles correspondent aux sépales extérieurs. L'ovaire est uniloculaire, ou triloculaire, plus ou moins triangulaire, contenant tantôt trois ovules anatropes, dressés, ou plusieurs ovules attachés à l'angle interne de chaque loge. Le style est simple, surmonté de trois stigmates. Le fruit est une capsule à une ou trois loges incomplètes, contenant trois ou plusieurs graines, et s'ouvrant en trois valves portant chacune une cloison sur le milieu de leur face interne. Les graines sont ascendantes ; leur tégument est double, l'endosperme dur et farineux, contenant vers la base un petit embryon arrondi et homotrope.

Les genres qui composent aujourd'hui cette famille sont : *Juncus*,

Luzula et *Abama*. Jussieu avait réuni dans sa famille des Joncées un grand nombre de genres fort différents entre eux. Ces genres, mieux étudiés, sont devenus les types d'un grand nombre de familles distinctes, sous les noms de Restiacées, Commélynacées, Alismacées, Pontédériacées, Colchicacées.

Telle qu'elle a été limitée par La Harpe (*Monograph. des Joncées, Mém. soc. hist. nat.*, Paris, vol. III), la famille des Joncées a quelques rapports avec les Cypéracées, dont elle diffère par sa fleur formée de six sépales et de six étamines, et avec les Restiacées : mais celles-ci ont leurs graines pendantes et leur embryon extrorse et opposé au hile.

Le genre *Aphyllanthes*, autrefois placé parmi les Joncées, a été transporté par M. Endlicher à la suite des Liliacées, où il forme une petite tribu à part qui contient aussi quelques genres exotiques : *Alania, Borya, Laxmannia*, etc.

25ᵉ famille. PONTÉDÉRIACÉES (Pontederiaceæ).

Pontedereæ, Kunth *in* Humb. *Nov. Gen.* I, 211. *Pontederiaceæ*, Lindl.

Plantes vivant dans l'eau ou dans le voisinage des eaux, à feuilles alternes pétiolées, engaînantes à leur base, à fleurs solitaires ou disposées en épis ou en ombelle, et naissant de la gaîne des feuilles qui est fendue. Le calice est formé de six sépales souvent inégaux, soudés ensemble à leur base et constituant un tube plus ou moins allongé. Les étamines, au nombre de trois à six, sont insérées au tube du calice ; leurs filets sont égaux ou inégaux. L'ovaire est libre ou semi-nifère, à trois loges, contenant chacune un grand nombre d'ovules anatropes attachés à des trophospermes axiles longitudinaux et bilobés. Le style et le stigmate sont simples. Le fruit est une capsule quelquefois légèrement charnue, à trois, rarement à une seule loge, contenant une ou plusieurs graines attachées à l'angle interne : cette capsule s'ouvre en trois valves septifères sur le milieu de leur face interne. Le hile est punctiforme ; l'endosperme farineux contient un embryon dressé placé dans sa partie centrale, et ayant la même direction que la graine.

Cette petite famille ne se compose que des genres *Pontederia, Heteranthera*, et de quelques genres formés à leurs dépens. Elle a les rapports les plus grands, d'une part, avec les Commélynacées, et, d'autre part, avec les Liliacées. Elle diffère des premières par son embryon, ayant la même direction que la graine, ce qui est le contraire dans les Commélynacées, par sa graine, dont le hile est punctiforme, tandis qu'il en occupe tout un côté dans celles-ci ; elle en diffère aussi par son calice tubuleux et les loges polyspermes de sa capsule. Quant aux Liliacées, leurs rapports nous paraissent encore plus intimes. Mais le port des Pontédériacées est différent : ce sont des plantes aquatiques à racines fibreuses ; leur stigmate est simple.

26e famille. TILLANDSIACÉES (Tillandsiaceæ).

Tillandsiaceæ, A. Rich. *Elem.*

Plantes herbacées ou frutescentes, à tige quelquefois rampante et parasite, et à racine fibreuse, à feuilles étroites ou ensiformes, dilatées à la base, souvent réunies en touffes à la base des rameaux, ordinairement roides et persistantes. Les fleurs forment des grappes simples ou rameuses ; très-rarement elles sont solitaires, toujours accompagnées de bractées qui les recouvrent en grande partie. Les six sépales du calice sont libres ou soudées ensemble par leur base ; trois sont tout à fait extérieurs et trois inférieurs plus longs. Les six étamines sont insérées tout à fait à la base des sépales : elles sont quelquefois rapprochées comme en un tube. Le style est simple, terminé par trois stigmates rapprochés. Le fruit est une capsule membraneuse à trois loges polyspermes, s'ouvrant en trois valves (déhiscence loculicide). Les graines, comprimées ou linéaires, contiennent un petit embryon dressé dans la partie inférieure d'un endosperme farineux.

Cette famille se compose de genres tous américains : *Tillandsia*, *Guzmannia*, *Bonapartea*, *Dyckia*, *Pourretia*. Ces genres faisaient partie de la famille des Broméliacées, dont ils diffèrent surtout par leur ovaire libre et non infère. Ils se distinguent des Liliacées par leur port si différent, par la disposition des sépales formant deux rangées distinctes, par leurs trois stigmates, etc. Les genres composant cette famille pourraient sans inconvénient être réunis de nouveau aux Broméliacées.

27e famille. LILIACÉES (Liliaceæ).

Lilia et *Asphodeli*, Juss. *Hemerocallideæ* et *Asphodeleæ*, R. Brown.

Les Liliacées (*fig.* 292) sont des plantes à racine bulbifère ou fibreuse, quelquefois des arbrisseaux ou même des arbres. Leurs feuilles, souvent toutes radicales, sont planes, ou cylindriques et creuses, ou épaisses et charnues. La tige ou hampe est en général nue ; rarement elle porte des feuilles. Les fleurs sont tantôt solitaires et terminales, tantôt en épis simples, en grappes rameuses ou en sertules ; elles sont quelquefois accompagnées d'une spathe qui les enveloppait avant leur épanouissement. Le calice est coloré et pétaloïde, formé de six sépales distincts ou unis par leur base, et formant quelquefois un calice tubuleux (A). Ces six sépales sont disposés sur deux rangs, trois étant plus inférieurs et trois plus extérieurs. Les étamines sont au nombre de six, insérées à la base des sépales quand ceux-ci sont distincts, ou au haut du tube quand ils sont soudés. L'ovaire est à

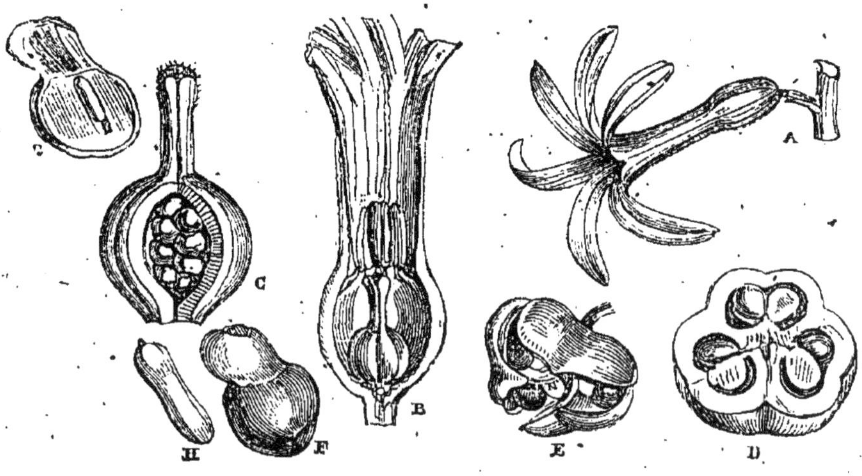

Fig. 292.

trois loges (D), chacune d'elles contient un nombre variable d'ovules attachés à leur angle interne (C) et disposés sur deux rangs. Le style est simple ou nul, terminé par un stigmate trilobé (C). Le fruit est une capsule à trois loges (E), s'ouvrant en trois valves septifères sur le milieu de leur face interne ; très-rarement il devient charnu. Leurs graines sont recouvertes d'un tégument tantôt noir et crustacé, tantôt simplement membraneux. Leur endosperme est charnu (G), et contient un embryon cylindrique (H), axile, dont la radicule est tournée vers le hile : rarement cet embryon est contourné sur lui-même.

Nous réunissons ici en un seul groupe les deux familles établies par Jussieu sous les noms de Liliacées et d'Asphodélées, et les Hémérocallidées de R. Brown. En effet, ces deux premières familles offraient absolument la même organisation dans toutes les parties, et la seule différence qui existait entre elles consistait uniquement dans leur mode de germination. Ainsi, dans les Asphodèles, le cotylédon reste

Fig. 292. *Hyacinthus orientalis* : A, fleur entière ; — B, fleur fendue montrant le pistil ; C, pistil dont une des loges est ouverte pour montrer les ovules ; D, ovaire coupé transversalement ; E, capsule mûre ; F, graine entière ; G, la même, coupée longitudinalement ; H, embryon.

engagé dans l'intérieur de la graine par une de ses extrémités, et forme un prolongement filiforme qui éloigne la gemmule. Ce caractère, joint à quelques différences dans le port, différences que l'habitude seule peut faire apprécier, sont les seuls signes qui distinguaient les Asphodèles des Liliacées : nous avons donc cru devoir les réunir.

Quant aux HÉMÉROCALLIDÉES de Robert Brown, elles ne peuvent former une famille distincte, puisque leur seul caractère essentiel consisterait dans un calice tubuleux à sa base. Ce groupe avait été établi par le célèbre botaniste anglais pour les genres à ovaire libre de la famille des Narcissées de Jussieu : telles sont *Hemerocallis, Tubalgia, Blandfortia.*

L'insertion présente quelques différences dans les genres qui composent les Liliacées. Ainsi, tandis que les étamines sont attachées au calice dans un grand nombre de genres, et en particulier dans la Jacinthe, le *Lachenalia*, l'Asphodèle, etc., et par conséquent périgynes, elles sont certainement hypogynes dans les Lis, les Aulx, les Aloès, le *Tritoma*, etc.

M. Lindley a établi pour les deux genres *Gilliesia* et *Miersia* une petite famille qu'il nomme GILLIESIACEÆ, et qui diffère seulement par son périanthe irrégulier, ses six étamines, dont trois avortent souvent, par ses graines attachées par un large prolongement en forme de col, et contenant un embryon recourbé dans le milieu d'un endosperme charnu.

Les genres de Liliacées, qui renferment des plantes extrêmement remarquables par l'éclat et la grandeur de leurs fleurs, sont fort nombreux. On les a classés en quatre tribus de la manière suivante :

1re *tribu*. TULIPACÉES : racine bulbifère ; sépales distincts ou à peine soudés par leur base ; épisperme membraneux et pâle : *Gloriosa*, * *Lilium*, * *Fritillaria*, * *Gagea*, *Tulipa*, * *Erythronium.*

2e *tribu*. HÉMÉROCALLIDÉES : racine fibreuse ; sépales soudés en tube, tégument membraneux et pâle : *Hemerocallis, Agapanthus, Polyanthes.*

3e *tribu*. SCILLÉES : racine bulbifère, sépales distincts ou soudés ; tégument de la graine noir et crustacé : * *Allium*, * *Scilla*, * *Ornithogalum, Albucca*, * *Hyacinthus*, * *Muscari.*

4e *tribu*. ALOINÉES : plantes généralement grasses et charnues, quelquefois arborescentes ; sépales ordinairement soudées en tube : *Aloe, Yucca.*

28e famille. ASPARAGACÉES (Asparagaceæ).

Asparagorum pars, Juss. *Smilaceæ*, R. Brown, *Prodr.* 292. Lindl. *Nat. syst.* 359. Endlich. *Gen.* 152.

Plantes herbacées vivaces, frutescentes ou arborescentes, à racine fibreuse, à feuilles alternes, opposées ou verticillées, quelquefois très-petites et sous la forme d'écailles. Fleurs hermaphrodites (*fig.* 293) ou unisexuées, diversement disposées. Leur calice, souvent coloré et pétaloïde, offre six (*b*) ou huit divisions plus ou moins profondes, étalées

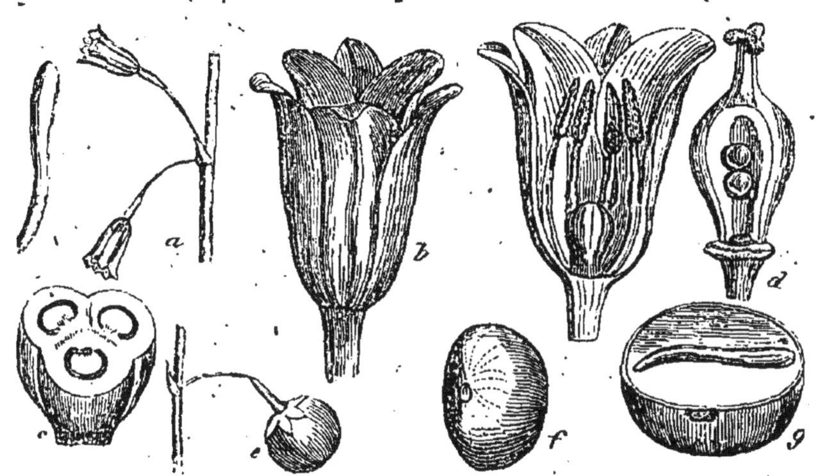

Fig. 293.

ou dressées, des étamines en même nombre que les divisions calicinales à la base desquelles elles sont attachées. Leurs filets sont libres, rarement monadelphes. L'ovaire est libre (*d*, *c*), à trois, rarement à une seule loge, contenant chacune un ou plusieurs ovules insérés à leur angle interne (*d*). Le style est tantôt simple, surmonté d'un stigmate trilobé (*d*), ou bien il est triparti, et chaque division porte un stigmate. Le fruit est une baie globuleuse (*e*), ou une capsule triloculaire quelquefois à une seule loge et à une seule graine, par suite d'avortement. Les graines, outre leur tégument propre, se composent d'un endosperme (*g*) charnu ou corné, contenant dans une cavité quelquefois assez grande, placée dans le voisinage de leur hile, un embryon cylindrique (*h*) quelquefois très-petit.

La famille des Asparagacées, telle que nous venons d'en tracer les

Fig. 293. *Asparagus officinalis* : *a* fleurs de grandeur naturelle ; *b*, fleur grossie ; *c*, ovaire coupé en travers ; *d*, pistil dont on a ouvert une loge ; *e*, fruit ; *f*, graine grossie ; *g*, graine coupée pour montrer la position de l'embryon dans l'endosperme ; *h*, embryon.

caractères, diffère de celle que Jussieu avait établie dans son *Genera plantarum*. R. Brown, avec juste raison, a retiré de ce groupe les genres à ovaire infère, dont il a fait une famille distincte sous le nom de DIOSCORÉES. Le même botaniste réunit aux Asphodélées un grand nombre de genres des Asparaginées, ne laissant plus dans cette famille, qu'il nomme *Smilacées*, que les genres dont le style est profondément trifide, ou qui portent trois ou quatre styles distincts.

Telle que nous l'avons caractérisée plus haut la *famille des Asparagacées* forme trois sections ou tribus :

1re *tribu*. ASPARAGINÉES vraies : stigmate simple ou trilobé : *Dracæna, Cordyline, Dianella*; * *Asparagus, Callixene*, * *Convallaria*, * *Polygonatum*, * *Maianthemum*, * *Ruscus*, * *Smilax*, etc.

2e *tribu*. PARIDÉES : trois ou quatre stigmates distincts : * *Paris, Trilium, Medeola*, etc.

3e *tribu*. ROXBURGHIACÉES. Wallich : péricarpe uniloculaire, bivalve ou indéhiscent : *Roxburghia, Philesia, Lapageria*. Cette dernière tribu a été considérée comme une famille distincte par Wallich et Lindley.

MONOCOTYLÉDONES A GRAINES ENDOSPERMÉES, OVAIRE ADHÉRENT

29e famille. DIOSCORÉACÉES (Dioscoreaceæ).

Dioscoreæ, R. Brown, *Prodr.* 294. Endlich. *Gen.* 157. *Dioscoreaceæ*, Lindl. *Nat. syst.* 359.

Les Dioscoréacées sont des plantes souvent sarmenteuses et grimpantes, à racine généralement tubériforme et charnue. Leurs feuilles sont alternes ou quelquefois opposées, à nervures irrégulièrement ramifiées. Leurs fleurs sont hermaphrodites, plus souvent unisexuées. Leur ovaire infère est adhérent avec un calice dont le limbe est divisé en six lobes égaux. Les étamines, au nombre de six, sont libres ou rarement monadelphes, ayant leurs anthères introrses. L'ovaire est à trois loges contenant chacune un, deux ou un plus grand nombre d'ovules anatropes, tantôt ascendants, tantôt renversés. Le fruit est une capsule mince et comprimée, quelquefois à trois ailes ou une baie globuleuse, quelquefois allongée, couronnée par le limbe calicinal, et offrant d'une à trois loges. Les graines contiennent un embryon très-petit, homotrope, placé vers le hile de l'intérieur d'un endosperme presque corné.

Cette petite famille a été établie par Robert Brown pour placer les genres de la famille des Asparagacées de Jussieu, dont l'ovaire est infère ; tels sont *Dioscorea, Tamus, Rajania, Poliosanthes, Fluggea*, etc.

30e famille. AMARYLLIDACÉES (Amaryllidaceæ).

Amaryllideæ, R. Brown, *Prod.* 296. Endlich. *Gen.* 174; *Amaryllidaceæ*, Lindl. *Nat syst.* 328. *Narcissorum genera*, Juss.

Plantes à racine bulbifère ou fibreuse, à feuilles radicales; à fleurs souvent très-grandes, solitaires, ou disposées en sertules ou ombelles simples, enveloppées avant leur épanouissement dans des spathes scarieuses (*fig.* 294). Le calice est gamosépale, tubuleux, adhérent par

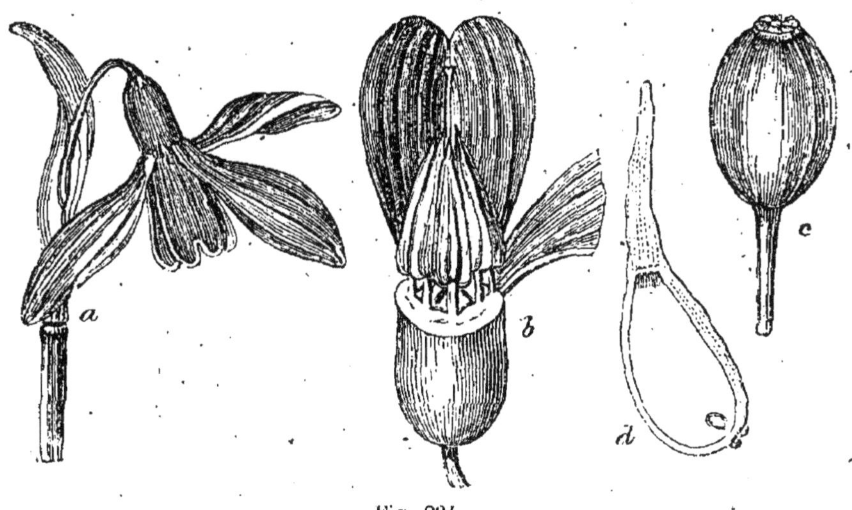

Fig. 294.

sa base avec l'ovaire, à six divisions égales ou inégales. Les étamines, au nombre de six, ont leurs filets libres ou réunis au moyen d'une membrane. L'ovaire est à trois loges contenant chacune un grand nombre d'ovules anatropes ; le style est simple et le stigmate trilobé. Le fruit est une capsule à trois loges et à trois valves septifères ; quelquefois c'est une baie qui, par avortement, ne contient qu'une à trois graines. Celles-ci, qui offrent assez souvent une caroncule celluleuse, présentent dans un endosperme charnu un embryon cylindrique et homotrope, plus court que la graine.

Robert Brown a partagé la famille des Narcisses de Jussieu en deux

Fig. 294. *Galanthus nivalis* : *a*, fleur entière ; *b*, la même, dont on a enlevé trois des sépales pour montrer la position des étamines ; *c*, capsule ; *d*, graine fendue longitudinalement pour montrer la position de l'embryon dans l'endosperme.

ordres naturels : les *Hémérocallidées*, où il a placé les genres à ovaire libre, et les *Amaryllidées*, qui sont les véritables *Narcissées* à ovaire infère. Nous avons précédemment réuni les Hémérocallidées aux Liliacées. Le même botaniste célèbre a aussi retiré des Narcisses de Jussieu les genres *Hypoxis* et *Curculigo*, dont il a fait un groupe sous le nom d'HYPOXYDÉES, qui nous paraît peu différent des vrais Amaryllidées. Kunth a également distrait de cette famille le genre *Pontederia*, qui, avec l'*Heteranthera*, forme la famille des PONTÉDÉRIACÉES, dont nous avons tracé précédemment les caractères.

On peut classer en quatre tribus de la manière suivante les genres qui composent cette famille :

1re *tribu*. AMARYLLIDÉES : racine bulbifère ; pas de tige, pas d'étamines stériles : * *Galanthus*, * *Leucoium*, *Strumaria*, * *Amaryllis*, *Crinum*, *Hæmanthus*.

2e *tribu*. NARCISSÉES : racine bulbifère, pas de tige : étamines stériles libres ou soudées en une sorte de couronne : * *Pancratium*, *Narcissus*, *Getylis*.

3e *tribu* ALSTRÉMÉRIÉES : racine fibreuse ou bulbifère, portant une tige feuillée : *Campynema*, *Alstrœmeria*, *Agave*, *Fourcroya*.

4e *tribu*. HYPOXIDÉES : racine fibreuse ou tubéreuse ; feuilles toutes radicales ; tégument de la graine dur et crustacé : *Hypoxis*, *Curculigo*.

31e famille. HÉMODORACÉES (Hæmodoraceæ).

Hæmodoraceæ, R. Brown, *Prodr*, 299. Lindl. *Nat. syst.* 330. Endlich. *Gen.* 170.

Les Hémodoracées sont des plantes herbacées, vivaces, quelquefois sans tige, ayant les feuilles distiques, simples, engaînantes à leur base ; des fleurs disposées en corymbes ou en épis. Leur calice est monosépale, à six divisions profondes, adhérant par sa base avec l'ovaire infère, excepté dans le seul genre *Wachendorfia*. Les étamines insérées au calice sont au nombre de six ou de trois : dans ce dernier cas, elles sont opposées aux divisions intérieures. L'ovaire est à trois loges, qui contiennent chacune un, deux ou plusieurs ovules. Le style et le stigmate sont simples. Le fruit est une capsule quelquefois indéhiscente, ou s'ouvrant soit par son sommet, soit par le moyen de valves. Les graines contiennent un très-petit embryon dans un endosperme assez dur.

Cette petite famille, par son port, se rapproche beaucoup des Iridacées, mais elle en diffère par ses étamines au nombre de six, ou, quand il n'y en a que trois, par ses étamines opposées aux divisions intérieures du calice, et non aux extérieures, comme dans les Iridacées.

Elle en diffère encore par son stigmate constamment simple. On la distingue des Amaryllidées par son calice longuement tubuleux dont les six divisions sont sur le même plan, par le test de ses graines coriaces et non membraneux et charnu, et par ses feuilles distiques et comprimées à la manière de celles des Iris. Les genres *Dilatris*, *Lanaria*, *Heritiera*, *Wachendorfia*, *Hæmodorum*, *Conostylis*, *Anigozanthus*, et *Phlebocarya*, composent cette famille.

32e famille. TACCACÉES (Taccaceæ).

Tacceæ, Presl. *Reliq. Hænk.* I, 149. *Taccaceæ*, Lindl. *Nat. syst* 331. Endlich. *Gen.* 159.

Petite famille qui renferme le genre *Tacca*, et offre pour caractères distincts : un calice adhérent, à limbe pétaloïde, persistant, à six divisions égales ou inégales ; six étamines attachées à la base du calice, à filets dilatés, pétaloïdes, et en forme de capuchon à leur sommet ; à anthères biloculaires attachées dans la partie concave des filets au-dessous de leur sommet ; ovaire composé de trois carpelles, soudés bords à bords et formant une seule loge, avec trois trophospermes pariétaux polyspermes ou imparfaitement triloculaires par la prolongation des trophospermes vers l'axe ; ovules anatropes ou amphitropes : trois styles soudés, stigmates soudés, rayonnants et bifides. Fruit charnu, indéhiscent, uniloculaire, ou incomplétement triloculaire et polysperme. Graines composées d'un petit embryon placé à la base d'un endosperme charnu.

Les deux genres exotiques *Tacca*, Forster, et *Ataccia*, Presl, qui composent cette famille, sont des plantes herbacées, à racine tubériforme, à feuilles radicales, pédalées et à segments pinnatifides ou simples. Les fleurs sont hermaphrodites régulières, disposées en une sorte d'ombelle au sommet d'une hampe assez courte.

Jussieu avait placé le genre *Tacca*, à la fin des Narcissées, dont il diffère par son fruit charnu et son embryon extrorse. R. Brown l'a rapproché des Aroïdées, et pense qu'il tient le milieu entre cette famille et celle des Aristolochiées. Enfin Lindley considère les Taccacées comme ayant des rapports avec les Hémodoracées et les Burmanniacées.

33e famille. BROMÉLIACÉES (Bromeliaceæ).

Bromeliæ, Juss. *Gen. Bromeliaceæ*, Lindl. *Nat. syst.* 334. Endlich. *Gen.* 181.

Les Broméliacées sont des plantes toutes exotiques, vivaces et quelquefois parasites. Leurs feuilles sont alternes, et, en général, réunies en faisceaux à la base de la tige ; elles sont allongées, étroites, épaisses, roides, souvent dentelées épineuses sur les bords. Dans un grand nombre d'espèces, toute la plante est couverte d'une sorte de duvet ferrugineux. Les fleurs forment des épis écailleux, des grappes rameuses ou des capitules, dans lesquelles elles sont quelquefois tellement rapprochées qu'elles finissent par se souder ensemble. Dans un petit nombre d'espèces, les fleurs sont terminales et solitaires. Leur calice est tubuleux, adhérent par sa partie inférieure avec le tube du calice. Le limbe présente six divisions plus ou moins profondes, sur deux rangs, dont les trois inférieures sont plus grandes, plus colorées et pétaloïdes. Les étamines sont, en général, au nombre de six, rarement en plus grand nombre. L'ovaire est à trois loges, dans chacune desquelles sont insérés un grand nombre d'ovules anatropes. Le style se termine par un stigmate à trois divisions planes ou subulées. Le fruit est généralement une baie couronnée par les lobes du calice, à trois loges polyspermes. Quelquefois toutes les baies d'un même épi se soudent ensemble et forment un fruit unique comme dans l'ananas. Plus rarement le fruit est sec et déhiscent. Les graines se composent d'un endosperme farineux à la partie inférieure duquel est placé un embryon allongé, droit ou recourbé, homotrope.

Nous avons dit précédemment qu'on avait retiré de cette famille les genres à ovaire libre pour en former la famille des Tillandsiées (voy. p. 439).

La famille des Broméliacées a de grands rapports avec celle des Amaryllidacées; mais elle en diffère par son calice, dont les divisions sont disposées sur deux rangs, par ses fruits charnus, par son endosperme farineux et non corné ou charnu, et surtout par le port des végétaux qui la composent.

1re *tribu*. ANANASSÉES : fruit charnu : *Ananassa*, *Bromelia*, *Œchmea*, *Bilbergia*.

2e *tribu*. PITCAIRNIÉES : fruit capsulaire : *Brochinia*, *Pitcairnia*.

44e famille. MUSACÉES (*Musaceæ*).

Musæ, Juss. *Gen. Musaceæ*, Rich. *de Musaeis*, Bonn. 1831. Lindl. *Nat. syst.* 326. Endlich. *Gen.* 227.

Plantes herbacées ou vivaces dépourvues de tiges, ou quelquefois munies d'un tube allongé, cylindrique en forme de tige offrant plus rarement un stipe ligneux et simple; feuilles longuement pétiolées, embrassantes à la base, très-entières; fleurs fort grandes, souvent peintes des couleurs les plus vives, réunies en grand nombre et renfermées dans des spathes. Leur calice est irrégulier (*fig.* 295), coloré, pétaloïde, adhérant par sa base avec l'ovaire. Son limbe est à six divisions, dont trois extérieures et trois internes. (Dans le genre *Musa*, cinq des divisions sont externes, et forment en quelque sorte une lèvre supérieure; une seule est interne, et constitue la lèvre inférieure.) Les étamines, au nombre de six, dont une avorte presque constamment est représentée par une sorte de sépale interne beaucoup plus petit, concave et fort différent des autres. Ces étamines sont insérées à la partie interne des divisions calicinales. Les anthères sont à deux loges linéaires introrses, surmontées, en général, par un appendice membraneux, coloré, pétaloïde, qui est la terminaison du filet. L'ovaire infère est à trois loges contenant chacune un grand nombre d'ovules insérés à leur angle interne. Dans le genre *Heliconia*, il n'y a qu'un seul ovule dans chaque loge. Le style simple se termine par un stigmate quelquefois concave, mais plus souvent à trois lobes ou à trois lanières. Le fruit est ou une capsule à trois loges polysperme, à trois valves portant l'une des cloisons sur le milieu de leur face interne, où un fruit charnu et indéhiscent. Les graines, quelquefois portées sur un podosperme et environnées de poils disposés circulairement, se composent d'un tégument quelquefois crustacé, d'un endosperme farineux contenant un embryon, axile orthotrope, allongé et dressé.

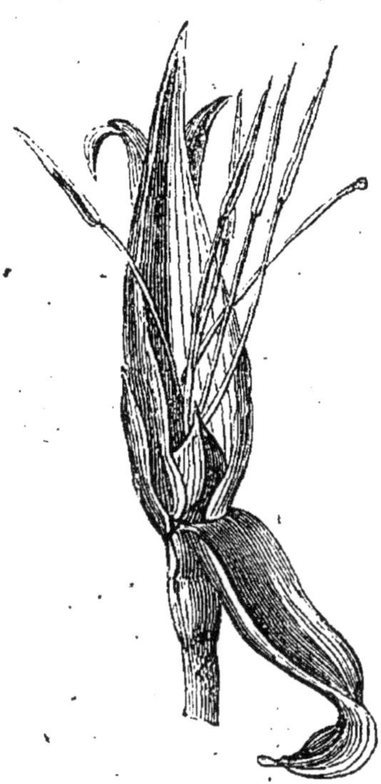
Fig. 295.

Cette famille se compose des genres *Musa, Heliconia; Strelitzia* et *Urania*. Intermédiaire entre les Narcissées et les Amomées, elle diffère des premières par son calice constamment irrégulier, et des secondes par ses étamines, toujours au nombre de cinq à six.

Ces genres forment deux tribus :

1re *tribu*. Héliconiacées : loges de l'ovaire uniovulées, capsule septicide : *Héliconia*.

2e *tribu*. Loges de l'ovaire multiovulées.

a. Fruit charnu : *Musa*.

b. Fruit sec, déhiscence loculicide : *Ravenala, Strelitzia*.

Fig. 295. *Heliconia Bihai* : fleur entière.

35e famille. BURMANNIACÉES (Burmanniaceæ).

Burmannieæ, Spreng. *Syst.* I, 123. *Burmanniaceæ*, Blum. *Enum. pl. Jav*, I, 27. Lindl. *Nat. syst.* 330. Endlich. *Gen*, 163.

Les fleurs sont hermaphrodites. Le limbe du calice est tubuleux, mince, pétaloïde, à six divisions, dont trois externes plus grandes, plus larges, offrant quelquefois extérieurement un appendice en forme d'aile, et trois internes plus courtes et souvent extrêmement petites. Les étamines, au nombre de trois, sont attachées à la face interne du tube calicinal et opposées à ses sépales internes; leurs anthères introrses sont composées de deux loges s'ouvrant transversalement et séparées l'une de l'autre par un connectif très-marqué. Trois étamines stériles et rudimentaires alternent quelquefois avec trois étamines fertiles. L'ovaire infère est à trois loges multiovulées, plus rarement à une seule loge. Le style simple se termine par un stigmate à trois lobes, quelquefois membraneux et pétaloïde. La capsule est à une ou à trois loges s'ouvrant irrégulièrement. Les graines sont très-petites. L'embryon, selon Blume, est très-petit et renfermé dans un endosperme charnu.

Les Burmanniacées sont des plantes basses, herbacées, toutes exotiques, ayant des feuilles étroites aiguës, réunies en touffe à la base d'une tige ou hampe terminée par des fleurs bleues ou jaunes ordinairement disposées en double épi.

Genres : *Burmannia, Tripterella, Gonyanthes, Apteria.*

Le genre *Burmannia*, qui sert de type à cette petite famille, avait été placé par Jussieu dans la famille des Broméliacées. R. Brown l'avait transporté à la suite des Joncées, et de Martius parmi les Hydrocharidées. Cette petite famille diffère des Broméliacées par ses étamines au nombre de trois seulement, et par son endosperme charnu et non farineux. Elle se rapproche des Hémodoracées, dont on la distingue par ses graines excessivement petites et nombreuses, par son stigmate à trois lobes et non simple.

36e famille. IRIDACÉES (Iridaceæ).

Irideæ, Juss. *Gen.* Ker. *Iridear. Gen.* 1827. *Iridaceæ*, Lindl. *Nat. sys*, 332. Endlich. *Gen.* 164.

Famille très-naturelle, composée de végétaux ordinairement herbacés, à racine ou souche tubéreuse et charnue, rarement fibreuse. Leur tige est cylindrique ou comprimée, portant des feuilles alternes planes, ensiformes, souvent distiques et équidistantes (*fig.* 296). Leurs fleurs, qui sont souvent très-grandes, sont enveloppées avant leur épanouissement dans une spathe membraneuse, mince ou scarieuse. Ces fleurs sont solitaires ou diversement groupées. Leur calice est coloré (*a*), tubuleux, à six divisions profondes disposées sur deux rangées et souvent inégales. Les étamines, constamment au nombre de trois, sont libres ou monadelphes, opposées aux divisions externes

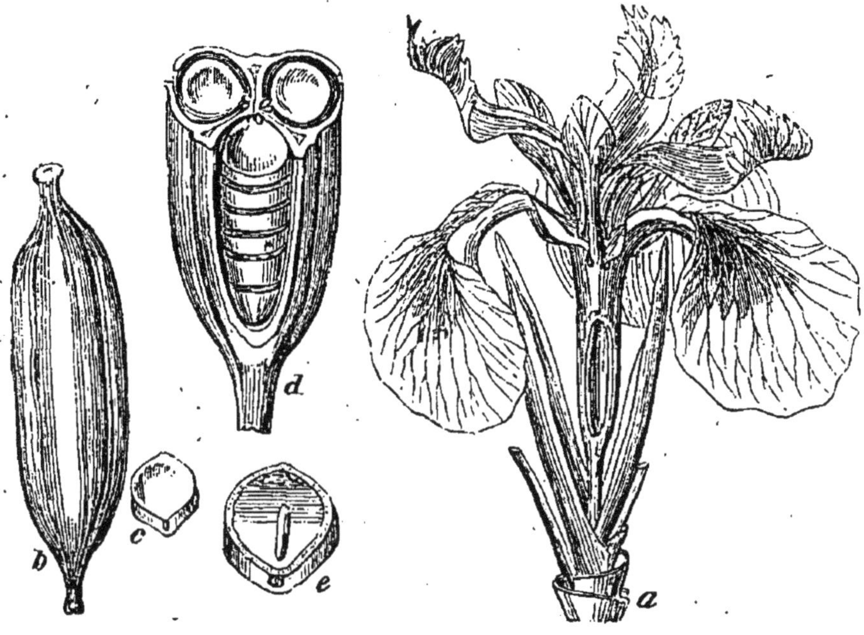

Fig. 296.

du calice, leurs anthères sont extrorses. L'ovaire est à trois loges multiovulées : les ovules sont anatropes. Le style est simple, terminé ar trois stigmates simples, bifides ou découpés, et en lames minces et pétaloïdes, opposées ou alternes avec les étamines. Le fruit (*b*, *d*) est une capsule à trois loges s'ouvrant en trois valves septifères. Les graines se composent d'un tégument propre et d'un embryon cylindrique (*e*) homotrope, placé dans un endosperme charnu ou corné.

Cette famille, composée d'un grand nombre de genres, se divise en deux sections suivant que ces genres ont les étamines libres ou monadelphes.

1re *tribu*. Gladiolées : étamines libres : * *Iris*. * *Ixia*, * *Gladiolus*, * *Crocus*, *Antholiza*, *Wattsonia*.

2e *tribu*. Galaxiées : étamines monadelphes : *Sisyrinchium*, *Galaxia*, *Trigidia*, *Vieusseuxia*, *Ferraria*, etc.

Fig. 296. *Iris pseudacorus* : *a*, fleur entière ; *b*, capsule ; *d*, la même, coupée pour montrer la position des graines ; *c*, graine entière ; *e*, la même, coupée en travers et montrant la position de l'embryon

On distingue facilement les Iridacées à leur ovaire infère et à leurs étamines constamment au nombre de trois, opposées aux sépales externes, et ayant leurs anthères extrorses. Elles diffèrent des Burmanniacées par ces deux caractères et la nature de leurs stigmates et des Hémodoracées par le nombre constamment ternaire de leurs étamines et leur position devant les sépales externes.

37e famille. AMOMACÉES (Amomaceæ).

Cannæ, Juss. *Scitamineæ* et *Cannæ*, R. Brown, Roscoe, *Monog.* Lestib. *Mem. Ann. Sc. nat.* — *Zingiberaceæ*. Rich. *Anal fr. Scitamineæ* et *Marantheæ*, Lindl. *Zingiberaceæ* et *Cannaceæ*, Endlich. *Gen.* 221.

Plantes vivaces d'un port tout particulier qui les rapproche un peu des Orchidées : racine ordinairement tubéreuse et charnue; feuilles

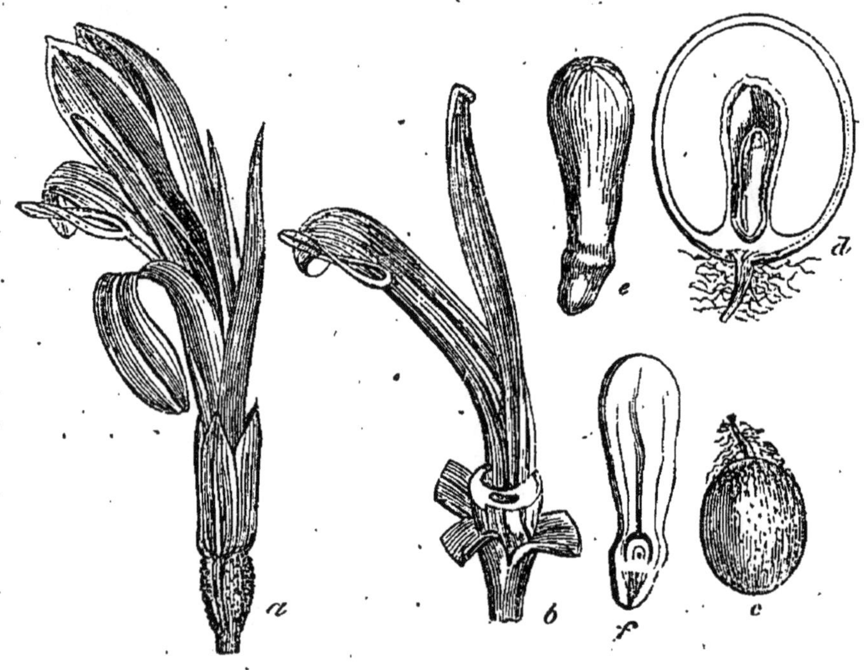

Fig. 297.

engaînantes à leur base, à nervures latérales et parallèles (*fig.* 297). Les fleurs souvent très-grandes, rarement solitaires, sont disposées en épis, quelquefois imbriqués, en grappes ou en panicules. Leur

Fig. 297, *Canna lutea* : *a*, fleur entière; *b*, la fleur dont on a enlevé les sépales, et réduite au style, au stigmate et à l'étamine fertile; *c*, graine; *d*, la même, coupée longitudinalement; *e*, embryon; *f*, le même, coupé longitudinalement.

calice est double (*a*), l'extérieur plus court que l'intérieur, l'un et l'autre formés de trois sépales ordinairement réguliers. En dedans du calice intérieur sont des appendices pétaloïdes, plus grands que les sépales, inégaux; au nombre de trois ou quatre, dont un quelquefois beaucoup plus grand représente en quelque sorte le labelle des Orchidées (*a*). Ces appendices sont autant d'étamines avortées. Étamines fertiles, une ou deux, composées d'un anthère uniloculaire (*b*); quand il y en a deux, elles se soudent et semblent en former une seule dont l'anthère serait simplement biloculaire; filet cylindrique ou plan. Style grêle, cylindrique ou plan, stigmate latéral ou terminal et concave, et en forme de coupe. Ovaire à trois loges pluriovulées, portant souvent un petit disque épigyne et unilatéral, qui doit aussi être compté comme une étamine avortée. Le fruit est communément une capsule triloculaire, trivalve, polysperme et loculicide, plus rarement il est légèrement charnu et bacciforme, uniloculaire et monosperme par avortement. Les graines (*c*) contiennent un embryon cylindracé (*e, f*), placé dans un endosperme simple (*d*) ou double. L'endosperme interne a été décrit sous le nom de *vitellus* par Gærtner.

M. Lestiboudois est le premier qui ait commencé à nous faire bien connaître la structure de la fleur des plantes de cette famille, en considérant les appendices pétaloïdes placés en dedans du second calice comme des étamines transformées. Ces appendices sont en nombre variable. Ils complètent avec l'étamine unique ou les deux étamines fertiles, en y joignant le disque épigyne, les six étamines qui caractérisent cette famille.

R. Brown a proposé de partager les genres rapportés à ce groupe en deux familles distinctes, l'une qu'il nomme *Cannées*, l'autre *Scitaminées*. Dans la première, l'étamine fertile est toujours latérale et fait partie de la rangée externe des étamines, tandis que dans les Scitaminées cette étamine fertile (qui pour nous représente deux étamines soudées) correspond au labelle et appartient à la rangée intérieure des étamines. Dans les premières, il n'y a qu'un seul endosperme, tandis qu'on en trouve deux dans les Scitaminées. Malgré ces différences qui sont cependant fort importantes, nous avons cru devoir conserver comme une seule famille le groupe des Cannées de Jussieu, en subdivisant les genres en deux tribus :

1re *tribu*. CANNACÉES ou MARANTACÉES, étamine fertile simple, uniloculaire, appartenant à la rangée extérieure, et placée en face d'une des divisions latérales du périanthe interne. Embryon placé dans un endosperme simple : *Canna, Myrosma, Thalia, Maranta*, etc.

2e *tribu*. ZINGIBÉRACÉES ou SCITAMINÉES, deux étamines fertiles soudées en une seule, appartenant à la rangée interne et opposée au labelle. Embryon placé dans un double endosperme : *Zingiber, Curcuma, Kæmpferia, Amomum, Alpinia, Costus*.

38e famille. ORCHIDACÉES (Orchidaceæ).

Orchideæ, Juss. *Gen.* Swartz. *Orch. in Act. Holm.* 1801. R. Brown. *Prodr.* I, p. 300; L. C. Rich. *de Orch. Europ.* 1818. Lindl. *Gen. and sp. Orch.* 1826, etc. Ibid. *Nat. syst.* p. 336. Endlich. *Gen.* p. 185.

Plantes vivaces, quelquefois parasites sur les autres végétaux, ayant une racine composée de fibres simples et cylindriques, souvent accompagnée d'un ou de deux tubercules, charnus, ovoïdes ou globuleux, entiers ou digités. Les feuilles sont toujours simples, alternes, engaînantes. Elles naissent immédiatement de la tige ou de rameaux courts, renflés, charnus, nommés *pseudobulbes*, qu'on n'observe que dans les espèces exotiques et parasites (*fig.* 298, *a*). Les fleurs, souvent très-

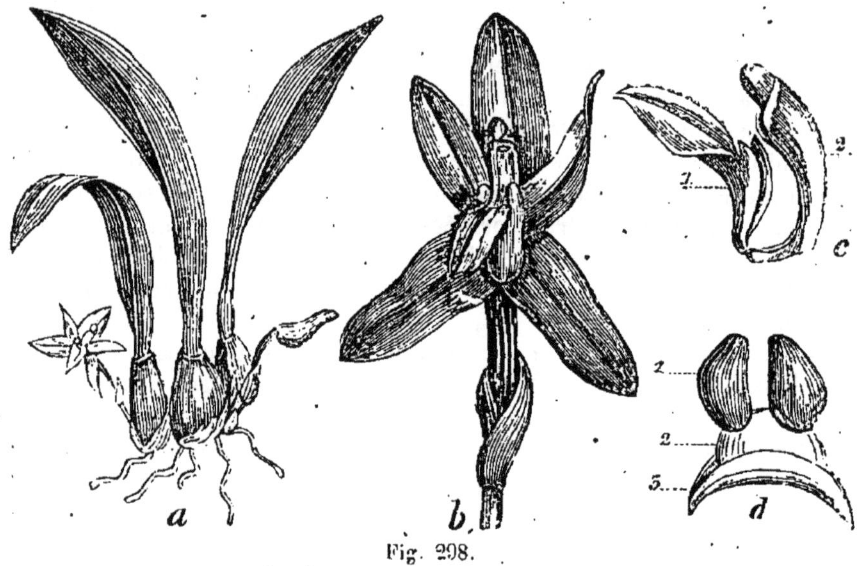

Fig. 298.

grandes et d'une forme particulière, sont solitaires, fasciculées en épi ou en panicule. Leur calice est à six divisions profondes, dont trois intérieures et trois externes (*b*). Celles-ci, assez souvent semblables entre elles, sont étalées, ou rapprochées les unes contre les autres à la partie supérieure de la fleur où elles forment une sorte de casque (*calix galeatus*, *fig.* 299). Des trois divisions internes deux sont latérales, supérieures et semblables entre elles : l'une est inférieure, d'une figure toute particulière, et porte le nom de *labelle* ou *tablier*

Fig. 298. *Maxillaria Vanillæodora* : *a*, plante entière ; *b*, fleur ; *c*, gynostème et labelle ; *d*, les deux masses polliniques (1) portées sur une caudicule (2) et terminées par une glande (3) ou rétinacle.

(*fig.* 299, *a*) : il présente quelquefois à sa base un prolongement creux nommé éperon (*labellum calcaratum*). Du centre de la fleur (*fig.* 298, *c*) s'élève sur le sommet de l'ovaire une sorte de colonne nommée *gynostème* (*c*, 2), qui est formée par le style et les trois filets staminaux soudés, et qui porte à sa face antérieure et supérieure une fossette glanduleuse, qui est le stigmate, et à son sommet une anthère à deux loges, s'ouvrant soit par deux sutures longitudinales, soit par un opercule, qui en forme toute la partie supérieure. Le pollen, contenu dans chaque loge de l'anthère, est réuni en une ou plusieurs masses ayant la même forme que la cavité qui les renferme. Au sommet du gynostème, sur les parties latérales de l'anthère, on trouve deux petits tubercules qui sont deux étamines avortées, et qu'on nomme *staminodes*. Ces deux étamines sont, au contraire, développées dans le genre *Cypripedium*, tandis que celle du milieu avorte. Ainsi c'est l'étamine placée dans un sens diamétralement opposé au labelle qui se développe dans tous les genres de cette famille, moins le genre *Cypripedium*. Le fruit est une capsule à une seule loge, plus rarement un peu charnue, s'ouvrant dans le premier cas en trois valves, qui, semblables à des panneaux, s'enlèvent en laissant les trois trophospermes unis et rapprochés au sommet et à la base, et formant une sorte de châssis, contenant un très-grand nombre de graines très-petites, attachées à trois trophospermes pariétaux, saillants et bifurqués du côté interne. Ces graines ont leur tégument extérieur formé d'un réseau léger, et se composent d'un embryon ovoïde très-renflé, offrant une petite fossette, dans laquelle se trouve placée la gemmule qui est presque nue. La masse de l'embryon a été considérée à tort, par beaucoup d'auteurs, comme un endosperme, et la gemmule comme étant l'embryon.

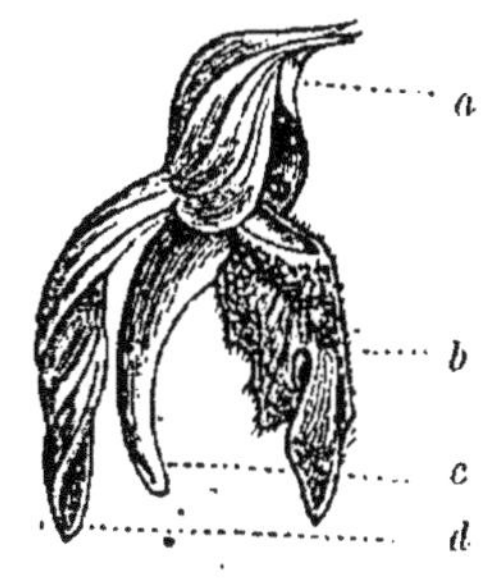

Fig. 299.

Cette famille, qui peut être regardée comme une des plus naturelles du règne végétal, offre des particularités si remarquables dans l'organisation de sa fleur, qu'elle ne peut être confondue avec nulle autre. La soudure des étamines avec le style et le stigmate, et surtout l'organisation du pollen réuni en masse (caractère qui ne s'observe que dans les Asclépiadées et dans quelques Mimeuses parmi les dicotylédons), sont les caractères distinctifs les plus saillants de cette famille. Les masses polliniques (*pollinia*), offrent dans leur composition des modifications qui ont servi à établir trois tribus principales dans la famille des Orchidées. Tantôt elles sont formées de granules

Fig. 299. Fleur d'orchidée vue de côté.

assez gros, cohérents entre eux au moyen d'une matière visqueuse qui, lorsqu'on tend à les séparer, s'allonge sous forme de filaments élastiques : on donne à ces masses polliniques le nom de masses *sectiles*. Tantôt les masses polliniques sont *pulvérulentes*, c'est-à-dire formées d'une matière comme pultacée ou de granules qu'on isole facilement les uns des autres, ce qui s'observe dans les genres *Limodorum, Epipactis*, etc. Enfin, chaque masse pollinique peut être formée de granules tellement cohérents et confondus entre eux, qu'elle semble composée de cire ; on dit qu'elle est *solide*.

Les masses polliniques se prolongent quelquefois à leur partie inférieure en un appendice nommé *caudicule*, qui souvent se termine par une glande visqueuse de forme variée, et qu'on nomme *rétinacle*. Le nombre de ces masses polliniques varie d'un à quatre par chaque loge de l'anthère. Celle-ci est tantôt placée à la face antérieure et supérieure du gynostème, dont elle n'est pas distincte, comme dans la tribu des Ophrydées ; tantôt elle est placée dans une espèce de fossette qui termine le gynostème à son sommet, et qu'on nomme *clinandre*, et elle s'ouvre et s'enlève comme une sorte d'opercule (*anthera operculiformis*), comme dans tous les genres des Épidendrées, des Malaxidées.

Dans son grand travail sur les Orchidées, Lindley groupe les genres nombreux de cette famille en huit tribus : 1° Malaxidées ; 2° Épidendrées ; 3° Vandées ; 4° Ophrydées ; 5° Gastrodiées ; 6° Aréthusées ; 7° Néottiées ; 8° Cypripédiées. Nous pensons qu'on pourrait, sans inconvénient, réduire ces tribus de la manière suivante :

1re *tribu*. MALAXIDÉES : masses polliniques solides, sans caudicules ni rétinacle ; espèces ordinairement épidendres : * *Malaxis, Pleurothallis, Octomeria, Stelis*.

2e *tribu*. ÉPIDENDRÉES : masses polliniques pulvéracées, offrant une caudicule également pulvéracée repliée en dessous ; espèces épidendres : *Epidendrum, Isochilus, Brassavola, Lælia, Cattleya*.

3e *tribu*. VANDÉES : masses polliniques solides, munies d'une caudicule et d'un rétinacle ; espèces parasites : *Maxillaria, Govenia, Catasetum, Peristoria*.

4e *tribu*. OPHRYDÉES : masses polliniques sectiles ; caudicule et rétinacle ; espèces terrestres : * *Orchis*, * *Ophrys, Habenaria*, * *Aceras*, * *Anacamptis*, * *Gymnadenia*, * *Horminium*, * *Serapias*.

5e *tribu*. NÉOTTIÉES : masses polliniques pulvérulentes ou granuleuses ; espèces terrestres : * *Limodorum*, * *Spiranthes*, * *Neottia*, * *Listeria*, * *Goodyera*.

6e *tribu*. CYPRIPÉDIÉES : deux étamines fertiles : * *Cypripedium*.

39e famille. APOSTASIACÉES (Apostasiaceæ).

Apostasiæ, R. Brown. *in Wallich. pl. As. rar.* I. 74. Endlich. *Gen.* 111
Apostasiaceæ, Lindl. *Nat. syst.* 342.

Petite famille très-voisine des Orchidées, dont elle diffère seulement par son fruit à trois loges, à déhiscence loculicide, par son style en grande partie distinct des étamines. Elle se compose de deux genres *Apostasia* et *Neuwiedia*, de Blume, dont les espèces originaires de l'Inde sont des plantes herbacées et vivaces, à tige simple ou rameuse, à feuilles engaînantes et à fleurs disposées en épis ou en grappes.

IIIe EMBRANCHEMENT

VÉGÉTAUX DICOTYLÉDONÉS

Les caractères de ce grand embranchement du règne végétal sont trop tranchés, trop bien établis, pour que nous nous arrêtions ici à les exposer avec détails. Un embryon dont le corps cotylédonnaire présente deux, plus rarement un grand nombre de cotylédons, une radicule nue, une gemmule placée à la base et entre les deux cotylédons qui la recouvrent complétement ; une tige, ordinairement rameuse, composée de faisceaux vasculaires réunis en couches concentriques autour d'un canal médullaire ; le nombre cinq dominant dans les organes constituant la fleur, forment un ensemble qu'il est impossible de méconnaître.

Les Dicotylédones se partagent en trois grandes divisions secondaires : 1° les *Apétales ;* 2° les *Gamopétales ;* 3° les *Polypétales* ou *Dialypétales*. C'est suivant cet ordre que nous avons rangé les diverses familles de végétaux dicotylédonés.

PREMIÈRE DIVISION : APÉTALES

A. FLEURS DICLINES

DICOTYLÉDONES : FLEURS APÉTALES DICLINES, DISPOSÉES EN CHATONS

[Les trois familles suivantes : *Cycadacées*, *Conifères* et *Gnétacées*, composent la classe des Gymnospermes ; laquelle comprend des plantes de port très-différent, mais qui toutes par leurs rapports morphologiques, par les particularités de leurs tissus et surtout par leur reproduction sexuée, constituent un groupe naturel.

Voici en quels termes ce groupe est caractérisé par M. Alph. de Candolle :

« Fleurs presque toujours unisexuées, très-simples ; les fleurs mâles consistant en une écaille pollinifère, les femelles en un ovule apical, ou plus souvent en ovules situés soit à la marge d'une feuille, soit près de la base d'une écaille latérale à l'axe. Ovules privés d'ovaire, tout à fait nus, ou plus rarement (dans les Gnétacées) entourés d'une tunique ouverte (périgone ?), fréquemment polyembryonnés. Tubes polliniques formés en dedans de la membrane interne de chaque grain, arrivant après leur évolution complète à être en contact, au sommet du sac embryonnaire, avec certaines cellules dites *corpuscules*. Proembryon composé dans la partie inférieure du corpuscule, de cellules en nombre quaternaire, et hors du corpuscule émettant par le centre de l'endosperme des fils suspenseurs allongés, sinueux, portant l'embryon à leur extrémité. Cotylédons deux, quelquefois profondément découpés. — Arbres ou arbrisseaux ; végétation par bourgeons terminaux ; vaisseaux ligneux parsemés de pores ombiliciformes ; feuilles sans stipules, réduites le plus souvent à de minces membranes ou à des écailles ou à un limbe très-étroit. Fleurs ordinairement disposées en strobile, quelquefois avec une bractée sous chaque écaille ovuligère.

Par leur embryon et par leur accroissement exogène, les Gymnospermes ne diffèrent pas des Dicotylédonées ; mais leur mode de fécondation les rattache aux Cryptogames vasculaires. Le port des Cycadées se rapproche de celui des Palmiers, aussi bien que de celui des Fougères arborescentes et des Lycopodiacées, avec lesquelles ils végétaient aux époques géologiques en plus grand nombre qu'aujourd'hui.

Les Gnétacées forment comme la transition entre les Gymnospermes et les autres Dicotylédonées, qui sont angiospermes. » (Ext. et trad. du *Prodromus*, t. XVI, 2e partie, p. 345).]

40e famille. CYCADACÉES (*Cycadaceæ*).

Cicadeæ, L. Rich. *Comm. de Cycadeis.* in-fol. fig. Stuttg. 1826. Brogn. *Ann Sc. nat.* XVI, p. 589. Lehm. *Pugill.* VI. Miquel. *Cycad. Monog.* Ibid. *Ann. Sc. nat.* 3e série III, p. 193, *Cycadaceæ*, Lindl. *Nat. syst.* 312. Endlich. *Gen.* 70.

Les Cycadacées, composées des genres *Cycas*, *Zamia* et *Encephalartos*, sont des végétaux exotiques, ayant le port des Palmiers. Leurs feuilles, réunies au sommet du stipe, sont pennées et roulées en crosse avant leur développement, comme dans les Fougères. Les fleurs sont constamment dioïques. Les fleurs mâles constituent des chatons ou cônes quelquefois très-grands, composés d'écailles spatulées, recouvertes à leur face inférieure d'un très-grand nombre d'étamines qui doivent être considérées chacune comme une fleur mâle. L'inflorescence des fleurs femelles n'est pas la même dans les deux genres *Cycas* et *Zamia*. Dans le premier, un long spadice spatuliforme, aigu, denté sur ses côtés, porte à chaque dent une fleur femelle, enfoncée dans une petite fossette. Le *Zamia* a ses fleurs femelles également en cône, et ses écailles, qui sont épaisses et peltées, portent chacune à leur face inférieure deux fleurs femelles renversées. Ces fleurs se composent d'un calice globuleux, percé d'une très-petite ouverture à son sommet, et appliqué sur l'ovaire avec lequel il est en partie adhérent à sa base. Cet ovaire est uniloculaire et contient un seul ovule ; il se termine à son sommet par un stigmate en forme de mamelon. Le fruit est une sorte de noix recouverte par le calice, qui quelquefois est légèrement charnu. Le péricarpe est, en général, mince, crustacé et indéhiscent, adhérent avec le tégument propre de la graine. L'amande se compose d'un endosperme charnu, contenant un embryon à deux cotylédons inégaux, et quelquefois cohérents entre eux, et dont la radicule est soudée avec l'endosperme.

Pour peu qu'on compare la structure des fleurs mâles, et surtout des fleurs femelles des Cycadacées avec celle des Conifères, on sera frappé de l'extrême ressemblance qui existe entre ces deux familles, et l'on devra adopter l'opinion de mon père, qui les place l'une à côté de l'autre. En effet, dans toutes les deux, les fleurs mâles consistent chacune dans une seule anthère uniloculaire ; les fleurs femelles se composent d'un périanthe gamosépale, d'un ovaire semi-infère, à une seule loge et à un seul ovule. Le fruit et la graine offrent la même organisation ; il est vrai que le port est tout à fait différent dans ces deux familles, puisque les Cycadacées ressemblent beaucoup aux Palmiers. Mais doit-on sacrifier à ce caractère les analogies si importantes qui existent dans l'organisation des fleurs des Cycadacées et des Conifères? Doit-on placer parmi les Monocotylédones une famille dont l'embryon est évidemment à deux cotylédons? En admettant cette supposition, à côté de quelle famille monocotylédonée placera-t-on les Cycadacées ? Elles n'ont de rapport avec aucune de ces familles ; elles devront rester isolées, tandis que si l'on donne la préférence à la structure de l'embryon et à celle des fleurs, et qu'on place les Cycadacées parmi les Dicotylédones, il ne reste aucun doute sur la place qu'elles doivent occuper. Elles viennent tout naturellement se classer à côté des Conifères. Nous exposerons, en parlant de cette dernière famille, l'opinion que beaucoup de botanistes se sont formée de la structure de leurs fleurs femelles, qui se composeraient uniquement d'un ovule nu.

41e famille. CONIFÈRES (Coniferæ).

Coniferæ, Juss. *Gen.* L. C. Rich. *de Coniferis* et *Cycadeis*, comm. in-fol. fig. Stuttg. 1826; Lindl. *Nat. syst.* 313. Endlich. *Gen.* 258.

Cette famille se compose de tous ces arbrisseaux et grands arbres ayant de l'analogie avec le pin et le sapin, et que l'on désigne communément sous le nom d'*arbres verts* ou *résineux* (*fig.* 300). Leurs feuilles, coriaces et roides, persistent dans toutes les espèces, excepté

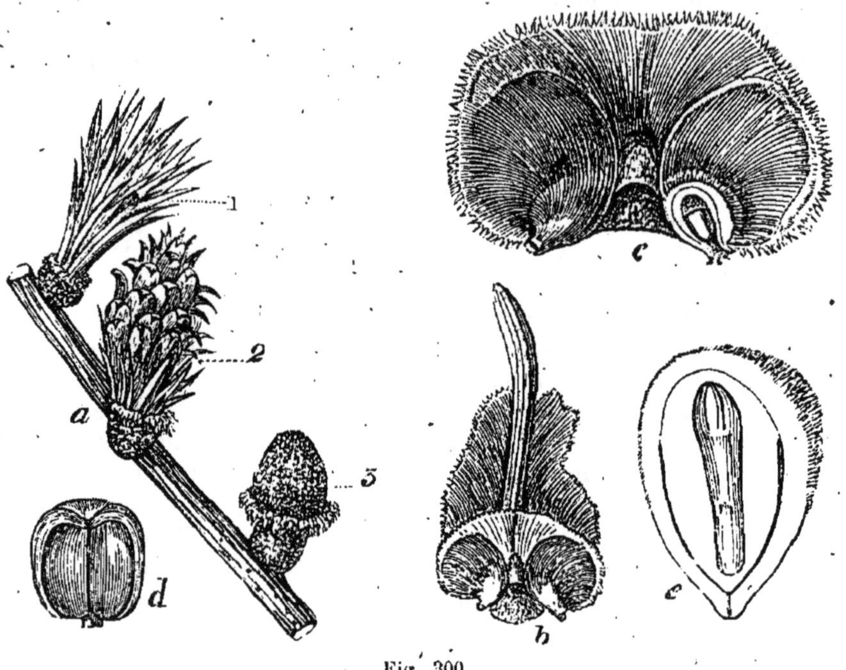

Fig. 300.

dans le Mélèze et le Gingko. Ces feuilles sont tantôt élargies, tantôt linéaires, solitaires ou réunies en faisceaux au nombre de deux à cinq, et accompagnées à leur base d'une petite gaîne scarieuse; ou bien elles sont en forme d'écailles imbriquées ou lancéolées, etc. Les fleurs sont constamment unisexuées et en général disposées en cônes ou chatons (*a*, 2, 3). Les fleurs mâles consistent essentiellement chacune dans une étamine, tantôt nue (*d*), tantôt accompagnée d'une écaille à l'ais-

Fig. 300. *Larix europæa* : *a*, rameau portant un faisceau de feuilles (1); un cône de fleurs femelles (2); un cône de fleurs mâles (3); *b*, une écaille du cône femelle portant deux fleurs renversées, adhérentes à sa face supérieure; *c*, les deux fleurs femelles dont une a été ouverte; *d*, une étamine; *e*, fruit fendu et montrant l'embryon polycotylédoné.

selle ou à la face intérieure de laquelle elle est placée ; assez souvent plusieurs étamines s'entre-greffent ensemble par leurs filets et leurs anthères, qui sont uniloculaires ou biloculaires, restent distincts ou se soudent. L'inflorescence des fleurs femelles est très-variable, quoique généralement elles forment des cônes ou chatons écailleux ; ainsi, elles sont quelquefois solitaires, terminales ou axillaires, ou bien réunies dans un involucre charnu ou sec. Chacune de ces fleurs présente un calice gamosépale, adhérent avec l'ovaire, qui est en partie ou en totalité infère. Son limbe, quelquefois tubuleux, est tantôt entier, tantôt à deux lobes divariqués, glanduleux sur leur face interne, et que l'on a généralement considérés comme deux stigmates. L'ovaire est à une seule loge et contient un seul ovule. A son sommet, il présente communément une petite cicatrice qui est le véritable stigmate. Tantôt ces fleurs femelles sont dressées à l'aisselle des écailles ou dans l'involucre où elles sont placées ; tantôt elles sont renversées et soudées deux à deux par un de leurs côtés, à la face interne et vers la base des écailles qui forment le cône. Le fruit est généralement un cône écailleux (*fig.* 301) ou bien un galbule, dont les écailles quelquefois charnues, se soudent et représentent une sorte de baie, comme dans les Genévriers, par exemple. Chaque fruit en particulier, c'est-à-dire chaque pistil fécondé, a un péricarpe souvent crustacé, osseux ou membraneux, quelquefois muni d'une aile membraneuse (*fig.* 301, A, 1) et marginale, à une seule loge contenant une seule graine et restant parfaitement déhiscent. Le tégument propre de la graine est adhérent avec le péricarpe (*fig.* 300, *e*), et recouvre une amande composée d'un endosperme charnu contenant un embryon axile et cylindrique, dont la radicule finit par se souder avec l'endosperme, et dont l'extrémité cotylédonnaire se divise en deux, trois, quatre, et jusqu'à dix cotylédons.

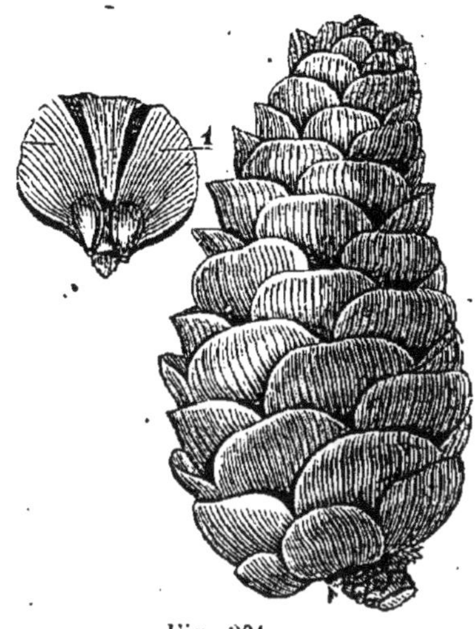

Fig. 301.

La famille des Conifères, sur laquelle mon père a publié un si beau travail (*Commentatio botanica de Coniferis*, in-fol. fig., Stuttgart, 1826), peut se diviser en trois tribus :

1re *tribu*. Taxinées : fleurs femelles distinctes les unes des autres, attachées à une écaille ou dans une cupule quelquefois charnue

Fig. 301. Cône de mélèze : A, une écaille portant deux samares.

(*fig.* 302, *c*, *d*). Fruit simple. ex. : *Podocarpus, Dacrydium, Taxus, Salisburia, Pyllocladus.*

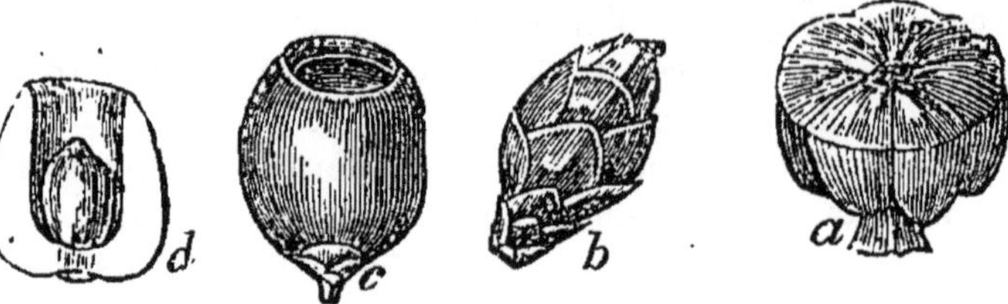

Fig. 302.

2e *tribu*. CUPRESSINÉES : fleurs femelles dressées, réunies plusieurs ensemble à l'aisselle d'écailles (*fig.* 303), peu nombreuses, formant un galbule quelquefois charnu; ex. : *Juniperus, Thuya, Callitris, Cupressus, Taxodium.*

3e *tribu*. ARIÉTINÉES : Ici se trouvent réunis tous les genres qui ont les fleurs femelles renversées et pour fruit un véritable cône écailleux, ex. : *Pinus, Abies, Cuninghamia, Araucaria.*

a

Fig. 303.

Le célèbre botaniste R. Brown a le premier émis l'opinion que les carpelles des Conifères n'étaient que des *ovules nus*, c'est-à-dire privés de péricarpe. Cette opinion a été adoptée par un grand nombre de botanistes du plus grand mérite; cependant nous ne saurions la partager. Nous continuons à voir dans les fleurs femelles des Conifères et des Cycadacées la structure habituelle des autres végétaux dicotylédonés, seulement avec quelques modifications qui sont propres à ces deux familles et à celles des *Gnétacées* avec lesquelles on a formé une classe désignée sous le nom des dicotylédones *Gymnospermes*. L'une des particularités les plus remarquables de ces dicotylédones gymnospermes, c'est que leur ovaire forme ordinairement à leur sommet un tube perforé. C'est en effet une structure singulière, mais qui existe encore dans d'autres végétaux dicotylédonés, et entre autres dans les Berbéridées, nous avons discuté avec détail l'opinion de notre illustre ami R. Brown, dans une note placée à la fin (p. 203) de l'ouvrage de mon père, déjà cité, note à laquelle nous renvoyons les personnes qui voudraient approfondir ce sujet.

Fig. 302. *Taxus baccata* : *a*, une écaille peltée du cône mâle portant plusieurs étamines à sa face infér.; *b*, une fleur femelle environnée d'écailles; *c*, fruit mûr, environné par une cupule charnue formée par l'écaille interne; *d*, la cupule fendue pour montrer le véritable fruit.

Fig. 303. *Cupressus sempervirens* : *a*, une écaille du cône femelle vue par sa face interne et montrant un grand nombre de fleurs femelles dressées.

Certains botanistes ne considèrent pas la graine des Conifères comme un ovule nu; ainsi Mirbel, Spach, Payer, Parlatore et Baillon, le regardent comme composé d'un ovaire à deux carpelles, sans enveloppes florales, contenant un ovule orthotrope et dressé sur un placenta basilaire. Suivant eux la cupule de consistance et de taille variables qui, dans plusieurs genres, a reçu le nom d'arille, est une production tardive quoique antérieure à la fécondation, comme c'est le fait des organes floraux, appelés disques, qui résultent d'une expansion axile consécutive. L'opinion contraire, la gymnospermie des Conifères, émise par R. Brown, a été soutenue par Lindley, Brongniart, Endlicher, Schleiden, Caspary, Schacht, Alph. de Candolle et Strasburger.

Les Conifères présentent plusieurs particularités dans leur structure anatomique : nous avons fait connaître celle de leur tige (Voyez Ire part., p. 79), qui diffère surtout du tronc des autres végétaux dicotylédonés par l'absence des fausses trachées dans les couches de bois, et par les ponctuations singulières de leur tube ligneux.

Les Conifères et les Cycadacées sont au nombre des végétaux dans lesquels plusieurs embryons se montrent souvent dans un même ovule. (Voyez Mirbel et Spach, *Ann. sc. nat.*, 1843, vol. XX, p. 275.)

42e famille. GNÉTACÉES (Gnetaceæ).

Gnetaceæ, Blum. *Nov. fam. exp.* 23. Lindley. *Nat. syst.* 311. Brongn. *Dict. univ.* VI, p. 249. Endlich. *Gen.* 262.

Grands arbres et arbrisseaux à feuilles opposées simples, entières ou réduites à des écailles. Fleurs monoïques ou dioïques, formant des espèces de chatons ou de capitules. Les fleurs mâles ont un périanthe tubuleux s'ouvrant transversalement à son sommet et contenant une ou plusieurs étamines soudées par leurs filets. Les fleurs femelles sont nues ou accompagnées de bractées, quelquefois opposées par deux. Leur ovaire est sessile, ouvert à son sommet, contenant un seul ovule dressé, orthotrope. Le fruit est une drupe charnue extérieurement, osseuse en dedans, contenant une seule graine. Celle-ci renferme un endosperme charnu dans l'axe duquel est un embryon cylindrique dicotylédoné et antitrope.

Cette famille, indiquée pour la première fois par R. Brown dans son mémoire sur le *Kingia*, a été établie par E. Blume. Elle se compose des trois genres *Welwitschia*, *Gnetum* et *Ephedra*. Ce dernier avait été placé parmi les Conifères; mon excellent ami, M. Ad. Brongniart, a fait connaître d'une manière plus exacte la structure du genre *Gnetum* (Botanique du voyage de *la Coquille*), qui, par sa structure anatomique et celle de ses fleurs femelles, se rapproche singulièrement des Conifères et rentre avec eux dans le groupe des végétaux dicotylédones gymnospermes.

43° famille. CUPULIFÈRES (*Cupuliferæ*).

Amentacearum gen. Juss. *Gen.* *Cupuliferæ*, Rich. *Anal. fr.* 32. Lindl. *Nat. syst.* 170. Endlich. *Gen.* 273.

Ce sont des arbres à feuilles alternes, simples, munies de deux stipules caduques à leur base. Les fleurs sont constamment unisexuées et presque toujours monoïques. Les mâles forment des chatons cylindriques et écailleux. Chaque fleur offre une écaille simple, trilobée ou caliciforme, sur la face supérieure de laquelle sont attachées de six à un grand nombre d'étamines, sans indice de pistil. Les fleurs femelles sont généralement axillaires, tantôt solitaires, tantôt groupées en capitules ou en chatons. Dans tous les cas, chacune d'elles est recouverte, en partie ou en totalité, par une cupule, et offre un ovaire infère ayant son limbe peu saillant, et formant un petit rebord irrégulièrement denté. Du sommet de l'ovaire naît un style court qui se termine par deux ou trois stigmates subulés ou plans. Cet ovaire présente deux, trois ou un plus grand nombre de loges contenant chacune un ou deux ovules suspendus et anatropes. Le fruit est constamment un gland généralement uniloculaire, souvent monosperme par avortement, toujours accompagné d'une cupule qui quelquefois recouvre le fruit en totalité à la manière d'un péricarpe, comme dans le châtaignier et le hêtre. La graine se compose d'un très-gros embryon orthotrope dépourvu d'endosperme.

Cette famille, composée de genres d'abord placés dans l'ancienne famille des Amentacées, comprend les genres *Quercus*, *Corylus*, *Carpinus*; *Castanea* et *Fagus*. Elle a quelques rapports avec les Conifères et les Bétulacées; mais les premières, par leur port, la structure de leurs fleurs femelles, leur embryon muni d'un endosperme; les secondes, par leurs fleurs femelles disposées en cône, leur ovaire simple et libre, etc., s'en distinguent suffisamment. Quant aux autres familles également formées aux dépens des Amentacées, comme les Salicinées, les Myricacées, leur ovaire libre est le caractère le plus saillant qui les éloigne des Cupulifères.

44° famille. MYRICACÉES (*Myricaceæ*).

Myriceæ, Rich. *Anat. fr.* 103. Endlich. *Gen.* 271. *Myricaceæ*, Lindl. *Nat. syst.* 170. *Casuarineæ*, Mirbel.

Si l'on en excepte le genre *Casuarina*, qui, par son port, ressemble à une prêle gigantesque (*Equisetum*), les Myricacées sont des arbres ou arbrisseaux à feuilles alternes ou éparses, avec ou sans stipules. Leurs fleurs sont constamment unisexuées et le plus souvent dioïques (*fig.* 304). Les fleurs mâles, disposées en chatons (*a*), se composent d'une ou de plusieurs étamines souvent réunies ensemble sur un androphore rameux et placé à l'aisselle d'une bractée (*b*). Les fleurs femelles, également en chatons, sont solitaires et sessiles à l'aisselle d'une bractée plus longue qu'elles. Chaque fleur se compose d'un ovaire lenticulaire (*c*) contenant un seul ovule dressé et orthotrope.

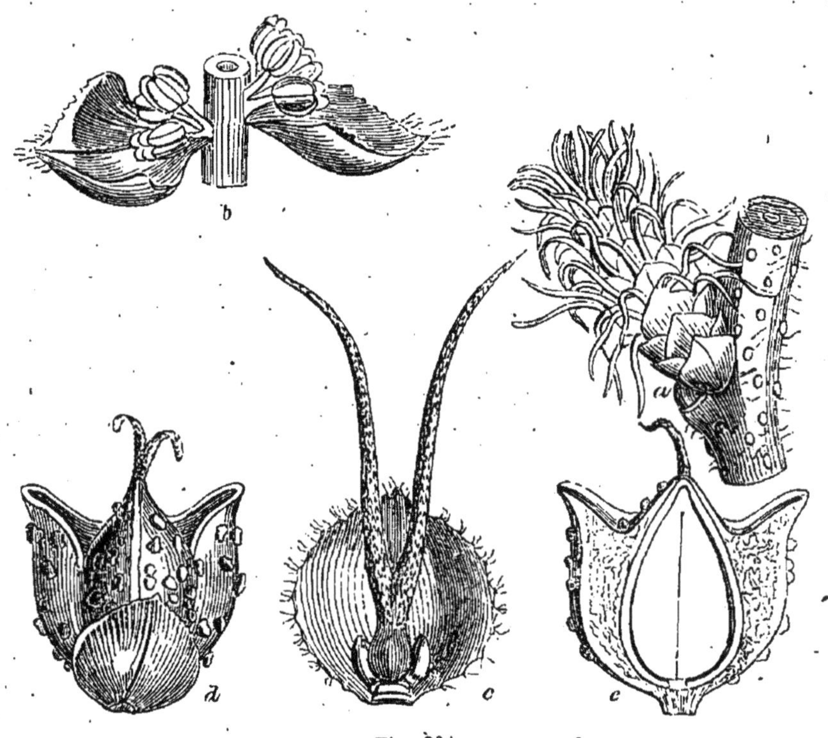

Fig. 304.

Le style, très-court, est surmonté de deux longs stigmates subuleux et glanduleux. En dehors de l'ovaire on trouve deux, trois ou un plus grand nombre d'écailles hypogynes et persistantes, se soudant quelquefois avec le fruit. Celui-ci est une sorte de petite noix monosperme et indéhiscente (*d*), quelquefois membraneuse et ailée sur ses bords. La graine qu'il renferme est dressée ; son tégument recouvre immédiatement un gros embryon (*e*) ayant une direction entièrement opposée à celle de la graine.

Les genres de cette famille sont : *Myrica*, *Comptonia* et *Putranjiva*. Le genre *Casuarina*, par les principaux points de son organisation, se rapporte à cette famille. Cependant Lindley, à l'exemple de

Fig. 304. *Myrica Gale* : *a*, chaton de fleur femelle ; *b*, portion de chaton mâle ; *c*, fleur femelle vue par la face interne de l'écaille ; *d*, fruit ; *e*, le même, coupé et montrant l'embryon dépourvu d'endosperme.

Mirbel, l'en a séparé pour en former une famille qu'il a nommée CASUARINEÆ.

On peut également rapprocher de cette famille le genre *Liquidambar*, dont Blume a proposé de faire une famille distincte sous le nom de BALSAMIFLUÆ, ou de le placer à la suite des Bétulacées.

Formée de genres auparavant placés dans le groupe polymorphe des Amentacées, cette famille est voisine des Bétulacées; mais elle en diffère par son ovaire uniloculaire et son ovule dressé.

45ᵉ famille. BÉTULACÉES (Betulaceæ).

Betulineæ, Rich. *Élém. Betulaceæ*, Lindl. *Nat. syst.* 171. Endlich. *Gen.* 271.

Arbres à feuilles simples, alternes, accompagnées à leur base de deux stipules; fleurs unisexuées, disposées en chatons écailleux. Dans les chatons mâles, chaque écaille, qui est quelquefois formée de plusieurs écailles soudées, porte deux ou trois fleurs nues, ou ayant un calice à trois ou quatre divisions profondes. Le nombre des étamines est très-variable dans chaque fleur. Les chatons femelles sont ovoïdes ou cylindriques, écailleux; à la base interne de chaque écaille on trouve d'une à trois fleurs sessiles, nues, présentant un ovaire libre, comprimé, à deux loges, contenant chacune un seul ovule attaché vers la partie supérieure de la cloison, et surmonté de deux longs stigmates allongés, cylindriques et glanduleux. Le fruit est un cône écailleux, dont les écailles ligneuses ou simplement cartilagineuses portent à leur base un ou deux petits akènes uniloculaires, monospermes par avortement, et membraneux sur les bords. Leur graine se compose d'un gros embryon sans endosperme, ayant la radicule supérieure.

Les deux genres Aune et Bouleau (**Alnus* et **Betula*) forment cette famille, qui diffère des Salicinées par son ovaire à deux loges monospermes, par ses fruits indéhiscents, et ses graines dépourvues des longs poils qui recouvrent celles des Salicinées. Les Myricacées ont aussi beaucoup d'analogie avec les Bétulacées; mais leur ovaire toujours uniloculaire, libre, et leur ovule dressé sont les signes distinctifs qui existent entre cette famille et celle des Bétulacées.

46ᵉ famille. SALICINÉES (Salicaceæ).

Salicineæ, Rich. *Élém.* Lindl. *Nat syst.* 186. Endlich. *Gen.* 290.

Famille composée des deux genres Saule (**Salix*), et Peuplier (**Populus*). Ce sont de grands arbres à feuilles alternes, simples, munies de stipules caduques. Leurs fleurs sont unisexuées (voy. Iʳᵉ part.,

p. 179, *fig.* 96) et disposées en chatons cylindriques ou ovoïdes. Les fleurs mâles se composent de deux à vingt étamines placées à l'aisselle d'une écaille, ou sur sa face supérieure. Les fleurs femelles consistent en un pistil fusiforme, terminé par deux stigmates bipartis, situés à l'aisselle d'une écaille, et quelquefois accompagnés à leur base d'un calice en forme de cupule. Cet ovaire est à une ou à deux loges contenant un assez grand nombre d'ovules dressés, attachés au fond de la loge et à la base de deux trophospermes pariétaux. Le fruit est une petite capsule allongée, à une ou à deux loges, contenant plusieurs graines environnées de longs poils soyeux, et s'ouvrant en deux valves. L'embryon est dressé, homotrope, sans endosperme.

Formées aux dépens de la famille des Amentacées, les Salicinées constituent un groupe très-distinct par la structure de leur fruit polysperme et à deux loges.

47e famille. PIPÉRACÉES (Piperaceæ).

Piperaceæ, L. C. Rich. *in* Humb. et Bonpl et Kunth. *Nov. gen.* I, p. 30. Lindl. *Nat. syst.* 185. Endlich. *Gen.* 265.

Petite famille qui a pour type le genre *Piper*. Elle se compose de végétaux herbacés ou frutescents et sarmenteux, ayant des feuilles alternes, quelquefois opposées ou verticillées, souvent embrassantes à leur base, et munie d'une stipule caduque opposée à la feuille dans les espèces à feuilles alternes. Les fleurs fort petites constituent des chatons grêles, cylindriques, ordinairement opposés aux feuilles. Ces chatons se composent de fleurs mâles et de fleurs femelles, mélangées sans ordre et souvent entremêlées d'écailles. Chaque étamine, qui est à deux loges, représente pour nous une fleur mâle, et chaque pistil une fleur femelle. Celle-ci se compose d'un ovaire libre à une seule loge contenant un ovule dressé, et portant à son sommet tantôt un stigmate simple, tantôt trois petits stigmates en forme de mamelons et très-rapprochés. Assez souvent les étamines se groupent autour du pistil en nombre très-variable, et semblent alors constituer autant de fleurs hermaphrodites qu'il y a d'écailles. Le fruit est une espèce de petite baie très-peu succulente et monosperme. La graine se compose d'un endosperme assez dur, offrant à son sommet un petit corps discoïde qui est un second endosperme formé par le sac amniotique, et contenant dans son intérieur un très-petit embryon dicotylédone et antitrope.

La famille des Pipéracées a été tour à tour placée dans les Monocotylédones et les Dicotylédones. La véritable structure de son embryon n'a été parfaitement connue que depuis le mémoire de R. Brown sur la structure de l'ovule. Ce que mon père, et les autres botanistes qui plaçaient le *Piper* dans les Monocotylédones, prenaient pour l'embryon était le second endosperme, l'endosperme amniotique contenant le véritable embryon. Cette structure de l'embryon est, comme on le voit, la même que celle qu'on observe dans les Nymphéacées et les Saururées.

Plusieurs auteurs considèrent les Pipéracées comme formant une simple tribu de la famille des Urticacées; mais leurs fleurs en chatons et surtout la présence d'un double endosperme distinguent suffisamment les Pipéracées des Urticacées.

DICOTYLÉDONES : FLEURS APÉTALES DICLINES, NON EN CHATONS

48e famille. URTICACÉES (Urticaceæ).

Urticeæ. Juss. *Gen*. *Celtideæ*, Rich. *Urticaceæ*, Lindl. *Nat. sys.* 175. *Ulmaceæ*, *Celtideæ*, *Moreæ*. *Artocarpeæ*, *Urticaceæ*, *Cannabineæ*, Endlich. *Gen*. 275.

Plantes herbacées, arbrisseaux, ou grands arbres, quelquefois lactescents, à feuilles alternes, en général munies de stipules, ayant des fleurs unisexuées (*fig.* 305), très-rarement hermaphrodites, solitaires ou diversement groupées, et formant des chatons, ou réunies dans un involucre charnu, plan, étalé ou pyriforme et clos. Dans les fleurs mâles, on trouve un calice formé de quatre à cinq sépales (*b*), ou une simple écaille, à l'aisselle de laquelle elles sont placées. L'ovaire est libre, à une seule loge, contenant un seul ovule pendant et surmonté soit de deux longs stigmates sessiles (*c*, *d*), soit d'un seul stigmate porté quelquefois sur un style plus ou moins long. Le fruit se compose toujours d'un akène crustacé enveloppé par le calice, qui quelquefois devient charnu; d'autres fois, l'involucre qui renfermait les fleurs femelles prend de l'accroissement; ainsi qu'on le remarque dans le figuier, le *Dorstenia*, etc. La graine, outre son tégument propre, se compose d'un embryon en général recourbé (*f*), souvent renfermé dans l'intérieur d'un endosperme charnu plus ou moins mince (*e*).

Cette famille a été divisée en un grand nombre de groupes que plusieurs botanistes considèrent comme des familles distinctes. Nous ne partageons pas complétement cette opinion, et nous pensons que la famille des Urticacées, telle qu'elle avait été établie par Ant. Laur. de Jussieu, constitue une famille unique dans laquelle on peut établir des groupes secondaires, tous réunis par un ensemble de caractères communs. On a surtout cherché à tirer les signes distinctifs entre ce groupes secondaires, de la position de l'embryon, de la présence ou de l'absence de l'endosperme. Mais ces caractères ne nous paraissent pas avoir été suffisamment étudiés. En effet, la famille des *Cannabinées*, comprenant les genres *Cannabis* et *Humulus*, établie par Endlicher (*Gen.*, 286), serait caractérisée par l'absence de l'endosperme et un embryon hétérotrope. L'embryon est certainement homotrope ou,

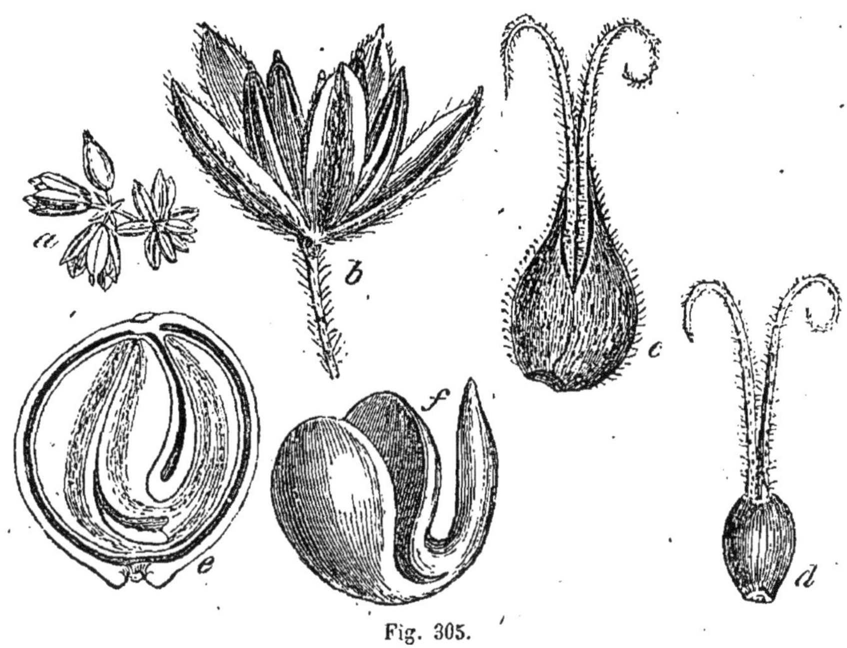

Fig. 305.

si l'on veut, amphitrope dans le *Cannabis*, qui a de plus un endosperme mince, mais très-évident.

Nous pensons en conséquence, qu'on peut établir comme simples tribus les divisions suivantes dans la famille des Urticacées :

1re *tribu*. Ulmacées : fleurs souvent hermaphrodites ; embryon sans endosperme : **Ulmus, Celtis, Planera.*

2e *tribu*. Urticées : fleurs unisexuées ; fruits distincts ; embryon renfermé dans un endosperme charnu, quelquefois très-mince : **Urtica*, **Parietaria*, **Cannabis*, **Humulus*, **Morus*, *Broussonnetia.*

3e *tribu*. Ficées : fleurs unisexuées ; fruits soudés ou réunis dans un involucre commun qui devient charnu ; embryon dans un endosperme charnu : * *Ficus, Dorstenia.*

Fig. 305. *Cannabis sativa* : *a*, groupe de fleurs mâles ; *b*, une fleur mâle grossie ; *c*, fleur femelle grossie ; *d*, pistil découvert ; *e*, fruit coupé longitudinalement et montrant l'embryon recourbé sur lui-même, entouré d'un endosperme mince ; *f*, embryon isolé.

Le genre *Platanus*, autrefois placé dans la famille des Amentacées, a été érigé comme type de famille, d'abord par M. Lestiboudois, et ensuite par Lindley. Ce genre nous paraît en effet former un petit groupe assez distinct, mais qu'on peut, sans inconvénient, rapprocher des Urticacées où il formerait une tribu, sous le nom de PLATANÉES.

49e famille. MONIMIACÉES (Monimiaceæ).

Monimiæ, Juss. *Ann. Mus.* XIV, 115. *Atherospermeæ*, R. Brown, *in Flind. voy.* II, 553 *Monimiaceæ* et *Atherospermaceæ*, Lindl. *Nat. syst.* 188. *Monimiaceæ*. Endlich. *Gen.* 313.

Arbres ou arbrisseaux à feuilles opposées, dépourvues de stipules, à fleurs unisexuées. Ces fleurs offrent un involucre globuleux ou caliciforme, dont les divisions sont disposées sur deux rangées. Dans le premier cas, cet involucre a seulement quelques petites dents à son sommet, et dans les fleurs mâles il se rompt et s'ouvre en quatre lobes profonds et assez réguliers, dont toute la face supérieure est chargée d'étamines à filaments courts, et formant chacune une fleur mâle. Dans le second cas (*Ruizia*), les étamines tapissent seulement la partie inférieure et tubuleuse de l'involucre ; les filaments sont plus longs, et vers la partie inférieure ils portent de chaque côté un tubercule pédicellé analogue à celui qu'on observe à la même place dans les Lauracées. Les fleurs femelles se composent d'un involucre absolument semblable à celui des fleurs mâles. Dans les genres *Monimia* et *Ruizia*, on trouve au fond de cet involucre huit à dix pistils dressés, entièrement distincts les uns des autres et entremêlés de poils. Dans l'*Ambora*, ces pistils sont fort nombreux, entièrement plongés dans l'épaisseur des parois de l'involucre, n'ayant de libre et de visible que leur sommet, qui est un petit mamelon conoïde, et forme le véritable stigmate, Chacun de ces pistils est uniloculaire, et contient un seul ovule pendant du sommet de la loge ou dressé. Dans les genres *Ambora* et *Monimia*, l'involucre est persistant ; il prend même beaucoup d'accroissement, et devient charnu dans le premier de ces genres. Les fruits, qui dans l'*Ambora* sont contenus dans l'épaisseur même des parois de l'involucre, sont autant de petites drupes uniloculaires et monospermes. La graine, tantôt dressée, tantôt renversée, se compose d'un tégument propre assez mince, recouvrant un très-gros endosperme charnu, dans la partie supérieure ou inférieure duquel est placé un embryon offrant la même direction que la graine.

Cette famille, établie par A. L. de Jussieu, avait été divisée en deux familles distinctes par R. Brown; nous croyons que ces deux familles pourraient être rétablies, car elles offrent des caractères qui les séparent assez nettement.

1re *tribu*. AMBORÉES : anthères s'ouvrant par un sillon longitudinal : graines renversées ; embryon à cotylédons souvent écartés : *Ambora, Monimia, Ruizia, Citrosma*.

2e *tribu*. ATHÉROSPERMÉES : anthères s'ouvrant de la base au sommet par le moyen d'une valvule ; graines dressées : *Pavonia, Atherosperma*.

Les Monimiacées ont beaucoup de rapports avec les Urticacées, auxquelles plusieurs des genres qui les composent étaient d'abord réunis ; mais elles en diffèrent surtout par leurs graines munies d'un très-gros endosperme, leur embryon très-petit, homotrope, placé à la base de l'endosperme, et par leurs feuilles opposées et sans stipules. Leurs fleurs unisexuées, contenues dans un involucre commun et persistant, les distinguent des Lauracées, dont elles se rapprochent par la structure de leurs étamines dans la tribu des Athérospermées.

50e famille. EUPHORBIACÉES (Euphorbiaceæ).

Euphorbieæ, Juss. *Gen.* *Euphorbiaceæ*, Ad. de Juss. *Monog.* Paris, 1824. Lindl. *Nat. syst.* 112. Endlich. *Gen.* 1107.

Les Euphorbiacées sont des herbes, des arbustes ou de très-grands arbres qui croissent en général dans toutes les régions du globe ; la plupart contiennent un suc laiteux et très-irritant. Les feuilles, communément alternes, sont quelquefois opposées, accompagnées de stipules qui manquent quelquefois. Les fleurs sont unisexuées, généralement très-petites, et offrent une inflorescence très-variée. Leur calice est gamosépale, à trois, quatre, cinq ou six divisions profondes, munies intérieurement d'appendice écailleux et glanduleux. La corolle manque dans le plus grand nombre des genres, ou se compose de pétales tantôt distincts ; tantôt réunis en une corolle gamopétale ; mais cette corolle ne paraît formée que par des étamines avortées et stériles. Dans les fleurs mâles, on compte un assez grand nombre d'étamines ; plus rarement ce nombre est limité, ou même chaque étamine peut être considérée comme une fleur mâle ainsi qu'on l'admet pour le genre Euphorbe : ces étamines sont libres ou monadelphes. Les fleurs femelles se composent d'un ovaire libre, sessile ou stipité, quelquefois accompagné d'un disque hypogyne. L'ovaire est en général à trois loges, contenant chacune un ou deux ovules suspendus à leur angle interne. Du sommet de l'ovaire naissent trois stigmates généralement sessiles et allongés, bifides ou même multifides. Le fruit est sec ou légèrement charnu ; il se compose d'autant de coques contenant une ou deux graines qu'il y avait de loges au fruit : ces coques, qui sont osseuses intérieurement, s'ouvrent par leur angle interne en deux valves et avec élasticité ; elles s'appuient par leur angle interne sur une columelle centrale, qui souvent persiste après leur dispersion. Les graines, qui sont crustacées extérieurement, et présentent une petite caroncule charnue dans le voisinage de leur point d'attache, offrent un endosperme charnu dans lequel est renfermé un embryon axile et homotrope.

On doit à Adrien de Jussieu une excellente *Monographie* des genres de cette famille, qui y sont au nombre de quatre-vingt-six contenant environ mille quarante espèces. Ce nombre s'est encore accru depuis sa publication.

La famille des Euphorbiacées est extrêmement distincte par la structure de son fruit. Elle a quelque rapport avec certaines Térébinthacées, Malvacées et Rhamnées. Aussi plusieurs auteurs ont-ils proposé de placer cette famille parmi les Dicotylédones polypétales, non loin des Malvacées et des Rutacées, avec lesquelles elle a de notables rapports. Néanmoins, comme c'est la majeure partie de ses genres qui sont incomplets et dépourvus de pétales, nous pensons que cette famille doit être plutôt laissée parmi les Apétales non loin des Urticacées, dont elle se rapproche par plusieurs caractères. Mais la structure du fruit, composé dans l'immense majorité des cas de trois coques, et celle de ses graines à gros endospermes charnu et huileux, la distinguent facilement des familles avec lesquelles elle a de l'analogie.

Adrien de Jussieu partage en six tribus les genres formant cette famille.

1re *tribu*. Euphorbiées : loges 1-ovulées; fleurs des deux sexes, réunies dans un involucre commun, une seule fleur femelle au centre avec plusieurs fleurs mâles monandres : *Pedilanthus*, **Euphorbia*, *Anthostemma*.

2e *tribu*. Stillingiées : loges 1-ovulées; fleurs nues ou apétalées; une ou plusieurs à l'aisselle d'une bractée; les mâles 2-10-andres : *Maprounea*, *Styloceras*, *Hyppomane*, *Stillingia*, *Cœlebogyne*.

3e *tribu*. (Acalyphées) : loges 1-ovulées; fleurs apétalées, calice à préfloraison valvaire, disposées en épis ou en grappes : *Tragia*, *Dalechampia*, **Mercurialis*, *Acalypha*, *Alchornea*.

4e *tribu*. Crotonées : loges 1-ovulées; fleurs apétalées ou pétalées; calice à préfloraison valvaire ou imbriquée, épis, fascicules, grappes : *Mabea*, **Croton*, *Aleurites*, *Adelia*, *Jatropha*, *Crozophora*.

5e *tribu*. Phyllanthées : loges 2-ovulées; fleurs ordinairement apétalées; calice à préfloraison imbriquée; fleurs solitaires ou en fascicules axillaires : *Cluytia*, *Andrachne*, *Phyllantus*, *Xylophylla*.

6e *tribu*. Buxées : loges 2-ovulées; fleurs apétalées, à préfloraison imbriquée, disposées en faisceaux axillaires, plus rarement en grappes ou en épis : *Amanoa*, *Buxus*, *Drypetes*.

[M. Baillon, professeur de botanique à la Faculté de médecine de Paris, divise les Euphorbiacées de la manière suivante dans son ouvrage intitulé : *Étude générale du groupe des Euphorbiacées*, 1858 :

I. EUPHORBIACÉES UNIOVULÉES.

1re *tribu*. Uniovulées hermaphrodites (EUPHORBIIDÉES) : *Euphorbia*, *Pedilanthus*.

2e *tribu*. Uniovulées à étamines polyadelphes (RICINIDÉES) : *Ricinus*, *Cœlodiscus*, *Spathiostemon*.

3e *tribu*. Uniovulées diclines à étamines monadelphes (IATROPHIDÉES) : *Iatropha*, *Manihot*, *Curcas*, *Anda*, *Siphonia Cluytia*, *Micrandra*, *Aleurites*, etc.

4e *tribu*. Diclines uniovulées à étamines indépendantes (CROTONIDÉES) : *Croton*, *Brachystachys*, *Julocroton*, *Crotonopsis*, *Baleospermum*, *Mabea*, *Cœlebogyne*, *Adelia*, *Rottlera*, *Mappa*.

5e *tribu*. Diclines uniovulées à involucres (PÉRIDÉES) : *Pera*.

6e *tribu*. Diclines, uniovulées, apétales, à floraison définitivement valvaire (DYSOPSIDÉES) : *Dysopsis*, *Tetrorchidium*, *Acalypha*, *Alchornea*, *Amperea*, *Tragia*, *Sajorium*, *Dalechampia*, *Mercurialis*, *Fragariopsis*, etc.

7e *tribu*. Diclines, uniovulées, apétales à calice imbriqué, à androcée central, sans disque, etc. (STILLINGIDÉES) : *Stillingia*, *Falconeria*, *Omphalea*, *Adenopeltis*, *Omalanthus*, *Hippomane*.

8e *tribu*, Diclines, uniovulées, à ovaires multiloculaires, à fleurs mâles composées (HURIDÉES) : *Hura*, *Anthostema*, *Pachystemon*.

II. EUPHORBIACÉES BIOVULÉES.

1re *tribu*. Biovulées, diplostémones (COLMEIROÏDÉES) : *Colmeiroa*, *Pseudanthus*, *Pierardia*, etc.

2e *tribu*. Biovulées, pléiostémones : *Cyclostemon*, *Hemicyclia*.

3e *tribu*. Biovulées, isostémones à pistil rudimentaire mâle (WICLANDIIDÉES) : *Wiclandia*, *Savia*, *Andrachne*, *Amanca*, *Bridelia*, *Fluggea*, *Guarania*, *Antidesma*, *Drypites*, etc.

4e *tribu*. Biovulées, isostémones sans pistil rudimentaire (PHYLLAN-

THIDÉES) : *Leptonema, Asterandra, Pleiostemon, Cicca, Phyllanthus, Agyneia, Glochidium, Aporosa, Epistylium.*

5e *tribu.* Biovulées polygames à loges cloisonnées (CALLITRICHIDÉES) : *Callitriche.*]

51e famille PODOSTÉMACÉES (Podostemaceæ).

Podostemeæ, Richard, *in* Humb. *Nov. gen. Podostemaceæ*, Lindl. *Nat. syst.* 190. Endlich. *Gen.* p. 268.

Fleurs hermaphrodites ou unisexuées, sans enveloppe florale ou avec un calice imparfait; étamines très-variables en nombre, depuis une jusqu'à un nombre infini, hypogynes, dans les fleurs hermaphrodites, situées autour de l'ovaire ou réunies d'un seul côté; à filets distincts ou soudés et à anthères biloculaires s'ouvrant par un sillon longitudinal. Ovaire offrant d'une à trois loges, à placenta pariétal quand il n'y a qu'une seule loge, axile quand il y en a plusieurs; deux à trois stigmates sessiles ou portés sur autant de styles. Fruit capsulaire s'ouvrant en deux ou trois valves. Graines nombreuses à épisperme mince et recouvert d'un enduit mucilagineux. Embryon dicotylédoné homotrope dépourvu d'endosperme. Herbes aquatiques offrant quelquefois le port des Mousses et des Jungermanes; à feuilles alternes simples ou partagées en lanières ou lobes qui peuvent devenir assez nombreux pour dissimuler une feuille composée ou un rameau chargé de feuilles. Fleurs axillaires ou terminales, solitaires ou en épi.

Il n'est pas très-aisé de déterminer exactement la place que cette petite famille doit occuper dans la série des ordres naturels, parce que ses affinités sont assez obscures. Par son port, elle se rapproche beaucoup des Monocotylédones, et en particulier des Naïades, mais l'embryon est bien certainement dicotylédoné. Il faut donc la rapprocher des genres dicotylédonés apétales, comme les Urticacées et les Monimiacées, ainsi que l'ont proposé plusieurs botanistes, tout en convenant qu'elle n'a que de bien faibles affinités avec ces familles. Les genres qui la composent sont : *Podostemum, Mourera, Lacis, Philocrene, Mniopsis, Hydrostachys, Tristicha,* tous genres exotiques.

52e famille. LAURACÉES (Lauraceæ).

Lauri, Juss. *Laurineæ*, Rich. Nees ab Esenb. *Syst. Laurin.* Berol. 1836. Endlich. *Gen.* 315. *Lauraceæ*, Lindl. *Nat. syst.* 200.

Arbres et arbrisseaux à feuilles alternes, rarement opposées, entières ou lobées, très-souvent coriaces, persistantes et ponctuées. Leurs fleurs (*fig.* 306), quelquefois unisexuées, sont disposées en panicules ou en cimes. Le calice est gamosépale, à quatre (*c*) ou six divisions profondes, imbriquées par leurs bords avant leur épanouissement. Les étamines sont au nombre de quatre, huit ou douze, insérées à la base du calice et disposées sur deux rangs : les intérieures ont leurs anthères extrorses; elles sont introrses dans le rang extérieur; leurs filets présentent à leur base deux appendices pédicellés (*e*), de forme

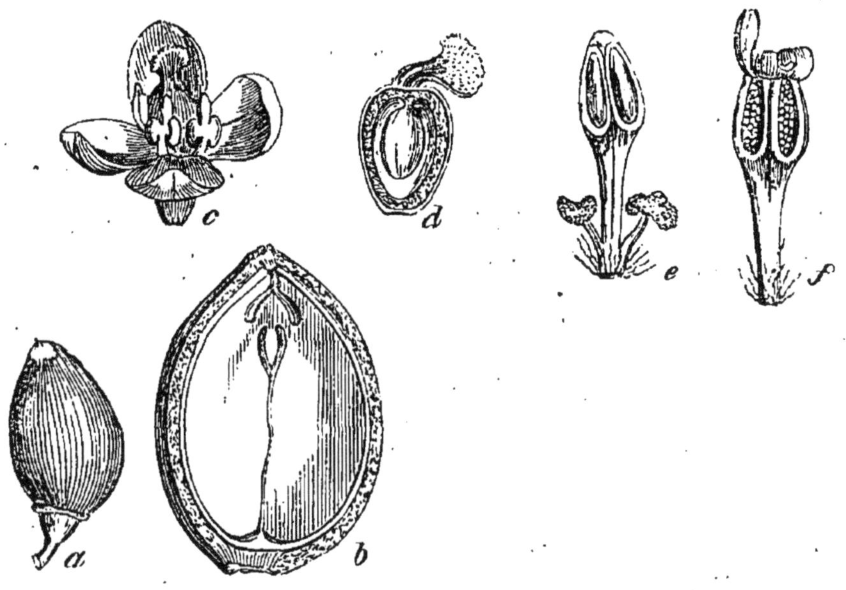

Fig. 306.

variée, et qui paraissent être des étamines avortées. Les anthères sont terminales, s'ouvrant au moyen de deux ou quatre valvules (*f*) qui s'enlèvent de la base vers le sommet. L'ovaire est libre, uniloculaire, contenant un seul ovule pendant et anatrope (*d*). Le style est plus ou moins allongé, terminé par un stigmate simple. Le fruit est charnu ou légèrement drupacé (*a*), accompagné par le calice ou seulement par sa base qui forme une sorte de cupule. La graine contient sous son tégument propre un très-gros embryon homotrope (*b*) renversé comme la graine, ayant des cotylédons extrêmement épais et charnus.

Cette famille a pour type le Laurier et quelques genres qui ont avec lui du rapport, comme les *Borbonia*, *Ocotea* et *Cassytha*. Ce dernier est remarquable en ce qu'il est formé de plantes herbacées, volubiles et sans feuilles. Jussieu avait réuni aux Lauracées le Mus-

Fig. 306. *Laurus nobilis* : *a*, fruit entier; *b*, le même, coupé longitudinalement et montrant l'embryon; *c*, fleur entière; *d*, pistil; *e*, *f*, étamines.

cadier; mais R. Brown l'en a, à juste titre, retiré pour en former une famille distincte sous le nom de *Myristicées*. La famille des Lauracées est surtout caractérisée par son port, ses étamines, dont les anthères s'ouvrent au moyen de valvules. Le même caractère s'observe encore dans les Hamamélidées et les Berbéridées, mais ces familles appartiennent à la classe des Dicoylédones polypétales hypogynes.

On doit à Nees d'Esenbeck une suite de travaux très-importants sur la famille des Lauracées. Il est seulement à regretter que ce botaniste célèbre ait cru devoir multiplier autant le nombre des genres qu'il a établis aux dépens du petit nombre de genres existant autrefois dans cette famille.

53e famille. MYRISTICACÉES (Myristicaceæ).

Myristiceæ, R. Brown, *Prodr*. 399. Endlich. *Gen*. 829. *Myristicaceæ*, Lindl. *Nat. syst*. 15.

Arbres tous exotiques et croissant sous les tropiques, ayant des feuilles alternes, non ponctuées, entières, des fleurs dioïques, axillaires ou terminales, diversement disposées. Leur calice gamosépale est à trois divisions valvaires. Dans les fleurs mâles, on trouve de trois à douze étamines monadelphes, dont les anthères rapprochées et souvent soudées ensemble s'ouvrent par un sillon longitudinal. Dans les fleurs femelles, l'ovaire est libre, à une seule loge contenant un seul ovule dressé et anatrope; très-rarement on en observe deux. Le style est très-court, terminé par un stigmate lobé. Le fruit est une sorte de baie capsulaire s'ouvrant en deux valves. La graine est recouverte par un faux arille charnu, divisé en un grand nombre de lanières. L'endosperme est corné et très-dur, marbré, contenant vers sa base un très-petit embryon dressé.

Cette famille a pour type le Muscadier (*Myristica*). Elle est très-distincte des Lauracées par son calice à trois divisions : ses étamines monadelphes s'ouvrant par un sillon longitudinal; sa graine dressée, arillée; son embryon très-petit, contenu dans un endosperme dur et marbré.

Quelques auteurs rapprochent cette petite famille de celle des Anonacées parmi les Polypétales. Mais c'est une affinité qui nous paraît peu réelle; je ne vois guère que la graine qui offre, en effet, quelque analogie entre ces deux familles, du reste si différentes.

54e famille. HERNANDIACÉES (Hernandiaceæ).

Hernandieæ, Blume, bijdr. 550. *Hernandiaceæ*, Lindl. *Nat. syst*. 190.

Fleurs monoïques ou hermaphrodites, environnées d'un involucre coloré. Calice pétaloïde, supérieur, tubuleux, à quatre ou huit divisions caduques. Étamines en nombre défini, insérées sur deux rangs à la face interne du calice, le rang extérieur composé d'étamines stériles : anthères s'ouvrant par un sillon longitudinal. Ovaire libre, à une seule loge contenant un ovule pendant, style simple ou nul, terminé par un stigmate pelté. Fruit drupacé, fibreux et monosperme. Embryon épispermique, renversé. Les Hernandiacées sont des arbres exotiques, à feuilles entières et alternes, et à fleurs disposées en épis ou en corymbes, tantôt axillaires, tantôt terminaux.

C'est Blume qui a proposé d'établir cette famille pour les deux genres *Hernandia* placés par Jussieu à la suite des Lauracées, et *Inocarpus*, à la suite des Sapotées. Ce petit groupe est voisin des Daphnacées, dont il diffère surtout par son fruit drupacé et fibreux, par son embryon dépourvu d'endosperme. Endlicher (*Gen.*, 332) place les deux genres *Inocarpus* et *Hernandia*, comme une simple tribu à la suite des Daphnacées.

55e famille. BALANOPHORÉES (Balanophoreæ).

Balanophoreæ. L. C. Rich. *Mém. mus.* VIII, 428. Schott. et Endl. *Melet.* 10. Mart. *Nov. gen.* III, 150, Lindl. *Nat. syst.* p. 293. Endlich. *Gen.* 72.

Petite famille composée de végétaux parasites d'un port particulier, qui a quelque analogie avec celui des Clandestines et des Orobanches, et qui, comme ces dernières, vivent constamment implantées sur la racine d'autres végétaux. Leur tige, dépourvue de feuilles, est chargée d'écailles ou nue. Les fleurs sont monoïques, formant des épis ovoïdes très-denses. Dans les fleurs mâles, le calice est à trois divisions profondes, égales et étalées ; rarement une simple écaille tient lieu du calice. Les étamines sont au nombre d'une à trois, rarement au delà; elles sont soudées à la fois par leurs anthères et par leurs filets; dans les fleurs femelles, l'ovaire est infère, à une seule loge, contenant un seul ovule renversé. Le limbe du calice, qui couronne l'ovaire, est entier ou formé de deux à quatre divisions inégales. Il y a un ou deux styles filiformes terminés par autant de stigmates simples. Le fruit est un caryopse globuleux ombiliqué. La graine contient un très-petit embryon globuleux, placé dans une petite fossette superficielle d'un très-gros endosperme charnu.

Les genres qui composent cette petite famille sont : *Helosis*, *Langsdorffia*, *Cynomorium*, *Balanophora*, *Lophophytum*, *Sarcophyte* et *Scybalium*. Elle a quelques rapports avec les Aroïdées.

56e famille. RAFFLÉSIACÉES (Rafflesiaceæ).

Rafflesiaceæ, Schott et Endlich. *Melet.* 14. Lindl. *Nat. syst.* 392. Endlich. *Gen.* 75.

Les fleurs sont hermaphrodites ou unisexuées par avortement. Le limbe du calice est globuleux ou campanulé, à cinq lobes imbriqués dans le bouton. La gorge du calice est garnie de cinq corps charnus distincts ou soudés en anneau. Les étamines monadelphes ont l'androphore hypocratériforme ou globuleux adhérent avec le tube du calice ; anthères nombreuses distinctes ou soudées, attachées par la base, disposées sur un seul rang, biloculaires, à loges opposées s'ouvrant chacune par un pore. Ovaire infère à une seule loge, contenant plusieurs trophospermes pariétaux, couvert chacun d'un très-grand nombre d'ovules. Les styles, en même nombre que les trophospermes, sont coniques et soudés dans l'intérieur du tube formé par l'androphore, mais distincts au-dessus de ce tube qu'ils dépassent.

Les Rafflésiacées sont des plantes parasites extrêmement singulières, privées de tiges et de feuilles, et naissant sur la racine de quelques arbres dans les régions chaudes de l'ancien continent, et consistant presque uniquement en une fleur, quelquefois de grandeur colossale, environnée de larges écailles colorées. Les genres *Brugmansia*, *Rafflesia*, *Frostia*, composent cette singulière famille, dont l'organisation anomale nous a été successivement dévoilée par les beaux travaux de R. Brown, Bauer, Blume, Schott et Endlicher. En effet, les Rafflésiacées participent à la fois par leur organisation des plantes phanérogames ou vasculaires et des plantes cryptogames ou cellulaires. Ainsi elles ont, comme les premières, des enveloppes florales bien distinctes, des organes sexuels, à peu près conformés comme ceux des phanérogames ordinaires. D'un autre côté, elles n'ont que de faibles traces de vaisseaux en spirale ; leur graine paraît composée d'une masse homogène de matière grumeuse, dans laquelle il est impossible de rien distinguer qui annonce la structure d'un embryon, caractères qui tous établissent l'analogie des Rafflésiacées avec les plantes cryptogames.

57e famille. CYTINACÉES (Cytinaceæ).

Cytineæ, Brong. *Ann. Sc. nat.* I, 29. Schott et Endlich. *Melet.* 13. Endlich. *Gen.* 75. *Cytinaceæ*, Lindl. *Nat. syst.* 392.

Fleurs monoïques au sommet d'une tige couverte d'écailles, placées à l'aisselle de bractées, accompagnées de bractéoles. Les fleurs mâles ont un périanthe tubuleux, campanulé, offrant un limbe à quatre ou six divisions étalées, imbriquées, les extérieurs alternant avec les bractéoles, Androphore charnu, dépassant le tube du calice, épaissi à son sommet, qui porte les anthères et communément huit tubercules coniques. Les anthères, au nombre de huit, sont sessiles, à deux loges distinctes s'ouvrant par un sillon longitudinal. Les divisions du calice sont réunies avec l'androphore au moyen de quatre appendices membraneux en forme de cloisons. Les fleurs femelles ont le calice de même forme que les mâles, mais avec un ovaire infère, à une seule loge, offrant huit trophospermes pariétaux. Le style est simple, cylindrique, réuni au tube du calice par des appendices membraneux semblables à ceux des fleurs mâles. Le stigmate est épais, capitulé et rayonné.

Cette famille, d'abord indiquée par R. Brown, établie par M. Brongniart, a été mieux caractérisée et limitée dans ces derniers temps par Endlicher, dans son magnifique ouvrage intitulé *Meletemata*,, page 13. Cet habile observateur y place les genres *Cytinus*, *Hypolepis*, *Aphyteia* et *Apodanthes*. Ce sont des plantes généralement parasites, d'un port particulier qui rappelle celui des Orobanches, ayant leur tige sans feuilles, mais couverte d'écailles. Cette famille diffère des Aristolochiées par son port, par ses fleurs unisexuées et son ovaire uniloculaire. Elle a des rapports avec les Rafflésiaciées ; mais celles-ci ont des étamines très-nombreuses, s'ouvrant par des pores, et les styles d'abord soudés, puis distincts.

Le genre *Nepenthes*, si remarquable par les appendices en forme d'amphores qui terminent ses feuilles, avait été placé dans la famille des Cytinées par M. A. Brongniart. Mais il s'en éloigne considérablement par son port, et par quelques caractères particuliers, comme son ovaire libre, à quatre loges, etc. Lindley en forme une famille particulière qu'il nomme NÉPENTHACÉES, et qu'il place tout près des Aristolochiées. Mais dans les Népenthacées l'ovaire est libre et les étamines sont monadelphes.

DICOTYLÉDONES A FLEURS APÉTALES HERMAPHRODITES

38e famille. ARISTOLOCHIACÉES (Aristolochiaceæ).

Aristolochiæ, Juss. *Gen.* Endlich. *Gen.* 344. *Aristolochiaceæ*, Lindl. *Nat. syst.* 205.

Famille ayant pour type le genre Aristoloche. Ce sont des plantes herbacées ou frutescentes et volubiles, portant des feuilles alternes et entières, des fleurs axillaires (*fig.* 307). Leur calice est régulier, à trois divisions valvaires, ou irrégulier, tubuleux, et formant une languette (*a*) ou lèvre d'une figure très-variée. Les étamines sont au nombre de six ou de douze, insérées sur l'ovaire ; elles sont tantôt libres et distinctes, tantôt soudées intimement avec le style et le stigmate et formant ainsi une sorte de mamelon placé au sommet de l'ovaire ; c'est-à-dire qu'elles sont gynandres. Sur ces parties latérales, ce mamelon porte les six anthères qui sont biloculaires, et à son

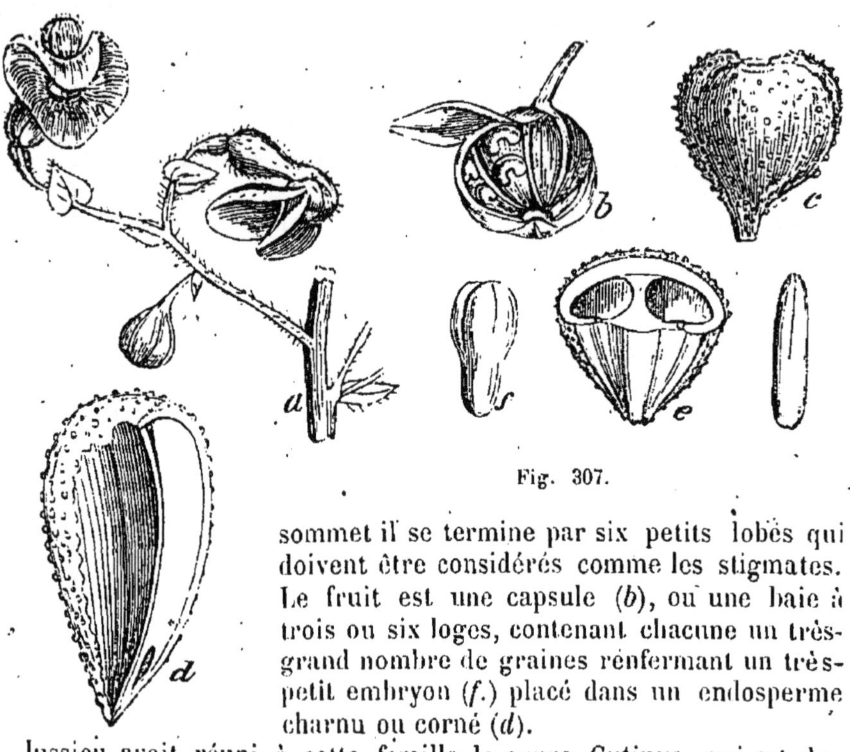

Fig. 307.

sommet il se termine par six petits lobes qui doivent être considérés comme les stigmates. Le fruit est une capsule (*b*), ou une baie à trois ou six loges, contenant chacune un très-grand nombre de graines renfermant un très-petit embryon (*f*.) placé dans un endosperme charnu ou corné (*d*).

Jussieu avait réuni à cette famille le genre *Cytinus*, qui est devenu le type d'une famille distincte, sous le nom de CYTINACÉES.

La famille des Aristolochiacées est parfaitement distincte et caractérisée par son ovaire infère, à six loges contenant chacune un très-grand nombre d'ovules, par ses étamines au nombre de six à douze. Les genres de cette famille sont peu nombreux et forment néanmoins deux tribus.

1re *tribu*. ASARÉES : étamines distinctes : * *Asarum*, *Hecterotropa*.

2e *tribu*. ARISTOLOCHIÉES : étamines gynandres : * *Aristolochia*, *Bragantia*, *Thottea*.

Fig. 307. *Aristolochia serpentaria* : *a*, rameau florifère ; *b*, capsule mûre et déhiscente ; *c*, graine vue par sa face supérieure ; *d*, graine fendue longitudinalement et montrant la place de l'embryon ; *e*, la même, coupée en travers ; *f*, *g*, l'embryon.

59e famille. SANTALACÉES (Santalaceæ).

Santalaceæ, R. Brown, *Prodr.* 350. Lindl. *Nat. syst.* 193. Endlich. *Gen.* 224.

Plantes herbacées ou frutescentes, ou arbres à feuilles alternes, rarement opposées, sans stipules, à fleurs petites, solitaires, ou disposées en épis ou en sertule (*fig.* 308). Leur calice est adhérent avec l'ovaire infère (*a*), à quatre ou cinq divisions valvaires. Les étamines, au nombre de quatre à cinq, sont opposées aux divisions calicinales

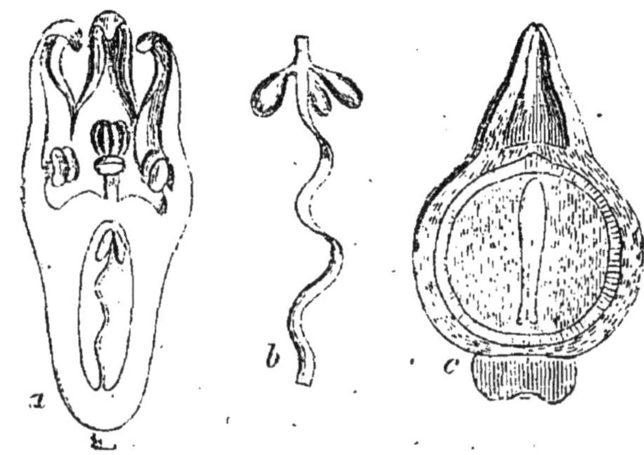

Fig. 308.

et insérées à leur base (*a*). L'ovaire est infère, à une seule loge, contenant un, deux ou quatre ovules qui pendent au sommet d'un podosperme filiforme (*a*) naissant et s'élevant du fond de la loge. Le style est simple, terminé par un stigmate lobé. Le fruit est indéhiscent, monosperme, quelquefois légèrement charnu. La graine offre un embryon axile dans un endosperme charnu (*c*).

Cette famille, établie par R. Brown, se compose des genres * *Thesium*, *Quinchamalium*, * *Osyris*, *Fusanus*, placés par Jussieu dans la famille des Éléagnées, et du genre *Santalum*, qui faisait partie des Onagraires. Elle diffère surtout des Éléagnées par son ovaire infère et contenant plusieurs ovules pendants du sommet d'un trophosperme axile et basilaire, tandis que les Éléagnées ont l'ovaire libre contenant un seul ovule dressé. Elle a aussi des rapports avec la famille des Combrétacées. Mais celle-ci se distingue par ses ovules pendants

Fig. 308. *Thesium euphorbioides* : *a*, fleur fendue longitudinalement pour montrer l'ovaire contenant un trophosperme axile portant trois ovules ; *b*, le trophosperme et ses trois ovules ; *c*, coupe du fruit mûr contenant un embryon axile dans un endosperme charnu.

du sommet de la loge de l'ovaire, par ses graines sans endosperme et par la corolle polypétale que l'on remarque dans quelques-uns de ses genres.

La petite famille des *Olacinées* a aussi beaucoup d'analogie avec les Santalacées ; mais elle en diffère par son ovaire libre, quelquefois à plusieurs loges, contenant deux ou trois ovules attachés à leur partie supérieure, et enfin par la présence d'une corolle formée de quatre à six pétales.

60e famille. SAURURACÉES (Sauruaceæ).

Saurureæ, Rich. *Anal.* 1808, E. Meyer, *de Saururcis Regiom.* 1827. Endlich. *Gen.* 259. *Sauruaceæ*, Lindl. *Nat. syst.* 184.

Plantes qui croissent sur le bord des eaux ou nagent à leur surface. Leurs feuilles sont alternes, simples, pétiolées. Leurs fleurs sont hermaphrodites dépourvues de périanthe, et ayant une simple écaille qui en tient lieu, et sur laquelle sont insérés les étamines et les pistils. Les premières sont au nombre de six à neuf, ayant leurs filets subulés, et leur anthère à deux loges qui s'ouvrent par un sillon longitudinal. Les pistils sont au nombre de trois à quatre au centre de chaque fleur. Ils sont à une seule loge contenant deux ou trois ovules dressés ou ascendants. Le style est marqué d'un sillon glanduleux sur le milieu de son côté interne, qui à son sommet s'élargit en stigmate. Le fruit se compose de petites capsules indéhiscentes contenant chacune une ou deux graines. Celles-ci sous leur tégument propre contiennent un double endosperme : l'un charnu, beaucoup plus gros, l'autre beaucoup plus petit, déprimé, placé au sommet du premier, et contenant un embryon extrêmement petit, placé dans son intérieur, renversé et dont le corps cotylédonaire est à peine bilobé.

Cette famille se compose des genres *Saururus*, *Houttuynia* et *Aponogeton*. Elle est du nombre de celles qui ont été placées tantôt parmi les Dicotylédones, tantôt parmi les Monocotylédones. Le genre *Saururus* a de grandes analogies avec les *Poivriers*, que l'on a longtemps considérés comme monocotylédonés, mais qui cependant sont bien réellement dicotylédonés, non-seulement par leur germination, mais par l'organisation de leur tige et de leur embryon, conformé comme celui des Nymphéacées. D'un autre côté on ne saurait nier les affinités de cette petite famille avec les Naïades et les Aroïdes, parmi les Monocotylédones.

61e famille. ÉLÉAGNACÉES (Elæagnaceæ).

Elæagneæ, A. Rich. *Mém. Soc. Hist. nat.* I. 314. Endlich. *Gen.* 333. *Elæagnorum gen.* Juss. *Elæagnaceæ*, Lindl. *Nat. syst.* 194.

Arbres ou arbrisseaux à feuilles alternes ou opposées, sans stipules et entières (*fig.* 309). Leurs fleurs sont dioïques ou hermaphrodites (*a*) : les mâles sont quelquefois disposés en espèces de chatons. Le calice est gamosépale, tubuleux; son limbe est entier ou à deux ou

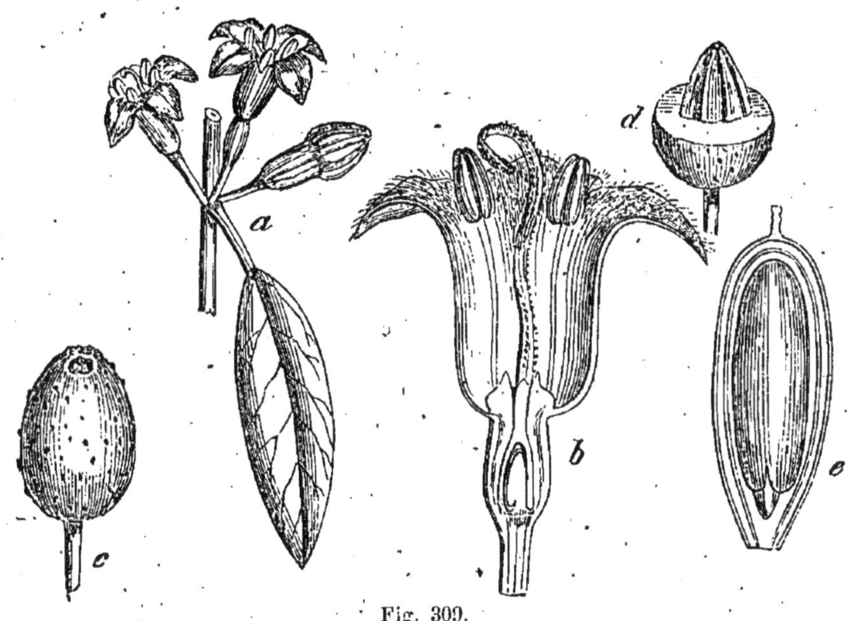

Fig. 309.

quatre divisions. Les étamines, au nombre de trois à huit, sont introrses et presque sessiles sur la paroi interne du calice (*b*). Dans les fleurs femelles, le tube du calice recouvre immédiatement l'ovaire, mais sans y adhérer (*b*). L'entrée du tube est quelquefois en partie bouchée par un disque diversement lobé. L'ovaire est libre, uniloculaire, contenant un seul ovule ascendant (*b*), pédicellé et anatrope. Le style est court. Le stigmate est simple, allongé, linguiforme (*b*). Le fruit est un akène crustacé, recouvert par le calice (*c*) qui est devenu charnu. La graine contient, dans un endosperme très-mince (*e*), un embryon qui a la même direction que celle-ci.

La famille des Éléagnacées, telle qu'elle avait été établie par Jus-

Fig. 309. *Elæagnus angustifolia* : *a*, fascicule de fleurs ; *b*, fleur fendue longitudinalement ; *c*, fruit ; *d*, la partie supérieure du noyau mise à nu ; *e*, le fruit fendu pour montrer l'embryon.

sieu, se composait de genres assez disparates. R. Brown, le premier, a mieux circonscrit les limites de cette famille, en la réduisant aux seuls genres *Elæagnus* et *Hippophae*, auxquels nous avons ajouté les deux genres nouveaux *Shepherdia* et *Conuleum*, qui tous ont l'ovaire libre et monosperme. Déjà Jussieu avait retiré des Éléagnées les genres *Terminalia*, *Bucida*, *Pamea*, etc., pour en former la famille des Combrétacées.

62e famille. DAPHNACÉES (Daphnaceæ).

Thymeleæ, Juss. *Gen. Daphnaceæ*, Lindl. *Nat. syst.* 194. *Daphnoideæ*, Endlich. *Gen.* 329.

Arbrisseaux, rarement plantes herbacées, à feuilles alternes ou opposées, très-entières, ayant les fleurs terminales ou axillaires

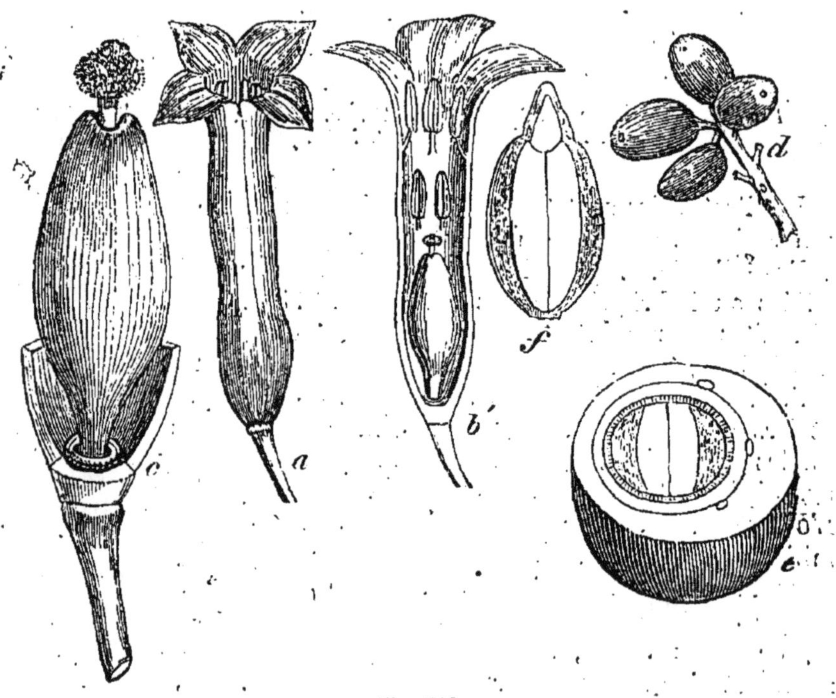

Fig. 310.

(*fig.* 310), en sertules, en épis, solitaires, ou réunies plusieurs ensemble à l'aisselle des feuilles. Le calice est généralement coloré et

Fig. 310. *Daphne Laureola* : *a*, fleur entière grossie ; *b*, la même, fendue suivant sa longueur ; *c*, pistil isolé ; *d*, fruits ; *e*, un fruit coupé en travers ; *f*, graine fendue longitudinalement.

pétaloïde (*a*), plus ou moins tubuleux, à quatre ou cinq divisions imbriquées avant leur épanouissement. Les étamines, en général au nombre de huit, disposées sur deux rangs (*b*), ou de quatre, ou simplement de deux, sont insérées et généralement sessiles à la paroi interne du calice. L'ovaire est uniloculaire, et contient un seul ovule pendant. Le style est simple, terminé par un stigmate également simple (*e*). Le fruit (*d*, *c*) est une sorte de noix légèrement charnue extérieurement. L'embryon, qui est renversé comme la graine, est contenu dans un endosperme charnu et mince (*f*) et a sa radicule supérieure.

Les genres principaux de cette famille sont: **Daphne*, **Stellera*, **Passerina*, *Pimelea*, *Struthiola*, etc.

Les Daphnacées forment un petit groupe très-naturel qui diffère des Éléagnées par son ovule pendant et non dressé, et des Santalacées par son ovaire libre et uniovulé.

63e famille. PROTÉACÉES (Proteaceæ).

Proteaceæ, Juss. *Gen.* R. Brown. *Linn. Trans.* X, 45. Knight et Salisb. *Prot.* Lond. 1810. Lindl. *Nat. syst.* 198. Endlich. *Gen.* 386.

Les Protéacées sont toutes des arbrisseaux ou des arbres exotiques qui croissent en abondance au cap de Bonne-Espérance et à la Nouvelle-Hollande. Les feuilles sont alternes, quelquefois presque verticillées ou imbriquées. Leurs fleurs (*fig.* 311), généralement hermaphrodites et rarement unisexuées, sont tantôt groupées à l'aisselle des feuilles, tantôt réunies en une sorte de cône ou de chaton. Leur calice se compose de quatre sépales linéaires (*a*) quelquefois soudés, et formant un calice tubuleux à quatre divisions plus ou moins profondes et valvaires. Les étamines, au nombre de quatre ; sont opposées aux sépales et presque sessiles (*b*) au sommet de leur face interne. L'ovaire est libre, à une loge contenant un ovule attaché (*d*) vers le milieu de sa hauteur. Le style se termine par un stigmate (*c*) généralement simple. On trouve souvent un certain nombre de glandes hypogynes autour de la base de l'ovaire. Les fruits sont des capsules (*e*) de forme variée, uniloculaires et monospermes ou dispermes; s'ouvrant d'un seul côté par une suture longitudinale, et dont la réunion constitue quelquefois une sorte de cône. La graine, qui est parfois ailée (*f*), se compose d'un embryon droit (*g*) dépourvu d'endosperme.

Les genres de cette famille sont nombreux, tous exotiques. Cette famille, à cause de la forme de son calice, de ses étamines sessiles au sommet des sépales, et surtout par son port, ne peut être confondue avec aucune autre.

Ses genres forment deux tribus bien distinctes :

1re *tribu*. PROTÉINÉES : fruits indéhiscents : *Aulax, Leucadendrum, Petrophila, Protea, Isopogon.*

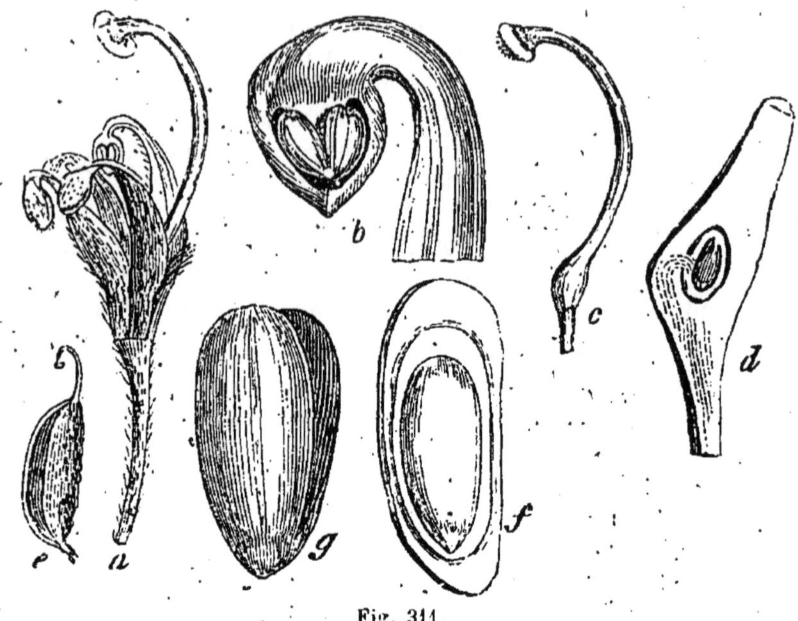

Fig. 311.

2e *tribu*. GRÉVILLÉES : fruits déhiscents : *Grevillea, Hakea, Rhopala Embothrium.*

64e famille. AQUILARIACÉES (Aquilariaceæ).

Aquilarinæ, R. Brown, *Congo*, p. 25. DC. *Prodr.* II, 59. Endlich. *Gen.* 332. *Aquilariaceæ*, Lindl. *Nat. syst.* 196.

Calice tubuleux ou turbiné, à cinq divisions étalées persistantes, à estivation imbriquée ; gorge munie de dix ou de cinq écailles (étamines avortées), étamines dix ou cinq, et alors opposées aux segments du calice. Filaments attachés à l'orifice du tube calicinal un peu au-dessous des écailles ; anthères à deux loges. Ovaire libre, sessile ou stipité, comprimé, à une seule loge, offrant sur chaque côté plan un trophosperme linéaire, proéminent en forme de cloison, et faisant ainsi paraître l'ovaire comme à deux loges. Chaque trophosperme donne attache à deux ovules. Le style est court ou nul, le stigmate

Fig. 311. *Grevillea linearis* : *a*, fleur entière grossie ; *b*, un des sépales portant une étamine ; *c*, pistil ; *d*, ovaire fendu longitudinalement et montrant la position de l'ovule ; *e*, fruit déhiscent ; *f*, graine coupée suivant sa longueur ; *g*, embryon.

simple et large. Le fruit est une capsule comprimée à une seule loge et bivalve, contenant deux graines, munies chacune d'un arille et renfermant un embryon sans endosperme, ayant la radicule étroite et supérieure. Arbres exotiques à feuilles alternes, entières, dépourvues de stipules.

Cette famille comprend les genres : *Aquilaria*, *Ophiospermum*, *Gyrinops*. De Candolle (*Prodr.*, II, 59) la place dans les Polypétales entre les Chailletiacées et les Térébinthacées; R, Brown (*Congo*, 25) la considère comme faisant partie des Chailletiacées en indiquant néanmoins ses rapports avec les Thymélées. C'est auprès de cette dernière famille que Lindley (*Nat. syst.*, 196) croit devoir ranger définitivement la petite famille des Aquilariacées.

65ᵉ famille. PHYTOLACCACÉES (Phytolaccaceæ).

Phytolacceæ, Brown *Congo.* 454. *Phytolaccaceæ* et *Petiveriaceæ*, Lindl. *Nat. syst.* 210. *Phytolacceæ*. Endlich. *Gen.* 975.

Le calice est formé de quatre à cinq sépales souvent colorés ; les étamines sont en nombre indéterminé ou en même nombre que les sépales avec lesquels elles alternent. Ovaire à une ou à plusieurs loges contenant chacune un ovule ascendant ; styles et stigmates en nombre égal à celui des loges. Fruit charnu ou sec, à une ou à plusieurs loges. Graines contenant un embryon cylindrique roulé autour de l'endosperme. Plantes herbacées ou arbustes à feuilles alternes entières, dépourvues de stipules, et à fleurs disposées en grappes.

Cette famille se compose de genres qui ont été pour la plupart séparés de la famille des Chénopodiacées, dont ils diffèrent surtout par leur ovaire multiloculaire, par leurs étamines ou en nombre plus considérable que les sépales, ou en nombre égal, et alors alternant avec eux, et, quand leur ovaire est simple, par leur calice constamment coloré et pétaloïde.

Les genres rapportés à cette famille sont : **Phytolacca*, *Anisomeria*, *Petiveria*, *Seguiera*, *Rivina*, *Gisekia*, *Bosea*, *Cryptocarpus*, *Semonvillæa*, *Gaudinia*.

66ᵉ famille. POLYGONACÉES (Polygonaceæ).

Polygoneæ, Juss, *Gen.* 304. *Polygonaceæ*, Lindl. *Nat. syst.* 211.

Plantes herbacées, sous-frutescentes, ou grands arbres, à feuilles alternes, engaînantes à leur base, ou adhérentes à une gaine membraneuse et stipulaire, roulées en-dessous sur leur nervure moyenne dans leur jeunesse ; fleurs (*fig.* 312) hermaphrodites ou unisexuées, disposées en épis cylindriques ou en grappes terminales : calice formé de quatre (*b*) à six sépales, libres ou soudés par leur base, quelquefois disposés sur deux rangs et imbriqués avant leur évolution ; étamines de quatre à neuf, libres et à anthères s'ouvrant longitudinalement ; ces étamines sont disposées sur deux rangs ; dans le rang interne les anthères sont extrorses ; elles sont introrses dans le rang extérieur.

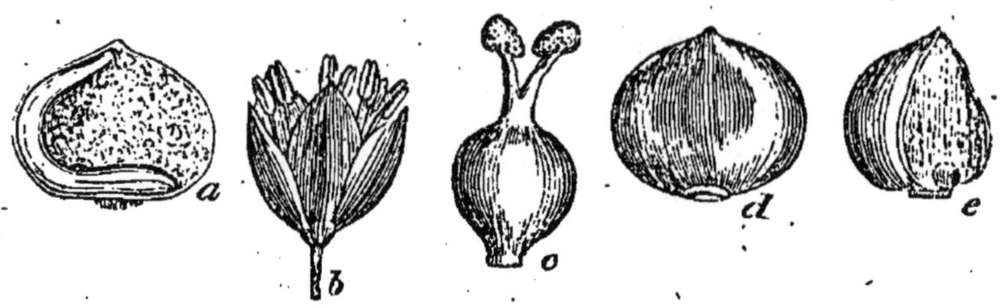

Fig. 312.

Ovaire libre (*c*), uniloculaire, offrant un seul ovule dressé portant deux ou trois styles et autant de stigmates. Le fruit, assez souvent triangulaire, est sec et indéhiscent (*d*), quelquefois recouvert par le calice qui persiste. La graine contient un embryon cylindrique en partie roulé sur un endosperme farineux (*a*), et dont la radicule est supérieure.

Cette famille se compose des genres. **Polygonum*, **Rumex*, **Rheum*, *Coccoloba*, etc. Elle se distingue des Chénopodiacées par la gaîne stipulaire de ses feuilles, par son ovule dressé et par son embryon renversé.

67e famille. CHÉNOPODIACÉES (Chenopodiaceæ).

Chenopodeæ, de Cand. *Fl. fr.* Moquin-Tandon, *Monogr.* Paris 1840. Lindl. *Nat. syst.* Endlich. *Gen.* 292. Meyer, *in* Lebedour *Fl. alt.* I, 369. *Atripliceæ*, Juss.

Plantes herbacées ou ligneuses, à feuilles alternes ou opposées, sans stipules. Les fleurs (*fig.* 313) sont petites, quelquefois unisexuées, disposées soit en grappes rameuses, soit groupées à l'aisselle des feuilles. Leur calice gamosépale, quelquefois tubuleux à sa base, est à trois, quatre ou cinq lobes plus ou moins profonds (*a*), persistants. Les étamines varient d'une à cinq ; elles sont insérées soit à la base du calice, soit sous l'ovaire ; ces étamines sont opposées aux lobes du calice. L'ovaire est libre, uniloculaire, monosperme, contenant un seul ovule dressé et porté (*c*) quelquefois sur un podosperme plus ou moins long et grêle. Le style, qui est rarement simple, est à deux (*b*),

Fig. 312. *Polygonum orientale* : *b*, fleur entière ; *c*, pistil ; *d*, fruit ; *e*, fruit coupé transversalement à l'embryon ; *a*, fruit coupé parallèlement à l'embryon.

trois ou quatre divisions, terminées chacune par un stigmate subulé. Le fruit (*d*) est un akène ou une petite baie. La graine (*e*) se compose sous son tégument propre d'un embryon cylindrique homotrope,

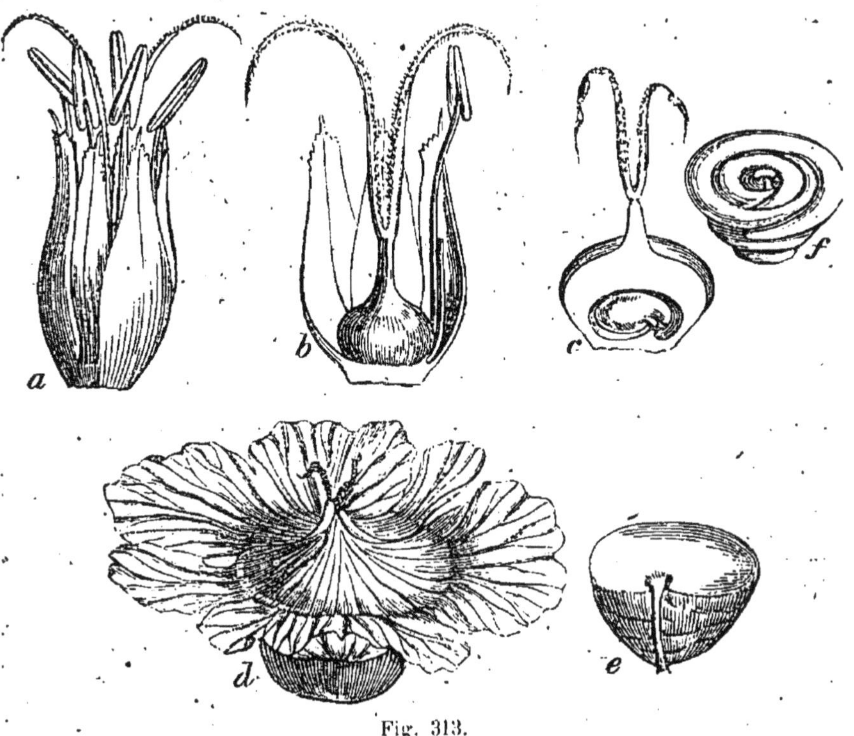

Fig. 313.

grêle, recourbé sur un endosperme farineux ou roulé en spirale (*f*) et quelquefois presque sans endosperme.

Cette famille a, d'une part, beaucoup de rapports avec les Polygonacées, qui en diffèrent par la gaîne stipulaire de leurs feuilles, par leur embryon non roulé en spirale et leur radicule supérieure. Elle a aussi, d'une autre part, beaucoup d'analogie avec les Amarantacées, dont celles-ci ne diffèrent en réalité que par leur port et quelques autres caractères de peu d'importance. Les Chénopodiacées nous offrent l'exemple de genres à insertion péryginique, comme les genres *Beta*, *Blitum*, *Spinacia*, et d'autres, en plus grand nombre, qui ont l'insertion hypogynique : tels que les *Salsola*, *Camphorosma*, *Chenopodium*, etc.

Meyer (dans le *Flora altaïca* de Ledebour) a partagé cette famille

Fig. 313. *Salsola caroliniana* : *a*, fleur entière ; *b* la même, coupée suivant sa longueur ; *c*, pistil ouvert et montrant la position de l'ovule ; *d*, fruit recouvert par le calice qui devient ailé ; *e*, la graine ; *f*, l'embryon roulé.

en deux groupes, qui ont été adoptés par Moquin-Tandon dans sa *Monographie des Chénopodiacées*.

1re *tribu*. CYCLOLOBÉES : embryon annulaire, entourant un endosperme central : * *Salicornia*, * *Atriplex*, * *Spinacia*, * *Beta*, * *Chenopodium*.

2e *tribu*. SPIROLOBÉES : embryon roulé en spirale ; endosperme peu développé : * *Sueda*, * *Salsola*, * *Anabasis*.

Moquin-Tandon a proposé de retirer de cette famille les genres *Basella*, *Anredera* et *Boussingaultia*, pour en former une petite famille distincte sous le nom de BASELLACÉES, qui en diffère surtout par ses fleurs pédicellées, son périanthe double, ses anthères sagittées et surtout par son port.

68e famille. AMARANTACÉES (Amarantaceæ).

Amaranthacæarum pars. Juss. Martius, *Nov. gen.* II, p. 1, ibid. *Nov. act. Cæsar.* XIII, 210. Lindl. *Nat. syst.* 107. Endlich. *Gen.* 300.

Les Amarantacées sont des plantes herbacées ou sous-frutescentes portant des feuilles alternes ou opposées. Les fleurs sont petites

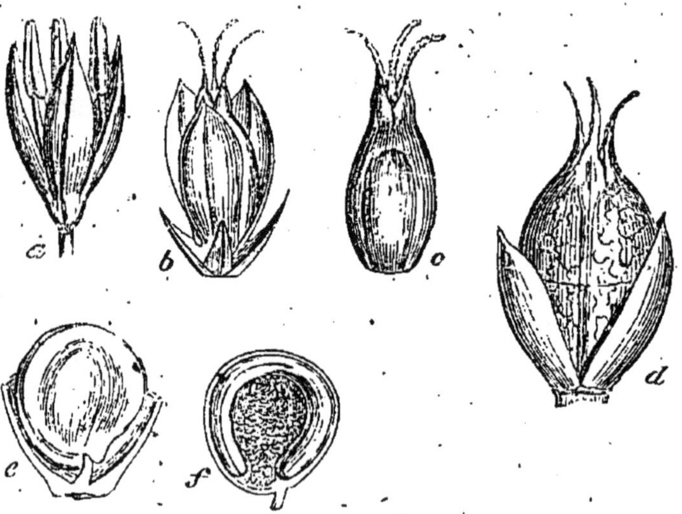

Fig. 314.

(*fig.* 314), souvent hermaphrodites, quelquefois unisexuées, disposées en épis, en panicules ou en capitules, et munies d'écailles qui les sé-

Fig. 314. *Amarantus Blitum* : *a*, fleur mâle ; *b*, fleur femelle ; *c*. pistil ; *d*, fruit ; *e*, graine ; *f*, la même, coupée et montrant l'embryon roulé autour de l'endosperme farineux.

parent. Leur calice est gamosépale (*a*), souvent persistant, à quatre ou cinq divisions très-profondes. Les étamines varient de trois à cinq. Leurs filets sont tantôt libres et tantôt monadelphes, et formant quelquefois un tube membraneux lobé à son sommet et portant les anthères à sa face interne; les anthères sont tantôt à une, tantôt à deux loges. L'ovaire est libre (*c*), uniloculaire, renfermant un seul ovule dressé et porté quelquefois sur un podosperme très-long, recourbé, au sommet duquel il est pendant; plus rarement on trouve plusieurs ovules. Le style est simple ou nul, terminé par deux ou trois stigmates (*c*). Le fruit, en général environné par le calice (*d*), est un akène ou une petite pyxide s'ouvrant par le moyen d'un opercule. L'embryon est cylindrique (*f*), allongé, roulé autour d'un endosperme farineux.

Cette famille est tellement rapprochée des Chénopodiacées, qu'il est extrêmement difficile de tracer la limite qui les sépare. En effet, l'insertion, qui est en général périgynique dans les Chénopodiacées, est aussi hypogynique dans plusieurs genres, comme nous l'avons dit précédemment; mais le port de ces deux familles est tout à fait différent. Les étamines sont souvent monadelphes dans les Amarantacées, qui ont aussi quelquefois les feuilles opposées. Quoique ces caractères distinctifs soient peu importants, cependant il est difficile de réunir deux familles qui paraissent l'une et l'autre bien tranchées quand on ne considère que leur port.

Les Amarantacées forment trois tribus :

1re *tribu*. GOMPHRÉNÉES : ovaire uniovulé, anthères uniloculaires : *Iresine*, *Alternanthera*, *Gomphrena*.

2e *tribu*. ACHYRANTHÉES : ovaire uniovulé, anthères biloculaires : *Achyranthes*, *Amarantus*.

3e *tribu*. CÉLOSIÉES : ovaire multiovulé, anthères biloculaires : *Celosia*, *Lestiboudesia*.

On a séparé des Amarantacées certains genres à étamines périgynes, comme les *Illecebrum*, *Paronychia*, etc., qui réunis à quelques autres tirés des Caryophyllées, forment une famille distincte sous le nom de *Paronychiées*, appartenant aux Polypétales.

69e famille. NYCTAGINACÉES (Nyctaginaceæ).

Nyctagineæ, Juss. *Ann. musc.* II, 269. Lindl. *Nat. syst.* 213. Endlich. *Gen.* 310.

Les Nyctaginacées sont des plantes herbacées, des arbustes ou même des arbres dont les feuilles sont simples, le plus souvent opposées, quelquefois alternes. Les fleurs (*fig.* 315) sont axillaires ou terminales, souvent réunies plusieurs ensemble dans un involucre commun, ou ayant chacune un involucre propre ou caliciforme (*a*). Leur calice est gamosépale, coloré, souvent tubuleux, renflé à sa partie inférieure, qui souvent est plus épaisse et persiste après la chute de la partie supérieure. Le limbe est plus ou moins divisé en lobes plissés (*a*). Les étamines varient de cinq à dix, et sont insérées au bord supérieur d'une sorte de disque hypogyne (*b*) souvent en forme de cupule.

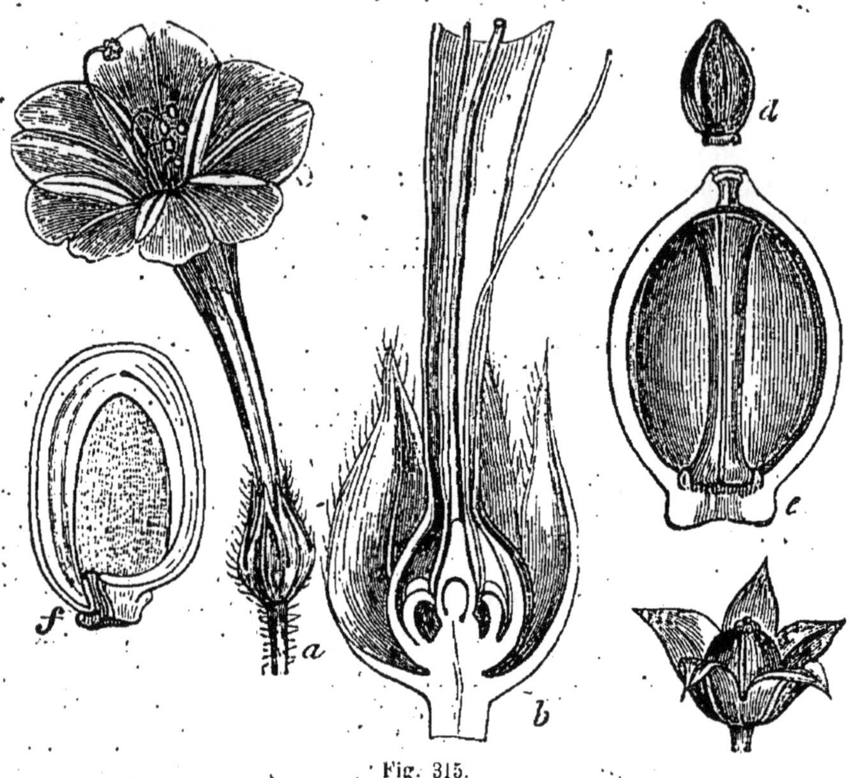

Fig. 315.

L'ovaire est à une seule loge contenant un ovule dressé. Le style et le stigmate sont simples. Le fruit (*c*) est un akène recouvert en partie par le disque et la base du calice, qui sont crustacés et forment une sorte de péricarpe accessoire (*d*), et environné par l'involucre en forme de calice (*c*). Le véritable péricarpe est mince, adhérent (*e*) avec le tégument propre de la graine. Celle-ci se compose d'un embryon homotrope (*f*), recourbé sur lui-même, ayant sa radicule repliée sur la face d'un des cotylédons et embrassant ainsi l'endosperme qui se trouve central.

Fig. 315. *Nyctago hortensis* : *a*, fleur entière; *b*, base de la fleur coupée longitudinalement; *c*, fruit accompagné par l'involucre et par la base du tube calicinal; *d*, le même, sans involucre; *e*, le vrai fruit mis à nu; *f*, le même, fendu suivant sa longueur.

Les genres *Nyctago*, *Allionia*, *Pisonia*, *Boerhaavia*, *Bougainvillea*, etc., appartiennent à cette famille. Quelques auteurs, partant des genres dont l'involucre est uniflore, comme dans la Nyctage ou Belle-de-Nuit, ont admis cet involucre comme un calice et le calice comme une corolle : mais l'analogie, et surtout les genres à involucre contenant plusieurs fleurs, prouvent que le périanthe est véritablement simple.

DEUXIÈME DIVISION : GAMOPÉTALES

GAMOPÉTALES SUPÉROVARIÉES, ISOSTÉMONÉES, A COROLLE RÉGULIÈRE ET A ÉTAMINES ALTERNES.

70e famille. PLANTAGINACÉES (Plantaginaceæ).

Plantagineæ, Juss. *Gen.* Endlich. *Gen.* 246. Barnéoud, *Monogr. des Plantaginées*, Paris. 1843. *Plantaginaceæ*, Lindl. *Nat. syst.* 267.

Petite famille que l'on reconnaît aux caractères suivants : les fleurs sont hermaphrodites (unisexuées dans le genre *Littorella*), formant des épis simples, cylindriques, allongés ou globuleux ; rarement les fleurs sont solitaires. Le calice a quatre divisions profondes et persistantes, ou quatre sépales inégaux en forme d'écailles, et deux plus extérieurs. La corolle est gamopétale, tubuleuse, à quatre divisions régulières, rarement entière à son sommet. Cette corolle, dans le genre Plantain, donne attache à quatre étamines saillantes qui, dans le *Littorella*, naissent du réceptacle. L'ovaire est libre, à une, deux ou très-rarement à quatre loges, contenant un ou plusieurs ovules pseudo-campulitropes. Le style est capillaire, terminé par un stigmate simple, subulé, rarement bifide à son sommet. Le fruit est une petite pyxide recouverte par la corolle qui persiste. Les graines se composent d'un tégument propre qui recouvre un endosperme charnu, au centre duquel est un embryon cylindrique, axile et homotrope.

Genres : * *Plantago*, * *Littorella*, *Bougueria*.

Les Plantaginacées sont des plantes herbacées, rarement sous-frutescentes, souvent privées de tige et n'ayant que des pédoncules radicaux qui portent des épis de fleurs très-denses. Leurs feuilles sont souvent radicales, entières, dentées ou diversement incisées. Elles croissent en quelque sorte sous toutes les latitudes. Jussieu et la plupart des autres botanistes considèrent les Plantaginacées comme véritablement apétales. Pour cet illustre botaniste, l'organe que nous avons décrit comme la corolle est le calice, et notre calice n'est qu'une réunion de bractées; mais il nous semble que la constance et la régularité de ces deux organes doivent plutôt les faire considérer comme un périanthe double, ainsi que l'a récemment admis le célèbre R. Brown.

Les Plantaginacées sont très-voisines des Plumbaginacées, dont elles diffèrent surtout par leur style constamment simple, par leur ovaire à deux loges souvent polyspermes, tandis qu'il est constamment uniloculaire et contenant un ovule pendant du sommet d'un podosperme basilaire et dressé dans les Plumbaginées.

71e famille. PLUMBAGINACÉES (Plumbaginaceæ).

Plumbagineæ. Juss. *Gen.* Endlich. *Gen.* 348. Barnéoud, *Recher. sur le développement des Plumbag.* (*Comptes rendus*, 30 juillet 1844.) *Plumbaginaceæ*, Lindl. *Natur. syst*, 269.

Famille naturelle placée par les uns parmi les Apétales, et par les autres dans les Gamopétales. Ce sont des végétaux herbacés ou sous-frutescents, à feuilles alternes, quelquefois toutes réunies à la base de la tige et engaînantes. Les fleurs (*fig.* 316) sont disposées en épis

Fig. 316.

ou en grappes rameuses et terminales, leur calice est gamosépale (*b*), tubuleux, plissé et persistant, ordinairement à cinq divisions. La corolle est tantôt gamopétale (*c*), tantôt formée de cinq pétales égaux qui assez souvent sont légèrement soudés entre eux par leur base (*c*).

Fig. 316. *Statice Armeria* : *a*, fleur entière; *b*, calice; *c*, corolle et étamines; *d*, pistil; *e*, fruit; *f*, graine entière; *g*, la même, coupée longitudinalement; *h*, l'embryon.

Les étamines généralement au nombre de cinq, et opposées aux divisions de la corolle (*c*), sont épipétales quand celle-ci est polypétale, et immédiatement hypogynes lorsque la corolle est gamopétale (ce qui est le contraire de la disposition générale). L'ovaire est libre (*d*), assez souvent à cinq angles, à une seule loge contenant un ovule anatrope pendant au sommet d'un podosperme filiforme basilaire (*f*). Les styles au nombre de trois à cinq (*d*), se terminent par autant de stigmates subulés. Le fruit est un akène (*e*) enveloppé par le calice. La graine (*f*) se compose, outre son tégument propre, d'un endosperme farineux (*g*), au centre duquel est un embryon (*g*) qui a la même direction que la graine.

Cette petite famille se compose des genres *Plumbago*, *Statice*, *Limonium*, *Vogelia* de Lamarck, *Theta* de Loureiro, *Agialitis* de R. Brown. Elle diffère des Nyctaginacées, qui sont monopérianthées, par son ovule porté sur un long podosperme au sommet duquel il est pendant; par plusieurs styles et plusieurs stigmates, par l'embryon droit et non recourbé sur lui-même, etc. Nous avons indiqué tout à l'heure, en parlant des Plantaginacées, les rapports et les différences entre cette dernière famille et les Plumbaginacées.

72e famille. GLOBULARIACÉES (Globulariaceæ).

Globularieæ, DC. *Fl. fr.* Cambess. *Monog. Ann. sc. nat.* IX, 15. Endlich. *Gen.* 639. *Globulariaceæ*, Lindl. *Nat. syst.* 268.

Le genre *Globularia*, placé d'abord parmi les Primulacées, constitue à lui seul cette petite famille dont voici les principaux caractères : le calice est gamosépale, tubuleux, persistant, à cinq divisions souvent inégales et disposées comme en deux lèvres ; la corolle est gamopétale, tubuleuse, irrégulière, à cinq lanières étroites et inégales, disposées en deux lèvres ; les étamines, au nombre de quatre à cinq, sont alternes avec les divisions de la corolle. L'ovaire est uniloculaire, contenant un ovule anatrope et pendant. Le style est grêle et terminé par un stigmate à deux divisions courtes et inégales ; à la base de l'ovaire est un petit disque unilatéral. Le fruit est un akène recouvert par le calice. L'embryon, presque cylindrique, axile, est placé dans un endosperme charnu.

Les Globulariacées sont des plantes herbacées ou sous-frutescentes, à feuilles toutes radicales ou alternes, fleurs petites, violacées, réunies en capitules globuleux et accompagnées de bractées. Elles diffèrent des Primulacées par leur corolle irrégulière, leurs étamines alternes, leur ovaire contenant un seul ovule renversé.

73e famille. POLÉMONIACÉES (Polemoniaceæ).

Polemonieæ, Juss. *Gen.* Lindl. *Nat. syst.* 232 Endlich. *Gen.* 656. DC. *Prodr.* IX, 302. *Cobeaceæ*, Don, *Edinb. phil. Journ.* X, 3.

Plantes herbacées ou ligneuses, quelquefois volubiles, munies de feuilles alternes ou opposées, souvent divisées et pinnatifides, et de fleurs axillaires ou terminales formant des grappes rameuses (*fig.* 317). Chaque fleur (*a*) se compose d'un calice gamosépale à cinq lobes.

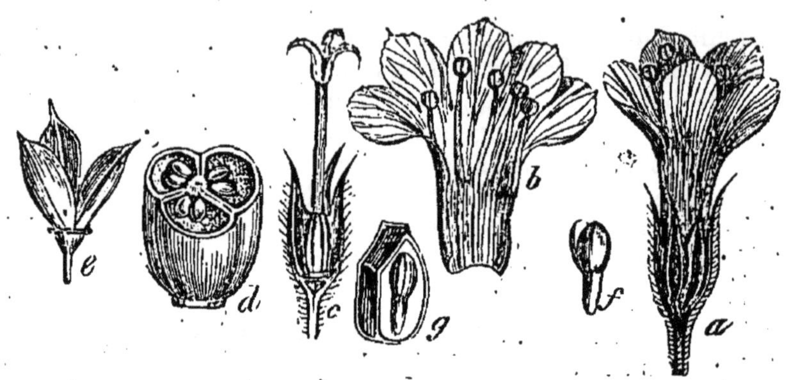

Fig. 317.

d'une corolle gamopétale régulière (*a b*), rarement irrégulière, à cinq divisions plus ou moins profondes ; de cinq étamines insérées à la corolle (*b*) ; d'un ovaire (*c*) appliqué sur un disque souvent étalé au fond de la fleur, et lobé ; cet ovaire offre trois loges contenant (*d*) chacune quelquefois un seul ovule dressé anatrope, ou plus souvent plusieurs ovules ascendants et amphitropes ; le style est simple, terminé par un stigmate trifide. Le fruit est une capsule à trois loges, s'ouvrant en trois valves (*e*) septifères sur le milieu de leur face interne, ou portant seulement l'empreinte de la cloison qui reste intacte au centre de la capsule. Les graines offrent un embryon dressé (*g*) au centre d'un endosperme charnu.

Cette famille tient, en quelque sorte, le milieu entre les Convolvulacées et les Bignoniacées. Elle diffère des premières par ses valves portant les cloisons sur le milieu de leur face interne et non contiguës par leur bord sur ces cloisons, et par son embryon dressé ; des secondes, par sa corolle presque toujours régulière, son ovaire à trois loges, ses valves portant des cloisons sur leur face, etc. Les genres

Fig. 317. *Ipomopsis elegans* : *a*, fleur entière ; *b*, corolle fendue longitudinalement ; *c*, calice et pistil ; *d*, ovaire coupé en travers ; *e*, capsule s'ouvrant en trois valves ; *g*, graine coupée suivant sa longueur ; *f*, embryon.

qui composent cette famille sont peu nombreux; tels sont : *Polemonium*, *Phlox*, *Cantua*, *Gilia*, *Bonplandia*, et *Cobæa*.

74e famille. NOLANACÉES (Nolanaceæ).

Nolanaceæ, Lindl. *Nixus*, 18, Martius. *Consp.* nº 119. Lindl. *Bot. reg.* 1844; XLVI.

M. Lindley a établi sous ce nom une petite famille nouvelle pour le genre *Nolana*, qui a été tour à tour rapporté aux Borraginacées et aux Convolvulacées. Les Nolanacées diffèrent par leurs carpelles très-nombreux, distincts ou seulement soudés en partie et conservant tantôt des styles également distincts ou unis entre eux. Le fruit enveloppé par le calice persistant est ou dur ou légèrement charnu; présentant intérieurement un nombre variable de nucules, à une ou à plusieurs loges formées par autant de carpelles soudés; chaque carpelle contient une seule graine ascendante. L'embryon recourbé est placé autour d'un endosperme charnu.

Les Nolanacées, qui comprennent, outre le genre *Nolana*, les genres *Falkia* et *Dichondra*, sont de petites plantes herbacées ou de petits arbustes à feuilles alternes et sans stipules, et à fleurs petites et généralement axillaires.

Choisy, dans sa monographie des Convolvulacées, fait des Nolanacées une simple tribu de cette dernière famille. Endlicher (*Gen.*, 655) adopte cette opinion.

75e famille. CONVOLVULACÉES (Convolvulaceæ).

Convolvuli, Juss. *Convolvulaceæ*, Choisy, *Monog. in Mém. Gen.* VI, 383; VIII, 45. Lindl. *Nat. syst.* 231. Endlich. *Gen.* 651. DC. *Prodr.* IX, 323.

Plantes herbacées ou sous-frutescentes, souvent volubiles et grimpantes, ayant des feuilles alternes, simples, ou plus ou moins profondément lobées; des fleurs (*fig.* 318) axillaires ou terminales; le calice (*a*) est formé de cinq sépales ordinairement réguliers, libres ou soudés par leur base, à préfloraison quinconciale; la corolle gamopétale, régulière (*a*, *b*), également à cinq lobes plissés et tordus dans le bouton; les cinq étamines insérées au tube de la corolle ont leurs filets quelquefois inégaux. L'ovaire est simple et libre (*c*), porté sur un disque hypogyne; il offre de deux à quatres loges (*e*); quand il est à quatre loges, chacune d'elles contient un ou deux ovules ascendants et anatropes; quand l'ovaire est à une seule loge (provenant de la disparition des cloisons), il offre quatre ovules dressés naissant de la base d'une columelle centrale courte. Le style est simple ou double (*c*). Le fruit (*d*) est une capsule offrant d'une à quatre loges contenant ordinairement une ou deux graines attachées vers la base des cloisons; elle s'ouvre en deux ou quatre valves dont les bords sont appliqués sur les cloisons qui restent en place; plus rarement la capsule reste close ou s'ouvre en deux valves superposées. L'embryon dont les cotylédons sont plans et chiffonnés, est roulé sur lui-même (*h*) et placé au centre d'un endosperme mou et comme mucilagineux.

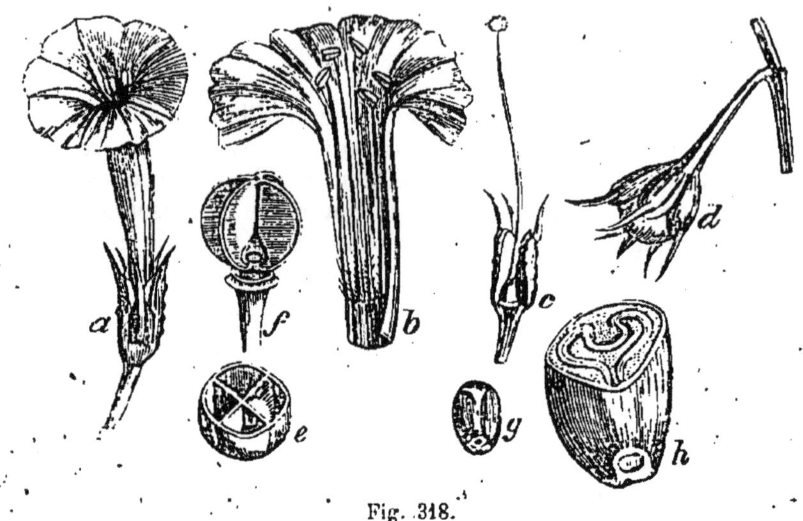

Fig. 318.

Le caractère essentiel de cette famille consiste dans sa capsule, dont les sutures correspondent aux cloisons, c'est-à-dire à déhiscence septifrage. Ce caractère manquant dans quelques genres, auparavant réunis aux Convolvulacées, tels que *Hydrolea* et *Nama*, R. Brown a proposé d'en former une famille distincte, sous le nom d'HYDROLÉACÉES. Les genres principaux des Convolvulacées sont: **Convolvulus*, *Ipomœa*, *Evolvulus*, *Calystegia*, *Bonamia*, *Breweria*, **Cressa*, etc.

Le genre *Cuscuta*, dont les espèces sont parasites et dépourvues de feuilles et qui ont un port si remarquable, a été érigé en famille sous le nom de CUSCUTACÉES par quelques botanistes; mais son organisation ne nous paraît pas différer assez de celles des vraies Convolvulacées pour adopter ce nouveau groupe.

Fig. 318. *Ipomœa coccinea* : *a*, fleur entière; *b*, corolle fendue; *c*, pistil accompagné du calice dont on a enlevé deux des sépales; *d*, capsule; *e*, la même, coupée en travers; *g*, graine; *h*, la même, coupée en travers et montrant la coupe de l'embryon replié sur lui-même.

76e famille. HYDROLÉACÉES (Hydroleaceæ).

Hydroleaceæ. R. Brown, *Prodr.* 482. Choisy. *Monog. Ann. sc. nat.* XXX, 225. Lindl. *Nat. syst.* 234. Endlich. *Gen.* 660.

Plantes herbacées ou frutescentes, à feuilles alternes, entières ou lobées, sans stipules ; à fleurs axillaires ou terminales. Le calice est à cinq divisions profondes et persistantes ; la corolle gamopétale, régulière, porte cinq étamines alternes, à anthère bilobée à la base à deux loges écartées par un connectif et s'ouvrant par un sillon longitudinal : les filets sont dilatés et pétaloïdes à leur partie inférieure. L'ovaire, appliqué sur un disque hypogyne et annulaire, présente deux ou trois loges surmontées d'un style distinct ; chaque loge contient un grand nombre d'ovules horizontaux, ou pendants, anatropes. Le fruit est une capsule mince contenue dans le calice persistant, à deux ou trois loges polyspermes. Les graines sont attachées à des trophospermes tantôt simples ou fongueux, tantôt doubles ou minces. L'embryon, très-petit, est axile et orthotrope, renfermé dans l'intérieur d'un endosperme charnu.

Cette petite famille a été établie, comme nous l'avons dit précédemment, par R. Brown, pour placer quelques genres autrefois réunis aux Convolvulacées, dont ils se distinguent par leurs graines très-nombreuses, et leur capsule loculicide. Ces genres sont : *Hydrolea*, *Nama*, *Wigandia* et *Romanzoffia*.

77e famille. HYDROPHYLLACÉES (Hydrophyllaceæ).

Hydrophylleæ, R. Brown. *Prodr.* 292. Bentham, in *Linn. Trans.* XVII, 267. Endlich. *Gen.* 658. *Hydrophyllaceæ*, Lindl. *Nat. syst.* 271. DC. *Prodr.*, IX, 287.

Plantes herbacées à feuilles alternes, sans stipules, simples ou profondément lobées, rarement opposées ; fleurs disposées en grappes scorpioïdes et unilatérales. Calice formé de cinq sépales réguliers persistants, unis par leur base, à estivation imbriquée. Corolle gamopétale régulière à cinq lobes imbriqués, souvent munie de cinq appendices alternes avec les étamines, simples ou bifides. Cinq étamines attachées à la gorge de la corolle, à anthères introrses. Ovaire appliqué sur un disque hypogyne, uniloculaire, rarement biloculaire ; contenant ordinairement quatre, plus rarement un plus grand nombre d'ovules amphitropes, attachés deux par deux à deux trophospermes saillants en forme de demi-cloisons. Le style est terminal, bifide. Le fruit est une capsule membraneuse ou légèrement charnue, à une ou à deux loges incomplètes, à déhiscence loculicide. Les graines contiennent un embryon droit dans un endosperme presque cartilagineux.

Les genres *Hydrophyllum*, *Ellisia*, *Nemophila*, *Eutoca*, *Phacelia*, constituent cette famille, qui se distingue des Boraginacées par son fruit capsulaire et déhiscent; son embryon toujours accompagné d'un endosperme corné.

78ᵉ famille. CORDIACÉES (Cordiaceæ).

Cordiaceæ, Link. *Handb.* I, 569. R. Brown. *Prodr.* 492. Lindl. *Nat. syst.* 272. *Gen.* 643. *Sébesteniers*, Vent. tabl. 2, 387.

Arbres ou arbrisseaux à feuilles alternes coriaces et sans stipules; à fleurs souvent assez grandes. disposées en grappes, en panicules ou en corymbes. Le calice est gamosépale, tubuleux, souvent persistant; la corole gamopétale régulière, tubuleuse, offrant à son limbe un nombre variable de divisions incombantes, sans appendices intérieurement. Les étamines varient de cinq à dix. L'ovaire est libre, simple, environné par un disque hypogyne et cupuliforme; il présente de quatre à huit loges contenant chacune un seul ovule attaché à l'axe de la loge par une grande portion de son côté interne. Le style est terminal, à deux ou à quatre divisions portant chacune un petit stigmate capitulé. Le fruit est une drupe charnue contenant un noyau osseux à quatre ou à huit loges rarement uniloculaire et monosperme. Les graines, dépourvues d'endosperme, contiennent un embryon orthotrope; à cotylédons charnus et souvent plissés sur eux-mêmes.

Le genre *Cordia*, constitue le type de ce groupe. On a rapproché les genres *Sacellium*, *Patagonula*, *Menais*.

M. Alph. de Candolle (*Prodr.* IX, 466) réunit cette famille à celle des Boraginacées où elle ne forme plus qu'une simple tribu. Nous croyons néanmoins ses caractères suffisants pour l'en distinguer, et surtout ses stigmates distincts et son fruit charnu, contenant un à plusieurs noyaux.

79ᵉ famille. BORAGINACÉES (Boraginaceæ).

Borragineæ, Juss. *Gen.* DC. *Prodr.* IX, 466. *Asperifoliæ*, L, Endlich. *Gen.* 644. Schrader, *de Asperifol.* Gœtting. 1820.

Les Boraginacées sont des herbes, des arbustes ou même quelquefois des arbres élevés, portant des feuilles alternes, géminées, souvent recouvertes, ainsi que les tiges, de poils très-rudes. Leurs fleurs forment des grappes scorpioïdes, souvent réunies en une sorte de panicule. Leur calice est gamosépale (*fig.* 319, *a*), régulier, persistant et à cinq lobes; la corolle est gamopétale, régulière, à cinq lobes : elle offre dans un certain nombre de genres, près de sa gorge, cinq appendices saillants (*b*), qui sont creux dans leur intérieur et qui s'ouvrent extérieurement à leur base. Les cinq étamines sont insérées au haut du tube de la corolle, et alternent avec les appendices dont nous venons de parler, quand ceux-ci existent. L'ovaire, porté sur un disque hypogyne, annulaire et sinueux, est profondément quadrilobé, à quatre loges monospermes, très-déprimé dans son centre; quelquefois les quatre loges sont complétement distinctes jusqu'à la base; elles contiennent chacune un ovule dressé, attaché à la partie inférieure et latérale de la loge; le style naît de cette dé-

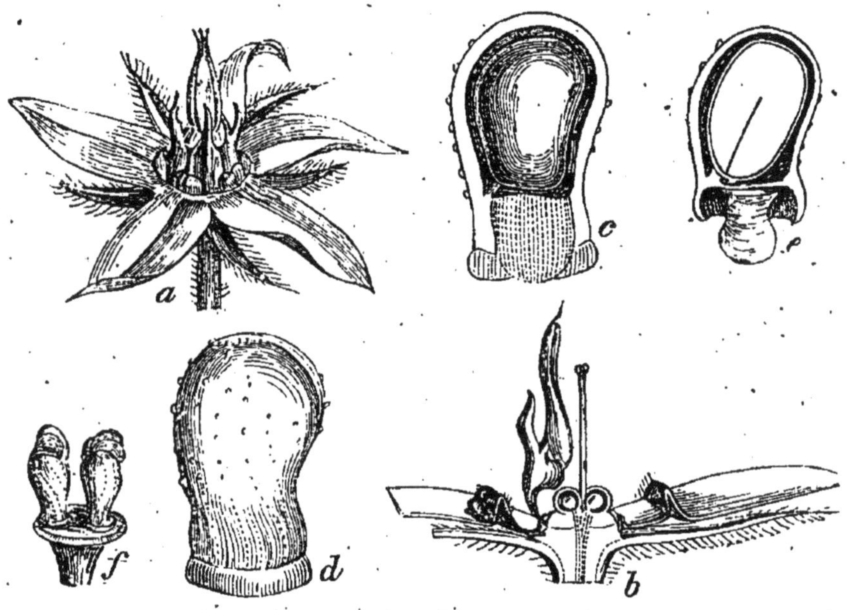

Fig. 319.

pression et se termine par un stigmate à deux lobes; quelquefois les quatre carpelles sont soudés dans toute leur longueur, et dans ce cas le style est terminal; le plus souvent ils sont tout à fait distincts même à leur base, ou soudés deux à deux par leur partie inférieure. Le fruit se compose de quatre carpelles monospermes; plus rarement ces carpelles se soudent et forment un fruit sec et charnu, à deux ou quatre loges, quelquefois osseuses, ou uniloculaires par avortement. Les graines ont leur embryon renversé avec un endosperme charnu très-mince, et qui même quelquefois n'existe pas.

La famille des Boraginacées a des rapports avec les Labiées par la structure de son pistil qui est le même, et avec les Scrofulariacées.

[1] Fig. 319. *Borago officinalis* : *a*, fleur ; *b*, pistil fendu longitudinalement, avec une portion de la corolle et une étamine ; *f*, le fruit ; *d*, un des carpelles encore frais ; *c*, le même, fendu suivant sa longueur pour montrer la position de la graine ; *e*, l'un des carpelles sec, avec la graine fendue suivant sa longueur.

Mais on la distingue des premières par sa tige cylindrique, ses feuilles alternes, sa corolle régulière, ses étamines au nombre de cinq, etc.; des secondes par la structure de son ovaire et de son fruit.

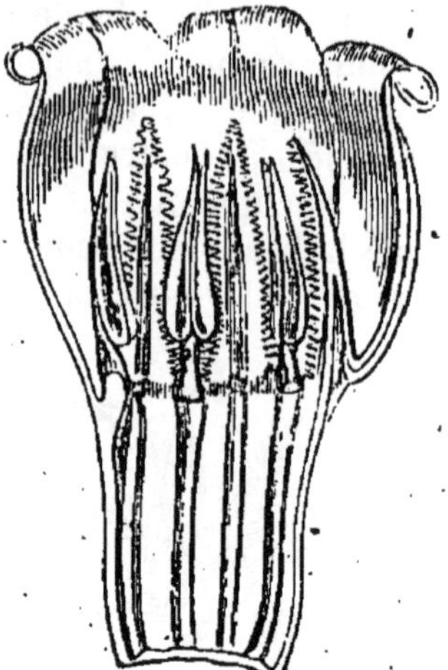

Fig. 320.

La famille des Boraginacées se partage en deux tribus distinctes :

1re *tribu*. EHRÉTIÉES : carpelles soudés, style terminal; quelquefois un endosperme charnu. *Ehretia*, *Beurreria*, *Tournefortia*, *Coldenia*, * *Heliotropium*.

2e *tribu*. BORAGINÉES : carpelles plus ou moins distincts, style naissant du réceptacle, pas d'endosperme.

§ I. Genres sans appendices à la corolle : * *Echium*, * *Lithospermum*, * *Pulmonaria*, * *Onosma*.

§ II. Genres munis d'appendices : * *Symphytum*, * *Lycopsis*, * *Anchusa*, * *Borago*, * *Cynoglossum*, etc.

80e famille. GENTIANACÉES (Gentianaceæ).

Gentianeæ, Juss. *Gen.* 599. Grisebach, *de Gentian.* Bonn, 1836. *Gentianaceæ*, Lindl. *Nat. syst.* 296. Griseb. in *DC. Prodr.* IX, p. 98.

Presque toutes les Gentianacées sont des végétaux herbacés rarement frutescents, portant des feuilles opposées, entières, glabres, des fleurs solitaires (*fig.* 321), terminales ou axillaires, ou réunies en épis simples. Leur calice gamosépale (*a*), souvent persistant, est à cinq divisions; la corolle gamopétale est régulière, ordinairement à cinq lobes imbriqués et tordus avant leur développement. Les étamines, en même nombre que les divisions de la corolle, leur sont alternes. L'ovaire (*b*), quelquefois rétréci à sa base et comme fusiforme, à une seule loge ou pseudobiculaire par le repliement et le prolongement des valves, très-rarement à deux loges complètes, contenant un grand nombre d'ovules anatropes attachés à deux trophospermes pariétaux (*d*) et suturaux, bifides du côté interne. Le style est simple ou profondément biparti; chaque division porte un stigmate (*c*). Le fruit est une capsule à une seule loge, contenant un très-grand nombre de graines; elle s'ouvre en deux valves, dont les bords sont plus ou moins rentrants pour s'unir aux trophospermes. Les graines sont en général fort petites, et leur embryon, qui est dressé et homotrope (*f*), est renfermé dans l'axe d'un endosperme charnu.

Cette famille est bien caractérisée par son port, ses feuilles opposées, entières, leur couleur vert glauque; elle a du rapport, d'une part, avec les Polémoniacées, dont elle diffère par ses feuilles opposées, ses ovaires à une ou à deux loges seulement, et le mode particulier de déhiscence de sa capsule; d'une autre part, avec les Scrofulariacées;

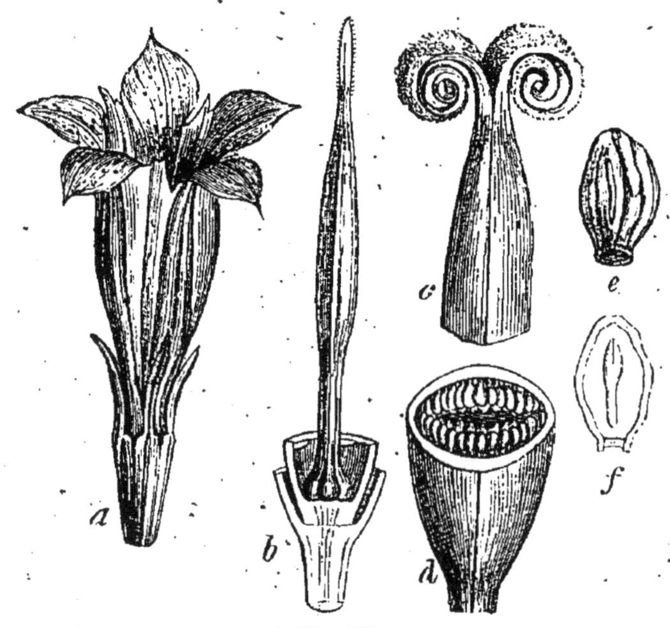

Fig. 321.

mais celles-ci, par leur corolle irrégulière, leurs quatre étamines didynames et la déhiscence de leur fruit, s'en distinguent facilement.

Nous citerons parmi les genres de Gentianées les **Gentiana*, **Erythræa*; **Chironia*, **Exacum*, **Villarsia*, **Menyanthes*. Ces deux derniers sont remarquables par leurs feuilles alternes et ternées dans le *Menyanthes*.

Martius a proposé, dans sa belle *Flore du Brésil*, d'établir une famille à part pour le genre *Spiegelia* de Linné, placé jusqu'à présent parmi les Gentianacées. Selon ce savant botaniste, cette petite famille de SPIEGÉLIACÉES diffère principalement des Gentianées par la présence des stipules, par l'estivation valvaire de sa corolle, qui est imbriquée dans les Gentianées, et par le mode de déhiscence de sa capsule, dont les valves ont les bords rentrants, mais non adhérents au placenta central. Au genre *Spiegelia*, de Martius joint le genre *Canala* de Pohl, pour constituer la petite famille des Spiegéliacées.

Fig. 321. *a*, fleur de la *Gentiana Pneumonanthe*; *b*, pistil; *c*, stigmates; *d*, coupe transversale de l'ovaire; *e*, *f*, graines du *Gentiana acaulis*.

Plus récemment M. Alph. de Candolle (*Prodr.*, IX, 2) a réuni les Spiegéliacées aux LOGANIACÉES.

81e famille. ASCLÉPIADACÉES (Asclepiadaceæ).

Asclepiadeæ, R. Brown, *Mem. Wern. Soc.* I, p. 12. Endlich *Gen.* 586, Decaisne, *Ann. sc. nat.* 1888, p. 257. DC. *Prodr.* VIII, 490. *Asclepiadaceæ* Lindl. *Nat. syst.* 502. *Apocynearum gen.* Juss. *Gen.*

Plantes herbacées, arbustes ou arbrisseaux sarmenteux, volubiles et lactescents ; à feuilles opposées ou verticillées sans stipules, offrant des fleurs axillaires ou extra-axillaires (*fig.* 322), disposées en corymbes ou en sertules indéfinis. Leur calice est formé de cinq sépales, quel-

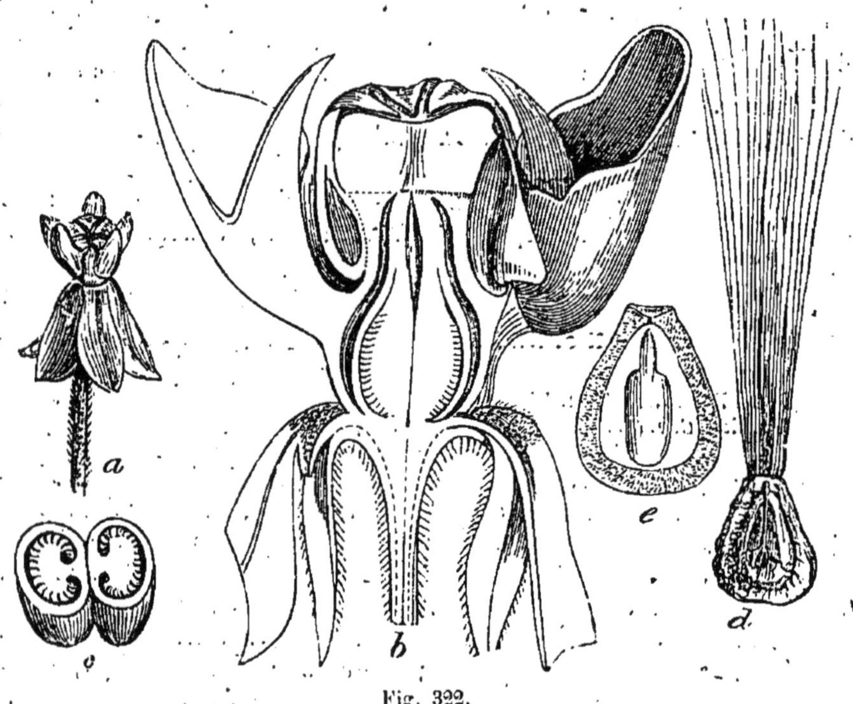

Fig. 322.

quefois soudés par leur base, à estivation quinconciale ; la corolle est gamopétale (*a*), régulière, de forme variée, offrant à sa gorge cinq appendices pétaloïdes, quelquefois très-développés en forme de casques (*b*, de cornets, etc., ou simplement de poils, ou enfin et très-

Fig. 322. *Asclepias Cornuti* : *a*, fleur entière ; *b*, portion de fleur coupée montrant les deux carpelles et la position des étamines et des appendices de la corolle ; *c*, coupe transversale des deux carpelles ; *d*, graine avec son aigrette ; *e*. la même coupée et montrant l'embryon.

rarement nue; l'estivation des pétales est valvaire. Les étamines, au nombre de cinq, sont insérées à la gorge de la corolle; leurs filets se soudent et forment un tube recouvrant les carpelles et portant à leur sommet et en dedans les cinq anthères qui sont introrses (*b*), et en dehors les cinq appendices pétaloïdes. Chaque anthère est biloculaire et contient deux masses de pollen solide qui vont se réunir deux par deux au moyen d'une petite caudicule à cinq petits corps glandulaires placés autour du stigmate. Les carpelles, au nombre de deux, sont libres et se terminent chacun par un style allant se réunir à un stigmate commun, épais et cylindrique. Chaque ovaire contient un grand nombre d'ovules anatropes attachés à un trophosperme (*c*) sutural. Le fruit est un double follicule, membraneux ou légèrement charnu. La graine, souvent couronnée par une aigrette (*d*), contient un embryon homotrope (*e*) au centre d'un endosperme charnu.

Cette famille, si distincte par l'organisation de sa fleur, son pollen en masses solides, se compose d'un grand nombre de genres dont la structure a été parfaitement étudiée et décrite par notre ami M. Decaisne, dans les différents travaux qu'il a récemment publiés sur cette famille.

Comme exemples de cette famille, nous citerons les genres : *Periploca*, *Secamone*, *Asclepias*, * *Vincetoxicum*, *Gonolobus*, *Stapelia*, etc.

82° famille. APOCYNACÉES (*Apocynaceæ*).

Apocyneæ, R. Brown, *Mem. Wern. Soc.*, I. p. 59. *Apocynaceæ*, Lindl. *Nat. syst.* 299. Endlich. *Gen.* 577. DC. *Prodr.* VIII, 327. *Apocynearum pars.* Juss. *Gen.*

Les Apocynacées présentent un aspect très-varié. Ce sont des plantes herbacées, des arbustes quelquefois volubiles, ou même des arbres très-élevés, et en général lactescents. Leurs feuilles sont simples et opposées, entières ; leurs fleurs sont axillaires (*fig.* 323) ou terminales, solitaires ou diversement réunies. Dans chacune on trouve un calice composé de cinq sépales libres ou soudés (*a*), à estivation quinconciale, tantôt étalé, tantôt tubuleux; une corolle gamopétale (*a*), régulière, d'une forme très-variée, offrant quelquefois des appendices ou des poils en forme de couronne, qui naissent de la gorge de la corolle. Les étamines, au nombre de cinq, sont libres et distinctes. Les anthères sont à deux loges (*d*), et le pollen qu'elles renferment est pulvérulent. Deux carpelles libres (quelquefois un seul) appliqués sur un disque hypogyne, soudés ensemble par leur côté interne ou seulement par leur sommet, offrent chacun une loge qui renferme un grand nombre d'ovules, amphitropes ou anatropes, placés (*e*) à leur suture interne. Les deux styles se soudent en un seul, et se terminent par un stigmate plus ou moins discoïde (*c*), quelquefois cylindrique et tronqué. Le fruit est un follicule simple ou double ; plus rarement il est charnu et indéhiscent. Les graines, attachées à un trophosperme sutural, sont nues ou couronnées par une aigrette

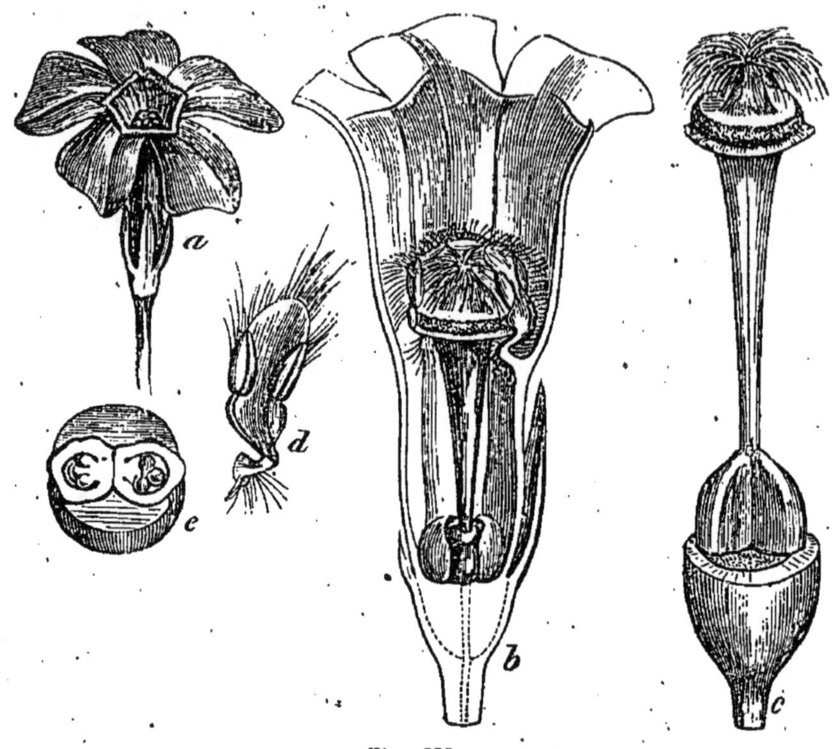

Fig. 323.

soyeuse ; elles contiennent, dans un endosperme charnu ou corné, un embryon droit.

Parmi les genres nombreux de cette famille, nous citerons les suivants : *Apocynum*, **Vinca*, *Echites*, *Rauwolfia*, *Arduinia*, **Nerium*, *Tabernæmontana*, *Carissa*, etc.

Cette famille est parfaitement distincte de toutes celles qui la précèdent par la disposition de ses carpelles et la structure de son fruit. R. Brown est le premier qui ait proposé de diviser en deux familles distinctes, sous les noms d'*Apocynées* et d'*Asclépiadées*, les genres réunis sous le nom d'Apocynées par Ant. L. de Jussieu. Les *Apocynacées* comprennent tous ceux dont le pollen est pulvérulent, les Asclépiadacées ceux où il forme des masses solides.

Fig. 323. *Vinca minor* : *a*, fleur entière ; *b*, la même fendue par moitié ; *c*, pistil dont on a enlevé les deux appendices charnus ; *e*, ovaire et appendices charnus coupés en travers ; *d*, étamines.

83e famille. LOGANIACÉES (Loganiaceæ).

Loganiæ, R. Brown, *Gen. rem.* 30. *Loganiaceæ*, Endlich. *Gen.* 574. DC. *Prodr.* IX, p. 1. *Strychneæ*, DC. *Théor.* 217. *Spiegeliaceæ*, Mart. *Nov. gen.* II 142, Lind. *Nat. syst.* 298.

Arbres, arbrisseaux ou plantes herbacées, tous exotiques, portant des feuilles entières, opposées avec des stipules intermédiaires, et quelquefois soudées, et en forme de gaîne ; des fleurs solitaires, ou réunies en grappe ou en corymbe. Le calice est libre, formé de quatre ou de cinq sépales unis par la base ; la corolle généralement régulière a cinq lobes contournés ou valvaires ; les étamines en même nombre que les lobes de la corolle, quelquefois cependant plus ou moins nombreuses, sont tantôt alternes, tantôt opposées aux lobes de la corolle ; l'ovaire libre, à deux ou trois loges ; le style portant un stigmate simple. Le fruit est tantôt sec et capsulaire à deux loges polyspermes, tantôt charnu et drupacé, contenant une ou deux graines. Celles-ci sont peltées et offrent un endosperme charnu ou corné dans lequel est renfermé un embryon droit dont la radicule est tournée vers le hile.

Cette famille a été établie primitivement par R. Brown pour y placer un certain nombre de genres rapprochés d'abord des Rubiacées, mais qui en diffèrent par leur ovaire libre ; on y a joint ensuite quelques autres genres des familles des Apocynacées et des Gentianacées, distincts de ces deux familles par leurs feuilles munies de stipules.

Les genres de cette famille ont assez peu d'analogie entre eux. Aussi y a-t-on formé un grand nombre de tribus. Les genres principaux sont : *Spigelia*, *Strychnos*, *Ignatia*, *Gardneria*, *Logania*, *Fagræa*, *Gærtnera*.

84e famille. SOLANACÉES (Solanaceæ).

Solaneæ, Juss. *Gen.* Pouchet, *Monogr.* Paris. *Solanaceæ*, Lindl. *Nat. syst.* 293. Endlich. *Gen.* 662.

On trouve dans cette famille des plantes herbacées, des arbustes et même des arbrisseaux assez élevés, quelquefois munis d'aiguillons sur plusieurs de leurs parties, ayant des feuilles simples ou découpées, alternes, ou quelquefois géminées vers la partie supérieure des rameaux, sans stipules. Leurs fleurs souvent très-grandes, sont extra-axillaires, ou forment des épis ou des grappes. Leur calice, gamosépale et persistant, est à cinq divisions plus ou moins profondes (*fig.* 324, *a*) ; leur corolle, gamopétale, régulière dans le plus grand nombre des cas, offre des formes très-variées et cinq lobes plus ou moins profonds plissés sur eux-mêmes. Les étamines, en même nombre que les lobes de la corolle, ont leurs filets libres, rarement monadelphes par leur base. L'ovaire, assis sur un disque hypogyne (*b*), est ordinairement à deux (*c*), rarement à trois ou quatre loges polyspermes, dont les ovules sont attachés à l'angle interne. Le style

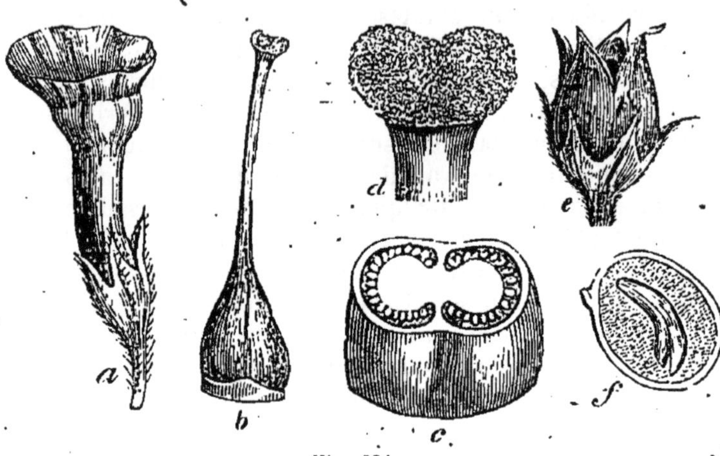

Fig. 324.

est simple, terminé par un stigmate bilobé (*b*, *d*). Le fruit est ou une capsule (*e*) à deux ou quatre loges polyspermes, s'ouvrant en deux ou quatre valves, ou une baie également à deux ou trois loges. Les graines réniformes et à épisperme chagriné, ont un embryon plus ou moins recourbé dans un endosperme charnu.

Les Solanacées ont les rapports les plus intimes avec les Scrofulariacées. Elles en diffèrent en général par leurs feuilles constamment alternes, leur corolle régulière, leurs étamines en même nombre que les lobes de la corolle, et surtout par leur embryon recourbé sur lui-même : ce dernier caractère est même quelquefois le seul qui distingue réellement les Solanacées à corolle irrégulière de certaines Scrofulariacées, celles-ci n'étant que des Solanacées qui, par suite de l'avortement d'une de leurs étamines, ont une corolle irrégulière.

On a divisé la famille des Solanacées en cinq tribus principales :

1re *tribu*. NICOTIANÉES : capsule biloculaire loculicide : embryon recourbé en arc : *Fabiana*, *Petunia*, *Nicotiana*, *Lehmania*, *Marckea*.

2e *tribu*. DATURÉES : capsule ou baie incomplétement 4-loculaire ; embryon recourbé en arc : **Datura*, *Solandra*.

Fig. 324. *Nicotiana nyctaginiflora* : *a*, fleur entière ; *b*, pistil ; *c*, coupe transversale de l'ovaire ; *d*, stigmate ; *e*, capsule ; *f*. graine coupée longitudinalement.

3e *tribu*. HYOSCYAMÉES : capsule s'ouvrant par un opercule : **Hyoscyamus, Anisodus, Scopolia.*

4e *tribu*. SOLANÉES : baie à deux ou à plusieurs loges, quelquefois fruit sec indéhiscent, embryon courbé en arc : *Nicandra, *Physalis, Capsicum, *Solanum, Lycopersicum, *Atropa, Mandragora, *Lycium.*

5e *tribu*. CESTRINÉES : baie biloculaire ; embryon droit : *Cestrum, Dunalia.*

GAMOPÉTALES SUPÉROVARIÉES, ANISOSTÉMONÉES (ÉTAM. 2 A 4), COROLLE GÉNÉRALEMENT IRRÉGULIÈRE.

85e famille. SCROFULARIACÉES (Scrofulariaceæ).

Scrofularineæ, R. Brown. *Prodr.* 433. Chavannes, *Monogr.*, in-4, *fig.* Paris, 1833. Endlich. *Gen.* 670. Benth. *Scrof. rev.* 1835. *Scrofulariæ* et *Pediculares*, Juss. *Gen. Scrofulariaceæ*, Lindl. *Nat syst.* 288.

Herbes ou arbustes à feuilles souvent opposées, quelquefois alternes, simples, à fleurs disposées en épis ou en grappes terminales (*fig.* 325).

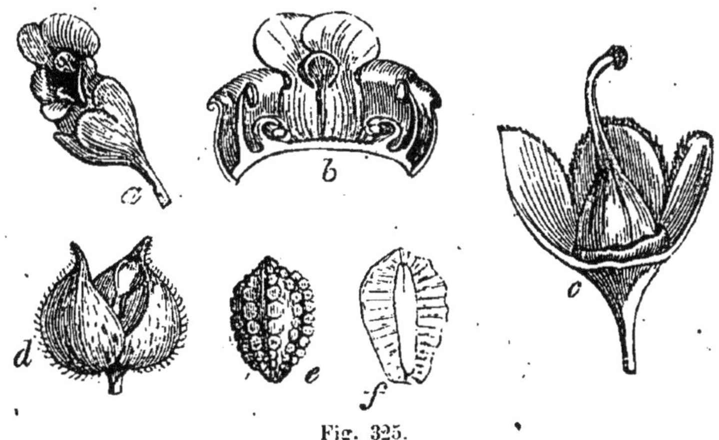

Fig. 325.

Leur calice est gamosépale (*a*), persistant, à quatre ou cinq divisions inégales ; la corolle est gamopétale de forme très-variée, irrégulière, à deux lèvres et souvent personnée ; les étamines, au nombre de deux

Fig. 325, *Scrofularia aquatica* : *a*, fleur entière ; *b*, corolle fendue et étalée ; *c*, pistil ; *d*, capsule ; *e*, *f*, graine.

à quatre, sont didynames. L'ovaire, appliqué sur un disque hypogyne (*c*), est à deux loges polyspermes; les ovules sont anatropes ou amphitropes. Le style est simple, terminé par un stigmate bilobé (*c*). Le fruit est une capsule biloculaire (*d*), très-rarement un peu charnue, dont le mode de déhiscence est très-variable. Tantôt elle s'ouvre par des trous pratiqués vers le sommet, tantôt par des plaques irrégulières, tantôt par deux ou quatre valves, portant chacune la moitié de la cloison sur le milieu de leur face interne (déhiscence loculide) ou opposées à la cloison qui reste entière (déhiscence septifrage). Les graines contiennent sous leur tégument propre une amande composée d'un endosperme charnu qui renferme un embryon droit (*f*) cylindrique, ayant sa radicule tournée vers le hile ou opposée à ce point d'attache.

Nous avons suivi l'exemple de R. Brown, qui réunit en une seule les deux familles établies par Jussieu, sous les noms de *Scrofulaires* et de *Pédiculaires*. La principale différence qui servait à distinguer ces deux familles était tirée du mode de déhiscence de la capsule qui, dans les Scrofulaires, se fait par des trous ou des valvules opposées à la cloison, restant intacte, tandis que, dans les Pédiculaires, chaque valve porte sur le milieu de sa face interne la moitié de la cloison. Mais ces différences, qui paraissent fort tranchées, présentent des nuances nombreuses, et, par exemple, dans le genre *Veronica*, on les trouve presque toutes réunies. Cependant nous avons remarqué entre ces deux groupes une autre modification que nous n'avons pu observer sur tous les genres, mais qui nous a paru constante dans tous ceux dont nous avons pu analyser la graine : c'est que, dans les Pédiculaires de Jussieu, l'embryon a toujours une direction opposée à celle de la graine, c'est-à-dire que ce sont ses cotylédons qui sont tournés vers le hile, tandis que le contraire a lieu dans les Scrofulaires.

1re *tribu*. PÉDICULARIÉES : ***Pedicularis*, **Rhinanthus*, **Melampyrum*, **Veronica*, **Euphrasia*, **Erinus*, etc.

2e *tribu*. SCROFULARIÉES : **Antirrhinum*, **Linaria*, **Scrofularia*,, **Digitalis*, **Gratiola*, **Verbascum*, etc.

La famille des Scrofulariacées est extrêmement voisine des Solanacées; on peut même dire qu'elles ne sont que des Solanacées devenues irrégulières par suite de l'avortement d'une étamine. En effet, si l'on met de côté l'irrégularité de la corolle et les étamines didynames, on trouve dans ces deux familles absolument les mêmes caractères essentiels. Il arrive quelquefois que, dans certaines Scrofulariacées (*Digitalis*, *Pedicularis*, etc.), la cinquième étamine (celle qui avorte habituellement) venant à se développer, la corolle reprend une forme régulière, et la plante rentre alors dans le type des Solananées.

86e famille. OROBANCHACÉES (Orobanchaceæ).

Orobancheæ, Rich. Jussieu, *Ann. mus.* XII, 445. Endlich. *Gen.* 725. C. A Mayer, in Ledeb *Fl. alt.* XI, 456. *Orobanchaceæ*, Lindl. *Nat. syst.* 287.

Ce sont des végétaux tantôt parasites sur la racine d'autres plantes, tantôt terrestres; leur tige est quelquefois dépourvue de feuilles, qui sont remplacées par des écailles. Les fleurs, accompagnées de bractées, sont terminales, tantôt solitaires, tantôt disposées en épis. Le calice est gamosépale, tubuleux, ou divisé jusqu'à sa base en sépales distincts; la corolle est gamosépale, irrégulière, souvent à deux lèvres; les étamines sont en général didynames; l'ovaire, appliqué sur un disque hypogyne et annulaire, ou adhérent avec le calice, est à une seule loge, qui contient un très-grand nombre d'ovules anatropes. attachés à deux trophospermes pariétaux et bifides par leur côté libre. Le style se termine par un stigmate à deux lobes inégaux. Le fruit est une capsule uniloculaire, s'ouvrant en deux valves qui portent chacune un trophosperme sur le milieu de leur face interne. Les graines, dont le tégument propre est double, offrent un endosperme charnu qui porte un très-petit embryon placé dans une fossette creusée dans sa partie supérieure et latérale.

Les genres **Orobanche*, **Phelippæa*, *Clandestina*, **Lathræa*, *Œginetia*, etc., forment cette famille, qui diffère des Scrofulariacés par son ovaire uniloculaire, la position de son embryon, et surtout par le port des végétaux qui la composent.

Cette famille ne me semble différer par aucun caractère essentiel des Gesnériacées à ovaire libre.

87e famille. GESNÉRIACÉES (Gesneriaceæ).

Gesneriaceæ, Lindl. *Nat. syst.* 283. DC. *Prodr.* VII, 525, *Gesneraceæ*, Enlich. *Gen.* 716.

Ce sont des plantes herbacées, rarement sous-frutescentes à leur base, portant des feuilles opposées ou alternes, des fleurs axillaires (*fig.* 326) ou terminales. Le calice est gamosépale (*a*), persistant, à cinq divisions, adhérent par sa base à l'ovaire, qui est généralement infère, plus rarement libre. La corolle est gamopétale, irrégulière (*a*), à cinq lobes inégaux formant quelquefois comme deux lèvres : on trouve deux ou quatre étamines didynames insérées à la corolle (*b*). L'ovaire, comme nous l'avons dit, est infère ou libre : dans le premier cas, il est couronné par un disque épigyne (*c*) souvent lobé; dans le second cas, le disque est hypogyne, souvent latéral. Le style est simple, terminé par un stigmate simple et concave (*c*) dans son centre. L'ovaire présente une seule loge dans laquelle un nombre très-considérable d'ovules anatropes sont attachés à deux trophospermes (*d*) pariétaux ramifiés du côté de la loge. Le fruit est ou charnu ou sec, et formant une capsule uniloculaire s'ouvrant en deux valves.

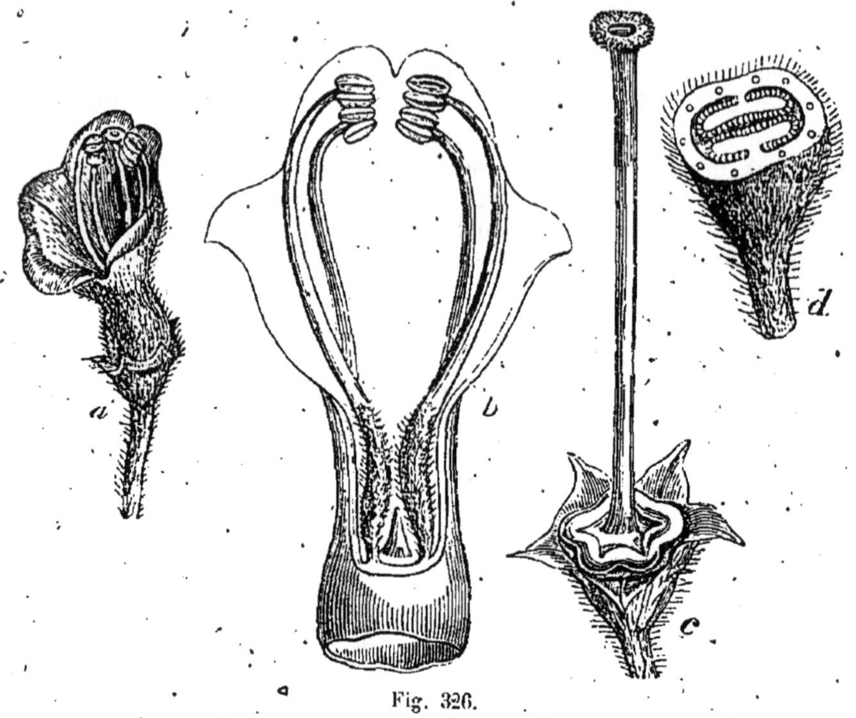

Fig. 326.

Les graines ont un endosperme charnu, qui manque dans la tribu des Cyrtandrées. L'embryon est orthotrope et axile.

On divise cette famille en deux tribus :

1re *tribu*. CYRTANDRÉES : graines sans endosperme.

*Fruit capsulaire (*Didymocarpées*) *Æschinanthus*, *Chirita*, *Didymocarpus*, *Streptocarpus*, *Loxothis*.

**Fruit charnu (*Eucyrtandrées*) : *Cyrtandra*, *Whitia*, *Fieldia*.

2e *tribu*. GESNÉRIÉES : graines pourvues d'un endosperme.

*Ovaire libre, fruit charnu (*Beslériées*) : *Sarmienta*, *Columnea*, *Besleria*.

**Ovaire libre, fruit capsulaire (*Épisciées*) : *Drymonia*, *Nematanthus*, *Alloplectus*, *Episcia*, *Ramondia*.

Fig. 326. *Gesneria tomentosa* : *a*, fleur entière ; *b*, corolle coupée et montrant les étamines ; *c*, pistil avec ovaire infère et disque épigyne ; *d*, coupe transversale de l'ovaire.

***Ovaire adhérent ou semi-adhérent, fruit capsulaire (*Eugesnériées*): *Gesneria, Trevirania, Gloxinia.*

88e famille BIGNONIACÉES (Bignoniaceæ).

Bignoniæ, Juss. *Gen.* Kunth, *Mém.* DC, *Bign.* in *Bibl. univ. sept.* 1838. Lindl. *Nat syst.* 282. *Bignoniaceæ* et *Sesameæ*, DC. *Prodr.* VIII, 142, *Bignoniaceæ* et *Pedalineæ*, R. Brown, *Prodr.* 470. Endlich. *Gen.* 728.

Ce sont des arbres, des arbrisseaux, ou plus rarement des plantes herbacées, dont la tige est souvent sarmenteuse et garnie de vrilles; leurs feuilles, ordinairement opposées ou ternées, sont rarement alternes, le plus souvent composées. Les fleurs (*fig.* 327), qui sont

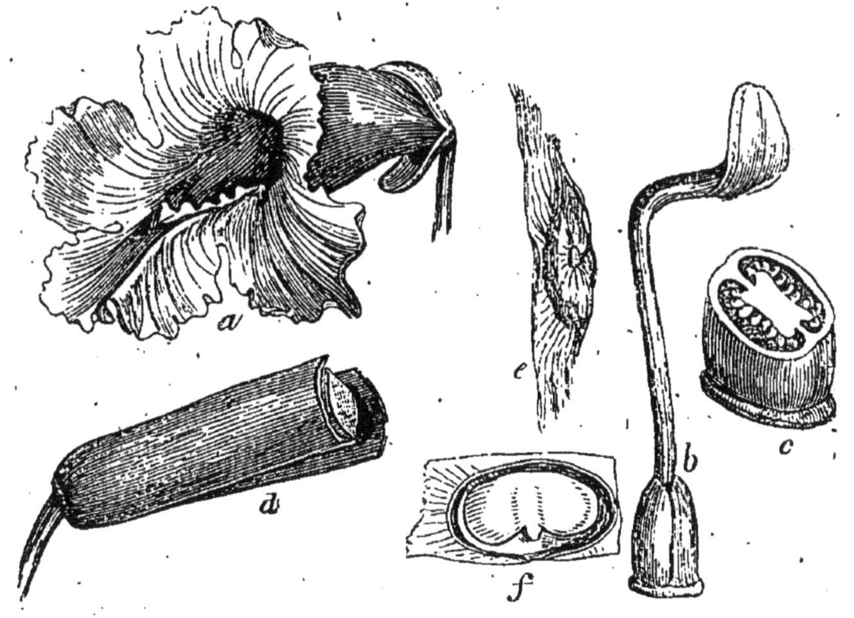

Fig. 327.¹

terminales ou axillaires, diversement groupées, ont un calice gamosépale souvent persistant et à cinq lobes, quelquefois il forme un tube qui se fend et se rompt d'une manière irrégulière; une corolle gamopétale plus ou moins irrégulière, et à cinq divisions; le plus souvent quatre étamines didynames accompagnées d'un filet stérile qui est l'indice d'une cinquième étamine avortée; dans quelques genres, les cinq étamines sont égales ou deux seulement sont fertiles. L'ovaire,

¹ Fig. 327. *Bignonia Catalpa* : *a*, fleur entière; *b*, pistil; *c*, ovaire coupé en travers; *d*, portion du fruit; *e*, graine; *f*, portion de la graine contenant l'embryon.

porté sur un disque hypogyne (*b*), présente une ou deux loges (*c*) contenant ordinairement plusieurs ovules, plus rarement deux ou quatre loges contenant chacune un seul ovule; le style simple se termine par un stigmate bilamellé (*b*). Le fruit est une capsule à deux loges (*d*) s'ouvrant à deux valves parallèles ou transversales à la cloison; rarement le fruit est charnu, ou dur, et indéhiscent, contenant de deux à quatre graines. Les graines, souvent bordées d'une aile membraneuse (*e*) dans tout leur contour, renferment sous leur tégument propre un embryon dressé (*f*) dépourvu d'endosperme.

Les genres de la famille des Bignoniacées peuvent être distribués en deux tribus de la manière suivante :

1re *tribu*. BIGNONIACÉES VRAIES : graines ailées.

a. Tige herbacée ; *Incarvillea*, *Tourretia*.

b. Tige ligneuse : *Catalpa*, *Tecoma*, *Bignonia*, *Oroxylum*, *Spathodea*, *Amphilobium*, *Jacaranda*, *Eccremocarpus*.

2e *tribu*. SÉSAMÉES : graines non ailées : *Sesamum*, *Martynia*, *Carpoceras*, *Craniolaria*, *Pedalium*, *Josephinia*, *Rogeria*.

R. Brown avait établi sous le nom de PÉDALINÉES une famille pour les genres *Pedalium* et *Josephinia*, qui ne diffèrent nullement de la tribu des Sésamées, formée par Kunth, dans la famille des Bignoniacées.

Cette famille a été de nouveau établie par Endlicher, qui la sépare des Sésamées, ne formant selon lui qu'une tribu des Bignoniacées. M. Alph. de Candolle forme un groupe des *Désalinées* et des *Sésamées*, auquel il conserve ce dernier nom. Mais, selon nous, le genre *Sesamum* sert évidemment à établir le passage entre les Sésamées et les Bignoniacées vraies.

89e famille ACANTHACÉES (Acanthaceæ).

Acanthi, Juss. *Gen. Acanthaceæ*, R. Brown, *Prodr.* 472. Nees. *Monog.* in Wall. *Pl. asiat. rar.* III, 70. Lindl. *Nat. syst.* 284. Endlich. *Gen.* 689.

Les Acanthacées sont des herbes ou des arbrisseaux à feuilles opposées, à fleurs disposées en épis, et accompagnées de bractées à leur base (*fig.* 328). Leur calice est formé de quatre ou cinq sépales réguliers ou irréguliers. La corolle est gamopétale, irrégulière, ordinairement bilabiée (*a*) ; les étamines sont au nombre de deux ou quatre, didynames. L'ovaire est à deux loges, qui contiennent deux (*c*) ou un plus grand nombre d'ovules amphitropes ou campulitropes ; il est appliqué sur un disque hypogyne et annulaire. Le style est simple, terminé par un stigmate bilobé (*b*). Le fruit est une capsule à deux loges (*e*), quelquefois monosperme, s'ouvrant avec élasticité en deux valves qui emportent avec elles chacune la moitié de la cloison (*d*) (dehiscence loculicide). Ces graines sont en général portées sur un podosperme filiforme, quelquefois élargi en forme de cupule ou de crochet, et leur embryon, placé immédiatement sous leur tégument propre

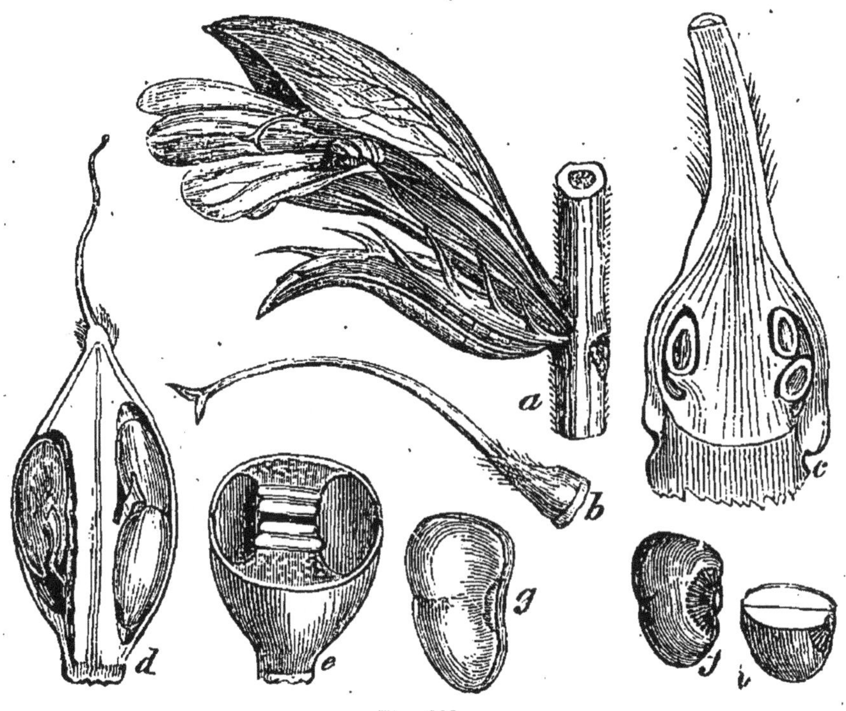

Fig. 328.

(*f*, *g*, *h*), est dépourvu d'endosperme, et a en général sa radicule tournée du côté du hile.

On doit à Nees d'Esenbeck un travail très-étendu sur cette famille dans laquelle ce savant a proposé un grand nombre de genres nouveaux. Tous ces genres, si l'on en excepte l'*Acanthus*, qui est le type de la famille, sont exotiques. Nous mentionnerons parmi ces genres les suivants : ***Thunbergia***, ***Ruellia***, ***Justicia***, ***Blepharis***, ***Acanthodium***, ***Eranthemum***, ***Hypoëstes***, etc.

Les Acanthacées ont des rapports intimes avec les Scrofulariacées et les Bignoniacées. Elles diffèrent de ces deux familles par le petit nombre de graines contenues dans leurs loges, par le long podosperme qui les supporte, et la déhiscence loculicide de leur capsule ; et

Fig. 328. *Acanthus mollis* : *a*, fleur entière ; *b*, pistil ; *c*, coupe longitudinale de l'ovaire montrant la position des deux ovules ; *d*, l'une des deux valves de la capsule ; *e*, coupe transversale de la capsule ; *f*, graine entière ; *h*, coupe tranversale ; *g*, embryon dénudé.

en particulier, de la première, par leurs graines dépourvues d'endosperme.

90e famille. SÉLAGINACÉES (Selaginaceæ).

Selagineæ, Juss. *Ann. Mus.* VII, 71. Rich. in *Pers. Enchir.* II. 146. Choisy, in *Mém. Genève*, II, 71. Endlich. *Gen.* 640. *Selaginaceæ*, Lindl. *Nat. syst.* 279.

Plantes herbacées ou arbustes à feuilles alternes généralement sessiles, entières ou dentées, quelquefois fasciculées. Fleurs petites, généralement blanches, sessiles, accompagnées de larges écailles et disposées en épis. Le calice est gamosépale, tubuleux, persistant, rarement formé de deux sépales distincts. La corolle gamopétale, tubuleuse, à quatre ou cinq lobes inégaux, porte quatre étamines ordinairement didynames, attachées à la partie supérieure du tube, rarement deux. Les anthères attachées au sommet dilaté du filet sont uniloculaires. L'ovaire, à deux loges uniovulées, est appliqué sur un disque charnu et annulaire ; les ovules sont anatropes et pendants dans l'intérieur de chaque loge. Le fruit est un diakène membraneux ; l'embryon est contenu dans un endosperme charnu.

La petite famille des Sélaginacées comprend les genres *Selago*, *Hebenstreitia*, *Microdon*, *Polycenia*, *Dischinia*, et *Agathelpis*. Elle se distingue des Verbénacées principalement par ses anthères uniloculaires. On peut, par conséquent, la considérer comme une simple tribu de cette famille.

Le genre *Stilbe* a été érigé en famille, sous le nom de *Stilbacées*, par mon savant ami le professeur Kunth, de Berlin. Ce petit groupe, dans lequel il place aussi un genre nouveau qu'il nomme *Campylostachys*, diffère des Sélaginacées par ses anthères biloculaires et l'absence du disque hypogyne. Nous ne pensons pas que ces deux caractères soient de nature à séparer les Stildacées des Verbénacées.

91e famille. VERBÉNACÉES (Verbenaceæ).

Vitices, Juss. *Gen. Verbenaceæ*, Juss. *Ann. Mus.* VII, 63. Endlich. *Gen.* 632. Schauer in DC. *Prodr.* XI, 522. *Pyrenaceæ*, Venten. *tabl.*

Les Verbénacées sont des arbres ou des arbrisseaux, rarement des plantes herbacées, à feuilles ordinairement opposées, quelquefois composées. Les fleurs sont disposées en épis ou en corymbes ; plus rarement elles sont axillaires et solitaires. Leur calice est gamosépale, persistant, tubuleux. La corolle est gamopétale, tubuleuse, ordinairement irrégulière et comme bilabiée. Les étamines sont didynames, quelquefois au nombre de deux seulement ; l'ovaire est à deux ou à quatre loges, contenant chacune un ou deux ovules attachés vers sa partie supérieure ; quelquefois (dans le genre *Clerodendrum*, par exemple), l'ovaire est à une seule loge formée de deux carpelles, à bords rentrants simulant une double demi-cloison, dont l'extrémité interne se bifurque sans se réunir au centre. Le style se termine par un stigmate simple ou bifide, oblique et unilatéral dans les genres à deux loges uniovulées. Le fruit est une baie ou une drupe, contenant un noyau à deux, ou à quatre loges souvent monospermes. La graine se compose, outre son tégument propre, d'un endosperme mince et charnu qui recouvre un embryon droit, cylindrique et antitrope.

La famille des Verbénacées forme un groupe très-naturel et bien caractérisé. Nous croyons qu'on devra y réunir plusieurs petites familles qui, selon nous, n'en diffèrent par aucun caractère essentiel ; telles sont, par exemple, les Sélaginacées et les Myoporacées. En effet, on donne aux Verbénacées des ovules dressés, tandis que les ovules seraient pendants dans les deux autres famille. Mais je pense, d'après des observations que je viens de répéter, que, dans la *plupart* des Verbénacées, les ovules sont également pendants. Il résulterait de là, nécessairement, que le caractère principal qui avait été donné pour séparer les Sélaginacées et les Myoporacées disparaîtrait. Cependant il resterait encore un caractère assez important qui distinguerait ces dernières des Verbénacées, c'est que dans les premières l'embryon est homotrope et à radicule supérieure, tandis que dans les secondes il est hétérotrope et à radicule inférieure.

On a divisé les Verbénacées en trois tribus :

1re *tribu*. VERBÉNÉES : fruit sec ou à peine charnu, se séparant en deux ou en quatre parties : **Verbena*, *Lippia*, *Dipyrena*, *Priva*.

2e *tribu*. LANTANÉES : fruit drupacé, indéhiscent : *Spielmannia*, *Lantana*, **Vitex*, *Premna*. *Pityrodia*, *Tectona*, etc.

3e *tribu*. ÆGIPHILÉES : fruit charnu : *Amasonia*, *Callicarpa*, *Ægiphila*, *Cornutia*.

92e famille. MYOPORACÉES (Myoporaceæ).

Myoporinæ. R. Brown, *Prodr*. 514. Endlich. *Gen*. 642. *Myoporaceæ*, Lindl. *Nat. syst*. 279.

Arbustes généralement glabres, à feuilles simples, alternes ou opposées, à fleurs axillaires et sans bractées ; leur calice est persistant, à cinq divisions profondes ; leur corolle gamopétale est presque régulière ou légèrement bilabiée ; les étamines sont didynames ou quelquefois au nombre de cinq, dont une reste parfois rudimentaire ; l'ovaire est libre, appliqué sur un disque hypogyne et annulaire ; il est à deux ou à quatre loges, contenant chacune un ou deux ovules anatropes, pendants. Le style simple se termine par un stigmate également simple ou légèrement bifide. Le fruit est une drupe contenant un noyau à deux ou à quat · loges, renfermant chacune une ou deux graines renversées, cylindriques, composées d'un embryon cylindrique, placé au centre d'un endosperme assez dense, homotrope et à radicule supérieure.

Les Myoporacées se composent des genres *Myoporum*, *Bontia*, *Pholidia*, *Stenochilus*, *Eremophila*. Ce sont toutes des plantes exotiques croissant en grande partie à la Nouvelle-Hollande. Elles diffèrent des Sélaginacées par leurs anthères biloculaires et par leur fruit drupacé. Nous pensons que cette famille n'est pas suffisamment distincte des Verbénacées auxquelles elle doit, selon nous, être réunie. En effet les caractères d'après lesquels on a établi leur distinction me paraissent peu marqués.

93e famille. JASMINACÉES (Jasminaceæ).

Jasmineæ, Juss. *Gen.* *Jasmineæ* et *Lilaceæ*, Vent. *Jasmineæ* et *Oleaceæ*, Linck. *Fl. Port.* I,, 385. R. Brown, *Prodr.* 520. Lindl. *Nat. syst.* 308. Endlich. *Gen.* DC. *Prodr.* VIII, 275.

Cette famille se compose d'arbustes, d'arbrisseaux ou même de très-grands arbres, à feuilles opposées, rarement alternes, simples ou pennées, Les fleurs sont hermaphrodites, excepté dans le genre Frêne, où elles sont polygames. Le calice est gamosépale, turbiné (*fig.* 329) (*a*), dans sa partie inférieure ; la corolle est gamopétale souvent tubuleuse et régulière (*a*), à quatre ou cinq lobes, quelquefois assez profonds pour que la corolle paraisse polypétale (*Ornus*, *Chionanthus*), elle manque quelquefois entièrement. Les étamines sont au nombre de deux seulement (*a*). L'ovaire est à deux loges (*d*), contenant chacune deux ovules anatropes, collatéraux et suspendus (*c*). Le style simple se termine par un stigmate bilobé (*b*). Le fruit (*e*) est tantôt une capsule à une ou deux loges, indéhiscente ou s'ouvrant en deux valves; tantôt il est charnu ou renferme un noyau osseux (*e*). Le tégument propre de la graine est mince ou charnu (*h*); l'endosperme est charnu ou dur (*h*), quelquefois très-mince ; il contient un embryon ayant la même direction que la graine (*i*).

Cette famille a été depuis longtemps divisée en deux groupes ou familles par les botanistes les plus éminents de ce siècle. R. Brown et P. de Candolle entre autres, savoir : les *Jasminées* vraies, contenant seulement les genres *Jasminum* et *Nyctanthes*, qui auraient les ovules dressés et des graines dépourvues d'endosperme ou n'ayant qu'un endosperme très-mince; et les *Oléinées*, qui comprennent tous les autres genres des Jasminées de Jussieu, dont les ovules sont pendants et l'embryon contenu dans un endosperme charnu très-abondant, La première de ces divisions n'est réellement pas distincte de la seconde. J'avais déjà reconnu, il y a très-longtemps, et je viens de vérifier de nouveau sur plusieurs espèces des genres *Jasminum* et *Nyctanthes*, que les ovules ne sont pas dressés comme on le

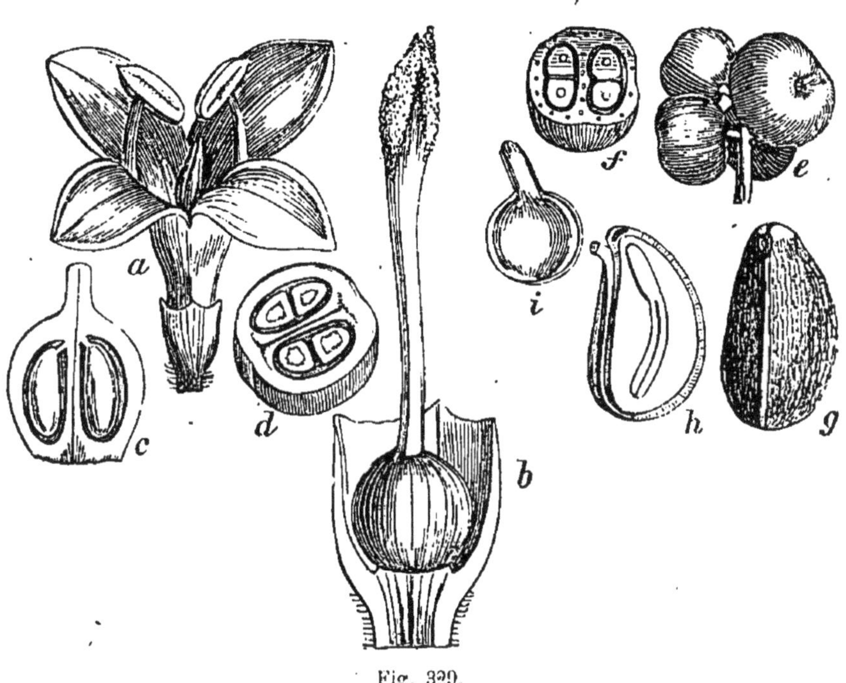

Fig. 329.

dit généralement, mais qu'ils sont attachés vers la partie supérieure de la cloison et renversés comme dans tous les autres genres des Jasminées. Ce qui a pu induire en erreur les célèbres botanistes que nous avons cités précédemment, c'est que dans le fruit de la plupart des Jasmins, c'est la partie supérieure et externe de chaque loge qui prend de l'accroissement; la portion correspondante à l'axe ou à la cloison reste stationnaire, et il arrive un moment où elle semble former la base du péricarpe. Mais je puis assurer que les *ovules*, dans l'ovaire, sont suspendus et non dressés; dès lors les deux familles des *Jasminées* et des *Oléinées* n'en font bien certainement qu'une seu-

Fig. 329. *Ligustrum vulgare* : *a*, fleur entière; *b*, pistil; *c*, coupe longitudinale de l'ovaire; *d*, coupe transversale; *e*, réunion de fruits; *f*, coupe transversale d'un fruit; *g*, graine; *h*, coupe longitudinale de la graine; *i*, embryon.

le, que l'on peut partager en deux tribus, selon la nature du péricarpe.

1re *tribu*. LILACÉES : fruit sec : *Syringa, Fontanesia, *Fraxinus, Nyctanthes, Bolivaria.*

2e *tribu*. OLÉINÉES : fruit charnu : **Olea, *Jasminum, *Ligustrum, *Phillyrea.*

94e famille. LABIÉES (Labiatæ).

Labiatæ, Juss. *Gen.* Bentham, *Lab. genera*, Lond. 1832-1836. Endlich. *Gen.* 607. *Lamiaceæ*, Lindl. *Nat. syst.* 275.

Les Labiées forment une des familles les plus naturelles du règne végetal. Ce sont des plantes herbacées ou quelquefois des arbustes dont la tige est carrée, les feuilles simples et opposées (*fig.* 330), les fleurs groupées aux aisselles des feuilles, en fascicules, et formant ainsi par leur réunion des épis ou des grappes rameuses. Leur calice (*a*) est gamosépale, tubuleux, à cinq dents inégales. La corolle, gamopétale, tubuleuse et irrégulière, est partagée en deux lèvres, l'une supérieure et l'autre inférieure (*a*), plus rarement la lèvre supérieure manque ou est très-courte. Les étamines sont au nombre de quatre et didynames ; quelquefois les deux plus courtes avortent. L'ovaire, appliqué sur un disque hypogyne, est profondément quadrilobé, très-déprimé à son centre, d'où naît un style simple que surmonte un stigmate bifide ; coupé en travers, l'ovaire offre quatre loges contenant chacune un ovule dressé. Le fruit (*b*) se compose de quatre akènes monospermes renfermés dans l'intérieur du calice qui persiste. La graine contient un embryon dressé accompagné quelquefois d'un endosperme charnu très-mince, qui disparaît souvent complétement.

Fig. 330.

Fig. 330. *Mellitis melissophyllum* : *a*, fleur entière ; *b*, fruit composé de quatre akènes ; *c*, un des akènes vu par sa face interne ; les trois autres ont été enlevés ; *d*, *e*, coupes longitudinale et transversale d'une graine, montrant l'embryon immédiatement placé sous le tégument propre de la graine.

Les genres très-nombreux de cette famille peuvent être divisés en deux sections artificielles, suivant qu'ils ont deux ou quatre étamines didynames.

§ I. Deux étamines : **Salvia*, **Rosmarinus*, *Monarda*, **Lycopus*, etc.

§ II. Quatre étamines didynames : **Betonica*, **Leonurus*, **Thymus*, **Ballota*, **Marrubium*, **Phlomis*, **Satureia*, **Melissa*, **Mentha*, **Melittis*, etc.

M. Georges Bentham a publié sur cette grande famille un excellent travail comprenant tous les genres et toutes les espèces dont elle se compose. Ces espèces sont au nombre de près de dix-huit cents, répandues d'une manière inégale, il est vrai, dans presque toutes les contrées du globe.

Cette famille est, sans contredit, l'une des plus naturelles du règne végétal ; sa tige carrée, ses feuilles opposées, sa corolle bilabiée ; son fruit formé de quatre akènes distincts ; ses graines ordinairement sans endosperme constituent un ensemble de caractères qui distingue les Labiées des autres groupes environnants.

95e famille. LENTIBULARIACÉES (Lentibulariaceæ).

Lentibulariæ, Rich. *Utricularineæ*, Link. *Fl. lusit.* I' 339. Endlich. *Gen.* 728. DC. *Prodr.* VIII, 2. *Lentibulariaceæ*, Lindl. *Nat. syst.* 286.

Petite famille composée des genres *Utricularia*, *Genlisea* et *Pinguicula*, placés auparavant à la suite des Primulacées. Ce sont de petites herbes vivant au milieu des eaux, ou dans les lieux humides et inondés. Leurs feuilles sont ou réunies en rosette à la base des tiges, ou divisées en segments capillaires et souvent vésiculeux, dans les espèces qui nagent à la surface des eaux. Leur tige est ordinairement simple, portant une ou plusieurs fleurs à leur extrémité. Leur calice est gamosépale, persistant, divisé comme en deux lèvres ; la corolle est gamopétale, irrégulière, éperonnée, également à deux lèvres. Les étamines, au nombre de deux, sont incluses et insérées tout à fait à la base de la corolle. L'ovaire est à une seule loge contenant un grand nombre d'ovules attachés à un trophosperme central et basilaire. Le style est simple et très-court ; le stigmate bilamellé. Le fruit est une capsule uniloculaire, polysperme, s'ouvrant soit transversalement, soit par une fente longitudinale, qui partage son sommet en deux valves. Les graines offrent un embryon orthotrope immédiatement recouvert par le tégument propre.

Cette petite famille se distingue des Primulacées par sa corolle irrégulière, ses deux étamines et son embryon sans endosperme ; des Scrofulariacées par son fruit à une seule loge, dont le trophosperme est central, et par son embryon sans endosperme.

GAMOPÉTALES SUPÉROVARIÉES, ISOSTÉMONÉES, A COROLLE RÉGULIÈRE ET A ÉTAMINES OPPOSÉES AUX LOBES DE LA COROLLE.

96e famille. PRIMULACÉES (Primulaceæ).

Lysimachiæ, Juss. *Gen. Primulaceæ*, Vent. *tabl. II*, p. 285. Lindl. *Nat. syst.* 223. Endlich. *Gen.* 729. Duchartre. *Organog. des pl. à placent. cent. Ann. Sc. nat.* 1844 p. 279.

Les Primulacées sont des plantes annuelles ou vivaces à feuilles opposées ou verticillées, très-rarement éparses. Leurs fleurs sont disposées en épis, en sertules ou en grappes axillaires ou terminales; quelquefois elles sont solitaires ou diversement groupées (*fig.* 331). Le

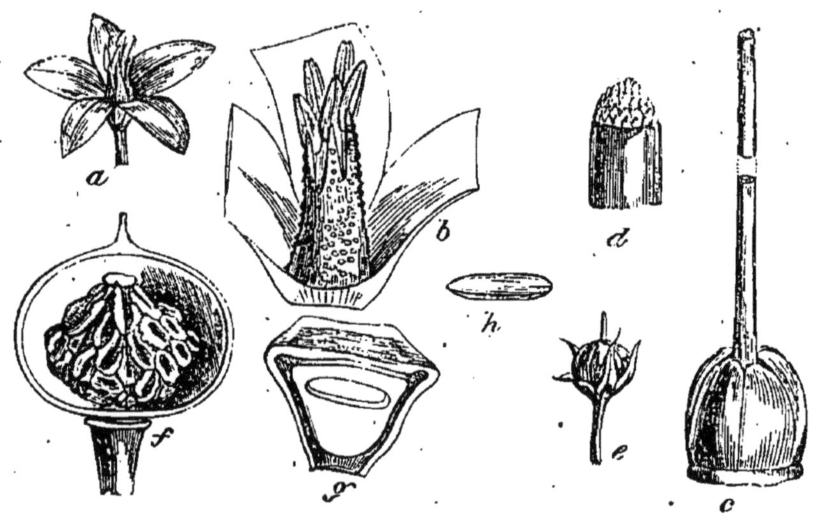

Fig. 331.

calice, gamosépale, est à cinq ou quatre divisions; la corolle, gamopétale, régulière (*a*), est tantôt tubuleuse à sa base, tantôt divisée très-profondément en lanières; les étamines, au nombre de cinq, sont libres ou monadelphes (*b*), insérées au haut du tube de la corolle ou à la base de ses divisions; elles leur sont opposées, et leurs anthères introrses s'ouvrent chacune par un sillon longitudinal; quelquefois on trouve les traces des cinq étamines normales, alternant avec les lobes de la corolle, réduites à l'état de filaments stériles. L'ovaire est libre, à une seule loge contenant un très-grand nombre

Fig. 331. *Lysimachia vulgaris* : *a* fleur entière; *b* étamines monadelphes; *c* pistil; *d* le stigmate; *e* fruit; *f* le même, montrant les graines attachées à un trophosperme central; *g* coupe transversale de la graine; *h* embryon.

d'ovules ordinairement amphitropes, attachés à un trophosperme central et basilaire. Le style et le stigmate sont simples (*c*). Le fruit est une capsule uniloculaire (*e*) et polysperme s'ouvrant en trois ou cinq valves, ou une pyxide operculée. Les graines offrent un embryon cylindrique (*h*) placé transversalement au hile dans un endosperme charnu (*g*).

Les Primulacées sont très-bien caractérisées par leurs étamines opposées aux divisions de la corolle, leur capsule uniloculaire, dont les graines sont attachées à un trophosperme central, et par leur embryon placé en travers devant le hile. Par ces différents caractères, elles se rapprochent beaucoup des Myrsinéacées; qui n'en diffèrent que par leur fruit charnu et leurs graines enfoncées dans des espèces d'alvéoles du trophosperme qui est charnu et très-gros.

Les genres de cette famille se divisent de la manière suivante :

1re *tribu*. PRIMULÉES : capsule valvaire ; graines amphitropes, *Douglasia*, **Androsace*, **Gregoria*, **Primula*, **Cortusa*, **Cyclamen*, **Dodecatheon*, **Soldanella*, **Glaux*, **Lysimachia*, **Trientalis*, **Coris*.

2e *tribu*. ANAGALLIDÉES : pyxide : graines amphitrophes : **Centunculus*, **Anagallis*.

3e *tribu*. HOTTONIÉES : capsule valvaire ; graines anatropes : **Hottonia*.

4e *tribu*. SAMOLÉES : capsule adhérente ; graines anatrophes : **Samolus*.

On a réuni à cette famille le genre *Samolus*, qui en offre tous les caractères, mais qui a seulement l'ovaire adhérent.

92e famille. MYRSINÉACÉES (*Myrsineaceæ*.)

Myrsineæ, R. Brown *Prodr.* 533. Endlich. *Gen. Ardisiaceæ*, Juss. *Ann. Mus.* XV, 350. *Ophiospermæ*, Vent. *Jard. Cels.* 86. *Myrsinaceæ*, Lindl. *Nat. syst.* 224. *Myrsineaceæ*, Alph. DC. *in Ann. Sc. nat.*, XV, 65. Ibid. *Prodr.* VIII, 75.

Les Myrsinéacées sont des arbres ou des arbustes à feuilles alternes, très-rarement opposées ou ternées, glabres, coriaces, entières ou dentées, sans stipules ; à fleurs disposées en grappes ou en espèce d'ombelles indéfinies, ou enfin simplement groupées à l'aisselle des feuilles ou au sommet des rameaux : ces fleurs sont hermaphrodites (*fig.* 332), rarement unisexuées. Leur calice, généralement persistant, est à quatre ou cinq divisions profondes. Leur corolle est gamopétale, régulière (*a*), à quatre ou cinq lobes. Les étamines, en même nombre que les lobes de la corolle, quelquefois monadelphes, sont attachées à la base des lobes et leur sont opposées (*a*); leurs anthères sont introrses. Les filets sont courts, les anthères sagittées. L'ovaire est libre, uniloculaire (*c*), contenant un nombre variable d'ovules campulitropes, insérés à un trophosperme central, basilaire, épais, plus ou moins globuleux, dans lequel ils sont quelquefois plus ou moins profondément enfoncés. Le style est simple, terminé par un stigmate simple ou lobé. Le fruit est une sorte de drupe sèche (*d*, *e*),

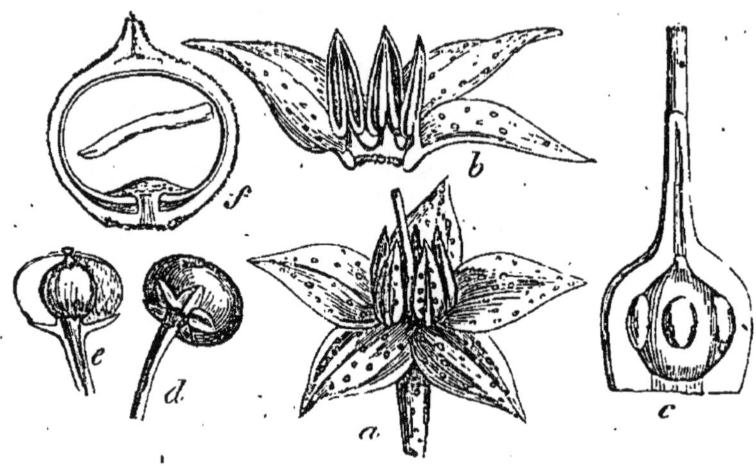

Fig. 332.

ou une baie contenant d'une à quatre graines. Celles-ci sont peltées, ayant leur hile concave ; leur tégument simple recouvrant un endosperme (*f*) charnu ou corné, dans lequel est placé un embryon cylindrique, un peu recourbé et placé transversalement au hile.

Cette famille a de grands rapports avec les Sapotacées et les Ébénacées par son port et plusieurs de ses caractères ; d'un autre côté, la structure de son ovaire, ses étamines opposées aux lobes de la corolle, lui donnent des affinités avec les Primulacées.

M. Alph. de Candolle (*Prodr.* VIII, 141) a formé du seul genre *Ægiceras*, une famille spéciale qu'il nomme Ægiceracées. Ce genre diffère surtout des autres Myrsinéacées par ses graines dépourvues d'endosperme et ses anthères à deux loges s'ouvrant par un grand nombre de fentes transversales.

Le même botaniste a également séparé de la famille des Myrsinéacées les genres *Theophrasta*, *Clavija*, *Jacquinia*, etc., pour en constituer sa famille des Théophrastées. Ce groupe tient en quelque sorte le milieu entre les vraies Myrsinéacées et les Sapotacées, ou plutôt, en laissant ces genres dans la première de ces familles, il sert à établir

Fig. 332. *Ardisia nana* : *a* fleur entière ; *b* portion de corolle avec les étamines opposées à ses lobes ; *c* coupe longitudinale de l'ovaire montrant les ovules enfoncés dans le trophosperme central ; *d* fruit entier ; *e* coupe longitudinale du même ; *f* coupe longitudinale du fruit et de la graine.

le passage avec la seconde. En effet les Théophrastées ont tout le port des Myrsinéacées, leurs feuilles et leurs tiges offrent également des points résineux: leur ovaire présente la même structure; mais leur corolle offre des appendices, comme celle des Sapotacées, et l'évolution de leurs ovules se rapproche beaucoup plus de celle de cette dernière famille, c'est-à-dire qu'ils sont anatropes et non campulitropes, comme dans les vraies Myrsinéacées. Sans nier l'importance de ces caractères, qui nous paraissent propres à constituer une tribu distincte dans la famille des Myrsinéacées, nous ne les croyons pas de nature à pouvoir servir à l'établissement d'une famille distincte. Nous diviserons de la manière suivante la famille des Myrsinéacées :

I. GRAINES POURVUES D'ENDOSPERME.

1re *tribu*. MAESÉES : Alph. DC. ovaire adhérent ou semi-adhérent : *Mæsa*.

2e *tribu*. EUMYRSINÉES Alph. DC. : ovaire libre ; pas d'appendices à la corolle : *Embelia, Onchostemum, Myrsine, Ardisia, Badula, Cybanthius*. etc.

3e *tribu*. THÉOPHRASTÉES Alph. DC. : ovaire libre ; corolle munie d'appendices : *Theophrasta, Clavija, Jacquina, Monotheca*.

II. GRAINES SANS ENDOSPERME.

4e *tribu*. ÆGICÉRÉES Alph. DC. : anthères s'ouvrant par des fentes transversales : *Ægiceras*.

GAMOPÉTALES SUPEROVARIÉES [1] ORDINAIREMENT ANISOSTÉMONÉES, A COROLLE RÉGULIÈRE.

98e famille. SAPOTACÉES (Sapotaceæ)

Sapoteæ, Juss. *Ann. mus.* XV, 349 Alph. DC. *Prodr.* VIII, 154.

Arbres ou arbrisseaux tous exotiques, et croissant pour la plupart sous les tropiques. Leurs feuilles sont alternes, très-entières, persistantes, coriaces ; leurs fleurs hermaphrodites et axillaires. Elles ont un calice persistant et gamosépale, formé de quatre, cinq, ou d'un nombre double de sépales soudés ; une corolle gamopétale, régulière,

[1] Quelquefois, ovaire infère ; quelques Styracacées et la tribu des Vacciniées, dans les Éricacées.

dont les lobes sont en nombre égal, double ou triple de ceux du calice; ces lobes, ainsi que ceux du calice, ont une préfloraison imbriquée. Les étamines sont en nombre défini : les unes sont fertiles, en même nombre que les lobes du calice, et opposées aux pétales ; les autres stériles, pétaloïdes, sont alternes avec les précédentes et appartiennent à une rangée plus extérieure : quelquefois les étamines fertiles sont en nombre double des divisions de la corolle. L'ovaire est à plusieurs loges, contenant chacune un ovule dressé ou pendant, anatrope ou presque campulitrope. Le style se termine en général par un stigmate simple, quelquefois lobé. Le fruit est charnu, à une ou plusieurs loges monospermes, quelquefois osseuses. Les graines sont allongées, comprimées, luisantes, à épisperme dur et osseux. L'embryon est dressé, orthotrope, contenu dans un endosperme charnu, qui manque rarement.

Les genres de cette famille sont : *Chrysophyllum*, *Bumelia*, *Achras*, *Mimusops*, *Sideroxylon*, *Imbricaria*, *Lucuma*, etc. Elle a de grands rapports avec les Ébénacées, qui en diffèrent par leurs fleurs généralement unisexuées, leurs étamines disposées sur deux rangs, leur style divisé et leurs graines toujours pendantes. On la distingue de suite des Myrsinéacées par son ovaire à plusieurs loges contenant un seul ovule et par son embryon orthotrope.

99e famille. ÉBÉNACÉES (Ebenaceæ).

Guiacaneæ, Juss, *Gen. Ebenaceæ*, Vent. *tabl. II*, p. 443. Juss. *Ann. mus.* V, 417. Lindl. *Nat. syst.* 226. Endlich. *Gen.* 741. DC. *Prodr.* VIII, 209.

Cette famille se compose d'arbres ou d'arbustes non lactescents, dont le bois est très-dur et souvent d'une teinte noire à son centre. Leurs feuilles sont alternes, entières, souvent coriaces et luisantes. Leurs fleurs (*fig.* 333) sont en général axillaires, rarement hermaphrodites, le plus souvent polygames. Leur calice est gamosépale, à trois ou six divisions égales et persistantes (*a*). La corolle est gamopétale-régulière, son limbe offre de trois à six divisions imbriquées. Les étamines sont en nombre défini, tantôt insérées sur la corolle, tantôt immédiatement hypogynes; elles sont en nombre double ou quadruple des divisions de la corolle, très-rarement en nombre égal; et alors alternant avec elles; le plus souvent les étamines sont disposées sur deux rangs, et ont leurs anthères linéaires lancéolées, à deux loges. L'ovaire est libre (*c*), sessile à un nombre de loges ordinairement double des sépales et contenant chacune un ou deux ovules pendants. Quand les loges sont en même nombre que les sépales, elles alternent avec eux. Les styles unis par leur base (*c*) sont tantôt simples, tantôt bifides à leur sommet. Les stigmates sont simples ou bifides. Le fruit est une base globuleuse (*e*), toujours accompagnée par le calice persistant qui, quelquefois, la recouvre presque complétement. Elle s'ouvre quelquefois d'une manière presque régulière, et contient un petit nombre de graines comprimées (*g*, *h*) et pendantes. Leur tégu-

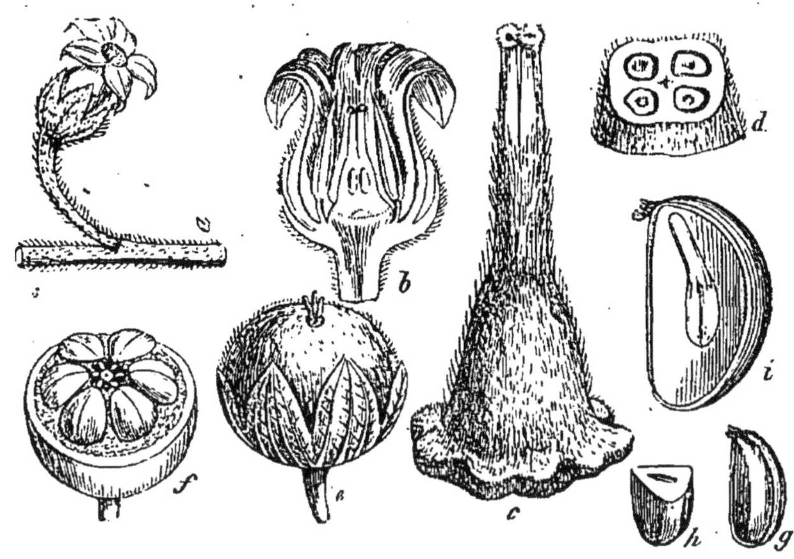

Fig. 333.

ment recouvre un endosperme cartilagineux, dans lequel est un embryon (*i*) qui a la même direction que la graine.

Mon père a retiré de la famille des Guaiacanées de Jussieu, un certain nombre de genres qui en sont fort différents, et dont il a formé la famille des *Styracacées*. Telle qu'elle est limitée aujourd'hui par les botanistes modernes, la famille des Ebénacées se compose des genres *Diospyros*, *Royena*, *Maba*, *Cargillia*, etc. Elle a des rapports avec les Sapotacées; nous avons indiqué précédemment les principales différences qui les distinguent. Quant aux Styracacées, nous indiquerons, à la suite de cette famille, les caractères qui les séparent des Ebénacées.

100e famille. STYRACACÉES (Styracaceæ).

Styraceæ, Rich. *Anal. du Fruit*, 48, *Styracineæ*, Kunth, in Humb. *Nov. Gen.* III, 257.

Arbres ou arbrisseaux à feuilles alternes, sans stipules; à fleurs hermaphrodites, axillaires, quelquefois terminales. Leur calice est

Fig. 333. *Royena hirsuta* : *a* fleur; *b* coupe longitudinale d'une fleur; *c* pistil; *d*, coupe transversale de l'ovaire; *e* fruit; *f* le même, dont on a mis à nu les graines; *g*, graine; *h*, le même, coupé transversalement; *i*, coupe longitudinale.

libre ou adhérent avec l'ovaire infère. Le limbe est entier ou divisé. La corolle est gamopétale, régulière. Les étamines, dont le nombre varie de six à seize, sont libres ou monadelphes par leur base. L'ovaire, comme nous l'avons dit, est tantôt supère, tantôt infère, ordinairement à quatre loges, séparées par des cloisons membraneuses et très-minces; chacune de ces loges contient communément quatre ovules attachés à l'angle interne de la loge, et dont deux sont dressés et deux renversés; ces loges sont opposées aux sépales du calice. Le style est simple, terminé par un stigmate très-petit et simple. Le fruit est légèrement charnu; il contient d'un à quatre nucules osseuses et plus ou moins irrégulières. La graine est formée, outre son tégument propre, d'un endosperme charnu, qui contient un embryon cylindrique, ayant la même direction que la graine.

Cette famille se compose des genres *Halesia*, *Symplocos*, *Styrax*, etc., qui faisaient autrefois partie de la famille des Ébénacées. Mon père les en a retirées pour en former la nouvelle famille des Styracacées, qui en diffère par son insertion périgynique, son ovaire, dont les loges contiennent quatre ovules, dont deux dressés et deux renversés, et par son style simple, et les loges de son ovaire opposées aux sépales, quand elles sont en même nombre que ces dernières.

101e famille. ÉPACRIDACÉES (Epacridaceæ).

Epacrideæ, R. Brown, *Prodr.* 535, DC, *Prodr.* VII, 734. Endlich. *Gen.* 746.
Epacrydaceæ, Lindl. *Nat. syst.* 222.

Ce sont en général de charmants arbrisseaux, du port le plus élégant, portant de petites feuilles roides et entières, persistantes et assez souvent très-rapprochées et comme imbriquées, sans stipules. Les fleurs (*fig.* 334) généralement hermaphrodites sont axillaires et forment quelquefois des espèces de grappes simples ou rameuses à l'extrémité des rameaux. Leur calice se compose de quatre à cinq sépales libres ou soudés entre eux par leur base : la corolle gamopétale, régulière tubuleuse, campanulée (*a*, *b*) ou rotacée, se compose d'autant de pétales qu'il y a de sépales au calice, alternant avec ces derniers. Les étamines en même nombre que les divisions de la corolle alternent avec elles et sont attachées à la partie supérieure de son tube. Leur anthère est uniloculaire (*e*) et s'ouvre par un sillon longitudinal. L'ovaire est libre, appliqué sur un disque hypogyne, tantôt en forme de cupule, tantôt sous celle d'écailles charnues et distinctes (*c*, *d*) : il offre communément cinq loges contenant chacune soit un seul ovule pendant, soit un grand nombre d'ovules attachés (*d*) à un trophosperme axillaire. Le style se termine par un stigmate très-petit, 4-5-lobé. Le fruit est une capsule, une baie ou une drupe. Les graines offrent un endosperme charnu contenant un embryon axile et homotrope.

Cette famille se compose d'arbrisseaux presque tous originaires de la Nouvelle-Hollande et qui font l'ornement de nos serres tempérées. Les Épacridées ont tout à fait le port de nos bruyères, elles en diffè-

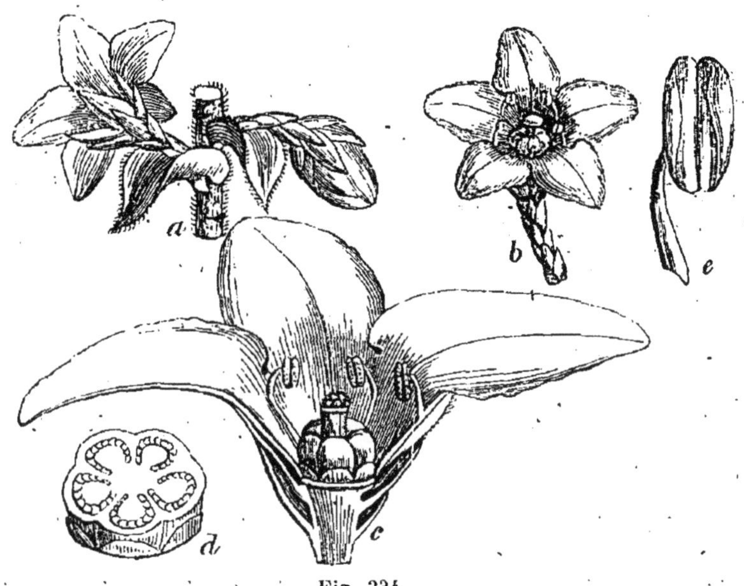

Fig. 334.

rent par leurs anthères uniloculaires s'ouvrant par toute la longueur de leur sillon, longitudinal, par leurs étamines en même nombre que les lobes corollins et par le développement plus grand de leur disque hypogyne.

Cette famille offre deux groupes distincts :

1re *tribu*. STYPHÉLIÉES : loges de l'ovaire monosperme; fruit communément drupacé : *Styphelia*, *Astroloma*, *Stenanthera*, *Lissanthe*, *Leucopogon*, *Decaspora*.

2e *tribu*. ÉPACRIDÉES : loges de l'ovaire polyspermes; fruit capsulaire : *Epacris*, *Lysinema*, *Cosmelia*, *Andersonia*, *Sprengelia*, *Bichea*, *Dracophilum*.

Fig. 334. *Epacris pulchella* : *a* rameau florifère; *b* fleur entière; *c* coupe longitudinale de la fleur; *d* coupe transversale de l'ovaire; *e* étamines à anthères uniloculaires.

102e famille. ÉRICACÉES (Ericaceæ).

Ericæ et *Rhodora*, Juss. *Gen.* *Ericaceæ*, Lindl. *Nat. syst.* 220. DC. *Prodr.* VII, 189. Endlich. *Gen.* 750.

Arbustes et arbrisseaux d'un port élégant, ayant en général des feuilles simples, alternes, rarement opposées, verticillées ou très-petites et en forme d'écailles imbriquées. Leur inflorescence est très-variable (*fig.* 335). Le calice gamosépale est tantôt libre, tantôt

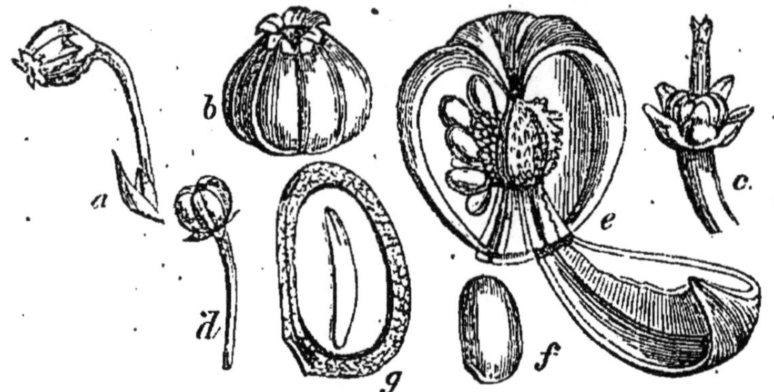

Fig. 335.

adhérent avec l'ovaire infère, à cinq divisions, quelquefois tellement profondes qu'il paraît formé de sépales distincts. La corolle est gamopétale, régulière (*a*, *b*), à quatre ou cinq lobes, quelquefois à quatre ou cinq pétales distincts. Les étamines, en général en nombre double des divisions de la corolle, ont leurs filets libres, rarement soudés entre eux à leur base. Les anthères sont introrses, à deux loges, quelquefois terminées par deux appendices en forme de corne à leur sommet ou à leur base, et s'ouvrant en général par un trou vers leur sommet. Ces étamines sont généralement attachées à la corolle, mais quelquefois elles sont immédiatement hypogynes. L'ovaire est infère ou libre; dans ce dernier cas, il est sessile au fond de la fleur (*c*), ou appliqué sur un disque hypogyne plus ou moins saillant; il offre de trois à cinq loges contenant chacune un assez grand nombre d'ovules attachés à leur angle interne. Le style est simple, terminé par un stigmate offrant autant de lobes qu'il y a de loges à l'ovaire. Le fruit est une baie ou plus souvent une capsule (*d*), quelquefois couronnée par le limbe du calice, et s'ouvrant en autant de valves (*e*)

Fig. 335. *Andromeda polifolia* : *a* fleur entière; *b* la corolle; *c* calice et pistil; *d* capsule; *e* la même, déhiscente; *f* la graine; *g* coupe longitudinale de la graine.

qu'il y a de loges; tantôt chacune de ces valves entraîne avec elle une des cloisons sur le milieu de sa face interne (déhiscence loculicide); tantôt la déhiscence a lieu par les cloisons qui se dédoublent (déhiscence septicide). Les graines se composent d'un endosperme charnu, au milieu duquel est un embryon (*g*) axile, cylindrique, ayant la même direction que la graine.

Nous réunissons ici les Rhodoracées de Jussieu, qui ne diffèrent des Éricacées que par leur capsule, dont les valves emportent les cloisons sur le milieu de leur face interne, tandis que dans les Éricinées, en général, la déhiscence a lieu en face des cloisons. Mais on observe l'un et l'autre de ces deux modes dans plusieurs genres des Éricacées.

Nous partageons cette famille en deux tribus distinctes :

1re *tribu*. ÉRICÉES : ovaire supère : **Erica*, **Calluna*, **Andromeda*, **Arbutus*, **Ledum*, **Rhododendrum*, *Clethra*, *Befaria*, etc.

2e *tribu*. VACCINIÉES : ovaire infère : **Vaccinium*, *Gay-Lussacia*.

Lindley a formé du genre *Pyrola*, placé par Jussieu dans la famille des Éricinées, le type d'une petite famille distincte qu'il nomme PYROLACÉES. Elle diffère surtout des autres Éricinées par son port, par ses graines ailées, son embryon extrêmement petit et son style décliné. Les genres rangés dans ce groupe sont : **Pyrola*, **Chimophila*, *Moneses*, *Cladotamnus*, et *Galax*.

MM. Cosson et Germain (*Fl. Par.*, p. 68) rapprochent le genre *Pyrola* des genres *Parnassia* et *Drosera*. Nous n'adoptons pas ce rapprochement. Par la forme de leurs anthères, par celle de leur stigmate, par leur ovaire, le nombre de leurs étamines, leur embryon accompagné d'un endosperme charnu, les espèces du genre *Pyrola* ne nous paraissent pas devoir être beaucoup éloignées des Éricacées.

MONOTROPÉES. Nuttal a proposé d'établir pour le genre *Monotropa* une petite famille qui a été adoptée par de Candolle, Duby et Lindley. Elle a beaucoup de rapports avec les Pyrolacées, dont elle diffère par ses anthères peltées et réniformes, s'ouvrant par une fente transversale, par leurs graines cylindracées et recouvertes par un tégument celluleux et réticulé, et par leur embryon extrêmement petit, placé au sommet d'un endosperme charnu ; exemple : **Monotropa*, *Hypopitys*, *Tolmiea*, *Pterospera*, *Schweinitzia*.

GAMOPÉTALES INFÉROVARIÉES.

103e famille. CAMPANULACÉES (Campanulaceæ).

Campanulaceæ, Juss. *Gen. Lobeliaceæ*, Juss. et Rich. *Ann. mus.* XVIII, 1. *Campanulaceæ* et *Lobeliaceæ*, DC. *Prodr.* VII, p. 339 et 414. Lindl. *Nat. syst.* 237. Endlich. *Gen.* 506 et 513. Alph. DC. *Mém. Camp.* Paris, 1830.

Les Campanulacées sont ordinairement des plantes herbacées ou sous-frutescentes, remplies en général d'un suc blanc et amer. Leurs feuilles sont alternes, rarement opposées ; leurs fleurs (*fig.* 336)

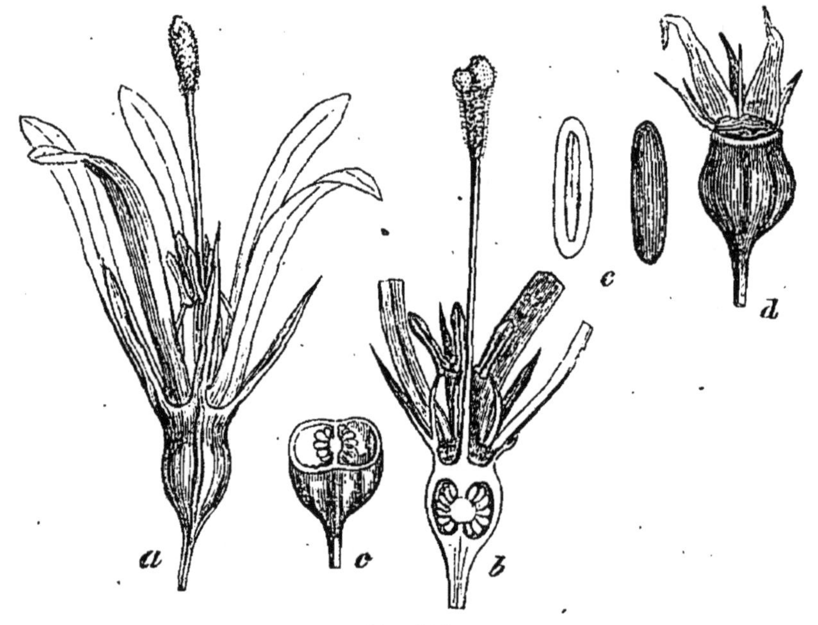

Fig. 336.

forment des épis, des thyrses, ou sont rapprochées en capitules. Elles offrent un calice gamosépale à quatre, cinq (*a*) ou huit divisions persistantes, une corolle gamopétale régulière ou irrégulière, ayant son limbe partagé en autant de lobes qu'il y a de divisions au calice, quelquefois comme bilabiée, à estivation valvaire (*fig.* 336 *a*). Les étamines, au nombre de cinq, sont alternes avec les lobes de la corolle. Leurs anthères sont libres ou rapprochées en forme de tube. L'ovaire est infère (*b*) ou semi-infère, à deux ou à plusieurs loges po-

Fig. 336. *Jasione montana* : *a* fleur entière ; *b* coupe longitudinale de la même ; *c* coupe transversale de l'ovaire ; *d* fruit dont on a détaché deux des divisions calicinales ; *e* graines.

lyspermes. Le style est simple, terminé par un stigmate lobé (*b*), quelquefois environné de poils. Le fruit est une capsule couronnée par le limbe du calice, à deux ou à un plus grand nombre de loges, s'ouvrant soit par le moyen de trous qui se forment vers la partie supérieure, soit par des valves incomplètes, et qui entraînent avec elles une partie des cloisons sur le milieu de leur face interne. Les graines très-petites et fort nombreuses, renferment dans un endosperme charnu (*e*) un embryon axile et dressé.

Nous réunissons ici les familles des Campanulacées et des Lobéliacées, qui ont entre elles des caractères communs trop intimes pour former autant de familles distinctes. Nous les considérons simplement comme des tribus d'un même ordre naturel.

1re *tribu*. CAMPANULÉES : corolle régulière, étamines distinctes, capsule à deux loges polyspermes : **Campanula*, **Phyteuma*, **Prismatocarpus*, **Jasione*, etc.

2e *tribu*. LOBÉLÉES, Rich. : corolle irrégulière, étamines soudées par les anthères, stigmate environné de poils : **Lobelia*. *Lysipomia*, etc.

104e famille. GOODÉNIACÉES (Goodeniaceæ).

Goodenoviæ, R. Brown, *Prodr.* 573. DC. *Prodr.* VII, 502. *Goodeniaceæ*, Endlich. *Gen.* 505.

Plantes herbacées ou arbustes non lactescents à feuilles alternes, à fleurs en cyme (*fig.* 337), limbe du calice à trois ou cinq lobes persistants (*a*) ; corolle gamopétale, tubuleuse, irrégulière (*a*, *b*), à préfloraison induplicative. Cinq étamines libres ou à anthères rapprochées, insérées à la base de la corolle ou sur l'ovaire, alternes avec les lobes corollins. Ovaire à deux (*c*), très-rarement à une ou à quatre loges, contenant chacune soit un ou deux ovules, soit un plus grand nombre. Style simple, terminé par un stigmate concave (*d*) et en forme de coupe, bordé d'une rangée circulaire de poils. Fruit capsulaire ou drupacé, s'ouvrant en deux valves. Graines contenant un embryon au centre d'un endosperme charnu.

1re *tribu*. SCÆVOLÉES : loges 1-2-spermes, fruit drupacé : *Dampiera*, *Diaspasis*, *Scævola*.

2e *tribu*. GOODÉNIÉES : loges polyspermes, fruit capsulaire : *Goodenia*, *Distylis*, *Euthales*, *Calogyne*, *Leschenaultia*.

Cette petite famille, voisine des Campanulacées et surtout de la tribu des Lobéliées, en diffère principalement par la forme de son stigmate, par son fruit drupacé ou déhiscent, et par sa préfloraison induplicative et non valvaire.

105ᵉ famille. STYLIDIACÉES (Stylidiaceæ).

Stylidæ, R. Brown, *Prodr.* 1565. Endlich. *Gen.* 519. *Stydicæ*, Juss. *Ann. Mus.* XVIII, 7. DC. *Prodr.* VII, 331. Lindl. *Nat. syst.* 240.

Calice à limbe inégal, à deux ou cinq lobes, à estivation imbriquée, corolle gamopétale ordinairement irrégulière, quelquefois comme bilabiée, à lèvre supérieure quadrilobée, à lèvre inférieure plus petite et trilobée, à estivation imbriquée. Étamines au nombre de deux et

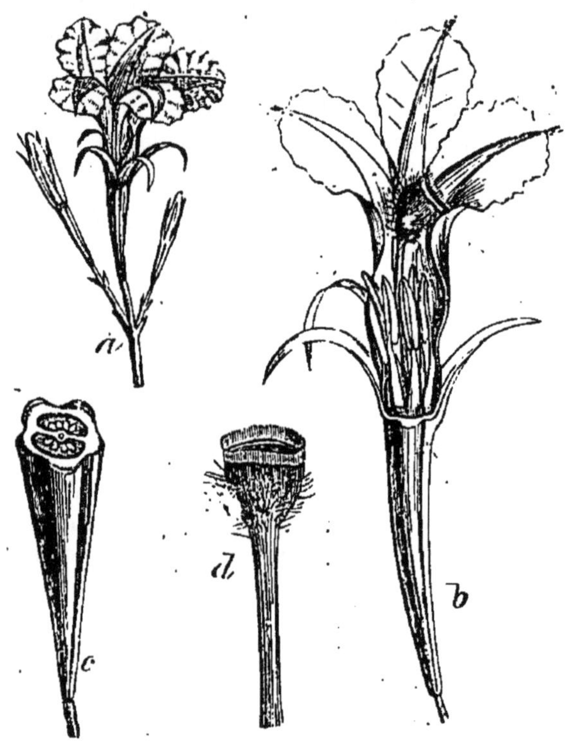

Fig. 337.

attachées au sommet d'un gynostème grêle, cylindrique ou plan, dressé ou géniculé ; stigmate placé entre les deux étamines. Ovaire à deux loges, rarement a une seule par l'avortement de la cloison contenant un très-grand nombre d'ovules attachés à un trophosperme hémisphérique naissant au milieu de chaque face de la cloison. Capsule biloculaire, quelquefois uniloculaire, s'ouvrant en deux valves. Embryon cylindrique contenu dans un endosperme charnu.

Fig. 337. *Goodenia ovata* : *a* fleur ; *b* la même, dont on a enlevé une moitié de la corolle ; *c* ovaire coupé en travers ; *d* stigmate.

Plantes herbacées ou sous-frutescentes, à feuilles simples alternes très-rapprochées et à fleurs disposées en grappes terminales.

Cette petite famille, composée des genres *Stylidium*, *Leuwenhoekia* et *Forstera*, est excessivement distincte de celles qui l'avoisinent par ses deux étamines placées avec le stigmate au sommet d'un support commun.

106ᵉ famille. DIPSACÉES (Dipsaceæ).

Dipsacearum gen. Juss. *Dipsaceæ*, Coulter, *Monog.* Genève, 1823. DC. *Prodr.* IV, 643. Lindl. *Nat. syst.* 264. Endlich. *Gen.* 353.

La tige est herbacée, les feuilles opposées sans stipules ; les fleurs (*fig.* 338), réunies en capitules hémisphériques ou globuleux, accom-

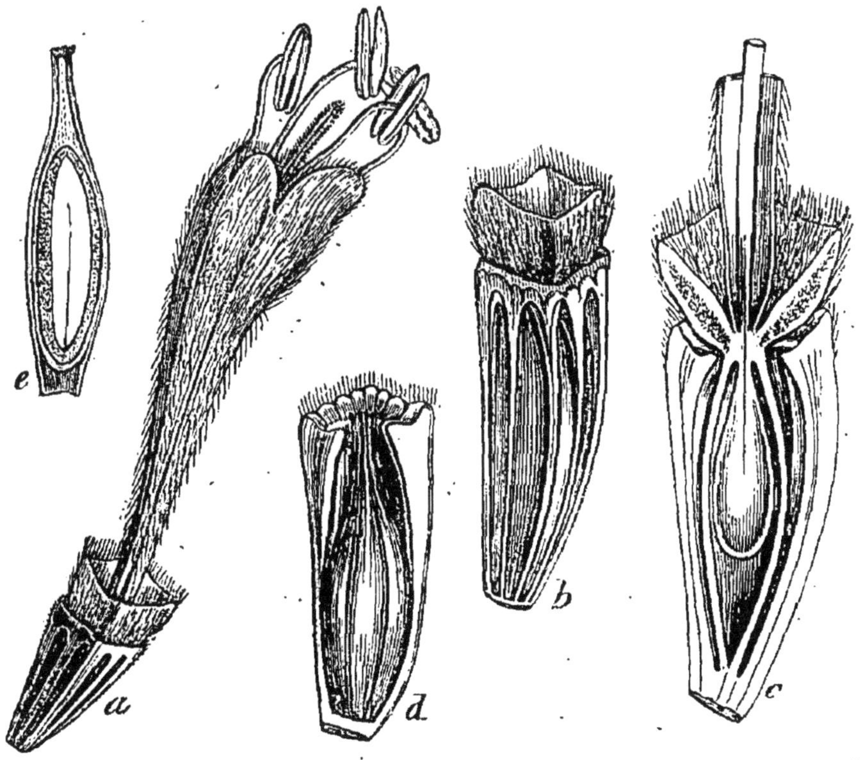

Fig. 338.

pagnées à leur base d'un involucre de plusieurs folioles ; chaque fleur est recouverte par un involucre propre, caliciforme, gamosépale,

Fig. 338. *Dipsacus laciniatus* : *a* fleur ; *b* ovaire environné de son involucre propre ; *c* le même, fendu longitudinalement ; *d* fruit : on a enlevé la moitié de l'involucre propre *e* fruit coupé longitudinalement et montrant l'embryon dans un endosperme charnu.

tubuleux, appliqué sur le véritable calice (*a*, *b*, *c*). Celui-ci est adhérent avec l'ovaire, terminé par un limbe entier ou divisé. La corolle est gamopétale, tubuleuse (*a*), à quatre ou cinq divisions inégales, l'inférieure plus grande recouvrant les deux latérales appliquées elles-mêmes, sur les deux supérieures. Les étamines, en même nombre que ces divisions, alternent avec elles. L'ovaire est infère, à une seule loge contenant un seul ovule pendant (*c*) et anatrope. Le style est simple, terminé par un stigmate simple ou légèrement bilobé. Le fruit est un akène couronné par le limbe calicinal, et enveloppé dans le calice externe, La graine est pendante, et son embryon, qui a la même direction, est placé dans un endosperme (*e*) charnu assez mince.

Aug. P. de Candolle a retiré de cette famille, telle qu'elle avait été établie par Jussieu, le genre *Valeriana* et quelques autres analogues, pour en former la famille des VALÉRIANACÉES, qui diffère des vraies Dipsacées par ses fleurs non réunies en capitules, par son calice simple, stigmate lobé, etc.

Par leur port et surtout par leur inflorescence, les Dipsacées ont quelque analogie avec les Synanthérées; mais elles en diffèrent par leur calice double, leurs anthères libres et leur graine renversée, contenant un embryon placé dans un endosperme charnu assez mince. Les genres principaux de cette famille sont : **Dipsacus*, **Scabiosa*, **Knautia*.

107e famille. VALÉRIANACÉES (Valerianaceæ).

Valerianeæ, DC. *Fl. fr.* IV. 416. Juss. *Ann. Mus.* X; 308. Dufresne, *Monog.* Montp. 1311. DC. *Prodr.* IV, 623. Endlich. *Gen.* 350. *Valerianaceæ*, Lindl. *Nat. syst.* 265.

Plantes herbacées, à feuilles opposées, simples ou plus ou moins profondément incisées; à fleurs sans calicule; ordinairement disposées en grappes ou cimes terminales. Leur calice est simple, adhérent avec l'ovaire infère, ayant son limbe denté ou roulé en dedans et formant un rebord entier, se déroulant quelquefois en lanières plumeuses. La corolle est gamopétale, plus ou moins irrégulière, et quelquefois éperonnée à sa base, et à cinq lobes, à préfloraison imbriquée. Les étamines varient d'une à cinq et sont alternes avec les lobes de la corolle. L'ovaire est à trois loges, dont deux sont vides ; une seule contient un ovule anatrope et pendant. Le style est simple, terminé le plus souvent par un stigmate trifide. Le fruit est un akène, offrant quelquefois les traces de deux loges vides, couronné par les dents du calice ou par une aigrette plumeuse formée par le déroulement de son limbe. La graine renversée contient un embryon homotrope dépourvu d'endosperme.

Cette petite famille se compose des genres **Valeriana*, **Centranthus*, **Fedia*, *Patrinia*, etc. (Voy. la note placée à la suite des Dipsacées).

108e famille. CALYCÉRACÉES (Calyceraceæ).

Calycereæ, Rich. *Mém. Mus.* VI, 77. DC. *Prodr.* V, 1. *Boopideæ*, Cassini, *Journ. phys.* 1816. Ibid. *Opusc.* II, 344.

Ce sont des plantes herbacées, toutes exotiques, ressemblant assez par leur port aux Scabieuses. Leur tige offrent des feuilles alternes souvent découpées et pinnatifides. Les fleurs sont petites, et forment des capitules globuleux environnés d'un involucre commun. Le réceptacle qui porte les fleurs est garni de squames foliacées qui se soudent quelquefois avec les fleurs, de manière à n'en être pas distinctes. Le calice est adhérent avec l'ovaire infère, et les divisions de son limbe sont quelquefois roides et épineuses. La corolle est gamopétale, tubuleuse, infundibuliforme et régulière. Au-dessous des cinq étamines sont cinq glandes nectarifères. Ces étamines sont soudées à la fois par les filets et les anthères, formant un tube cylindrique, et chaque anthère s'ouvre par sa face interne. L'ovaire infère est à une seule loge, du sommet de laquelle pend un ovule renversé ; le sommet de l'ovaire présente un disque épigyne, un style simple terminé par un stigmate hémisphérique. Dans le genre *Acicarpha*, toutes les fleurs sont soudées ensemble par leurs ovaires. Le fruit est un akène couronné par les dents épineuses du calice. La graine offre sous son tégument propre un endosperme dans lequel est contenu un embryon renversé comme la graine.

Cette petite famille se compose des genres *Boopis*, *Calycera* et *Acicarpha*. Elle tient le milieu entre les Synanthérées et les Dipsacées. Elle diffère des premières par son ovule renversé, ses graines endospermées, ses étamines soudées à la fois par les anthères et les filets, et par son stigmate simple, des Dipsacées par ses feuilles alternes et ses étamines soudées.

109e famille. SYNANTHÉRÉES (Synanthereæ).

Cichoraceæ, *Corymbiferæ*, et *Cynarocephalæ*, Juss. *Synanthereæ*, H. Cassini (voy. ses nombreux Mém. et ses Opusc. bot. Paris). *Compositæ*, Auct. Lessing. *Syn. gen. comp.* Berol. 1832. Lindl. *Nat. syst.* Endlich. *Gen.* 355. DC. *Prodr.* V, 4.

Cette grande famille est une des mieux caractérisées et des mieux limitées du règne végétal. Elle comprend des plantes herbacées, des arbustes quelquefois sarmenteux, ou même des arbrisseaux et des arbres plus ou moins élevés. Leurs feuilles sont communément alternes, rarement opposées. Leurs fleurs, généralement petites, formen des capitules ou calathides hémisphériques, globuleuses ou plus ou moins allongées, nommées communément *fleurs composées*. Chaque capitule est formé : 1° d'un *réceptacle* commun, épais et quelquefois charnu, convexe ou concave, et qui a reçu les noms de *phoranthe* ou de *clinanthe*, et qui n'est rien autre chose que le sommet élargi du pédoncule ; 2° d'un *involucre* commun qui environne le capitule, et se compose d'écailles dont la forme, le nombre et la disposition varient suivant les genres ; ces écailles sont évidemment des bractées, dont la forme et les dimensions changent, les plus extérieures étant plus grandes et dépourvues de fleurs ; 3° sur le réceptacle on trouve fréquemment à la base de chaque fleur de petites écailles ou des poils plus ou moins nombreux représentant également des bractées. Les fleurs qui forment les capitules sont de deux sortes, les unes ont une corolle gamopétale, régulière, infundibuliforme et en général à cinq lobes réguliers et à préfloraison valvaire ; leur tube offre cinq nervures correspondant aux cinq incisions du limbe et non à leur partie moyenne, comme c'est la disposition générale dans les autres végétaux ; les cinq nervures arrivées à la base des incisions du limbe se partagent chacune en deux branches qui remontent le long du bord externe des deux lobes voisins, et vont se réunir à leur sommet avec celle du côté opposé. Cette disposition singulière, parfaitement bien étudiée par R. Brown et H. Cassini, avait fait donner aux Synanthérées le nom un peu long de *Névramphipétalées* qui n'a pas été adopté. On nomme *fleurons* (*flosculi*), les fleurs qui offrent ainsi une corolle tubuleuse et régulière. Quelquefois les fleurons, au lieu d'avoir leur limbe à cinq divisions égales, l'ont partagé en cinq lobes inégaux disposés en deux lèvres, de là le nom de *Labiatiflores* qui a été donné aux genres offrant cette disposition. D'autres fleurs ont une corolle irrégulière déjetée latéralemement en forme de languette : on les appelle des *demi-fleurons*. Tantôt les capitules se composent uniquement de fleurons (*Flosculeuses*), tantôt uniquement de demi-fleurons (*Semi-flosculeuses*), tantôt enfin leur centre est occupé par des fleurons, et leur circonférence par des demi-fleurons (*Radiées*). Chaque fleur offre l'organisation suivante: le calice adhérent avec l'ovaire infère a son limbe entier, membraneux denté, formé d'écailles ou découpé en lanières étroites, sous forme de poils ; la corolle gamopétale régulière ou irrégulière, cinq étamines à filets distincts, mais dont les anthères sont soudées et forment un tube offrant quelquefois à son sommet cinq appendices ; le tube à sa base est traversé par un style simple que termine un stigmate bifide. A la base du stigmate, sur la partie supérieure du style qui, quelquefois, est renflée, on trouve une réunion de poils plus ou moins roides, nommés *poils collecteurs*, parce qu'ils servent en quelque sorte à balayer le pollen qui s'amasse à l'intérieur du tube staminal, les anthères étant introrses. Le fruit est un akène nu à son sommet ou couronné par un rebord membraneux, par de petites écailles ou par une aigrette de poils simples ou plumeux, sessile, ou stipitée. Cette aigrette n'est que le limbe calicinal. La graine est dressée, contenant un embryon homotrope et sans endosperme.

Cette famille, qui a été l'objet d'un grand nombre de travaux importants, surtout de la part de Cassini, R. Brown, Aug. P. de Candolle, Lessing et Schultz *Bipontinus*, est sans contredit celle qui renferme le plus grand nombre d'espèces dans tout le règne végétal. A elle seule elle réclame presque la onzième ou la douzième partie de tous les végétaux connus. Ainsi, l'ouvrage de de Candolle (*Prodr.*, V et VI) contient environ neuf mille espèces de Synanthérées, répandues, dans presque toutes les contrées du globe. On a beaucoup multiplié, dans ces derniers temps, les divisions établies dans cette grande famille. Nous ne croyons pas nécessaire de les reproduire ici : on peut la diviser en trois tribus principales de la manière suivante :

1° Les CYNAROCÉPHALES ou CARDUACÉES, dont toutes les fleurs sont des fleurons, qui ont leur réceptacle garni de poils nombreux ou d'alvéoles ; et dont le style est enflé et garni de poils au-dessous du stigmate : tels sont les genres **Carthamus*, **Carduus*, **Cynara*, **Centaurea*, **Onopordon*, etc.

2° Les CHICORACÉES, dont toutes les fleurs sont des demi-fleurons : tels sont les genres **Lactuca*, **Cichorium*, **Sonchus*, **Hieracium*, **Prenanthes*, etc.

3° Les CORYMBIFÈRES, dont les capitules se composent en général de fleurons au centre, et demi-fleurons à la circonférence : *Helianthus*, **Chrysanthemum*, **Anthemis*, **Matricaria*, etc.

110° famille. RUBIACÉES (Rubiaceæ).

Rubiaceæ, Juss. *Gen.* Ibid. *Ann. Mus.* X, 313, A. Rich. *Monog. Mém. Soc. hist. nat. Paris*, V, 81. DC. *Prodr.* IV, 351. Lindl. *Nat. syst.* Endlich. *Gen.* 521. *Opercularieæ*, Juss. *in Ann. Mus.* IV, 418, X, 328.

On trouve dans cette famille des plantes herbacées, des arbustes et des arbres d'une très-grande hauteur. Leurs feuilles sont opposées ou verticillées : dans le premier cas, elles offrent de chaque côté une stipule interpétiolaire qui, souvent, se soude avec les côtés du pétiole en même temps qu'avec celle de la feuille opposée, et il en résulte une sorte de gaine. Les fleurs (*fig.* 339) sont axillaires ou terminales, quelquefois réunies en tête. Le calice, adhérent par sa base (*a*, *b*) avec l'ovaire infère, a son limbe entier ou partagé en quatre, ou cinq lobes plus ou moins profonds et persistants. La corolle est gamopétale (*a*), régulière, épigyne, à quatre ou cinq lobes, à préfloraison valvaire ou imbriquée et tordue. Les étamines sont en même nombre que les lobes de la corolle et alternent avec eux. L'ovaire est infère, surmonté d'un style simple, terminé par un stigmate qui offre autant de lobes qu'il y a de loges à l'ovaire. Cet ovaire présente deux, quatre, cinq ou un plus grand nombre de loges, qui contiennent chacune un ou plusieurs ovules dressés ou attachés à l'angle interne des loges. Le fruit est très-variable. Tantôt il se compose de deux petites coques monospermes et indéhiscentes ; tantôt il est charnu, et contient deux

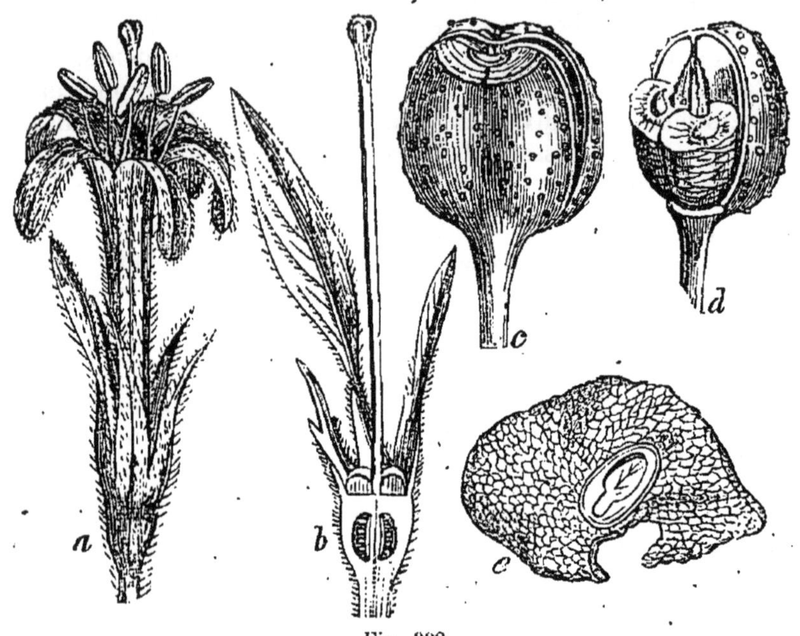

Fig. 339.

noyaux monospermés; dans certains genres, c'est une capsule à deux (*c*) ou à un plus grand nombre de loges, s'ouvrant en autant de valves, ou un fruit charnu et indéhiscent. Toujours ce fruit est couronné à son sommet par le limbe calicinal. Les graines, quelquefois ailées (*e*) et membraneuses sur leur bord, contiennent, dans un endosperme dur et corné, un embryon axile et dressé, ou quelquefois placé en travers relativement au hile.

Dans un travail général que nous avons publié sur cette famille (voy. *Mém. de la Soc. d'hist. nat. de Paris*, vol. V), nous avons groupé les genres nombreux de cette importante famille en onze tribus, savoir :

Fig. 339. *Pinkneya pubescens* : *a* fleur entière; *b* coupe longitudinale de l'ovaire; *c* capsule; *d* la même, dont une valve est détachée; *e* graine bordée d'une aile membraneuse. On a enlevé la paroi antérieure pour montrer l'embryon.

I. LOGES DU FRUIT MONOSPERMES.

1° Aspérulées. *Asperula*, *Rubia*, *Galium*, *Crucianella*, etc.
2° Anthospermées. *Anthospermum*, *Ambraria*, *Phyllis*.
3° Operculariées. *Opercularia*, *Pomax*.
4° Spermacocées. *Spermacoce*, *Richardsonia*, *Knoxia*, *Gaillonia*, etc.
5° Cofféacées. *Coffæa*, *Psychotria*, *Cephælis*, *Ixora*, etc.
6° Guettardées. *Guettarda*, *Malanea*, *Nonatelia*, *Cuviera*, etc.
7° Cordiérées. *Cordiera*, *Tricalysia*.

II. LOGES DU FRUIT POLYSPERMES.

8° Hamélиées. *Hamelia*, *Sabicea*, *Patima*, etc.
9° Isertiées. *Isertia*, *Gonzalea*, *Anthocephalus*.
10° Gardéniées. *Gardenia*, *Mussænda*, *Genipa*, *Tocoyena*, etc.
11° Cinchonées. *Cinchona*, *Exostemma*, *Pinckneya*, *Hedyotis*, etc.

Nous réunissons à cette famille le groupe des Operculariées, qui ne diffère réellement pas des autres Rubiacées. Cette famille est une des mieux caractérisées par ses feuilles verticillées ou opposées, parfaitement entières, avec des stipules intermédiaires. C'est par ces deux derniers caractères qu'elle se distingue surtout des Caprifoliacées qui ont avec elle de très-grands rapports. La petite famille des *Loganiacées*, dont nous avons tracé plus haut les caractères, a presque tous les signes des Rubiacées, mais son ovaire est constamment libre et supère.

111e famille. CAPRIFOLIACÉES (Caprifoliaceæ.)

Caprifoliorum pars, Juss. *Gen. Caprifoliaceæ*, A. Rich. *Dict. class.* III, 472. DC. *Prodr.* IV, 321. Lindl. *Nat. syst.* 247. *Lonicereæ*, Endlich. *Gen.* 566.

Arbrisseaux quelquefois sarmenteux et grimpants, à feuilles opposées, rarement alternes, généralement simples, plus rarement imparipinnées, sans stipules ; fleurs axillaires, solitaires, ou souvent géminées, et en partie soudées ensemble par leur calice, disposées en cime ou réunies en une sorte de capitule. Le calice (*fig.* 340) est toujours gamosépale, adhérent par sa partie inférieure avec l'ovaire (*a*) qui est infère. Le limbe est à cinq dents persistantes ou caduques. La corolle est gamopétale (*a*), le plus souvent irrégulière; quelquefois elle est formée de cinq pétales distincts, la préfloraison est imbriquée. Les étamines sont au nombre de cinq, alternant avec les divisions de la corolle: L'ovaire offre d'une à cinq loges contenant chacune soit un seul ovule pendant, soit plusieurs ovules attachés à leur angle interne. Cet ovaire est surmonté d'un disque épigyne plus ou moins saillant.

Le style est simple ou nul, terminé par un stigmate très-petit et à peine lobé. Le fruit est quelquefois géminé, c'est-à-dire formé de la soudure de deux ovaires ; il est charnu, à une ou à plusieurs loges, quelquefois osseuses, et renfermant chacune un ou plusieurs nucules

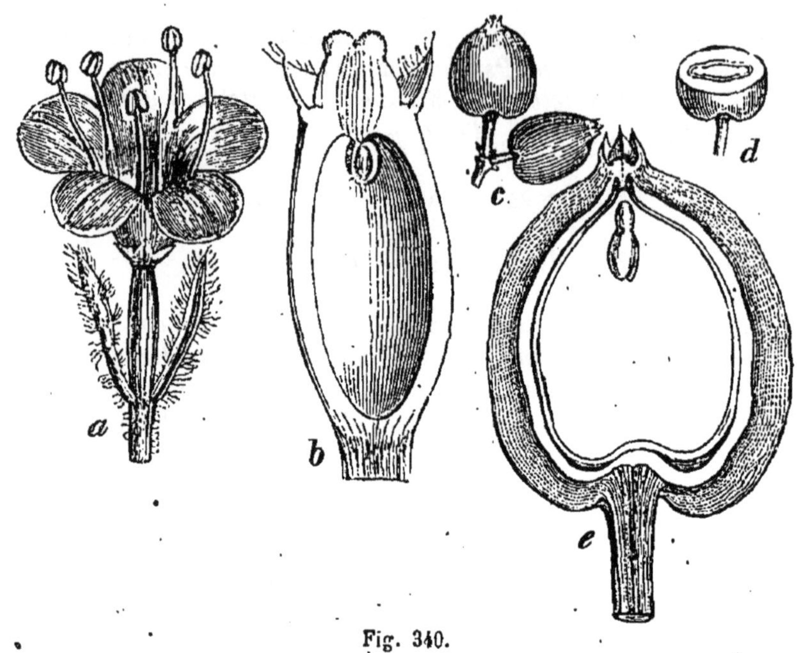

Fig. 340.

ou une ou plusieurs graines. Celles-ci ont un tégument propre quelquefois recouvert d'un noyau, un endosperme charnu, qui contient un embryon axile (*e*) ayant la même direction que la graine.

Cette famille peut être facilement divisée en deux tribus naturelles, suivant que les loges de son ovaire sont monospermes, ou suivant qu'elles sont polyspermes.

1° Hédéracées : loges de l'ovaire monospermes : **Hedera*, **Cornus*, **Sambucus*, **Viburnum*.

2° Lonicérées : loges de l'ovaire polyspermes : **Lonicera*, **Xylosteum*, *Symphoricarpos*, etc.

Cette famille, voisine des Rubiacées, en diffère surtout par sa corolle généralement irrégulière, et par l'absence de stipules entre les feuilles.

Fig. 340. *Viburnum Lantana* : *a*, fleur entière ; *b*, coupe longitudinale de l'ovaire ; *c*, fruits ; *d*, coupe transversale d'un fruit ; *e*, coupe longitudinale d'un fruit montrant la position de l'embryon.

TROISIÈME DIVISION : POLYPÉTALES ou DIALYPÉTALES

POLYPÉTALES PÉRIGYNES, A PLACENTATION AXILE.

112e famille. LORANTHACÉES (Loranthaceæ).

Lorantheæ, Rich. *in* Juss. *Ann. Mus.* XII, 292. *Viscoideæ*, Rich. *Anal.* 33. *Loranthaceæ*, DC. *Prodr.* IV, 277. Ibid. *Mém.* IV. Lindl. *Nat. syst.* 49. Endlich *Gen.* 779.

Les Loranthacées sont pour la plupart des arbustes généralement parasites. Leur tige est ligneuse et ramifiée; leurs feuilles simples et opposées, entières ou dentées, coriaces, persistantes, sans stipules. Les fleurs sont diversement disposées, tantôt solitaires, tantôt en épis, en grappes ou en panicules axillaires ou terminales. Elles sont en général hermaphrodites, quelquefois dioïques. Le calice est adhérent avec l'ovaire infère : son limbe est entier ou légèrement denté : ce calice est accompagné extérieurement de deux bractées, ou d'un second calice cupuliforme enveloppant quelquefois entièrement le véritable calice. La corolle se compose de quatre à huit pétales, insérés autour d'un disque épigyne qui occupe le sommet de l'ovaire; ces pétales, dont l'estivation est valvaire, sont parfois soudés, et représentent une corolle gamopétale. Les étamines sont en même nombre que les pétales; elles leur sont opposées, sessiles, ou portées sur des filaments plus ou moins longs; leurs anthères sont introrses. L'ovaire est à une seule loge, qui contient un ovule anatrope, renversé : cet ovaire est couronné par un disque épigyne et annulaire. Le style est souvent long et grêle, quelquefois manquant complétement. Le stigmate est souvent simple. Le fruit est généralement charnu, contenant une seule graine renversée, adhérente avec la pulpe du péricarpe qui est épaisse et visqueuse. Cette graine renferme un endosperme charnu, dans lequel est placé un embryon cylindrique ayant la radicule tournée vers le hile.

Cette famille, dont les genres faisaient autrefois partie des Caprifoliacées, en diffère par sa corolle, le plus souvent polypétale, ses étamines opposées aux pétales, son ovaire uniloculaire et monosperme. Les genres principaux de cette famille sont : *Loranthus*, *Viscum*, *Misodendrum*.

113e famille. OMBELLIFÈRES (Umbelliferæ).

Umbelliferæ. Juss. *Gen.* Hoffm. *Gen. Umb.* 1814. Koch. *Umb. disp.* in *Nov. act. nat. cur.* 1824. DC. *Coll. Mém.* V. Ibid. *Prodr.* IV, 55. Lindl. *Nat. syst.* 21. Endlich. *Gen.* 702.

L'une des familles les plus naturelles du règne végétal, les Ombellifères, sont des végétaux herbacés, rarement sous-frutescents, dont la tige est souvent creuse intérieurement; les feuilles alternes, engaînantes à leur base, généralement décomposées en un très-grand nombre de segments ou de folioles. Les fleurs, toujours fort petites, généralement blanches ou jaunes, sont disposées en ombelles simples ou composées; on trouve quelquefois à la base de l'ombelle de petites folioles dont la réunion constitue l'involucre, et les involucelles quand elles sont placées à la base des ombellules. Chaque fleur se compose d'un calice adhérent avec l'ovaire infère, et dont le limbe est entier ou à peine denté; d'une corolle formée de cinq pétales plus ou moins étalés, à préfloraison imbriquée, de cinq étamines épigynes, alternes avec les pétales, d'un ovaire à deux loges, contenant chacune un ovule renversé, couronné à son sommet par un disque épigyne et bilobé; de deux styles, terminés chacun par un petit stigmate simple. Le fruit est un diakène de forme très-variée, se séparant à sa maturité en deux akènes monospermés, réunis entre eux par une petite columelle filiforme. La graine est renversée, et contient dans un endosperme assez gros un très-petit embryon axile et homotrope.

La famille des Ombellifères forme un groupe excessivement naturel. L'inflorescence est en général une ombelle composée; cependant, dans quelques genres, les fleurs sont disposées en ombelle simple ou sertule; quelquefois les pédicelles disparaissent et elles forment alors un capitule analogue à celui des Synanthérées, ou, enfin, les fleurs sont presque solitaires.

Le calice se compose de cinq sépales unis entre eux bords à bords et soudés avec l'ovaire qui est adhérent. Cet ovaire ainsi recouvert par le calice présente communément dix nervures plus ou moins saillantes, nommées en latin *juga*. De ces nervures cinq correspondent au milieu des sépales, on les nomme *dorsales* (*juga dorsalia*); cinq sont dues à l'union des bords et sont *suturales* (*juga suturalia*). Ces nervures sont séparées les unes des autres par des espaces ou enfoncements nommés *vallécules* (*valleculæ*). Dans ces vallécules se voient souvent des lignes longitudinales, de couleur brune étendues du sommet vers la partie moyenne ou inférieure qu'on appelle bandelettes (*vittæ*). Ces bandelettes sont des canaux remplis de gomme résine. A sa maturité le fruit se sépare en deux moitiés (*akènes* ou *méricarpes*), l'une extérieure, portant deux côtes dorsales et trois suturales, l'autre interne, portant trois côtes dorsales et deux suturales. Ces côtes, soit dorsales, soit suturales, se redressent quelquefois sous la forme de crêtes ou d'ailes saillantes. Le point par lequel les deux méricarpes sont adhérents entre eux porte le nom de *commissure* (*fig.* 341, 2) : cette dernière peut être étroite et linéaire ou plus ou moins large; dans le premier cas, la compression du fruit est *opposée* à la commissure; dans le second, elle est parallèle à cette commissure (1 et 2) qui, quelquefois, peut présenter un certain nombre de bandelettes (2).

Les graines présentent un endosperme très-développé, quelquefois charnu, plus souvent dur et corné. Cet endosperme, examiné du côté interne, peut être : 1° *plan* (2); 2° *sillonné* longitudinalement par l'enroulement de ses bords (*fig.* 341, G); 3° *concave* ou en arc, c'est-à-dire recourbé du sommet vers la base (H). Ce caractère est

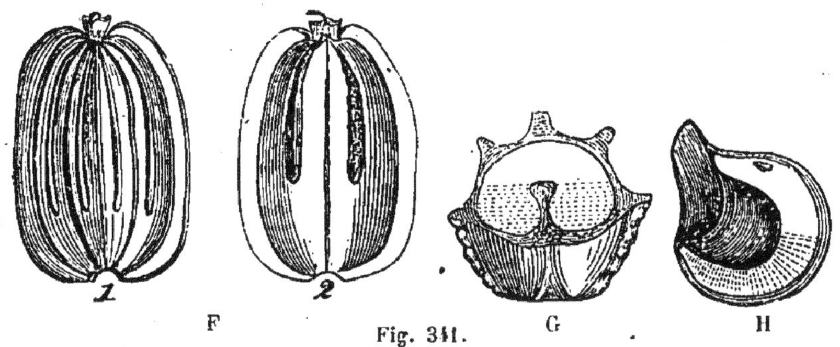

Fig. 341.

assez important et assez fixe, pour avoir servi de base à la division des Ombellifères en trois tribus principales : 1° les *Orthospermées*, 2° les *Campylospermées*, 3° les *Cœlospermées*, qui, chacune, ont été subdivisées en un assez grand nombre de sous-tribus.

1re *tribu*. ORTHOSPERMÉES : endosperme plane et sans sillon du côté interne (*fig.* 341, F) : **Hydrocotyle*, **Sanicula*, **Astrantia*, **Eryngium*, **Ammi*, **Apium*, **Cicuta*, **Seseli*, **Angelica*, **Peucedanum*, **Œnanthe*, **Æthusa*, **Fœniculum*, **Tordylium*, **Siler*, *Cuminum*, **Thapsia*, **Daucus*.

2e *tribu*. CAMPYLOSPERMÉES : endosperme marqué d'un sillon longitudinal produit par l'enroulement de ses bords (*fig.* 341, G) : **Caucalis*, **Scandix*, **Chærophyllum*, **Cachrys*, **Conium*, **Arracacha*.

3e *tribu*. CŒLOSPERMÉES : endosperme concave par l'incurvation de son sommet et de sa base (*fig.* 341, H) : *Bifora*, *Coriandrum*.

114e famille. ARALIACÉES (Araliaceæ)

Araliæ, Juss. *Gen.* *Araliaceæ*, DC. *Prodr.* IV, 251. Lindl. *Nat. syst.* 25. Endlich. *Gen.* 793.

Les Araliacées constituent un groupe à peine distinct des Ombellifères. Ce sont des végétaux herbacés ou quelquefois des arbres très-élevés. Les fleurs, également très-petites, sont disposées en ombelles simples ou en ombelles paniculées. Leur calice est également adhérent et denté; leur corolle formée de cinq à dix pétales à préfloraison valvaire et non imbriquée comme celle des Ombellifères. Leur ovaire présente de deux à six ou même douze loges monospermes, et est surmonté d'autant de styles, que terminent des stigmates simples. Le fruit est tantôt charnu et indéhiscent, tantôt sec et se séparant en autant de coques monospermes qu'il y avait de loges à l'ovaire.

Cette famille est extrêmement voisine des Ombellifères, dont elle diffère par le plus grand nombre de ses loges et de ses styles, par sa préfloraison valvaire et par son fruit ordinairement charnu. Ex. : *Aralia*, *Panax*, *Gastonia*, etc.

115ᵉ famille. ALANGIACÉES (Alangiaceæ).

Alangieæ, DC. *Prodr.* III, p. 203. Endlich. *Gen.* 1181. *Alangiaceæ*, Lindl. *Nat. syst.* 39.

Ce sont de grands et beaux arbres originaires de l'Inde, portant souvent des épines et des feuilles alternes, sans stipules, très-entières et non ponctuées ; des fleurs réunies en fascicules à l'aisselle des feuilles. Le calice, adhérent avec l'ovaire infère, a son limbe campanulé, offrant de cinq à dix dents ; les pétales, en même nombre, sont étroits et très-étalés. Les étamines, très-saillantes, en nombre double ou quadruple des pétales, ont leurs filets libres et très-velus à leur partie inférieure ; leurs anthères, linéaires, introrses, s'ouvrant par un sillon longitudinal. L'ovaire présente une ou deux loges contenant chacune un seul ovule anatrope, attaché au sommet de la cavité. Le style et le stigmate sont simples. Le fruit est une drupe charnue, contenant un noyau osseux, indéhiscent, percé à son sommet, et généralement monosperme. La graine renversée contient un embryon droit, à radicule tournée vers le hile, placé dans un endosperme charnu.

Les deux genres *Alangium* et *Marléa* constituent cette famille très-rapprochée des Myrtacées. Elle s'en distingue surtout par ses pétales plus nombreux, son fruit uniloculaire, sa graine pendante et pourvue d'un endosperme. Elle a aussi de l'affinité avec les Combrétacées, mais le nombre de ses pétales, ses graines munies d'un endosperme, et ses cotylédons plans et non roulés, suffisent pour l'en distinguer. D'un autre côté, par son ovaire adhérent, à deux loges contenant chacune un seul ovule pendant, par son embryon placé dans un endosperme charnu, cette petite famille a quelques rapports avec les Ombellifères et les Araliacées.

116ᵉ famille. HALORAGÉACÉES (Halorageaceæ).

Hygrobieæ; Rich. *Anal. fr.* 34. *Cercodiacées*, Juss. *Dict. sc. nat.* VII, 441. *Halorageæ*, R. Brown, in Flind. *Voy.* II, 549. DC. *Prodr.* III, 65. Lindl. *Nat. syst.* 37. Endlich. *Gen.* 1195.

Petite famille composée en général de plantes aquatiques, portant des feuilles verticillées, des fleurs (*fig.* 342) quelquefois très-petites (*a*), axillaires, et assez souvent unisexuées, ayant un calice gamosépale, adhérent avec l'ovaire infère, et terminé supérieurement par un limbe à trois ou quatre lobes. La corolle, qui manque quelquefois (*b*), se compose de trois ou quatre pétales alternes avec les lobes du calice. Les étamines sont en nombre égal ou double des pétales. L'ovaire

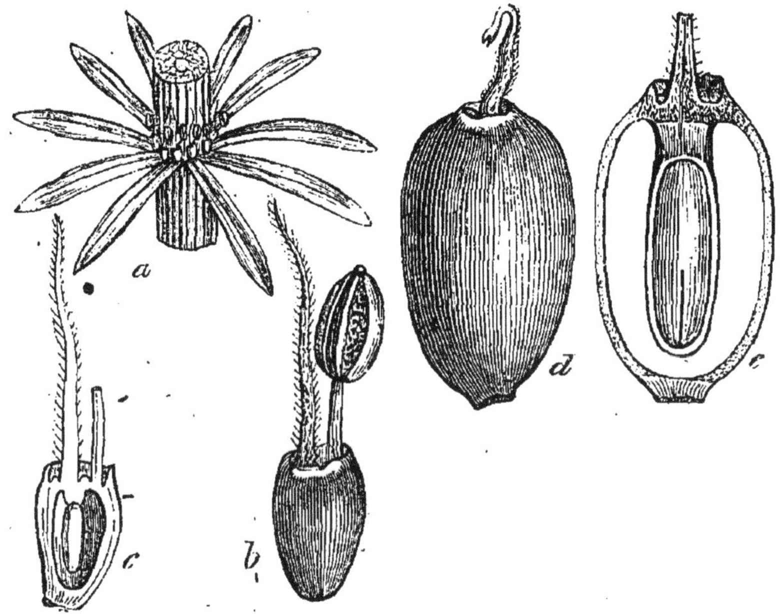

Fig. 342.

présente une (*c*), trois ou quatre loges, contenant chacune un seul ovule renversé. Du sommet de l'ovaire naissent un (*b*), trois ou quatre stigmates filiformes, glanduleux ou velus. Le fruit est une baie, ou une capsule couronnée par les lobes du calice, à une ou plusieurs loges monospermes. Chaque graine, qui est renversée, contient, dans un endosperme charnu, un embryon cylindrique (*e*) et homotrope. L'endosperme manque quelquefois.

Les genres qui composent cette famille avaient d'abord été placés parmi les Onagraires et même parmi les Naïades dans l'embranchement des Monocotylédonés. Ces genres sont *Myriophyllum*, *Hippuris*, *Cercodia*, *Proserpinaca*, etc. Elle diffère surtout des Œnothéracées par son ovaire à loges monospermes, ses graines pendantes, et son embryon en général pourvu d'un endosperme charnu.

Cette petite famille est assez disparate, quoique composée d'un petit

Fig. 342. *Hippuris vulgaris* : *a*, portion de tige portant des feuilles et des fleurs verticillées; *b*, fleur entière; *c*, coupe verticale de la fleur; *d*, fruit; *e*, coupe verticale du péricarpe et de la graine.

nombre de genres. Ainsi l'*Hippuris* (dont nous donnons ici une figure) et le *Trapa* ont leur embryon certainement dépourvu d'endosperme, tandis que j'ai vu cet embryon placé au centre d'un endosperme charnu dans les genres *Proserpinaca*, *Myriophyllum* et *Cercodia* ou *Haloragis*. Cependant il est difficile de séparer le genre *Hippuris* du genre *Proserpinaca*, qui n'en diffère que parce que son pistil se compose de trois carpelles, tandis qu'il n'y en a qu'un seul dans l'*Hippuris*. Quant au *Trapa*, dont l'ovaire est semi-infère, à deux loges, avec un seul style et dont l'embryon si singulier est bien certainement dépourvu d'endosperme, il nous paraît former un type à part qui pourrait former une famille distincte des Halorageacées.

1re *tribu*. MYRIOPHYLLÉES : ovaire infère, embryon endospermique : **Myriophyllum*, *Serpicula*, *Proserpinaca*, *Haloragis*.

2e *tribu*. HIPPURIDÉES : ovaire infère, embryon épispermique : **Hippuris*.

3e *tribu*. TRAPÉES : ovaire semi-infère, un seul style, embryon épispermique : **Trapa*.

112e famille. HAMAMÉLIDACÉES (Hamamelidaceæ).

Hamamelidaceæ, R. Brown, in Abel, *Voy. Chine*, 174. DC. *Prodr.* IV, 267. Endlich. *Gen.* 803. *Hamamelidaceæ*, Lindl. *Nat. Syst.* 48.

Ce sont des arbustes à feuilles alternes, simples, munies souvent de deux stipules caduques. Les fleurs sont axillaires, ayant un calice composé de quatre sépales, quelquefois réunis en tube à leur partie inférieure, et soudés avec l'ovaire, qui est semi-infère. La corolle se compose de quatre pétales allongés, linéaires, valvaires, et un peu tordus avant l'épanouissement des fleurs. Les étamines sont au nombre de quatre, alternes avec les pétales, ayant leurs anthères introrses, et à deux loges, s'ouvrant par une valvule qui est parfois commune aux deux loges, et qui occupe leur face interne ; quelquefois cependant elles sont plus nombreuses : devant chaque pétale, on trouve souvent une écaille de forme variée, et qui paraît tenir lieu d'une étamine avortée. L'ovaire est semi-infère ou entièrement libre, à deux loges, contenant chacune un ovule suspendu, plus rarement on en trouve plusieurs également pendants du sommet des loges. Du sommet de l'ovaire naissent deux styles, terminés chacun par un stigmate simple. Le fruit, enveloppé par le calice, est sec, à deux loges monospermes, s'ouvrant en général en deux valves septifères. Les graines se composent d'un embryon homotrope, recouvert par un endosperme charnu.

Le genre *Hamamelis*, qui forme le type de cette famille, avait été placé par Jussieu à la fin des Berbéridées ; mais son insertion est bien réellement périgynique. Rob. Brown (in Abel, *Iter chinens.*) a proposé d'établir pour ce genre une famille particulière, sous le nom d'Hamamélidées. Il rapporte, en outre, à cette famille les genres *Dicoryphe* et *Trichocladus*, et en rapproche le *Fothergilla*, qui cependant en diffère par plusieurs caractères. Les Hamamélidées nous paraissent avoir des rapports avec les Saxifragées et les Bruniacées, et l'on y a établi deux tribus.

1re *tribu*. HAMAMÉLIDÉES : loges de l'ovaire uniovulées : *Dicoryphe, Hamamelis, Parottia, Fothergilla.*

2e *tribu*. BUCKLANDIÉES : loges de l'ovaire polyspermes : *Bucklandia, Sedgwickia.*

118e famille. BRUNIACÉES (Bruniaceæ).

Bruniaceæ, R. Brown, in Abel, *Voy. Chine*, 374. DC. *Prodr.* II, 43. Ad. Brongn. *Ann. sc. nat.*, VIII, 357. Lindl. *Nat. syst.* 38. Endlich. *Gen.* 805.

Les plantes qui forment cette famille sont des arbustes qui, par leur port, ressemblent beaucoup aux bruyères et aux *Phylica* : toutes sont originaires du cap de Bonne-Espérance. Leurs feuilles sont très-petites, roides, disposées en capitules, plus rarement en panicules. Le calice est gamosépale, à cinq divisions, adhérent en général par sa base avec l'ovaire, qui est infère ou semi-infère (il est libre dans le seul genre *Raspailia*) : les cinq divisions sont imbriquées, de même que la corolle, avant leur épanouissement. Les pétales sont au nombre de cinq et alternes. Les cinq étamines sont alternes avec les pétales et leurs filets adhèrent latéralement avec la base de chacun des pétales; ce qui a fait croire à quelques auteurs qu'ils étaient opposés aux pétales. L'ovaire est semi-infère, ou infère, ou enfin libre, à une ou à trois loges, contenant chacune un ou deux ovules collatéraux et suspendus. Le style est simple ou bien bifide, ou les deux styles sont distincts, et terminés chacun par un très-petit stigmate. Le fruit est sec, couronné par le calice, la corolle et les étamines, qui sont persistantes, indéhiscent, ou se séparant en deux coques généralement monospermes, s'ouvrant par une fente longitudinale et interne. Les graines sont suspendues, contenant un petit embryon homotrope placé vers la base d'un endosperme charnu.

Cette petite famille, indiquée par Rob. Brown (in Abel, *Iter chinens.*), a été adoptée par de Candolle (*Prodr. syst.*, II, p. 43). M. Adolphe Brongniart en a fait l'objet d'un mémoire spécial, dans lequel il a mieux tracé et les caractères de la famille, et ceux des genres qui la composent. Le genre *Brunia*, qui en forme le type, avait été placé par Jussieu à côté du *Phylica*, dans la famille des Rhamnées; mais il en diffère par plusieurs caractères, tels que ses étamines alternes et non opposées aux pétales; ses ovules souvent géminés et suspendus, et non solitaires et dressés, etc. R. Brown pense que les Bruniacées doivent être rapprochées des Halorageés et des Hamamélidées, tandis que de Candolle les place au voisinage des Rhamnées. Dans son travail sur cette famille, M. Brongniart énumère les genres suivants : *Berzelia, Bronnia, Raspailia, Staavia, Berardia, Linconia, Audouinia, Tittmannia*, et *Tamnea*.

119e famille. RHAMNACÉES (Rhamnaceæ).

Rhamni. Juss. *Gen. Rhamneæ*, R. Brown, in Flind. *Voy*. II, 554. DC. *Prodr*. II, 19 Ad. Brongn. *Monogr*. in *Ann. sc. nat*. V, 320. Endlich. *Gen*. 1094. *Rhamnaceæ*, Lindl *Nat. syst*. 107.

Ce sont des arbres ou des arbustes à feuilles simples et alternes, très-rarement opposées, munies de deux très-petites stipules caduques

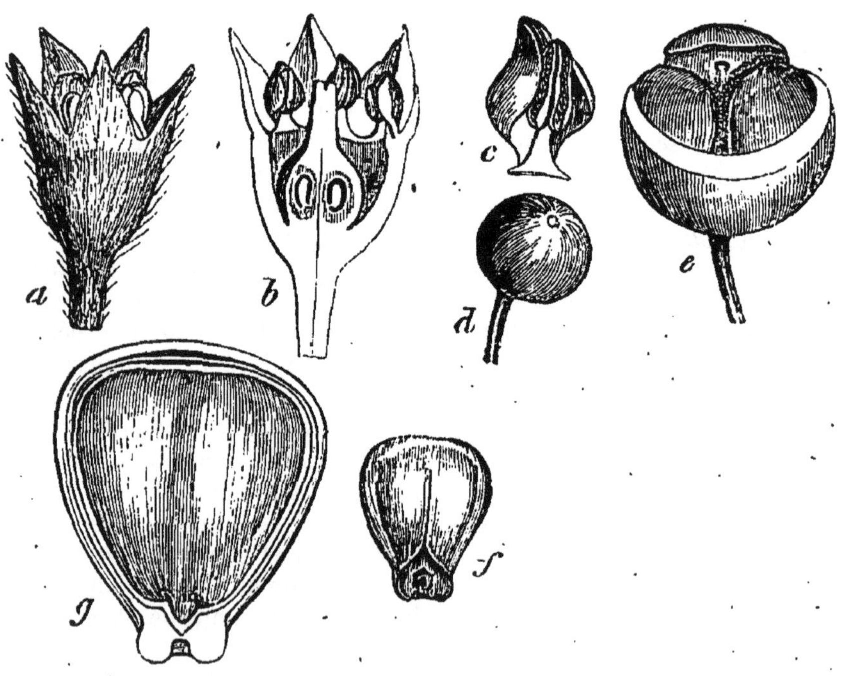

Fig. 343.

ou persistantes et épineuses. Les fleurs (*fig*. 343) sont petites, hermaphrodites ou unisexuées, axillaires, solitaires ou réunies en sertule,

Fig. 343. *Rhamnus Frangula : a*, fleur ; *b*, coupe longit. ; *c*, un des pétales avec une étamine opposée au pétale ; *d*, fruit ; *e*, les nucules mises à nu ; *f*, une des nucules vue par sa face interne ; *g*, coupe longit. du même.

en faisceaux, etc., quelquefois formant des grappes ou des capitules terminaux. Leur calice est gamosépale (*a*), plus ou moins tubuleux à sa partie inférieure, où il adhère quelquefois avec l'ovaire, qui alors est infère, ayant un limbe évasé, à quatre ou cinq (*a*) lobes valvaires. La corolle se compose de quatre ou cinq pétales onguiculés, très-petits (*b*, *c*), souvent voûtés et concaves. Les étamines, en même nombre que les pétales, sont placées en face d'eux (*c*) et en sont souvent embrassées. L'ovaire est tantôt libre, tantôt semi-infère, ou complétement adhérent, à deux, trois ou quatre loges, contenant chacune un seul ovule dressé (*b*) et anatrope : du sommet de l'ovaire partent en général autant de styles qu'il y a de loges; ces styles se soudent complétement. La base du tube du calice, quand l'ovaire est libre, ou le sommet de ce dernier quand il est infère, présente un disque glanduleux plus ou moins épais. Le fruit est charnu (*e*) et indéhiscent, contenant ordinairement trois nucules (*e*, *f*), ou bien il est sec et s'ouvrant en trois coques. La graine est dressée; elle renferme un endosperme charnu, quelquefois très-mince (*g*), et un embryon homotrope, ayant les cotylédons très-larges et très-minces.

La famille des Rhamnacées, telle qu'elle avait été établie par le célèbre auteur du *Genera plantarum*, avait été divisée en quatre sections. Rob. Brown, le premier, a proposé de former des deux premières sections une famille distincte, sous le nom de *Célastrinées*. Cette dernière famille se distingue surtout par son calice, dont les lobes sont imbriqués et non valvaires, par ses étamines alternes et non opposées aux pétales, et par son ovaire toujours libre et dont les loges contiennent un ou deux ovules superposés, par son fruit constamment sec et s'ouvrant au moyen de valves septifères sur le milieu de leur face interne.

Rob. Brown a proposé de plus de faire une famille particulière ayant pour type le genre *Brunia*. Cette division de la famille a été adoptée par de Candolle dans le deuxième volume de son *Prodrome*, et par M. Ad. Brongniart, dans sa *Dissertation sur la famille des Rhamnées*. Parmi les genres des Rhamnées, nous pouvons citer ici les suivants : **Rhamnus*, **Paliurus*, *Ceanothus*, *Colletia*, *Gouania*, etc.

120e famille. AQUIFOLIACÉES (Aquifoliaceæ).

Aquifoliaceæ, DC. *Théor.* 217. Lindl. *Nat. syst.* 228. *Ilicineæ*, Ad. Brongn. *Ann. sc. nat.* X, 329. Endlich. *Gen.* 1091.

Arbrisseaux ou arbres à feuilles alternes ou opposées, coriaces, persistantes, glabres, à dents quelquefois épineuses, sans stipules, ayant leurs fleurs solitaires ou diversement groupées à l'aisselle des feuilles; chacune d'elles offre un calice de quatre à six sépales petits et imbriqués; une corolle d'un égal nombre de pétales alternes, quel quefois soudés ensemble par leur base, et formant une corolle gamopétale à divisions profondes et hypogynes. Les étamines, alternes avec les pétales, sont insérées, soit directement sur le réceptacle, quand les pétales sont distincts, soit tout à fait à la base de la corolle gamopétale quand ils sont soudés; il n'y a pas trace de disque. L'ovaire est libre, épais, tronqué, ayant de deux à six loges, qui contiennent chacune un seul ovule pendant du sommet de la loge, et porté sur un podosperme cupuliforme. Le stigmate est en général sessile et lobé. Le fruit est constamment charnu, contenant de deux à six nucules indéhiscentes, ligneuses ou fibreuses et monospermes. L'embryon est petit, homotrope, et placé vers la base d'un endosperme charnu.

Cette famille, ainsi que nous le démontrerons en parlant des Célastracées, est fort distincte des vraies Rhamnées et des Célastracées, avec lesquelles elle avait été réunie. Ces différences sont même si grandes, que de Jussieu, et plus tard le professeur de Candolle, avaient cru pouvoir ranger les Aquifoliacées parmi les Monopétales, auprès des Sapotacées, et surtout des Ébénacées, dont elles ne diffèrent que par des caractères peu importants. Mais de Candolle a depuis abandonné cette opinion, puisque, dans le second volume de son *Prodrome*, il fait des Aquifoliacées une simple tribu des Célastracées. Néanmoins la première opinion nous paraît la plus vraisemblable. Parmi les genres qui composent les Aquifoliacées, nous trouvons les suivants : *Ilex*, *Cassine*, *Myginda*, etc.

121e famille. CÉLASTRACÉES (Celastraceæ).

Celastrineæ, R. Brown, in Flind. *Voy.* II, 554. Ad. Brongn. *Ann. sc. nat.* X, 328. DC. *Prodr.* II, 3. Endlich. *Gen.* 1085. *Celastraceæ*, Lindl. *Nat. syst.* 119.

Cette famille est composée d'arbustes ou d'arbrisseaux à feuilles alternes ou quelquefois opposées, accompagnées de deux stipules caduques, à fleurs axillaires disposées en cymes. Le calice, légèrement tubuleux à sa base, offre un limbe à quatre ou cinq divisions étalées, imbriquées lors de leur préfloraison. La corolle se compose de quatre ou cinq pétales plans, légèrement charnus, sans onglet, insérés sous le disque. Les étamines, *alternes* avec les pétales, sont insérées, soit sur le bord du disque, soit sur sa face supérieure. Le disque est périgyne et pariétal, environnant l'ovaire : celui-ci est libre, à trois ou quatre loges, contenant chacune un ou plusieurs ovules anatropes, attachés par un podosperme filiforme à l'angle interne de chaque loge, et ascendant; quelquefois l'ovaire est comme plongé dans le disque. Le style est simple, terminé par un stigmate très-finement lobé. Le fruit, qui est quelquefois une drupe sèche, et plus souvent une capsule à trois ou quatre loges, s'ouvrant en trois ou quatre valves qui portent chacune une cloison sur le milieu de leur face interne. Les graines, quelquefois recouvertes d'un arillode charnu, contiennent un endosperme charnu dans lequel est un embryon axile et homotrope.

Nous avons, en parlant des Rhamnacées, indiqué les principales différences qui existent entre cette famille et celle des Célastracées. De Candolle, dans son *Prodrome*, divise cette dernière famille en trois tribus, savoir : les *Staphylées*, les *Évonymées* et les *Aquifoliées*. M. Brongniart se range à la première opinion du célèbre professeur de Genève, qui, dans sa *Théorie élémentaire*, avait considéré les *Aquifoliacées* ou *Ilicacées* comme une famille distincte. En effet, ce groupe se distingue des vraies Célastracées par sa corolle souvent gamopétale, son insertion hypogyne, l'absence complète du disque, les loges de son ovaire contenant constamment un seul ovule pendant; son fruit charnu contenant de deux à six nucules osseuses.

1re *tribu*. STAPHYLÉES : feuilles composées, graines sans arille : *Staphylea*, *Turpinia*.

2e *tribu*. ÉVONYMÉES : feuilles simples, graines arillées : *Evonymus*, *Celastrus*, *Maytenus*, *Elæodendron*.

122e famille. EMPÉTRACÉES (Empetraceæ).

[*Empetreæ*, Nuttal. *Gen.* II, 233. Endlich. *Gen.* 1105. *Empetraceæ*, Lindl. *Nat. syst.* 417.

Petite famille composée des genres *Empetrum*, *Ceratiola* et *Corema*. Ce sont de petits arbustes à feuilles alternes ou verticillées, dépourvues de stipules, ordinairement petites et persistantes, et à fleurs également fort petites, hermaphrodites ou unisexuées, réunies ou solitaires à l'aisselle des feuilles. Le calice se compose de deux ou trois sépales libres; la corolle d'autant de pétales également libres. Les étamines, au nombre de deux ou trois, sont libres et hypogynes, et alternes avec les pétales; leurs anthères, biloculaires, s'ouvrant par une fente longitudinale. L'ovaire, libre et globuleux, appliqué sur un disque hypogyne, présente de deux à neuf loges contenant chacune un ovule ascendant. Le style est simple, surmonté par un stigmate pelté, découpé en un grand nombre de branches, souvent rameuses. Le fruit est une nuculaine contenant un nombre variable de nucules. Les graines, solitaires dans chaque nucule, se composent d'un tégument mince, d'un endosperme charnu et épais, contenant un embryon cylindrique droit, à peu près de la longueur de l'endosperme.

Le genre *Empetrum*, type de ce petit groupe, avait été placé parmi les Éricacées, dont il a en effet le port, mais dont il diffère complétement par la structure de sa fleur. Nuttal (*Gen. of North Amer.*, pl. II,

p. 59) en a fait une petite famille qui a des rapports avec les Euphorbiacées et les Phytolaccacées d'une part, et avec les Célastracées parmi les Polypétales.

123e famille. FRANCOACÉES (Francoaceæ).

Francoaceæ, Ad. de Juss. *Ann. sc. nat.* XXV, 9, Lindl. *Nat. syst.* 33. *Galacineæ*, Don, in *Edinb. new. Phil. Journ.* oct. 1828.

Plantes herbacées, à feuilles lobées ou pinnatifides et dépourvues de stipules, et à fleurs disposées en longs épis. Leur calice est profondément quadripartit; leur corolle de quatre pétales insérés à la base du calice; étamines également attachées à la partie inférieure du calice, généralement au nombre de seize, dont huit sont à l'état rudimentaire et alternent avec celles qui sont fertiles. Ovaire libre, à quatre loges, contenant chacune un grand nombre d'ovules; stigmate sessile et quadrilobé. Le fruit est une capsule mince et membraneuse à quatre loges, s'ouvrant en quatre valves septifères. Les graines, nombreuses et très-petites, contiennent un embryon placé à la base d'un endosperme charnu.

Cette petite famille, composée des genres *Francoa* et *Titilla*, se rapproche des Saxifragées selon Don; des Rosacées suivant de Candolle. Mais Adr. de Jussieu, qui a publié un mémoire spécial sur ce groupe de végétaux, pense qu'on doit le rapprocher des Crassulacées, avec lesquelles il a en effet d'assez grandes affinités; mais dont il diffère surtout par ses carpelles soudés en un ovaire unique, et par la présence de l'endosperme.

124e famille. SAXIFRAGACÉES (Saxifragaceæ).

Saxifrageæ, Juss. *Gen. Saxifrageæ, Escalloniæ* et *Cunoniaceæ*, R. Brown. *Saxifragaceæ*, DC. *Prodr.* IV, Endlich. *Gen.* 813.

Les Saxifragacées sont des plantes herbacées, rarement des arbustes ou des arbres, dont les feuilles sont alternes ou opposées, simples, et quelquefois composées, avec ou sans stipules. Leurs fleurs (*fig.* 344), tantôt solitaires, tantôt diversement groupées en épis, en grappes, etc., offrent un calice gamosépale, plan ou tubuleux inférieurement, où il se soude quelquefois avec l'ovaire, terminé supérieurement par trois ou cinq divisions. La corolle, qui manque très-rarement, est formée de quatre ou cinq pétales quelquefois soudés par leur base. Les étamines sont en général en nombre double des pétales, quelquefois en nombre indéfini. Le pistil se compose de deux carpelles (*c*) en partie soudés ensemble et adhérant plus ou moins intimement avec le tube calicinal; plus rarement on trouve trois ou cinq carpelles. L'ovaire (*b*), environné par un disque périgyne plus ou moins saillant, contient ordinairement plusieurs, très-rarement un seul ovule : ces ovules sont attachés à un trophosperme placé le long de la cloison (*d*). Le fruit, qui est rarement charnu, est en général une

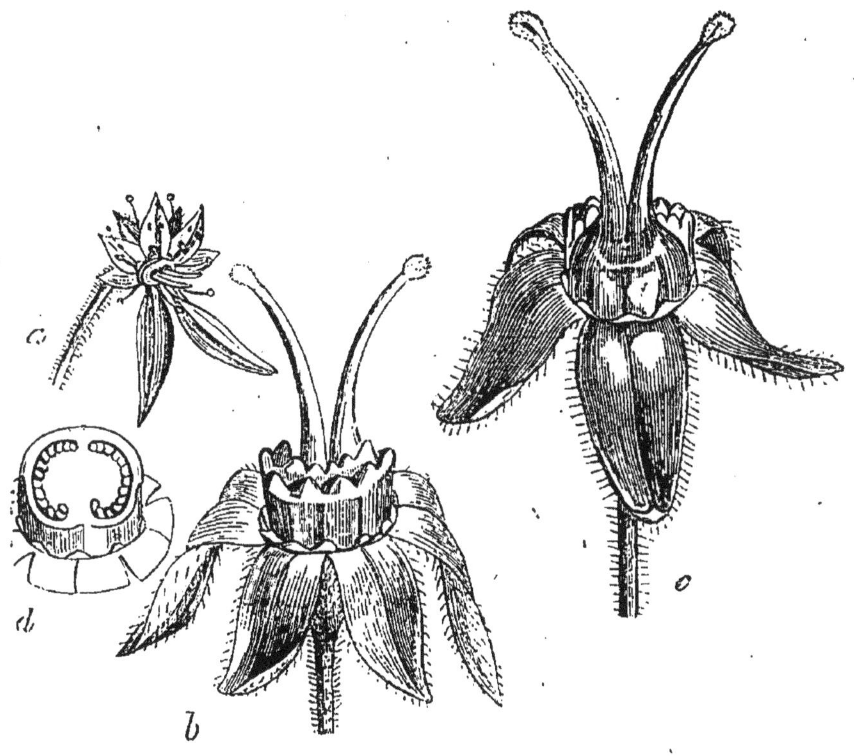

Fig. 344.

capsule terminée supérieurement par deux cornes plus ou moins allongées, s'ouvrant souvent en deux valves septifères. Les graines offrent sous leur tégument propre un endosperme charnu qui contient un embryon axile, homotrope, quelquefois un peu recourbé.

Nous adoptons ici la famille des Saxifragacées telle qu'elle a été limitée par de Candolle, c'est-à-dire en y réunissant comme de simples tribus plusieurs familles établies par notre célèbre ami, R. Brown, entre autres les *Escalloniées* et les *Cunoniacées*. Voici ces tribus comme les a proposées de Candolle.

Fig. 344. *Saxifraga sarmentosa* : *a*, fleur entière; *b*, la même, sans les pétales; *c*, pistil : on a enlevé une partie du disque qui le recouvre; *d*, coupe transversale de l'ovaire.

1re *tribu.* ESCALLONIÉES : fleurs isostémonées ; un seul style ; arbres ou arbrisseaux à feuilles alternes, simples et sans stipules : *Escallonia*, *Quintinia*, *Anopterus*, *Itea*.

2e *tribu.* CUNONIÉES : fleurs displostémonées ; 2-3 styles ; arbres ou arbrisseaux à feuilles opposées ; stipulées : *Codia*, *Callicoma*, *Weinmannia*, *Belangera*, *Cunonia*.

3e *tribu.* BAUERÉES : fleurs polystémonées ; 2 styles ; arbrisseaux à feuilles opposées, sans stipules : *Bauera*.

4e *tribu.* HYDRANGÉES : fleurs diplostémonées, souvent stériles ; 2-5 styles ; arbustes à feuilles opposées simples, sans stipules : *Hydrangea*, *Sarcostylis*.

5e *tribu.* SAXIFRAGÉES : fleurs diplostémonées ; 2 styles ; feuilles alternes et sans stipules : **Saxifraga*, **Chrysosplenium*, *Mitella* *Drummondia*, *Tiarella*, *Heuchera*.

125e famille. PHILADELPHACÉES. (Philadelphaceæ).

Philadelpheæ, Don, in *Edinb. new Phil. Journ.* I, 133. DC. *Prodr.* III, 205. Endlich. *Gen.* 1185. *Philadelphaceæ*, Lindl. *Nat. syst.* 47.

Arbrisseaux à feuilles simples, opposées sans stipules ; à fleurs généralement blanches, axillaires ou disposées en cymes terminales. Calice adhérent avec l'ovaire infère, à sépales valvaires dans leur partie libre, en nombre variable ; pétales alternes et en même nombre que les sépales, à préfloraison généralement imbriquée ; étamines très-nombreuses, insérées au pourtour du sommet de l'ovaire ; filaments libres, anthères didymes, à deux loges s'ouvrant chacune par un sillon longitudinal ; styles distincts ou soudés dans une partie plus ou moins grande de leur longueur ; stigmates en même nombre que les styles et que les loges, allongés et bordant les deux côtés du style. Ovaire infère, offrant de quatre à dix loges contenant chacune un grand nombre d'ovules attachés à un trophosperme axile et pendants. Le fruit est une capsule couronnée par le calice, à quatre ou dix loges, s'ouvrant en autant de valves, soit par une déhiscence loculicide, soit par une déhiscence septicide. Les graines contiennent un embryon homotrope dans l'axe d'un endosperme charnu.

Cette petite famille, par l'ensemble de ses caractères, est très-voisine des Myrtacées, dont elle diffère surtout par ses graines munies d'un endosperme charnu. Elle se rapproche des Œnothéracées, mais ses étamines nombreuses, son embryon endospermique, l'en distinguent tout de suite. *Philadelphus*, *Decumaria*, *Deutzia*.

B. Graines sans endosperme.

126e famille. *MYRTACÉES (Myrtaceæ).

Myrti, Juss. *Gen. Myrtaceæ*, R. Brown, in Flind. *Voy.* II, 546. DC. *Prodr.* III, 202. Lindl. *Nat. syst.* 43. Endlich. *Gen.* 1223.

Cette famille intéressante se compose d'arbres ou d'arbrisseaux d'un port élégant, dont les diverses parties sont pleines d'un suc odorant et résineux. Les feuilles sont opposées (*fig.* 345, *a*), entières, souvent persistantes et marquées de points translucides. Les fleurs sont diversement disposées, soit à l'aisselle des feuilles (*a*), soit au sommet des rameaux. Leur calice est gamosépale, adhérent par sa base avec l'ovaire infère, ayant son limbe à cinq, six ou seulement à quatre divisions à préfloraison valvaire. La corolle, qui manque rarement, est formée d'autant de pétales qu'il y a de lobes au calice.

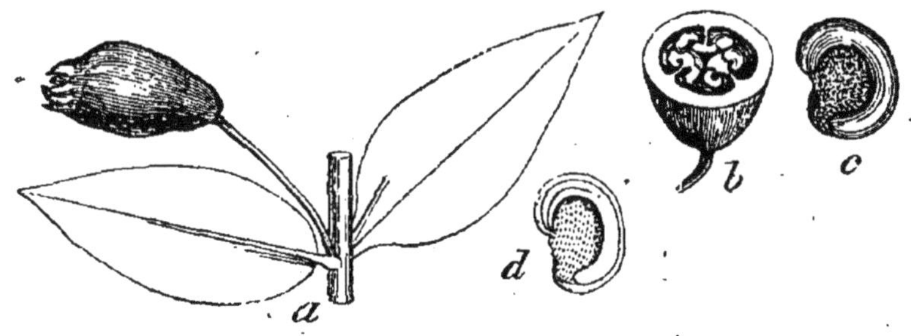

Fig. 345.

Les étamines, généralement très-nombreuses, rarement en nombre déterminé, ont leurs filets libres ou diversement soudés, et leurs anthères terminales et généralement assez petites. L'ovaire, infère, présente de deux (*b*) à six loges qui contiennent un nombre variable d'ovules attachés à leur angle interne. Le style est généralement simple, et le stigmate est lobé. Le fruit offre un grand nombre de modifications; il est tantôt sec, déhiscent en autant de valves qu'il y a de loges, tantôt indéhiscent ou charnu (*a*). Les graines, généralement dépourvues d'endosperme, offrent un embryon dont les cotylédons ne sont jamais ni convolutés, ni roulés en cornet l'un sur l'autre.

De Candolle père a divisé la famille des Myrtacées en cinq tribus naturelles, auxquelles nous ajoutons deux autres, celle des *Mouririées*, dont on avait fait une famille particulière, et celle des *Lécythidées*.

Fig. 345. *Myrtus communis* : *a*, fruit; *b*, coupe transversale du même; *c*, graine; *d*, coupe longit. de la graine.

1re *tribu*. CHAMÉLAUCIÉES : fruit sec uniloculaire; graines basilaires; calice à cinq lobes; corolle de cinq pétales, manquant quelquefois; étamines libres ou polyadelphes. Les genres qui forment cette tribu sont tous originaires de la Nouvelle-Hollande : *Calythrix, Chamælaucium, Pileanthus*, etc.

2e *tribu*. LEPTOSPERMÉES : fruit sec, déhiscent, à plusieurs loges; graines attachées à l'angle interne, dépourvues d'arille et d'endosperme; feuilles opposées ou alternes. Arbrisseaux tous originaires de la Nouvelle-Hollande : *Beaufortia, Calothamnus, Tristania, Melaleuca, Eudesmia, Eucalyptus, Metrosideros, Leptospermum*, etc.

3e *tribu*. MYRTÉES : fruit charnu généralement à plusieurs loges; graines sans arille ni endosperme; étamines libres, feuilles opposées. Arbrisseaux presque tous originaires des tropiques : *Eugenia, Jambosa, Calyptranthes, Caryophyllus, *Myrtus, Campomanesia*, etc.

4e *tribu*. GRANATÉES : fruit coriace, indéhiscent, pluriloculaire; graines à tégument propre, épais et charnu; embryon orthotrope, à cotylédons membraneux et roulés : **Punica*.

5e *tribu*. MOURIRIÉES : fruit charnu, contenant une ou deux graines; étamines définies; anthères s'ouvrant par des pores allongés : *Mouriria, Memecylon*. Dans la *Flore de l'île de Cuba* (I, p. 571) nous avons expliqué les motifs qui nous avaient décidé à réunir la famille des *Mémécylées* de de Candolle à celle des Myrtacées, dont elle ne diffère en réalité par aucun caractère.

6e *tribu*. BARRINGTONIÉES : fruit sec ou charnu, toujours indéhiscent, à plusieurs loges; étamines monadelphes par la base; feuilles alternes non ponctuées. Arbres des régions équinoxiales de l'ancien et du nouveau continent : *Dicalyx, Stravadium, Barringtonia, Gustavia*.

7e *tribu*. LÉCYTHIDÉES : fruit sec, s'ouvrant par un opercule (*pyxide*); étamines très-nombreuses, monadelphes; feuilles alternes, non ponctuées. Grands arbres de l'Amérique équinoxiale : *Lecythis, Couratari, Couroupita, Bertholletia*.

La famille des Myrtacées, considérée dans son ensemble, forme une famille fort distincte parmi les Dicotylédonés à ovaire infère; elle a des rapports avec les Mélastomacées, qui en diffèrent par la disposition si remarquable et si constante des nervures de leurs feuilles, et par le nombre et la structure de leurs étamines; avec les Onagraires, qui s'en éloignent par leurs étamines en nombre déterminé; avec les Rosacées et les Combrétacées, dont les feuilles alternes, les styles multiples dans les premières, l'embryon à lobes roulés dans la seconde de ces deux familles, forment les caractères distinctifs.

127e famille. MÉLASTOMACÉES (Melastomaceæ).

Melastoma, Juss. *Gen.* Bonpl. *Melast.* 1809. *Melastomaceæ*, R. Brown, *Congo*, 434. DC. *Prodr.* III, 99, Id. *Mém.* 1828. Lindl. *Nat. syst.* 41. Endlich. *Gen.* 1305. Naudin, *Monogr.*

Les Mélastomacées sont de grands arbres, des arbrisseaux, des arbustes ou des plantes herbacées, ayant des feuilles opposées, simples, munies généralement de trois à cinq, et même jusqu'à onze nervures longitudinales, d'où partent un très-grand nombre d'autres nervures transversales et parallèles très-rapprochées. Les fleurs (*fig.* 346),

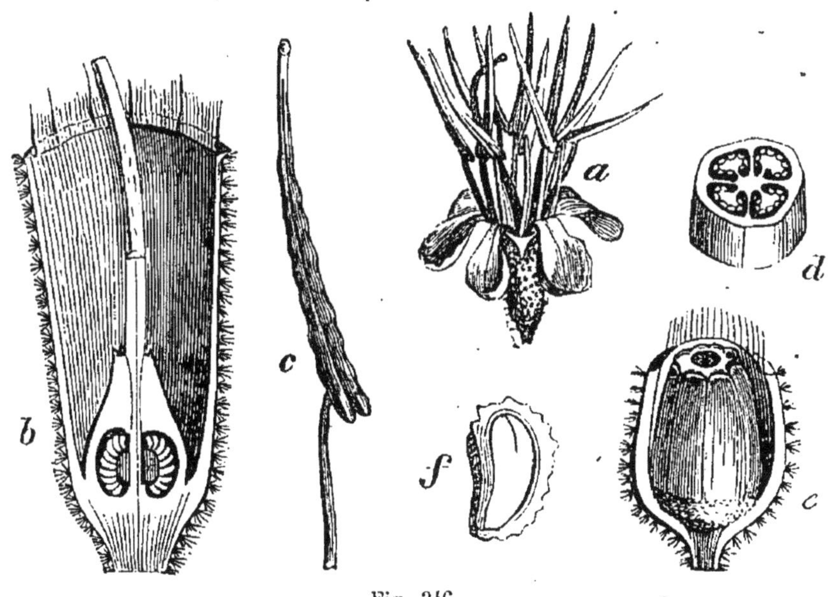

Fig. 346.

quelquefois très-grandes, offrent en quelque sorte tous les modes d'inflorescence. Leur calice est gamosépale, plus-ou moins adhérent avec l'ovaire, qui est infère, semi-infère ou libre (*b*) : son limbe est quelquefois entier ou denté, ou enfin à quatre ou cinq divisions plus ou moins profondes; plus rarement il forme une sorte de coiffe ou d'opercule. La corolle se compose de quatre ou cinq pétales (*a*) alternes. Les étamines sont en nombre double (*a*) des pétales. Leurs anthères présentent les formes les plus variées et les plus singulières, et s'ou-

Fig. 346. *Piplochila mucronata* : *a*, fleur ; *b*, coupe longit. du calice et de l'ovaire *c*, une anthère ; *d*, coupe transversale de l'ovaire ; *e*, capsule : on a enlevé une partie du calice ; *f*, coupe longitudinale d'une graine.

vrent à leur sommet par un trou (*c*) ou pore souvent commun aux deux loges. L'ovaire est quelquefois libre, plus souvent adhérent avec le calice; il offre de trois (*d*) à huit loges contenant chacune un très-grand nombre d'ovules. Le sommet de l'ovaire, quand celui-ci est adhérent, est souvent tapissé par un disque épigyne, ou bien il offre des soies ou des appendices de forme variée. Le style et le stigmate sont simples. Le fruit est tantôt sec (*e*) et tantôt charnu, offrant le même nombre de loges que l'ovaire; il reste indéhiscent, ou s'ouvre en autant de valves septifères sur le milieu de leur face interne. Les graines sont ou anguleuses cunéiformes (*f*) ou déprimées; elles contiennent un embryon dressé (*f*) ou recourbé, mais sans endosperme.

Cette famille, qui a été travaillée avec beaucoup de soin par Aug. P. de Candolle, dans le troisième volume de son *Prodrome*, est très-nombreuse en espèces, qui ont été groupées en un grand nombre de genres. Parmi ces genres, on trouve les suivants : *Melastoma, Rhexia, Miconia, Tristemma, Topobæa*, etc. Elle est tellement distincte par la disposition des nervures de ses feuilles, qu'elle ne peut être confondue avec aucune autre de celles dont elle se rapproche, comme les Onagraires, les Myrtacées et les Rosacées.

De Candolle a divisé cette famille en cinq tribus de la manière suivante :

1re *tribu*. LAVOISIÉRÉES : ovaire libre, ordinairement glabre au sommet; capsule sèche; graines dressées, ovoïdes ou anguleuses : *Meriana, Axinæa, Lavoisiera, Davya, Rhynchanthera, Cambessedia.*

2e *tribu*. RHEXIÉES : ovaire libre, ordinairement glabre au sommet; capsule sèche; graines cochléiformes : *Spennera, Ernestia, Rhexia, Marcetia, Trembleya.*

3e *tribu*. OSBECKIÉES : ovaire libre ou adhérent, couronné par des soies ou des écailles; graines cochléiformes : *Lasiandra, Macairea, Chætogastra, Arthostemma, Tristemma, Melastoma, Osbeckia.*

4e *tribu*. MICONIÉES : ovaire adhérent; fruit charnu; graines anguleuses : *Leandra, Clidemia, Tococa, Calycogonium, Ossæa, Sagra Miconia.*

5e *tribu*. CHARIANTHÉES : loges de l'anthère s'ouvrant longitudinalement : *Chenopleura, Kibessia, Astronia, Charianthus.*

128e famille. ŒNOTHÉRACÉES (Œnotheraceæ).

Onagrariæ, Juss. in *Ann. Mus.* III, 315. DC. *Prodr.* III, 35. Id. *Mém.* III. *Onagraceæ*, Lindl. *Nat. syst.* 35. *Onagræ*, Spach. *Nouv. Ann. Mus.* IV, 324. *Œnothereæ*, Endlich. *Gen.* 1188.

Végétaux herbacés, rarement frutescents, portant des feuilles simples, opposées ou éparses, et des fleurs terminales ou axillaires (*fig.* 347). Leur calice est adhérent avec l'ovaire infère; son limbe a quatre (*a*) ou cinq lobes, dont la préfloraison est valvaire; la corolle, formée de quatre (*b*) ou cinq pétales incombants latéralement, et tordus en spirale avant leur parfait épanouissement; cette corolle manque rarement. Les étamines sont en nombre égal ou double, quelquefois

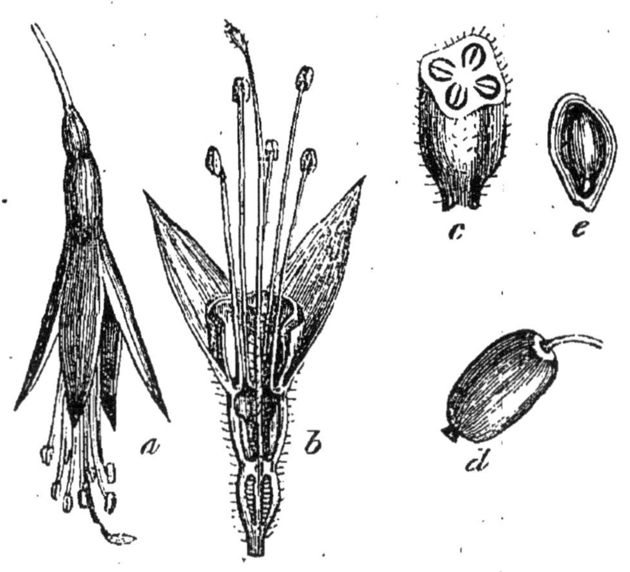

Fig. 347.

moindre, des pétales; elles sont insérées au tube du calice (*b*). L'ovaire, infère, offre quatre (*c*) ou cinq loges, contenant un assez grand nombre d'ovules attachés à leur angle interne (*b*). Le style est simple, et le stigmate est tantôt simple, tantôt à quatre ou cinq lobes. Le fruit est une baie (*d*) indéhiscente ou une capsule à quatre ou cinq loges, ne contenant souvent chacune qu'un petit nombre de graines, et s'ouvrant en autant de valves portant chacune une des cloisons sur le milieu de leur face interne. Les graines offrent un tégument propre, en général formé de deux feuillets, et recouvrant immédiatement (*e*) un embryon homotrope et dépourvu d'endosperme.

Jussieu, dans sa famille des Onagraires, avait d'abord placé un certain nombre de genres qui en ont été successivement retirés. Ainsi, le genre *Mocanera* nous paraît appartenir à la famille des Ternstrœmiacées; le *Cercodia* forme le type de la famille des *Haloragées*. Les genres *Cacoucia*, *Combretum*, rentrent dans les *Combrétacées;* le *Santalum* forme le type des *Santalacées;* les genres *Mouriria* et

Fig. 347. *Fuchsia magellanica : a*, fleur entière; *b*, coupe longit.; *c*, coupe transversale de l'ovaire; *e*, graine coupée longit.; *d*, fruit.

Petaloma nous paraissent appartenir aux *Myrtacées*, et enfin les genres *Loasa* et *Mentzelia* constituent la famille des *Loasées*.

On trouve, entre autres genres, dans les Onagrariées, les **Epilobium*, **Œnothera*, *Lopezia*, **Circæa*, *Jussiæa*, *Fuchsia*, etc. Très-voisine des Myrtacées et des Mélastomacées, la famille des Onagrariées se distingue des premières par ses feuilles non ponctuées, ses étamines en nombre déterminé, et par son port; des Mélastomacées, par la structure si différente de leurs feuilles et de leurs anthères.

Le genre *Circæa*, qui a ses loges contenant chacune un seul ovule dressé, et les divisions de sa fleur en nombre binaire, est considéré par Lindley comme formant une petite sous-famille qu'il nomme Circeæ. Mais c'est une simple tribu de la famille des Œnothéracées.

129e famille. COMBRÉTACÉES (Combretaceæ).

Combretaceæ, R. Brown, *Prodr.* I, 351. DC. *Prodr.* III, 9. Id. *Mém. Soc. Gen.* IV, 1. Lindl. *Nat. syst.* 38. Endlich. *Gen.* 1179. *Myrobalaneæ*, Juss. *Ann. Mus.* V, 223.

Ce sont des arbres, des arbrisseaux ou des arbustes à feuilles opposées ou alternes, entières et sans stipules, portant des fleurs hermaphrodites ou polygames, diversement disposées en épis axillaires ou terminaux. Leur calice est adhérent par sa base avec l'ovaire, qui est infère. Son limbe, souvent tubuleux, est à quatre ou cinq divisions, et articulé avec le sommet de l'ovaire. La corolle manque dans plusieurs genres, ou se compose de quatre ou cinq pétales insérés entre les lobes du calice et à estivation valvaire. Le nombre des étamines est en général double des divisions calicinales : cependant ce nombre n'est pas rigoureusement déterminé. L'ovaire est à une seule loge contenant de deux à quatre ovules pendants de son sommet : ces ovules sont anatropes et généralement portés sur des podospermes longs et grêles. Le style est plus ou moins long, terminé par un stigmate simple. Le fruit est constamment uniloculaire, monosperme par avortement, coriace ou drupacé, quelquefois relevé d'ailes membraneuses plus ou moins saillantes, et indéhiscent. La graine, qui est pendante, se compose d'un épisperme qui recouvre immédiatement l'embryon. Celui-ci est homotrope et a ses cotylédons généralement minces et roulés en spirale ou plissés selon leur longueur.

Les Combrétacées se composent de genres d'abord rapportés les uns aux Éléagnées et les autres aux Onagraires : tels sont *Bucida*, *Terminalia*, *Conocarpus*, *Quisqualis*, *Combretum*, etc. Cette famille ne paraît pas, au premier coup d'œil, réunir des genres ayant entre eux une très-grande affinité. En effet, les uns sont pourvus de pétales, et les autres en manquent; les uns ont les cotylédons plans, les autres les ont roulés sur eux-mêmes. Mais le caractère vraiment distinctif de cette famille consiste dans son ovaire uniloculaire, contenant de deux à quatre ovules pendants du sommet de la loge. Par ses genres apétales, cette famille tient aux Santalacées, qui s'en distinguent surtout par la présence d'un endosperme, et leurs ovules attachés et pendants au sommet d'un trophosperme central et dressé qui naît du fond de la loge. Par ses genres pétalés, elle se rapproche beaucoup des Onagraires et des Myrtacées, entre lesquelles elle doit être placée, et dont la distingue particulièrement la structure de son ovaire.

1re *tribu*. TERMINALIÉES : fleurs généralement apétales; cotylédons foliacés, roulés en spirale : *Bucida, Terminalia, Pentaptera, Getonia, Chuncoa, Conocarpus, Anogeissus, Laguncularia, Guiera, Poivræa.*

2e *tribu*. COMBRÉTÉES : fleurs pétalées, cotylédons épais, irrégulièrement pliés : *Combretum, Cacoucia, Quisqualis, Sphalanthus.*

130e famille. RHIZOPHORACÉES (Rhizophoraceæ).

Rhizophoreæ, R. Brown, in Flind. *Voy.* II, 549. DC. *Prodr.* III, 31. Endlich. *Gen.* 1184. *Rhizophoraceæ*, Lindl. *Nat. syst.* 40.

Ce sont des arbres tous exotiques, à feuilles opposées, simples, avec des stipules interpétiolaires comme dans les Rubiacées. Leur calice, adhérent avec l'ovaire, offre quatre ou cinq divisions valvaires; le limbe est persistant. La corolle se compose de quatre ou cinq pétales. Les étamines varient de huit à quinze. L'ovaire, qui n'est quelquefois que semi-infère, offre constamment deux loges, qui contiennent chacune deux ou un grand nombre d'ovules pendants. Le style est simple, et le stigmate bipartit. Le fruit, qui est couronné à son sommet par le calice, est coriace, uniloculaire, monosperme et indéhiscent. La graine qu'il renferme se compose d'un gros embryon privé d'endosperme : cet embryon germe et se développe quelquefois dans l'intérieur du fruit, qu'il perfore à son sommet.

Les genres *Rhizophora, Bruguiera* et *Cariala* composent seuls cette famille, qui diffère des Caprifoliacées, parmi lesquelles ces genres étaient placés, par leur corolle polypétale, leur fruit coriace, uniloculaire et monosperme, et leur embryon sans endosperme. Les Loranthacées, par leur ovaire à plusieurs loges, contenant chacune deux ou un plus grand nombre d'ovules, se distinguent suffisamment des Rhizophoracées.

131e famille. LYTHRARIÉES (Lythrarieæ).

Salicariæ, Juss. *Gen. Lythrarieæ*, Juss. *Dict. sc. nat.* XXVII, 453. DC. *Mém. Soc Gen.* III, 65, Ibid. *Prodr.* III, 75. Endlich. *Gen.* 1198. *Lythraceæ*, Lindl. *Nat. syst.* 100.

Herbes ou arbustes à feuilles opposées ou alternes portant des fleurs axillaires ou terminales; un calice gamosépale, tubuleux ou urcéolé, denté à son sommet; une corolle de quatre à six pétales alternes avec les divisions du calice et insérés à la partie supérieure de son tube. La corolle manque dans quelques genres. Les étamines sont en nombre égal ou double des pétales, plus rarement en nombre indéfini. L'ovaire est libre, simple, à plusieurs loges, contenant chacune un assez grand nombre d'ovules anatropes attachés à un trophosperme occupant l'angle interne de chaque loge; le style est simple, terminé par un stigmate ordinairement capitulé. Le fruit est une capsule recouverte par le calice, qui est persistant, à une ou à plusieurs loges, contenant des graines attachées à leur angle interne : ces graines se composent d'un embryon orthotrope dépourvu d'endosperme.

Parmi les genres qui composent cette famille, on peut citer les suivants : *Lythrum*, *Cuphea*, *Ginoria*, *Lagerstrœmia*, *Ammania*, etc. Cette famille a de l'affinité avec les Œnothéracées, dont elle diffère par son ovaire libre; avec les Rosacées, mais celles-ci ont constamment des stipules et un grand nombre d'autres caractères qui les distinguent des Lythrariées.

1re *tribu*. LYTHRÉES : graines dépourvues d'ailes : *Rotala*, **Peplis*, *Ameletia*, *Ammania*, *Nesæa*, *Pemphis*, **Lythrum*, *Cuphea*, *Ginoria*, *Grislea*, *Lawsonia*.

2e *tribu*. LAGERSTRŒMIÉES : graines ailées : *Diplosodon*, *Lafoensia*, *Physocalymna*, *Lagerstrœmia*.

132e famille. VOCHYSIACÉES (Vochysiaceæ).

Vochysiæ, Aug. Saint-Hilaire, in *Mém. Mus.* VI, 265, IX, 340. DC. *Prodr.* III, 25. *Vochysiaceæ*, Mart. *Nov. gen.* I, 123. Endlich. *Gen.* 1177. *Vochysiaceæ*, Lindl. *Nat syst.* 87.

Arbres ou arbrisseaux, originaires pour la plupart de l'Amérique méridionale, ayant des feuilles opposées ou verticillées, rarement alternes, très-entières, munies de deux stipules à leur base. Fleurs accompagnées de bractées, disposées en grappes, en panicules ou en thyrses. Le calice est composé de quatre ou cinq sépales soudés par leur base, imbriqués ou inégaux, le supérieur terminé par un éperon. Le nombre des pétales est très-variable; on en trouve quelquefois un seul, deux, trois ou même cinq, qui sont inégaux et alternent avec les sépales. Il en est de même des étamines, qui varient d'une à cinq, opposées ou plus rarement alternes aux pétales, insérées à la base du calice; quand le nombre est au-dessous de cinq, celles qui manquent sont à l'état rudimentaire. L'ovaire est libre ou adhérent, à trois loges, contenant chacune un, deux ou un petit nombre d'ovules axillaires. Le style et le stigmate sont simples; le fruit est une capsule triloculaire, s'ouvrant en trois valves septifères. Les graines, dépourvues d'endosperme, offrent un embryon droit, ayant sa radicule courte et supérieure, et ses cotylédons foliacés, pliés ou enroulés.

Cette famille comprend les genres *Callisthene*, *Amphilochia*, *Lozania, Agardhia, Vochysia, Salvertia, Qualea, Erisma.* Par son port elle se rapproche assez des Guttifères, mais son insertion est périgynique. Elle a plus de rapport avec les Combrétacées par ses cotylédons roulés; mais ses fruits capsulaires et déhiscents, contenant ordinairement une seule graine dans chaque loge qui naît de l'axe et du sommet de la loge, la distinguent facilement de cette famille.

133e famille. CRASSULACÉES (Crassulaceæ).

Sempervivæ, Juss. *Gen. Crassulaceæ*, DC. *Bull. Soc. phil.* 1801, no 49. Id. *Prodr.* III, 381. Ibid. *Mém.* II. Lindl. *Nat. syst.* 163. Endlich. *Gen.* 808.

Cette famille se compose de plantes herbacées ou d'arbustes dont les feuilles, les tiges et en général toutes les parties herbacées, sont épaisses et charnues; ces feuilles sont alternes ou opposées. Leurs fleurs (*fig.* 348), qui présentent quelquefois des couleurs très-vives, offrent différents modes d'inflorescence. Leur calice est profondément divisé en un grand nombre de segments. La corolle se compose d'un nombre variable, quelquefois très-grand, de pétales réguliers (*b*), à estivation imbriquée, distincts et soudés dans une corolle gamopétale. Le nombre des étamines est le même, ou plus rarement double des pétales ou des lobes de la corolle gamopétale. Ces étamines sont entremêlées d'écailles de formes diverses qui ne sont évidemment que des étamines avortées (*d*, *c*, *f*). Au fond de la fleur, on trouve constamment plusieurs carpelles distincts, et dont le nombre varie de trois à douze (*b*) et même au delà; chacun d'eux se compose d'un ovaire plus ou moins allongé, à une seule loge (*c*), contenant plusieurs ovules attachés à un trophosperme sutural et interne; plus rarement ces carpelles se soudent en un ovaire pluriloculaire. Le style et le stigmate sont simples. Les fruits sont des follicules uniloculaires, polyspermes, s'ouvrant par une suture longitudinale et interne, ou quelquefois le fruit est une capsule pluriloculaire et plurivalve. Leurs graines offrent un embryon cylindrique, orthotrope, placé dans un endosperme charnu, mince, manquant quelquefois.

Cette famille, composée de plantes grasses, a, par ses capsules polyspermes uniloculaires et s'ouvrant par une seule suture longitudinale, du rapport avec les genres de la famille des Renonculacées,

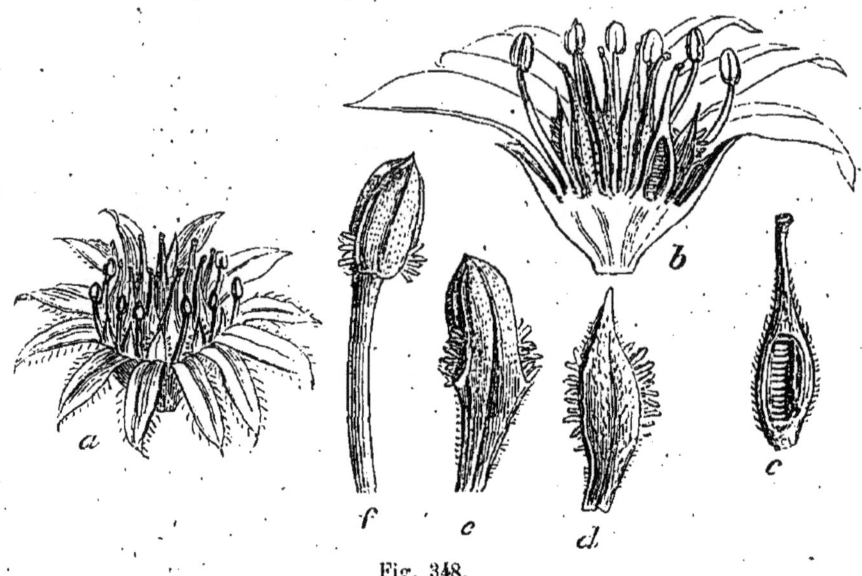

Fig. 348.

qui offrent le même caractère. Mais elle se rapproche davantage des Saxifragacées et des Ficoïdées, dont elle diffère surtout par ses carpelles distincts au centre de la fleur.

On a partagé en deux tribus les genres de cette famille :

1re *tribu*. CRASSULÉES : fleurs isostémonées : **Tillæa*, **Crassula*, *Rochea*, *Cryptogyne*.

2e *tribu*. SEMPERVIVÉES : fleurs diplostémonées : *Kalanchoe*, *Bryophyllum*, *Cotyledon*, **Umbilicus*, **Sedum*, **Sempervivum*.

134e famille. ROSACÉES (Rosaceæ).

Rosaceæ, Juss. *Gen.* DC. *Prodr.* II, 525. Lindl. *Nat. syst.* 143. *Pomaceæ*, *Rosaceæ Amygdaleæ*, *Chrysobalaneæ*, Endlich, *Gen.* 1236. *Calycanthaceæ*, Lindl. *Nat. syst* 159.

Grande famille composée de végétaux herbacés, d'arbustes ou d'arbres atteignant de très-grandes dimensions. Leurs feuilles sont alternes, simples ou composées, accompagnées à leur base de deux

Fig. 348. *Sempervivum tectorum* : *a*, fleur ; *b*, coupe longitudinale de la fleur *c*, coupe longit. d'un carpelle ; *d*, écaille ou étamine métamorphosée ; *e*, étamine se changeant en écaille ; *f*, étamine.

stipules persistantes, quelquefois soudées avec le pétiole. Les fleurs offrent différents modes d'inflorescence ; elles se composent d'un calice gamosépale, à quatre ou cinq divisions, quelquefois accompagné extérieurement d'une sorte d'involucre ou calicule qui fait corps avec le calice, de manière que celui-ci paraît à huit ou dix lobes. La corolle, qui manque rarement, est composée de quatre ou cinq pétales régulièrement étalés et alternes avec les sépales et imbriqués. Les étamines sont généralement en grand nombre et distinctes. Le pistil présente plusieurs modifications : tantôt il est formé d'un ou de plusieurs carpelles entièrement libres et distincts, placés dans un calice tubuleux ; tantôt ces carpelles adhèrent, par leur côté extérieur, avec le calice ; tantôt ils sont soudés non-seulement avec le calice, mais entre eux ; tantôt ils sont réunis en une sorte de capitule sur un réceptacle commun ou gynophore. Chacun de ces carpelles est uniloculaire, et contient un, deux ou un plus grand nombre d'ovules dont la position est très-variée. Le style est toujours plus ou moins latéral et le stigmate simple. Le fruit est extrêmement polymorphe : tantôt c'est une véritable drupe, tantôt une mélonide ou pomme, tantôt un ou plusieurs akènes, ou une ou plusieurs capsules déhiscentes, ou enfin une réunion de petits akènes ou de petits drupes formant un capitule sur un gynophore qui, dans quelques genres, devient charnu. Les graines ont leur embryon homotrope et dépourvu d'endosperme.

Malgré les différences souvent très-tranchées qu'elles présentent, les Rosacées constituent un des groupes les plus naturels du règne végétal. Elles ont une analogie bien grande avec certaines Légumineuses de la sous-tribu des *Détariées*, qui ont le fruit charnu et drupacé comme les genres des Drupacées. Le seul caractère constant qui sépare les Rosacées des Légumineuses à corolle régulière, c'est que, dans les dernières, cette corolle a la préfloraison valvaire, tandis qu'elle est toujours imbriquée dans les Rosacées.

Cette grande famille a été divisée en tribus, dont quelques-unes ont été considérées par plusieurs auteurs comme des familles distinctes.

1re *tribu*. POMACÉES (Rich.) : plusieurs carpelles uniloculaires contenant chacun deux ovules ascendants (*fig.* 349), rarement un grand nombre, attachés au côté interne, soudés entre eux et avec le calice, et formant un fruit charnu connu sous le nom de mélonide ou de pomme : **Malus*, **Pyrus*, **Cratægus*, **Cydonia*, etc.

2e *tribu*. ROSÉES (J.) : calice tubuleux, urcéolé, contenant un nombre variable de carpelles monospermes, attachés à la paroi interne du calice, qui devient charnu et les recouvre : **Rosa*.

3e *tribu*. CALYCANTHÉES : calice turbiné à la base, sépales et pétales nombreux, non distincts à leur base ; carpelles distincts au fond du calice, contenant chacun deux ovules superposés et ascendants ; fruits enveloppés par le calice ; cotylédons plans roulés sur eux-mêmes : *Chimonanthus*, *Calycanthus*.

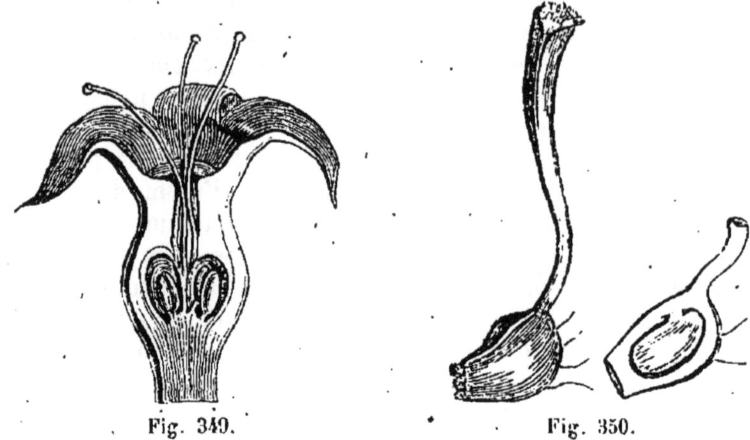

Fig. 349. Fig. 350.

Nous ne voyons aucun caractère (sauf les cotylédons plans et roulés

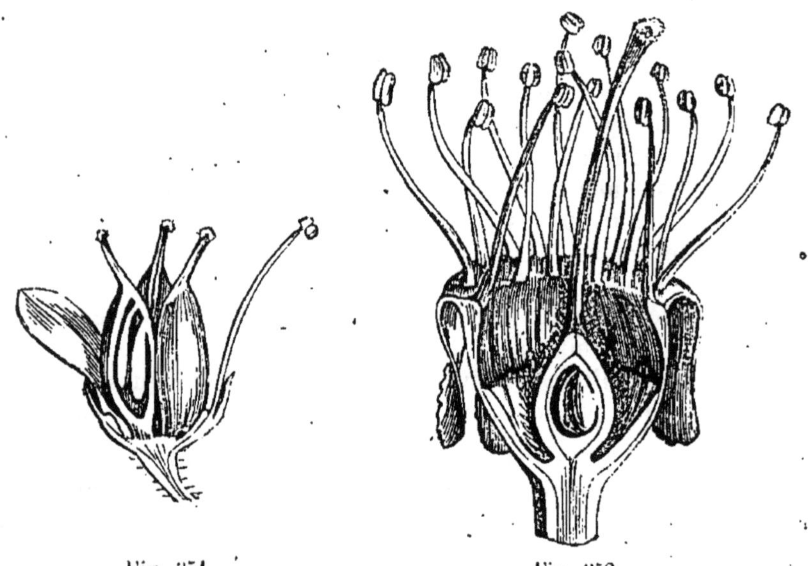

Fig. 351. Fig. 352.

sur eux-mêmes) qui distingue des autres Rosacées ce groupe dont on a formé une famille.

Fig. 349. Coupe longitudinale des carpelles du pommier (*Malus communis*) adhérents avec le calice.
Fig. 350. Carpelles de la ronce (*Rubus fruticosus*).
Fig. 351. Carpelles d'une espèce de *Spiræa* : l'un d'eux est ouvert pour montrer les ovules.
Fig. 352. Coupe longitudinale du calice et de l'ovaire du prunier (*Prunus domestica*).

4e *tribu.* SANGUISORBÉES (J.) : fleurs ordinairement polygames et quelquefois sans corolle; un ou deux carpelles, quelquefois adhérents avec le calice, terminés par un style et un stigmate en forme de plume ou de pinceau : **Poterium*, *Cliffortia*, **Alchemilla*, etc.

5e *tribu.* FRAGARIACÉES (Rich.) : calice étalé, souvent muni d'un calicule extérieur; plusieurs carpelles monospermes, indéhiscents, secs ou charnus, réunis quelquefois sur un gynophore charnu; style plus ou moins latéral : **Potentilla*, **Fragaria*, **Geum*, **Rubus*, **Dryas*, **Comarum*, etc. (*fig.* 350).

6e *tribu.* SPIRÉACÉES (Rich.) : plusieurs ovaires libres ou légèrement soudés entre eux par leur côté interne, contenant deux ou quatre ovules collatéraux, style terminal; capsules distinctes, uniloculaires, ou une seule capsule polysperme (*fig.* 351) : **Spiræa*, *Kerria*.

7e *tribu.* DRUPACÉES (Rich.) : ovaire unique, libre, contenant deux ovules collatéraux; style filiforme terminal; fleurs régulières; fruits drupacés : **Prunus*, **Amygdalus*, **Cerasus*, etc. (*fig.* 352).

8e *tribu.* CHRYSOBALANÉES (R. Brown) : ovaire unique, libre, contenant deux ovules dressés; style filiforme, naissant presque de la base de l'ovaire; fleurs plus ou moins irrégulières; fruit drupacé : *Chrysobalanus*, *Parinarium*, *Moquilea*, etc.

Nous avons déjà signalé précédemment les rapports de la famille des Rosacées avec celle des Lythracées, qui manquent de stipules, tandis que les Rosacées en sont toujours pourvues. Les Myrtacées, surtout par le genre *Punica*, ont aussi quelque affinité avec les Rosacées. Mais elles n'ont pas non plus de stipules.

135e famille. LÉGUMINEUSES (Leguminosæ).

Leguminosæ, Juss. *Gen.* DC. *Prodr.* II, 93, Id. *Mém. Legum.* Paris, 1825. Lindl. *Nat. syst.* 148. *Papilionaceæ*, *Swartziæ*, *Mimosæ*, Endlich. *Gen.* 1253.

Famille très-naturelle, et dans laquelle sont réunies des plantes herbacées, des arbustes ou des arbrisseaux, et des arbres souvent de dimensions colossales. Leurs feuilles sont alternes, composées ou décomposées, quelquefois simples : rarement les folioles avortent, et il ne reste que le pétiole qui s'élargit, et forme une sorte de feuille simple, nommée *phyllode*. A leur base sont deux stipules souvent persistantes. Les fleurs offrent une inflorescence très-variée : elles sont en général hermaphrodites. Leur calice est tantôt tubuleux, à cinq dents inégales, tantôt à cinq divisions plus ou moins profondes et inégales. En dehors du calice, on trouve une ou plusieurs bractées, ou quelquefois un involucre caliciforme. La corolle, qui manque quelquefois, se compose, dans le plus grand nombre des genres, de cinq pétales généralement inégaux, dont un supérieur, plus grand, qui enveloppe les autres, et qu'on nomme *étendard*; deux latéraux, appelés *ailes*, et deux inférieurs plus ou moins soudés ensemble, et formant la *carène;* en un mot, la corolle est papilionacée; d'autres fois elle est composée de cinq pétales à peu près égaux. Les étamines sont généralement au nombre de dix, quelquefois plus nombreuses. Le plus souvent leurs filets sont diadelphes, rarement monadelphes, ou entièrement libres, périgynes ou hypogynes. L'ovaire est plus ou moins stipité à sa base : il est en général allongé, inéquilatéral, à une seule loge, contenant un ou plusieurs ovules attachés à la suture interne. Le style est un peu latéral, souvent recourbé, et terminé par un stigmate simple. Le fruit est constamment une gousse et néanmoins présente des variations infinies. Il est sec ou charnu, déhiscent ou indéhiscent, ordinairement à une seule loge, mais quelquefois en présentant un grand nombre par suite du développement de l'endocarpe. Les graines sont généralement dépourvues d'endosperme. Leur embryon est tantôt parfaitement droit, tantôt plus ou moins recourbé, et ses cotylédons sont minces, membraneux ou épais et charnus.

La famille des Légumineuses est extrêmement nombreuse en espèces et en genres. De Candolle l'a divisée de la manière suivante. Il en forme d'abord deux grandes divisions d'après l'embryon : 1° les *Curvembryées*, dont la radicule est courbée contre la commissure des cotylédons; 2° les *Rectembryées*, dont la radicule est droite. Chacune de ces divisions se partage en deux sous-ordres : les *Papilionacées* et les *Swartziées* pour les Curvembryées; les *Mimosées* et les *Cœsalpiniées* pour les Rectembryées. Ces quatre sous-ordres ont ensuite été divisés en tribus, dont le nombre est de onze pour la famille des Légumineuses. Le tableau ci-joint résume le caractère de ces tribus :

	Sous-ordres.			*Tribus.*
CURVEMBRYÉES.	I. PAPILIONACÉES. Cor. papilion. étamines périgynes.	A. *Phyllolobées.* Cotyl. foliacés.	Gousse continue, étamines libres.....	1. SOPHORÉES.
			Gousse continue, étamines soudées....	2. LOTÉES.
			Gousse artic., étamines soudées......	3. HÉDYSARÉES.
		B. *Sarcolobées.* Cotyl. épais, charnus.	Gousse polysp. déh., cotyl. alternes...	4. VICIÉES.
			Gousse polysp. déh., cotyl. oppos......	5. PHASÉOLÉES.
			Gousse 1-2-sperm. indéh. pas de vrill.	6. DALBERGIÉES.
	II. SWARTZIÉES. Corolle nulle ou composée d'un ou de deux pétales ; étamines hypogynes.....................			7. SWARTZIÉES.
RECTEMBRYÉES.	III. MIMOSÉES. Corolle nulle. Calice et calicule, étamines hypogynes..............................			8. MIMOSÉES.
	IV. CÆSALPINIÉES. Pét. imbriq., étamines périgynes.	Sépales et pétal. imbriqués.........	Etamines soudées...	9. GEOFFROYÉES.
			Etamines libres....	10. CASSIÉES.
		Sépales soudés, cal. vésic., pas de pétales.		11. DÉTARIÉES.

Ier sous-ordre. PAPILIONACÉES : corolle irrégulière papilionacée; étamines périgynes.

1re *tribu*. SOPHORÉES : *Sophora*, *Edwardsia*, *Ormosia*, *Virgilia*, **Anagyris*.

2e *tribu*. LOTÉES : *Crotalaria*, **Ulex*, **Spartium*, **Genista*, **Cytisus*, **Ononis*, **Medicago*, **Trigonella*, **Lotus*, **Trifolium*, **Melilotus*.

3e *tribu*. HÉDYSARÉES : **Scorpiurus*, **Coronilla*, **Hippocrepis*, **Hedysarum*, **Onobrychis*.

4e *tribu*. VICIÉES : **Cicer*, **Faba*, **Vicia*, **Ervum*, **Pisum*, **Lathyrus*, **Orobus*.

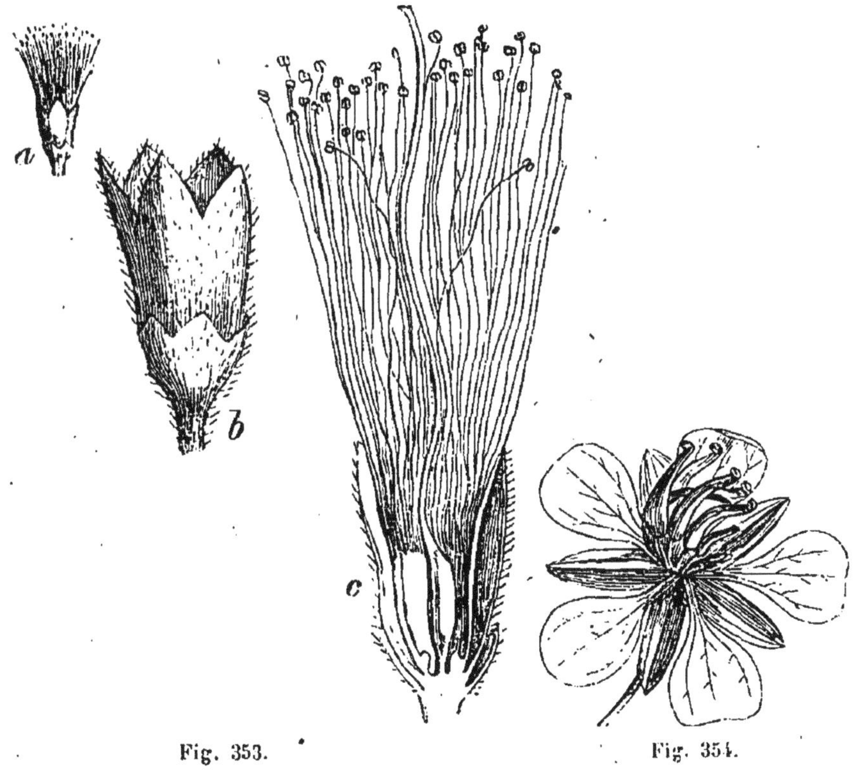

Fig. 353. Fig. 354.

5e *tribu*. PHASÉOLÉES : *Abrus*, *Rhynchosia*, **Phaseolus*, *Dolichos*, *Lupinus*.

6e *tribu*. DALBERGIÉES : *Pongamia*, *Dalbergia*, *Pterocarpus*, *Deguelia*.

Fig. 353. *Mimosa albida : a*, fleur entière ; *b*, calice et corolle ; *c*, coupe longitudinale d'une fleur.
Fig. 354. Fleur d'une casse.

IIe sous-ordre. SWARTZIÉES : corolle nulle ou composée d'un ou deux pétales ; étamines hypogynes.

7e *tribu*. SWARTZIÉES : *Swartzia*.

IIIe sous-ordre. MIMOSÉES : calicule tubuleux ; calice régulier, quelquefois gamopétale, à estivation valvaire ; étamines hypogynes (*fig*. 353).

8e *tribu*. MIMOSÉES : *Mimosa, Inga, Darlingtonia, Desmanthus, Prosopis, Acacia*.

IVe sous-ordre. CÆSALPINIÉES : pétales imbriqués ; étamines périgynes (*fig*. 354).

9e *tribu*. GEOFFROYÉES : *Arachis, Andira, Geoffroya, Brownea*.

10e *tribu*. CASSIÉES : *Moringa, Gleditschia, Gymnocladus, Guilandina, Cæsalpinia, Hæmatoxylum, Cassia, Bauhinia*.

11e *tribu*. DÉTARIÉES : *Detarium, Cordyla*.

136e famille. TÉRÉBINTHACÉES (Terebinthaceæ).

Terebinthaceæ, Juss. *Gen*. DC. *Prodr*. II, 61. *Anacardieæ, Connaraceæ, Amyrideæ*, R. Brown, *Congo*, 12. *Terebinthaceæ, Burseraceæ, Amyrideæ, Pteleæ, Connaceæ, Spondiaceæ*, Kunth; *Tereb*. in *Ann. sc. nat*. II. 333. Lindl. *Nat. syst*. Endlich. *Gen*. 1127.

Arbres ou arbrisseaux souvent laiteux ou résineux, ayant des feuilles alternes généralement composées, sans stipules ; des fleurs

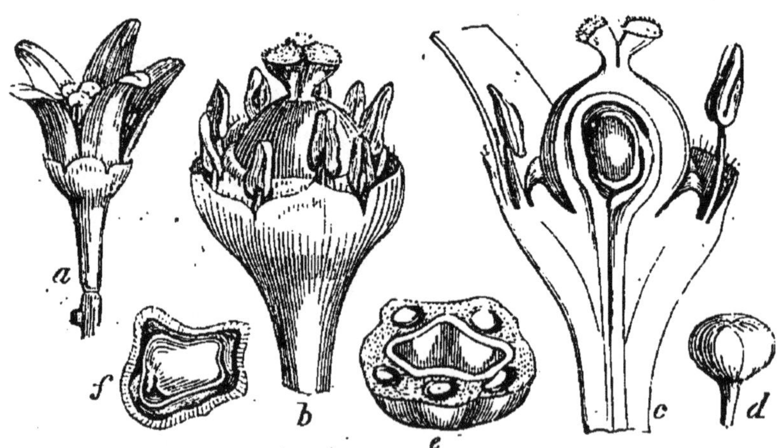

Fig. 355.

hermaphrodites et unisexuées, petites, et généralement disposées en grappes : chacune d'elles présente un calice composé de trois à cinq

Fig. 355. *Schinus Molle* : *a*, fleur entière ; *b*, fleur dont on a enlevé les pétales ; *c*, coupe longit. d'une fleur ; *d*, fruit ; *e*, coupe transversale du fruit ; coupe longitudinale de la noix.

sépales (*fig.* 355), quelquefois réunis ensemble à leur base; une corolle qui manque quelquefois, et se compose d'un nombre de pétales égal aux lobes du calice, et régulière. Les étamines sont généralement en nombre égal, plus rarement double ou quadruple des pétales : dans le premier cas, elles alternent avec les pétales. Le pistil se compose de trois à cinq carpelles, tantôt distincts, tantôt plus ou moins soudés entre eux (*b*), environnés à leur base d'un disque périgyne et annulaire (*c*); quelquefois plusieurs carpelles avortent, et il n'en reste qu'un, duquel naissent plusieurs styles; chaque carpelle est à une seule loge contenant tantôt un ovule porté au sommet d'un podosperme filiforme, qui naît du fond de la loge, tantôt un ovule renversé, tantôt deux ovules renversés ou collatéraux. Les fruits sont secs ou drupacés (*d*, *e*), contenant généralement une seule graine : celle-ci renferme un embryon (*f*) dépourvu d'endosperme.

Nous adoptons ici la famille des Térébinthacées telle qu'elle a été circonscrite par de Candolle, en considérant comme de simples tribus les familles que plusieurs botanistes ont formées avec les genres primitivement réunis dans cette grande famille par Jussieu. Ces tribus sont les suivantes :

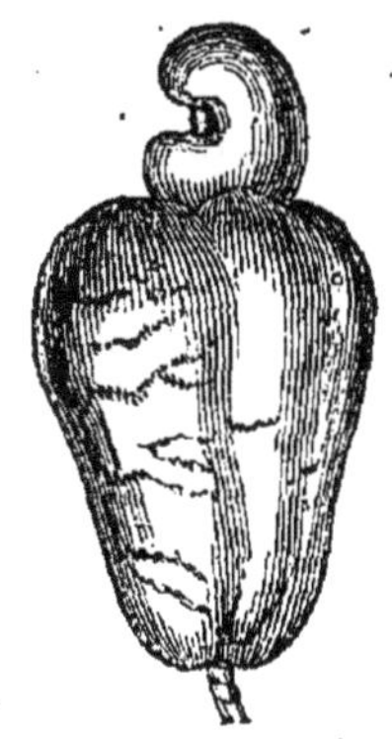

Fig. 356.

1re *tribu.* ANACARDIÉES (*fig.* 356) : un seul carpelle uniloculaire et monosperme : graine portée sur un podosperme basilaire; radicule repliée sur les cotylédons épais : *Anacardium*, *Semecarpus*, *Mangifera*, **Pistacia*.

2e *tribu.* BURSÉRACÉES : fruit drupacé, contenant de deux à cinq nucules; style simple; fleurs diplostémonées; cotylédons chiffonnés : **Rhus*, *Schinus*, *Balsamodendrum*; *Icica*, *Bursera*.

3e *tribu.* AMYRIDÉES : fruit drupacé, contenant un seul noyau uniloculaire; stigmate sessile : *Amyris*.

4e *tribu.* SPONDIACÉES : fruit drupacé; noyau pluriloculaire; fleurs diplostémonées; cotylédons plans : *Spondias*, *Poupartia*.

5e *tribu.* CONNARACÉES : plusieurs carpelles libres, déhiscents; dix étamines monadelphes : *Connarus*, *Omphalobium*, *Cnestis*, *Brunellia*.

La famille des Térébinthacées, surtout par quelques-uns de ses genres à fruit déhiscent, est excessivement voisine des Légumineuses. Cependant il est impossible de ne pas reconnaître tout de suite les plantes qui appartiennent à l'une ou à l'autre de ces deux familles. Ainsi les Térébinthacées ont des fleurs généralement petites, toujours régulières,

Fig. 356. Fruit de l'acajou à pommes. Il est porté sur un pédoncule devenu charnu.

contenant ordinairement plusieurs carpelles distincts ou soudés; mais néanmoins il est des cas où l'on peut hésiter pour bien distinguer ces deux groupes. Il reste alors un caractère qui acquiert beaucoup d'importance, c'est que, dans les Térébinthacées, il n'y a jamais de stipules, tandis que la présence de ces petits organes forme un caractère général pour les Légumineuses.

137e famille. CHAILLÉTIACÉES (Chailletiaceæ).

Chailletieæ, R. Brown, *Congo*, 442. *Chailletiaceæ*, DC. *Prodr.* II, 57, Lindl. *Nat. syst.* 108. Endlich. *Gen.* 1104.

Arbres ou arbustes, à feuilles alternes, entières, penninervées, accompagnées de deux stipules à leur base, à fleurs axillaires, ayant leur pédoncule souvent soudé au pétiole. Le calice est coloré, pétaloïde, et à cinq sépales persistants et imbriqués. La corolle se compose de cinq pétales alternes, petits, entiers ou bifides, quelquefois réunis par leur base avec les étamines; celles-ci, en même nombre que les pétales, et alternant avec eux; ont leurs anthères arrondies et biloculaires. L'ovaire est supère à deux ou à trois loges, contenant chacune deux ovules. Le nombre des styles est le même que celui des loges de l'ovaire; ils sont distincts ou soudés, et terminés chacun par un stigmate capitulé. Le fruit est une drupe coriace, contenant un noyau à deux ou trois loges, dans chacune desquelles est une graine solitaire et pendante. L'embryon, dépourvu d'endosperme, est épais, et sa radicule est courte et supérieure.

Composée des genres *Chailletia*, *Leucosia*, *Tapura*, cette petite famille a des rapports avec les Rhamnacées et les Térébinthacées. Elle diffère des premières par ses étamines alternes avec les pétales, et ses graines sans endosperme. On la distingue des Térébinthacées par ses feuilles simples munies de stipules, par son ovaire constamment à deux loges biovulées. On pourrait considérer ses genres comme apétales, les organes que l'on décrit ordinairement sous le nom de pétales n'étant que des étamines rudimentaires.

POLYPÉTALES PÉRIGYNES A PLACENTATION PARIÉTALE.

138e famille. CACTACÉES (Cactaceæ).

Cacti, Juss. *Gen. Nopaleæ*, DC. *Théor.* 218. *Cacteæ*, DC. *Prodr.* III, 407. Id. *Revue des Cactées*, 1829. Miquel, in *Bull. Sc. phys. Neerl.* 1830, p. 87. Endlich. *Gen.* 942. *Cactaceæ*, Lindl. *Nat. syst.* 53.

Cette famille se compose essentiellement du genre *Cactus* de Linné, et des divisions qu'on y a établies, et que l'on considère souvent comme des genres. Ce sont des plantes vivaces, souvent arborescentes, d'un port tout particulier, qui n'a d'analogue que dans quelques Euphorbes. Leurs tiges sont ou cylindriques, rameuses, cannelées, anguleuses, globuleuses, ou composées de pièces articulées épaisses comprimées, qui ont été considérées à tort comme des feuilles. Les feuilles man-

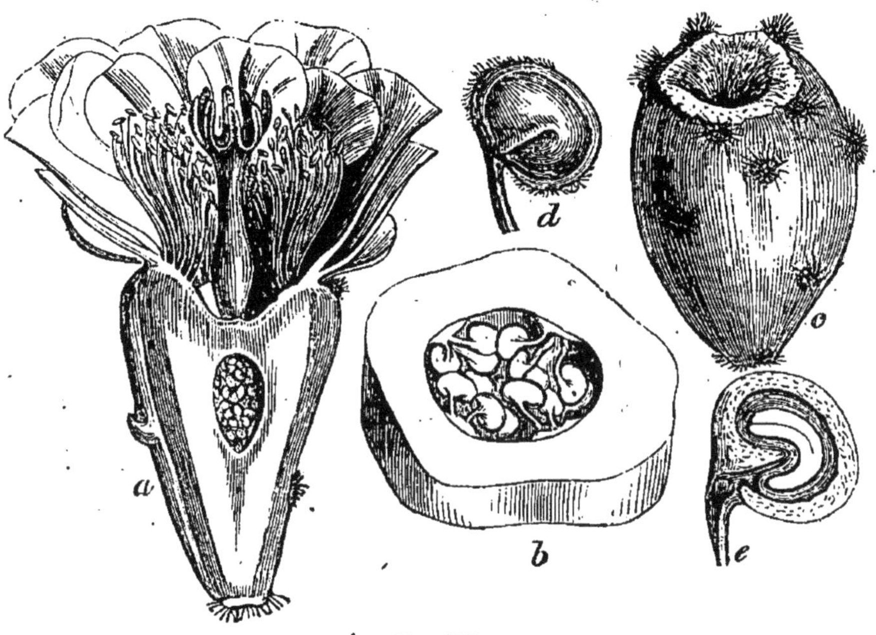

Fig. 357.

quent presque constamment, et sont remplacées par des épines réunies en faisceaux. Les fleurs, qui sont quelquefois très-grandes (*fig.* 357) et brillent du plus vif éclat, sont en général solitaires et placées à l'aisselle d'un de ces faisceaux d'épines. Leur calice est gamosépale, adhérent avec l'ovaire infère, quelquefois écailleux extérieurement, terminé à son sommet, par un limbe composé d'un grand nombre de lobes inégaux, qui se confondent avec les pétales : ceux-ci sont en général très-nombreux, et disposés sur plusieurs rangs. Les étamines, également très-nombreuses, ont leurs filets grêles et capillaires. L'ovaire est infère, à une seule loge, contenant un grand nombre d'ovules attachés à des trophospermes pariétaux, dont le nombre est très-variable, et ordinairement en rapport avec celui des stigmates. Le style est simple, terminé par trois ou un plus grand nombre de stigmates rayonnés. Le fruit est charnu, ombiliqué à son sommet. Ses graines

Fig. 357. *Cactus Opuntia :* *a*, coupe longit. d'une fleur ; *b*, coupe transversale de l'ovaire ; *a*, fruit ; *d*, graine ; *e*, coupe longitudinale d'une graine.

ont un double tégument, et renferment un embryon droit ou recourbé, généralement dépourvu d'endosperme.

Cette famille, composée d'espèces très-nombreuses et qu'on cultive abondamment dans les serres, peut être divisée en deux tribus.

1re *tribu*. CACTÉES : pétales réunis en tube au-dessus de l'ovaire : *Cactus, Echinocactus, Echinopsis, Cereus, Phyllocactus, Epiphyllum.*

2e *tribu*. OPUNTIÉES : pétales étalés, non réunis en tube : *Rhipsalis, Opuntia, Pereskia.*

139e famille. CUCURBITACÉES (Cucurbitaceæ).

Cucurbitaceæ, Juss. *Gen.* A. Saint-Hilaire, in *Mém. Mus.* V, 304. IV, 190. DC. *Prodr* III, 297. Lindl. *Nat. syst.* Endlich. *Gen.* 934. Naudin, *Ann. sc. natur.* passim.

Grandes plantes herbacées, souvent volubiles, couvertes de poils courts et très-rudes. Les feuilles sont alternes, pétiolées, plus ou moins lobées. Leurs vrilles, qui sont simples ou rameuses, naissent à côté des pétioles. Leurs fleurs sont en général unisexuées et monoïques (*fig.* 358), très-rarement hermaphrodites. Le calice est gamosépale :

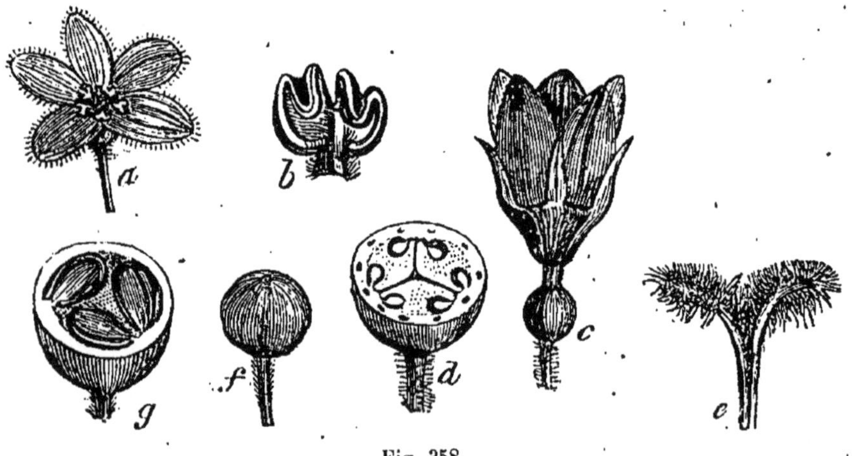

Fig. 358.

dans les fleurs femelles, il offre un tube globuleux adhérent avec l'ovaire infère (*c*). Son limbe, plus ou moins campanulé et à cinq lobes imbriqués, est confondu et intimement soudé avec la corolle, et n'a de distinct que le sommet de ses lobes (*c*). La corolle est formée de cinq pétales à préfloraison imbriquée, réunis entre eux au moyen

Fig. 358. *Bryonia dioica* : *a*, fleur mâle ; *b*, étamine ; *c*, fleur femelle ; *d*, coupe transversale de l'ovaire ; *e*, stigmate ; *f*, fruit ; *g*, coupe transversale du fruit.

du limbe calicinal, et représentant ainsi une corolle gamopétale, tantôt campanulée, tantôt rotacée. Les étamines, au nombre de cinq, ont leurs filets monadelphes ou réunis en trois faisceaux, deux formés chacun de deux étamines, et le troisième d'une seule étamine. Les anthères sont uniloculaires, linéaires, contournées sur elles-mêmes en forme d'S placée horizontalement, et dont les branches seraient très-rapprochées. Dans les fleurs femelles, le sommet de l'ovaire, qui est infère, est couronné par un disque épigyne. Le disque est épais, court, terminé par trois stigmates épais et souvent bilobés : cet ovaire est à une seule loge dans les deux genres *Sicyos* et *Gronovia*; il contient un seul ovule pendant; mais, en général, il offre trois trophospermes pariétaux, triangulaires, très-épais, contigus les uns aux autres par leurs côtés, et remplissant ainsi toute la cavité de l'ovaire, et donnant attache aux ovules à leur point d'origine sur les parois de l'ovaire : ces ovules sont anatropes. Le fruit est charnu, ombiliqué à son sommet : c'est une péponide qui quelquefois est sèche et coriace. Les graines, à la maturité du fruit, semblent éparses au milieu d'un tissu cellulaire filamenteux ou charnu provenant de la destruction des trophospermes, qui d'abord remplissaient toute la cavité de l'ovaire. Le tégument propre est assez épais, et recouvre immédiatement un gros embryon homotrope dépourvu d'endosperme.

Les genres principaux de cette famille sont : *Cucumis*, *Cucurbita*, *Pepo*, **Ecbalium*, *Momordica*, **Bryonia*, *Gronovia*, etc. Elle a des rapports assez grands avec la famille des Œnothéracées, dont elle diffère par la structure de son périanthe, et surtout celle de son fruit et de ses étamines. Elle se rapproche également beaucoup des Cactacées et des Ribésiacées. Quant au genre *Passiflora*, d'abord placé dans cette famille, il est devenu le type d'un ordre distinct, sous le nom de Passifloracées, différent surtout par ses étamines libres et ses graines endospermées.

140ᵉ famille. PASSIFLORACÉES (Passifloraceæ).

Passifloreæ, Juss. in *Ann. Mus.* VI, 102. A. Saint-Hilaire, in *Mém. Mus.* V, 304, IX, 190, DC. *Prodr.* III, 331. Endlich. *Gen.* 924. *Passifloraceæ*, Lindl. *Nat. syst.* 67.

Plantes herbacées, ou arbustes à tige sarmenteuse, munis de vrilles extra-axillaires et de feuilles alternes simples ou lobées et accompagnées de deux stipules à leur base. Plus rarement ce sont des arbres dépourvus de vrilles. Les fleurs sont en général grandes et solitaires; plus rarement elles forment une sorte de grappe. Ces fleurs sont hermaphrodites, ayant un calice gamosépale turbiné ou longuement tubuleux, à cinq divisions plus ou moins profondes, quelquefois colorées; une corolle de cinq pétales insérés au haut du tube du calice; cinq étamines monadelphes par leur base, et formant un tube qui recouvre le support de l'ovaire et se soude avec lui; plus rarement dix étamines. Les anthères sont versatiles, à deux loges. En dehors des étamines sont des appendices très-variés, tantôt filamenteux, tantôt sous la forme d'écailles ou de glandes pédicellées réunies circulairement, et formant d'une à trois couronnes qui naissent à l'orifice et sur les parois du tube calicinal : quelquefois ces appendices, et même la corolle, manquent complétement. L'ovaire est libre, plus ou moins longuement stipité, à une seule loge, offrant de trois à cinq trophospermes longitudinaux et pariétaux qui, parfois, sont saillants en forme de fausses cloisons, et qui donnent attache à un grand nombre d'ovules; il est surmonté de trois ou quatre styles terminés par autant de stigmates simples : rarement les stigmates sont sessiles. Le fruit est charnu intérieurement, contenant un très-grand nombre de graines; plus rarement il est sec, mais toujours indéhiscent. Les graines ont un endosperme charnu dans lequel est un embryon homotrope et axile.

Selon Ant. Laur. de Jussieu, les Passifloracées, de même que les Cucurbitacées, n'auraient qu'un périanthe simple, et l'organe que nous avons décrit comme la corolle, et qui manque dans quelques genres, devrait être assimilé aux appendices nombreux qui garnissent le tube du calice. Quelle que soit l'opinion que l'on adopte à cet égard, il n'en reste pas moins très-difficile de déterminer avec exactitude la place des Passiflorées dans la série des ordres naturels. Elles ne nous paraissent avoir que de bien faibles rapports avec les Cucurbitacées parmi lesquelles le genre Passiflore avait été primitivement rangé. Mais cependant on peut leur trouver quelque affinité éloignée avec certaines familles de plantes polypétales, et en particulier avec les Capparidées, et surtout avec les Loasées, dans le voisinage desquelles elles nous paraissent devoir être rangées.

Les Passiflorées offrent les trois tribus suivantes :

1re *tribu*. PAROPSIÉES : tige non volubile; ovaire courtement stipité : fruit capsulaire : *Smeathmannia, Paropsia*.

2e *tribu*. PASSIFLORÉES : tige volubile; ovaire longuement stipité, fruit charnu : *Thomsonia, Deidamia, Passiflora, Murucuia, Disemma, Tacsonia*.

3e *tribu*. MODECCÉES : tige volubile; fruit capsulaire : *Modecca, Paschanthus, Kolbia*.

141e famille. PAPAYACÉES (*Papayaceæ*).

Papayaceæ, Martius, *Consp.* 169. Lindl. *Nat. syst.* 69. Endlich. *Gen.* 932.

Arbres d'un port tout particulier; à tige simple et sans ramification, portant un bouquet de grandes feuilles, longuement pétiolées à son sommet ; ces feuilles sont palmées et dépourvues de stipules. Les fleurs sont monoïques ou dioïques, formant des espèces de grappes simples. Dans les fleurs mâles le calice est très-petit, à cinq dents; la corolle est gamopétale régulière, longuement tubuleuse, à cinq lobes réfléchis. Les étamines, au nombre de dix, sont insérées à la gorge de la corolle et alternativement plus grandes et plus petites; les filets sont monadelphes par leur base et les anthères sont adnées à la face interne des filets, introrses et à deux loges. Les fleurs femelles offrent un calice également plane et à cinq dents, une corolle formée de cinq pétales linéaires distincts, un ovaire libre globuleux, uniloculaire, offrant cinq trophospermes pariétaux quelquefois peu saillants, portant un très-grand nombre d'ovules anatropes, d'autres fois s'avançant jusqu'au centre sous forme de cloisons, et l'ovaire paraît être à cinq loges. Le style est court, terminé par cinq stigmates linéaires ou élargis. Le fruit est charnu, uniloculaire : ses graines nombreuses contiennent un embryon homotrope axile dans un endosperme charnu.

Composé de deux genres *Carica* et *Vasconcella*, cette petite famille se distingue des Cucurbitacées par le nombre et la structure de ses étamines, par ses graines munies d'un endosperme charnu, et des Passifloracées par sa corolle gamopétale, portant les étamines, qui sont au nombre de dix, et surtout par son port.

142e famille. *RIBÉSIACÉES (Ribesiaceæ).

Grossularieæ, DC. *Fl. fr.* IV, 405. Ibid. *Prod.* III, 477. Berlandier, *Mém. Soc. Gen.* III, 43. *Ribesiæ*, Rich. *Élém.* *Grossulaceæ*, Lindl. *Nat. syst.* 26. *Ribesiaceæ*, Endlich. *Gen.* 823.

Arbrisseaux buissonneux, quelquefois épineux, ayant des feuilles alternes, sans stipules; des fleurs axillaires, solitaires (*fig.* 359), géminées ou disposées en épis ou grappes simples. Leur calice est gamosépale, tubuleux inférieurement, où il adhère avec l'ovaire, ayant son limbe évasé et comme campaniforme, à cinq divisions étalées ou réfléchies. Leur corolle est formée de cinq pétales, quelquefois très-petits. Les étamines, en même nombre que les pétales et alternes avec eux, sont insérées vers le milieu du limbe calicinal. L'ovaire est infère, à une seule loge, contenant un grand nombre d'ovules anatropes, attachés sur plusieurs rangs à deux trophospermes pariétaux. Les deux styles sont plus ou moins soudés entre eux, et se terminent chacun par un stigmate simple. Le fruit est une baie globuleuse, ombiliquée, polysperme, et ses graines se composent d'un endosperme charnu assez dense, contenant un très-petit embryon placé dans l'intérieur de son extrémité inférieure.

Le seul genre *Ribes* compose cette famille. Elle est extrêmement voisine des Cactacées, dont elle diffère surtout par le port si différent des végétaux qui la composent, par leurs pétales et leurs étamines constamment au nombre de cinq, et non en nombre indéterminé, comme dans les Cactacées ; par leurs deux trophospermes et leurs deux

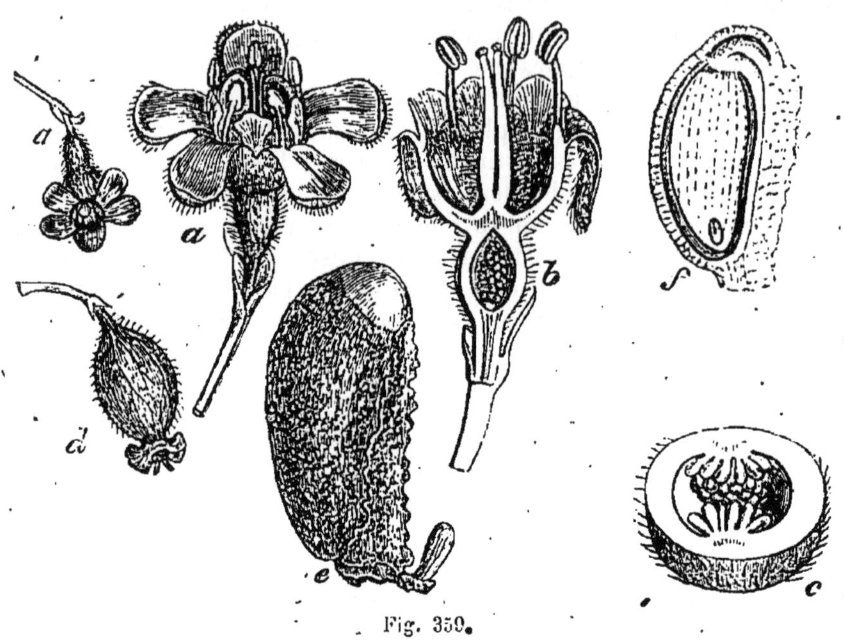

Fig. 359.

styles. Dans un autre ouvrage (*Hist. nat., méd. — Botaniq.* t. III), j'ai proposé de diviser les espèces nombreuses de ce genre en trois sections ou sous-genres, ayant pour type, l'une le **Ribes uva-crispa*, l'autre le **Ribes nigrum*, et la troisième le *Ribes rubrum*; j'ai appelé la première *Grossularia*, la seconde *Ribes*, et la troisième *Botrycarpum*.

Les Ribésiacées ont aussi des rapports avec les Saxifragacées, surtout à cause de leurs deux carpelles, quelquefois en partie adhérents avec le calice ; mais elles s'en distinguent par leur fruit charnu, par leur placentation pariétale et la structure de leurs graines.

143e famille. HOMALIACÉES (Homaliaceæ).

Homalineæ, R. Brown, *Congo*, 428, DC. *Prodr.* II, 53. Endlich. *Gen.* 922. *Homaliaceæ*, Lindl. *Nat. syst.* 55.

Les Homaliacées sont des arbustes ou des arbrisseaux, tous originaires des contrées chaudes du globe. Leurs feuilles sont alternes,

Fig. 359. *Ribes Grossularia* : *a*, fleur entière ; *b*, coupe longitudinale d'une fleur ; *c*, coupe transversale de l'ovaire ; *d*, fruit ; *e*, graine ; *f*, coupe longitudinale de la graine.

pétiolées, simples, munies de stipules caduques. Leurs fleurs sont hermaphrodites, disposées en épis, en grappes ou en panicules. Leur calice est gamosépale, ayant son tube court, conique, adhérent avec l'ovaire; son limbe, divisé en dix à trente lobes, dont les plus extérieurs sont plus grands et valvaires, et les inférieurs plus petits et en forme de pétales. La corolle manque. A la face interne, et le plus souvent vers la base des sépales intérieurs, sont situés des appendices glanduleux et sessiles. Le nombre des étamines varie; il est quelquefois égal à celui des lobes extérieurs du calice, et les étamines leur sont opposées; d'autres fois les étamines sont plus nombreuses et réunies par faisceaux. L'ovaire est généralement semi-infère, à une seule loge, contenant un grand nombre d'ovules attachés à trois ou cinq trophospermes pariétaux. Les styles, en même nombre que les trophospermes, se terminent chacun par un stigmate simple. Le fruit est tantôt sec, tantôt charnu. Les graines ont leur embryon placé dans un endosperme charnu.

Famille encore peu connue, établie par R. Brown, dans son *Mémoire sur les plantes du Congo*, et adoptée par de Candolle (*Prodr.*, *Syst.*, II, p. 53), qui y place les genres suivants : *Homalium*, *Napimoga*, *Pineda*, *Blackwellia*, *Astranthus*, *Nisa*, *Myriantheia*, *Asteropeia*. Par la structure de son fruit, cette famille se rapproche des Flacourtiaciées, et par son insertion elle vient se placer près des Rosacées, dont elle se distingue surtout par ses trophospermes pariétaux et son embryon pourvu d'un endosperme.

144e famille. LOASACÉES (Loasaceæ).

Loaseæ, Juss. in *Ann. Mus.* V; 18. DC. *Prodr.* III, 339. Endlich. *Gen.* 929.
Loasaceæ, Lindl. *Nat. syst.* 53.

Plantes herbacées, rameuses, dressées ou volubiles, souvent couvertes de poils hispides, et dont la piqûre est brûlante, comme celle des orties. Leurs feuilles sont alternes ou opposées, entières ou diversement lobées. Leurs fleurs (*fig.* 560), assez souvent jaunes et grandes, sont tantôt solitaires, tantôt diversement groupées. On y trouve un calice gamosépale, tubuleux, libre ou adhérent avec l'ovaire infère, ayant son limbe à cinq divisions imbriquées ou contournées; une corolle de cinq pétales réguliers, planes ou concaves, à estivation imbriquée et tordue, ou valvaires et à bords rentrants. La gorge du calice est quelquefois garnie de cinq appendices ou d'un rebord découpé. Les étamines, généralement très-nombreuses, sont quelquefois en même nombre que les pétales. L'ovaire est libre ou infère, à une seule loge, offrant intérieurement trois trophospermes pariétaux, quelquefois saillants en forme de cloisons, et portant un grand nombre d'ovules anatropes; cet ovaire est surmonté de trois longs styles grêles, quelquefois réunis en un seul et terminés chacun par un long stigmate simple ou en forme de pinceau. Le fruit est une capsule nue ou couronnée par les lobes du calice, s'ouvrant par son sommet seu-

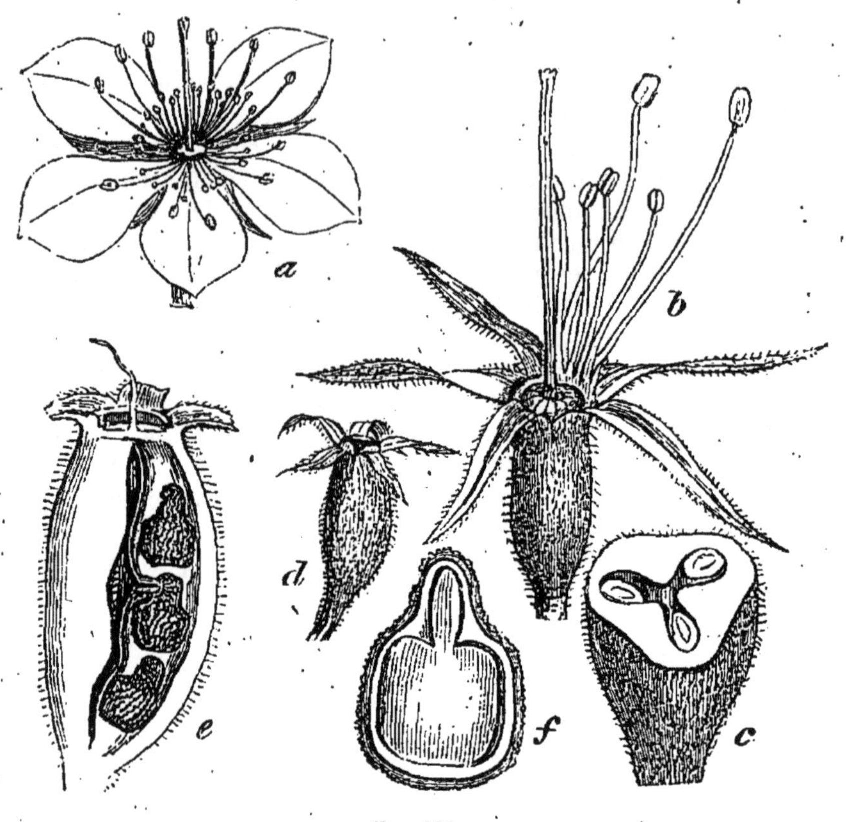

Fig. 300.

lement, en trois valves qui portent un des trophospermes sur le milieu de leur face interne, excepté dans le genre *Loasa*, où les trophospermes correspondent aux sutures. Les graines, quelquefois arillées, offrent un embryon homotrope dans un endosperme charnu.

Cette famille se compose des genres *Loasa*, *Mentzelia*, *Klaprothia* *Blumenbachia*, auxquels Kunth a ajouté le *Turnera* et le *Piriqueta* Elle a de grands rapports avec les Œnothéracées et les Cactacées mais en diffère par des caractères très-tranchés. Ainsi, dans les premières, l'ovaire est pluriloculaire : les étamines sont en nombre déterminé, etc. Dans les Cactacées, le fruit est charnu, et la graine sans

Fig. 300. *Mentzelia hispida* : *a*, fleur; *b*, ovaire infère; *c*, coupe transversale de l'ovaire; *d*, fruit; *e*, coupe longitudinale du fruit; *f*, coupe longitudinale d'une graine.

endosperme, et de plus, par leur port, les Cactacées n'ont aucune ressemblance avec les Loasacées.

On a établi pour les genres *Malesherbia* et *Gynopleura* une famille (les MALESHERBIACÉES), qu'il nous paraît impossible de séparer des *Loasaceæ* où elle formerait une simple tribu, caractérisée par un ovaire tout à fait libre, un peu stipité et des étamines hypogynes. Cette tribu rattache étroitement les Loasacées aux Passifloracées.

145e famille. MÉSEMBRYACÉES (Mesembryaceæ).

Ficoideæ, Juss. *Gen.* Ibid. *Dict. Sc. nat.* XVI, 528. DC. *Prodr.* III, 415. Lindl. *Nat. syst.* 56. *Mesembryanthemeæ*, Endlich. *Gen.* 945.

Ce sont en général des plantes grasses, comme les Crassulacées, ayant leurs feuilles alternes ou opposées; leurs fleurs, souvent très-grandes, axillaires ou terminales; chacune d'elles présente un calice gamosépale, souvent campanulé et persistant, ayant son limbe quelquefois coloré, et à quatre ou cinq lobes; une corolle polypétale, et dont les pétales sont quelquefois en nombre indéfini, d'autres fois soudés en une corolle gamopétale; plus rarement la corolle manque. Les étamines sont généralement assez nombreuses, libres et distinctes. L'ovaire est tantôt libre, tantôt adhérent par sa base avec le calice. Il offre de trois à cinq loges, quelquefois un plus grand nombre, contenant chacune plusieurs ovules campulitropes attachés à un trophosperme pariétal par des podospermes assez longs; cet ovaire est surmonté de trois à cinq styles, terminés chacun par un stigmate simple. Le fruit est tantôt une baie, tantôt une capsule environnée par le calice, à trois ou cinq loges polyspermes, s'ouvrant ordinairement par leur sommet en cinq ou en un plus grand nombre de valves, par la disjonction de l'épicarpe d'avec l'endocarpe. Leurs graines offrent un embryon cylindrique roulé autour d'un endosperme farineux.

Cette famille a de très-grands rapports avec les Portulacées, dont elle diffère par ses pétales et ses étamines, généralement en grand nombre, par la pluralité des styles, et son ovaire à trois ou à cinq loges, et non uniloculaire, comme dans les Portulacées. Les genres principaux de la famille des Mésembryacées sont : *Mesembryanthemum*, *Tetragonia*, *Glinus*, etc. Cette famille, qui, par son port, se rapproche des Crassulacées, en diffère par son ovaire simple.

POLYPÉTALES PÉRYGINES, A PLACENTATION CENTRALE.

146e famille. *PORTULACACÉES (Portulacaceæ).

Portulaceæ, Juss. *Gen.* A. Saint-Hilaire, *in Mém. Mus.* II, 195. DC. in *Mém. Soc. Hist. nat.* IV, 174, Ibid. *Prodr.* III, 351. Endlich. *Gen.* 946. *Portulacaceæ*, Lindl. *Nat. syst.* 123.

Plantes herbacées, rarement frutescentes, ayant des feuilles opposées, quelquefois alternes, épaisses et charnues, sans stipules; des fleurs généralement terminales. Leur calice est en général formé de deux sépales, rarement de trois à cinq, plus ou moins soudés, et souvent comme tubulé à la base, offrant une préfloraison imbriquée. La corolle se compose de cinq pétales libres, ou légèrement soudés entre eux, et formant une corolle gamopétale. Les étamines sont en même nombre que les pétales, insérées à leur base, et leur sont opposées; elles sont rarement plus nombreuses. L'ovaire est libre ou presque semi-infère, à une seule loge, contenant un nombre variable d'ovules amphitropes, naissant immédiatement du fond de la loge, ou attachés à un trophosperme central. Le style est simple, terminé par trois ou cinq stigmates filiformes; rarement l'ovaire est à plusieurs loges. Le fruit est une capsule généralement uniloculaire, contenant trois ou plusieurs graines, et s'ouvrant, soit en trois valves, soit en deux valves superposées. Les graines, sous leur tégument propre, souvent crustacé, renferment un embryon cylindrique roulé sur un endosperme farineux.

Plusieurs genres, d'abord réunis à cette famille, en ont été retranchés. Ainsi le *Tamarix* forme la famille des Tamaricacées, qui diffère surtout par l'absence de l'endosperme; les genres *Scleranthus*, *Gymnocarpus*, et probablement le *Telephium* et le *Corrigiola*, ont été portés dans la nouvelle famille des Paronychiacées, qui n'en diffèrent guère que par leurs étamines alternes et non opposées aux pétales, leur stigmate simple ou bifide, et non tri ou quinquéfide. Les genres qui restent parmi les Portulacées sont : **Portulaca*, *Talinum*, **Montia*, *Claytonia*, *Calandrina*, etc.

Cette famille a sans contredit des rapports avec les Paronychiées et surtout avec les Dianthacées, par la structure de ses graines, la forme de son embryon et la nature de son endosperme. Mais elle diffère de ces dernières, surtout, par son insertion tellement périgynique, que, dans certains genres, l'ovaire est à demi ou presque totalement adhérent. Il est une autre famille avec laquelle les Portulacées nous paraissent avoir une incontestable affinité, quoique en général on les éloigne beaucoup l'une de l'autre dans la série des familles; c'est celle des Primulacées, placée parmi les Gamopétales. Ainsi la corolle des

Portulacées est souvent gamopétale; leurs étamines dans les fleurs isostémonées sont opposées aux pétales, l'ovaire est souvent adhérent dans l'une et dans l'autre famille; il est uniloculaire et à placentation basilaire; enfin, très-souvent, dans les deux familles, le fruit est une pyxide ou capsule s'ouvrant en deux valves superposées.

143e famille. PARONYCHIACÉES (Paronychiaceæ).

Paronychiæ, Aug. Saint-Hilaire, *in Mém. Mus.* II, 276, DC. *Prodr.* III, 365.

Plantes herbacées ou sous-frutescentes, portant des feuilles opposèes, souvent connées par leur base, avec ou sans stipules; des fleurs très-petites, axillaires ou terminales, nues ou accompagnées de bractées scarieuses. Leur calice (*fig.* 361), souvent persistant, offre cinq sépales quelquefois épais et charnus, à préfloraison imbriquée; assez souvent il forme un tube à sa partie inférieure, qui est épaissie par un bourrelet glanduleux. Les pétales, au nombre de cinq, très-petits (*a*)

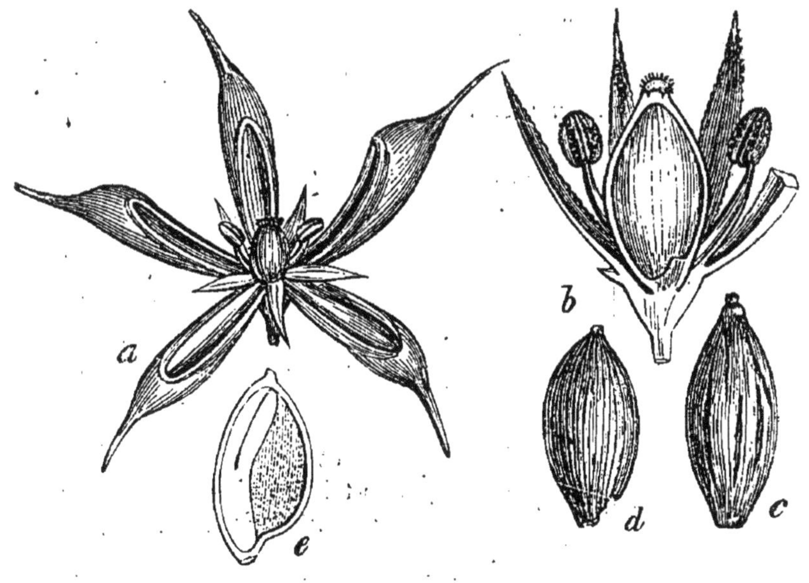

Fig. 361.

et squamiformes ou même nuls, sont insérés au haut du tube calicinal. Les étamines au nombre de cinq, dont quelques-unes avortent parfois, sont alternes avec les pétales, et ont leurs anthères introrses. L'ovaire est libre, à une seule loge contenant un seul ovule (*b*) placé

Fig. 361. *Paronychia verticillata* : *a*, fleur entière; *b*, coupe longitudinale de l'ovaire; *c*, fruit; *d*, graine; *e*, coupe longitudinale de la graine.

au sommet d'un podosperme basilaire quelquefois très-long, et, dans ce cas, l'ovule est renversé; d'autres fois plusieurs ovules sont attachés à un trophosperme central et très-court. Le stigmate est tantôt sessile et simple, tantôt il est bifide et porté sur un style assez court. Le fruit est une capsule déhiscente, au moyen de valves ou de fentes, ou bien elle reste close. Les graines se composent, outre leur tégument propre, d'un embryon cylindrique appliqué sur un des côtés, ou roulé autour d'un endosperme farineux. La radicule est toujours tournée vers le hile.

Cette famille, établie par Aug. de Saint-Hilaire, se compose de genres retirés des Amaranthacées, des Portulacées et des Dianthacées, dont ils s'éloignent surtout par leur insertion périgynique, tandis qu'elle est hypogynique dans les deux autres. Nous avons divisé les genres des Paronychiacées en deux tribus, savoir :

1re *tribu*. Les SCLÉRANTHÉES, qui renferme les genres n'ayant pas de bractées, dont les divisions calicinales ne sont pas scarieuses sur les bords, les feuilles sans stipules et connées : **Lœflingia*, *Miniartia*, *Queria*, **Scleranthus*, *Mniarum* et *Larbrea*.

2e *tribu*. Les PARONYCHIÉES vraies, ont leurs fleurs munies de bractées; leurs divisions calicinales scarieuses sur les bords, souvent charnues et creusées en gouttières; les feuilles accompagnées de stipules : **Argyrocarpus*, **Paronychia*, **Illecebrum*, *Anichia*, **Herniaria*, **Polycarpon*, *Hagea*, etc.

Endlicher réunit cette famille à celle des Dianthacées ou Caryophyllées.

POLYPÉTALES HYPOGYNÉS, A PLACENTATION CENTRALE.

148e famille. *DIANTHACÉES (Dianthaceæ).

Caryophylleæ, Juss. *Gen.* DC. *Prodr.* I, 351. *Caryophyll. subord.* III et IV. Endlich. *Gen.* 955.

Les Dianthacées sont herbacées, rarement sous-frutescentes à leur base. Leurs tiges sont souvent noueuses et articulées. Leurs feuilles opposées ou verticillées, sont simples. Les fleurs, généralement hermaphrodites (*fig.* 362), sont terminales ou axillaires. Leur calice se compose de quatre à cinq sépales distincts ou soudés entre eux (*c*), et formant un tube cylindrique ou vésiculeux, simplement denté à son sommet, à préfloraison imbriquée. La corolle, de cinq pétales (*c*) ordinairement onguiculés à leur base, manque très-rarement. Le nombre des étamines est, en général, égal ou double des pétales, et cinq leur sont opposées, et quelquefois se soudent inférieurement avec les onglets (*e*); la corolle et les étamines sont insérées à un disque hypogyne qui supporte l'ovaire. Celui-ci présente depuis une jusqu'à cinq loges. Les ovules, qui sont nombreux, sont attachés à un trophosperme central; quand il est pluriloculaire, les ovules sont attachés à l'angle interne de chaque loge. Les styles varient de deux

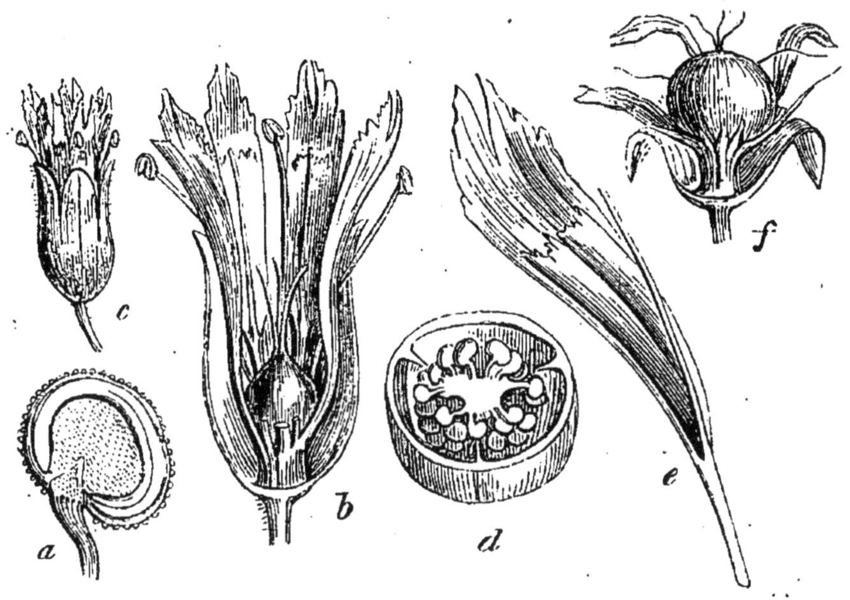

Fig. 362.

à cinq, et se terminent chacun par un stigmate subulé. Le fruit est une capsule (*f*), très-rarement une baie, ayant d'une à cinq loges polyspermes; cette capsule s'ouvre, soit par son sommet, au moyen de petites dents qui s'écartent les unes des autres, soit par des valves complètes. Les graines sont tantôt planes et membraneuses, tantôt arrondies; elles contiennent un embryon recourbé ou comme roulé autour d'un endosperme farineux (*a*).

Plusieurs genres, d'abord placés dans cette famille, en ont été retirés et, réunis à quelques autres de la famille des Amaranthacées, ils forment la nouvelle famille des Paronychiacées, qui se distingue surtout par son insertion périgynique : tels sont les genres *Polycarpon*, *Lœfflingia*, *Minuartia*, *Queria*. Le genre *Linum* constitue la famille des Linacées. Le genre *Frankenia* est devenu le type de la famille des Frankéniacées; le *Sarothra* a été reporté dans les Hypéricinées.

Cependant Endlicher (*Gen. pl. l. c.*) a réuni encore à la famille des

Fig. 362. *Cucubalus baccifer* : *a*, fleur entière; *b*, coupe longitudinale d'une fleur; *d*, coupe transversale de l'ovaire; *e*, l'un des pétales; *f*, fruit; *c*, coupe longitudinale de la graine.

Dianthacées les *Paronychiacées*, qui nous paraissent devoir en demeurer parfaitement distinctes, non-seulement par leur insertion périgynique, mais encore par leur ovaire uniloculaire contenant souvent un seul ovule basilaire, etc.

On peut diviser en deux tribus les genres de cette famille, savoir :

1re *tribu*. SILÉNÉES, qui ont un calice gamosépale tubuleux, des pétales longuement onguiculés : **Dianthus*, **Silene*, **Lychnis*, **Agrostemma*, **Githago*, **Cucubalus*, etc.

2e *tribu*. ALSINÉES, dont le calice est dialysépale et les pétales sans onglet : **Arenaria*, **Alsine*, **Spergula*, **Cerastium*, *Mollugo*, etc.

POLYPÉTALES HYPOGYNÉS, A PLACENTATION PARIÉTALE.

149e famille. FRANKÉNIACÉES (Frankeniaceæ).

Frankeniaceæ, A. Saint-Hilaire, *in Mém. Mus.* II, 122. Ibid. *Pl. rem. du Brésil*, 33 et 225. DC. *Prodr.* I, 349. Lindl. *Nat. syst.* 67. *Frankeniaceæ* et *Sauvagesiæ*, Endlich. *Gen.* 912 et 913.

Les Frankéniacées sont herbacées ou frutescentes. Leurs feuilles sont alternes ou verticillées, entières ou dentées en scie, avec des nervures latérales très-rapprochées, munies à leur base de deux stipules, qui manquent seulement dans le genre *Frankenia*. Les fleurs sont axillaires, disposées en grappes simples ou composées, ou en panicules : ces fleurs sont hermaphrodites. Leur calice est formé de cinq sépales, légèrement soudés à leur base; la corolle de cinq pétales, égaux ou inégaux, dans le genre *Sauvagesia*, on observe de plus un verticille de filaments renflés en massue, et une corolle qui existe aussi dans le genre *Luxemburgia*. Les étamines sont au nombre de cinq, de huit, ou indéfinies : elles sont libres. Leurs anthères sont à deux loges extrorses, qui s'ouvrent par une fente longitudinale ou un pore. L'ovaire est ovoïde, allongé, ou trigone, souvent placé sur un disque hypogyne; il offre une seule loge, contenant trois trophospermes pariétaux, portant chacun un assez grand nombre d'ovules. Le style est grêle, terminé par un stigmate extrêmement petit. Le fruit est une capsule recouverte par le calice ou par la corolle intérieure, à une seule loge qui s'ouvre en trois valves, portant des graines attachées par des podospermes assez longs sur le milieu de leur face interne. Celles-ci, au centre d'un endosperme charnu, contiennent un embryon axile, cylindrique et homotrope.

Cette petite famille se compose des genres **Frankenia*, *Lavradia*, *Sauvagesia* et *Luxemburgia*. Elle a les plus grands rapports avec les

Cistacées, les Violacées et les Droséracées; mais elle en diffère surtout par le mode de déhiscence de ses capsules, dont les valves portent les graines sur leurs bords rentrants, tandis que les placentas sont placés sur le milieu de la face interne des valves dans les familles précédentes.

Les Frankéniacées peuvent être divisées en deux tribus :

1re *tribu.* SAUVAGÉSIÉES : stigmate simple; placentation suturale : *Sauvagesia, Lavradia, Luxemburgia.*

2e *tribu.* FRANKÉNIÉES : stigmate divisé; trophosperme sur le milieu des valves : **Frankenia.*

150e famille. *DROSÉRACÉES (Droseraceæ).

Droseraceæ, DC. *Théor.* 214. Ibid. *Prodr.* I, 317. A. Saint-Hilaire, *in Mém. Mus.* XI, 35. Lindl. *Nat. syst.* 66. Endlich. *Gen.* 906.

Plantes herbacées, annuelles ou vivaces, rarement sous-frutescentes, ayant des feuilles alternes, souvent munies de poils glanduleux et pé-

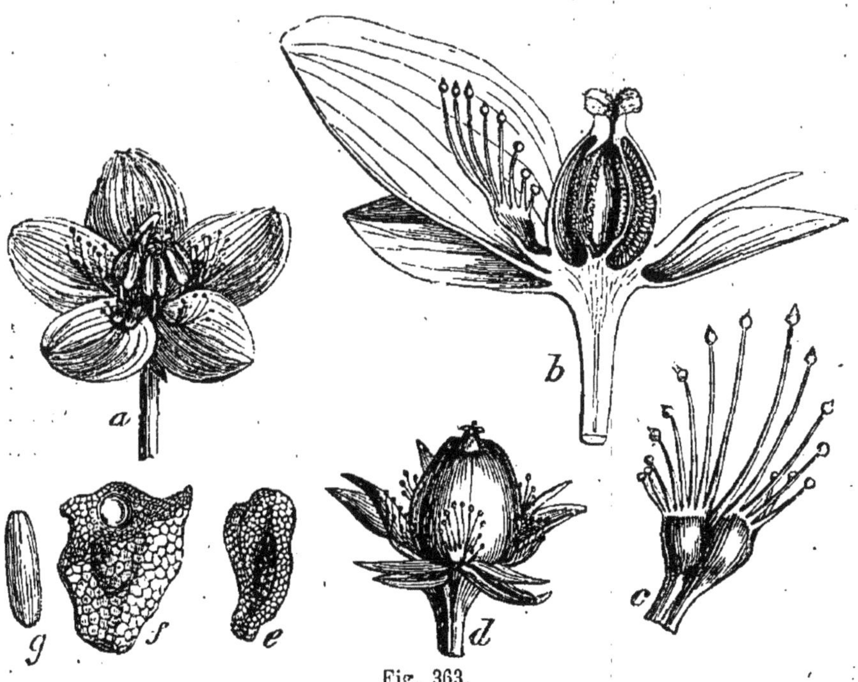

Fig. 363.

dicellés, et roulés en crosse avant leur développement. Leur calice (*fig.* 363), est gamosépale, à cinq divisions profondes, ou à cinq

Fig. 363. *Parnassia palustris* : *a*, fleur; *b*, coupe longitudinale; *c*, l'un des appendices; *d*, capsule; *e*, graine; *f*, coupe transversale d'une graine; *g*, embryon.

sépales distincts et à estivation imbriquée; leur corolle, de cinq pétales planes et réguliers. Les étamines, au nombre de cinq (*a*), quelquefois de dix ou de vingt, alternent avec les pétales quand elles sont en même nombre que ces derniers, à anthères extrorses, et sont libres : quelquefois on trouve en face de chaque pétale (*b*, *c*) des appendices de forme variée : ces étamines sont généralement périgynes et non hypogynes, comme on l'a dit jusqu'à présent. L'ovaire est à une seule loge, rarement à deux ou à trois : dans le premier cas, il contient un grand nombre d'ovules anatropes ou orthotropes, attachés à trois ou cinq trophospermes pariétaux, simples ou bifides; dans le second cas, les cloisons paraissent formées par les trophospermes saillants en forme de lames, et qui se rencontrent et s'unissent au centre de l'ovaire. Les stigmates, généralement en même nombre que les trophospermes ou que les loges, sont sessiles et rayonnants, ou portés sur des styles souvent bipartis. Le fruit est une capsule à une ou à plusieurs loges s'ouvrant seulement par sa moitié supérieure en trois, quatre ou cinq valves portant sur le milieu de leur face interne un des trophospermes. Les graines, souvent recouvertes d'un tissu cellulaire lâche, contiennent un embryon dressé, presque cylindrique, dans l'intérieur d'un endosperme mince qui manque quelquefois.

Cette famille se compose d'un petit nombre de genres, et ces genres néanmoins constituent trois tribus distinctes.

1re *tribu.* DROSÉRÉES : cinq étamines périgynes; trois à cinq styles simples ou bifides; trois à cinq trophospermes pariétaux, embryon endospermique : **Drosera*, **Aldrovandia*, *Biblys*, *Drosophyllum*.

2e *tribu.* PARNASSIÉES : cinq étamines périgynes; quatre stigmates sessiles; quatre trophospermes pariétaux; embryon épispermique : **Parnassia*.

3e *tribu.* DIONÉES : dix à vingt étamines hypogynes; placentation basilaire; embryon endospermique : *Dionæa*.

Les rapports des Droséracées avec les Violacées sont trop évidents pour que nous insistions ici beaucoup sur ce point : elles s'en distinguent par leurs fleurs régulières, par leur port, par l'absence de stipules, par leurs stigmates multiples, etc.

151e famille. VIOLACÉES (Violaceæ).

Violarieæ, DC. *Flor. fr.* IV, 801. Ibid. *Prodr.* I, 287. Gingins, in *Mém. Soc. Gen.* II, 1. A. Saint-Hilaire, in *Mém. Mus.* XI, 66. Endlich. *Gen.* 908. *Violaceæ*, Juss. in *Ann. Mus.* XVIII, Lindl. *Nat. syst.* 63.

Herbes ou arbustes à feuilles alternes, très-rarement opposées, munies de deux stipules persistantes. Les fleurs ont axillaires, pédonculées (*fig.* 364). Le calice se compose de cinq sépales libres, ou légèrement soudés entre eux à leur base qui se prolonge quelquefois au-dessous de leur point d'attache, et qui sont égaux ou inégaux, leur estivation est imbriquée, ainsi que celle des pétales. La corolle se compose de cinq pétales inégaux (*a*), dont l'inférieur se prolonge à sa base en un éperon plus ou moins allongé : très-rarement la corolle est formée de cinq pétales réguliers. Les étamines, au nombre de cinq, sont presque sessiles, rapprochées ou contiguës latéralement

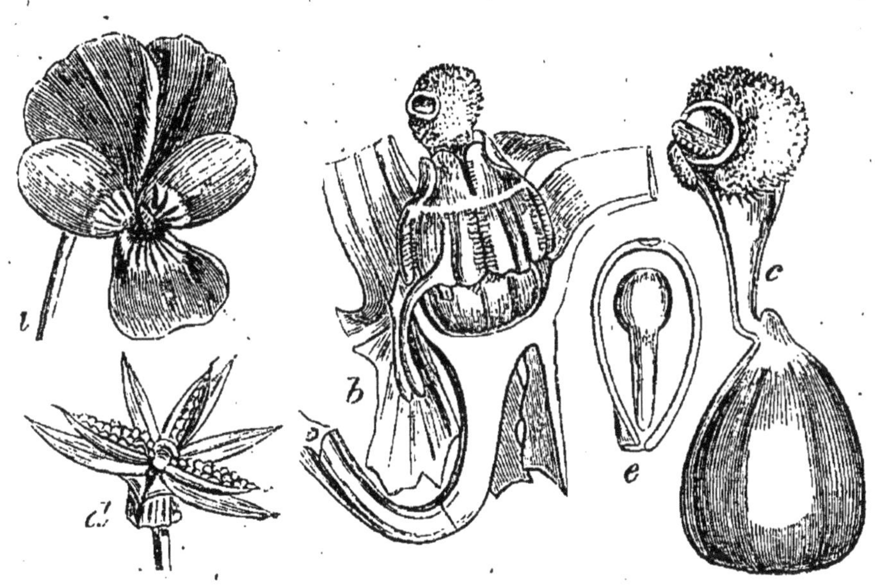

Fig. 364.

entre elles (*b*), à deux loges introrses; les deux qui sont placées vers le pétale inférieur offrent assez souvent un appendice (*b*) en forme de corne recourbée, qui naît de leur partie dorsale, et se prolonge dans l'éperon. L'ovaire est globuleux, uniloculaire, contenant un grand nombre d'ovules anatropes attachés à trois trophospermes pariétaux. Le style est simple, un peu coudé à sa base, renflé vers sa partie supérieure (*c*), qui se termine par un stigmate un peu latéral, et offrant une petite fossette semi-circulaire. Le fruit est une capsule uniloculaire, s'ouvrant en trois valves (*d*), qui, chacune, portent un trophosperme sur le milieu de leur face interne. Les graines (*e*) contiennent un embryon homotrope dressé dans un endosperme charnu.

Fig. 364. *Viola tricolor* : *a*, fleur entière; *b*, coupe long. pour montrer la disposition des étamines, dont deux sont appendiculées ; *c*, pistil; *d*, capsule s'ouvrant en trois valves; *e*, coupe longit. d'une graine.

Les Violacées, qui se composent des genres **Viola, Ionidium, Hybanthus, Noisettia, Conohoria, Alsodeia*, etc., se distinguent surtout des Cistacées par leur corolle souvent irrégulière, leurs cinq étamines, leur stigmate renflé et concave, etc. Elles ont aussi des rapports avec les Polygalées, les Droséracées, dont elles diffèrent par leurs feuilles stipulées, et en particulier des premières par le nombre de leurs étamines, dont les filets sont libres, et par leur placentation pariétale.

152e famille. CISTACÉES (*Cistaceæ*).

Cisti, Juss. *Gen. Cistineæ*, DC. *Prodr.* I, 203. Endlich. *Gen.* 903. *Cistaceæ*, Lindl. *Nat. syst.* 91. Spach, *Ann. Sc. nat., nouvelle série*, VI, 359.

Ce sont des plantes herbacées annuelles ou vivaces, ou des arbustes ligneux, portant des feuilles souvent opposées, entières, et parfois munies de deux stipules; des fleurs axillaires ou terminales, solitaires ou en épis, en grappes ou en sertules. Leur calice est à trois ou cinq divisions très-profondes, tantôt égales, tantôt inégales, et deux étant plus extérieures, à préfloraison contournée; leur corolle à cinq pétales chiffonnés, très-caducs, étalés en rose et sessiles, également contournés, mais généralement en sens inverse du calice; les étamines fort nombreuses et libres; l'ovaire glanduleux, rarement uniloculaire, plus souvent à cinq ou à dix loges, contenant plusieurs ovules orthotropes insérés au bord interne des cloisons; dans l'ovaire uniloculaire, les ovules s'attachent à des trophospermes pariétaux. Le style et le stigmate sont simples. Le fruit est une capsule globuleuse enveloppée dans le calice, qui est persistant, offrant une, trois, cinq ou même dix loges, et s'ouvrant en trois, cinq ou dix valves portant chacune une des cloisons ou un des trophospermes sur le milieu de leur face interne. Les graines, assez nombreuses dans chaque loge, contiennent un embryon plus ou moins recourbé ou roulé en spirale dans un endosperme farinacé, quelquefois presque cartilagineux.

Cette petite famille ne se compose que des genres **Cistus, *Helianthemum, Lechea, Hudsonia*. Telle qu'elle avait été établie par Jussieu, dans son *Genera plantarum*, elle renfermait les genres *Viola, Paiparea, Piriqueta* et *Tachibota*, qui forment aujourd'hui la famille des Violacées. Les Cistacées sont voisines des Violacées et des Droséracées; mais elles en diffèrent par leur port, par la régularité de leurs fleurs, par leurs étamines nombreuses; par l'absence presque générale des stipules et la forme de leur embryon, recourbé autour de l'endosperme farinacé ou cartilagineux, qui manque quelquefois dans les Droséracées.

153e famille. TAMARICACÉES (Tamaricaceæ).

Tamariscineæ, Desvaux, *Ann. Sc. nat.* IV, 344. A Saint-Hilaire, *Mém. Mus.* II, 205. DC. *Prodr.* III, 95. Ehrenberg, *Ann. Sc. nat.* XII, 68. Endlich. *Gen.* 1038. *Tamaricaceæ*, Lindl. *Nat. syst.* 126.

Arbustes ou arbrisseaux ayant des feuilles en général très-petites, squamiformes et engaînantes; des fleurs également petites, munies de bractées et disposées en épis simples dont la réunion constitue quelquefois une panicule. Leur calice est à quatre ou à cinq divisions profondes; rarement il forme un tube à sa partie inférieure; ses divisions sont imbriquées latéralement. La corolle se compose de quatre à cinq pétales persistants. Les étamines, au nombre de cinq à dix, rarement de quatre, sont monadelphes par leur base. L'ovaire est triangulaire, quelquefois entouré à sa base d'un disque périgyne. Il est uniloculaire, offrant trois trophospermes pariétaux portant un grand nombre d'ovules ascendants. Le style est simple ou triparti. Le fruit est une capsule triangulaire, à une seule loge, contenant un assez grand nombre de graines attachées vers le milieu de la face interne de trois valves qui forment la capsule. L'embryon est dressé, orthotrope, dépourvu d'endosperme.

Cette petite famille se compose du genre *Tamarix*, que Desvaux propose de diviser en deux genres, savoir : **Tamarix* et **Myricaria*. Ce genre *Tamarix* faisait d'abord partie de la famille des Portulacées, dont il diffère par son port et par son embryon dépourvu d'endosperme. Par ce dernier caractère, la famille des Tamaricacées a quelque rapport avec les Lythrariacées, dont elle se distingue par son ovaire uniloculaire, par ses trophospermes pariétaux, etc.

154e famille. MARCGRAVIACÉES (Marcgraviaceæ).

Marcgraviaceæ, Juss. *Ann. Mus.* XIV, 397. DC. *Prodr.* I, 565. Lindl. *Nat. syst.* 76. Endlich. *Gen.* 1029.

Arbrisseaux très-souvent sarmenteux et grimpants, parasites à la manière du lierre, ayant des feuilles alternes, simples, entières, coriaces et persistantes; les fleurs (*fig.* 365) généralement disposées en un épi court et en forme de cyme. Ces fleurs, longuement pédonculées, sont quelquefois obliques au sommet de leur pédoncule, qui porte assez généralement une bractée irrégulière, creuse et cuculliforme ou en cornet. Ces fleurs sont hermaphrodites, ayant un calice de quatre à six ou sept sépales courts (*a*), imbriqués et généralement persistants. Les pétales sont soudés en une corolle gamopétale, s'enlevant comme une sorte de coiffe (*c*), ou formée de cinq pétales sessiles. Les étamines (*b*), généralement en grand nombre (cinq seulement dans le *Souroubea*) ont leurs filets libres. L'ovaire est globuleux, surmonté d'un stigmate sessile et lobé en étoile, qui est rarement porté sur un style; il présente une seule loge qui offre de quatre à douze trophospermes (*e*) pariétaux, saillants en forme de demi-cloisons, divisés par leur bord libre en deux ou trois lames diversement con-

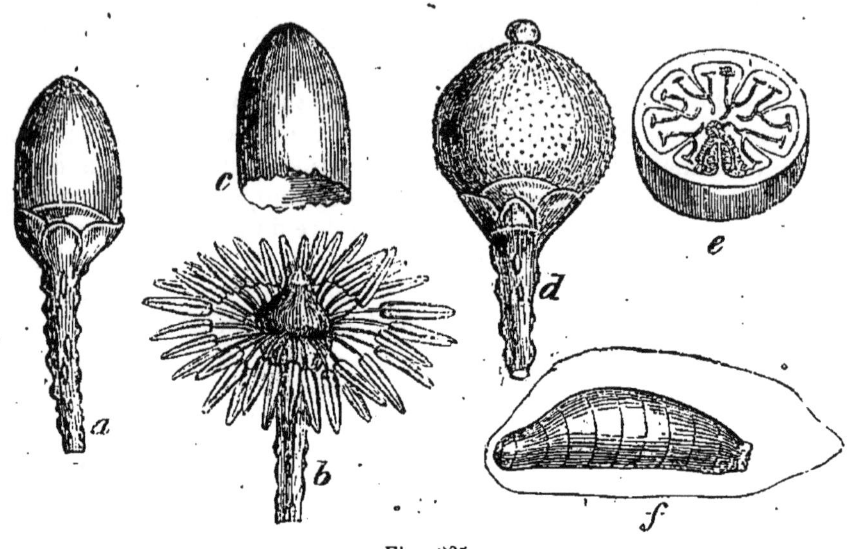

Fig. 365.

tournées et toutes couvertes d'ovules fort petits; très-rarement ces trophospermes atteignent jusqu'au centre de l'ovaire, qui semble alors présenter plusieurs loges. Le fruit est globuleux (*d*), coriace, charnu intérieurement, indéhiscent, ou se rompant irrégulièrement en un certain nombre de valves dont la déhiscence se fait ordinairement de la base vers le sommet, et qui portent chacune un trophosperme sur le milieu de leur face interne. Les graines (*f*) sont très-petites, et contiennent immédiatement sous leur tégument propre l'embryon, qui est homotrope.

Les genres qui composent cette famille sont : ***Marcgravia*, *Antholoma*, *Norantéa*** et ***Souroubea***. Ce groupe a des rapports avec les Guttifères; mais il en a aussi de très-intimes avec les Flacourtiacées, qui ont également une corolle polypétale et des étamines indéfinies, un fruit uniloculaire et des trophospermes pariétaux. Mais dans cette dernière famille les feuilles sont accompagnées de stipules, et l'embryon est recouvert par un endosperme.

Fig. 365. *Marcgravia umbellata* : *a*, fleur entière encore close; *b*, fleur dont la corolle (*c*) est enlevée; *d*, fruit; *e*, coupe transversale du fruit; *f*, graine.

155e famille. FLACOURTIACÉES (Flacurtiaceæ).

Flacurtiaceæ, L. C. Rich. in *Mém. Mus.* I, 366. DC. *Prodr.* I, 255. A. Rich. *Élém.* 6e éd. p. 705, Ibid. *Flor Cuba*, I, 81 et 91. *Bixineæ*, Kunth. *Mém. Malv.* 17. *Bixaceæ*, DC. *Prodr.* I, 255. *Bixaceæ* et *Flacurtiaceæ*. Lindl. *Nat. syst.* 70 et 72. *Bixaceæ*, Endlich. *Gen.* 917. *Samydeæ*, Gærtn. *Fr.* III, 238. DC. *Prodr.* II, 47. Endlich. *Gen.* 916. A. Rich. *Fl. Cuba*, I, 365. *Samydaceæ*, Lindl. *Nat. syst.* 64.

Arbrisseaux à feuilles alternes, simples, entières, quelquefois coriaces, persistantes et dépourvues de stipules, souvent marquées de points ou de lignes transparentes; à fleurs pédonculées et axillaires, souvent unisexuées et dioïques, d'autres fois hermaphrodites (*fig.* 366). Leur calice est formé de trois (*a*) à sept sépales distincts ou légère-

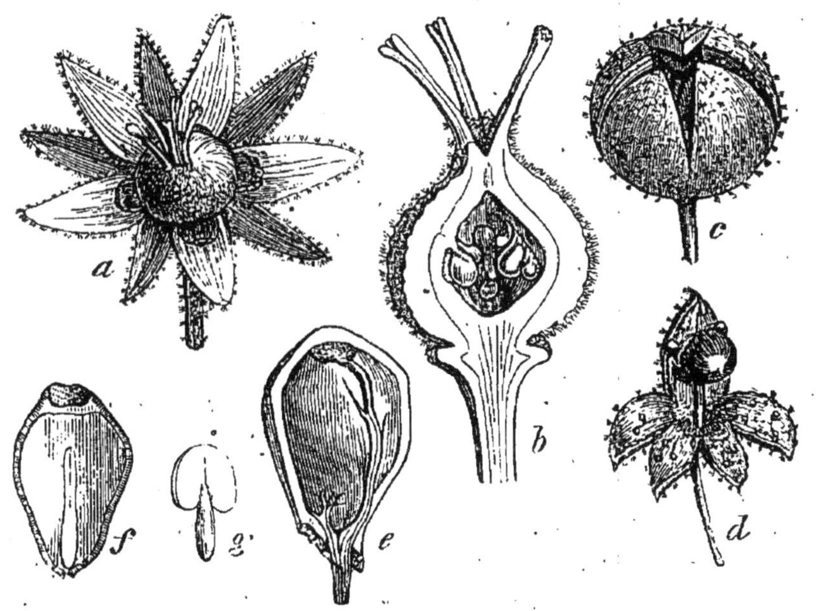

Fig. 366.

ment soudés par leur base. La corolle, qui manque quelquefois, se compose de cinq ou sept pétales alternant avec les sépales. Les étamines, en nombre défini ou indéfini, ont leurs filets libres, leurs anthères à deux loges; ces étamines sont, ainsi que la corolle, insérées au pourtour d'un disque annulaire, qui manque rarement. L'ovaire (*b*) est sessile ou stipité, globuleux, tantôt à une seule loge renfermant un

Fig. 366. *Kiggellaria africana* : *a*, fleur entière; *b*, coupe longit. de l'ovaire; *c*, fruit commençant à s'ouvrir; *d*, fruit ouvert; *e*, graine en partie dépouillée de son arille; *f*, coupe longit. de la graine; *g*, embryon

assez grand nombre d'ovules attachés à des trophospermes pariétaux dont le nombre est le même que celui des stigmates ou des lobes du stigmate, tantôt à un nombre variable de loges par la saillie des trophospermes et leur réunion au centre de l'ovaire. Le fruit est uniloculaire ou pluriloculaire, indéhiscent ou déhiscent, et les valves (*c*, *d*) portent chacune un trophosperme ou une cloison sur le milieu de leur face interne. En général, le tégument extérieur de la graine est charnu (*e*) et arilliforme, et l'embryon homotrope et droit (*f*) est placé au centre d'un endosperme charnu.

La famille des Flacourtiacées, proposée par mon père pour les genres *Flacurtia*, *Kiggellaria*, *Roumea*, etc., forme un groupe bien distinct. Les Bixinées établies par Kunth doivent y être réunies et n'en diffèrent, en effet, par aucun caractère, ainsi que je l'ai démontré il y a déjà longtemps, et plus récemment dans la *Flore de Cuba*. Dans le même ouvrage, nous avons proposé de réunir à la famille des Flacourtiacées la famille des Samydées, composée surtout des genres *Samyda* et *Anavinga*. Nous avons fait voir qu'il n'existait réellement aucune différence entre ces deux groupes naturels ; c'est le même port, des feuilles également marquées de lignes ou de points transparents. Dans l'un et dans l'autre, les étamines sont tantôt hypogyniques, tantôt périgyniques ; la structure du fruit, celle de la graine, sont les mêmes ; en un mot, il n'existe réellement aucune différence entre ces deux familles qui, définitivement, doivent être réunies en une seule, à laquelle je conserve le nom de *Flacourtiacées*.

On peut grouper de la manière suivante les genres principaux de la famille des Flacourtiacées, les seuls que j'aie eu occasion d'analyser :

1re *tribu*. SAMYDÉES : un seul style ; simple ou lobé ; fruit déhiscent : *Bixa*, *Erythrospermum*, *Casearia*, *Samyda*.

2e *tribu*. PATRISIÉES : un seul style ; simple ou lobé ; fruit indéhiscent : *Ludia*, *Lætia*, *Zuclania*, *Neumannia*, *Patrisia*, *Banara*, *Oncoba*.

3e *tribu*. FLACOURTIÉES : plusieurs styles ; fruit indéhiscent : *Flacurtia*, *Roumea*.

4e *tribu*. KIGGELLARIÉES : plusieurs styles ; fruit déhiscent : *Kiggellaria*.

Les Flacourtiacées nous paraissent assez difficiles à bien classer. Par leur ovaire à une seule loge, dans l'immense majorité des cas, et par leurs trophospermes pariétaux, elles se rapprochent des Capparidacées, des Cistacées, dont elles diffèrent par leur embryon droit dans un endosperme charnu. D'un autre côté, elles ont surtout, par leur port, une affinité marquée avec les Tiliacées, auxquelles plusieurs des genres formant la famille des Flacourtiacées étaient d'abord réunis. Mais les Flacourtiacées n'ont pas de stipules ; leur placentation est pariétale; leurs graines sont arillées; en un mot, on les distingue facilement des Tiliacées.

156e famille. *CAPPARIDACÉES (Capparidaceæ).

Capparideæ, Juss. *Gen.* Ibid. *Ann. Mus.* XVIII, 474. DC. *Prodr.* I, 237. Endlich. *Gen.* 889. *Capparidaceæ*, Lindl. *Nat. syst.* 61.

Ce sont des plantes herbacées ou des végétaux ligneux qui portent des feuilles alternes, simples ou digitées; accompagnées à leur base de deux stipules foliacées ou en forme d'aiguillons. Leurs fleurs sont terminales, disposées en épis ou en grappes, ou axillaires et solitaires. Leur calice se compose de quatre sépales caducs imbriqués, très-rarement soudés ensemble par leur base. La corolle est formée de quatre à cinq pétales égaux ou inégaux manquant rarement. Les étamines sont tantôt en nombre défini, tantôt en nombre indéfini. L'ovaire est simple, accompagné par un disque hypogyne unilatéral, souvent élevé par un support plus ou moins allongé qu'on nomme *podogyne*, à la base duquel sont insérés les étamines et les pétales; il offre une seule loge contenant trois trophospermes saillants, sous la forme de lames ou de fausses cloisons portant un grand nombre d'ovules. Le fruit est sec ou charnu. Dans le premier cas, c'est une sorte de silique plus ou moins allongée, s'ouvrant en deux valves, comme dans la plupart des Crucifères. Dans le second cas, c'est une baie uniloculaire et polysperme dont les graines sont ou pariétales, ou semblent éparses dans la pulpe qui remplit le fruit. Ces graines sont en général réniformes, composées d'un épisperme sec et comme crustacé, qui recouvre immédiatement un embryon un peu recourbé et dépourvu d'endospermes.

Parmi les genres qui composent cette famille, nous citerons les suivants: **Capparis*, *Cratæva*, *Morisonia*, *Boscia*, *Cleome*, etc. Jussieu avait placé dans sa famille des Capparidées plusieurs genres qui sont devenus les types de familles distinctes. Ainsi, le *Reseda* forme la famille des RÉSÉDACÉES; les *Drosera*, *Parnassia*, *Aldrovandia* et *Dionæa*, les DROSÉRACÉES : le *Marcgravia* et le *Norantea*, les MARCGRAVIACÉES.

Les Capparidacées ont les rapports les plus intimes avec les Crucifères; mais elles en diffèrent par leurs feuilles munies de stipules, leurs étamines nombreuses et la structure de leur fruit généralement charnu et indéhiscent.

152e famille. *RÉSÉDACÉES (Resedaceæ).

Resedaceæ. DC. *Théor*. 214. Tristan, *Ann. Mus*. XVIII, 392. Lindl. *Collect*. 22. Saint-Hilaire, *Mém. Réséd*. Montp. 1837. Lindl. *Nat. syst*. 62. Endlich. *Gen*. 895.

Plantes généralement herbacées, rarement sous-frutescentes, à feuilles alternes, sans stipules, souvent munies de deux glandes à leur base. Leurs fleurs forment des épis simples et terminaux (*fig*. 367). Le calice présente de quatre à six sépales, quelquefois (*b*) persistants. La

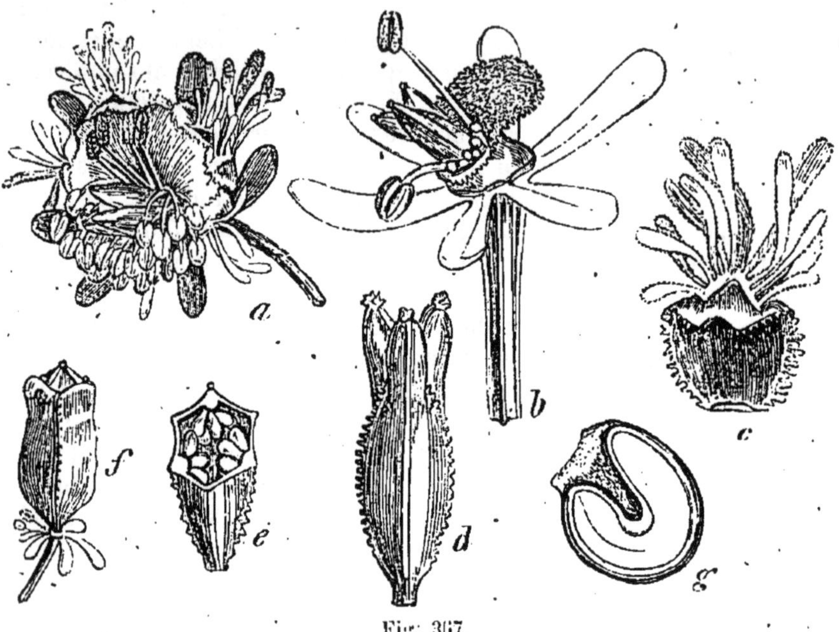

Fig. 367.

corolle se compose d'un même nombre de pétales alternes avec les sépales du calice. Ces pétales sont en général composés de deux parties, l'une inférieure entière (*c*), l'autre supérieure, divisée en un nombre plus ou moins considérable de lanières, rarement la corolle manque. Les étamines sont généralement en nombre indéterminé (de quatorze à vingt-six); leurs filaments sont libres et hypogynes; leurs anthères à deux loges s'ouvrant chacune par un sillon longitudinal. En dehors des étamines, c'est-à-dire entre les pétales et les filets, on trouve une sorte de godet annulaire (*b*), glanduleux, plus élevé du côté supérieur, et formant ainsi un disque hypogyne d'une nature particulière. Le pistil, légèrement stipité à sa base, paraît formé de la

Fig. 367. *Reseda odorata* : *a*, fleur entière; *b*, pistil et urcéole ou disque; *c*, l'un des pétales; *d*, pistil; *e*, coupe transversale de l'ovaire; *f*, fruit s'ouvrant supérieurement; *g*, coupe longitudinale d'une graine.

réunion de trois carpelles (*d*) soudés ensemble bords à bords dans les deux tiers de leur hauteur, et se termine supérieurement par trois cornes portant chacune un stigmate à son sommet (*d*). Cet ovaire a une seule loge ouverte à son sommet, entre les trois points stigmatifères dont nous venons de parler, contenant un grand nombre d'ovules amphitropes ou campulitropes, attachés à trois trophospermes pariétaux (*e*). Le fruit, très-rarement charnu, est ordinairement une capsule plus ou moins allongée, ouverte naturellement à son sommet (*f*), qui se termine par trois angles, à une seule loge, et dont les graines sont rangées sur trois trophospermes pariétaux. Ces graines, très-souvent réniformes, sont composées d'un tégument assez épais, d'un endosperme charnu très-mince (*g*), et d'un embryon recourbé en forme de fer à cheval.

Cette famille se compose des genres **Reseda, Ochradenus, Oligomeris, *Astrocarpus* et *Caylusea*. Le genre *Reseda* avait été placé par Jussieu dans la famille des Capparidées, et il faut convenir, en effet, qu'il a plusieurs points de contact avec cette famille, et en particulier avec le genre *Cleome*. Mais Tristan (*Ann. du Mus. hist. nat.*, t. XVIII, p. 392) en a formé le type d'une famille distincte, adoptée par de Candolle, et placée par le premier de ces botanistes entre les Passiflorées et les Cistées, mais néanmoins plus près de ces dernières. Dans ses *Collectanea botanica*, tab. XII, J. Lindley a donné une explication tout à fait différente de la fleur du réséda. Pour ce botaniste célèbre, le calice est un involucre commun; chaque pétale est une fleur stérile, et le nectaire ou disque est un calice propre qui environne une fleur hermaphrodite, composée des étamines et du pistil. D'après cette manière de voir, Lindley rapproche les Résédacées des Euphorbiacées, qui offrent une disposition à peu près analogue. Mais néanmoins nous croyons que cette famille ne saurait être éloignée des Capparidées et des Cistacées.

158e famille. CRUCIFÈRES (Cruciferæ).

Cruciferæ, Juss. *Gen.* R. Brown, *in Hort. Kew. ed.* 2, IV, 71, DC. *in Mém. Mus.* VII, 169, Ibid. *syst.* II, 139. Ibid. *Prodr.* I, 131. Lindl. *Nat. Syst.* 58. Endlich. *Gen.* 861.

L'une des familles les plus grandes et les plus naturelles du règne végétal, composée de plantes herbacées et quelquefois sous-frutescentes, croissant pour la plupart en Europe. Leurs feuilles sont alternes, simples ou plus ou moins profondément incisées, leurs fleurs disposées en épis ou grappes simples ou paniculées, ordinairement nues, c'est-à-dire sans bractées à leur base. Le calice est formé de quatre sépales caducs imbriqués, et dont deux opposés sont quelquefois bossus à leur base; ces deux sépales bossus sont un peu plus intérieurs, et correspondent aux valves du fruit. La corolle se compose de quatre pétales onguiculés, opposés en croix (de là le nom de Crucifères). Les étamines, au nombre de six (*fig.* 368, *a*), sont tétradynames, c'est-à-dire qu'il y en a quatre plus grandes rapprochées deux par deux, et deux plus courtes et opposées ; les deux plus courtes sont situées sur un rang plus extérieur et en face de deux sépales bossus ; les anthères sont introrses. A la base des étamines, on trouve souvent

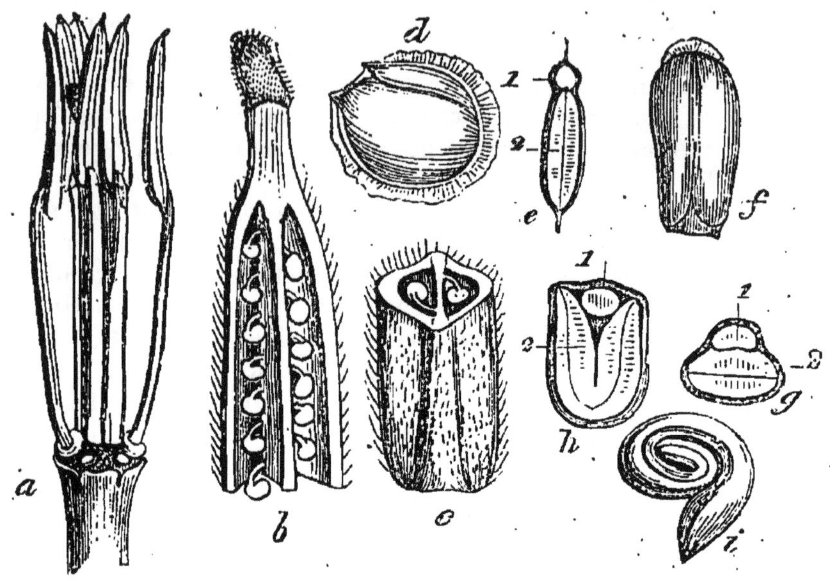

Fig. 368.

sur le réceptacle deux ou quatre glandes, dont une entre chaque paire des grandes étamines, et une plus grande sur laquelle est imposée chaque petite étamine. Le pistil se compose de deux carpelles intimement unis. L'ovaire est plus ou moins allongé, à deux loges séparées par une fausse cloison (*c*), formée par la prolongation des trophospermes qui règnent sur la suture des valves. Chaque loge contient un ou plusieurs ovules attachés au bord externe de la cloison membraneuse, qui n'est qu'un prolongement des deux trophospermes suturaux (*b*). Le style est court ou presque nul, et semble une coninuation de la cloison ; il se termine par un stigmate tantôt simple, tantôt bilobé, et dont les lobes correspondent aux trophospermes. Le fruit est une silique ou une silicule d'une forme variable, indéhis-

Fig. 368. *Cheiranthus Cheiri* : *a*, étamines ; *b*, une partie de l'ovaire coupée longit. pour montrer l'insertion des ovules ; *c*, coupe transv. de l'ovaire ; *d*, graine ; *e*, coupe transversale de la graine ; 1, radicule, 2, cotylédons ; *f*, graine du *Sisymbrium murale* ; *g*, coupe transversale de la même, 1, radicule, 2, cotylédons ; *h*, coupe transversale du *Brassica campestris*, 1, radicule, 2, cotylédons ; *i*, embryon du *Bunias Eracugo*.

cente, ou s'ouvrant en deux valves. Les graines sont attachées de chaque côté de la cloison. Leur embryon est immédiatement recouvert par le tégument propre ; il est plus ou moins recourbé sur lui-même.

La famille des Crucifères a été l'objet d'un grand nombre de travaux qui nous ont mieux fait connaître toutes les particularités de son organisation. Les plus importants, sans contredit, sont ceux que Aug. Pyr. de Candolle a publiés, et qui, aujourd'hui, résument tous ceux qu'on avait faits antérieurement, et servent, après ceux de R. Brown, de base aux divisions établies parmi les genres nombreux de cette famille. L'embryon présente dans l'arrangement relatif de ses cotylédons et de sa radicule des caractères que nous devons faire connaître, parce que c'est d'après eux qu'ont été fondées les grandes divisions de cette famille ; ainsi la radicule peut offrir les dispositions suivantes : 1° Elle est recourbée de manière à s'appliquer sur le bord ou la commissure des cotylédons, qui sont dits alors *accombants* (0 =) (*d*, *e*). 2° Elle correspond au milieu de leur face ; cotylédons *incombants* (0 ‖) (*f*, *g*). 3° Les cotylédons incombants peuvent être *condupliqués* (0 >), c'est-à-dire courbés longitudinalement de manière à former une gouttière qui embrasse la radicule (*h*). 4° Ils peuvent être *roulés* en crosse (0 ‖ ‖) (*i*), et les genres qui offrent cette disposition sont nommés *spirolobés*. 5° Enfin ils peuvent être pliés transversalement de manière à former une double plicature ; dans ce cas ils sont toujours longs et étroits : les Crucifères offrant ces caractères sont dites *diplécolobées* (0 ‖ ‖ ‖). C'est d'après ces caractères que les genres (au nombre d'environ 140) ont été partagés en cinq groupes ou tribus, subdivisés ensuite en un grand nombre de sous-tribus :

1re *tribu*. PLEURORHIZÉES : cotylédons accombants (0 =) : **Matthiola*, **Cheiranthus*, **Nasturtium*, **Barbarea*, **Turritis*, **Arabis*, **Cardamine*, **Lunaria*, **Alyssum*, **Cochlearia*, etc.

2e *tribu*. NOTORHIZÉES : cotylédons planes et incombants (0 ‖) : **Hesperis*, **Sisimbryum*, **Erysimum* **Camelina*, **Lepidium*, **Isatis*.

3e *tribu*. ORTHOPLOCÉES : cotylédons incombants creusés en gouttière (0 >) : **Brassica*, **Sinapis*, **Diplotaxis*. **Eruca*, **Crambe*, **Raphanus*.

4e *tribu*. SPIROLOBÉES : cotylédons incombants linéaires, roulés en crosse (0 ‖ ‖) : **Bunias* et *Erucaria*.

5e *tribu*. DIPLÉCOLOBÉES : cotylédons incombants linéaires, deux fois repliés sur eux-mêmes (0 ‖ ‖ ‖) : **Senebiera*, *Subularia*, *Heliophila*.

La famille des Crucifères est trop bien caractérisée par sa corolle, ses étamines tétradynames, son fruit siliqueux ou siliculeux, pour qu'il soit nécessaire de reproduire ici les différences qui la distinguent des familles voisines.

Autrefois, on partageait les genres de cette famille en deux tribus, selon que le fruit était une *silique* ou une *silicule;* cette distinction, quoique artificielle, n'a point été abandonnée.

159ᵉ famille. *PAPAVÉRACÉES (*Papaveraceæ*).

Papaveraceæ, Juss. *Gen.* DC. *Syst.* II, 67. Ibid. *Prodr.* I, 117. *Podophyllearum gen.* DC.

Plantes herbacées ou plus rarement sous-arbrisseaux, à feuilles alternes, simples ou plus ou moins profondément découpées, remplies en général d'un suc laiteux blanc ou jaunâtre. Les fleurs sont solitaires ou disposées en cymes ou en grappes rameuses. Le calice est formé de deux, très-rarement de trois sépales concaves et très-caducs. La corolle, qui manque quelquefois, se compose de quatre, très-rarement de six pétales planes, chiffonnés et plissés avant leur épanouissement. Les étamines, en très-grand nombre, sont libres. L'ovaire est ovoïde ou globuleux, ou étroit et comme linéaire, à une seule loge, contenant un très-grand nombre d'ovules attachés à des trophospermes saillants sous la forme de lames ou de fausses cloisons. Le style, très-court ou à peine distinct, se termine par autant de stigmates qu'il y a de trophospermes. Le fruit est une capsule ovoïde couronnée par le stigmate, indéhiscente, ou s'ouvrant par de simples pores au-dessous du stigmate, ou bien elle est allongée en forme de silique s'ouvrant en deux valves ou se rompant transversalement par des articulations. Les graines, ordinairement fort petites, se composent d'un tégument propre portant quelquefois une sorte de petite caroncule charnue, d'un endosperme également charnu, dans lequel est placé un très-petit embryon cylindrique.

Ant. Laurent de Jussieu avait réuni dans ses Papavéracées le genre *Fumaria*, qui, mieux étudié, est devenu le type d'une famille distincte. Les genres de Papavéracées sont : **Papaver*, *Argemone*, **Meconopsis*, *Sanguinaria*, *Escholtzia*, *Bocconia*, **Rœmeria*, **Glaucium*, **Chelidonium*, **Hypecoum*, etc.

Nous réunissons à cette famille le *Podophyllum* et le *Jeffersonia*, qui forment l'une des tribus de la famille des PODOPHYLLÉES de Candolle, famille dans laquelle ce botaniste célèbre réunit, en outre des deux genres mentionnés ici, le *Cabomba* et l'*Hydropeltis*, qui forment une famille tout à fait distincte, celle des CABOMBACÉES.

160ᵉ famille. *FUMARIACÉES (*Fumariaceæ*).

Fumariæ, DC. *Théor.* 244. *Fumariaceæ*, DC. *Syst.* II. 105. Ibid. *Prodr.* I, 125. Parlatore, *Monog. Firenze*, 1844.

Les Fumariacées sont toutes des plantes herbacées non lactescentes, ayant des feuilles alternes et décomposées en un grand nombre de segments étroits; des fleurs généralement assez petites, disposées en épis terminaux. Leur calice se compose de deux sépales très-petits, opposés, planes et caducs. La corolle est irrégulière, tubuleuse, formée de quatre pétales inégaux, quelquefois légèrement soudés entre eux à leur base, dont deux extérieurs et deux plus intérieurs, le supérieur externe, qui est le plus grand, se termine à sa partie intérieure par un éperon court et recourbé. Les étamines, au nombre de six, sont diadelphes, c'est-à-dire formant deux androphores, qui portent chacun à leur sommet trois anthères, savoir : une moyenne à deux loges, et deux latérales uniloculaires. L'ovaire est uniloculaire, et contient d'un à quatre, ou un grand nombre d'ovules campulitropes attachés à deux trophospermes longitudinaux, correspondant à chaque suture. Le style est court, surmonté d'un stigmate déprimé. Le fruit est tantôt un akène globuleux, monosperme par avortement, tantôt une capsule quelquefois vésiculeuse, polysperme, et s'ouvrant en deux valves. Les graines sont globuleuses, munies d'une caroncule, et contenant, dans un endosperme charnu, un embryon petit, un peu latéral, quelquefois recourbé et placé transversalement.

Cette famille, composée du genre **Fumaria* et des genres établis avec ses diverses espèces, comme **Corydalis*, *Diclytra*, *Cysticapnos*, etc., se distingue des Papavéracées par l'absence du suc laiteux, par la corolle irrégulière et les six étamines diadelphes, et par un port tout à fait différent.

Néanmoins quelques auteurs, Lindley et Endlicher par exemple, considèrent les Fumariacées comme un simple sous-ordre des Papavéracées. Nous ne partageons pas cette opinion.

POLYPÉTALES HYPOGYNES, A PLACENTATION AXILE.

161e famille. *NYMPHÉACÉES (Nympheaceæ).

Nympheaceæ, Salib. in *Kœnig. Ann. of Bot.* II, 69. DC. *Syst.* II, 39. Ibid. *Prodr.* I, 113. Lindl. *Nat. syst.* 10. Endlich. *Gen.* 898. Trécul. *Mém.* in *Ann. Sc. nat.* 1846.

Grandes et belles plantes qui nagent à la surface des eaux, et dont la tige forme une souche souterraine rampante. Leurs feuilles alternes, entières, sont cordiformes ou orbiculées, portées sur de très-longs pétioles. Leurs fleurs sont très-grandes, solitaires et portées sur de longs pédoncules cylindriques. Le périanthe est formé d'un nombre variable, quelquefois très-grand, de sépales et de pétales disposés sur plusieurs rangs. Les étamines sont très-nombreuses, insérées sur plusieurs rangs au-dessous de l'ovaire, ou même sur sa paroi externe, qui se trouve ainsi recouverte par les étamines et par les pétales intérieurs, qui ne sont probablement que des étamines transformées; ce que prouve la dilatation graduelle des filaments à mesure qu'on les observe plus extérieurement. Les anthères sont introrses et à deux loges linéaires. L'ovaire est libre et sessile au fond de la fleur ou adhérent avec le calice, et par conséquent, infère; il est divisé intérieurement en autant de loges qu'il y a de lobes stigmatiques, par des cloisons membraneuses, ou plutôt par des trophospermes en forme de cloisons, sur les parois desquelles sont insérés sans ordre de nombreux ovules pendants. Le sommet de l'ovaire est couronné par autant de stigmates rayonnants qu'il y a de loges à l'ovaire. La réunion de ces stigmates forme une sorte de disque lobé et en étoile qui couronne l'ovaire. Le fruit est indéhiscent et charnu intérieurement, à plusieurs loges polyspermes. Les graines ont un tégument épais, quelquefois développé en forme de réseau, contenant un gros endosperme farineux, qui porte à son sommet un second endosperme extérieur (endosperme amniotique), beaucoup plus petit, hémisphérique ou conoïde et déprimé, dans l'intérieur duquel est placé l'embryon. Celui-ci offre à peu près la même forme que l'endosperme qui le contient, il est homotrope, un peu adhérent par sa base avec le sac amniotique. Ses deux cotylédons sont épais et courts, sa radicule à peine distincte.

La famille des Nymphéacées a été l'objet de nombreuses contestations de la part des botanistes. Les uns, en effet, l'ont placée parmi les Monocotylédones (Jussieu, L. C. Richard). Les autres l'ont mise au rang des Dicotylédones. Cette dernière opinion est aujourd'hui généralement admise, et l'embryon des Nymphéacées est, en effet, dicotylédoné. C'est R. Brown qui a fait bien connaître la nature de cette portion extérieure à l'embryon et qui avait à tort été considérée comme en faisant partie, tandis qu'elle n'est qu'un second endosperme formé par le développement du sac amniotique. Déjà nous avons vu une disposition tout à fait semblable dans les Pipéracées et les Saururées qui appartiennent aux Dicotylédones apétales. Cependant nous ferons remarquer ici que la structure anatomique place les Nymphéacées dans l'embranchement des Monocotylédones, ainsi que M. H. Trécul l'a montré dans son mémoire sur l'anatomie du *Nuphar luteum* (voy. *Ann: sc. nat.* 1846).

Cette famille ne se compose que d'un petit nombre de genres divisés cependant en deux tribus :

1re *tribu.* EURYALÉES : ovaire adhérent : *Euryale, Victoria.*

2e *tribu.* NYMPHÉÉES : ovaire libre : **Nymphæa*, **Nuphar.*

Les Nymphéacées sont voisines des Nélumbiacées et des Cabombacées par leurs deux endospermes; elles ont aussi des rapports avec les Papavéracées, dont on les distingue par leur port, la structure de leur fruit et celle de leurs graines.

162e famille. NÉLUMBIACÉES (Nelumbiaceæ).

Nelumboneæ, Bartl. *Ord.* 89. Endlich. *Gen.* 902. *Nymphæacearum trib.* DC. *Prodr.* I, 113. *Nelumbiaceæ*. Lindl. *Nat. syst.* 13.

Pour le port, les Nélumbiacées ressemblent complétement aux Nymphéacées. Leur fleur offre la même structure générale que celle d'un *Nymphæa;* la seule différence consiste dans les organes sexuels femelles. Ceux-ci se composent d'un nombre assez considérable de carpelles enfoncés dans la face supérieure d'un réceptacle ou gynophore commun obconoïde, déprimé, plan, l'extrémité supérieure du style et du stigmate étant seule visible à sa face supérieure. Chaque carpelle se compose d'un ovaire libre, complétement plongé dans la substance du gynophore, à une seule loge contenant un ovule pendant et anatrope. Le style est excessivement court, terminé par un stigmate simple, déprimé à son centre; ordinairement on trouve sur un des côtés de l'ovaire un second stigmate sessile, ce qui montre que l'ovaire se compose de deux carpelles confondus, et que quelquefois on peut trouver deux ovules collatéraux. Le fruit consiste en akènes coriaces engagés dans le réceptacle commun, qui est devenu dur et spongieux, et a pris beaucoup d'accroissement. La graine contient sous son épisperme un gros embryon homotrope, dépourvu d'endosperme dont les deux cotylédons sont très-épais, obtus, recouvrant une gemmule très-développée, enveloppée elle-même par une membrane mince sous forme d'une sorte de sac.

Le genre *Nelumbium* compose à lui seul cette petite famille, si distincte des Nymphéacées par son gynophore, par la structure de ses carpelles et par son embryon dépourvu d'endosperme.

163e famille. CABOMBACÉES (Cabombaceæ).

Cabombeæ, Rich. *Anal. du fruit.* 68. *Hydropeltideæ*, A. Rich. *Élém. Podophyllear. trib.* DC. *Prodr.* I, 112.

Petite famille uniquement composée de deux genres *Cabomba* et *Hydropeltis* qui renferment des plantes herbacées vivaces, croissant dans les eaux douces du nouveau continent. Leurs feuilles, qui nagent à la surface de l'eau, sont entières et peltées, ou divisées en lobes plus ou moins fins. Les fleurs sont solitaires et longuement pédonculées. Leur calice est à six divisions profondes ou à six sépales disposés sur deux rangées; les étamines varient de six à trente-six. Le nombre des carpelles réunis au centre de la fleur est depuis deux ou trois jusqu'à dix-huit, c'est-à-dire en général moitié moindre que celui des étamines. Chaque carpelle, qui est plus ou moins allongé, offre une seule loge contenant deux ovules pariétaux et pendants; le style est plus ou moins long, terminé par un stygmate simple. Le fruit est indéhiscent, à une ou à deux graines; celles-ci contiennent sous leur tégument propre un très-gros endosperme charnu ou farineux, creusé à sa base d'une petite fossette dans laquelle repose un second endosperme déprimé discoïde contenant l'embryon.

Cette famille a été longtemps placée parmi les Monocotylédones. Mais son embryon est tout à fait analogue à celui des Nymphéacées. De Candolle réunissait ces deux genres à sa famille des Podophyllées; d'autres les ont placés dans les Nymphéacées. Nous pensons que, par ses carpelles distincts, contenant chacun deux ovules superposés, par la structure de son fruit et de sa graine, cette petite famille est suffisamment distincte.

104e famille. *RENONCULACÉES (Ranunculaceæ).

Ranunculi, Juss. *Gen.* *Ranunculaceæ*, DC. *Syst:* I, 127. Ibid. *Prodr.* I, 2. Lindl. *Nat. syst.* 5. Endlich. *Gen.* 813.

Cette grande famille se compose de plantes herbacées ou sous-frutescentes portant des feuilles alternes embrassantes à leur base, le plus souvent divisées en un grand nombre de segments, opposées dans le seul genre Clématite. Les fleurs varient beaucoup dans leur disposition; quelquefois elles sont accompagnées d'un involucre formé de trois feuilles, éloignés des fleurs ou rapproché d'elles et caliciforme. Le calice est polysépale à préfloraison valvaire ou imbriquée, souvent coloré et pétaloïde, rarement persistant. La corolle est polypétale, quelquefois nulle. Les pétales sont planes (*fig.* 369, A), simples avec une petite fossette ou une lame glanduleuse à leur base interne, plus souvent difformes ou irrégulièrement creusés en cornet ou en éperon, et brusquement onguiculés à leur base. Les étamines sont généralement en grand nombre, libres, à anthères continues aux filets; les carpelles présentent deux modifications principales : tantôt leur ovaire offre un seul ovule pendant (B); tantôt il en contient plusieurs superposés (C), attachés à un trophosperme sutural; ces ovules sont anatropes. Les carpelles sont, dans le premier cas, réunis en tête, dans le second ils sont disposés circulairement, très-rarement ils sont soudés entre eux. Le style est très-court, ordinairement latéral : le sigmate simple. Les fruits sont monospermes indéhiscents, en capitule ou en épi; ou bien ce sont des follicules agrégés, distincts ou soudés, quelquefois solitaires, uniloculaires, polyspermes, s'ouvrant par leur suture interne qui porte les graines; très-rarement c'est une baie polysperme. Les graines ne sont pas arillées. L'embryon, très-petit (D), a la même direction que la graine, et est renfermé dans la base d'un endosperme charnu ou dur.

Malgré des différences très-grandes, cette famille forme cependant un groupe très-naturel, et qui mérite d'être étudié avec soin, pour se former une juste idée des modifications d'organisation que peuvent présenter les divers genres d'un même groupe naturel. Les genres

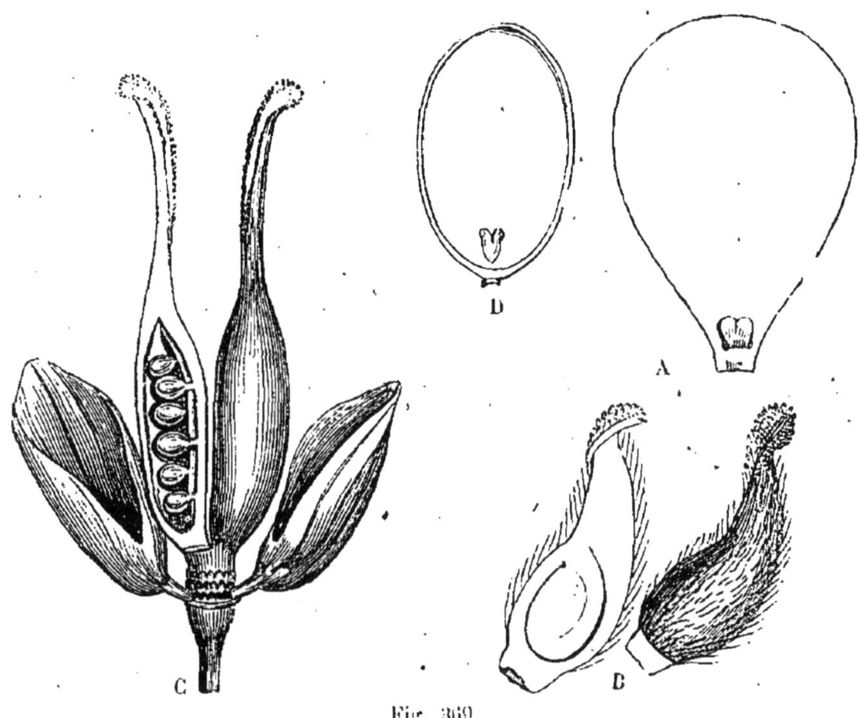

Fig. 369.

qui la composent réunissent en général des espèces presque toutes européennes. On peut les diviser en quatre tribus :

1re *tribu*. ANÉMONÉES : fruits monospermes indéhiscents; périanthe simple : **Clematis*, **Atragène*, *Naravelia*, **Anemone*, **Thalictrum*, **Hepatica*, **Adonis*.

2e *tribu*. RENONCULÉES : fruits monospermes indéhiscents; périanthe double : **Ranunculus*, **Ceratocephalus*, **Ficaria*.

3e *tribu*. HELLÉBORÉES : fruits polyspermes déhiscents; pétales concaves irréguliers : **Caltha*, **Trollius*, **Eranthis*, **Helleborus*, **Isopyrum*, **Nigella*, **Aquilegia*, **Delphinium*, **Aconitum*.

4e *tribu*. PÆONIÉES : fruits polyspermes déhiscents; pétales planes : **Pæonia*.

Fig. 369. A, pétale du *Ranunculus acris*. B, carpelles de l'*Hepatica triloba*. C, deux carpelles et deux pétales de l'*Isopyrum thalictroïdes*. D, coupe longitudinale de la graine du *Myosorus minimus*.

165e famille. DILLÉNIACÉES (Dilleniaceæ).

Dilleniaceæ, DC. *Syst.* I, 395. Ibid. *Prodr.* I, 67. Lindl. *Nat. syst.* 20. Endlich. *Gen.* 839.

Arbres ou arbustes tous exotiques, sarmenteux, ayant des feuilles alternes très-rarement opposées, sans stipules, souvent embrassantes à leur base : des fleurs solitaires ou en grappes quelquefois opposées aux feuilles. Leur calice est gamosépale, persistant, à cinq divisions profondes et imbriquées latéralement; leur corolle ordinairement de cinq pétales. Leurs étamines, très-nombreuses, disposées sur plusieurs rangs sont libres, quelquefois unilatérales ou disposées en plusieurs faisceaux. Les carpelles varient de deux à douze; généralement distincts, ils sont quequefois soudés en un seul. Leur ovaire est uniloculaire, contenant deux ou plusieurs ovules anatropes, attachés à la partie inférieure de leur angle interne et dressés. Les styles sont simples ou terminés chacun par un stigmate également simple. Les fruits sont distincts et soudés, charnus ou secs et déhiscents. Les graines, très-souvent accompagnées d'un arille charnu et cupuliforme, ont un tégument crustacé recouvrant un endosperme charnu dans lequel est un embryon très-petit, dressé, homotrope, placé vers la base.

On compte dans cette famille les genres *Tetracera*, *Davilla*, *Delima*, *Pachynema*, *Pleurandra*, *Dillenia*, *Hibbertia*, etc. Elle se distingue des Magnoliacées et des Anonacées par le nombre quinaire des parties de sa fleur.

166e famille. ANONACÉES (Anonaceæ).

Anoneæ, Juss. *Gen.* Ibid. *Ann. Mus.* XVI, 338. *Anonaceæ*, Dunal. *Monog.* Paris, 1817. DC. *Syst.* I, 463. Ibid. *Prodr.* I, 83. Lindl. *Nat syst.* 18. Alph. DC. *in Mém. soc. Gen.* V, 177. Endlich. *Gen.* 830. A. Rich. *Fl. Cuba*, I, 51.

Les Anonacées sont des arbres ou des arbrisseaux ayant des feuilles alternes simples, dépourvues de stipules, caractère qui les distingue surtout des Magnoliacées. Leurs fleurs, ordinairement axillaires (*fig.* 370, *a*), sont quelquefois terminales. Leur calice est persistant. formé de trois sépales (*b*). Leur corolle est formée de six pétales disposés sur deux rangs (*b*) à préfloraison valvaire; les étamines sont fort nombreuses (*c*), formant plusieurs rangées. Leurs filets sont courts, et leurs anthères presque sessiles (*d*). Les carpelles, en général réunis en grand nombre au centre de la fleur, sont tantôt distincts (*c*), tantôt soudés entre eux; chacun d'eux offre une seule loge qui contient un ou plusieurs ovules attachés à leur suture interne, et formant souvent deux rangées longitudinales. Ces carpelles constituent autant de fruits distincts (*e*) (rarement un seul par suite d'avortement), s'ouvrant en deux valves (*f*); quelquefois ils se soudent tous entre eux, et forment une sorte de cône charnu et écailleux. Les graines (*g*) ont leur tégument double; elles sont ordinairement accompagnées d'un arille

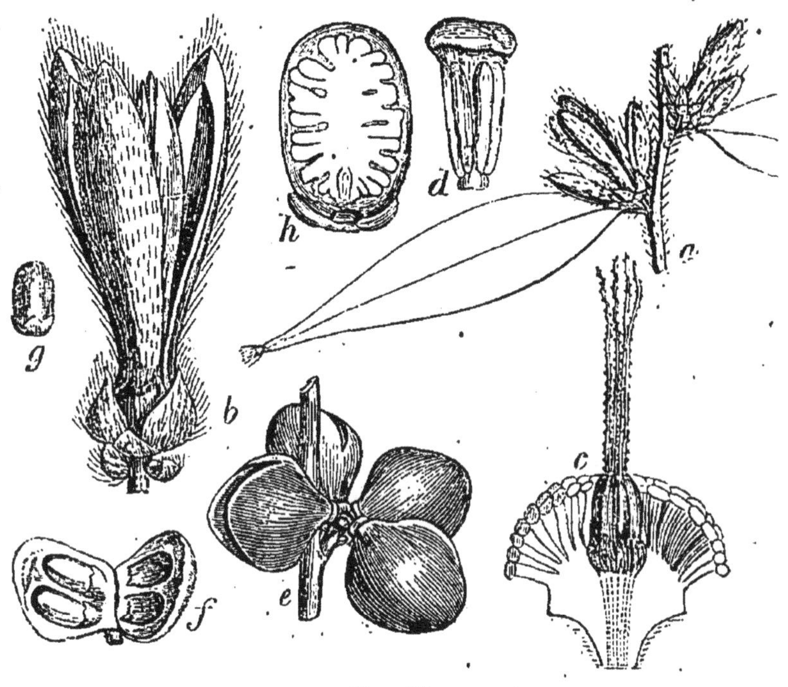

Fig. 370.

charnu et cupuliforme (*g*). Leur endosperme corné est profondément sillonné (*h*), contenant un très-petit embryon placé vers le point d'attache de la graine.

Cette famille, dans laquelle on trouve les genres *Anona*, *Xylopia*, *Guatteria*, *Asimina*, *Uvaria*, etc., est très-voisine des Magnoliacées, dont elle diffère surtout par l'absence des stipules, par les pétales, dont le nombre n'excède jamais six, à préfloraison valvaire, et par l'endosperme profondément et irrégulièrement sillonné, dur et corné.

Fig. 370. *Xylopia sericea* : *a*, rameau florifère; *b*, fleur entière; *c*, étamines et carpelles; *d*, une étamine; *e*, fruits; *f*, un péricarpe ouvert; *g*, graine enveloppée à sa base par un arille cupuliforme; *h*, coupe longitudinale de la graine, montrant l'embryon très-petit placé à la base de l'endosperme.

167e famille. MAGNOLIACÉES (Magnoliaceæ).

Magnoliæ, Juss. *Gen.* *Magnoliaceæ*, DC. *Syst.* I, 439. Id. *Prodr.* I, 77. Lindl. *Nat. syst.* 16. Endlich. *Gen.* 866.

Cette famille se compose de grands et beaux arbres ou d'arbrisseaux élégants ornés de belles feuilles alternes, souvent coriaces et persistantes, munies à leur base de stipules foliacées. Les fleurs, souvent très-grandes et répandant une odeur suave, sont en général axillaires ou terminales. Le calice se compose de trois à six pétales caducs ; les pétales varient de trois à vingt-sept, formant plusieurs verticilles à préfloraison imbriquée. Les étamines, fort nombreuses et libres, sont disposées sur plusieurs rangées spirales et attachées au réceptacle qui porte les pétales. Les carpelles sont nombreux, tantôt réunis circulairement et sur une seule rangée au centre de la fleur, tantôt formant un capitule plus ou moins allongé ; ils se composent d'un ovaire uniloculaire contenant un ou plusieurs ovules anatropes, d'un style à peine distinct et d'un stigmate simple. Les fruits sont des carpelles secs ou charnus, réunis circulairement et sous forme d'étoile, ou disposés en capitules, et quelquefois tous soudés entre eux ; chaque carpelle est indéhiscent, ou s'ouvre par une suture longitudinale, et la graine est assez souvent portée sur un trophosperme sutural et filiforme, qui pend quelquefois en dehors quand le fruit s'ouvre ; ces graines ont leur embryon dressé dans un endosperme charnu.

La famille des Magnoliacées se subdivise en deux tribus de la manière suivante :

1re *tribu*. ILLICIÉES : carpelles verticillés, rarement solitaires par avortement ; feuilles marquées de points transparents : *Illicium*, *Drimys*, *Tasmannia*.

2e *tribu*. MAGNOLIÉES : carpelles disposés en capitules, feuilles non ponctuées : *Magnolia*, *Michelia*, *Talauma*, *Liriodendron*, etc.

Cette famille est très-voisine des Anonacées, dont elle diffère surtout par ses stipules et son endosperme charnu. Elle a aussi des rapports avec les Dilléniacées, qui en diffèrent par le nombre quinaire des parties de la fleur, leurs graines arillées, et l'absence des stipules.

168e famille. PITTOSPORACÉES (Pittosporaceæ).

Pittosporeæ, R. Brown, in Flind. *Voy.* II, 542. DC. *Prodr.* I, 345. Lindl. *Nat. syst.* 31. Putterlick. *Monogr.*. Vienne, 1839. Endlich. *Gen.* 1081.

Arbrisseaux quelquefois sarmenteux et volubiles, à feuilles simples et alternes, sans stipules ; à fleurs solitaires, fasciculées ou disposées en grappes terminales (*fig.* 371). Leur calice est formé de cinq sépales, peu soudés à la base. La corolle se compose de cinq pétales égaux, réunis et soudés par leur base, de manière à former une corolle gamopétale, tubuleuse et régulière (*a*), ou étalée et comme rotacée ; les cinq étamines sont dressées, hypogynes (*b*), alternes, de même que la corolle. L'ovaire est libre, élevé sur une espèce de disque hypogyne (*b*) ; il présente une ou deux loges (*c*), séparées par des cloisons incom-

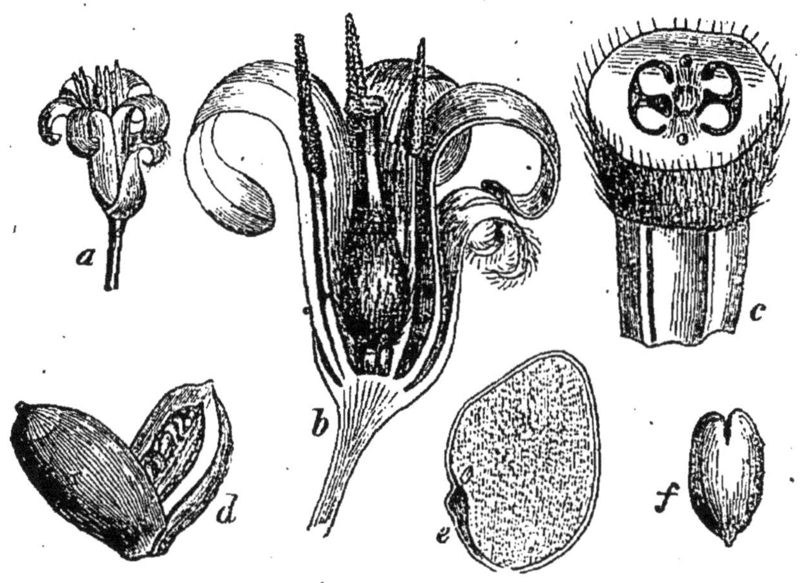

Fig. 371.

plètes, qui souvent ne se joignent pas au centre de l'ovaire ; de là l'uniloculárité de cet organe. Les ovules sont nombreux, attachés sur deux rangées longitudinales et distinctes vers le milieu de la cloison. Le style est quelquefois très-court, terminé par un petit stigmate bilobé (*b*). Le fruit est une capsule à une ou à deux loges polyspermes, s'ouvrant en deux valves (*d*), ou un fruit charnu et indéhiscent. Les graines se composent d'un tégument propre un peu crustacé, d'un endosperme blanc et charnu, et d'un embryon extrêmement petit (*f*), placé vers le hile (*e*), et ayant sa radicule tournée vers ce point.

Les genres qui composent cette famille étaient placés auparavant parmi les Rhamnacées ; mais leur insertion hypogynique, leurs étamines alternes les en éloignent de beaucoup. De Candolle place les Pittosporacées entre les Polygalacées et les Frankéniacées ; mais il nous semble que cette famille doit être mise auprès des Rutacées, dont elle

Fig. 371. *Pittosporum undulatum* : *a*, fleur entière ; *b*, coupe longitudinale de la fleur ; *c*, coupe transversale de l'ovaire ; *d*, fruit s'ouvrant en deux valves ; *e*, coupe longitudinale d'une graine ; *f*, embryon.

se rapproche singulièrement par une foule de caractères. Voici les genres principaux de cette famille : *Pittosporum*, *Billardiera*, *Burseria*, *Senacia*, etc.

169e famille. *BERBÉRIDACÉES (Berberidaceæ).

Berberideæ, Juss. *Gen.* DC. *Syst.* II, 1. Id. *Prodr.* I, 105. Endlich. *Gen.* 851. *Berberaceæ*, Lindl. *Nat. syst.* 7.

Herbes ou arbrisseaux à feuilles alternes, simples ou composées, accompagnées à leur base de stipules qui sont souvent persistantes et épineuses. Leurs fleurs, généralement jaunes, sont disposées en

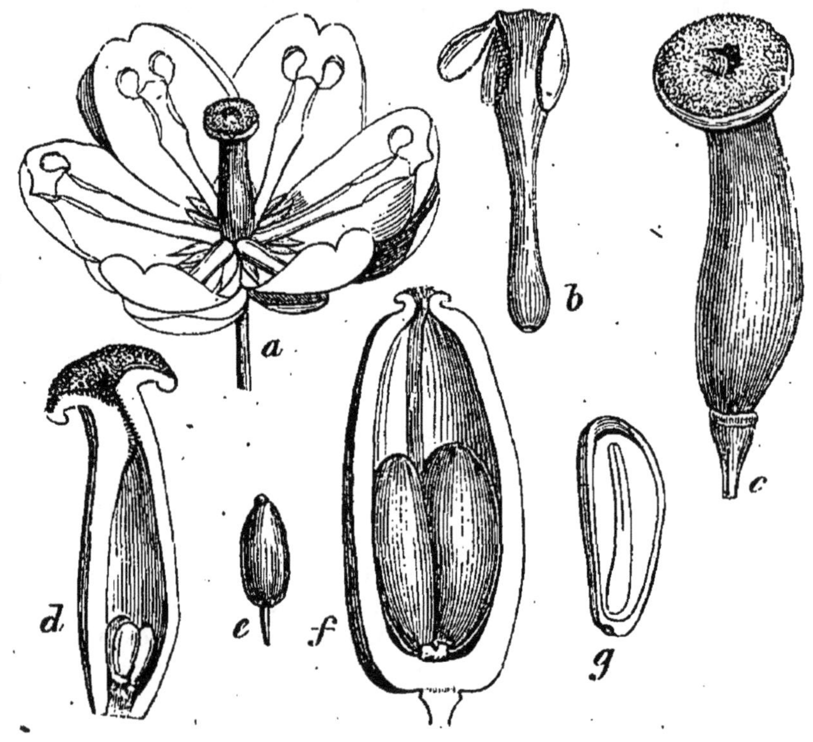

Fig. 372.

grappes simples ou rameuses (*fig.* 372). Elles ont un calice de trois (*a*), quatre à six sépales, rarement d'un nombre plus considérable ou moindre, accompagné extérieurement de plusieurs écailles. Leurs

Fig. 372. *Berberis vulgaris* : *a*, fleur entière ; *b*, étamine dont les loges s'ouvrent ; *c*, pistil ; *d*, coupe longit. du même ; *e*, fruit ; *f*, coupe longit. du même ; *g*, coupe longit. de la graine.

pétales, en même nombre que les sépales, sont plans ou concaves et irréguliers, mais constamment opposés aux sépales. Ils sont souvent munis à leur base interne de petites glandes ou d'écailles glanduleuses. Les étamines, en nombre égal aux pétales, leur sont opposées (*a*). Les anthères, sessiles ou portées sur un filet plus ou moins long, sont à deux loges dont chacune s'ouvre (*b*) par une sorte de valve ou de panneau, ainsi que nous l'avons déjà observé dans la famille des Lauracées. L'ovaire est à une seule loge, qui renferme de deux (*d*) à douze ovules dressés ou attachés latéralement sur la paroi interne, et y formant une seule ou deux rangées. Le style, quelquefois latéral, est court, épais ou nul. Le stigmate est généralement concave (*c*, *d*). Le fruit est sec ou charnu (*e*), uniloculaire et indéhiscent. Les graines se composent d'un tégument propre recouvrant un endosperme charnu ou corné, qui contient un embryon axile (*g*) et homotrope.

Cette famille, dont on a retiré plusieurs des genres qui y avaient été réunis par Jussieu, se compose des suivants : **Berberis*, *Mahonia*, *Naudinia*, *Leontice*, *Caulophyllum*, **Epimedium*, *Diphylleia*. Elle est très-distincte de toutes les autres familles voisines par ses étamines opposées aux pétales et le mode de déhiscence de ses anthères.

Le nombre type de cette famille est trois pour les parties constituantes de chaque verticille floral. Nous avons déjà expliqué, dans la première partie de cet ouvrage (page 249), la véritable structure des fleurs dans cette famille.

170e famille. *AMPÉLIDACÉES (Ampelidaceæ).

Vites, Juss. *Gen. Ampelideæ*, Kunth, in Humb. *Nov. gen.* V, 223. DC. *Prodr.* I, 627. Endlich. *Gen.* 796. *Sarmentaceæ*, Vent. tabl. 167. *Viniferea*, Juss. *Mém. Mus.* III, 444. *Vitaceæ*, Lindl. *Nat. syst.* 30.

Arbustes ou arbrisseaux volubiles, sarmenteux et munis de vrilles opposées aux feuilles. Celles-ci sont alternes, pétiolées, simples ou digitées, munies à leur base de deux stipules. Les fleurs sont disposées en grappes opposées aux feuilles (*fig.* 373). Le calice (*a*) est très-court, souvent entier et presque plan ; la corolle, de cinq pétales valvaires, quelquefois cohérents entre eux par leur partie supérieure, et s'enlevant tous ensemble en forme de coiffe (*a*). Les étamines, au nombre de cinq (*b*), sont dressées, libres et opposées aux pétales. L'ovaire est appliqué sur un disque hypogyne (*b*), annulaire et lobé dans son contour ; il offre constamment deux loges (*c*), contenant chacune deux ovules dressés (*c*) et anatropes ; le style, qui est épais et très-court, se termine par un stigmate à peine bilobé (*b*). Le fruit est une baie globuleuse, contenant d'une à quatre graines dressées (*d*), ayant leur épisperme épais, leur endosperme corné, plus ou moins profondément sillonné, et contenant vers sa base (*f*) un très-petit embryon dressé et orthotrope.

Cette petite famille, composée des genres *Vitis, Cissus, Ampelopsis* et *Leea*, est très-distincte par ses feuilles munies de stipules, par ses vrilles opposées aux feuilles, ses étamines opposées aux pétales, et la structure de son fruit et de sa graine.

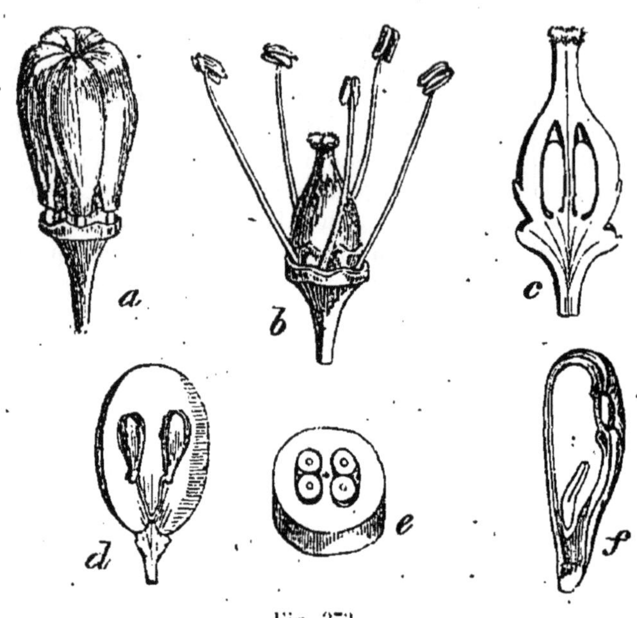

Fig. 373.

L'opposition des étamines aux pétales est un des caractères les plus saillants de cette famille. Dans le genre *Leea*, ces étamines sont monadelphes, et entre chacune d'elles on trouve un appendice représentant une étamine avortée. Il y a donc dans les Ampélidacées dix étamines, dont les cinq normales, c'est-à-dire celles qui sont alternes avec les pétales, avortent, n'étant plus représentées que par le disque, et il ne reste plus que celles qui sont opposées aux pétales.

121e famille. LARDIZABALACÉES (Lardizabalaceæ).

Lardizabaleæ, Juss. *Mém.* in *Arch. du Mus.* I, p. 1.

Arbrisseaux sarmenteux glabres, à feuilles alternes sans stipules, composées, digitées; à fleurs unisexuées monoïques ou dioïques, disposées en grappes axillaires. Les fleurs mâles se composent de six sépales

Fig. 373. *Vitis vinifera* : *a*, fleur entière; *b*, fleur dont la corolle est détachée; *c*, coupe longit. du pistil; *e*, coupe transv. du même; *d*, coupe longitud. du fruit; *f*, coupe longit. de la graine.

disposés sur deux rangs, et de six pétales (manquant rarement) opposés aux sépales. Les étamines, au nombre de six, sont opposées aux pétales : elles sont monadelphes, à anthères biloculaires s'ouvrant par des fentes longitudinales. Dans les fleurs femelles on trouve de trois à neuf carpelles distincts, uniloculaires, contenant un certain nombre d'ovules attachés à toute la paroi interne de l'ovaire. Ces carpelles (dont un certain nombre avortent presque constamment) deviennent des fruits charnus, polyspermes, très-rarement monospermes par avortement ; quelquefois ces fruits sont secs et déhiscents. Leurs graines offrent un embryon axile très-petit dans un endosperme charnu et assez dur.

Lardizabala, Boquila, Parvatia, Stauntonia, Holboellia, Burasaia.

Établie par M. Decaisne, cette famille se distingue des Ménispermacées, à laquelle ses genres étaient primitivement rapportés, par ses fruits polyspermes, par son embryon droit excessivement petit, placé au dedans et à la base d'un endosperme charnu, et par ses feuilles composées.

172e famille. MÉNISPERMACÉES (Menispermaceæ).

Menisperma, Juss. *Gen. Menispermeæ*, DC. *Syst. nat.* I, 509. *Menispermaceæ*, DC. *Prodr.* I, 95. Lindl. *Nat. syst.* 214. Endlich. *Gen.* 825.

Cette famille se compose d'arbustes sarmenteux et grimpants dont les feuilles alternes sont généralement simples et sans stipules. Les fleurs sont petites, unisexuées et le plus souvent dioïques. Le calice se compose de plusieurs sépales disposés par trois et formant plusieurs rangées. Il en est de même de la corolle, qui manque quelquefois. Les étamines sont monadelphes ou libres, en même nombre que les pétales, ou en nombre double ou triple. Les carpelles, souvent en grand nombre, libres ou soudés par leur côté interne, sont à une seule loge contenant un ou plusieurs ovules amphitropes. Les fruits sont des espèces de petites drupes monospermes obliques et comme réniformes, comprimées. La graine qu'elles contiennent se compose d'un embryon recourbé sur lui-même et généralement dépourvu d'endosperme, ou offrant un endosperme très-peu développé.

Les Ménispermacées, qui se composent entre autres des genres *Menispernum*, *Cocculus*, *Cissampelos*, *Abuta*, etc., sont assez rapprochées des Anonacées ; mais elles s'en distinguent par leur port, qui est tout à fait différent, par leurs étamines, généralement en nombre défini, et la structure de leurs fruits.

173e famille. *RUTACÉES (Rutaceæ).

Rutæ, Juss. *Gen. Rutaceæ*, Adr. de Juss. *Monogr.* in *Mém. Mus.* XII. *Zygophylleæ* et *Diosmeæ*. Brown, in Flinders *Voy*. II, 545. *Simarubeæ*, Rich. *Anal. du fr.* 21. DC. *Ann. Mus.* XVII, 323. Id. *Prodr.* I, 732.

Grande famille composée d'arbres, d'arbustes ou de plantes herbacées ou frutescentes, ayant des feuilles opposées (*fig.* 374) ou alternes, très-souvent marquées de points translucides, avec ou sans stipules ; des fleurs en général hermaphrodites, très-rarement unisexuées ; un calice de trois à cinq sépales soudés par la base ; une corolle de cinq

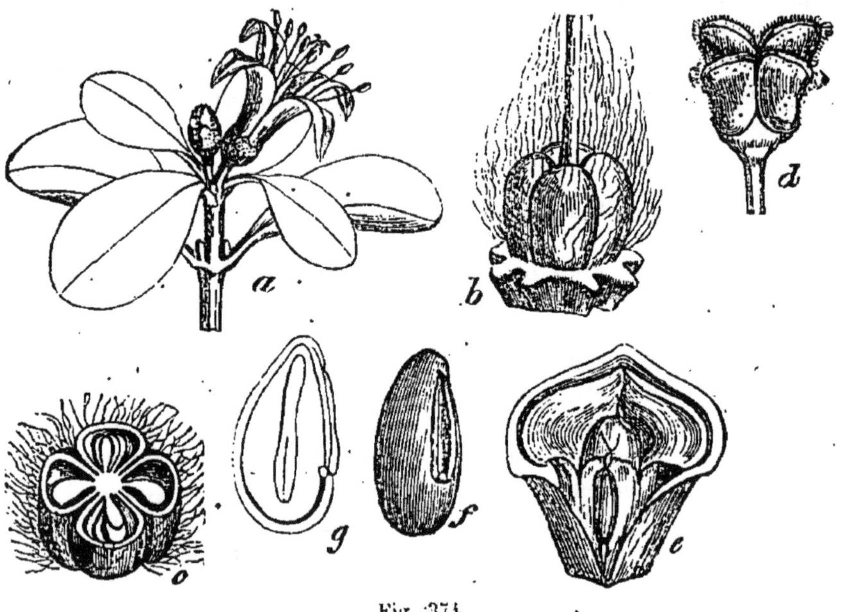

Fig. 374.

pétales (*a*), quelquefois soudés ensemble, et formant une corolle pseudo-gamopétale, plus rarement nulle ; cinq ou dix étamines, dont quelques-unes avortent parfois et offrent des formes variées. L'ovaire se compose de trois à cinq carpelles (*b*) plus ou moins intimement soudés, et formant autant de côtes plus ou moins saillantes. Chaque loge contient souvent deux, plus rarement un, ou un assez grand nombre d'ovules, insérés à leur angle interne, et y formant deux rangées. Les styles sont libres ou soudés. Ces carpelles sont en général

Fig. 374. *Correa alba* : *a*, rameau florifère ; *b*, ovaire et disque ; *c*, coupe transversale de l'ovaire ; *d*, fruit ; *e*, l'un des carpelles vu par sa face interne et s'ouvrant ; *f*, graine ; *g*, coupe longitudinale de la graine.

appliqués sur un disque hypogyne plus ou moins saillant (*b*), et quelquefois ils forment, par leur réunion, un ovaire gynobasique, dont le style semble naître d'une dépression très-profonde de sa partie centrale. Le fruit est tantôt simple, formant une capsule, s'ouvrant en autant de valves septifères qu'il y a de loges; tantôt, et plus souvent, il se sépare en autant de coques ou de carpelles (*d*, *e*), le plus souvent monospermes, indéhiscents, et quelquefois légèrement charnus ou secs, et s'ouvrant en deux valves incomplètes. Les graines, dont le tégument propre est souvent crustacé, se composent d'un endosperme charnu ou corné (*g*), contenant un embryon à radicule supérieure rarement tournée vers le hile, qui est latéral; quelquefois l'embryon est dépourvu d'endosperme.

Nous avons adopté la famille des Rutacées telle qu'elle a été limitée par notre ami Adr. de Jussieu, dans son excellent travail sur cette famille. Il y a réuni, comme de simples tribus, les *Zygophyllées* de Brown, et les *Simaroubées* établies par mon père, et l'a divisée en cinq tribus naturelles, qui sont :

1re *tribu*. ZYGOPHYLLÉES : fleurs hermaphrodites; loges de l'ovaire contenant deux ou plusieurs ovules; endocarpe ne se séparant pas du sarcocarpe; endosperme cartilagineux; feuilles opposées : **Tribulus*, *Fagonia*, *Guaiacum*, *Zygophyllum*, etc.

2e *tribu*. RUTÉES : fleurs hermaphrodites; deux ou plusieurs ovules dans chaque loge; endocarpe ne se séparant pas du sarcocarpe; endosperme charnu, feuilles alternes : **Ruta*, *Peganum*, etc.

3e *tribu*. DIOSMÉES : fleurs hermaphrodites; deux ou plusieurs ovules; endocarpe se séparant du sarcocarpe : *Dictamnus*, *Diosma*, *Boronia*, *Ticorea*, *Galipea*.

4e *tribu*. SIMAROUBÉES : fleurs hermaphrodites ou unisexuées; loges à un seul ovule; carpelles distincts, indéhiscents; embryon sans endosperme : *Simaruba*, *Quassia*, *Simaba*, etc.

5e *tribu*. ZANTHOXYLÉES : fleurs unisexuées; loges contenant de deux à quatre ovules; embryon placé au centre d'un endosperme charnu : *Galvezia*, *Ailantus*, *Brucea*, *Zanthoxylum*, *Toddalia*, *Ptelea*, etc.

Cette famille a beaucoup d'affinité avec les Ochnacées, surtout la section des Simaroubées, qui offre comme ces dernières des carpelles tout à fait distincts à leur maturité et légèrement charnus; mais elle en diffère par son ovaire dont les loges sont soudées entre elles au sommet et portent un style unique et terminal, par ses graines renversées, ses feuilles composées, sans stipules, etc.

174e famille. *LINACÉES (Linaceæ).

Lineæ, DC. *Théor. élém.* 89. Id. *Prodr.* I, 423. Endlich. *Gen.* 1170. *Linaceæ*, Lindl. *Nat. syst.* 89.

Plantes herbacées annuelles ou vivaces, ou quelquefois arbustes à feuilles simples, sans stipules, alternes, ou rarement opposées ou verticillées. Les fleurs (*fig.* 375), communément hermaphrodites, sont pédicellées (*a*) et souvent en corymbe terminal : calice persistant (*d*) de cinq sépales, à estivation quinconciale imbriquée ; corolle de cinq

Fig. 375.

pétales imbriqués et tordus, caducs (*a*). Dix étamines monadelphes par la base, dont cinq fertiles et alternes avec les pétales, à anthères introrses. Ovaire à quatre ou cinq loges souvent partagées en deux par une cloison incomplète (*c*), de sorte qu'il paraît à huit ou dix loges ; chaque vraie loge contient deux ovules pendants (*e*) collatéraux et anatropes. Les styles, en même nombre que les loges, se terminent

Fig. 375. *Linum usitatissimum* : *a*, fleurs ; *b*, coupe longit. d'une fleur ; *c*, coupe transversale de l'ovaire ; *d*, fruit ; *e*, coupe longit. du fruit.

chacun par un stigmate simple (*b*). Le fruit est une capsule accompagnée par le calice, et s'ouvrant en cinq ou dix valves ayant quatre ou cinq loges dispermes, avec cinq cloisons incomplètes et pariétales. Les graines contiennent un embryon homotrope et pendant.

Genres : **Linum*, **Radiola*.

Les Linacées se distinguent des Géraniacées par leurs feuilles dépourvues de stipules, par leur fruit capsulaire et déhiscent, et par leur embryon droit et non courbé en arc.

175e famille. *OXALIDACÉES (Oxalidaceæ).

Oxalideæ, DC. *Prodr.* I, 889. Endlich. *Gen.* 1171. *Oxalidaceæ*, Lindl. *Nat. syst.* 140.

Plantes herbacées annuelles ou vivaces, ou arbrisseaux, et même quelquefois arbres plus ou moins élevés, à feuilles alternes sans stipules, composées et quelquefois mobiles sous l'influence des agents

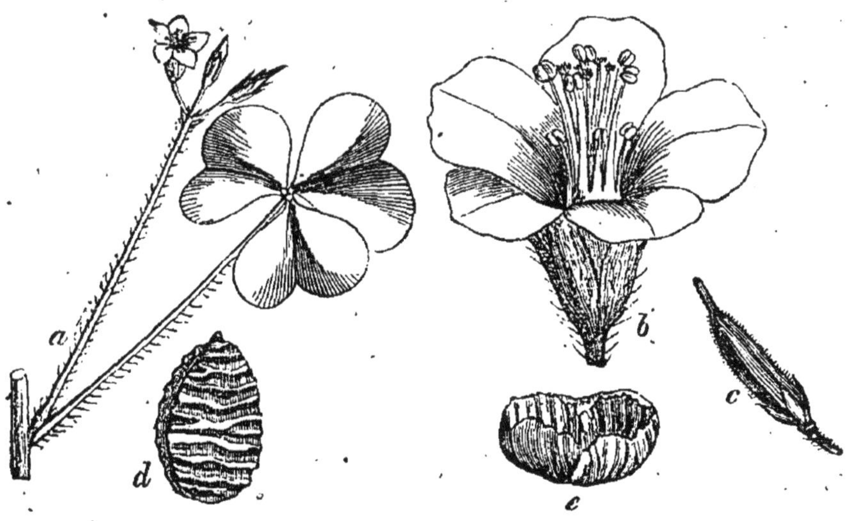

Fig. 376.

extérieurs. Fleurs régulières hermaphrodites (*fig.* 376), très-variées de couleur, ordinairement en sertule. Calice de cinq sépales égaux persistants, quelquefois un peu soudés par leur base, à préfloraison imbriquée; corolle de cinq pétales réguliers (*b*), alternes, tordus dans le bouton, quelquefois un peu unis entre eux par leur base (*fig.* 376, *b*). Étamines au nombre de dix, souvent monadelphes par leur base, dont

Fig. 376. *Oxalis stricta* : *a*, rameau florifère; *b*, fleur entière; *c*, fruit; *d*, graine recouverte de son arille charnu; *e*, arille détaché.

cinq alternes et plus petites. Pistil composé de cinq carpelles unis entre eux par toute la longueur de leur ovaire, portant chacun un style terminé par un stigmate simple. Chaque ovaire contient de six à huit ovules superposés attachés à son angle interne, pendants et anatropes. Le fruit est en général une capsule (*c*) à cinq loges polyspermes, septicide et à cinq valves. Les graines, enveloppées par un arille charnu (*d*, *e*), contiennent un embryon axile homotrope dans un endosperme charnu.

Cette famille, composée entre autres des deux genres *Oxalis* et *Averrhoa*, se distingue surtout des Géraniacées par ses feuilles composées sans stipules, par ses styles distincts, par ses loges pluriovulées, et par ses graines arillées renfermant un embryon droit dans un endosperme charnu.

176e famille. ÉRYTHROXYLACÉES (Erythroxylaceæ).

Erythroxyleæ, Kunth, in Humb. *Nov. gen.* V, 175. DC. *Prodr.* I, 573. Lindl. *Nat. syst.* 122. Endlich. *Gen.* 1065.

Arbres ou arbrisseaux à feuilles alternes ou opposées, généralement glabres, munies de stipules axillaires. Les fleurs sont petites, pédicellées, ayant un calice persistant à cinq divisions profondes; une corolle de cinq pétales, sans onglet et munis intérieurement d'une petite écaille. Les étamines, au nombre de dix, ont leurs filets dilatés à la base, unis entre eux et monadelphes intérieurement, ordinairement persistants. L'ovaire est uniloculaire, contenant un seul ovule pendant, ou bien il est à trois loges, dont deux sont vides. De l'ovaire naissent trois styles, tantôt distincts, tantôt soudés presque jusqu'à leur sommet. Le fruit est une drupe monosperme, contenant un noyau osseux uniloculaire, monosperme, indéhiscent ou déhiscent, dans lequel la graine est pendante; celle-ci dans un endosperme dur et corné contient un embryon axile et homotrope.

Cette petite famille ne se compose que du genre *Erythroxylum* placé jadis parmi les Malpighiacées, et d'un genre nouveau établi par Kunth sous le nom de *Sethia*. Elle diffère des Malpighiacées par ses pétales appendiculés, son fruit monosperme, et son embryon muni d'un endosperme.

177e famille. MÉLIACÉES (Meliaceæ).

Meliæ, Juss. *Gen.* *Meliaceæ*, Juss. *Mém. Mus.* III, 436. DC. *Prodr.* I, 819. Adr. de Juss. *Monogr.* in *Mém. Mus.* XIX, 153. Lindl. *Nat. syst.* 101. Endlich. *Gen.* 1046.

Arbres ou arbrisseaux à feuilles alternes sans stipules, simples ou composées, à fleurs tantôt solitaires et axillaires (*fig.* 377), tantôt diversement groupées en épis ou en grappes, ayant un calice gamosépale, à quatre ou à cinq divisions plus ou moins profondes; une corolle de quatre ou cinq pétales valvaires (*a*, *b*); des étamines généralement en nombre double des pétales, rarement en même nombre ou en nombre plus considérable. Ces étamines sont toujours monadelphes (*fig.* 377, *b*), et leurs filets forment un tube qui porte les anthères tantôt à son sommet, tantôt à sa face interne. L'ovaire est placé sur un disque hypogyne (*c*) et annulaire. Il offre quatre ou cinq loges,

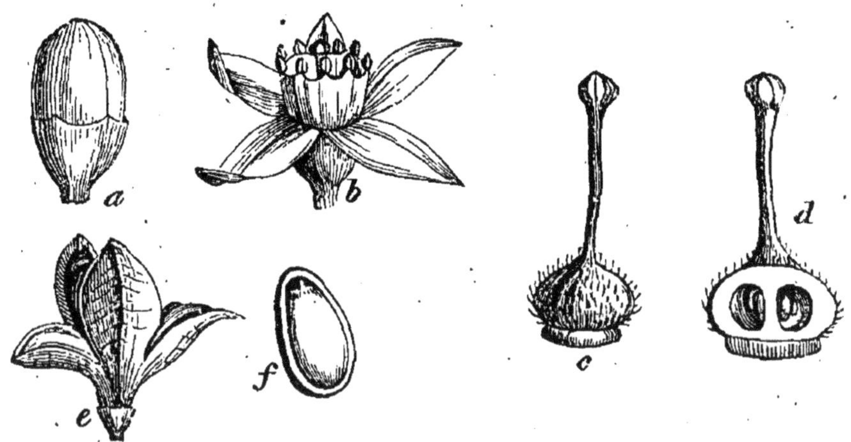

Fig. 377.

contenant généralement deux ovules collatéraux (*d*) et superposés. Le style est simple, terminé par un stigmate plus ou moins profondément divisé en quatre ou cinq lobes (*c*, *d*). Le fruit est tantôt sec, capsulaire, s'ouvrant en quatre (*e*) ou cinq valves septifères; tantôt il est charnu et drupacé, et parfois uniloculaire par suite d'avortement. Les graines, accompagnées souvent d'un arille charnu, sont dépourvues d'ailes et se composent d'un embryon (*f*), quelquefois enveloppé d'un endosperme mince ou charnu, qui manque dans d'autres genres.

Les genres *Ticorea* et *Cusparia*, d'abord placés dans cette famille, ont été transportés par R. Brown dans les Rutacées. Le même botaniste a formé des genres *Cedrela* et *Swietenia* une famille distincte, sous le nom de *Cédrélées*. Mais Aug. P. de Candolle en a simplement fait une tribu des Méliacées.

Cependant les différences qui existent entre ces deux groupes sont suffisantes pour qu'ils demeurent distincts et séparés. Nous suivrons ici les divisions établies par notre ami Adr. de Jussieu, dans son mémoire sur les Méliacées, dont il a formé deux tribus :

Fig. 377. *Quivisia decandra* : *a*, bouton de fleur ; *b*, fleur ; *c*, pistil ; *d*, coupe longit. du pistil ; *e*, capsule ; *f*, coupe longit. d'une graine.

1re *tribu*. MÉLIÉES : embryon placé dans un endosperme charnu, mince ; radicule apparente : *Quivisia*, *Naregamia*, *Melia*, *Turræa*, *Azadirachta*.

2e *tribu*. TRICHILIÉES : embryon sans endosperme : *Aglaia*, *Milnea*, *Synoum*, *Hartighsea*, *Epicharis*, *Sandoricum*, *Ekebergia*, *Trichilia*, *Guarea*, *Carapa*.

178e famille. CÉDRÉLACÉES (Cedrelaceæ).

Cedreleæ, R. Brown, *Gen. rem.* 64. *Cedrelaceæ*, Adr. de Juss. *Mém. Mus.* XIX, 252. Lindl. *Nat. syst.* 103. Endlich. *Gen.* 1053.

Grands arbres à feuilles alternes ou opposées, sans stipules, composées, pinnées. Les fleurs sont disposées en panicules axillaires ou terminales. Le calice est formé de quatre ou cinq sépales plus ou moins soudés par leur base et à estivation imbriquée. La corolle se compose de cinq pétales alternes. Les étamines, au nombre de dix, sont alternativement plus courtes ; celles qui sont opposées aux pétales avortent quelquefois complétement ; les filets sont monadelphes ou libres. L'ovaire est appliqué sur un disque hypogyne annulaire. Il offre ordinairement cinq loges contenant chacune de quatre à douze ovules attachés à leur angle interne et formant deux rangées longitudinales. Le style simple se termine par un stigmate élargi, discoïde. Le fruit est une sorte de capsule ligneuse à trois ou à cinq loges, à autant de valves, laissant les cloisons adhérentes à l'axe. Les graines, assez nombreuses dans chaque loge, sont ailées, et contiennent un embryon ordinairement renfermé dans un endosperme charnu.

1re *tribu*. SWIÉTÉNIÉES : étamines monadelphes, préfloraison de la corolle contournée : *Swietenia*, *Khaya*, *Soymida*.

2e *tribu*. CÉDRÉLÉES : étamines libres, préfloraison convolutée : *Chloroxylon*, *Flindersia*, *Cedrela*.

Les Cédrélacées se distinguent surtout des Méliacées par les loges polyspermes de leur fruit, par leurs graines ailées, par leur embryon dressé, ordinairement placé dans un endosperme charnu.

179e famille. OLACACÉES (Olacaceæ).

Olacineæ, Mirbel, in *Bull. Soc. phil.* 1813, p. 377. DC. *Prodr.* I, 531. Endlich. *Gen.* 1041. *Olacaceæ*, Lindl. *Nat. syst.* 32.

Cette petite famille, formée aux dépens des Aurantiacées, se compose de végétaux ligneux portant des feuilles simples, alternes, pétiolées, sans stipules ; des fleurs très-petites, axillaires ou terminales. Celles-ci offrent un calice très-petit, gamosépale, persistant, entier ou denté, prenant souvent beaucoup d'accroissement et devenant charnu. La corolle est formée de trois à six pétales coriaces, sessiles, valvaires, libres ou soudés par leur base. Ces pétales, qui portent quelquefois les étamines, sont réunis souvent deux à deux, et seulement séparés à leur sommet. Les étamines sont en général au nombre de dix, dont plusieurs avortent quelquefois et existent sous la forme de filaments stériles. Ces étamines sont immédiatement hypogynes ou portées sur les pétales. L'ovaire est libre, à une seule loge, contenant en général trois ovules qui sont pendants au sommet d'un podosperme central et dressé. Le style est simple, terminé par un stigmate très-petit et trilobé. Le fruit est drupacé, indéhiscent, souvent recouvert par le calice devenu charnu et contenant une seule graine. Celle-ci se compose d'un gros endosperme charnu dans lequel est renfermé un petit embryon basilaire et homotrope.

Composée des genres *Olax*, *Fissilia*, *Opilia*, *Icacina*, etc., cette petite famille est très-distincte des Aurantiacées par ses feuilles non ponctuées, par ses étamines définies, par son ovaire constamment uniloculaire, et son embryon contenu dans un très-gros endosperme.

Selon le célèbre R. Brown, le genre *Olax* serait apétale, c'est-à-dire que sa fleur aurait un involucre caliciforme, et un calice formé de trois sépales ; et à cause de la structure intérieure de son ovaire, ce genre devrait être rapproché des Santalacées.

180e famille. TERNSTRŒMIACÉES (Ternstrœmiaceæ).

Ternstrœmieæ et *Theaceæ*, Mirbel, in *Bull Soc. phil.* 1813, p. 381. *Ternstrœmiaceæ*, DC. *Mém. Soc. Gen.* I, 393. Id. *Prodr.* I, 523. Lindl. *Nat. syst*, 79. Endlich. *Gen* 1017. *Camellieæ*. DC. *Prodr.* I, 529.

Arbres ou arbrisseaux à feuilles alternes, sans stipules, souvent coriaces et persistantes ; à fleurs quelquefois très-grandes, axillaires et terminales, ayant un calice formé de cinq sépales concaves inégaux et imbriqués ; une corolle composée de cinq ou d'un plus grand nombre de pétales imbriqués et tordus, quelquefois soudés à leur base, et formant une corolle gamopétale ; des étamines nombreuses, souvent réunies par la base de leurs filets et soudés avec la corolle. L'ovaire est libre, sessile, le plus généralement appliqué sur un disque hypogyne ; il est divisé en deux à cinq loges, contenant chacune deux ou un plus grand nombre d'ovules pendants ou ascendants à l'angle interne de chaque loge. Le nombre des styles est le même que celui des loges ; ils se terminent chacun par un stigmate simple. Le fruit offre de deux à cinq loges ; il est tantôt coriace, indéhiscent, un peu charnu intérieurement ; d'autres fois il est sec, capsulaire, s'ouvrant en autant de valves. Les graines, souvent au nombre de deux seulement dans chaque loge, ont leur embryon nu ou recouvert d'un endosperme charnu souvent très-mince.

Nous avons cru devoir réunir les deux familles établies par Mirbel sous les noms de Théacées et de Ternstrœmiacées ; ces deux familles en effet ne diffèrent pas sensiblement l'une de l'autre. Elles sont formées des genres *Ternstrœmia*, *Gordonia*, *Laplacea*, *Kielmeyera*, *Visnea*, *Thea*, *Camellia*, *Freziera*, etc., qui avaient été placés dans la famille des Aurantiées, dont ils diffèrent par leur calice polysépale, la pluralité des styles, par l'absence des points translucides, et par un endosperme, qui manque néanmoins quelquefois. D'un autre côté, cette famille a quelques rapports avec celle des Ébénacées, placée parmi les gamopétales.

181e famille. CHLÉNACÉES (Chlenaceæ).

Chlenaceæ, du Petit-Th. *Vég. afr.* 46. DC. *Prodr.* I, 521. Lindl. *Nat. syst.* 90. Endlich. *Gen.* 1014.

Cette petite famille se compose d'arbrisseaux, tous originaires de l'île de Madagascar. Leurs feuilles sont alternes, munies de stipules, entières et caduques. Les fleurs forment des grappes rameuses. Ces fleurs ont des involucres persistants, qui contiennent une ou deux fleurs. Leur calice est petit, formé de trois sépales ; les pétales varient de cinq à six ; ils sont sessiles, et quelquefois réunis par leur base. Les étamines, au nombre de dix, ou en nombre indéterminé, monadelphes par leurs filets, quelquefois cohérentes entre elles par leurs anthères. L'ovaire est à trois loges, surmonté d'un style simple et d'un stigmate trifide. Le fruit est une capsule à trois, rarement à une seule loge par avortement, contenant chacune une ou plusieurs graines, insérées à leur angle interne et pendantes. Ces graines offrent un embryon axile dans un endosperme charnu ou corné.

Les Chlénacées, composées des genres *Sarcolæna*, *Leptolæna*, *Schizolæna*, *Rhodolæna*, ont été rapprochées des Malvacées par du Petit-Thouars, à cause de leur calicule et de leurs étamines monadelphes, etc. ; et par Adr. de Jussieu, des Ébénacées, à cause de leurs pétales soudés et formant une sorte de corolle gamopétale, et de quelques autres caractères.

Les genres qui composent cette petite famille sont rares dans les herbiers et ont été peu observés.

182e famille. *POLYGALACÉES (Polygalaceæ).

Polygaleæ, Juss. *Ann. Mus.* XIV, 386. Id. *Mém. Mus.* I, 385. DC. *Prodr.* I, 321. A. Saint-Hil. et Moq. *Mém. Mus.* XVIII, 313. Endlich. *Gen.* 1077. *Polygalaceæ* et *Krameriaceæ*, Lindl. *Nat. syst.* 87.

Nous trouvons dans cette famille des plantes herbacées, ou des arbustes, à feuilles alternes, simples et entières, à fleurs solitaires, axillaires ou en épis. Chacune se compose d'un calice (*fig.* 378, *a*) de quatre ou cinq sépales, imbriqués latéralement avant l'épanouissement de la fleur, et dont deux, quelquefois plus, intérieurs, sont pétaloïdes et colorés. La corolle (*b*) est formée de deux à cinq pétales tantôt distincts, tantôt réunis ensemble par le moyen des filets staminaux, qui forment un tube fendu d'un côté. Ces pétales sont inégaux : l'un d'eux, placé à la partie antérieure, plus grand, concave, représentant en

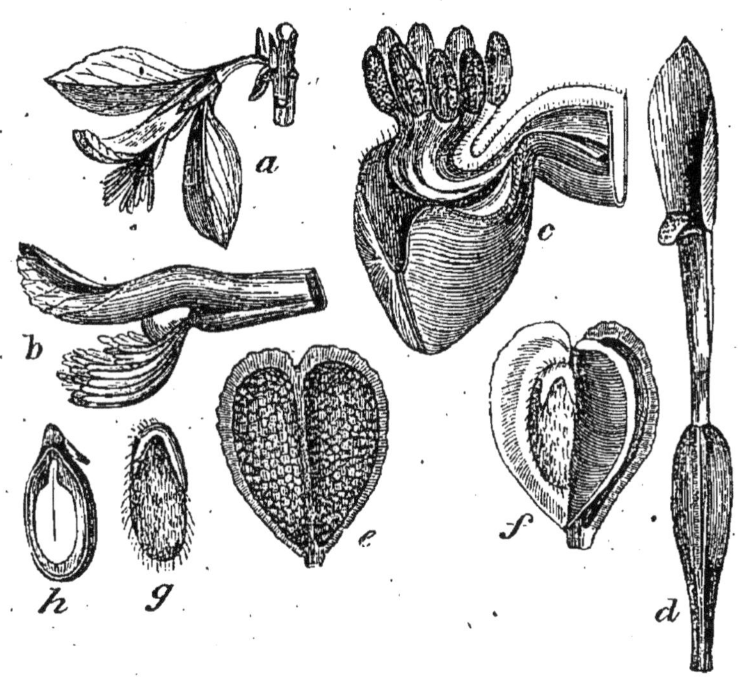

Fig. 378.

quelque sorte la carène des Papilionacées, est simple ou trilobé, souvent muni de crêtes ou d'appendices et recouvrant les organes sexuels. Les étamines, généralement au nombre de huit, sont monadelphes (*c*); leur androphore est divisé supérieurement en deux phalanges portant chacune quatre anthères uniloculaires, et s'ouvrant en général à leur sommet par un pore ou une fente courte; d'autres fois les anthères sont biloculaires. Plus rarement les étamines sont au nombre de deux à quatre, et libres. L'ovaire (*d*) est quelquefois accompagné à sa base par un disque hypogyne et unilatéral, ou formé de deux appendices

Fig. 378. *Polygala vulgaris* : *a*, fleur entière ; *b*, pétales supérieurs soudés ; *c*, étamines et pétales inférieurs ; *d*, pistil ; *e*, fruit ; *f*, le même s'ouvrant ; *g*, graine ; *h*, coupe longitud. de la graine.

latéraux et lamelleux; il est à une ou plus souvent à deux loges contenant chacune un, rarement deux ovules collatéraux, pendants et anatropes. Le style est long, ordinairement recourbé, et portant un stigmate creux, bilobé ou unilatéral. Le fruit est une capsule (*e*) ou une drupe. Dans le premier cas, il est à deux loges monospermes et s'ouvre en deux valves (*f*) septifères; dans le second cas, il est uniloculaire, monosperme et indéhiscent. Les graines sont pendantes, en général accompagnées d'une sorte de caroncule ou d'arille de forme variée (*h*). Leur embryon est tantôt placé dans un endosperme charnu, et tantôt dépourvu d'endosperme.

Le genre *Polygala* avait d'abord été placé par Jussieu dans la famille des Pédiculaires. Mon père, en faisant voir que sa corolle était véritablement polypétale, a le premier indiqué la nécessité d'en former une famille distincte, que Jussieu a établie plus tard sous le nom de Polygalées. Cette famille se rapproche par la forme générale de sa fleur des Légumineuses et des Fumariacées; mais, par ses caractères, elle doit être placée dans le voisinage des Droséracées et des Trémandrées de R. Brown. Outre le genre *Polygala*, on compte encore dans cette famille les genres *Salomonia*, *Comesperma*, *Badiera*, *Soulamea*, *Krameria*, etc.

Le genre *Krameria*, généralement rapporté à cette famille, offre des caractères tellement distincts, que nous ne sommes pas loin de partager l'opinion de Lindley qui en fait le type d'une famille à part, les KRAMÉRIACÉES, distincte entre autres caractères par ses étamines libres, au nombre de trois ou quatre seulement, par son ovaire uniloculaire contenant deux ovules collatéraux, et par son embryon privé d'endosperme.

183e famille. TRÉMANDRACÉES (Tremandraceæ).

Tremandreæ, R. Brown, in Flind. *Voy.* II, 545. DC. *Prodr.* I, 503. Endlich. *Gen.* 1176. *Tremandraceæ*, Lindl. *Nat. syst* 109.

Cette petite famille, formée des deux genres *Tremandra* et *Tetratheca*, se compose d'arbustes ayant le port des Bruyères, tous originaires de la Nouvelle-Hollande, portant des feuilles alternes ou verticillées, sans stipules, simples ou dentées, et souvent garnies de poils glanduleux. Leurs fleurs sont axillaires et solitaires, ayant un calice de quatre ou cinq sépales inégaux, rapprochés en forme de valves avant l'épanouissement de la fleur, et caducs. La corolle se compose de quatre ou cinq pétales égaux, alternes avec les sépales, plus longs que les étamines. Celles-ci, au nombre de huit à dix, sont placées par paire en face de chaque pétale; leurs anthères, qui offrent deux ou quatre loges, s'ouvrent à leur sommet par un petit trou ou une sorte de tube. L'ovaire est ovoïde, comprimé, à deux loges, contenant chacune deux ou trois ovules pendants. Le style se termine par un ou deux stigmates, et le fruit est une capsule comprimée, biloculaire, s'ouvrant en deux valves septifères sur le milieu de leur face. Les graines, insérées au haut de la cloison, sont terminées par un appendice caronculiforme. L'embryon est dressé dans un endosperme charnu.

Cette famille a de nombreux rapports avec les Polygalacées, dont elle diffère par ses étamines libres, ses anthères à deux ou quatre loges, sa corolle régulière, et avec les Droséracées, dont elle se distingue par ses anthères, les loges de son ovaire, qui ne contiennent que deux ou trois ovules, etc.

184e famille. *TILIACÉES (Tiliaceæ).

Tiliaceæ et *Elæocarpeæ*, Juss. *Tiliaceæ*, Kunth, *Malv.* 14. DC. *Prodr.* I, 503. Lindl. *Nat. syst.* 99. Endlich. *Gen.* 1004. *Elæocarpaceæ*, Lindl. *Nat. syst.* 97.

Presque toutes les Tiliacées sont des arbres ou des arbrisseaux, un petit nombre des plantes herbacées. Elles portent des feuilles alternes simples, accompagnées à leur base de deux stipules caduques. Leurs fleurs sont axillaires, pédonculées, solitaires ou diversement groupées. Elles ont un calice simple, formé de quatre ou cinq sépales, rapprochés en forme de valves avant l'épanouissement de la fleur; une corolle d'un même nombre de pétales, qui manquent rarement, et sont souvent glanduleux à leur base ou frangés dans leur contour. Les étamines sont en grand nombre, libres, et ont leurs anthères biloculaires s'ouvrant par un sillon longitudinal ou un pore terminal; on trouve souvent en face de chaque pétale une glande pédicellée. L'ovaire présente de deux à dix loges, contenant chacune un ou plusieurs ovules attachés sur deux rangs à leur angle interne. Le style est simple, terminé par un stigmate lobé. Le fruit est une capsule à plusieurs loges, contenant plusieurs graines, ou c'est une drupe monosperme par avortement. Les graines contiennent un embryon droit ou un peu recourbé, dans un endosperme charnu. Ses cotylédons sont quelquefois découpés.

Nous réunissons à cette famille celle des Éléocarpées d'Ant. Laur. de Jussieu, qui n'en diffère que par deux caractères de peu d'importance, savoir : des pétales frangés à leur sommet, et des anthères s'ouvrant seulement par deux pores. Nous en faisons une simple tribu des Tiliacées, que nous divisons en deux sections, savoir :

1re *tribu*. TILIÉES, comprenant les genres **Tilia*, *Sparmannia*, *Heliocarpus*, *Corchorus*, *Triumfetta*, *Apeiba*, etc.

2e *tribu*. ÉLÉOCARPÉES, dans lesquelles sont les genres *Elæocarpus*, *Vallea*, *Decadia*, etc.

Les Tiliacées ont de l'affinité avec les Malvacées, dont elles diffèrent par leurs étamines libres, leurs anthères à deux loges, et leur embryon placé au centre d'un endosperme charnu; avec les Byttnériacées, dont elles se distinguent par leurs étamines libres et nombreuses, leur style simple, etc.

185e famille. BYTTNÉRIACÉES (Byttneriaceæ).

Malvacearum gen. et *Hermanniæ*, Juss. *Byttneriaceæ*, R. Brown, *Congo.* Kunth, *Malv.* 6. DC. *Prodr.* I, 481. *Sterculiaceæ*, Vent. *Malm.* II, 91. Schott et Endlich. *Melet.* 30. Lindl. *Nat. syst.* 92. Endlich. *Gen.* 987. *Buttneriaceæ*, Endlich. *Gen.* 995.

Arbres ou arbrisseaux à feuilles alternes, simples, munies de deux stipules opposées; fleurs disposées en grappes plus ou moins rameuses, axillaires ou opposées aux feuilles. Le calice, nu ou accompagné d'un calicule, est formé de cinq sépales plus ou moins soudés par leur base et valvaires; la corolle, de cinq pétales plans, roulés en spirale avant leur épanouissement, ou plus ou moins concaves et irréguliers; ces pétales manquent quelquefois. Les étamines, en même nombre, ou double ou multiple des pétales, sont en général monadelphes, et le tube qu'elles forment par leur réunion présente souvent des appendices pétaloïdes, placés entre les étamines anthérifères, et qui sont autant d'étamines avortées. Les anthères sont constamment à deux loges. Les carpelles, au nombre de trois à cinq, sont plus ou moins complétement soudés. Chaque loge renferme deux ou trois ovules ascendants, ou un plus grand nombre, attachés à l'angle interne de la loge. Les styles restent libres, ou sont plus ou moins soudés entre eux. Le fruit est en général une capsule globuleuse, accompagnée par le calice, à trois ou à cinq loges, s'ouvrant en autant de valves, qui souvent portent la cloison sur le milieu de leur face interne. Les graines offrent dans un endosperme charnu un embryon dressé.

Cette famille, qui se distingue surtout des Malvacées par ses anthères à deux loges, et ses graines en général munies d'un endosperme charnu, a été partagé en six sections ou tribus naturelles, savoir :

1re *tribu*. STERCULIÉES : fleurs souvent unisexuées; calice nu, pas de corolle; ovaire pédicellé, formé de cinq carpelles distincts; l'endosperme manque quelquefois : *Sterculia*, *Pterygota*, *Heritiera*, etc.

2e *tribu*. BYTTNÉRIÉES : les pétales sont irréguliers, concaves, souvent terminés à leur sommet par une sorte de ligule; les étamines sont monadelphes; l'ovaire est à cinq loges, contenant en général deux ovules dressés : *Theobroma*, *Abroma*, *Guazuma*, *Byttneria*, *Ayenia*, etc.

3e *tribu*. LASIOPÉTALÉES : calice pétaloïde, pétales très-petits en forme d'écailles, ou nuls; ovaire à trois ou à cinq loges, contenant chacune de deux à huit ovules : *Lasiopetalum*, *Seringia*, *Thomasia*, *Keraudrenia*, etc.

4e *tribu*. HERMANNIÉES : fleurs hermaphrodites ; calice tubuleux ; corolle de cinq pétales plans, roulés en spirale avant leur épanouissement ; cinq étamines monadelphes ou libres, opposées aux pétales ; loges polyspermes : *Melochia*, *Hermannia*, *Mahernia*, etc.

5e *tribu*. DOMBÉYACÉES : calice gamosépale ; corolle de cinq pétales plans ; étamines égales, nombreuses et monadelphes ; ovaire à trois ou à cinq loges, contenant deux ou un plus grand nombre d'ovules : *Ruizia*, *Dombeya*, *Pentapetes*, etc.

6e *tribu*. WALLICHIÉES : calice environné d'un involucre de trois à cinq folioles ; pétales plans ; étamines très-nombreuses, monadelphes, inégales, et formant une colonne analogue à celle des Malvacées : *Eriolæna*, *Wallichia*, *Gœthea*, etc.

186e famille. BOMBACÉES (Bombaceæ).

Bombaceæ, Kunth, *Diss. Mat.* 5. DC. *Prodr.* I, 475. Schott et Endlich. *Meletem.* 36.

Ce sont des arbres ou des arbrisseaux, originaires des contrées intratropicales, ayant des feuilles alternes, simples ou digitées, munies à leur base de deux stipules persistantes. Le calice, quelquefois accompagné extérieurement de quelques bractées, est gamosépale, à cinq divisions imbriquées avant leur épanouissement, quelquefois entier. La corolle, qui manque dans quelques genres, se compose de cinq pétales réguliers. Les étamines, au nombre de cinq, dix, quinze ou davantage, sont monadelphes par leur base, et forment supérieurement cinq faisceaux, qui portent chacun une ou plusieurs anthères uniloculaires. L'ovaire est formé de cinq carpelles, tantôt distincts, tantôt soudés entre eux, et terminés chacun par un style et un stigmate, qui quelquefois se soudent en un seul. Les fruits sont en général des capsules à cinq loges polyspermes, s'ouvrant en cinq valves, ou ils sont coriaces, charnus intérieurement, et restent indéhiscents. Les graines, souvent environnées de poils ou de duvet, ont tantôt un endosperme charnu, recouvrant un embryon dont les cotylédons sont plans ou chiffonnés ; tantôt cet endosperme manque.

Cette famille, très-voisine de la précédente, en diffère surtout par son calice entier ou dont les lobes ne sont pas appliqués en forme de valves avant leur épanouissement, par les filets des étamines disposés en cinq faisceaux et la structure de son fruit. Les genres qui la composent sont : *Bombax*, *Helicteres*, *Matisia*, *Cavanillesia*, *Adansonia*, etc.

183e famille. *MALVACÉES (Malvaceæ).

Malvacearum gen. Juss. *Gen. Malvaceæ,* Brown, *Congo,* 8. Kunth. *Diss. Malv.* 1822. p. 1. DC. *Prodr.* I, 429. Lindl: *Nat. syst.* Endlich. *Gen.* 978. Duchartre, *Organog. des Malv. in Ann. sc. nat.* 3e sér. IV, p. 123.

Cette famille renferme à la fois des plantes herbacées, des arbustes et même des arbres à feuilles alternes, simples ou lobées, munies de deux stipules à leur base. Les fleurs sont axillaires, solitaires ou diversement groupées et formant des espèces d'épis. Le calice est souvent accompagné extérieurement d'un calicule formé de folioles variables en nombre et diversement soudées. Le calice est gamosépale, à trois ou à cinq divisions, rapprochées en forme de valves avant leur épanouissement. La corolle se compose généralement de cinq pétales un peu obliques, alternes avec les lobes du calice, contournés en spirale avant leur déroulement, souvent réunis ensemble à leur base, au moyen de filets staminaux, de manière que la corolle tombe d'une seule pièce, et simule une corolle gamopétale. Les étamines sont généralement très-nombreuses, rarement en même nombre ou en nombre double des pétales. Leurs filets sont réunis ou monadelphes, leurs anthères réniformes et constamment uniloculaires. Le pistil se compose de plusieurs carpelles, tantôt verticillés autour d'un axe central et plus ou moins soudés entre eux, tantôt réunis en une sorte de capitule ; ces carpelles sont uniloculaires, contenant un, deux ou un plus grand nombre d'ovules attachés à leur angle interne. Les styles sont distincts, ou plus ou moins soudés, et portent chacun un stigmate simple à leur sommet. Le fruit présente les mêmes modifications que les carpelles, c'est-à-dire que ceux-ci sont tantôt réunis circulairement autour d'un axe matériel, tantôt groupés en tête, ou formant par

Fig. 379.

Fig. 379. Le cotonnier (*Gossypium herbaceum*) : *a*, tige fleurie ; *b*, pistil ; *c*, capsule ouverte ; *d*, calice ; *e*, graine portant les poils qui forment le coton.

leur soudure une capsule pluriloculaire, qui s'ouvre en autant de valves qu'il y a de loges monospermes ou polyspermes ; d'autres fois les carpelles s'ouvrent seulement par leur côté interne. Les graines, dont le tégument propre est quelquefois chargé de poils cotonneux, se composent d'un embryon droit, généralement sans endosperme, ayant les cotylédons foliacés, repliés sur eux-mêmes.

La famille des Malvacées, telle qu'elle est aujourd'hui limitée par les botanistes, ne contient qu'une partie des genres qui y avaient d'abord été réunis par A.-L. de Jussieu. Ventenat a d'abord séparé des Malvacées le genre *Sterculia*, dont il a formé le type des Sterculiacées. R. Brown considère les Malvacées, non comme une famille, mais comme une grande tribu ou classe, composée des Malvacées de Jussieu, des Sterculiacées de Ventenat, des Chlénacées de du Petit-Thouars et des Tiliacées de Jussieu, et d'une famille qu'il nomme *Byttnériacées*. Notre savant ami Kunth n'a placé dans les Malvacées que les trois premières sections de Jussieu ; il a adopté les Byttnériacées de R. Bronw, et y réunit les Sterculiacées de Ventenat ; enfin il a formé une famille nouvelle, sous le nom de *Bombacées*, des genres *Bombax*, *Cheirostemon*, *Pachira*, *Helicteres*, *Cavanillesia*, *Matisia* et *Chorisia*.

Ainsi limitée, la famille des Malvacées se distingue surtout par ses pétales simples, ses anthères constamment uniloculaires et ses graines généralement sans endosperme.

On divise les genres de cette famille en quatre tribus :

1re *tribu*. Malopées : calice ordinairement caliculé ; fruits nombreux, uniloculaires monospermes, réunis en capitule : *Palava*, *Malope*, *Kitaibelia*.

2e *tribu*. Malvées : calice caliculé ; carpelles libres ou soudés en une capsule pluriloculaire : *Lavatera*, *Althæa*, *Malva*, *Sphæralcea*.

3e *tribu*. Hibiscées : calice caliculé ; trois à cinq carpelles polyspermes, réunis en une capsule pluriloculaire : *Hibiscus*, *Malvaviscus*, *Fugosia*, *Laguncularia*, *Gossypium*.

4e *tribu*. Sidées : calice sans calicule ; carpelles soudés en une capsule à plusieurs loges : *Anoda*, *Sida*, *Gaya*, *Malachra*, *Abutilon*, *Bastardia*.

On doit à M. Duchartre un excellent mémoire sur le développement des différents organes des plantes qui constituent cette famille. Ce travail est plein de détails nouveaux et fort bien observés.

188e famille. DIPTÉRACÉES (Dipteraceæ).

Dipterocarpeæ, Blume, *Bijdr.* 222. Id. *Fl. jav.* fasc. 7, 8. Endlich. *Gen.* 1012. *Dipteraceæ*, Lindl. *Nat. syst.* 98.

Grands arbres résineux, à feuilles alternes, offrant des nervures parallèles partant de la côte moyenne, garnies à leur base de stipules caduques, oblongues et enroulées, et à fleurs généralement terminales, grandes, tantôt disposées en grappes, tantôt en panicules. Leur calice gamosépale et inégal est tubuleux et persistant, quelquefois formé de cinq sépales inégaux, étalés et seulement légèrement soudés par leur base. La corolle se compose de cinq pétales sessiles, entiers ou échancrés ; les étamines, en nombre indéfini, sont hypogynes et libres ; les anthères, allongées, s'ouvrent longitudinalement. L'ovaire est libre, ordinairement à trois loges, contenant chacune deux ovules anatropes pendants. Le style et le stigmate sont simples. Le fruit est une capsule coriace indéhiscente ou s'ouvrant en trois valves, à une seule loge monosperme par avortement, environnée par le calice persistant, dont deux des divisions ont pris plus d'accroissement, et sont sous la forme de deux ailes. La graine contient un embryon dépourvu d'endosperme.

Cette famille, établie par Blume, contient des arbres élégants originaires des contrées chaudes de l'ancien continent. Elle a du rapport avec les Guttifères, mais elle en diffère surtout par son suc résineux, par son fruit sec, par son stigmate simple, etc.

On place dans cette famille le genre *Lophira*, qui par son port rappelle en effet les autres genres de ce groupe ; mais par son organisation, que nous avons eu occasion de bien étudier, il nous paraît entièrement différent des Diptérocarpées. Ainsi : 1° son calice est formé de cinq sépales étalés ; 2° son ovaire est surmonté de deux stigmates ; 3° il est à une seule loge, contenant un très-gros trophosperme central, sur lequel sont insérés de nombreux ovules recourbés en crochet. Ces caractères nous paraissent plus que suffisants pour séparer ce genre des Diptérocarpées, et peut-être serait-il nécessaire d'en former le type d'une nouvelle famille que l'on pourrait nommer LOPHIRACÉES. Les genres qui composent les Diptérocarpées sont : *Hopea*, *Shorea*, *Dipterocarpus* et *Vateria*.

189e famille. GUTTIFÈRES (Gutliferæ).

Guttiferæ, Juss. *Gen.* Choisy, *Mém. Soc. hist. nat. de Paris*, I, 210. DC. *Prodr.* I, 557. *Clusiaceæ*, Lindl, *Nat. syst.* 74. Endlich. *Gen.* 1027. Planchon et Triana, *Ann. sc. nat.* 1862.

Cette famille se compose d'arbres ou d'arbrisseaux quelquefois parasites, et tous remplis de sucs propres, jaunes et résineux. Leurs feuilles, opposées et plus rarement alternes, sont coriaces et persistantes, dépourvues de stipules. Leurs fleurs, disposées en grappes axillaires ou en panicules terminales, sont hermaphrodites ou unisexuées et polygames. Leur calice est persistant, formé de deux à six sépales arrondis, souvent colorés et imbriqués. La corolle est composée de quatre à dix pétales; les étamines très-nombreuses, rarement en nombre défini, libres. L'ovaire, simple, surmonté d'un style court qui manque quelquefois, et qui porte un stigmate pelté et radié ou à plusieurs lobes, offre d'une à cinq loges, rarement un plus grand nombre, contenant chacune un; deux ou quelquefois quatre ovules dressés, orthotropes ou anatropes. Le fruit est tantôt capsulaire, tantôt charnu ou drupacé, s'ouvrant quelquefois en plusieurs valves dont les bords, généralement rentrants, sont fixés à un placenta unique ou à plusieurs placentas épais. Les graines se composent d'un embryon homotrope ou quelquefois antitrope, sans endosperme.

Les Guttifères comprennent un assez grand nombre de genres, tous exotiques : tels sont les *Clusia*, *Godoya*, *Mahurea*, *Garcinia*, *Calophyllum*, etc. Elles diffèrent surtout des Hypéricinées par leurs étamines complétement libres, les loges de leurs ovaires 1-2-ovulées, rarement 4-ovulées, leur suc propre laiteux, l'absence de points translucides, etc.

Les deux genres *Canella* et *Platonia*, qui sont pourvus d'un endosperme, ont été érigés en une petite famille à part sous le nom de CANELLEÆ, par Martius. Nous avons indiqué dans un autre ouvrage (*Flore de Cuba*, I, p. 216) que ces deux genres n'avaient entre eux aucune analogie, et que la famille des CANELLACÉES ne doit se composer que du seul genre *Canella* et doit être rapprochée de celle des Ternstrœmiacées. Quant au genre *Platonia*, il appartient, selon nous, à la famille des Guttifères, malgré la présence de son endosperme.

190e famille. *HYPERICACÉES (Hypericaceæ).

Hyperica. Juss. *Gen*. *Hypericineæ*, DC. *Fl. fr*. IV, 869. Choisy, *Monogr*. Genève, 1821. DC. *Prodr*. I, 531. Endlich. *Gen*. 1031. *Hypericaceæ*, Lindl. *Nat. syst*. 77.

Plantes herbacées, arbustes ou même arbres souvent résineux et parsemés de glandes transparentes, ayant des feuilles opposées, très-rarement alternes, simples, dépourvues de stipules; des fleurs axillaires ou terminales, diversement groupées en cime. Leur calice est à quatre ou à cinq divisions très-profondes, un peu inégales. La corolle se compose de quatre ou cinq pétales, roulés en spirale avant leur évolution. Les étamines sont très-nombreuses, réunies en plusieurs faisceaux par la base de leurs filets, quelquefois monadelphes ou libres. L'ovaire est libre, globuleux, surmonté de plusieurs styles, quelquefois réunis et soudés en un seul; il offre autant de loges polyspermes que de styles; très-rarement les loges ne contiennent qu'un seul ovule. Le fruit est une capsule ou une baie à plusieurs loges polyspermes. Dans le premier cas, elle s'ouvre en autant de valves continues par leurs bords avec les cloisons qu'il y a de loges. Les graines, très-nombreuses et très-petites, contiennent un embryon homotrope sans endosperme.

Cette famille, composée d'un petit nombre de genres, tels que **Hypericum*, **Androsæmum*, *Ascyrum*, *Vismia*, etc., porte aussi le nom de ***Millepertuis***, parce que la plupart des espèces présentent dans l'épaisseur de leurs feuilles de petites glandes transparentes, qui, vues entre l'œil et la lumière, semblent être autant de petits trous. Ce caractère, joint à celui des étamines très-nombreuses, aux loges du fruit polysperme, et à ses styles distincts, distingue parfaitement les Hypéricacées des autres familles voisines, et en particulier des Guttifères.

191e famille. AURANTIACÉES (Aurantiaceæ).

Aurantiorum genera, Juss. *Gen.* *Aurantiaceæ*, Correa, in *Ann. Mus.* VI, 376. DC. *Prodr.* I, 535. Lindl. *Nat. syst.* 105. Endlich. *Gen.* 1048.

Arbres et arbrisseaux très-glabres, quelquefois épineux, portant des feuilles alternes et articulées, simples, ou plus souvent pinnées, munies de glandes vésiculeuses, remplies d'une huile volatile transparente; des fleurs odorantes, généralement terminales, formant des espèces de corymbes. Leur calice est gamosépale, persistant, à trois ou à cinq divisions plus ou moins profondes. Leur corolle, de trois à cinq pétales sessiles, à estivation imbriquée, libre ou légèrement soudés entre eux; les étamines, quelquefois en même nombre que les pétales, ou doubles ou multiples de ce nombre, sont libres, ou diversement réunies entre elles par leurs filets, et sont attachées au-dessous d'un disque hypogyne, sur lequel est appliqué l'ovaire. Celui-ci est globuleux, à plusieurs loges contenant un seul ovule suspendu, ou plusieurs ovules anatropes, attachés à l'angle interne de la loge. Le style, quelquefois très-court et très-épais, est toujours simple, terminé par un stigmate discoïde, simple ou lobé. Le fruit est en général charnu, intérieurement séparé en plusieurs loges par des cloisons membraneuses très-minces, contenant une ou plusieurs graines insérées à leur angle interne, et généralement pendantes. Extérieurement le péricarpe est épais et indéhiscent, rempli de vésicules pleines d'huile volatile. Les graines ont un tégument membraneux offrant un raphé saillant et renferment un ou quelquefois plusieurs embryons sans endosperme.

Les genres qui composent cette famille se distinguent surtout par des feuilles articulées, souvent composées, munies de glandes vésiculeuses, qui existent aussi dans l'épaisseur de leurs pétales et de leur péricarpe, par leur style simple et leurs graines sans endosperme.

On les a groupés en trois tribus :

1re *tribu*. LIMONIÉES : fleurs diplostémonées ; ovules solitaires ou géminés collatéraux : *Atalantia*, *Triphasia*, *Limonia*, *Glycosmis*, *Rissoa*, *Bergera*.

2e *tribu*. CLAUSÉNÉES : fleurs diplostémonées ; ovules géminés superposés : *Murraya*, *Cookia*, *Clausena*, *Micromelum*.

3e *tribu*. CITRÉES : étamines au nombre de dix ou plus nombreuses ; ovules nombreux disposés sur deux rangs : *Feronia*, *Ægle*, *Citrus*.

192e famille. OCHNACÉES (Ochnaceæ).

Ochnaceæ, DC. in *Ann. Mus.* XVII, 398. Id. *Prodr.* I. A. St-Hil. in *Mém. Mus.* 10. 129. Lindl. *Nat. syst.* 129. Endlich. *Gen.* 1141.

Végétaux ligneux très-glabres dans toutes leurs parties, ayant des feuilles alternes simples, munies de deux stipules à leur base, des fleurs pédonculées, très-rarement solitaires ou plus souvent disposées en grappes rameuses. Leurs pédoncules sont articulés vers le milieu de leur longueur. Elles ont un calice à cinq divisions profondes à préfloraison quinconciale ; une corolle de cinq ou six pétales étalés, imbriqués par leur côté extérieur ; leur côté interne allant s'enrouler autour du style. Les étamines varient de cinq à dix et même au delà, ayant leurs filets libres, insérés, ainsi que les pétales, au-dessous d'un disque hypogyne très-saillant, sur lequel est implanté l'ovaire. Celui-ci est déprimé à son centre, et parait formé de plusieurs carpelles distincts rangés autour d'un style central qui semble naître immédiatement du disque. Le style est simple, et porte à son sommet un nombre variable de lanières stigmatifères. Le fruit se compose de carpelles drupacés portés sur le disque ou gynobase qui a pris de l'accroissement : ces carpelles, dont plusieurs avortent quelquefois, sont uniloculaires, monospermes et indéhiscents; ils paraissent, en quelque sorte, articulés sur le gynobase dont ils se séparent facilement. Leur graine renferme un gros embryon dressé dépourvu d'endosperme, ou ayant un endosperme très-mince.

A cette famille se rapportent les genres *Ochna*, *Gomphia*, *Walkera*, *Meesia*, etc. Elle a beaucoup d'affinité avec la famille des Rutacées, et plus particulièrement avec la tribu des Simaroubées, dont elle diffère par ses feuilles simples et munies de stipules, par ses graines dressées et ses carpelles indéhiscents ; d'un autre côté, les Ochnacées se rapprochent des Magnoliacées, et en particulier du genre *Drimys*.

193e famille. *GÉRANIACÉES (Geraniaceæ).

Gerania, Juss. *Gen. Geraniaceæ*, DC. *Fl. fr.* IV, 838. Id. *Prodr.* I, 673. Lindl. *Nât. syst.* 137. Endlich. *Gen.* 1166.

Plantes herbacées ou sous-frutescentes à feuilles simples ou composées, alternes, ou quelquefois opposées, munies de stipules à leur base. Les fleurs sont axillaires ou terminales. Leur calice est formé de cinq sépales souvent inégaux et soudés ensemble par leur base, quelquefois prolongés en éperon. La corolle se compose de cinq pétales égaux ou inégaux, libres ou légèrement cohérents entre eux par leur base; ces pétales sont en général tordus en spirale avant leur épanouissement. Les étamines sont en nombre de cinq à dix, rarement sept; elles sont libres, ou plus souvent monadelphes par la base de leurs filets; leurs anthères sont à deux loges. Les carpelles sont au nombre de trois à cinq, plus ou moins intimement unis entre eux; ils offrent chacun une seule loge, contenant un ou deux ovules attachés à leur angle interne. Les styles, qui naissent du sommet de chaque ovaire, se soudent entre eux, et se terminent chacun par un stigmate simple. Le fruit se compose de cinq coques, contenant une ou deux graines, restant indéhiscentes, se séparant de la base vers le sommet de l'axe qui les supporte, et entraînant chacune avec elle le style qui se tord en spirale et reste adhérent à l'axe par son sommet. Les graines se composent d'un embryon plus ou moins recourbé, immédiatement recouvert par le tégument propre.

Cette famille constitue un groupe assez naturel pour qu'on reconnaisse facilement les plantes qui lui appartiennent. Quelques auteurs, Aug. de Saint-Hilaire entre autres, avaient rétabli la famille des Géraniacées telle à peu près qu'elle avait été d'abord fondée par Jussieu, en y réunissant les différents groupes qui en avaient été retirés, les Oxalidées et les Balsaminées. Nous avions nous-même partagé cette opinion. Néanmoins un examen plus attentif nous a porté à séparer de nouveau ces groupes. Nous indiquerons, en traitant de chacune de ces familles, les caractères qui les distinguent entre elles.

Les genres principaux composant cette famille sont : **Erodium*, **Geranium*, *Monsonia*, *Pelargonium*.

Faut-il réunir aux Géraniacées le genre *Tropæolum* ou en faire le type d'une petite famille distincte? Nous sommes assez porté à admettre la première de ces opinions, et les TROPÉOLÉES me paraissent pouvoir être réunies ici comme simple tribu distincte par ses carpelles au nombre de trois, contenant chacun un seul ovule.

194e famille. BALSAMINACÉES (Balsaminaceæ).

Balsamineæ, A. Rich. *Dict. class.* II, 173. Rœper, *Dc fl. Balsam.* Basil. 1830. Endlich. *Gen.* 1173. *Balsaminaceæ*, Lindl. *Nat. syst.* 138.

Le genre Balsamine (*Impatiens*) forme le type de cette petite famille composée de plantes herbacées, généralement annuelles, à feuilles alternes et sans stipules. Les fleurs sont axillaires, très-irrégulières dans leur forme générale. Leur calice est formé de cinq sépales inégaux, dont un se prolonge en éperon à sa base. La corolle, de cinq pétales inégaux, dont un plus grand concave, quelquefois bilobé, correspond au sépale éperonné et embrasse tous les autres dans la préfloraison. Étamines cinq, alternant avec les pétales, ordinairement soudées par leurs anthères, qui sont biloculaires et introrses. Le pistil est sessile, formé de cinq carpelles entièrement soudés. L'ovaire, à cinq loges contenant chacune un grand nombre d'ovules redressés, attachés à leur angle interne, se termine par cinq petites dents aiguës représentant les cinq stigmates. Le fruit est une capsule à cinq loges s'ouvrant avec élasticité en cinq valves, qui se roulent, se détachent, en abandonnant l'axe central et une partie des cloisons. Les graines ascendantes se composent d'un gros embryon homotrope sans endosperme.

On a également placé dans cette famille le genre *Hydrocera* de Blume.

On distingue les Balsaminacées des Gérianiacées par leurs feuilles sans stipules, par leurs fleurs constamment irrégulières, leurs étamines soudées par les anthères, et par leur capsule s'ouvrant avec élasticité, et leur embryon droit.

195e famille. SAPINDACÉES (Sapindaceæ).

Sapindi. Juss. *Gen. Sapindaceæ*, Juss. *Ann. Mus.* XVIII, 376. DC. *Prodr.* I, 601. Cambessèdes. *Monogr. Mém. Mus.* XIII, 1. Lindl. *Nat. syst.* 193. Endlich. *Gen.* 1066.

Famille composée de grands arbres ou d'arbustes, quelquefois de plantes herbacées et volubiles, portant des feuilles alternes et généralement imparipinnées, munies quelquefois de vrilles et de stipules caduques. Leur calice, de quatre ou cinq sépales libres ou légèrement soudés par leur base, est un peu oblique et inégal à sa base. La corolle, qui manque quelquefois, est formée en général de quatre ou cinq pétales, tantôt nus, tantôt glanduleux vers leur partie moyenne, où ils portent quelquefois une lame pétaloïde. Les étamines, en nombre double des pétales, sont libres et appliquées sur un disque hypogyne, plan, lobé, qui garnit tout le fond de la fleur. L'ovaire, quelquefois excentrique, est à trois loges, contenant en général deux ovules superposés et attachés à l'angle interne de chaque loge. Le style, simple à sa base, est trifide à son sommet, qui se termine par trois stigmates. Le fruit est une capsule quelquefois vésiculeuse, à une, deux ou trois loges, contenant chacune une seule graine, et s'ouvrant en trois valves. Les graines se composent d'un gros embryon ayant sa radicule recourbée sur les cotylédons, et dépourvu d'endosperme, et quelquefois même roulé en hélice.

Cette famille a été divisée en trois tribus de la manière suivante.

1re *tribu*. PAULLINIÉES : pétales appendiculés; disque formé de glandes distinctes, placées entre les pétales et les étamines ; ovaire à trois loges monospermes; herbes ou arbustes volubiles, munis de vrilles : *Cardiospermum, Urvillea, Serjania, Paullinia.*

2e *tribu*. SAPINDÉES : pétales non appendiculés, mais glanduleux ou barbus, rarement nus ; disque annulaire, ou quelquefois glandes soudées entre elles ; ovaire à deux ou à trois loges monospermes ; arbres ou arbrisseaux non volubiles : *Sapindus, Talisia, Schmidelia, Euphoria, Thouinia, Cupania*, etc.

3e *tribu*. DODONÉACÉES : pétales munis d'une écaille à leur base; ovaire à deux ou à trois loges, contenant deux ovules ; péricarpe vésiculeux ou ailé ; embryon ayant ses cotylédons roulés en spirale : *Kœlreuteria, Dodonæa*, etc.

Les Sapindacées peuvent être distinguées des Malpighiacées par leurs feuilles généralement composées et pinnées, par leurs sépales dépourvus de glandes à leur base, par leurs pétales appendiculés, par les loges de leur ovaire biovulées.

196e famille. ÆSCULACÉES (*Æsculaceæ*).

Hippocastaneæ, DC. *Théor*. 244. Id. *Prodr*. I, p. 597. *Castaneaceæ*, Link, *Enum*. I, 354. *Æsculaceæ*, Lindl. *Nat. syst*. 84.

Grands arbres à feuilles opposées sans stipules, composées-digitées, à fleurs hermaphrodites disposées en thyrse ou grappe rameuse et dressée. Calice tubuleux, caduc, à cinq lobes. Corolle ordinairement de quatre pétales onguiculés et inégaux, à estivation imbriquée comme celle du calice ; étamines de sept à neuf, un peu inégales, insérées sur un disque hypogyne et annulaire. Ovaire à trois loges, contenant chacune deux ovules, l'un ascendant et l'autre pendant, attachés à l'angle interne de chaque loge. Style simple, terminé à son sommet par un stigmate à peine distinct, à trois sillons anguleux ; capsule ordinairement globuleuse, offrant d'une à trois loges et contenant d'une à six graines, et s'ouvrant en deux à trois valves septifères et inégales. Les graines, irrégulièrement globuleuses et luisantes, offrent un très-large hile de couleur plus pâle ; elles contiennent, sous un tégument épais, un embryon dont les deux cotylédons, excessivement épais, sont soudés ensemble, et la radicule conique allongée repliée contre les cotylédons.

Cette petite famille, composée des genres *Æsculus*, *Pavia* (qui en est peu distinct) et *Ungnadia*, est parfaitement caractérisée par sa corolle irrégulière, ses fleurs anisostémonées, son fruit capsulaire et la structure de son embryon.

197e famille. *ACÉRACÉES (Aceraceæ).

Acera, Juss. *Gen. Acerinæ*, DC. *Théor.* 244. Id. *Prodr.* I, 593. *Aceraceæ*, Lindl. *Nat. syst.* 81.

Famille ayant pour type le genre érable (*Acer*) et offrant les carac-

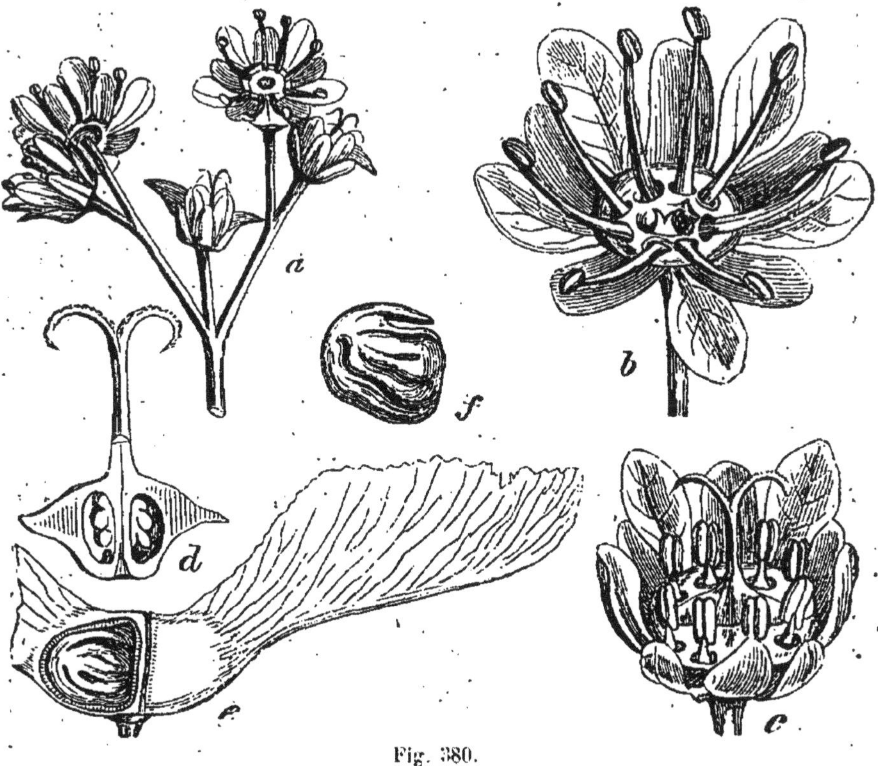

Fig. 380.

tères suivants : fleurs hermaphrodites ou unisexuées. Calice à cinq divisions plus ou moins profondes, à estivation imbriquée, ou entier.

Fig. 380. *Acer platanoides* : *a*, fleurs ; *b*, une fleur mâle ; *c*, fleur femelle ; *d*, coupe longitudinale du pistil ; *e*, fruit : on a ouvert une des loges et mis à nu l'embryon ; *f*, l'embryon.

Corolle de cinq (*fig.* 380, *b*) pétales alternes et à estivation imbriquée, quelquefois nulle ; étamines en nombre double des pétales (*b*), insérées sur un disque hypogyne qui occupe tout le fond de la fleur (*b*, *c*). Ovaire didyme et comprimé, à deux loges (*d*) contenant chacune deux ovules attachés à l'angle interne et pendants ; style simple, quelquefois très-court, terminé par deux stigmates subulés (*d*). Le fruit se compose de deux samares indéhiscentes (*e*), prolongées en ailes d'un côté. Les graines offrent sous leur tégument propre un embryon homotrope recourbé sur lui-même (*e*, *f*), à cotylédons foliacés, irrégulièrement plissés.

Les Acéracées sont des arbres à feuilles opposées, simples ou pinnées, et à fleurs disposées en grappes ou en cymes terminales. Elles tiennent en quelque sorte le milieu entre les Malpighiacées et les Æsculacées.

Elles diffèrent des premières par leur calice caduc et dépourvu de glandes, par leur ovaire constamment à deux loges, contenant chacune deux ovules seulement, et enfin par la forme de ces ovules si caractéristiques dans la famille des Malpighiacées. Quant aux Æsculacées, elles se distinguent par leur corolle irrégulière, leur ovaire à trois loges, leur stigmate simple, et leur fruit capsulaire et déhiscent.

La petite famille des Acéracées contient les genres *Acer*, *Negundo*, et *Dobinea*.

198e famille. MALPIGHIACÉES (Malpighiaceæ).

Malpighiaceæ, Juss. *Gen. Malpighiaceæ*, Juss. *Ann. Mus.* XVIII, 479. DC. *Prodr.* I, 577. Lindl. *Nat. syst.* 121. Grisebach. in *Linnæa* XIX. Adr. de Juss. *Monogr.* Paris, 1834.

Famille composée d'arbres, d'arbrisseaux ou d'arbustes sarmenteux et grimpants, à feuilles opposées, rarement alternes et verticillées, simples ou composées, souvent munies de poils en forme de navette (*pili malpighiacei*), accompagnées souvent à leur base de deux stipules Fleurs formant des grappes, des corymbes ou des sertules axillaires ou terminaux indéfinis. Les pédicelles qui supportent les fleurs sont souvent articulés et munis de deux petites bractées vers leur partie moyenne. Leur calice, souvent persistant, est formé de quatre ou cinq sépales, munis chacun à leur base d'une ou plus souvent de deux grosses glandes, et à préfloraison quinconciale, quelquefois valvaire. Leur corolle, qui manque quelquefois, se compose de cinq pétales longuement onguiculés, alternant avec les sépales, et à préfloraison convolutée. Les étamines, au nombre de dix, rarement moins, sont libres ou légèrement soudées par la base. Le pistil est tantôt simple, tantôt formé de trois carpelles plus ou moins soudés entre eux. Chaque carpelle ou chaque loge contient un seul ovule redressé à l'extrémité d'un funicule qui pend de la partie supérieure de l'angle de la loge ; cet ovule est orthotrope. Les styles, au nombre de trois, sont quelquefois soudés. Le fruit, qui est sec ou charnu, se compose de trois carpelles distincts, ou forme une capsule ou une nuculaine à trois, rarement à deux ou à une seule loge. La capsule est ordinairement relevée d'ailes membraneuses très-saillantes, ou de pointes épineuses. La nuculaine renferme tantôt trois nucules uniloculaires, tantôt un noyau à trois loges monospermes. Chaque graine se compose d'un tégument propre peu épais, recouvrant immédiatement un embryon homotrope un peu recourbé ou roulé en spirale.

Cette famille, dont les espèces, nombreuses, habitent les régions chaudes de l'un et de l'autre continent, mais plus particulièrement l'Amérique méridionale, a été l'objet d'un travail excessivement important de la part de mon ami Adr. de Jussieu, dans lequel il a décrit avec un soin extrême non-seulement les caractères des genres qui la composent, mais encore de toutes les espèces qui y ont été rapportées. Ces genres, au nombre d'une quarantaine, forment deux grandes divisions suivant que les fleurs sont diplostémonées ou méiostémonées.

I. Malpighiées diplostémonées : étamines en nombre double des pétales.

1re *tribu*. Malpighiacées : fruits secs et privés d'ailes : *Malpighia*, *Bunchosia*, *Duelta*, *Galphimia*, *Byrsonima*.

2e *tribu*. Banistériées : carpelles munis d'une aile dorsale : *Heteropterys*, *Acridocarpus*, *Lophopterys*, *Peixotoa*, *Banisteria*, *Stigmaphyllum*, *Thryallis*.

3e *tribu*. Hiréées : carpelles munis d'une aile marginale : *Jublinia*, *Hiræa*, *Triaspis*, *Aspidopterys*, *Tristellateia*, *Triopterys*, *Tetrapterys*.

II. Malpighiacées méiostémonées : étamines en même nombre que les pétales.

4e *tribu*. Gaudichaudiées : *Gaudichaudia*, *Camarea*, *Janusia*, *Dinemandra*.

La famille des Malpighiacées a des rapports intimes avec les Acéracées, les Æsculacées et les Sapindacées. Elle diffère : 1° des premières par ses feuilles généralement munies de stipules, par les glandes placées à la base de ses sépales, par ses carpelles au nombre de trois, contenant un seul ovule, et enfin par plusieurs autres caractères ; 2° des Æsculacées par ses feuilles simples et stipulées, par ses fleurs régulières, par ses fruits ailés ou charnus, par ses loges monospermes.

199e famille. HIPPOCRATÉACÉES (Hippocrateaceæ).

Hippocraticeæ, Juss. *Ann. Mus.* XVIII, 483. *Hippocrateaceæ*, Kunth, in Humb. *Nov. gen.* V, 136. DC. *Prodr.* I, 567. Lindl. *Nat. syst.* 120. Endlich. *Gen.* 1090.

Arbustes ou arbrisseaux généralement glabres et sarmenteux, portant des feuilles opposées, simples, coriaces, entières ou dentées; des fleurs petites, axillaires, fasciculées ou en corymbes. Leur calice est persistant, à cinq divisions. Leur corolle se compose de cinq pétales égaux. Les étamines sont généralement au nombre de trois, rarement de quatre où de cinq, ayant leurs filets réunis par leur base, et formant un androphore tubuleux. L'ovaire est trigone, à trois loges contenant chacune quatre ovules attachés à leur angle interne. Le style est simple, terminé par un ou trois stigmates. Le fruit est tantôt capsulaire à trois angles membraneux, tantôt charnu; chaque loge contient en général quatre graines. Celles-ci ont un embryon dressé, dépourvu d'endosperme.

Cette famille, composée des genres *Hippocratea*, *Anthodon*, *Raddisia*, *Salacia*, etc., est, selon Jussieu, voisine des Acéracées et des Malpighiacées. Elle en diffère par ses étamines généralement au nombre de trois, dont les filets sont monadelphes, et par son fruit à trois loges contenant chacune quatre graines attachées à l'angle interne. D'un autre côté, R. Brown rapproche la famille des Hippocratéacées de celle des Célastracées, avec laquelle elle a en effet de grands rapports. Mais les Célastracées s'en distinguent, entre autres caractères, par leur insertion périgynique.

APPENDICE

GÉOGRAPHIE BOTANIQUE

OU LOIS SUIVANT LESQUELLES LES VÉGÉTAUX SONT DISTRIBUÉS A LA SURFACE DU GLOBE.

Pour l'observateur le moins attentif, chaque grande contrée du globe, quand on examine les différents végétaux que la nature y fait croître, présente des caractères spéciaux. Cette diversité dans les productions végétales est une des causes de la physionomie particulière que présente le paysage dans les diverses parties du monde. Ainsi, la végétation des pays du Nord, couverts d'immenses forêts de pins, de sapins et de bouleaux, est fort différente de celle des régions tempérées, où les forêts sont moins communes, et présentent plus de variété dans les espèces qui les composent. Celle-ci n'a plus de rapport avec la végétation fastueuse et variée des pays tropicaux, où les conditions climatologiques favorisent et entretiennent le développement continu d'une végétation qui ne s'arrête jamais. Ces différences ne sont pas moins grandes quand on compare la végétation des plaines à celle des montagnes, des sols stériles à celle des sols fertiles, des endroits marécageux à celle des lieux secs et sablonneux. Ce ne sont ni les mêmes espèces, ni souvent les mêmes genres, et, à mesure que sur les montagnes on s'élève à des hauteurs plus grandes, on voit les plantes offrir des caractères nouveaux. Si, à ce premier coup d'œil superficiel et général, on fait succéder un examen plus attentif et plus approfondi, de nouvelles différences se présentent en foule, et l'on ne tarde pas à reconnaître que ces différences et ces analogies entre la végétation de régions diverses sont soumises à un certain nombre de lois ou de données générales, dont la connaissance constitue une branche particulière de la botanique, que l'on a désignée sous le nom de *Géographie botanique*. Cette partie de la science des végétaux demande encore de nouvelles recherches, avant qu'elle puisse formuler d'une manière définitive les données auxquelles elle est arrivée. Toutes les parties du globe sont loin d'être complétement connues dans la nature et le nombre de leurs productions végétales, et c'est cette connaissance particulière des plantes propres à chaque contrée, jointe à des observations nombreuses et exactes de géographie physique et de météorologie, qui peut mener à l'établissement des lois qui régissent la distribution des végétaux à la surface de la terre. Cependant les travaux de Giraud-Soulavie, de Humboldt, R. Brown, de Candolle père et fils, Schouw, Wahlenberg, de Martius, Sendtner, Hooker fils, Grisebach, Ch. Martins, Cosson, Lecoq, et de plusieurs autres savants, ont fait faire de notables progrès à cette partie intéressante de la science. Nous allons en présenter ici un court résumé.

[La végétation actuelle n'étant que la continuation des flores tertiaires et se reliant intimement avec elles, comme nous l'avons déjà dit (page 361), il est de la plus haute importance pour le naturaliste de savoir quels sont les végétaux qui, ayant survécu aux derniers changements géologiques et météorologiques de la surface du globe, font encore partie de la flore qui nous entoure. Souvent on les trouve ensevelis dans les couches géologiques du pays même que l'on étudie; souvent aussi ils proviennent de contrées voisines ou même de contrées éloignées qui avaient à cette époque un climat analogue à celui du pays que l'on considère. Ainsi le Laurier-rose, indigène dans le midi de la France, l'Italie, l'Espagne, l'Algérie, se trouve à l'état fossile dans les grès tertiaires inférieurs de la Sarthe; le Grenadier, aux environs de Lyon. Mais les *Pistacia Terebinthus* et *P. Lentiscus,* ou plutôt une espèce intermédiaire entre les deux a été découverte dans les gypses d'Aix en Provence, et décrite par MM. Saporta et Marion; elle se trouve donc à l'état fossile dans le pays même où ces deux espèces vivent encore actuellement. Ainsi, quand on étudie la géographie botanique d'un pays, il faut tenir grand compte des flores qui ont précédé la flore actuelle.

Lorsque les espèces se retrouvent à l'état fossile, le doute n'est pas possible; mais les présomptions sont déjà très-fortes pour les plantes qui représentent des types exotiques et ne rentrent pas dans les familles naturelles auxquelles appartiennent la plupart des espèces indigènes. Ainsi, dans la France méditerranéenne, nous avons à l'état sauvage le Laurier (*Laurus nobilis*), le Grenadier (*Punica Granatum*), le Laurier-rose (*Nerium Oleander*), le myrte (*Myrtus communis*), l'*Anagyris fœtida,* l'arbre de Judée (*Cercis Siliquastrum*), le *Smilax aspera* et le Palmier nain (*Chamœrops humilis*). Tous ces végétaux, l'*Anagyris fœtida* excepté, ont été retrouvés dans les terrains tertiaires. Mais ce qui démontre encore mieux qu'ils sont pour ainsi dire étrangers à la flore actuelle, c'est que tous se rattachent à des familles dont la plupart des membres ne sont pas européens; ces végétaux sont des types exotiques et uniques dans la flore indigène. Ainsi il n'y a qu'une seule espèce de Laurier vivante en Europe, celui d'Apollon; les autres vivent aux Canaries et dans l'Amérique méridionale. Les espèces de *Nerium,* excepté la nôtre, sont toutes asiatiques; la plupart des myrtes sont américains. Le *Cercis Siliquastrum* est la seule espèce qui représente en Europe la tribu exotique des Bauhiniées dans la famille des Légumineuses. Des deux autres espèces de *Cercis*, l'une vit dans l'Amérique septentrionale, l'autre au Japon. Le Palmier nain est la seule espèce de cette belle famille qui soit en Europe, toutes les autres appartiennent aux régions intertropicales. Le *Smilax aspera* fait également partie d'un genre entièrement exotique; on connaît plusieurs espèces, fossiles dont l'une, *Sm. Garguieri*, trouvée fossile près de Marseille, est, suivant M. de Saporta, presque identique au *Sm. mauritanica*, simple variété du *Sm. aspera*. Seul, parmi les Papilionacées européennes, le genre *Anagyris* appartient à la tribu des Podalyriées, groupe entièrement exotique, et ne renferme qu'une seule espèce, l'*Anagyris fœtida*, arbrisseau de la région méditerranéenne. On ne l'a pas encore trouvé à l'état fossile, mais il est probable qu'on le découvrira quelque jour. Un autre caractère de ces plantes, c'est d'être des plantes rares, peu répandues, et qui ne se rencontrent que dans des localités isolées et exceptionnellement abritées du midi de la France. Le *Smilax aspera* est seul assez commun, et le Grenadier a été multiplié artificiellement dans les haies et les clôtures des champs.

Une dernière particularité de ces végétaux, c'est d'être très-sensibles au froid. Dans les hivers rigoureux du midi de la France, tels que celui de 1870, ce sont toujours eux qui périssent jusqu'au pied et repoussent au printemps. Comment s'en étonner, puisque ce sont des plantes en général miocènes, c'est-à-dire provenant d'une époque où le climat était plus chaud qu'il ne l'est actuellement, comme le prouvent les restes des autres végétaux qui accompagnent les survivants de la flore fossile. Ces contemporains, actuellement éteints, appartiennent aux Laurinées, aux Palmiers, aux Césalpiniées, aux Protéacées, etc., familles caractéristiques des contrées intertropicales. Tels sont les signes qui permettent, pour ainsi dire, de prévoir qu'un végétal est un débris encore vivant des flores disparues.]

A mesure que l'on s'avance des pôles vers l'équateur, on voit progressivement la végétation prendre des caractères différents. Pauvre et réduite à un petit nombre d'espèces rabougries et arrêtées en quelque sorte dans leur développement par les rigueurs du climat dans les régions polaires, elle devient et plus riche et plus variée à mesure qu'on s'éloigne de ces contrées si peu favorisées. La somme des espèces devient de plus en plus considérable; de nouveaux genres et de nouvelles familles se montrent, souvent pour disparaître un peu plus loin : de sorte qu'à des distances données la végétation générale d'une contrée est entièrement différente de celle d'un autre pays. Elle forme de véritables *zones*, caractérisées par la réunion d'un certain nombre de végétaux, qui leur impriment souvent une physionomie particulière. Les différences sont quelquefois tellement tranchées, et ces changements se font d'une manière si régulière, qu'à l'exception d'un petit nombre d'espèces, auxquelles leur nature particulière, leur idiosyncrasie, ont permis de vivre dans tous les climats, les grandes divisions géographiques du globe sont caractérisées par une végétation qui leur est propre.

Si nous cherchons à remonter aux causes de ces changements, nous devrons principalement les trouver dans les différences que les agents physiques de la végétation, comme la température, la lumière, l'eau, l'atmosphère, présentent dans les diverses contrées du globe. L'exposition, la nature du terrain, auront aussi une influence marquée sur le développement de certaines espèces. Les mêmes causes agiront de la même manière sur la végétation des montagnes examinée à des hauteurs différentes, et ces changements successifs se feront avec une régularité telle, qu'à une latitude donnée certaines espèces commenceront à se montrer, et s'arrêteront à des hauteurs si bien déterminées, qu'elles pourront en quelque sorte servir à faire connaître la hauteur approximative des points où elles croissent.

De même qu'en partant des régions tropicales, et marchant vers les pôles, on voit la végétation se dépouiller de ses formes fastueuses et variées, pour en prendre de plus humbles et de plus simples, et finir même par s'arrêter complétement quand la rigueur excessive du climat met obstacle au développement des êtres organisés; de même aussi les espèces deviennent moins grandes, moins variées, moins nombreuses, quand on s'élève successivement des plaines sur les montagnes. De même encore il y a un point, une hauteur sur ces dernières, variable suivant les diverses latitudes, d'autant moins élevée qu'on se rapproche davantage des pôles, où la végétation s'arrête, parce que les plantes n'y trouvent plus réunies les conditions nécessaires à leur existence. Il y a donc, comme on voit, une très-grande similitude entre la végétation générale d'un hémisphère considérée de l'équateur au pôle et celle d'une grande montagne envisagée de la base à son sommet. Aussi est-ce avec beaucoup de justesse et de sagacité que Mirbel a comparé le globe terrestre à deux immenses montagnes accolées base à base et réunies par l'équateur. On peut tracer en effet, sur chaque hémisphère, des lignes parallèles à l'équateur, en deçà et au delà desquelles un certain nombre d'espèces ne se montrent pas; de même que sur une montagne telle espèce existe à une certaine hauteur pour disparaître à une autre. Mais ces lignes sont sinueuses et souvent brisées, parce que les causes qui agissent le plus puissamment sur la végétation peuvent être diversement influencées.

[Il existe en France une montagne isolée, admirablement située pour matérialiser, pour ainsi dire, ce qui précède : c'est le mont Ventoux, en Provence. La température moyenne de la plaine qui s'étend à ses pieds, entre Carpentras et Avignon, est de 13 degrés environ. Au sommet du Ventoux, élevé de 1911 mètres au-dessus de la mer, la moyenne annuelle ne dépasse pas 2 degrés au-dessus de zéro. C'est, comme on le voit, une moyenne fort basse. En latitude, il faut s'approcher du cercle polaire pour la retrouver en plaine. Nous avons donc en France une montagne isolée qui s'élève brusquement d'une large vallée, dont la température moyenne est celle des villes de Sienne, Brescia ou Venise, et dont le sommet offre le climat de la Suède septentrionale. Ainsi, monter au Ventoux, c'est, climatologiquement, comme si l'on se déplaçait de 19 degrés en latitude; savoir, du 44e au 63e degré.

Le mont Ventoux offre une succession de régions végétales bien définies et caractérisées par l'existence de certaines plantes qui manquent dans les autres. Ch. Martins en a distingué six sur le versant méridional, celui qui regarde la plaine du Rhône. La plus basse, qui comprend toutes les plantes de cette plaine, est caractérisée par deux arbres, le pin d'Alep et l'olivier. Cette zone ne dépasse pas 500 mètres. Dans la vallée du Rhône, les derniers oliviers sont au pied des rochers volcaniques de Rochemaure, un peu au nord de Montélimart. Jadis les oliviers étaient communs jusqu'à Valence, mais l'extension de la culture du mûrier à la fin du seizième siècle les a refoulés vers le midi. Le buis, le thym, lès lavandes, le *Nepeta graveolens* et le dompte-venin (*Vincetoxicum officinale*), caractérisent une seconde zone qui cesse à 1150 mètres. Là commence la troisième, où le hêtre est prédominant et forme des bois touffus qui ne cessent qu'à 1660 mètres. Cet arbre manque dans les plaines du midi de la France et ne commence à apparaître qu'aux environs de Lyon; mais il faut s'avancer jusque dans le nord de la France pour le trouver dans toute sa beauté. Sa limite septentrionale passe par Édimbourg, Bergen, en Norvége, le sud des lacs Wettern et Wenern, en Suède, Kœnigsberg, la Wolhynie et la Crimée (lat. 45 degrés), où cette limite est la plus rapprochée de l'équateur.

Sur le Ventoux, à 1700 mètres, le hêtre est remplacé par le pin de montagne (*Pinus uncinata*), qui monte jusqu'à 1810 mètres. Depuis cette hauteur jusqu'au sommet, 1911 mètres, il n'y a plus ni arbres, ni arbrisseaux, mais seulement des plantes alpines, telles que *Saxifraga oppositifolia*, *Phyteuma hemisphæricum*, *Androsace villosa*, etc. : c'est la végétation qui, dans les Alpes et dans les Pyrénées, avoisine les neiges éternelles et se montre en Laponie sur les bords de la mer. On voit que le Ventoux nous offre un abrégé des zones végétales de l'Europe depuis la Méditerranée jusqu'à la mer Glaciale.]

Les détails dans lesquels nous sommes entrés, dans les diverses parties de cet ouvrage, sur l'action des agents physiques dans les différents phénomènes de la végétation, nous dispenseront de nous étendre de nouveau sur ce sujet. Seulement, nous ferons remarquer qu'en général les influences de ces divers agents ne sauraient être séparées et isolées dans l'explication de l'action qu'ils exercent sur la nature et la distribution des races végétales dans les différents points du globe. Ainsi, la chaleur et la lumière sont sans contredit les agents les plus puissants de la végétation; ce sont ceux qui exercent l'influence la plus directe, et dont on peut le mieux suivre et apprécier les effets. C'est dans les lieux où la chaleur et la lumière se trouvent réunies au plus haut degré, avec une durée plus longue, que la végétation se présente dans son maximum de développement. C'est ce que l'on observe dans les régions voisines de l'équateur, où la chaleur de l'atmosphère reste toujours fort élevée, et où la lumière, par la position presque verticale du soleil, est plus intense et plus directe. Cette action sur le développement des végétaux est encore augmentée dans ces régions par une humidité plus grande, répandue dans l'atmosphère, et entretenue par l'intensité de la chaleur. Mais, à mesure que l'on s'éloigne des régions intertropicales, la chaleur diminue, la lumière solaire devient de plus en plus oblique, et par conséquent moins vive, et l'humidité atmosphérique suit le même décroissement; en un mot, toutes les causes excitatrices de la végétation diminuant graduellement d'intensité, celle-ci doit décroître dans la même proportion, soit par le nombre, soit par la grandeur et le développement des races végétales. Car, ainsi que nous l'avons déjà dit, la plupart des végétaux si l'on en excepte le petit nombre de ceux que leur dispersion dans toutes les contrées du globe peut faire appeler *cosmopolites*, ont besoin, pour se développer et parcourir toutes les phases de leur existence, d'un degré déterminé de chaleur, de lumière et d'humidité. Partout où ils le trouvent, ils se développent et y vivent; c'est là leur patrie. Mais on cesse de les rencontrer dans les lieux où ces conditions nécessaires à leur existence ne se trouvent plus réunies.

Jetons un coup d'œil rapide sur l'influence des principaux agents de la végétation et en particulier sur celle du *sol*, de la *température*, de la *lumière*, de l'*humidité*, etc.

I. Influence du sol. — La nature du sol exerce-t-elle une influence sur les caractères de la végétation? Oui, sans aucun doute. Mais on a peut-être trop exagéré les effets de la composition chimique du sol sur la production exclusive de telles ou telles espèces. Ce que l'on peut dire, c'est que certaines plantes, certains arbres, se plaisent davantage, se développent plus facilement dans les terrains calcaires, par exemple, que dans les terrains argileux ou sablonneux, ou *vice versâ*. Ainsi le buis, le tussilage, le sainfoin, se rencontreront bien plus souvent dans les terres calcaires que dans des localités dont le sol offre une autre nature. Mais néanmoins on pourra également les trouver dans ces dernières, bien que moins souvent. On attachait autrefois une trop grande influence à cette composition chimique des terrains sur la répartition des espèces végétales, et l'on avait à cet égard établi des propositions que l'expérience n'a pas toujours confirmées.

Mais, ce qu'on ne saurait révoquer en doute, c'est que l'état physique, c'est-à-dire l'agrégation plus ou moins grande des molécules dont se compose un terrain, influe sur le caractère de la végétation. Ainsi, là où le sol est épais, profond, bien perméable à l'humidité et à l'action de l'atmosphère, se développeront des espèces plus grandes, plus nombreuses, d'épaisses forêts ; tandis que, dans un terrain de même nature chimique, mais dont la surface est dans un autre état d'agrégation, la végétation présentera des caractères tout à fait opposés. Néanmoins, comme le plus souvent l'état physique du sol dépend de sa nature chimique, c'est plutôt sous ce dernier point de vue qu'on peut la considérer comme modifiant le caractère et la nature de la végétation.

[M. Alph. de Candolle, résumant, dans sa *Géographie botanique* (t. Ier, p. 422), tous les travaux partiels de Thurmann, Unger, Mohl, Lecoq, Schnizlein, Frickhinger et Sendtner, et comparant les mêmes espèces dans des contrées éloignées, conclut, comme Richard, à la prédominance de la constitution physique comme condition déterminante de la station d'une espèce végétale. En général, les végétaux qui, dans un pays, ne croissent que dans un terrain déterminé, se montrent ailleurs sur un sol analogue par ses propriétés physiques, différent par ses éléments minéralogiques. Aussi, en herborisant dans les limites étroites d'un département, un botaniste pourra croire pendant quelque temps à l'influence chimique du sol ; mais il sera détrompé s'il élargit le cercle de ses observations pour reconnaître si l'espèce qu'il trouvait uniquement sur une roche lui est constamment fidèle dans tous les pays. M. Alph. de Candolle a analysé sous ce point de vue 45 espèces que M. Mohl n'avait trouvées que sur des terrains siliceux en Suisse et en Autriche ; or, 19 lui deviennent infidèles dans d'autres climats. Sur 67 espèces propres au calcaire, 36 ont été trouvées hors de Suisse, sur des terrains privés de carbonate de chaux. Sur 43 espèces que Wahlenberg n'avait rencontrées dans les Carpathes que sur des calcaires, il en est 22 qu'il revit sur le granite en Suisse et en Laponie. Des voyages multipliés et bien dirigés réduiraient encore le nombre de ces espèces exclusives. Les plantes maritimes font seules exception à cette règle. Le sel est indispensable à leur existence, mais on les trouve dans les eaux saumâtres de salines, au bords des lacs salés, ou dans les terrains imprégnés de chlorure de sodium, tels que ceux du Sahara.]

L'exposition des lieux vers le nord, le midi, le levant ou le couchant, n'est pas indifférente, ainsi que chacun sait, car il est des espèces qui, toutes choses égales d'ailleurs, viendront toujours de préférence dans une de ces expositions plutôt que dans une autre. La connaissance même du choix ou de la prédilection d'une espèce pour telle ou telle exposition est mise tous les jours en pratique dans l'horticulture, pour la formation des groupes et massifs dans les parcs ou jardins anglais.

Dans une région plus ou moins étendue, les différents points du sol ne sont pas tellement dans les mêmes conditions qu'ils n'offrent souvent des caractères spéciaux dans leur situation, leur exposition, la nature du sol, son état d'agrégation, etc., etc. Ainsi souvent, dans un espace même assez borné, le terrain pourra être en plaine, montueux, offrir des marais, des lacs, des ruisseaux, des rochers, des sables, etc., etc. Si l'on examine les plantes qui croissent dans ces différentes localités d'un même terrain, on les trouvera généralement différentes les unes des autres. Ainsi, les sables n'auront pas les mêmes espèces que les marais; les plantes des marais seront différentes de celles qui croissent sur les rochers ou dans les bois, et ainsi de suite. Cependant, quelques espèces plus robustes, ou moins exigeantes pour les conditions de leur développement, se rencontreront dans plusieurs localités à la fois, mais généralement chacune de ces dernières sera peuplée par des espèces spéciales.

Lorsqu'un sol est d'une nature tellement particulière, qu'il convient plus spécialement à telle espèce plutôt qu'à telle autre, il finit tôt ou tard par se couvrir presque exclusivement de cette espèce, dont les individus, pressés les uns contre les autres, se reunissent en véritable société imprimant à la région un aspect tout particulier de monotonie.

Cette réunion d'individus, tous de la même espèce, vivant les uns à côté des autres, constitue ce que de Humboldt a appelé *plantes sociales*. Elles indiquent toujours dans la nature du terrain une grande uniformité. C'est ainsi que les sphaignes, dans les parties humides et découvertes de nos bois, couvrent le sol dans une étendue considérable ; que les ajoncs, les bruyères, les rhododendrons, les sapins, les mélèzes, occupent, à la surface de la terre, des espaces souvent immenses, à l'exclusion de toute autre espèce, qui s'y trouve étouffée par la plante sociale dont c'est le domaine.

II. Influence de la température. — De toutes les causes qui peuvent occasionner les différences qu'on observe dans la végétation propre de divers lieux du globe, la température est sans contredit celle qui joue le rôle le plus important, et les lois de la distribution de la chaleur à la surface de la terre sont assez bien connues aujourd'hui, grâce aux belles observations de de Humboldt et Dove, pour qu'on puisse en tirer un profit dans l'étude de la géographie botanique. Passons-les donc rapidement en revue.

Si la terre était partout homogène, si sa surface n'était pas formée de terres et de mers, d'îles et de continents, de plaines et de montagnes, la température d'un point déterminé du globe serait donnée par sa latitude, et des lignes d'égale température seraient toutes parallèles entre elles et se superposeraient aux cercles parallèles à l'équateur. Mais la surface du globe terrestre n'étant pas homogène, la distribution de la chaleur ne saurait se faire ainsi. Les lignes *isothermes*, ou d'égale température moyenne, ne restent sensiblement parallèles entre elles et à l'équateur que dans le voisinage de la ligne équinoxiale Dans l'hémisphère boréal, ces lignes s'élèvent inégalement vers le pôle ; de là résultent deux inflexions, dont l'une fixe les sommets convexes des courbes sur l'Europe occidentale, sous le 20e de longitude E., sous le méridien du Spitzberg, et l'autre les seconds sommets du même genre sur la côte occidentale de l'Amérique, sous le 160e de longitude O., au niveau du détroit de Behring. Des sommets concaves se trouvent placés l'un sur la côte E. de l'Amérique, au voisinage du détroit de Lancaster, et l'autre en Sibérie. Les lignes isochimènes (d'égal hiver) et les lignes isothères (d'égal été) s'éloignent encore davantage des parallèles de l'équateur, et c'est au niveau des sommets convexes des isothermes que se trouvent les plus petites différences entre les saisons, et vers les sommets concaves qu'on remarque les plus considérables ; c'est dans leur voisinage que se trouvent les deux pôles du froid de l'hémisphère boréal.

La disposition des lignes isothermes montre que les parties orientales de l'ancien et du nouveau continent sont plus froides que les parties occidentales ; que, par exemple, à latitude égale, le nord de la Sibérie est plus froid que le nord de la Norvége, que le nord de la baie d'Hudson est plus froid que l'Amérique russe.

Les lignes isothermes indiquent aussi que les côtes orientales de l'ancien et du nouveau continent sont plus froides que les côtes occidentales de l'Europe ; que, par exemple, le Canada, le Labrador, jouissent d'un climat beaucoup moins doux que la France, les îles Britanniques, la Scandinavie, comme l'indique le petit tableau suivant :

Québec..................	lat. 46° 47′	— Temp. m.	5°,6.
New-York..............	lat. 40° 50′	— Temp. m.	12°,0.
Nantes.................	lat. 47° 13′	— Temp. m.	12°,6.
Naples..................	lat. 40° 50′	— Temp. m.	17°,4.

Les îles et les côtes maritimes ont généralement une température plus douce que l'intérieur des continents.

Au voisinage des concavités des lignes isothermes se trouvent les climats extrêmes, c'est-à-dire ceux où à des étés très-chauds succèdent des hivers souvent très-rigoureux. C'est ainsi qu'à Québec la moyenne de l'hiver est de — 9° et la moyenne de l'été + 20° ; qu'à Moscou la moyenne de l'hiver est — 11° et celle de l'été + 19° ; tandis qu'à Nantes la moyenne de l'hiver étant + 4°, celle de l'été est + 18° ; qu'à Saint-Malo la moyenne de l'hiver est + 5° et celle de l'été + 18°.

Notons aussi que, d'une manière générale, les latitudes élevées de l'hémisphère austral ont une température moyenne plus froide que les mêmes parallèles dans notre hémisphère, et que, au voisinage de l'équateur, la température du nouveau continent est un peu moins brûlante que celle de l'Afrique équinoxiale ; ce qui tient vraisemblablement, comme le fait remarquer de Humboldt, à la grande évaporation des fleuves et des immenses forêts vierges de l'Amérique, comparée à l'aridité et à la sécheresse des déserts de l'Afrique centrale.

Pour bien se rendre compte de l'influence de la température sur la distribution des plantes à la surface de la terre, c'est moins la température moyenne des différents lieux qu'il faut étudier que ses points extrêmes. En effet, la végétation peut être fort différente dans des régions où la somme des températures de toute l'année est à peu près égale. Mais on comprendra aussi que dans deux pays où les étés sont également chauds, si dans l'un le froid arrive à un degré plus intense, un grand nombre des espèces qu'on trouve dans le premier pourront ne pas vivre dans le second, parce que ces espèces ne sauraient supporter le froid rigoureux de ses hivers. Il en serait de même si c'était la saison chaude qui fût passagèrement trop forte. Cependant ces deux pays pourraient avoir la même température moyenne, mais leur végétation ne serait pas la même.

La distribution de la chaleur suivant les différents mois de l'année, la durée de la saison froide comparée à celle de la saison chaude, doivent aussi être prises en considération. Ainsi, dans un pays où la chaleur ne se fait sentir que pendant un petit nombre de mois, quelque intensité qu'elle présente pendant cette période, un grand nombre de plantes qui vivent dans d'autres contrées où la température moyenne est cependant la même, mais où la chaleur est répartie dans un plus grand nombre de mois, ne s'y rencontreront pas, parce que cette période trop courte ne suffit pas à toutes les phases de leur développement. Ainsi, dans les pays septentrionaux, on trouve généralement moins de plantes annuelles que dans les pays tempérés, parce que ces plantes ne peuvent parcourir leur développement dans une période de temps trop limitée. De même aussi on ne verra pas se propager, dans les régions qui se rapprochent des pôles, les espèces auxquelles il faut plusieurs mois pour mûrir leurs fruits et perfectionner leurs graines.

En général, les pays voisins des mers, les plages maritimes, par exemple, ont une température plus douce et plus uniforme que les pays situés sous les mêmes parallèles, mais éloignés de la mer, qui est, comme on sait, un vaste réservoir d'une température à peu près constante. Aussi voit-on s'avancer plus loin dans les régions qui offrent ces conditions des végétaux qui dans l'intérieur des terres n'arrivent pas à la même hauteur. C'est ainsi, par exemple, que l'on cultive en pleine terre, en Angleterre, des myrtes et des lauriers-roses, à au moins trois ou quatre degrés plus au nord que les points du continent où la végétation de ces plantes est complétement arrêtée.

[Quand on veut se rendre compte de l'existence d'une plante dans un pays, il suffit, en général, de s'enquérir des maxima de l'été et des minima de l'hiver. Il n'en est pas de même quand il s'agit de la floraison, de la fructification et de la maturation des graines d'une plante cultivée. Prenons pour exemple la céréale qui s'avance le plus vers le nord, l'orge cultivée. On pensait autrefois que la culture de l'orge cessait là où la chaleur de l'été était insuffisante pour faire mûrir le grain. Mais, en raisonnant ainsi, on trouve que l'orge mûrit encore dans des pays où les étés ont une température très-différente, et ne mûrit plus dans d'autres où elle est plus élevée que dans les premiers. Ainsi, aux îles Feroë (latitude 62°), dernière limite de la culture de l'orge sous le méridien des îles Britanniques, la température moyenne est de 12°,1. A Alten, en Laponie (latitude 70°), cette moyenne est de 10°,0, et à Yakoutsk, en Sibérie, elle s'élève à 16°,0. M. Kupffer a fait ressortir l'influence des températures et des pluies du printemps et de l'automne qui retardent ou hâtent la germination, empêchent ou favorisent la maturation du grain. Ch. Martins a montré que la présence perpétuelle du soleil au-dessus de l'horizon compensait, sous le 70e degré de latitude, la moindre chaleur de l'été. On a de plus tenu compte des jours couverts et des journées sereines; mais, malgré toutes ces considérations, on n'arrive pas à des nombres parfaitement concordants. On se demande toujours pourquoi l'orge peut mûrir aux Feroë et en Laponie, et ne mûrit pas en Sibérie, où les étés sont plus chauds. Si l'on veut arriver à un accord satisfaisant, il faut recourir à la méthode indiquée par Réaumur, appliquée depuis par MM. Boussingault, Quételet, Gasparin et Alphonse de Candolle, celle des *sommes de chaleur*. Je m'explique. La végétation de l'orge commence lorsque le thermomètre dépasse 5° centigrades; nous ne tiendrons donc pas compte de toutes les températures inférieures à ce degré, mais nous additionnerons ensemble les températures moyennes de chaque jour où le thermomètre a dépassé 5°. De cette manière nous aurons la somme de chaleur accumulée qui a été nécessaire pour faire parcourir à l'orge toutes les phases de sa végétation depuis la germination jusqu'à la maturité du grain. En principe, il est raisonnable d'assimiler l'effet de la chaleur sur une plante à celui qu'elle produit sur les corps inorganiques. Pour que l'eau contenue dans un vase arrive à l'ébullition, il faut aussi qu'il s'y accumule une quantité de chaleur qui porte cette eau à la température de 100°. En procédant ainsi, M. Alph. de Candolle prouve que dans les hautes latitudes l'orge mûrit lorsqu'elle reçoit une somme de chaleur de 1500°, quelles que soient d'ailleurs les moyennes du printemps, de l'été et de l'automne.

Le blé entre en végétation lorsque la température atteint 6° au-dessus de zéro. Année moyenne, c'est à Orange, le 1er mars; à Paris, le 20 mars; à Upsal, le 20 avril, que l'on observe cette moyenne. Pour que le grain soit mûr, il a besoin d'une accumulation de 2000° environ; ce total est atteint et l'on moissonne, par conséquent, en général, le 25 juin à Orange, le 1er août à Paris, et seulement le

20 août à Upsal. Le maïs exige pour mûrir une somme de 2500° à partir de 13°. La vigne produisant un vin potable exige, à partir du jour où la moyenne est de 10° à l'ombre, une somme de chaleur de 2900°. Nous manquons d'observations pour les végétaux des tropiques, mais il est probable qu'il faut au moins 6000° pour que le dattier donne des fruits sucrés. Sa limite septentrionale extrême, en Algérie, est dans l'oasis d'El Kantara, par latitude 35° 20'. Ajoutons que cette oasis, placée en espalier au pied d'une muraille de rochers dénudés, jouit d'un climat plus chaud que celui de sa latitude. On sait que le dattier peut vivre sans donner de fruits, à Hyères, tout le long de la Corniche, dans les Asturies, près d'Oviedo, en Provence et en Languedoc, dans les lieux abrités. Le cocotier, le muscadier, exigent des sommes de chaleur encore plus fortes pour végéter et pour fructifier; mais comme la nature a voulu que les régions les plus froides aient leur parure, les plantes alpines et polaires se contentent, pour développer leurs feuilles et leurs fleurs, de 50° à 300°. On comprend maintenant pourquoi certains végétaux vivent dans un pays sans y donner de fleurs, d'autres sans y porter des fruits : c'est que la somme de chaleur suffisante pour développer leurs feuilles ne l'est pas pour faire épanouir leurs fleurs, et à plus forte raison pour mûrir leurs fruits.]

III. Influence de la lumière. — Nous avons déjà fait remarquer, dans la partie de cet ouvrage qui traite de la Physiologie, l'importance de la lumière sur la végétation; et quoique son influence soit un peu moins grande peut-être que celle de la température sur la distribution géographique des plantes, elle mérite cependant une mention spéciale.

Dans les pays équatoriaux, une lumière plus intense, agissant perpendiculairement, envoie ses rayons sur les végétaux, pendant toute l'année, douze heures chaque jour; tandis que, vers les régions tempérées, son intensité devient moins grande, parce que son incidence devient plus oblique; et enfin, dans les régions polaires, le soleil restant au-dessous de l'horizon pendant une partie de l'année plus ou moins longue, suivant la latitude, les végétaux qui vivent dans ces régions restent plongés dans une obscurité complète pendant plusieurs mois de l'année.

Quoique les conséquences de la lumière n'aient pas encore été suffisamment étudiées, on voit déjà, comme de Candolle l'avait noté, que, indépendamment de ce qui tient à la température, les plantes qui perdent leurs feuilles peuvent mieux supporter les pays septentrionaux, et que celles à végétation continue doivent avoir un plus grand besoin des régions méridionales.

[Certaines plantes ne fleurissent pas dans les serres de la Belgique, de la Hollande ou de l'Angleterre, faute de lumière, car la chaleur ne leur fait pas défaut : tels sont en particulier le *Nelumbium* de l'Inde et le *Bougainvillœa* du Brésil, qui fleurissent tous les ans parfaitement sous le ciel serein de Montpellier, tandis qu'elles ne poussent que des feuilles sous le ciel brumeux du Nord.]

IV. Influence de l'humidité. — L'état hygrométrique de l'atmosphère exerce aussi sur la végétation une grande influence. Comme la quantité de vapeur qu'elle contient augmente avec la température, il en résulte que le degré hygrométrique doit varier suivant les latitudes, les saisons, les heures de la journée et les hauteurs. La température, la pression atmosphérique et la direction générale des vents régnants ont de grands rapports avec l'humidité, dont la puissance vivifiante ne dépend pas seulement de la quantité absolue de la vapeur d'eau contenue dans l'atmosphère, mais encore de la fréquence et du mode de précipitation de cette vapeur, soit que, sous forme de rosée ou de brouillard, elle humecte simplement le sol, soit que, condensée, elle tombe en gouttes de pluie ou en flocons de neige. La quantité de pluie qui tombe chaque année à la surface du globe varie beaucoup suivant les lieux. A la Havane, par exemple, il tombe, année moyenne, $2^m,761$ de pluie, c'est-à-dire quatre ou cinq fois plus qu'à Paris; sur le versant de la chaîne des Andes, la quantité de pluie annuelle décroît, comme la température, à mesure que la hauteur augmente.

C'est en partie à cette humidité constante, à cette grande quantité de pluie qui tombe chaque année à une époque déterminée dans les régions chaudes du globe, jointes à une haute température, que les pays intertropicaux de l'Amérique et de l'Asie doivent la végétation luxuriante qui couvre la surface de ces deux continents.

Nous venons de passer rapidement en revue les principales causes qui exercent une influence bien marquée sur la distribution géographique des végétaux à la surface du globe; mais il en est d'autres dont l'importance est moindre, sans doute, puisqu'elles sont moins générales et plus accidentelles, mais qui méritent cependant de fixer l'attention : je veux parler de ces moyens de transport, soit naturels, soit factices, qui tendent de plus en plus à modifier la végétation première d'un lieu donné du globe.

1° Les eaux courantes transportent fréquemment à de grandes distances les germes des plantes riveraines; c'est ainsi que nous trouvons dans les vallées des Alpes les plantes des montagnes alpines.

2° L'atmosphère peut aussi contribuer au même phénomène. Ne voyons-nous pas tous les jours les vents transporter au loin les semences de divers végétaux, qui, par leur petitesse ou par les aigrettes dont elles sont munies, se prêtent facilement à leur action. Les spores des cryptogames sont généralement si petites et si légères, qu'elles se laissent entraîner dans l'atmosphère, et viennent se fixer sur le sol après avoir traversé des mers et des continents.

3° Les animaux, et surtout les oiseaux, concourent aussi puissamment au transport des graines dont ils se nourrissent.

4° Enfin, l'homme lui-même n'emporte-t-il pas tous les jours avec lui, sous d'autres climats que ceux qui les ont vus naître, des végétaux qu'il cultive pour ses besoins? Et lorsque l'introduction de ces cultures remonte à une époque reculée, on sait combien il est difficile et souvent impossible de fixer le point du monde qui a été leur première patrie. Ainsi il est évident que le maïs, le tabac et la pomme de terre sont originaires du nouveau continent, le cafier des bords de la mer Rouge. Mais la patrie du bananier est beaucoup plus incertaine : tantôt l'un des continents l'a fourni à l'autre, tantôt tous les deux possédaient des espèces analogues, que l'on confond aujourd'hui sous le nom de variétés. Mais non-seulement l'homme emporte ainsi avec lui des plantes utiles, mais encore certaines espèces le suivent pour ainsi dire à son insu ; et si ces plantes trouvent dans les climats nouveaux où elles viennent d'être jetées des circonstances favorables à leur développement, elles s'y multiplient, elles y pullulent même, et souvent en telle abondance et si rapidement, qu'elles peuvent parvenir à changer, ou au moins à modifier l'aspect de la région. C'est ainsi que l'*Agave americana* et le *Cactus Opuntia*, ou raquette, bien que originaires l'un et l'autre d'Amérique, se sont tellement répandus sur les côtes de la Méditerranée, de l'Italie, de la Sicile, de l'Espagne, de la Grèce, qu'ils font partie maintenant du paysage propre de ces régions; que l'*Erigeron canadense*, quoique venant primitivement du Canada, s'est répandu en Europe avec une telle profusion, qu'il en est devenu une des mauvaises herbes les plus communes ; que les pampas du rio de la Plata sont couvertes aujourd'hui de notre chardon ; que le mouron, la vipérine, la ciguë, l'ortie, abondent dans certaines villes de l'Amérique méridionale.

Stations des plantes.— On a donné le nom de *stations* à des localités assez différentes dans la nature pour être habitées en grande partie par des espèces qui leur sont propres. Le nombre des stations est assez considérable. Voici les principales, et la dénomination des plantes qui les habitent :

1. Les plantes *marines* qui vivent plongées dans l'eau salée de la mer; telles sont les différentes espèces de varechs.

2. Les plantes *maritimes* qui croissent non pas dans la mer, comme les précédentes, mais dans son voisinage, sur les plages de l'Océan ou dans les marais salants, comme les soudes, les salicornes, etc.

3. Les plantes *aquatiques* vivant dans les eaux douces des lacs et des rivières, telles que les conferves, les *Stratiotes*, les *Potamogeton*, les *Nymphæa*, l'*Alisma plantago*.

4. Les plantes des *marais* et des tourbières (plantes *palustres*), qui croissent dans les terrains bas et humides, souvent inondés pendant l'hiver, et plus ou moins desséchés pendant l'été.

5. Les plantes des *prairies* et des *pâturages*, certaines Graminées, Légumineuses, etc.

6. Les plantes des terrains *cultivés*, qui se plaisent dans les sols légers et fertiles, au milieu des moissons, des vignes, des jardins.

7. Les plantes des *sables : Arundo arenaria*, *Elymus arenarius*, etc.

8. Les plantes des *forêts*. Dans cette classe se trouvent réunies les espèces arborescentes dont l'ensemble constitue l'essence des forêts, et les espèces beaucoup plus nombreuses qui peuvent vivre sous leur ombrage.

9. Les plantes des *buissons et des haies* sont généralement des arbustes et des arbrisseaux, au milieu desquels se trouvent quelques végétaux habituellement grimpants.

10. Les plantes *souterraines*, qui peuvent se passer de l'action de la lumière, et qui végètent dans les cavernes obscures ou dans le tronc des vieux arbres.

11. Les plantes *parasites*, qui, au lieu d'absorber dans le sol les sucs propres à leur nutrition, vont les puiser dans l'intérieur même des végétaux vivants ou morts sur lesquels elles se sont fixées.

12. Les plantes des *rochers*, qui croissent sur la surface même des roches les plus dures.

13. Les plantes des *lieux stériles*.

14. Les plantes des *décombres*, qui naissent dans le voisinage des habitations humaines, autour desquelles elles trouvent des substances azotées indispensables à leur existence.

15. Les plantes des *montagnes*.

La végétation des montagnes est tellement remarquable et si bien caractérisée, que nous allons entrer dans quelques détails sur ce qui la concerne.

Il faut, dans l'étude de cette station, tenir compte d'une foule de circonstances qui peuvent avoir une influence plus ou moins marquée sur la végétation. En mettant de côté la latitude sous laquelle se trouve placée la montagne qu'on observe, ce qui rentre plutôt dans l'habitation que dans la station, qui doit seule nous occuper maintenant, on voit que la disposition des massifs, que l'orientation du versant, la direction des vallées, la nature du sol, son humidité, sa couleur même, sont autant de causes qui viennent modifier la hauteur à laquelle les plantes peuvent parvenir. Mais on peut cependant observer des lois générales, que nous allons exposer brièvement.

Placé au fond d'une des profondes vallées des Alpes, le botaniste se voit entouré de végétaux qu'il a pu observer dans les plaines environnantes : de belles cultures de maïs, de froment, de seigle, d'orge, d'avoine, des vignes et des rizières; au milieu d'elles des plantes propres à la zone tempérée. Mais si, quittant la vallée, il gravit les premiers échelons de la montagne, il voit apparaître au milieu des mêmes espèces que celles qu'on rencontre dans la vallée quelques autres caractéristiques de la région *alpestre* qu'il vient d'atteindre, des astrantia, des aconits, des potentilles, des achillées, des prénanthes, des labiées. Pénétrant ensuite dans la région des forêts, il y voit des noyers, des châtaigniers, des chênes, des hêtres, des bouleaux, qui auront complétement disparu à 1000 mètres d'élévation au-dessus du niveau de l'Océan. Les arbres verts viennent alors remplacer les arbres à feuilles caduques : ce sont des pins, des sapins, des mélèzes, puis le pin cembro, quelques aulnes verts et quelques bouleaux rabougris, qui s'arrêteront eux-mêmes vers 2000 mètres pour faire place aux rhododendrons, ces jolis arbrisseaux aux fleurs rouges disposées en grappe qui caractérisent si bien cette région des Alpes. Plus haut, l'aspect de la végétation change entièrement, il vient d'arriver dans les hauts pâturages, dans la région alpine proprement dite. Là, plus d'arbres, plus de plantes annuelles, mais quelques petits sous-arbrisseaux s'élevant au plus à quelques centimètres au-dessus du sol, des plantes vivaces formant d'immenses tapis de verdure. Le facies particulier à chaque famille disparaît dans ces régions élevées, pour faire place à cette physionomie spéciale des *végétaux alpins*. Ces pâturages montent jusqu'à 2600 mètres et plus ; on y observe des saules nains, des *Androsace*, le *Silene acaulis* formant de belles touffes roses, les nombreuses espèces de saxifrages et de gentianes, des *Cerastium*, des *Alchemilla*, le *Ranunculus glacialis*. La dernière phanérogame cueillie par de Saussure dans sa célèbre ascension du mont Blanc était le *Silene acaulis*, à 3470 mètres. Çà et là encore quelques lichens cramponnés sur la surface nue des rochers, puis toute trace de végétation disparaît : on est à 800 mètres au-dessus de la limite des neiges éternelles.

Peut-être conviendrait-il mieux d'appeler simplement *localités* ces lieux caractérisés par leur nature, qui impriment un caractère tout particulier à la végétation qui les recouvre, et de réserver le nom de *stations* pour les hauteurs diverses au-dessus du niveau de la mer, ou à distance plus ou moins grande de l'équateur, auxquelles croissent certaines espèces. Cette distinction nous paraît nécessaire, car une plante des sables ou des marais, ou de toute autre localité, pourra se rencontrer dans les stations différentes, c'est-à-dire soit à des hauteurs variables sur le penchant des montagnes, soit en des points plus ou moins éloignés de l'équateur, et *vice versâ*. Il nous paraît utile de pouvoir établir ces distinctions.

Il ne faut pas confondre avec les localités les *habitations* des plantes. Ce dernier terme, beaucoup plus général, s'applique aux diverses contrées du globe où telle ou telle espèce peut croître, indépendamment de la localité. Ainsi, les *Nymphæa alba* et *N. cœrulea* sont des plantes aquatiques, les *Arundo arenaria* et *australis* des plantes des sables :

voilà pour la localité. Mais le *Nymphæa alba* est une plante d'Europe, le *Nymphæa cœrulea* une plante d'Afrique, etc.; l'*Arundo arenaria* croît en France, et l'*Arundo australis* à la Nouvelle-Zélande : voilà pour l'habitation. Deux plantes peuvent donc croître dans une même localité et appartenir à deux habitations fort différentes. On voit que ce mot habitation est synonyme de *patrie*, qui peut-être devrait lui être préféré comme plus généralement compris.

Il est fort difficile de se rendre compte des causes qui déterminent ainsi la patrie de telle ou telle plante dans un point du globe plutôt que dans un autre. Sans doute, la température, la lumière, les influences atmosphériques sont pour beaucoup dans ces causes ; mais il en est aussi plusieurs qui échappent à nos recherches et à nos raisonnements, et qui dépendent, soit de la nature même des végétaux, soit de circonstances que nous n'avons pu ni saisir ni apprécier.

La *patrie* d'une espèce est quelquefois très-restreinte, très-localisée; d'autres fois, au contraire, elle est plus étendue, et peut même être commune à des grandes divisions géographiques du globe. Ainsi, par exemple, le muscadier ne croît à l'état sauvage qu'à l'île de Ceylan, le cafier en Éthiopie, l'*Araucaria excelsa* à l'île de Norfolk, le cèdre du Liban dans des points très-limités de la Syrie et de l'Algérie. Ces espèces ont été désignées sous le nom de plantes *endémiques* par le professeur de Candolle, par opposition à celui de plantes *sporadiques* qu'on donne aux espèces répandues à la fois dans plusieurs habitations. Cette localisation peut même s'étendre aux genres et aux familles qui se rencontrent exclusivement dans certaines contrées du globe et jamais ailleurs. Les exemples en sont tellement nombreux, qu'il nous suffira d'en citer seulement quelques-uns. Ainsi, toutes les espèces des genres *Mesembrianthemum*, *Pelargonium*, *Borbonia*, *Hermannia*, *Phylica*, etc., sont originaires du cap de Bonne-Espérance ; toutes les espèces de *Devauxia*, *Persoonia*, *Stylidium*, etc. croissent dans l'Australie ; un grand nombre de genres ne se trouvent qu'en Amérique, d'autres à Madagascar, quelques-uns en Europe, etc. Enfin, il y a aussi des familles tout entières qui sont endémiques et propres à certains pays : par exemple, les Chlénacées à Madagascar, les Simaroubées à l'Amérique méridionale, les Épacridées, les Stakhousiées, les Trémandracées, etc., à la Nouvelle-Hollande. On comprend que ce doivent être principalement ces espèces, ces genres et surtout ces familles endémiques, qui servent à caractériser nettement la végétation particulière des diverses contrées où ils croissent.

Nous venons de voir que certaines espèces, certains genres, des familles même, sont presque exclusivement concentrés dans certaines contrées du globe. On a cherché à apprécier d'une manière générale, pour toutes les familles du règne végétal, comment ces espèces étaient distribuées dans toutes les régions dont les voyageurs nous ont mis à même de bien connaître la végétation. On reconnaît, par cette étude, que de Humboldt a désignée sous le nom d'*arithmétique botanique*, que les espèces des diverses familles sont distribuées d'une manière très-inégale, et l'on parvient à déterminer leur *proportion relative* dans l'ensemble de la végétation de chaque contrée.

Nous avons déjà dit précédemment que le nombre des espèces était incomparablement plus grand dans les contrées voisines de l'équateur que dans celles qui se rapprochent des pôles. Si nous examinons avec quelque soin la composition de la végétation dans ces contrées différentes ; si nous analysons les éléments dont elle se compose, nous y reconnaîtrons des différences curieuses et dont les résultats généraux doivent être consignés ici. Ainsi, le nombre des plantes acotylédonées, en en distrayant les Fougères, est proportionnellement plus grand dans les pays septentrionaux que dans ceux du Midi. Prenons pour exemple les flores de quelques contrées fort éloignées. En Laponie, d'après Wahlenberg, le nombre total des espèces est de 1087, dont 557 Acotylédones, d'où il résulte que ces dernières forment la moitié du nombre total des espèces observées. En France, où l'on compte à peu près 6000 espèces, il y a un peu plus de 2000 Acotylédones, c'est-à-dire environ un tiers du nombre total de toutes les espèces. A la Nouvelle-Hollande, d'après Robert Brown, on trouve environ 400 Acotylédones sur plus de 4000 espèces, c'est-à-dire qu'elles ne comprennent qu'un dixième. Les plantes recueillies par de Humboldt et Bonpland dans l'Amérique équinoxiale montent à 4160, dont 280 appartiennent aux familles acotylédonées, c'est-à-dire environ un quinzième. Ce petit nombre d'exemples, que nous aurions pu multiplier, suffira néanmoins pour démontrer cette loi à peu près générale : le nombre proportionnel des plantes acotylédonées va en diminuant des pôles vers l'équateur. La même observation pourra également se faire sur les montagnes, où l'on trouvera la même progression décroissante à mesure qu'on descend des parties les plus élevées, dont la végétation se compose uniquement de Cryptogames, vers la plaine, où leur proportion est incomparablement moins grande.

Si maintenant nous cherchons à établir la proportion entre les plantes monocotylédonées et les dicotylédonées, nous arriverons à une loi analogue, quoique beaucoup moins tranchée et moins constante : c'est que les premières sont aussi plus nombreuses vers les pôles que dans les régions tropicales. Si, à l'exemple de plusieurs botanistes, nous réunissons dans cette énumération la vaste famille des Fougères ou Monocotylédones, cette proportion sera beaucoup moins marquée, parce que les Fougères, considérées isolément, sont beaucoup plus abondantes au voisinage de l'équateur, et que cette augmentation compense en partie la différence que nous avons signalée. On arrive alors à un nombre à peu près uniforme dans presque tous les pays du globe : c'est que les Monocotylédones et les Fougères réunies forment environ la sixième partie du nombre total des végétaux.

Une troisième loi d'arithmétique botanique, qui n'est pas moins générale que les deux précédentes, c'est que la proportion des Dicotylédones, comparée aux deux autres groupes primordiaux du règne végétal, va en croissant des pôles vers l'équateur. La flore des pays intratropicaux renferme toujours proportionnellement un plus grand nombre de plantes dicotylédonées que de Monocotylédones et d'Acotylédones réunies.

Le nombre des arbres comparé à celui des plantes herbacées suit la même progression ascendante des pôles vers la ligne. Ainsi, en Laponie, le nombre des arbres forme à peu près la centième partie de toute la végétation; en France, la quatre-vingtième partie, et à la Guyane, la cinquième partie. Cette augmentation dans le nombre des espèces ligneuses provient de ce que dans les pays tropicaux, non-seulement il y a une grande quantité d'arbres qu'on ne trouve pas dans les régions septentrionales, mais encore de ce que des genres et des familles qui, dans nos climats, ne se composent que de plantes herbacées, renferment là des espèces ligneuses : c'est ce que montrent les familles des Euphorbiacées, Malvacées, Hypéricinées, Solanées, Verbénacées, etc., etc., examinées dans ces deux positions extrêmes. On se rend aisément compte de cette différence quand on songe à l'influence qu'exerce la chaleur sur le développement et la durée des végétaux.

Nous avons plusieurs fois insisté sur l'influence exercée par la température sur la nature et le nombre des végétaux. Cette influence doit agir également sur leur distribution géographique et sur leur développement dans telle ou telle partie du globe, c'est-à-dire sur leur *patrie*. Mais néanmoins il est impossible de ne pas reconnaître que cette dernière dépend aussi de causes différentes qui nous sont à peu près inconnues. En effet, si la température seule, ou réunie même aux autres agents physiques de la végétation, était la cause unique des habitations des plantes, il devrait nécessairement arriver que, dans tous les points du globe où ces conditions se trouvent les mêmes, la végétation devrait également être semblable. Or, c'est ce qui n'arrive presque jamais. Chaque grande contrée de la terre, comme nous le montrerons tout à l'heure, a des caractères tout particuliers dans les plantes qui y croissent naturellement. Ainsi la Nouvelle-Zélande, située à peu près sous les mêmes parallèles que la France et le midi de l'Europe, et où la température moyenne est à peu près semblable, offre cependant une végétation qui n'a presque aucun rapport avec celle de nos contrées européennes. Cette végétation varie quelquefois d'une manière si brusque, si tranchée, qu'on doit, pour expliquer ces changements, remonter jusqu'à la formation primitive, l'apparition première des êtres organisés à la surface du globe. On reconnaît alors que les idées qui ont été émises sur ce point par les anciens naturalistes ne peuvent supporter un examen tant soit peu approfondi. Ainsi Linné pensait que toutes les plantes étaient sorties d'un seul point de la terre, d'une montagne élevée sous l'équateur, et que delà, et de proche en proche, elles s'étaient répandues dans les diverses contrées, modifiées successivement par les influences de climat, de localité et de patrie auxquelles elles avaient été soumises. Buffon, au contraire, faisait partir la végétation des pôles et cheminer vers l'équateur. Willdenow admettait plusieurs points de départ. Chaque grande chaîne de montagnes qui parcourt un pays avait été, selon ce savant botaniste, le centre particulier d'une végétation spéciale dont les espèces s'étaient ensuite répandues en s'irradiant en toutes directions dans les plaines environnantes. Quoique cette dernière opinion nous paraisse celle qui se rapproche le plus de la vérité, ou, pour mieux dire, qui soit le plus en rapport avec les faits observés, elle ne peut néanmoins pas être admise complétement. En effet, il n'y a souvent que de bien faibles analogies entre les espèces qui croissent sur une chaîne de montagnes et celles qui recouvrent les plaines s'étendant à ses pieds; tandis que des rapports souvent assez grands se font remarquer dans des chaînes de montagnes fort éloignées et appartenant à des contrées dont tous les caractères de végétation sont, du reste, entièrement différents.

Tous ceux qui ont mûrement réfléchi à cette importante question sont portés à admettre qu'il y a eu primitivement dans l'origine des choses un très-grand nombre de *centres de végétation*, composés d'un nombre variable d'espèces, de genres et même de familles différentes. Ces centres de végétation sont communément limités par la disposition physique des lieux, leur hauteur, leur exposition, leur inclinaison, et séparés les uns des autres par les grandes chaînes de montagnes, l'étendue des mers, les déserts, etc.; c'est-à-dire qu'ils sont dans le plus grand nombre des cas en rapport avec les divisions géographiques naturelles, fort différentes, comme chacun sait, des divisions politiques, essentiellement variables. Peut-être un examen plus attentif prouverait-il que ces points de départ, dont le nombre, quoique assez grand, est cependant limité, correspondent à des époques diverses d'émersion des différents points de la surface du sol. Cette opinion, que nous émettons ici, sans pouvoir l'appuyer sur des faits, nous paraît néanmoins très-probable, et demanderait des recherches nouvelles faites dans cette direction.

Nous n'avons pas besoin de dire que ces centres de végétation varient singulièrement en étendue, et que bien rarement ils sont tellement bien distincts les uns des autres, qu'ils ne se confondent sur leurs limites. On peut les représenter comme se fondant insensiblement les uns dans les autres, à mesure qu'on s'éloigne du point de départ ou de centre; que cette partie centrale, comparée dans plusieurs de ces groupes les plus rapprochés, offre des différences très-tranchées, semblables aux sept rayons colorés du spectre solaire, dont les nuances, bien différentes cependant les unes des autres, s'affaiblissent insensiblement en s'éloignant de leur point de départ, et passent de l'une à l'autre, sans qu'il soit possible à l'œil de saisir le moment où se fait le changement.

Cependant on peut, dans un grand nombre de cas, reconnaître à ces centres de végétation, qu'on nomme *régions botaniques*, des limites assez bien marquées, et qui, le plus souvent, résultent d'obstacles matériels qui se sont opposés à l'extension des espèces. Ainsi, par exemple, les grandes chaînes de montagnes, loin d'être, comme le pensait Willdenow, des points d'où sont parties les espèces qu'on trouve dans les plaines, sont ordinairement les limites naturelles qui séparent les diverses régions botaniques. Il en est de même encore de la mer ou des grands déserts de sable, comme ceux de l'Afrique ou de l'Asie, qui s'opposent à la propagation et à la diffusion des races végétales.

Cependant il arrive très-souvent que ces limites, imposées en quelque sorte aux principales régions botaniques, sont franchies par un certain nombre d'espèces. La légèreté de certaines graines, les aigrettes plumeuses ou les appendices membraneux dont elles sont couvertes, rendent leur transport très-facile par le moyen des vents. L'homme et les animaux sont d'ailleurs des moyens efficaces de transmission des espèces. Il est en effet des plantes qui semblent avoir suivi l'homme dans la plupart des contrées où il s'est établi : tels sont l'*Urtica dioica*, des *Chenopodium*, la verveine, la grande ciguë, etc., etc., certaines plantes potagères qui ont fini par s'acclimater dans ces nouvelles patries, de manière souvent à y étouffer les races indigènes. Ainsi, Aug. de Saint-Hilaire a vu les campagnes environnant Montevideo tellement infestées par le chardon-Marie et surtout par notre cardon, qu'ils en ont fait disparaître presque toutes les autres espèces.

Les oiseaux, qui se nourrissent des fruits et des graines d'un très-grand nombre de plantes, les transportent souvent à de grandes distances de leur patrie primitive. D'autres espèces se sont répandues, parce que leurs fruits sont hérissés de piquants recourbés à l'aide desquels ils s'accrochent aux vêtements de l'homme ou à la toison des animaux : tels sont le gratteron, la bardane, le *Xanthium*, que l'on trouve en effet dispersés dans des contrées très-éloignées. Enfin, comme nous l'avons déjà dit, les vents, en soufflant avec plus de force et de constance dans certaines directions données ; les grands cours d'eau, qui peuvent, en descendant des montagnes, traverser des plaines très-variées dans leur nature, leur exposition, etc., sont aussi des moyens efficaces qui concourent à la transmission d'un certain nombre d'espèces d'une région dans une autre.

[Il existe près de Montpellier, sur les bords du Lez, un lavoir de laines appelé le port Juvénal. Des laines en suint, de provenances très-variées, sont épluchées, soumises à une lessive bouillante, lavées à grande eau dans le Lez au moyen de tourniquets, puis étendues sur des galets. Les graines qui ont échappé à toutes ces manipulations se sèment entre les pierres, y germent et souvent fleurissent et fructifient. Mais il est rare qu'elles se répandent dans les environs et enrichissent la flore de Montpellier. Un certain nombre d'espèces sont recueillies tous les ans au port Juvénal, et elles ont été successivement décrites par de Candolle, Delille, Godron et Cosson. Le nombre total actuellement connu est de 438. La plupart proviennent de la région méditerranéenne de l'Europe, qui fournit la plus grande proportion des laines lavées au port Juvénal; mais on en remarque aussi un certain nombre qui n'existent qu'en Algérie, au Maroc, en Tunisie, en Syrie, en Égypte, en Asie Mineure, etc. ; quelques-unes sont originaires de l'Amérique du Sud, et un huitième sont des espèces nouvelles, dont la patrie est inconnue.]

La facilité avec laquelle une espèce d'une région botanique peut s'acclimater et se reproduire dans une autre région, dont les conditions climatologiques sont à peu près les mêmes, est une preuve nouvelle à l'appui de l'opinion que nous avons précédemment émise de la pluralité des centres de végétation primitive; car si les espèces de deux régions différentes par les caractères des races qui les habitent peuvent ainsi passer de l'une à l'autre, et y trouver, dans des proportions convenables, les agents nécessaires à leur développement, ces espèces auraient dû nécessairement être les mêmes si elles n'eussent appartenu primitivement à une formation tout à fait différente.

Le nombre des régions botaniques, c'est-à-dire des points de la surface du globe où la végétation présente des caractères spéciaux, ne saurait être rigoureusement déterminé. Nous sommes loin de connaître, comme nous l'avons dit précédemment, l'intérieur de l'Afrique, de l'Amérique et de la Nouvelle-Hollande, et cette connaissance serait nécessaire pour fixer le nombre des centres de végétation. D'ailleurs, cette division du globe en régions botaniques est un peu arbitraire, parce qu'elle ne repose pas absolument sur des données ou des principes tellement fixes, que tous les auteurs l'aient entendue de la même manière. Ainsi M. Schouw a cherché à caractériser et à dénommer les principales régions botaniques d'après l'une des familles dominantes et caractéristiques de chacune d'elles. C'est ainsi qu'il nomme *région des Mousses* la région voisine du pôle arctique ; *région des Ombellifères et des Crucifères* l'Europe centrale et la Sibérie méridionale ; *région des Mesembrianthemum et des Stapelia* le cap de Bonne-Espérance, etc., etc. Ce genre de dénomination, s'il a l'avantage de rappeler l'un des caractères dominants de la région, a aussi l'inconvénient de donner une sorte de prééminence à une ou deux familles, qui sont loin d'être les seules qui dominent dans la région, et que d'ailleurs on retrouve en nombre souvent très-marqué dans d'autres contrées. Le nom des régions botaniques est plus généralement tiré aujourd'hui du nom géographique du lieu où on l'observe; mais on a aussi beaucoup varié sur l'étendue à donner à ces régions, et le nombre en est fort variable, suivant les différents auteurs qui se sont occupés de ce sujet. Ainsi de Candolle, dans son excellent article Géographie botanique du *Dictionnaire des sciences naturelles*, en admettait vingt principales ; son fils, M. Alphonse de Candolle, porte ce nombre à quarante-cinq. Mais, comme nous l'avons dit déjà, ce nombre ne saurait être rigoureusement déterminé. A mesure que de nouveaux voyages nous feront mieux connaître l'intérieur des grands continents, peut-être serons-nous forcés d'établir de nouvelles divisions ; peut-être aussi devrons-nous en supprimer quelques autres.

Nous ne ferons pas ici l'énumération encore peu fixe de ces régions botaniques, qu'il serait impossible de caractériser sans entrer dans des détails que ne comportent pas la nature et l'étendue de cet ouvrage. Seulement nous ferons remarquer que chacune des grandes parties géographiques de la terre, l'Europe, l'Asie, l'Afrique, l'Amérique et l'Océanie, offre une végétation particulière et caractéristique. Chacune de ces grandes parties peut ensuite être subdivisée en plusieurs portions principales, suivant qu'on les examine en partant des pôles et marchant vers l'équateur. Ainsi, on peut établir, dans chacune d'elles, à l'exception de l'Europe, qui est située entièrement hors des tropiques, trois grandes stations générales, savoir : les régions intratropicales, les régions extratropicales boréales, et les régions extratropicales australes. Chacune de ces régions principales, qui a des caractères généraux et faciles à saisir, se subdivise ensuite en régions botaniques proprement dites, dont le nombre ne peut être rigoureusement limité.

Les régions tropicales, examinées dans ce qu'elles ont de commun et de plus général, sont caractérisées par une végétation plus forte, plus variée, dont les phénomènes ne sont jamais interrompus par les changements de saison, qui, dans ces pays si favorables au développement des êtres organisés, se font à peine sentir. Le nombre des espèces est plus grand, et la flore de ces contrées par conséquent plus riche. Les forêts, au lieu d'être, comme dans les climats tempérés, composées d'un petit nombre d'espèces, et par conséquent d'un aspect monotone, présentent réunies les espèces les plus gigantesques et les plus variées, couvertes, en tout temps, de feuilles, de fleurs et de fruits dans différents états. Ce qui ajoute singulièrement à la beauté et à l'originalité du paysage, dans les pays tropicaux, ce sont ces élégants palmiers dont le stipe élancé et gracieux domine quelquefois tous les autres arbres de la forêt; ces lianes à formes bizarres et si variées qui s'élèvent jusqu'à la sommité des plus grands arbres, au milieu desquels elles mélangent leur feuillage et leurs fleurs, de manière à tromper l'œil du naturaliste, et à laisser en suspens pour décider à qui appartiennent les fleurs qu'il admire ou les fruits que leur hauteur dérobe à sa main. Ce sont ces bambous et autres Graminées ligneuses et gigantesques qui rivalisent de hauteur avec les arbres et les palmiers. Ce sont des Fougères en arbres, des Solanées, des Borraginées, des Malvacées, et une foule d'autres plantes devenues ligneuses, quand, dans les pays tempérés, les mêmes familles ne contiennent que des espèces humbles et herbacées. Mais la hauteur absolue des lieux exerce encore son influence sur le caractère général de la végétation dans les contrées équatoriales. Les hautes chaînes de montagnes, les plateaux élevés, n'y présentent pas les mêmes espèces que les plaines ou les lieux voisins de la mer. Ici la hauteur agit à peu près de la même manière que l'éloignement de l'équateur, c'est-à-dire que plus on s'élève, plus la végétation perd son caractère tropical, pour en prendre un qui lui est le plus souvent particulier, mais qui, dans plusieurs cas, se rapproche bien plus de celui des pays situés en dehors des tropiques. Les espèces, les genres et souvent les familles sont dans la plaine entièrement différents de ceux qu'on trouve en Europe. Sur les montagnes, ces familles et ces genres tropicaux disparaissent, et des genres européens, et souvent même des espèces analogues, sinon semblables à celles de l'Europe, se présentent à l'œil étonné de l'observateur.

La différence entre les régions intratropicales et celles situées en dehors des tropiques ne se fait pas d'une manière brusque et régulière et en rapport rigoureux avec les limites géographiques. C'est par des nuances insensibles que se fait le passage de l'une à l'autre de ces deux végétations, et leurs lignes de séparation sont inégales et sans parallélisme entre elles. Aussi les pays qui, situés en dehors des cercles tropicaux, en sont les plus rapprochés, offrent un grand nombre des espèces qu'on voyait dans les lieux plus voisins de l'équateur. Il faut donc s'éloigner de ces points de contact et de réunion pour avoir le véritable caractère d'une région végétale. Ainsi les palmiers, avons-nous dit, sont un des caractères de la végétation tropicale. Néanmoins on en trouve quelques espèces qui s'avancent plus ou moins loin en dehors des tropiques : tels sont en particulier le dattier et le *Chamærops humilis*, que l'on voit jusque sur nos plages méditerranéennes, c'est-à-dire à près de 20 degrés en dehors du tropique du Cancer.

Une remarque générale à faire, c'est que la végétation conserve plus longtemps son caractère tropical dans l'hémisphère austral que dans l'hémisphère boréal. C'est ce que l'on peut remarquer surtout au cap de Bonne-Espérance, aux îles australes d'Afrique, dans les provinces méridionales du Brésil, comme Saint-Paul, Sainte-Catherine, pays tous situés hors des tropiques, dont ils rappellent cependant en beaucoup de points la végétation. Cette différence tiendrait-elle à ce que les deux pointes des continents africain et américain dirigées vers le pôle antarctique sont environnées de tous côtés par d'immenses océans, qui entretiennent une température plus douce et plus uniforme, tandis que les régions de l'Europe, de l'Asie et de l'Amérique, placées sous les mêmes parallèles dans l'hémisphère boréal, forment d'immenses continents qui laissent moins de place à l'étendue des mers? Aussi la végétation de ces différentes contrées de l'Europe, de l'Asie et de l'Amérique, qui vont aussi en convergeant vers le pôle arctique, a-t-elle beaucoup plus de rapports communs que les parties de l'Amérique et de l'Afrique qui se rapprochent du pôle dans l'hémisphère austral n'en présentent entre elles.

Nous allons terminer ce précis en donnant une idée sommaire de la végétation générale des cinq grandes parties du globe.

I. Europe. — La région que nous habitons est située tout à fait en dehors des tropiques dans l'hémisphère boréal, à partir du 36e parallèle. On peut distinguer en Europe trois grandes stations principales ou trois *régions botaniques :* 1° la région hyperboréenne ; 2° la région moyenne ; 3° la région méditerranéenne ou méridionale.

1° La *région hyperboréenne* comprend les pays les plus rapprochés du pôle, la Laponie, l'Islande, les provinces septentrionales de la Suède, de la Norvége et de la Russie. Les plantes qui y prédominent sont les Acotylédones, dont le nombre, comme nous l'avons déjà remarqué, y est bien plus considérable que partout ailleurs. Du reste, la végétation y est peu variée, et les espèces ligneuses en fort petit nombre, puisqu'elles ne forment à peu près que la centième partie de tous les végétaux qui y sont réunis. Les familles qui ont le plus grand nombre de représentants sont celles des Crucifères, des Caryophyllées, des Rosacées, des Saxifragées, des Renonculacées, des Graminées et des Cypéracées. Les arbres appartiennent principalement aux Amentacées et aux Conifères. La zone des espèces ligneuses ne s'étend guère que jusqu'au 67e parallèle. Ce sont les Conifères qui résistent le plus longtemps à la rigueur du climat, car on trouve encore des forêts de pins et de sapins vers le 69e degré de latitude. Passé ce point, si l'on trouve encore quelques espèces ligneuses, ce ne sont que de faibles arbrisseaux, qui, pour le port et la hauteur, rappellent plutôt des plantes herbacées. Le bouleau blanc est l'espèce ligneuse qui se prolonge le plus vers le pôle ; les Conifères s'arrêtent au 67e degré ; le hêtre et le tilleul, au 63e ; le frêne, au 62e ; le chêne, le noisetier et les peupliers, au 60e. On comprend qu'il peut exister quelques légères exceptions à ces limites, mais elles sont accidentelles et peu fréquentes. On peut cultiver l'orge et l'avoine jusqu'au 70e parallèle nord. Ainsi que nous l'avons dit tout à l'heure, la végétation de la région hyperboréenne ou glaciale est commune à l'Europe, à l'Asie et à l'Amérique.

[Le Spitzberg, l'île la plus septentrionale de l'Europe, successivement explorée, sous le point de vue botanique, par Frédéric Martens, Scoresby, Sabine, Parry, Keilhau, Ch. Martins et Malmgrén, et situé entre 76° 30′ et 81° de latitude septentrionale, ne renferme que 93 espèces phanérogames : elles appartiennent principalement à la famille des Graminées, des Saxifragées, des Renonculacées et des

Synanthérées. Parmi ces plantes, il n'y a pas un seul arbre ni un seul arbuste, mais seulement un sous-arbrisseau, l'*Empetrum nigrum*, et deux petits saules rampants. C'est, comme on le voit, le dernier soupir de la végétation européenne expirant sous les glaces du pôle.]

2° La *région moyenne* se compose de tous les pays qui forment les provinces du midi de la Russie, l'Allemagne et toutes ses divisions politiques, la Hollande, la Belgique, la Suisse, le Tyrol, les îles Britanniques, l'Italie supérieure et la plus grande partie de la France. Cette région, plus douce et plus tempérée, est fort distincte de la précédente et de la région méditerranéenne, quoiqu'il soit fort difficile d'en tracer rigoureusement les limites. Il n'est pas non plus aisé de la caractériser d'une manière absolue par sa végétation. Le seul caractère général qu'on puisse lui assigner, c'est que ses forêts sont essentiellement composées du chêne commun (*Quercus Robur*, L.), auquel se mélangent aussi d'autres espèces, telles que le châtaignier, le hêtre, le bouleau, le charme, etc.; mais c'est toujours le chêne qui y prédomine. Cette région est presque dans tous ses points favorable à la culture des céréales, et en particuler du seigle et du froment. On peut les partager en deux zones distinctes : 1° l'une *méridionale*, que caractérise la culture de la vigne: C'est dans cette zone que l'on commence à voir prédominer les plantes de la famille des Labiées. Sa limite septentrionale s'arrête vers le 47e ou 48e parallèle, et suit une ligne oblique de l'ouest à l'est, qui remonte un peu plus vers le nord dans cette dernière direction. Cette zone est aussi celle où l'on peut cultiver avec avantage le mûrier et le maïs, bien que cette dernière Graminée la franchisse dans beaucoup de points. 2° Au nord de cette ligne oblique, et diversement infléchie dans sa longueur, commence la *zone septentrionale* de la région moyenne. La vigne et le mûrier n'y peuvent supporter les rigueurs de l'hiver. Les forêts se composent souvent d'arbres de la famille des Conifères, et la culture du pommier et du poirier remplace celle de la vigne. Cette zone contient aussi un plus grand nombre de Cypéracées, de Rosacées et de Crucifères que la zone méridionale de la même région.

3° *La région méditerranéenne ou méridionale*. — La Méditerranée forme un vaste bassin dont les bords immenses offrent une végétation sinon identique, du moins fort analogue dans quelque point de leur étendue qu'on l'examine. Ainsi nous retrouvons en somme sur les côtes de l'Afrique septentrionale, de l'Asie Mineure et de la Grèce, la végétation des régions méridionales de la France, de l'Italie, de la Sicile, de la Sardaigne et de la péninsule ibérique. Cette région est surtout caractérisée par quelques arbres et arbustes que l'on ne retrouve pas dans la région précédente. Tels sont, parmi les arbres utiles, l'olivier, le caroubier, le grenadier, le figuier et l'oranger. La végétation des régions méditerranéennes offre l'aspect le plus agréable et le plus enchanteur. Sur les bords de la mer on admire des bosquets formés de myrtes, d'arbousiers et de gattiliers au feuillage élégant et aux fleurs odorantes. Le cours des ruisseaux se dessine de loin par des bouquets de lauriers-roses dont les feuilles sont plus grandes et les fleurs plus éclatantes que celles des individus que nous emprisonnons dans nos orangeries. Dans les régions les plus méridionales de cette contrée, en Italie, en Sicile, en Espagne, l'oranger croît avec force et se couvre de fleurs et de fruits presque sans interruption. Dans le midi de l'Italie, et surtout en Sicile et dans la partie méridionale de l'Espagne, les champs et les vignes sont environnés par des haies impénétrables de *Cactus Opuntia* et d'*Agave americana*, dont les hampes s'élèvent quelquefois à trente pieds de hauteur. Ces deux plantes exotiques (car elles ont l'Amérique méridionale pour patrie) se sont si bien acclimatées dans ces régions, qu'elles y sont devenues en quelque sorte indigènes, et en forment un des caractères les plus tranchés. Les forêts sont moins abondantes dans cette région que dans celle qui précède, et ce ne sont plus les mêmes espèces qui les composent. Elles sont essentiellement formées par les chênes verts (*Quercus Ilex*), le chêne à liége (*Quercus Suber*), parmi lesquels se mélangent des arbustes caractéristiques, tels que l'*Erica arborea*, ces espèces si nombreuses de cistes à fleurs éphémères et souvent si grandes et si brillantes, les cytises, les genêts odorants, etc. Une grande partie des côtes méridionales de la Sicile est couverte par le *Chamærops humilis;* et dans le voisinage des habitations, on voit d'élégants dattiers élever leur tige simple du milieu des groupes d'orangers et de citronniers.

[Quand on fait le tour de la Méditerranée sur un de ces bateaux à vapeur qui, partant de Marseille, la sillonnent dans toutes les directions, on est frappé de l'uniformité de la végétation des côtes. Cequila caractérise surtout, c'est l'aspect des terrains incultes appelés *garrigues* dans le midi de la France, et où dominent le chêne kermès, les *Phillyrea*, le chêne vert; le pin d'Alep et les labiées sous-frutescentes. On les retrouve partout en Italie, en Espagne, en Grèce, en Algérie et dans le nord de l'Asie Mineure. C'est à Rhodes et à Jaffa que la scène change; une végétation nouvelle, qui se relie à celle de l'Égypte, remplace le type méditerranéen de la portion occidentale du bassin.]

Cette région est une des plus riches et des plus favorisées de la nature. Si elle n'a pas la force, l'éclat et la variété de végétation des contrées tropicales, elle ne présente pas non plus cette chaleur étouffante, cette humidité si propice à la végétation et si nuisible à l'homme, qu'on trouve au voisinage de l'équateur. Presque toutes les productions utiles des pays tropicaux, comme la canne à sucre, le cotonnier, le bananier, la cochenille, etc., peuvent y être cultivées et y donnent d'importants résultats.

II. Asie.— Considérée d'une manière générale sous le point de vue de sa végétation, l'Asie peut se diviser en deux grandes stations : 1° la portion extratropicale; 2° la portion intratropicale. Chacune de ces stations générales est ensuite partagée en plusieurs régions botaniques proprement dites.

1° La portion située en dehors du tropique du Cancer comprend, au nord la Sibérie, et au midi l'Asie Mineure, la Perse, la Boukharie, la Tartarie, la plus grande partie de la Chine et du Japon. La Sibérie forme à elle seule une région botanique qui a beaucoup de rapports, d'un côté avec la région hyperboréenne de l'Europe, et d'un autre côté avec la région moyenne. Cependant elle a un caractère qui lui est propre par la prédominance de quelques familles et de quelques genres en particulier : ainsi on trouve dans la région sibérienne un très-grand nombre de Légumineuses, de Renonculacées, de Crucifères, de Liliacées et d'Ombellifères. Parmi les genres remarquables par le grand nombre de leurs espèces, nous citerons le genre Astragale, dont on trouve peut-être une centaine d'espèces en Sibérie; les genres *Spiræa*, *Artemisia*, etc., sont aussi fort nombreux en espèces.

La portion méridionale de cette grande région asiatique comprend des pays trop divers pour ne pas être subdivisée en un assez grand nombre de régions spéciales. Mais, en général, c'est à peu près la même végétation que dans la région méridionale de l'Europe, c'est-à-dire la végétation des contrées à oliviers, à figuiers, orangers et dattiers. Ainsi l'Asie Mineure, la Perse, n'offrent rien de spécial dans les caractères de leur végétation qui les distingue des contrées méditerranéennes de l'Europe ou de l'Afrique. Cependant la Chine et le Japon, tout en présentant les caractères généraux des régions situées en dehors des tropiques, offrent des caractères suffisants pour en former une grande région particulière. En effet, ces deux pays, dont la végétation n'est que fort imparfaitement connue, présentent plusieurs arbres et arbrisseaux caractéristiques. Tels sont, entre autres, l'arbre à thé, le laurier-camphrier, l'*Aucuba*, l'*Hortensia*, le *Camellia*, l'*Olea fragrans*, etc.. Quelques plantes que l'on retrouve plus abondamment sous les tropiques, comme les *Canna*, les *Amomum*, les *Paullinia*, etc., servent à rattacher la végétation des parties méridionales de la Chine et du Japon à celle de l'Inde et des îles de la Sonde.

2° La *portion tropicale* de l'Asie n'a pas plus que toutes les autres régions botaniques du globe de limites bien précises. C'est une de celles où la végétation se montre avec le plus de variété et de développement dans les formes végétales. Les Palmiers et les Cycadées y sont nombreux et variés ; on y voit des Rubiacées, Laurinées, Bignoniacées et Légumineuses à tronc ligneux, conservant ordinairement leur feuillage pendant toutes les saisons de l'année. C'est la patrie de prédilection des Scitaminées et des Cannées. Parmi les genres qui caractérisent cette grande et riche région, nous remarquons les suivants : *Dillenia*, *Aquilaria*, *Tectona*, *Michelia*, *Garcinia*, *Astrapæa*,

Amherstia, *Bambusa*, *Myristica*, *Semecarpus*, etc., et une foule d'autres qu'il serait fastidieux d'énumérer.

C'est à cette région qu'on doit également rapporter toutes ces vastes îles de la Sonde, Bornéo, Java, Sumatra, etc., qui, sous le rapport des caractères généraux de la végétation, ne diffèrent pas sensiblement du continent asiatique intratropical.

III. Afrique. — Nous trouvons en Afrique trois régions continentales bien distinctes : 1° la région méditerradéenne ; 2° la région tropicale ; 3° la région australe ou du cap de Bonne-Espérance. De plus, on peut distinguer deux autres régions dans les grandes îles qui avoisinent ce vaste continent, savoir : 1° la région des Canaries ; 2° la région des îles de France, de Bourbon, et de Madagascar.

1° *Région méditerranéenne de l'Afrique.* — Cette région, qui comprend tout le littoral africain baigné par la Méditerranée, et en particulier l'Algérie entre le versant septentrional de l'Atlas et la mer, jusqu'au delta du Nil, offre la plus grande analogie de végétation avec la même région observée en Europe. C'est la végétation des pays à oliviers et à orangers, amenant avec elle toutes les espèces qui peuvent vivre et prospérer dans cette zone tempérée. Ainsi, la plupart des plantes décrites par Desfontaines dans sa Flore atlantique se retrouvent également dans le midi de l'Espagne et sur les côtes de la Sicile, et servent ainsi à réunir en une même région botanique, malgré l'interposition d'une vaste mer, toutes les contrées qui forment le bassin méditerranéen. L'Égypte elle-même, malgré quelques caractères qui lui sont propres, et l'existence de végétaux spéciaux, peut encore être rapprochée de la région méditerranéenne. Cependant, par ses parties méridionales, elle rentre dans la région tropicale, dont elle offre quelques-uns des végétaux caractéristiques, comme le palmier doum (*Cucifera thebaica*), le lotus (*Nymphæa Lotus*), etc. Parmi les plantes exotiques cultivées dans cette région, nous mentionnerons ici particulièrement le dattier, le cotonnier, la canne à sucre, le cassier (*Cathartocarpus Fistula*), et les bananiers, etc.

[L'analogie entre la végétation de la région méditerranéenne de l'Afrique et celle du pourtour européen et asiatique du bassin ressort des chiffres suivants, dus aux recherches de M. Ernest Cosson (*Ann. des sciences natur.*, 1856). Analysant la végétation de la province de Constantine, il trouve qu'elle est représentée par 1432 espèces. Sur ce nombre 689 appartiennent à la flore européenne générale et 1372 à la région méditerranéenne européenne. La somme de ces deux nombres, 2061, est supérieure au nombre total des espèces de la province de Constantine, 1432 ; mais il faut observer qu'une espèce qui se trouve à la fois dans plusieurs régions joue dans ces diverses régions le même rôle qu'un nombre égal d'espèces qui seraient propres à chacune de ces régions en particulier. Ils expriment donc un rapport et non pas des nombres absolus. Mais ils montrent combien la Flore méditerranéenne est prédominante en Algérie. Les plantes orientales se réduisent à 131, celles spéciales à la province à 285. Le nombre serait encore plus restreint, si l'énumération de M. Cosson ne comprenait pas une portion du Sahara, qui forme la limite méridionale de la région méditerranéenne et le commencement de la région africaine proprement dite.]

2° *Région tropicale de l'Afrique.* — Les contrées tropicales qui forment cette grande région botanique sont, sur l'océan Atlantique : la Sénégambie, Sierra-Leone, les Guinées, le Congo, etc.; sur la mer Rouge, la Nubie et l'Abyssinie; et enfin, sur l'océan Indien, toutes ces contrées si peu connues qui s'étendent du cap Dorfin jusques et y compris le détroit de Mozambique. L'excessive insalubrité des contrées tropicales de l'Afrique s'est opposée jusqu'à présent à ce que leur végétation fût aussi bien connue que celle de l'Asie et de l'Amérique; car, à l'exception de la Sénégambie et de l'Abyssinie, qui ont été explorées avec persévérance et succès, d'un côté par MM. Leprieur, Perrottet et Heudelot, et d'un autre côté par nos jeunes et malheureux compatriotes, les docteurs Quartin-Dillon et Petit, qui, l'un et l'autre, ont succombé victimes de leur zèle pour la science, la végétation des autres contrées tropicales de l'Afrique ne nous est connue que d'une manière assez vague et fort incomplète.

Ce sont, en général, les mêmes formes dominantes que dans les autres régions tropicales, c'est-à-dire l'apparition des espèces ligneuses dans des familles où ces espèces sont généralement herbacées dans les contrées extratropicales, comme les Rubiacées et les Malvacées, par exemple; la disparition presque complète des Crucifères, des Caryophyllées, etc. La végétation tropicale de l'Afrique ne paraît pas aussi variée, aussi fastueuse que celle des mêmes parallèles en Asie, et surtout dans l'Amérique méridionale. Les familles qui y sont prédominantes sont les Légumineuses, Térébinthacées, Malvacées, Rubiacées, Acanthacées, etc. Parmi les genres caractéristiques, nous citerons le *Baobab* (*Adansonia*), le *Napoleona*, le *Myrianthus*, le *Parkia*, les *Boscia*, *Mœrua*, *Lophira*, *Ekebergia*, *Khaya*, *Dupuisia*, *Lannea*, *Pouchetia*, *Morelia*, *Sarcocephalus*, et une foule d'autres.

Quelques genres sont remarquables par le grand nombre d'espèces que cette région leur fournit : tel est, entre autres, le genre *Nymphæa*, qui y compte sept ou huit espèces. Au Sénégal, on a trouvé vingt-cinq espèces d'*Indigofera*, etc.

Une observation digne de remarque, c'est que, dans cette région, on observe très-peu de Fougères et d'Orchidées épidendres, groupes de végétaux dont les espèces sont au contraire extrêmement multipliées dans les autres contrées tropicales.

Au nombre des végétaux exotiques que l'on y cultive avec succès, on compte le riz, le café, la canne à sucre, le tamarinier, etc.

3° *Région extratropicale de l'Afrique, ou région du cap de Bonne-Espérance.*—C'est une des régions botaniques les mieux définies et les mieux caractérisées; c'est la patrie de tous ces *Protea*, *Erica*, *Selago*, *Brunia*, *Pelargonium*, *Oxalis*, *Ixia*, etc., dont les espèces, aussi nombreuses que variées, font l'ornement de nos serres et de nos parterres. Il nous serait impossible de citer ici les genres nombreux et caractéristiques de cette végétation du Cap. Aux genres que nous avons cités déjà nous ajouterons les suivants : *Mesembrianthemum*, *Stapelia*, *Diosma*, *Restio*, *Hæmanthus*, *Gorteria*, *Gnaphalium*, *Helichrysum*, et une foule d'autres. La flore du Cap est plus remarquable par l'élégance des formes et la variété des espèces frutescentes qu'elle produit que par la grandeur des arbres qui ornent sa végétation. Ainsi que la Nouvelle-Hollande, qui offre une grande analogie dans ses formes végétales avec le Cap, cette région est peut-être celle qui nous a fourni le plus grand nombre d'arbrisseaux et arbustes intéressants que nous cultivons dans nos serres et nos orangeries.

4° *Iles africaines.* — Nous avons dit précédemment que l'on pouvait distinguer en deux régions les îles qui avoisinent le continent africain.

La première qui se présente à nous est celle qui est formée par les *îles Canaries*. Ce groupe, sur la végétation duquel les publications de MM. Charles Smith, de Buch, et surtout MM. Webb et Berthelot, nous ont donné des détails si précieux, offre, indépendamment de plusieurs caractères qui rappellent la végétation méditerranéenne, des plantes qui l'isolent et qui en font en quelque sorte un centre particulier de végétation, servant à établir le lien entre les régions tempérées et les régions tropicales. Ici, en effet, les forêts n'ont plus ce caractère d'uniformité si triste pour le naturaliste qui visite les contrées européennes.

Placées, dit M. Berthelot, sur les confins de la zone tempérée, les forêts canariennes ont déjà de grandes analogies avec celles des contrées les plus chaudes des deux hémisphères. Les lauriers y croissent en masse, comme dans les Antilles et quelques îles de l'Archipel d'Asie; plusieurs arbres exclus des régions septentrionales (*Ardisia*, *Olea*, *Myrsine*, *Pittosporum*, *Bœhmeria*, etc.) s'annoncent comme des espèces dont les nombreuses congénères se retrouveront plus loin. Les mocans (*Visnea Mocanera*) s'y montrent pour la première fois, tandis que, par leurs belles dimensions, d'ondoyantes Fougères se rapprochent de certaines espèces d'Amérique et de l'île Bourbon. Les lauriers abondent partout, et forment quatre espèces bien distinctes, auxquelles viennent se joindre d'autres arbres de haute futaie et plusieurs beaux arbustes; ce sont : les Arbousiers, les Myrsines et les Houx des Canaries; l'*Ardisia excelsa*, le *Rhamnus glandulosus*, le *Visnea Mocanera*, le *Myrica Faya*, le *Viburnum rugosum*, le *Bœhmeria rubra* et l'*Olea excelsa*.

5° Les îles de France, de Bourbon et de Madagascar forment une région adjacente à l'Afrique et parfaitement bien caractérisée. C'est une végétation tropicale dans laquelle prédominent les espèces ligneuses, les Figuiers, les Sensitives, les Orchidées épidendres, les Palmiers et les Fougères en arbres, mais qui se distingue par un nombre très-considérable de genres caractéristiques, parmi lesquels il nous suffira de citer les suivants : *Chassalia*, *Myonima*, *Gastonia*, *Cossignia*, *Ambora*, *Monimia*, *Ludia*, *Prockia*, *Marignia*, *Poupartia*, *Roussea*, *Biramia*, *Quivisia*, *Ochrosia*, *Harongana*, *Brexia*, etc., etc. Enfin, une petite famille, celle des Chlénacées, appartient tout entière à l'île de Madagascar.

Quoique rapprochée de l'Afrique par sa position géographique, la région madécasse a cependant beaucoup plus d'analogie avec la végétation indienne. Plusieurs genres leur sont communs, et certaines espèces sont identiques dans les deux pays; tandis qu'au contraire il n'existe que de très-faibles rapports entre la végétation du Cap et celle du groupe d'îles dont nous nous occupons.

IV. Amérique. — C'est la partie du globe dont la végétation est le plus riche et le plus variée; c'est aussi celle qui, ayant été mieux explorée par les naturalistes, a fourni les plus nombreux matériaux à la botanique descriptive. Il nous serait bien difficile de donner ici une idée, même succincte, de la végétation des diverses contrées de l'Amérique, en suivant la division que nous avons adoptée pour les autres parties du globe dont nous avons déjà parlé précédemment; mais comme notre but est seulement de présenter à grands traits les caractères principaux de la végétation des diverses contrées du globe, nous allons chercher à résumer ceux de ces caractères qui distinguent le mieux les trois grandes régions de l'Amérique, non-seulement entre elles, mais des autres parties du globe.

I. Région extratropicale boréale de l'Amérique. — Cette région se divise tout naturellement en deux parties : l'une polaire, l'autre tempérée.

1° *Partie polaire.* — Nous avons déjà fait remarquer l'analogie qui existe dans la végétation de toutes les contrées polaires. Ici encore nous retrouvons les mêmes espèces, les mêmes genres que ceux qui se montrent en Europe et en Asie sous les mêmes latitudes. Ainsi nous voyons s'avancer les derniers vers les pôles, parmi les plantes phanérogames, les mêmes espèces de saules, de bouleaux et de peupliers, qui affrontent l'intempérie du climat en Europe et en Asie : ce sont des arbrisseaux tortueux, rabougris, souvent réduits à l'état de plantes herbacées. Petit à petit commencent à se montrer d'autres espèces, les unes appartenant encore à nos genres et à nos espèces d'Europe, quelques autres, au contraire, caractérisant cette portion boréale du continent américain : tels sont, par exemple, les *Sarracenia*, les *Rhodora*, *Ledum*, etc. Cette portion s'étend depuis le cercle polaire jusque vers le 45e ou 46e degré de longitude boréale, et comprend l'Amérique russe, la Nouvelle-Bretagne, le Labrador, une portion du Canada et de l'île de Terre-Neuve.

2° *Portion moyenne.* — Elle n'a pas de limites précises, ni au nord, ni au midi, et se confond insensiblement, d'une part avec la portion polaire, et d'autre part avec la région tropicale. Elle est formée des États de l'Union et de la plus grande partie du Mexique; sa végétation est très-bien caractérisée, et elle est beaucoup plus riche et plus variée que celle d'Europe sous les mêmes parallèles. Les forêts des États-Unis contiennent un bien plus grand nombre d'espèces arborescentes que celles de notre Europe, et ces espèces y acquièrent souvent des dimensions plus grandes. Ainsi, Michaux a rapporté de cette partie de l'Amérique plus de vingt espèces de chênes différentes les unes des autres et de toutes celles qui croissent en Europe. Le nombre des pins, des sapins, des genévriers, et en général des Conifères, y est extrêmement considérable. C'est la patrie du cyprès chauve (*Taxodium distichum*), arbre résineux d'autant plus précieux, qu'il croît dans les lieux inondés et marécageux, là où ne réussissent pas en général les autres arbres de la même famille, et qu'il y acquiert des dimensions énormes. Si l'on ajoute à ces arbres le tulipier, le liquidambar, ces espèces de noyers et de frênes si variées, toutes ces belles espèces de *Rhododendron*, d'*Azalea*, de *Magnolia*, aux fleurs grandes et odorantes, on verra que l'aspect d'une forêt dans la Caroline, le Maryland ou même la Pensylvanie, a un tout autre aspect que celles qu'en Europe nous trouvons sous les mêmes latitudes. Ajoutons à ces traits principaux, qu'indépendamment de ces végétaux, qui ont pour la plupart des représentants en Europe, s'en montrent d'autres qui se rapprochent de la végétation tropicale : tels sont les Lauriers, au nombre de six espèces, dans l'Amérique septentrionale, les *Asimina*, les Passiflores, les Casses et plusieurs autres genres. L'Amérique du Nord est aussi la patrie de toutes ces belles espèces de *Liatris*, de verges d'or et d'*Aster*, qui font depuis longtemps l'ornement de nos parterres.

II. La région tropicale de l'Amérique. — Elle forme une zone immense dans laquelle la végétation offre un grand nombre de caractères communs à toutes les autres régions tropicales, mais de plus un certain nombre qui lui sont particuliers, et qui peuvent servir à l'en distinguer. Son immense étendue, les grandes chaînes de montagnes qui la divisent, les fleuves qui la parcourent, en forment un assez grand nombre de centres de végétation. Ainsi M. Schouw y a établi six régions distinctes :

1° La *région des Cactus et des Poivriers*, qui comprend le Mexique méridional et l'Amérique du Sud jusqu'au fleuve des Amazones. Sa végétation est tout à fait tropicale. Parmi les genres qui lui sont particuliers, nous citerons les suivants : *Kunthia*, *Galactodendron*, *Sal-*

piangia, Gronovia, Lacepedia, et enfin *Theobroma*, qui fournit le cacao.

2° La *région des Quinquinas*, ou les Andes, entre le 5e degré N. le 2e d. S., qui comprend une partie de la Colombie et le Pérou. L'élévation du terrain en fait disparaître la plupart des formes tropicales, pour y montrer quelques genres qui appartiennent aux régions tempérées, comme des Saules, des Pins, des Ombellifères, des Renonculacées, etc. Nous mentionnerons ici comme caractéristiques, indépendamment des Quinquinas, les genres *Gay-Lussacia, Guilleminia, Loasa, Freziera, Dulongia, Abatia, Ceroxylon, Tagetes, Faveria, Cervantesia, Kageneckia.*

3° *Région des Escallonia et des Calcéolaires.* — Ce sont les Andes au-dessous du 2e degré S., c'est-à-dire une partie du haut Pérou et tout le Chili. Quoique les caractères tropicaux disparaissent encore plus complétement que dans la région précédente, cependant quelques genres, tels que *Tillandsia, Oncidium, Peperomia, Rhexia* et *Passiflora*, rappellent encore la végétation des contrées situées sous les tropiques. Les genres caractéristiques sont : *Calceolaria, Dumerilia, Mutisia, Thibaudia, Barnadesia*, etc., etc.

4° *Région des Antilles.* — Cette région a la plus grande analogie avec la suivante, dont elle ne doit pas être distinguée. Elle est seulement remarquable, comme les îles de l'archipel Indien, par la grande quantité de Fougères et d'Orchidées qui y ont été observées.

5° *Région des Palmiers et des Mélastomacées.* — C'est la plus remarquable et la plus riche non-seulement de l'Amérique méridionale, mais très-probablement de toutes les autres parties du globe. Elle comprend les Guyanes et le Brésil. C'est la région de ces belles forêts vierges si bien décrites par les voyageurs qui ont parcouru le Brésil, et en particulier par MM. de Saint-Hilaire et de Martius. Le Brésil est en quelque sorte la terre promise des naturalistes. Quoique toutes les parties de ce vaste empire ne soient qu'imparfaitement connues, et n'aient été explorées en quelque sorte qu'en courant par un petit nombre de botanistes, cependant nous pensons qu'on peut évaluer à au moins quinze à seize mille le nombre des espèces de plantes qu'on en a rapportées en Europe. Et peut-être par la suite ce nombre pourrait-il être presque doublé, si des naturalistes indigènes se formaient dans les diverses provinces de ce pays si digne d'intérêt, et en recherchaient avec soin les productions naturelles..

La végétation du Brésil est très-variée, parce que l'exposition, et surtout la hauteur des provinces nombreuses de ce vaste pays offrent elles-mêmes des différences extrêmement tranchées. De hautes chaînes de montagnes déterminent souvent des changements très-notables dans le climat des pays qu'elles parcourent. Elles forment aussi de vastes plateaux souvent très-élevés, et qui, par suite de cette élévation même, offrent une végétation entièrement différente de celle des régions moins élevées, situées sur les bords de l'Océan sous les mêmes parallèles. Ainsi, pour n'en citer qu'un exemple, lorsqu'on se rend de Rio-de-Janeiro dans la province de *Minas-Geraes,* on quitte au bord de la mer cette merveilleuse végétation tropicale des forêts vierges, qui fait l'admiration du naturaliste visitant ces contrées. En se dirigeant vers l'ouest, le terrain s'élève graduellement; et, comme l'a si bien remarqué M. de Saint-Hilaire, la hauteur des arbres décroît insensiblement, les forêts vierges disparaissent. Petit à petit la végétation perd ses formes tropicales, et à ces belles forêts si majestueuses et si touffues des environs de Rio-de-Janeiro succèdent ces immenses plaines onduleuses connues sous le nom de *campos,* dans lesquelles on ne trouve plus que des touffes d'arbustes et d'arbrisseaux nains, formant avec les Graminées, les *Eriocaulon,* les Xyridées, etc., une végétation tout à fait différente. C'est alors que se montrent ces admirables Mélastomacées aux feuilles petites et ciliées, et aux fleurs souvent si grandes et de couleurs si vives, qui forment les genres *Lavoisiera, Microlicia, Cambessedia,* etc.; ces Myrtacées si nombreuses; les espèces si variées des genres *Vellozia, Barbacenia, Vochysia, Luhea, Lisianthus,* etc., etc.

A mesure qu'on s'éloigne du tropique du Capricorne pour se porter vers la partie sud de l'Amérique méridionale, des changements analogues se font encore remarquer, c'est-à-dire que les genres et les espèces qui caractérisent les contrées tropicales deviennent petit à petit moins nombreux, et sont remplacés par les genres et les espèces des régions tempérées. C'est ce que l'on remarque si bien dans la province de *Rio-Grande do Sul,* où, avec quelques formes encore tropicales, avec des cultures de canne à sucre, des cafiers et des cotonniers, qui cependant n'y sont pas très-communes, on voit nos plantes d'Europe, comme nos champs de blé, des pêchers, abricotiers, pommiers, etc. Enfin, dans les républiques Cisplatine et du Rio de la Plata, c'est-à-dire de Montevideo et de Buenos-Ayres, presque la moitié des végétaux sont les mêmes que ceux qu'on observe en Europe.

6° *Région antarctique.* — Cette dernière région de l'Amérique méridionale, dans laquelle figurent la Patagonie, la Terre-de-Feu et l'archipel des Malouines, a une très-grande ressemblance, sous le rapport de sa végétation, avec la région polaire de l'Europe. Le nombre des espèces ligneuses diminue graduellement, en même temps que la végétation devient plus pauvre et moins variée. Dans les îles Malouines, par exemple, que les recherches de MM. d'Urville et Gaudichaud nous ont fait mieux connaître, les espèces ligneuses ont complétement disparu, à l'exception d'une véronique frutescente, et la plupart des genres et un grand nombre d'espèces se retrouvent les mêmes que dans les régions les plus septentrionales de l'Europe. Cependant là encore se montrent plusieurs genres qui servent à caractériser cette végétation antarctique de l'Amérique, comme les suivants : *Azolla*, *Philesia*, *Gaimardia*, *Astelia*, *Gallixene*, *Bolax*, *Pernettia*, etc.

V. Australie. — La Nouvelle-Hollande, l'île de Van-Diemen et Nouvelle-Zélande forment une des régions du globe les mieux caractérisées par les productions naturelles de tout genre qui y croissent ou y vivent. Tous les êtres vivants, animaux et plantes, y ont un caractère spécial, qui isole en quelque sorte ce grand archipel des autres pays environnants. Ainsi il est la patrie de ces animaux singuliers et anormaux qui forment un groupe bien distinct dans le règne animal, comme les Ornithorhynques, les Échidnés, les Kangourous, les Dasyures, les Péramèles, les Phalangers; en un mot, de tous ces marsupiaux ou animaux à bourse, que la nature semble en quelque sorte avoir confinés dans cette partie du monde. Il en est de même des végétaux qui y croissent. Ils y ont une physionomie spéciale, qui, sous certains rapports, a bien quelque analogie avec celle de la pointe australe d'Afrique, mais qui néanmoins forme un centre de végétation bien distincte. Les recherches des botanistes qui ont visité ces contrées, et en particulier celles de MM. de Labillardière, R. Brown, Gaudichaud, d'Urville, Sieber, Lesson, Cunningham, etc., etc., nous ont fait connaître les plantes de l'Australie. Quoique les côtes seules en aient été bien étudiées, cependant on peut presque assurer, d'après ce qu'en ont rapporté les naturalistes qui ont tenté de pénétrer dans l'intérieur du pays, que son exploration n'ajouterait que peu de chose à ce que nous a fait connaître la végétation des parties voisines de la mer. Là, en effet, surtout entre les 33e et 35e degrés, qui sont les parties de la Nouvelle-Hollande où l'on rencontre le plus grand nombre de végétaux caractéristiques de cette contrée, on voit d'épaisses forêts dans lesquelles prédominent ces magnifiques *Eucalyptus*, et ces Mimeuses à feuilles simples qui forment un des signes distinctifs de la végétation australienne. Si nous y ajoutons ces élégantes Épacridées à fleurs si variées, ces Protéacées si nombreuses, les Stylidiées, les Goodénoviées, ce grand nombre de jolies Légumineuses qui font la richesse de nos serres tempérées, cette innombrable quantité d'Orchidées terrestres, si bien décrites par M. R. Brown, on aura une idée de la végétation variée qui couvre les côtes de la Nouvelle-Hollande.

Environ 5000 espèces de plantes ont été rapportées de ce pays par les naturalistes que nous avons cités tout à l'heure. Ces 5000 espèces appartiennent à 120 familles naturelles. Parmi ces familles, il en est quelques-unes dont les espèces sont si prédominantes, qu'elles doivent imprimer un caractère spécial à la végétation australienne : ce sont particulièrement les Légumineuses, les Synanthérées, les Myrtacées, les Protéacées, les Épacridées, les Orchidées et les Restiacées. Ainsi, par exemple, on y compte 229 espèces de Légumineuses, dont près de 70 appartiennent au seul genre *Acacia*. Parmi ces Légumineuses, se trouvent des genres caractéristiques pour ce pays, comme *Chorizema*, *Podolobium*, *Oxylobium*, *Mirbelia*, *Kennedia*, *Viminaria*, *Aotus*, *Dillwinia*, etc., etc. Dans la famille des Myrtacées, qui atteint ici son maximum de développement, puisque nulle part ailleurs elle n'est aussi nombreuse, nous remarquons les genres *Eucalyptus*, qui n'a pas moins de 100 espèces; *Melaleuca*, qui en compte une trentaine; *Leptospermum*, 25, etc. Le nombre des Orchidées est d'environ 120 espèces, et presque toutes appartiennent à des genres spéciaux à l'Australie: ce sont, entre autres, *Cryptostylis*, *Prasophyllum*, *Acianthus*, *Caladenia*, *Pterostylis*, etc.

[La flore et la faune de l'Australie sont tellement différentes de celles des autres parties du monde, que, dans l'état actuel de nos connaissances géologiques, il est tout à fait impossible de les considérer comme contemporaines. Les végétaux et les animaux australiens ressemblent beaucoup plus aux végétaux et aux animaux perdus dont les couches géologiques nous ont conservé les débris, qu'à ceux qui nous entourent. Les animaux marsupiaux appartiennent à un type de mammifères inférieurs qui apparaît pour la première fois dans les terrains jurassiques. Ces végétaux présentent des anomalies telles, qu'ils diffèrent moins des végétaux de l'époque tertiaire que des végétaux vivant actuellement. Tels sont, parmi les Myrtacées, les *Eucalyptus* et les *Tristania*; les Papilionacées à feuilles simples, ex. *Chorizema*, *Mirbelia*, *Pultenæa*, *Dillwinia*, etc.; les *Acacia* portant des phyllodes au lieu de feuilles; les Protéacées à fruits déhiscents, telles que les *Grevillea*, les *Hackea*, les *Banksia*, les *Dryandra*, etc.; des Conifères à phyllodes comme les *Phyllocladus*. On peut donc soutenir que l'Australie était remplie de végétaux et d'animaux à une époque où l'Asie et l'Europe n'étaient pas encore en possession de leur faune et de leur flore actuelles. Sauf les Conifères, les plantes qui nous entourent appartiennent à des formes végétales plus récentes, plus perfectionnées, pour ainsi dire, que celles que nous venons de citer.]

VI. Flores insulaires. — Ces flores présentent quelques particularités qui méritent d'être mises en lumière. Ainsi, comme nous l'avons déjà indiqué page 642, il est des îles qui sont couvertes d'une végétation fort différente du continent le plus rapproché; d'autres ont une flore qui n'est que le prolongement de la flore continentale voisine. Dans la première catégorie, nous rangerons les Canaries et les Açores dont la végétation est plus analogue à celle de l'Europe méridionale qu'à celle de l'Afrique; l'île de Madagascar; les Galapagos, sur les côtes du Chili; et surtout la Nouvelle-Zélande, dont la flore, suivant M. Dalton Hooker, se décompose de la manière suivante. On y compte 730 Phanérogames. Sur ce nombre, 507 sont propres à ces îles, 193 leur sont communes avec le continent le plus voisin, l'Australie; 89 existent également dans l'Amérique du Sud, et 77 se trouvent à la fois dans le nouveau monde et en Australie; 60 sont des espèces européennes, et 50 sont disséminées dans les régions antarctiques, savoir les Falkland, Tristan-d'Acunha, les îles Saint-Paul, Amsterdam, de Kerguelen, Auckland, Campbell et la Terre-de-Feu. Cette statistique, due à M. Dalton Hooker, nous rappelle celle des archipels atlantiques que nous avons examinés précédemment. En analysant ces éléments numériques, nous sommes frappés de nouveau par cette anomalie, que le plus grand nombre des espèces de la Nouvelle-Zélande ne se retrouvent pas sur le continent le plus rapproché, et que d'autres existent aussi dans l'Amérique du Sud, séparée de la Nouvelle-Zélande par le tiers de la circonférence du globe. En Australie, les forêts se composent exclusivement de ces *Acacia* et de ces *Eucalyptus*, si communs actuellement dans les jardins du littoral de Nice; aucun de ces arbres n'est spontané dans les forêts de la Nouvelle-Zélande. Cependant le climat ne leur est pas défavorable, car les individus introduits de l'Australie y prospèrent admirablement. Les plantes européennes sont presque toutes aquatiques, côtières ou littorales; mais rien dans l'organisation de leurs graines n'explique ce transport d'un hémisphère à l'autre. Les espèces américaines, parmi lesquelles nous remarquons un arbre, *Edwardsia grandiflora*, et plusieurs espèces de *Fuchsia* et de calcéolaires, formes bien connues des amateurs de jardins, n'existent, ni en Australie, ni sur un autre point du globe, en dehors de la Nouvelle-Zélande et des parties tempérées de l'Amérique du Sud. Ces singularités se reproduisent sur les plus petites îles; celle qui porte le nom de lord Howe est située entre la côte orientale de l'Australie et l'extrémité septentrionale de la Nouvelle-Zélande. Les végétaux caractéristiques de l'Australie y font absolument défaut, mais l'île renferme cinq espèces de palmiers qui lui sont propres et appartiennent vraisemblablement au genre *Seaforthia*. Les autres plantes sont celles qui se retrouvent dans l'île voisine de Norfolk, à laquelle nous devons le pin de même nom (*Araucaria excelsa*).

Parmi les îles dont la végétation est analogue à celle du continent voisin, nous citerons les îles du Cap-Vert dont toutes les espèces se retrouvent en Afrique, la Corse, la Sardaigne, la Sicile, les Baléares, dont la flore est méditerranéenne, et, dans le Nord, l'Islande, les Feroe et les îles Britanniques, qui ne contiennent pas une seule plante qui leur soit propre. Toutes se retrouvent en Allemagne, sur les côtes occidentales de la France et en Norvége. Seulement, sur les côtes occidentales de l'Irlande, dix plantes (*Arbutus Unedo, Saxifraga umbrosa, S. elegans, S. Geum, S. hirsuta, S. hirta, S. affinis, Erica Mackai, E. mediterranea* et *Dabœcia, polifolia*, dont la station la plus rapprochée est dans les contrées qui avoisinent le golfe de Gascogne, semblent une colonie étrangère dans le pays. Deux autres espèces, l'*Eriocaulon septangulare*, qui existe en Irlande et dans les îles de l'Ecosse, et le *Spiranthes cernua* de l'Irlande, sont originaires de l'Amérique du Nord. La population végétale des îles Britanniques s'explique par ce fait que la séparation de l'Angleterre du continent s'est opérée à une époque géologiquement très-récente, et les espèces méridionales du sud de l'Irlande permettent de supposer une ancienne connexion de cette île avec les terres qui circonscrivent le golfe de Gascogne. La plupart des îles présentent, en outre, un certain nombre de plantes qui leur sont propres, ne se retrouvent nulle part ailleurs, et peuvent être considérées comme constituant la flore primordiale de l'île. Tels sont, par exemple, dans l'île de Ténériffe : *Cytisus nubigenus, C. proliferus, Retama chordorhizoides, Canarina Campanula, Arbutus canariensis, Convolvulus canariensis, Myrsine canariensis, Euphorbia regis-Jubæ, E. balsamifera, E. canariensis, Pinus canariensis*, etc.

[Les îles perdues au milieu de l'Océan, celle de Sainte-Hélène, par exemple, ont donné lieu à des observations des plus curieuses que nous allons résumer brièvement : L'île de Sainte-Hélène est à 1200 milles de l'Afrique, à 1800 de l'Amérique et à 600 de l'île de l'Ascension, la terre qui en est la plus rapprochée. Sainte-Hélène s'élève brusquement du sein de l'Atlantique. Quand on la découvrit, il y a trois cents ans, elle était couverte de forêts qui descendaient dans les ravins jusqu'au bord de la mer. Actuellement tout est nu; et les végétaux qui s'y trouvent ont été introduits successivement de l'Europe, de l'Amérique, de l'Afrique et de l'Australie. La flore autochthone reste confinée sur les sommets du pic Diana, élevé de 810 mètres au-dessus de la mer. Les forêts de Madère furent brûlées par les premiers occupants ; celles de Sainte-Hélène ont disparu sous la dent des chèvres sauvages. Introduites dans l'île en 1513, elles se multiplièrent tellement, qu'en 1588 le capitaine Cavendish y vit des bandes d'une étendue de 2 kilomètres. En 1709, quelques forêts existaient encore, et l'un des arbres qui les composaient, l'ébénier, *Melhania melanoxylon*, servait à alimenter les fours à chaux. Cependant le gouverneur écrivait aux directeurs de la Compagnie des Indes qu'il était nécessaire de détruire les chèvres pour conserver les forêts de bois d'ébène, ce à quoi les directeurs répondirent que les chèvres avaient plus de valeur que le bois d'ébène. En 1818, nouvelles plaintes du gouverneur affirmant que, si les chèvres étaient détruites, la végétation indigène reparaîtrait de nouveau. Les chèvres furent enfin tuées; mais un autre gouverneur, le général Beatson, créa une concurrence formidable à la végétation indigène, en introduisant une foule de plantes étrangères à l'île : des ronces, des genêts, des saules et des peupliers d'Angleterre, des pins d'Écosse, des bruyères du Cap, des arbres d'Australie et des mauvaises herbes d'Amérique. Tous ces végétaux prospérèrent et se multiplièrent prodigieusement. Devant l'invasion étrangère, la flore indigène s'éteignit. Heureusement, un botaniste anglais, le docteur Burchell, a séjourné dans l'île de 1805 à 1810 : son herbier est au musée de Kew. Roxburgh, peu après lui, fit un catalogue des plantes de Sainte-Hélène, en distinguant les espèces introduites des espèces autochthones. Réunissant ces documents à ses propres notes, le docteur Hooker a pu reconstituer la flore primitive de Sainte-Hélène. Il trouva que 40 espèces, n'existant nulle part ailleurs, étaient propres à cette île. Parmi elles, on remarque ces singulières Composées arborescentes que les colons désignaient sous le nom de *Gum-wood-tree* et que les botanistes ont réunies dans le genre *Commidendrum*, voisin de nos *Conyza* européens. Le caractère général de la flore est celui d'une végétation de l'Afrique extra-tropicale; ce sont des espèces appartenant aux genres *Phylica*, *Pelargonium*, *Mesembrianthemum*, *Osteospermum* et *Wahlenbergia*.]

Nous n'avons pas eu la prétention, dans cette esquisse rapide et incomplète, de traiter à fond l'important et si vaste sujet de la géographie botanique. Il eût été nécessaire d'entrer dans des développements que ne comporte pas la nature de cet ouvrage. Nous avons seulement voulu faire connaître les faits et les principes sur lesquels repose cette partie intéressante de l'histoire des végétaux, et indiquer d'une manière sommaire les caractères les plus saillants de la végétation dans les principales régions botaniques qui ont été distinguées.

FIN

TABLES

I

TABLE ALPHABÉTIQUE DES FAMILLES

NOTA. — Les noms en italiques sont ceux des tribus et des synonymes des familles. Les familles et les genres marqués d'un astérisque dans la partie phytographique renferment des espèces indigènes.

II

TABLE

DES

AUTEURS CITÉS EN ABRÉGÉ

DANS LA PHYTOGRAPHIE VÉGÉTALE

Bartling, *Ord. nat.* — Ordines naturales eorumque characteres et affinitates, auct. Fr., Th. BARTLING, Gœtting., 1830.

Blume, *Bijdr.* — Bijdragen tot de Flora van Nederlandsch Indie, nigegeven door C. L. BLUME. M. D. 3 vol. in-18, Batavia, 1825 à 1826.

Blume, *Fl. Jav.* — Flora Javæ, nec non insularum adjacentium, auctore C. J. BLUME, M. D., adjutore J. B. Fischer. In-folio, fig., Bruxelles, 1828 à 1830.

R. Br. ou R. Brown, *Congo.* — Observations on the herbarium collected by prof. Christian Smith in the vicinity of Congo, by R. BROWN, 1818.

R. Brown, *Gen. rem.* — General remarks geographical and systematical on the botany of terra australis, by R. BROWN, in the voyage commanded by captain Flinders. In-4, Londres, 1814.

R. Brown, *Flind. voy.* — C'est l'ouvrage précédent.

R. Brown, *Prodr.* — Prodromus floræ Novæ-Hollandiæ et insulæ Van-Diemen, etc., auct. Rob. BROWN. Vol. I, Londini, 1810.

DC. *Bot. gall.* — Aug. Pyrami DE CANDOLLE Botanicon gallicum, auct. J. E. DUBY. 2 vol. in-8, Paris, 1828.

DC. *Fl. fr.* — Flore française ou descriptions succinctes de toutes les plantes qui croissent naturellement en France. 3e édit., par MM. DE LAMARCK et DE CANDOLLE. 4 vol. in-8, Paris, 1805; supplément, 1 vol. in-8, Paris, 1815.

DC. *Mém.* — Collection de Mémoires pour servir à l'histoire du règne végétal, par A. P. DE CANDOLLE. In-4, fig., Paris.

DC. *Prodr.* — Prodromus systematis naturalis regni vegetabilis, auct. A. P. DE CANDOLLE. 9 vol. in-8, Paris, 1823-1845.

DC. *Théor.* — Théorie élémentaire de la botanique. etc., par A. P. DE CANDOLLE. 1 vol. in-8, Paris, 2e édition.

DC. *Syst.* — Regni vegetabilis systema naturale, etc., auct. A. P. DE CANDOLLE. 2 vol. in-8, Paris, 1818-1821.

Alph. DC., *Camp.* — Monographie des Campanulacées, par Alphonse DE CANDOLLE. 1 vol. in-4, fig., Paris, 1830.

Alph. DC., *Prodr.* — Les tomes VIII à XVII du *Prodromus* ont été rédigés par M. Alph. DE CANDOLLE, et publiés par lui, après la mort de son illustre père.

De J. ou Juss., *Gen.* — Ant. Laur. DE JUSSIEU, Genera Plantarum secundum ordines naturales disposita. Paris, 1789, 1 vol in-8.

De Juss., *Mém.* — Les nombreux Mémoires publiés par A. L. DE JUSSIEU, sur les familles, soit dans les Annales, soit dans les Mémoires du Muséum d'histoire naturelle.

Adr. de Juss. — Les importantes dissertations de M. Adrien DE JUSSIEU sur les Euphorbiacées, les Rutacées, les Méliacées, les Malpighiacées, etc.

Duchartre, *Mém.* — Mémoires de M. DUCHARTRE : 1° sur les Malvacées ; 2° sur les familles à placenta central. Ces deux mémoires ont paru dans les Annales des sciences naturelles.

Du Petit-Th., *Afriq.* — Description des végétaux les plus remarquables de l'Afrique australe, par Aubert DU PETIT-THOUARS, in-4, fig., Paris.

Endlich., *Gen.* — Genera plantarum secundum ordines naturales disposita, auct. Stephan. ENDLICHER. Un vol. in-4, Vindobonæ, 1836-1840.

Endlich. *Melet.* — Meletemata botanica, auctor. SCHOTT et ENDLICHER. 1 vol. in-fol. Vindobonæ, 1830.

Germ. et Coss. *Fl. par.* — Flore analytique et descriptive des environs de Paris, par E. COSSON et E. GERMAIN. 1. vol. in-12, Paris, 1845.

Kunth, *Enum.* — Enumeratio plantarum omnium hucusque cognitarum, etc., auct. Car. Siogismund KUNTH. 4 vol. in-8, Stuttgardiæ, 1833-1843.

Kunth, *Nov. gen.* — Nova genera et species plantarum quas in peregrinatione ad plagam æquinoctialem orbis novi collegerunt A. Bonpland et Al. de Humboldt, auct. C. S. KUNTH. 7 vol. in-folio, fig., 1818-1825.

Kunth, *Mém.* — Nous citons les nombreux Mémoires de M. Kunth, sur plusieurs familles : *Malvacées*, *Térébinthacées*, *Bignoniacées*, *Bixinées*, etc.

Lindl. *Nat. syst.* — A natural system of botany, by John LINDLEY. Seconde édition. 1 vol. in-8, Londres 1836.

Lindl., *Coll.* — Collectanea botanica, auct. J. LINDLEY, in-folio, fig., Londres.

Lindl., *Orch.* — Genera and species of orchideous plants, auct. J. LINDLEY, in-8, Londres, 1830-1840.

Link, *Enum.* — Enumeratio plantarum horti regii Berolinensis, auct. LINK. 2 vol. in-8. Berlin.

Mart., *Consp.* — Conspectus regni vegetabilis, auct. MARTIUS. Un vol. in-8, Nürnberg, 1835.

Mart., *Nov. gen.* — Nova genera et species plantarum Brasiliensium, etc., auct. MARTIUS, 4 vol. in-fol., fig., Monachi, 1823-1832.

Nuttal, *Gen.* — Genera of North American plants, auct. Thomas NUTTAL. Philadelphia, 1823.

A. St. Hil., *Pl. remarq.* — Histoire des plantes remarquables du Brésil et du Paraguay, etc., par M. Auguste SAINT-HILAIRE. In-fol.. fig., Paris, 1824.

Schott, *Melet.* — Voy. Endlicher et Schott, *Meletemata.*

L.-C. Rich. *Anal.* — Démonstrations botaniques ou analyse du fruit, par Louis-Claude RICHARD. In-12, Paris, 1808.

L.-C. Rich., *Conif.* — Commentatio botanica de Coniferis et Cycadeis, auct. L.-C. RICHARD, In-fol., fig., Stuttgardiæ, 1826.

L.-C. Rich. *Embr. end.* — Analyse botanique des embryons endorhizes ou monocotylédonés, par Louis-Claude RICHARD. In-4, Paris, 1811.

L.-C. Rich. *Mém.* — Les nombreux Mémoires de mon père sur diverses familles, et entre autres les *Hydrocharidées*, les *Butomées*, *Juncaginées*, *Boopidées*, *Musacées*, *Balanophorées*, *Orchidées*, etc.

A. Rich. — J'ai eu occasion de citer dans le cours de cet ouvrage plusieurs de mes mémoires ou ouvrages, entre autres les Éléments d'histoire naturelle médicale, partie botanique; Mémoire sur les Éléagnées, Mémoires sur les Orchidées, la Flore de Cuba, etc.

Rœper, *de fl. Bals.* — De floribus et affinitatibus Balsaminearum scripsit Joannes RŒPER. In-8, Basileæ, 1830.

Trécul. — Mémoire de M. Aug. TRÉCUL, sur l'anatomie du *Nuphar lutea*. Ce mémoire a été publié dans les Annales des sciences naturelles.

Vent. *Malm.* — Description des plantes de la Malmaison, par VENTENAT. in-fol., fig., 1805.

Vent., *Tabl.* — Tableau du règne végétal, par E.-P. VENTENAT. 4 vol. in-8, fig. Paris, an VII.

III

TABLE ALPHABÉTIQUE

DES MOTS TECHNIQUES EMPLOYÉS DANS L'ORGANOGRAPHIE ET LA PHYSIOLOGIE

Y

Z

IV

TABLE ALPHABÉTIQUE

DES FAMILLES, GENRES ET ESPÈCES CITÉS COMME EXEMPLES DANS L'ORGANOGRAPHIE ET LA PHYSIOLOGIE

V

TABLE ALPHABÉTIQUE

DES AUTEURS MENTIONNÉS DANS L'ORGANOGRAPHIE, LA PHYSIOLOGIE ET LA GÉOGRAPHIE BOTANIQUE

VI

TABLE

DES

FIGURES D'ESPÈCES ET D'ORGANES

CONTENUES DANS CE TRAITÉ

FIN DES TABLES.

PARIS. — IMPRIMERIE DE E. MARTINET, RUE MIGNON.

tères objectifs. Ce n'est pas que ces éléments de détermination soient dépourvus de valeur, mais il leur manque la fixité, la constance, qui donnent au caractère son immutabilité. Aussi M. Planchon ne manque-t-il pas de faire ressortir par de nombreux exemples combien sont passagers et instables, dans certains cas, les caractères tirés de la dimension, de la couleur, de l'odeur, de la saveur, des produits du règne végétal. Mais il n'en est plus de même de la *structure anatomique*, qui fournit les caractères les plus importants, ceux qui présentent à la fois plus de constance dans les divers échantillons d'une même substance et le plus de persistance dans un même échantillon, quel que soit le temps écoulé depuis le moment de sa récolte. Fixité et résistance aux causes ordinaires d'altération, ces vrais *criterium* de la valeur d'un caractère se rencontrent ici d'une manière remarquable. Aussi M. Planchon a-t-il basé son enseignement sur l'étude de la structure anatomique.

M. Planchon dans cet ouvrage, fruit d'un long labeur, de remarquables et patientes recherches, étudie les drogues simples, usuelles insérées aux Codex ou récemment introduites dans la thérapeutique (eucalyptus, etc.). Il donne des notions sur l'origine des substances médicinales et leurs principes actifs, il insiste avec beaucoup de soin et de discernement sur les caractères qui permettent soit de grouper entre elles, soit de distinguer les unes des autres les drogues simples à l'état où on les emploie dans les pharmacies.

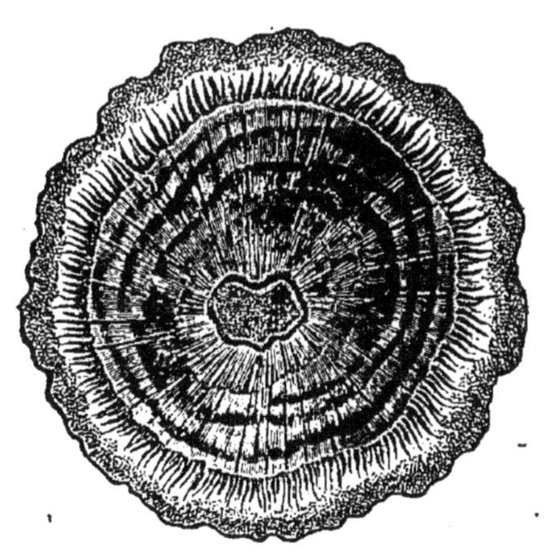

Nous croyons inutile d'insister plus longuement sur un ouvrage dont chacun pourra apprécier le mérite et l'importance.

De nombreuses figures dessinées pour la plupart par M. Faguet sur des préparations microscopiques et des échantillons types du droguier de l'École de pharmacie facilitent l'intelligence du texte.

Il n'est pas douteux que le livre de M. Planchon ne soit bientôt entre les mains de tous les étudiants en pharmacie, et dans la bibliothèque de tous les pharmaciens soucieux de vérifier par eux-mêmes la véritable nature des produits qu'ils emploient.

PARIS. — IMPRIMERIE DE E. MARTINET, RUE MIGNON, 2.

www.ingramcontent.com/pod-product-compliance
Ingram Content Group UK Ltd.
Pitfield, Milton Keynes, MK11 3LW, UK
UKHW021859260726
13966UKWH00006B/54

9 782013 403702